基礎化工熱力學

Introduction to Chemical Engineering Thermodynamics, 7E

J.M. Smith
Hendrick Van Ness
Michael M. Abbott
著

黃孟楝．陳韋利
譯

國家圖書館出版品預行編目(CIP)資料

基礎化工熱力學 / J. M. Smith, H. C. Van Ness, M. M. Abbott 著；黃孟棟，陳韋利譯. -- 二版. -- 臺北市：麥格羅希爾，臺灣東華, 2017.1

面； 公分

譯自：Introduction to chemical engineering thermodynamics, 7th ed.

ISBN 978-986-341-299-1 (平裝)

1. 化工熱力學

460.131   105022812

基礎化工熱力學

繁體中文版© 2017 年，美商麥格羅希爾國際股份有限公司台灣分公司版權所有。本書所有內容，未經本公司事前書面授權，不得以任何方式（包括儲存於資料庫或任何存取系統內）作全部或局部之翻印、仿製或轉載。

Traditional Chinese Abridged copyright ©2017 by McGraw-Hill International Enterprises, LLC., Taiwan Branch
Original title: Introduction to Chemical Engineering Thermodynamics, 7E (ISBN: 978-0-07-310445-4)
Original title copyright © 2005, 2001, 1996, 1987, 1975, 1959, 1949 by McGraw-Hill Education
All rights reserved.

作　　　者	J. M. Smith, H. C. Van Ness, M. M. Abbott
譯　　　者	黃孟棟，陳韋利
合 作 出 版 暨 發 行 所	美商麥格羅希爾國際股份有限公司台灣分公司 台北市 10044 中正區博愛路 53 號 7 樓 TEL: (02) 2383-6000　　FAX: (02) 2388-8822
	臺灣東華書局股份有限公司 10045 台北市重慶南路一段 147 號 3 樓 TEL: (02) 2311-4027　　FAX: (02) 2311-6615 郵撥帳號：00064813 門市：10045 台北市重慶南路一段 147 號 1 樓 TEL: (02) 2382-1762
總 經 銷	臺灣東華書局股份有限公司
出 版 日 期	西元 2017 年 1 月 二版一刷

ISBN：978-986-341-299-1

序

　　熱力學，依循著宇宙通用的法則，為重要的科學學門之一。我們認為，學習熱力學最有效率的方法，是以化學工程師的觀點闡述之。雖然本書為「導論」，但內容並不簡單。對任何一位初學者而言，熱力學都不太可能是個簡單的學問。在一開始，新觀念、專門術語、符號等就大量地出現，因此學生亦須加以記憶才能幫助理解。理解後還有更大的挑戰，學生必須利用熱力學定律來解題，培養實際應用熱力學的能力。在編撰本書時，我們除了維持熱力學分析的嚴謹性，也盡力避免引入太過複雜的數學，以免造成不必要的困惑。雖然無法幫助學生燃起強烈的學習動機，但一如過去的版本，我們的編撰方向是透過儘可能平易的敘述，以及大量的練習，來幫助勤於練習的學生能夠快速地理解與應用。

　　本書的前兩章介紹了基本定義，以及第一定律的推導。第 3、4 章討論流體的壓力、體積、溫度行為及某些熱效應，並將第一定律應用於實際問題中。第 5 章為熱力學第二定律及其應用。而在第 6 章探討的純物質熱力學性質，使第一及第二定律的應用範圍更廣。其餘章節主要探討流體混合物的性質，這是化工熱力學的獨特領域。第 8 及 9 章詳細討論了溶液熱力學的理論及應用；第 10 章則討論化學反應平衡。

　　本書所包含的部份是化學工程師所應具備的知識，對於一學期的化工熱力學課程而言，本書的內容已足夠所需。

　　本書歷經 55 年以上及 6 個版本的革新，有無數的教授、學生及審閱者提出了質問與建議、讚美與批評，予以本書直接或間接的貢獻，在此我們致上由衷的謝意。

J. M. Smith
H. C. Van Ness
M. M. Abbott

目 錄

符號說明

前　言

1　緒　論　　1
1.1　熱力學的範疇 2
1.2　度量衡與單位 3
1.3　數量與大小 4
1.4　力 4
1.5　溫　度 6
1.6　壓　力 8
1.7　功 11
1.8　能　量 12
1.9　熱 18
習　題 19

2　熱力學第一定律及其他基本觀念　　25
2.1　焦耳實驗 26
2.2　內　能 26
2.3　熱力學第一定律 27
2.4　封閉系統中的能量平衡 28
2.5　熱力學的狀態及狀態函數 31
2.6　平　衡 35
2.7　相　律 35
2.8　可逆程序 37
2.9　恆容及恆壓程序 44

2.10 焓 45
2.11 熱容量 47
2.12 開放系統的質量及能量平衡 52
習　題 64

3　純物質的壓力、體積與溫度性質　　73
3.1 純物質的 PVT 性質 74
3.2 維里狀態方程式 80
3.3 理想氣體 84
3.4 維里方程式的應用 99
3.5 立方型狀態方程式 103
3.6 氣體性質的一般化關聯式 114
3.7 液體的一般關聯式 123
習　題 126

4　熱效應　　141
4.1 顯熱效應 142
4.2 純物質的潛熱 150
4.3 標準反應熱 153
4.4 標準生成熱 154
4.5 標準燃燒熱 157
4.6 $\Delta H°$ 的溫度相關性 158
4.7 工業反應的熱效應 162
習　題 170

5　熱力學第二定律　　179
5.1 第二定律的敘述 180
5.2 熱　機 181
5.3 熱力學溫度座標 185
5.4 熵 189
5.5 理想氣體熵的改變 193
5.6 第二定律的數學表示 196

5.7　開放系統中的熵平衡ᅟᅟᅟᅟᅟᅟᅟᅟᅟᅟᅟᅟᅟᅟᅟᅟᅟᅟᅟᅟᅟᅟᅟᅟᅟᅟ199

5.8　理想功之計算ᅟᅟᅟᅟᅟᅟᅟᅟᅟᅟᅟᅟᅟᅟᅟᅟᅟᅟᅟᅟᅟᅟᅟᅟᅟᅟᅟᅟᅟ205

5.9　損失功ᅟᅟᅟᅟᅟᅟᅟᅟᅟᅟᅟᅟᅟᅟᅟᅟᅟᅟᅟᅟᅟᅟᅟᅟᅟᅟᅟᅟᅟᅟᅟᅟᅟᅟ209

5.10　熱力學第三定律ᅟᅟᅟᅟᅟᅟᅟᅟᅟᅟᅟᅟᅟᅟᅟᅟᅟᅟᅟᅟᅟᅟᅟᅟᅟᅟᅟ213

5.11　熵的微觀解釋ᅟᅟᅟᅟᅟᅟᅟᅟᅟᅟᅟᅟᅟᅟᅟᅟᅟᅟᅟᅟᅟᅟᅟᅟᅟᅟᅟᅟ214

習　題ᅟᅟᅟᅟᅟᅟᅟᅟᅟᅟᅟᅟᅟᅟᅟᅟᅟᅟᅟᅟᅟᅟᅟᅟᅟᅟᅟᅟᅟᅟᅟᅟᅟᅟᅟᅟ216

6　流體的熱力學性質　225

6.1　均勻相的物性關係式ᅟᅟᅟᅟᅟᅟᅟᅟᅟᅟᅟᅟᅟᅟᅟᅟᅟᅟᅟᅟᅟᅟᅟᅟ226

6.2　剩餘性質ᅟᅟᅟᅟᅟᅟᅟᅟᅟᅟᅟᅟᅟᅟᅟᅟᅟᅟᅟᅟᅟᅟᅟᅟᅟᅟᅟᅟᅟᅟᅟ237

6.3　利用狀態方程式計算剩餘性質ᅟᅟᅟᅟᅟᅟᅟᅟᅟᅟᅟᅟᅟᅟᅟᅟ246

6.4　兩相系統ᅟᅟᅟᅟᅟᅟᅟᅟᅟᅟᅟᅟᅟᅟᅟᅟᅟᅟᅟᅟᅟᅟᅟᅟᅟᅟᅟᅟᅟᅟᅟ252

6.5　熱力學相圖ᅟᅟᅟᅟᅟᅟᅟᅟᅟᅟᅟᅟᅟᅟᅟᅟᅟᅟᅟᅟᅟᅟᅟᅟᅟᅟᅟᅟᅟ258

6.6　熱力學性質表ᅟᅟᅟᅟᅟᅟᅟᅟᅟᅟᅟᅟᅟᅟᅟᅟᅟᅟᅟᅟᅟᅟᅟᅟᅟᅟᅟ260

6.7　氣體物性的一般化關聯式ᅟᅟᅟᅟᅟᅟᅟᅟᅟᅟᅟᅟᅟᅟᅟᅟᅟᅟᅟ264

習　題ᅟᅟᅟᅟᅟᅟᅟᅟᅟᅟᅟᅟᅟᅟᅟᅟᅟᅟᅟᅟᅟᅟᅟᅟᅟᅟᅟᅟᅟᅟᅟᅟᅟᅟᅟᅟ274

7　汽／液相平衡簡介　289

7.1　平衡的本質ᅟᅟᅟᅟᅟᅟᅟᅟᅟᅟᅟᅟᅟᅟᅟᅟᅟᅟᅟᅟᅟᅟᅟᅟᅟᅟᅟᅟᅟ290

7.2　相律與 Duhem 理論ᅟᅟᅟᅟᅟᅟᅟᅟᅟᅟᅟᅟᅟᅟᅟᅟᅟᅟᅟᅟᅟᅟ291

7.3　汽／液相平衡：定性的行為ᅟᅟᅟᅟᅟᅟᅟᅟᅟᅟᅟᅟᅟᅟᅟᅟᅟ293

7.4　汽／液相平衡的簡化模式ᅟᅟᅟᅟᅟᅟᅟᅟᅟᅟᅟᅟᅟᅟᅟᅟᅟᅟᅟ301

7.5　經由修正的拉午耳定律計算汽／液相平衡ᅟᅟᅟᅟᅟᅟᅟ312

7.6　利用 K 值關聯式計算汽／液相平衡ᅟᅟᅟᅟᅟᅟᅟᅟᅟᅟᅟ317

習　題ᅟᅟᅟᅟᅟᅟᅟᅟᅟᅟᅟᅟᅟᅟᅟᅟᅟᅟᅟᅟᅟᅟᅟᅟᅟᅟᅟᅟᅟᅟᅟᅟᅟᅟᅟᅟ324

8　溶液熱力學：理論部份　333

8.1　基本性質關係ᅟᅟᅟᅟᅟᅟᅟᅟᅟᅟᅟᅟᅟᅟᅟᅟᅟᅟᅟᅟᅟᅟᅟᅟᅟᅟᅟ334

8.2　化學勢及相平衡ᅟᅟᅟᅟᅟᅟᅟᅟᅟᅟᅟᅟᅟᅟᅟᅟᅟᅟᅟᅟᅟᅟᅟᅟᅟ336

8.3　部份性質ᅟᅟᅟᅟᅟᅟᅟᅟᅟᅟᅟᅟᅟᅟᅟᅟᅟᅟᅟᅟᅟᅟᅟᅟᅟᅟᅟᅟᅟᅟᅟ337

8.4　理想氣體混合物的模式ᅟᅟᅟᅟᅟᅟᅟᅟᅟᅟᅟᅟᅟᅟᅟᅟᅟᅟᅟᅟ349

8.5　純物質的逸壓及逸壓係數ᅟᅟᅟᅟᅟᅟᅟᅟᅟᅟᅟᅟᅟᅟᅟᅟᅟᅟᅟ353

8.6	溶液中各成分的逸壓及逸壓係數	360
8.7	逸壓係數的一般化關聯	367
8.8	理想溶液的模式	371
8.9	過剩性質	374
	習　題	382

9　溶液熱力學：應用部份　393

9.1	由 VLE 數據所求得的液相物性	394
9.2	過剩 Gibbs 自由能模式	411
9.3	混合時物性的改變	416
9.4	混合程序中的熱效應	422
	習　題	436

10　化學反應平衡　451

10.1	反應座標	453
10.2	應用平衡基準於化學反應	457
10.3	標準 Gibbs 自由能改變量及平衡常數	459
10.4	溫度對於平衡常數的效應	461
10.5	平衡常數的計算	466
10.6	平衡常數與組成的關係	469
10.7	單一反應的平衡轉化率	473
10.8	反應系統中的相律及 Duhem 理論	486
10.9	多重反應的平衡	490
10.10	燃料電池	501
	習　題	506

A　換算常數與氣體常數　519

B　純物質的物性　521

C　比熱及生成物性改變量　525

D	代表性的電腦程式	530
E	Lee/Kesler 一般化關聯表	537
F	蒸汽表	554
G	熱力學相圖	630
H	UNIFAC 方法	633
I	牛頓方法	640

索引　　　　　　　　　　　　　　　　　　　　　645

符號說明

A	面積
A	Helmholtz 莫耳自由能或比自由能 $\equiv U - TS$
A	(4.4)、(6.76) 及 (9.14) 式中的參數
a	加速度
a	被吸附相的莫耳面積
a	立方型狀態方程式中的參數
$\bar{a}_i$	立方型狀態方程式中的部份參數
B	密度展開式中的第二維里係數
B	(4.4)、(6.76) 及 (9.14) 式中的參數
$\hat{B}$	(3.62) 式所定義的對比第二維里係數
B'	壓力展開式中的第二維里係數
B^0, B^1	一般化第二維里係數關聯式中的函數
B_{ij}	第二維里係數中的交互作用參數
b	狀態方程式中的參數
$\bar{b}_i$	狀態方程式中的部份參數
C	密度展開式中的第三維里係數
C	(4.4)、(6.76) 及 (9.14) 式中的參數
$\hat{C}$	p.118 所定義的對比第三維里係數
C'	壓力展開式中的第三維里係數
C^0, C^1	一般化第三維里係數關聯式中的函數
C_P	恆壓下的莫耳或比熱容量
C_V	恆容下的莫耳或比熱容量
C_P°	恆壓下的標準狀態熱容量
ΔC_P°	反應之標準熱容量改變
$\langle C_P \rangle_{PH}$	焓計算中之平均熱容量
$\langle C_P \rangle_S$	熵計算中之平均熱容量
$\langle C_P^\circ \rangle_H$	焓計算中之平均標準熱容量
$\langle C_P^\circ \rangle_S$	熵計算中之平均標準熱容量
c	音速
D	密度展開式中的第四維里係數
D	(4.4) 及 (6.77) 式中的參數
D'	壓力展開式中的第四維里係數

E_i	能階
E_K	動能
E_P	重力位能
F	自由度 (相律)
F	力
$\mathcal{F}$	法拉第常數
f_i	純物質 i 的逸壓
f_i°	標準狀態之逸壓
$\hat{f}_i$	溶液中 i 成分的逸壓
G	莫耳或比 Gibbs 自由能 $\equiv H-TS$
G_i°	物質 i 的標準狀態 Gibbs 自由能
$\overline{G}_i$	溶液中 i 成分的部份 Gibbs 自由能
G^E	過剩 Gibbs 自由能 $\equiv G - G^{id}$
G^R	剩餘 Gibbs 自由能 $\equiv G - G^{ig}$
ΔG	混合時 Gibbs 自由能的改變
ΔG°	反應中標準 Gibbs 自由能改變
ΔG_f°	生成反應中標準 Gibbs 自由能改變
g	局部的重力加速度
g_c	無因次常數 $= 32.1740 \, (lb_m)(ft)(lb_f)^{-1}(s)^{-2}$
g_i	重複度
H	莫耳焓或比焓 $\equiv U + PV$
$\mathcal{H}_i$	溶液中 i 成分的亨利常數
H_i°	純物質 i 的標準狀態焓
$\overline{H}_i$	溶液中 i 成分的部份焓
H^E	過剩焓 $\equiv H - H^{id}$
H^R	剩餘焓 $\equiv H - H^{ig}$
$(H^R)^0, (H^R)^1$	剩餘焓一般化關聯公式中的函數
ΔH	混合時焓的改變 (熱)，或相轉變中的潛熱
$\widetilde{\Delta H}$	溶解熱
ΔH°	反應的標準焓改變
ΔH_0°	參考溫度 T_0 之標準反應熱
ΔH_f°	生成反應的標準焓改變
h	Planck 常數
I	由 (6.65) 式所定義的積分式

I	第一游離位能
K_j	第 j 個反應的平衡常數
K_i	物質 i 的汽液相平衡常數 $\equiv y_i/x_i$
k	Boltzmann 常數
$\mathcal{L}$	系統中液相的莫耳分率
l	長度
$\mathbf{M}$	馬赫數
M	莫耳質量 (分子量)
M	外延熱力學性質之莫耳數量或比數量
$\overline{M}_i$	溶液中 i 成分的部份性質
M^E	過剩性質 $\equiv M - M^{id}$
M^R	剩餘性質 $\equiv M - M^{ig}$
ΔH	混合時物性的改變
$\Delta H°$	反應的標準物性改變
$\Delta M_f°$	生成反應的標準焓改變
m	質量
$\dot{m}$	質量流率
N	物質數目 (相律)
NA	Avogadro 數
n	莫耳數
$\dot{n}$	莫耳流率
$\tilde{n}$	每莫耳溶質所對應的溶劑莫耳數
n_i	物質 i 的莫耳數
P	絕對壓力
$P°$	標準狀態的壓力
P_c	臨界壓力
P_r	對比壓力
P_r^0, P_r^1	蒸汽壓一般化關聯式的函數
P_0	參考壓力
p_i	成分 i 的分壓
P_i^{sat}	成分 i 的飽和蒸汽壓
Q	熱
$\dot{Q}$	熱傳速率
q	體積流率

q	立方型狀態方程式參數
q	電荷
$\bar{q}_i$	立方型狀態方程式的部份參數
R	通用氣體常數 (見表 A.2)
r	壓縮比率
γ	熱容量比值 C_P/C_V
r	分子間距離
r	獨立化學反應數目 (相律)
S	莫耳熵或比熵
$\bar{S}_i$	溶液中 i 成分的部份熵
S^E	過剩熵 $\equiv S - S^{id}$
S^R	剩餘熵 $\equiv S - S^{ig}$
$(S^R)^0, (S^R)^1$	剩餘熵一般化關聯公式中的函數
S_G	每單位量流體所產生的總熵
$\dot{S}_G$	熵的產生速率
ΔS	混合時的熵改變
$\Delta S°$	反應的標準熵改變
$\Delta S_f°$	生成反應的標準熵改變
T	絕對溫度 (kelvins 或 rankines)
T_c	臨界溫度
T_n	正常沸點溫度
T_r	對比溫度
T_0	參考溫度
T_σ	環境的絕對溫度
T_i^{sat}	物質 i 的飽和溫度
t	溫度 °C 或 °F
t	時間
U	莫耳內能或比內能
$\mathcal{U}$	分子間配對位能函數
u	速度
V	莫耳體積或比體積
$\mathcal{V}$	系統中汽相之莫耳分率
$\bar{V}_i$	溶液中 i 成分的部份體積
V_c	臨界體積

V_r	對比體積
V^E	過剩體積 $\equiv V - V^{id}$
V^R	剩餘體積 $\equiv V - V^{ig}$
ΔV	混合時體積的改變，或相轉變時的體積改變
W	功
$\dot{W}$	功率
W_{ideal}	理想功
$\dot{W}_{ideal}$	理想功率
W_{lost}	消失功
$\dot{W}_{lost}$	消失功率
W_S	流動程序中的軸功
$\dot{W}_S$	流動程序中的軸功率
x_i	成分 i 在一般情況或液相中的莫耳分率
x^v	乾度
y_i	成分 i 在汽相中的莫耳分率
Z	壓縮係數 $\equiv PV/RT$
Z_c	臨界壓縮係數 $\equiv P_c V_c / RT_c$
Z^0, Z^1	壓縮係數的一般化關聯公式函數
ZF	分配函數
$\mathcal{Z}$	參考位置之上的高度
z_i	整體或固相中的莫耳分率

上　標

E	表示過剩熱力學性質
av	表示由被吸附相至汽相的相轉變
id	表示理想溶液的數值
ig	表示理想氣體的數值
l	表示液相
lv	表示由液相至汽相的相轉變
R	表示剩餘熱力學性質
s	表示固相
sl	表示由固相至液相的相轉變
t	表示外延熱力學物性的總量
v	表示汽相
∞	表示無限稀釋狀態的數值

希臘字母

α	表 3.1 中所列的立方型狀態方程式中的函數
α	極化率
α, β	以上標的型式表示不同的相
$\alpha\beta$	以上標型式表示由 α 相至 β 相的相轉變
β	體積擴張係數
β	立方型狀態方程式參數
Γ_i	積分常數
γ	熱容量比值 C_P / C_V
γ_i	溶液中 i 成分的活性係數
δ	多次冪數
ϵ	立方型狀態方程式常數
ϵ	分子間位能函數的井深
ϵ_0	真空中的介電係數
ε	反應座標
η	效率
κ	恆溫壓縮係數
Π	被吸附相的散佈壓力
Π	滲透壓
π	相的數目 (相律)
μ	Joule/Thomson 係數
μ	偶極矩
μ_i	物質 i 的化學勢
ν_i	物質 i 的計量數
ρ_i	莫耳密度 $\equiv 1/V$
ρ_c	臨界密度
ρ_r	對比密度
σ	立方型狀態方程式常數
σ	分子碰撞直徑
τ	溫度比值 $\equiv T/T_0$ [$\tau \equiv 1-T_r$,如 (6.77) 式所示]
Φ_i	逸壓係數比
ϕ_i	純物質 i 的逸壓係數
$\hat{\phi}_i$	溶液中成分 i 的逸壓係數
ϕ^0, ϕ^1	逸壓係數一般化關聯公式中的函數
Ψ, Ω	立方型狀態方程式常數
ω	離心係數

標記

cv	以下標方式表示控制體積
fs	以下標方式表示流體
°	以上標方式表示標準狀態
¯	上方的線段表示部份性質
·	上方的點表示隨時間改變的速率
^	上方的符號表示溶液中的物性
Δ	差分算子

緒 論

Chapter 1

基礎化工熱力學
Introduction to Chemical Engineering Thermodynamics

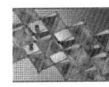

1.1　熱力學的範疇

　　熱力學源自於十九世紀對蒸汽機 (steam engines) 的研究，是為了探討蒸汽機的運作過程和極限能力而發展出來，因此熱力學 (thermodynamics) 的原文本身就有熱轉換為功的意思。既然是熱轉換為功，很容易就讓人聯想到熱機 (heat engines)，而蒸汽機就是一種熱機。對熱機的研究很快地就發展出幾個原理和假設，也就是今天所說的熱力學第一與第二定律。這兩個定律的正確性，無法由數學證明，而是由實際經驗所推衍出來的，但從沒有任何違反定律的狀況發生。也因此，熱力學與力學、電磁學都屬於科學上的基本定律。

　　這些基本定律再經數學推導，可得到一系列的公式，應用在各種科學和工程領域中。尤其化學工程師要面對的問題範圍很廣泛，包括要計算物理或化學程序需要多少熱和功，判斷化學反應的平衡狀態，以及探討在各個平衡相中物質如何傳遞與分佈。

　　不過，熱力學並沒有討論物理或化學反應的速率 (rates) 問題。速率主要取決於驅動力 (driving force) 和阻力；雖然驅動力是熱力學上的變數，但阻力卻不是，因此速率不屬於熱力學的範圍。熱力學所討論的是巨觀的性質，而不是物理或化學程序中的微觀機構。不過，了解物質的微觀機構，對計算熱力學性質有很大的幫助。[1]化學工程師要處理的化學物質非常多，但常常沒有熱力學性質的實驗數據可以直接應用，這時候就要利用廣義的相關式來求得適當的近似值。

　　應用熱力學來討論實際問題時，首先必須清楚地定義我們想研究的物體是什麼。我們將想研究的物體叫做系統 (system)。要如何定義系統的熱力學狀態呢？可以用幾個巨觀物性來定義，而且這些巨觀物性必須是可量測的，例如長度、時間、質量、數量等科學上基本的物理量，也就是所謂的度量衡 (dimensions)。

---

[1] 在原文書第 16 章有初步的介紹。

Chapter **1** 緒 論

 1.2 度量衡與單位

度量衡，即基本的物理量，是人類感官上最直接可感測的性質，而且這種性質無法以更簡單的方式去描述；例如長短、大小、輕重及數量的多少等。由於實際應用時，必須有公認一致的標準，因此有必要定義一個單位 (units) 的尺度是多少。國際上共同訂立了一套公制單位系統 (International System of Units，簡稱 SI)，是現今最主要的單位系統。

秒 (second, s) 是時間的 SI 單位，是銫元素輻射 9,192,631,770 個週期所經歷的時間。公尺 (meter, m) 是長度的基本單位，是光在真空中走 1/299,792,458 秒的距離。公斤 (kilogram, kg) 是重量的基本單位，是某個鉑銥合金圓柱的質量，保存在法國塞佛爾的國際度量衡局。溫度的單位是絕對溫度 (kelvin, K)，是水的三相點的熱力學溫度的 1/273.16。溫度是熱力學中非常特別的物理量，在 1.5 節中將有更詳細的討論。莫耳 (mole, mol) 是數量的單位，是 0.012 kg 碳−12 所含原子的數量；通常化學家稱之為「克莫耳」。

SI 單位以 10 為因數，有一套與數量有關的單位命名方法，在單位前加上特定的字首來表示倍數或分率，如表 1.1 所示。因此厘米 (centimeter，或稱公分) 是 1 cm = 10^{-2} m，而公斤 (kilogram) 為 10^3 g = 1 kg。

其他的單位系統，如英制工程單位系統 (English engineering system)，可用固定比例來換算成 SI 單位。如一英尺 (ft) 等於 0.3048 m；一英磅質量 (lb_m) 等於 0.45359237 kg；一英磅莫耳 (lb mol) 等於 453.59237 mol 等。

表 1.1 SI 公制單位系統的字首

次方	字首	符號	次方	字首	符號
10^{-15}	femto (飛)	f	10^2	hecto (百)	h
10^{-12}	pico (皮)	p	10^3	kilo (千)	k
10^{-9}	nano (奈)	n	10^6	mega (百萬，昧)	M
10^{-6}	micro (微)	μ	10^9	giga (十億，吉)	G
10^{-3}	milli (毫)	m	10^{12}	tera (兆)	T
10^{-2}	centi (釐)	c	10^{15}	peta (千兆，拍)	P

基礎化工熱力學
Introduction to Chemical Engineering Thermodynamics

1.3 數量與大小

有關數量與大小的物理量，有三種最為常見：

- 質量，m
- 莫耳數，n
- 總體積，V^t

這三個量在同一個系統中，可以互相換算。質量是基本的物性，將它除以莫耳質量 M（也就是分子量），可得莫耳數：

$$n = \frac{m}{M} \quad \text{或} \quad m = Mn$$

總體積 V^t 代表系統的大小，由系統三個邊長的乘積來決定。將它除以質量或莫耳數就可以得到比體積 (volume specific) 或莫耳體積 (molar volume)：

- 比體積： $V \equiv \dfrac{V^t}{m}$ 或 $V^t = mV$

- 莫耳體積： $V \equiv \dfrac{V^t}{n}$ 或 $V^t = nV$

另外，比密度的定義是比體積的倒數，而莫耳密度是莫耳體積的倒數：$\rho \equiv V^{-1}$。

V（比體積或莫耳體積）以及 ρ（比密度或莫耳密度）都和系統的大小無關，屬於熱力學中的內含 (intensive) 性質。它們的數值大小取決於系統的溫度、壓力及組成；而溫度、壓力與組成也是與系統尺寸大小無關的物理量。

1.4 力

在 SI 單位系統中，力的單位是牛頓 (newton, N)，是由牛頓第二定律所導出的性質。在這個定律中，力 F 等於質量 m 和加速度 a 的乘積；也就是 $F = ma$。牛頓的定義是：使質量 1 kg 的物體，產生 1 m s^{-2} 的加速度時，需要施加的外力大小。因此 1 牛頓也可表示為 1 kg m s^{-2}。

在英制工程單位系統中，力也被視為一個獨立的物理量，就像長度、時間與質量一樣。1 磅力 (lb_f) 被定義為：使質量 1 磅的物體產生 $32.1740 \text{ ft/s}^{-2}$ 加速度時，所需施加的外力。如果使用這個單位系統，牛頓定律必須加上一個比例常

Chapter 1 緒論

數:

$$F = \frac{1}{g_c} ma$$

也就是[2] $1 \text{ (lb}_f) = \frac{1}{g_c} \times 1 \text{ (lb}_m) \times 32.1740 \text{ (ft)(s)}^{-2}$

所以 $g_c = 32.1740 \text{ (lb}_m)(\text{ft})(\text{lb}_f)^{-1}(\text{s})^{-2}$

一英磅力等於 4.4482216 N。

因為力和質量是完全不同的概念,一磅力 (lb$_f$) 與一磅質量 (lb$_m$) 所表示的意義不同,因此它們的單位不可以互相抵消。當一個公式中同時含有 (lb$_f$) 和 (lb$_m$) 的單位時,需要引入無因次的常數 g_c,才能使整個公式的單位因次是正確的。

重量 (weight) 是地心引力施加在物體上的力,所以應該以牛頓或磅力為單位表示才是正確的。但質量常常被誤稱為「重量」,而用天平比較質量被稱為秤重。因此當教科書中敘述到「重量」與質量時,我們必須能明辨它們的涵意,而不被錯誤的習慣用法所混淆。

在德州休士頓有一位重量 730 N 的太空人,而當地的重力加速度為
$$g = 9.792 \text{ m s}^{-2}$$
月球上的重力加速度為 $g = 1.67 \text{ m s}^{-2}$,這位太空人登上月球時的質量和重量為多少?

 令 $a = g$,牛頓定律可寫為 $F = mg$。因此

$$m = \frac{F}{g} = \frac{730 \text{ N}}{9.792 \text{ m s}^{-2}} = 74.55 \text{ N m}^{-1} \text{ s}^2$$

因為 N 的單位是 kg m s^{-2},

$$m = 74.55 \text{ kg}$$

太空人的質量與他所在的位置無關,但重量和所在位置的重力加速度有關。因此在月球上太空人的重量為

$$F (月球) = mg (月球) = 74.55 \text{ kg} \times 1.67 \text{ m s}^{-2}$$

或 $F (月球) = 124.5 \text{ kg m s}^{-2} = 124.5 \text{ N}$

---
2 當使用非 SI 單位系統 (如英制) 時,會在括號內標明單位簡稱。

如果要使用英制單位，必須注意單位換算。把太空人的重量單位換為 (lb_f)，重力加速度 g 的單位換為 $(ft)(s)^{-2}$，而 1 N 等於 0.224809 (lb_f) 及 1 m 等於 3.28084 (ft)，所以：

$$太空人在休士頓的重量 = 164.1(lb_f)$$

$$g\,(休士頓) = 32.13 \quad 及 \quad g\,(月球) = 5.48\,(ft)(s)^{-2}$$

再由牛頓定律可得

$$m = \frac{F\,g_c}{g} = \frac{164.1\,(lb_f) \times 32.1740\,(lb_m)(ft)(lb_f)^{-1}(s)^{-2}}{32.13\,(ft)(s)^{-2}}$$

得出 $\quad m = 164.3(lb_m)$

由此可知，太空人在休士頓時，他的質量 (lb_m) 與重量 (lb_f) 的數值是幾乎一樣的，但當他在月球時卻不同了：

$$F_{(月球)} = \frac{mg\,(月球)}{g_c} = \frac{(164.3)\,(5.48)}{32.1740} = 28.0\,(lb_f)$$

1.5　溫　度

利用液體受熱會膨脹的原理，可以看液體在玻璃溫度計內的膨脹程度來測量溫度。比如說在一個均勻的長管內，填充少量的汞、酒精或其他液體，就可以由液柱高度來判斷物質「冷熱」的程度，再由特定方法決定冷熱程度的數值。

例如攝氏溫度[3]的零度定在冰點 (一大氣壓下飽和水的凝固點)，100 度是汽點 (純水在一大氣壓下的沸點)。所以我們可以將溫度計浸泡在冰水中，將這時候的液柱高度做記號，標示為零度，再將溫度計放入沸騰水中，定出 100 度的位置。把 0 度到 100 度間等分為 100 份，每份稱為 1 度 (degree)。這樣就可得到刻度為 1 度的液柱高度，再外插到零度以下或 100 度以上，就可標定零下及 100 度以上的溫度。

3　攝氏為瑞典天文學家 Anders Celsius (1701-1744)。

Chapter 1 緒論

應用上述的方法，不論溫度計內是哪一種液體，我們都可以將攝氏零度及 100 度標定出來。但是中間等分的度數不見得是正確的，因為不同液體有不同的膨脹特性，在零度到 100 度間不一定是等比例膨脹的。所以必須選擇適當的流體來標定溫度才準確，SI 單位系統的絕對溫度 K 就是以理想氣體作為標定溫度用的流體。

絕對溫度的單位是 K，符號則為 T；而攝氏溫度的符號則是 t，它們之間的關係為：

$$t\ °C = T\ K - 273.15$$

1 度攝氏溫度 (°C) 的大小等於 1 度絕對溫度 K (kelvin)。[4]但是攝氏溫度的數值，比絕對溫度 K 小了 273.15 度。因此絕對溫度零度，就是 −273.15°C。

實際上在校正科學與工業儀器時，會使用 1990 年所訂的國際溫度標準 (ITS−90)。[5]按照這個標準所量出來的溫度，非常接近熱力學溫度 (即理想氣體溫度)；兩者之間的差異小於儀器的量測誤差。由於純物質的相平衡溫度是固定的而且可重複測得，因此可以利用純物質的相平衡溫度來校正儀器。ITS−90 溫度標準，就是以好幾個純物質的相平衡溫度作為固定點 (fixed points) 溫度，並規定了固定點溫度區間所使用的內插關係式和標準儀器 (standard instrument)。比如在 −259.35°C (氫氣的三相點) 到 961.78°C (銀的凝固點) 之間的溫度，就規範了以白金電阻溫度計為標準儀器，並使用規定的內插公式來決定刻度。當然這些標準儀器也以固定點溫度來進行校正。

除了絕對溫度 K 及攝氏溫度 C 之外，在美國還有兩種常用的溫度：絕對溫度 R 及華氏溫度 F。[6]絕對溫度 R 與 K 之間的關係為：

$$T(R) = 1.8\ T\ K$$

華氏溫度與絕對溫度 R 之間的關係如下：

$$t\ (°F) = T(R) - 459.67$$

---

4 請注意絕對溫度 kelvin 的字首並沒有大寫。
5 有關 ITS-90 的定義，請見 H. Preston-Thomas, Metrologia, vol.27, pp.3-10, 1990。
6 華氏為德國物理學家 Gabriel Daniel Fahrenheit (1686-1736)。

由上式可知，華氏溫度的最小值為 −459.67 (°F)。而華氏溫度與攝氏溫度間之關係為：

$$t\,(°F) = 1.8\,t°C + 32$$

華氏溫度的冰點是 32 (°F)；而水之正常沸點則為 212 (°F)。

攝氏溫度與絕對溫度 K 具有相同的溫度間隔 (interval)；同樣地，華氏溫度與絕對溫度 R 也有相同的間隔。這四種溫度的度量示於圖 1.1。在熱力學討論中，如果沒有特別說明，所指的溫度都是絕對溫度。

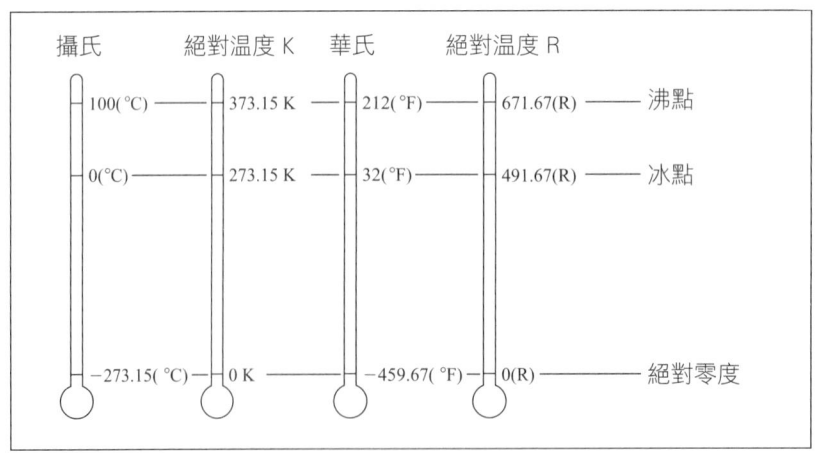

圖 1.1　各種溫度座標之關係

1.6　壓　力

壓力 P 的定義是：在物體表面上，每單位面積受到流體在垂直方向的力有多少。如果力的單位是 N，而面積的單位是 m^2，則壓力的單位就是 $N\,m^{-2}$，或稱為帕 (Pa)；這也是 SI 制的壓力單位。在英制單位中，常用每平方英寸中所受的磅力作為壓力單位 (psi)。

測量壓力的標準裝置是靜重儀 (dead-weight gauge)。量測的原理是對流體施加 F 的力，施力面積已知為 A，調整 F 使它與流體壓力 P 達到平衡；如此可得流體壓力 $P \equiv F/A$。靜重儀的簡單構造如圖 1.2。裝置中的活塞要小心塞入圓柱內，儘量不要有間隙。在圓柱頂的盤子上不斷加上重物，一直到活塞不再被往上頂而保持靜止不動為止。這時候將活塞往上頂的油壓力，會與活塞及其上方

物體的重力達到平衡。由牛頓定律，可計算油的壓力為：

$$P = \frac{F}{A} = \frac{mg}{A}$$

其中 m 是活塞、盤子和重物加起來的質量；g 是當地的重力加速度；A 是施力面積，也就是活塞的截面積。常用的壓力計如柏登 (Bourdon) 壓力計等，就是由靜重儀所校正的。

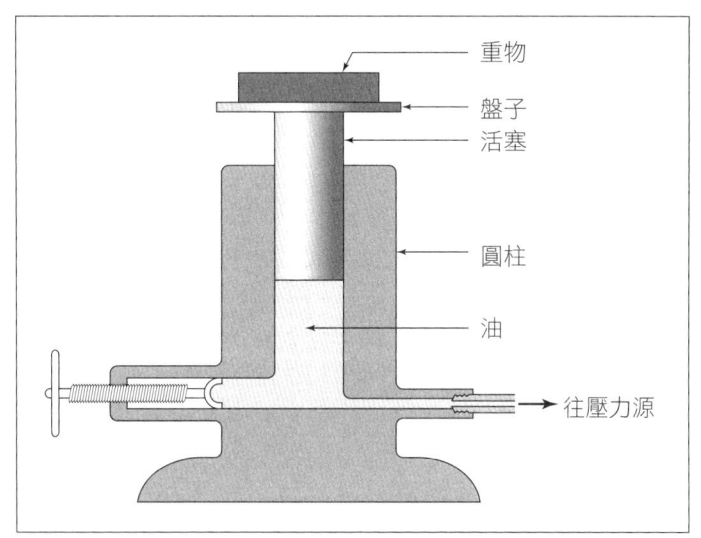

● 圖 1.2　靜重儀

　　將液體裝進圓管內，液體的重力會對管柱底部施加壓力，而這個壓力直接正比於液柱的高度。因此壓力也常用液體高度來表示，這也是某些壓力計量測壓力的原理。要將液體高度換算成壓力，可先利用牛頓定律計算管內液體所受的重力。液體的質量可表示為 $m = Ah\rho$，其中 A 是液柱之截面積，h 是液高，ρ 是液體的密度。因此壓力可以表示成

$$P = \frac{F}{A} = \frac{mg}{A} = \frac{Ah\rho g}{A} = h\rho g$$

因此只要知道流體的密度 (與流體組成物及溫度有關) 和當地的重力加速度，就可以將流體高度換算成壓力。像 torr 這個壓力單位，就是在 0°C 和標準重力場時，一公厘高的汞柱所具有的壓力，等於 133.322 Pa。

另一種常用的壓力單位是標準大氣壓 (atm)，是地球海平面所受到的平均壓力的近似值，定為 101,325 Pa、101.325 kPa 或 0.101325 MPa。在 SI 單位中，我們使用 bar 作為壓力單位，相當於 10^5 Pa，即 0.986923 (atm)。

大部份壓力表測出來的數值，是系統絕對壓力與周圍大氣壓力的差值，這個差值稱為表壓力 (gauge pressure)。表壓力再加上大氣壓力才是系統的絕對壓力 (absolute pressure)。在熱力學的計算上，凡是壓力都必須使用絕對壓力。

一個可精確量測壓力的靜重儀，其活塞直徑為 1 cm。在某次測量中，流體壓力與 6.14 kg (包含活塞及盤重) 的質量達到平衡。若當地之重力加速度為 9.82 m s^{-2}，請問所測得之表壓力為多少？若外界大氣壓力為 748 (torr)，則絕對壓力為多少？

 活塞、盤子與重物因重力而施加於流體的力為

$$F = mg = (6.14)(9.82) = 60.295 \text{ N}$$

$$\text{表壓力} = \frac{F}{A} = \frac{60.295}{(1/4)(\pi)(1)^2} = 76.77 \text{ N cm}^{-2}$$

因此絕對壓力就是

$$P = 76.77 + (748)(0.013332) = 86.74 \text{ N cm}^{-2}$$

或 $\quad P = 867.4$ kPa

在 27°C 時，在某處的水銀壓力計讀值為 60.5 cm 汞柱。若當地的重力加速度為 9.784 m s^{-2}，則此汞柱高可換算為多少壓力？

 由課文中之公式知 $P = h\rho g$。在 27°C 時，汞的密度為 13.53 g cm^{-3}，所以

$$P = 60.5 \text{ cm} \times 13.53 \text{ g cm}^{-3} \times 9.784 \text{ m s}^{-2}$$
$$= 8,009 \text{ g m s}^{-2} \text{ cm}^{-2}$$

或 $\quad P = 8.009$ kg m s^{-2} cm^{-2} = 8.009 N cm^{-2}
$\quad\quad\quad = 80.09$ kPa = 0.8009 bar

Chapter 1 緒論

1.7 功

只要力作用了一段距離，就有作功。根據這樣的定義，所作的功可由下式計算：

$$dW = F\, dl \tag{1.1}$$

其中 F 表示施加的力，dl 表示在受力方向上所移動的距離。將上式積分後，可得經過一個特定程序後所作的功。當移動的方向與受力的方向相同時，功為正值，反之為負值。

流體的體積發生變化時所作的功，也是熱力學常要處理的問題。常見的例子如活塞在圓柱體運動而造成流體的壓縮或膨脹。若施力使活塞行進一段距離而壓縮流體，所作的功有多少？施在活塞上的力，就等於活塞加在流體上的力，也等於活塞面積與流體壓力的乘積；而活塞行進的距離，就等於流體體積的改變量除以活塞的面積，因此 (1.1) 式可寫為

$$dW = -PA\, d\frac{V^t}{A}$$

因為面積 A 是常數，所以可直接相除，上式就變成：

$$dW = -P\, dV^t \tag{1.2}$$

積分後為

$$W = -\int_{V_1^t}^{V_2^t} P\, dV^t \tag{1.3}$$

(1.3) 式中含有一負號，用意是使功的正負值符合慣用定義。當施力使活塞朝管柱內移動而壓縮流體時，施加在活塞的力與活塞的移動方向一致，因此功須為正值。但管柱內的體積改變量為負值，所以需要在公式中再補上負號，使其為正值。在膨脹的過程中，對活塞的施力方向與活塞的移動方向相反，因此所作的功為負值，而此時流體體積改變量為正值。以上是以施力在活塞上所作的功為考量，若考慮活塞對流體所作的功，結果是一樣的。流體被壓縮時，活塞施加在流體上的力，方向和流體移動方向一致；流體膨脹時，活塞施加在流體上的力，方向和流體移動方向相反。

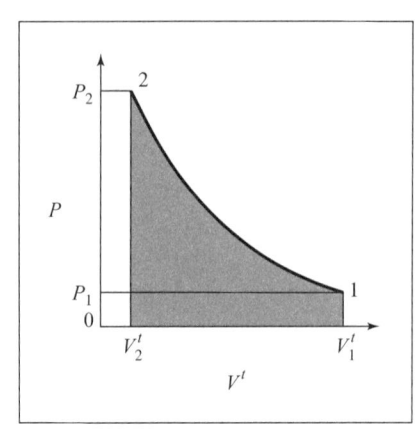

◐ 圖 1.3　PV^t 相圖

　　(1.3) 式可算出在壓縮或膨脹程序中所作的功。[7]圖 1.3 是某個對氣體壓縮的程序，由點 1 壓縮到點 2，氣體的體積和壓力也由 V_1^t 和 P_1 變為 V_2^t 和 P_2。點 1 到點 2 的曲線，就是整個壓縮過程中，氣體的體積與壓力的關係。(1.3) 式所算出來的功，就是圖 1.3 中深灰色部份的面積。在 SI 單位中，功的單位是牛頓-米，也就是焦耳 (J)；在英制單位中，則常使用呎-磅力 (ft lb$_f$)。

1.8　能　量

　　在 1850 年左右，能量守恆的基本原則就已經建立起來了。而能量守恆原則在力學上的應用，更是早就涵蓋在伽利略 (1564-1642) 及牛頓 (1642-1726) 的力學研究中了，甚至可以說能量守恆的原則是直接源自於牛頓第二定律。有趣的是，第二定律曾經將功定義為力與移動距離的乘積。

動　能

　　施加 F 的外力，把質量為 m 的物體移動了 dl 的距離，移動時間為 dt。所作的功可用 (1.1) 式計算，將 (1.1) 式的外力 F 以牛頓第二定律換成 ma，就可寫成：

$$dW = ma\, dl$$

---

[7] 但在 2.8 節對這點有討論，(1.3) 式可能只適用於特殊狀況。

Chapter **1** 緒論

加速度的定義是 $a \equiv du/dt$，其中 u 是物體的移動速度。依定義將上式的 a 換掉：

$$dW = m\frac{du}{dt}dl = m\frac{dl}{dt}du$$

而速度的定義是 $u \equiv dl/dt$，所以再將上式的 (dl/dt) 換成 u：

$$dW = mu\,du$$

要計算速度從一開始的 u_1 最後變成 u_2 到底作了多少功，就將上式積分為：

$$W = m\int_{u_1}^{u_2} u\,du = m\left(\frac{u_2^2}{2} - \frac{u_1^2}{2}\right)$$

也就是

$$W = \frac{mu_2^2}{2} - \frac{mu_1^2}{2} = \Delta\left(\frac{mu^2}{2}\right) \tag{1.4}$$

(1.4) 式中，每個 ($\frac{1}{2}mu^2$) 項所代表的意義就是所謂的動能 (kinetic energy)。動能是在 1856 年由 Lord Kelvin[8] 首先提出的，其定義為

$$E_K \equiv \frac{1}{2}mu^2 \tag{1.5}$$

(1.4) 式的意義是，當一個物體的速度由 u_1 變成 u_2 時，對物體所作的功就等於物體的動能改變量。相對的，正在移動的物體受到阻力而速度變慢時，物體對外界所作的功，也等於物體的動能改變量。而動能的單位是什麼呢？在 SI 單位中，質量單位是 kg，而速度單位是 m s^{-1}，因此動能單位就是 kg m^2 s^{-2}。因為牛頓的單位是 kg m s^{-2}，所以動能的單位可寫成牛頓-米，也就是焦耳。由 (1.4) 式來看，這也是功的單位。

在英制單位下，動能為 $\frac{1}{2}mu^2/g_c$，其中 g_c 的數值是 32.1740，單位是 (lb$_m$)(ft)(lb$_f$)$^{-1}$(s)$^{-2}$。因此動能的英制單位就是：

---

[8] Lord Kelvin 也就是 William Thomson (1824-1907)，是一位英國物理學家，他和德國物理學家 Rudolf Clausius (1822-1888) 共同奠定了現代熱力學的基礎。

$$E_K = \frac{mu^2}{2g_c} = \frac{(\text{lb}_m)(\text{ft})^2(\text{s})^{-2}}{(\text{lb}_m)(\text{ft})(\text{lb}_f)^{-1}(\text{s})^{-2}} = (\text{ft lb}_f)$$

必須有 g_c 項才能滿足單位轉換上的一致性。

位　能

把一個物體從高度 z_1 提高到 z_2 需要多少外力？這個外力至少要能克服物體受到的地心引力，並且把物體的高度提升了 $(z_2 - z_1)$。物體受到的地心引力可以用牛頓第二定律計算：

$$F = ma = mg$$

其中 g 是重力加速度。而把這個物體提高所需要的功，其最小值就是力和移動高度的乘積：

$$W = F(z_2 - z_1) = mg(z_2 - z_1)$$

也就是

$$W = mz_2 g - mz_1 g = \Delta(mzg) \tag{1.6}$$

由 (1.6) 式可知，提高物體的高度所需作的功，就等於 mzg 的改變量。相對的，如果物體下降時受到一股反方向的阻力，而這個阻力恰好等於物體的重力，那麼物體對外界所作的功，就等於 mzg 的改變量。在 (1.6) 式中的每個 mzg 項就是所謂的位能 (potential energy)，[9]它的定義為：

$$E_P \equiv mzg \tag{1.7}$$

位能的單位是什麼呢？由於在 SI 單位中，質量單位是 kg，高度單位是 m，重力加速度 g 的單位是 m s^{-2}，所以位能的單位就是 kg m^2 s^{-2}，也就是牛頓-米或焦耳，和 (1.6) 式等號左邊的功單位相同。

在英制單位下，位能表示成 mzg/g_c，單位為

$$E_P = \frac{mzg}{g_c} = \frac{(\text{lb}_m)(\text{ft})(\text{ft})(\text{s})^{-2}}{(\text{lb}_m)(\text{ft})(\text{lb}_f)^{-1}(\text{s})^{-2}} = (\text{ft lb}_f)$$

同樣的，仍必須引入 g_c 項以滿足單位上的一致性。

---

[9] 此項名詞首次於 1853 年由蘇格蘭工程師 William Rankine (1820-1872) 所提出。

Chapter 1 緒論

能量守恆

在探討物理變化的時候，我們常常會想要知道是不是有什麼物理量，在整個變化中一直保持不變。舉例來說，在早期發展力學的時候，就有找出「質量」是保持不變的。而質量守恆定律的應用，也啟發了其他重要的守恆定律。(1.4) 式與 (1.6) 式所表示的意義，就是對物體作的功等於某種改變量，這個改變量代表的是物體和環境間的某種關係。而當我們把程序反轉，讓物體回復到原始狀態，那麼對物體所作的功都可以再收回來。這個觀察很自然讓我們想到，當我們對物體作功，讓它加速或是高度提高時，它就具有對外界作同等功的能力了。這個觀念在剛體力學很有用，因此特別把物體作功的能力取名為能量 (energy)。energy 這個字是從希臘文來的，意思是「正在作功」(in work)。總之，使物體加速所作的功，造成了物體的動能 (kinetic energy) 改變：

$$W = \Delta E_K = \Delta \left(\frac{mu^2}{2} \right)$$

而改變物體高度所作的功，造成了物體的位能改變：

$$W = \Delta E_P = \Delta (mzg)$$

如果把物體提高，那麼它就會獲得能量，而且會持續保有能量一直到有機會把它釋放出來。而當被提高的物體，以自由落體的方式落下來，物體會失去位能而得到動能；在整個過程中，物體對外作功的能力仍保持不變。因此，對一個自由落下的物體而言，我們可寫成

$$\Delta E_K + \Delta E_P = 0$$

或

$$\frac{mu_2^2}{2} - \frac{mu_1^2}{2} + mz_2g - mz_1g = 0$$

這個公式的正確性，經過了無數次實驗的證明。就這樣，當能量的概念逐漸建立起來時，也推衍出能量守恆定律，並且經由充分的實驗，證明能量守恆定律可適用於所有的力學系統。

　　除了動能和位能外，也有其他形式的能量。最常見的就是組態的位能，也就是物質內部分子排列情形的位能。舉例來說，如果施加外力壓縮一根彈簧，這個彈簧就有作功的能力，可以抵抗外界阻力而伸長，這就是所謂的物質內部分子排列的位能。同樣具有這種能量的，還有被拉長的橡皮筋，以及彈性範圍內變形的金屬棒等。

　　當我們把功視為一種能量形式時，就可以把能量守恆定律應用在力學上。從 (1.4) 和 (1.6) 式可知，當我們對物體作功，使它有了動能或位能的變化，那麼功的大小就等於物體動能或位能的改變量。利用這樣的能量互換原則，就可以對力學問題作種種的討論與計算。但是有一個觀念要特別注意，功是在狀態變化時才存在的能量，不能真的儲存在物體內部。對物體所作的功，如果沒有使物體對別的東西作功，那麼功就會轉變為其他的能量形式。

　　在熱力學上，我們把特別要討論的物體或組件稱為系統 (system)，其他的部份則稱為環境 (surroundings)。如果有作功的情況，可能是環境對系統作功，也可能是系統對環境作功；而因作功而生的能量傳遞，也有可能是環境傳給系統，或系統傳給環境。要記住，只有在能量傳遞的時候，功才存在；而動能和位能則可保留在系統內部。動能和位能的大小，要看系統和環境的相對關係。例如動能取決於物體和環境間之相對速度；位能則取決於物體與參考點間的相對高度。只要參考點固定不變，動能和位能的改變量就和參考點設在哪裡無關。

一台電梯的質量為 2,500 kg，停在距其底部 10 m 高的地方。電梯上升到離底部 100 m 高時，纜線斷裂。電梯以自由落體的方式掉到底部，並且撞擊到底部的強力彈簧。彈簧的設計是可以盡量被壓縮而使電梯停在上面。假設整個過程沒有摩擦力，且 $g = 9.8$ m s^{-2}，請計算以下各項：
(a) 電梯在一開始相對於底部的位能。
(b) 將電梯升高所需要的功。
(c) 電梯在最高點時，相對於底部的位能。
(d) 電梯撞擊到底部的前一瞬間，電梯的速度及動能。
(e) 被壓縮的彈簧的位能。
(f) 以電梯和彈簧為系統，則下列情況的系統能量為多少？(1) 起始狀態；(2) 電梯升到最高點時；(3) 電梯撞擊底部前一瞬間；(4) 電梯完全停下來時。

Chapter 1 緒 論

 令下標 1 表示一開始的狀態，下標 2 表示電梯在最高點的狀態，下標 3 表示電梯撞擊到底部前一瞬間的狀態。

(a) 由 (1.7) 式可知：$E_{P_1} = mz_1 g = (2,500)(10)(9.8) = 245,000$ J

(b) 由 (1.1) 式：$W = \int_{z_2}^{z_2} F\, dl = \int_{z_2}^{z_2} mg\, dl = mg(z_2 - z_1)$

因此　　　$W = (2,500)(9.8)(100 - 10) = 2,205,000$ J

(c) 由 (1.7) 式：$E_{P_2} = mz_2 g = (2,500)(100)(9.8) = 2,450,000$ J

注意　　　$W = E_{P_2} - E_{P_1}$

(d) 由能量守恆定律，我們可以知道從狀態 2 到 3 的動能和位能改變量加起來等於零：

$$\Delta E_{K_{2\to 3}} + \Delta E_{P_{2\to 3}} = 0 \quad\text{或}\quad E_{K_3} - E_{K_2} + E_{P_3} - E_{P_2} = 0$$

因為 E_{K_2} 和 E_{P_3} 都等於零，所以：

$$E_{K_3} = E_{P_2} = 2,450,000 \text{ J}$$

又因為 $E_{K_3} = \dfrac{1}{2} m u_3^2$，$u_3^2 = \dfrac{2 E_{K_3}}{m} = \dfrac{(2)(2,450,000)}{2,500}$

因此　　　$u_3 = 44.27 \text{ m s}^{-1}$。

(e) 彈簧的位能改變量和電梯的動能改變量加起來等於零。所以：

$$\Delta E_P \text{(彈簧)} + \Delta E_K \text{(電梯)} = 0$$

彈簧在起始狀態的位能為零，電梯在最後靜止狀態的動能為零，因此彈簧最後的位能，就等於電梯撞擊彈簧前一瞬間的動能，也就是 2,450,000 J。

(f) 將電梯與彈簧合併為一個系統時，一開始的系統能量就是電梯的位能 245,000 J。這個系統的能量如果發生變化，唯一的可能性就是系統和環境間有能量交換。要把電梯升高，外界對需要對它作功 2,205,000 J。因此當電梯在最大高度時，系統能量就是 245,000 + 2,205,000 = 2,450,000 J。之後的能量變化都是在系統內部，和環境沒有能量交換，所以系統能量就維持在 2,450,000 J。系統內部的能量可轉換成不同形式，例如電梯的位能可轉換為電梯的動能或彈簧內部分子的排列位能。

　　這個例題說明了各種能量之間的守恆關係。但在這個討論中，是假設沒有摩擦力的，所以以上的計算結果，也只對這種理想系統才是正確的。

在能量守恆定律的發展中，熱 (heat) 並未被視為一種能量形式，而被認為是一種不可毀壞的流體，稱為卡路里 (calorie)。這種觀念持續了很久，而未討論熱與摩擦力的關係，或熱也是能量的一種形式。這個觀念也限制了能量守恆定律只適用於無摩擦力的理想系統。直到 1850 年代之後，新的觀念興起，認為熱和功一樣，是狀態改變過程中所涉及的能量形式，原來所受到的限制也不存在。在這些新觀念發展過程中，焦耳 (J. P. Joule, 1818-1889) 的實驗扮演了重要的角色。焦耳是英國曼徹斯特的一個釀酒商，有關他的實驗將在第 2 章中討論，在本章中先介紹熱的特性。

 1.9　熱

我們由經驗知道，當兩個冷熱不同的物體接觸時，熱的會變冷、冷的會變熱。所以我們可以合理假設有一些東西從熱物體傳到冷物體了，而這個傳過去的東西就稱為熱或熱能 (heat) Q。[10]因為熱永遠是由高溫流向低溫的，所以「溫度」自然就是熱這種能量傳遞的驅動力。更精確地說，熱傳的速率與兩物體間的溫度差成正比，如果沒有溫度差存在，就沒有熱傳。在熱力學的討論中，熱不是一個儲存在物體內部的能量，而是和功一樣，只有當能量傳遞時才存在，可能是物體與物體間或物體與環境間的能量傳遞。而當能量以熱的形式加在一個系統上時，能量不以熱的形式儲存在系統內部，而是轉為系統內分子和原子的動能與位能。

雖然熱是一種暫存狀態的特性，但我們常常需要知道當發生熱傳時，系統有什麼變化。一直到 1930 年左右，熱的單位都還是定義為：每單位質量的水的溫度改變量。像卡路里 (calorie) 就定義為一克的水升高攝氏一度所需的熱量。在英制單位中，一英熱單位 (Btu) 定義為一磅質量的水升高華氏一度所需的熱量。雖然這種定義方法源自於人體對熱的「感覺」，不過它們都可以從實驗量到數值，也隨著實驗技術的改良而使數值略有變化。現在卡路里或英熱單位都被視為能量的單位，也都可以換算成 SI 單位中的能量單位焦耳 (joule)，而焦耳就等於 1 N m，等於一牛頓的力產生一米距離改變所作的功。其他的能量單位也

---

10 同樣的，「冷卻」也可以合理假設為有某些東西由冷物體傳遞到熱物體。

可以換算成焦耳。例如 1 ft-lb$_f$ 等於 1.3558179 J；1 卡路里等於 4.1840 J；1 英熱單位 (Btu) 等於 1,055.04 J。另外在 SI 單位中，功率的單位為瓦 (W)，定義是每秒傳送一焦耳的能量傳遞速度。

在附錄的表 A.1 中列出了各種能量單位換算方法。

習 題

1.1 如果用 1.2 節所定義的秒 (s)、英尺 (ft)、磅質量 (lb$_m$) 為單位，而力的單位為磅達 (poundal)，使 1 (lb$_m$) 的質量產生 1 (ft)(s)$^{-2}$ 加速度所需要的力，那麼請計算 g_c 的大小和單位。

1.2 電流是 SI 系統中有關電的基本物理量，其單位為安培 (A)。利用 SI 的各基本單位，求出下列各項的單位。
(a) 電功率；(b) 電荷；(c) 電位能差異；(d) 電阻；(e) 電容

1.3 汽液相平衡時的飽和壓力 P^{sat} 可表示為下列的溫度函數：

$$\log_{10} P^{sat} / \text{torr} = a - \frac{b}{t/°C + c}$$

其中 a、b 及 c 是各物質的特性參數。若將 P^{sat} 表示成同義式：

$$\ln P^{sat} / \text{kPa} = A - \frac{B}{T/K + C}$$

試表示二式中參數間的關聯。

1.4 在絕對溫度為多少的時候，攝氏與華氏溫度有相同的數值，且此數值是多少？

1.5 利用靜重儀可測量高達 3,000 bar 的壓力。若活塞的直徑為 4 mm，則此時需要多少公斤 (kg) 的重物？

1.6 利用靜重儀可測量高達 3,000 (atm) 的壓力。若活塞的直徑為 0.17 (in)，則此時需要多少磅 (lb$_m$) 的重物？

1.7 水銀壓力計在 25°C 時讀數為 56.38 cm (一端通於大氣)。若當地的重力加速度為 9.832 m s^{-2}，大氣壓力為 101.78 kPa，那麼絕對壓力為多少 (kPa)？(水銀在 25°C 時密度為 13.534 g cm^{-3})

1.8 水銀壓力計在 70 (°F) 時之讀數為 25.62 (in) (一端通於大氣)。若當地的重力加速度為 32.243 (ft)(s)$^{-2}$。大氣壓力為 29.86 (in Hg)，那麼絕對壓力為多少 (psia)？(水銀在 70 (°F) 時密度為 13.534 g cm^{-3})

1.9 在低溫下就會沸騰的液體，通常以液態儲存，且容器壓力為它的蒸汽壓。在常溫時，蒸汽壓可能非常大。所以像正丁烷就是汽／液平衡態儲存在 300 K 及 2.581 bar 下。大量儲存這類的物質時 (> 50 m^3)，常採用球型儲槽，試舉出兩個理由。

1.10 首次準確地測量高壓氣體的性質，是在 1869 年至 1893 年間，由 E. H. Amagat 在法國完成的。當時還沒有靜重儀，他利用礦場的直立坑道，以水銀壓力計測量高於 400 bar 的壓力。試估算水銀壓力計的高度。

1.11 利用一根彈簧，懸掛 0.40 kg 質量的物體，來測量火星上的重力加速度。在地球上重力加速度為 9.81 m s^{-2} 的地方，彈簧伸長量為 1.08 cm。若彈簧放到火星上，測出彈簧伸長量為 0.40 cm，則火星上的重力加速度是多少？

1.12 流體的壓力隨高度變化的情形，可表示成下式

$$\frac{dP}{dz} = -\rho g$$

其中 ρ 為比密度，g 是當地的重力加速度。對理想氣體而言，$\rho = MP/RT$，其中 M 是莫耳質量，R 是氣體常數。假設大氣是 10°C 等溫的理想氣體，試計算丹佛的大氣壓力。當地的高度相對海平面為 $z = 1$ (英里)。空氣的莫耳質量 M 為 29 g mol^{-1}；氣體常數 R 則請參見附錄 A。

1.13 一群工程師登陸月球，並想測量幾塊岩石的質量。他們使用的彈簧，是在重力加速度為 32.186 (ft)(s)$^{-2}$ 的地方校正過的，刻度是磅質量 (lb$_m$)。有一塊月球岩石測出來為 18.76。則這塊岩石質量是多少？它在月球上的重量是多少？
令 g (月球) = 5.32 (ft)(s)$^{-2}$。

1.14 一個 70 瓦的戶外安全燈平均每天要開燈 10 小時。而一個新的燈泡要價 5 美元，可使用約 1,000 小時。如果電費為每千瓦小時 0.1 美元，則一個戶外「安全」燈平均每年的花費是多少？

1.15 氣體被裝入直徑為 1.25 (ft) 的圓筒中，並以活塞塞住。活塞上置一重物，活塞與重物的質量共為 250 (lb$_m$)。若當地的重力加速度為 32.169 (ft)(s)$^{-2}$，大氣壓力為 30.12 (in Hg)，請計算下列各項：

(a) 外界大氣、活塞與重物，加在氣體的力為多少 (lb$_f$)？假設活塞與圓筒之間無摩擦力。

(b) 氣體的壓力為多少 (psia)？

(c) 圓筒內的氣體受熱膨脹時，會推動活塞及重物上升。若活塞及重物上升 1.7 (ft)，則氣體所作的功為多少 (ft lb$_f$)？而活塞及重物的位能改變量為多少？

1.16 氣體被裝入直徑為 0.47 m 的圓筒中，並以活塞塞住。活塞上置一重物，活塞與重物的質量共為 150 kg。若當地的重力加速度為 9.813 m s^{-2}，大氣壓力為 101.57 kPa，請計算下列各項：

(a) 外界大氣、活塞與重物，加在氣體的力為多少牛頓？假設活塞與圓筒之間無摩擦力。

(b) 氣體的壓力為多少 kPa？

(c) 圓筒內的氣體受熱膨脹時，會推動活塞及重物上升。若活塞及重物上升 0.83 m，則氣體所作的功為多少 kJ？而活塞及重物的位能改變量為多少？

1.17 證明在 SI 單位中，動能及位能的單位為焦耳。

1.18 汽車的質量為 1,250 kg 並以 40 m s^{-1} 的速度前進。汽車的動能為多少 kJ？若要讓汽車停止，需要作功多少？

1.19 從 50 m 高落下的水，驅動水力發電廠中的渦輪機。假設動能轉化為電能的效率為 91%，而且在能量傳遞中有 8% 的能量損失，則水的質量流速要多少，才能供應 200 燈泡的能量？

1.20 下列為近似的換算因子，作為粗略估算時使用。雖然不是非常準確，但誤差在 10% 內。利用附錄 A 中的表 A.1 建立正確的換算因子。

- 1 (atm) ≈ 1 bar
- 1 (Btu) ≈ 1 kJ
- 1 (hp) ≈ 0.75 kW
- 1 (inch) ≈ 2.5 cm
- 1 (lb$_m$) ≈ 0.5 kg
- 1 (mile) ≈ 1.6 km

- 1 (quart) ≈ 1 liter
- 1 (yard) ≈ 1 m

這題的目的在於簡化換算因子及便於記憶，所以你可以再加入其他項目。

1.21 一份十進位的曆法如下表所示。其中基本單位為年 (Yr)，相當於地球繞太陽一圈所需的時間，其他各項定義則列於表中。將下列十進位曆表中的各個單位，換算為傳統曆表單位，並分析這個曆法的優缺點。

十進位曆法單位	符　號	定　義
秒	Sc	10^{-6} Yr
分	Mn	10^{-5} Yr
時	Hr	10^{-4} Yr
日	Dy	10^{-3} Yr
週	Wk	10^{-2} Yr
月	Mo	10^{-1} Yr
年	Yr	

1.22 能源成本因來源不同而有差異。如煤炭為 $25.00 / 噸；汽油零售價為 $2 / 加侖；電力則是 $0.1000 / 千瓦小時。為了方便起見，將它們都換算為 $ GJ^{-1} 會較好比較。「1 GJ 近似於 10^6(Btu)」。因此若假設煤炭的淨產能為 29 MJ kg^{-1}，而汽油為 37 GJ m^{-3}，則試計算下列各項。
   (a) 將三種能源的成本都以 $ GJ^{-1} 列出來，並以大小排序。
   (b) 解釋 (a) 的結果為何數值有這麼大的差異。討論三種不同能源的優缺點。

1.23 化學廠的設備成本，和設備大小有比例關係。在最簡單的條件下，成本 C 和尺寸大小 S 間依循成長方程式 (allometric equation)：

$$C = \alpha S^{\beta}$$

尺寸係數 β 通常在 0 到 1 之間，許多設備的 β 值都在 0.6 左右。
   (a) 令 $0 < \beta < 1$，證明當尺寸愈大時，每單位尺寸的設備成本就愈小。(經濟規模)
   (b) 球型儲槽的尺寸，通常看的是總內部體積 V_t^t。試證明球型儲槽的 $\beta = 2/3$。你認為 α 值和什麼參數或性質有關？

1.24 某實驗室發表了以下數據，為某特定化學品的溫度-壓力 (P^{sat}) 實驗結果。

t / ℃	P^{sat} / kPa	t / ℃	P^{sat} / kPa
−18.5	3.18	32.7	41.9
−9.5	5.48	44.4	66.6
0.2	9.45	52.1	89.5
11.8	16.9	63.3	129.
23.1	28.2	75.5	187.

以 Antoine 方程式對這組數據作迴歸，找出 A、B、C 值。

$$\ln P^{sat} / \text{kPa} = A - \frac{B}{T/K + C}$$

比較實驗數據和公式解的差異。並由公式計算這個化學品的標準沸點。

1.25 (a) 1970 年夏季，油價曾到每加侖 0.35 美元。在 1970 到 2000 年間，若每年的通貨膨脹率為 5%，則 2000 年夏季的油價為多少？由計算結果可以得到什麼樣的結論？

(b) 某位博士級工程師，在 1970 年的時候起薪為 \$16,000 $(\text{yr})^{-1}$；而 2000 年退休時的薪水為 \$80,000 $(\text{yr})^{-1}$。若考慮每年 5% 的通貨膨脹率，則這位工程師的薪水變化是否能抵抗通膨壓力？

(c) 美國私立大學的學費，每年約漲 3%。試規劃讓小孩未來念私立大學的理財方法。假設沒有任何補助，而每年有 5% 的通貨膨脹率，目前學費為 \$25,000 $(\text{yr})^{-1}$。

複利公式為：

$$\frac{C(t_2)}{C(t_1)} = (1+i)^{t_2-t_1}$$

C 是成本或薪水等等。t_1 和 t_2 指的是不同的時間；而 i 是速率 (通膨、利率等)，以小數表示。

熱力學第一定律及其他基本觀念

Chapter 2

2.1 焦耳實驗

今天我們對「熱」的觀念，是由焦耳[1] (1818-1889) 幾個重要的實驗發展出來的。1840 年後的十幾年間，焦耳在他英格蘭曼徹斯特居所的地下室，進行了許多實驗，這些實驗對熱的觀念有決定性的影響。

焦耳的實驗十分簡單，但他很小心地量測數據，儘可能減低誤差。在他最著名的實驗中，將已知質量的水、油及水銀分別放在絕熱的容器中，並以攪拌器加以攪拌。精確測量攪拌器對流體作了多少功，以及流體的溫度改變量。他發現對同一種流體而言，要使每單位質量的流體溫度升高一度，所需要的功是固定的。而升溫之後的流體，如果與另外一個冷物體接觸，也可經由熱傳而使流體回到原來的溫度。這使焦耳得到如下的結論：功與熱有數量上的比例關係，因此熱也是一種能量。

2.2 內 能

在焦耳上述的實驗中，能量以功的形式施加給流體，最後以熱的方式從流體中取出，但在實驗進行期間，能量究竟以何種形式存在？根據推理可知，能量是以另一種形式儲存在流體中，稱為內能 (internal energy)。

內能與物質巨觀的位置和運動無關，而與構成物質內部的分子所含的能量有關。分子總是不停地動來動去，可將之分為移動 (translation)、轉動 (rotation) 和振動 (vibration) 的動能 (單分子沒有轉動動能)。將熱能加在物質上，可增加分子的活動能力，而造成內能的增加。將功加在物質上也有同樣的效果，焦耳的實驗正證明了這一點。

內能也包含了分子間作用力而造成的位能 (見原版書 16.1 節，本譯本未包含第 16 章)。以微觀來看，電子與原子核之間以及原子與分子之間，都有能量存在。內能比起動能及位能是很不相同的，動能及位能與物質整體的巨觀速度和位置有關，內能則否。動能和位能因此可定義為表觀形式 (external form) 的能量。

---
[1] 有關焦耳的實驗以及對於熱力學發展的影響，可參見 H. J. Steffens 所著的 James Prescott Joule and the Concept of Energy。出版資料：Neale Watson Academic Publications, Inc., New York, 1979。

內能是熱力學中的基本定義，它無法被直接地量測出來，因此不具有絕對的數值。在熱力學分析中，我們只需要知道內能的改變量。

2.3 熱力學第一定律

既然熱和內能定義成一種能量形式，且獨立於功、動能及位能之外，那麼 1.8 節所討論的能量守恆定律範圍就更廣了。其實除了熱和內能外，能量守恆定律還可以包含更多其他形式的能量，如表面能量 (surface energy)、電能 (electrical energy) 及磁能 (magnetic energy) 等。經過長時間無數證據的累積，能量守恆已經成為自然界的定律，稱為熱力學第一定律。它正式的陳述如下：

> 雖然能量有多種形式，但其總量是守恆不變的。當一種形式的能量消失，必定以另一種形式的能量出現。

當我們應用第一定律來討論某個程序 (process) 或變化過程時，通常把相關的空間分為兩部份：系統 (system) 與環境 (surroundings)。程序發生的區域稱為系統，其餘與系統作用的空間稱為環境。系統的大小視情況而定；系統的邊界可以是實際的或只是虛擬的，可以是固定的也可以是變動的；而系統的組成可以是純物質，也可以是混合物。必須把有關系統的種種條件都定義清楚，才能寫出熱力學的方程式。因為熱力學方程式所描述的是一個特定程序，以及程序中會用到的設備和相關物質。不過，熱力學第一定律是同時包含系統和環境的，而不是只針對系統而已。熱力學第一定律最基本的公式可寫為

$$\Delta (系統的能量) + \Delta (環境的能量) = 0 \tag{2.1}$$

其中「Δ」符號代表的是一個有限的改變量。在系統內發生改變的能量，可能是內能、系統整體的動能或位能、或是系統內局部的動能及位能。

在熱力學觀點上，熱與功是系統與環境間交換的能量，經由系統邊界傳進傳出。這兩種能量並不儲存在系統或物質內部。在系統內，能量以位能、動能及內能的方式儲存下來。以 (2.1) 式可以推導出許多公式，可應用在特定的條件下。本章的重點就在於這些公式的推導，以及如何應用它們。

2.4 封閉系統中的能量平衡

　　如果有一個系統，不讓任何物質進來，也不讓任何物質出去，那麼這個系統就叫做封閉系統 (closed system)，而它的質量恆為定值。熱力學的基本概念，就是從觀察封閉系統所發展出來的，因此在這裡我們將非常仔細地審視它。實際上，在業界使用到熱力學的時候，比較重要的是去探討物質如何進出一個製程設備；也就是物質經由系統邊界進進出出的過程。這樣的系統是所謂的開放系統 (open system)，當我們把基本概念建立起來之後，在本章後面會討論「開放系統」。

　　一個封閉系統有封閉的邊界，將它和周圍環境完全隔開。既然沒有任何物質可以從邊界進出系統，那麼也不會有「能量隨著物質而進出系統」的狀況發生。所以封閉系統和周圍環境如果有什麼能量的交換，也只有兩種形式：熱和功。既然能量交換只有這兩種，那麼周圍環境的能量變化，一定等於環境中熱和功的變化。因此 (2.1) 式的第二項可替換成：

$$\Delta (環境中的能量) = \pm Q \pm W$$

熱 (Q) 和功 (W) 前面要用 + 號還是 − 號，要看能量移動的方向。不過因為 Q 和 W 都是用來描述封閉系統的，所以進來系統的為正，從系統跑出去的為負；即進來系統的以 $+W$ 與 $+Q$ 表示，從系統出去的以 $-W$ 與 $-Q$ 表示。我們可以用 Q_{surr} 和 W_{surr} 來描述環境的熱和功，而由於環境得到的，就等於從系統出去的，所以可知 $+Q_{surr} = -Q$；$+W_{surr} = -W$。有了這樣的認知後，上式可寫為：

$$\Delta (環境中的能量) = Q_{surr} + W_{surr} = -Q - W$$

(2.1) 式就變成：[2]

$$\Delta (系統中的能量) = Q + W \tag{2.2}$$

上式所表達的意思是，一個封閉系統的總能量變化，就等於它總計獲得多少的熱和功。

---

[2] 這裡的正、負號用法為 IUPAC (International Union of Pure and Applied Chemistry) 現在的建議用法。但一開始並非如此，因此在本教科書的第 1 版到第 4 版，用於功的正、負號是與現在相反的；即 (2.2) 式的等號右邊為 $Q - W$。

Chapter 2 熱力學第一定律及其他基本觀念

封閉系統通常只有系統內部的能量發生變化，亦即僅內能改變。這時候 (2.2) 式可簡化為：

$$\Delta U' = Q + W \qquad (2.3)$$

其中 U' 是系統的總內能。如果系統的內能變化量是有限的，可以使用 (2.3) 式。但如果是微分變化量則為：

$$dU' = dQ + dW \qquad (2.4)$$

(2.3) 式和 (2.4) 式中的 Q、W 和 U' 都是用來描述整個系統的，這個系統可大可小，但必須定義得很清楚。而這些能量符號在使用上，都必須用同一種單位系統。公制的能量單位是焦耳 (joule)；一般在使用的還有卡 (calorie, cal.)、英尺-磅力 ($ft\ lb_f$) 和英熱單位 (Btu)。

系統的總體積 V' 和總內能 U' 都和系統物質的數量大小有關，稱為外延性質 (extensive property)。以一瓶水為例，如果以莫耳數分成 5 等份，那麼每一等份的體積只有五分之一，所以體積為外延性質。另一方面，和系統物質的數量大小沒有絕對關係的性質，被稱為內含性質 (intensive property)，如溫度和壓力。例如 25°C 的水分成 5 等份，每一等份還是 25°C，所以說溫度是與物質數量無關的性質。另外，溫度和壓力也是熱力學上均勻物系中的主要變數。外延性質在均勻相系統 (homogeneous system) 中有兩種表達方式，以 V' 和 U' 為例，可寫成：

$$V' = mV \quad 或 \quad V' = nV \ ;\ U' = mU \quad 或 \quad U' = nU$$

其中沒有上標的 V 和 U 分別代表每單位的體積和內能，可以是每單位質量或每莫耳；亦即所謂的比性質 (specific properties) 或莫耳性質 (molar properties)。例如每克的體積 (比體積)、每莫耳的內能 (莫耳內能)，而這類性質因為和系統物質的數量大小無關，所以是內含性質。

> 在一個任意大小的均勻相系統中，雖然 V' 和 U' 是屬於外延性質，但是 V (比體積或莫耳體積) 和 U (比內能或莫耳內能) 是屬於內含性質。

請注意溫度 T 與壓力 P 並沒有相對應的外延性質。

如果一個封閉系統含有 n 莫耳的物質，那麼可將 (2.3) 式和 (2.4) 式改寫為：

$$\Delta(nU) = n\Delta U = Q + W \tag{2.5}$$

$$d(nU) = n\, dU = dQ + dW \tag{2.6}$$

上式的表示方法，能明確地顯示出系統內物質的數量。

熱力學的方程式通常描述的是單位質量或每莫耳的狀況。因此當 $n=1$ 時，(2.5) 式和 (2.6) 式變成：

$$\Delta U = Q + W \quad \text{及} \quad dU = dQ + dW$$

ΔU 和 dU 所用的質量單位或莫耳數，會決定 Q 和 W 的計算方法。

(2.6) 式是熱力學上所有**物性關係** (property relations) 的基本公式，它將內能與可直接測量的物性連結起來。這個方程式完全沒有顯示出內能的**定義**，也無法用它算出內能的絕對值；它提供的是計算內能變化量的方法。但如果沒有它，熱力學第一定律就無法化為公式了。甚至可以說，第一定律成立的前提就是內能的存在。內能、熱力學的基本性質，可用下面這段話概述它：

> 世上存在著一種能量，它的名字是內能 U，它是系統的一種本質。而描述系統的各種可測性質，與它有親密的函數關係。一個封閉系統，靜止的封閉系統，想要一窺它的內能變化，請找 (2.5) 式和 (2.6) 式。

例 2.1 有 1 kg 的水，流過一個 100 m 高的瀑布。以這 1 kg 的水為系統，並假設它和周圍環境沒有任何能量交換。

(a) 當水在瀑布頂端時，其相對於瀑布底端的位能是多少？
(b) 在水落到瀑布底部的前一瞬間，水的動能是多少？
(c) 這 1 kg 的水落入瀑布下的水流之後，它的狀態發生了什麼樣的變化？

解 由於這 1 kg 的水和周圍環境沒有任何的能量交換，所以 (2.1) 式的每一項可寫為：

$$\Delta (\text{系統中的能量}) = \Delta U + \Delta E_K + \Delta E_P = 0$$

(a) 從 (1.7) 式 (其中 g 值用標準值) 可得：

Chapter 2 熱力學第一定律及其他基本觀念

$$E_P = mzg = 1 \text{ kg} \times 100 \text{ m} \times 9.8066 \text{ m s}^{-2}$$
$$= 980.66 \, \frac{\text{kg m}^2}{\text{s}^2} = 980.66 \text{ N m} = 980.66 \text{ J}$$

(b) 水落下瀑布的過程是自由落體,在這過程中,沒有任何機制會讓動能或位能轉換為內能。所以 $\Delta U = 0$:

$$\Delta E_K + \Delta E_P = E_{K_2} - E_{K_1} + E_{P_2} - E_{P_1} = 0$$

我們可以非常合理地假設 E_{K_1} 和 E_{P_2} 近似於 0。因此使 $E_{K_1} = E_{P_2} = 0$,可得:

$$E_{K_2} = E_{P_1} = 980.66 \text{ J}$$

(c) 當 1 kg 的水落到瀑布底部,並且和其他落下的水混在一起後,所形成的渦流會將水的動能逐漸轉換成內能。在這個轉換過程中,ΔE_P 基本上沒有變化而為 0。於是 (2.1) 式變成:

$$\Delta U + \Delta E_K = 0 \quad \text{或} \quad \Delta U = E_{K_2} - E_{K_3}$$

假設水流的流速很小,使 E_{K_3} 可以忽略,那麼:

$$\Delta U = E_{K_2} = 980.66 \text{ J}$$

這個過程從頭到尾造成的結果,就是水的位能轉換為水的內能。而這個內能的變化會表現在水溫的上升。由於水上升 1°C 需要 4,184 J kg^{-1} 的能量,若假設這 1 kg 的水和周圍沒有任何熱傳發生,那麼水溫會上升 980.66 / 4,184 = 0.234°C。

2.5 熱力學的狀態及狀態函數

(2.3) 到 (2.6) 式中,等號左邊所表示的和右邊不同。左邊所表示的內能改變,是系統內部**熱力學狀態** (thermodynamic state) 的變化。熱力學狀態會表現在**熱力學性質** (thermodynamic properties) 上,如溫度、壓力和密度等。根據經驗,如果是均勻相的純物質,只要固定兩個熱力學性質,就可以算出其他的性質。因此兩個熱力學性質就可以決定熱力學狀態。例如在 300 K 及 10^5 kPa (1 bar) 下

的氮氣，比體積 (或密度) 和莫耳內能都是定值，所以可以說只要固定兩個性質，那麼所有的內含性質都固定下來了。如果這個氮氣經過一連串的加熱、冷卻、壓縮、膨脹等程序，最後回到原來的溫度及壓力，那這些內含性質也會回到原來的數值。所以這些內含性質跟處理過程或處理方法沒有關係，只和當時在什麼狀態有關，因此稱為狀態函數 (state function)。對均勻相的純物質而言，[3] 只要決定兩個熱力學性質，就可以決定熱力學狀態 (thermodynamic state) 了。由此可知，像比內能等狀態函數，在每個狀態下都有相應的數值，並且可以用兩個熱力學性質算出來。例如可以將比內能表示成溫度和壓力的函數，或是溫度和密度的函數等，所以也可以畫成二維相圖，每個數值在相圖上為一個點。

另一方面，(2.3) 到 (2.6) 式等號右邊的熱和功，並不是熱力學性質，而是由環境能量變化跑出來的。熱和功都與程序如何變化有關，在相圖上可能是面積而不是點，可參考圖 1.3。雖然熱力學中不考慮時間的因素，但傳遞熱和功都需要時間。

狀態函數的微分值，代表這個性質的微小變化量；如果將它由某個狀態積分到另一個狀態，那麼算出來的值，就是這個性質在兩個狀態下的差值。以壓力和比體積為例：

$$\int_{P_1}^{P_2} dP = P_2 - P_1 = \Delta P \quad 及 \quad \int_{V_1}^{V_2} dV = V_2 - V_1 = \Delta V$$

熱與功的微分值，並不是微小的狀態變化量，只是微小的數量；其積分值也不是兩個狀態下的差值，而是一個總量。

$$\int dQ = Q \quad 及 \quad \int dW = W$$

如果一個封閉系統，經由不同的程序而達到相同的狀態變化，由實驗可知隨程序不同，熱和功的大小也不同，但 $Q + W$ 的值卻是相同的。而由 (2.3) 式，總內能變化 ΔU^t 就等於 $Q + W$，所以可以看出內能是一種狀態函數，和程序怎麼走無關，由起始狀態和最終狀態就可以決定內能的大小。

---

[3] 如果不是均勻相的純物質，那麼要決定熱力學狀態，需要固定的熱力學性質可能不只兩個。至於需要幾個，會在 2.7 節中討論。

Chapter **2** 熱力學第一定律及其他基本觀念

例 2.2 氣體儲存在圓筒中，上方置入活塞。一開始的壓力為 7 bar，體積為 0.10 m³。把活塞栓住，讓活塞無法移動，將整個裝置放在真空系統中。鬆開栓子後，活塞往外跑，氣體體積膨脹到原來兩倍，這時候再將活塞栓住，則這個裝置的能量改變多少？

解 這一題是以氣體、活塞及圓筒為系統。因為沒有外力，所以功等於 0。而真空環境中沒有熱量傳遞，所以 Q 和 W 也等於 0，所以系統總能量維持不變。系統內的能量分佈可能有變化，但資訊不足，無法對此作計算。

例 2.3 如果例 2.2 不是把裝置放在真空中，而是放在一大氣壓 101.3 kPa 中，那麼這個裝置的能量改變多少？假設系統與外界空氣的熱傳速率極小，與氣體膨脹速率相比慢到可忽略。

解 本題系統的定義如例 2.2，但氣體在膨脹過程中，因抵擋大氣壓力而對環境作功。作功的大小，就等於把活塞往外推的力乘以活塞上升的距離。若活塞的面積為 A，則力為 $F = P_{atm} A$。活塞上升的距離等於氣體體積的改變量除以活塞的面積，也就是 $\Delta l = \Delta V^t / A$。如此我們可以由 (1.1) 式計算系統對環境所作的功，而且這個功是負值：

$$W = -F\,\Delta l = -P_{atm}\,\Delta V^t$$

$$= -(101.3)(0.2-0.1)\text{ kPa m}^3 = -10.13\,\frac{\text{kN}}{\text{m}^2}\,\text{m}^3$$

或 $\qquad W = -10.13$ kN m $= -10.13$ kJ

雖然環境和系統間也有可能有熱傳，但是本題假設速率差異很大，所以還來不及熱傳，氣體就已經膨脹了。若考慮還沒熱傳的狀況，則 Q 值為零，而由 (2.2) 式可得

$$\Delta (\text{系統的能量}) = Q + W = 0 - 10.13$$

$$= -10.13 \text{ kJ}$$

系統總能量之減少量，就等於系統對外界所作的功。

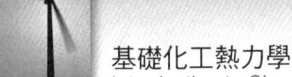

基礎化工熱力學
Introduction to Chemical Engineering Thermodynamics

例 2.4 當系統由圖 2.1 的 a 點順著 acb 路徑到 b 點時，有 100 J 的熱流到系統中，而且系統對外作功 40 J。

(a) 如果系統沿 aeb 路徑到 b 點，系統會對外作功 20 J，那麼有多少熱流入系統中？

(b) 如果系統由 b 點沿 bda 路徑回到 a 點，而外界對系統作功 30 J，那麼系統吸收或放出多少熱量？

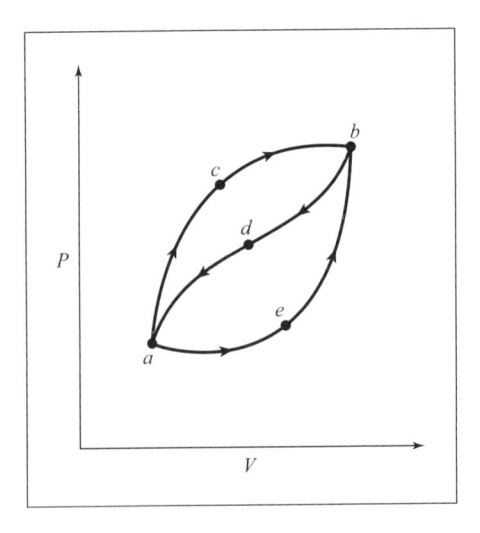

● 圖 2.1　例 2.4 的圖形

解 假設系統中只有內能改變，而且 (2.3) 式可適用。則對 acb 路徑而言

$$\Delta U_{ab}^t = Q_{acb} + W_{acb} = 100 - 40 = 60 \text{ J}$$

這是系統由 a 點經任何路徑至 b 點時之內能改變量。

(a) 對 aeb 路徑而言

$$\Delta U_{ab}^t = 60 = Q_{aeb} + W_{aeb} = Q_{aeb} - 20$$

因此　　$Q_{aeb} = 80$ J

(b) 對 bda 路徑而言，

$$\Delta U_{ab}^t = -\Delta U_{ab}^t = -60 = Q_{bda} + W_{bda} = Q_{bda} + 30$$

因此　　$Q_{bda} = -60 - 30 = -90$ J

所以系統對外放出了 90 J 的熱量。

2.6 平　衡

　　平衡 (Equilibrium) 是指一個靜止、沒有改變的狀態。熱力學上的平衡，不只是沒有變化，還要沒有改變的趨勢 (巨觀上)。當我們說「系統達到平衡狀態」時，就是指系統的熱力學狀態不會改變。因為一定是有某種驅動力，狀態才會改變，所以所謂的平衡狀態就是沒有任何驅動力存在。系統在平衡狀態時，所有加在系統上的力剛好互相抵消。系統會改變多少要視驅動力及阻力而定，有時雖然驅動力大，但阻力也相對的大的話，系統也不會有可察覺的改變。

　　不同的驅動力會造成不同的變化。驅動力可以是機械力的不平衡，例如加在活塞上的壓力可使其作功；驅動力是溫度差的話會造成熱流；而**化學勢** (chemical potential) 的梯度會促使物質在各相間移動。在平衡狀態時這些驅動力的淨值為零。

　　在熱力學的應用中，常不考慮化學反應。舉例來說，一般我們混合氫氣和氧氣時，並不會讓它們處於化學平衡狀態，而會有形成水的驅動力在。但如果不讓這個系統有化學反應發生，那就可以長期處在熱和機械平衡狀態下。這時候就可以分析這個系統的物理變化程序，而不用考慮化學反應。也就是說，在部份平衡的狀態下，對系統進行熱力學分析是比較容易的。

2.7 相　律

　　前面我們提到，在均勻純物質系統中，只要固定兩個內含性質，就可以知道系統所有的熱力學狀態了。不過如果是兩相平衡系統，只要一個內含性質固定就夠了。舉例來說，如果水和蒸汽的混合物系統在 101.33 kPa 壓力下達到平衡，那麼系統的溫度一定是 100°C。只要水和蒸汽繼續維持平衡，就不可能只改變溫度而不改變壓力。

　　如果一個平衡系統不只兩相，而是多相平衡，那麼需要固定幾個獨立的內含性質，才能知道所有的內含性質呢？這就需要由相律 (phase rule) 來計算。相

律是 J. Willard Gibbs (吉布士) 於 1875 年提出。[4]對一個不含化學反應的系統而言，相律可寫為：[5]

$$F = 2 - \pi + N \tag{2.7}$$

其中 π = 相的數目，N = 物質的數目，而 F 是系統的**自由度** (degree of freedom)。

對多相平衡系統而言，當溫度、壓力和各相的組成都固定後，系統中的各內含性質就都決定了；所以這些性質就是相律中的變數。我們可以看 (2.7) 式等號右邊，其中的 2 就是指溫度和壓力，而相和組成則分別由 π 和 N 表示。這些相律中的變數是具有相依關係的，由相律可算出需要固定多少個變數，才能求得多相平衡系統中所有的內含性質。

所謂**相** (phase) 是指物質分佈均勻的區域。例如氣體純物質或混合物、液體純物質或混合物、固態的晶體等等。相也不一定是連續的；例如液體中的氣泡，液體中的另一不互溶的液滴，或是分佈於氣體或液體中的固體結晶等，都是一種分佈於連續流體中之**分散相** (disperse phase)。無論是否連續，在相的邊界上都有非常明顯的物性變化。不同的相可同時存在，但只有它們都處於平衡狀態時，相律才能適用。舉例來說，一個含有飽和鹽的沸騰水溶液，有三個相共存，即鹽的晶體、飽和水溶液和蒸汽 (π = 3)；而組成物則有水及鹽這兩種化學物質 (N = 2)。所以對這個系統而言，F = 1，也就是只要決定一個內含性質，就可以求得所有的內含性質了。

相律中的變數都是內含性質，和系統或各個相的大小範圍都沒有關係。因此無論系統是大是小，無論各相之間的大小比例如何，都不會影響相律計算出來的結果。還有一點要特別注意，在多相系統中，物質在各相中的組成比例才是相律中的變數，而不是總體的組成比例。

一個系統的自由度最小值為零。當自由度為零時，系統的所有性質都固定不變，此時 (2.7) 式可寫成 $\pi = 2 + N$，π 的意義就變為：含有 N 種物質的系統，最多可以有多少個相一起達到平衡。當 N = 1 時，π 值為 3，即表示純物質的三相點（見 3.1 節）。以水為例，其三相點就是水、汽及冰三相共存的狀態，其溫度

---

[4] Josiah Willard Gibbs (1839-1903)，美國數學物理家。
[5] 在這裡不證明相律而直接應用。有關相律的證明，若是不含化學反應的系統會在 7.2 節中介紹；而有化學反應的系統則在 7.8 節。

及壓力分別為 0.01°C 及 0.0061 bar，任何離開此狀態的變化，都至少造成一個相的消失。

例 2.5 下列各系統的自由度為何？
(a) 水與蒸汽共存的平衡系統。
(b) 蒸汽、氮氣的混合氣體與水共存的平衡系統。
(c) 酒精水溶液及其蒸汽共存之平衡系統。

解 (a) 此系統含有一個物質，並有水與蒸汽兩相，因此

$$F = 2 - \pi + N = 2 - 2 + 1 = 1$$

這個結果代表的就是我們所熟知的：在一個固定壓力下，水的沸點是一定的。水和蒸汽平衡共存時，溫度和壓力是相依的，所以只有一個獨立變數。

(b) 這個系統中有兩個物質及兩個相。因此，

$$F = 2 - \pi + N = 2 - 2 + 2 = 2$$

當一個惰性氣體加入水的汽液平衡系統時，系統的特性也產生了改變。現在溫度和壓力都可是獨立的變數。但當溫度及壓力都固定了，氣相之組成也就固定不變了。（假設氮氣在水中的溶解度可忽略不計，液相可視為純水。）

(c) 在這個系統中，$N = 2$ 且 $\pi = 2$，所以

$$F = 2 - \pi + N = 2 - 2 + 2 = 2$$

相律中的變數是溫度、壓力及各相中的組成。各相中的組成可用質量或莫耳分率表示，而且加起來等於 1。如果這個系統的液相中，水的組成固定，那麼酒精的組成也就固定下來了。

2.8 可逆程序

對封閉系統中**可逆** (reversible) 程序的研究，對熱力學的發展有很大的幫助。所謂的可逆程序是：

若一個程序，隨時都可以因外界的微小變化，而使程序的行進方向逆轉回來，那麼這個程序就稱為可逆程序。

氣體的可逆膨脹

我們以圖 2.2 所示的活塞／圓筒裝置的膨脹為例來說明可逆程序。這個裝置放在真空中，圓筒內的氣體是系統；其他的部份則為環境。當活塞上的重量被移開時，氣體開始膨脹。為了簡化起見，我們假設活塞在圓筒內的滑動是沒有摩擦力的，整個過程也沒有吸熱或放熱。因為圓筒內氣體的質量小、密度低，因此我們也不考慮重力的影響；也就是說因重力引起氣體內的壓力梯度，與氣體壓力相比小到可以忽略。而氣體分子的位能改變量，與整個裝置的位能改變相比，也是小到可以忽略的。

圖 2.2 所示圓筒內的氣體，正好有足夠的壓力以平衡活塞和活塞上所有重物及支撐物的重量。這是一個平衡的狀態，系統沒有改變狀態的趨勢，如果要讓活塞上升，就必須移開活塞上的重量。我們可以假想 m 質量突然由活塞上移到同高度的架子上，此時活塞加速上升，當上升力與活塞上重量平衡時，上升速度為最大值，這個動量會使活塞上升到更高的高度，然後運動方向又反轉回來。當活塞上升到最高點時，位能的增加量等於氣體對活塞所作的功。若不加外力限制，那麼活塞會產生往復振動，並逐漸減低振幅，最後達到新的平衡靜止狀態，並且位在比原來高度還高的位置。

活塞振動能夠逐漸平復是由於氣體的黏性。氣體分子本來是有方向性的上下振動，但氣體的黏性讓它逐漸變成無方向性的運動。在這**消散** (dissipative) 程序中，氣體原來所作功的一部份轉為氣體的內能。一旦這個程序發生，就不可能藉著外界的微小變化而使程序逆轉，也就是所謂的**不可逆** (irreversible) 程序。

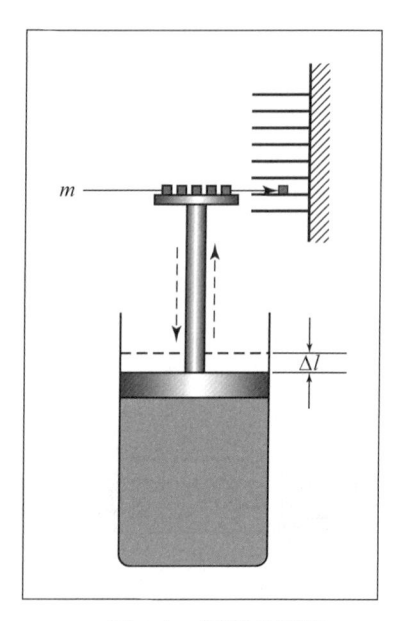

◯ 圖 2.2　氣體的膨脹

Chapter 2 熱力學第一定律及其他基本觀念

所有真實物質在有限時間內所發生的程序，都伴隨有一種或數種的消散作用，而成為不可逆的程序。雖然如此，我們可以假想不具消散作用的程序存在。圖 2.2 所示的膨脹程序中，消散作用是因為突然移去重物所造成的。突然移去重物會造成力的不平衡而產生了加速度，隨之而來的振動最後會導致消散作用。即使移走的質量更小一點，或甚至是無限小的質量，都不能完全除去消散作用。但我們可假想一個程序：從活塞上方以固定速度，移走一個一個微小的質量。在這樣連續移走質量的過程中，活塞會持續上升，而在移走最後一個質量後才會有振動的情形發生。

由活塞上連續移走無限小質量的重物的程序，可由圖 2.2 來說明。活塞上面放置質量為 m 的一堆粉粒，將這些粉粒被緩慢而定速地吹到旁邊的格子裡，活塞會以一個穩定而且極慢的速度上升，而粉粒漸漸收集在不同高度的格子中。在這個過程中，系統一直維持內部平衡，而系統與環境間也維持平衡狀態。假如我們不再移走粉粒，並使程序倒轉、將粉粒加到活塞上，程序也會逆轉並沿原來的路徑逆向進行，系統及環境最後都可回復到起始的狀況，這種程序就是*可逆* (reversible) 的程序。

如果不假設無摩擦力存在，就沒辦法有一個可逆的程序。因為如果活塞受摩擦力而卡住，就必須移走一定量的質量才能克服摩擦力，這樣就無法維持可逆的平衡條件。其實在兩個滑動物件中的摩擦力，就是使機械能轉成內能的一種消散作用。

以上討論的都是氣體在圓筒中膨脹的程序，氣體在圓筒中的壓縮程序也可以用同樣的方式說明。這兩個程序都是機械力不平衡所驅動的，除了機械力之外，還有很多種不同的驅動力。例如溫度差會產生熱流，電動勢差會產生電流，而化學位能差會造成化學反應。一般來說，當驅動力的淨力只有無限小的差異時，程序是可逆的。例如當一個溫度為 T 的物體與另一個溫度為 $T - dT$ 的物體發生熱傳時，此熱傳程序是可逆的。

可逆的化學反應程序

我們可以用碳酸鈣的分解反應來說明可逆的化學反應程序。加熱碳酸鈣會生成氧化鈣及二氧化碳氣體，當反應平衡時，在固定溫度下二氧化碳的壓力為定值，這個壓力稱為分解壓力。當系統的壓力低於分解壓力時，碳酸鈣就

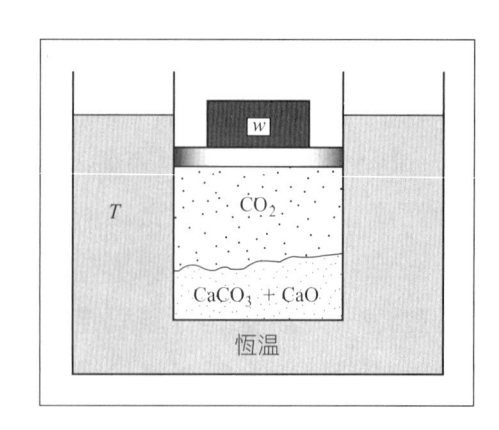

● 圖 2.3　可逆化學反應

會分解。如圖 2.3 所示，一個圓筒上裝有無摩擦力的活塞，筒內有達成平衡的 $CaCO_3$、CaO 及 CO_2。圓筒浸在恆溫槽裡面，調整溫度可以使筒內的壓力正好與活塞上的重量平衡。這個時候系統達到機械平衡，而系統的溫度與恆溫槽相同。因為 CO_2 的壓力決定了化學反應的平衡，任何造成失衡的微小改變，都會使化學反應發生。

　　如果極慢地增加活塞上的重量，CO_2 的壓力會跟著緩慢上升，壓力上升又會使 CO_2 與 CaO 反應形成 $CaCO_3$，而讓重物慢慢下降。化學反應所產生的熱會使圓筒的溫度上升，並使熱流向恆溫槽。如果極慢地減少活塞上的重量，上述的程序會以相反的方向進行。我們也可由改變恆溫槽的溫度來達到相同的結果。如果極慢地增加恆溫槽的溫度，熱會流向圓筒，而使碳酸鈣分解，所產生的 CO_2 會慢慢增加系統的壓力而使活塞上升，直到所有的 $CaCO_3$ 都分解為止。因為系統只是極度微小的離開平衡狀態，因此這個程序是可逆的，我們也可藉著極慢地降低系統的溫度，讓系統恢復到一開始的狀態。

　　化學反應有時候是在電解槽中進行的，並且可以靠外加的電位差達成化學平衡。如果電解槽中以鋅及白金為二電極，電解液為鹽酸水溶液，那麼化學反應為：

$$Zn + 2HCl \rightleftharpoons H_2 + ZnCl_2$$

讓槽內的溫度及壓力保持不變，電極也和電位計連接起來。當槽內的電動勢和電位計的電位差達到平衡時，化學反應也達到了平衡。我們也可以藉著電位差的增加或減少，使化學反應朝正向或逆向反應的方向進行。

可逆程序的結論

可逆程序的特性是：

- 沒有摩擦力
- 極度趨近於平衡狀態
- 經歷連續的平衡狀態改變
- 具有極微小的非平衡驅動力
- 只要改變外力的方向，在任何位置都可反轉程度進行的方向
- 當程序方向反轉時，循原來的路徑逆行到系統和環境的起始狀態

在 1.7 節中，我們曾導出圓筒／活塞系統中，氣體壓縮或膨脹所作功的公式：

$$dW = -P\, dV^t \tag{1.2}$$

只有在可逆程序，才能用這個公式來計算對系統作的功。首先系統必須一直保持在內部平衡狀態，系統的溫度和壓力也必須是均勻的，系統的特性 (包含壓力 P) 也必須一直有確定的數值。同時系統和環境間，也必須處於極趨近機械平衡的狀態，也就是系統的壓力與外加於系統的力隨時保持平衡，即 $F = PA$，這是 (1.1) 式推導到 (1.2) 式的基礎。滿足上述條件的程序稱為機械可逆 (mechanically reversible) 程序，而加在系統的功可用 (1.3) 式算出：

$$W = -\int_{V_1^t}^{V_2^t} P\, dV^t \tag{1.3}$$

可逆程序是一個假設的理想程序，它代表一個真實程序可達到的極限。熱力學計算只能針對可逆程序進行，因為只有可逆程序才能作數學上的分析。由可逆程序所求得的結果，再搭配符合實際情況的效率 (efficiency) 數值，就可以估算真實程序中功的大小。

例 2.6

一個水平的圓筒／活塞裝置放在恆溫槽中，圓筒與活塞間沒有摩擦力，活塞藉外力與筒內氣體壓力達成平衡。此時氣體壓力為 14 bar，總體積為 0.03 m^3。當活塞上的外力慢慢減少時，氣體的體積逐漸恆溫膨脹到原來的兩倍。如果整個過程中，氣體壓力和體積的乘積固定不變（$PV^t = k$，k 為常數），請計算加在氣體上的功有多少？

如果外加在活塞上的力突然減少為原來的一半，而不是逐漸降低，那麼加在系統上的功有多少？

解

第一個部份的程序是機械可逆程序，可用 (1.3) 式來計算。
若 $PV^t = k$，則 $P = k/V^t$，且

$$W = -\int_{V_1^t}^{V_2^t} P\, dV^t = -k \int_{V_1^t}^{V_2^t} \frac{dV^t}{V^t} = -k \ln \frac{V_2^t}{V_1^t}$$

但
$$V_1^t = 0.03 \text{ m}^3$$
$$V_2^t = 0.06 \text{ m}^3$$

且
$$k = PV^t = P_1 V_1^t$$
$$= (14 \times 10^5)(0.03) = 42{,}000 \text{ J}$$

所以
$$W = -42{,}000 \ln 2 = -29{,}112 \text{ J}$$

系統之最終壓力為

$$P_2 = \frac{k}{V_2^t} = \frac{42{,}000}{0.06} = 700{,}000 \text{ Pa} \quad \text{或} \quad 7 \text{ bar}$$

在第二部份中，加在活塞上的力突然減半，氣體突然膨脹，並抵抗相當於 7 bar 的外力。最後，熱傳回到系統中，達到如同可逆程序的最終狀態。ΔV^t 值與第一部份相同，但功和 (1.3) 式計算的不同。為抵抗外力所作的功，等於外界淨壓力與體積改變量的乘積：

$$W = -(7 \times 10^5)(0.06 - 0.03) = -21{,}000 \text{ J}$$

這個突然膨脹的程序是不可逆的，相較於可逆程序而言，其效率為

$$21{,}000 / 29{,}112 = 0.721 \quad \text{或} \quad 72.1\%$$

Chapter 2 熱力學第一定律及其他基本觀念

例 2.7
圖 2.4 所示的圓筒／活塞裝置中，筒中裝有壓力為 7 bar 的氮氣，活塞以栓固定，活塞上方的空間抽成真空。活塞連接到一置物盤，上方放置 45 kg 的重物，活塞、置物盤及連接桿共重 23 kg。現將栓移去，活塞突然上升並撞到筒頂，此時活塞共移動 0.5 m 的距離。若當地的重力加速度為 9.8 m s^{-2}，討論此程序中能量變化的情形。

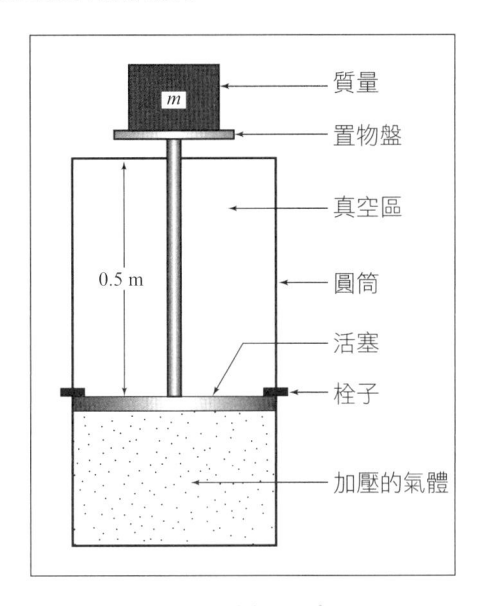

● 圖 2.4　例 2.7 之圖示

解
本題讓我們了解在分析不可逆的非流動程序時會遇到的困難。我們取氣體作為系統，氣體對環境所作的功可由 $\int P' dV'$ 求出，其中 P' 是氣體加在活塞表面的壓力。因為本題的突然膨脹程序中，氣體內有壓力梯度存在，因此 P' 及其積分值都無法求得。雖然如此，我們可由 (2.1) 式進行計算。系統的能量變化，是由其內能改變 $\Delta U'_{\text{sys}}$ 而來。當 $Q = 0$ 時，環境的能量變化有：活塞、連接桿與重物位能的改變，以及活塞、連接桿與圓筒內能的改變。因此 (2.1) 式可寫為

$$\Delta U'_{\text{sys}} + (\Delta U'_{\text{surr}} + \Delta E_{P\text{surr}}) = 0$$

其中位能部份為

$$\Delta E_{P\text{surr}} = (45 + 23)(9.8)(0.5) = 333.2 \text{ N m}$$

所以

$$\Delta U'_{\text{sys}} + \Delta U'_{\text{surr}} = -333.2 \text{ N m} = -333.2 \text{ J}$$

我們無法求得 $\Delta U'_{\text{sys}}$ 和 $\Delta U'_{\text{surr}}$，即系統與環境內能改變的數值。

2.9　恆容及恆壓程序

對一個含 n 莫耳物質的均勻封閉系統而言，能量平衡式為：

$$d(nU) = dQ + dW \tag{2.6}$$

其中 Q 及 W 代表總熱量與總作功。對一個封閉系統的機械可逆程序而言，由 (1.2) 式可將功表示為：

$$dW = -Pd(nV)$$

聯合兩式，我們可得

$$d(nU) = dQ - Pd(nV) \tag{2.8}$$

這就是封閉且機械可逆系統的第一定律的一般公式。

恆容程序

若程序中的總體積保持恆定，則功為零。對封閉系統而言，(2.8) 式中因 n 及 V 都保持不變，所以最後一項為零。因此，

$$dQ = d(nU) \quad (\text{恆容}) \tag{2.9}$$

將此式積分可得：

$$Q = n\Delta U \quad (\text{恆容}) \tag{2.10}$$

因此對一個封閉、機械可逆及恆容且等體積的程序而言，熱交換的量就等於系統內能的改變。

恆壓程序

由 (2.8) 式中解出 dQ 可得：

$$dQ = d(nU) + Pd(nV)$$

對一個恆壓的狀態改變：

$$dQ = d(nU) + d(nPV) = d[n(U + PV)]$$

Chapter 2 熱力學第一定律及其他基本觀念

上式中的 $U + PV$ 項，定義了一個常用的新熱力學性質，即為焓 (en-**thal**′-py)。[6] 焓的數學定義 (也是唯一**定義**) 為：

$$H \equiv U + PV \tag{2.11}$$

其中 H、U 和 V 都是比性質，即每莫耳或每單位質量的性質。套入前面的能量關係式就可變成：

$$dQ = d(nH) \quad (恆壓) \tag{2.12}$$

上式積分可得：

$$Q = n\Delta H \quad (恆壓) \tag{2.13}$$

所以對一個封閉、機械可逆及恆壓的程序而言，熱傳量就等於系統焓的改變。比較上二式及 (2.9) 與 (2.10) 式可知，焓在恆壓程序中的重要性就如同內能在等體積程序中的重要性。

2.10 焓

焓的用途已有 (2.12) 式及 (2.13) 式表示，它在*流動程序* (flow process) 的能量平衡上也很重要，可用來計算許多設備的熱和功，如熱交換器、蒸發器、蒸餾塔、幫浦、壓縮機、渦輪、引擎等。

我們不可能列出每一個程序的 Q 和 W，因為程序可以有無限多個。不過物質的內含性質如比體積、比內能及比焓等，都是物質的基本物性。一種物質在一個相內，這些物性可寫成溫度和壓力的函數，並用來計算程序中的 Q 及 W。這些狀態函數的數值、關係式和用法，都會在後續章節中討論。

(2.11) 式中各項的單位必須相同，U 及 PV 乘積的單位是每莫耳或每單位質量的能量，因此 H 的單位也是每莫耳或每單位質量的能量。在 SI 制中，壓力的單位是 Pa 或 N m^{-2}，體積的單位是 m^3 mol^{-1}，所以 PV 乘積的單位為 Nm mol^{-1} 或 J mol^{-1}。在英制單位中，PV 乘積的單位是 (ft lb$_f$)(lb$_m$)$^{-1}$，因為壓力的單位是 (lb$_f$)

---

[6] 此定義由 H. Kamerlingh Onnes 提出，他是荷蘭物理學家，曾於 1908 年首先將氦氣液化，於 1911 年發現超導現象，並在 1913 年獲得諾貝爾物理獎。(參見 *Communications from the Physical Laboratory of the University of Leiden*, No. 109, p.3, footnote 2, 1909.)

(ft)$^{-2}$，且體積之單位是 (ft)^3(lb$_m$)$^{-1}$。上述的英制能量單位可用換算常數 778.16 換算成 (Btu)(lb$_m$)$^{-1}$，在英制工程單位中常使用 (Btu)(lb$_m$)$^{-1}$ 作為 U 及 H 的單位。

因為 U、P 及 V 都是狀態函數，因此 (2.11) 式所定義的 H 也是狀態函數；而就像 U 和 V 一樣，H 也是內含性質。(2.11) 式的微分表示法為

$$dH = dU + d(PV) \tag{2.14}$$

上式適用於系統內的極微量變化。當系統發生一定數量的改變時，可將上式積分為：

$$\Delta H = \Delta U + \Delta(PV) \tag{2.15}$$

要注意 (2.11)、(2.14) 及 (2.15) 式都是每單位質量或每莫耳物質的狀況。

例 2.8 計算在 100°C 及 101.33 kPa 的恆溫及恆壓狀態下，1 kg 水蒸發時的 ΔU 及 ΔH。在這個狀態下，水和蒸汽的比體積分別為 0.00104 及 1.673 m^3 kg^{-1}。蒸發過程中給予水 2,256.9 kJ 的熱量。

解 我們以 1 kg 的水為系統，並假想系統是放在一個沒有摩擦力的活塞／圓桶裝置中，活塞承受 101.33 kPa 的恆壓。當熱量加到系統中時，系統體積膨脹到最後的大小。對 1 kg 系統而言，(2.13) 式可寫為：

$$\Delta H = Q = 2{,}256.9 \text{ kJ}$$

由 (2.15) 式可得，

$$\Delta U = \Delta H - \Delta(PV) = \Delta H - P\Delta V$$

計算上式最後一項可得：

$$P\Delta V = 101.33 \text{ kPa} \times (1.673 - 0.001) \text{ m}^3$$
$$= 169.4 \text{ kPa m}^3$$
$$= 169.4 \text{ N m}^{-2} \text{ m}^3$$
$$= 169.4 \text{ kJ}$$

因此 $\Delta U = 2{,}256.9 - 169.4 = 2{,}087.5 \text{ kJ}$

2.11 熱容量

今天我們對「熱」的觀念是：熱是一個可轉移的能量。而這個觀念一開始是源自於一個想法：物體內有熱的容量。當時認為就像容器愈大就可以放愈多個蘋果，一個物體的熱容量愈大，就可以給它愈多的熱，所以如果傳送一樣的熱給不同的物體，溫度改變愈小的物體，其熱容量就愈大。因此可以將**熱容量** (heat capacity) 定義為 $C \equiv dQ/dT$。由這個定義可以知道，C 就像 Q 一樣，是隨程序改變的量而不是狀態函數。不過有兩種熱容量的定義，讓熱容量變成狀態函數，而且和其他的狀態函數有明確的關係式。

恆容下的熱容量

恆容下的熱容量**定義**為：

$$C_V \equiv \left(\frac{\partial U}{\partial T}\right)_V \tag{2.16}$$

上式是每莫耳或每單位質量的熱容量 (通常稱為比熱)，依照 U 用的是每莫耳還是每單位質量決定。雖然它的定義與程序無關，但由 (2.16) 式可知，它是與封閉系統的恆容程序有關：

$$dU = C_V\, dT \quad (\text{恆容}) \tag{2.17}$$

積分後可得：

$$\Delta U = \int_{T_1}^{T_2} C_V\, dT \quad (\text{恆容}) \tag{2.18}$$

對於一個可逆的恆容程序而言，[7] 上式可和 (2.10) 式結合而得：

$$Q = n\, \Delta U = n \int_{T_1}^{T_2} C_V\, dT \quad (\text{恆容}) \tag{2.19}$$

如果一個程序的體積有發生變化，但是開始和結束的體積相同。這個程序雖然 $V_1 = V_2$ 且 $\Delta V = 0$，但卻不能稱為恆容的程序。但是狀態函數和程序進行的路徑無關，只要起始與結束的體積相同，我們就可以用一個恆容程序來計算狀

---

[7] 攪拌的功因為是不可逆的，所以並不適用。

態函數的變化量。也就是可由 (2.18) 式計算 $\Delta U = \int C_V \, dT$，因為 U、C_V 及 T 都是狀態函數。但 Q 和 W 都和路徑有關，只有在恆容程序時，才可以由 (2.19) 式計算 Q，而恆容程序的 W 通常為零。以上的討論，說明了狀態函數與功和熱的不同，狀態函數與程序的路徑無關這一點是很重要也很有用的觀念。

> 當我們計算狀態函數的改變量時，可以利用有相同起始與終了狀態的其他程序來簡化計算的過程。

我們可以任意選擇用來替代的程序，可以愈簡單愈好，也可以基於其他理由而作選擇。

恆壓下的熱容量

恆壓下的熱容量**定義**為：

$$C_P \equiv \left(\frac{\partial H}{\partial T} \right)_P \tag{2.20}$$

同樣地，恆壓熱容量也是每莫耳或每單位質量的熱容量，依照 H 用的是每莫耳還是每單位質量決定。這個熱容量是在封閉系統的恆壓程序下的，所以 (2.20) 式可寫成：

$$dH = C_P \, dT \quad (恆壓) \tag{2.21}$$

因此

$$\Delta H = \int_{T_1}^{T_2} C_P \, dT \quad (恆壓) \tag{2.22}$$

對於一個可逆的恆壓程序而言，上式和 (2.13) 式結合可得：

$$Q = n \, \Delta H = n \int_{T_1}^{T_2} C_P \, dT \quad (恆壓) \tag{2.23}$$

因為 H、C_P 及 T 都是狀態函數，只要程序中 $P_2 = P_1$，都可以使用 (2.22) 式來計算。但只有在可逆的恆壓程序時，熱和功才可以用 $Q = n\Delta H$、$Q = n\int C_P \, dT$ 及 $W = -Pn\Delta V$ 計算出來。

Chapter 2 熱力學第一定律及其他基本觀念

例 2.9

1 bar 及 25°C 的空氣,以兩種不同的可逆程序壓縮到 5 bar 及 298.15 K:

(a) 先在恆壓下冷卻,再在恆容下加熱。

(b) 先在恆容下加熱,再在恆壓下冷卻。

計算每一路徑中的熱和功,以及空氣的 ΔU 和 ΔH。空氣的熱容量可視為與溫度無關,其數值為:

$$C_V = 20.78 \quad \text{及} \quad C_P = 29.10 \text{ J mol}^{-1} \text{ K}^{-1}$$

假設空氣的 PV/T 為定值,並和狀態改變無關。在 298.15 K 及 1 bar 時,空氣的莫耳體積為 $0.02479 \text{ m}^3 \text{ mol}^{-1}$。

解

在兩個程序中,我們都假設系統為 1 mol 的空氣在活塞/圓筒裝置中,因為是可逆的程序,所以活塞和圓筒間沒有摩擦力。空氣最後的體積為:

$$V_2 = V_1 \frac{P_1}{P_2} = 0.02479 \left(\frac{1}{5}\right) = 0.004958 \text{ m}^3$$

(a) 在這個程序中,空氣首先在 1 bar 恆壓下冷卻到 0.004958 m^3 的體積,在冷卻程序結束時,空氣的溫度是:

$$T' = T_1 \frac{V_2}{V_1} = 298.15 \left(\frac{0.004958}{0.02479}\right) = 59.63 \text{ K}$$

因此,

$$Q = \Delta H = C_P \Delta T = (29.10)(59.63 - 298.15) = -6{,}941 \text{ J}$$

$$\Delta U = \Delta H - \Delta(PV) = \Delta H - P\Delta V$$

$$= -6{,}941 - (1 \times 10^5)(0.004958 - 0.02479)$$

$$= -4{,}958 \text{ J}$$

在第二段過程中,空氣是維持體積為 V_2 而加熱到最終狀態,由 (2.19) 式得

$$\Delta U = Q = C_V \Delta T = (20.78)(298.15 - 59.63) = 4{,}958 \text{ J}$$

整個程序是兩段過程的總和,因此,

$$Q = -6{,}941 + 4{,}958 = -1{,}983 \text{ J}$$

且

$$\Delta U = -4{,}958 + 4{,}958 = 0$$

而整個程序必須滿足第一定律 $\Delta U = Q + W$，所以

$$0 = -1{,}983 + W \quad \text{因此} \quad W = 1{,}983 \text{ J}$$

我們可以把 (2.15) 式：$\Delta H = \Delta U + \Delta(PV)$ 應用到整個程序。因為 $T_1 = T_2$，所以 $P_1 V_1 = P_2 V_2$，也就是 $\Delta(PV) = 0$。(2.15) 式就變成：

$$\Delta H = \Delta U = 0$$

(b) 這個程序也經過兩個不同步驟。空氣首先在恆容情況下被加壓到 5 bar，然後在恆壓下冷卻到最終狀態。空氣在第一步驟的最後溫度為

$$T' = T_1 \frac{P_2}{P_1} = 298.15 \left(\frac{5}{1}\right) = 1{,}490.75 \text{ K}$$

第一步驟為恆容過程，

$$Q = \Delta U = C_V \Delta T = (20.78)(1{,}490.75 - 298.15)$$
$$= 24{,}788 \text{ J}$$

在第二步驟中，空氣在 $P = 5$ bar 恆壓下被冷卻到最終狀態：

$$Q = \Delta H = C_P \Delta T = (29.10)(298.15 - 1{,}490.75)$$
$$= -34{,}703 \text{ J}$$

同時

$$\Delta U = \Delta H - \Delta(PV) = \Delta H - P\,\Delta V$$
$$= -34{,}703 - (5 \times 10^5)(0.004958 - 0.02479)$$
$$= -24{,}788 \text{ J}$$

兩個步驟合在一起，可得：

$$Q = 24{,}788 - 34{,}703 = -9{,}915 \text{ J}$$
$$\Delta U = 24{,}788 - 24{,}788 = 0$$
$$W = \Delta U - Q = 0 - (-9{,}915) = 9{,}915 \text{ J}$$

如同 (a) 小題所得 $\Delta H = \Delta U = 0$

因為 ΔU 與 ΔH 是狀態函數，不會因為 (a) 和 (b) 程序的不同而改變大小。Q 及 W 不是狀態函數，所以在 (a) 和 (b) 不同程序中就有不同的答案。

Chapter 2 熱力學第一定律及其他基本觀念

例 2.10 空氣由起始狀態 40 (°F)、10 (atm) 及 36.49 (ft)³(lb mole)⁻¹，最後改變為 1 (atm) 及 140 (°F)。計算內能及焓的改變量。假設空氣的 PV/T 為定值，且 $C_V = 5$ 及 $C_P = 7$ (Btu)(lb mole)⁻¹(°F)⁻¹。

解 因為熱力學性質的改變量與改變路徑無關，所以我們用下面兩個可逆的過程來計算 1 (lb mole) 空氣的物性改變： (a) 在恆容下冷卻到最後的壓力，及 (b) 在恆壓下加熱到最後的溫度。在計算過程中，溫度使用 Rankine 絕對溫度：

$$T_1 = 40 + 459.67 = 499.67 \text{ (R)} \qquad T_2 = 140 + 459.67 = 599.67 \text{ (R)}$$

因為 $PV = kT$，在步驟 (a) 中 T/P 為常數，在兩個步驟中間的溫度為：

$$T' = (499.67)(1/10) = 49.97 \text{ (R)}$$

而兩個步驟中的溫度改變量為：

$$\Delta T_a = 49.97 - 499.67 = -449.70 \text{ (R)}$$
$$\Delta T_b = 599.67 - 49.97 = 549.70 \text{ (R)}$$

對步驟 (a) 而言，由 (2.18) 及 (2.15) 式可得

$$\Delta U_a = C_V \Delta T_a = (5)(-449.70) = -2{,}248.5 \text{ (Btu)}$$
$$\Delta H_a = \Delta U_a + V \Delta P_a$$
$$= -2{,}248.5 + (36.49)(1 - 10)(2.7195)$$
$$= -3{,}141.6 \text{ (Btu)}$$

其中 2.7195 是用來將 (atm)(ft)³ 這個能量單位轉為 (Btu) 之換算常數。

在步驟 (b) 中，空氣最後的體積為：

$$V_2 = V_1 \frac{P_1 T_2}{P_2 T_1} = 36.49 \left(\frac{10}{1}\right)\left(\frac{599.67}{499.67}\right) = 437.93 \text{ (ft)}^3$$

由 (2.22) 及 (2.15) 式可得，

$$\Delta H_b = C_P \Delta T_b = (7)(549.70) = 3{,}847.9 \text{ (Btu)}$$
$$\Delta U_b = \Delta H_b - P \Delta V_b$$
$$= 3{,}847.9 - (1)(437.93 - 36.49)(2.7195)$$
$$= 2{,}756.2 \text{ (Btu)}$$

聯合以上二步驟可得，

$$\Delta U = -2{,}248.5 + 2{,}756.2 = 507.7 \text{ (Btu)}$$
$$\Delta H = -3{,}141.6 + 3{,}847.9 = 706.3 \text{ (Btu)}$$

2.12 開放系統的質量及能量平衡

雖然前面的章節討論的都是封閉系統，但所包含的觀念可以應用到開放系統上。像質量和能量平衡定律，可以適用在各種程序上，包括封閉和開放的系統。封閉系統是開放系統的一個特例，本章其餘部份探討開放系統，並推導出更能廣泛應用的公式。

流量的測量

開放系統的特性是有物質流進和流出系統，對這些流線有下列四種常用的定量方法：

- 質量流率，$\dot{m}$
- 莫耳流率，$\dot{n}$
- 體積流率，q
- 流速，u

這些定量方法彼此具有關聯：

$$\dot{m} = M\dot{n} \quad 且 \quad q = uA$$

其中 M 是每莫耳的質量。質量及莫耳流率與流速有關：

$$\dot{m} = uA\rho \quad (2.24\text{a}) \qquad \dot{n} = uA\rho \quad (2.24\text{b})$$

上式的面積項 A 是管線的截面積，ρ 是比密度或莫耳密度。雖然流速是一個向量，不過 u 在這裡是純量，表示在截面積 A 的垂直方向上的平均速度。流率 $\dot{m}$、$\dot{n}$ 及 q 表示每單位時間的流量。流速 u 和其他三個流率不一樣，它並不是流量，但它是一個重要的設計參數。

Chapter 2 熱力學第一定律及其他基本觀念

例 2.11 正己烷液體在內徑 $D = 5$ cm 的管線內輸送，流率 $\dot{m} = 0.75$ kg s^{-1}。請計算 q、$\dot{n}$ 及 u 的值各為多少？如果流率不變，但內徑改為 $D = 2$ cm，那麼這三個值又會變為多少？假設正己烷液體密度為 $\rho = 659$ kg m^{-3}。

解 已知，$q = \dot{m}\rho^{-1}$ 及 $\dot{n} = \dot{m}M^{-1}$

因此 $$q = \frac{0.75 \text{ kg s}^{-1}}{659 \text{ kg m}^{-3}} = 0.00114 \text{ m}^3 \text{ s}^{-1}$$

$$\dot{n} = \frac{(0.75 \text{ kg s}^{-1})(10^3 \text{ g kg}^{-1})}{86.177 \text{ g mol}^{-1}} = 8.703 \text{ mol s}^{-1}$$

但 $\dot{m}$ 已知時，其他流率可以由 $\dot{m}$ 算出，和 D 的大小沒有關係。但是流速 u 和 D 有關：$u = qA^{-1}$，其中 $A = (\pi/4)D^2$。當 $D = 5$ cm 時，

$$A = \frac{\pi}{4}(5 \times 10^{-2} \text{ m})^2 = 0.00196 \text{ m}^2$$

因此 $$u = \frac{0.00114 \text{ m}^3 \text{s}^{-1}}{0.00196 \text{ m}^2} = 0.582 \text{ m s}^{-1}$$

同樣的，當 $D = 2$ cm 時

$$A = 0.000314 \text{ m}^2 \quad \text{且} \quad u = \frac{0.00114}{0.000314} = 3.63 \text{ m s}^{-1}$$

開放系統的質量平衡

在開放系統中進行分析的空間稱為控制體積 (control volume)，它藉著控制表面 (control surface) 與環境分開。我們將控制體積內的流體視為熱力學的系統，並針對它寫出質量與能量平衡式。圖 2.5 是控制體積的示意圖，以控制表面和環境分開，而控制表面是可伸展的。在圖上有兩個流體流入控制體積，流率分別為 $\dot{m}_1$ 及 $\dot{m}_2$；有一個流體流出，

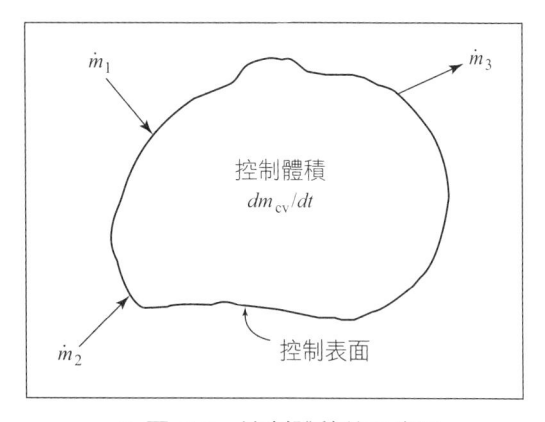

◐ 圖 2.5 控制體積的示意圖

流率為 $\dot{m}_3$。因為質量守恆，所以控制體積中的質量改變率 dm_{cv}/dt，就等於流入控制體積中的淨質量流率 (下標 cv 即為控制體積)。通常我們將流入控制體積的流量以正號表示，而流出的流量以負號表示。質量平衡的數學表示式為：

$$\boxed{\frac{dm_{cv}}{dt} + \Delta(\dot{m})_{fs} = 0} \tag{2.25}$$

如果以圖 2.5 的控制體積為例，那麼上式的第二項就是：

$$\Delta(\dot{m})_{fs} = \dot{m}_3 - \dot{m}_1 - \dot{m}_2$$

符號「Δ」表示出口流率減去入口流率的差值，下標 fs 表示包含所有的流線。

當質量流率 $\dot{m}$ 以 (2.24a) 式表示時，(2.25) 式變為：

$$\frac{dm_{cv}}{dt} + \Delta(\rho u A)_{fs} = 0 \tag{2.26}$$

上面這個質量平衡式，常稱為連續方程式 (continuity equation)。

流動程序中有一個重要的特例稱為穩態 (steady state) 流動，這是指控制體積內的情況不會隨時間改變。既然控制體積內的流體質量保持不變，那麼 (2.25) 式的第一項 (亦稱為累積項) 就會等於零，(2.26) 式就可以簡化成：

$$\Delta(\rho u A)_{fs} = 0$$

「穩態」是指流入系統的質量剛好等於流出系統的質量，但流速不一定是不變的。

當系統只有一個入口及一個出口時，進出系統的兩個質量流率 $\dot{m}$ 相等，因此

$$\rho_2 u_2 A_2 - \rho_1 u_1 A_1 = 0$$

或

$$\dot{m} = 常數 = \rho_2 u_2 A_2 = \rho_1 u_1 A_1$$

因為比體積是密度的倒數，所以

$$\boxed{\dot{m} = \frac{u_1 A_1}{V_1} = \frac{u_2 A_2}{V_2} = \frac{uA}{V}} \tag{2.27}$$

這個形式的連續方程式很常用。

Chapter 2 熱力學第一定律及其他基本觀念

能量平衡的一般式

和質量一樣，能量也有守恆的特性。在控制體積內的能量改變速率，就等於流入控制體積內的淨能量。當物質流入或流出控制體積時，也一併帶進或帶走各種形式的能量，如內能、動能及位能等，這會使整個系統的能量發生變化。流域中每單位質量的流體，都帶有 $U + \frac{1}{2}u^2 + zg$ 的總能量，其中 u 是流體的平均速度，z 是距離參考平面的高度，g 則是重力加速度。因此，每一流體所傳輸的能量為 $(U + \frac{1}{2}u^2 + zg)\dot{m}$；而所有流體給予系統的淨能量就是 $-\Delta\left[(U + \frac{1}{2}u^2 + zg)\dot{m}\right]_{fs}$。「$\Delta$」項前面多了負號，就會變成進入的量減流出的量，這樣才會使整項是進入系統的為正。再加上熱傳速率 $\dot{Q}$ 及功的速率，就能表示在控制體積中能量的累積項：

$$\frac{d(mU)_{cv}}{dt} = -\Delta\left[\left(U + \frac{1}{2}u^2 + zg\right)\dot{m}\right]_{fs} + \dot{Q} + 作功速率$$

功的速率包含數種形式。首先，功可隨著流入或流出系統的流體而產生。在入口或出口的流體，具有一組平均的物性如 P、V、U、H 等。我們可以假想在圖 2.6 的入口處有單位質量的流體，具有前面提到的平均物性，這個單位質量的流體被後面的流體推擠，就像被一個活塞以 P 的壓力推動。把流體從入口推

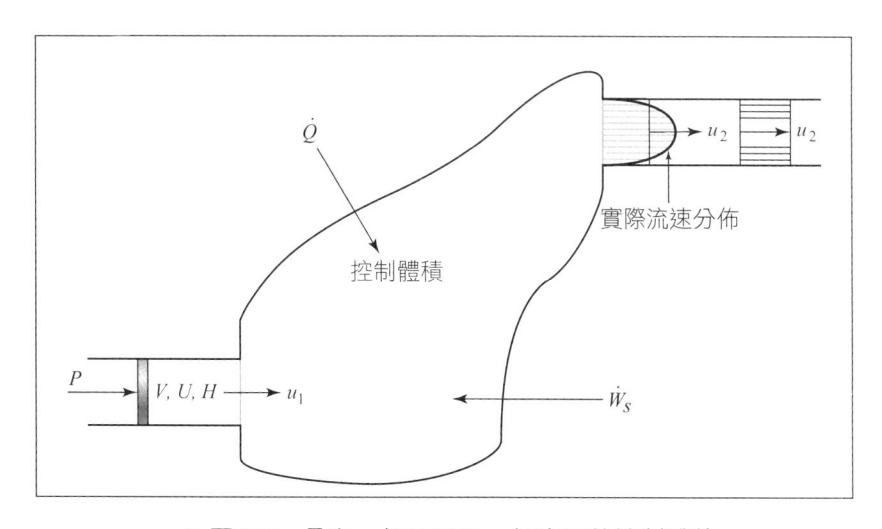

● 圖 2.6　具有一個入口及一個出口的控制體積

進去的功為 PV，而功的速率則為 $(PV)\dot{m}$。因為「Δ」是出口的量減去入口的量，所以考慮所有入口及出口後，作用於系統的淨功就是 $-\Delta[(PV)\dot{m}]_{fs}$。

另一種形式的功，就如圖 2.6 中的軸功，其速率用 $\dot{W}_S$ 表示之。控制體積又可藉著膨脹或收縮而作功，並且也可能存在著攪拌的功。各種形式的功，速率都以 $\dot{m}$ 表示。所以前面的公式可表示為：

$$\frac{d(mU)_{cv}}{dt} = -\Delta\left[\left(U + \frac{1}{2}u^2 + zg\right)\dot{m}\right]_{fs} + \dot{Q} - \Delta[(PV)\dot{m}]_{fs} + \dot{W}$$

引用焓的定義 $H = U + PV$ 於上式，可得：

$$\frac{d(mU)_{cv}}{dt} = -\Delta\left[\left(H + \frac{1}{2}u^2 + zg\right)\dot{m}\right]_{fs} + \dot{Q} + \dot{W}$$

上式的常見寫法為：

$$\boxed{\frac{d(mU)_{cv}}{dt} + \Delta\left[\left(H + \frac{1}{2}u^2 + zg\right)\dot{m}\right]_{fs} = \dot{Q} + \dot{W}}\tag{2.28}$$

在能量平衡式動能項中的速度 u 表示總體平均速度，可定義為 $u = \dot{m}/\rho A$。流體在管中的流速分佈可參見圖 2.6，在速度在管壁處為零 (假設不發生滑動) 並往中央逐漸增加，在管中央達到最大流速。管內流體的動能，也和速度分佈有關。如果是層流的話，流速分佈會呈拋物線，而沿著管徑截面作積分會發現動能項正比於 u^2。如果是完全的紊流，那麼沿著管線方向的速度分佈，幾乎可以看成是均勻的，這時在能量方程式上用 $u^2/2$ 項是極為接近真實情況的。

雖然 (2.28) 式所表示的能量平衡式具有相當的一般性，但仍然有使用上的限制。這個公式所隱含的假設是，控制體積中的質量中心是處於靜止狀態的；也就是並不包含控制體積內流體的動能與位能變化。不過對化學工程師所要處理的問題來說，(2.28) 式已經很夠用了。而且在許多 (但非全部) 的應用實例上，流線中的動能與位能量可以被忽略，這時候 (2.28) 式可簡化為：

$$\frac{d(mU)_{cv}}{dt} + \Delta(H\dot{m})_{fs} = \dot{Q} + \dot{W}\tag{2.29}$$

Chapter 2 熱力學第一定律及其他基本觀念

例 2.12 證明對封閉系統而言,(2.29) 式可簡化為 (2.3) 式。

解 在無流線狀況下,(2.29) 式的第二項可忽略。把各項都乘以 dt 後可得:

$$d(mU)_{cv} = \dot{Q}\,dt + \dot{W}\,dt$$

對時間積分可得:

$$\Delta(mU)_{cv} = \int_{t_1}^{t_2} \dot{Q}\,dt + \int_{t_1}^{t_2} \dot{W}\,dt$$

或

$$\Delta U' = Q + W$$

其中 Q 及 W 項的定義就是積分式的對應項。

(2.29) 式也可以應用在很多種暫態程序中,如下列例題所示。

例 2.13 恆壓管線中的氣體被注入真空槽中,氣體在入口處的焓與氣體在槽中的內能的關係為何?忽略氣體與槽之間的熱傳。

解 把具有單一入口的真空槽作為控制體積。因為沒有膨脹功、攪拌功或軸功,所以 $\dot{m} = 0$。如果動能和位能的改變小到可以忽略,則 (2.29) 式變為:

$$\frac{d(mU)_{\text{tank}}}{dt} - H'\dot{m}' = 0$$

其中上標 (′) 表示進入槽中的流體,但因為原公式的 Δ 是流出量減流進量,所以此項前面需改為負號。質量平衡可表為:

$$\dot{m}' = \frac{dm_{\text{tank}}}{dt}$$

結合這兩個平衡方程式可得:

$$\frac{d(mU)_{\text{tank}}}{dt} - H'\frac{dm_{\text{tank}}}{dt} = 0$$

將上式乘以 dt,並對時間積分 (注意這題的 H' 是一個常數) 可得:

$$\Delta(mU)_{\text{tank}} - H'\Delta m_{\text{tank}} = 0$$

因此

$$m_2 U_2 - m_1 U_1 = H'(m_2 - m_1)$$

其中下標 1 及 2 分別表示槽中的起始及最終狀態。

因為槽中的起始質量為零，$m_1 = 0$，所以

$$U_2 = H'$$

這個結果的意思是，在沒有熱傳的情況下，當程序結束時，槽內氣體的能量就等於進來氣體的焓。

例 2.14　一個絕緣的熱水電熱槽中裝有 190 kg 的水，溫度為 60°C，已停止加熱。如果槽中的水以 $\dot{m} = 0.2$ kg s^{-1} 的流率排出，冷水以 10°C 的溫度流進槽內，且系統處於穩態，那麼需多少時間才能使槽中的水溫由 60°C 降至 35°C？假設槽中的熱損失可忽略。令水的熱容量 $C_V = C_P = C$，且與溫度及壓力無關。

解　在這題中 $\dot{Q} = \dot{W} = 0$。另外再假設槽中的水永遠混合均勻，也就是流出的水和槽內水的物性完全相同。因為系統處於穩態，流入槽的流率與流出的流率相同，所以 m_{cv} 是常數；又因為進出口之間的動能與位能的差異可忽略不計，所以 (2.29) 式可寫為：

$$m \frac{dU}{dt} + \dot{m}(H - H_1) = 0$$

其中無下標的項表示槽內的性質，而 H_1 表示進入槽中的水的比焓。因為 $C_V = C_P = C$，所以

$$\frac{dU}{dt} = C \frac{dT}{dt} \qquad 且 \qquad H - H_1 = C(T - T_1)$$

把公式重新整理，能量平衡式變為

$$dt = -\frac{m}{\dot{m}} \frac{dT}{T - T_1}$$

由 $t = 0$（此時 $T = T_0$）積分到任何時間 t 可得：

Chapter 2 熱力學第一定律及其他基本觀念

$$t = -\frac{m}{\dot{m}} \ln\left(\frac{T-T_1}{T_0-T_1}\right)$$

代入上式右邊各項的數值,可得此題的解答為

$$t = -\frac{190}{0.2} \ln\left(\frac{35-10}{60-10}\right) = 658.5 \text{ s}$$

因此需要約 11 分鐘使槽內的水溫由 60°C 降至 35°C。

穩流程序的能量平衡

如果 (2.28) 式中的累積項 $d(mU)_{cv}/dt$ 為零,這時的流動程序就處於穩定狀態 (steady state) 或穩態。如同在質量平衡中所討論的,穩態表示控制體積中的質量維持不變,也表示控制體積中的物性不隨時間改變,而入口及出口處的物性也保持不變。在此情況下控制體積也不會發生膨脹,所以唯一有可能存在的功只有軸功。因此在穩態下,一般化能量平衡式,即 (2.28) 式就變成:

$$\Delta\left[\left(H + \tfrac{1}{2}u^2 + zg\right)\dot{m}\right]_{fs} = \dot{Q} + \dot{W}_S \tag{2.30}$$

雖然「穩定狀態」並不一定表示「穩定流動」,但上式卻常用在穩定流動且穩定狀態的程序中,這樣的程序是工程應用上的基準程序。[8]

更進一步的特例是控制體積只有一個入口及一個出口的情形,此時入口及出口的流率皆為 $\dot{m}$,而 (2.30) 式簡化為:

$$\Delta(H + \tfrac{1}{2}u^2 + zg)\dot{m} = \dot{Q} + \dot{W}_S \tag{2.31}$$

在這樣單純的情形下,下標「fs」可省略,「Δ」符號一樣表示出口量減去入口量。上式除以 $\dot{m}$ 可得

$$\Delta\left(H + \tfrac{1}{2}u^2 + zg\right) = \frac{\dot{Q}}{\dot{m}} + \frac{\dot{W}_S}{\dot{m}} = Q + W_S$$

---

[8] 一個穩定狀態但非穩定流動的例子可由熱水器說明之,水的流率會發生變動,但經由加熱速率改變的抵消後,卻能使得水溫保持恆定。

或
$$\Delta H + \frac{\Delta u^2}{2} + g\,\Delta z = Q + W_s \qquad (2.32a)$$

上式是熱力學第一定律的一種數學式，適用在只具一個入口與一個出口的穩定狀態，且為穩定流動程序。各項所代表的都是每單位質量流體的能量。

目前為止我們看到的能量平衡式中，能量的單位都是依 SI 制而預設為焦耳。若為英制單位，動能及位能項出現時必須除以 g_c (見 1.4 及 1.8 節所述)，這時候 (2.32a) 式變成

$$\Delta H + \frac{\Delta u^2}{2g_c} + \frac{g}{g_c}\Delta z = Q + W_s \qquad (2.32b)$$

這時常用的 ΔH 與 Q 的單位是 (Btu)；而常用的動能、位能和功的單位是 (ft lb$_f$)。因此必須使用 778.16 (ft lb$_f$)(Btu)$^{-1}$ 的換算因子，進行 (ft lb$_f$) 與 (Btu) 單位的換算。

在許多應用中，動能及位能項相較其他項小到可以忽略，[9]這時 (2.32a) 與 (2.32b) 式可簡化成：

$$\Delta H = Q + W_s \qquad (2.33)$$

上式是在穩定狀態與穩定流動程序下的熱力學第一定律，類似於 (2.3) 式的非流動程序，不過焓是比內能更為重要的熱力學性質。

測量焓的流動卡計

要利用 (2.32) 與 (2.33) 式解決實際上的問題，還需要焓的數據。因為 H 是一個狀態函數，每個狀態點都有對應的數值。一旦知道某個狀態下的數值，只要在相同的狀態下都可以應用。所以可以依狀態列表，以供後續使用。我們可利用 (2.33) 式來設計實驗以測量焓的數據。

圖 2.7 是一個簡易型流動卡計的示意圖，它的主要特徵是有一個浸在流動流體中的電阻加熱器。在設計上已儘量減少第一段及第二段位置間流速及高度的改變，因此這兩段位置間流體動能和位能改變量可忽略不計。這兩段間也沒

---
[9] 動能、位能無法忽略的例子是噴嘴、計量器、風洞以及水力電氣裝置等的應用。

Chapter 2 熱力學第一定律及其他基本觀念

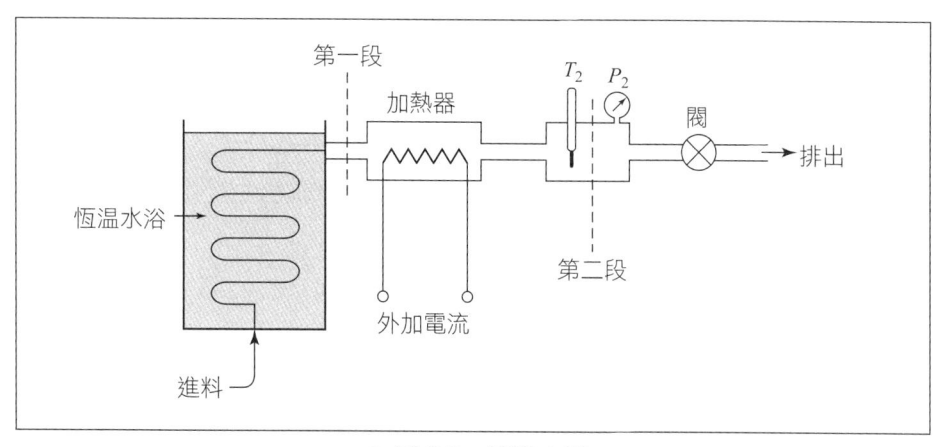

● 圖 2.7 流動卡計

有軸功,因此 (2.33) 式簡化為 $\Delta H = H_2 - H_1 = Q$。加熱器將熱傳到流體的熱傳速率,由加熱器的電阻和所通過的電流決定。雖然在實際運用上有很多細節要注意,但流動卡計的操作原理是很簡單的。經由流體流率和熱傳速率的測量,可計算第一及第二段位置間的 ΔH 值。

舉例來說,若要測量水和水蒸汽的焓,水進料到這個設備中,恆溫槽中放置冰塊及水以維持 0°C 溫度。水經由足夠長的管線而通過恆溫槽,使得水在恆溫槽出口處達到與恆溫槽相同的 0°C 溫度,因此在第一段位置的流體是 0°C 的水。第二段位置處的溫度與壓力可經由適當的儀器測出,而第二段位置處水的焓值可表示為:

$$H_2 = H_1 + Q$$

其中 Q 表示每單位質量水由加熱器得到的熱量。

壓力可能每次實驗都不相同,但在這裡壓力對水的焓沒有太大的影響,因此忽略不計。而 H_1 值實際上可視為常數。就像內能一樣,焓的絕對值是未知的,所以我們可以將 H_1 當作基準點而隨意設定數值,再求其他狀態下的焓值。例如將 0°C 的水的焓值設定為 $H_1 = 0$,則可得:

$$H_2 = H_1 + Q = 0 + Q = Q$$

第二段位置中的水在不同溫度及壓力下的焓值,可以由大量的實驗得到數據,並且列表表示。也可以一併量測到各狀態下的比體積值,並且列在同一個表中,這樣就可以從 (2.11) 式計算內能了: $U = H - PV$。經由這些步驟,熱力學物

性可在適當的狀態範圍中求得，其中最常用的是水的物性表，稱為蒸汽表 (steam table)。[10]

除了 0°C 的水之外，焓值也可在其他狀態下可定為零，這種選擇乃可任意訂定的。(2.32) 及 (2.33) 式所表示的是狀態改變時的物性變化量，而焓的改變量是與基準點的位置無關的。然而一旦焓的基準點被決定了，就不能任意決定內能值，內能值必須經由 (2.11) 式從焓值求得。

例 2.15 由上面討論的流動卡計，得到下列以水為測試流體的數據：

流率 = 4.15 g s^{-1}　　$t_1 = 0°C$　　$t_2 = 300°C$　　$P_2 = 3$ bar

電阻加熱器的加熱率 = 12,740 W

水在實驗中完全蒸發。若令水在 0°C 時 $H = 0$，請計算蒸汽在 300°C 及 3 bar 時的焓值。

解　若 Δz 及 Δu^2 可忽略不計且 W_S 及 H_1 為零，則 $H_2 = Q$，所以

$$H_2 = \frac{12{,}740 \text{ Js}^{-1}}{4.15 \text{ g s}^{-1}} = 3{,}070 \text{ J g}^{-1}$$

例 2.16 空氣在 1 bar 及 25°C 時以低速進入壓縮機中，並在 3 bar 時排出，再進入噴嘴中膨脹到最終速度 600 m s^{-1} 及起始壓力和溫度。若對每公斤空氣而言的壓縮功為 240 kJ，則壓縮過程中需移出多少熱量？

解　因為空氣最終回復到起始的 T 及 P，所以對整個程序而言沒有焓的改變。空氣位能的改變可忽略，若起始的動能也可忽略，則 (2.32a) 式可寫為：

$$Q = \frac{u_2^2}{2} - W_S$$

其中的動能項可估計如下：

$$\frac{1}{2}u_2^2 = \frac{1}{2}\left(600\,\frac{\text{m}}{\text{s}}\right)^2 = 180{,}000\,\frac{\text{m}^2}{\text{s}^2}$$

$$= 180{,}000\,\frac{\text{m}^2}{\text{s}^2} \cdot \frac{\text{kg}}{\text{kg}} = 180{,}000 \text{ N m kg}^{-1} = 180 \text{ kJ kg}^{-1}$$

---

[10] 蒸汽表列於附錄 F，其他物質的物性表則可由文獻中尋得。關於熱力學物性的編列，將在第 6 章中討論。

Chapter 2 熱力學第一定律及其他基本觀念

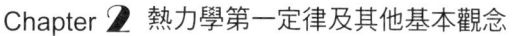

因此 $Q = 180 - 240 = -60 \text{ kJ kg}^{-1}$

所以每壓縮 1 kg 的空氣,需移除 60 kJ 的熱量。

例 2.17 儲槽中 200°F 的水以 50 (gal)(min)$^{-1}$ 的流率被泵抽出。泵的馬達作功的功率是 2 (hp)。水流經熱交換器,以 40,000 (Btu)(min)$^{-1}$ 的速率釋出熱量,並被注入高於第一儲槽 50 (ft) 的第二儲槽中。注入第二儲槽的水溫是多少?

解 這是一個穩定狀態及穩定流動的程序,可用 (2.32b) 式計算。水在儲槽中的起始及最終速度可忽略不計,因此 $\Delta u^2 / 2g_c$ 項可省略。其餘項的單位換算成 (Btu)(lb$_m$)$^{-1}$。在 200 (°F) 時,水的密度為 60.1 (lb$_m$)$^{-1}$(ft)$^{-3}$,且 1 (ft)^3 等於 7.48 (gal),因此質量流率為:

$$(50)(60.1 / 7.48) = 402 \text{ (lb}_m\text{)(min)}^{-1}$$

因此

$$Q = -40,000 / 402 = -99.50 \text{ (Btu)(lb}_m\text{)}^{-1}$$

因為 1 (hp) 等於 42.41 (Btu)(min)$^{-1}$,所以軸功為:

$$W_S = (2)(42.41) / 402 = 0.21 \text{ (Btu)(lb}_m\text{)}^{-1}$$

若當地的 g 值為標準值 32.174 (ft)(s)$^{-2}$,則位能為:

$$\frac{g}{g_c}\Delta z = \frac{32.174(\text{ft})(\text{s})^{-2}}{32.174(\text{lb}_m)(\text{ft})(\text{lb}_f)^{-1}(\text{s})^{-2}} \cdot \frac{50(\text{ft})}{778.16(\text{ft lb}_f)(\text{Btu})^{-1}}$$

$$= 0.06 (\text{Btu})(\text{lb}_m)^{-1}$$

現在可以用 (2.32b) 式算出 ΔH:

$$\Delta H = Q + W_S - \frac{g}{g_c}\Delta z$$
$$= -99.50 + 0.21 - 0.06$$
$$= -99.35 \text{ (Btu)(lb}_m\text{)}^{-1}$$

由蒸汽表可查到水的焓值在 200 (°F) 時為：

$$H_1 = 168.09 \text{ (Btu)(lb}_m)^{-1}$$

因此　　　$\Delta H = H_2 - H_1 = H_2 - 168.09 = -99.35$

所以　　　$H_2 = 168.09 - 99.35 = 68.74 \text{ (Btu)(lb}_m)^{-1}$

由蒸汽表中查知具有此焓值的水溫為：

$$t = 100.74 \text{ (°F)}$$

在此例題中，W_s 及 $(g/g_c)\Delta z$ 值相較於 Q 值很小，因此可忽略不計。

習　題

2.1 裝有 20°C 的 25 kg 水的絕緣容器內，配有一攪拌器。驅動攪拌器的是一個質量為 35 kg 的重物。這個重物緩慢地由 5 m 的高度落下，並轉動攪拌器。假設重物所接受的功全部傳遞給水，且當地的重力加速度為 9.8 m s^{-2}，求下列各項：
(a) 對水施加的功。
(b) 水的內能改變量。
(c) 水最後的溫度，令水的 $C_P = 4.18$ kJ kg^{-1} °C^{-1}。
(d) 要使水溫降到起始溫度，必須移走的熱量。
(e) 由下列各原因所造成宇宙總能量的改變：(1) 重物降下的過程，(2) 將水溫冷卻到起始溫度的過程，(3) 以上兩程序的總合。

2.2 重做習題 2.1，其中絕緣容器的溫度隨水而改變，容器的熱容量等於 5 kg 水之值。以下列二方法求解此題：
(a) 將水及容器視為系統；
(b) 將水單獨視為系統。

2.3 一個原為靜止的蛋，掉到水泥地上並破裂。將蛋視為系統。
(a) W 的正負號？
(b) ΔE_P 的正負號？
(c) ΔE_K 為何？

(d) ΔU^t 為何？

(e) Q 的正負號？

在模擬這個程序時，假設有充分的時間讓蛋回到起始溫度。 (e) 小題中的熱傳來源是什麼？

2.4 一個電動馬達在穩態及 110 伏特下，產生 9.7 安培的電流，並傳送 1.25 (hp) 的機械能量。馬達釋出熱的速率有多少 kW？

2.5 封閉系統中一莫耳的氣體，進行含有四個步驟的熱力學迴路。利用下表所列數據，求出未知各項的數值。

步驟	$\Delta U^t / J$	Q/J	W/J
12	−200	?	−6,000
23	?	−3,800	?
34	?	−800	300
41	4,700	?	?
12,341	?	?	−1,400

2.6 討論在夏天時打開電冰箱的門以冷卻廚房的可行性。

2.7 某著名實驗室報告指出，外來的化學物質 β-miasmone 的同素異性固體形成的四相平衡的四相點位於 10.2 Mbar 及 24.1°C。評估他們的主張。

2.8 一個封閉及非反應系統中含有物質 1 及 2，並處於汽／液相平衡。物質 2 是極輕的氣體，幾乎不溶於液相，而汽相中則含有物質 1 及 2。將更多的物質 2 加入系統中，並恢復到起始的 T 及 P。經此程序後，液相的總莫耳數是否增加、減少，或維持不變？

2.9 某系統中含有氯仿、1,4-二氧六環及乙醇，在 50°C 及 55 kPa 時形成汽／液兩相的系統。將一些純乙醇加入此系統後，發現它們仍在原來的溫度及壓力下形成兩相系統。此系統哪些方面發生改變？哪些方面沒發生改變？

2.10 在習題 2.9 所述的系統中：

(a) 除了 T 與 P 外，還需要多少相律變數才能將兩個相的組成固定？

(b) 若溫度及壓力維持不變，可否在不影響液相與汽相的組成之下，改變總體的組成 (利用加入或除去某些物質)？

2.11 一儲槽中裝有 20°C 的水共 20 kg，經過攪拌器傳到水的功率為 0.25 kW。若無熱量經水散失於環境中，需要多久時間才能使水溫上升至 30°C？水的 C_P = 4.18 kJ kg^{-1} °C^{-1}。

2.12 將 7.5 kJ 的熱量加進一個封閉系統，同時內能減少了 12 kJ。有多少能量以功的形式傳遞？對於另一個有相同狀態改變但沒有作功項的程序，熱傳量為多少？

2.13 一塊 2 kg 鑄鐵的起始溫度為 500°C；將起始溫度為 25°C 的水裝了 40 kg 進入 5 kg 重的完全絕緣鋼槽中。將鑄鐵浸在水中，並令系統達成平衡。最終溫度為多少？忽略任何膨脹或收縮的因素，並假設水的比熱恆為 4.18 kJ kg^{-1} K^{-1}，且鋼的比熱恆為 0.50 kJ kg^{-1} K^{-1}。

2.14 一個不可壓縮的流體 (ρ = 常數)，置於一個絕緣的活塞／圓筒裝置中，活塞與圓筒間無摩擦力。能量是否可以用功的形式傳送至流體？若壓力由 P_1 增加到 P_2，流體的內能改變多少？

2.15 對於 1 kg，25°C 的水而言：
 (a) 若溫度增加 1 K，則 ΔU^t 是多少 kJ？
 (b) 若高度增加 Δz，而位能改變量 ΔE_P 等於 (a) 小題中內能改變量 ΔU^t 時，則 Δz 有多少 m？
 (c) 若由靜止加速至最終速度 u，而動能改變量 ΔE_K 等於 (a) 小題中內能改變量 ΔU^t，則 u 為多少 m s^{-1}？
 比較及討論上述三項的結果。

2.16 一個電動馬達在運轉時，因為內部的不可逆狀況而發熱。某建議為在馬達外殼上加上絕緣以減少能量的損失，試仔細評論此建議。

2.17 一個水力渦輪機利用 50 m 高的水柱操作，進口及出口的管徑為 2 m 的直徑。若出口的流速為 5 m s^{-1}，估算此渦輪機所作的機械功。

2.18 水在 180°C 及 1,002.7 kPa 時之內能 (相對於任意選取的基準點) 為 762.0 kJ kg^{-1}，比體積則為 1.128 cm^3 g^{-1}。
 (a) 焓值為多少？
 (b) 水被改變為 300°C 及 1,500 kPa 的蒸汽，其內能為 2,784 kJ kg^{-1}，比體積為 169.7 cm^3 g^{-1}。計算此程序的 ΔU 及 ΔH。

Chapter 2 熱力學第一定律及其他基本觀念

2.19 溫度為 T_0 的固體浸在起始溫度為 T_{w_0} 的水浴中，熱量以 $\dot{Q} = K \cdot (T_w - T)$ 的速率由固體傳到水中，其中 K 為常數，而 T_w 及 T 分別為水及固體的瞬間溫度。推導 T 隨時間 τ 而改變的方程式，並在 $\tau = 0$ 與 $\tau = \infty$ 的極限情況下，確認所導出的結果。忽略膨脹或收縮的效應，並假設水及固體的比熱為恆定值。

2.20 常見的單元操作如下所示：
(a) 單管熱交換器；(b) 套管熱交換器；(c) 泵；(d) 氣體壓縮機；(e) 氣體渦輪機；
(f) 節流閥；(g) 噴嘴

對各種操作推導簡單而適用的穩態能量平衡公式。仔細說明並驗證所使用的各項假設。

2.21 雷諾數 Re 是一個無因次群，用來表示流動的強度，在高雷諾數時是紊流流動，而在低雷諾數時是層流流動。在管中流動的流體，其雷諾數為 $Re \equiv u\rho D/\mu$，其中 D 是管的直徑，μ 是流體的黏度。
(a) 若 D 及 μ 固定不變，增加流率 $\dot{m}$ 對 Re 有何影響？
(b) 若 $\dot{m}$ 及 μ 固定不變，增加 D 對 Re 有何影響？

2.22 一個不可壓縮 ($\rho =$ 常數) 的流體，以穩態方式流經圓形但管徑漸增的管中。在位置 1 時，管的直徑為 2.5 cm 且流速為 2 m s^{-1}，在位置 2 時，管的直徑為 5 cm。
(a) 在位置 2 時的流速為何？
(b) 在位置 1 及 2 間，流體的動能改變量為多少 (J kg^{-1})？

2.23 一個溫水水流由 25°C 的冷水 (流率為 1.0 kg s^{-1}) 和 75°C 的熱水 (流率為 0.8 kg s^{-1}) 混合而成。在混合過程中，熱散失到環境中的速率為 30 kJ s^{-1}。溫水的溫度為多少？假設水的比熱為 4.18 kJ kg^{-1} K^{-1}。

2.24 氣體由儲槽中漏出，若忽略氣體與儲槽間的熱傳，請證明質量與能量平衡可導出下列微分式：

$$\frac{dU}{H' - U} = \frac{dm}{m}$$

其中 U 和 m 是指槽中殘留氣體的內能與質量；H' 是流出儲槽的氣體的焓。在什麼條件下可假設 $H' = H$？

2.25 28°C 的水在水平直管中流動，且沒有與環境交換熱與功。水在內管直徑為 2.5 cm 處的流速為 14 m s^{-1}，然後流入管徑突然增大的區域。若下游的管直徑為 3.8 cm，

則水溫改變量有多少？若管的直徑為 7.5 cm 時又如何？對管徑增加而言，最大的溫度改變量有多少？

2.26 每小時 50 kmol 的空氣經過穩態壓縮機，由 P_1 = 1.2 bar 被壓縮到 P_2 = 6 bar。壓縮機所作的功為 98.8 kW，溫度及速度數據為：

$$T_1 = 300 \text{ K} \qquad T_2 = 520 \text{ K}$$
$$u_1 = 10 \text{ m s}^{-1} \qquad u_2 = 3.5 \text{ m s}^{-1}$$

估算壓縮機的熱傳速率。假設空氣的 $C_P = (\frac{7}{2})R$，且焓與壓力無關。

2.27 氮氣穩定地流經內徑為 1.5 (in) 的水平絕緣管。當它流經一個部份開啟的閥時，造成了壓力降。閥的上游壓力為 100 (psia)，且溫度為 120 (°F)，平均流速為 20 (ft)(s)$^{-1}$。若閥的下游壓力為 20 (psia)，其溫度為多少？假設氮氣的 PV/T 為常數，$C_V = (5/2)R$，且 $C_P = (7/2)R$。(R 的數值列於附錄 A)

2.28 水流經一水平迴管，迴管外壁經由高溫廢氣加熱。當水在迴管中流過時，其狀態由 200 kPa 及 80°C 的液體改變為 100 kPa 及 125°C 的蒸汽。水進入迴管時的流速為 3 m s^{-1}，流出速度為 200 m s^{-1}。計算每單位質量水流經迴管時的熱傳量。進口與出口流線的焓為：進口處：334.9 kJ kg^{-1}；出口處：2,726.5 kJ kg^{-1}。

2.29 水蒸汽以穩態流經一漸收縮的噴嘴，噴嘴的長度為 25 cm，入口直徑為 5 cm。在噴嘴入口處 (狀態 1)，溫度及壓力為 325°C 及 700 kPa，流速為 30 m s^{-1}。在噴嘴出口處 (狀態 2)，流體的溫度及壓力為 240°C 及 350 kPa。各物性數據為

$$H_1 = 3{,}112.5 \text{ kJ kg}^{-1} \qquad V_1 = 388.61 \text{ cm}^3 \text{ g}^{-1}$$
$$H_2 = 2{,}945.7 \text{ kJ kg}^{-1} \qquad V_2 = 667.75 \text{ cm}^3 \text{ g}^{-1}$$

在噴嘴出口處流體之流速為何？出口之直徑為何？

2.30 在下列敘述中，令氮氣之 C_V = 20.8 且 C_P = 29.1 J mol^{-1} °C^{-1}：
(a) 一固定體積容器中含有 3 莫耳 30°C 的氮氣，並被加熱到 250°C。若容器的熱容量可忽略不計，需要加熱多少的熱量？若容器重量為 100 kg 且熱容量為 0.5 kJ kg^{-1} °C^{-1} 時，需多少的熱量？
(b) 有 4 莫耳 200°C 的氮氣在活塞／圓筒裝置中。若在恆壓下冷卻到 40°C，且活塞及圓筒的熱容量可忽略不計時，必須從系統中移出多少熱量？

2.31 在下列敘述中，令氮氣之 $C_V = 5$ 且 $C_P = 7$ (Btu)(lb mole)$^{-1}$(°F)$^{-1}$：

(a) 有 3 磅莫耳 70 (°F) 的氮氣在固定體積的容器中，並被加熱到 350 (°F)。若容器的熱容量可忽略不計，需要加熱多少熱量？若容器重 200 (lb$_m$) 且其熱容量為 0.12 (Btu)(lb$_m$)$^{-1}$(°F)$^{-1}$ 時，需要多少熱量？

(b) 有 4 磅莫耳 400 (°F) 的氮氣在活塞／圓筒裝置中。若要在恆壓下冷卻到 150 (°F)，而活塞與圓筒的熱容量可忽略不計，則必須從系統中移出多少熱量？

2.32 有 1 莫耳氣體在活塞／圓筒裝置中進行可逆恆溫壓縮，試導出功的表示式。假設氣體的莫耳體積為

$$V = \frac{RT}{P} + b$$

其中 b 及 R 皆為正值的常數。

2.33 200 (psia) 600 (°F) 的水蒸汽〔狀態 1〕，以 10 (ft)(s)$^{-1}$ 的流速流經 3 in 直徑的管線進入渦輪。由渦輪流出後的管線直徑為 10 in 直徑的管線，且達到 5 (psia) 及 200 (°F)〔狀態 2〕。渦輪輸出的功率為多少？

$$H_1 = 1{,}322.6 \text{ (Btu)(lb}_m)^{-1} \qquad V_1 = 3.058 \text{ (ft)}^3\text{(lb}_m)^{-1}$$
$$H_2 = 1{,}148.6 \text{ (Btu)(lb}_m)^{-1} \qquad V_2 = 78.14 \text{ (ft)}^3\text{(lb}_m)^{-1}$$

2.34 二氧化碳氣體由起始狀態 $P_1 = 15$ (psia) 及 $T_1 = 50$ (°F) 進入水冷卻壓縮機，最後排放時狀態為 $P_2 = 520$ (psia) 及 $T_2 = 200$ (°F)。CO_2 經由 4 in 直徑管線流入，流速為 20 (ft)(s)$^{-1}$，最後由 1 in 直徑的管線排放。供給壓縮機的軸功為 5,360 (Btu)(mol)$^{-1}$。由壓縮機釋出的熱交換速率為多少 (Btu)(hr)$^{-1}$？

$$H_1 = 307 \text{ (Btu)(lb}_m)^{-1} \qquad V_1 = 9.25 \text{ (ft)}^3\text{(lb}_m)^{-1}$$
$$H_2 = 330 \text{ (Btu)(lb}_m)^{-1} \qquad V_2 = 0.28 \text{ (ft)}^3\text{(lb}_m)^{-1}$$

2.35 導證在任何一個機械可逆的非流動程序中，W 及 Q 可表示為

$$W = \int V\,dP - \Delta(PV) \qquad Q = \Delta H - \int V\,dP$$

2.36 一公斤的空氣在恆壓下經可逆加熱後，由 300 K 及 1 bar 的起始狀態，改變為原來體積的 3 倍。計算此程序的 W、Q、ΔU 及 ΔH。假設空氣遵守下列關係 $PV/T = 83.14$ bar cm^3 mol^{-1} K^{-1}，且 $C_P = 29$ J mol^{-1} K^{-1}。

2.37 某氣體經穩流程序，狀態由 20°C 及 1,000 kPa 改變為 60°C 及 100 kPa。假想此程序為可逆的非流動程序 (含有任意數目的步驟)，並以 1 莫耳氣體為基準，計算此程序的 ΔU 及 ΔH。假設此氣體之 PV/T 為常數，$C_V = (5/2)R$ 且 $C_P = (7/2)R$。

2.38 (a) 一個不可壓縮流體 (ρ 為常數) 流經管線，管線截面積為定值。若為穩流，證明流速 u 和體積流率 q 都是常數。

(b) 一個可進行化學反應的氣體，以穩流方式流經管線。管線截面積固定不變，氣體溫度和壓力沿管線改變。請問 $\dot{m}$、$\dot{n}$、q 和 u 有哪些必須是常數？

2.39 機械能的能量平衡式，可幫助推導流體因摩擦力造成的壓降。如果有一個不可壓縮的流體，以穩流方式流經水平管線，且管線截面積為定值，此時能量平衡式可寫為：

$$\frac{\Delta P}{\Delta L} + \frac{2}{D} f_F \rho u^2 = 0$$

其中 f_F 是范寧摩擦係數 (Fanning friction factor)。從文獻[11]可知紊流的 f_F 為：

$$f_F = 0.3305 \left\{ \ln \left[0.27 \frac{\epsilon}{D} + \left(\frac{7}{Re} \right)^{0.9} \right] \right\}^{-2}$$

在這裡 Re 是雷諾數 (見習題 2.21)，而 ϵ/D 是無因次的管壁粗糙度。當 Re > 3,000 時，流體為紊流。

設想一個在 25°C 的水流。計算在下列各條件時的質量流率 $\dot{m}$ 為多少 kg s^{-1}。$\Delta P/\Delta L$ 為多少 kPa m^{-1}？假設 $\epsilon/D = 0.0001$。若 25°C 水流的 $\rho = 996$ kg m^{-3}，且 $\mu = 9.0 \times 10^{-4}$ kg m^{-1} s^{-1}。證明水流是紊流。

(a) $D = 2$ cm，$u = 1$ m s^{-1}

(b) $D = 5$ cm，$u = 1$ m s^{-1}

(c) $D = 2$ cm，$u = 5$ m s^{-1}

(d) $D = 5$ cm，$u = 5$ m s^{-1}

2.40 在 10 bar 和 323 K 下，丙烷和正丁烷共組一個汽／液平衡系統。丙烷的莫耳分率在汽相中是 0.67，在液相中是 0.40。另外再添加純丙烷到系統中，當系統達到平衡時，溫度 T 和壓力 P 與添加前相同，且仍然是汽液共存系統。添加丙烷對它在汽液

---

[11] AIChE J., vol. 19, pp. 375-376, 1973.

相的莫耳分率有何影響？

2.41 在石油輕餾系統中有六種主要的化學品：甲烷、乙烷、丙烷、異丁烷、正丁烷及正戊烷。這些化學品儲存在一個密封儲槽中，並且達到汽／液平衡。如果要決定各相的組成，除了 T 和 P 以外還要有幾個相律變數？

如果 T 和 P 維持不變，有沒有什麼方法可以使總組成改變 (加入或移除材料)，但是又不會讓各相內的組成比例發生變化？

2.42 10 bar 和 450 K 的乙烯進入渦輪機後，在 1 (atm) 和 325 K 下被排放出來。若質量流率 $\dot{m}$ = 4.5 kg s^{-1}，試計算渦輪機的成本 C，並陳述你所作的假設。

數據：H_1 = 761.1 H_2 = 536.9 kJ kg^{-1} $C/\$ = (15,200)(|\dot{W}|/\text{kW})^{0.573}$

2.43 提高家裡溫度的加熱程序，應該視為一個開放系統。因為室內空氣在定壓下膨脹後，會流到戶外去。如果流到戶外的空氣，其莫耳性質和室內空氣相同，證明能量平衡式和莫耳平衡式可以推導出下面的微分式：

$$\dot{Q} = -PV\frac{dn}{dt} + n\frac{dU}{dt}$$

其中 $\dot{Q}$ 是室內空氣的熱傳速率；t 是時間。P、V、n 及 U 都是室內空氣的參數。

2.44 (a) 水沿著水管流到一個澆花用的噴頭，請找出 $\dot{m}$ 的函數表示式，並以下列各項為函數的參數：管壓 P_1、大氣壓力 P_2、管內徑 D_1 及噴嘴出口直徑 D_2。假設水流為穩流，且為等溫絕熱程序。將水流視為不可壓縮流體，則在固定溫度下 $H_2 - H_1 = (P_2 - P_1)/\rho$。

(b) 事實上水流不可能是等溫的，因為有摩擦力存在，所以我們可以推測 $T_2 > T_1$。因此 $H_2 - H_1 = C(T_2 - T_1) + (P_2 - P_1)/\rho$，其中 C 是水的比熱。當考慮水溫的變化後，(a) 得出的 $\dot{m}$ 值會受到什麼影響？

純物質的壓力、體積與溫度性質

Chapter 3

我們可以用熱力學性質如內能和焓，來計算工業製程上所需的功和熱。而流體的熱力學性質，通常是從溫度、壓力、體積的數據計算出來的。要取得這些數據，一般是在已知壓力 P 和溫度 T 的條件下，量測流體的莫耳體積 V。這些實驗數據，最後可推導出 PVT (壓力／體積／溫度) 的關聯式，同時通常也是一種狀態方程式 (equations of state)；例如最簡單的方程式就是 $PV = RT$。PVT 的狀態方程式可用來量測流體性質，以及設計管線或容器的大小。

本章我們一開始先介紹純物質 PVT 的一般性質，然後詳細探討理想氣體的 PVT 行為。隨後我們再將注意力放到更符合真實流體的狀況，由相關的狀態方程式，推展到如何定量真實流體的物性。最後提出一般化的迴歸方法，使我們能在缺乏實驗數據的情況下，預估流體的 PVT 行為。

3.1 純物質的 PVT 性質

經由實驗上測得的純物質固體或液體的蒸汽壓 (vapor pressure)，可建立如圖 3.1 中 1-2 及 2-C 二段曲線所表示的壓力對溫度的關係。這圖中的第三條線 2-3 表示固液兩相的平衡關係。這三條曲線，表示了二相共存時的 P 與 T 的條件，也是單相區域的邊界曲線。1-2 是昇華曲線 (sublimation curve)，分隔固體與氣相區域；2-3 是熔解曲線 (fusion curve)，分隔固體與液體區域；2-C 是蒸發曲線 (vaporization currve)，分隔液體與氣相區域。C 點稱為臨界點 (critical point)，該點之溫度 T_c 與壓力 P_c 為純物質存在汽液平衡相之最高溫度與最大壓力。這三條曲線相交於三相點 (triple point)，在這點三相平衡且共存。由 (2.7) 式的相律可知，三相點的自由度為 0 ($F = 0$)，是一個不變的點，在二相平衡曲線上的自由度為 1 ($F = 1$)，而在單相區的自由度為 2 ($F = 2$)。

我們可以在 PT 相圖上畫出狀態改變的過程。如果是等溫變化的話，在相圖上是垂直線；而水平線代表的就是等壓的變化。當狀態變化的線段越過兩相邊界時，這時候 P、T 維持不變，但流體性質有劇烈的變化；例如由液體汽化為氣體時的沸騰現象。

Chapter 3 純物質的壓力、體積與溫度性質

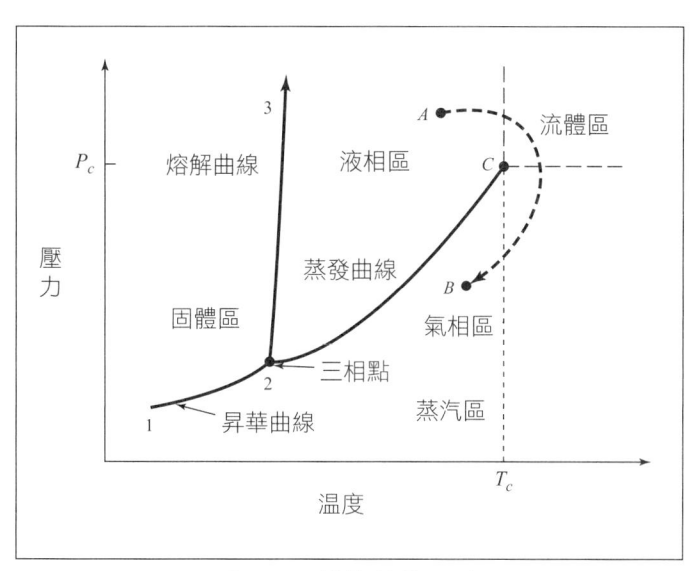

◉ 圖 3.1　純物質的 PT 相圖

把水倒在燒瓶裡隨意放在桌上，水和空氣間會以微凹的液面相連，這時候毫無疑問地水是液體。但當我們把瓶口封住，並且把燒瓶裡的空氣抽掉，這時會有部份的水汽化，取代原先空氣的位置，燒瓶裡就充滿了氣相和液體的水。雖然燒瓶裡的壓力比原先小很多，但是外觀看起來沒有太大的變化：液態水還是處於燒瓶底部，因為液態水的密度比氣態水大。不過這時氣相和液體處於平衡狀態，依循圖 3.1 中的 2–C 線段。雖然液體和氣體的性質大不相同，但如果沿著 2–C 線段升溫上去，液體和氣體的性質就會愈來愈像，過了 C 點後兩相完全相等，原先兩相間的微凹液面也會消失不見。所以液體轉為氣體的過程，也可以完全不用越過 2–C 線段，例如圖中由 A 到 B 的狀態變化。這種液體轉氣體的過程是漸進式的，不會有沸騰的現象。

在圖 3.1 中以長虛線標示出溫度大於 T_c 且壓力大於 P_c 的曲域，但這兩條虛線並不是相邊界，虛線曲域內也沒有所謂的液體與氣相。我們對於液體的定義是它可在恆溫下，藉著降低壓力而汽化，而氣相的定義則是可在恆壓下，藉著降溫而液化。可是在圖 3.1 虛線曲域中這兩種情況都不會發生，所以沒有所謂的液體與氣相，既然如此我們就將這個區域稱為流體區域 (fluid region)。

氣相區域又可被圖 3.1 的垂直虛線分割為兩部份。左側部份可經由恆溫下的壓縮或恆壓下的冷卻而凝結，所以這區域稱為蒸汽 (vapor)。右側的溫度 $T > T_c$ 部份，包含流體區域，則稱為超臨界 (supercritical) 區域。

PV 相圖

圖 3.1 中並沒有任何關於體積的資料，它顯示的是 PT 圖上的相邊界。在圖 3.2(a) 所示的 PV 圖中，兩相平衡狀態並非是在曲線上，而是在由單相曲線所圍起來的區域內，如固體／液體、固體／蒸汽及液體／蒸汽的平衡共存區域。在 T 與 P 固定時，在兩相平衡區內任一點的莫耳體積或比體積，由兩相的含量比例所決定 (如莫耳分率等)。圖 3.1 中的三相點在這裡變成圖 3.2(a) 中的水平線，三平衡相共存在單一的溫度及壓力下。

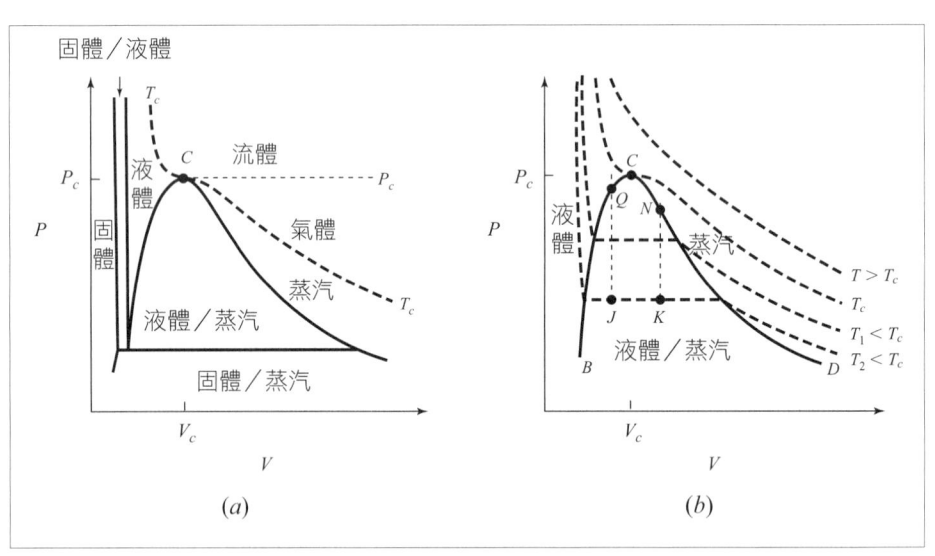

● 圖 3.2　純物質的 PV 相圖。(a) 表示固體、液體及氣體區域。
(b) 表示液體、液體／蒸汽及蒸汽區域的等溫線。

圖 3.2(b) 是液體、液體／蒸汽與蒸汽的 PV 相圖，圖中標示了四條等溫線。圖 3.1 中的等溫線是垂直線，而溫度大於 T_c 的等溫線，不會跨越相邊界。在圖 3.2(b) 中溫度 $T > T_c$ 的等溫線也是平滑的曲線。

T_1 及 T_2 兩個等溫線是次臨界溫度曲線，並由三部份線段所構成。圖 3.2(b) 中等溫線的水平部份代表汽液兩相平衡共存時的兩相體積比例，其範圍由左邊的 100% 液體到右邊 100% 的蒸汽。弧形曲線 BCD 就是由這些 100% 液體和 100% 蒸汽的端點所組成，左邊的 B 到 C 線段是指在沸點溫度的 100% 液體，而右邊的 C 到 D 線段是在凝固點溫度的 100% 蒸汽。BCD 曲線上的液體和蒸汽都是飽和的，而 BCD 圍成的區域內，水平等溫線連接液體和蒸汽在該溫度下的飽和壓力，也就是「飽和蒸汽壓」。這壓力值在圖 3.1 也讀得到，就是垂直等溫線

Chapter 3 　純物質的壓力、體積與溫度性質

與蒸發曲線的交點。

　　液體／蒸汽兩相共存區存在 BCD 曲線下的區域內，而過冷液體 (subcooled-liquid) 及過熱蒸汽 (superheated-vapor) 則在這個區域的左右兩側。在一定壓力下，過冷液體可存在沸點溫度之下，而過熱蒸汽可存在沸點溫度之上。過冷液體區域等溫線的斜率很大，因為液體的體積稍微改變就會造成很大壓力變化。兩相共存區中的等溫線間隔寬度會隨溫度上升而變窄，直到臨界點 C 時消失。T_c 的等溫線在臨界點正好有一個反曲點，在臨界點 C 時蒸汽／液體的性質相同而使兩相無法區分。

臨界現象

　　將純物質放在體積恆定的封閉管中，並觀察加熱後的狀況，可以更深入了解臨界現象的特性。圖 3.2(b) 中的垂直虛線即表示這種程序。我們也可以由圖 3.3 的 PT 圖來看這個程序，在圖上實線表示蒸發曲線 (同圖 3.1)，而虛線表示單相區的等體積路徑。若封閉管中充滿液體或充滿蒸汽，則加熱後所發生的改變會沿著虛線進行，也就是過冷液體會由 E 點改變到 F 點，而過熱蒸汽會由 G 點改變到 H 點。這些變化，相對應於圖 3.2(b) 中位於 BCD 曲線左方及右方的垂直線 (圖上未標示)。

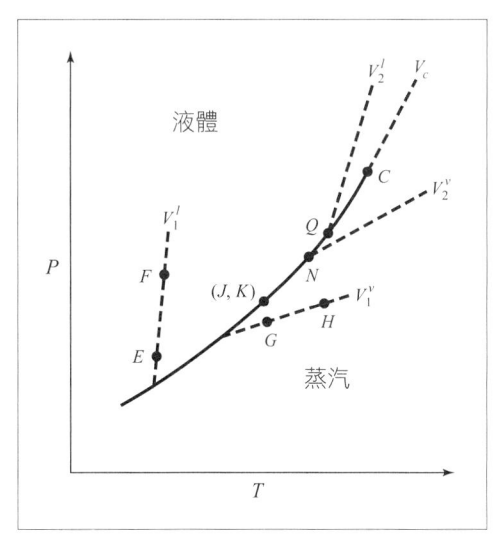

● 圖 3.3　純物質蒸汽壓的 PT 相圖，其中表示蒸汽壓曲線及單相區內的等體積線

若封閉管中只是部份充滿液體，而其餘是與它達成平衡的蒸汽，一開始加熱所發生的改變，可由圖 3.3 中實線所代表的蒸汽壓曲線表示。如果程序的變化是由 J 走到 Q，如圖 3.2(b) 中 JQ 線，液面本來在靠近管頂位 (J 點所示)，加熱後液體膨脹到充滿整個管 (如 Q 點所示)。這個程序，對應於圖 3.3 中 (J, K) 點到 Q 點的路徑，之後為純液體等體積的加熱，所以會沿 V_2^l 的等莫耳體積線前進。

如果加熱程序是走圖 3.2(b) 中的 KN 線，那麼一開始管內液面在中間偏下的位置 (K 點)，加熱後氣體的體積比例增加，使液面往下降，一直到液面消失，完全變成氣體為止 (如 N 點所示)。這個程序，對應到圖 3.3 中 (J, K) 點到 N 點的路徑，之後為純氣體等體積的加熱，所以會沿 V_2^v 的等莫耳體積線前進。

如果管內填充的液體，其液面剛好位在管中央的位置，加熱程序在圖 3.2(b) 中會依垂直路徑往上走，並且通過臨界點 C。實際上加熱並未使得液面位置發生很大的變化，當臨界點達到時，汽液界面逐漸分不清楚，然後變得模糊最後完全消失。相對應到圖 3.3 的話，這程序一開始循蒸汽壓曲線的路徑進行，由 (J, K) 點到臨界點 C，再進入單相流體區域，依流體臨界莫耳體積 V_c 的等體積線前進。

單相區域

觀察圖 3.2(b) 單相區內物質的 P、V、T 關係，可以得到下列的函數式：$f(P,V,T) = 0$，這函數稱為 PVT 的狀態方程式 (equation of state)，它表示純均勻流體在平衡狀態下的壓力、體積與溫度的關係。最簡單的狀態方程式是理想氣體方程式，$PV = RT$，這個方程式大約可適用於圖 3.2(b) 中的低壓氣體，在 3.3 節中將詳細討論這方程式。

我們可利用狀態方程式，以 P、V 或 T 三者中的任兩個變數來解得第三個變數。例如我們可用 T 與 P 的函數來表示 V，即 $V = V(T, P)$，並且

$$dV = \left(\frac{\partial V}{\partial T}\right)_P dT + \left(\frac{\partial V}{\partial T}\right)_T dP \tag{3.1}$$

上述方程式中的偏微分具有一定的物理意義，它們與液體的兩項常見物性有關：

- 體積擴張係數 (volume expansivity)：

$$\beta \equiv \frac{1}{V}\left(\frac{\partial V}{\partial T}\right)_P \tag{3.2}$$

- 等溫壓縮係數 (isothermal compressibility)：

$$\kappa \equiv -\frac{1}{V}\left(\frac{\partial V}{\partial P}\right)_T \tag{3.3}$$

結合 (3.1) 到 (3.3) 式可得：

$$\frac{dV}{V} = \beta\, dT - \kappa\, dP \tag{3.4}$$

由圖 3.2(b) 可知，在液體區中各等溫線相距很近且斜率很陡，因此 $(\partial V/\partial P)_T$ 及 $(\partial V/\partial T)_P$，即 β 與 κ 值都很小。對臨界點外的液體而言，通常在流體力學上可當作不可壓縮的流體 (incompressible fluid)，並將 β 及 κ 值視為零。雖然沒有一個真正的流體是不可壓縮的，但以實用的目的來看，這樣的簡化不僅很有用，而且也已經很近似真實流體了。但不可壓縮流體並沒有 PVT 狀態方程式，因為不可壓縮流體的 V 不是 T 與 P 的函數。

液體的 β 值幾乎都為正值 (0°C 到 4°C 的水除外)，且 κ 也是正值。若不靠近臨界點附近，β 及 κ 不會隨溫度及壓力而有明顯變化，因此當 T 和 P 僅有微小改變時，將 β 及 κ 視為常數也不致引起太大誤差。將 (3.4) 式積分可得：

$$\ln\frac{V_2}{V_1} = \beta(T_2 - T_1) - \kappa(P_2 - P_1) \tag{3.5}$$

相較於假設液體為不可壓縮流體，上式更趨近真實流體的性質。

例 3.1 在 20°C 及 1 bar 下的丙酮液體具有以下性質。

$$\beta = 1.487 \times 10^{-3}\ °C^{-1} \qquad \kappa = 62 \times 10^{-6}\ bar^{-1} \qquad V = 1.287\ cm^3 g^{-1}$$

試求：

(a) 在 20°C 及 1 bar 下，$(\partial P/\partial T)_V$ 的值
(b) 丙酮由 20°C 及 1 bar 在恆容下加熱到 30°C 時的壓力。
(c) 丙酮由 20°C 及 1 bar 改變到 0°C 及 10 bar 時的體積改變量。

解 (a) 我們利用 (3.4) 式求出 $(\partial P/\partial T)_V$ 的值，因 V 為定值，故 $dV = 0$

$$\beta\,dT - \kappa\,dP = 0 \qquad (恆容)$$

即

$$\left(\frac{\partial P}{\partial T}\right)_V = \frac{\beta}{\kappa} = \frac{1.487 \times 10^{-3}}{62 \times 10^{-6}} = 24\ bar\ °C^{-1}$$

(b) 在溫度差為 10°C 的範圍內，可將 β 及 κ 值視為定值，因此在 (a) 小題恆容條件下所得的公式可寫成

$$\Delta P = \frac{\beta}{\kappa}\Delta T = (24)(10) = 240\ bar$$

且

$$P_2 = P_1 + \Delta P = 1 + 240 = 241\ bar$$

(c) 直接應用 (3.5) 式可得

$$\ln\frac{V_2}{V_1} = (1.487 \times 10^{-3})(-20) - (62 \times 10^{-6})(9) = -0.0303$$

即

$$\frac{V_2}{V_1} = 0.9702 \quad 且 \quad V_2 = (0.9702)(1.287) = 1.249\ cm^3 g^{-1}$$

所以

$$\Delta V = V_2 - V_1 = 1.249 - 1.287 = -0.038\ cm^3 g^{-1}$$

3.2 維里狀態方程式

圖 3.2(b) 在 CD 線段右邊為蒸汽或氣相區，沿著此區內的等溫線，壓力會隨體積增大而減小，且 PV 乘積近於定值。所以等溫線上的 PV 乘積可用下列的壓力多項式函數表示：

Chapter 3 純物質的壓力、體積與溫度性質

$$PV = a + bP + cP^2 + \cdots$$

若令 $b \equiv aB'$，$c \equiv aC'$，則公式變為

$$PV = a(1 + B'P + C'P^2 + D'P^3 + \cdots) \tag{3.6}$$

其中 a、B'、C' 等係數對恆溫下的同一物質而言都是常數。

(3.6) 式的右側原是無限多項的多項式，但在實際應用上只需取幾個項數即可。而由實驗數據證明，在低壓下通常取兩項就非常足夠了。

理想氣體溫度和通用氣體常數

(3.6) 式中的參數 B' 與 C' 等會隨物質及溫度而改變，而 a 則只是溫度的函數。這個結果是經由各不同的氣體在恆溫時的實驗數據所證實的。圖 3.4 中顯示在水的三相點時，四種氣體的 PV 乘積對 P 作圖的結果，且當 $P \to 0$ 時，各氣體的 PV 極限值都相同。在 $P \to 0$ 的極限時，(3.6) 式變為

$$(PV)^* = a = f(T)$$

氣體的這項特性就是設立絕對溫度單位的基礎。我們只需固定 $f(T)$ 的函數形式，並訂出某特定點的溫度值就好了。國際上使用的最簡單方法就是絕對溫度 K (Kelvin scale)：

圖中：$(PV)_t^* = 22{,}711.8 \text{ cm}^3 \text{ bar mol}^{-1}$，$T = 273.16 \text{ K} = $ 水的三相點，縱軸 $PV/\text{cm}^3 \text{ bar mol}^{-1}$，橫軸 P，曲線標示 H_2、N_2、Air、O_2。

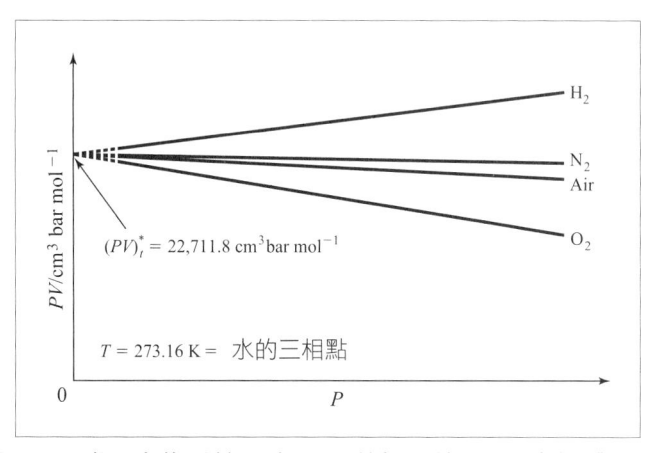

● 圖 3.4　當壓力趨近於零時，PV 的極限值 $(PV)^*$ 與氣體種類無關

- 令 $(PV)^*$ 直接正比於 T，且 R 為比例常數：

$$(PV)^* = a \equiv RT \tag{3.7}$$

- 定義水的三相點溫度為 273.16 K (用下標 t 表示)：

$$(PV)^*_t = R \times 273.16 \text{ K} \tag{3.8}$$

將 (3.7) 式除以 (3.8) 式可得

$$\frac{(PV)^*}{(PV)^*_t} = \frac{T/\text{K}}{273.16 \text{ K}}$$

或

$$\boxed{T/\text{K} = 273.16 \frac{(PV)^*}{(PV)^*_t}} \tag{3.9}$$

(3.9) 式定義了所謂的 Kelvin 溫度系統，並以實驗測得的 $(PV)^*$ 數據來定義溫度座標。

　　氣體在壓力趨近於零時的狀態相當值得探討。當壓力降低時，分子與分子間愈離愈遠；分子本身的體積佔氣體總體積的比例也愈來愈小；而分子間的吸引力也隨分子間距離的增加而減少 (見原版書 16.1 節，本譯本未包含第 16 章)。當壓力達到極限值零的時候，分子間的距離為無限遠，此時分子間吸引力為零，且分子本身的體積相較於氣體的總體積可忽略不計。我們稱這樣的氣體為理想氣體 (ideal-gas state)，且依 (3.9) 式所建立的溫度為理想氣體溫度座標 (ideal-gas temperature)。(3.7) 式所示的比例常數 R 為通用氣體常數 (universal gas constant)，它的數值可由實驗所得的 PVT 數據及 (3.8) 式計算出來：

$$R = \frac{(PV)^*_t}{273.16 \text{ K}}$$

實驗上不可能求得壓力為零的數據，因此使用外插法求得 $(PV)^*_t$ 的值，如圖 3.4 所示為 22,711.8 cm³ bar mol⁻¹。由這可得 R 為：[1]

$$R = \frac{22{,}711.8 \text{ cm}^3 \text{ bar mol}^{-1}}{273.16 \text{ K}} = 83.1447 \text{ cm}^3 \text{ bar mol}^{-1} \text{ K}^{-1}$$

---

[1] http://physics.nist.gov/constants.

R 也可換算成其他各不同的單位，常用的各數值列於附錄 A 的表 A.2 中。

維里方程式的兩種形式

下式**定義**了一種有用的熱力學性質：

$$Z \equiv \frac{PV}{RT} \tag{3.10}$$

這個無因次項稱為壓縮係數 (compressibility factor)。利用這定義及 (3.7) 式的 $a = RT$，(3.6) 式可寫成：

$$Z = 1 + B'P + C'P^2 + D'P^3 + \cdots \tag{3.11}$$

另一種常用的 Z 的表示法為：[2]

$$Z = 1 + \frac{B}{V} + \frac{C}{V^2} + \frac{D}{V^3} + \cdots \tag{3.12}$$

以上兩式都稱為維里展開 (virial expansion) 式，其中 B'、C'、D' 或 B、C、D 等係數稱為維里係數 (virial coefficient)。B' 及 B 稱為第二維里係數，而 C' 及 C 稱為第三維里係數，以此類推。對同一種氣體而言，維里係數只是溫度的函數。

(3.11) 式及 (3.12) 式各項係數間的關係如下：

$$B' = \frac{B}{RT} \quad (3.13a) \qquad C' = \frac{C - B^2}{(RT)^2} \quad (3.13b) \qquad D' = \frac{D - 3BC + 2B^3}{(RT)^3} \quad (3.13c)$$

以上各式的導出方法，首先要將 (3.11) 式右邊的 P 消去。藉由 (3.12) 式中的 Z 被 PV/RT 所取代，可得到 P 的表示式，代入 (3.11) 式並展開成 $1/V$ 的多項式，再與 (3.12) 式逐項比較係數，即可求得兩套維里係數間的關係。當 (3.11) 式與 (3.12) 式都為無限多項的展開式時，上列的係數間的關係是正確成立的。若維里展開式只截取有限項數，則上列的係數間的關係乃僅屬近似相等。

對氣體而言有許多狀態方程式曾被提出，但維里方程式是唯一具有完整理論基礎者。利用統計力學可導出維里方程式，並可解釋各維里係數的物理意

---

[2] 由 H. Kamerlingh Onnes 所提出，"Expression of the Equation of State of Gases and Liquids by Means of Series," *Communications from the Physical Laboratory of the University of Leiden*, no. 71, 1901.

義。在 $1/V$ 展開形式的維里方程式中，B/V 源自兩個分子間的作用力 (見原版書 16.2 節)，而 C/V^2 源自三個分子間的作用力，以此類推；由於兩分子間作用力較三分子間的作用力更普遍，三分子間的作用力較四分子間作用力更多，因此愈高的項次對壓縮係數的貢獻愈少。

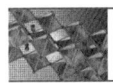

3.3 理想氣體

因為維里展開式 [如 (3.12) 式所示] 中的 B/V 及 C/V^2 等項分別源自分子間的作用力，所以在沒有作用力的情況下，B 與 C 等維里係數都為零，而維里方程式這時變為

$$Z = 1 \quad \text{或} \quad PV = RT$$

對真實氣體而言，分子間的作用力的確存在，並對氣體的性質具有影響。對恆溫下的真實氣體而言，當壓力降低時體積會增加，且 B/V、C/V^2 與 C/V^3 等項的貢獻也減少。當壓力趨近於零時，Z 趨近於 1。這並不是由於維里係數有任何變化，而是因為此時體積趨近於無限大，所以在壓力趨近於零時，與假設 $B = C = \cdots = 0$ 一樣。亦即

$$Z \to 1 \quad \text{或} \quad PV \to RT$$

由相律可知，對一真實氣體而言內能是溫度與壓力的函數。會與壓力有關是因為分子間有作用力，若無分子間的作用力，則改變分子間的距離就不需能量，也就是說在恆溫時改變系統的體積與壓力並不需能量。在沒有分子間作用力時，氣體的內能只是溫度的函數。而理想氣體就是我們所假想的沒有分子間作用力存在的氣體，或是壓力趨近於零時的真實氣體。因此理想氣體具有下列的巨觀特性：

• 狀態方程式為：

$$\boxed{PV = RT} \quad \text{(理想氣體)} \tag{3.14}$$

Chapter 3 純物質的壓力、體積與溫度性質

- 內能只是溫度的函數：

$$\boxed{U = U(T)} \quad \text{(理想氣體)} \tag{3.15}$$

由理想氣體所導出的物性關係

(2.16) 式定義了恆容時的熱容量，對理想氣體而言，C_V 只是溫度的函數：

$$C_V \equiv \left(\frac{\partial U}{\partial T}\right)_V = \frac{dU(T)}{dT} = C_V(T) \tag{3.16}$$

(2.11) 式是定義焓的公式，而理想氣體的焓 H 也只是溫度的函數：

$$H \equiv U + PV = U(T) + RT = H(T) \tag{3.17}$$

(2.20) 式定義了恆壓下的熱容量 C_P，對理想氣體而言，並如同 C_V 一樣，C_P 也只是溫度的函數：

$$C_P \equiv \left(\frac{\partial H}{\partial T}\right)_P = \frac{dH(T)}{dT} = C_P(T) \tag{3.18}$$

將 (3.17) 式微分，可導出理想氣體的 C_P 及 C_V 之間的關係式：

$$C_P = \frac{dH}{dT} = \frac{dU}{dT} + R = C_V + R \tag{3.19}$$

這公式並非表示對理想氣體而言 C_P 及 C_V 為常數，而表示儘管它們會隨溫度而變，但它們間的差異恆為定值 R。

對於理想氣體的任何狀態改變，可由 (3.16) 式和 (3.18) 式導出相關方程式：

$dU = C_V\, dT$	(3.20a)	$\Delta U = \int C_V\, dT$	(3.20b)
$dH = C_P\, dT$	(3.21a)	$\Delta H = \int C_P\, dT$	(3.21b)

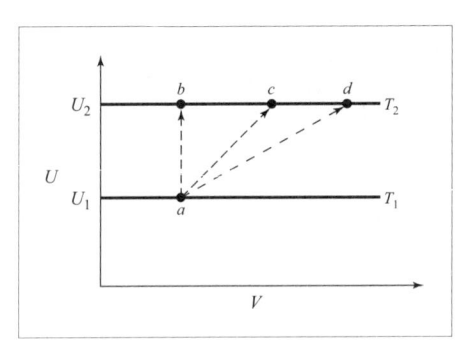

◐ 圖 3.5　理想氣體內能的改變

因為理想氣體的內能及 C_V 都只是溫度的函數,所以不論何種程序,理想氣體的 ΔU 都可用 (3.20b) 式求得。以圖 3.5 來進一步說明,圖中表示的是內能與莫耳體積的關係,並以溫度作為參數。因為 U 與 V 無關,所以 U 對 V 作圖在定溫下必為水平線。而在不同溫度下,U 有不同的數值,在圖 3.5 中可由不同的水平線表示。圖 3.5 中標示了兩條等溫線,其中一條為溫度 T_1,另一條為較高的溫度 T_2。a 到 b 的虛線表示在恆容下溫度由 T_1 升到 T_2,內能的改變為 $\Delta U = U_2 - U_1$,這內能的改變也可由 (3.20b) 式的 $\Delta U = \int C_V dT$ 求得。a 到 c 及 a 到 d 的虛線表示由溫度 T_1 到 T_2 的非恆容程序。由圖上可知,非恆容程序與恆容程序都具有相同的內能改變量,且都可由 $\Delta U = \int C_V dT$ 求得。不過這些程序中的 ΔU 並不等於 Q,因為 Q 不僅與 T_1 及 T_2 有關,也隨不同程序進行的路徑而異。另外,理想氣體的焓值 H 則和內能的狀況相似。(見 2.11 節)

理想氣體是一種流體模式,其物性之間具有簡單的關係,將其應用到真實氣體時,也有良好的近似性。在程序計算上,當氣體壓力在數個 bar 以內時,可將其視為理想氣體,並應用簡單的關係式進行計算。

理想氣體的程序計算公式

程序計算是要得出功和熱的大小。如果討論的是封閉系統的機械可逆程序,可由 (1.2) 式計算功的大小。若為每單位質量或每莫耳,公式可改寫為:

$$dW = -P\,dV$$

而對封閉系統中的理想氣體,可將第一定律的數學式,即 (2.6) 式,改為每單位質量或每莫耳的形式,並和 (3.20a) 式結合,就可以得到熱和功的關係式:

Chapter 3 純物質的壓力、體積與溫度性質

$$dQ + dW = C_V dT$$

將上式的 dW 替換掉，並移到等號右邊，就可以得到以下公式，用於理想氣體在封閉系統中進行的可逆程序。

$$dQ = C_V dT + P dV$$

上式中有 P、V、T 三個變數，但我們知道這三個變數事實上只有兩個獨立變數 $dQ = dW$。利用 (3.14) 式消去其中一個變數，可得到不同形式的方程式。因此，利用 $P = RT/V$，可得到：

$$dQ = C_V dT + RT \frac{dV}{V} \quad (3.22) \qquad dW = -RT \frac{dV}{V} \quad (3.23)$$

或者，令 $V = RT/P$，並且以 (3.19) 式替換 C_V，dQ 與 dW 的公式就變成：

$$dQ = C_P dT - RT \frac{dP}{P} \quad (3.24) \qquad dW = -R dT + RT \frac{dP}{P} \quad (3.25)$$

而如果是令 $T = PV/R$，功可簡單表示為 $dW = -P dV$，C_V 則可結合 (3.19) 式得到：

$$dQ = \frac{C_P}{R} V dP + \frac{C_P}{R} P dV \qquad (3.26)$$

這些方程式可應用在理想氣體的許多程序中，接下來會作進一步的說明。而公式推導中所包含的限制條件，除了必須是理想氣體外，系統還必須是封閉系統，且為可逆的程序。

恆溫程序

由 (3.20b) 及 (3.21b) 式可得　　　　　$\Delta U = \Delta H = 0$

由 (3.22) 及 (3.24) 式可得　　　　　$Q = RT \ln \frac{V_2}{V_1} = -RT \ln \frac{P_2}{P_1}$

由 (3.23) 及 (3.25) 式可得

$$W = -RT \ln \frac{V_2}{V_1} = RT \ln \frac{P_2}{P_1}$$

因此 $Q = -W$，這也可由 (2.3) 式得知。因此

$$\boxed{Q = -W = RT \ln \frac{V_2}{V_1} = -RT \ln \frac{P_2}{P_1} \quad \text{(恆溫)}} \tag{3.27}$$

恆壓程序

(3.20b) 及 (3.21b) 式為：

$$\Delta U = \int C_V\, dT \quad \text{及} \quad \Delta H = \int C_P\, dT$$

由 (3.24) 及 (3.25) 式可得：

$$Q = \int C_P\, dT \quad \text{及} \quad W = -R(T_2 - T_1)$$

因此 $Q = \Delta H$，這個結果也可由 (2.13) 式得知。因此，

$$\boxed{Q = \Delta H = \int C_P\, dT \quad \text{(恆壓)}} \tag{3.28}$$

恆容（等體積）程序

再次使用 (3.20b) 及 (3.21b) 式：

$$\Delta U = \int C_V\, dT \quad \text{及} \quad \Delta H = \int C_P\, dT$$

由 (3.22) 式和功的基本公式可得：

$$Q = \int C_V\, dT \quad \text{及} \quad W = -\int P\, dV = 0$$

因此 $Q = \Delta U$，這也可由 (2.10) 式導出。所以可知

$$\boxed{Q = \Delta U = \int C_V\, dT \quad \text{(恆容)}} \tag{3.29}$$

絕熱程序（固定熱容量的情況）

在絕熱程序中，系統與環境之間沒有熱傳，即 $dQ = 0$，因此 (3.22)、(3.24) 及 (3.26) 式都為零。在 C_V 及 C_P 為固定值的情況下進行積分，可求得 T、P 及 V 各變數間簡單的關係，例如 (3.22) 式此時可寫為：

$$\frac{dT}{T} = -\frac{R}{C_V}\frac{dV}{V}$$

當 C_V 為常數時，上式積分可得：

$$\frac{T_2}{T_1} = \left(\frac{V_1}{V_2}\right)^{R/C_V}$$

同樣地，由 (3.24) 式及 (3.26) 式可得：

$$\frac{T_2}{T_1} = \left(\frac{P_2}{P_1}\right)^{R/C_P} \quad 及 \quad \frac{P_2}{P_1} = \left(\frac{V_1}{V_2}\right)^{C_P/C_V}$$

這些方程式可表示為：

$TV^{\gamma-1} = 常數$ (3.30a)	$TP^{(1-\gamma)/\gamma} = 常數$ (3.30b)	$PV^\gamma = 常數$ (3.30c)

其中**定義**了熱容量比值為[3]

$$\boxed{\gamma \equiv \frac{C_P}{C_V}} \tag{3.31}$$

(3.30) 式的使用限制為固定熱容量的理想氣體，且程序是絕熱的可逆膨脹或壓縮程序。

理想氣體進行絕熱的可逆程序時，所作的功可由下式求得：

$$dW = dU = C_V dT$$

---

[3] 若 C_V 及 C_P 為常數，則 γ 必定為定值。對理想氣體而言，假設 γ 為定值即相當於假設熱容為定值，因為唯有如此，才能使得 $C_P/C_V \equiv \gamma$ 與 $C_P - C_V = R$ 都為常數。除了單原子氣體，C_P 及 C_V 實際上都隨著溫度而增加，但熱容的比值 γ 隨溫度改變的敏感度並不如熱容本身那麼明顯。

若 C_V 為定值，則由積分可得

$$W = \Delta U = C_V \Delta T \tag{3.32}$$

另一種表示 (3.32) 式的方法，是藉由熱容比值 γ 而消去上式中的熱容項：

$$\gamma \equiv \frac{C_P}{C_V} = \frac{C_V + R}{C_V} = 1 + \frac{R}{C_V} \quad \text{或} \quad C_V = \frac{R}{\gamma - 1}$$

所以

$$W = C_V \Delta T = \frac{R \Delta T}{\gamma - 1}$$

因為 $RT_1 = P_1 V_1$ 及 $RT_2 = P_2 V_2$，上式可表示為：

$$W = \frac{RT_2 - RT_1}{\gamma - 1} = \frac{P_2 V_2 - P_1 V_1}{\gamma - 1} \tag{3.33}$$

無論是否為可逆程序，(3.32) 及 (3.33) 式都可用在封閉系統的絕熱程序。這是因為 P、V 和 T 都是狀態函數，與路徑無關。不過 T_2 和 V_2 通常是未知值。我們可以使用 (3.33) 式的後半部，並用 (3.30c) 式把其中的 V_2 取代掉。但要注意這樣一來公式就只能在可逆狀況下使用了。公式如下：

$$W = \frac{P_1 V_1}{\gamma - 1}\left[\left(\frac{P_2}{P_1}\right)^{(\gamma-1)/\gamma} - 1\right] = \frac{RT_1}{\gamma - 1}\left[\left(\frac{P_2}{P_1}\right)^{(\gamma-1)/\gamma} - 1\right] \tag{3.34}$$

我們也可利用 $W = -\int P\, dV$ 的積分式，以及 (3.30c) 式所表示的 P 與 V 之間的關係，求得與 (3.34) 式相同的結果。(3.34) 式適用於熱容量為常數的理想氣體，且程序必須為封閉系統的絕熱可逆程序。

(3.30) 式到 (3.34) 式也可用來估算真實氣體，但這些真實氣體不得太偏離理想氣體的狀態。對單原子氣體而言，$\gamma = 1.67$，對雙原子氣體可令 $\gamma = 1.4$，而簡單的多原子氣體如 CO_2、SO_2、NH_3 及 CH_4 的 γ 可取為 1.3。

多元程序

因為 *polytropic* 表示「多元變化」的意義，多元程序 (polytropic process) 也代表多樣化的模式。多元程序可用下面的經驗公式來定義，其中 δ 為常數：

$$\boxed{PV^\delta = 常數} \tag{3.35a}$$

Chapter 3 純物質的壓力、體積與溫度性質

若為理想氣體,則可導出類似 (3.30a) 與 (3.30b) 的公式:

$$TV^{\delta-1} = 常數 \quad (3.35b) \qquad TP^{(1-\delta)/\delta} = 常數 \quad (3.35c)$$

當 P 與 V 的關係遵循 (3.35a) 式時,$\int P\,dV$ 積分的結果可得雷同 (3.34) 式,只是其中的 γ 換成 δ:

$$W = \frac{RT_1}{\delta - 1}\left[\left(\frac{P_2}{P_1}\right)^{(\delta-1)/\delta} - 1\right] \tag{3.36}$$

而當熱容量為常數時,可由第一定律解出 Q 為:

$$Q = \frac{(\delta - \gamma)RT_1}{(\delta - 1)(\gamma - 1)}\left[\left(\frac{P_2}{P_1}\right)^{(\delta-1)/\delta} - 1\right] \tag{3.37}$$

在這一節所討論的四種程序,可表示成圖 3.6 中不同 δ 值的路徑:[4]

- 恆壓程序:由 (3.35a) 式表示,其中 $\delta = 0$。
- 恆溫程序:由 (3.35b) 式表示,其中 $\delta = 1$。
- 絕熱程序:$\delta = \gamma$。
- 恆容程序:由 (3.35a) 式表示,$dV/dP = V/P\delta$;對恆定體積的情況而言,$\delta = \pm\infty$。

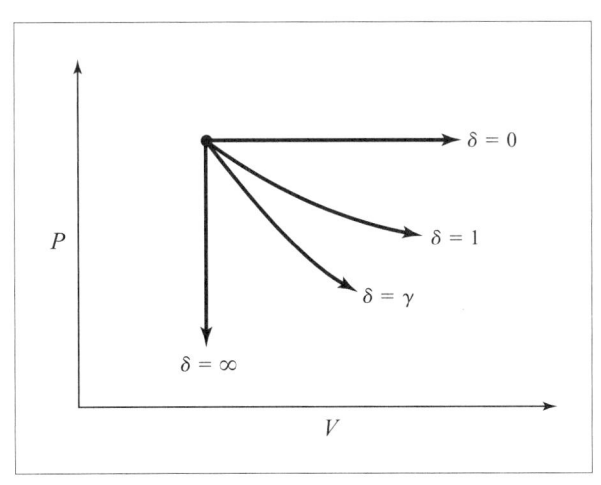

● 圖 3.6　由特定 δ 值所表示的多元程序路徑

---
[4] 請見習題 3.13。

不可逆程序

本節的各項公式是針對理想氣體在封閉系統中的可逆程序所導出的，但對各種狀態函數而言，只要是理想氣體。這些關係式都可成立 $-dU$、dH、ΔU 及 ΔH 與程序的性質無關。因為狀態函數只在起始與結束的狀態有關，與經歷過程是否為可逆或不可逆程序，或是否為封閉與開放系統是沒有關係的。相反的，Q 或 W 則需視進行程序性質的不同而有不同的計算方法。

不可逆程序 (irreversible process) 的功的計算方法可分為兩個步驟。首先計算達成相同狀態改變時可逆程序的功；再將可逆程序的功乘以或除以效率以求得實際的功。若一個程序可產生功，則可逆程序所求得的功會比實際所作的功大，所以要乘上效率的因素。若一個程序需要加入功，則可逆程序會低估所需的量而必須除以效率。

下列各例題說明本節各觀念的應用，不可逆程序中的功會在例 3.4 中加以討論。

例 3.2 空氣由 1 bar 及 25°C 以下列三種封閉系統的可逆程序被壓縮到 5 bar 及 25°C：
(a) 先在恆容下加熱再於恆壓下冷卻。
(b) 恆溫壓縮。
(c) 先絕熱壓縮再於恆容下冷卻。
假設空氣為理想氣體，且熱容量為定值 $C_P = (7/2)R$ 及 $C_V = (5/2)R$。試計算各程序中所需的功、熱傳量以及內能和焓的改變。

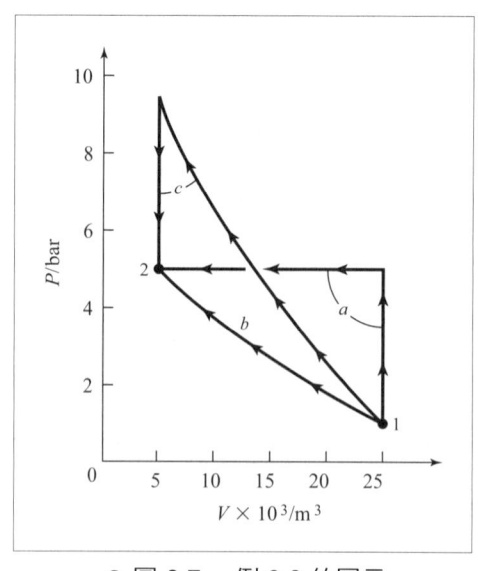

◎ 圖 3.7　例 3.2 的圖示

Chapter 3 純物質的壓力、體積與溫度性質

解 我們假設系統是 1 莫耳的空氣,放置於無摩擦力的活塞/圓筒裝置中。
$R = 8.314 \text{ J mol}^{-1} \text{ K}^{-1}$,則:

$$C_V = 20.785 \quad 且 \quad C_P = 29.099 \text{ J mol}^{-1} \text{ K}^{-1}$$

這題的起始與結束的狀態和例 2.9 相同,所以:

$$V_1 = 0.02479 \quad 且 \quad V_2 = 0.004958 \text{ m}^3$$

因為起始與最終的溫度 (T) 相同,所以在本題中,

$$\Delta U = \Delta H = 0$$

(a) 由例 2.9(b) 可知熱傳量和功為

$$Q = -9{,}915 \text{ J} \quad 且 \quad W = 9{,}915 \text{ J}$$

(b) 這時可應用 (3.27) 式於理想氣體的恆溫壓縮:

$$Q = -W = RT \ln\left(\frac{P_1}{P_2}\right) = (8.314)(298.15) \ln\left(\frac{1}{5}\right) = -3{,}990 \text{ J}$$

(c) 第一步的絕熱壓縮程序使空氣的體積變成 0.004958 m^3。由 (3.30a) 式可知此時的溫度為:

$$T' = T_1 \left(\frac{V_1}{V_2}\right)^{\gamma-1} = (298.15)\left(\frac{0.02479}{0.004958}\right)^{0.4} = 567.57 \text{ K}$$

在這步驟中 $Q = 0$,由 (3.32) 式得:

$$W = C_V \Delta T = (20.785)(567.57 - 298.15) = 5{,}600 \text{ J}$$

第二步驟是恆定體積下進行,故 $W = 0$。所以熱傳量為:

$$Q = \Delta U = C_V (T_2 - T') = -5{,}600 \text{ J}$$

所以對整個 (c) 程序而言,

$$W = 5{,}600 \text{ J} \quad 且 \quad Q = -5{,}600 \text{ J}$$

雖然各程序中的 ΔU 及 ΔH 都為零,Q 及 W 卻隨不同的路徑而改變,不過 Q 都等於 $-W$。圖 3.7 表示每一程序的 PV 相圖。對每一可逆的程序而言,功可由 $W = -\int P \, dV$ 求得,功的大小正比於 PV 相圖中每一個由 1 到 2 的路徑下所包含的全部面積,這些面積的相對大小,即表示不同功的 W 數值的大小。

例 3.3 一理想氣體依下列順序進行封閉系統中的可逆程序：
(a) 由起始狀態 70°C 及 1 bar 被絕熱壓縮到 150°C。
(b) 再於恆壓下由 150°C 冷卻到 70°C。
(c) 最後再於恆溫狀況下膨脹到起始狀態。

計算整個程序及各程序中的 W、Q、ΔU 與 ΔH。此氣體的 $C_V = (3/2)R$ 及 $C_P = (5/2)R$。

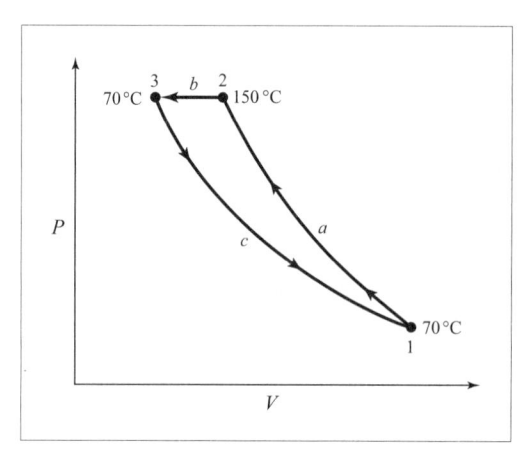

▶▶ 圖 3.8　例 3.3 的圖示

解　由 $R = 8.314 \text{ J mol}^{-1} \text{ K}^{-1}$，可知

$$C_V = 12.471 \quad \text{及} \quad C_P = 20.785 \text{ Jmol}^{-1} \text{ K}^{-1}$$

本題的封閉流程示於圖 3.8 的 PV 圖上。取 1 莫耳氣體為基準。

(a) 在理想氣體的絕熱壓縮過程中，$Q = 0$ 且

$$\Delta U = W = C_V \Delta T = (12.471)(150 - 70) = 998 \text{ J}$$

$$\Delta H = C_P \Delta T = (20.785)(150 - 70) = 1{,}663 \text{ J}$$

壓力 P_2 可由 (3.30b) 式求出：

$$P_2 = P_1 \left(\frac{T_2}{T_1}\right)^{\gamma/(\gamma-1)} = (1)\left(\frac{150 + 273.15}{70 + 273.15}\right)^{2.5} = 1.689 \text{ bar}$$

(b) 在這個恆壓的程序中：

$$Q = \Delta H = C_P \Delta T = (20.785)(70 - 150) = -1{,}663 \text{ J}$$

$$\Delta U = C_V \Delta T = (12.471)(70 - 150) = -998 \text{ J}$$

$$W = \Delta U - Q = -998 - (-1{,}663) = 665 \text{ J}$$

(c) 理想氣體在恆溫過程中 ΔU 及 ΔH 為零，由 (3.27) 式可得：

$$Q = -W = RT \ln \frac{P_3}{P_1} = RT \ln \frac{P_2}{P_1}$$

$$= (8.314)(343.15) \ln \frac{1.689}{1} = 1,495 \text{ J}$$

對整個程序而言

$$Q = 0 - 1,663 + 1,495 = -168 \text{ J}$$

$$W = 998 + 665 - 1,495 = 168 \text{ J}$$

$$\Delta U = 998 - 998 + 0 = 0$$

$$\Delta H = 1,663 - 1,663 + 0 = 0$$

在整個封閉的迴路程序中，起始與結束的狀態相同，所以 ΔU 及 ΔH 這些狀態函數的改變量為零。因 $\Delta U = 0$，由第一定律可知 $Q = -W$。

例 3.4 若例 3.3 的程序為不可逆程序，則 P、T、U、H 的改變量還是一樣，但 Q 和 W 則會不同。若每個步驟的效率都為 80%，試計算 Q 和 W 的值。

解 若例 3.3 為不可逆程序，但狀態變化相同，則狀態函數的改變量還是和例 3.3 的計算結果一樣，只是 Q 及 W 的數值將有所變動。

(a) 這步驟現在不再是絕熱的過程。在絕熱可逆壓縮中，$W = 998$ J，若這程序的效率為 80%，則不可逆程序的功為 $W = 998 / 0.80 = 1,248$ J。由第一定律可知

$$Q = \Delta U - W = 998 - 1,248 = -250 \text{ J}$$

(b) 在可逆冷卻過程中功為 665 J，當程序為不可逆時 $W = 665 / 0.80 = 831$ J，且

$$Q = \Delta U - W = -998 - 831 = -1,829 \text{ J}$$

(c) 這步驟中系統對外界作功，在不可逆狀況下所作的功較可逆狀況下少：

$$W = (0.80)(-1,495) = -1,196 \text{ J}$$

$$Q = \Delta U - W = 0 + 1,196 = 1,196 \text{ J}$$

對整個程序而言，ΔU 及 ΔH 仍為零，但是

$$Q = -250 - 1,829 + 1,196 = -883 \text{ J}$$
$$W = 1,248 + 831 - 1,196 = 883 \text{ J}$$

下列表格將本題和例 3.3 的計算結果作一總結，表中各數值的單位為 joule。

	可逆程序，例 3.3				不可逆程序，例 3.4			
	ΔU	ΔH	Q	W	ΔU	ΔH	Q	W
步驟 a	998	1,663	0	998	998	1,663	−250	1,248
步驟 b	−998	−1,663	−1,663	665	−998	−1,663	−1,829	831
步驟 c	0	0	1,495	−1,495	0	0	1,196	−1,196
整個程序	0	0	−168	168	0	0	−883	883

從上表可以看出，在迴路程序中，需要加入功並會釋出相同量的熱。由數據亦可知，雖然不可逆程序的效率已達 80%，但其所需的功卻是可逆程序的五倍多。

例 3.5　將氮氣填充在垂直圓筒／活塞裝置中。活塞與圓筒間無摩擦力，且上方直接與外界空氣接觸。活塞的重量使得氮氣壓力比外界壓力高了 0.35 bar，而外界空氣的壓力與溫度分別是 1 bar 及 27°C，即氮氣的起始壓力為 1.35 bar，並與外界達到機械與熱平衡。施加外力將活塞往圓筒內移動而壓縮氮氣，使氮氣壓力上升到 2.7 bar。此時將活塞栓住固定不動，經過一段時間，氮氣在此壓力下與外界溫度 (27°C) 達到平衡。

再將栓子移走，使活塞能自由移動，整個裝置會逐漸與外界壓力及溫度達到平衡。請以熱力學的觀點討論整個程序。假設整個過程中氮氣均為理想氣體。

解　當栓子移走時，一開始活塞會往上跑，且上升高度會高過平衡位置。因為這個動作是只有單次往上的運動，所以氮氣並沒有受到明顯的擾動，而且速度很快還來不及有熱傳，因此極為近似絕熱的可逆膨脹程序。但是接下來的上下振盪就不是可逆程序了，因為這是一種對氮氣和外界空氣的擾動，就像之前所討論過的攪拌程序一樣。由於上下振盪需要一段時間才會平復，這段時

Chapter 3 純物質的壓力、體積與溫度性質

間足以讓熱傳發生,而使氮氣的溫度逐漸與外界達到平衡,最後氮氣會回到起始狀態的 27°C 及 1.35 bar。

要明確訂出不可逆程序的實際路徑是不可能的,所以也無法算出 Q 和 W。但狀態函數與這兩者不同,只和起始與結束狀態有關,而這兩個狀態是已知的。在活塞可自由移動後的膨脹程序中,因為起始與最終溫度都是 27°C,所以 ΔU 和 ΔH 都為零。而第一定律的應用範圍不限於可逆程序,不可逆程序也一樣適用,所以:

$$\Delta U = Q + W = 0 \quad \text{因此} \quad Q = -W$$

雖然無法算出 Q 和 W 的值,但我們知道兩者的絕對值是相同的。而整個膨脹程序提高了活塞和部份外界空氣的位置作為補償,外界空氣的內能也會相對地減少。

例 3.6

空氣在一個水平的絕緣管中以穩態流動,管中有一個部份關起的閥。在閥上游的空氣的溫度及壓力是 20°C 及 6 bar,下游的壓力為 3 bar。離開閥後的距離甚長,所以空氣流經閥後的動能改變可忽略不計。若將空氣視為理想氣體,求空氣在閥下游的溫度。

解 流經部份關閉的閥的程序稱為*節流程序* (throttling process)。因為管線是絕緣的,Q 值甚小,並且動能與位能的改變都可忽略。因為沒有軸功,故 $W_S = 0$,(2.32) 式中的 ΔH 簡化為零。對理想氣體而言,

$$\Delta H = \int_{T_1}^{T_2} C_P\, dT = 0 \quad \text{所以} \quad T_2 = T_1$$

$\Delta H = 0$ 是節流程序所獲得的一般結果,因為在這個程序中假設沒有熱傳,也沒有動能與位能的改變。假若氣體是理想氣體,則溫度也沒有改變。節流程序是不可逆的,但對計算沒有影響,只要是理想氣體,(3.21b) 式就成立,與程序的性質無關。

例 3.7

若例 3.6 中空氣的流率為 1 mol s^{-1},並且閥的上游及下游管內直徑都為 5 cm,則空氣的動能改變與溫度改變為何?令空氣的 $C_P = (7/2)R$,分子量為 $M = 29$ g mol^{-1}。

解 由 (2.24b) 式可求得流速：

$$u = \frac{\dot{n}}{A\rho} = \frac{\dot{n}V}{A}$$

其中
$$A = \frac{\pi}{4}D^2 = \left(\frac{\pi}{4}\right)(5\times 10^{-2})^2 = 1.964\times 10^{-3} \text{ m}^2$$

上游的莫耳體積可由理想氣體方程式求出：

$$V_1 = \frac{RT_1}{P_1} = \frac{(83.14)(293.15)}{6} \times 10^{-6} = 4.062 \times 10^{-3} \text{ m}^3 \text{ mol}^{-1}$$

所以
$$u_1 = \frac{(1)(4.062\times 10^{-3})}{1.964\times 10^{-3}} = 2.069 \text{ m s}^{-1}$$

若下游的溫度改變很小，則可作下列的估計：

$$V_2 = 2V_1 \quad \text{及} \quad u_2 = 2u_1 = 4.138 \text{ m s}^{-1}$$

因此動能的改變為：

$$\dot{m}\Delta(\tfrac{1}{2}u^2) = \dot{n}M\Delta(\tfrac{1}{2}u^2)$$
$$= (1\times 29\times 10^{-3})\frac{(4.138^2 - 2.069^2)}{2} = 0.186 \text{ J s}^{-1}$$

若無熱傳且沒有作功，則 (2.31) 式的能量平衡變為：

$$\Delta(H + \tfrac{1}{2}u^2)\dot{m} = \dot{m}\Delta H + \dot{m}\Delta(\tfrac{1}{2}u^2) = 0$$
$$\dot{m}\frac{C_P}{M}\Delta T + \dot{m}\Delta(\tfrac{1}{2}u^2) = \dot{n}C_P\Delta T + \dot{m}\Delta(\tfrac{1}{2}u^2) = 0$$

因此
$$(1)(7/2)(8.314)\Delta T = -\dot{m}\Delta(\tfrac{1}{2}u^2) = -0.186$$

及
$$\Delta T = -0.0064 \text{ K}$$

由此可見原來假設經過閥之後，溫度改變可忽略是正確的。當流率不變且上游壓力為 10 bar 及下游壓力為 1 bar 時，溫度的改變僅 -0.076 K。因此我們可得結論，除非在極為特殊情況下，對節流程序而言，$\Delta H = 0$ 是適用的能量平衡公式。

3.4　維里方程式的應用

(3.11) 式及 (3.12) 式的維里展開式，項數都是無限的。在工程應用上，函數必須極易收斂，而只取兩、三項就可近似原來無限多項的數值。在低壓到中等壓力下的氣體或蒸汽，維里展開式的確可如此應用。

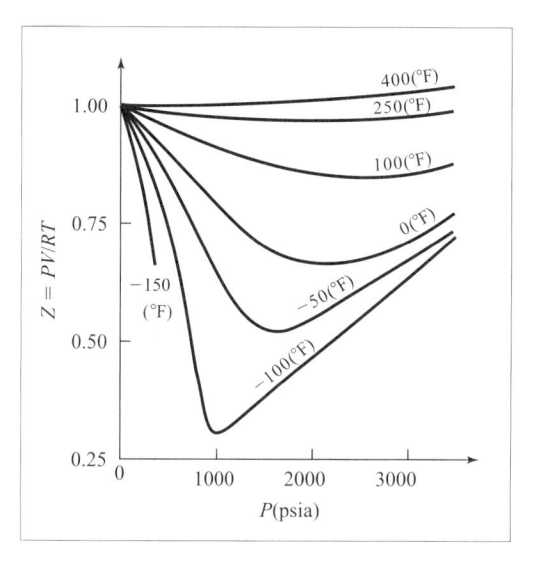

◐ 圖 3.9　甲烷的壓縮係數圖

圖 3.9 是甲烷的壓縮係數圖。壓縮係數 Z 由 PVT 數據算出 ($Z = PV/RT$)，且在不同溫度時對壓力作圖。觀察圖 3.9 中的各等溫線，能導出的幾個結論，這也是在這裡以壓力為參數展開維里方程式的原因。所有等溫線在起點 $P = 0$ 時的 Z 值為 1，且在低壓時都近乎直線。在 $P = 0$ 處對等溫線作一條切線，可用來估算當 $P \to 0$ 時壓力和 Z 值的關係。當溫度固定，對 (3.11) 式微分可得：

$$\left(\frac{\partial Z}{\partial P}\right)_T = B' + 2C'P + 3D'P^2 + \cdots$$

由此可得　　$\left(\dfrac{\partial Z}{\partial P}\right)_{T;\,P=0} = B'$

所以切線的方程式為 $Z = 1 + B'P$。將 (3.11) 式截取到第二項也可得到上述的結果。

我們也可以用 (3.13a) 式把 B' 替換掉,將切線公式改成更通用的形式:

$$\boxed{Z = \frac{PV}{RT} = 1 + \frac{BP}{RT}} \tag{3.38}$$

上式顯示出 Z 和 P 直接成正比。這個公式常用在次臨界溫度下的氣體,壓力範圍則在飽和壓力以下。在更高溫時,在幾個 bar 下仍然可以提供合理的近似值。當溫度越高,適用壓力範圍就越大。

(3.12) 式在低壓下也可截取到第二項:

$$Z = \frac{PV}{RT} = 1 + \frac{B}{V} \tag{3.39}$$

不過 (3.38) 式在應用上更為方便,而且精確度和 (3.39) 式相同。當使用截取兩項的維里方程式時,以選用 (3.38) 式為宜。

第二維里係數 B 與氣體的性質及溫度有關。許多氣體的 B 值可由實驗數據得知,[5]缺乏數據時也有許多估算第二維里係數的方法,將在 3.6 節中討論。

當壓力超過 (3.38) 式可適用的範圍,但低於臨界壓力時,使用截取三項的維里方程式通常可得到很好的結果。這時使用以 $1/V$ 展開的 (3.12) 式優於 (3.11) 式,而截取三項的維里方程式的形式為:

$$\boxed{Z = \frac{PV}{RT} = 1 + \frac{B}{V} + \frac{C}{V^2}} \tag{3.40}$$

上式中的壓力為應變數,而體積為三次方程式,藉由反覆疊代計算,可求出體積的數值,實際計算方法請看例 3.8。

C 與 B 一樣,都與氣體的性質及溫度有關。雖然一些氣體的第三維里係數 C 在文獻中可查到,但第三維里係數的資料較第二維里係數少很多。而更高次的維里係數幾乎沒有數據資料,不過更高次的維里展開也很少使用,維里方程式很少截取三項以上。

圖 3.10 表示氮氣在不同溫度下的維里係數 B 及 C,對其他氣體而言,雖然維里係數的數值不同,但趨勢卻是類似的。從圖 3.10 可知,B 值先隨溫度而上升,達到一個最大值,再慢慢降低。C 與溫度的關係不易由實驗得到,但其主

---

[5] J. H. Dymond and E. B. Smith, *The Virial Coefficients of Pure Gases and Mixtures*, Clarendon Press, Oxford, 1980.

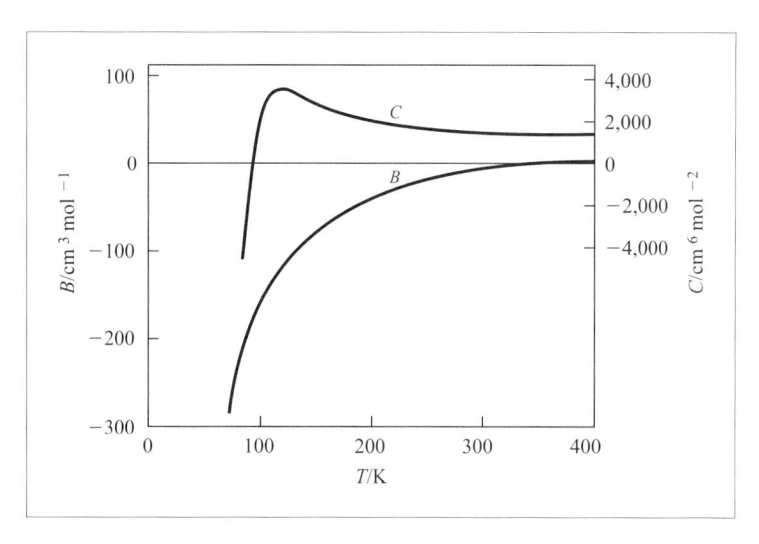

Chapter 3 純物質的壓力、體積與溫度性質

● 圖 3.10　氮氣的維里係數 B 與 C

要特徵可由這圖中查得：C 值在低溫時為負值，在臨界溫度附近達到最大值，然後隨溫度的上升而下降。

如 (3.12) 式所表示的狀態方程式稱為延伸形式的維里方程式，如 Benedict/Webb/Rubin 方程式：[6]

$$P = \frac{RT}{V} + \frac{B_0 RT - A_0 - C_0/T^2}{V^2} + \frac{bRT - a}{V^3} + \frac{a\alpha}{V^6} + \frac{c}{V^3 T^2}\left(1 + \frac{\gamma}{V^2}\right)\exp\frac{-\gamma}{V^2}$$

其中 A_0、B_0、C_0、a、b、c、α 及 γ 是隨流體而定的常數。這個方程式的形式雖較複雜，卻常被應用在石油與天然氣工業中的輕質碳氫化合物，以及常見的氣體分子。

例 3.8　異丙醇蒸汽在 200°C 時的維里係數為

$B = -388 \text{ cm}^3 \text{ mol}^{-1}$，　$C = -26{,}000 \text{ cm}^6 \text{ mol}^{-2}$

由下列各方法計算 200°C 及 10 bar 時異丙醇的 V 及 Z 值：
(a) 理想氣體方程式；
(b) (3.38) 式；
(c) (3.40) 式。

---

[6]　M. Benedict, G. B. Webb, L. C. Rubin, J. Chem. Phys., vol.8, pp. 334-345, 1940; vol 10, pp. 747-758, 1942.

解 絕對溫度是 $T = 473.15$ K，適用的 R 值為 83.14 cm^3 bar mol^{-1} K^{-1}。

(a) 利用理想氣體方程式，其中 $Z = 1$，且

$$V = \frac{RT}{P} = \frac{(83.14)(473.15)}{10} = 3,934 \text{ cm}^3 \text{ mol}^{-1}$$

(b) 由 (3.38) 式解出 V 值可得：

$$V = \frac{RT}{P} + B = 3,934 - 388 = 3,546 \text{ cm}^3 \text{ mol}^{-1}$$

因此

$$Z = \frac{PV}{RT} = \frac{V}{RT/P} = \frac{3,546}{3,934} = 0.9014$$

(c) 將 (3.40) 式表示成疊代計算的方式

$$V_{i+1} = \frac{RT}{P}\left(1 + \frac{B}{V_i} + \frac{C}{V_i^2}\right)$$

其中下標 i 表示疊代的次數。第一次的疊代 $i = 0$，且

$$V_1 = \frac{RT}{P}\left(1 + \frac{B}{V_0} + \frac{C}{V_0^2}\right)$$

其中 $V_0 = 3,934$ 是理想氣體的體積，因此，

$$V_1 = 3,934\left[1 - \frac{388}{3,934} - \frac{26,000}{(3,934)^2}\right] = 3,539$$

利用這值進行第二次疊代計算：

$$V_2 = \frac{RT}{P}\left(1 + \frac{B}{V_1} + \frac{C}{V_1^2}\right) = 3,934\left[1 + \frac{388}{3,539} - \frac{26,000}{(3,539)^2}\right] = 3,495$$

疊代計算一直進行到 $V_{i+1} - V_i$ 值很小為止。[7] 經過五次疊代計算後，得到：

$$V = 3,488 \text{ cm}^3 \text{ mol}^{-1}$$

並可由這計算得到 $Z = 0.8866$。與這結果相較，理想氣體方程式高估了 13%；而 (3.38) 式高估了 1.7%。

---

7 以軟體進行疊代計算，第五次後取到個位數的數值不再改變。

3.5 立方型狀態方程式

若狀態方程式要同時適用於液體與蒸汽,則必須包含較廣的溫度與壓力範圍,也不可太複雜以免在應用時會有數值計算上的困難。體積的三次方多項式的狀態方程式,可滿足形式簡單及適用性廣泛的要求,這種立方型狀態方程式,也是同時可描述液體及蒸汽行為的最簡單方程式。

凡得瓦爾狀態方程式

第一個實用的立方型狀態方程式是由 J. D. van der Waals[8] 在 1873 年所提出的:

$$P = \frac{RT}{V-b} - \frac{a}{V^2} \qquad (3.41)$$

其中 a 及 b 都為正值,當兩者都為零時,上式就簡化為理想氣體方程式。

決定某特定的流體為 a 與 b 值後,即可得到在固定溫度下 P 與 V 的關係式。圖 3.11 即是 PV 的相圖,其中包括了三個等溫線,並標示出飽和液體與蒸汽的狀態。$T_1 > T_c$ 這個等溫線是隨體積增加而簡單下降的曲線。T_c 所表示的臨界溫度等溫線包含一個位於 C 點的反曲點,它代表了臨界點的特性。$T_2 < T_c$ 的等溫線在液體區域隨體積的增加而急遽下降,通過飽和液體點後降到最低點,再升到峰值然後下降,通過飽和蒸汽點後進入蒸汽區域。

圖上由飽和液體到飽和蒸汽是平滑的曲線,但事實上實驗所量測到的實際數據並非如此,而是水平線。在汽液兩相共存區內,在壓力等於飽和蒸汽壓處,有一條水平線連接飽和液體與蒸汽,在這水平線上兩相以不同的比率共存。這種現象在圖 3.11 上以長虛線表示,代表數學上不連續解析的部份。狀態方程式在兩相共存區中作了不符實際狀況的描述,但這也是狀態方程式無法避免的難處。

事實上,適當的立方型狀態方程式在兩相區內的曲線,並非完全不符合實際狀況。當飽和液體內完全沒有蒸汽核種 (vapor nucleation site) 時,若控制壓力使其緩慢下降,則汽化現象不會發生,這樣就可以在低於飽和壓力時仍維持

---

[8] Johannes Diderik van der Waals (1837–1923),為荷蘭物理學家,並於 1910 年獲得諾貝爾物理獎。

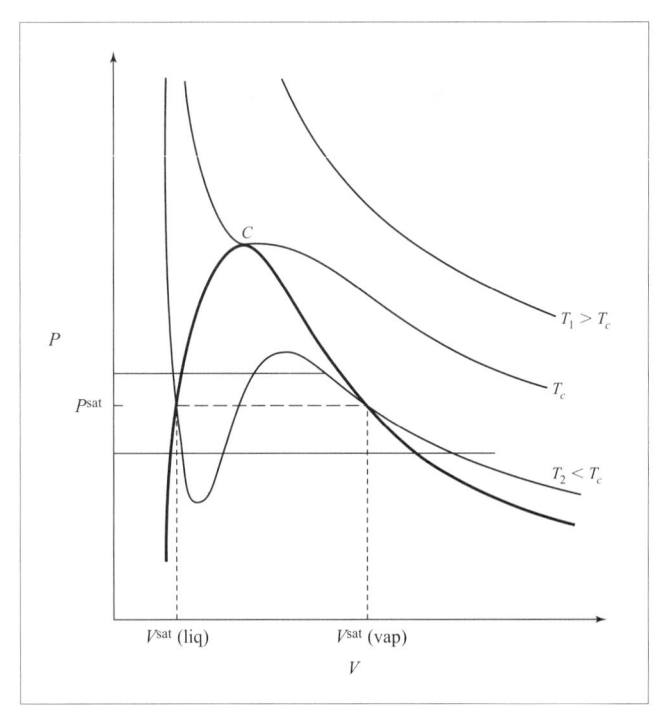

● 圖 3.11　立方型狀態方程式的等溫線

液體。同樣地，在適當實驗中控制飽和氣體的壓力使壓力增加，也可使凝結現象不會發生，這樣在壓力高於飽和壓力時仍可維持蒸汽。這種非平衡或假穩定 (metastable) 的情形稱為過熱的液體或過冷的蒸汽，在 PV 相圖上它們位於緊鄰飽和液體及蒸汽的兩相區內。

　　立方型狀態方程式中，體積會有三個根，其中兩個根可能為複數。具有物理意義的 V 值恆為正值，並且大於狀態方程式中的參數 b。當 $T > T_c$ 時，由圖 3.11 可知在任何 P 值下都只有一個 V 的根。在臨界等溫線 ($T = T_c$) 上也是如此；而在臨界點處，V 的根等於 V_c。在 $T < T_c$ 時，隨著不同的 P 值，體積可能有一或三個實根。雖然這些體積的根為實根且為正值，但在飽和液體與飽和氣體間的等溫線線段內，它們代表的是非穩定狀態。只有在 $P = P^{sat}$ 時所解出的兩個體積根，是穩定狀態的飽和液體體積 V^{sat} (liq) 與飽和蒸汽體積 V^{sat} (vap)，將這兩個體積根相連的水平線，才是真實情況的等溫線。在其他壓力時 (如圖 3.11 中位於 P^{sat} 上方或下方的水平實線)，最小的體積根為液體或「類液體」的體積，而最大的體積根為蒸汽或「類蒸汽」的體積，介於兩者間的第三個體積根是不具物理意義的。

一般性的立方型狀態方程式

自從凡得瓦爾方程式被提出後，許多的立方型狀態方程式也陸續發表出來。[9]但都可歸納成下列的方程式：

$$P = \frac{RT}{V-b} - \frac{\theta(V-\eta)}{(V-b)(V^2 + \kappa V + \lambda)}$$

其中 b、θ、κ、λ 和 η 等參數通常與溫度及混合物的組成有關。雖然這個方程式具有很大的彈性，但仍有其限制，畢竟它基本上仍為立方型形式。[10]當 $\eta = b$、$\theta = a$ 且 $\kappa = \lambda = 0$ 時，上列方程式就簡化為凡得瓦爾方程式。

將各個參數設定如下，則上述的立方型方程式就可改寫成一個很重要的公式：

$$\eta = b \qquad \theta = a(T) \qquad \kappa = (\epsilon+\sigma)b \qquad \lambda = \epsilon\sigma b^2$$

改寫成的公式就是所謂的一般化立方型狀態方程式 (generic cubic equation of state)。只要將其中的參數作適當的設定，就能簡化成各種常用的狀態方程式：

$$P = \frac{RT}{V-b} - \frac{\alpha(T)}{(V+\epsilon b)(V+\sigma b)} \qquad (3.42)$$

對於特定狀態方程式而言，ϵ 和 σ 都是常數，與物質種類無關；但 $a(T)$ 及 b 等參數，則隨物質種類而變。與溫度有關的函數 $a(T)$ 隨各不同的狀態方程式而變。對凡得瓦爾狀態方程式而言，$a(T) = a$ 是一個隨物質而定的常數，且 $\epsilon = \sigma = 0$。

狀態方程式參數的決定

對同一種物質而言，狀態方程式中的常數項，可由迴歸 PVT 數據而得到其數值。如果是立方型狀態方程式，則可由 T_c 及 P_c 估算。因為臨界溫度的等溫線在臨界點有一個水平反曲點存在，所以我們可寫出下列的數學關係式：

---

[9] For a review, see, J. O. Valderrama, *Ind. Eng. Chem. Res.*, vol. 42, pp. 1603–1618, 2003.
[10] M. M. Abbott, *AIChE J.*, vol. 19, pp. 596-601, 1973; *Adv. in Chem. Series 182*, K. C. Chao and R. L. Robinson, Jr., eds., pp. 47-70, Am. Chem. Soc., Washington D.C., 1979.

$$\left(\frac{\partial P}{\partial V}\right)_{T;cr} = 0 \qquad (3.43) \qquad \left(\frac{\partial^2 P}{\partial V^2}\right)_{T;cr} = 0 \qquad (3.44)$$

其中下標 cr 表示反曲點。利用 (3.42) 式可求得上面二個微分項的函數式,並在 $P = P_c$、$T = T_c$ 及 $V = V_c$ 時令其為零。狀態方程式本身也可以寫成在臨界點處的形式,因此我們有三個方程式及 P_c、V_c、T_c、$a(T_c)$ 及 b 等五個常數項。有許多方法可處理這些方程式,其中之一是將 V_c 消去,而以 T_c 及 P_c 表示 $a(T_c)$ 及 b,這是因為 T_c 及 P_c 通常能較 V_c 更準確地量測出來。

一個更直接而通用的求解狀態方程式參數的例子,可由凡得瓦爾方程式說明。因為在臨界點時三個體積根為 $V = V_c$,所以

$$(V - V_c)^3 = 0$$

或

$$V^3 - 3V_c V^2 + 3V_c^2 V - V_c^3 = 0 \qquad (A)$$

將 (3.41) 式寫成在 $T = T_c$ 及 $P = P_c$ 下的形式,並展開成多項式:

$$V^3 - \left(b + \frac{RT_c}{P_c}\right)V^2 + \frac{a}{P_c}V - \frac{ab}{P_c} = 0 \qquad (B)$$

其中凡得瓦爾方程式中的參數 a 與 b 對同一種物質是常數,不隨溫度而變。

比較 (A) 式與 (B) 式的各項係數,可得下列三個方程式:

$$3V_c = b + \frac{RT_c}{P_c} \quad (C) \qquad 3V_c^2 = \frac{a}{P_c} \quad (D) \qquad V_c^3 = \frac{ab}{P_c} \quad (E)$$

由 (D) 式解出 a,再與 (E) 式結合解出 b,可得:

$$a = 3P_c V_c^2 \qquad b = \frac{1}{3}V_c$$

將 (C) 式中的 b 以替換掉,則可將 V_c 表示為 T_c 與 P_c 的函數,再代入 a 與 b 的表示式中以除去 V_c 項:

$$V_c = \frac{3}{8}\frac{RT_c}{P_c} \qquad a = \frac{27}{64}\frac{R^2 T_c^2}{P_c} \qquad b = \frac{1}{8}\frac{RT_c}{P_c}$$

Chapter 3 　純物質的壓力、體積與溫度性質

雖然這些公式不一定能求出最佳的結果，但它們提供易於計算的方式而可得到合理的數據。這是因為相較於 PVT 數據而言，臨界溫度及臨界壓力常可查得到，或能可靠地估算。

將 V_c 值代入計算壓縮係數的公式可得：

$$Z_c \equiv \frac{P_c V_c}{R T_c} = \frac{3}{8}$$

像上述這樣在狀態方程式中代入臨界性質 (P_c、T_c、V_c)，如果能使狀態方程式變成只含兩個參數 (如 (B) 式中只含 a、b 兩個參數)，而且能使這兩個參數都化為臨界性質的函數，那麼不管是什麼物質，其 Z_c 值都是定值。每一個不同的狀態方程式，都可求得不同的 Z_c 值，如表 3.1 所示。但這樣求得的臨界壓縮係數，與由實驗數據 T_c、P_c 及 V_c 所計算得到的結果不同；實際上每一個物質都具有獨特的 Z_c 值。如附錄 B 中表 B.1 所列，而各種物質實際的 Z_c 值都小於表 3.1 中任何狀態方程式所得的數值。

類似的方法可應用在一般化立方型狀態方程式 (3.42) 式，以求得參數 $a(T_c)$ 及 b 的表示式。前者為：

$$a(T_c) = \Psi \frac{R^2 T_c^2}{P_c}$$

對於臨界溫度以外的溫度而言，可引進一個無因次函數 $\alpha(T_r)$，並使這函數在臨界溫度時回復為 1。因此

$$a(T) = \Psi \frac{\alpha(T_r) R^2 T_c^2}{P_c} \tag{3.45}$$

其中 $\alpha(T_r)$ 是隨不同狀態方程式而改變的經驗式。參數 b 可表為

$$b = \Omega \frac{R T_c}{P_c} \tag{3.46}$$

在這些方程式中 Ω 及 Ψ 為常數，與物質種類無關，隨各不同的狀態方程式，以及它們的 ϵ 與 σ 值而定。

近代所發展的立方型狀態方程式，始於 1949 年所發表的 Redlich/Kwong (RK) 方程式：[11]

$$P = \frac{RT}{V-b} - \frac{a(T)}{V(V+b)} \tag{3.47}$$

其中 $a(T)$ 以 (3.45) 式表示時，$\alpha(T_r) = T_r^{-1/2}$。

對應狀態原理；離心係數

由實驗觀察顯示，當壓縮係數 Z 是對比溫度 (reduced temperature, T_r) 及對比壓力 (reduced pressure, P_r) 的函數時，即使是不同的流動也具有相似的行為。上述兩者**定義**為：

$$T_r \equiv \frac{T}{T_c} \quad \text{且} \quad P_r \equiv \frac{P}{P_c}$$

這些無因次群可用來表示對應狀態原理 (theorem of corresponding states) 最簡單的形式：

> 所有的流體，在相同的對比溫度與對比壓力下時，其壓縮係數也極為近似；而流體與理想氣體的差異程度也相同。

依照這個原理，Z 的對應狀態關係式需要兩個對比參數：T_c 和 P_c，因此稱為「雙參數關係式」。雖然這原理對簡單流體 (simple fluid) 如氬氣、氪氣及氙氣幾乎正確，藉著第三個參數的引入，可明顯的改良計算結果，而可用於更複雜的流體。第三參數與分子結構有關，最常用的是由 K. S. Pitzer 及其共同研究者所提出的離心係數 (acentric factor) ω。[12]

純物質的離心係數可由其蒸汽壓決定，因為純流體蒸汽壓的對數值與溫度的倒數幾乎成線性關係，所以可寫成

$$\frac{d \log P_r^{\text{sat}}}{d(1/T_r)} = \mathcal{S}$$

其中 P_r^{sat} 為對比蒸汽壓，T_r 為對比溫度，$\mathcal{S}$ 為 $\log P_r^{\text{sat}}$ 對 $1/T_r$ 作圖的斜率，而 log

---

[11] Otto Redlich and J. N. S. Kwong, *Chem. Rev.*, vol. 44, pp. 233–244, 1949.
[12] 在 K. S. Pitzer 所著 *Thermodynamics* 書中 (3d ed., App. 3, McGraw-Hill, New York, 1995) 有詳細敘述。

Chapter 3 純物質的壓力、體積與溫度性質

表示以 10 為底的對數。

如果雙參數對應狀態原理普遍來講是正確的,那麼所有純物質流體的 $\mathcal{S}$ 值都會相同。但實際上的觀察結果卻不是這樣,每一個流體都有它的 $\mathcal{S}$ 值,這個值原則上可作為對應狀態原理的第三個參數。Pitzer 發現簡單流體 (氬、氪、氙) 的 $\log P_r^{sat}$ 對 $1/T_r$ 作圖時,它們的蒸汽壓數據都位於同一直線上,這條直線在 $T_r = 0.7$ 時通過 $\log P_r^{sat} = -1.0$ 的點,詳見圖 3.12。其他的流體在圖上會是不同的直線,與簡單流體 (SF) 之間的距離為:

$$\log P_r^{sat} (SF) - \log P_r^{sat}$$

離心係數**定義**為 $T_r = 0.7$ 時的這段距離:

$$\boxed{\omega \equiv -1.0 - \log (P_r^{sat})_{T_r = 0.7}} \tag{3.48}$$

因此流體的 ω 值可由 T_c、P_c 及 $T_r = 0.7$ 時的蒸汽壓值決定。附錄 B 中列出許多流體的臨界常數 T_c、P_c、V_c 及離心係數 ω。

由 ω 的定義可知氬、氪及氙的離心係數為零。當 Z 表示為 T_r 及 P_r 的函數時,這三種流體的壓縮係數實驗數據也可用相同的曲線作趨勢線,這也就是下述的三參數對應狀態原理的基本前提:

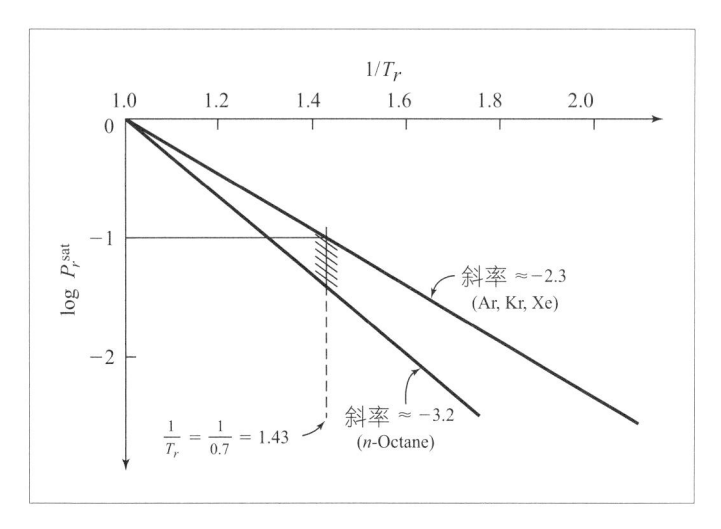

● 圖 3.12　對比蒸汽壓的近似溫度函數

當流體具有相同的 ω 值,且在相同的 T_r 及 P_r 時,都具有相同的 Z 值,它們與理想氣體的差異程度也相同。

一般化立方型狀態方程式蒸汽及類似蒸蒸汽積的根

雖然對一般化的立方型狀態方程式 (3.42) 式,可直接求解三個體積的根,但實際上更常使用疊代法求解。[13]所以可以將狀態方程式重新寫成更適合的形式,以方便求解體積根,避免有數值無法收斂的問題。求解時所得最大的根,是蒸汽或類似蒸汽的體積。將 (3.42) 式乘以 $(V-b)/RT$ 可寫成:

$$V = \frac{RT}{P} + b - \frac{a(T)}{P}\frac{V-b}{(V+\epsilon b)(V+\sigma b)} \tag{3.49}$$

求解 V 時可用試誤法、疊代法或利用套裝軟體。首先可用理想氣體的體積 RT/P 作為猜測值,在疊代過程中,這值代入 (3.49) 式的等號右邊,求出等號左邊的 V 值,再將算出來的 V 值代入等號右邊,持續這樣直到體積改變量小到某程度為止。

將 $V = ZRT/P$ 的關係代入 (3.49) 式中,可改寫為 Z 的方程式,再利用下列二式的定義進行簡化:

$$\beta \equiv \frac{bP}{RT} \tag{3.50} \qquad q \equiv \frac{a(T)}{bRT} \tag{3.51}$$

將以上二式代入 (3.49) 式中可得:

$$Z = 1 + \beta - q\beta \frac{Z-\beta}{(Z+\epsilon\beta)(Z+\sigma\beta)} \tag{3.52}$$

利用 (3.50) 與 (3.51) 式,並結合 (3.45) 與 (3.46) 式可得:

$$\beta \equiv \Omega\frac{P_r}{T_r} \tag{3.53} \qquad q \equiv \frac{\psi\alpha(T_r)}{\Omega T_r} \tag{3.54}$$

---

[13] 這些解法已包含在套裝軟體中供工程計算,利用這些軟體,可簡易的求出如 (3.42) 式中的體積根。

(3.52) 式進行疊代計算時，首先令 $Z = 1$ 並代入等號右邊，計算出左邊的 Z 值後再重新代回等號右邊，直到達成收斂為止，由最後的 Z 值代入 $V = ZRT / P$ 可算出體積。

一般化立方型狀態方程式液體及類似液體體積的根

由 (3.49) 式中最右邊項的分數的分子中，解出體積 V，並表示成下列形式：

$$V = b + (V + \epsilon b)(V + \sigma b) \left[\frac{RT + bP - VP}{a(T)} \right] \tag{3.55}$$

利用起始值 $V = b$ 代入上式右邊，在疊代收斂後可得到液體或類似液體的體積根。

由 (3.52) 式最右項的分子中，解出 Z 值，即可寫出類同於 (3.55) 式的 Z 的方程式：

$$Z = \beta + (Z + \epsilon \beta)(Z + \sigma \beta) \left(\frac{1 + \beta - Z}{q\beta} \right) \tag{3.56}$$

利用 $Z = \beta$ 為起始值，代入上式右邊，疊代收斂後由所求得的 Z 值即可計算體積的根 $V = ZRT / P$。

像 (3.56) 式這樣將 Z 表示為 T_r 與 P_r 的函數，正是所謂的一般化的狀態方程式，因為它可廣泛地應用在所有的氣體及液體中。任何一個狀態方程式，都可寫成這樣的形式，並對流體的物性進行一般化的迴歸。這樣只需要有限的資料就可以估算流體物性。如凡得瓦爾與 Redlich/Kwong 狀態方程式，都可將 Z 表示成 T_r 與 P_r 的函數，並由此建立雙參數的對應狀態原理關聯式。另外 Soave/Redlich/Kwong (SRK) 狀態方程式[14]及 Peng/Robinson (PR) 狀態方程式，[15]都引入了離心係數在 $\alpha(T_r ; \omega)$ 函數中，加上離心係數後，就變成三參數的對應狀態原理關聯式。這四個狀態方程式中的參數 ϵ、σ、Ω 及 Ψ 的數值，列於表 3.1 中，同時也列出 SRK 與 PR 狀態方程式中 $\alpha(T_r ; \omega)$ 的函數。

---

14 G. Soave, *Chem. Eng. Sci.*, vol. 27, pp. 1197–1203, 1972.
15 D.-Y. Peng and D. B. Robinson, *Ind. Eng. Chem. Fundam.*, vol. 15, pp. 59–64, 1976.

■ 表 3.1　狀態方程式中的參數數值

[適用於 (3.49) 到 (3.56) 式]

狀態方程式	$\alpha(T_r)$	σ	ϵ	Ω	Ψ	Z_c
vdW (1873)	1	0	0	1/8	27/64	3/8
RK (1949)	$T_r^{-1/2}$	1	0	0.08664	0.42748	1/3
SRK (1972)	$\alpha_{SRK}(T_r; \omega)^\dagger$	1	0	0.08664	0.42748	1/3
PR (1976)	$\alpha_{PR}(T_r; \omega)^\ddagger$	$1+\sqrt{2}$	$1-\sqrt{2}$	0.07779	0.45724	0.30740

$^\dagger \alpha_{SRK}(T_r; \omega) = \left[1 + (0.480 + 1.574\omega - 0.176\omega^2)\left(1 - T_r^{1/2}\right)\right]^2$

$^\ddagger \alpha_{PR}(T_r; \omega) = \left[1 + (0.37464 + 1.54226\omega - 0.26992\omega^2)\left(1 - T_r^{1/2}\right)\right]^2$

例 3.9　正丁烷在 350 K 時的蒸汽壓為 9.4573 bar，計算：(a) 飽和蒸汽及 (b) 飽和液體的莫耳體積。正丁烷在此條件下適用 Redlich/Kwong 狀態方程式。

解　由附錄 B 中查得正丁烷的 T_c 及 P_c 值，並求得：

$$T_r = \frac{350}{425.1} = 0.8233 \quad 及 \quad P_r = \frac{9.4573}{37.96} = 0.2491$$

由 (3.54) 式可求出參數 q，其中 RK 狀態方程式中的 Ω、Ψ 及 $\alpha(T_r)$ 值由表 3.1 中查得：

$$q = \frac{\Psi\, T_r^{-1/2}}{\Omega T_r} = \frac{\Psi}{\Omega} T_r^{-3/2} = \frac{0.42748}{0.08664}(0.8233)^{-3/2} = 6.6048$$

由 (3.53) 式可計算 β 值：

$$\beta = \Omega \frac{P_r}{T_r} = \frac{(0.08664)(0.2491)}{0.8233} = 0.026214$$

(a) 飽和蒸汽可用 (3.52) 式，並代入表 3.1 中 RK 方程式對應的 ϵ 及 σ 參數值：

$$Z = 1 + \beta - q\beta \frac{Z - \beta}{Z(Z + \beta)}$$

以 $Z = 1$ 為起始值進行疊代，最後求得收斂值為 $Z = 0.8305$。因此，

Chapter 3 純物質的壓力、體積與溫度性質

$$V^v = \frac{ZRT}{P} = \frac{(0.8305)(83.14)(350)}{9.4573} = 2{,}555 \text{ cm}^3 \text{ mol}^{-1}$$

實驗上所測得的數值為 2,482 cm^3 mol^{-1}。

(b) 飽和液體可用 (3.56) 式,並代入表 3.1 中 RK 方程式對應的 ϵ 及 σ 參數值

$$Z = \beta + Z(Z + \beta)\left(\frac{1 + \beta - Z}{q\beta}\right)$$

或 $$Z = 0.026214 + Z(Z + 0.026214)\frac{(1.026214 - Z)}{(6.6048)(0.026214)}$$

以 $Z = \beta$ 為起始值,代入上式右邊,疊代計算後得到收斂值 $Z = 0.04331$,因此

$$V^l = \frac{ZRT}{P} = \frac{(0.04331)(83.14)(350)}{9.4573} = 133.3 \text{ cm}^3 \text{ mol}^{-1}$$

實驗上所測得的數值為 115.0 cm^3 mol^{-1}。

為了比較不同方程式的計算結果,分別以四種立方型狀態方程式計算例 3.9,並將得到的 V^v 及 V^l 值列表如下:

V^l / cm^{3}mol^{-1}					V^l / cm^{3}mol^{-1}				
實驗值	vdW	RK	SRK	PR	實驗值	vdW	RK	SRK	PR
2,482	2,667	2,555	2,520	2,486	115.0	191.0	133.3	127.8	112.6

其中 Soave/Redlich/Kwong 及 Peng/Robinson 狀態方程式是特別為了汽/液體平衡的計算而發展出來的 (見原版書 14.2 節,本譯本未包含)。

狀態方程式體積根的計算,常可藉由套裝軟體如 Mathcad® 或 Maple® 完成,在這些軟體中疊代計算是主要的部份。計算時常需自定起始值或數值界限,適當地決定這些數值對於求解特定的根是很重要的。用來求解例 3.9 的 Mathcad® 程式列於附錄 D.2 中。

3.6 氣體性質的一般化關聯式

一般化的關聯式應用範圍很廣泛。而最廣為應用的關聯式，是 Pitzer 及其共同研究人員所提出的壓縮係數 Z 及第二維里係數 B 的關聯式。[16]

Pitzer 對壓縮係數的關聯式

對於 Z 的關聯式寫成：

$$Z = Z^0 + \omega Z^1 \tag{3.57}$$

其中 Z^0 及 Z^1 都是 T_r 及 P_r 的函數。當 $\omega = 0$、也就是簡單流體的情況時，上式中的第二項消失，此時 Z^0 就等於 Z。將氬氣、氪氣及氙氣的 Z 值數據，迴歸為 T_r 及 P_r 的函數，可得 $Z^0 = F^0(T_r, P_r)$ 的關係式。此式代表一個雙參數的 Z 值關聯式，因為 (3.57) 式中第二項只提供較小的修正，即使忽略也不致造成太大誤差，所以只使用 Z^0 可作為快速的預估，但其準確性小於使用三參數的關聯式。

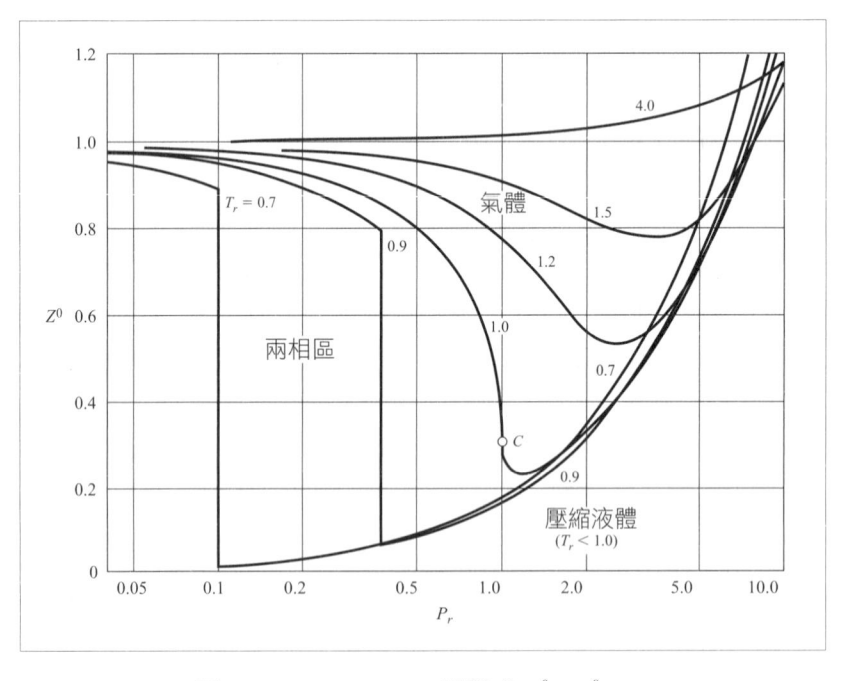

● 圖 3.13　Lee/Kesler 關聯式 $Z^0 = F^0(T_r, P_r)$

---

16 參見 Pitzer 及所引述的著作。

Chapter 3 純物質的壓力、體積與溫度性質

由 (3.57) 式可看出,在固定的 T_r 及 P_r 下,Z 與 ω 為簡單的線性關係。實際上由 Z 值的實驗數據也的確可以得到這個結果;在固定的 T_r 與 P_r 下,由實驗測出非簡單流體的 Z 值,對 ω 作圖幾乎可得一直線,且由斜率值就可以求得 Z^1,這同時也驗證了 $Z^1 = F^1(T_r, P_r)$ 的正確性。

在 Pitzer 形式的關聯式中,由 Lee 及 Kesler[17] 所發展的公式最為知名。雖然他們的推導是基於 Benedict/Webb/Rubin 狀態方程式,但他們列表將 Z^0 及 Z^1 表示為 T_r 與 P_r 的函數,可參見附錄 E 中表 E.1 到 E.4。使用這些列表時常需內插,內插方法可見附錄 F 的前幾頁。另外,圖 3.13 是這個關聯式的 Z^0 對 P_r 圖,我們可以從圖中的六條等溫線,來觀察這個關聯式的特性。

Lee/Kesler 關聯式能對非極性或低極性氣體提供可靠的結果,對這類物質而言,誤差不超過 2% 或 3%。對於極性氣體或會結合的氣體,則會有較大的誤差。

具有量子性質的氣體 (如氫氣、氦氣及氖氣),並不會和正規流體 (normal fluid) 具有相同的對應狀態行為。處理這些分子的關聯式,可使用與溫度有關的有效臨界參數。[18]

如果我們要計算的是化工程序中常見的氫氣,建議的公式如下:

$$T_c/\text{K} = \frac{43.6}{1 + \dfrac{21.8}{2.016\,T}} \qquad (\text{對 } H_2 \text{ 適用}) \qquad (3.58)$$

$$P_c/\text{bar} = \frac{20.5}{1 + \dfrac{44.2}{2.016\,T}} \qquad (\text{對 } H_2 \text{ 適用}) \qquad (3.59)$$

$$V_c/\text{cm}^3\ \text{mol}^{-1} = \frac{51.5}{1 - \dfrac{9.91}{2.016\,T}} \qquad (\text{對 } H_2 \text{ 適用}) \qquad (3.60)$$

其中 T 是絕對溫度,單位為 K。使用上列這些氫氣的有效臨界參數時,必須令 $\omega = 0$。

---

[17] B. I. Lee and M. G. Kesler, *AIChE J.*, vol. 21, pp. 510–527, 1975.

[18] J. M. Prausnitz, R. N. Lichtenthaler, and E. G. de Azevedo, Molecular Thermodynamics of Fluid-Phase Equilibria, 3d ed., pp. 172–173, Prentice Hall PTR, Upper Saddle River, NJ. 1999.

第二維里係數的 Pitzer 關聯式

用表列的方式表示壓縮係數的一般化關聯結果是有缺點的，但是 Z^0 及 Z^1 函數的複雜性使它們難以用簡單的方程式表示。我們可在一定壓力範圍內，用解析方程式表示近似的數值。這個方法的基礎是 (3.38) 式，也就是維里方程式最簡單的形式：

$$Z = 1 + \frac{BP}{RT} = 1 + \hat{B}\frac{P_r}{T_r} \tag{3.61}$$

其中 $\hat{B}$ 是對比第二維里係數，定義為：

$$\hat{B} = \frac{BP_c}{RT_c} \tag{3.62}$$

因此，Pitzer 等人提出第二個關聯公式，將 $\hat{B}$ 值計算出來：

$$\hat{B} = B^0 + \omega B^1 \tag{3.63}$$

結合 (3.61) 和 (3.63) 式可得：

$$Z = 1 + B^0 \frac{P_r}{T_r} + \omega B^1 \frac{P_r}{T_r}$$

比較上式與 (3.57) 式，可得下列等式：

$$Z^0 = 1 + B^0 \frac{P_r}{T_r} \tag{3.64}$$

及

$$Z^1 = B^1 \frac{P_r}{T_r}$$

第二維里係數只是溫度的函數，同樣 B^0 及 B^1 也只是對比溫度的函數，它們可以下式表示：[19]

$$B^0 = 0.083 - \frac{0.422}{T_r^{1.6}} \tag{3.65}$$

$$B^1 = 0.139 - \frac{0.172}{T_r^{4.2}} \tag{3.66}$$

---

[19] 這些關聯式首次出現於本書在 1975 年的第三版，它們是由 M. M. Abbott 推導得出，並經由私人溝通而列於書中。

Chapter **3** 純物質的壓力、體積與溫度性質

　　簡單的維里方程式只在中低壓區域,當 Z 是壓力的線性函數時才成立。因此也只有在 Z^0 及 Z^1 約是對比壓力的線性函數時,維里係數的關聯式才成立。圖 3.14 比較了由 (3.64) 及 (3.65) 式所計算的 P_r 線性函數的 Z^0 值,與經由表 E.1 及 E.3 Lee/Kesler 關聯式所計算的 Z^0 值。在虛線上方的 T_r 及 P_r 範圍內,二者的差異在 2% 之內。當 $T_r \approx 3$ 時,幾乎沒有壓力的限制;在較低的 T_r 時,壓力的範圍隨溫度下降而減少。不過當 $T_r \approx 0.7$ 時,壓力的範圍受限為飽和壓力,[20]如圖上最左側的虛線。在此 Z^1 對關聯式的影響被忽略不計。就一般化關聯式的準確度來看,不超過 2% 的差異是不重要的。

　　維里係數的一般化關聯式具有簡單的形式,是值得推薦使用的。在常見的化學處理程序的溫度與壓力範圍內,這些公式計算結果,與使用壓縮係數關聯式的結果差異不大。如同壓縮係數關聯式,維里係數關聯式對非極性物質最準確,而對強極性及具結合性質的分子並不準確。

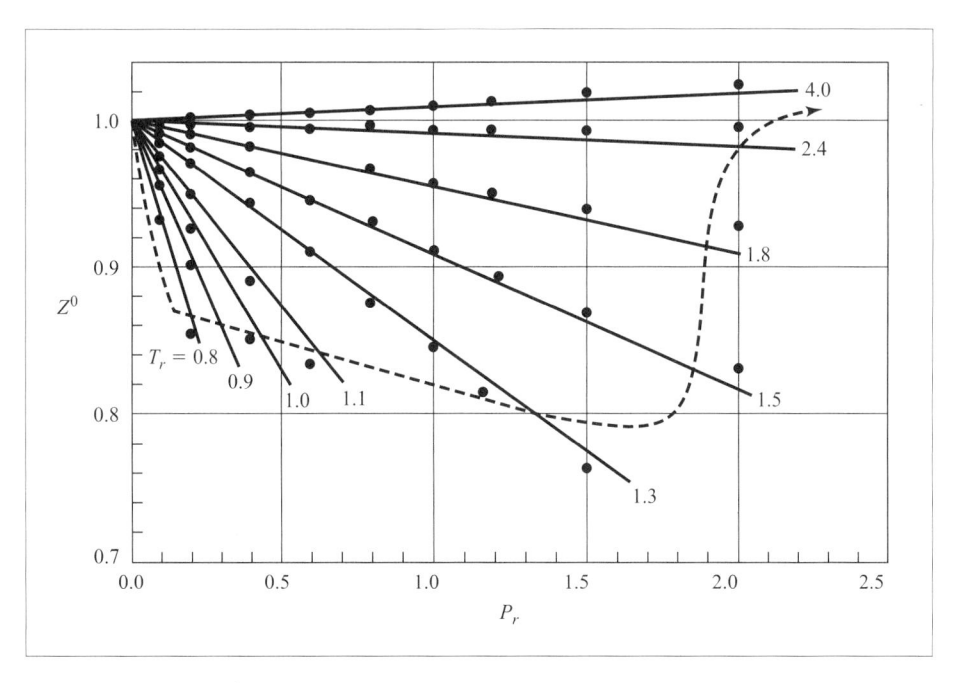

● 圖 3.14　兩種 Z^0 關聯式的比較圖。其中直線為維里係數關聯式,圓點則為 Lee/Kesler 關聯,虛線上方區域表示兩種關聯結果的差異在 2% 之內。

---
20 雖然附錄 E 中的 Lee/Kesler 表中列出過熱蒸汽與過冷液體的數值,卻沒有包含飽和狀況的數值。

第三維里係數的關聯式

與第二維里係數相比,第三維里係數的使用頻率相當低。不過文獻上仍有第三維里係數的一般化關聯式。

(3.40) 式可改寫成:

$$Z = 1 + B\rho + C\rho^2 \tag{3.67}$$

其中 $\rho = 1/V$,也就是莫耳密度。再將上式改寫成對比參數的形式:

$$Z = 1 + \hat{B}\frac{P_r}{T_r Z} + \hat{C}\left(\frac{P_r}{T_r Z}\right)^2 \tag{3.68}$$

其中對比第二維里係數 $\hat{B}$ 的定義見 (3.62) 式,對比第三維里係數的定義則為:

$$\hat{C} \equiv \frac{CP_c^2}{R^2 T_c^2}$$

$\hat{C}$ 的 Pitzer 關聯式為:

$$\hat{C} \equiv C^0 + \omega\ C^1 \tag{3.69}$$

Orbey 和 Vera[21] 曾發表 C^0 與對比溫度 T_r 的關係式:

$$C^0 = 0.01407 + \frac{0.02432}{T_r} - \frac{0.00313}{T_r^{10.5}} \tag{3.70}$$

Orbey 和 Vera 提出的 C^1 關係式在此改寫如下,數值相等只是形式上更為簡單:

$$C^1 = -0.02676 + \frac{0.05539}{T_r^{2.7}} - \frac{0.00242}{T_r^{10.5}} \tag{3.71}$$

(3.68) 式為 Z 的三次方程式,而且無法將 Z 表示成如 (3.57) 式的形式。在給定的 T_r 和 P_r 條件下,Z 的解可由疊代計算求得。而在 (3.68) 式中,如果以 $Z = 1$ 為起始值代入等號右邊,數值通常很快就會收斂。

---

21 H. Orbey and J. H. Vera, *AIChE J.*, vol. 29, pp. 107–113, 1983.

Chapter 3 純物質的壓力、體積與溫度性質

可用理想氣體公式作估算的環境條件

我們需要判斷何時可用理想氣體公式，來對真實流體作合理的估算。圖 3.15 是一個很好的指引。

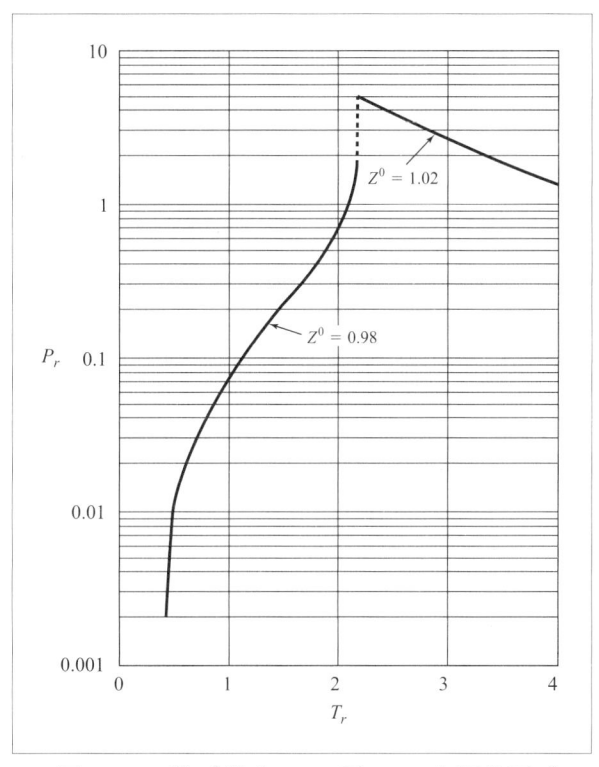

● 圖 3.15 當 Z^0 值在 0.98 及 1.02 之間的區域，適用理想氣體公式作合理的估算

例 3.10 利用下列各方法，計算正丁烷在 510 K 及 25 bar 時的莫耳體積：

(a) 理想氣體方程式。

(b) 一般化的壓縮係數關聯。

(c) (3.61) 式及一般化的對比維里第二係數 $\hat{B}$ 關聯式。

(d) (3.68) 式及一般化的對比維里第三係數 $\hat{B}$ 及 $\hat{C}$ 關聯式。

解 (a) 由理想氣體方程式可得

$$V = \frac{RT}{P} = \frac{(83.14)(510)}{25} = 1{,}696.1 \text{ cm}^3 \text{ mol}^{-1}$$

(b) 由附錄 B 的表 B.1 中找到 T_c 及 P_c 值,

$$T_r = \frac{510}{425.1} = 1.200 \qquad P_r = \frac{25}{37.96} = 0.659$$

由表 E.1 及 E.2 內插可得

$$Z^0 = 0.865 \qquad Z^1 = 0.038$$

由 (3.57) 式及 $\omega = 0.200$ 可得

$$Z = Z^0 + \omega Z^1 = 0.865 + (0.200)(0.038) = 0.873$$

且

$$V = \frac{ZRT}{P} = \frac{(0.873)(83.14)(510)}{25} = 1{,}480.7 \text{ cm}^3 \text{ mol}^{-1}$$

如果忽略 Z^1,則 $Z = Z^0 = 0.865$,利用雙參數對應狀態關聯式計算,可得 $V = 1{,}467.1 \text{ cm}^3 \text{ mol}^{-1}$,此值較三參數對應狀態關聯式的計算結果低 1%。

(c) 由 (3.65) 及 (3.66) 式可得 B^0 及 B^1:

$$B^0 = -0.232 \qquad B^1 = 0.059$$

由 (3.63) 與 (3.61) 式可得:

$$\hat{B} = B^0 + \omega B^1 = -0.232 + (0.200)(0.059) = -0.220$$

$$Z = 1 + (-0.220)\frac{0.659}{1.200} = 0.879$$

由此可得 $V = 1{,}489.1 \text{ cm}^3 \text{ mol}^{-1}$,此值較壓縮係數關聯公式的結果高 1%。

(d) 由 (3.70) 和 (3.71) 式可得 C^0 和 C^1 值為:

$$C^0 = 0.0339 \qquad C^1 = 0.0067$$

由 (3.69) 式可得

$$\hat{C} = C^0 + \omega C^1 = 0.0339 + (0.200)(0.0067) = 0.0352$$

由上面的 $\hat{C}$ 值和 (c) 小題算出來的 $\hat{B}$ 值,代入 (3.68) 式可得:

$$Z = 1 + (-0.220)\left(\frac{0.659}{1.200Z}\right) + (0.0352)\left(\frac{0.659}{1.200Z}\right)^2$$

或

$$Z = 1 - \frac{0.121}{Z} + \frac{0.0106}{Z^2}$$

Chapter 3 純物質的壓力、體積與溫度性質

可得 $Z = 0.876$ 且 $V = 1,485.8 \text{ cm}^3 \text{ mol}^{-1}$

此小題算出的 V 值和 (c) 小題差了 0.2% 左右。V 的實驗數據為 $1,480.7 \text{ cm}^3 \text{ mol}^{-1}$。所以 (b)、(c)、(d) 小題的計算結果都非常接近實際值。這個結果可和圖 3.14 互為參照。

例 3.11 1 (lb mol) 的甲烷在 122 (°F) 下儲存在 2 (ft)^3 的容器中，則容器內壓力有多少？請利用下列方式計算：
(a) 理想氣體方程式。
(b) Redlich/Kwong 狀態方程式。
(c) 一般化的關聯式。

解 (a) 由理想氣體方程式可得

$$P = \frac{RT}{V} = \frac{(0.7302)(122 + 459.67)}{2} = 212.4 \text{ (atm)}$$

(b) 由 Redlich/Kwong 方程式所得的壓力為

$$P = \frac{RT}{V-b} - \frac{a(T)}{V(V+b)} \tag{3.47}$$

$a(T)$ 及 b 值由 (3.45) 及 (3.46) 式求得，其中 (3.45) 式中，$\alpha(T_r) = T_r^{-1/2}$。由附錄 B 中的表 B.1 查得 T_c 及 P_c 值，並換算成 (R) 及 (atm) 的單位，由此得到

$$T_r = \frac{T}{T_c} = \frac{581.67}{343.1} = 1.695$$

$$a = 0.42748 \frac{(1.695)^{-1/2}(0.7302)^2(343.1)^2}{45.4} = 453.94 \text{(atm)(ft)}^6$$

$$b = 0.08664 \frac{(0.7302)(343.1)}{45.4} = 0.4781 \text{(ft)}^3$$

將這些數值代入 Redlich/Kwong 方程式中可得：

$$P = \frac{(0.7302)(581.67)}{2 - 0.4781} - \frac{453.94}{(2)(2 + 0.4781)} = 187.49 \text{(atm)}$$

(c) 因為是高壓環境，所以使用一般化的壓縮係數關聯式較適當。P_r 為未知數，所以用下式及疊代方法計算：

$$P = \frac{ZRT}{V} = \frac{Z(0.7302)(581.67)}{2} = 212.4Z$$

因為 $P = P_c P_r = 45.4 P_r$，上式變為：

$$Z = \frac{45.4 P_r}{212.4} = 0.2138 P_r \quad 或 \quad P_r = \frac{Z}{0.2138}$$

我們可假設一個 Z 的起始值如 $Z = 1$，如此可求得 P_r 為 4.68，利用附表 E.3 和 E.4，在 $T_r = 1.695$ 且 $P_r = 4.68$ 條件下，內插求出 Z^0 和 Z^1，再經 (3.57) 式及 $\omega = 0.012$ (表 B.1) 計算出新的 Z 值。用新的 Z 值代入上式可求得新的 P_r 值。經過這樣反覆疊代計算，直到收斂為止，最後的數值是 Z 為 0.890 且 $P_r = 4.14$。這個計算結果可以由以下方法再確認是否正確，在 $P_r = 4.14$ 及 $T_r = 1.695$ 時，由表 E.3 及 E.4 內插求得 Z^0 及 Z^1，再代入 (3.57) 式中，因 $\omega = 0.012$，所以

$$Z = Z^0 + \omega Z^1 = 0.887 + (0.012)(0.258) = 0.890$$

$$P = \frac{ZRT}{V} = \frac{(0.890)(0.7302)(581.67)}{2} = 189.0 \text{ (atm)}$$

因為離心係數較小，雙參數及三參數對應狀態關聯式的結果差異不大。Redlich/Kwong 方程式及一般化壓縮係數關聯式所得的結果都很近於實驗值的 185 (atm)。理想氣體方程式計算結果則高估了 14.6%。

例 3.12 質量為 500 g 的氨氣裝在 30,000 cm^3 的儲槽內，浸放在 65°C 恆溫浴中，以下列方法計算氣體的壓力：
(a) 理想氣體方程式。
(b) 一般化關聯式。

解 儲槽內氨氣的莫耳體積為：

$$V = \frac{V^t}{n} = \frac{V^t}{m/M} = \frac{30,000}{500/17.02} = 1{,}021.2 \text{ cm}^3 \text{ mol}^{-1}$$

(a) 利用理想氣體方程式可得,

$$P = \frac{RT}{V} = \frac{(83.14)(65+273.15)}{1,021.2} = 27.53 \text{ bar}$$

(b) 因為對比壓力低 ($P_r \approx 27.53/112.8 = 0.244$),適合使用維里係數關聯式。在對比溫度為 $T_r = 338.15/405.7 = 0.834$ 時,由 (3.65) 及 (3.66) 式計算 B^0 及 B^1 可得:

$$B^0 = -0.482 \qquad B^1 = -0.232$$

代入 (3.63) 式中並由表 B.1 查到 $\omega = 0.253$,可得

$$\hat{B} = -0.482 + (0.253)(-0.232) = -0.541$$

$$B = \frac{\hat{B}RT_c}{P_c} = \frac{-(0.541)(83.14)(405.7)}{112.8} = -161.8 \text{ cm}^3 \text{ mol}^{-1}$$

求解 (3.38) 式中的 P 值得到

$$P = \frac{RT}{V-B} = \frac{(83.14)(338.15)}{1,021.2+161.8} = 23.76 \text{ bar}$$

因為 B 與壓力無關,所以不需要以疊代求解。對比壓力值為 $P_r = 23.76 / 112.8 = 0.211$,由圖 3.14 可知,這個對比壓力下可使用一般化的維里係數關聯式。

在這一題的條件下,實驗測得的壓力值為 23.82 bar。理想氣體方程式計算結果高估了 15%。雖然氨為極性分子,但利用維里係數關聯式所得的結果,與實驗數據相當吻合。

3.7 液體的一般關聯式

雖然液體的莫耳體積可由一般立方型狀態方程式計算,其結果通常並不很精確。Lee/Kesler 關聯式可適用於過冷液體,圖 3.13 表示氣相及液體的曲線,其數值列於表 E.1 到 E.4。我們需再次注意,這個關聯式對非極性和弱極性物質是最為適用的。

除此之外，一般化的公式也可用來估算飽和液體的莫耳體積。如最簡單的 Rackett方程式：[22]

$$V^{sat} = V_c Z_c^{(1-T_r)^{2/7}} \tag{3.72}$$

另一個形式有時也很實用：

$$Z^{sat} = \frac{P_r}{T_r} Z_c^{[1+(1-T_r)^{2/7}]} \tag{3.73}$$

上面兩式只需要臨界常數的資料，可由附錄 B 中表 B.1 查到。計算結果的準確度通常在 1% 到 2% 間。

Lydersen、Greenkorn 及 Hougen[23] 應用雙參數對應狀態原理，推導出估算液體體積的方法，將對比密度表示成對比溫度和對比壓力的函數。對比密度定義為

$$\rho_r \equiv \rho / \rho_c = V_c / V \tag{3.74}$$

其中 ρ_c 是臨界點的密度。而一般化的關聯可見圖 3.17。由已知的臨界體積，並由圖 3.17 查到在該對比溫度壓力下的對比密度，就可以用 (3.74) 式求出液體體積。更簡便的方法是由已知的液體體積 (狀態 1) 及下列等式求解，

$$V_2 = V_1 \frac{\rho_{r_1}}{\rho_{r_2}} \tag{3.75}$$

其中 $V_2 =$ 欲求的體積

$V_1 =$ 已知的體積

ρ_{r_1} 及 $\rho_{r_2} =$ 由圖 3.16 所讀出的對比密度

這個方法需要的實驗數據很容易取得，而計算結果的準確度也不錯。圖 3.16 也顯示了愈靠近臨界點時，溫度與壓力的變化愈大，因此對計算結果的影響也愈大。

---

[22] H. G. Rackett, *J. Chem. Eng. Data,* vol.15, pp. 514–517, 1970; 亦可參考 C. F. Spencer and S. B. Adler, *ibid.,* vol.23, pp. 82–89, 1978, 其中列出了可供使用的方程式。

[23] A. L. Lydersen, R. A. Greenkorn, and O. A. Hougen, "*Generalized Thermodynamic Properties of Pure Fluids,*" *Univ. Wisconsin, Eng. Expt. Sta. Rept.* 4, 1955.

Chapter 3 純物質的壓力、體積與溫度性質

Daubert 及其共同研究者[24] 也曾針對許多純液體，提出以溫度為函數的密度關聯式。

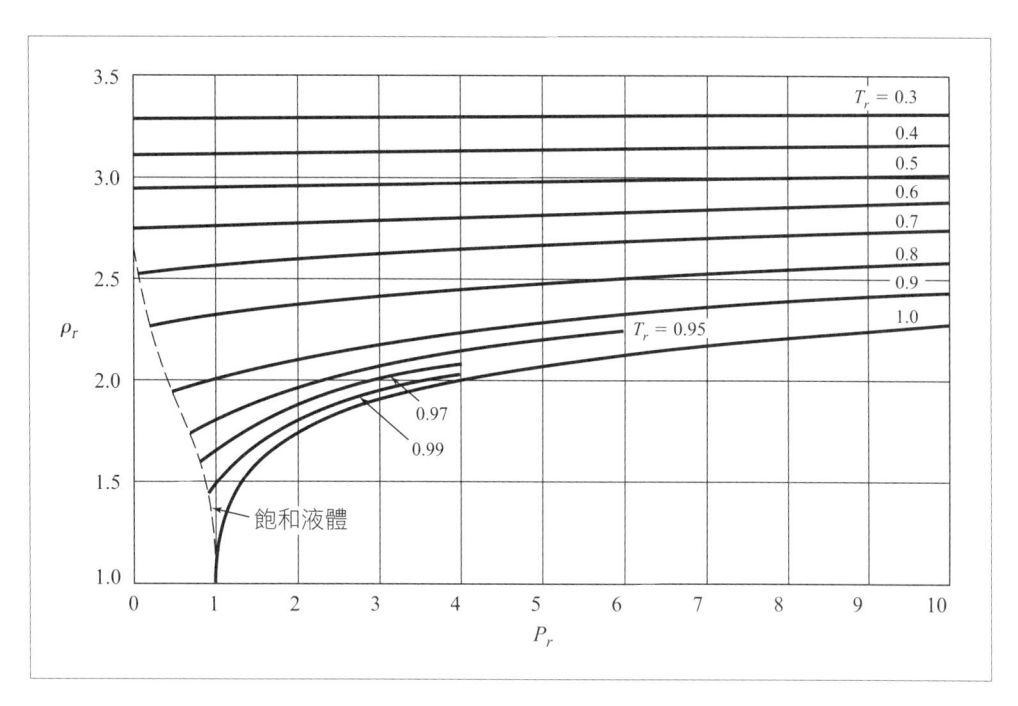

● 圖 3.16 液體密度的一般關聯結果

估算在 310 K 時，在不同條件下氨的密度：
(a) 當它是飽和液體時。
(b) 當它是 100 bar 下的液體時。

(a) 使用 (3.72) 式計算。對比溫度為 $T_r = 310 / 405.7 = 0.7641$，而由表 B.1 可查到 $V_c = 72.47$ 及 $Z_c = 0.242$，因此，

$$V^{sat} = V_c Z_c^{(1-T_r)^{2/7}} = (72.47)(0.242)^{(0.2359)^{2/7}} = 28.33 \text{ cm}^3 \text{ mol}^{-1}$$

與實驗數據 29.14 cm³ mol⁻¹ 相較，計算結果有 2.7% 的誤差。
(b) 此時的對比溫度壓力為：

$$T_r = 0.764 \qquad P_r = \frac{100}{112.8} = 0.887$$

---

24 T. E. Daubert, R. P. Danner, H. M. Sibul, and C. C. Stebbins, *Physical and Thermodynamic Properties of Pure Chemicals: Data Compilation,* Taylor Francis, Bristol, PA, extant 1995.

可以對應到圖 3.16，得到 $\rho_r = 2.38$，將此值及 V_c 值代入 (3.74) 式中可得

$$V = \frac{V_c}{\rho_r} = \frac{72.47}{2.38} = 30.45 \text{ cm}^3 \text{ mol}^{-1}$$

與實驗值 28.6 cm^3 mol^{-1} 相較，誤差為 6.5%。

如果我們以飽和液體在 310 K 的實驗值 29.14 cm^3 mol^{-1} 作為起始值，並應用 (3.75) 式求解。由圖 3.17 可查得，在 $T_r = 0.764$ 時，飽和液體的 $\rho_{r_1} = 2.34$，代入 (3.75) 式中可得：

$$V_2 = V_1 \frac{\rho_{r_1}}{\rho_{r_2}} = (29.14)\left(\frac{2.34}{2.38}\right) = 28.65 \text{ cm}^3 \text{ mol}^{-1}$$

這結果與實驗數值幾乎是一致的。

如果直接使用 Lee/Kesler 關聯式，並從表 E.1 及 E.2 所內插得到的 Z^0 及 Z^1 值，會得到 33.87 cm^3 mol^{-1} 的計算結果，誤差相當大，這是因為氨的極性非常強的緣故。

習 題

3.1 將體積膨脹係數及等溫壓縮係數表示為密度 ρ 及其偏導數的函數。水在 50°C 及 1 bar 時的 $\kappa = 44.18 \times 10^{-6}$ bar^{-1}。若欲使水的密度在 50°C 時改變 1%，應將其壓力改變多少？假設 κ 值與 P 無關。

3.2 一般而言，體積膨脹係數 β 和等溫壓縮係數 κ 都與 T、P 有關，試證明

$$\left(\frac{\partial \beta}{\partial P}\right)_T = -\left(\frac{\partial \kappa}{\partial T}\right)_P$$

3.3 Tait 方程式將液體的等溫線表示為：

$$V = V_0\left(1 - \frac{AP}{B+P}\right)$$

其中 V 為莫耳體積或比體積，V_0 為壓力等於零時的假想莫耳體積或比體積，A 和 B

Chapter 3 純物質的壓力、體積與溫度性質

為常數。求相對於這方程式的等溫壓縮係數的表示式。

3.4 液態水的等溫壓縮係數可表示為：

$$\kappa = \frac{c}{V(P+b)}$$

其中 c 與 b 只是溫度的函數。若 1 kg 的水在等溫 60°C 下由 1 bar 可逆壓縮到 500 bar，所需功為多少？在 60°C 時，b = 2,700 bar 且 c = 0.125 cm^3 g^{-1}。

3.5 在 32 (°F) 恆溫下，將 1 (ft)^3 的汞由 1 (atm) 可逆的壓縮到 3,000 (atm) 時，計算所需的功。汞在 32 (°F) 時的等溫壓縮係數為：

$$\kappa / (\text{atm})^{-1} = 3.9 \times 10^{-6} - 0.1 \times 10^{-9} P \text{ (atm)}$$

3.6 5 kg 的液態四氯化碳在 1 bar 等壓下進行機械可逆的狀態改變，其溫度由 0°C 變到 20°C。計算 ΔV^t、W、Q、ΔH^t 及 ΔU^t。下列各項液態四氯化碳在 1 bar 及 0°C 時的物性資料可假設與溫度無關：β = 1.2 × 10^{-3} K^{-1}、C_P = 0.84 kJ kg^{-1} K^{-1}，及 ρ = 1,590 kg m^{-3}。

3.7 某物質的 κ 值為常數，並在等溫下經機械可逆程序，由起始狀態 (P_1, V_1) 改變到最終狀態 (P_2, V_2)，其中 V 為莫耳體積。
(a) 由 κ 的定義開始，證明這程序的路徑可表示為

$$V = A(T) \exp(-\kappa P)$$

其中 A 只與溫度有關。
(b) 導出此恆定 κ 值的 1 莫耳物質在等溫下所需功的確實表示式。

3.8 一莫耳理想氣體，其 C_P = (7/2)R 及 C_V = (5/2)R，由 P_1 = 8 bar 及 T_1 = 600 K 依下列各路徑膨脹到 P_2 = 1 bar。
(a) 固定體積；(b) 固定溫度；(c) 絕熱。
假設膨脹過程為可逆，計算各程序中的 W、Q、ΔU 及 ΔH 值。將各路徑描繪在同一個 PV 相圖上。

3.9 理想氣體在 600 K 及 10 bar 時，於封閉系統中進行包含四個步驟的機械可逆迴路。在步驟 12 中，壓力在恆溫下降到 3 bar；在步驟 23 中，體積保持恆定而壓力降到 2 bar；在步驟 34 中，體積在恆壓下減少；在步驟 41 中，氣體在絕對情況下回到起始狀態。令 C_P = (7/2)R 及 C_V = (5/2)R。
(a) 將循環程序繪於 PV 相圖上。

(b) 計算 1、2、3、4 各狀態下未知的 T 及 P。
(c) 計算迴路程序中各步驟的 Q、W、ΔU 及 ΔH。

3.10 一個理想氣體的 $C_P = (5/2)R$ 且 $C_V = (3/2)R$，其狀態由 $P_1 = 1$ bar 及 $V_1^t = 12$ m^3 依下列各機械可逆程序改變到 $P_2 = 12$ bar 及 $V_2^t = 1$ m^3。
(a) 等溫壓縮。
(b) 絕熱壓縮後，再經恆壓冷卻。
(c) 絕熱壓縮後，再經恆容冷卻。
(d) 恆容加熱後，再經恆壓冷卻。
(e) 恆壓冷卻後，再經恆容加熱。
計算各程序中的 Q、W、ΔU^t 及 ΔH^t。將所有程序中的各路徑描繪在同一個 PV 相圖上。

3.11 環境遞減率 dT/dz 用來表示大氣層中當地溫度隨高度改變的情形，大氣壓力隨高度改變情形可由流體靜力學公式表示：

$$\frac{dP}{dz} = -\mathcal{M}\rho g$$

其中 $\mathcal{M}$ 是莫耳質量，ρ 是莫耳密度，g 是當地的重力加速度。假設大氣是理想氣體，其 T 與 P 的關係可由 (3.35c) 式的多元公式表示，推導環境遞減率寫成 $\mathcal{M}$、g、R 與 δ 的關係式。

3.12 氣體由恆壓線路中充入真空儲槽，證明槽內氣體溫度與線路中氣體溫度 T' 的關係，假設氣體為理想氣體並具有恆定的熱容量，且忽略氣體與儲槽間的熱傳。這題的質量與能量平衡式可見例 2.13。

3.13 試將 (3.36) 及 (3.37) 式簡化，分別表示適用於列在 (3.37) 式之後的四種 δ 值的情形。

3.14 體積為 0.1 m^3 的槽中含有 25°C 及 101.33 kPa 的空氣，這槽連接於壓縮空氣供應管線，其中有 45°C 及 1,500 kPa 的空氣。管線中的閥發生裂縫使得空氣緩慢流入槽中，直到槽中的壓力等於管線中的壓力。若此程序緩慢的進行，而使槽中的溫度維持在 25°C，有多少熱量從槽中散失？假設空氣為理想氣體，其 $C_P = (7/2)R$ 及 $C_V = (5/2)R$。

Chapter **3** 純物質的壓力、體積與溫度性質

3.15 供應管線中固定 T 及 P 的氣體，經由閥連接於一個封閉儲槽，其中含有較低壓力的相同氣體。閥被打開使氣體流入儲槽，然後再將閥關閉。
   (a) 導證一般化的公式，表示槽中氣體起始與最終的莫耳數 (或質量) n_1 與 n_2，和槽中氣體起始與最終的內能 U_1 及 U_2，管線中氣體的焓 H'，以及傳入槽中熱傳量 Q 的間的關係。
   (b) 對於具有恆定熱容量的理想氣體，化簡上式到其最簡單的形式。
   (c) 對於 $n_1 = 0$ 的情況，化簡 (b) 項的公式。
   (d) 對於 $Q = 0$ 的情況，化簡 (c) 項的公式。
   (e) 將氮氣視為 $C_P = (7/2)R$ 的理想氣體，考慮供應管線中 25°C 及 3 bar 的氮氣以穩態流入 4 m³ 體積的真空儲槽，利用適當公式，在下列兩種情形下，計算當槽內壓力等於管線壓力時流入槽內氮氣的莫耳數。
   1. 假設氣體與儲槽及儲槽壁之間無熱傳。
   2. 槽的重量為 400 kg，絕緣良好，起始溫度為 25°C 且比熱為 0.46 kJ kg^{-1} K^{-1}，儲槽被氣體所加熱，使其溫度與槽內氣體溫度相同。

3.16 當儲槽內氣體流出，壓力由起始的 P_1 降為 P_2 時，推導公式以計算槽內剩餘氣體的最終溫度。已知條件為起始的溫度、槽的體積、氣體熱容量、儲槽的總熱容量，以及 P_1 與 P_2。假設儲槽為完全絕緣，且其溫度與槽內剩餘氣體的溫度相同。

3.17 一個體積固定為 4 m³ 且絕緣的儲槽，被薄膜分隔為不等分的兩部份。薄膜的一邊具有 1/3 儲槽的體積，其中含有 6 bar 及 100°C 的氮氣。儲槽的另一部份佔有全部 2/3 的體積，並為真空狀態。當薄膜被打破時，氣體充滿於整個儲槽。
   (a) 氣體的最終溫度為何？作了多少的功？這程序是否為可逆？
   (b) 設想一個可逆的程序，使氣體能重回其起始狀態。這時作了多少功？
   假設氮氣為理想氣體，其 $C_P = (7/2)R$ 且 $C_V = (5/2)R$。

3.18 一個理想氣體的起始狀態是 30°C 及 100 kPa，在封閉系統中進行下列迴路程序。
   (a) 在機械可逆程序中，氣體先經絕熱壓縮到 500 kPa，再於恆壓 500 kPa 下冷卻到 30°C，最後再經恆溫膨脹到起始的狀態。
   (b) 迴路程序中各狀態的改變與 (a) 小題相同，但各步驟都為不可逆。相較於可逆程序，其效率為 80%。
   計算各步驟及整個迴路程序的 Q、W、ΔU 及 ΔH。令 $C_P = (7/2)R$ 且 $C_V = (5/2)R$。

3.19 一立方公尺的理想氣體，由 600 K 及 1,000 kPa 經下列各程序膨脹到原來五倍的體積：
(a) 經由一個機械可逆的恆溫程序。
(b) 經由一個機械可逆的絕熱程序。
(c) 經由一個絕熱的不可逆程序，其中膨脹時所抵抗的壓力為 100 kPa。
計算每一情況下氣體的最終溫度、壓力及其所作的功。$C_P = 21$ J mol^{-1} K^{-1}。

3.20 一莫耳的空氣，起初在 150°C 及 8 bar 的狀態，進行下列的機械可逆改變。它先在等溫下膨脹到某壓力，再於恆容下冷卻到 50°C，並使其最後壓力為 3 bar。設空氣為理想氣體，其 $C_P = (7/2)R$ 及 $C_V = (5/2)R$，計算 W、Q、ΔU 及 ΔH。

3.21 一理想氣體於穩態下流經一水平管，無熱量加入且沒有軸功。管的截面積隨長度改變，使得氣體的流速也跟著改變。導證氣體的溫度與速度的關係式。若氮氣在 150°C 時流經管中某截面時，流速為 2.5 m s^{-1}，而在另一截面積時流速為 50 m s^{-1}，則該處溫度為多少？$C_P = (7/2)R$。

3.22 一莫耳理想氣體起始在 30°C 及 1 bar，經由下列三種不同的機械可逆程序，改變到 130°C 及 10 bar。
• 氣體先於恆容下加熱到 130°C；再經恆溫壓縮到 10 bar。
• 氣體先於恆壓下加熱到 130°C；再經恆溫壓縮到 10 bar。
• 氣體先經恆溫壓縮到 10 bar，再於恆壓下加熱到 130°C。
計算每一情況下的 Q、W、ΔU 及 ΔH。令 $C_P = (7/2)R$，且 $C_V = (5/2)R$。再令 $C_P = (5/2)R$ 及 $C_V = (3/2)R$，重做計算。

3.23 一莫耳理想氣體起始在 30°C 及 1 bar，進行下列的機械可逆狀態改變。先在恆溫下壓縮到某狀態，再經恆容加熱到 120°C，最終壓力為 12 bar。計算整個程序中的 Q、W、ΔU、ΔH。令 $C_P = (7/2)R$ 且 $C_V = (5/2)R$。

3.24 某程序中包含兩個步驟：(1) 一莫耳空氣由 $T = 800$ K 及 $P = 4$ bar 在恆容下冷卻到 $T = 350$ K。(2) 空氣再於恆壓下加熱到 800 K。若這兩個步驟的程序由一個單一的恆溫膨脹所取代，且空氣由 800 K 及 4 bar 改變到壓力 P。P 值為多少才能使單一步驟程序所作的功，與兩步驟程序中所作的功相同？假設為機械可逆程序，且空氣為理想氣體，其 $C_P = (7/2)R$ 且 $C_V = (5/2)R$。

3.25 一個含有氣體的圓筒，其內部體積 V_B^t 的計算步驟如下。首先圓筒內充入低壓氣體，壓力為 P_1，再經由一細小管線和閥連到另一已知體積為 V_A^t 的真空儲槽。打開閥後，

Chapter 3 純物質的壓力、體積與溫度性質

氣體經管線流到槽中。當系統的溫度回復到起始值後，經由精密的壓力計可測得圓筒內的壓力改變為 ΔP。由下列數據計算圓筒的體積 V_B^t：

- $V_A^t = 256 \text{ cm}^3$
- $\Delta P / P_1 = -0.0639$

3.26 一個封閉的絕緣水平圓筒，內含一個絕緣且無摩擦力的浮動活塞，將圓筒分隔為 A 及 B 兩部份。這兩個部份中各含有相同質量的空氣，起始狀態均為 $T_1 = 300$ K 及 $P_1 = 1$ (atm)。當 A 部份中的電熱器啟動後，空氣的溫度會緩慢增加；A 部份中的溫度 T_A 因熱傳而增加，B 部份中則因活塞緩慢移動造成的絕熱壓縮，而使溫度 T_B 上升。將空氣視為理想氣體且 $C_P = (7/2)R$，並令 n_A 為 A 部份中空氣的莫耳數。如上述的程序，求下列條件下的數值：

(a) 若 P (最終) = 1.25 (atm)，求 T_A、T_B 及 Q/n_A。
(b) 若 $T_A = 425$ K，求 T_B、Q/n_A 及 P (最終)。
(c) 若 $T_B = 325$ K，求 T_A、Q/n_A 及 P (最終)。
(d) 若 $Q/n_A = 3$ kJ mol^{-1}，求 T_A、T_B 及 P (最終)。

3.27 具有恆定熱容量的一莫耳理想氣體進行任意的一個機械可逆程序，證明：

$$\Delta U = \frac{1}{\gamma - 1} \Delta(PV)$$

3.28 導證一莫耳氣體經機械可逆的恆溫壓縮，由起始壓力 P_1 到最終壓力 P_2 時所需功的方程式。氣體的維里方程式 [(3.11) 式] 可截取為

$$Z = 1 + B'P$$

這結果與假設為理想氣體方程式的比較為何？

3.29 某氣體符合下列的狀態方程式：

$$PV = RT + \left(b - \frac{\theta}{RT}\right)P$$

其中 b 為常數，θ 只為溫度的函數。對這個氣體推導溫壓係數 $(\partial P/\partial T)_V$ 及恆溫壓縮係數 κ 的表示式。這些表示式中須包含 T、P、θ、$d\theta/dT$ 以及常數。

3.30 氯甲烷在 100°C 時的維里係數為

$$B = -242.5 \text{ cm}^3 \text{ mol}^{-1} \qquad C = 25{,}200 \text{ cm}^6 \text{ mol}^{-2}$$

若一莫耳氯甲烷在 100°C 時，由 1 bar 經機械可逆的恆溫壓縮到 55 bar，則所需的功為多少？維里方程式採用下列的形式：

(a) $Z = 1 + \dfrac{B}{V} + \dfrac{C}{V^2}$

(b) $Z = 1 + B'/P + C'/P^2$

其中 $B' = \dfrac{B}{RT}$ 且 $C' = \dfrac{C - B^2}{(RT)^2}$

為何由上列二方程式並不能得到完全相同的結果？

3.31 適用於氣體壓力趨近於零的極限時的狀態方程式，包含了完整的維里係數。對於 (3.42) 式所表示的一般化立方型狀態方程式，證明其第二及第三維里係數為：

$$B = b - \dfrac{a(T)}{RT} \qquad C = b^2 + \dfrac{(\epsilon + \sigma)ba(T)}{RT}$$

針對 Redlich/Kwong 狀態方程式表示 B，將其寫成對比形式，並與由 (3.65) 式簡單流體所得的 B 值一般化關聯式作數值上的比較，並加以討論。

3.32 由下列各方程式計算乙烯在 25°C 及 12 bar 時的 Z 及 V：
(a) 截取形式的維里方程式 [(3.40) 式]，維里係數用下列的實驗數據：

$$B = -140 \text{ cm}^3 \text{ mol}^{-1} \qquad C = 7{,}200 \text{ cm}^6 \text{ mol}^{-2}$$

(b) 截取形式的維里方程式 (3.38) 式，其中 B 值由一般化 Pitzer 關聯式 [(3.63) 式] 求出。
(c) Redlich/Kwong 方程式。
(d) Soave/Redlich/Kwong 方程式。
(e) Peng/Robinson 方程式。

3.33 由下列各方程式計算乙烷在 50°C 及 15 bar 時的 Z 及 V：
(a) 截取形式的維里方程式 [(3.40) 式]，維里係數用下列的實驗數據：

$$B = -156.7 \text{ cm}^3 \text{ mol}^{-1} \qquad C = 9{,}650 \text{ cm}^6 \text{ mol}^{-2}$$

(b) 截取形式的維里方程式 [(3.38) 式]，其中 B 值由一般化 Pitzer 關聯式 [(3.63) 式] 求出。
(c) Redlich/Kwong 方程式。
(d) Soave/Redlich/Kwong 方程式。
(e) Peng/Robinson 方程式。

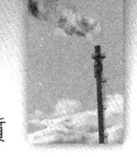

Chapter 3 純物質的壓力、體積與溫度性質

3.34 由下列各方程式計算六氟化硫在 75°C 及 15 bar 時的 Z 及 V：

(a) 截取形式的維里方程式 [(3.40) 式]，維里係數用下列的實驗數據：

$$B = -194 \text{ cm}^3 \text{ mol}^{-1} \qquad C = 15{,}300 \text{ cm}^6 \text{ mol}^{-2}$$

(b) 截取形式的維里方程式 [(3.38) 式]，其中 B 值由一般化 Pitzer 關聯式 [(3.63) 式]
(c) Redlich/Kwong 方程式。
(d) Soave/Redlich/Kwong 方程式。
(e) Peng/Robinson 方程式。

六氟化硫的 $T_c = 318.7$ K、$P_c = 37.6$ bar、$V_c = 198$ cm^3 mol^{-1} 及 $\omega = 0.286$。

3.35 由下列各方法計算水蒸汽在 250°C 及 1,800 kPa 時的 Z 及 V：

(a) 截取形式的維里方程式 [(3.40) 式]，維里係數用下列的實驗數據：

$$B = -152.5 \text{ cm}^3 \text{ mol}^{-1} \qquad C = -5{,}800 \text{ cm}^6 \text{ mol}^{-2}$$

(b) 截取形式的維里方程式 [(3.38) 式]，其中 B 值由一般化 Pitzer 關聯式 [(3.63) 式] 求出。

(c) 利用蒸汽表 (見附錄 F)。

3.36 由 (3.11) 及 (3.12) 式的維里展開式中，證明

$$B' = \left(\frac{\partial Z}{\partial P}\right)_{T,P=0} \qquad \text{及} \qquad B = \left(\frac{\partial Z}{\partial \rho}\right)_{T,\rho=0}$$

其中 $\rho \equiv 1/V$。

3.37 當 (3.12) 式截取為四項時，可準確計算甲烷在 0°C 時的體積數據。其中維里係數為：

$$B = -53.4 \text{ cm}^3 \text{ mol}^{-1} \qquad C = 2{,}620 \text{ cm}^6 \text{ mol}^{-2} \qquad D = 5{,}000 \text{ cm}^9 \text{ mol}^{-3}$$

(a) 繪出甲烷在 0°C 時由 0 到 200 bar 的 Z-P 圖。
(b) 壓力升高到多少時，可用 (3.38) 及 (3.39) 式作良好的估算？

3.38 由 Redlich/Kwong 狀態方程式計算下列的飽和液體莫耳體積與飽和蒸汽莫耳體積。並與適當的一般化關聯式計算結果相比較。

(a) 40°C 時的丙烷，其 $P^{\text{sat}} = 13.71$ bar。
(b) 50°C 時的丙烷，其 $P^{\text{sat}} = 17.16$ bar。
(c) 60°C 時的丙烷，其 $P^{\text{sat}} = 21.22$ bar。

(d) 70°C 時的丙烷，其 P^{sat} = 25.94 bar。

(e) 100°C 時的正丁烷，其 P^{sat} = 15.41 bar。

(f) 110°C 時的正丁烷，其 P^{sat} = 18.66 bar。

(g) 120°C 時的正丁烷，其 P^{sat} = 22.38 bar。

(h) 130°C 時的正丁烷，其 P^{sat} = 26.59 bar。

(i) 90°C 時的異丁烷，其 P^{sat} = 16.54 bar。

(j) 100°C 時的異丁烷，其 P^{sat} = 20.03 bar。

(k) 110°C 時的異丁烷，其 P^{sat} = 24.01 bar。

(l) 120°C 時的異丁烷，其 P^{sat} = 28.53 bar。

(m) 60°C 時的氯，其 P^{sat} = 18.21 bar。

(n) 70°C 時的氯，其 P^{sat} = 22.49 bar。

(o) 80°C 時的氯，其 P^{sat} = 27.43 bar。

(p) 90°C 時的氯，其 P^{sat} = 33.08 bar。

(q) 80°C 時的二氧化硫，其 P^{sat} = 18.66 bar。

(r) 90°C 時的二氧化硫，其 P^{sat} = 23.31 bar。

(s) 100°C 時的二氧化硫，其 P^{sat} = 28.74 bar。

(t) 110°C 時的二氧化硫，其 P^{sat} = 35.01 bar。

3.39 利用 Soave/Redlich/Kwong 狀態方程式，計算習題 3.38 中所列物質的飽和液體及飽和蒸汽莫耳體積，並與適當的一般化關聯式的計算結果比較。

3.40 利用 Peng/Robinson 狀態方程式，計算習題 3.38 中所列物質的飽和液體及飽和蒸汽莫耳體積，並與適當的一般化關聯式的計算結果比較。

3.41 估算下列各值：

(a) 18 kg 乙烯在 55°C 及 35 bar 時所佔的體積。

(b) 在 50°C 及 115 bar 下，0.25 m³ 圓筒中乙烯的質量。

3.42 某物質在 300 K 及 1 bar 時的氣相莫耳體積為 23,000 cm³ mol⁻¹，若除此之外沒有別的數據，且假設該物質不為理想氣體，請合理估算該物質在 300 K 及 5 bar 時的蒸汽莫耳體積。

3.43 在 480°C 及 6,000 kPa 時，儘可能地估算乙醇蒸汽的莫耳體積。比較其與理想氣體方程式所得的結果。

Chapter 3 純物質的壓力、體積與溫度性質

3.44 一個體積為 0.35 m³ 的儲槽中，在丙烷的蒸汽壓下儲存液態丙烷。基於安全上的考慮，在 320 K 溫度時，液體不可超過儲槽總體積的 80%。在此條件下，計算儲槽中液體及蒸汽的質量。在 320 K 時，丙烷的蒸汽壓為 16.0 bar。

3.45 在 30 m³ 的儲槽中，含有 25°C 的 14 m³ 液態正丁烷及其平衡蒸汽。估算槽中正丁烷蒸汽的質量。在此溫度時，正丁烷的蒸汽壓為 2.43 bar。

3.46 估算下列各值：
(a) 在 0.15 m³ 儲槽中，60°C 及 14,000 kPa 下的乙烷的質量。
(b) 儲存在 0.15 m³ 槽中的 40 kg 乙烷，且壓力為 20,000 kPa 時的溫度。

3.47 在 25°C 時，將 40 kg 的乙烯儲存在 0.15 m³ 槽中，則壓力為多少？

3.48 將 0.4 m³ 容器中的 15 kg H_2O 加熱到 400°C 時，則壓力為多少？

3.49 在 0.35 m³ 儲槽中含有 25°C 及 2,200 kPa 的乙烷蒸汽。若將其加熱到 220°C，則壓力為多少？

3.50 在 30°C 下，於 0.5 m³ 的儲槽中加入 10 kg 二氧化碳，則壓力為多少？

3.51 一個固定體積的儲槽中，注入一半體積的正常沸點下的液態氮，並將其加熱到 25°C，其壓力為多少？正常沸點下液態氮的莫耳體積為 34.7 cm³ mol⁻¹。

3.52 液態異丁烷在 300 K 及 4 bar 時的比體積為 1.824 cm³ g⁻¹。估算它在 415 K 及 75 bar 時的比體積。

3.53 液態正戊烷在 18°C 及 1 bar 時的密度為 0.630 g cm⁻³。估算它在 140°C 及 120 bar 時的密度。

3.54 估算液態乙醇在 180°C 及 200 bar 時的密度。

3.55 估算氨在 20°C 蒸發時的體積改變。在此溫度下，氨的蒸汽壓為 857 kPa。

3.56 PVT 數據可由下列步驟求得。將質量 m 且莫耳質量為 M 的物質放入已知總體積為 V^t 的恆溫槽中。待系統達到平衡後，測量其溫度 T 與壓力 P。
(a) 若壓縮係數 Z 計算值的最大容許誤差為 ± 1%，則所測量變數 (m、M、V^t、T 及 P) 的可容許百分誤差約為多少？
(b) 若第二維里係數 B 計算值的最大容許誤差為 ± 1%，則各測量變數的可容許百分比誤差為多少？假設 Z 約為 0.9，且 B 值可由 (3.39) 式求得。

3.57 某氣體可由 Redlich/Kwong 方程式表示，在溫度大於 T_c 時，導出下列二個極限斜率的表示式

$$\lim_{P \to 0} \left(\frac{\partial Z}{\partial P} \right)_T \qquad \lim_{P \to \infty} \left(\frac{\partial Z}{\partial P} \right)_T$$

在 $P \to 0$ 時，$V \to \infty$；在 $P \to \infty$ 時，$V \to b$。

3.58 若在 60 (°F) 及 1 (atm) 下的甲烷氣體 140 (ft)^3，相當於汽車引擎中 1 (gal) 的汽油燃料，則在 3,000 (psia) 與 60 (°F) 下需要多少體積的甲烷，才相當於 10 (gal) 的汽油？

3.59 估算飽和氫氣蒸汽在 25 K 及 3.213 bar 時的壓縮係數。與實驗值 $Z = 0.7757$ 相比較。

3.60 在波以耳溫度 (Boyle temperature) 時，

$$\lim_{P \to 0} \left(\frac{\partial Z}{\partial P} \right)_T = 0$$

(a) 證明在波以耳溫度時，第二維里係數為零。
(b) 應用 (3.63) 式對 B 的一般化關聯，估算簡單流體的對比波以耳溫度。

3.61 天然氣 (假設為純甲烷) 以每天 150 百萬標準立方英尺的體積流率，由管線輸送到城市，在輸送過程中平均的條件為 50 (°F) 及 300 (psia)，計算下列各項：
(a) 實際上每天輸送多少立方英尺的體積流率。
(b) 莫耳輸送流率為每小時多少 kmol。
(c) 輸送狀況時氣體流速為多少 m s^{-1}。
管線為鋼管其內徑為 22.624 (in)。標準狀況為 60 (°F) 及 1 (atm)。

3.62 有些對應狀態關聯式使用臨界壓縮係數 Z_c，而不用離心係數 ω 作為第三個參數。若 Z_c 與 ω 之間具有一對一的相對關係，則這兩種關聯式 (一種是基於 T_c、P_c 及 Z_c，另一種基於 T_c、P_c 及 ω) 是相等的。利用附錄 B 可測試這種相對關係。將 Z_c 對 ω 作圖，觀察 Z_c 與 ω 之間的關聯，並對非極性物質推導線性的關聯式 ($Z_c = a + b\omega$)。

3.63 以圖 3.3 為例，PT 圖的恆容線 (體積恆定的路徑) 近乎直線。證明下列方程式的恆容線為直線。
(a) 當 β 值固定時，液體的 κ 方程式。
(b) 理想氣體方程式。
(c) 凡得瓦爾方程式。

3.64 下方為狀態方程式的樹狀圖。討論每一項適用的條件範圍。

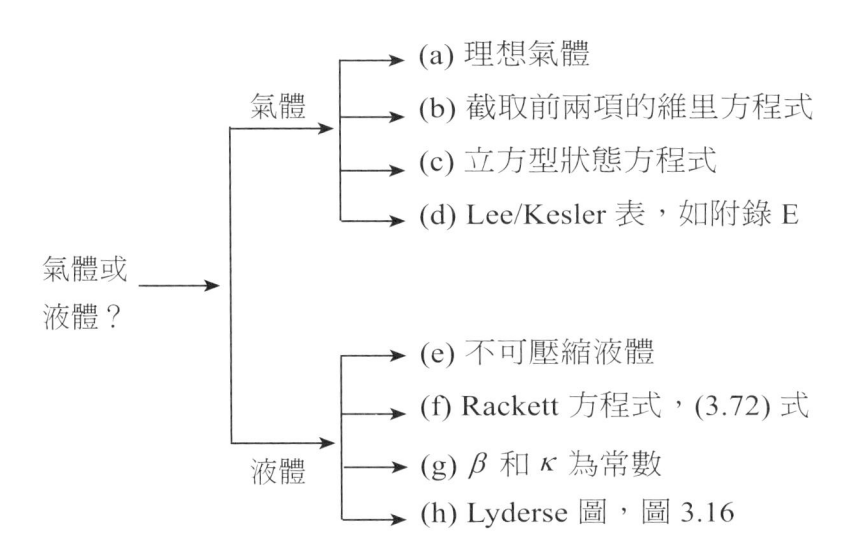

```
                          ┌→ (a) 理想氣體
                 氣體 ─┤→ (b) 截取前兩項的維里方程式
                          ├→ (c) 立方型狀態方程式
                          └→ (d) Lee/Kesler 表，如附錄 E
氣體或
液體？
                          ┌→ (e) 不可壓縮液體
                 液體 ─┤→ (f) Rackett 方程式，(3.72) 式
                          ├→ (g) $\beta$ 和 $\kappa$ 為常數
                          └→ (h) Lyderse 圖，圖 3.16
```

3.65 一個理想氣體，起始狀態為 25°C 及 5 bar，在封閉系統中進行下列兩種迴路程序。
(a) 機械可逆程序。一開始絕熱壓縮到 5 bar，之後在恆壓下冷卻到 25°C，最後等溫膨脹到原來的壓力。
(b) 不可逆程序。且與可逆程序相比，效率為 80%。整個程序一樣包含三個步驟：絕熱壓縮、恆壓冷卻及等溫膨脹。

計算每個步驟及整個程序的 Q、W、ΔU 及 ΔH 值。取 $C_P = (7/2)R$ 且 $C_V = (5/2)R$。

3.66 以下列關係式，證明用恆溫體積數據可求得 (3.12) 式的第二維里係數 B。

$$B = \lim_{\rho \to 0}(Z-1)/\rho \qquad \rho \text{ (莫耳密度)} \equiv 1/V$$

3.67 利用前一個習題的方程式和表 F.2 的數據，求下列溫度時，水的 B 值：
(a) 300°C (b) 350°C (c) 400°C

3.68 推導下列各方程式在表 3.1 的 Ω、Ψ 及 Z_c 值。
(a) Redlich/Kwong 狀態方程式。
(b) Soave/Redlich/Kwong 狀態方程式。
(c) Peng/Robinson 狀態方程式。

3.69 假設已有固定 T_r 值下的 Z 對 P_r 數據。證明用該數據和下列關係式，可求得對比第二維里係數：

$$\hat{B} = \lim_{P_r \to 0}(Z-1)ZT_r/P_r$$

建議：可由 (3.12) 式推導。

3.70 利用上題的結果和公式，計算在 $T_r = 1$ 時，簡單流體的 $\hat{B}$ 值。和 (3.65) 式的計算結果作比較。

3.71 在某間大公司的走廊上有以下的對話：

新手工程師：「嘿！老闆。為什麼今天這麼開心呀？」

前輩：「我剛和哈利打賭，結果我贏了。他跟我打賭說，我不可能快速算出氫氣在 30°C 和 300 bar 下的莫耳體積。那也沒什麼。我馬上用理想氣體方程式算出 83 cm^3 mol^{-1}。哈利搖搖手但還是乖乖給錢了。你覺得咧？」

新手工程師 (查了一下他的熱力學教科書)：「我想你真是對極了！」

氫氣在該條件下並非理想氣體。證明為何前輩贏得賭注。

3.72 在一個封閉、高壓的剛體容器中，裝有 5 莫耳的碳化鈣和 10 莫耳的水，容器內體積為 1800 cm^3。容器內進行下列反應而產生乙炔氣體：

$$\text{CaC}_2(s) + 2\text{H}_2\text{O}(l) \rightarrow \text{C}_2\text{H}_2(g) + \text{Ca(OH)}_2(s)$$

為了避免乙炔氣體造成爆炸，容器內裝有填充物，孔隙度為 40%。反應前起始狀態為 25°C 及 1 bar，之後反應完全。雖然是放熱反應，但因為內部有熱傳，所以最後的溫度僅有 125°C。計算容器內的最終壓力。

注意：在 125°C 時，Ca(OH)$_2$ 的莫耳體積是 33.0 cm^3 mol^{-1}。忽略容器內一開始存在的氣體 (如空氣)。

3.73 有 35,000 kg 的丙烷需要儲存，且進料條件是 10°C 及 1 (atm) 的氣體。工程師提出下列兩個方案：
(a) 直接以 10°C 及 1 (atm) 的氣體儲存。
(b) 以 10°C 及 6.294 (atm) 的氣液平衡狀態儲存。且儲槽內 90% 的體積為液體。
比較兩個方案，討論其優缺點。以數字佐證何者較為可行。

3.74 壓縮係數 Z 的定義式 (3.10) 式，可以改寫成更為直觀的形式：

$$Z \equiv \frac{V}{V(\text{理想氣體})}$$

其中兩個體積值都在相同的溫度與壓力條件下。理想氣體的模型是物質內沒有分子間作用力，由這一點和上面的直觀定義式，討論下列各項：
(a) 分子間的吸引力會使 $Z < 1$。
(b) 分子間的排斥力會使 $Z > 1$。

(c) 當分子間吸引力和排斥力平衡時，$Z = 1$。(理想氣體可說是一種特例，因為它的分子間吸引力 = 排斥力 = 0。)

3.75 我們可以將狀態方程式寫成下列的一般式：

$$Z = 1 + Z_{rep}(\rho) - Z_{attr}(T, \rho)$$

其中 $Z_{rep}(\rho)$ 是排斥力所貢獻的項，$Z_{attr}(T, \rho)$ 則為吸引力。凡得瓦爾狀態方程式中，排斥力和吸引力項是什麼？

3.76 下列為凡得瓦爾狀態方程式的四個簡化式。請問各式的簡化方法是否合理？請仔細思考，「體積不為三次方」這種答案是不合格的。

(a) $P = \dfrac{RT}{V-b} - \dfrac{a}{V}$

(b) $P = \dfrac{RT}{(V-b)^2} - \dfrac{a}{V}$

(c) $P = \dfrac{RT}{V(V-b)} - \dfrac{a}{V^2}$

(d) $P = \dfrac{RT}{V} - \dfrac{a}{V^2}$

3.77 若習題 2.43 的空氣是理想氣體，請推導室內空氣溫度與時間的關係式。

3.78 一條澆花用的軟管，一邊連接水龍頭，一邊連接噴嘴。水龍頭和噴嘴均關閉，軟管內充滿了液態水，且受到太陽直曬。水的起始狀態是 10°C 和 6 bar，經過日曬後逐漸上升到 40°C。軟管內的溫度和壓力都升高了，因此軟管的內徑被撐大 0.35%。估算水的最終壓力。

$$\beta \text{ (平均值)} = 250 \times 10^{-6} \text{ K}^{-1}；\kappa \text{ (平均值)} = 45 \times 10^{-6} \text{ bar}^{-1}$$

熱效應

Chapter 4

熱傳是化學工業最常見的操作程序。以乙二醇 (一種抗凍劑) 的製程為例，將乙烯氧化為環氧乙烷，再水合生成乙二醇。這個反應的觸媒在 250°C 下有最佳的效率，所以反應物乙烯及空氣在進入反應器前，要先預熱到這個溫度。而在設計預熱器時，必須先估計出熱傳量。乙烯和氧氣在觸媒床中進行燃燒反應，並且會使溫度上升，但過高的溫度會產生不需要的副產物 CO_2，因此必須從反應器中移走部份熱量，使溫度不致超過 250°C。設計反應器需要了解熱傳速率，以及化學反應中的熱效應。環氧乙烷在水合反應中吸收水而形成乙二醇，在這個反應中，會產生熱效應的除了相改變及溶解程序外，還有已溶於水的環氧乙烷和水的化學反應。最後經由蒸餾回收水相中的乙二醇，這個收集的程序包含了蒸發與凝結，使各成分可以由溶液中分離出來。

上述是一個相當簡單的化學製造程序，但也說明了各種重要的熱效應。與溫度改變時所產生的**顯熱效應** (sensible heat effect) 不同，若熱效應由化學反應、相變化，以及結合或分離程序所產生，那麼都會經由恆溫實驗數據求出其數值。本章應用熱力學來計算物理及化學操作程序中大部份的熱效應，而在第 9 章中討論與混合物熱力學性質有關的混合熱效應。

4.1 顯熱效應

當熱傳至某系統時，如果系統內沒有任何相變化、化學反應或組成改變，則系統溫度一定會發生變化。以下將推導熱傳量和溫度改變量之間的關係。

當系統內是組成不變的均勻物質時，由相律可知，只要固定兩個內含性質就可決定系統的熱力學狀態。因此可以將物質的莫耳內能或比內能寫成另外兩個狀態變數的函數。例如我們可任意選取溫度及莫耳體積或比體積為這兩個變數，$U = U(T,V)$。而將內能寫成

$$dU = \left(\frac{\partial U}{\partial T}\right)_V dT + \left(\frac{\partial U}{\partial V}\right)_T dV$$

所以，應用 (2.16) 式的結果，上式可寫成：

$$dU = C_V\, dT + \left(\frac{\partial U}{\partial V}\right)_T dV$$

在下列兩種情況下，上式最後一項為零：

- 在恆容程序下，無論何種物質，上式最後一項必為零。
- 當內能與體積無關時，無論程序為何，上式最後一項必為零。對理想氣體及不可壓縮流體而言，這個敘述完全正確，對低壓下的氣體也大致正確。

在上述任一種情況下，

$$dU = C_V \, dT$$

且

$$\Delta U = \int_{T_1}^{T_2} C_V \, dT \tag{4.1}$$

恆容可逆程序中，$Q = \Delta U$，而 (2.19) 式也可寫成每莫耳或單位質量的形式，所以

$$Q = \Delta U = \int_{T_1}^{T_2} C_V \, dT$$

同樣地，我們也可將莫耳焓或比焓表示為溫度及壓力的函數。$H = H(T, P)$，因此

$$dH = \left(\frac{\partial H}{\partial T}\right)_P dT + \left(\frac{\partial H}{\partial P}\right)_T dP$$

應用 (2.20) 式的結果，上式變為

$$dH = C_P \, dT + \left(\frac{\partial H}{\partial P}\right)_T dP$$

同樣地，在下列二種情況下，上式的最後一項為零：

- 在恆壓程序下的任何物質，上式最後一項必為零。
- 當物質的焓與壓力無關時，無論其所經程序為何，上式最後一項必為零。對理想氣體而言，這個敘述完全成立，同時也大致可適用於低壓氣體。

在上述的任一種情況下，

$$dH = C_P \, dT$$

且

$$\Delta H = \int_{T_1}^{T_2} C_P \, dT \tag{4.2}$$

對封閉系統的恆壓可逆程序而言，$Q = \Delta H$ [參見 (2.23) 式]。穩流熱交換器中的熱傳也是如此，因為 ΔE_P 及 ΔE_K 都可忽略而且 $W_S = 0$。在上述兩個情況下，

$$Q = \Delta H = \int_{T_1}^{T_2} C_P \, dT \tag{4.3}$$

上式常應用在工程上穩流情況下的熱交換計算。

熱容量的溫度函數

計算 (4.3) 式的積分需要知道熱容量對溫度的關係式，通常為經驗式。下列二式是簡單實用的表示法：

$$\frac{C_P}{R} = \alpha + \beta T + \gamma T^2 \quad \text{及} \quad \frac{C_P}{R} = a + bT + cT^{-2}$$

其中 α、β、γ 及 a、b、c 為特定物質的特性常數。兩個公式只有最後一項略有不同，因此我們可將兩式合併成以下的寫法：

$$\frac{C_P}{R} = A + BT + CT^2 + DT^{-2} \tag{4.4}$$

依照物質的不同，C 或 D 可為零。因為 C_P/R 是無因次的，所以 C_P 的單位隨 R 而定。

在第 6 章會介紹，在計算氣體的焓等熱力學性質時，我們使用的是理想氣體的熱容量，而不是真實氣體的熱容量。這是因為熱力學的物性用下述的兩步驟計算法比較簡單：首先利用理想氣體熱容量，計算假想為理想氣體狀態下的性質；再針對理想氣體與真實氣體的差異作修正。在 $P \to 0$ 時，真實氣體趨近理想氣體；若加壓到某個壓力仍保持理想行為，那就當作理想氣體來處理。不過就像真實氣體一樣，理想狀態的氣體仍保有個別的特性，理想氣體熱容量 (以 C_P^{ig} 及 C_V^{ig} 表示) 因此隨不同氣體而異，它們都是溫度的函數，且與壓力無關。

理想氣體的熱容量隨溫度上升而逐漸增加，當分子的各種運動狀況如移動、轉動、振動等，都達到完全激發狀態時 [見原版書 (16.18) 式，本譯本未包含]，熱容量達到最大值。從圖 4.1 可以看到熱容量如何受溫度的影響，四條曲線分別是氬氣、氮氣、水及二氧化碳的 C_P^{ig} 對溫度的關係。溫度上升曲線非常平滑，可表示成如 (4.4) 式的溫度函數：

Chapter 4　熱效應

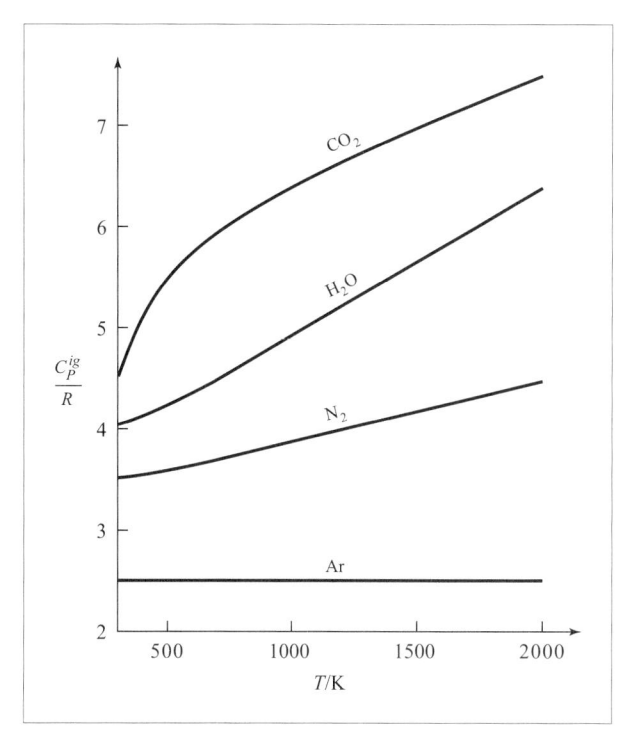

● 圖 4.1　氫氣、氮氣、水及二氧化碳的理想氣體熱容量

$$\frac{C_P^{ig}}{R} = A + BT + CT^2 + DT^{-2}$$

上式中的參數值可見附錄 C 中表 C.1，列有一般常見的有機及無機氣體的參數。文獻中也有更準確及更複雜的方程式。[1]

由 (3.19) 式的結果可知，兩種理想氣體熱容量有以下的關係：

$$\frac{C_V^{ig}}{R} = \frac{C_P^{ig}}{R} - 1 \tag{4.5}$$

因此 C_V^{ig}/R 的溫度函數，可由 C_P^{ig}/R 的溫度函數得知。

C_P^{ig} 或 C_V^{ig} 和溫度之間的關係可從實驗中求得，通常由光譜實驗數據及分子構造的知識，再經由統計力學計算而得。在沒有實驗數據的情況下，也可用 Reid、Prausnitz 及 Poling 的估算方法求取熱容量。[2]

1　參見 F. A. Aly and L. L. Lee, *Fluid Phase Equilibria*, vol. 6, pp. 169-179, 1981, 及其所列文獻；或 T. E. Daubert, R. P. Danner, H. M. Sibul, and C. C. Stebbins, *Physical and Thermodynamic Properties of Pure Chemicals: Data Compilation*, Taylor & Francis, Bristol, PA, extant 1995.

2　J. M. Prausnitz, B. E. Poling, and J. P. O'Connell, *The Properties of Gases and Liquids*, 4th ed., chap. 6, McGraw-Hill, New York, 1987.

只有在壓力等於零時，真實氣體與理想氣體的熱容量才完全相等。雖然如此，當壓力在數個 bar 以內時，真實氣體與理想氣體的差異並不大，所以在低壓下 C_P^{ig} 與 C_V^{ig} 是很適當的估計值。

例 4.1 使用表 C.1 所列的參數時，(4.4) 式中的溫度單位是絕對溫度 K。同樣的方程式也可用 °C、(R) 及 (°F) 等溫度單位，但參數值會不同。從表 C.1 可知，甲烷在理想氣體狀態下熱容量的溫度函數為：

$$\frac{C_P^{ig}}{R} = 1.702 + 9.081 \times 10^{-3}T - 2.164 \times 10^{-6}T^2$$

其中溫度單位為 K。試導出以 °C 為單位的 C_P^{ig}/R 對溫度的函數。

解 溫度座標的轉換關係為：

$$T\,\text{K} = t\,°\text{C} + 273.15$$

所以當溫度單位為 t 時，方程式寫成

$$\frac{C_P^{ig}}{R} = 1.702 + 9.081 \times 10^{-3}(t+273.15) - 2.164 \times 10^{-6}(t+273.15)^2$$

或

$$\frac{C_P^{ig}}{R} = 4.021 + 7.899 \times 10^{-3}t - 2.164 \times 10^{-6}t^2$$

　　固定組成的氣體混合物，可用純氣體的相同方式處理。理想氣體的定義，在於氣體中所有分子互無影響，亦即混合物中的任一氣體都完全獨立，其性質也不受其他分子的影響。因此將理想氣體混合物中各成份的熱容量依照莫耳分率加成平均，即為混合物的莫耳熱容量。若一莫耳氣體混合物中共含有 A、B、C 三個成分，莫耳分率分別為 y_A、y_B 及 y_C，則混合物在理想氣體狀態下的莫耳熱容量為：

$$C_{P_\text{mixture}}^{ig} = y_A C_{P_A}^{ig} + y_B C_{P_B}^{ig} + y_C C_{P_C}^{ig} \tag{4.6}$$

其中 $C_{P_A}^{ig}$、$C_{P_B}^{ig}$ 及 $C_{P_C}^{ig}$ 表示純物質 A、B 及 C 在理想氣體狀態下的莫耳熱容量。

Chapter 4　熱效應

　　如同氣體一樣，固體及液體熱容量的數據可由實驗求得。附錄 C 的表 C.2 及 C.3 是一些固體及液體的熱容量，同樣以 (4.4) 式的溫度函數表示，並且列出參數。固體和液體熱容量的關聯式則由 Perry 與 Green 及 Daubert 與 Danner 等人提出。[3]

計算顯熱的積分式

　　求得 C_P 溫度函數後，可代入求 $\int C_P\, dT$ 的積分，若溫度的上下限分別為 T 及 T_0，則積分的結果為：

$$\int_{T_0}^{T} \frac{C_P}{R} dT = AT_0(\tau-1) + \frac{B}{2}T_0^2(\tau^2-1) + \frac{C}{3}T_0^3(\tau^3-1) + \frac{D}{T_0}\left(\frac{\tau-1}{\tau}\right) \tag{4.7}$$

其中
$$\tau \equiv \frac{T}{T_0}$$

　　所以只要知道 T_0 及 T，就可直接求出 Q 及 ΔH。也可以由已知的 T_0 和 Q 或 ΔH 值求解 T，但解法比較間接，必須使用疊代法。將 (4.7) 式的 ($\tau-1$) 項從右邊分離出來可得到

$$\int_{T_0}^{T} \frac{C_P}{R} dT = \left[AT_0 + \frac{B}{2}T_0^2(\tau+1) + \frac{C}{3}T_0^3(\tau^2+\tau+1) + \frac{D}{\tau T_0}\right](\tau-1)$$

因為
$$\tau - 1 = \frac{T - T_0}{T_0}$$

所以上式可寫成

$$\int_{T_0}^{T} \frac{C_P}{R} dT = \left[A + \frac{B}{2}T_0(\tau+1) + \frac{C}{3}T_0^2(\tau^2+\tau+1) + \frac{D}{\tau T_0^2}\right](T-T_0)$$

以 $\dfrac{\langle C_P \rangle_H}{R}$ 代替中括號內的項目，定義 $\langle C_P \rangle_H$ 為平均熱容量 (mean heat capacity)：

$$\frac{\langle C_P \rangle_H}{R} = A + \frac{B}{2}T_0(\tau+1) + \frac{C}{3}T_0^2(\tau^2+\tau+1) + \frac{D}{\tau T_0^2} \tag{4.8}$$

---

[3]　R. H. Perry and D. Green, *Perry's Chemical Engineers' Handbook*, 7th ed., Sec. 2, McGraw-Hill, New York, 1997; T. E. Daubert et al., *op. cit.*

因此 (4.2) 式可寫成：

$$\Delta H = \langle C_P \rangle_H (T - T_0) \tag{4.9}$$

上式中框住 C_P 的角形括號表示這是平均值；下標 H 則表示這個平均值是特別用來計算焓的，以利於與下一章類似的熱含量區分開來。

由 (4.9) 式求解 T 可得

$$T = \frac{\Delta H}{\langle C_P \rangle_H} + T_0 \tag{4.10}$$

若 ΔH 和 T_0 為已知，可由 (4.8) 和 (4.10) 式進行疊代計算而求得 T 值。先設定 V 的起始值，並代入 (4.8) 式中 ($\tau = T / T_0$)，即可求出 $\langle C_P \rangle_H$。再將這個值代入 (4.10) 式又可求得新的 T 值，如此疊代計算直到收斂即得解。

例 4.2 計算一莫耳甲烷在極低壓時由 260°C 上升到 600°C 所需的熱量。在此低壓情況下可視其為理想氣體。

解 結合 (4.3) 和 (4.7) 式可求解。由表 C.1 中找到 C_P^{ig} / R 的參數，而前後溫度為

$$T_0 = 533.15 \text{ K} \qquad T = 873.15 \text{ K} \qquad \tau = \frac{873.15}{533.15} = 1.6377$$

因此

$$Q = \Delta H = R \int_{533.15}^{873.15} \frac{C_P^{ig}}{R} dT$$

$$Q = (8.314)\left[1.702 \, T_0(\tau - 1) + \frac{9.081 \times 10^{-3}}{2} T_0^2 (\tau^2 - 1) - \frac{2.164 \times 10^{-6}}{3} T_0^3 (\tau^3 - 1) \right]$$

$$= 19,778 \text{ J}$$

定義函數的應用

熱力學計算上常需計算積分式 $\int (C_P/R) \, dT$，使用電腦程式運算是較簡單方便的。將 (4.7) 式等號右邊定義為函數：ICPH(T0,T; A,B,C,D)，(4.7) 式就變成：

$$\int_{T_0}^{T} \frac{C_P}{R} dT \equiv \text{ICPH}(T0,T;A,B,C,D)$$

ICPH 是函數的名稱,在括號中為 T_0、T 兩個變數及 A、B、C、D 等參數。當括號內設好這些變數和參數的數值後,整個函數就代表積分的結果。例如在計算例 4.2 的 Q 時,我們可寫成:

$$Q = 8.314 \times \text{ICPH}(533.15, 873.15; 1.702, 9.081\text{E-}3, -2.164\text{E-}6, 0.0)$$
$$= 19,778 \text{ J}$$

附錄 D 中列出計算此式的電腦程式範例。為了程式在使用上更有彈性,又將 (4.8) 式等號右邊設成另一個函數,以利計算無因次項 $\langle C_P \rangle_H /R$,函數為 MCPH(T0,T;A,B,C,D)。因此 (4.8) 式變成:

$$\frac{\langle C_P \rangle_H}{R} = \text{MCPH}(T0,T;A,B,C,D)$$

數值計算的實際範例如下:

$$\text{MCPH}(533.15, 873.15; 1.702, 9.081\text{E-}3, -2.164\text{E-}6, 0.0) = 6.9965$$

這個數值就是例 4.2 中甲烷的 $\langle C_P \rangle_H /R$ 值。再由 (4.9) 式可求得:

$$\Delta H = (8.314)(6.9965)(873.15 - 533.15) = 19,778 \text{ J}$$

例 4.3 施加 0.4×10^6 (Btu) 的熱給質量為 25 (lb mol) 的氨氣,若熱傳過程為 1 (atm) 下的穩流程序,且氨氣的初始溫度為 500 (°F),則氨氣的最後溫度為多少?

解 若 ΔH 表示 1 (lb mol) 焓的改變,則 $Q = n\Delta H$,並且

$$\Delta H = \frac{Q}{n} = \frac{0.4 \times 10^6}{25} = 16,000 \text{ (Btu)(lb mol)}^{-1}$$

熱容量方程式中溫度的單位為 K;因此需要轉換上述結果為 SI 單位。因為 1 J mol^{-1} 相當於 0.4299 (Btu)(lb mol)$^{-1}$,將上述結果除以 0.4299 而得:

$$\Delta H = 16,000 / 0.4299 = 37,218 \text{ J mol}^{-1}$$

且
$$T_0 = \frac{500 + 459.67}{1.8} = 533.15 \text{ K}$$

我們可在任何溫度 T 下計算 $\langle C_P \rangle_H / R$ 的值：

$$\frac{\langle C_P \rangle_H}{R} = \text{MCPH}(533.15, T; 3.578, 3.020\text{E-}3, 0.0, -0.186\text{E+}5)$$

利用起始值 $T \geq T_0$，並取上式及 (4.10) 式進行疊代計算，最後可得：

$$T = 1,250 \text{ K} \quad \text{或} \quad 1,790 \text{ (°F)}$$

4.2 純物質的潛熱

當一個純物質由固態開始液化，或由液態開始汽化時，溫度不會發生變化，但需要獲得一定的熱量。上述的熱效應分別稱為熔解潛熱 (latent heat of fusion) 及蒸發潛熱 (latent heat of vaporization)。同理，當物質由固相改變到另一狀態的固相時，也會有熱效應伴隨相變化發生。例如在 95°C 及 1 bar 時，斜方晶系硫轉變為單斜晶系硫時，每一克的原子要吸收 360 J 的熱。

前述程序的特徵是兩相共存。由相律可知，純物質在兩相共存區的自由度為 1，只要固定一個內含性質就能決定系統的狀態。所以由相變化而生的潛熱可以只是溫度的函數，並可由下列熱力學關係式，使其與系統中其他的性質相互關聯：

$$\boxed{\Delta H = T \Delta V \frac{dP^{\text{sat}}}{dT}} \tag{4.11}$$

對溫度為 T 的純物質而言，上式中

$\Delta H =$ 潛熱

$\Delta V =$ 相變化時的體積改變

$P^{\text{sat}} =$ 飽和壓力

(4.11) 式就是 Clapeyron 方程式，其證明方法會在第 6 章介紹。

當 (4.11) 式應用在純液體的蒸發時，dP^{sat}/dT 就是在某溫度下蒸汽壓對溫度作圖的斜率。ΔV 則為飽和蒸汽與飽和液體的莫耳體積差，ΔH 是蒸發潛熱。ΔH 的數值可由蒸汽壓及體積數據求出。

潛熱也可以經由熱卡計測得數值，已有許多物質的實驗數據可以查得到。[4] Daubert 等人也曾發表許多物質的潛熱關聯式，[5]並以溫度為函數。但並不是所有的溫度都有對應的實驗數據，在使用 (4.11) 式計算時，常常會缺乏可用的數據。這時候，可利用近似的方法，估算相變化時的熱效應。蒸發熱是目前實用性最高的，也受到廣泛的重視。估算蒸發熱的近似方法之一是官能基貢獻法 (group-contribution method)，即所謂的 UNIVAP。[6]還有許多其他的近似方法，目的不外乎下列兩者之一：

- 計算正常沸點，即一大氣壓，101,325 Pa 時沸點下的蒸發熱。
- 由已知某溫度下的蒸發熱，估算另一溫度下的蒸發熱。

純液體在正常沸點時的蒸發潛熱，可以用 Trouton 定律 (Trouton's rule) 作粗略的估算：

$$\frac{\Delta H_n}{RT_n} \sim 10$$

其中 T_n 是正常沸點的絕對溫度，選取 ΔH_n、R 及 T_n 的適當單位，使得 $\Delta H_n / RT_n$ 為無因次群。自從 1884 年以來，這個定律就被用來檢驗由其他方法計算所得的結果是否合理。上式的比值對不同物質的實驗值為：Ar：8.0、N_2：8.7、O_2：9.1、HCl：10.4、C_6H_6：10.5、H_2S：10.6 及 H_2O：13.1。

Riedel[7]以類似的公式提出一個更有效的方法，可預估正常沸點時的蒸發熱：

$$\frac{\Delta H_n}{RT_n} = \frac{1.092(\ln P_c - 1.013)}{0.930 - T_{r_n}} \tag{4.12}$$

其中 P_c 為臨界壓力，單位為 bar，T_{r_n} 為 T_n 時的對比溫度。(4.12) 式具有極佳的

4　V. Majer and V. Svoboda, *IUPAC Chemical Data Series No. 32*, Blackwell, Oxford, 1985; R. H. Perry and D. Green, *op. cit.*, Sec. 2.
5　T. E. Daubert et al., *op. cit.*
6　M. Klüppel, S. Schulz, and P. Ulbig, *Fluid Phase Equilibria*, vol. 102, pp. 1-15, 1994.
7　L. Riedel, *Chem. Ing. Tech.*, vol. 26, pp. 679-683, 1954.

準確度，它的誤差很少高於 5%，將上式應用在水的沸點可得：

$$\frac{\Delta H_n}{RT_n} = \frac{1.092(\ln 220.55 - 1.013)}{0.930 - 0.577} = 13.56$$

因此， $\Delta H_n = (13.56)(8.314)(373.15) = 42{,}065$ J mol^{-1}

換算為每克則為 2,334 J g^{-1}，與實驗值 2,257 J g^{-1} 相比，誤差為 3.4%。

我們可以從實驗數據或是從 (4.12) 式的估算，知道純液體在某個溫度點的蒸發熱。利用已知的蒸發熱，就可以計算純液體在任一溫度下的蒸發熱。在這方面 Watson 所提出的方法獲得廣泛的應用：[8]

$$\frac{\Delta H_2}{\Delta H_1} = \left(\frac{1 - T_{r_2}}{1 - T_{r_1}}\right)^{0.38} \tag{4.13}$$

這個方程式不僅簡單，也有相當的準確度。下列例題將說明其用法。

例 4.4 水在 100°C 時的蒸發潛熱為 2,257 J g^{-1}，估算 300°C 時的蒸發潛熱。

解 令 ΔH_1 = 100°C 時的蒸發潛熱 = 2,257 J g^{-1}

ΔH_2 = 300°C 時的蒸發潛熱

$T_{r_1} = 373.15 / 647.1 = 0.577$

$T_{r_2} = 573.15 / 647.1 = 0.886$

由 (4.13) 式可得

$$\Delta H_2 = (2{,}257)\left(\frac{1 - 0.886}{1 - 0.577}\right)^{0.38} = (2{,}257)(0.270)^{0.38} = 1{,}371 \text{ J g}^{-1}$$

由蒸汽表中所得的值為 1,406 J g^{-1}。

---

[8] K. M. Watson, *Ind. Eng. Chem.*, vol. 35, pp. 398-406, 1943.

4.3 標準反應熱

目前為止我們討論的都是物理程序中的熱效應。而在化學反應中也會有熱傳或溫度改變，有時兩者都會發生。這些熱效應顯示了反應物與生成物有不同的分子構造，因而有不同的能量。例如在燃燒反應中，反應物在構造上較生成物具有較大的能量，這些能量或以熱的形式傳送到環境中，或產生較高溫度的生成物。

化學反應的進行方式種類繁多，每種化學反應都有其特定的熱效應。表列出所有化學反應的熱效應是不可能的，但我們可以設定一個標準狀態為基準，利用在標準狀態下進行的化學反應數據，來計算各種化學反應的熱效應，這樣可以大為減少計算時所需要的數據。

因為化學反應所需的熱量，與反應物及生成物的溫度有關。所以可將標準狀態設為某一個特定溫度，且反應物與生成物均在此溫度下，這樣就有一致的基礎來計算化學反應的熱效應。

假設我們利用流動卡計，來量測燃料氣體的燃燒熱。燃料氣體在常溫下與空氣混合，流進燃燒器中進行反應。燃燒後的產品，經由水夾層而冷卻到與反應物相同的溫度。因此程序中沒有軸功，而卡計的動能與位能改變也可忽略不計，因此 (2.32) 式的能量平衡式可簡化為

$$Q = \Delta H$$

由上式可知，被水所吸收的熱量 Q，就等於燃燒反應所造成的焓的改變。在實際應用上，將化學反應時焓的改變量 ΔH 稱為反應熱 (heat of reaction)。

為了將實驗數據列表，我們定義下列反應的標準反應熱，

$$aA + bB \rightarrow lL + mM$$

標準反應熱的定義為，發生下述反應時焓的變化量：a 莫耳的 A 物質與 b 莫耳的 B 物質，反應生成 l 莫耳 L 物質及 m 莫耳 M 物質，且反應物與生成物都為標準狀態，溫度均為 T。

> 所謂標準狀態，是指物質在特殊條件下的狀態：溫度為 T，且有特定的壓力、組成及物理狀態 (如氣態、液態或固態)。

以往將標準壓力狀態定為一標準大氣壓 (101,325 Pa)，舊有表格中所列的都是在此氣壓下的數據。但現在所定的標準壓力為 1 bar (10^5 Pa)，不過在本章中，兩者間的差異是可忽略的。本章所使用的標準組成為純物質。對氣體而言，標準物理狀態為理想氣體；液體及固體的標準物理狀態是在標準壓力及系統溫度下的真實液體及固體。總而言之，本章所用的標準狀態為：

- 氣體：1 bar 壓力下理想氣體狀態的純物質。
- 液體或固體：1 bar 壓力下真實的純液體或純固體。

標準狀態下的物性數據，以上標 (°) 表示，例如 C_P° 即表示標準狀態下的熱容量。因為氣體的標準狀態為理想氣體，所以氣體的 C_P° 與 C_P^{ig} 相同，因此表 C.1 所列的數據適用於氣體的標準狀態。除溫度外，標準狀態的各種環境條件都是固定的 (當然在計算時，溫度會設為系統溫度)，因此標準狀態下的性質，也只會是溫度的函數。氣體的標準狀態是一個假想的狀態，因為 1 bar 壓力下真正的氣體並非理想氣體。但是在這個情況下，它們偏離理想氣體的程度並不大，1 bar 壓力下真實氣體的焓，通常與理想氣體的焓只有極小的差異。

某一特定化學反應的反應熱，需視反應式的係數而定。如果反應式的係數加倍，反應熱也要加倍。例如氨的合成反應可寫成：

$$\tfrac{3}{2}N_2 + \tfrac{3}{2}H_2 \rightarrow NH_3 \qquad \Delta H_{298}^\circ = -46{,}110 \text{ J}$$

或

$$N_2 + 3H_2 \rightarrow 2NH_3 \qquad \Delta H_{298}^\circ = -92{,}220 \text{ J}$$

其中 ΔH_{298}° 的符號，表示反應熱是在 298.15 K (25°C) 時的標準值。

4.4　標準生成熱

將眾多化學反應的標準反應熱數據都列表是不可行的。幸運的是，對一個已知的反應，只需知道參與反應各成分的標準生成熱 (standard heats of formation)，就可以計算標準反應熱。所謂生成反應 (formation reaction)，是指一個單獨的成分，由其元素合成的反應。例如 C + 1/2O_2 + 2H_2 → CH_3OH 是甲醇的生成反應。H_2O + SO_3 → H_2SO_4 則不是生成反應，因為此反應式不是由各元素生

成，而是由其他物質反應而成。生成反應的定義為生成一莫耳的物質；生成熱的定義基準也是一莫耳的生成物。

只要知道某個溫度下的反應熱，任何其他溫度的反應熱即可藉由熱容量的數據求得。所以整理反應熱數據時，只需列出單一溫度下的標準反應熱，而這個溫度定為 298.15 K，也就是 25°C。物質的標準生成熱以符號 $\Delta H^\circ_{f_{298}}$ 表示。上標 (°) 表示標準值，下標 f 表示生成熱，298 表示絕對溫度 K 的數值。常見物質的生成熱可查詢標準手冊，但較大範圍的資料就必須參考特別的文獻或參考資料。[9]附錄 C 的表 C.4 列出簡要的數據。

當不同的化學反應式相加時，各反應熱也可以互相加成而求得最後的反應熱。這樣做是合理的，因為焓是熱力學物性，它的改變與所進行的路徑無關。同樣地，生成反應式和標準生成熱也能以相加的方式，得到想要的化學反應式 (通常不是生成反應式) 以及該反應的標準反應熱。反應式中常包含一些符號，用來標明各反應物及生成物的物理狀態，例如在化學式後的 (g)、(l) 或 (s)，就表示物質為氣態、液態或固態。這樣的作法似乎沒有必要，因為純物質在 1 bar 壓力及特定溫度下，只存在於一種物理狀態。但為了計算方便，也常用假想的物理狀態。

例如 25°C 時的反應 $CO_2(g) + H_2(g) \rightarrow CO(g) + H_2O(g)$。這個水-氣的轉換反應在化學工業上很常見，但只會發生在 25°C 以上。不過已有的數據是在 25°C 列出的。要算出這個反應的熱效應，首先就是要求得 25°C 的標準反應熱。和這個反應有關的生成反應式和生成熱，可由表 C.4 中查得：

$CO_2(g)$： $C(s) + O_2(g) \rightarrow CO_2(g)$ $\quad \Delta H^\circ_{f_{298}} = -393{,}509$ J

$H_2(g)$： 氫為元素 $\quad \Delta H^\circ_{f_{298}} = 0$

$CO(g)$： $C(s) + \frac{1}{2} O_2(g) \rightarrow CO(g)$ $\quad \Delta H^\circ_{f_{298}} = -110{,}525$ J

$H_2O(g)$： $H_2(g) + \frac{1}{2} O_2(g) \rightarrow H_2O(g)$ $\quad \Delta H^\circ_{f_{298}} = -241{,}818$ J

---

[9] 例如可參考 *TRC Thermodynamic Tables – Hydrocarbons* and *TRC Thermodynamic Tables – Non-hydrocarbons*, serial publications of the Thermodynamics Research Center, Texas A & M Univ. System, College Station, Texas; "The NBS Tables of Chemical Thermodynamic Properties", *J. Physical and Chemical Reference Data*, vol. 11, supp. 2, 1982. 亦可參見 T. E. Daubert et al., *op. cit.* 當數據資料缺乏時，可由分子構造估計，見下列文獻所提出的方法：L Constantinou and R. Gani, *Fluid Phase Equilibria*, vol.103, pp. 11-22, 1995.

雖然水在 1 bar 及 25°C 下不可能以氣態存在，但因為實際的反應是在高溫下以氣相進行，因此將所有反應物及生成物的標準物理狀態定為理想氣體較為方便。

將上述各式加成後，即可得所需的化學反應。將 CO_2 的生成反應式倒轉並改變生成熱的正負號，與各生成反應加成後，即可得反應熱：

$$CO_2(g) \rightarrow C(s) + O_2(g) \qquad \Delta H_{298}^\circ = 393{,}509 \text{ J}$$

$$C(s) + \tfrac{1}{2}O_2(g) \rightarrow CO(g) \qquad \Delta H_{298}^\circ = -110{,}525 \text{ J}$$

$$H_2(g) + \tfrac{1}{2}O_2(g) \rightarrow H_2O(g) \qquad \Delta H_{298}^\circ = -241{,}818 \text{ J}$$

$$\overline{CO_2(g) + H_2(g) \rightarrow CO(g) + H_2O(g) \qquad \Delta H_{298}^\circ = 41{,}166 \text{ J}}$$

這個結果的意義為：一莫耳 CO 與一莫耳 H_2O 的焓，比一莫耳 CO_2 加上一莫耳 H_2 的焓多出 41,166 J。在計算中反應物及生成物都是 1 bar 壓力及 25°C 下的理想氣體純物質。

在上面的計算中使用的 H_2O 的生成熱，是將水假想為 25°C 標準狀態下的理想氣體而得到的。當然也有水在 1 bar 及 25°C 為真實液體的生成熱。這兩個數值都很常用，在表 C.4 中均有列出。許多物質在 25°C 及 1 bar 下為液態，但有時在計算上卻需要氣態的標準生成熱；或者有的物質在標準狀態下為氣態，卻需要液態的數據。這時候就需要再包含一個相轉變的反應式。以先前的例子來說，如果我們用的是液態水的標準生成熱，就必須再包含一個液態水轉為氣態水的反應式。而在標準狀態下，水由液態轉為氣態的焓的差值，就是液態水和氣態水標準生成熱的差別：

$$-241{,}818 - (-285{,}830) = 44{,}012 \text{ J}$$

這個值近似於水在 25°C 的蒸發熱，接下來的計算步驟為

$$CO_2(g) \rightarrow C(s) + O_2(g) \qquad \Delta H_{298}^\circ = 393{,}509 \text{ J}$$

$$C(s) + \tfrac{1}{2}O_2(g) \rightarrow CO(g) \qquad \Delta H_{298}^\circ = -110{,}525 \text{ J}$$

$$H_2(g) + \tfrac{1}{2}O_2(g) \rightarrow H_2O(l) \qquad \Delta H_{298}^\circ = -285{,}830 \text{ J}$$

$$H_2O(l) \rightarrow H_2O(g) \qquad \Delta H_{298}^\circ = 44{,}012 \text{ J}$$

$$\overline{CO_2(g) + H_2(g) \rightarrow CO(g) + H_2O(g) \qquad \Delta H_{298}^\circ = 41{,}166 \text{ J}}$$

這個結果與前述所得的結果是一致的。

例 4.5 計算下列反應在 25°C 的標準反應熱

$$4HCl(g) + O_2(g) \rightarrow 2H_2O(g) + 2Cl_2(g)$$

解 由表 C.4 中查得 298.15 K 時的標準生成熱

$HCl(g): -92,307 J$ $H_2O(g): -241,818 J$

將下列反應式加起來即為答案：

$$4HCl(g) \rightarrow 2H_2(g) + 2Cl_2(g) \qquad \Delta H^\circ_{298} = (4)(92,307)$$
$$2H_2(g) + O_2(g) \rightarrow 2H_2O(g) \qquad \Delta H^\circ_{298} = (2)(-241,818)$$
$$\overline{4HCl(g) + O_2(g) \rightarrow 2H_2O(g) + 2Cl_2(g) \quad \Delta H^\circ_{298} = -114,408 \text{ J}}$$

這個計算結果就是四倍的 $HCl(g)$ 標準燃燒熱 (見下節)。

4.5 標準燃燒熱

只有少數的生成反應可真正進行測量，因此標準生成熱常常必須經由間接方法得到。實驗上可採行的測量方法多為燃燒反應，許多標準生成熱的數據，都是由卡計測量標準燃燒熱而得到的。燃燒反應是指元素或物質與氧氣反應，產生特定的燃燒後生成物。只由碳、氫與氧所構成的有機物，燃燒後的生成物為二氧化碳及水，但水的狀態可能為液態或蒸汽。所有燃燒熱的數據基準皆為一莫耳。

如正丁烷的生成反應：

$$4C(s) + 5H_2(g) \rightarrow C_4H_{10}(g)$$

這個反應在實際上是不可能進行的，但上式可寫成如下各燃燒反應的組合：

$$4C(s) + 4O_2(g) \to 4CO_2(g) \qquad \Delta H_{298}^\circ = (4)(-393,509)$$

$$5H_2(g) + 2\tfrac{1}{2}O_2(g) \to 5H_2O(l) \qquad \Delta H_{298}^\circ = (5)(-285,830)$$

$$4CO_2(g) + 5H_2O(l) \to C_4H_{10}(g) + 6\tfrac{1}{2}O_2(g) \qquad \Delta H_{298}^\circ = 2,877,396$$

$$\overline{4C(s) + 5H_2(g) \to C_4H_{10}(g) \qquad \Delta H_{298}^\circ = -125,790 \text{ J}}$$

這個計算結果就是表 C.4 中所列正丁烷的標準生成熱。

4.6　ΔH° 的溫度相關性

在上述各節中所討論的標準反應熱，都是在 298.15 K 的參考溫度下。在本節中，我們將學習如何由已知參考溫度下的數據，去求取其他溫度時的標準反應熱。

一般化的化學反應可寫成：

$$|\nu_1|A_1 + |\nu_2|A_2 + \cdots \to |\nu_3|A_3 + |\nu_4|A_4 + \cdots$$

其中 $|\nu_i|$ 稱為化學計量係數 (stoichiometric coefficient)，A_i 代表化學物質。箭號左邊的物質為反應物，右邊為產物，ν_i 的正負號規則為：

產物為正 (+) 及 反應物為負 (−)

帶有正負號的 ν_i 稱為計量數。例如氨的合成反應為：

$$N_2 + 3H_2 \to 2NH_3$$

則

$$\nu_{N_2} = -1 \qquad \nu_{H_2} = -3 \qquad \nu_{NH_3} = 2$$

由這個正負號的慣用定義，可知標準反應熱可由下式求得：

$$\Delta H^\circ \equiv \sum_i \nu_i H_i^\circ \tag{4.14}$$

其中 H_i° 是物質 i 在標準狀態的焓，且上式包含反應物與產物的加成。物質的標準狀態焓等於其生成焓加上其組成元素的標準焓。若我們任意選取所有元素

的標準焓為零，作為計算的基礎，則物質的標準狀態焓即為其生成熱，亦即，$H_i^\circ = \Delta H_{f_i}^\circ$ 而 (4.14) 式變為：

$$\Delta H^\circ \equiv \sum_i \nu_i \, \Delta H_{f_i}^\circ \tag{4.15}$$

上式是針對所有的反應物與生成物而加成的，這個公式表示了由生成熱計算反應熱的程序。將上式應用於下列反應，

$$4HCl(g) + O_2(g) \rightarrow 2H_2O(g) + 2Cl_2(g)$$

(4.15) 式可寫成：

$$\Delta H^\circ = 2\Delta H_{f_{H_2O}}^\circ - 4\Delta H_{f_{HCl}}^\circ$$

利用表 C.4 中 298.15 K 的數據，可得：

$$\Delta H_{298}^\circ = (2)(-241{,}818) - (4)(-92{,}307) = -114{,}408 \text{ J}$$

這個結果與例 4.5 所得的答案相同。

在標準反應中，反應物與生成物都處於標準壓力 1 bar，因此標準狀態下的焓只是溫度的函數，由 (2.21) 式知，

$$dH_i^\circ = C_{P_i}^\circ \, dT$$

其中下標 i 表示特定的反應物或產物。上式乘以 ν_i，再對所有的反應物及產物加成，可以得到：

$$\sum_i \nu_i \, dH_i^\circ = \sum_i \nu_i C_{P_i}^\circ \, dT$$

因為 ν_i 為常數，可置於微分項的內部，因此得到：

$$\sum_i d(\nu_i H_i^\circ) = \sum_i \nu_i C_{P_i}^\circ \, dT \quad \text{或} \quad d\sum_i \nu_i H_i^\circ = \sum_i \nu_i C_{P_i}^\circ \, dT$$

$\sum_i \nu_i H_i^\circ$ 表示標準反應熱，如 (4.14) 式所定義 ΔH°。同理我們定義反應中標準熱容量的改變為：

$$\Delta C_P^\circ \equiv \sum_i \nu_i C_{P_i}^\circ \tag{4.16}$$

由這個定義，前述方程式變為：

$$\boxed{d\,\Delta H^\circ = \Delta C_P^\circ\,dT} \tag{4.17}$$

這是將反應熱表為溫度函數的基本公式。

將上式積分可得：

$$\Delta H^\circ = \Delta H_0^\circ + R\int_{T_0}^{T} \frac{\Delta C_P^\circ}{R} dT \tag{4.18}$$

其中 ΔH° 及 ΔH_0° 分別表示溫度為 T 及 T_0 時的反應熱。(4.4) 式表示了反應物及產物熱容量的溫度函數，如同 (4.7) 式一般，上式積分項可表示為 ($\tau \equiv T/T_0$)：

$$\int_{T_0}^{T} \frac{\Delta C_P^\circ}{R} dT = (\Delta A)\,T_0(\tau-1) + \frac{\Delta B}{2}T_0^2(\tau^2-1) + \frac{\Delta C}{3}T_0^3(\tau^3-1) + \frac{\Delta D}{T_0}\left(\frac{\tau-1}{\tau}\right) \tag{4.19}$$

且 $\Delta A \equiv \sum_i \nu_i A_i$

同樣可應用這個定義以求得 ΔB、ΔC 及 ΔD。

如同 (4.8) 式一般，我們也可定義平均熱容量的改變，而得到另一個公式：

$$\frac{\langle \Delta C_P^\circ \rangle_H}{R} = \Delta A + \frac{\Delta B}{2}T_0(\tau+1) + \frac{\Delta C}{3}T_0^2(\tau^2+\tau+1) + \frac{\Delta D}{\tau T_0^2} \tag{4.20}$$

所以 (4.18) 式變為：

$$\Delta H^\circ = \Delta H_0^\circ + \langle \Delta C_P^\circ \rangle_H (T - T_0) \tag{4.21}$$

(4.19) 式右邊提出了計算積分的公式，與 (4.7) 式所示的形式完全一樣，只需把 C_P 改為 ΔC_P°，A 改為 ΔA 等即可。相同的電腦程式可計算任一種積分，只有程式名稱不同：

$$\int_{T_0}^{T} \frac{\Delta C_P^\circ}{R} dT = \text{IDCPH(T0,T;DA,DB,DC,DD)}$$

其中「D」代表「Δ」。

如同 MCPH 函數定義為計算 $\langle C_P \rangle_H / R$，同樣地，MDCPH 函數被定義為計算 $\langle \Delta C_P^\circ \rangle_H / R$，因此：

$$\frac{\langle \Delta C_P^\circ \rangle_H}{R} = \text{MDCPH(T0,T ; DA,DB,DC,DD)}$$

例 4.6 計算 800°C 時甲醇合成反應的標準反應熱：

$$CO(g) + 2H_2(g) \rightarrow CH_3OH(g)$$

解 取參考溫度 T_0 = 298.15 K 及表 C.4 中生成熱的數據，利用 (4.15) 式計算：

$$\Delta H_0^\circ = \Delta H_{298}^\circ = -200{,}660 - (-110{,}525) = -90{,}135 \text{ J}$$

由表 C.1 中取得下列數據，計算 (4.19) 式中的參數：

i	v_i	A	$10^3 B$	$10^6 C$	$10^{-5} D$
CH_3OH	1	2.211	12.216	−3.450	0.000
CO	−1	3.376	0.557	0.000	−0.031
H_2	−2	3.249	0.422	0.000	0.083

根據定義，

$$\Delta A = (1)(2.211) + (-1)(3.376) + (-2)(3.249) = -7.663$$

同理

$$\Delta B = 10.815 \times 10^{-3} \qquad \Delta C = -3.450 \times 10^{-6} \qquad \Delta D = -0.135 \times 10^5$$

在 T = 1,073.15 K 時求 (4.19) 式的積分，可利用下列程式

IDCPH(298.15,1073.15;-7.663,10.815E-3,-3.450E-6,-0.135E+5) = −1,615.5 K

再由 (4.18) 式求得，

$$\Delta H^\circ = -90{,}135 + 8.314(-1{,}615.5) = -103{,}566 \text{ J}$$

4.7　工業反應的熱效應

前述各節中討論了標準狀態的反應熱，但其實工業上的反應很少在標準狀態下進行，真實反應中的反應物，也未必按照化學計量係數的比例存在，反應也未必完全，最後的溫度也不同於起始溫度。另外，系統中也可能有惰性物質存在，且可能有多個化學反應同時發生。雖然如此，我們也可以利用已討論過的原則，計算真實反應的熱效應。以下列例題說明計算方法。

例 4.7　甲烷與 20% 過量的空氣燃燒時，最高可達到的溫度為多少？甲烷與空氣都在 25°C 下進入燃燒室。

解　此反應的化學反應式及標準反應熱為：

$$CH_4 + 2O_2 \rightarrow CO_2 + 2H_2O(g)$$

$$\Delta H^\circ_{298} = -393,509 + (2)(-241,818) - (-74,520) = -802,625 \text{ J}$$

因為要計算的是最高可達的溫度 [通常稱為理論焰溫 (theoretical flame temperature)]，所以可假設此燃燒反應在絕熱程序下 ($Q = 0$) 且反應完全。再假設動能及位能的改變可忽略不計，且無軸功存在 $W_S = 0$，因此總能量平衡式可簡化為 $\Delta H = 0$。在求解最後溫度時，可使用任何連接起始與結束狀態的路徑。本題所採用的路徑如下圖所示。

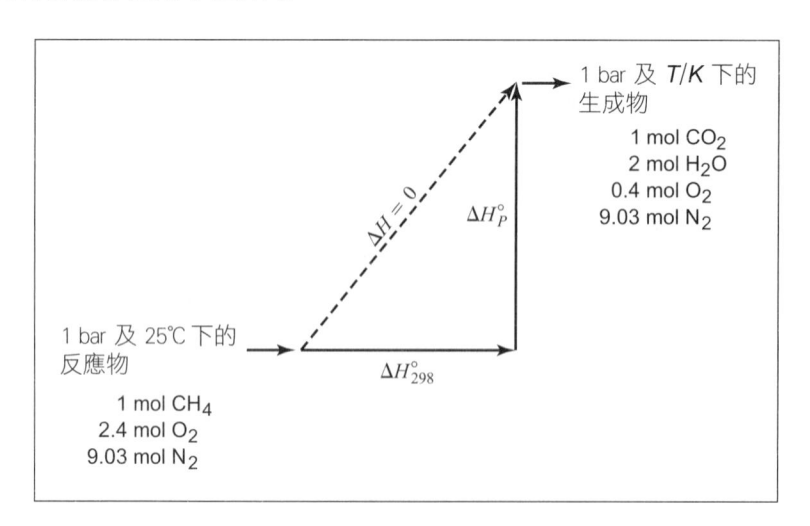

```
                                    → 1 bar 及 T/K 下的
                                      生成物
                                      1 mol CO₂
                                      2 mol H₂O
                                      0.4 mol O₂
                         ΔH°_P        9.03 mol N₂
              ΔH = 0

1 bar 及 25°C 下的     →
反應物              ΔH°_298
   1 mol CH₄
   2.4 mol O₂
   9.03 mol N₂
```

以一莫耳甲烷的燃燒反應作為計算基礎，則由進料空氣所供給的氧氣量及氮氣量為：

氧氣莫耳需求量 = 2.0

氧氣過剩莫耳數 = (0.2)(2.0) = 0.4

氮氣進入的莫耳數 = (2.4)(79/21) = 9.03

離開燃燒室的氣體，含有 1 莫耳 CO_2、2 莫耳 $H_2O(g)$、0.4 莫耳 O_2 及 9.03 莫耳 N_2。因為焓的改變量與路徑無關，因此，

$$\Delta H_{298}^\circ + \Delta H_P^\circ = \Delta H = 0 \tag{A}$$

其中各焓值都以一莫耳甲烷燃燒為基準。產物由 298.15 K 被加熱到溫度 T 產生焓的改變為：

$$\Delta H_P^\circ = \langle C_P^\circ \rangle_H (T - 298.15) \tag{B}$$

其中 $\langle C_P^\circ \rangle_H$ 表示產物的總熱容量：

$$\langle C_P^\circ \rangle_H \equiv \sum_i n_i \langle C_{Pi}^\circ \rangle_H$$

上式是將產物中每一成分的平均熱容量乘以莫耳數後再加成的。由表 C.1 查得每一產物氣體成分的 $C = 0$，因此由 (4.8) 式可得：

$$\langle C_P^\circ \rangle_H \equiv \sum_i n_i \langle C_{Pi}^\circ \rangle_H = R \left[\sum_i n_i A_i + \frac{\sum_i n_i B_i}{2} T_0 (\tau + 1) + \frac{\sum_i n_i D_i}{\tau T_0^2} \right]$$

由表 C.1 中查得各數據代入後得到：

$$A = \sum_i n_i A_i$$

$$= (1)(5.457) + (2)(3.470) + (0.4)(3.639) + (9.03)(3.280)$$

$$= 43.471$$

同理可得 $B = \sum_i n_i B_i = 9.502 \times 10^{-3}$ 及 $D = \sum_i n_i D_i = -0.645 \times 10^5$

產物的 $\langle C_P^\circ \rangle_H / R$ 值可由下列程式得出：

MCPH(298.15,T;43.471,9.502E-3,0.0,-0.645E+5)

由 (A) 及 (B) 式聯立可求得 T 值：

$$T = 298.15 - \frac{\Delta H^\circ_{298}}{\langle C^\circ_P \rangle_H}$$

平均熱容量值與溫度有關，我們假設一個大於 298.15 K 的溫度，計算 $\langle C^\circ_P \rangle_H$ 後再代入上式，求得新的溫度值後再計算新的 $\langle C^\circ_P \rangle_H$ 值，直到溫度值收斂為止

$$T = 2{,}066 \text{ K} \quad \text{或} \quad 1{,}793\,^\circ\text{C}$$

例 4.8

在大氣壓及高溫下，由甲烷與蒸汽經觸媒重組反應後，可製造「合成氣」(synthesis gas) (主要為 CO 及 H_2 的混合物)：

$$CH_4(g) + H_2O(g) \rightarrow CO(g) + 3H_2(g)$$

唯一需考慮的其他反應為水氣轉換反應：

$$CO(g) + H_2O(g) \rightarrow CO_2(g) + H_2(g)$$

若反應物進料比例為 2 莫耳蒸汽比 1 莫耳甲烷，且給予反應器足夠熱量而使產物的溫度達到 1,300 K，則甲烷可完全轉變為產物，產物中含有 17.4% 莫耳分率的 CO。假設反應物已先預熱到 600 K，計算需供給反應器的熱量。

解　由表 C.4 中的數據，可計算 $25\,^\circ\text{C}$ 時兩反應的標準反應熱：

$$CH_4(g) + H_2O(g) \rightarrow CO(g) + 3H_2(g) \qquad \Delta H^\circ_{298} = 205{,}813 \text{ J}$$

$$CO(g) + H_2O(g) \rightarrow CO_2(g) + H_2(g) \qquad \Delta H^\circ_{298} = -41{,}166 \text{ J}$$

這兩個反應式可加成而得到第三個反應式：

$$CH_4(g) + 2H_2O(g) \rightarrow CO_2(g) + 4H_2(g) \qquad \Delta H^\circ_{298} = 164{,}647 \text{ J}$$

上列三個反應中的任兩個，構成一組獨立反應。第三個反應不稱為獨立反應，因為它可由另兩個反應加成得到。其中最方便計算的反應是第一個和第三個反應：

$$CH_4(g) + H_2O(g) \rightarrow CO(g) + 3H_2(g) \qquad \Delta H^\circ_{298} = 205{,}813 \text{ J} \qquad (A)$$

$$CH_4(g) + 2H_2O(g) \rightarrow CO_2(g) + 4H_2(g) \qquad \Delta H^\circ_{298} = 164{,}647 \text{ J} \qquad (B)$$

我們首先計算兩個反應中甲烷轉化的分率。令計算的基準為 1 莫耳甲烷與 2 莫耳蒸汽的進料。若 (A) 式中反應了 x 莫耳的甲烷，則 (B) 式中反應了 $(1-x)$

莫耳甲烷。在這個基準下，產物為：

CO:　　　x
H$_2$:　　　$3x + 4(1 - x) = 4 - x$
CO$_2$:　　$1 - x$
H$_2$O:　　$2 - x - 2(1 - x) = x$
───────────────────────
總共　5 莫耳產物

產物中 CO 的莫耳分率為 $x/5 = 0.174$，因此 $x = 0.870$。所以在這個基準下，(A) 式中有 0.870 莫耳甲烷反應，(B) 式中有 0.130 莫耳甲烷反應。在產物中各物質的量為

$$CO\ 莫耳數 = x = 0.87$$

$$H_2\ 莫耳數 = 4 - x = 3.13$$

$$CO_2\ 莫耳數 = 1 - x = 0.13$$

$$H_2O\ 莫耳數 = x = 0.87$$

為了方便計算，我們要自行假設一個由 600 K 的反應物到 1,300 K 產物的反應路徑。因為可查得的數據是 25°C 的反應熱，最適當的路徑是包含 25°C (298.15 K) 時的反應。這個路徑的示意圖如附圖，虛線代表真正的路徑，焓的改變量為 $\Delta H°$。因為焓的改變與路徑無關，所以

$$\Delta H = \Delta H_R° + \Delta H_{298}° + \Delta H_P°$$

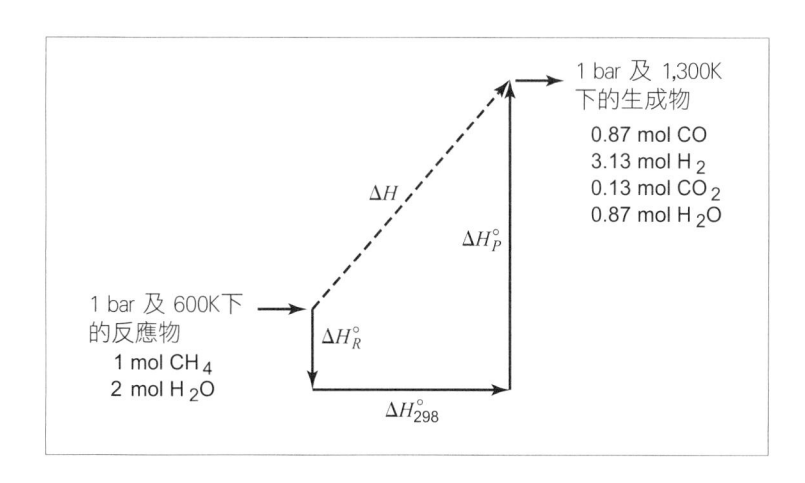

在計算 ΔH°_{298} 時，(A) 與 (B) 式的反應均須考慮。因為 (A) 式中有 0.87 莫耳甲烷反應，(B) 式中有 0.13 莫耳甲烷反應，因此

$$\Delta H^\circ_{298} = (0.87)(205,813) + (0.13)(164,647) = 200,460 \text{ J}$$

當反應物由 600 K 冷卻到 298.15 K 時，焓的改變為：

$$\Delta H^\circ_R = \left(\sum_i n_i \langle C^\circ_{P_i}\rangle_H\right)(298.15 - 600)$$

其中 $\langle C^\circ_{P_i}\rangle_H /R$ 值由下列程式求出：

CH_4: MCPH(298.15,600;1.702,9.081E-3,-2.164E-6,0.0) = 5.3272
H_2O: MCPH(298.15,600;3.470,1.450E-3,0.0,0.121E+5) = 4.1888

因此

$$\Delta H^\circ_R = (8.314)[(1)(5.3272) + (2)(4.1888)](298.15 - 600) = -34,390 \text{ J}$$

同理可計算產物由 298.15 K 加熱到 1,300 K 時焓的改變：

$$\Delta H^\circ_P = \left(\sum_i n_i \langle C^\circ_{P_i}\rangle_H\right)(1,300 - 298.15)$$

其中 $\langle C^\circ_{P_i}\rangle_H /R$ 值可由下列程式求出

CO: MCPH(298.15,1300;3.376,0.557E-3,0.0,-0.031E+5) =3.8131
H_2: MCPH(298.15,1300;3.249,0.422E-3,0.0,0.083E+5) =3.6076
CO_2: MCPH(298.15,1300;5.457,1.045E-3,0.0,-1.157E+5) =5.9935
H_2O: MCPH(298.15,1300;3.470,1.450E-3,0.0,0.121E+5) =4.6599

因此

$$\begin{aligned}\Delta H^\circ_P &= (8.314)[(0.87)(3.8131) + (3.13)(3.6076)\\&\quad+ (0.13)(5.9935) + (0.87)(4.6599)] \times (1,300 - 298.15)\\&= 161,940 \text{ J}\end{aligned}$$

所以

$$\Delta H = -34,390 + 200,460 + 161,940 = 328,010 \text{ J}$$

這個程序為穩流程序，且 W_s、Δz 及 $\Delta u^2/2$ 都設為可忽略不計，因此

$$Q = \Delta H = 328{,}010 \text{ J}$$

這個結果是基於一莫耳甲烷的進料所求出的。

例 4.9

一個鍋爐以高級燃油點火，燃油只含有碳氫化合物，其 25°C 的標準燃燒熱為 $-43{,}515 \text{ J g}^{-1}$，燃燒反應的產物為 $CO_2(g)$ 及 $H_2O(l)$。進入燃燒室的燃料及空氣的溫度是 25°C，空氣假定為乾燥氣體。廢氣在 300°C 時離開，其平均組成分析 (以乾燥基準測量) 為 11.2% CO_2、0.4% CO、6.2% O_2 及 82.2% N_2。計算燃燒熱量傳送到鍋爐的分率。

解

以 100 莫耳的乾燥廢氣為基準，其中的組成為：

CO_2	11.2 莫耳
CO	0.4 莫耳
O_2	6.2 莫耳
N_2	82.2 莫耳
總共	100.0 莫耳

在乾燥基準下的成分分析，並未將廢氣水蒸汽的量計入，燃燒反應所生成的水量，可藉著氧的質量平衡求得。進料中的氧氣佔空氣的 21% 莫耳分率，其餘的 79% 是氮氣，氮氣在燃燒反應中並未改變。因此在 100 莫耳乾燥廢氣的基準中，有 82.2 莫耳的氮氣是來自進料的空氣，而進料空氣中的含氧量為：

$$\text{進料空氣中氧的莫耳數} = (82.2)(21/79) = 21.85$$

但是因為

$$\text{乾燥廢氣中氧的莫耳數} = 11.2 + 0.4/2 + 6.2 = 17.60$$

以上兩個數字的差異，即為反應後生成水的氧氣莫耳數。所以基於 100 莫耳的乾燥廢氣可得：

$$\text{形成水的莫耳數} = (21.85-17.60)(2) = 8.50$$

$$\text{進料中的 } H_2 \text{ 莫耳數} = \text{形成為水的莫耳數} = 8.50$$

燃料中的碳含量可經由碳的質量平衡求得：

$$\text{廢氣中碳的莫耳數} = \text{燃料中碳的莫耳數} = 11.2 + 0.4 = 11.60$$

由這些氫及碳的莫耳數可求得：

$$\text{燃料燃燒的質量} = (8.50)(2) + (11.6)(12) = 156.2 \text{ g}$$

如果燃料在 25°C 時完全燃燒而生成 $CO_2(g)$ 及 $H_2O(l)$，則反應熱為：

$$\Delta H^\circ_{298} = (-43,515)(156.2) = -6,797,040 \text{ J}$$

但是實際進行的反應並未達到完全燃燒，而生成的水也是汽態而非液態。156.2 克的燃料由 11.6 莫耳的碳與 8.5 莫耳的氫所構成，可用經驗式 $C_{11.6}H_{17}$ 表示，忽略在反應器進出之間沒有改變的 6.2 莫耳 O_2 及 82.2 莫耳 N_2，我們可將反應式寫成：

$$C_{11.6}H_{17}(l) + 15.65 O_2(g) \rightarrow 11.2 CO_2(g) + 0.4 CO(g) + 8.5 H_2O(g)$$

反應式可由下列各反應加成而得，各反應式在 25°C 的標準反應熱均為已知：

$$C_{11.6}H_{17}(l) + 15.85 O_2(g) \rightarrow 11.6 CO_2(g) + 8.5 H_2O(l)$$

$$8.5 H_2O(l) \rightarrow 8.5 H_2O(g)$$

$$0.4 CO_2(g) \rightarrow 0.4 CO(g) + 0.2 O_2(g)$$

以上三式加成可得真正的反應，而 ΔH°_{298} 相加也可得到 25°C 時真實反應的標準反應熱：

$$\Delta H^\circ_{298} = -6,797,040 + (44,012)(8.5) + (282,984)(0.4)$$
$$= -6,309,740 \text{ J}$$

　　附圖中虛線部份表示真實的程序，它是由 25°C 的反應物生成 300°C 的產物。計算這個程序 ΔH 值時，我們可選用任何適宜的路徑。附圖中實線部份所表示的是一種合理的路徑，因為在這個步驟中，焓的改變量 ΔH°_P 可簡易求出，且 ΔH°_{298} 也已經求得。

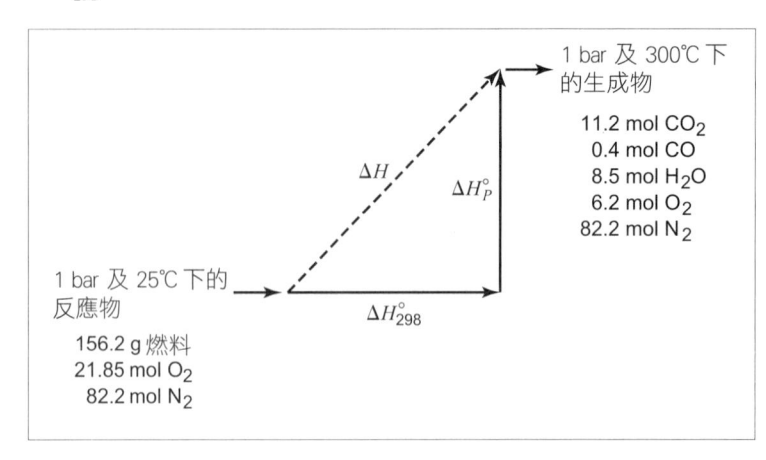

將產物由 25°C 加熱到 300°C 所引起的焓改變可寫成

$$\Delta H_P^\circ = \left(\sum_i n_i \langle C_{Pi}^\circ \rangle_H \right)(573.15 - 298.15)$$

其中 $\langle C_{Pi}^\circ \rangle_H /R$ 值可由下列程式求出：

CO_2:   MCPH(298.15,573.15;5.457,1.045E-3,0.0,-1.157E+5) = 5.2352

CO: MCPH(298.15,573.15;3.376,0.557E-3,0.0,-0.031E+5) = 3.6005

H_2O: MCPH(298.15,573.15;3.470,1.450E-3,0.0,0.121E+5) = 4.1725

O_2:   MCPH(298.15,573.15;3.639,0.506E-3,0.0,-0.227E+5) = 3.7267

H_2:   MCPH(298.15,573.15;3.280,0.593E-3,0.0,0.040E+5) = 3.5618

因此

$$\begin{aligned}\Delta H_P^\circ &= (8.314)[(11.2)(5.2352) + (0.4)(3.6005) + (8.5)(4.1725) \\ &\quad + (6.2)(3.7267) + (82.2)(3.5618)](573.15 - 298.15) \\ &= 940{,}660 \text{ J}\end{aligned}$$

且

$$\Delta H = \Delta H_{298}^\circ + \Delta H_P^\circ = -6{,}309{,}740 + 940{,}660 = -5{,}369{,}080 \text{ J}$$

因為這個程序為穩流程序，(2.32) 式的能量平衡中的軸功，以及動能與位能項為零或可忽略不計，所以 $\Delta H = Q$。$Q = -5{,}369.08$ kJ，這些熱量傳送到鍋爐而生成 100 莫耳的乾燥廢氣。因此熱量佔燃料燃燒熱的分率為

$$\frac{5{,}369{,}080}{6{,}797{,}400}(100) = 79.0\%$$

在上述各例題中，反應約在 1 bar 壓力下進行，我們已默然假設無論氣體為純物質或混合物，它們的熱效應都是相同的。在低壓情況下，這是一個可接受的計算程序。在高壓下，這個假設未必正確，而我們必須考慮壓力效應，以及混合對反應熱的影響。就目前而言，這些效應在低壓下通常是微小的。

習 題

4.1 在約為常壓的穩流熱交換器中，求下列各情況的所需熱量：
   (a) 10 莫耳 SO_2 由 200 加熱到 1,100°C。
   (b) 12 莫耳丙烷由 250 加熱到 1,200°C。

4.2 在穩態流經約在常壓下的熱交換器後，求下列各情況的最後溫度：
   (a) 800 kJ 的熱加於原在 200°C 的 10 莫耳乙烯。
   (b) 2,500 kJ 的熱加於原在 260°C 的 15 莫耳 1-丁烯。
   (c) 10^6 (Btu) 的熱加於原在 500 (°F) 的 40 (lb mole) 乙烯。

4.3 若 250 $(ft)^3(s)^{-1}$ 的空氣在燃燒程序中，先由大氣壓力及 122 (°F) 下預熱到 932 (°F)，其所需的熱傳速率為多少？

4.4 10,000 kg 的 $CaCO_3$ 在大氣壓力下，由 50°C 加熱到 880°C 所需的熱量為多少？

4.5 某物質的熱容量可由下列關聯式表示，

$$C_P = A + BT + CT^2$$

若取起始與最終溫度的下 C_P 的算術平均值當 $\langle C_P \rangle_H$，證明其誤差為 $C(T_2 - T_1)^2/12$。

4.6 某物質的熱容量可由下列關聯式表示，

$$C_P = A + BT + DT^{-2}$$

若取起始與最終溫度的下 C_P 的算術平均值當作 $\langle C_P \rangle_H$，證明其誤差為：

$$\frac{D}{T_1 T_2}\left(\frac{T_2 - T_1}{T_2 + T_1}\right)^2$$

4.7 由下列條件計算某氣體的熱容量：這個氣體在燒瓶中達到 250°C 及 121.3 KPa 的平衡狀況。瓶塞短暫的打開使壓力降到 101.3 kPa，當瓶塞再關上後，燒瓶再被熱到 25°C，壓力測得為 104.0 kPa，計算 C_P 為多少 $J\ mol^{-1}\ K^{-1}$。假設氣體為理想氣體，且剩餘在燒瓶內的氣體的膨脹是絕熱及可逆的。

4.8 某程序中的蒸汽在恆壓下由 25°C 加熱到 250°C。利用 (4.3) 式可快速估算所需的能量，其中 C_P 值可用 250°C 時的值計算，並且當作常數。所估計的 Q 值較真實值為低或高？為什麼？

4.9 (a) 附錄 B 的表 B.2 列有許多純物質蒸發熱。試以 (4.12) 式計算這些物質的蒸發熱 ΔH_n，並和表 B.2 所列的數據相比較。

(b) 由手冊查得某四個純物質在 25°C 下的蒸發熱，並且列於下表。利用 (4.13) 式計算 ΔH_n，並和表 B.2 所列的數據相比較。

25°C 下的蒸發熱 ($J\ g^{-1}$)

正戊烷	366.3	苯	433.3
正己烷	366.1	環己烷	392.5

4.10 表 9.1 列出了四氟乙烷飽和液體及汽體的熱力學性質。利用蒸汽壓的溫度函數，以及飽和液體與飽和汽體的體積，由 (4.11) 式計算下列各溫度時的蒸發熱，並由表列焓值所計算的結果比較。

(a) 5 (°F)；(b) 30 (°F)；(c) 55 (°F)；(d) 80 (°F)；(e) 105 (°F)

4.11 下列為數個純液體在 0°C 下的蒸發熱數據，單位為 $J\ g^{-1}$，由手冊中查得。

	ΔH (0°C)
氯仿	270.9
甲醇	1,189.5
四氯甲烷	217.8

計算各物質的下列各項數值：

(a) 由 0°C 的潛熱，利用 (4.13) 式計算 T_n 下的潛熱。

(b) 利用 (4.12) 式計算 T_n 下的潛熱。

計算結果與表 B.2 所列數據比較，其百分誤差為多少？

4.12 附錄 B 的表 B.2 列有數個參數，用於純物質的 P^{sat} 與 T 關係式中，如表中所示。請以 (4.11) 式的 Clapeyron 方程式，計算各純物質在正常沸點時的蒸發熱。(4.11) 式中的 dP^{sat}/dT 由表 B.2 的方程式與相應參數估算，ΔV 則以第 3 章的一般化關聯式估算，正常沸點則在表 B.2 的最後一列。將計算出來的 ΔH_n 與表 B.2 的數據相比較。

4.13 計算純氣體的第二維里係數的方法之一，是利用 Clapeyron 方程式，並量測蒸發潛熱 ΔH^{lv}、飽和液體的莫耳體積 V^l 以及蒸汽壓 P^{sat}。利用下列數據，計算 75°C 時丁酮 (MEK) 的第二維里係數為多少 $cm^3\ mol^{-1}$？

$\Delta H^{lv} = 31{,}600\ J\ mol^{-1}$ $\quad\quad V^l = 96.49\ cm^3\ mol^{-1}$

$\ln P^{sat}/kPa = 48.157543 - 5{,}622.7/T - 4.70504 \ln T$ $\quad$ [T = K]

4.14 流量為每小時 100 kmol 的 300 K 與 3 bar 的過冷液體，以穩流狀況在熱交換器中被加熱到 500 K，估算下列的一物質的熱交換量 (kW)：
(a) 甲醇，其 3 bar 時的 T^{sat} = 368.0 K。
(b) 苯，其 3 bar 時的 T^{sat} = 392.3 K。
(c) 甲苯，其 3 bar 時的 T^{sat} = 426.9 K。

4.15 飽和液體苯在 P_1 =10 bar (T_1^{sat} = 451.7 K) 時，經穩態節流程序降到 P_2 = 1.2 bar (T_2^{sat} = 358.7 K) 的汽液相混合物。估算這個出口流線中汽相所佔的分率。液態苯的 C_P = 162 Jmol^{-1} K^{-1}，並忽略壓力對液態苯的焓的影響。

4.16 估算下列物質在 25°C 且為**液態**下的 $\Delta H_{f_{298}}^\circ$。
(a) 乙炔；(b) 1,3-丁二烯；(c) 乙苯；(d) 正己烷；(e) 苯乙烯

4.17 一莫耳理想氣體在活塞／圓筒裝置中進行可逆壓縮，使壓力由 1 bar 增加到 P_2，且溫度由 400 K 升高到 950 K。氣體在壓縮中所遵循的路徑為 $PV^{1.55}$ = 常數，且氣體的莫耳熱容量可表示為：

$$C_P/R = 3.85 + 0.57 \times 10^{-3}T \qquad [T = K]$$

計算程序的熱傳量及最終壓力。

4.18 甲醇經下列的反應，可產生碳氫化合物燃料 1-己烯：

$$6CH_3OH(g) \rightarrow C_6H_{12}(g) + 6H_2O(g)$$

比較 25°C 時 6CH$_3$OH(g) 的標準燃燒熱，與 25°C 時 C$_6$H$_{12}$(g) 的標準燃燒熱。燃燒反應的產物均為 CO$_2$(g) 及 H$_2$O(g)。

4.19 計算乙烯在 25°C 與下列各物質燃燒時的理論焰溫：
(a) 25°C 時的理論量的空氣。
(b) 25°C 時，25% 過量的空氣。
(c) 25°C 時，50% 過量的空氣。
(d) 25°C 時，100% 過量的空氣。
(e) 預熱到 500°C 的 50% 過量的空氣。

4.20 正戊烷在 25°C 燃燒且生成 H$_2$O(*l*) 與 CO$_2$(g) 時的標準燃燒熱為多少？

4.21 計算在 25°C 時下列各反應的標準反應熱：

(a) $N_2(g) + 3H_2(g) \to 2NH_3(g)$
(b) $4NH_3(g) + 5O_2(g) \to 4NO(g) + 6H_2O(g)$
(c) $3NO_2(g) + H_2O(l) \to 2HNO_3(l) + NO(g)$
(d) $CaC_2(s) + H_2O(l) \to C_2H_2(g) + CaO(s)$
(e) $2Na(s) + 2H_2O(g) \to 2NaOH(s) + H_2(g)$
(f) $6NO_2(g) + 8NH_3(g) \to 7N_2(g) + 12H_2O(g)$
(g) $C_2H_4(g) + \frac{1}{2}O_2(g) \to \langle(CH_2)_2\rangle O(g)$
(h) $C_2H_2(g) + H_2O(g) \to \langle(CH_2)_2\rangle O(g)$
(i) $CH_4(g) + 2H_2O(g) \to CO_2(g) + 4H_2(g)$
(j) $CO_2(g) + 3H_2(g) \to CH_3OH(g) + H_2O(g)$
(k) $CH_3OH(g) + \frac{1}{2}O_2(g) \to HCHO(g) + H_2O(g)$
(l) $2H_2S(g) + 3O_2(g) \to 2H_2O(g) + 2SO_2(g)$
(m) $H_2S(g) + 2H_2O(g) \to 3H_2(g) + SO_2(g)$
(n) $N_2(g) + O_2(g) \to 2NO(g)$
(o) $CaCO_3(s) \to CaO(s) + CO_2(g)$
(p) $SO_3(g) + H_2O(l) \to H_2SO_4(l)$
(q) $C_2H_4(g) + H_2O(l) \to C_2H_5OH(l)$
(r) $CH_3CHO(g) + H_2(g) \to C_2H_5OH(g)$
(s) $C_2H_5OH(l) + O_2(g) \to CH_3COOH(l) + H_2O(l)$
(t) $C_2H_5CH:CH_2(g) \to CH_2:CHCH:CH_2(g) + H_2(g)$
(u) $C_4H_{10}(g) \to CH_2:CHCH:CH_2(g) + 2H_2(g)$
(v) $C_2H_5CH:CH_2(g) + \frac{1}{2}O_2(g) \to CH_2:CHCH:CH_2(g) + H_2O(g)$
(w) $4NH_3(g) + 6NO(g) \to 6H_2O(g) + 5N_2(g)$
(x) $N_2(g) + C_2H_2(g) \to 2HCN(g)$
(y) $C_6H_5.C_2H_5(g) \to C_6H_5CH:CH_2(g) + H_2(g)$
(z) $C(s) + H_2O(l) \to H_2(g) + CO(g)$

4.22 計算習題 4.21 中下列各項的標準反應熱：

(a) 600°C；(b) 500°C；(f) 650°C；(i) 700°C；(j) 590 (°F)；(l) 770 (°F)；(m) 850 K；(n) 1,300 K；(o) 800°C；(r) 450°C；(t) 860 (°F)；(u) 750 K；(v) 900 K；(w) 400°C；(x) 375°C；(y) 1,490 (°F)

4.23 將下列各反應式的標準反應熱表示成一般化的溫度函數：習題 4.21 的 (a)、(b)、(e)、(f)、(g)、(h)、(j)、(k)、(l)、(m)、(n)、(o)、(r)、(t)、(u)、(v)、(w)、(x)、(y) 及 (z) 等項。

4.24 天然氣 (假設為純甲烷)，以每天 150 百萬立方英尺的體積流率經由管線輸送到城市。若每 GJ 高熱值的氣體售價為 $5，則預期每日的收益為多少元？標準狀況為 60 (°F) 及 1 (atm)。

4.25 天然氣通常並非純甲烷，而含有其他輕質碳氫化合物及氮氣。對含有甲烷、乙烷、丙烷及氮氣的天然氣，將其標準燃燒熱表示為組成的函數。假設燃燒後的產品為液態水。下列何者天然氣有最高的燃燒熱？

(a) $y_{CH_4} = 0.95$, $y_{C_2H_6} = 0.02$, $y_{C_3H_8} = 0.02$, $y_{N_2} = 0.01$。

(b) $y_{CH_4} = 0.90$, $y_{C_2H_6} = 0.05$, $y_{C_3H_8} = 0.03$, $y_{N_2} = 0.02$。

(c) $y_{CH_4} = 0.85$, $y_{C_2H_6} = 0.07$, $y_{C_3H_8} = 0.03$, $y_{N_2} = 0.05$。

4.26 若尿素 $(NH_2)_2CO(s)$ 在 25°C 燃燒，生成 $CO_2(g)$、$H_2O(l)$ 及 $N_2(g)$ 產品時的燃燒熱為 631,660 J mol^{-1}，則其 25°C 時的 $\Delta H°_{f_{298}}$ 為多少？

4.27 燃料的高熱值 (higher heating value, HHV) 是它在 25°C 時燃燒生成液態水時的燃燒熱，而低熱值 (lower heating value, LHV) 則為生成產物為水蒸汽時的燃燒熱。

(a) 解釋這些名詞的來源。

(b) 將天然氣視為純甲烷時，計算其 HHV 及 LHV 值。

(c) 將家庭用加熱油視為純液態正癸烷，計算其 HHV 及 LHV 值。液態正癸烷的 $\Delta H°_{f_{298}} = -249,700$ J mol^{-1}。

4.28 某輕質燃油的平均組成為 $C_{10}H_{18}$，在卡計中與氧氣燃燒。在 25°C 反應時，測得所釋出的熱量為 43,960 J g^{-1}。計算這個燃油在 25°C 燃燒且生成 $H_2O(g)$ 及 $CO_2(g)$ 時的標準燃燒熱。這個反應在固定體積的卡計中進行，產物為液態水，且為完全反應。

4.29 甲烷氣體在大氣壓力下與 30% 過量的空氣完全燃燒。甲烷與含有飽和水蒸汽的空氣在 30°C 時進入爐中，且廢氣在 1,500°C 時離開爐中。廢氣再經過熱交換器，並於 50°C 時離開。以一莫耳甲烷為基準，爐中所失去的熱量為多少？熱交換器中的熱傳量為多少？

4.30 氨氣進入硝酸工廠的反應器中，並與 30% 過量的乾空氣完全反應為二氧化氮及水蒸汽。若氣體在 75°C [167(°F)] 時進入反應器，且轉化率為 80%，沒有副反應發生，且反應器在絕熱情況下操作，則氣體離開反應器時的溫度為多少？假設氣體為理想氣體。

4.31 乙烯與水蒸汽的等莫耳比例混合物，在 320°C 及 1 大氣壓時進入化學反應器中，經由下列反應生成乙醇

$$C_2H_4(g) + H_2O(g) \rightarrow C_2H_5OH(l)$$

液態乙醇在 25°C 時離開反應器。試計算每產生一莫耳乙醇時，總體程序中的熱傳量為多少？

4.32 甲烷與水蒸汽的混合氣體在大氣壓力及 500°C 時進入反應器，並發生下列反應：

$$CH_4 + H_2O \rightarrow CO + 3H_2 \quad 及 \quad CO + H_2O \rightarrow CO_2 + H_2$$

產物於 850°C 時離開反應器，且具有下列組成 (莫耳分率)：

$$y_{CO_2} = 0.0275 \quad y_{CO} = 0.1725 \quad y_{H_2O} = 0.1725 \quad y_{H_2} = 0.6275$$

計算生成一莫耳氣體產物所需供給的熱量。

4.33 某燃料含有 75% 莫耳分率的甲烷及 25% 莫耳分率的乙烷，在 30°C 時與 80% 過量的空氣進入爐中。若對每公斤燃料加入 8×10^5 kJ 的熱量於燃燒管中，則廢氣離開燃爐時的溫度為多少？假設燃料為完全燃燒。

4.34 由硫化物燃燒器產生的氣體，含有 15% 莫耳分率的 SO_2，20% 莫耳分率的 O_2，及 65% 莫耳分率的 N_2。氣體混合物在大氣壓力及 400°C 時進入觸媒轉化器中，使 86% 的 SO_2 再氧化為 SO_3。以每莫耳進入的氣體為基準，若產物氣體於 500°C 時離開，必須從轉化器中移去多少熱量？

4.35 氫氣經由下列反應產生：

$$CO(g) + H_2O(g) \rightarrow CO_2(g) + H_2(g)$$

反應器的進料為 125°C 及大氣壓力下的等莫耳一氧化碳與水蒸汽混合物。若 60% 的 H_2O 轉化為 H_2，且產物於 425°C 時離開反應器，多少的熱量必須傳遞給反應器？

4.36 直接點火的乾燥器中燃燒某低熱值為 19,000 (Btu)(lb$_m$)$^{-1}$ 的燃油。[低熱值是在燃燒產物為 $CO_2(g)$ 及 $H_2O(g)$ 時所求得的]。燃油的重量百分組成為 85% 碳、12% 氫、2% 氮及 1% 水。廢氣於 400 (°F) 時離開乾燥器，在乾燥基準下分析廢氣中含有 3% 莫耳分率 CO_2，及 11.8% 莫耳分率 CO。燃料、空氣及欲乾燥的物質於 77 (°F) 時進入乾燥器。若進入的空氣中含有飽和的水分，且 30% 過量低熱值的燃油用來彌補熱損失 (包含由乾燥產物所帶出的顯熱)，則每 (lb$_m$) 燃油在乾燥器中燃燒時可蒸發多少的水分？

4.37 等莫耳氮氣與乙炔的混合物於 25°C 及大氣壓力下，以穩流方式進入反應器中。所發生的唯一反應為：$N_2(g) + C_2H_2(g) \rightarrow 2HCN(g)$ 產物氣體於 600°C 時離開反應器，並含有 24.2% 莫耳分率的 HCN。產生 1 莫耳氣體時，必須供給反應器多少熱

量？

4.38 氯氣由下列反應產生：4HCl(g) + O$_2$(g) → 2H$_2$O(g) + 2Cl$_2$(g) 反應器的進料中含有 60% 莫耳分率的 HCl、36% 莫耳分率的 O$_2$ 及 4% 莫耳分率的 N$_2$，且進料溫度為 550°C。若 HCl 的轉化率為 75% 且整個程序為恆溫，則反應器必須傳遞多少熱量出去？以 1 莫耳的進料為計算基準。

4.39 將廢氣混合物通入含熾熱碳 (假設為純碳) 的反應床中，可得到只含 CO 及 N$_2$ 的氣體。下列二反應都為完全反應：

$$CO_2 + C \rightarrow 2CO \quad \text{及} \quad 2C + O_2 \rightarrow 2CO$$

廢氣內含有 12.8% 莫耳分率的 CO、3.7% 莫耳分率的 CO$_2$、5.4% 莫耳分率的 O$_2$ 及 78.1% 莫耳分率的 N$_2$。廢氣／空氣混合物的比率可做適當調整，以使上列二反應的反應熱互相抵消，因此碳反應床的溫度維持恆定不變。若反應床的溫度為 875°C，進料也先預熱到 875°C，且整個程序絕熱，則廢氣與空氣的莫耳數比值必須為多少？氣體產物的組成為何？

4.40 某燃料氣體中含有 94% 莫耳分率的甲烷與 6% 莫耳分率的氮氣，在連續式熱水器中與 35% 過量空氣燃燒。燃燒氣體及乾空氣都於 77 (°F) 時進入。水以 75 (lb$_m$)(s)$^{-1}$ 的流率，由 77 (°F) 被加熱到 203 (°F)，廢氣離開加熱器時的溫度為 410 (°F)。進料的甲烷中，70% 燃燒為二氧化碳，且 30% 燃燒為一氧化碳。若無熱逸失到環境中，則燃料氣體的體積流率為多少？

4.41 製造 1,3-丁二烯的方法之一，是在大氣壓力下的 1-丁烯觸媒脫氫反應，反應式如下：

$$C_4H_8(g) \rightarrow C_4H_6(g) + H_2(g)$$

為了抑制副反應，將每莫耳 1-丁烯的進料以 10 莫耳的水蒸汽稀釋。反應在 525°C 恆溫下進行，有 33% 的 1-丁烯轉化為 1,3-丁二烯。若 1-丁烯的進料為 1 莫耳，則有多少熱量傳遞給反應器？

4.42 (a) 一台氣冷式冷卻機以 12 (Btu)s^{-1} 的速率，將熱空氣排出，外界空氣的溫度為 70 (°F)。如果空氣溫度上升了 20 (°F)，則空氣的體積流率需為多少？

(b) 若 (a) 小題的熱傳速率為 12 kJ s^{-1}，外界溫度為 24°C，且溫度上升 13°C，則計算結果為多少？

4.43 (a) 一台空調機可將 50 (ft)^3 s^{-1} 的空氣由 94 (°F) 冷卻到 68 (°F),則其熱傳速率為多少 (Btu) s^{-1}?

(b) 若 (a) 小題的體積流率為 1.5 m^3 s^{-1},溫度為 35°C 至 25°C,則熱傳速率為多少 kJ s^{-1}。

4.44 一個以丙烷為燃料的熱水爐,可將丙烷標準燃燒熱的 80% 熱傳給水,燃燒熱的標準狀態為 25°C 且產物為 $CO_2(g)$ 及 $H_2O(g)$。如果丙烷的成本是 25°C 下每加侖 $2.20,則加熱成本為多少 $/M (Btu)?或多少 $/M J?

4.45 若下列各氣體經穩流程序,在大氣壓力下由 25°C 加熱到 500°C,則所需熱傳量為多少 J mol^{-1}?

(a) 乙炔;(b) 氨氣;(c) 正丁烷;(d) 二氧化碳;(e) 一氧化碳;(f) 乙醇;(g) 氫氣;(h) 氯化氫;(i) 甲醇;(j) 一氧化氮;(k) 氮氣;(l) 二氧化氮;(m) 一氧化二氮;(n) 氧氣;(o) 丙烯

4.46 若上題中,有 30,000 J mol^{-1} 的熱量傳給氣體,則各氣體的最終溫度為多少?假設起始溫度為 25°C,且為大氣壓力下的穩流程序。

4.47 熱的定量分析可由監測二成分氣體系統而得。計算下列各小題可更了解此方法。

(a) 甲醇／乙醇的氣體混合物,經穩流程序在 1 (atm) 下,由 25°C 加熱到 250°C。如果 Q = 11,500 J mol^{-1},則氣體混合物的組成為何?

(b) 苯／環己烷的氣體混合物,經穩流程序在 1 (atm) 下,由 100°C 加熱到 400°C。如果 Q = 54,000 J mol^{-1},則氣體混合物的組成為何?

(c) 甲苯／乙苯的氣體混合物,經穩流程序在 1 (atm) 下,由 150°C 加熱到 250°C。如果 Q = 17,500 J mol^{-1},則氣體混合物的組成為何?

4.48 1 (atm) 及 25°C 的液態水,經由熱交換器,被熱空氣加熱成 1 (atm) 及 100°C 的水蒸汽。若熱空氣保持在 1 (atm) 下,計算下列兩種情況時的 $\dot{m}$(蒸氣)/$\dot{n}$(熱空氣) 的比值:

(a) 熱空氣進入熱交換器時,溫度為 1,000°C

(b) 熱空氣進入熱交換器時,溫度為 500°C

假設上述兩種情況下,熱交換器的 ΔT 都至少有 10°C。

4.49 飽和水蒸汽常用作熱交換器的加熱源。為何要用「飽和」蒸汽?為何要用「水」蒸汽?在一個正常規模的工廠內,通常有數種飽和蒸汽可供使用;例如 4.5、9、17 和 33 bar 的飽和蒸汽。但壓力愈高,有效能量就愈低 (為什麼?),而且成本也愈高。

既然如此為何要使用高壓蒸汽？

4.50 葡萄糖的氧化反應，是動物細胞基本的能量來源。假設反應物為葡萄糖 [$C_6H_{12}O_6(s)$] 和氧氣 [$O_2(g)$]，而產物為 $CO_2(g)$ 和 $H_2O(l)$。
   (a) 寫出葡萄糖氧化反應的化學平衡式，並且計算在 298 K 時的標準反應熱。
   (b) 人體一天消耗的能量，平均約為每公斤 150 kJ。假設能量全由葡萄糖提供，試計算 57 kg 的成人每日應攝取的葡萄糖量。
   (c) 2.75 億的人口，光是呼吸約可增加多少質量的溫室氣體 CO_2？

   資料：葡萄糖的 $\Delta H°_{f298}$ = −1274.4 kJ mol^{-1}。忽略溫度對反應熱的影響。

4.51 某天然氣燃料中，含有 85% 莫耳分率的甲烷、10% 莫耳分率的乙烷及 5% 莫耳分率的氮氣。
   (a) 燃料在 25°C 且產物為 $H_2O(g)$ 的標準狀態下，標準燃燒熱為多少 kJ mol^{-1}？
   (b) 燃料與 50% 過量空氣在 25°C 下進入爐體中。產物在 600°C 下排出。如果燃燒為完全反應且無副反應發生，則爐內的熱傳量為多少 kJ／每莫耳燃料？

熱力學第二定律

Chapter 5

熱力學討論能量的轉換，而熱力學定律則描述了實際發生的轉換有什麼限制。熱力學第一定律說明了一般程序中的能量守恆原則，其中並沒有限制程序進行的方向。但所有的經驗告訴我們，程序進行方向的確有其限制，而針對這一點最明確清楚的敘述就是熱力學第二定律。

要了解熱力學第二定律的意義，必須先知道熱和功這兩種能量的差異。在能量平衡式中，功和熱可以直接相加，也就是說一單位的熱 (如一焦耳) 與一單位的功是相等的。雖然對能量平衡而言這是正確的，但我們由經驗知道，熱和功的性質是不同的，其不同點可由下列事實說明。

功可轉換為其他形式的能量，例如可藉重物的升高而轉為位能，可由質量的加速而轉為動能，或經由發電機的運轉而變為電能。在這些程序中可因避免摩擦的產生而達到 100% 的效率，摩擦是一種消散程序 (dissipative process)，使功轉換為熱。實際上如焦耳實驗所示，功可完全轉換為熱。

在另一方面，不管怎麼努力，都找不到方法可以將熱在連續程序中完全轉換為功、機械能或電能。無論如何改良所用的裝置，熱轉為功的效率不超過 40%。所以在相同能量時，熱比起功、機械能或電能，很明顯是一種較為無用且價值較低的能量形式。

由我們的經驗更可知，當熱在兩物體間流動時，總是由較熱的一方流至較冷的一方，從不逆轉其方向 (參見 1.9 節)。這項事實具有重要的意義，將敘述方法略為改變，就是第二定律的一種很常見的解釋。

5.1　第二定律的敘述

以上所敘述的觀察結果，使程序有了一般性的限制，第二定律以下列兩個敘述來表示這個限制：

- **敘述 1**：沒有任何裝置可以對系統和環境造成下述的單一效應：系統將吸收的熱能，完全轉換為對環境作的功，除此之外系統和環境沒有其他的變化。

- **敘述 2**：沒有一個程序能只將熱由低溫傳至高溫，而沒有其他的效應。

敘述 1 並非是說熱不能轉換為功,而是指當熱轉換為功時,系統和環境必然也有其他效應發生。想像一個活塞／圓筒系統,內部為理想氣體,並在恆溫下進行可逆膨脹程序。根據 (2.3) 式,$\Delta U^t = Q + W$,對理想氣體而言 $\Delta U^t = 0$,因此 $Q = -W$。氣體從環境所吸收的熱,等於氣體在可逆膨脹中所作的功。看起來這結果似乎與上列第一項敘述相違,因為在環境中唯一的結果是將熱完全轉換為功。但事實上這個可逆膨脹程序會使系統的壓力改變,而無法滿足敘述 1 所說的「系統和環境沒有其他的變化」。

上述的可逆膨脹程序也受到另一個限制。當氣體的壓力與環境達到平衡時,膨脹就會停止,因此連續地將熱轉換為功是不可能的。如果要符合敘述 1 的要求,使系統和環境沒有其他變化,那麼唯一可能進行的程序就是使系統重回起始的狀態。但要這麼做的話,環境就必須施加功給系統,才能使氣體加壓回到起始壓力;同時熱也必須傳遞回環境以維持系統的恆溫。加上這個逆向程序所需要的功,至少要等於氣體膨脹所作的功,所以沒有淨功可得。因此,敘述 1 顯然可另外表示為:

- **敘述 1a**:利用一個循環程序將系統所吸收的熱完全轉換為系統所作的功是不可能的。

循環程序 (cyclic process) 的意思,是指系統可週期性的重回起始的狀態。在活塞／圓筒裝置中的氣體,經由膨脹與壓縮而重回其起始的狀態,構成一個完整的循環,若此程序重複進行,就成為一個循環程序。敘述 1a 中對循環程序所述的限制,與敘述 1 中的單一效應是同樣的意義。

第二定律並非指不能由熱產生功,它只指出在任何循環過程中熱無法完全轉換為功,而只有部份比例可轉換。除了水力與風力的能源之外,幾乎所有商用能源都是基於熱對功的部份轉換。在後續對第二定律的討論中,我們將導出這種轉換效率的定量表示法。

5.2　熱　機

熱力學第二定律在傳統上的表示法,是基於巨觀性質的觀察,而與物質的構造或分子的行為無關。它是由熱機 (heat engine) 的研究而來,熱機是一種由循

環程序中將熱轉換為功的裝置。例如蒸汽動力工廠就是將工作流體 (H_2O) 週期性地轉回到原來的狀態，這個循環程序簡單來說包含下列各步驟：

- 液態水在大氣壓左右的壓力下，由泵打到高壓鍋爐中。
- 由燃料提供的熱 (如燃燒化石燃料或核反應等) 被傳送給鍋爐內的水，並在鍋爐壓力下將水轉為高溫蒸汽。
- 能量經由蒸汽以軸功的方式傳送至環境；傳送的裝置如渦輪，蒸汽在其中膨脹而減低壓力及溫度。
- 由渦輪排出的蒸汽重新凝結為液態水，並釋放熱量給外界環境，如此完成整個循環。

所有熱機皆包含高溫下系統的吸熱，低溫下對環境的放熱，以及功的產生等三步驟。在熱機的理論研究中，我們用熱源 (heat reservoirs) 來表示操作過程中的兩個溫度。所謂熱源乃是一個假想的物體，它可吸熱或放熱而不改變其溫度。[1]在熱機操作中，工作流體在高溫熱源中吸收了 $|Q_H|$ 的熱量，生產了淨值為 $|W|$ 的功，並將 $|Q_C|$ 的熱量排放至低溫熱源，再回到原來的狀態。第一定律因此可簡化為：

$$|W| = |Q_H| - |Q_C| \tag{5.1}$$

定義熱機的熱效率 (thermal efficiency) 為 $\eta \equiv$ 輸出的淨功／輸入的熱。結合 (5.1) 式就變成：

$$\eta = \frac{|W|}{|Q_H|} = \frac{|Q_H| - |Q_C|}{|Q_H|} = 1 - \frac{|Q_C|}{|Q_H|} \tag{5.2}$$

上列各式使用絕對值符號，為的是不受 Q 與 W 慣用正負號的限制。若要使 η 值為 1 (表示 100% 的熱效率)，則 $|Q_C|$ 必須為零。沒有一個熱機可如此建造，總有一些熱量須排放到低溫熱源。這些工程經驗是熱力學第二定律敘述 1 及 1a 的基礎。

若熱機的熱效率不可達到 100%，那麼如何決定其上限呢？我們可預期熱機的熱效率與其操作的可逆程度有關。事實上在完全可逆情況下操作的熱機是極特殊的，它稱為 Carnot 熱機 (Carnot engine)。這個理想的熱機於 1824 年首先由

---

[1] 加熱爐的燃燒室，實際上就是一種熱源；而外界大氣可當作低溫熱源，或稱冷源。

N. L. S. Carnot 提出。[2]Carnot 循環包含四個步驟，依照如下的順序操作：

- 步驟 1：系統一開始已和溫度為 T_C 的低溫熱源達到熱平衡，經過一個絕熱可逆程序，使溫度上升到 T_H，也就是高溫熱源的溫度。
- 步驟 2：系統保持與高溫熱源接觸，使其溫度維持為 T_H，經過一個可逆恆溫程序，並從高溫熱源中吸收 $|Q_H|$ 的熱量。
- 步驟 3：系統再經過與步驟 1 方向相反的絕熱可逆程序，使其溫度重回低溫熱源的溫度 T_C。
- 步驟 4：系統保持與溫度為 的熱源接觸，並進行與步驟 2 方向相反的可逆恆溫程序，使其重回起始狀態，並排放 $|Q_C|$ 的熱量到低溫熱源。

上述的程序，基本上可應用在許多種系統中，不過只有少數有實用意義，這部份會在稍候說明。但不管是什麼樣的系統，都必須滿足 (5.1) 式的能量平衡式：

$$|W| = |Q_H| - |Q_C|$$

Carnot 熱機在兩個熱源之間操作，所有吸收的熱都是在恆定溫度的高溫熱源吸取的，而所有排放的熱，皆排至恆溫的低溫熱源。任何在兩個熱源之間操作的可逆熱機，都稱為 Carnot 熱機。其他的循環程序在熱傳時必有溫差產生，因此不能保持可逆狀況。

Carnot 理論

第二定律的敘述 2 就是 Carnot 理論 (Carnot's theorem) 的基礎：

> 對於操作在兩個熱源之間的熱機而言，它們的熱效率不會大於 Carnot 熱機。

為了證明 Carnot 理論，假設存在一個熱機 E，其熱效率大於 Carnot 熱機。Carnot 熱機由高溫熱源中吸收 $|Q_H|$ 熱量，產生 $|W|$ 的功，並將 $|Q_H| - |W|$ 的熱排至低溫熱源。熱機 E 由相同的高溫熱源吸收 $|Q'_H|$ 的熱量，產生相同的功 $|W|$，並將 $|Q'_H| - |W|$ 的熱排至低溫熱源，若熱機 E 的效率較高，則

---
[2] Nicolas Leonard Sadi Carnot (1796-1832)，是一位法國工程師。

$$\frac{|W|}{|Q'_H|} > \frac{|W|}{|Q_H|} \quad \text{且} \quad |Q_H| > |Q'_H|$$

因為 Carnot 熱機是可逆的，它也可逆向操作。Carnot 循環逆轉其方向，而變為可逆的冷凍循環，$|Q_H|$、$|Q_C|$ 及 $|W|$ 仍與熱機循環的數值相同，但逆轉其方向。令熱機 E 驅動 Carnot 熱機反轉方向而成為 Carnot 冷凍機，如圖 5.1 所示。對此熱機 E 與冷凍機 C 的組合而言，而低溫熱源排出的淨熱量為：

$$|Q_H| - |W| - (|Q'_H| - |W|) = |Q_H| - |Q'_H|$$

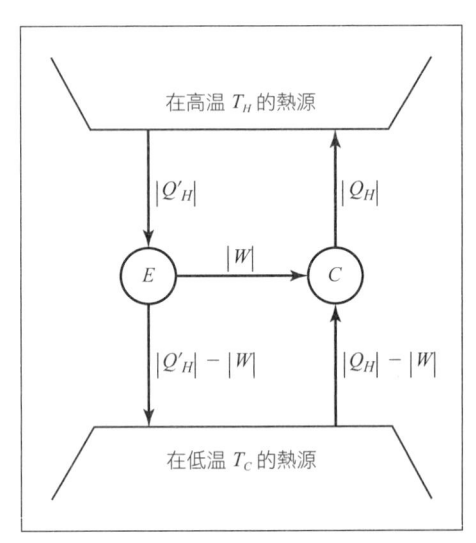

● 圖 5.1 熱機 E 所運轉的 Carnot 冷凍機 C

傳送至高溫熱源的淨熱亦為 $|Q_H| > |Q'_H|$，且為正值。因此在熱機與冷凍機的組合中的唯一效應，是將熱由 T_C 溫度傳至較高溫度 T_H。這是不合理的，因為它違反了第二定律的敘述 2，所以原先假設熱機 E 具有較 Carnot 熱機高的熱效率不成立，Carnot 理論因而得證。

在相同兩個溫度的熱源間操作的所有 Carnot 熱機，都具有相同的熱效率。因此 Carnot 理論可導出以下的結論：

> Carnot 熱機的熱效率只與溫度區間有關，而與熱機中的工作流體無關。

5.3 熱力學溫度座標

之前我們定義了 Kelvin 溫度座標,它是由理想氣體的溫度所定出的。不過我們也可以應用 Carnot 熱機來建立另一種熱力學溫度座標,這個座標也與任何物質的特性無關。令 θ 代表某種溫度座標,它根據實測值而制定出來,而且能明確定義溫度的高低。考慮一個 Carnot 熱機,在 θ_H 溫度的高溫熱源與 θ_C 溫度的低溫熱源間操作。另一個 Carnot 熱機在 θ_C 的熱源與另一個更低溫度 θ_F 的熱源間操作,如圖 5.2 所示。第一個熱機所排放的熱量 $|Q_C|$ 被第二個熱機吸收,因此兩個熱機聯合可構成第三個 Carnot 熱機,在 θ_H 的熱源吸收熱量 $|Q_H|$,並將 $|Q_F|$ 的熱量排放至 θ_F 的熱源。根據 Carnot 理論的推論,第一個熱機的熱效率是 θ_H 及 θ_C 的函數。重組上式可得:

$$\eta = 1 - \frac{|Q_C|}{|Q_H|} = \phi(\theta_H, \theta_C)$$

重組上式可得:

$$\frac{|Q_H|}{|Q_C|} = \frac{1}{1 - \phi(\theta_H, \theta_C)} = f(\theta_H, \theta_C) \tag{5.3}$$

其中 f 為一未知函數。

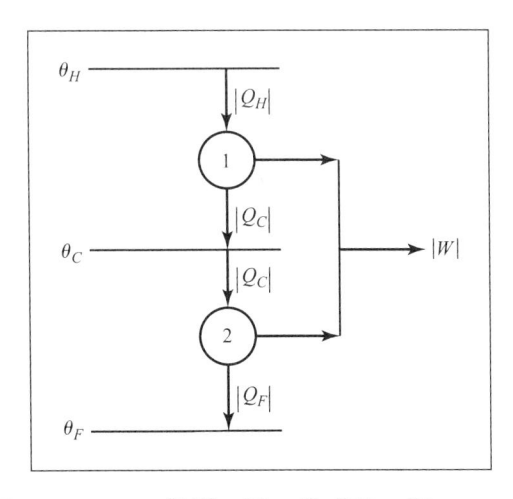

● 圖 5.2　Carnot 熱機 1 與 2 構成第 3 個 Carnot 熱機

同樣的公式可應用於第二及第三個熱機：

$$\frac{|Q_C|}{|Q_F|} = f(\theta_C, \theta_F) \qquad 且 \qquad \frac{|Q_H|}{|Q_F|} = f(\theta_H, \theta_F)$$

將上列兩式相除而得到

$$\frac{|Q_H|}{|Q_C|} = \frac{f(\theta_H, \theta_F)}{f(\theta_C, \theta_F)}$$

將此式與 (5.3) 式相比，可知任選的溫度 θ_F 在上式右邊必須由分數中消去，剩下的公式可寫為

$$\frac{|Q_H|}{|Q_C|} = \frac{\psi(\theta_H)}{\psi(\theta_C)} \tag{5.4}$$

其中 ψ 為另一個未知函數。

(5.4) 式的右邊表示在兩個熱力學溫度下 ψs 值的比值，這個比值是兩個溫度下 Carnot 熱機所吸收及釋出熱量的比，與任何物質的特性無關。然而 (5.4) 式仍然留給我們任意選擇 θ 溫度的空間，一旦選定 θ 後，我們就要決定 ψ 函數。若我們選定 θ 為 Kelvin 溫度 T，則 (5.4) 式變為：

$$\frac{|Q_H|}{|Q_C|} = \frac{\psi(T_H)}{\psi(T_C)} \tag{5.5}$$

理想氣體溫度座標及 Carnot 方程式

以理想氣體作為 Carnot 熱機中的工作流體，其循環程序的 PV 圖示於圖 5.3，它包含以下四個可逆的步驟：

- $a \to b$ 絕熱壓縮，直到溫度由 T_C 升至 T_H。
- $b \to c$ 恆溫膨脹至點 c，並吸收 $|Q_H|$ 的熱量。
- $c \to d$ 絕熱膨脹，直到溫度降至 T_C。
- $d \to a$ 恆溫壓縮回到起始狀態，並釋放 $|Q_C|$ 的熱量。

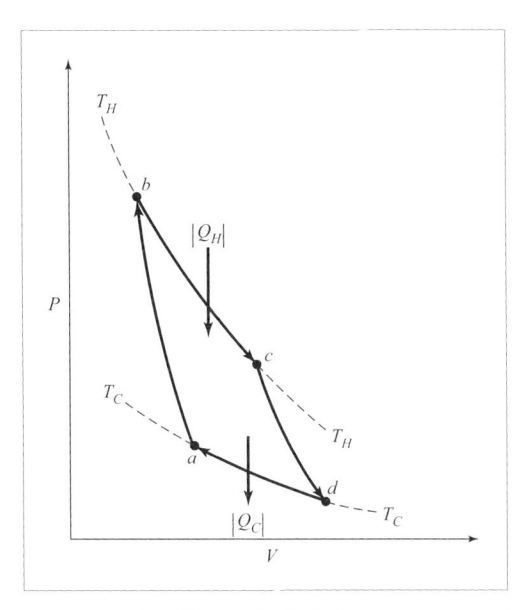

● 圖 5.3　以理想氣體為工作流體的 Carnot 循環之 PV 圖

在恆溫步驟 $b \rightarrow c$ 及 $d \rightarrow a$ 中，由 (3.27) 式可得：

$$|Q_H| = RT_H \ln \frac{V_c}{V_b} \quad 及 \quad |Q_C| = RT_C \ln \frac{V_d}{V_a}$$

因此

$$\frac{|Q_H|}{|Q_C|} = \frac{T_H}{T_C} \frac{\ln(V_c/V_b)}{\ln(V_d/V_a)} \tag{5.6}$$

對一個絕熱的程序，(3.22) 式可寫為，

$$-\frac{C_V}{R} \frac{dT}{T} = \frac{dV}{V}$$

在 $a \rightarrow b$ 及 $c \rightarrow d$ 步驟中，上式積分可得：

$$\int_{T_C}^{T_H} \frac{C_V}{R} \frac{dT}{T} = \ln \frac{V_a}{V_b} \quad 及 \quad \int_{T_C}^{T_H} \frac{C_V}{R} \frac{dT}{T} = \ln \frac{V_d}{V_c}$$

因為上列二式的左邊相等，因此，

$$\ln \frac{V_a}{V_b} = \ln \frac{V_d}{V_c} \quad 或 \quad \ln \frac{V_c}{V_b} = \ln \frac{V_d}{V_a}$$

(5.6) 式乃變為：

$$\boxed{\frac{|Q_H|}{|Q_C|} = \frac{T_H}{T_C}} \tag{5.7}$$

比較上式與 (5.5) 式可得到最簡單的 ψ 函數的可能形式，即 $\psi(T) = T$。因此可得如下的結論：基於理想氣體的性質，Kelvin 溫度座標事實上是一個熱力學的座標，它與任何特定物質的特性無關。將 (5.7) 式代入 (5.2) 式可得：

$$\boxed{\eta \equiv \frac{|W|}{|Q_H|} = 1 - \frac{T_C}{T_H}} \tag{5.8}$$

(5.7) 及 (5.8) 式稱為 Carnot 方程式。在 (5.7) 式中，$|Q_C|$ 的最小可能值為零，而對應的 T_C 值則為 Kelvin 座標中的絕對零度，如 1.5 節所述，此溫度為 $-273.15°C$。(5.8) 式表示只有在 T_H 值趨近於無限大或 T_C 趨近於零時，Carnot 熱機的熱效率才趨近於 1。這兩種情形實際上都不可能發生，因此所有熱機的操作熱效率都小於 1。低溫熱源可自然存在於大氣壓力下，如湖泊、河流及海洋，它們的 T_C 約為 300 K。高溫熱源物體如鍋爐，它的溫度維持在化石燃料的燃燒溫度，或核子反應器中放射性元素的熔合溫度。實用程序中熱源溫度 T_H 約為 600 K，由這些溫度值可得 $\eta = 1-300/600 = 0.5$，這是 Carnot 熱機熱效率實際上大約的上限值，真實熱機是不可逆的，它們的熱效率極少超過 0.35。

例 5.1 功率為 800,000 kW 的中央動力工廠在 585 K 產生蒸汽，並將熱排放到 295 K 的河流中。若其熱效率為最大可能值的 70%，在此功率下有多少的熱量被排放至河中？

解 最大可能的熱效率可由 (5.8) 式求得，取蒸汽產生的溫度為 T_H，河流的溫度為 T_C，我們得到

$$\eta_{max} = 1 - 295/585 = 0.4957$$

及

$$\eta = (0.7)(0.4957) = 0.3470$$

其中 η 是實際的熱效率。聯合 (5.1) 與 (5.2) 式可消去 $|Q_H|$，而 $|Q_C|$ 之解為：

$$|Q_C| = \left(\frac{1-\eta}{\eta}\right)|W| = \left(\frac{1-0.347}{0.347}\right)(800,000) = 1,505,500 \text{ kW}$$

1,505,500 kJ s^{-1} 如此的熱量可使一般大小的河川溫度上升攝氏數度。

5.4　熵

對於一個 Carnot 熱機而言，(5.7) 式可寫為：

$$\frac{|Q_H|}{T_H} = \frac{|Q_C|}{T_C}$$

若熱量是相對於熱機 (而非相對於熱源) 而定，則 Q_H 是正值而 Q_C 應為負值。因此不含絕對值符號的方程式可寫成

$$\frac{Q_H}{T_H} = \frac{-Q_C}{T_C}$$

或
$$\frac{Q_H}{T_H} + \frac{Q_C}{T_C} = 0 \tag{5.9}$$

所以對一個完整的 Carnot 熱機循環而言，熱機中工作流體因吸熱或放熱所得值之總和為零。因為 Carnot 熱機中的工作流體週期性的回復到起始狀態，溫度、壓力及內能等熱力學性質也週期性的回復到起始狀態。一個物性的主要特徵，是在一個完整循環中其改變量的總和為零。因此 (5.9) 式建議了一個物性，其改變量可以用 Q/T 表示之。

我們想要證明 (5.9) 式不但適用於可逆的 Carnot 循環，也適用於其他的可逆循環。圖 5.4 中的封閉曲線 PV^t 圖，表示一個任意流體所行經任意路徑的封閉曲線。我們將整個封閉的區域分割為一連串的可逆絕熱曲線。因為這些曲線不可彼此交錯 (見習題 5.1)，我們將它們以任意相鄰的方式畫出。在圖上有一些絕熱

● 圖 5.4　任意循環程序的 PV^t 圖

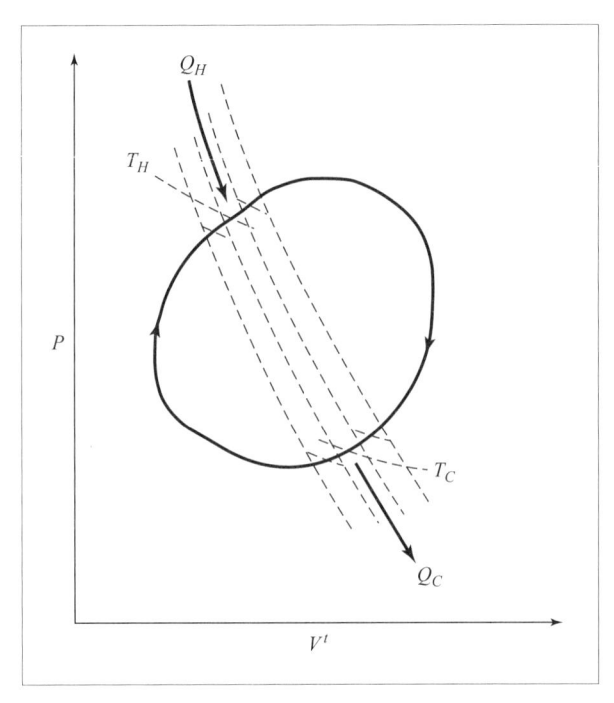

的曲線以長型虛線表示之。我們再將相鄰的絕熱曲線以可逆恆溫的兩條短虛線連接起來，並盡可能使這些曲線近似於原先整體的循環。我們可藉著更加細分絕熱曲線來達成這種近似，將絕熱曲線的間距減至任意小時，我們就可以盡量逼近於原來的循環。每一對相鄰的絕熱曲線及連接它們之間的恆溫曲線構成一個 Carnot 循環，而 (5.9) 式可適用之。

任一 Carnot 循環都有各自的等溫線 T_H 及 T_C，以及個別的熱量 Q_H 及 Q_C，圖 5.4 中也表示了一個代表性的循環。當絕熱曲線緊密靠近時，等溫線步驟變得無限小，熱量就可以用 dQ_H 及 dQ_C 表示，而 (5.9) 式對每一個 Carnot 循環可寫為

$$\frac{dQ_H}{T_H} + \frac{dQ_C}{T_C} = 0$$

其中 T_H 及 T_C 為 Carnot 熱機中工作流體的絕對溫度，也是任意循環中工作流體所經歷的溫度。對 Carnot 熱機中所有 dQ/T 項加成，可得下列積分式：

$$\oint \frac{dQ_{\text{rev}}}{T} = 0 \tag{5.10}$$

其中積分符號中的圓圈，表示在一個任意的循環中進行積分，下標"rev"表示這個公式僅適用於可逆的循環。

在任意循環程序中，dQ_{rev}/T 的總和為零，因此它表示了一種物性的特質。我們因此可指出系統存在一種物性，在任意循環中其微分改變量等於 dQ_{rev}/T。這個物性稱為熵 (entropy)，它的微分改變量為：

$$dS^t = \frac{dQ_{rev}}{T} \tag{5.11}$$

其中 S^t 表示系統的總熵 (而非莫耳熵)。另一種表示法為

$$\boxed{dQ_{rev} = TdS^t} \tag{5.12}$$

在圖 5.5 所示的 PV^t 圖上，我們用 A 與 B 兩點代表某一特定流體的兩個平衡狀態，並以連接二點的曲線 ACB 與 ADB 代表任意兩個連接 A、B 兩點的可逆程序。對每一個路徑應用 (5.11) 式積分可得：

$$\Delta S^t = \int_{ACB} \frac{dQ_{rev}}{T} \quad 及 \quad \Delta S^t = \int_{ADB} \frac{dQ_{rev}}{T}$$

由 (5.10) 式來看，上列二積分式必須相等。我們因此可知 ΔS^t 與路徑是無關的，它是一個物性的改變量，等於 $S_B^t - S_A^t$。

若流體經過一個不可逆的程序，將其狀態由 A 改變至 B，此時熵的改變仍然為 $\Delta S^t = S_B^t - S_A^t$，但由實驗得知，我們並不能用不可逆程序中的數據計算 $\int dQ/T$ 而求得熵的改變。用此積分式來求取熵的改變只在可逆程序中適用。

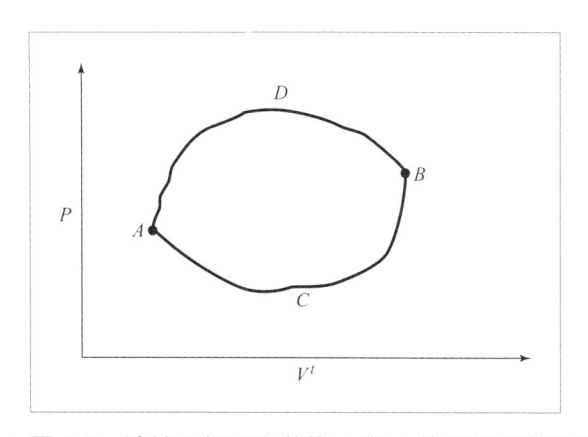

● 圖 5.5　連接兩個平衡狀態 A 與 B 的兩個可逆路徑

熱源的熵改變量，可用 Q/T 表示之，其中 Q 是在溫度 T 時傳入熱源或由熱源傳出的熱量，且無論在可逆或不可逆的狀況下皆適用。這是因為無論熱源的溫度為多少，熱傳對熱源的效應都是相同的。

若一個程序為可逆且絕熱，$dQ_{rev} = 0$；由 (5.11) 式可得 $dS^t = 0$。因此在一個可逆絕熱程序中，系統的熵保持恆定不變，這種程序稱為等熵 (isentropic) 程序。

對熵的討論可總結如下：

- 如同由第一定律而產生內能的定義，也由於第二定律而產生熵的定義。在古典熱力學中並沒有對熵的定義式，而 (5.11) 式是將熵與可量度的性質聯合在一起的公式，它提供了計算熵的改變量的方法，它的特性可由下列通則表示之：

    熵是一種物性，它是系統的本質特性，並與系統中可量度的性質相關。對於可逆的程序而言，熵的改變量可由 (5.11) 式求出。

- 在一個可逆程序中系統熵的改變為：

$$\Delta S^t = \int \frac{dQ_{rev}}{T} \tag{5.13}$$

- 當系統經過一個不可逆程序，由一個平衡狀態改變到另一個平衡狀態，系統熵的改變 ΔS^t 必須在任意選定的可逆程序下，應用 (5.13) 式求之，而此任意選定的可逆程序，須與真實程序有相同的狀態改變。積分計算不能在不可逆路徑下進行。因為熵是一個狀態函數，可逆與不可逆程序中熵的改變量是相同的。

在一個機械可逆的特例中（見 (2.8) 節），系統熵的改變可由真實程序的 $\int dQ/T$ 算出，當系統與環境間之熱傳為不可逆時亦是如此。因為就系統而言，引起熱傳的溫度差為極微量（使程序為可逆）或具有固定的數值是無關緊要的。由熱傳遞所造成系統熵的改變量，不論熱傳是否為可逆，都可用 $\int dQ/T$ 計算。但是當系統的不可逆情況是由其他固定的驅動力，如壓力所造成時，熵的改變不只由熱傳所造成，在求取熵的改變量時，我們必須決定一個與真實程序有相同狀態改變的可逆程序來完成計算。

Chapter 5　熱力學第二定律

　　從熱機的考慮來定義熵屬於傳統的方法，也是依循其發展的順序而定出的。另一種基於分子觀念和統計力學的導證方法，將在 5.11 節有簡單的介紹。

5.5　理想氣體熵的改變

　　對每一莫耳或單位質量的流體，在封閉系統中進行機械可逆程序，第一定律的 (2.8) 式變為：

$$dU = dQ_{\text{rev}} - P\, dV$$

由焓的定義，$H = U + PV$，可得：

$$dH = dU + P\, dV + V\, dP$$

將 dU 的表示法代入上式得到：

$$dH = dQ_{\text{rev}} - P\, dV + P\, dV + V\, dP$$

或

$$dQ_{\text{rev}} = dH - V\, dP$$

對於理想氣體，我們可將 $dH = C_P^{ig}\, dT$ 及 $V = RT/P$ 代入上式，並除以 T 後得到

$$\frac{dQ_{\text{rev}}}{T} = C_P^{ig}\frac{dT}{T} - R\frac{dP}{P}$$

由 (5.11) 式的結果，我們可再寫為：

$$dS = C_P^{ig}\frac{dT}{T} - R\frac{dP}{P} \quad \text{或} \quad \frac{dS}{R} = \frac{C_P^{ig}}{R}\frac{dT}{T} - d\ln P$$

其中 S 是理想氣體的莫耳熵。將上式由起始狀態的 T_0 及 P_0 積分到結束狀態的 T 與 P 可得：

$$\boxed{\frac{\Delta S}{R} = \int_{T_0}^{T}\frac{C_P^{ig}}{R}\frac{dT}{T} - \ln\frac{P}{P_0}} \tag{5.14}$$

　　雖然此式由可逆程序所導出，但它只表示物性間的關係，與造成狀態改變的程序是無關的。因此上式是計算理想氣體熵改變量的通用公式。

例 5.2 一個具有恆定熱容量的理想氣體進行一個可逆絕熱（因此為等熵）的程序，我們先前已得知

$$\frac{T_2}{T_1} = \left(\frac{P_2}{P_1}\right)^{(\gamma-1)/\gamma}$$

試由從 (5.14) 式及 $\Delta S = 0$ 亦可得到相同的結果。

解 因 C_P^{ig} 為恆定值，(5.14) 式可寫為：

$$0 = \ln\frac{T_2}{T_1} - \frac{R}{C_P^{ig}} \ln\frac{P_2}{P_1}$$

對於理想氣體，由 (3.19) 式及 $\gamma = C_P^{ig}/C_V^{ig}$ 得到：

$$C_P^{ig} = C_V^{ig} + R \quad \text{或} \quad \frac{R}{C_P^{ig}} = \frac{\gamma-1}{\gamma}$$

因此，

$$\ln\frac{T_2}{T_1} = \frac{\gamma-1}{\gamma} \ln\frac{P_2}{P_1}$$

上式整理後就等於題目的公式。

(4.4) 式所示之莫耳熱容量 C_P^{ig} 的溫度函數，可應用於 (5.14) 式右邊的第一個積分項，其結果通常表示為

$$\int_{T_0}^{T} \frac{C_P^{ig}}{R} \frac{dT}{T} = A\ln\tau + \left[BT_0 + \left(CT_0^2 + \frac{D}{\tau^2 T_0^2}\right)\left(\frac{\tau+1}{2}\right)\right](\tau-1) \tag{5.15}$$

其中 $\tau \equiv T/T_0$。因為這個積分常需計算，我們在附錄 D 中附有一個代表性的電腦程式。為了計算上的原因，將 (5.15) 式右邊的函數定義為 ICPS(T0,T;A,B,C,D)，則 (5.15) 式變為：

$$\int_{T_0}^{T} \frac{C_P^{ig}}{R} \frac{dT}{T} = \text{ICPS(T0,T;A,B,C,D)}$$

也可由程式計算下式所定義的平均熱容量：

Chapter 5　熱力學第二定律

$$\langle C_P^{ig}\rangle_S = \frac{\int_{T_0}^{T} C_P^{ig}\, dT/T}{\ln(T/T_0)} \tag{5.16}$$

此處的下標 "S" 表示這個平均值是基於熵的計算而得。將 (5.15) 式除以 $\ln(T/T_0)$ 或 $\ln \tau$，可以得到：

$$\frac{\langle C_P^{ig}\rangle_S}{R} = A + \left[BT_0 + \left(CT_0^2 + \frac{D}{\tau^2 T_0^2}\right)\left(\frac{\tau+1}{2}\right)\left(\frac{\tau-1}{\ln \tau}\right)\right] \tag{5.17}$$

將上式右邊的函數定義為 MCPS(T0,T;A,B,C,D)，則 (5.17) 式變為：

$$\frac{\langle C_P^{ig}\rangle_S}{R} = \text{MCPS(T0,T;A,B,C,D)}$$

由 (5.16) 式表示出：

$$\int_{T_0}^{T} C_P^{ig}\frac{dT}{T} = \langle C_P^{ig}\rangle_S \ln\frac{T}{T_0}$$

並且 (5.14) 式變為：

$$\boxed{\frac{\Delta S}{R} = \frac{\langle C_P^{ig}\rangle_S}{R}\ln\frac{T}{T_0} - \ln\frac{P}{P_0}} \tag{5.18}$$

在需要以疊代法來計算理想氣體熵的改變時，可使用這個形式的方程式求解。

例 5.3　甲烷氣體由 550 K 及 5 bar 經過一個可逆絕熱膨脹到 1 bar 壓力。假設甲烷在這些情況為理想氣體，其最終之溫度為多少？

解　此程序之 $\Delta S = 0$，且 (5.18) 式變成：

$$\frac{\langle C_P^{ig}\rangle_S}{R}\ln\frac{T_2}{T_1} = \ln\frac{P_2}{P_1} = \ln\frac{1}{5} = -1.6094$$

因為 $\langle C_P^{ig}\rangle_S$ 依 T_2 而定，我們重組此公式以作疊代求解：

$$\ln\frac{T_2}{T_1} = \frac{-1.6094}{\langle C_P^{ig}\rangle_S/R} \quad \text{或} \quad T_2 = T_1 \exp\left(\frac{-1.6094}{\langle C_P^{ig}\rangle_S/R}\right)$$

在此 $\langle C_P^{ig}\rangle_S/R$ 由 (5.17) 式表之，其常數值可取自表 C.1，而函數形式為：

$$\frac{\langle C_P^{ig}\rangle_S}{R} = \text{MCPS}(500,T2;1.702,9.081\text{E-}3,2.164\text{E-}6,0.0)$$

取起始值 $T_2 < 550$，可計算 $\langle C_P^{ig}\rangle_S/R$ 值並代入 T_2 的公式。再以求得的新 T_2 值，套入上式計算 $\langle C_P^{ig}\rangle_S/R$。重複這個程序一直到 T_2 收斂，可得最終值為 $T_2 = 411.34 \text{ K}$。

5.6　第二定律的數學表示

考慮兩個熱源，其中一個的溫度為 T_H，第二個在較低的溫度 T_C。令 $|Q|$ 的熱量由較熱的熱源流向較冷者，T_H 及 T_C 溫度的熱源之熵變化量分別為：

$$\Delta S_H^t = \frac{-|Q|}{T_H} \quad \text{及} \quad \Delta S_C^t = \frac{|Q|}{T_C}$$

這兩項熵改變量相加得到：

$$\Delta S_{\text{total}} = \Delta S_H^t + \Delta S_C^t = \frac{-|Q|}{T_H} + \frac{|Q|}{T_C} = |Q|\left(\frac{T_H - T_C}{T_H T_C}\right)$$

因為 $T_H > T_C$，由此不可逆程序所造成的熵改變量為正值。我們也可得知當 $T_H - T_C$ 值變小時，ΔS_{total} 也變小。當 T_H 只比 T_C 高出極微小之量時，熱傳變成可逆的程序，且 ΔS_{total} 趨近於零。因此對於不可逆的熱傳程序而言，ΔS_{total} 恆為正值，而當程序趨近於可逆時，ΔS_{total} 值趨近於零。

Chapter 5　熱力學第二定律

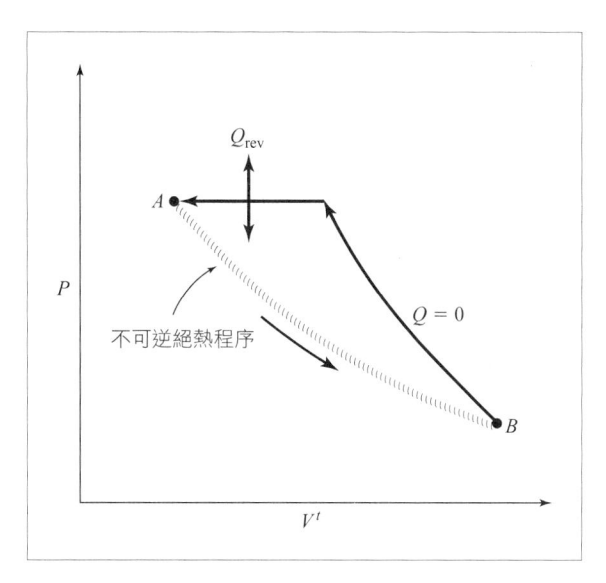

圖 5.6　含有 A 至 B 之不可逆絕熱程序的循環

考慮封閉系統中一個沒有熱傳發生的程序。我們在圖 5.6 上表示了一個不可逆絕熱膨脹的 PV^t 圖，其中 1 莫耳流體由原來的 A 點平衡狀態改變到 B 點的最後平衡狀態。現在假設流體經由二步驟的可逆程序重回其起始狀態：首先，經過可逆絕熱 (等熵) 壓縮，使流體回到起初壓力。第二，經可逆恆壓步驟回復到起初體積。若起初的程序造成了流體熵的改變，則在可逆恆壓的第二步驟程序中必有熱傳遞並使

$$\Delta S^t = S_A^t - S_B^t = \int_B^A \frac{dQ_{\text{rev}}}{T}$$

起初的不可逆程序加上可逆的回復程序構成一個循環，其 $\Delta U = 0$ 而功可表示為：

$$-W = Q_{\text{rev}} = \int_B^A dQ_{\text{rev}}$$

但是根據第二定律的敘述 1a，Q_{rev} 的熱量不可能被加入系統之中，否則這個循環程序會將所吸收的熱完全轉換為功。因此 $\int dQ_{\text{rev}}$ 為負值，而 $S_A^t - S_B^t$ 亦為負值，即 $S_B^t > S_A^t$。因為起初的不可逆程序是絕熱的 ($\Delta S_{\text{surr}} = 0$)，由此程序所造成系統與環境的熵改變量為 $\Delta S_{\text{total}} = S_B^t - S_A^t > 0$。

獲得這個結果的假設，是起初的不可逆程序會造成流體熵的改變。若我們假設起初的程序不會造成流體熵的改變，我們則可藉著一個簡單的可逆絕熱程序，使系統回復到起始的狀態。這樣的循環沒有熱傳也沒有淨功，系統可重回其起始狀態而不造成其他處的任何改變，這也表示原來的程序乃是一個可逆而並非不可逆的程序。

因此像直接熱傳一樣，對絕熱程序可得相同的結果：ΔS_{total} 恆為正值，而當程序趨近為可逆時其值趨近於零。對任何程序亦可導得相同的結論，而得到通用的公式：

$$\boxed{\Delta S_{total} \geq 0} \tag{5.19}$$

此式即為熱力學第二定律的數學表示。它確認了所有程序都朝向熵的總改變量為正的方向進行，只有在可逆程序時，熵的總改變量才為零。熵的總改變量為負值表示程序不可能發生。

我們現在回到一個熱機的循環，它從 T_H 的熱源吸取熱量 $|Q_H|$，並將熱量 $|Q_C|$ 排放至另一個溫度為 T_C 的熱源。因為熱機在循環下操作，它的物性沒有淨改變量產生。此程序熵的總改變量，為熱源之熵改變量的總和：

$$\Delta S_{total} = \frac{-|Q_H|}{T_H} + \frac{|Q_C|}{T_C}$$

由 (5.1) 式可知熱機所產生的功為 $|W| = |Q_H| - |Q_C|$。消去上列二式中的 $|Q_C|$ 並求解 $|W|$ 可得

$$|W| = -T_C \Delta S_{total} + |Q_H|\left(1 - \frac{T_C}{T_H}\right)$$

這是在 T_C 與 T_H 兩溫度之間操作的熱機所作功的通用公式。最小的作功量為零，此時熱機完全沒有效率，而所進行的程序退化為只是在兩熱源間的不可逆熱傳。此情況下所解得的 ΔS_{total} 值即為本節開始時所得之公式。當熱機在可逆情況操作時，所得之功為最大值，此時 $\Delta S_{total} = 0$，上式只剩下右邊第二項，即為 Carnot 熱機所作的功。

例 5.4 一個重 40 kg，溫度為 450°C 的鑄鋼 (C_P = 0.5 kJ kg^{-1} K^{-1})，驟冷於 150 kg 且溫度為 25°C 的油中 (C_P = 2.5 kJ kg^{-1} K^{-1})。若無熱損失，求下列各項熵的變化：(a) 鑄鋼；(b) 油及 (c) 鑄鋼及油。

解 油及鑄鋼之最終溫度可由能量平衡求出。因為油及鑄鋼能量改變之總和必須為零，

$$(40)(0.5)(t-450)+(150)(2.5)(t-25)=0$$

可解得 $t=46.52°C$。

(a) 鑄鋼的熵改變量：

$$\Delta S^t = m\int \frac{C_P dT}{T} = mC_P \ln \frac{T_2}{T_1}$$

$$= (40)(0.5)\ln\frac{273.15+46.52}{273.15+450} = -16.33 \text{ kJ K}^{-1}$$

(b) 油的熵改變量：

$$\Delta S^t = (150)(2.5)\ln\frac{273.15+46.52}{273.15+25} = 26.33 \text{ kJ K}^{-1}$$

(c) 總熵改變量：

$$\Delta S_{\text{total}} = -16.33 + 26.13 = 9.80 \text{ kJ K}^{-1}$$

我們可知雖然總熵改變量為正值，鑄鋼熵值卻是減少的。

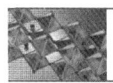

5.7 開放系統中的熵平衡

如同能量平衡可描述流體流入、流出或流經一個控制體積 (見 2.12 節所述) 的程序，熵平衡也可作同類的描述，唯一重要的不同處在於熵不是一個守恆的性質。由第二定律的敘述可知，任一程序中熵的總改變量必須為正值，而在可逆程序的極限狀況下，其值才為零。由此敘述我們在寫出熵平衡式時，必須將系統與環境一併考慮，並以熵產生 (entropy generation) 項來考慮程序中的不可逆

情況。此項為下列三項目的總和：第一是流體流入及流出控制體積所造成熵的改變，第二是控制體積中熵的改變，第三是環境中熵的改變。若程序為可逆，則以上三項總和為零而 $\Delta S_{total} = 0$。若程序為不可逆，則以上三項總和為正值，即為熵的產生項。

以速率式表示熵平衡可寫為：

$$\left\{\begin{array}{c}\text{流體中熵}\\\text{改變的淨值}\end{array}\right\} + \left\{\begin{array}{c}\text{控制體積中}\\\text{熵隨時間改}\\\text{變的速率}\end{array}\right\} + \left\{\begin{array}{c}\text{環境中熵}\\\text{隨時間改}\\\text{變的速率}\end{array}\right\} = \left\{\begin{array}{c}\text{熵產生項}\\\text{的總速率}\end{array}\right\}$$

熵平衡式的敘述也可表示為：

$$\Delta(S\dot{m})_{fs} + \frac{d(mS)_{cv}}{dt} + \frac{dS_{surr}^t}{dt} = \dot{S}_G \geq 0 \tag{5.20}$$

其中 $\dot{Q}_j$ 為熵的產生速率。這個公式表示任何時間的熵平衡速率的一般化形式，每一項都可隨時間而變動。第一項表示了流體中熵增加的淨速率，也就是由流體帶入的熵與流體帶出的熵的差異。第二項表示控制體積中流體總熵隨時間改變的速率。第三項則是由於系統和環境中的熱傳所造成環境中熵的改變。

令相對於控制面積上溫度為 $T_{\sigma,j}$ 處的熱傳速率為 $\dot{Q}_j$，其中下標 σ、j 代表環境的溫度。由此熱傳結果，造成環境中熵的改變量為 $-\dot{Q}_j/T_{\sigma,j}$，其中負號的意義乃因為 $\dot{Q}_j$ 是相對於系統而定的，所以相對於環境的熱傳量需加一負號。因此 (5.20) 式中第三項乃為所有這些熱傳量的總和：

$$\frac{dS_{surr}^t}{dt} = -\sum_j \frac{\dot{Q}_j}{T_{\sigma,j}}$$

所以 (5.20) 式乃可寫為：

$$\boxed{\Delta(S\dot{m})_{fs} + \frac{d(mS)_{cv}}{dt} - \sum_j \frac{\dot{Q}_j}{T_{\sigma,j}} = \dot{S}_G \geq 0} \tag{5.21}$$

Chapter 5 熱力學第二定律

上式最後一項 $\dot{Q}_j$ 表示熵的產生速率，它恆為正值，也反應出熱力學第二定律對不可逆反應的需求。不可逆情況有兩個來源：(a) 起源於控制體積之內，即為內部的不可逆狀況，及 (b) 起源於系統與環境之間由於固定溫度差而引起的熱傳，即為外部的不可逆熱傳。在極限狀況下 $\dot{Q}_j = 0$，程序必須為完全的可逆，亦即表示：

- 在控制體積內程序為內部的可逆狀況。
- 控制體積與環境之間的熱傳是可逆的。

上述第二項表示環境中所具有的恆定溫度與控制面積上的溫度相同，或者在控制面積的溫度與恆溫環境的溫度之間，存在一個可逆的 Carnot 熱機。

在穩流狀況下，控制體積中流體的質量與熵都保持恆定，且 $d(mS)_{cv}/dt$ 為零，因此 (5.21) 式變為：

$$\Delta(S\dot{m})_{\text{fs}} - \sum_j \frac{\dot{Q}_j}{T_{\sigma,j}} = \dot{S}_G \geq 0 \tag{5.22}$$

若系統只有一個入口及出口，且兩處的 $\dot{m}$ 值都相同，則上式各項除以 $\dot{m}$ 後可得：

$$\Delta S - \sum_j \frac{Q_j}{T_{\sigma,j}} = S_G \geq 0 \tag{5.23}$$

(5.23) 式中各項乃是基於每單位量的流體流經控制體積而寫出的。

例 5.5 在一個穩流程序中，600 K 及 1 atm 的空氣以 1 mol s^{-1} 的流率與 450 K 及 1 atm 且流率為 2 mol s^{-1} 的空氣混合，混合後的流體為 400 K 及 1 atm，此程序之示意圖表示於圖 5.7。計算此程序的熱傳速率及熵產生速率。假設空氣為理想氣體且 $C_P = (7/2)R$，環境溫度為 300 K，且動能與位能之改變可忽略不計。

解 利用 (2.30) 式且將 $\dot{m}$ 換成 $\dot{n}$，可得

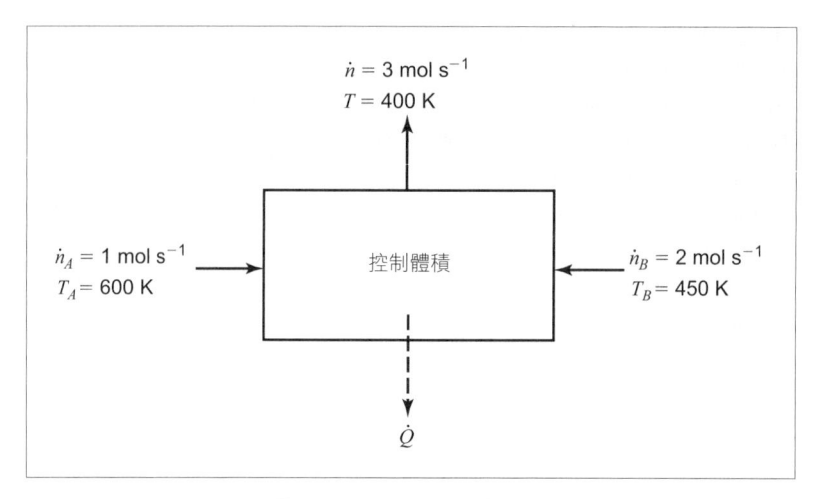

```
                    ṅ = 3 mol s⁻¹
                    T = 400 K
                         ↑
    ṅ_A = 1 mol s⁻¹  ┌─────────┐  ṅ_B = 2 mol s⁻¹
    T_A = 600 K   →  │ 控制體積 │ ←  T_B = 450 K
                    └─────────┘
                         ↓
                         Q̇
```

● 圖 5.7　例 5.5 所述的程序

$$\dot{Q} = \dot{n}H - \dot{n}_A H_A - \dot{n}_B H_B = \dot{n}_A(H - H_A) + \dot{n}_B(H - H_B)$$

$$= \dot{n}_A C_P(T - T_A) + \dot{n}_B C_P(T - T_B) = C_P\left[\dot{n}_A(T - T_A) + \dot{n}_B(T - T_B)\right]$$

$$= (7/2)(8.314)\left[(1)(400 - 600) + (2)(400 - 450)\right] = -8{,}729.7 \text{ J s}^{-1}$$

利用（5.22）式且將 $\dot{m}$ 換成 $\dot{n}$ 可得

$$\dot{S}_G = \dot{n}S - \dot{n}_A S_A - \dot{n}_B S_B - \frac{\dot{Q}}{T_\sigma} = \dot{n}_A(S - S_A) + \dot{n}_B(S - S_B) - \frac{\dot{Q}}{T_\sigma}$$

$$= \dot{n}_A C_P \ln\frac{T}{T_A} + \dot{n}_B C_P \ln\frac{T}{T_B} - \frac{\dot{Q}}{T_\sigma} = C_P\left(\dot{n}_A \ln\frac{T}{T_A} + \dot{n}_B \ln\frac{T}{T_B}\right) - \frac{\dot{Q}}{T_\sigma}$$

$$= (7/2)(8.314)\left[(1)\ln\frac{400}{600} + (2)\ln\frac{400}{450}\right] + \frac{8{,}729.7}{300} = 10.446 \text{ J K}^{-1}\text{ s}^{-1}$$

對任何真實程序而言，熵產生速率恆為正值。

例 5.6　有一位發明家宣稱可設計一程序，只使用 100°C 的飽和水蒸汽，經由一系列複雜程序，連續產生200°C 的熱能。他又進一步宣稱，此程序中每使用 1 kg 的水蒸汽，即可在 200°C 溫度下產生 2,000 kJ 的熱能。判斷此程序是否可行。假設冷卻水的溫度為 0°C 且可無限量的使用。

Chapter 5　熱力學第二定律

解 對於任一可行的程序而言，它必須滿足熱力學第一與第二定律的要求。在評估其可行性時，不需知道此程序中的詳細機構，而只要知道其整體的結果。若此發明家所宣稱之事可符合熱力學定律，即表示它在理論上是可行的，而設計此程序中詳細的機構則依靠設計者的精明才能。反之，若此程序為不可行，則無法設計出其中的機構。

在目前例題中，飽和水蒸汽連續的流入系統中，並在 $T' = 200°C$ 時連續的產生熱能。因為冷卻水可在 $T_\sigma = 0°C$ 使用，因此水蒸汽可被冷卻至此溫度而獲得最佳的利用。假設水蒸汽經凝結而冷卻至 $0°C$，並在此溫度下排放到系統外一大氣壓的環境中。在操作中所釋放出的熱不可能皆被利用於 $T' = 200°C$，因為如此將違反第二定律的第二項敘述。我們假設 Q_σ 的熱傳送到 $T_\sigma = 0°C$ 的冷卻水，因為此程序必須滿足第一定律，因此 (2.33) 式寫為：

$$\Delta H = Q + W_S$$

其中 ΔH 是水蒸汽流經裝置時焓的改變，且 Q 為裝置與環境之間的總熱傳量。因為此程序中沒有軸功，故 $W_S = 0$。環境中包含冷卻水，它代表恆溫於 $T_\sigma = 0°C$ 的低溫熱源。另外有一個 $T' = 200°C$ 的高溫熱源，而每 1 kg 的水蒸汽流經裝置時會傳送 2,000 kJ 的熱量至此高溫熱源。圖 5.8 表示此程序的整體結果。

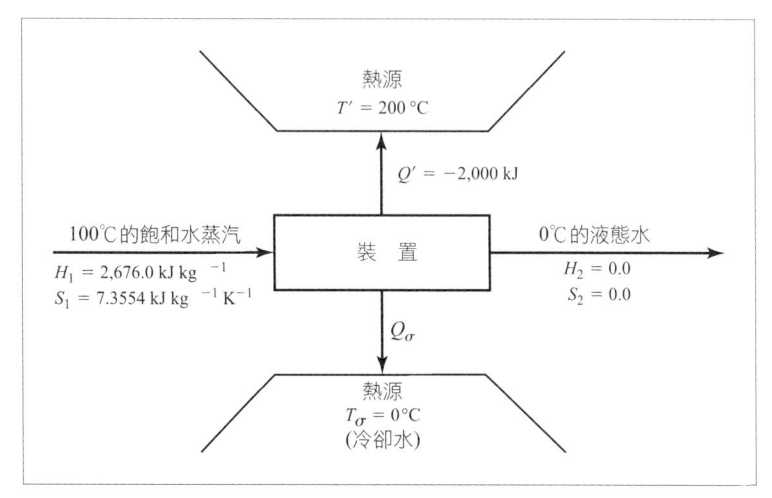

● 圖 5.8　例 5.6 所述的程序

飽和水蒸汽在 100°C 及液態水在 0°C 的 H 及 S 值，可由附錄 F 中的蒸汽表中查得。全部的熱傳量為：

$$Q = Q' + Q_\sigma = -2,000 + Q_\sigma$$

因此，以每 1 kg 進入的水蒸汽為基準，第一定律變為：

$$\Delta H = 0.0 - 2,676.0 = -2,000 + Q_\sigma$$

因此

$$Q_\sigma = -676.0 \text{ kJ}$$

現在我們利用第二定律，檢視此程序之結果是否可使 ΔS_{total} 大於或等於零。對 1 kg 水蒸汽而言，

$$\Delta S = 0.0000 - 7.3554 = -7.3554 \text{ kJ K}^{-1}$$

對 200°C 的熱源而言，

$$\Delta S' = \frac{2,000}{200 + 273.15} = 4.2270 \text{ kJ K}^{-1}$$

對 0°C 的冷卻水所代表的低溫熱源而言，

$$\Delta S^t = \frac{676.0}{0 + 273.15} = 2.4748 \text{ kJ K}^{-1}$$

因此，

$$\Delta S_{\text{total}} = -7.3554 + 4.2270 + 2.4748 = -0.6536 \text{ kJ K}^{-1}$$

因為 (5.19) 式要求 $\Delta S_{\text{total}} \geq 0$，所以此題所述的程序是不可行的。

這並非表示此程序的整體觀念是不可能的，而只表示此發明家所宣稱的結果太大。實際上，可傳送到 200°C 的高溫熱源的最大熱量是可計算出的。由能量平衡可知：

$$Q' + Q_\sigma = \Delta H \tag{A}$$

同理，(5.23) 式所表示的熵平衡為

$$\Delta S = \frac{Q'}{T'} + \frac{Q_\sigma}{T_\sigma} + S_G$$

傳送到高溫熱源的最大熱量，發生於完全可逆的程序中，此時 $S_G = 0$，且

$$\frac{Q'}{T'} + \frac{Q_\sigma}{T_\sigma} = \Delta S \qquad (B)$$

聯合 (A) 及 (B) 式以解出 Q' 可得：

$$Q' = \frac{T'}{T' - T_\sigma}(\Delta H - T_\sigma \Delta S)$$

當 $T_\sigma = 273.15$ K 及 $T' = 473.15$ K 時，上式為：

$$Q' = \frac{473.15}{200}(-2{,}676.0 + 273.15 \times 7.3554) = -1{,}577.7 \text{ kJ kg}^{-1}$$

這個 Q' 值的絕對值比此題所宣稱的 2,000 kJ kg^{-1} 熱傳量小，同時又可發現此發明家所宣稱的結果，代表了一個負的熵產生速率。

5.8 理想功之計算

在任何一個需要功的穩態流動程序中，當流體流經控制體積而發生狀態改變時，都存在著一個絕對值最小的功的需求量。若此程序為產生功，則存在一個絕對值最大的功的產生量。這些功的極限值，都可在完全可逆的程序中求出。此時熵的產生項為零，而在均勻環境溫度 T_σ，(5.22) 式變為：

$$\Delta(S\dot{m})_{\text{fs}} - \frac{\dot{Q}}{T_\sigma} = 0 \quad \text{或} \quad \dot{Q} = T_\sigma \, \Delta(S\dot{m})_{\text{fs}}$$

將上式的 $\dot{Q}$ 代入 (2.30) 式所示的能量平衡式中可得：

$$\Delta\left[\left(H + \tfrac{1}{2}u^2 + zg\right)\dot{m}\right]_{\text{fs}} = T_\sigma \, \Delta(S\dot{m})_{\text{fs}} + \dot{W}_s(\text{rev})$$

其中 $\dot{W}_s(\text{rev})$ 表示完全可逆程序中的軸功，若將其定義為理想功 $\dot{W}_{\text{ideal}}$，則上述公式可再寫為：

$$\dot{W}_{\text{ideal}} = \Delta\left[\left(H + \frac{1}{2}u^2 + zg\right)\dot{m}\right]_{\text{fs}} - T_\sigma\,\Delta(S\dot{m})_{\text{fs}} \tag{5.24}$$

在大部份化學程序中,動能及位能改變項可相對的忽略不計,此時 (5.24) 式簡化為:

$$\dot{W}_{\text{ideal}} = \Delta(H\dot{m})_{\text{fs}} - T_\sigma\,\Delta(S\dot{m})_{\text{fs}} \tag{5.25}$$

若只有單一的流體流經控制體積,可將 (5.25) 式的質量流速提出,或是將各項除以 $\dot{m}$,表示成以單位質量為基礎的公式:

$$\dot{W}_{\text{ideal}} = \dot{m}(\Delta H - T_\sigma\,\Delta S) \tag{5.26} \qquad W_{\text{ideal}} = \Delta H - T_\sigma\,\Delta S \tag{5.27}$$

完全可逆程序是假想的,它是為了求取一定狀態改變時所產生的理想功而設想出的。

假想的可逆程序與真實程序之間所具有的共同關連,乃在於它們都探討相同的狀態間的改變。

我們的目標在於比較真實程序與假想的可逆程序所作的功的差異,假想的可逆程序只是為求得理想功而設想,並不需對它詳加敘述。例 5.7 說明了假想可逆程序的情況。

(5.24) 至 (5.27) 式敘述流體在完全可逆程序中,經過一定狀態改變後所產生的功。真實程序經同樣的狀態改變所產生的真實功 $\dot{W}_S$ (或 W_S) 可由能量平衡算出,並可與理想功對比。當 $\dot{W}_{\text{ideal}}$ (或 W_{ideal}) 為正值時,它表示流體經一定狀態改變後所需的最小功,它比真實功 $\dot{W}_S$ 小。而其間之比值,定義了熱力學的效率 η_t:

$$\eta_t\,(\text{需求功}) = \frac{\dot{W}_{\text{ideal}}}{\dot{W}_S} \tag{5.28}$$

當 $\dot{W}_{\text{ideal}}$ (或 W_{ideal}) 為負值時,$|\dot{W}_{\text{ideal}}|$ 表示流體經一定狀態改變後可作的最大功,它比真實功 $|W_S|$ 大,而其間之比值,也定義了熱力學的效率:

Chapter 5 熱力學第二定律

$$\eta_t \text{ (產生功)} = \frac{\dot{W}_S}{|\dot{W}_{\text{ideal}}|} \tag{5.29}$$

例 5.7 1 莫耳的氮氣 (假設為理想氣體) 由 800 K 及 50 bar 經過穩態流動程序，可獲得的最大功為多少？將環境的溫度與壓力視為 300 K 及 1.0133 bar。

解 當氮氣經由完全可逆程序，改變為環境中的溫度及壓力即 300 K 與 1.0133 bar 時，可獲得最大的功。(若要使氮氣改變至低於環境的溫度及壓力，則額外所多得的功，至多也等於額外所需多加入的功。)我們須利用 (5.27) 式計算 W_{ideal}，其中 ΔS 及 ΔH 為氮氣，由 800 K 和 50 bar 改變到 300 K 和 1.0133 bar 所發生的莫耳熵與焓改變。對理想氣體而言，焓與壓力無關，其改變量為：

$$\Delta H = \int_{T_1}^{T_2} C_P^{ig} \, dT$$

此積分值可由 (4.7) 式求得，並表示為：

$$8.314 \times \text{ICPH}(800,300;3.280,0.593\text{E-}3,0.0,0.040\text{E+}5)$$
$$= -15,060 \text{ J mol}^{-1}$$

其中氮氣熱容量公式中的係數，由表 C.1 中求出。

同理，熵的改變量由 (5.14) 式求出，並可寫為：

$$\Delta S = \int_{T_1}^{T_2} C_P^{ig} \frac{dT}{T} - R \ln \frac{P_2}{P_1}$$

此積分值由(5.15)式求出，並表示為：

$$8.314 \times \text{ICPS}(800,300;3.280,0.593\text{E-}3,0.0,0.040\text{E+}5)$$
$$= -29.373 \text{ J mol}^{-1} \text{ K}^{-1}$$

因此

$$\Delta S = -29.373 - 8.314 \ln (1.0133/50) = 3.042 \text{ J mol}^{-1} \text{ K}^{-1}$$

利用 ΔH 及 ΔS 值，(5.27) 式變為：

$$W_{\text{ideal}} = -15,060 - (300)(3.042) = -15,973 \text{ J mol}^{-1}$$

利用個別的步驟表示這個可逆程序中的狀態改變，即可明白以上簡單計算的意義。假設氮氣經由下列二步驟連續改變到 1.0133 bar 與 $T_2 = T_\sigma = 300$ K

的最終狀態:

- **步驟 1**:由起始狀態 P_1、T_1、H_1 經過可逆絕熱膨脹 (例如經過渦輪機) 至 1.0133 bar,令此等熵程序之後的溫度為 T'。
- **步驟 2**:在 1.0133 bar 恆壓下冷卻 (若 T' 比 T_2 小時則為加熱) 至最後的溫度 T_2。

在步驟 1 之穩流程序中,能量平衡為 $Q + W_S = \Delta H$。因為此程序為絕熱,所以

$$W_S = \Delta H = (H' - H_1)$$

其中 H' 是中間過程中 T' 及 1.0133 bar 下的焓值。

若可生產最大的功,則步驟 2 亦必須為可逆,使熱量可逆的傳送至溫度為 T_σ 的環境中。這項工作可經由 Carnot 熱機達成,它從氮氣獲得熱量,產生 W_{Carnot} 的功,並將一部份的熱量排放到溫度為 T_σ 的環境中。因為氮氣熱源的溫度由 T' 改變至 T_2,由 (5.8) 式所表示的 Carnot 熱機所作的功可用微分形式寫出:

$$dW_{\text{Carnot}} = \left(1 - \frac{T_\sigma}{T}\right) dQ$$

其中 dQ 是相對於系統中的氮氣而寫的,上式積分可得:

$$W_{\text{Carnot}} = Q - T_\sigma \int_{T'}^{T_2} \frac{dQ}{T}$$

其中 Q 表示與氮氣的熱交換量,等於 $H_2 - H'$ 的焓改變。上式中的積分項,表示氮氣經由 Carnot 熱機冷卻而得的熵改變,因為步驟 1 中熵保持固定,所以這個積分項也表示兩個步驟中 ΔS 量,因此

$$W_{\text{Carnot}} = (H_2 - H') - T_\sigma \Delta S$$

W_S 與 W_{Carnot} 的總和表示理想功,所以

$$W_{\text{ideal}} = (H' - H_1) + (H_2 - H') - T_\sigma \Delta S = (H_2 - H_1) - T_\sigma \Delta S$$

或

$$W_{\text{ideal}} = \Delta H - T_\sigma \Delta S$$

這個結果與 (5.27) 式相同。

Chapter 5　熱力學第二定律

例 5.8 利用理想功公式，重複計算例題 5.6。

解 本題要計算飽和 1 kg 水蒸汽由 100°C，經由流動程序改變至 0°C 的液態水狀態時，可產生的最大功 W_{ideal}。並計算這樣的功是否足夠操作一個 Carnot 冷凍機，利用無限供應的 0°C 的冷卻水，使 2,000 kJ 的熱排放到 200°C。

對水蒸汽而言

$$\Delta H = 0 - 2{,}676.0 = -2{,}676.0 \qquad \Delta S = 0 - 7.3554 = -7.3554$$

若動能及位能項可忽略不計，則 (5.27) 式成為：

$$\begin{aligned}W_{ideal} &= \Delta H - T_\sigma \Delta S \\ &= -2{,}676.0 - (273.15)(-7.3554) = -666.9 \text{ kJ kg}^{-1}\end{aligned}$$

這是由水蒸汽可得之最大量的功，若利用它在 0°C 與 200°C 之間操作 Carnot 冷凍機，可由 (5.8) 式求出排放的熱量 $|Q|$ 為：

$$|Q| = |W|\frac{T}{T_\sigma - T} = (666.9)\left(\frac{200 + 273.15}{200 - 0}\right) = 1{,}577.7 \text{ kJ}$$

這是可排放至 200°C 的最大可能熱量，比例 5.6 中所宣稱的數值 2,000 kJ 小，如同例 5.6，我們認為該題所述的程序為不可行。

5.9　損失功

在不可逆程序中所耗費的功稱為損失功 (lost work) W_{lost}，它表示程序中真實功與理想功之間的差異，其定義為：

$$W_{\text{lost}} \equiv W_S - W_{\text{ideal}} \tag{5.30}$$

若以速率式表示則為

$$\dot{W}_{\text{lost}} \equiv \dot{W}_S - \dot{W}_{\text{ideal}} \tag{5.31}$$

真實功的速率由 (2.30) 式得到，而理想功的速率由 (5.24) 式得到：

$$\dot{W}_S = \Delta \left[\left(H + \frac{1}{2}u^2 + zg \right) \dot{m} \right]_{\text{fs}} - \dot{Q}$$

$$\dot{W}_{\text{ideal}} = \Delta \left[\left(H + \frac{1}{2}u^2 + zg \right) \dot{m} \right]_{\text{fs}} - T_\sigma \Delta(S\dot{m})_{\text{fs}}$$

利用 (5.31) 式計算 $\dot{W}_S$ 與 $\dot{W}_{\text{ideal}}$ 之差可得：

$$\boxed{\dot{W}_{\text{lost}} = T_\sigma \Delta(S\dot{m})_{\text{fs}} - \dot{Q}} \tag{5.32}$$

若只考慮單一的環境溫度 T_σ，則 (5.22) 式變為：

$$\dot{S}_G = \Delta(S\dot{m})_{\text{fs}} - \frac{\dot{Q}}{T_\sigma} \tag{5.33}$$

上式乘以 T_σ 可得：

$$T_\sigma \dot{S}_G = T_\sigma \Delta(S\dot{m})_{\text{fs}} - \dot{Q}$$

上式右邊與 (5.32) 式右邊相同；因此，

$$\boxed{\dot{W}_{\text{lost}} = T_\sigma \dot{S}_G} \tag{5.34}$$

因為熱力學第二定律要求 $\dot{S}_G \geq 0$；所以 $\dot{W}_{\text{lost}} \geq 0$。在完全可逆程序時無損失功，因此兩者均為 0。若程序為不可逆則大於 0，亦即損失功或不能變為功的能量是正值。

在工程觀點來看，可明確知道若程序中的不可逆程度愈大，則熵的產生速率愈大，且不能變成功的能量值也愈大，所以不可逆的程序總是要付出代價的。

對一個流經控制體積的單一流體而言，(5.32) 和 (5.33) 式可將其質量流速提出來；若各項均除以質量流速，也可得到以單位質量為基準的表示式。因此，

$\dot{W}_{\text{lost}} = \dot{m} T_\sigma \Delta S - \dot{Q}$ (5.35)	$W_{\text{lost}} = T_\sigma \Delta S - Q$ (5.36)
$\dot{S}_G = \dot{m} \Delta S - \dfrac{\dot{Q}}{T_\sigma}$ (5.37)	$S_G = \Delta S - \dfrac{Q}{T_\sigma}$ (5.38)

聯合 (5.36) 與 (5.38) 式，對每一單位質量流體可得：

$$W_{\text{lost}} = T_\sigma S_G \tag{5.39}$$

因為 $S_G \geq 0$，故再次可得 $W_{\text{lost}} \geq 0$。

例 5.9 穩流熱交換器依其流動形式分為兩種基本類型：同向流形式與逆向流形式，分別表示於圖 5.9 中。在同向流情形時，熱流體依箭號方向所示，由左方流向右方，把熱量傳送給同方向流動的冷流體。在逆向流情形時，冷流體仍是由左方流向右方，卻接收由相反方向流動的熱流體所給予的熱量。

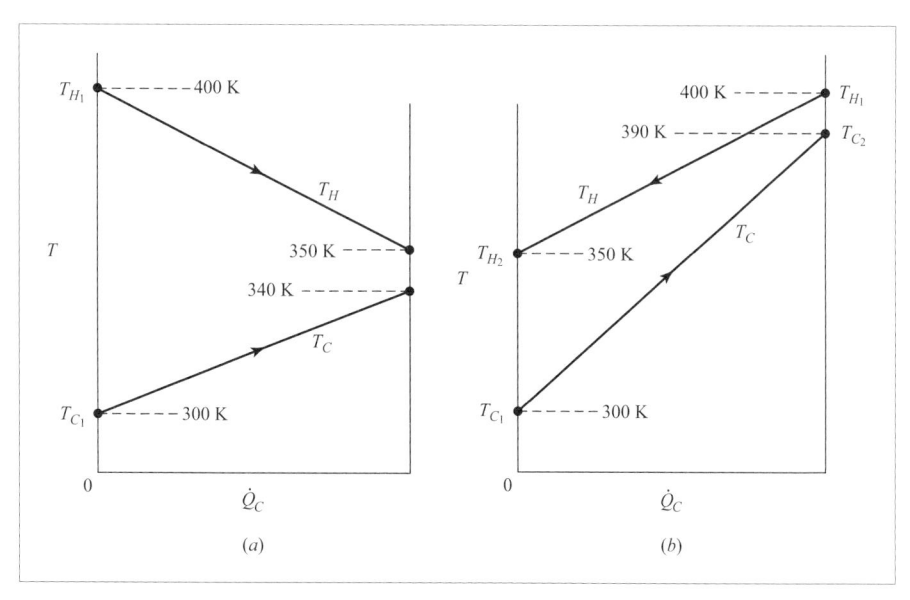

○ 圖 5.9 熱交換器。(a) 情況 I，同向流形式；(b) 情況 II，逆向流形式

圖中的直線，分別表示熱流體 T_H 與冷流體 T_C 與 $\dot{Q}_C$ 間的關係，而 $\dot{Q}_C$ 是冷流體由左方流到任何下游位置所接受的熱量。考慮本題中下列各情況：

$$T_{H_1} = 400 \text{ K} \qquad T_{H_2} = 350 \text{ K} \qquad T_{C_1} = 300 \text{ K} \qquad \dot{n}_H = 1 \text{ mol s}^{-1}$$

流體間之最小溫度差為 10 K。假設兩個流體都是理想氣體，其 $C_P = (7/2)R$ 且 $T_\sigma = 300$ K，計算兩種情況下的損失功。

解 下列公式可應用至兩種情況。假設動能及位能改變可忽略不計，且 $\dot{W}_S = 0$，則 (2.30) 式可寫為：

$$\dot{n}_H (\Delta H)_H + \dot{n}_C (\Delta H)_C = 0$$

或由 (3.28) 式可知

$$\dot{n}_H C_P (T_{H_2} - T_{H_1}) + \dot{n}_C C_P (T_{C_2} - T_{C_1}) = 0 \tag{A}$$

流體之總熵改變量為：

$$\Delta (S\dot{n})_{\text{fs}} = \dot{n}_H (\Delta S)_H + \dot{n}_C (\Delta S)_C$$

應用 (5.14) 式，並假設流體之壓力改變可忽略不計，上式寫為

$$\Delta (S\dot{n})_{\text{fs}} = \dot{n}_H C_P \left(\ln \frac{T_{H_2}}{T_{H_1}} + \frac{\dot{n}_C}{\dot{n}_H} \ln \frac{T_{C_2}}{T_{C_1}} \right) \tag{B}$$

最後，應用 (5.32) 式，並忽略傳送到環境之熱量，而得到

$$\dot{W}_{\text{lost}} = T_\sigma \, \Delta (S\dot{n})_{\text{fs}} \tag{C}$$

- 情況 1：同向流形式。由 (A)、(B)、(C) 式得知：

$$\frac{\dot{n}_C}{\dot{n}_H} = \frac{400 - 350}{340 - 300} = 1.25$$

$$\Delta (S\dot{n})_{\text{fs}} = (1)(7/2)(8.314) \left(\ln \frac{350}{400} + 1.25 \ln \frac{340}{300} \right)$$

$$= 0.667 \text{ JK}^{-1}\text{s}^{-1}$$

$$\dot{W}_{\text{lost}} = (300)(0.667) = 200.1 \text{ J s}^{-1}$$

- 情況 2：逆向流形式。由 (A)、(B)、(C) 式可得：

$$\frac{\dot{n}_C}{\dot{n}_H} = \frac{400-350}{390-300} = 0.5556$$

$$\Delta(S\dot{n})_{\text{fs}} = (1)(7/2)(8.314)\left(\ln\frac{350}{400} + 0.5556\ln\frac{390}{300}\right) = 0.356 \text{ J K}^{-1}\text{ s}^{-1}$$

$$\dot{W}_{\text{lost}} = (300)(0.356) = 106.7 \text{ J s}^{-1}$$

雖然兩種形式熱交換器的總熱傳速率相同，但冷流體在逆向流形式所得到的溫度增加量，比同向流形式的兩倍還多。另一方面，熱流線的流量，前者亦只有後者的一半。就熱力學的觀點來看，逆向流形式是效率較高的。因為 $\Delta(S\dot{n})_{\text{fs}} = \dot{S}_G$，同向流形式下熵的產生速率及損失功的速率，都幾乎是逆向流形式下的兩倍。

5.10 熱力學第三定律

在極低溫度下測量熱容量，可提供數據以利用 (5.11) 式計算低至 0 K 的熵改變。當如此的計算應用於同一物質的各不同結晶形式時，各形式在 0 K 時的熵都有相同的結果。對於非結晶的形態，如無定形或玻璃態，計算結果顯示亂度較大的形式比結晶形式更具較大的熵。由其他文獻所述這些計算結論，[3]導出如下的假設：完全結晶物質在絕對零度溫度時的絕對熵值為零。在 20 世紀初期，Nernst 及 Planck 即提出此觀念，近來藉著極低溫的研究更增加我們對此假設的信心，此假設即現在被接受的第三定律。

若在 $T = 0$ K 時的熵為零，則由 (5.13) 式即可計算絕對熵。P 利用 $T = 0$ 為積分之下限，由熱量計數據可計算氣體在溫度 T 時的絕對熵：

$$S = \int_0^{T_v} \frac{(C_P)_s}{T}dT + \frac{\Delta H_f}{T_f} + \int_{T_f}^{T_v} \frac{(C_P)_l}{T}dT + \frac{\Delta H_v}{T_v} + \int_{T_v}^T \frac{(C_P)_g}{T}dT \qquad (5.40)$$

---

[3] K. S. Pitzer, *Thermodynamics*, 3d ed., chap. 6, McGraw-Hill, New York, 1995.

此式是基於假設沒有固相之相轉變及相轉變熱。[4]僅有的恆溫熱效應為 T_f 下的熔解與 T_v 下的蒸發。若有固相相轉變存在，必須加入 $\Delta H_t / T_t$ 項。

5.11 熵的微觀解釋

因為理想氣體分子間並無互相作用力，理想氣體的內能存在於個別分子之中，但熵並非如此。熵的微觀解釋是基於完全不同的觀念，如下例所述。

假設有一個絕熱容器，分為等體積的兩半，其中一邊含有 N_A (亞弗加厥數) 個理想氣體分子，另外一邊則無任何分子。當分隔兩邊的裝置移去時，分子迅速的重新分佈，並均勻的充滿在整個體積。此程序為絕熱膨脹，並沒有作功。因此，

$$\Delta U = C_V \Delta T = 0$$

所以溫度沒有改變。但氣體的壓力減半，由 (5.14) 式可得熵的改變為：

$$\Delta S = -R \ln \frac{P_2}{P_1} = R \ln 2$$

因為此值為熵的總改變量，可確知程序為不可逆。

在分隔裝置移開之始，分子只佔有全體一半的空間。在起始的狀態，分子並未任意分佈於整體空間，而只侷限於一半的體積中。也就是說與最終狀態分子均勻分佈於整個體積相較，起始狀態更具規則性。最終狀態可視為較起始狀態更任意分佈，或更不具規則性的狀態。由此例題可推知，分子間不規則性增加 (或結構性減低) 可對應到熵的增加。

不規則性的定量表示由 L. Boltzmann 及 J. W. Gibbs 提出，他們定義 Ω 為微觀粒子分佈於可能的「狀態」下的不同方式的數目，而以下列一般公式表之：

$$\Omega = \frac{N!}{(N_1!)(N_2!)(N_3!)\cdots} \tag{5.41}$$

其中 N 為粒子總數，N_1、N_2、N_3 等分別表示在「狀態」1、2、3 等的粒子數。此處的「狀態」是針對微觀的分子而言，我們用引號來區別這些分子的「狀

---

4 對結晶物質計算上式右邊第一項時並無困難，因為當 $T \to 0$ 時，C_P / T 仍維持為有限值。

態」與通常所指巨觀系統的熱力學狀態。

在上述例題中,我們只有兩種「狀態」,即位於容器的一邊或另一邊兩種情況。粒子總數為 N_A,起初它們都在單一的「狀態」,因此

$$\Omega_1 = \frac{N_A!}{(N_A!)(0!)} = 1$$

這個結果證實了起初分子只有一種方式分佈於兩個可能的「狀態」。它們只存在其中的一個「狀態」,即所有的分子都居於容器半邊的體積之內。假設最終的情況時,分子均勻分佈於容器兩半邊的體積內,$n_1 = n_2 = N_A/2$,並且

$$\Omega_2 = \frac{N_A!}{[(N_A/2)!]^2}$$

這個公式可求得數值極大的 Ω_2 值,它指出分子可以多種不同形式相等分佈於兩「狀態」之間。Ω_2 也具有許多其他可能數值,每一數值都對應於分子分佈在容器兩邊體積間的不均勻分佈情況。一個特定 Ω_2 值與所有 V_2 值總和的比值,表示某特定分佈的機率。

Boltzmann 所提出熵 S 與 Ω 之間的關係式為:

$$S = k \ln \Omega \tag{5.42}$$

其中 k 為 Boltzmann 常數,它等於 R/N_A。由狀態 1 積分至狀態 2 可得

$$S_2 - S_1 = k \ln \frac{\Omega_2}{\Omega_1}$$

將上述例題中的 Ω_1 及 Ω_2 值代入上式可得:

$$S_2 - S_1 = k \ln \frac{N_A!}{[(N_A/2)!]^2} = k \left[\ln N_A! - 2 \ln (N_A/2)! \right]$$

因為 N_A 是個極大的數值,我們利用 Stirling 公式來處理極大數階乘的對數值:

$$\ln X! = X \ln X - X$$

由此可得以下的結果

$$S_2 - S_1 = k\left[N_A \ln N_A - N_A - 2\left(\frac{N_A}{2}\ln\frac{N_A}{2} - \frac{N_A}{2}\right)\right]$$

$$= k\,N_A\,\frac{N_A}{N_A/2} = k\,N_A\ln 2 = R\ln 2$$

由這個膨脹程序所得的熵改變值，與理想氣體從古典熱力學 (5.14) 式計算得到的熵改變相同。

(5.41) 及 (5.42) 式為連接熱力學物性與統計力學的基礎。

習題

5.1 證明 PV 相圖上代表可逆絕熱程序的兩曲線不可能互相交錯。(提示：假設它們可相互交錯，並利用一個代表可逆恆溫程序的曲線完成循環程序。證明此循環之表現違反了第二定律。)

5.2 一個 Carnot 熱機從 525°C 的高溫熱源獲得了 250 kJ s^{-1} 的熱，並將某些熱量排放至 50°C 的低溫熱源。此熱機可作功多少？所排放的熱量為多少？

5.3 下列所述的熱機產生 95,000 kW 的功率。在各情形下，計算由高溫熱源吸熱的速率，以及排放至低溫熱源的熱量速率。
(a) 此熱機為在 750 K 與 300 K 之間操作之 Carnot 熱機。
(b) 此熱機為在與上項相同溫度的熱源下所操作的實際熱機，其效率為 $\eta = 0.35$。

5.4 某特定的動力工廠，在 350°C 的高溫熱源與 30°C 的低溫熱源之間操作。它的熱效率，等於同樣溫度區間下的 Carnot 熱機效率的 55%。
(a) 此工廠的熱效率為多少？
(b) 若要將此工廠的熱效率提高至 35%，則高溫熱源的溫度必須提高到多少？再次假設此工廠之效率為 Carnot 熱機的 55%。

5.5 原來靜止的蛋，掉落至堅硬的地面並破裂，證明這是一個不可逆的程序。在模擬此程序時將蛋視為系統，並假設歷經足夠時間後，蛋可恢復到其起初的溫度。

5.6 下列各種情形可增加 Carnot 熱機的熱效率:增加 T_H 且維持恆定 T_C,或減少 T_C 且維持恆定 T_H?對真實機器而言,何者為更實際的方法?

5.7 大量的液化天然氣 (LNG) 由油輪輸送。在卸貨處 LNG 被氣化以便在管路中以氣體輸送。LNG 由船槽運抵時為大氣壓力及 113.7 K,它代表熱機中的低溫熱源。在卸貨時,LNG 蒸汽的速率在 25°C 及 1.0133 bar 下測得為 9,000 m³ s⁻¹。假設足夠的高溫熱源可於 30°C 下供應,則可獲得的最大可能功率為多少?高溫熱源之熱傳速率為多少?假設 LNG 在 25°C 及 1.0133 bar 時為理想氣體,且其莫耳質量為 17。假設 LNG 在 113.7 K 時只發生蒸發,且只吸收其潛熱 512 kJ kg⁻¹。

5.8 對於 1 kg 的液態水而言,計算下列各項:
(a) 它原來在 0°C,並與 100°C 的熱源接觸以加熱至 100°C。水的熵改變量為多少?熱源的熵改變量為多少?ΔS_{total} 為多少?
(b) 它原來在 0°C,與 50°C 的熱源接觸以升溫至 50°C,再與 100°C 的熱源接觸使溫度升至 100°C。ΔS_{total} 為多少?
(c) 解釋如何使水溫由 0°C 加熱至 100°C,並使 $\Delta S_{total} = 0$。

5.9 一個體積固定為 0.06 m³ 的儲槽,含有 500 K 及 1 bar 且 $C_V = (5/2)R$ 的理想氣體。
(a) 若將 15,000 J 的熱量傳送至氣體,計算其熵的改變量。
(b) 若此槽中含有一攪拌器,由轉軸轉動對氣體作功 15,000 J,且此程序為絕熱時,氣體之熵改變量為多少?ΔS_{total} 為多少?此程序之不可逆性為多少?

5.10 某 $C_V = (7/2)R$ 的理想氣體,被另一個相同且進料溫度為 320°C 的理想氣體加熱,使其溫度由 70°C 上升至 190°C。兩個流體的流率皆相同,且可忽略熱交換器中的熱損失。
(a) 在平行及逆向流動的熱交換器中,計算兩個氣體的莫耳熵改變。
(b) 各情況下的 ΔS_{total} 為多少?
(c) 若加熱流體之進料溫度為 200°C 時,對逆向流動的熱交換器,重做 (a) 及 (b) 的計算。

5.11 對於熱容量固定之理想氣體,證明下列各項:
(a) 在恆壓下,溫度由 T_1 改變至 T_2 時,氣體的 ΔS 值比固定體積下的 ΔS 變化量大。
(b) 當壓力由 P_1 改變至 P_2 時,恆溫下 ΔS 的符號與固定體積下 ΔS 的符號相反。

5.12 證明對於理想氣體而言：

$$\frac{\Delta S}{R} = \int_{T_0}^{T} \frac{C_V^{ig}}{R} \frac{dT}{T} + \ln \frac{V}{V_0}$$

5.13 某 Carnot 熱機在有限的熱源之間操作，熱源的總熱容量分別為 C_H^t 及 C_C^t。

(a) 推導任何時間下 T_C 與 T_H 的關係式。

(b) 推導所得的功的表示式，並表示成 C_H^t、C_C^t、T_H 與起始溫度 T_{H_0} 及 T_{C_0} 的函數。

(c) 所可能得到的最大功為多少？此種情況相當於經過無限長時間，熱源間達到相同溫度的時候。

求解此題時，利用微分形式的 Carnot 方程式，

$$\frac{dQ_H}{dQ_C} = -\frac{T_H}{T_C}$$

及熱機能量平衡的微分表示式，

$$dW - dQ_C - dQ_H = 0$$

其中 Q_C 及 Q_H 各代表不同熱源。

5.14 某 Carnot 熱機在無限大的高溫熱源，與總熱容量為 C_C^t 的有限低溫熱源間操作。

(a) 推導所得到的功的表示式，並表示成 C_C^t、T_H (常數)、T_C 及低溫熱源起始溫度 T_{C_0} 的函數。

(b) 所可得到的最大功為多少？這種情況相當於經歷過無限長時間，T_C 與 T_H 達到相等的時候。

求解此題的方法與 5.13 題相同。

5.15 在外太空中操作的某熱機，可假設相等於在溫度為 T_H 及 T_C 的熱源之間操作的 Carnot 熱機。熱機唯一可排放熱量的方式為輻射，排放熱量的速率約為：

$$|\dot{Q}_C| = k\,A\,T_C^4$$

其中 k 為常數且 A 為輻射散熱器的面積。證明當輸出功率 $|\dot{W}|$ 固定，且 T_H 溫度固定時，當 T_C/T_H 溫度比值為 0.75 時，輻射散熱器之面積 A 有最小值。

5.16 假想某穩定流動的流體可當作高溫熱源，供給無限多的 Carnot 熱機使用，每一熱機由此流體中吸收極微量的熱，使得流體的溫度亦減少某微量，每一熱機並排放一微量的熱至溫度為 T_σ 的低溫熱源。由於 Carnot 熱機組的操作，流體的溫度由 T_1 降至

T_2。此時可應用 (5.8) 式之微分表示式,其中 η 定義為

$$\eta \equiv dW/dQ$$

Q 為流體的熱傳量。證明 Carnot 熱機所作之總功為

$$W = Q - T_\sigma \Delta S$$

其中 ΔS 及 Q 皆為流體之改變量。在某特例中,流體為理想氣體,$C_P = (7/2) R$,且 $T_1 = 600$ K 及 $T_2 = 400$ K。若 T_σ 是 300 K,則 W 為多少 J mol^{-1}?多少的熱量被排放至 T_σ 的低溫熱源?熱源的熵改變為多少?ΔS_{total} 為多少?

5.17 某 Carnot 熱機在 600 K 與 300 K 之間操作。它用來運轉一個 Carnot 冷凍機,造成 250 K 的冷凍情況,並將熱量排放至 300 K。計算冷凍機所移去的熱量 (冷凍量) 與加入熱機的熱量 (加熱量) 之間的比值。

5.18 某固定熱容量的理想氣體,從 T_1 及 P_1 的狀態改變至 T_2 與 P_2,計算下列各情形之一的 ΔH (J mol^{-1}) 及 ΔS (J mol^{-1} K^{-1})。

(a) $T_1 = 300$ K,$P_1 = 1.2$ bar,$T_2 = 450$ K,$P_2 = 6$ bar,$C_P/R = 7/2$。
(b) $T_1 = 300$ K,$P_1 = 1.2$ bar,$T_2 = 500$ K,$P_2 = 6$ bar,$C_P/R = 7/2$。
(c) $T_1 = 450$ K,$P_1 = 10$ bar,$T_2 = 300$ K,$P_2 = 2$ bar,$C_P/R = 5/2$。
(d) $T_1 = 400$ K,$P_1 = 6$ bar,$T_2 = 300$ K,$P_2 = 1.2$ bar,$C_P/R = 9/2$。
(e) $T_1 = 500$ K,$P_1 = 6$ bar,$T_2 = 300$ K,$P_2 = 1.2$ bar,$C_P/R = 4$。

5.19 某理想氣體之 $C_P = (7/2)R$ 且 $C_V = (5/2)R$,經下列各機械可逆步驟完成循環程序:

- 由 P_1、V_1、T_1 經絕熱壓縮至 P_2、V_2、T_2。
- 由 P_2、V_2、T_2 經等壓膨脹至 $P_3 = P_2$、V_3、T_3。
- 由 P_3、V_3、T_3 經絕熱膨脹至 P_4、V_4、T_4。
- 由 P_4、V_4、T_4 經恆容程序至 P_1、$V_1 = V_4$、T_1。

在 PV 相圖上描繪此循環程序;若 $T_1 = 200°C$、$T_2 = 1000°C$、$T_3 = 1,700°C$,計算其熱效率。

5.20 無限大容量的熱源是抽象的,在工程應用上常可用大量的空氣或水來近似。應用封閉系統之能量平衡 [(2.3) 式] 於此熱源,並將其視為恆容的系統。為什麼由這樣熱源傳入或傳出的熱量不為零,但其溫度卻可保持固定?

5.21 一莫耳理想氣體之 $C_P = (7/2)\,R$ 且 $C_V = (5/2)\,R$，它在活塞／圓筒裝置中絕熱的由 2 bar 及 25°C 壓縮至 7 bar。此程序為不可逆，所需要的功比可逆絕熱壓縮至相同最終壓力所需的功多出 35%。計算此氣體熵的改變量。

5.22 質量為 m 且溫度為 T_1 的水與質量同為 m 但溫度為 T_2 的水在恆壓絕熱的情況下混合。假設 C_P 為定值，導證

$$\Delta S^t = \Delta S_{\text{total}} = S_G = 2mC_P \ln\frac{(T_1 + T_2)}{(T_1 T_2)^{1/2}}$$

並證明上式為正值。若水的質量 m_1 及 m_2 不同時，其結果又將如何？

5.23 可逆且絕熱的程序是等熵的。等熵程序是否必為可逆且絕熱？若為真，解釋其理由。若不為真，試舉例說明。

5.24 證明不論 $T > T_0$ 或 $T < T_0$，平均熱容量 $\langle C_P \rangle_H$ 及 $\langle C_P \rangle_S$ 皆為正值。解釋為何它們在 $T = T_0$ 時可得到正確的意義。

5.25 由一莫耳 $C_P = (5/2)R$ 且 $C_V = (3/2)R$ 的理想氣體所完成的可逆循環程序，包含下列各步驟：

- 由 $T_1 = 700$ K 及 $P_1 = 1.5$ bar 開始，此氣體於恆壓下冷卻至 $T_2 = 350$ K。
- 由 350 K 及 1.5 bar，將此氣體於恆溫下壓縮至 P_2。
- 此氣體沿著 PT 乘積為常數的路徑重回其起始狀態。

此循環之熱效率為多少？

5.26 一莫耳理想氣體，在活塞／圓筒裝置中，於恆溫且不可逆情形下，由 130°C 及 2.5 bar 壓縮至 6.5 bar。所需之功較恆溫可逆壓縮程序多出 30%。在此氣體壓縮程序中，熱量由氣體流至 25°C 的熱源。計算氣體與熱源的熵改變量，以及 ΔS_{total}。

5.27 在一大氣壓的穩流程序中，氣體的熵改變為多少？
(a) 當 10 mol 的 SO_2 由 200°C 加熱到 1,100°C？
(b) 當 12 mol 的丙烷由 250°C 加熱到 1,200°C？

5.28 在一大氣壓下的下列穩流程序中，氣體的熵改變為多少？
(a) 當 800 kJ 的熱量加給原在 200°C 的 10 mol 乙烯。
(b) 當 2,500 kJ 的熱量加給原在 260°C 的 15 mol 1-丁烯。
(c) 當 10^6 (Btu) 的熱量加給原在 500(°F) 的 40 (lb mol) 乙烯。

Chapter 5　熱力學第二定律

5.29 某無轉動零件的裝置可穩定的供給 −25°C 及 1 bar 的冷空氣。此裝置的進料為 25°C 及 5 bar 的壓縮空氣。除了冷空氣之外，另有一熱空氣於 75°C 及 1 bar 下由此裝置流出。假設為絕熱的操作情況，此裝置所能產生冷空氣與熱空氣的最大比值為多少？假設空氣為理想氣體，且 $C_P = (7/2)R$。

5.30 某發明家設計了一個複雜的非流動程序，其中以 1 莫耳空氣為工作流體。此程序之淨效應為：

- 空氣的狀態由 250°C 及 3 bar 改變為 80°C 及 1 bar。
- 產生 1,800 J 的功。
- 將某數量的熱傳遞至 30°C 之熱源。

證明他所聲稱的程序是否符合於第二定律的要求。假設空氣為理想氣體，且 $C_P = (7/2)R$。

5.31 考慮以火爐加熱房間的程序，火爐可視為高溫 T_F 的熱源。房間可當作低溫 T 之熱源，熱量 $|Q|$ 於某時段內必須加於屋內以維持此溫度。如實際的情形，熱量 $|Q|$ 可直接由火爐加於屋內。但是，若有第三個熱源可利用，如溫度為 T_σ 的環境，則可減低由火爐所須供給的熱量。令 $T_F = 810$ K、$T = 295$ K、$T_\sigma = 265$ K 及 $|Q| = 1{,}000$ kJ；計算由 T_F 之高溫熱源 (火爐) 所須供應的最小熱量 $|Q_F|$。假設沒有其他能源可資利用。

5.32 考慮利用太陽能作為房內的空調。在某地所做的實驗顯示，太陽輻射能量可使儲槽內大量的壓縮水維持於 175°C 的溫度。在某特定時段內，1,500 kJ 的熱量必須由屋內移出，以維持室溫為 24°C，且環境溫度為 33°C。將槽中的水、房屋及環境視為熱源，計算由槽內水中必須移出之最小熱量，以達成屋內所需的冷卻。假設無其他能量可資利用。

5.33 某冷凍系統將流率為 20 kg s^{-1} 的鹽水從 25°C 冷卻至 −15°C，並將熱量排放到 30°C 的大氣中。若此系統的熱力學效率為 0.27，則需要多少的功率？鹽水的比熱為 3.5 kJ kg^{-1}°C^{-1}。

5.34 某電動馬達在 110 伏特時的電流為 9.7 安培，並傳送 1.25 hP 的機械功率，環境的溫度為 300 K。總熵產生率為多少 W K^{-1}？

5.35 某 25 歐姆的電阻在穩流時的電流為 10 安培，其溫度為 310 K，環境的溫度為 300 K。總熵產生率 $\dot{S}_G$ 為多少？它由何而來？

5.36 證明在封閉系統時，(5.21) 式所表示的熵平衡的一般速率形式可簡化為 (5.19) 式。

5.37 下列各項表示常見的單元操作裝置：
(a) 單管熱交換器，(b) 雙管熱交換器，(c) 幫浦，(d) 氣體壓縮機，
(e) 氣體渦輪機 (膨脹器)，(f) 節流閥，(g) 噴嘴。

針對每一種單元操作導出穩流狀態下熵平衡的一般簡單公式。仔細說明所作的假設。

5.38 每小時 10 mol 的空氣由 25°C 及 10 bar 經節流閥流至下游之 1.2 bar。將空氣視為理想氣體且 $C_P = (7/2) R$。
(a) 下游之溫度為多少？
(b) 空氣之熵改變為多少 $J\ mol^{-1}\ K^{-1}$？
(c) 熵產生速率為多少 $W\ K^{-1}$？
(d) 若環境溫度為 20°C 則損失功為多少？

5.39 某穩流狀況時的絕熱渦輪 (膨脹器) 吸入 T_1 及 P_1 的氣體，並在 T_2 及 P_2 時排放。若氣體為理想氣體，計算下列各情況每莫耳氣體的 W、W_{ideal}、W_{lost} 及 S_G。將 T_σ 視為 300 K。
(a) $T_1 = 500\ K$，$P_1 = 6\ bar$，$T_2 = 371\ K$，$P_2 = 1.2\ bar$，$C_P/R = 7/2$。
(b) $T_1 = 450\ K$，$P_1 = 5\ bar$，$T_2 = 376\ K$，$P_2 = 2\ bar$，$C_P/R = 4$。
(c) $T_1 = 525\ K$，$P_1 = 10\ bar$，$T_2 = 458\ K$，$P_2 = 3\ bar$，$C_P/R = 11/2$。
(d) $T_1 = 475\ K$，$P_1 = 7\ bar$，$T_2 = 372\ K$，$P_2 = 1.5\ bar$，$C_P/R = 9/2$。
(e) $T_1 = 550\ K$，$P_1 = 4\ bar$，$T_2 = 403\ K$，$P_2 = 1.2\ bar$，$C_P/R = 5/2$。

5.40 在 $T_1 > T_2 > T_\sigma$ 時，考慮由 T_1 熱源至 T_2 熱源的直接熱傳。因為環境並未涉及實際的熱傳程序，因此不易直接看出為多少此程序的損失功與 T_σ 有關。利用 Carnot 熱機公式，導證當熱傳量為 $|Q|$ 時

$$W_{lost} = T_\sigma |Q| \frac{T_1 - T_2}{T_1 T_2} = T_\sigma S_G$$

5.41 理想氣體在 2,500 kPa 時以 20 mol s^{-1} 的流率節流絕熱至 150 kPa，計算 $\dot{S}_G$ 及 $\dot{W}_{lost}$。若 $T_\sigma = 300\ K$。

5.42 某發明家宣稱循環型機器與 25°C 及 250°C 的熱源進行熱交換，而由高溫熱源每得到 1 kJ 熱量時，可產生 0.45 kJ 的功。此宣稱是否可信？

Chapter 5　熱力學第二定律

5.43 150 kJ 的熱直接由 $T_H = 550$ K 的高溫熱源傳至 $T_1 = 350$ K 及 $T_2 = 250$ K 的兩個低溫熱源，環境的溫度為 $T_\sigma = 300$ K。若傳至 T_1 熱源的熱量是傳至 T_2 的一半，計算下列各項：

(a) 熵產生量為多少 kJ K^{-1}。

(b) 損失功。

如何使此程序成為可逆？

5.44 某核子動力工廠產生 750 MW 的功率，反應器的溫度為 315°C，而河流中的水溫為 20°C。

(a) 此工廠最大可能之熱效率為多少？最少排放到河流中的熱流率為多少？

(b) 若此工廠實際最大的熱效率是 60%，則排放到河流的熱流率為多少？若河水的流率為 165 m^3 s^{-1}，則河水溫度上升多少？

5.45 某單一氣體在 T_1 及 P_1 情況下進入絕熱程序中，並在 P_2 壓力下離開。證明在真實 (不可逆) 的絕熱程序中，離開時的溫度 T_2 較可逆且絕熱時高。假設氣體為理想氣體且具有恆定的熱容量。

5.46 沒有可移動零件的 Hilsch 渦流管，可將進料氣體分成熱空氣與冷空氣，溫度分別較進料溫度高及低。有人提出某 Hilsch 渦流管可將 5 bar / 20°C 的空氣，轉為 27°C/1 atm 的熱空氣和 −22°C/1 atm 的冷空氣；且熱空氣的質量流速為冷空氣的 6 倍。這個結果是合理的嗎？假設在上述條件中空氣為理想氣體。

5.47 (a) 70 (°F)/1 atm 的空氣，以冷凍機冷卻至 20 (°F)，體積流速為 100,000 (ft)^3 (hr)$^{-1}$。若周圍環境溫度為 70 (°F)，則冷凍機的最小所需功率為多少 (hp)？

(b) 25°C / 1 atm 的空氣，以冷凍機冷卻至 −8°C，體積流速為 3,000(m)^3(hr)$^{-1}$。若周圍環境溫度為 25°C，則冷凍機的最小所需功率為多少 (kW)？

5.48 某燃料氣體由 2,000 (°F) 冷卻至 300 (°F)，而熱量被導入加熱氣，用來產生 212(°F) 的飽和蒸汽。燃料氣體的熱容量為

$$\frac{C_P}{R} = 3.83 + 0.000306\, T / (R)$$

水進入加熱器的溫度為 212 (°F)，且在此溫度下汽化；汽化潛熱為 970.3 (Btu)(lb$_m$)$^{-1}$。

(a) 若環境溫度為 70 (°F)，整個程序中，燃料氣體損失功為多少 (Btu)(lb mole)$^{-1}$？

(b) 若環境溫度為 70 (°F)，則飽和蒸汽僅進行冷凝程序可達到的最大功為多少？單位請用 (Btu) (燃料氣體的 lb mole)$^{-1}$。假設冷凝程序無過冷現象。

(c) 請計算燃料氣體由 2,000 (°F) 冷卻至 300 (°F) 的理論最大功，並討論其結果與 (b) 小題答案的差異。

5.49 某燃料氣體由 1,100°C 冷卻至 150°C，而熱量被導入加熱氣，用來產生 100°C 的飽和蒸汽。燃料氣體的熱容量為

$$\frac{C_P}{R} = 3.83 + 0.000551\, T/K$$

水進入加熱器的溫度為 100°C，且在此溫度下汽化；汽化潛熱為 2,256.9 kJ kg^{-1}。
(a) 若環境溫度為 25°C，整個程序中，燃料氣體損失功為多少 kJ mol^{-1}？
(b) 若環境溫度為 25°C，則飽和蒸汽僅進行冷凝程序可達到的最大功為多少？單位請用 (kJ) (燃料氣體的莫耳數)$^{-1}$。假設冷凝程序無過冷現象。
(c) 請計算燃料氣體由 1,100°C 冷卻至 150°C 的理論最大功，並討論其結果與 (b) 小題答案的差異。

5.50 高溫乙烯氣體直接熱傳給環境大氣，而由 830°C 冷卻至 35°C。乙烯壓力為大氣壓力，環境溫度為 25°C。此程序的損失功為多少 kJ mol^{-1}？若有一可逆熱機的熱源為此高溫乙烯氣體，散熱器為上述大氣，試證明此熱機的損失功與前述程序相等。乙烯的熱容量可查詢附錄 C 的表 C.1。

流體的熱力學性質

Chapter 6

相律 (2.7 節所述) 告訴我們須定出內含性質的數目，以便使系統中所有其他內含性質都得以固定。然而相律卻沒有提供如何計算這些性質的方法。

熱力學性質的數值，對於工業製程中熱與功的計算是必須的。例如我們考慮設計一個壓縮機，以絕熱操作方式將氣體壓力由 P_1 增高至 P_2。所需的功可由 (2.33) 式在忽略極小的動能與位能改變時求出：

$$W_S = \Delta H = H_2 - H_1$$

因此軸功即為 ΔH，也就是起始與最終狀態焓的差異。

本章最初的目的，要從第一及第二定律導出基本物性關係式，它們構成熱力學數學的架構。由此我們導出利用 PVT 及熱容量數據計算焓及熵的公式。我們再討論相圖及熱力性質表，藉此可呈現物性數據以利應用。最後我們導出一般化關聯式，可在缺乏完整實驗資料時估算物性數據。

6.1　均勻相的物性關係式

含 n 莫耳物質封閉系統的第一定律表示式為 (2.6) 式，若為可逆程序則可再寫成：

$$d(nU) = dQ_{rev} + dW_{rev}$$

再由 (1.2) 及 (5.12) 式可得：

$$dW_{rev} = -Pd(nV) \quad 及 \quad dQ_{rev} = Td(nS)$$

將上述三個方程式結合可得：

$$\boxed{d(nU) = T\,d(nS) - P\,d(nV)} \tag{6.1}$$

其中 U、S 及 V 分別為莫耳內能、熵及體積。

上式聯合第一及第二定律，是針對可逆程序的特例導出的。它只包含系統的物性，物性只與狀態有關，而與如何達到此狀態的程序無關，所以 (6.1) 式不只限制應用於可逆程序。然而系統本質上的限制卻不可避免，因此 (6.1) 式適用於恆定質量系統的任何程序，系統由一個平衡狀態改變至另一狀態。系統可只

Chapter 6　流體的熱力學性質

含有單相(一個均勻相的系統)，也可含有多相(一個非均勻相的系統)；它也許不具化學反應，也可產生化學反應。

唯一的限制是系統為一個封閉的系統，它在平衡狀態之間發生改變。

所有的基本熱力學性質 —— P、V、T、U 及 S —— 均包含在 (6.1) 式中。其他的物性可經由定義而與這些基本性質相互關聯。在第 2 章中曾以下式定義焓：

$$H \equiv U + PV \tag{2.11}$$

另外，為了方便也特別定義了兩個物性，即 Helmholtz 自由能及 Gibbs 自由能：

$$A \equiv U - TS \tag{6.2}$$

$$G \equiv H - TS \tag{6.3}$$

這幾個經由定義而來的物性，都可寫成如 (6.1) 式的關係式。將 (2.11) 式乘以 n，再加以微分可得：

$$d(nH) = d(nU) + P\,d(nV) + (nV)dP$$

當 $d(nU)$ 以 (6.1) 式代入後，上式簡化為：

$$d(nH) = T\,d(nS) + (nV)dP \tag{6.4}$$

同理，將 (6.2) 式乘上 n，再經微分後結合 (6.1) 式可得：

$$d(nA) = -P\,d(nV) - (nS)dT \tag{6.5}$$

依類似的方法由 (6.3) 及 (6.4) 式可得：

$$d(nG) = (nV)dP - (nS)dT \tag{6.6}$$

(6.4) 至 (6.6) 式所必須符合的限制與 (6.1) 式相同，它們都是針對任一封閉系統中的全部質量所寫出的。

我們可將上列公式應用在一莫耳 (或單位質量) 且組成恆定的均勻相流體中。此時它們簡化為：

$dU = T\,dS - P\,dV$	(6.7)	$dH = T\,dS + V\,dP$	(6.8)
$dA = -P\,dV - S\,dT$	(6.9)	$dG = V\,dP - S\,dT$	(6.10)

只要是組成恆定的均勻相流體，上述這些基本物性關係式 (fundamental property relations) 均適用。

將 (6.7) 至 (6.10) 式作全微分，可導出另一組關係式。若 $F = F(x, y)$，則 F 的全微分之定義為：

$$dF \equiv \left(\frac{\partial F}{\partial x}\right)_y dx + \left(\frac{\partial F}{\partial y}\right)_x dy$$

或

$$dF = M\,dx + N\,dy \tag{6.11}$$

其中

$$M \equiv \left(\frac{\partial F}{\partial x}\right)_y \quad \text{且} \quad N \equiv \left(\frac{\partial F}{\partial y}\right)_x$$

再微分一次可得：

$$\left(\frac{\partial M}{\partial y}\right)_x = \frac{\partial^2 F}{\partial y\,\partial x} \quad \text{且} \quad \left(\frac{\partial N}{\partial x}\right)_y = \frac{\partial^2 F}{\partial x\,\partial y}$$

因為兩次微分的結果與微分的先後次序無關，因此

$$\left(\frac{\partial M}{\partial y}\right)_x = \left(\frac{\partial N}{\partial x}\right)_y \tag{6.12}$$

當 F 為 x 及 y 的函數時，(6.11) 式的右邊為全微分的表示式；(6.12) 式是全微分所必須滿足的條件。

熱力學物性 U、H、A 及 G 的關係式 (6.7) 到 (6.10) 式，可看成如 (6.11) 的函數式，因此也可以得到如 (6.12) 式的關係式如下，也就是所謂的 Maxwell 方程式：[1]

---

[1] 由蘇格蘭物理學家 James Clerk Maxwell (1831–1879) 之名而來。

Chapter 6　流體的熱力學性質

$\left(\dfrac{\partial T}{\partial V}\right)_S = -\left(\dfrac{\partial P}{\partial S}\right)_V$	(6.13)	$\left(\dfrac{\partial T}{\partial P}\right)_S = \left(\dfrac{\partial V}{\partial S}\right)_P$	(6.14)
$\left(\dfrac{\partial P}{\partial T}\right)_V = \left(\dfrac{\partial S}{\partial V}\right)_T$	(6.15)	$\left(\dfrac{\partial V}{\partial T}\right)_P = -\left(\dfrac{\partial S}{\partial P}\right)_T$	(6.16)

(6.7) 至 (6.10) 式不僅是導出 Maxwell 關係式的基礎，也是導出許多熱力學性質關係式的根本。後續我們將只導出一些有用的公式，這些公式可代入實驗數據來計算熱力學性質。導出這些公式須利用 (6.7)、(6.8)、(6.15) 及 (6.16) 式。

焓及熵——表示成 T 及 P 的函數

當均勻相中的焓及熵寫成 T 及 P 的函數時，能夠導得最有用物性關係式。我們須求得 H 及 S 如何隨溫度及壓力而改變，這些資料可由 $(\partial H/\partial T)_P$、$(\partial S/\partial T)_P$、$(\partial H/\partial P)_T$ 及 $(\partial S/\partial P)_T$ 得到。

首先考慮對溫度的微分。(2.20) 式所定義恆壓下的熱容量為：

$$\left(\frac{\partial H}{\partial T}\right)_P = C_P \tag{2.20}$$

由 (6.8) 式在恆壓下除以 dT 也可得到：

$$\left(\frac{\partial H}{\partial T}\right)_P = T\left(\frac{\partial S}{\partial T}\right)_P$$

結合上式與 (2.20) 式可得：

$$\left(\frac{\partial S}{\partial T}\right)_P = \frac{C_P}{T} \tag{6.17}$$

由 (6.16) 式可得熵對壓力的微分為：

$$\left(\frac{\partial S}{\partial P}\right)_T = -\left(\frac{\partial V}{\partial T}\right)_P \tag{6.18}$$

將 (6.8) 式在恆溫下除以 dP，可得到焓對壓力的微分式：

$$\left(\frac{\partial H}{\partial P}\right)_T = T\left(\frac{\partial S}{\partial P}\right)_T + V$$

由 (6.18) 式代入上式可得：

$$\left(\frac{\partial H}{\partial P}\right)_T = V - T\left(\frac{\partial V}{\partial T}\right)_P \tag{6.19}$$

因為在此 H 及 S 的函數被選為 $H = H(T, P)$ 及 $S = S(T, P)$，所以可得

$$dH = \left(\frac{\partial H}{\partial T}\right)_P dT + \left(\frac{\partial H}{\partial P}\right)_T dP \quad 及 \quad dS = \left(\frac{\partial S}{\partial T}\right)_P dT + \left(\frac{\partial S}{\partial P}\right)_T dP$$

由 (2.20) 及 (6.17) 到 (6.19) 各式代入上列二式可得：

$$\boxed{dH = C_P\, dT + \left[V - T\left(\frac{\partial V}{\partial T}\right)_P\right] dP} \tag{6.20}$$

及

$$\boxed{dS = C_P \frac{dT}{T} - \left(\frac{\partial V}{\partial T}\right)_P dP} \tag{6.21}$$

此二式即為組成恆定的均勻流體，其焓與熵以溫度及壓力為變數的關係式。

內能——表示為 T 及 P 的函數

由 (2.11) 式可知內能的公式為 $U = H - PV$，將其微分可得：

$$\left(\frac{\partial U}{\partial P}\right)_T = \left(\frac{\partial H}{\partial P}\right)_T - P\left(\frac{\partial V}{\partial P}\right)_T - V$$

再以 (6.19) 式代換可得

$$\left(\frac{\partial U}{\partial P}\right)_T = -T\left(\frac{\partial V}{\partial T}\right)_P - P\left(\frac{\partial V}{\partial P}\right)_T \tag{6.22}$$

理想氣體狀態

在 (6.20) 及 (6.21) 式中，dT 及 dP 的係數，可由熱容量及 PVT 數據求得。我們可以由理想氣體方程式作為例子，說明這些公式的應用。理想氣體狀態的流體 PVT 行為可寫成下式：

$$PV^{ig} = RT \quad 及 \quad \left(\frac{\partial V^{ig}}{\partial T}\right)_P = \frac{R}{P}$$

將上式代入 (6.20) 及 (6.21) 式中可得：

$$dH^{ig} = C_P^{ig}\, dT \quad (6.23) \qquad dS^{ig} = C_P^{ig}\frac{dT}{T} - R\frac{dP}{P} \quad (6.24)$$

其中上標 "ig" 代表理想氣體的數值。這些公式再次表示了如 3.3 節及 5.5 節中所示之理想氣體公式。

液體的其他表示形式

(6.18) 式及 (6.19) 式可藉由 (3.2) 式，以 βV 消去 $(\partial V/\partial T)_P$ 項：

$$\left(\frac{\partial S}{\partial P}\right)_T = -\beta V \quad (6.25) \qquad \left(\frac{\partial H}{\partial P}\right)_T = (1-\beta T)V \quad (6.26)$$

同樣地，(6.22) 式也可藉由 (3.3) 式，將 $(\partial V/\partial P)_T$ 換成 $-\kappa V$：

$$\left(\frac{\partial U}{\partial P}\right)_T = (\kappa P - \beta T)V \tag{6.27}$$

以上各式中需用到 β 及 κ 值，通常只適用於液體。但是臨界點附近外的液體體積小，β 及 κ 亦然。所以在大多數情況下，壓力對液體熵、焓及內能的影響微小。有關不可壓縮流體 (3.1 節所述) 的重要特別情況，將在例 6.2 中討論。

當 (6.20) 及 (6.21) 式中的 $(\partial V/\partial T)_P$ 項以 βV 代替後 [見 (3.2) 式]，兩式變為：

$$dH = C_P\, dT + (1-\beta T)V\, dP \quad (6.28) \qquad dS = C_P\frac{dT}{T} - \beta V\, dP \quad (6.29)$$

因為對液體而言，β 及 V 不太受壓力影響，因此在對 (6.28) 及 (6.29) 式作積分時，這兩項通常會被視為常數，並取適當的平均值作計算。

例 6.1 當水的狀態由 1 bar 及 25°C 變成 1,000 bar 及 50°C 時，計算其焓與熵的改變。相關數據請見下表。

t / °C	P / bar	C_P / J mol^{-1} K^{-1}	V / cm^3 mol^{-1}	β / K^{-1}
25	1	75.305	18.071	256×10^{-6}
25	1,000	……	18.012	366×10^{-6}
50	1	75.314	18.234	458×10^{-6}
50	1,000	……	18.174	568×10^{-6}

解 應用於本題所述的狀態改變，需使用 (6.28) 及 (6.29) 式的積分。因為焓及熵是狀態函數，積分的路徑可任意選定。而適當的路徑，如圖 6.1 所示，可利用本題所給的數據進行計算。由數據可知，C_P 僅為較弱之溫度函數，且 V 及 β 也是較弱的壓力函數，在積分時利用算術平均值可得滿意的結果。此時 (6.28) 及 (6.29) 式積分後之結果可寫為：

$$\Delta H = \langle C_P \rangle (T_2 - T_1) + (1 - \langle \beta \rangle T_2) \langle V \rangle (P_2 - P_1)$$

$$\Delta S = \langle C_P \rangle \ln \frac{T_2}{T_1} - \langle \beta \rangle \langle V \rangle (P_2 - P_1)$$

當 $P = 1$ bar 時

$$\langle C_P \rangle = \frac{75.305 + 75.314}{2} = 75.310 \text{ J mol}^{-1} \text{ K}^{-1}$$

當 $t = 50$°C 時

$$\langle V \rangle = \frac{18.234 + 18.174}{2} = 18.204 \text{ cm}^3 \text{ mol}^{-1}$$

$$\langle \beta \rangle = \frac{458 + 568}{2} \times 10^{-6} = 513 \times 10^{-6} \text{ K}^{-1}$$

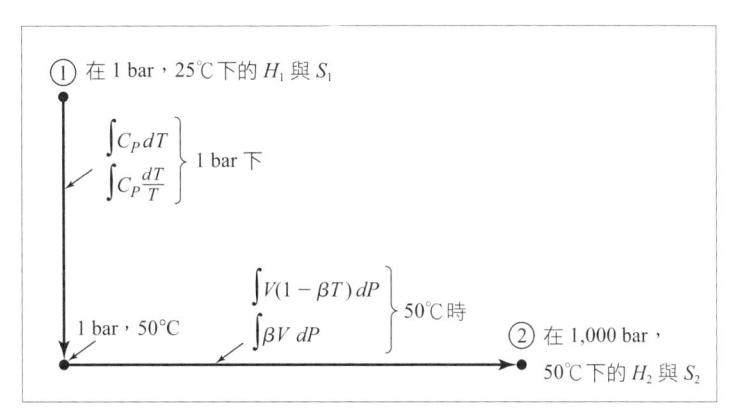

Chapter 6　流體的熱力學性質

```
① 在 1 bar，25°C 下的 H₁ 與 S₁
  ∫Cp dT
  ∫Cp dT/T      1 bar 下

                ∫V(1 − βT)dP   50°C 時
  1 bar，50°C   ∫βV dP                   ② 在 1,000 bar，
                                              50°C 下的 H₂ 與 S₂
```

● 圖 6.1　例 6.1 的計算路徑

將這些數據代入 ΔH 公式中可得：

$$\Delta H = 75.310(323.15 - 298.15)$$

$$+ \frac{[1 - (513 \times 10^{-6})(323.15)](18.204)(1,000 - 1)}{10 \text{ cm}^3 \text{ bar J}^{-1}}$$

$$= 1,883 + 1,517 = 3,400 \text{ J mol}^{-1}$$

同理可求得 ΔS

$$\Delta S = 75.310 \ln \frac{323.15}{298.15} - \frac{(513 \times 10^{-6})(18.204)(1,000 - 1)}{10 \text{ cm}^3 \text{ bar J}^{-1}}$$

$$= 6.06 - 0.93 = 5.13 \text{ J mol}^{-1} \text{ K}^{-1}$$

由以上的計算結果得知，液態水在壓力改變將近 1,000 bar 時的焓與熵變化量，遠比不上 25°C 溫度差所造成的改變。

內能及熵表示為 T 及 V 的函數

溫度與體積這對獨立變數，在使用上較溫度與壓力更為方便，所以使用溫度與體積作為變數的物性關係式最好用，也就是以下推導的內能和熵的關係式。這時我們要求解的項次是 $(\partial U/\partial T)_V$、$(\partial U/\partial V)_T$、$(\partial S/\partial T)_V$ 及 $(\partial S/\partial V)_T$。前兩項可直接由 (6.7) 式導出：

$$\left(\frac{\partial U}{\partial T}\right)_V = T\left(\frac{\partial S}{\partial T}\right)_V \qquad \left(\frac{\partial U}{\partial V}\right)_T = T\left(\frac{\partial S}{\partial V}\right)_T - P$$

將 (2.16) 式與上列第一式結合，(6.15) 式與上列第二式結合，可得：

$$\left(\frac{\partial S}{\partial T}\right)_V = \frac{C_V}{T} \quad (6.30) \qquad \left(\frac{\partial U}{\partial V}\right)_T = T\left(\frac{\partial P}{\partial T}\right)_V - P \quad (6.31)$$

在這裡 U 和 S 的表示式是 $U = U(T, V)$ 和 $S = S(T, V)$。因此，

$$dU = \left(\frac{\partial U}{\partial T}\right)_V dT + \left(\frac{\partial U}{\partial V}\right)_T dV \qquad dS = \left(\frac{\partial S}{\partial T}\right)_V dT + \left(\frac{\partial S}{\partial V}\right)_T dV$$

上列二式中的偏微分項可用 (2.16)、(6.31)、(6.30) 及 (6.15) 式代換：

$$dU = C_V dT + \left[T\left(\frac{\partial P}{\partial T}\right)_V - P\right]dV \tag{6.32}$$

$$dS = C_V \frac{dT}{T} + \left(\frac{\partial P}{\partial T}\right)_V dV \tag{6.33}$$

以上是具有恆定組成的均勻流體，其內能與熵對溫度及體積的一般關聯式。

若將 (3.4) 式應用在恆容時的狀態改變，可得：

$$\left(\frac{\partial P}{\partial T}\right)_V = \frac{\beta}{\kappa} \tag{6.34}$$

因此 (6.32) 及 (6.33) 式也可以寫成：

$$dU = C_V dT + \left(\frac{\beta}{\kappa}T - P\right)dV \quad (6.35) \qquad dS = \frac{C_V}{T}dT + \frac{\beta}{\kappa}dV \quad (6.36)$$

例 6.2 導出不可壓縮流體物性間的關係式，不可壓縮流體是一個流體的模型，其 β 及 κ 值皆為零 (見 3.1 節所述)。這個理想化的模型常應用於流體力學。

解 對於不可壓縮的流體，(6.28) 及 (6.29) 式可寫為：

$$dH = C_P \, dT + V \, dP \qquad (A)$$

$$dS = C_P \frac{dT}{T}$$

不可壓縮流體的焓是溫度及壓力的函數，而熵僅為溫度的函數與壓力無關。由 (6.27) 式可知內能也只是溫度的函數，而可表示成 $dU = C_V dT$。應用 (6.12) 式全微分的要求，由 (A) 式可得：

$$\left(\frac{\partial C_P}{\partial P}\right)_T = \left(\frac{\partial V}{\partial T}\right)_P$$

由 (3.2) 式 β 的定義可知，上式的右邊為 βV，對於一個不可壓縮的流體其值為零。由此可知 C_P 只是溫度的函數而與壓力無關。

不可壓縮流體 C_P 與 C_V 的關係是重要的。對一個固定的狀態改變，(6.29) 式及 (6.36) 式皆可求得相同的 dS，此二式因此相等。重排此等式後可得：

$$(C_P - C_V) \, dT = \beta T V \, dP + \frac{\beta T}{\kappa} dV$$

在恆容的限制條件下，上式簡化為：

$$C_P - C_V = \beta T V \left(\frac{\partial P}{\partial T}\right)_V$$

由 (6.34) 式代入，消去上式的微分項可得：

$$C_P - C_V = \beta T V \left(\frac{\beta}{\kappa}\right) \qquad (B)$$

當 $\beta = 0$ 且 β/κ 為有限值時，上式的右邊為零。因為對真實流體而言，β/κ 確實為有限值，我們無須對此模型流體再作假設。因此不可壓縮流體的原本定義就已假設此比值為有限值，我們也可知這個流體在恆容與恆壓下的熱容量是相等的，因此可寫成：

$$C_P = C_V = C$$

Gibbs 自由能作為基本運算的函數

對於恆定組成的均勻流體而言，基本物性間的關係，如 (6.7) 至 (6.10) 式所示，顯示了每一個熱力學性質如 U、H、A 及 G 皆可表示為一對變數的函數。以 (6.10) 式為例，

$$dG = V\, dP - S\, dT \tag{6.10}$$

表示了下述的函數關係 $G = G(P, T)$。因此溫度及壓力稱為 Gibbs 自由能的特別或正則 (canonical) 變數。[2] 因為這些變數可直接量測及控制，Gibbs 自由能也成為極有應用價值的熱力學性質。

(6.10) 式所表示的熱力學性質關係的另一種形式，可由下列數學恆等式導得：

$$d\left(\frac{G}{RT}\right) \equiv \frac{1}{RT}\, dG - \frac{G}{RT^2}\, dT$$

將 (6.10) 式中所表示的 dG 及 (6.3) 式所表示的 G 代入上式，經代數上的化簡後可得

$$\boxed{d\left(\frac{G}{RT}\right) = \frac{V}{RT}\, dP - \frac{H}{RT^2}\, dT} \tag{6.37}$$

上式的優點是式中的各項均為無因次，與 (6.10) 式相比，上式右邊所出現的是焓而非熵。

(6.10) 及 (6.37) 式為一般化通式，不適合直接實際應用，須改為其他形式。由 (6.37) 式我們可得

$$\boxed{\frac{V}{RT} = \left[\frac{\partial(G/RT)}{\partial P}\right]_T} \tag{6.38} \qquad \boxed{\frac{H}{RT} = -T\left[\frac{\partial(G/RT)}{\partial T}\right]_P} \tag{6.39}$$

當 G/RT 為 T 及 P 的函數已知時，V/RT 及 H/RT 可經由簡單微分求出。其他的物性也可經由它們所定義的公式求出。例如，

---

[2] 正則 (canonical) 表示這些變數符合一般的規則，即它們是簡單而明確的變數。

$$\frac{S}{R} = \frac{H}{RT} - \frac{G}{RT} \qquad \frac{U}{RT} = \frac{H}{RT} - \frac{PV}{RT}$$

因此當我們知道 G/RT (或 G) 與正則變數 T 及 P 的關係時，即當我們知道 $G/RT = g(T, P)$ 函數時，就可以經由簡單的數學運算求得其他的熱力學性質。

將 Gibbs 自由能表示為 T 與 P 的函數後，可以此函數導出其他的熱力學性質，並且內含完整的物性資料。

就像 (6.10) 式可推導出所有熱力學物性關係式，(6.9) 式也可推導出連接統計力學與熱力學物性的關係式 (見原版書 16.4 節)。

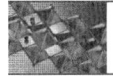

6.2 剩餘性質

我們無法經由簡便的實驗方法求得 G 或 G/RT 的數值，因此直接由 Gibbs 自由能所導出的公式其實用價值不大。Gibbs 自由能可導出其他熱力學性質，我們可找尋一個與 Gibbs 自由能密切相關的性質，且其數值可容易的求出。因此我們**定義**了剩餘 (residual) Gibbs 自由能：$G^R \equiv G - G^{ig}$，其中 G 及 G^{ig} 分別為真實流體及理想氣體在相同溫度及壓力下的 Gibbs 自由能。我們可用類似的方法定義其他剩餘性質。以剩餘體積為例，

$$V^R \equiv V - V^{ig} = V - \frac{RT}{P}$$

因為 $V = ZRT/P$，所以剩餘體積與壓縮係數間的關係就是：

$$V^R = \frac{RT}{P}(Z-1) \tag{6.40}$$

我們可以用下列通式來表示剩餘性質：

$$\boxed{M^R \equiv M - M^{ig}} \tag{6.41}$$

其中 M 代表任一外延的莫耳熱力學性質，如 V、U、H、S 或 G。M 及 M^{ig} 則是真實流體及理想氣體在相同溫度及壓力下的性質。

若為理想氣體則 (6.37) 式變為：

$$d\left(\frac{G^{ig}}{RT}\right) = \frac{V^{ig}}{RT}dP - \frac{H^{ig}}{RT^2}dT$$

由 (6.37) 式減去上式可得：

$$d\left(\frac{G^R}{RT}\right) = \frac{V^R}{RT}dP - \frac{H^R}{RT^2}dT \tag{6.42}$$

上式這個基礎的剩餘性質關係式，可應用在組成固定的流體。其中有用的表示式如：

$$\frac{V^R}{RT} = \left[\frac{\partial(G^R/RT)}{\partial P}\right]_T \tag{6.43}$$

$$\frac{H^R}{RT} = -T\left[\frac{\partial(G^R/RT)}{\partial T}\right]_P \tag{6.44}$$

因此由剩餘 Gibbs 自由能可導出其他剩餘性質，並也可與實驗結果直接相連。由 (6.43) 式可得：

$$d\left(\frac{G^R}{RT}\right) = \frac{V^R}{RT}dP \quad \text{(恆溫情況下)}$$

將上式由零壓力積分至任一壓力 P 得到：

$$\frac{G^R}{RT} = \left(\frac{G^R}{RT}\right)_{P=0} + \int_0^P \frac{V^R}{RT}dP \quad \text{(恆溫情況下)}$$

為方便計算，定義：

$$\left(\frac{G^R}{RT}\right)_{P=0} \equiv J$$

J 是常數且和 T 無關。將 J 代入並結合 (6.40) 式，可得：

$$\frac{G^R}{RT} = J + \int_0^P (Z-1)\frac{dP}{P} \quad \text{(恆溫情況下)} \tag{6.45}$$

上式對溫度作偏微分，並結合 (6.44) 式可得：

$$\boxed{\frac{H^R}{RT} = -T\int_0^P \left(\frac{\partial Z}{\partial T}\right)_P \frac{dP}{P}} \quad \text{(恆溫情況下)} \tag{6.46}$$

Gibbs 自由能的定義為 $G = H - TS$，同樣地，我們也可針對理想氣體寫出 $G^{ig} = H^{ig} - TS^{ig}$，這兩式相減為 $G^R = H^R - TS^R$，由此我們可得到剩餘熵為：

$$\frac{S^R}{R} = \frac{H^R}{RT} - \frac{G^R}{RT} \tag{6.47}$$

結合上式及 (6.45)、(6.46) 式，可得剩餘熵為：

$$\frac{S^R}{R} = -T\int_0^P \left(\frac{\partial Z}{\partial T}\right)_P \frac{dP}{P} - J - \int_0^P (Z-1)\frac{dP}{P} \quad \text{(恆溫情況下)}$$

在實用上需要的是熵的相對值。若將熵寫成 (6.41) 式的形式，經整理後可得 $S = S^{ig} + S^R$。因此若考慮兩個狀態下熵的相對值，可寫成：

$$\Delta S \equiv S_2 - S_1 = (S_2^{ig} - S_1^{ig}) + (S_2^R - S_1^R)$$

因為 J 是常數，所以在計算相對值的時候會直接消去。因此我們可以將 J 設為任意值，而不影響相對值的計算結果。將 J 設為零，則前述 S^R 的公式就變成：

$$\frac{S^R}{R} = -T\int_0^P \left(\frac{\partial Z}{\partial T}\right)_P \frac{dP}{P} - \int_0^P (Z-1)\frac{dP}{P} \quad \text{(恆溫情況下)} \tag{6.48}$$

而 (6.45) 式就變成：

$$\boxed{\frac{G^R}{RT} = \int_0^P (Z-1)\frac{dP}{P} \quad \text{(恆溫情況下)}} \tag{6.49}$$

壓縮係數的定義為 $Z = PV/RT$，Z 值及 $(\partial Z/\partial T)_P$ 因此可由實驗之 PVT 數據求得，(6.46)、(6.48) 及 (6.49) 式中的積分可由數值法或圖積分求得。當 Z 以狀態方程式表示為 T 與 P 的函數時，這些積分也可用解析式求得。所以經由 PVT 數據或適當的狀態方程式，我們可以求取 H^R 及 S^R，以及其他的剩餘性質。因為剩餘性質可直接應用實驗數據求得，因此使得剩餘性質具有熱力學實用上的必要性。

在壓力趨近於零時的剩餘性質

在 (6.46)、(6.48) 及 (6.49) 式中被省略的常數 J，其定義是 G^R/RT 在 $P \to 0$ 時的極限值。可以由一般計算極限值的方式來求出它的絕對值。由於在 $P \to 0$ 時，氣體為理想氣體狀態 (此時 $Z \to 1$)，因此照理說此時任何剩餘性質都等於零。但事實上並非每一種剩餘性質都是如此，這一點可簡單地以數學驗證。

依 (6.41) 式表示 V^R 的在壓力為零的極限值，可得：

$$\lim_{P \to 0} V^R = \lim_{P \to 0} V - \lim_{P \to 0} V^{ig}$$

上式等號右邊兩項都是無限大，所以無法決定差值。若以 (6.40) 式取極限，並參考 (3.38) 式的推導，則可得到：

$$\lim_{P \to 0} V^R = RT \lim_{P \to 0} \left(\frac{Z-1}{P}\right) = RT - \lim_{P \to 0} \left(\frac{\partial Z}{\partial P}\right)_T$$

因此在某給定的溫度下，$P \to 0$ 時的 V^R/RT 值，就等於 Z 對 P 作圖時，等溫線在 $P = 0$ 的斜率。從圖 3.9 可看出這個斜率值是有限值，且通常不為零。

內能的剩餘性質為 $U^R \equiv U - U^{ig}$。因為 U^{ig} 只為溫度 T 的函數，所以 U^{ig} 對 P 作圖的等溫線為水平線，延伸至 $P = 0$ 處。而具有分子間作用力的真實氣體，經等溫膨脹使 $P \to 0$ 時，內能 U 會增加，因為分子移動方向與分子間吸引力方向相反。膨脹至 $P = 0$ ($V = \infty$) 時，分子間作用力會降為零，即為理想氣體狀態。因此在任何溫度下，

$$\lim_{P \to 0} U = U^{ig} \quad \text{且} \quad \lim_{P \to 0} U^R = 0$$

而由焓的定義式可得

$$\lim_{P \to 0} H^R = \lim_{P \to 0} U^R + \lim_{P \to 0} (PV^R)$$

因為等號右邊兩項均為零，所以在任何溫度下 $\lim_{P \to 0} H^R = 0$。

Gibbs 自由能則可由 (6.37) 式計算：

$$d\left(\frac{G}{RT}\right) = \frac{V}{RT} dP \quad \text{(恆溫情況下)}$$

理想氣體的 $V = V^{ig} = RT/P$，所以：

$$d\left(\frac{G^{ig}}{RT}\right) = \frac{dP}{P} \quad (\text{恆溫情況下})$$

將上式由 $P = 0$ 積分到 P 則為：

$$\frac{G^{ig}}{RT} = \left(\frac{G^{ig}}{RT}\right)_{P=0} + \int_0^P \frac{dP}{P} = \left(\frac{G^{ig}}{RT}\right)_{P=0} + \ln P + \infty \quad (\text{恆溫情況下})$$

因為在 $P > 0$ 時，G^{ig}/RT 是有限值，因此下式必為真：

$$\lim_{P \to 0} (G^{ig}/RT) = -\infty$$

由於 G 也是如此，因此

$$\lim_{P \to 0} \frac{G^R}{RT} = \lim_{P \to 0} \frac{G}{RT} - \lim_{P \to 0} \frac{G^{ig}}{RT} = \infty - \infty$$

所以 G^R/RT (或 G^R) 就和 V^R 一樣，無法決定在 $P \to 0$ 的極限值，而也沒有任何實驗方式可求得這個極限值。但是也沒有任何理由可以假設這個值為零，所以我們也把它當作跟 V^R 的極限值一樣，都是有限值且通常不為零。

我們可以利用 (6.44) 式作進一步分析，將該式改寫為 $P = 0$ 的極限狀態，則：

$$\left(\frac{H^R}{RT^2}\right)_{P=0} = -\left[\frac{\partial(G^R/RT)}{\partial T}\right]_{P=0}$$

已證明 $H^R(P=0) = 0$，所以等號右邊的微分項為零。因此，

$$\left(\frac{G^R}{RT}\right)_{P=0} = J$$

其中 J 是常數且與 T 無關。

以剩餘性質計算焓和熵

應用剩餘性質於焓及熵，(6.41) 式可寫為：

$$H = H^{ig} + H^R \qquad S = S^{ig} + S^R$$

所以 H 及 S 可由相對應的理想氣體性質與剩餘性質加成而得。H^{ig} 與 S^{ig} 的表示法可由 (6.23) 及 (6.24) 式積分而得，積分的下限是 T_0 及 P_0 的理想氣體參考狀態，上限為 T 及 P 時之理想氣體狀態：[3]

$$H^{ig} = H_0^{ig} + \int_{T_0}^{T} C_P^{ig} \, dT \qquad S^{ig} = S_0^{ig} + \int_{T_0}^{T} C_P^{ig} \frac{dT}{T} - R \ln \frac{P}{P_0}$$

將這些公式代入前述式子中可得：

$$H = H_0^{ig} + \int_{T_0}^{T} C_P^{ig} \, dT + H^R \tag{6.50}$$

$$S = S_0^{ig} + \int_{T_0}^{T} C_P^{ig} \frac{dT}{T} - R \ln \frac{P}{P_0} + S^R \tag{6.51}$$

由 4.1 及 5.5 節所述可知，計算 (6.50) 及 (6.51) 式中之積分項，可利用下面兩式：

$$\int_{T_0}^{T} C_P^{ig} \, dT = R \times \text{ICPH(T0,T;A,B,C,D)}$$

$$\int_{T_0}^{T} C_P^{ig} \frac{dT}{T} = R \times \text{ICPS(T0,T;A,B,C,D)}$$

在 4.1 及 5.5 節也介紹了平均熱容量，將 (6.50) 及 (6.51) 式中的積分項代換為平均熱容量則為：

$$H = H_0^{ig} + \langle C_P^{ig} \rangle_H (T - T_0) + H^R \tag{6.52}$$

$$S = S_0^{ig} + \langle C_P^{ig} \rangle_S \ln \frac{T}{T_0} - R \ln \frac{P}{P_0} + S^R \tag{6.53}$$

(6.50) 到 (6.53) 式中的 H^R 及 S^R 可由 (6.46) 及 (6.48) 式計算。而平均熱容量則由下列程式算出：

$$\langle C_P^{ig} \rangle_H = R \times \text{MCPH(T0,T;A,B,C,D)}$$

$$\langle C_P^{ig} \rangle_S = R \times \text{MCPS(T0,T;A,B,C,D)}$$

---

[3] 有機物在理想氣體狀態下的熱力學性質，可參考下列文獻： M. Frenkel, G. J. Kabo, K. N. Marsh, G. N. Roganov and R. C. Wilhoit, *Thermodynamics of Organic Compounds in the Gas State*, Thermodynamics Research Center, Texas A & M Univ. System, College Station, Texas, 1994.

Chapter 6 流體的熱力學性質

因為由第一及第二定律所導出的熱力學公式並不能計算焓及熵的絕對數值，並且我們實際上所需要的是相對數值，T_0 及 P_0 等參考情況可隨意選定，H_0^{ig} 及 S_0^{ig} 的數值也因而隨意所選定。應用 (6.52) 及 (6.53) 式所需的數據只有理想氣體熱容量及 PVT 數據。一旦溫度 T 及壓力 P 情況下的 V、H 及 S 值知道之後，其他的熱力學性質可由它們的定義求出。

理想氣體方程式的真正價值現在已可明顯看出了，它的重要性在於它提供了一個計算真實氣體性質的基礎。

剩餘性質適用於氣體以及液體。應用 (6.50) 及 (6.51) 式於氣體計算時，H^R 及 S^R 項雖包含複雜的計算，但因為它們是剩餘項且其值通常很小，只對主要貢獻項 H^{ig} 及 S^{ig} 提出修正而已，這是應用剩餘性質於氣體計算的優點。在液體性質計算上則無此優點，此時 H^R 及 S^R 項須包含因蒸發作用而來的較大改變量。對液體的計算通常如例 6.1 所示，利用 (6.28) 及 (6.29) 式之積分求得。

例 6.3 利用下列資料求取異丁烷飽和蒸汽在 360 K 時的焓與熵。

1. 異丁烷的壓縮係數 (Z 值) 數據列於表 6.1。
2. 在 360 K 時異丁烷的蒸汽壓為 15.41 bar。
3. 令 300 K 及 1 bar 時理想氣體參考狀態之 H_0^{ig} =18,115.0 J mol^{-1}，且 S_0^{ig} = 295.976 J mol^{-1} K^{-1} [此數據與下列文獻所用的相同：R. D. Goodwin and W. M. Haynes, Nat. Bur. Stand. (U.S.), Tech. Note 1051, 1982.]
4. 在此溫度範圍內，異丁烷的熱容量可表示成：

$$C_P^{ig}/R = 1.7765 + 33.037 \times 10^{-3}T \qquad (T/\text{ K})$$

解 利用 (6.46) 及 (6.48) 式計算 360 K 及 15.41 bar 時 H^R 及 S^R 的值，需要計算下列二個積分：

$$\int_0^p \left(\frac{\partial Z}{\partial T}\right)_P \frac{dP}{P} \qquad \int_0^p (Z-1)\frac{dP}{P}$$

利用圖形積分時，需先將 $(\partial Z/\partial T)_P/P$ 及 $(Z-1)/P$ 對 P 作圖。$(Z-1)/P$ 的數值可直接由所給的 360 K 時的壓縮係數求得。$(\partial Z/\partial T)_P/P$ 的值則需先計算 $(\partial Z/\partial T)_P$ 的微分，它可由恆壓下 Z 對 T 作圖的斜率求得。因此我們在各壓力下，以所給的壓縮係數 Z 對 T 作圖，並在 360 K 時求各曲線的斜率 (即在 360 K 時在曲線上作切線)。表 6.2 列出計算所用的數據。

表 6.1　異丁烷的壓縮係數

P/bar	340 K	350 K	360 K	370 K	380 K
0.10	0.99700	0.99719	0.99737	0.99753	0.99767
0.50	0.98745	0.98830	0.98907	0.98977	0.99040
2	0.95895	0.96206	0.96483	0.96730	0.96953
4	0.92422	0.93069	0.93635	0.94132	0.94574
6	0.88742	0.89816	0.90734	0.91529	0.92223
8	0.84575	0.86218	0.87586	0.88745	0.89743
10	0.79659	0.82117	0.84077	0.85695	0.87061
12	……	0.77310	0.80103	0.82315	0.84134
14	……	……	0.75506	0.78531	0.80923
15.41	……	……	0.71727		

表 6.2　例 6.3 中積分所需的數據
括號中為外插值

P/bar	$[(\partial Z/\partial T)_P/P] \times 10^4$ / K^{-1} bar^{-1}	$[-(Z-1)/P] \times 10^2$ / bar^{-1}
0	(1.780)	(2.590)
0.10	1.700	2.470
0.50	1.514	2.186
2	1.293	1.759
4	1.290	1.591
6	1.395	1.544
8	1.560	1.552
10	1.777	1.592
12	2.073	1.658
14	2.432	1.750
15.41	(2.720)	(1.835)

兩個積分式的值為：

$$\int_0^p \left(\frac{\partial Z}{\partial T}\right)_P \frac{dP}{P} = 26.37 \times 10^{-4} \text{ K}^{-1}$$

$$\int_0^p (Z-1) \frac{dP}{P} = -0.2596$$

由 (6.46) 式可得，

$$\frac{H^R}{RT} = -(360)(26.37 \times 10^{-4}) = -0.9493$$

且由 (6.48) 式得到，

$$\frac{S^R}{R} = -0.9493 - (-0.2596) = -0.6897$$

因為 $R = 8.314$ J mol^{-1} K^{-1}

$$H^R = (-0.9493)(8.314)(360) = -2,841.3 \text{ J mol}^{-1}$$

$$S^R = (-0.6897)(8.314) = -5.734 \text{ J mol}^{-1} \text{ K}^{-1}$$

(6.50) 及 (6.51) 式的積分值為：

$$8.314 \times \text{ICPH}(300,360;1.7765,33.037\text{E-}3,0.0,0.0) = 6,324.8 \text{ J mol}^{-1}$$

$$8.314 \times \text{ICPS}(300,360;1.7765,33.037\text{E-}3,0.0,0.0) = 19.174 \text{ J mol}^{-1}\text{K}^{-1}$$

將這些數值代入 (6.50) 及 (6.51) 式中可得：

$$H = 18,115.0 + 6,324.8 - 2,841.3 = 21,598.5 \text{ J mol}^{-1}$$

$$S = 295.976 + 19.174 - 8.314 \ln 15.41 - 5.734 = 286.676 \text{ J mol}^{-1} \text{ K}^{-1}$$

雖然以上只計算了一個狀態下的焓及熵，但若有足夠的數據，則可計算任何狀態下的數值。一旦完整的數據計算得到後，我們就不必再拘限於原來所設定的特定 H_0^{ig} 及 S_0^{ig} 值。焓或熵的數值可經由常數值的加入，而平移原有的座標。我們可選擇特別狀態下的 H 及 S，並賦予其任意選定的數值，以方便於我們的計算。座標的平移並不會影響物性差值的計算結果。

經由準確的計算熱力學性質以建立熱力學的圖或表是一項精密的工作，通常不需由工程師來完成。然而工程師確實需要應用熱力學性質，在了解所使用的計算方法後，我們才可以知道每一種計算法都含有某種程序的誤差。誤差主要有兩種來源。首先，實驗數據的量度常有困難，由此可產生誤差。實驗數據也常不完整，在應用時常需要內差及外差。第二，即使可靠的 PVT 數據可以取得，在計算導出性質時需經過微分過程，此時也會產生誤差。由此可知，在計算焓與熵以供適當的工程運算時，需要精確度高的數據。

6.3 利用狀態方程式計算剩餘性質

另一種計算 (6.46) 和 (6.48) 式中積分項的方法，是利用狀態方程式進行解析計算。此方法需要一個方程式，能將 Z (或 V) 在恆溫時解為 P 的函數。這種狀態方程式稱為體積顯性 (volume explicit)，在第 3 章唯一的例子是以 P 為變數的維里展開式。其他的狀態方程式為壓力顯性 (pressure explicit)，也就是在恆溫下將 Z (或 P) 解為 V 的函數，因此它們並不能直接用在 (6.46) 及 (6.48) 式。維里展開為 V 的函數以及所有的立方型狀態方程式都是壓力顯性的形式，[4] 應用它們計算剩餘性質時，必須將 (6.46)、(6.48) 及 (6.49) 式重新改寫。以下我們將利用維里方程式及立方型狀態方程式，計算氣體及蒸汽的剩餘性質。

利用維里狀態方程式計算剩餘性質

由二項維里方程式 (3.38) 式可得 $Z - 1 = BP/RT$。代入 (6.49) 式中即為：

$$\frac{G^R}{RT} = \frac{BP}{RT} \tag{6.54}$$

由 (6.44) 式知

$$\frac{H^R}{RT} = -T\left[\frac{\partial(G^R/RT)}{\partial T}\right]_{P,x} = -T\left(\frac{P}{R}\right)\left(\frac{1}{T}\frac{dB}{dT} - \frac{B}{T^2}\right)$$

或

---
[4] 理想氣體方程式是壓力顯性亦是體積顯性的形式。

$$\frac{H^R}{RT} = \frac{P}{R}\left(\frac{B}{T} - \frac{dB}{dT}\right) \tag{6.55}$$

再將 (6.54) 式及 (6.55) 式代入 (6.47) 式中可得：

$$\frac{S^R}{R} = -\frac{P}{R}\frac{dB}{dT} \tag{6.56}$$

只要有足夠的數據來決定 B 及 dB/dT，就可以在固定的 T、P 與組成下經由 (6.55) 與 (6.56) 式，計算焓與熵的剩餘性質。這些方程式的適用範圍與 3.4 節的 (3.38) 式相同。

(6.46)、(6.48) 和 (6.49) 式不適合應用於壓力顯性的狀態方程式，必須改寫為以 V (或密度 ρ) 為積分變數的形式。以 ρ 為變數較 V 更為實用，因此將 $PV = ZRT$ 改寫為

$$P = Z\rho RT \tag{6.57}$$

上式在恆溫下微分可得：

$$dP = RT(Zd\rho + \rho\, dZ) \quad (恆溫情況下)$$

再與 (6.57) 式聯合，此式又可寫為：

$$\frac{dP}{P} = \frac{d\rho}{\rho} + \frac{dZ}{Z} \quad (恆溫情況下)$$

將 dP/P 代入 (6.49) 式可得：

$$\boxed{\frac{G^R}{RT} = \int_0^\rho (Z-1)\frac{d\rho}{\rho} + Z - 1 - \ln Z} \tag{6.58}$$

其中積分項是在恆溫時求得，且須注意當 $P \to 0$ 時 $\rho \to 0$。

相對應的 V^R 方程式可由 (6.42) 式求出，經由 (6.40) 式可得：

$$\frac{H^R}{RT^2}dT = (Z-1)\frac{dP}{P} - d\left(\frac{G^R}{RT}\right)$$

將上式各項除以 dT，在恆定 ρ 時可得：

$$\frac{H^R}{RT^2} = \frac{(Z-1)}{P}\left(\frac{\partial P}{\partial T}\right)_\rho - \left[\frac{\partial(G^R/RT)}{\partial T}\right]_\rho$$

由 (6.57) 式微分可求得上式右邊第一個微分項，經由 (6.58) 式微分可得上式右邊第二個微分項。代入這些結果可得：

$$\boxed{\frac{H^R}{RT} = -T\int_0^\rho \left(\frac{\partial Z}{\partial T}\right)_\rho \frac{d\rho}{\rho} + Z - 1} \tag{6.59}$$

剩餘熵可由 (6.47) 式求得：

$$\boxed{\frac{S^R}{R} = \ln Z - T\int_0^\rho \left(\frac{\partial Z}{\partial T}\right)_\rho \frac{d\rho}{\rho} - \int_0^\rho (Z-1)\frac{d\rho}{\rho}} \tag{6.60}$$

三項維里方程式是最簡單的壓力顯性狀態方程式：

$$Z - 1 = B\rho + C\rho^2 \tag{3.40}$$

代入 (6.58) 至 (6.60) 式可得：

$$\frac{G^R}{RT} = 2B\rho + \frac{3}{2}C\rho^2 - \ln Z \tag{6.61}$$

$$\frac{H^R}{RT} = T\left[\left(\frac{B}{T} - \frac{dB}{dT}\right)\rho + \left(\frac{C}{T} - \frac{1}{2}\frac{dC}{dT}\right)\rho^2\right] \tag{6.62}$$

$$\frac{S^R}{R} = \ln Z - T\left[\left(\frac{B}{T} + \frac{dB}{dT}\right)\rho + \frac{1}{2}\left(\frac{C}{T} + \frac{dC}{dT}\right)\rho^2\right] \tag{6.63}$$

這些方程式可有效的應用至中壓程度的氣體，但需要第二及第三維里係數的數據。

由立方型狀態方程式計算剩餘性質

剩餘性質可應用 (3.42) 式的一般化立方型狀態方程式求得：

$$P = \frac{RT}{V-b} - \frac{a(T)}{(V+\epsilon b)(V+\sigma b)} \tag{3.42}$$

將上式改成 Z 的函數形式並以 ρ 作為獨立變數，會更容易推導。因此將 (3.42) 式各項除以 ρRT，並代入 $V = 1/\rho$，及 (3.51) 式的 q 項。經過一連串的代數運算化簡後得到：

$$Z = \frac{1}{1-\rho b} - q\frac{\rho b}{(1+\epsilon\rho b)(1+\sigma\rho b)}$$

應用以上狀態方程式，可求得如 (6.58) 式中之 $(Z-1)$ 及 (6.60) 式中之 $(\partial Z/\partial T)_\rho$ 的積分結果：

$$Z - 1 = \frac{\rho b}{1-\rho b} - q\frac{\rho b}{(1+\epsilon\rho b)(1+\sigma\rho b)} \tag{6.64}$$

$$\left(\frac{\partial Z}{\partial T}\right)_\rho = -\left(\frac{dq}{dT}\right)\frac{\rho b}{(1+\epsilon\rho b)(1+\sigma\rho b)}$$

(6.58) 至 (6.60) 式的積分結果為：

$$\int_0^\rho (Z-1)\frac{d\rho}{\rho} = \int_0^\rho \frac{\rho b}{1-\rho b}\frac{d(\rho b)}{\rho b} - q\int_0^\rho \frac{d(\rho b)}{(1+\epsilon\rho b)(1+\sigma\rho b)}$$

$$\int_0^\rho \left(\frac{\partial Z}{\partial T}\right)_\rho \frac{d\rho}{\rho} = -\frac{dq}{dT}\int_0^\rho \frac{d(\rho b)}{(1+\epsilon\rho b)(1+\sigma\rho b)}$$

以上兩式簡化為：

$$\int_0^\rho (Z-1)\frac{d\rho}{\rho} = -\ln(1-\rho b) - qI \qquad \int_0^\rho \left(\frac{\partial Z}{\partial T}\right)_\rho \frac{d\rho}{\rho} = -\frac{dq}{dT}I$$

其中 I 的定義為 $\quad I \equiv \int_0^\rho \frac{d(\rho b)}{(1+\epsilon\rho b)(1+\sigma\rho b)} \qquad$ (恆溫情況下)

一般化的狀態方程式可表示下列兩種情形下的積分：

第一種情況：$\epsilon \neq \sigma$
$$I = \frac{1}{\sigma - \epsilon} \ln\left(\frac{1 + \sigma\rho b}{1 + \epsilon\rho b}\right) \tag{6.65a}$$

由 (3.50) 式及 Z 的定義可得下列公式。將其代入上式中並消去 ρ 項後，可得到較簡化的結果：

$$\beta \equiv \frac{bP}{RT} \qquad Z \equiv \frac{P}{\rho RT}$$

因此
$$\frac{\beta}{Z} = \rho b$$

$$I = \frac{1}{\sigma - \varepsilon} \ln\left(\frac{Z + \sigma\beta}{Z + \varepsilon\beta}\right) \tag{6.65b}$$

第二種情況：$\epsilon = \sigma$
$$I = \frac{\rho b}{1 + \epsilon\rho b} = \frac{\beta}{Z + \epsilon\beta}$$

在第二種情況的討論中僅考慮凡得瓦爾方程式，因此上式簡化為 $I = \beta/Z$。

經由積分運算後，(6.58) 至 (6.60) 式簡化為：

$$\frac{G^R}{RT} = Z - 1 - \ln(1 - \rho b)Z - qI \tag{6.66a}$$

或
$$\boxed{\frac{G^R}{RT} = Z - 1 - \ln(Z - \beta) - qI} \tag{6.66b}$$

$$\frac{H^R}{RT} = Z - 1 + T\left(\frac{dq}{dT}\right)I = Z - 1 + T_r\left(\frac{dq}{dT_r}\right)I$$

及
$$\frac{S^R}{R} = \ln(Z - \beta) + \left(q + T_r\frac{dq}{dT_r}\right)I$$

其中 $T_r (dq/dT_r)$ 可由 (3.54) 式求得：

$$T_r\frac{dq}{dT_r} = \left[\frac{d\ln\alpha(T_r)}{d\ln T_r} - 1\right]q$$

Chapter 6 流體的熱力學性質

將上式代入其前述二公式中可得：

$$\boxed{\frac{H^R}{RT} = Z - 1 + \left[\frac{d\ln\alpha(T_r)}{d\ln T_r} - 1\right]qI} \tag{6.67}$$

$$\boxed{\frac{S^R}{R} = \ln(Z - \beta) + \frac{d\ln\alpha(T_r)}{d\ln T_r}qI} \tag{6.68}$$

應用這些公式時，須先由 (3.52) 式解出汽相及由 (3.56) 式解出液相的 Z 及 h 值。

例 6.4 利用 Redlich/Kwong 狀態方程式，計算 500 K 及 50 bar 下的正丁烷氣體的剩餘焓 H^R 與剩餘熵 S^R。

解 在此情況下：

$$T_r = \frac{500}{425.1} = 1.176 \qquad P_r = \frac{50}{37.96} = 1.317$$

利用 (3.53) 式及由表 3.1 中所查得 Redlich/Kwong 方程式的 Ω 值可得，

$$\beta = \Omega\frac{P_r}{T_r} = \frac{(0.08664)(1.317)}{1.176} = 0.09703$$

利用 ψ 及 Ω 值，以及由表 3.1，所得之 $\alpha(T_r) = T_r^{-1/2}$ 式，(3.54) 式可得：

$$q = \frac{\psi\alpha(T_r)}{\Omega T_r} = \frac{0.42748}{(0.08664)(1.176)^{1.5}} = 3.8689$$

將 β、q、ϵ = 0 及 σ = 1 代入 (3.52) 式可得：

$$Z = 1 + 0.09703 - (3.8689)(0.09703)\frac{Z - 0.09703}{Z(Z + 0.09703)}$$

由上式可解得 Z = 0.6850，所以

$$I = \ln\frac{Z + \beta}{Z} = 0.13247$$

由 $\ln\alpha(T_r) = -1/2\ln T_r$ 可知 $d\ln\alpha(T_r)/d\ln T_r = -(1/2)$，故 (6.67) 及 (6.68) 式變為：

$$\frac{H^R}{RT} = 0.685 - 1 + (-0.5 - 1)(3.8689)(0.13247) = -1.0838$$

$$\frac{S^R}{R} = \ln(0.6850 - 0.09703) - (0.5)(3.8689)(0.13247) = -0.78735$$

所以 $H^R = (8.314)(500)(-1.0838) = -4{,}505$ J mol^{-1}

$S^R = (8.314)(-0.78735) = -6.546$ J mol^{-1} K^{-1}

表 6.3 比較這些結果與其他方法計算所得的數據。

■ 表 6.3　正丁烷在 500 K 及 50 bar 時的 Z、H^R 與 S^R 值

方　法	Z	H^R/ J mol^{-1}	S^R/ J mol^{-1} K^{-1}
vdW Eqn.	0.6608	−3,937	−5.424
RK Eqn.	0.6850	−4,505	−6.546
SRK Eqn.	0.7222	−4,824	−7.413
PR Eqn.	0.6907	−4,988	−7.426
Lee/Kesler*	0.6988	−4,966	−7.632
Handbook**	0.7060	−4,760	−7.170

*敘述於 6.7 節。

**數值由下列參考資料所導出：Table 2–240, pp.2–223, *Chemical Engineers' Handbook*, 7th ed., Don Green (ed.), McGraw-Hill, New York, 1997.

6.4　兩相系統

在圖 3.1 所示的 PT 圖中，含有純物質的相邊界曲線。在固定的溫度及壓力下跨越此曲線時，就有相轉變發生，也使得莫耳熱力學性質或比性質有所變化。因此在相同的溫度及壓力下，飽和液體與飽和氣體的莫耳體積或比體積有很大的差異，內能、焓及熵也是如此。唯一的例外是莫耳 Gibbs 自由能或比 Gibbs 自由能；當純物質發生如熔化、蒸發或昇華等相轉變時，Gibbs 自由能並不發生改變。想像一個活塞／圓筒裝置，裝置內部的純液體與其蒸汽在溫度 T

Chapter 6　流體的熱力學性質

及蒸汽壓 P^{sat} 時達成平衡。當微量的液體在固定的溫度與壓力下蒸發時，由 (6.6) 式可知 $d(nG) = 0$。因為莫耳數 n 為常數，所以 $dG = 0$；也就是液體與汽體的莫耳 Gibbs 自由能或比 Gibbs 自由能相等。因此，當純物質的 α 及 β 兩相達成平衡共存時，

$$G^\alpha = G^\beta \tag{6.69}$$

其中 G^α 及 G^β 表示各相中的莫耳或比 Gibbs 自由能。

上式可以推導出 4.2 節所介紹的 Clapeyron 方程式。如果一個兩相共存系統的溫度發生變化，壓力也必須依循蒸汽壓與溫度的關係式而改變，如此才能維持兩相平衡共存。由於整個改變過程均滿足 (6.69) 式，因此

$$dG^\alpha = dG^\beta$$

應用 (6.10) 式來表示 dG^α 與 dG^β 可得：

$$V^\alpha dP^{sat} - S^\alpha dT = V^\beta dP^{sat} - S^\beta dT$$

經過整理後得到：

$$\frac{dP^{sat}}{dT} = \frac{S^\beta - S^\alpha}{V^\beta - V^\alpha} = \frac{\Delta S^{\alpha\beta}}{\Delta V^{\alpha\beta}}$$

$\Delta S^{\alpha\beta}$ 及 $\Delta V^{\alpha\beta}$ 的意義是：一個單位量的純物質，在平衡溫度及壓力下由 α 相轉變為 β 相時，熵及體積的改變量。以 (6.8) 式對此改變量作積分，可求得相轉變時的潛熱：

$$\Delta H^{\alpha\beta} = T\Delta S^{\alpha\beta} \tag{6.70}$$

所以 $\Delta S^{\alpha\beta} = \Delta H^{\alpha\beta}/T$，代入上述公式中可得：

$$\frac{dP^{sat}}{dT} = \frac{\Delta H^{\alpha\beta}}{T\Delta V^{\alpha\beta}} \tag{6.71}$$

上式就是 Clapeyron 公式。

這個公式在計算液相 ℓ 轉變至汽相 v 時相當重要，此時 (6.71) 式改寫成：

$$\frac{dP^{sat}}{dT} = \frac{\Delta H^{lv}}{T\Delta V^{lv}} \tag{6.72}$$

不過，$\quad \Delta V^{lv} = \frac{RT}{P^{sat}}\Delta Z^{lv}$

其中 ΔZ^{lv} 是汽化過程中壓縮係數的改變量。結合這二個公式可得：

$$\frac{d\ln P^{sat}}{dT} = \frac{\Delta H^{lv}}{RT^2\Delta Z^{lv}} \tag{6.73}$$

或 $\quad\dfrac{d\ln P^{sat}}{d(1/T)} = -\dfrac{\Delta H^{lv}}{R\Delta Z^{lv}} \tag{6.74}$

(6.72) 至 (6.74) 式適用於純物質的汽化過程，是 Clapeyron 方程式的不同數學形式。

例 6.5 在低壓的蒸發程序中，我們可對 Clapeyron 方程式作合理的假設，即汽相為理想氣體，且液相的莫耳體積與汽相相比小到可忽略不計。這些假設可對 Clapeyron 方程式造成何種改變？

解 題目中所作的假設可表示為：

$$\Delta V^{lv} = V^v = \frac{RT}{P^{sat}} \quad \text{或} \quad \Delta Z^{lv} = 1$$

(6.74) 式乃變為：

$$\Delta H^{lv} = -R\frac{d\ln P^{sat}}{d(1/T)}$$

這個近似方程式稱為 Clausius/Clapeyron 方程式，它將蒸發熱與蒸汽壓曲線相互關聯。更明確的說，這個近似式的意義為：ΔH^{lv} 的數值，與 $\ln P^{sat}$ 對 $1/T$ 作圖的斜率值成正比。由於從許多物質的實驗數據可知 $\ln P^{sat}$ 對 $1/T$ 作圖可得到直線的關係，因此根據 Clausius/Clapeyron 方程式，ΔH^{lv} 約為一常數而與溫度 T 無關。這其實並不正確，當溫度由三相點往臨界點增加時，ΔH^{lv} 會跟著降低，到臨界點時為零。Clausius/Clapeyron 方程式的假設，只有在低壓下才

Chapter 6　流體的熱力學性質

近似正確。

液體蒸汽壓的溫度函數

　　Clapeyron 方程式完全是一個熱力學關係式，並提供了不同相間物性的重要關聯。當利用此式來計算蒸發潛熱時，我們必須先知道蒸汽壓與溫度的關係式。由於整個熱力學的理論系統中，並沒有描述任何物質的這類行為，因此這些關係式都是經驗公式。如例 6.5 所示，$\ln P^{sat}$ 對 $1/T$ 作圖通常可得到近似直線的結果，因此可寫為：

$$\ln P^{sat} = A - \frac{B}{T} \tag{6.75}$$

其中 A 與 B 都是常數，隨物質種類不同而各異。上式所表示的是：在三相點至臨界點的溫度範圍內，蒸汽壓與溫度的近似關係。同時，在合理的數據範圍內，也可以用此式作極佳的內插。

　　不過在實用上，Antoine 方程式的形式會有更令人滿意的結果：

$$\ln P^{sat} = A - \frac{B}{T + C} \tag{6.76}$$

此方程式在應用上的優點，是可從文獻上尋得許多物質的 A、B、C 常數值。[5]每一組常數值只適用於某特定的溫度範圍，不可在這些範圍以外使用。在附錄 B 的表 B.2 中，列有一些純物質的 Antoine 常數值。

　　若要在較廣的溫度範圍中準確地表示蒸汽壓的數據，則需要更加複雜的方程式。Wagner 公式是個不錯的選擇，它將對比蒸汽壓表示為對比溫度的函數：

$$\ln P_r^{sat} = \frac{A\tau + B\tau^{1.5} + C\tau^3 + D\tau^6}{1 - \tau} \tag{6.77}$$

其中　　　　　$\tau \equiv 1 - T_r$

---

[5] S. Ohe, *Computer Aided Data Book of Vapor Pressure*, Data Book Publishing Co.,Tokyo,1976; T. Boublik, V. Fried and E. Hala, *The Vapor Pressures of Pure Substances*, Elsevier, Amsterdam,1984.

且 A、B、C 與 D 皆為常數。上式與 (6.76) 式中的常數值，可參見 Reid、Prausnitz 及 Poling 的研究成果。[6]

蒸汽壓的對比狀態關聯式

若液體為非極性且為非結合物質，那麼有許多的對比狀態關聯式可描述其蒸汽壓的變化。其中最簡單的形式由 Lee 及 Kesler所發表，[7]是一種 Pitzer 關聯式：

$$\ln P_r^{\text{sat}}(T_r) = \ln P_r^0(T_r) + \omega \ln P_r^1(T_r) \tag{6.78}$$

其中

$$\ln P_r^0(T_r) = 5.92714 - \frac{6.09648}{T_r} - 1.28862 \ln T_r + 0.169347 T_r^6 \tag{6.79}$$

$$\ln P_r^1(T_r) = 15.2518 - \frac{15.6875}{T_r} - 13.4721 \ln T_r + 0.43577 T_r^6 \tag{6.80}$$

至於 (6.78) 式中的 ω 值，Lee 和 Kesler 則建議將正常沸點的條件代入原式中求得。也就是可用下式求得特定物質的 ω 值：

$$\omega = \frac{\ln P_{r_n}^{\text{sat}} - \ln P_r^0(T_{r_n})}{\ln P_r^1(T_{r_n})} \tag{6.81}$$

其中下標 n 為 normal，意指正常沸點；而 T_{r_n} 和 $P_{r_n}^{\text{sat}}$ 分別為一大氣壓下 (1.01325 bar) 的對比正常沸點和對比蒸汽壓。

例 6.6 試計算正己烷在 0、30、60 及 90°C 下時的飽和蒸汽壓為多少 kPa。
(a) 使用附表 B.2 的常數。
(b) 使用 Lee/Kesler 關聯式。

解 (a) 由附表 B.2，可得正己烷的 Antoine 方程式表示為：

---

[6] R. C. Reid, J. M. Prausnitz and B. E. Poling, *The Properties of Gases and Liquids*, 4th ed., App. A, McGraw-Hill, 1987.
[7] B. I. Lee and M. G. Kesler, *AIChE J.*, vol. 21, pp. 510-527, 1975.

Chapter 6　流體的熱力學性質

$$\ln P^{sat}/kPa = 13.8193 - \frac{2696.04}{t/°C + 224.317}$$

將溫度條件代入上式後，計算結果列於下表的"Antoine"欄中。計算結果與實際的實驗結果相當符合。

(b) 先由 Lee/Kesler 關聯式求得 ω 值。由附表 B.1 查得正己烷的正常沸點後代入公式中，可得：

$$T_{r_n} = \frac{341.9}{507.6} = 0.6736 \quad 且 \quad P_{r_n}^{sat} = \frac{1.01325}{30.25} = 0.03350$$

代入 (6.81) 式可得 $\omega = 0.298$。將各溫度條件代入後所得的結果列於下表。和 Antoine 方程式相比，數據差異平均為 1.5%。

$t/°C$	P^{sat}/kPa (Antoine)	P^{sat}/kPa (Lee/Kesler)	$t/°C$	P^{sat}/kPa (Antoine)	P^{sat}/kPa (Lee/Kesler)
0	6.052	5.835	30	24.98	24.49
60	76.46	76.12	90	189.0	190.0

液／汽兩相系統

當一個系統包含共存的飽和液相與汽相時，系統的外延性質總量為各相外延性質總量之和。以體積為例，此關係為：

$$nV = n^l V^l + n^v V^v$$

其中 V 是系統的莫耳體積，總莫耳數為 $n = n^l + n^v$，上式除以 n 可得：

$$V = x^l V^l + x^v V^v$$

其中 x^l 及 x^v 表示整個系統中液體及汽體之莫耳分率。因為 $x^l = 1 - x^v$，所以

$$V = (1 - x^v)V^l + x^v V^v$$

在上式中 V、V^l 及 V^v 可為莫耳值或每單位質量的數值。系統中汽相的質量或莫耳分率 x^v 稱為乾度 (quality)。類似的公式可應用於其他外延熱力學性質，並可以下列通式表之：

$$M = (1-x^v)M^l + x^v M^v \tag{6.82a}$$

其中 M 可為 V、U、H 及 S 等。另一種實用的表示法為：

$$M = M^l + x^v \Delta M^{lv} \tag{6.82b}$$

6.5 熱力學相圖

　　熱力學相圖將物質的溫度、壓力、體積、焓與熵表示於單一的圖形中 (有時相圖並未包含所有的變數，但此定義仍然適用)。相圖雖可由上述的熱力學性質中任選兩項作圖，但最常用的相圖為：溫度／熵、壓力／焓 (通常由 $\ln P$ 對 H 作圖) 及焓／熵 (稱為 Mollier 圖) 等。除了常用相圖外，其他的相圖雖可畫出但甚少使用。

　　圖 6.2 至 6.4 為三種常見相圖。雖然這些都是水的相圖，但所有物質的相圖都極為類似。在圖 3.1 的 PT 相圖上，兩相共存區即為三條曲線；而在這些相圖上兩相共存區則為面的形式。圖 3.1 上的三相點在這些相圖中則為直線。在汽／液兩相共存區中，可由等乾度線來讀出兩相混合物的物性數值。臨界點以 C 表示之，通過臨界點的實線代表飽和液相 (在 C 點的左方) 及飽和汽相 (在 C 點的右方)。圖 6.4 所示的 Mollier 相圖通常不包含體積值。在汽相或氣相區域內，畫有等溫線及等過熱線。過熱 (superheat) 度的意義是：在某個壓力下，真實溫度與飽和溫度的差值。本書中的熱力學相圖有甲烷及四氯乙烷的 PH 圖，列於附錄 G 中，在封底內頁還有水蒸汽的 Mollier 相圖。

　　由相圖上可簡易的繪出不同程序的路徑。例如我們考慮一個鍋爐或蒸汽動力工廠的操作，起始狀態是低於沸點的液態水，而最終狀態位於過熱區內。水進入鍋爐並被加熱時，它的溫度在恆壓下上升 (如圖 6.2 及 6.3 中的 1–2 曲線)，直到達到飽和溫度為止。由 2–3 曲線表示水的蒸發，在此程序中溫度保持恆定不變。當更多熱量加入後，蒸汽沿 3–4 的曲線變為過熱的狀態。在圖 6.2 所示的壓力／焓圖中，整個程序以水平線表示之，其壓力為鍋爐中的壓力。因為液體在溫度遠低於 T_c 時壓縮係數值很小，當壓力變化時液體性質僅有相當微小的改變量。因此在圖 6.3 的 TS 相圖中，液相區的等壓線排列緊密 (圖中未繪出)，而

Chapter 6　流體的熱力學性質

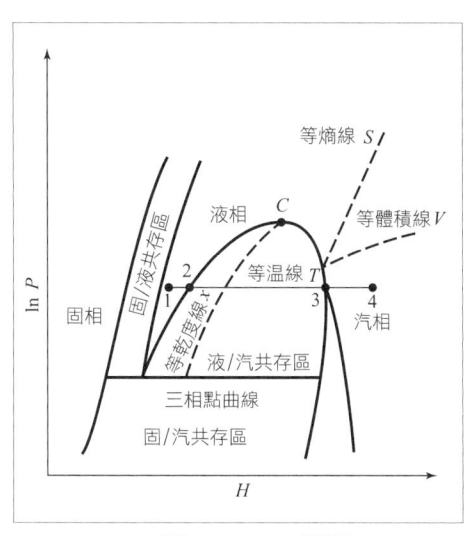

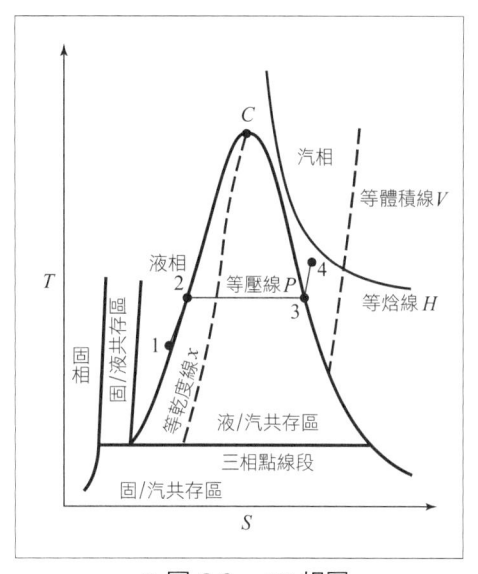

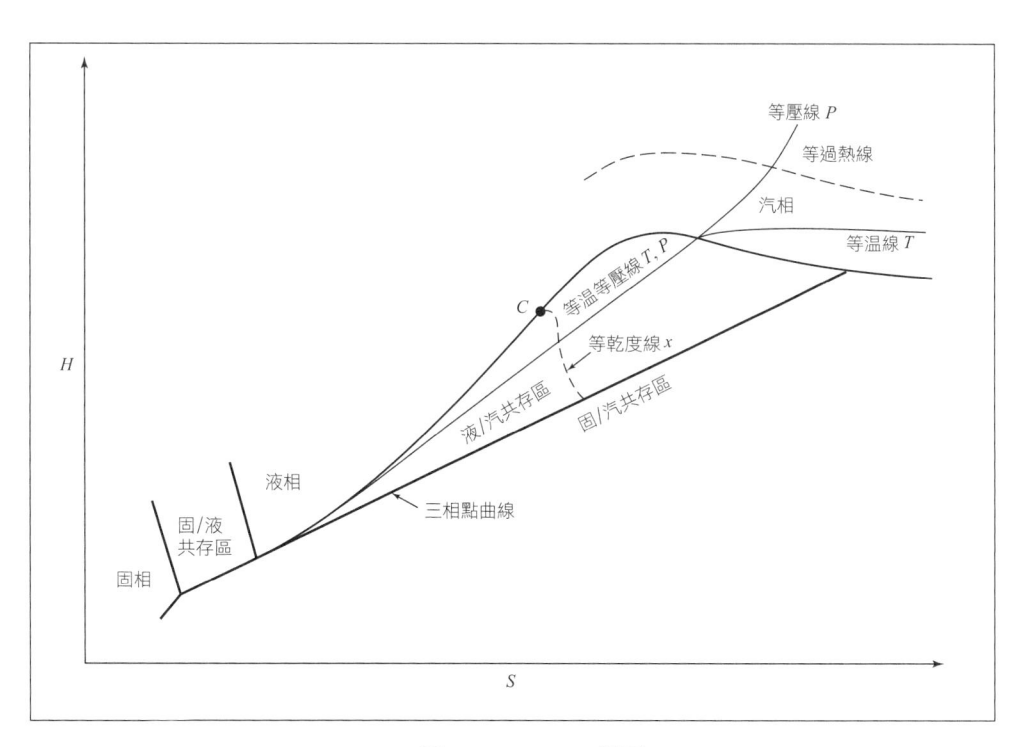

● 圖 6.2　*PH* 相圖

● 圖 6.3　*TS* 相圖

● 圖 6.4　Mollier 相圖

1-2 曲線幾乎與飽和液體曲線重合。可逆絕熱操作下的渦輪及壓縮機，由於熵值固定，因此在 TS 相圖和 HS 相圖 (Mollier 圖) 中會是垂直線，由起初的壓力進行到最終的壓力。

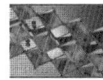

6.6 熱力學性質表

熱力學性質多半以表列方式表示。與相圖相比，列表的優點是物性數值較為精確，而且方便使用內插法進行計算。

附錄 F 中列出飽和水蒸汽的熱力學性質，溫度範圍由標準凝固點到臨界點，附錄中也列出了過熱蒸汽在各壓力下的數據，單位採 SI 及英制單位。由於數據間距很小，因此可使用線性內插法。[8]第一個表格是各溫度下飽和液體及氣體的平衡性質。飽和液體在三相點時的焓與熵值被任意定為零。第二個表是氣態區的性質，列出在某壓力下高於飽和溫度的過熱蒸汽性質。也列出了在不同溫度下體積 (V)、內能 (U)、焓 (H) 及熵 (S) 對壓力的函數。蒸汽表是純物質中最完整的物性表示方式，其他物質的性質也可用表列方式表達。[9]

例 6.7 過熱的蒸汽由起始狀態 T_1 及 P_1 經噴嘴膨脹至壓力為 P_2。假設此程序為可逆及絕熱程序，在下列各情況下求蒸汽在噴嘴出口時的狀態及 ΔH 值。
(a) $P_1 = 1{,}000$ kPa，$t_1 = 250°C$，且 $P_2 = 200$ kPa
(b) $P_1 = 150$ (psia)，$t_1 = 500$ (°F)，且 $P_2 = 50$ (psia)

解 因為此程序為可逆且絕熱，所以蒸汽的熵值改變量為零。

(a) 在 250°C 及 1,000 kPa 的起始狀態時，無法直接由 SI 制的蒸汽表中讀得物性數據，但可由 1,000 kPa 時 240°C 及 260°C 的數據內插求得：

$$H_1 = 2{,}942.9 \text{ kJ kg}^{-1} \qquad S_1 = 6.9252 \text{ kJ kg}^{-1}\text{ K}^{-1}$$

在最終狀態的 200 kPa 時

---

[8] 在附錄 F 之始列出了線性內插的步驟。
[9] 許多常用化學品的數據可參考 R. H. Perry and D. Green, *Perry's Chemical Engineers' Handbook*, 7th ed., Sec. 2, McGraw-Hill, New York, 1966. 也可參考 N. B. Vargaftik, *Handbook of Physical Properties of Liquids and Gases*, 2d ed., Hemisphere Publishing Corp., Washington, DC, 1975. 冷凍劑的數據見 *ASHRAE: Handbook, Fundamentals*, American Society of Heating, Refrigerating, and Air-Conditioning Engineers, Inc., Atlanta, 1993.

$$S_2 = S_1 = 6.9252 \text{ kJ kg}^{-1} \text{ K}^{-1}$$

因為在 200 kPa 時飽和蒸汽的熵大於 S_2，最終狀態是在兩相區的汽／液共存區內。因此 t_2 是 200 kPa 時的飽和溫度，在 SI 制的過熱蒸汽表中查得 t_2 = 120.23°C。應用 (6.82a) 式於熵的計算可得，

$$S_2 = (1 - x_2^v)S_2^l + x_2^v S_2^v$$

因此，

$$6.9252 = 1.5301(1 - x_2^v) + 7.1268 x_2^v$$

其中 1.5301 及 7.1268 分別為 200 kPa 時飽和液體及蒸汽的熵值。求解上式可得，

$$x_2^v = 0.9640$$

混合物中具有 96.40% 質量分率的蒸汽及 3.60% 質量分率的液體。應用 (6.82a) 式可再求得焓為：

$$H_2 = (0.0360)(504.7) + (0.9640)(2,706.3) = 2,627.0 \text{ kJ kg}^{-1}$$

最後，

$$\Delta H = H_2 - H_1 = 2,627.0 - 2,942.9 = -315.9 \text{ kJ kg}^{-1}$$

(b) 蒸汽在 150 (psia) 及 500 (°F) 起始狀態的數據，可直接由英制單位的過熱蒸汽表 F.4 中查得：

$$H_1 = 1,274.3 \text{ (Btu)(lb}_m)^{-1}$$

$$S_1 = 1.6602 \text{ (Btu)(lb}_m)^{-1}\text{(R)}^{-1}$$

最後狀態為 50 (psia)，此時，

$$S_2 = S_1 = 1.6602 \text{ (Btu)(lb}_m)^{-1}\text{(R)}^{-1}$$

由蒸汽表 F.4 中查得 S_2 值大於 50 (psia) 時飽和蒸汽的熵，因此最後狀態位於過熱區。由 50 (psia) 時的熵值內插可得：

$$t_2 = 283.28 \text{ (°F)} \qquad H_2 = 1,175.3 \text{ (Btu)(lb}_m)^{-1}$$

因此

$$\Delta H = H_2 - H_1 = 1,175.3 - 1,274.3 = -99.0 \text{ (Btu)(lb}_m)^{-1}$$

對於本題假設下的噴嘴，(2.32a) 式的能量平衡變為：

$$\Delta H + \frac{1}{2}\Delta u^2 = 0$$

因此 (a) 及 (b) 小題所得的焓減少量，都成為流體動能的增加量。也就是說，流體通過噴嘴後流速會增加，這也是噴嘴的主要功能。噴嘴將在 7.1 節中作詳細討論。

例 6.8

一個 1.5 m³ 的儲槽中裝有 500 kg 液態水，槽內其餘空間充滿了純水蒸汽，並與液態水達到兩相平衡，平衡溫度與壓力為 100°C 及 101.33 kPa。從水的供應管線中，流入 750 kg 的水進入儲槽中，管線中水溫為 70°C 且壓力高於 101.33 kPa。若儲槽中的溫度及壓力並不因整個程序而改變，計算需輸送到此儲槽的熱能。

解

將此儲槽視為控制體積，因為沒有作功，且動能與位能的改變量可忽略不計，所以 (2.29) 式可寫為：

$$\frac{d(mU)_{\text{tank}}}{dt} - H'\dot{m}' = \dot{Q}$$

其中上標 (′) 表示輸入流體的狀態。質量平衡式為 $\dot{m}' = dm_{\text{tank}}/dt$，與能量平衡式結合可得：

$$\frac{d(mU)_{\text{tank}}}{dt} - H'\frac{dm_{\text{tank}}}{dt} = \dot{Q}$$

將上式各項乘以 dt，在 H' 為常數時對時間積分而得：

$$Q = \Delta(mU)_{\text{tank}} - H'\Delta m_{\text{tank}}$$

將焓的定義應用於整個儲槽中的物質可得：

$$\Delta(mU)_{\text{tank}} = \Delta(mH)_{\text{tank}} - \Delta(PmV)_{\text{tank}}$$

因為儲槽總體積 mV 及壓力 P 保持恆定，所以 $\Delta(PmV)_{\text{tank}} = 0$。且 $\Delta(mH)_{\text{tank}} = (m_2 H_2)_{\text{tank}} - (m_1 H_1)_{\text{tank}}$，再結合上兩式可得：

$$Q = (m_2 H_2)_{\text{tank}} - (m_1 H_1)_{\text{tank}} - H'\Delta m_{\text{tank}} \tag{A}$$

其中 Δm_{tank} 表示流入儲槽中的 750 kg 的水，下標 1 及 2 分別表示此程序中

Chapter 6　流體的熱力學性質

儲槽的起始及最後的狀態。最終於儲槽中仍有 100°C 及 101.33 kPa 的飽和液態水及飽和水蒸汽達成平衡，因此 m_1H_1 及 m_2H_2 分別也包含液相及汽相的性質。

由蒸汽表中可查得下列焓值：

$$H' = 293.0 \text{ kJ kg}^{-1}\text{；}70°C \text{ 時的飽和液體}$$

$$H^l_{\text{tank}} = 419.1 \text{ kJ kg}^{-1}\text{；}100°C \text{ 時的飽和液體}$$

$$H^v_{\text{tank}} = 2{,}676.0 \text{ kJ kg}^{-1}\text{；}100°C \text{ 時的飽和蒸汽}$$

儲槽中蒸汽的起始體積，可由 1.5 m³ 減去 500 kg 液態水所佔有的體積算出。因此，

$$m_1^v = \frac{1.5 - (500)(0.001044)}{1.673} = 0.772 \text{ kg}$$

其中 0.001044 及 1.673 m³ kg⁻¹ 分別是在 100°C 時由蒸汽表中所查得的飽和液相及飽和汽相的比體積。由此，

$$(m_1H_1)_{\text{tank}} = m_1^l H_1^l + m_1^v H_1^v = 500(419.1) + 0.772 (2{,}676.0) = 211{,}616 \text{ kJ}$$

在程序結束時，液相及汽相的質量可在儲槽體積維持在 1.5 m³ 的條件下，經由質量平衡求出：

$$m_2 = 500 + 0.772 + 750 = m_2^v + m_2^l$$

$$1.5 = 1.673\, m_2^v + 0.001044\, m_2^l$$

上二式解得：

$$m_2^l = 1{,}250.65 \text{ kg} \quad 及 \quad m_2^v = 0.116 \text{ kg}$$

因為 $H_2^l = H_1^l$ 及 $H_2^v = H_1^v$，所以

$$(m_2H_2)_{\text{tank}} = (1{,}250.65)(419.1) + (0.116)(2{,}676.0) = 524{,}458 \text{ kJ}$$

將適當數值代入 (A) 式中求解 Q 為：

$$Q = 524{,}458 - 211{,}616 - (750)(293.0) = 93{,}092 \text{ kJ}$$

6.7 氣體物性的一般化關聯式

熱容量及 PVT 數據是兩種用來計算熱力學物性的資料，但後者常常缺乏足夠數據。所幸 3.6 節所述關於壓縮係數的一般化方法，也可應用在剩餘性質的計算上。

應用下列關係式，可將 (6.46) 及 (6.48) 式寫成一般化的形式：

$$P = P_c P_r \qquad T = T_c T_r$$
$$dP = P_c \, dP_r \qquad dT = T_c \, dT_r$$

所得之公式為：

$$\frac{H^R}{RT_c} = -T_r^2 \int_0^{P_r} \left(\frac{\partial Z}{\partial T_r}\right)_{P_r} \frac{dP_r}{P_r} \tag{6.83}$$

$$\frac{S^R}{R} = -T_r \int_0^{P_r} \left(\frac{\partial Z}{\partial T_r}\right)_{P_r} \frac{dP_r}{P_r} - \int_0^{P_r} (Z-1) \frac{dP_r}{P_r} \tag{6.84}$$

上列二式等號右邊各項只隨積分上限 P_r 及對比溫度 T_r 而變，因此 H^R/RT_c 及 S^R/R 之值，在任何對比溫度及壓力下可由一般化的壓縮係數數據一次求得。

壓縮係數 Z 的關聯式是基於 (3.57) 式：

$$Z = Z^0 + \omega Z^1$$

上式微分可得：

$$\left(\frac{\partial Z}{\partial T_r}\right)_{P_r} = \left(\frac{\partial Z^0}{\partial T_r}\right)_{P_r} + \omega \left(\frac{\partial Z^1}{\partial T_r}\right)_{P_r}$$

將 Z 及 $(\partial Z/\partial T_r)_{P_r}$ 代入 (6.83) 及 (6.84) 式可得：

$$\frac{H^R}{RT_c} = -T_r^2 \int_0^{P_r} \left(\frac{\partial Z^0}{\partial T_r}\right)_{P_r} \frac{dP_r}{P_r} - \omega T_r^2 \int_0^{P_r} \left(\frac{\partial Z^1}{\partial T_r}\right)_{P_r} \frac{dP_r}{P_r}$$

Chapter 6 流體的熱力學性質

$$\frac{S^R}{R} = -\int_0^{P_r} \left[T_r \left(\frac{\partial Z^1}{\partial T_r} \right)_{P_r} + Z^0 - 1 \right] \frac{dP_r}{P_r} - \omega \int_0^{P_r} \left[T_r \left(\frac{\partial Z^1}{\partial T_r} \right)_{P_r} + Z^1 \right] \frac{dP_r}{P_r}$$

上列二式等號右邊第一項積分，可利用表 E.1 及 E.3 所列在各 T_r 及 P_r 值下的 Z^0 數據，由數值法或圖積分法求得。含有 ω 項的積分，亦可利用表 E.2 及 E.4 中 Z^1 數據，依同樣的方法求得。這些積分也可利用狀態方程式計算 (見 6.3 節)；Lee 及 Kesler 曾用 Benedict/Webb/Rubin 狀態方程式方法，將一般化的關聯式延伸到剩餘性質上。

若上列二式右邊第一項 (包含負號) 用 $(H^R)^0/RT_c$ 及 $(S^R)^0/R$ 表示；而含有 ω 的項，包含其負號，以 $(H^R)^1/RT_c$ 及 $(S^R)^1/R$ 表示，則我們可寫成：

$$\frac{H^R}{RT_c} = \frac{(H^R)^0}{RT_c} + \omega \frac{(H^R)^1}{RT_c} \quad (6.85)$$

$$\frac{S^R}{R} = \frac{(S^R)^0}{R} + \omega \frac{(S^R)^1}{R} \quad (6.86)$$

Lee 及 Kesler 曾計算求得 $(H^R)^0/RT_c$、$(H^R)^1/RT_c$、$(S^R)^0/R$ 及 $(S^R)^1/R$ 等數值，並表示為 T_r 及 P_r 的函數，如表 E.5 至 E.12 所示。從這些數值及 (6.85) 與 (6.86) 式，我們乃可應用 Lee 及 Kesler 所發展的三參數對應狀態原理 (見 3.6 節所述) 來估算剩餘性質。表 6.3 為 Lee/Kesler 關聯式應用在正丁烷的例子，表中所列出的是正丁烷在 500 K 與 50 bar 時對 Z、H^R 及 S^R 的計算結果。

若只有用表 E.5 及 E.6 的 $(H^R)^0/RT_c$，及表 E.9 與 E.10 的 $(S^R)^0/R$ 時，則為二參數對應狀態原理的關聯式，可以迅速地粗略估算剩餘性質。圖 6.5 顯示了這種關聯的特性，請見圖中以 $(H^R)^0/RT_c$ 對 P_r 作圖的六條等溫線。

如同一般化的壓縮係數關聯式，$(H^R)^0/RT_c$、$(H^R)^1/RT_c$、$(S^R)^0/R$ 及 $(S^R)^1/R$ 的函數形式過於複雜，並不能用簡單的公式寫成一般化的表示法。但在低壓下可利用一般化第二維里係數的關聯式，推導出剩餘性質的一般化關聯式。請參見 (3.62) 及 (3.63) 式：

$$\hat{B} = \frac{BP_c}{RT_c} = B^0 + \omega B^1$$

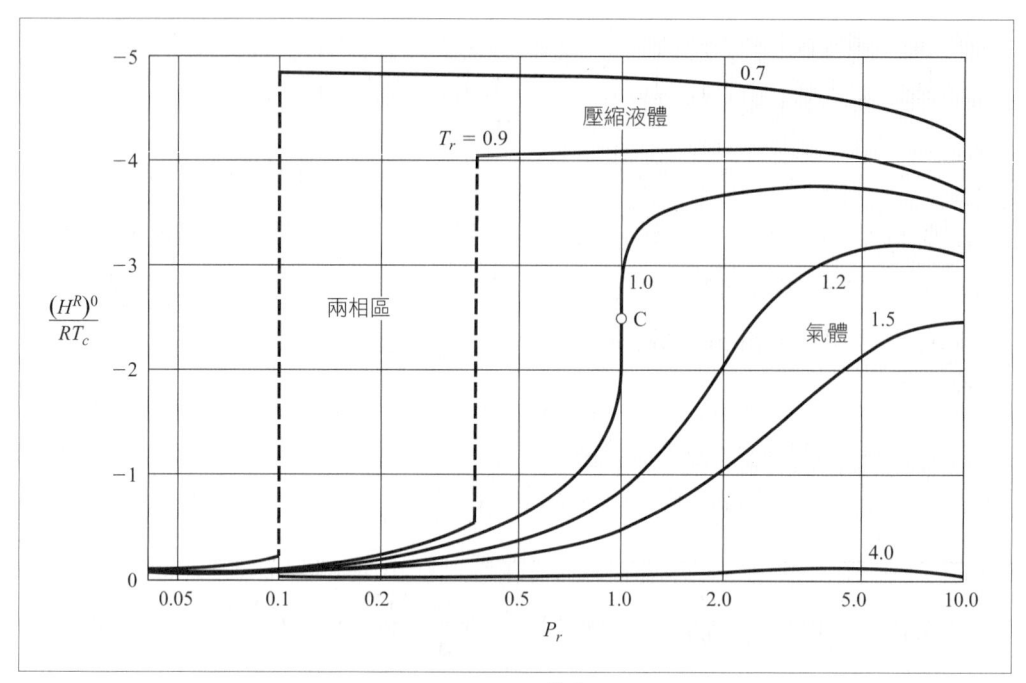

● 圖 6.5　Lee/Kesler 關聯式，將 $(H^R)^0/RT_c$ 表示為 T_r 及 P_r 的函數

其中 $\hat{B}$、B^0 及 B^1 都只是 T_r 的函數，因此，

$$\frac{d\hat{B}}{dT_r} = \frac{dB^0}{dT_r} + \omega \frac{dB^1}{dT_r}$$

(6.55) 及 (6.56) 式可改寫為：

$$\frac{H^R}{RT_c} = P_r \left(\hat{B} - T_r \frac{d\hat{B}}{dT_r} \right) \qquad \frac{S^R}{R} = -P_r \frac{d\hat{B}}{dT_r}$$

結合以上二式及先前所導出的公式，經化簡後可得：

$$\frac{H^R}{RT_c} = P_r \left[B^0 - T_r \frac{dB^0}{dT_r} + \omega \left(B^1 - T_r \frac{dB^1}{dT_r} \right) \right] \tag{6.87}$$

$$\frac{S^R}{R} = -P_r \left(\frac{dB^0}{dT_r} + \omega \frac{dB^1}{dT_r} \right) \tag{6.88}$$

Chapter 6　流體的熱力學性質

B^0 及 B^1 是對比溫度的函數，如 (3.65) 及 (3.66) 式所示，將這兩個式子微分可求得 dB^0/dT_r 及 dB^1/dT_r。因此應用 (6.87) 及 (6.88) 式時所需要的四個公式為：

$B^0 = 0.083 - \dfrac{0.422}{T_r^{1.6}}$	(3.65)	$B^1 = 0.139 - \dfrac{0.172}{T_r^{4.2}}$	(3.66)
$\dfrac{dB^0}{dT_r} = \dfrac{0.675}{T_r^{2.6}}$	(6.89)	$\dfrac{dB^1}{dT_r} = \dfrac{0.722}{T_r^{5.2}}$	(6.90)

圖 3.14 是特別針對壓縮係數的關聯式而繪出的，在應用第二維里係數的一般化關聯式於剩餘性質時，也可由此圖檢查是否適用。但要注意的是，所有剩餘性質關聯式的精確度都不如壓縮係數關聯式，尤其對強極性或具結合性的分子最不準確。

應用 H^R 及 S^R 的一般化關聯式及理想氣體的熱容量，再結合 (6.50) 及 (6.51) 式，就可以計算氣體在任何溫度及壓力下的焓與熵值。對於由狀態 1 至 2 的改變，我們可由 (6.50) 式寫出兩個狀態下的焓：

$$H_2 = H_0^{ig} + \int_{T_0}^{T_2} C_P^{ig}\, dT + H_2^R \qquad H_1 = H_0^{ig} + \int_{T_0}^{T_1} C_P^{ig}\, dT + H_1^R$$

程序中焓的改變量為 $\Delta H = H_2 - H_1$，因此由上列二式相減可得：

$$\Delta H = \int_{T_1}^{T_2} C_P^{ig}\, dT + H_2^R - H_1^R \tag{6.91}$$

同理，由 (6.51) 式可得到熵的改變量為：

$$\Delta S = \int_{T_1}^{T_2} C_P^{ig}\, \frac{dT}{T} - R \ln \frac{P_2}{P_1} + S_2^R - S_1^R \tag{6.92}$$

這些公式又可表示為以下的形式：

$$\Delta H = \langle C_P^{ig} \rangle_H (T_2 - T_1) + H_2^R - H_1^R \tag{6.93}$$

$$\Delta S = \langle C_P^{ig} \rangle_S \ln \frac{T_2}{T_1} - R \ln \frac{P_2}{P_1} + S_2^R - S_1^R \tag{6.94}$$

就如同我們可由計算程式求取 (6.91) 及 (6.92) 式中的積分項，以及 (6.93) 及 (6.94) 式中的平均熱容量，我們也可定義函數以計算 H^R 及 S^R 值。由 (6.87)

(3.65)、(6.89)、(3.66) 與 (6.90) 式可得到計算 H^R/RT_c 的函數，將其命名為 HRB(TR,PR,OMEGA)：

$$\frac{H^R}{RT_c} = \text{HRB(TR,PR,OMEGA)}$$

因此 H^R 的數值可由下式表示：

$$RT_c \times \text{HRB(TR,PR,OMEGA)}$$

同理，可由 (6.88) 至 (6.90) 式得到計算 S^R/R 的函數，並命名為 SRB(TR,PR,OMEGA)：

$$\frac{S^R}{R} = \text{SRB(TR,PR,OMEGA)}$$

S^R 的數值可由下式表示：

$$R \times \text{SRB(TR,PR,OMEGA)}$$

計算這些函數的程式列於附錄 D 中。

　　計算 (6.91) 至 (6.94) 式等號右邊各項時，需考慮由起始狀態到最終狀態的路徑。圖 6.6 中虛線表示從狀態 1 至 2 的真實路徑，可由三個步驟的計算路徑所取代：

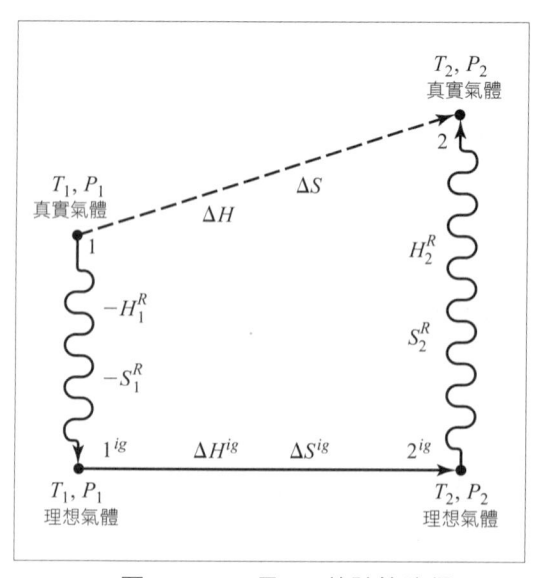

● 圖 6.6　ΔH 及 ΔS 的計算路徑

Chapter 6 　流體的熱力學性質

- **步驟** $1 \to 1^{ig}$：表示一個假想的程序，將真實氣體在 T_1 及 P_1 下改變為理想氣體，此程序焓及熵的改變量為：

$$H_1^{ig} - H_1 = -H_1^R \qquad S_1^{ig} - S_1 = -S_1^R$$

- **步驟** $1^{ig} \to 2^{ig}$：由理想氣體的狀態 (T_1, P_1) 改變為 (T_2, P_2)。此程序為：

$$\Delta H^{ig} = H_2^{ig} - H_1^{ig} = \int_{T_1}^{T_2} C_P^{ig} \, dT \tag{6.95}$$

$$\Delta S^{ig} = S_2^{ig} - S_1^{ig} = \int_{T_1}^{T_2} C_P^{ig} \frac{dT}{T} - R \ln \frac{P_2}{P_1} \tag{6.96}$$

- **步驟** $2^{ig} \to 2$：是另一個假想程序，將理想氣體在 T_2 及 P_2 改變為真實氣體：

$$H_2 - H_2^{ig} = H_2^R \qquad S_2 - S_2^{ig} = S_2^R$$

將以上三個步驟加成，即可得到 (6.91) 及 (6.92) 式。

例 6.9 計算 1-丁烯蒸汽在 200°C 及 70 bar 時的 V、U、H 及 S 值。令 1-丁烯飽和液體在 0°C 時的 H 及 S 為零。假設只知下列數據：

$T_c = 420.0$ K　　　$P_c = 40.43$ bar　　　$\omega = 0.191$

$T_n = 266.9$ K （正常沸點）

$C_P^{ig}/R = 1.967 + 31.630 \times 10^{-3} T - 9.837 \times 10^{-6} T^2 \, (T/K)$

解 1-丁烯蒸汽在 200°C 及 70 bar 下的體積可直接由 $V = ZRT/P$ 計算，其中 Z 由 (3.57) 式求得，Z_0 及 Z_1 值由表 E.3 及 E.4 內插求出。本題之對比狀態如：

$$T_r = \frac{200 + 273.15}{420.0} = 1.127 \qquad P_r = \frac{70}{40.43} = 1.731$$

此狀態下所對應的壓縮係數為：

$$Z = Z^0 + \omega Z^1 = 0.485 + (0.191)(0.142) = 0.512$$

由此可得

$$V = \frac{ZRT}{P} = \frac{(0.512)(83.14)(473.15)}{70} = 287.8 \text{ cm}^3 \text{ mol}^{-1}$$

我們可用如圖 6.6 的計算路徑來求得 H 及 S。起始狀態是在 0°C 下的 1-丁烯飽和液體，且 H 及 S 值為零；後續需要經過一個蒸發步驟，最後達到最終狀態。將整個程序分成四個步驟如圖 6.7 所示，四個步驟分別為：

(a) 在 T_1 及 $P_1 = P^{sat}$ 時的蒸發程序。
(b) 在 (T_1, P_1) 時轉換為理想氣體狀態。
(c) 理想氣體的狀態改變為 (T_2, P_2)。
(d) 在 (T_2, P_2) 時轉換為真實氣體，此即為最終狀態。

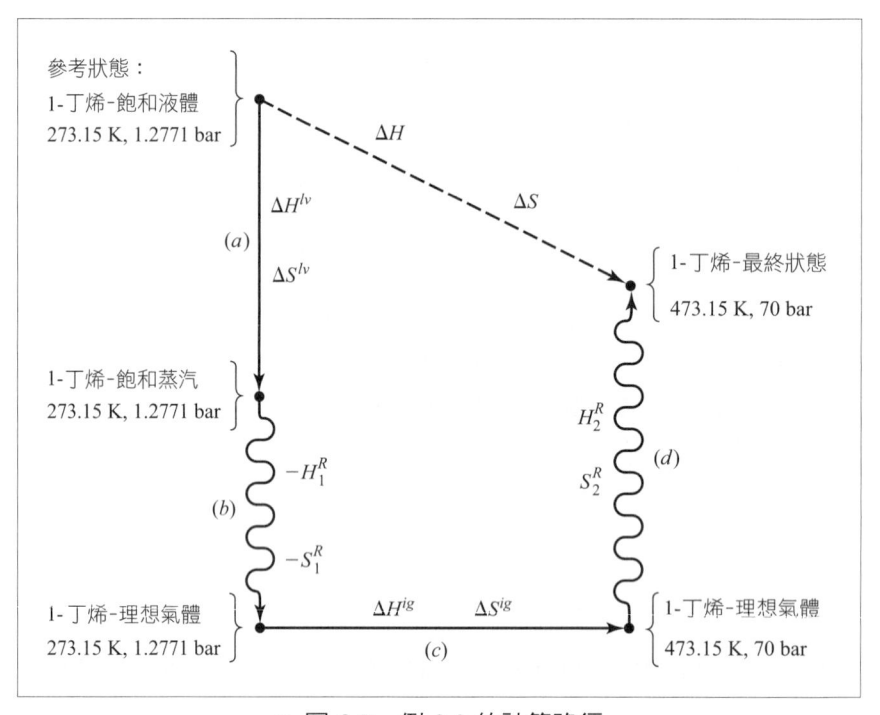

圖 6.7　例 6.9 的計算路徑

- **步驟 (a)**：1-丁烯飽和液體在 0°C 的蒸發程序。因蒸汽壓未知，所以必須估算蒸汽壓值。我們可使用下列公式：

$$\ln P^{sat} = A - \frac{B}{T} \tag{6.75}$$

我們已知蒸汽壓曲線上的兩個點：在正常沸點 $T = 266.9$ K 時 $P^{sat} = 1.0133$ bar，以及臨界點 $T = 420.0$ K 時之 $P^{sat} = 40.43$ bar，在此兩點時，

$$\ln 1.0133 = A - \frac{B}{266.9}$$

Chapter 6　流體的熱力學性質

$$\ln 40.43 = A - \frac{B}{420.0}$$

由此二式可以求得

$$A = 10.1260 \qquad B = 2,699.11$$

因此我們可求得在 0°C (273.15 K) 時，P^{sat}=1.2771 bar，此值在步驟 (b) 及 (c) 的計算中還會再使用到。另外我們還需要估算蒸發潛熱。由 (4.12) 式可估算正常沸點時的蒸發潛熱，此時 T_{r_n} = 266.9 / 420.0 = 0.636：

$$\frac{\Delta H_n^{lv}}{RT_n} = \frac{1.092(\ln P_c - 1.013)}{0.930 - T_{r_n}} = \frac{1.092(\ln 40.43 - 1.013)}{0.930 - 0.636} = 9.979$$

所以 　　　$\Delta H_n^{lv} = (9.979)(8.314)(266.9) = 22{,}137 \text{ J mol}^{-1}$

由 (4.13) 式可求得在 273.15 K 的潛熱，或 T_r=273.15/420.0 = 0.650：

$$\frac{\Delta H^{lv}}{\Delta H_n^{lv}} = \left(\frac{1-T_r}{1-T_{r_n}}\right)^{0.38}$$

或　　　$\Delta H^{lv} = (22{,}137)(0.350/0.364)^{0.38} = 21{,}810 \text{ J mol}^{-1}$

由 (6.70) 式可得，

$$\Delta S^{lv} = \Delta H^{lv}/T = 21{,}810/273.15 = 79.84 \text{ J mol}^{-1} \text{ K}^{-1}$$

- **步驟 (b)**：在 (T_1, P_1) 起始狀態下，將1-丁烯飽和蒸汽轉換為理想氣體。因為壓力較低，可由 (6.87) 及 (6.88) 式求得對比情況為 T_r = 0.650 及 P_r = 1.2771/40.43 = 0.0316 時的 S_2^R 與 S_2^R 值。計算步驟可表示為：

    HRB(0.650, 0.0316, 0.191) = − 0.0985

    SRB(0.650, 0.0316, 0.191) = − 0.1063

因此

$$H_1^R = (-0.0985)(8.314)(420.0) = -344 \text{ J mol}^{-1}$$
$$S_1^R = (-0.1063)(8.314) = -0.88 \text{ J mol}^{-1} \text{ K}^{-1}$$

如圖 6.7 所示，此步驟中物性的改變量為 $-H_1^R$ 及 $-S_1^R$，因為此步驟是由真實氣體轉換為理想氣體狀態。

- **步驟 (c)**：理想氣體的狀態由 (273.15 K, 1.2771 bar) 改變至 (473.15K, 70 bar)。在此步驟中，可由 (6.95) 及 (6.96) 式求得 ΔH^{ig} 及 ΔS^{ig}，其中的積分項數值為 (程式說明見 4.1 節及 5.5 節)：

$$8.314 \times \text{ICPH}(273.15, 473.15; 1.967, 31.630\text{E}-3, -9.837\text{E}-6, 0.0)$$
$$= 20,564 \text{ J mol}^{-1}$$

$$8.314 \times \text{ICPS}(273.15, 473.15; 1.967, 31.630\text{E}-3, -9.837\text{E}-6, 0.0)$$
$$= 55.474 \text{ J mol}^{-1} \text{ K}^{-1}$$

因此可由 (6.95) 及 (6.96) 式求得：

$$\Delta H^{ig} = 20,564 \text{ J mol}^{-1}$$

$$\Delta S^{ig} = 55.474 - 8.314 \ln \frac{70}{1.2771} = 22.18 \text{ J mol}^{-1} \text{ K}^{-1}$$

- **步驟 (d)**：將 1-丁烯在 T_2 及 P_2 下由理想氣體轉換為真實氣體。此時的對比狀態為：

$$T_r = 1.127 \quad \text{及} \quad P_r = 1.731$$

在此步驟的較高壓力下，S_2^R 及 S_2^R 可經由 (6.85) 及 (6.86) 式與 Lee/Kesler 關聯式求得。式中的各項數值則可由表 E.7、E.8、E.11 及 E.12 內插得出，因此，

$$\frac{H_2^R}{RT_c} = -2.294 + (0.191)(-0.713) = -2.430$$

$$\frac{S_2^R}{R} = -1.566 + (0.191)(-0.726) = -1.705$$

因此 $\quad H_2^R = (-2.430)(8.314)(420.0) = -8,485 \text{ J mol}^{-1}$

$$S_2^R = (-1.705)(8.314) = -14.18 \text{ J mol}^{-1} \text{ K}^{-1}$$

將以上四個步驟中焓與熵的改變量加總，即可得由起始參考狀態 (其 H 及 S 值定為零) 到最終狀態的總改變量：

Chapter 6　流體的熱力學性質

$$H = \Delta H = 21{,}810 - (-344) + 20{,}564 - 8{,}485 = 34{,}233 \text{ J mol}^{-1}$$

$$S = \Delta S = 79.84 - (-0.88) + 22.18 - 14.18 = 88.72 \text{ J mol}^{-1}\text{ K}^{-1}$$

內能則為

$$U = H - PV = 34{,}233 - \frac{70(287.8)}{10 \text{ cm}^3 \text{ bar J}^{-1}} = 32{,}218 \text{ J mol}^{-1}$$

與假設 1-丁烯為理想氣體相較，以上計算結果更吻合於實驗數據值。

延伸至氣相混合物的計算

雖然並沒有理論基礎以延伸一般化關聯式到混合物，但可藉著下列簡單的線性混合規則求出虛擬臨界參數 (pseudocritical parameters)，來估算混合物的性質：

$$\omega \equiv \sum_i y_i \omega_i \quad (6.97) \qquad T_{pc} \equiv \sum_i y_i T_{c_i} \quad (6.98) \qquad P_{pc} \equiv \sum_i y_i P_{c_i} \quad (6.99)$$

由以上各式可求得混合物的 ω 值，以及虛擬臨界溫度與壓力 T_{pc} 及 P_{pc}，並由此定義虛擬對比參數 (pseudoreduced parameters)：

$$T_{pr} = \frac{T}{T_{pc}} \quad (6.100) \qquad P_{pr} = \frac{P}{P_{pc}} \quad (6.101)$$

以上二值可代替附錄 E 表中的 T_r 及 P_r 值，並由 (3.57) 式求出 Z，由 (6.85) 式求出 H^R/RT_{pc}，及由 (6.86) 式求出 S^R/R。

例 6.10　由 Lee/Kesler 關聯式估算等莫耳分率二氧化碳 (1) 及丙烷 (2) 混合物在 450 K 及 140 bar 時的 V、H_R 與 S_R 值。

解　由附錄 B 的表 B.1 查得臨界常數，並利用 (6.97) 及 (6.99) 式計算虛擬參數值：

$$\omega = y_1\omega_1 + y_2\omega_2 = (0.5)(0.224) + (0.5)(0.152) = 0.188$$

$$T_{pc} = y_1 T_{c_1} + y_2 T_{c_2} = (0.5)(304.2) + (0.5)(369.8) = 337.0 \text{ K}$$

$$P_{pc} = y_1 P_{c_1} + y_2 P_{c_2} = (0.5)(73.83) + (0.5)(42.48) = 58.15 \text{ bar}$$

因此　　　　　$T_{pr} = 450/337.0 = 1.335$　　　　　$P_{pr} = 140/58.15 = 2.41$

在此對比狀態下由表 E.3 及 E.4 查得 Z^0 及 Z^1 值為：

$$Z^0 = 0.697 \quad 及 \quad Z^1 = 0.205$$

由 (3.57) 式求得：

$$Z = Z^0 + \omega Z^1 = 0.697 + (0.188)(0.205) = 0.736$$

因此，$$V = \frac{ZRT}{P} = \frac{(0.736)(83.14)(450)}{140} = 196.7 \text{ cm}^3 \text{ mol}^{-1}$$

同理，由表 E.7 及 E.8 查得數值並代入 (6.85) 式：

$$\left(\frac{H^R}{RT_{pc}}\right)^0 = -1.730 \qquad \left(\frac{H^R}{RT_{pc}}\right)^1 = -0.169$$

$$\frac{H^R}{RT_{pc}} = -1.730 + (0.188)(-0.169) = -1.762$$

因此，$$H^R = (8.314)(337.0)(-1.762) = -4{,}937 \text{ J mol}^{-1}$$

由表 E.11 與 E.12，以及 (6.86) 式可得：

$$\frac{S^R}{R} = -0.967 + (0.188)(-0.330) = -1.029$$

因此，$$S^R = (8.314)(-1.029) = -8.56 \text{ J mol}^{-1}\text{K}^{-1}$$

習 題

6.1 由 (6.8) 式開始，證明 Mollier (HS) 相圖的汽相區域內，等壓線的斜率及曲率均為正值。

6.2 (a) (6.20) 式是一個全微分表示式，利用該式證明：

$$(\partial C_P / \partial P)_T = -T(\partial^2 V / \partial T^2)_P$$

應用此式於理想氣體時，所得的結果為何？

(b) 依熱容量的定義，C_V 及 C_P 可由 U 及 H 對溫度微分而求出。因為 U 及 H 之間具有關聯性，因此熱容量之間也彼此相關。證明 C_P 與 C_V 之間的關係為：

$$C_P = C_V + T\left(\frac{\partial P}{\partial T}\right)_V \left(\frac{\partial V}{\partial T}\right)_P$$

證明例 6.2 的 (B) 式是此關係式的另一種形式。

6.3 若 U 可表為 T 及 P 的函數，則「自然」的熱容量既非 C_V 亦非 C_P，而是 $(\partial U/\partial T)_P$。試導出 $(\partial U/\partial T)_P$、$C_P$ 及 C_V 的關聯式為下式：

$$\left(\frac{\partial U}{\partial T}\right)_P = C_P - P\left(\frac{\partial V}{\partial T}\right)_P = C_P - \beta PV$$

$$= C_V + \left[T\left(\frac{\partial P}{\partial T}\right)_V - P\right]\left(\frac{\partial V}{\partial T}\right)_P = C_V + \frac{\beta}{\kappa}(\beta T - \kappa P)V$$

對理想氣體而言上式可簡化為何？若對不可壓縮的液體而言又將如何？

6.4 某氣體的 PVT 行為可由下列狀態方程式表示之：

$$P(V-b) = RT$$

其中 b 為常數。若 C_V 亦為常數，證明：
(a) U 只是 T 的函數。
(b) γ 為常數。
(c) 對一個機械可逆程序而言，$P(V-b)^\gamma$ 為常數。

6.5 某純流體可以用正則 (canonical) 狀態方程式描述：$G = \Gamma(T) + RT \ln P$，其中 $\Gamma(T)$ 是隨物質而變的溫度函數。請導出此流體的 V、S、H、U、C_P 及 C_V 的表示式。這些結果與應用某重要的氣相模式所導出的結果一致，此模式為何？

6.6 某純流體可以用正則狀態方程式描述：$G = F(T) + KP$，其中 $F(T)$ 是隨物質而變的溫度函數，而 K 為隨物質而變的常數，導出此流體的 V、S、H、U、C_P 及 C_V 的表示式。這些結果與應用某重要的液相模式所導出的結果一致，此模式為何？

6.7 液態氨在 270 K 下，由飽和壓力 381 kPa 壓縮到 1,200 kPa，請估算焓與熵的改變量。飽和液態氨在 270 K 時，$V^l = 1.551 \times 10^{-3}$ m^3 kg^{-1}，且 $\beta = 2.095 \times 10^{-3}$ K^{-1}。

6.8 液態異丁烷經節流閥由起始狀態的 360 K 與 4,000 kPa 改變到最終壓力 2,000 kPa。請估算異丁烷的溫度改變量及熵改變量。液態異丁烷在 360 K 的比熱為 2.78 Jg^{-1} °C^{-1}。V 及 β 的估計值可由 (3.72) 式求得。

6.9 在 25°C 及 1 bar 時，活塞／圓筒裝置中 1 kg 的水 (V_1 = 1,003 cm^3 kg^{-1}) 經由恆溫下機械可逆的程序壓縮至 1,500 bar。若 $\beta = 250 \times 10^{-6}$ K^{-1} 及 $\kappa = 45 \times 10^{-6}$ bar^{-1}，計算 Q、W、ΔU、ΔH 及 ΔS 值。

6.10 液態水在 25°C 及 1 bar 時充滿於固定體積的容器中。若加熱使水溫上升至 50°C，此時壓力變為多少？25°C 及 50°C 間 β 的平均值為 36.2×10^{-5} K^{-1}。1 bar 及 50°C 時之 κ 值為 4.42×10^{-5} bar^{-1}，且可假設與壓力無關。液態水在 25°C 時之比體積為 1.0030 cm^3 g^{-1}。

6.11 應用 (3.40) 式的三項維里方程式體積函數，計算 G^R、H^R 及 S^R 的表示式。

6.12 應用 (3.41) 式的凡得瓦爾狀態方程式，計算 G^R、H^R 及 S^R 的表示式。

6.13 利用下列 Dieterici 方程式，導出 G^R、H^R 及 S^R 的表示式：

$$P = \frac{RT}{V-b} \exp\left(-\frac{a}{VRT}\right)$$

其中 a 與 b 只為組成的函數。

6.14 利用 Redlich/Kwong 狀態方程式計算下列各項的 Z、H^R 及 S^R 值，並與經由適當的一般化關聯式所得的結果比較：

(a) 300 K 及 40 bar 的乙炔。
(b) 175 K 及 75 bar 的氬氣。
(c) 575 K 及 30 bar 的苯。
(d) 500 K 及 50 bar 的正丁烷。
(e) 325 K 及 60 bar 的二氧化碳。
(f) 175 K 及 60 bar 的一氧化碳。
(g) 575 K 及 35 bar 的四氯化碳。
(h) 650 K 及 50 bar 的環己乙烷。
(i) 300 K 及 35 bar 的乙烯。
(j) 400 K 及 70 bar 的氫氣。
(k) 150 K 及 50 bar 的氮氣。

(l) 575 K 及 15 bar 的正辛烷。

(m) 375 K 及 25 bar 的丙烷。

(n) 475 K 及 75 bar 的丙烯。

6.15 利用 Soave/Redlich/Kwong 狀態方程式，計算習題 6.14 各項的 Z、H^R 與 S^R 值，並與經由適當的一般化關聯式所得的結果比較。

6.16 利用 Peng/Robinson 狀態方程式，計算習題 6.14 各項的 Z、H^R 與 S^R 值，並與經由適當的一般化關聯式所得的結果比較。

6.17 估算苯在 50°C 下蒸發時的熵改變量。苯的蒸汽壓可由下式表之：

$$\ln P^{\text{sat}}/\text{kPa} = 13.8858 - \frac{2,788.51}{t/°\text{C} + 220.79}$$

(a) 利用 (6.72) 式及 ΔV^{lv} 的估算數值。

(b) 利用例 6.5 之 Clausius/Clapeyron 方程式。

6.18 令 P_2^{sat} 及 P_2^{sat} 分別表示絕對溫度為 T_1 及 T_2 時某純液體的飽和蒸汽壓。驗證下列的內插公式可求取在中間溫度 T 時的飽和蒸汽壓 P^{sat}：

$$\ln P^{\text{sat}} = \ln P_1^{\text{sat}} + \frac{T_2(T - T_1)}{T(T_2 - T_1)} \ln \frac{P_2^{\text{sat}}}{P_1^{\text{sat}}}$$

6.19 假設 (6.75) 式可適用，導證下列 Edmister 公式以估算離心係數

$$\omega = \frac{3}{7}\left(\frac{\theta}{1-\theta}\right)\log P_c - 1$$

其中 $\theta \equiv T_n/T_c$，T_n 為正常沸點，且 P_c 的單位為 (atm)。

6.20 極純的液態水，可於大氣壓力下過冷至 0°C 以下。假設 1 kg 的水被冷卻至 −6°C 的液體。少量的冰晶體 (其質量可忽略不計) 加入液態過冷水中為「種晶」。若其後的改變在大氣壓下以絕熱的形式發生，則此系統中結為固態冰的分率為何？且最後的溫度為何？此程序之 ΔS_{total} 為何？它的不可逆特性為何？水在 0°C 時的熔解潛熱為 333.4 J g^{-1}，且過冷液態水的比熱為 4.226 J g^{-1} °C^{-1}。

6.21 經某程序使 1 (lb$_m$)、20 (psia) 的飽和水蒸汽變成 50 (psia) 及 1,000 (°F) 的過熱蒸汽。則水蒸汽的焓與熵改變量是多少？若水蒸汽為理想氣體，其焓與熵的改變量為多少？

6.22 液態水與水蒸汽的兩相系統在 8,000 kPa 下達到平衡，且液相與汽相的體積相同。若總體積 $V^t = 0.15$ m^3，則總焓 H^t 及總熵 S^t 為多少？

6.23 某容器中含有 1 kg 的 H_2O，並於 1,000 kPa 時達成汽液平衡。若蒸汽體積佔容器體積的 70%，求 1 kg H_2O 的 H 及 S 值。

6.24 某壓力槽中含有液態水及水蒸汽，並在 350 (°F) 下達成平衡。液態水與蒸汽的總質量為 3 (lb$_m$)。若蒸汽的體積為液體的 50 倍，則槽內物質的總焓為多少？

6.25 水與水蒸汽混合物在 230°C 下的密度為 0.025 g cm^{-3}，求其 x、H 及 S 值。

6.26 某體積為 0.15 m^3 的儲槽中，原含有 150°C 的飽和水蒸汽，現冷卻至 30°C。計算槽中液態水最後的體積與質量。

6.27 含水分的水蒸汽在等焓下膨脹 (如經過節流程序)，使壓力由 1,100 kPa 變為 101.33 kPa，溫度變為 105°C。在起始狀態時水蒸汽的乾度為何？

6.28 水蒸汽在 2,100 kPa 及 260°C 時，經等焓下 (如節流程序) 膨脹至 125 kPa。水蒸汽在最終狀態時的溫度及熵改變量為何？若為理想氣體，其最終溫度與熵改變量為何？

6.29 水蒸汽在 300 (psia) 及 500 (°F) 時，經等焓下 (如節流程序) 膨脹至 20 (psia)。水蒸汽在最終狀態時之溫度與熵改變量為何？若為理想氣體，其最終溫度與熵改變量為何？

6.30 500 kPa 及 300°C 的過熱蒸汽在等熵情況下膨脹至 50 kPa。其最終的焓為多少？

6.31 在 25°C 及 101.33 kPa 下含有飽和水分的空氣中，水蒸汽的莫耳分率為何？在 50°C 及 101.33 kPa 時又為多少？

6.32 某固定體積的儲槽中含有 0.014 m^3 飽和水蒸汽，與 0.021 m^3 的液態水，並在 100°C 下達成平衡。加熱此容器，使得其中一相剛好消失，而只有另一相存留。所存留的相為液相或汽相？其溫度與壓力為何？此程序中有多少的熱傳量？

6.33 體積為 0.25 m^3 的儲槽中充滿 1,500 kPa 的飽和水蒸汽。若將儲槽冷卻，使 25% 的蒸汽冷凝，則熱傳量為何？最終的壓力為何？

6.34 體積為 2m^3 的儲槽中在 101.33 kPa 下，含有 0.02 m^3 液態水及 1.98 m^3 的水蒸汽。若加熱使液態水剛好完全蒸發，則加入槽中的熱量應為多少？

6.35 體積固定為 0.4 m³ 的儲槽中含有 800 kPa 及 350°C 的水蒸汽。若要將水蒸汽的溫度改變為 200°C，則須由水蒸汽中移走多少熱量？

6.36 1 kg 的水蒸汽於 800 kPa 及 200°C 時置於一活塞／圓筒裝置中。
(a) 若進行一個恆溫且可逆的膨脹程序至壓力為 150 kPa，則蒸汽必須吸收多少熱量？
(b) 若進行一個絕熱且可逆的膨脹程序至壓力為 150 kPa，則蒸汽的最終溫度為何？所作的功為多少？

6.37 2,000 kPa 的水蒸汽中含有 6% 的水分，並在恆壓下加熱至 575°C。對每公斤的水蒸汽而言，所需的熱量為何？

6.38 2,700 kPa 且乾度為 90% 的水蒸汽，經非流動的可逆絕熱膨脹程序，壓力改變為 400 kPa，再經恆容下加熱為飽和蒸汽。計算此程序的 Q 與 W。

6.39 4 kg 的水蒸汽於 400 kPa 及 175°C 下置於活塞／圓筒裝置中，並經可逆恆溫壓縮至恰為飽和蒸汽的最終壓力。計算此程序的 Q 與 W。

6.40 水蒸汽由起初 450°C 及 3,000 kPa 的狀態改變至 140°C 及 235 kPa 的最終狀態，由下列各方法計算 ΔH 與 ΔS：
(a) 利用蒸汽表中的數據。
(b) 利用理想氣體狀態方程式。
(c) 利用適當的一般化關聯式。

6.41 在某活塞／圓筒裝置中，以水蒸汽為工作流體，進行含有下列步驟的循環程序：
- 550 kPa 及 200°C 的水蒸汽在恆容下加熱至壓力為 800 kPa。
- 水蒸汽再經可逆絕熱膨脹至起始溫度 200°C。
- 最後，水蒸汽再經可逆恆溫壓縮至起始壓力 550 kPa。

此循環程序的熱效率為何？

6.42 在某活塞／圓筒裝置中，以水蒸汽為工作流體，進行含有下列步驟的循環程序：
- 300 (psia) 的飽和水蒸汽在恆壓下加熱至 900 (°F)。
- 水蒸汽再經可逆絕熱膨脹至起始溫度 417.35 (°F)。
- 最後，水蒸汽再經可逆恆溫壓縮至起始狀態。

此循環程序的熱效率為何？

6.43 水蒸汽在 4,000 kPa 及 400°C 進入渦輪中,並進行可逆絕熱膨脹。
(a) 若排出的狀態為飽和蒸汽,則排放壓力為何?
(b) 若排出的流線為乾度 0.95 的蒸汽,則排放壓力為何?

6.44 過熱水蒸汽於 2,000 kPa 進入可逆及絕熱操作的蒸汽渦輪機,並於 50 kPa 下排放。
(a) 若排放的流線中不含水分,則最小的過熱度為何?
(b) 若在此條件下操作渦輪,且蒸汽流率為 5 kg s^{-1},則其輸出功率為何?

6.45 某蒸汽渦輪的操作測試可得下列結果。若水蒸汽於 1,350 kPa 及 375°C 輸入渦輪,則渦輪的輸出流體為 10 kPa 的飽和蒸汽。假設絕熱的操作,且可忽略動能與位能的改變量,計算此渦輪的效率。即在相同起始狀況與排放壓力下,渦輪實際所作的功,與在等熵操作條件下所作的功的比值。

6.46 某蒸汽渦輪在絕熱下操作,且蒸汽流率為 25 kg s^{-1}。蒸汽於 1,300 kPa 及 400°C 下輸入,且於 40 kPa 及 100°C 下排放。計算此渦輪的輸出功率。計算其效率,並與相同起始狀況與最終壓力下,可逆絕熱操作的渦輪所作的功作一比較。

6.47 由蒸汽表中的數據,估算 225°C 及 1,600 kPa 下蒸汽的剩餘性質 V^R、H^R 及 S^R,並與經由適當的一般化關聯式求得的結果比較。

6.48 由蒸汽表中的數據,求下列各項:
(a) 計算 1,000 kPa 時飽和液體及汽體的 G^l 及 G^v 數值。它們是否相等?
(b) 計算 1,000 kPa 時 $\Delta H^{lv}/T$ 及 ΔS^{lv} 的數值。它們是否相等?
(c) 計算 1,000 kPa 的飽和蒸汽的 V^R、H^R 與 S^R 數值。
(d) 計算 1,000 kPa 的 dP^{sat}/dT 數值,並應用 Clapeyron 方程式計算 1,000 kPa 的 ΔS^{lv} 值。
這些數值與蒸汽表所列的數據比較,結果如何?應用適當的一般化關聯式,計算飽和蒸汽在 1,000 kPa 時的 V^R、H^R 及 S^R 值。比較此結果與 (c) 項計算所得的結果。

6.49 由蒸汽表所列的數據,計算下列各項:
(a) 計算 150 (psia) 時飽和液體及汽體的 G^l 與 G^v 數值。它們是否相等?
(b) 計算 150 (psia) 時 $\Delta H^{lv}/T$ 及 ΔS^{lv} 的數值。它們是否相等?
(c) 計算 150 (psia) 時飽和水蒸汽的 V^R、H^R 及 S^R 數值。
(d) 估算 150 (psia) 時 dP^{sat}/dT 的數值,並應用 Clapeyron 方程式計算 150 (psia) 時的 ΔS^{lv} 值。

這些數值與蒸汽表所列的數據比較，結果如何？應用適當的一般化關聯式，計算飽和蒸汽在 150 (psia) 時的 V^R、H^R 及 S^R 值。比較此結果與 (c) 項計算所得的結果。

6.50 丙烷氣體由 1 bar 及 35°C 壓縮至最終狀態 135 bar 及 195°C。估算丙烷在最終狀態的莫耳體積，以及此程序中焓與熵的改變量。假設在起始狀態時丙烷為理想氣體。

6.51 丙烷由 70°C 及 101.33 kPa 經恆溫壓縮至 1,500 kPa。應用一般化關聯式估算此程序的 ΔH 與 ΔS。

6.52 丙烷氣體經節流程序，由 200 bar 及 370 K 膨脹至 1 bar 並發生部份液化，計算液化的分率為何？丙烷的蒸汽壓可由 (6.77) 式求得，其中的參數為 $A = -6.72219$、$B = 1.33236$、$C = -2.13868$、$D = -1.38551$。

6.53 估算在 380 K 時 1,3-丁二烯飽和汽體與飽和液體的莫耳體積，焓與熵值。令 101.33 kPa 及 0°C 時理想氣體狀態的焓與熵值為零。在 380 K 時，1,3-丁二烯的蒸汽壓為 1,919.4 kPa。

6.54 估算 370 K 時正丁烷飽和汽體與飽和液體的莫耳體積，焓與熵值。令 101.33 kPa 及 273.15 K 時理想氣體狀態的焓與熵值為零。在 370 K 時，正丁烷的蒸汽壓為 1,435 kPa。

6.55 某工廠運作時所需要的蒸汽量為每小時 6,000 kg，但瞬時需求量則在 4,000 至 10,000 kg hr^{-1} 之間。工廠置有一穩定的鍋爐系統，每小時可產出 6,000 kg 的蒸汽；其後搭配一個儲存系統，包含一個儲槽與連接儲槽與廠房的管線，管線內主要是飽和液態水。鍋爐產生 1,000 kPa 的蒸汽，而廠房所需蒸汽壓力為 700 kPa。管線上有兩個壓力調節閥，第一個是將蒸汽輸出壓力調大，第二個則是降低壓力。當蒸汽需求量小於鍋爐產出量，多餘蒸汽流入儲槽中並凝結為水，此時閥壓會大於 700 kPa；當蒸汽需求量大於鍋爐產出量，則儲槽內的水會汽化為蒸汽輸出，使閥壓小於 1,000 kPa。若儲存系統內，最多有 95% 體積為液體，則儲存系統的體積為多少？

6.56 丙烯氣體在 127°C 及 38 bar 時，經穩態節流程序改變至 1 bar，在此時並可視為理想氣體。估算其最終溫度及其熵改變量。

6.57 丙烷氣體在 22 bar 及 423 K 時，經穩態節流程序改變至 1 bar。計算此程序中丙烷的熵改變量。假設丙烷在最終狀態為理想氣體。

6.58 丙烷氣體在 100°C 時，由起始壓力 1 bar 經恆溫壓縮至最終壓力 10 bar。估算其 ΔH 及 ΔS 值。

6.59 硫化氫氣體由起始狀態 400 K 及 5 bar 壓縮至最終狀態 600 K 及 25 bar。估算其 ΔH 及 ΔS 值。

6.60 二氧化碳由 1,600 kPa 及 45°C 經等焓 (如節流程序) 膨脹至 101.33 kPa。估算此程序的 ΔS 值。

6.61 乙烯氣體於 250°C 及 3,800 kPa 經渦輪的等熵膨脹至 120 kPa。計算膨脹後氣體的溫度及其所作的功。乙烯的性質由下列方法求得：
(a) 理想氣體方程式；(b) 適當的一般化關聯式。

6.62 乙烷氣體於 220°C 及 30 bar 經過渦輪的等熵膨脹至 2.6 bar。計算膨脹後氣體的溫度及其所作的功。乙烷的性質可由下列方法求得
(a) 理想氣體方程式；(b) 適當的一般化關聯式。

6.63 一莫耳正丁烷經穩流等熵壓縮程序，由 1 bar 及 50°C 改變至 7.8 bar。估算其最終溫度及所需要的功。

6.64 計算 1 kg 水蒸汽經由流動程序，由 3,000 kPa 及 450°C 改變至 300 K 及 101.33 kPa 的環境條件時，可獲得的最大功。

6.65 液態水在 325 K 及 8,000 kPa 時，以 10 kg s^{-1} 的流率流入鍋爐中，經汽化後產生 8,000 kPa 的飽和蒸汽。計算加入鍋爐中水的熱量分率，它可轉變為功，且產生起始狀態的水，在此並假設 T_σ = 300 K。其餘的熱作何使用？在此產生功的程序中，環境的熵改變速率為何？系統的又如何？整個宇宙的熵改變量又如何？

6.66 假設前題中加入鍋爐內水中的熱量來自 600°C 的火爐，則由此加熱程序所得的整體熵產生速率為何？$\dot{W}_{\text{lost}}$ 為何？

6.67 某製冰廠經連續程序將 20°C (T_σ) 的水 以 0.5 kg s^{-1} 的速率製成 0°C 的冰片，若水的熔化潛熱為 333.4 kJ kg^{-1} 且此程序的效率為 32%，則此工廠所需的功率為多少？

6.68 某發明家發展了一個複雜的程序，可在高溫時連續產生熱量，而 100°C 的飽和水蒸汽是唯一的能源。若有足夠的 0°C 冷卻水可供利用，對每一公斤流經此程序的水蒸汽而言可產生 2,000 kJ 的熱量的最高溫度為何？

Chapter 6　流體的熱力學性質

6.69 兩個在 200 (psia) 壓力下運轉的鍋爐，排放出等量的水蒸汽。第一個鍋爐所排放的是 420 (°F) 的過熱水蒸汽，而第二個鍋爐所排放的蒸汽乾度為 96%。假設所排放的蒸汽經絕熱混合，並忽略位能與動能的改變，則混合後的平衡狀況為何？每 lb$_m$ 排放蒸汽的 S_G 值為何？

6.70 某固定體積為 80 (ft)^3 的儲槽中含有 4,180 (lb$_m$) 的 430 (°F) 的液態水。這些水幾乎佔滿槽內的體積，而所餘的小部份體積則被飽和水蒸汽所佔據。因為需要槽內蒸汽所佔的空間，因此將槽頂的閥打開，將一部份的飽和水蒸汽排放至大氣中，直到槽內的溫度降至 420 (°F)。若無熱量傳至槽中，計算所排放的水蒸汽質量。

6.71 某 50 m^3 體積的槽中含有 4,500 kPa 及 400°C 的水蒸汽。槽中的水蒸汽經排放閥流至大氣中，直到槽內壓力降至 3,500 kPa。若排放程序為絕熱，計算槽內水蒸汽的最終溫度，以及所排放的水蒸汽質量。

6.72 體積為 4 m^3 的槽中含有 1,500 kg 的 250°C 的液態水，槽內剩餘體積則充滿了蒸汽，且兩相達到平衡。現在有 1,000 kg 的 50°C 的水被加入此槽中，若要維持槽內的溫度，則需加入多少熱量於此程序中？

6.73 液態氮儲存在 0.5 m^3 的金屬槽中並被完全的絕緣。現在考慮一個填充液態氮至真空槽的程序，槽內起初溫度為 295 K。此槽經由管線連至液態氮，液態氮的溫度是其正常沸點 77.3 K，壓力為數個 bar，此時其焓為 −120.8 kJ kg^{-1}。當管線中的閥打開時，流入槽中的氮會先蒸發而使槽體冷卻。金屬槽的質量為 30 kg。且金屬的比熱為 0.43 kJ kg^{-1} K^{-1}。當槽內溫度冷卻至恰可使液態氮開始在槽中累積時，流入的氮氣質量為多少？假設氮氣及槽的溫度相同，飽和氮氣在各溫度下的性質如下：

T/K	P/bar	V^v/ m^3 kg^{-1}	H^v/ kJ kg^{-1}
80	1.396	0.1640	78.9
85	2.287	0.1017	82.3
90	3.600	0.06628	85.0
95	5.398	0.04487	86.8
100	7.775	0.03126	87.7
105	10.83	0.02223	87.4
110	14.67	0.01598	85.6

6.74 某 50 m^3 的絕緣槽中含有 16,000 kg 的水，並在 25°C 時分為液氣兩相。現將 1,500 kPa 的飽和水蒸汽注入槽中，直到壓力達到 800 kPa，計算所加入水蒸汽的質量。

6.75 體積為 1.75 m³ 的絕緣真空槽經由管線輸入 400 kPa 及 240°C 的水蒸汽。水蒸汽流入槽中,直到槽中壓力達到 400 kPa。假設沒有熱量由水蒸汽流至槽體,請將槽內水蒸汽質量及其溫度,以圖形的方式表示為槽內壓力的函數。

6.76 體積為 2 m³ 的槽中起初含有 3,000 kPa 的飽和水蒸汽與飽和液態水混合物。蒸汽質量佔所有質量的 10%。液態水經由閥排放至槽外,直到槽內質量為起初質量的 40%。若在此程序中槽內的溫度保持恆定,則需多少的熱傳量?

6.77 將 24°C 的水與 400 kPa 的飽和水蒸汽混合,可得流率為 5 kg s⁻¹ 的 85°C 水。假設整個程序完全絕熱,則流入混合器中的水及水蒸汽的流率為何?

6.78 某個緩熱器(降低過熱蒸汽過熱度的裝置)將 3,100 kPa 及 50°C 的液態水噴入水蒸汽管線中,蒸汽管線原為 3,000 kPa 及 375°C 的過熱水蒸汽。液態水的噴入量恰可產生 2,900 kPa 的飽和水蒸汽,並以 15 kg s⁻¹ 的速率流出緩熱器。假設程序為絕熱操作,試計算水的質量流率。此程序的 $\dot{S}_G$ 為多少?此程序的不可逆特性為何?

6.79 700 kPa 及 280°C 的過熱水蒸汽,以 50 kg s⁻¹ 的流率與 40°C 的水混合而產生 700 kPa 及 200°C 的水蒸汽。假設絕熱操作,加入混合器中的液態水流率為多少?此程序的 $\dot{S}_G$ 為多少?此程序的不可逆特性為何?

6.80 12 bar 及 900 K 的空氣與另一流線中 2 bar 及 400 K 的空氣混合,後者的流率為前者的 2.5 倍。若此程序為可逆及絕熱,則混合後流線的溫度與壓力為何?假設空氣為理想氣體且 $C_P = (7/2)R$。

6.81 熱氮氣在 750 (°F) 及一大氣壓時,以 40 (lb_m)(s)⁻¹ 的流率流入廢熱鍋爐中,並將熱量傳入在 1 (atm) 沸騰的水中。注入鍋爐的水是 1 (atm) 下的飽和水,並在 1 (atm) 及 300 (°F) 時以過熱蒸汽離開鍋爐。若氮氣冷卻至 325 (°F),且每 (lb_m) 蒸汽產生時遺失 60 (Btu) 的熱至環境中,則蒸汽產生的速率為何?若環境的溫度為 70 (°F),則此程序的 $\dot{S}_G$ 為何?假設氮氣為理想氣體且其 $C_P = (7/2)R$。

6.82 熱氮氣在 400°C 及一大氣壓時,以 20 kg s⁻¹ 的流率流入廢熱鍋爐中,並將熱量傳至 101.33 kPa 下沸騰的水中。注入鍋爐的水為 101.33 kPa 時的飽和液體,並以 101.33 kPa 及 150°C 的過熱蒸汽離開鍋爐。若氮氣冷卻至 170°C,且每產生 1 kg 蒸汽會損失 80 kJ 的熱至環境中,則蒸汽的產生速率為何?若環境的溫度為 25°C,則此程序的 $\dot{S}_G$ 為何?假設氮氣為理想氣體且其 $C_P = (7/2)R$。

6.83 證明在 TS 相圖中的單相區內，等溫線及等體積線具有正值的斜率。假設 $C_P = a + bT$，其中 a 與 b 為正值的常數。證明等壓線的曲率半徑亦為正值。對固定的 T 及 S 而言，等壓線或等體積線何者的斜率較大？原因為何？注意 $C_P > C_V$。

6.84 由 (6.8) 式開始，證明 Mollier (HS) 相圖的汽相區域中等溫線的斜率與曲率半徑為：

$$\left(\frac{\partial H}{\partial S}\right)_T = \frac{1}{\beta}(\beta T - 1) \qquad \left(\frac{\partial^2 H}{\partial S^2}\right)_T = -\frac{1}{\beta^3 V}\left(\frac{\partial \beta}{\partial P}\right)_T$$

其中 β 為體積膨脹係數。若汽相可用 (3.38) 式的二項維里壓力展開式的狀態方程式表示，則上述微分式的正負號為何？假設在正常溫度下，B 為負值且 dB/dT 為正值。

6.85 氮氣的第二維里係數 B 對溫度的關係示於圖 3.10。定性而言，所有氣體的 $B(T)$ 曲線的斜率都相同；定量而言，許多氣體在 $B = 0$ 時的溫度都對應於 $T_r = 2.7$ 的對比溫度。應用此觀察結果，由 (6.54) 至 (6.56) 式，證明剩餘性質 G^R、H^R 及 S^R 對多數常溫常壓下的氣體而言皆為負值。V^R 及 C_P^R 的正負號又是如何？

6.86 等莫耳比的甲烷與丙烷混合物在 5,500 kPa 及 90°C 時，以 1.4 kg s^{-1} 的流率自壓縮機中排出。若排放管線中的流速不可超過 30 m s^{-1}，則排放管線的最小直徑為多少？

6.87 應用適當的一般化關聯式，估算下列各項的 V^R、H^R 與 S^R：
  (a) 500 K 及 20 bar 的 1,3-丁二烯。
  (b) 400 K 及 200 bar 的二氧化碳。
  (c) 450 K 及 60 bar 的二硫化碳。
  (d) 600 K 及 20 bar 的正癸烷。
  (e) 620 K 及 20 bar 的乙苯。
  (f) 250 K 及 90 bar 的甲烷。
  (g) 150 K 及 20 bar 的氧氣。
  (h) 500 K 及 10 bar 的正戊烷。
  (i) 450 K 及 35 bar 的二氧化硫。
  (j) 400 K 及 15 bar 的四氟乙烷。

6.88 應用 Lee/Kesler 關聯式，估算下列各項等莫耳比混合物的 Z、H^R 與 S^R：
  (a) 650 K 及 60 bar 的苯／環己烷。
  (b) 300 K 及 100 bar 的二氧化碳／一氧化碳。
  (c) 600 K 及 100 bar 的二氧化碳／正辛烷。

(d) 350 K 及 75 bar 的乙烷／乙烯。

(e) 400 K 及 150 bar 的硫化氫／甲烷。

(f) 200 K 及 75 bar 的甲烷／氮氣。

(g) 450 K 及 80 bar 的甲烷／正戊烷。

(h) 250 K 及 100 bar 的氮氣／氧氣。

6.89 證明液體進行可逆恆溫程序時，符合下列三個式子。β 與 κ 假設與壓力無關。

(a) $W = P_1V_1 - P_2V_2 - \dfrac{V_2 - V_1}{\kappa}$

(b) $\Delta S = \dfrac{\beta}{\kappa}(V_2 - V_1)$

(c) $\Delta H = \dfrac{1 - \beta T}{\kappa}(V_2 - V_1)$

請勿使用平均值 V 作為常數，可利用 (3.5) 式將 V 換為 P 的函數 (將式中的 V_2 換成 V)。將上列三式應用在習題 6.9 中，並與使用平均值 V 的結果作比較。

6.90 對任何一個熱力學物性而言，$M = M(T, P)$；因此，

$$dM = \left(\dfrac{\partial M}{\partial T}\right)_P dT + \left(\dfrac{\partial M}{\partial P}\right)_T dP$$

請問在哪兩個不同的條件下，下式為真？

$$\Delta M = \int_{T_1}^{T_2} \left(\dfrac{\partial M}{\partial T}\right)_P dT$$

6.91 理想氣體純物質的焓只為溫度的函數。因此，一般會說 H^{ig}「與壓力無關」，且 $(\partial H^{ig}/\partial P)_T = 0$。試推導 $(\partial H^{ig}/\partial P)_V$ 與 $(\partial H^{ig}/\partial P)_S$ 的表示式。為何這兩項不為零？

6.92 試證明：

$$dS = \dfrac{C_V}{T}\left(\dfrac{\partial T}{\partial P}\right)_V dP + \dfrac{C_P}{T}\left(\dfrac{\partial T}{\partial V}\right)_P dV$$

請將此式應用在熱容量為定值的理想氣體，推導出 (3.30c) 式。

6.93 偏微分項 $(\partial U/\partial V)_T$ 有時被稱為內壓 (internal pressure)，並可由其推導出熱壓力 (thermal pressure)：$T(\partial P/\partial V)_V$。請找出下列三種流體的內壓、熱壓力的估算方程式。

(a) 理想氣體；(b) 凡得瓦爾流體；(c) Redlich/Kwong 流體。

6.94 (a) 某純物質的物性可用函數 $G(T, P)$ 表示。請利用 G、T、P 及 G 對 T 或 P 的衍生項，來表示該純物質的 Z、U 及 C_V。

(b) 某純物質的物性可用函數 $A(T, V)$ 表示。請利用 A、T、V 及 A 對 T 或 V 的衍生項，來表示該純物質的 Z、H 及 C_P。

6.95 利用蒸汽表來估算水的離心係數 ω 值，並與表 B.1 的數值比較。

6.96 表 B.1 列有四氟乙烷 (冷媒 HFC-134a) 的臨界參數，而在表 9.1 列有其飽和狀態下的物性數據。請以數據計算四氟乙烷的離心係數，並與表 B.1 所列結果比較。

6.97 在例 6.5 曾提到，ΔH^{lv} 並非與溫度 T 無關，而事實上在臨界點處此值為零。通常飽和氣體也不能視同理想氣體。那麼為何在整個液態範圍內，(6.75) 式能對氣體壓力有良好的近似結果？

6.98 下列為固／液飽和壓力的近似式，試以理論說明各式的合理性。

(a) $P_{sl}^{\text{sat}} = A + BT$

(b) $P_{sl}^{\text{sat}} = A + B \ln T$

6.99 如圖 3.1 所示，昇華曲線在三相點的斜率，通常大於汽化曲線在該點的斜率。請以理論說明這個現象。提示：三相點通常在低壓範圍內，因此可假設 $\Delta Z^{sv} \approx \Delta Z^{lv} \approx 1$。

6.100 證明 Clapeyron 方程式在氣／液平衡時可寫成下式：

$$\frac{d \ln P_r^{\text{sat}}}{dT_r} = \frac{\Delta \hat{H}^{lv}}{T_r^2 \Delta Z^{lv}}$$

其中 $\Delta \hat{H}^{lv} \equiv \dfrac{\Delta H^{lv}}{RT_c}$

6.101 利用前一題的結果，估算下列各物質在正常沸點時的蒸發熱。並與附錄 B 中的表 B.2 比較。

(a) 苯；(b) 異丁烷；(c) 四氯化碳；(d) 環己烷；(e) 正癸烷；(f) 正己烷；(g) 正辛烷；(h) 甲苯；(i) 鄰二甲苯

6.102 Riedael 曾發表第三對比狀態係數 α_c，其與蒸汽壓曲線的關係為：

$$\alpha_c \equiv \left[\frac{d \ln P^{\text{sat}}}{d \ln T} \right]_{T=T_c}$$

根據實驗結果，簡單流體的 α_c 約為 5.8；非簡單流體則 α_c 會隨分子的複雜度增加而上升。如何利用 Lee/Kesler 對 P_r^{sat} 的關聯式說明此現象？

6.103 二氧化碳在三相點時 T_t = 216.55 K 且 P_t = 5.170 bar，因此二氧化碳沒有正常沸點(為什麼？)。儘管如此，我們還是可以利用對蒸汽壓曲線的外插，定義一個假想的正常沸點。

(a) 利用 Lee/Kesler 對 P_r^{sat} 的關聯式，並代入三相點的溫度壓力條件，計算二氧化碳的離心係數 ω 值，並與表 B.1 比較。

(b) 利用 Lee/Kesler 關聯式，估算二氧化碳的假想正常沸點。討論此結果的合理性。

汽／液相平衡簡介

Chapter 7

前面幾章主要在討論純物質，或具有固定組成的混合物 (如空氣) 系統。但是組成會改變的系統相當重要，例如化學反應或是工業上的質傳程序。因此，組成是本書其餘各章中主要的變數。工業上的質傳程序如蒸餾、吸收及萃取等，就是將具有不同組成的各相互相接觸，利用各相在未達相平衡時會質傳的特性，改變其組成而達到製程目的。組成的改變狀況及質傳速率，與系統離開平衡的程度有關。因此在定量討論質傳問題時，平衡狀況下的 T、P 及各相組成必須為已知。

工業上最常見的共存相為汽相與液相，其他也有液／液、汽／固及液／固相平衡系統。本章首先討論何謂平衡，再介紹如何決定平衡狀態所需獨立變數的數目。在 7.3 節中會對汽／液相平衡性質作定性的討論；7.4 節則為其定量方法，該節將介紹兩種簡單的方法，來計算汽／液相平衡系統的溫度、壓力及組成。第一種方法稱為拉午耳定律 (Raoult's law)，適用於低壓至中壓，且系統組成物須為化學上相似的物質。第二種方法稱為亨利定律 (Henry's law)，只適用於低濃度物質，但壓力一樣必須是低壓至中壓。7.5 節則是改良後的拉午耳定律，可適用在組成物的化學性質差異很大的系統。最後在 7.6 節中討論平衡常數 K 值的計算。有關汽／液相平衡的更進一步探討，會在第 9 章及原版書第 14 章中詳述。

7.1　平衡的本質

平衡是一個靜態的情況，平衡時系統的巨觀性質不隨時間而改變。所有可能造成改變的驅動力此時都達到平衡。在實際應用上，我們常假設系統已達到平衡，再觀察並驗證這樣的假設是否正確。例如考慮蒸餾塔中的再沸器時，常假設其汽相與液相達到平衡。在一定的蒸發速率範圍內，汽／液相只達到近似平衡的狀態而已，但這樣的假設並未造成工程計算上明顯的誤差。

若系統中含有液／汽緊密接觸的兩相，且該系統與外界完全隔絕，則系統內將沒有額外可造成改變的驅動力；在這樣的狀況下，溫度、壓力及各相的組成最後將達到穩定的數值並維持固定不變，此時系統即達到平衡。但是若從微觀角度來看，平衡狀態並非靜止的，而是動態的。在瞬時下某相中的分子與其後時間的分子不盡相同。在邊界的分子有足夠高的速度，能夠克服表面作用力

Chapter 7　汽／液相平衡簡介

並進入另一相中。但分子經界面向兩邊移動的平均速率相同,所以在平衡時兩相間沒有淨質傳存在。

組成的度量

最常用來表示組成的三種度量為質量分率、莫耳分率及莫耳濃度。質量分率的定義,是混合物或溶液中,某特定化學物質的質量佔總質量的比例;莫耳分率則為特定化學物質佔總莫耳數的比例:

$$x_i \equiv \frac{m_i}{m} = \frac{\dot{m}_i}{\dot{m}} \quad 或 \quad x_i \equiv \frac{n_i}{n} = \frac{\dot{n}_i}{\dot{n}}$$

莫耳濃度的定義為混合物或溶液中某特定物質的莫耳分率,除以莫耳體積的比值:

$$C_i \equiv \frac{x_i}{V}$$

莫耳濃度的單位為每單位體積中 i 物質的莫耳數。在流動程序中慣用流率的比值表示,將上式分子及分母各乘以莫耳流率 $\dot{n}$ 而得:

$$C_i = \frac{\dot{n}_i}{q}$$

其中 $\dot{n}_i$ 是 i 物質的莫耳流率,且 q 是體積流率。

混合物或溶液的莫耳質量的定義,是其中所有物質莫耳質量分別乘以其莫耳分率後的總和:

$$M \equiv \sum_i x_i M_i$$

7.2　相律與 Duhem 理論

非反應系統的相律是應用代數法則所得的結果,在 2.7 節中曾未經證明就直接使用。要決定平衡系統的所有內含性質,所需要的獨立變數的數目,就是全部內含變數的數目扣掉變數間獨立方程式的數目所得的結果。

含有 N 個化學物質及 π 個相的 PVT 平衡系統中,用來描述其內含狀態的變數有溫度 T、壓力 P 及各相中 $N-1$ 個莫耳分率。[1] 這些是相律中的變數,其數目為 $2+(N-1)(\pi)$ 個。各相的質量並非相律中的變數,因為它們對系統的內含狀態沒有影響。

本章後續會清楚說明,在任兩相界面處,對於 N 個物質都可個別寫出獨立的相平衡關係式,所以全部相平衡關係式的數目為 $(\pi-1)(N)$。由相律中變數的數目,減去連接這些變數的獨立方程式數目,所得的差值稱為自由度 (degree of freedom) F,即獨立變數的數目:

$$F = 2 + (N-1)(\pi) - (\pi-1)(N)$$

由此簡化而得的相律為:

$$\boxed{F = 2 - \pi + N} \tag{2.7}$$

Duhem 理論 (Duhem's theorem) 是類似於相律的另一定律,但此公式較少被提到。Duhem 理論應用在已達平衡的封閉系統,所以系統內的所有內含性質及外延性質都已固定不變,也就是系統的所有狀態已經完全固定了。而描述該系統狀態的變數,包含 $2+(N-1)\pi$ 個內含性質,以及 π 個外延性質;內含性質的數量由相律決定,而外延性質則是指各相的質量 (或莫耳數)。因此全部變數的數目為

$$2 + (N-1)\pi + \pi = 2 + N\pi$$

由於系統為封閉系統,並由特定數量的化學物質所組成,所以我們可對 N 個化學物質個別寫出質量平衡方程式。這些方程式加上 $(\pi-1)N$ 個相平衡方程式之後,全部獨立方程式的數目為:

$$(\pi-1)N + N = \pi N$$

因此變數數目與方程式數目的差異為:

$$2 + N\pi - \pi N = 2$$

依此結果,可將 Duhem 理論敘述如下:

---

[1] 只需要 $N-1$ 個莫耳分率,因為 $\sum_i x_i = 1$。

Chapter 7　汽／液相平衡簡介

對於任何一個封閉系統，若已知所有化學組成物的最初數量，則當兩個獨立變數固定後，平衡系統的所有性質就可完全求出。

這兩個獨立變數可為內含或外延性質。不過獨立內含性質的數目可由相律求出；因此當 $F = 1$ 時，由 Duhem 理論所定義的兩個獨立變數中，必有一個為外延性質，若 $F = 0$ 時，則兩個獨立變數必皆為外延性質。

7.3　汽／液相平衡：定性的行為

汽／液相平衡 (vapor/liquid equilibrium, VLE) 是指一個單獨液相與其汽相達成平衡的系統。在此定性討論中，我們限定於二成分系統，因為更複雜的系統不便以圖形表示。

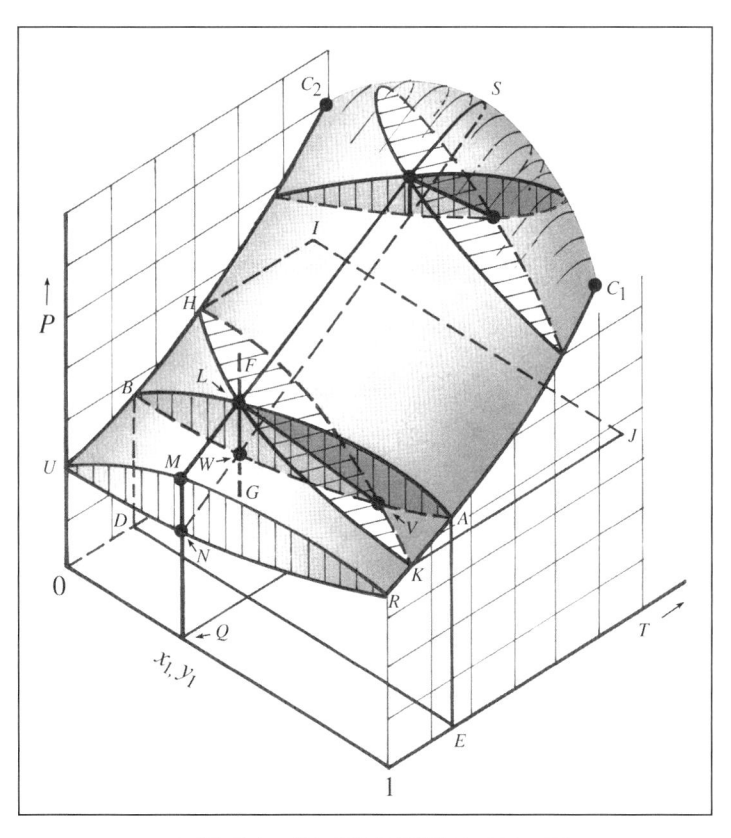

● 圖 7.1　汽／液相平衡的 $PTxy$ 圖

當 $N = 2$ 時，相律公式變為 $F = 4 - \pi$。因為至少有一個相存在 ($\pi = 1$)，所以要決定系統所有的內含性質，最多需要三個相律變數，即 P、T 及一個莫耳（或質量）分率。系統所有的平衡狀態因此可以用 P-T-組成的三度空間表示。在此空間中，一對共存的平衡相 ($F = 4 - 2 = 2$) 定義一個平面。以三度空間表示 VLE 曲面的示意圖如圖 7.1 所示。

此圖表示了 P-T-組成的曲面，它代表了飽和汽相與飽和液相平衡共存的二成分系統。二成分包含物質 1 與物質 2，通常物質 1 較「輕」，亦即較具揮發性。下方的曲面是飽和汽相的狀態，稱為 P-T-y_1 曲面。上方的曲面是飽和液相的狀態，稱為 P-T-x_1 曲面。這兩個曲面沿著 $RKAC_1$ 及 $UBHC_2$ 線段交會，這兩個線段分別表示純物質 1 及 2 的蒸汽壓對溫度的曲線。上下兩個曲面形成一個連續平滑的曲面，並在圖形上方連接純物質 1 及 2 的臨界點 C_1 及 C_2；各種不同組成的混合物的臨界點，位於連接 C_1 與 C_2 兩點的曲線上。臨界曲線上各點代表汽相與液相平衡共存而變為相同性質的情況。關於臨界區域更進一步的討論將在後續詳述。

圖 7.1 上方曲面之上為過冷液體區，而下方曲面之下則為過熱蒸汽區。兩曲面之間的區域為汽液兩相共存。若從 F 點所代表的液體開始降壓，並保持恆溫及恆定組成而沿 FG 直線下降，第一個蒸汽氣泡在 L 點出現，即位於上方曲面處，因此 L 稱為泡點 (bubblepoint)，且上方曲面稱為泡點曲面。在 L 點與液體達成平衡的汽相，必須位於下方曲面上，且和 L 點有同樣的溫度和壓力，如 V 點所示的位置。V 與 L 所形成的連結線 (tie line) 上的所有點，都是處於兩相平衡的點。

若壓力沿著 FG 線更加下降，更多的液體蒸發，直到 W 點時完成了全部的蒸發程序。因此 W 點居於下方曲面，並表示一個與混合物具相同組成的飽和汽相。因為 W 是最後一滴液體（露滴）消失的狀態，它因此稱為露點 (dewpoint)，而下方的曲面稱為露點曲面。再繼續減少壓力時將進入過熱蒸汽區域。

因為圖 7.1 具相當的複雜性，所以二成分系統的汽／液相平衡特性常以二度空間的投影圖來表示，這些二度空間的圖形，是由三度空間圖形上，取一定的切面投影而得。三度空間中三個互相垂直的座標軸如圖 7.1 所示。圖中有一個與溫度軸垂直的平面 $AEDBLA$，此平面上的曲線表示恆溫下的 P-x_1-y_1 相圖。這些投影圖若繪於同一個圖中，就得到如圖 7.2(a) 所示的圖形，它表示三個不同溫度下的 P-x_1-y_1 圖。其中 T_a 溫度的等溫曲線是圖 7.1 中 $AEDBLA$ 所圍成的區

域，T_a 圖中的橫線連接兩個平衡相的組成。T_b 和 T_d 是介於圖 7.1 中兩個純物質臨界溫度 C_1 與 C_2 之間的溫度；因此 T_b 與 T_d 二溫度下的圖形，並不會延伸到整個組成的範圍。混合物的臨界點在圖上以符號 C 表示，它們都是水平切線交於 Pxy 圖形的切點。這是因為連接兩平衡相的連結線是水平線，而連接兩個相同相 (即臨界點的定義) 的連結線必須為切於此圖形的最後一個直線。

垂直於 P 軸且平行通過圖 7.1 的平面可用 $KJIHLK$ 表示。由上方觀之，此平面上的線段構成 T-x_1-y_1 圖。當數個壓力下的圖形投影在平行平面時，即得到圖 7.2(b) 的結果。此圖類似於圖 7.2(a)，只是改由 P_a、P_b 及 P_d 三個等壓圖表示。其中的 P_a 等壓圖就是圖 7.1 中 $KJIHLK$ 平面所切出的區域。P_b 是介於圖 7.1 中兩個純物質臨界壓力 C_1 與 C_2 之間的壓力。P_d 則在兩個臨界壓力之上，因此其 T-x_1-y_1 圖形就像個「孤島」一樣，這在圖 7.2(a) 的 P-x_1-y_1 圖上是很罕見的。

我們也可將汽相莫耳分率 y_1，對液相莫耳分率 x_1 作圖，這些圖形可在如圖 7.2(a) 的恆溫情況下求得，或是在如圖 7.2(b) 的等壓狀況下求得。

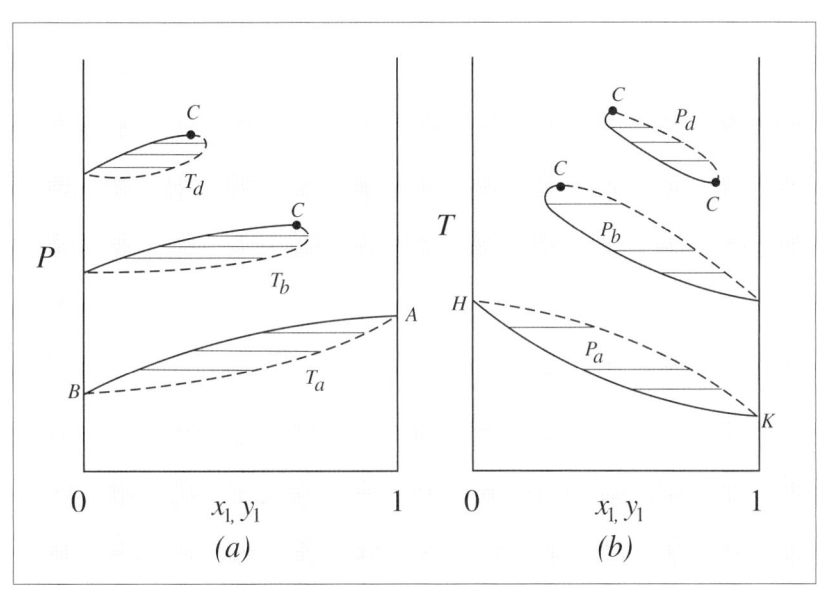

▶ 圖 7.2　(a) 三個不同溫度下的 Pxy 圖；(b) 三個不同壓力時的 Txy 圖
　　　　——飽和液體 (泡點線)；---飽和汽體 (露點線)

由圖 7.1 所得的第三個切面是垂直於組成的切面，通過 SLMN 和 Q 點。若將數個這樣的平行切面投影在同一圖上，就會如圖 7.3 所示。這是一個 P - T 相圖，其中 UC_2 及 RC_1 是純物質的蒸汽壓曲線，與圖 7.1 具有相同的符號。在這兩條線之間的曲線，表示的是混合物的飽和液體與飽和氣體的 P - T 關係，每一條曲線代表不同的組成比例。飽和液體的 P - T 關係，明顯與相同組成的飽和汽體不同。這個現象與純物質有相當大的差異，因為純物質的泡點與露點曲線是重合的。圖 7.3 中的 A 點與 B 點，表示飽和液體與飽和汽體的交點。在這樣的交叉點上，具有某個組成的飽和液體，與具有另個組成的飽和汽體，正好有相同的 T 及 P，也就是在給定的溫度壓力下這兩個飽和相達成平衡。連接 A 點與 B 點的連結線垂直於 P - T 平面，如圖 7.1 中所示的連結線 LV。

二成分混合物的臨界點，在圖 7.3 中是包絡曲線 (envelope curve) 與各組成曲線的切點，這個包絡曲線是各臨界點所連成的軌跡。我們可設想兩個組成相近的曲線，當它們的距離變得無限小時，其臨界點就相連而成為臨界軌跡曲線。圖 7.3 顯示不同組成的曲線具有不同的臨界點。對純物質而言，臨界點是汽相與液相可共存的最高溫度與壓力，但對混合物而言一般卻並非如此。所以在某些條件下，當壓力減少時反而會發生凝結現象。

某個組成固定的混合物，其 P - T 曲線的端點放大圖如圖 7.4 所示。其中 C 點

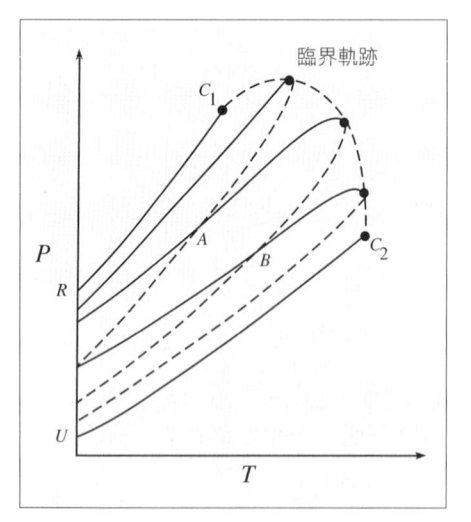

● 圖 7.3　各不同組成時的 PT 圖
　　　——飽和液體 (泡點線)
　　　---飽和汽體 (露點線)

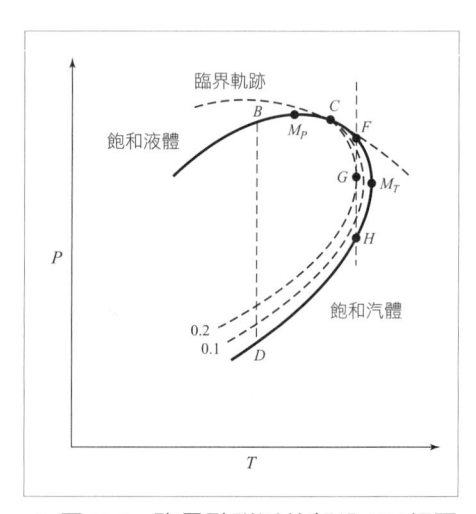

● 圖 7.4　臨界點附近的部份 PT 相圖

Chapter 7　汽／液相平衡簡介

為臨界點，壓力最高點與溫度最高點分別為 M_P 及 M_T。汽／液兩相區內的虛線，表示有相同的液體分率，液體分率是指汽／液兩相系統中液體所佔的比例。在臨界點 C 左邊，沿著 BD 垂直線降低壓力時，液體會從泡點開始蒸發，直到變成露點的飽和汽體，這與我們所預想的相同。但若起始點在 F 的飽和蒸汽狀態，當壓力降低時液化產生，而在 G 點達到液體最多的情況，再降低壓力又開始發生蒸發，直到露點 H。這種現象稱為逆行凝結 (retrograde condensation)。這現象在天然氣井的操作中具相當的重要性，其中地底的溫度與壓力達到 F 點所代表的情況。若我們將氣井表面的壓力維持在 G 點附近，我們將可得到液化的產品，也可將其中較重的成分從混合物中分離出來。在地下氣井中，當天然氣儲量減少時壓力會降低。若不防止這種現象，則液相會產生而減少氣井的產量。此時常利用加壓的程序，即將輕質氣體 (除去重質成分的氣體) 重新打回氣井中以維持高壓。

乙烷(1)／正庚烷(2) 的 P-T 相圖如圖 7.5 所示，同一系統數個等壓線下的 y_1-x_1 圖則參見圖 7.6。依照慣例，繪圖時以混合物中揮發性較高者作為 y_1 及 x_1。從圖 7.6 可清楚看出，若在固定壓力下進行乙烷／正庚烷混合物的蒸餾，那麼揮發性較高者 (物質 1) 所能餾出的最高濃度與最低濃度，就是圖中 y_1-x_1 等壓線與對角線的兩個交點。在對角線上的任一點，其汽相與液相的組成是相同的。除了 $y_1 = x_1 = 0$ 或 $y_1 = x_1 = 1$ 之外，這些交點即表示混合物的臨界點。圖 7.6 中的 A 點表示乙烷／正庚烷系統中，汽液兩相可共存的最高壓力，在此壓力下的組成約為 77% 莫耳分率的乙烷，且壓力約為 1,263 (psia)。此點對應於圖 7.5 中的 M 點。Barr-David 曾發表有關此系統的完整相圖。[2]

圖 7.5 所示的 P-T 圖，為碳氫化合物這種非極性混合物的典型相圖。另一種截然不同的混合物相圖，如甲醇(1)／苯(2) 的系統則如圖 7.7 所示。由此圖可知，當混合物的性質是像甲醇／苯這樣有極大差異時，要預測其相行為非常困難。

雖然臨界區域的 VLE 對石油及天然氣工業具有相當的重要性，大多數化學程序卻是在低壓下完成。圖 7.8 及 7.9 表示在遠離臨界點區域時，常見的 P-x-y 及 t-x-y 相圖。

---

[2] F. H. Barr-David, *AIChE J.*, vol. 2, p. 426, 1956.

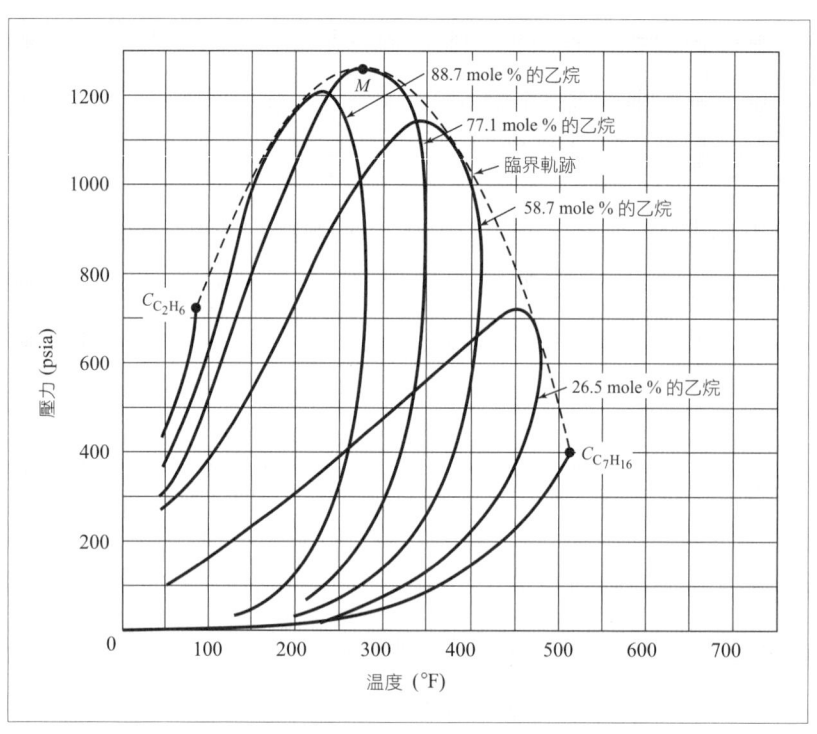

● 圖 7.5　乙烷／正庚烷的 PT 圖

(資料來源：F. H. Barr - David, *AIChE J.*, vol. 2, pp. 426–427, 1956.)

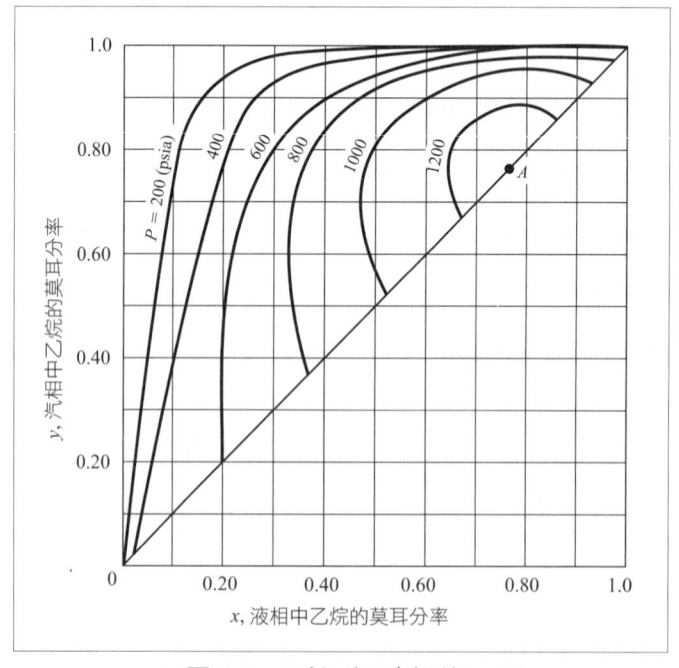

● 圖 7.6　乙烷／正庚烷的 yx 圖

(資料來源：F. H. Barr - David, *AIChE J.*, vol. 2, pp. 426–427, 1956.)

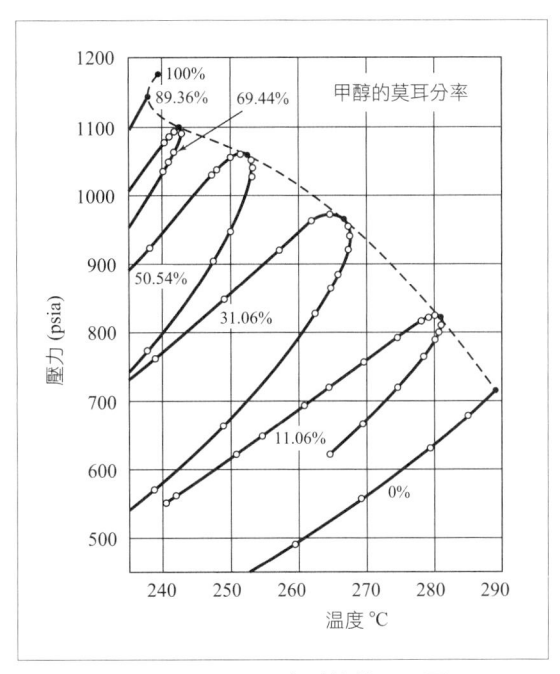

Chapter 7　汽／液相平衡簡介

◆ 圖 7.7　甲醇／苯的 PT 圖

(資料來源：*Chem. Eng. Sci.*, vol. 19, J. M. Skaates and W. B. Kay, "The phase relations of binary systems that form azeotropes," pp. 431–444, 1964 年的版權，並獲得 Elsevier Science Ltd. 的授權。)

　　圖 7.8(a) 是四氫呋喃 THF(1)／四氯化碳(2) 在 30°C 的 Pxy 相圖，其中 P-x_1 所表示的泡點曲線，位於 P-x_1-y_1 相圖中由拉午耳定律所表示的 P-x_1 線性關係的下方，它代表了離開理想溶液的負偏差行為。當此種偏差程度較兩個純物質蒸汽壓的差異更大時，P-x 曲線 (curve) 圖上會出現一個最低點，如圖 7.8(b) 所示的氯仿(1)／四氫呋喃(2) 在 30°C 的系統。此圖顯示 P-y_1 曲線亦具有相同的最低點，在此點 $y_1 = x_1$，泡點與露點曲線在此點具有相同的水平切線。具有這個組成的沸騰液體產生具有相同組成的蒸汽，所以液體在蒸發過程中不會改變其組成。在蒸餾程序中無法分離這個具有恆定沸點的溶液，此沸點即稱為共沸點 (azeotrope)。[3]

　　圖 7.8(c) 表示 30°C 時呋喃(1)／四氯化碳(2) 數據，它代表 P-x_1 曲線較其線性關係發生少量正偏差的情況。乙醇(1)／甲苯(2) 系統則具有較大的正偏差，並於 P-x_1 曲線上形成了最高點，如圖 7.8(d) 所示的 65°C 的相圖。如同 P-x_1 曲線上最低點所表示的共沸點一樣，最高點也表示共沸點。它們分別稱為最低壓

---
[3] 有關共沸點的數據，可見由 J. Gmehling 所著的 *Azeotropic Data*, John Wiley & Sons, Inc., New York, 1994。

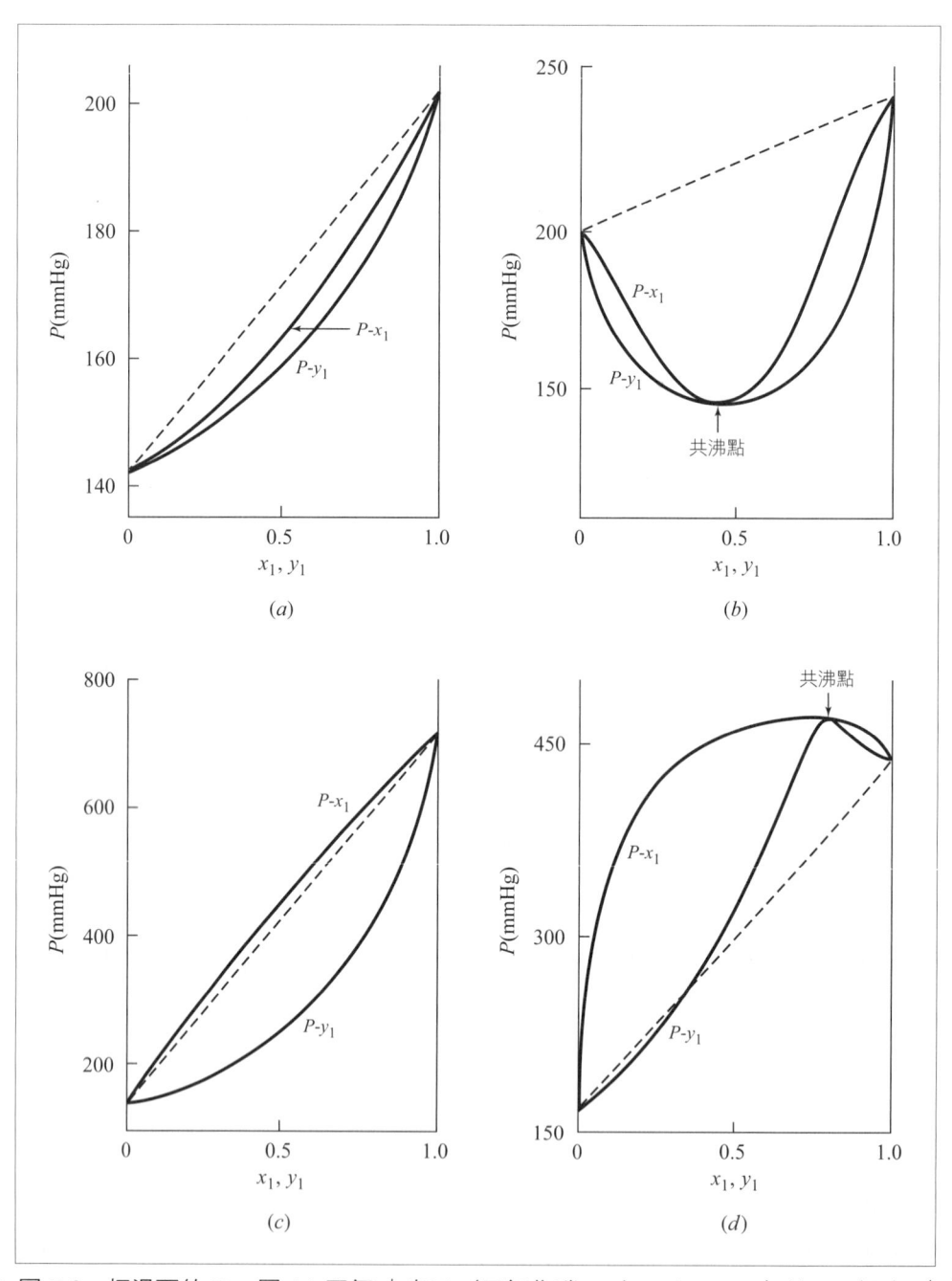

● 圖 7.8　恆溫下的 Pxy 圖 (a) 四氫呋喃(1)／四氯化碳(2) 在 30°C；(b) 氯仿(1)／四氫呋喃 (2) 在 30°C；(c) 呋喃(1)／四氯化碳 (2) 在 30°C；(d) 乙醇(1)／甲苯(2)在 65°C。虛線代表拉午耳定律的 Px 關係

力及最高壓力的共沸點。在任一情況下，共沸狀態的汽液兩相都具有相同的組成。

由分子觀點來看，若相異分子間的吸引力大於相似分子間的吸引力，液相會發生離開理想溶液的負偏差。若相似分子間的吸引力大於相異分子間的吸引力，則發生正偏差。在後者情況中，若相似分子間的吸引力太強，則可能無法完全互溶，在某段組成範圍中將發生液相分離的現象 (可進一步參閱原版書第 14.4 節)。

因為蒸餾程序常在恆壓而非恆溫情況下進行，所以恆壓下的 t - x_1 - y_1 相圖更具有實用價值。圖 7.9 是與圖 7.8 相同的四個系統在大氣壓下的 t - x_1 - y_1 相圖，其中露點曲線 (t - y_1) 位於泡點曲線 (t - x_1) 之上。圖 7.8(b) 的最低壓力共沸點，對應於圖 7.9(b) 中的最高溫度 (或最高沸點) 共沸點。圖 7.8(d) 及 7.9(d) 也具有類似的特性。這四個系統在恆壓下的 y_1 - x_1 相圖則如圖 7.10 所示。在此圖中跨越對角線的點代表共沸點，在這些點上 $y_1 = x_1$。

7.4 汽／液相平衡的簡化模式

前面幾節敘述由實驗所觀察到的現象，並應用熱力學於汽／液相平衡，主要目的是尋求計算各平衡相的溫度、壓力與組成的方法。熱力學提供了系統性的數學方法，能夠分析、驗證並闡述實驗數據。熱力學更可應用分子物理學及統計力學的預測方法，解決實際上的工程問題。這些對熱力學的運用都必須靠適當的汽／液相平衡的熱力學模型，其中最簡單的兩種模型就是拉午耳定律與亨利定律。

拉午耳定律

用於簡化汽液相平衡計算的拉午耳定律(Raoult's law)，[4]有兩項主要假設：

- 汽相為理想氣體。
- 液相為理想溶液 (見 8.8 節)。

第一項假設表示拉午耳定律只能應用於低至中壓範圍，第二項假設只有在系統中各成分皆具有類似的化學結構才能成立。如同理想氣體是真實氣體在比較上

---

[4] 法國化學家 Francois Marie Raoult (1830-1901)。

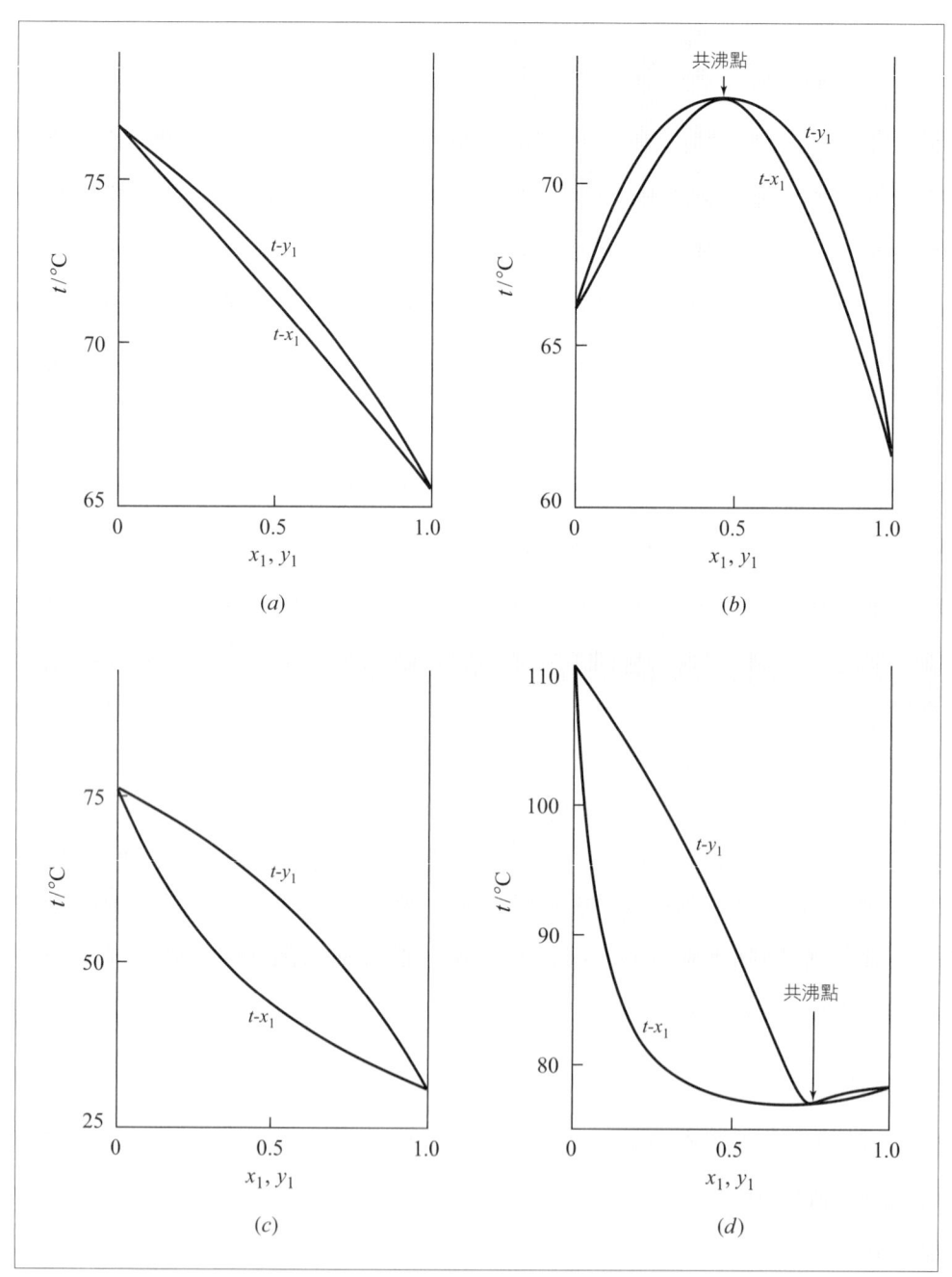

● 圖 7.9　1 (atm) 時的 txy 圖 (a) 四氫呋喃(1)／四氯化碳(2)；(b) 氯仿(1)／四氫呋喃(2)；(c) 呋喃(1)／四氯化碳(2)；(d) 乙醇(1)／甲苯 (2)。

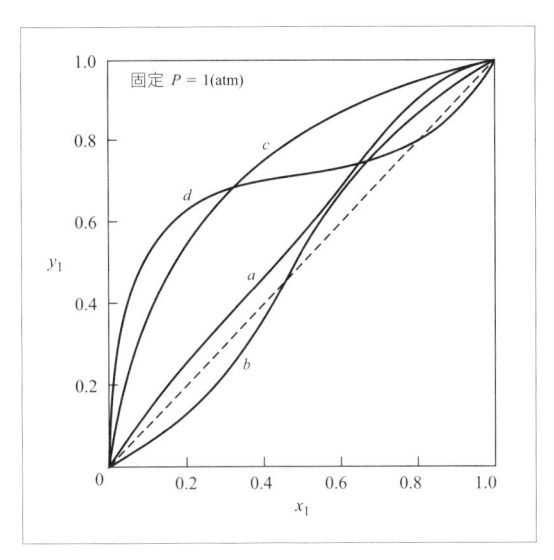

Chapter 7 汽／液相平衡簡介

● 圖 7.10　1 (atm) 的平衡 yx 圖 (a) 四氫呋喃(1)／四氯化碳(2)；
　　　　　(b) 氯仿(1)／四氫呋喃(2)；(c) 呋喃(1)／四氯化碳(2)；
　　　　　(d) 乙醇(1)／甲苯(2)。

所採用的標準，理想液體也是真實溶液在比較上所採用的基準。若液相中各成分的分子大小與化學性質差異不大，就近似於理想溶液。因此，鄰－、間－、對－二甲苯等異構物所形成的混合物，就極趨近於理想溶液。同一官能基系列的碳數相鄰分子所形成的混合物亦復如此，例如，正己烷／正庚烷、乙醇／丙醇、及苯／甲苯。其他的例子如丙酮／乙腈及乙腈／硝基甲烷。

基於以上二假設所表示的數學式，並定量描述拉午耳定律的公式為：[5]

$$y_i P = x_i P_i^{sat} \quad (i=1, 2, \cdots, N) \tag{7.1}$$

其中 x_i 表示液相莫耳分率，y_i 表示汽相莫耳分率，P_i^{sat} 是物質 i 在系統溫度時的蒸汽壓。(7.1) 式左邊的 $y_i P$ 項稱為物質 i 的分壓 (partial pressure)（請參見 8.4 節）。

(7.1) 式所表示的簡化汽／液相平衡模式，只適用於少部份的真實系統。然而它提供了一個汽／液相平衡計算的最簡單模式，作為較複雜系統計算時比較的對象。使用拉午耳定律的限制是蒸汽壓必須為已知，因此只有次臨界 (subcritical) 的物質適用，即系統的溫度必須低於物質的臨界溫度。

---

5 汽／液相平衡的正規公式由原版書 (14.1) 式表示，應用以上二假設時可簡化為 (7.1) 式。

另一個重要而有利的特點，是拉午耳定律適用於莫耳分率趨近於 1 的物質，且其汽相為理想氣體，此時組成物質間的化學相似性不是必要的條件。

應用拉午耳定律於露點及泡點計算

雖然 VLE 計算中的變數組合有多種可能形式，但工程上具重要性的通常為露點或泡點計算，它們可分為以下四類：

泡點壓力：輸入 $\{x_i\}$ 及 T，計算 $\{y_i\}$ 及 P
露點壓力：輸入 $\{y_i\}$ 及 T，計算 $\{x_i\}$ 及 P
泡點溫度：輸入 $\{x_i\}$ 及 P，計算 $\{y_i\}$ 及 T
露點溫度：輸入 $\{y_i\}$ 及 P，計算 $\{x_i\}$ 及 T

由以上各名稱即可知道所欲計算的項目，為泡點 (汽相) 或露點 (液相) 組成，以及壓力或溫度。所以我們必須定出液相或汽相組成，以及溫度或壓力，由此固定 $1 + (N-1)$ 即 N 個相律中的變數，即為 (2.7) 式的相律應用於汽／液相平衡時的自由度 F。計算汽／液相平衡的正規公式具有複雜的函數，計算泡點及露點也需要複雜的疊代程序 (見原版書 14.1 及 14.2 節)。以下根據簡化的假設進行計算，過程也相對的簡化。我們先將焦點放在拉午耳定律。

因為 $\sum_i y_i = 1$，對所有物質加成後 (7.1) 式變為：

$$P = \sum_i x_i P_i^{\text{sat}} \tag{7.2}$$

此公式可應用於泡點計算，其中汽相組成為未知數。對二成分系統而言，$x_2 = 1 - x_1$，

$$P = P_2^{\text{sat}} + (P_1^{\text{sat}} - P_2^{\text{sat}})x_1$$

在恆溫下由 P 對 x_1 作圖可得一直線，連接 $x_1 = 0$ 時的 P_2^{sat} 與 $x_1 = 1$ 時的 P_1^{sat} 兩端點，圖 7.8 中的 $P-x-y$ 相圖表示此線性關係。

(7.1) 式亦可解出 x_i 並對所有物質加成，因為 $\sum_i x_i = 1$，由此可得：

$$P = \frac{1}{\sum_i y_i / P_i^{\text{sat}}} \tag{7.3}$$

此公式可應用於露點計算，其中液相組成為未知數。

Chapter 7 汽／液相平衡簡介

例 7.1 乙腈(1)／硝基甲烷(2) 的二成分系統極近似於拉午耳定律。純物質的蒸汽壓可由下列 Antoine 方程式求得：

$$\ln P_1^{sat}/kPa = 14.2724 - \frac{2,945.47}{t/°C + 224.00}$$

$$\ln P_2^{sat}/kPa = 14.2043 - \frac{2,972.64}{t/°C + 209.00}$$

(a) 在 75°C 時繪製 P-x_1 及 P-y_1 圖。
(b) 在 70 kPa 時繪製 t-x_1 及 t-y_1 圖。

解 (a) 此時須進行泡點壓力計算，對二成分系統而言，(7.2) 式可寫為：

$$P = P_2^{sat} + (P_1^{sat} - P_2^{sat})x_1 \tag{A}$$

在 75°C 時，蒸汽壓由題目所列的公式求得為，

$$P_1^{sat} = 83.21 \quad 及 \quad P_2^{sat} = 41.98 \text{ kPa}$$

因此可在某 x_1 值時計算 P。例如當 $x_1 = 0.6$ 時，

$$P = 41.98 + (83.21 - 41.98)(0.6) = 66.72 \text{ kPa}$$

與此所對應的 y_1 值可由 (7.1) 式求出：

$$y_1 = \frac{x_1 P_1^{sat}}{P} = \frac{(0.6)(83.21)}{66.72} = 0.7483$$

這個結果的意義是：在 75°C 時，混合物在 66.72 kPa 壓力下達到汽／液平衡；且平衡時液體含有 60% 莫耳分率乙腈及 40% 莫耳分率硝基甲烷的液體，汽體則含有 74.83% 莫耳分率的乙腈。75°C 時，其他 x_1 值的計算結果如下表：

x_1	y_1	P/kPa	x_1	y_1	P/kPa
0.0	0.0000	41.98	0.6	0.7483	66.72
0.2	0.3313	50.23	0.8	0.8880	74.96
0.4	0.5692	58.47	1.0	1.0000	83.21

這些結果也顯示在圖 7.11 的 P-x_1-y_1 圖上。在此相圖中 P-x_1 曲線表示飽和液體狀態，此線的上方是過冷液體。P-y_1 曲線表示飽和汽體狀態，

基礎化工熱力學
Introduction to Chemical Engineering Thermodynamics

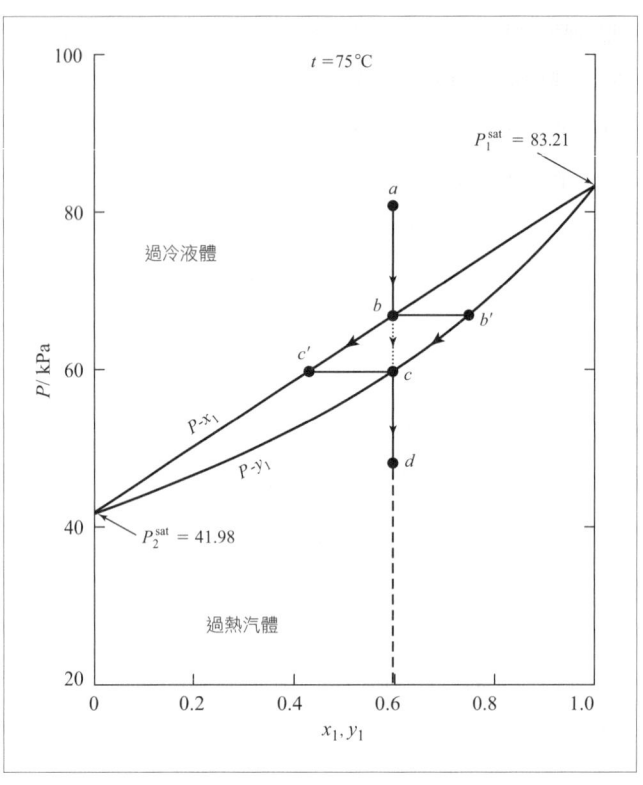

● 圖 7.11　乙腈(1)／硝基甲烷(2) 在 75°C 時由拉午耳定律所得的 Pxy 圖

在此曲線的下方是過熱蒸汽。飽和液體與飽和汽體曲線的間為兩相區域，其中飽和液體與飽和汽體平衡共存。$P-x_1$ 與 $P-y_1$ 曲線在圖形的兩端軸上相交，其交點表示純物質飽和液體與飽和汽體共存的蒸汽壓 P_1^{sat} 與 P_2^{sat}。

我們可以用二成分系統的 $P-x_1-y_1$ 圖，解釋恆溫程序中的相行為。設想一個過冷液體混合物，其中含有 60% 莫耳分率的乙腈與 40% 莫耳分率的硝基甲烷，在 75°C 時置於活塞／圓筒裝置中，此時的狀態如圖 7.11 中 a 點所示。將壓力緩慢減低並維持系統在 75°C 的平衡狀態。因為這是一個封閉系統，其總組成在此程序中維持不變，整個系統在相圖上由 a 點沿垂直線下降。當壓力降至 b 點時，系統達到飽和液體狀態，蒸發開始發生。壓力再有極微下降時，即有氣泡出現，如 b' 點所示。b 與 b' 兩點代表在 $P = 66.72$ kPa、$x_1 = 0.6$ 及 $y_1 = 0.7483$ 時兩個平衡的狀態，如前述計算結果所示。b 點稱為泡點，且 $P-x_1$ 曲線稱為泡點軌跡。

當壓力再降低時，氣體量增加且液體量減少，兩相分別沿 $b'c$ 及 bc' 的路徑進行。由 b 點至 c 點的虛線，表示兩相系統整體狀態改變的情況。最後到達 c 點時，由 c' 點所表示的液相幾乎要全部消失，只有極微量的露滴存留。c 點因此稱為露點，而 $P-y_1$ 曲線為露點軌跡。當露滴蒸發後，只有

Chapter 7　汽／液相平衡簡介

c 點的飽和汽體存留，再降低壓力則得到 d 點的過熱蒸汽。

蒸汽在 c 點的組成為 $y_1 = 0.6$，而液體在 c' 點的組成與壓力可由圖上讀出或經計算求得。此即為露點壓力計算，由 (7.3) 式可得

$$P = \frac{1}{y_1/P_1^{sat} + y_2/P_2^{sat}}$$

當 $y_1 = 0.6$ 且 $t = 75°C$ 時，

$$P = \frac{1}{0.6/83.21 + 0.4/41.98} = 59.74 \text{ kPa}$$

由 (7.1) 式可得，

$$x_1 = \frac{y_1 P}{P_1^{sat}} = \frac{(0.6)(59.74)}{83.21} = 0.4308$$

此即為 c' 點的液相組成。

(b) 當壓力固定時，溫度隨 x_1 與 y_1 改變。當壓力值固定時，溫度的範圍由飽和溫度 t_1^{sat} 及 t_2^{sat} 而定，在此溫度下純物質的蒸汽壓等於壓力 P。在此系統中，這些飽和溫度可利用 Antoine 方程式求出：

$$t_i^{sat} = \frac{B_i}{A_i - \ln P} - C_i$$

當 $P = 70$ kPa 時，$t_1^{sat} = 69.84°C$ 且 $t_2^{sat} = 89.58°C$。在求取 t-x_1-y_1 相圖時，最簡便的方法是選取 t_1^{sat} 與 t_2^{sat} 中間的溫度值 t，在此溫度計算 P_1^{sat} 與 P_2^{sat}，並由 (A) 式求得 x_1：

$$x_1 = \frac{P - P_2^{sat}}{P_1^{sat} - P_2^{sat}}$$

例如在 78°C 時，$P_1^{sat} = 91.76$ kPa 及 $P_2^{sat} = 46.84$ kPa，所以

$$x_1 = \frac{70 - 46.84}{91.76 - 46.84} = 0.5156$$

由 (7.1) 式可得，

$$y_1 = \frac{x_1 P_1^{sat}}{P} = \frac{(0.5156)(91.76)}{70} = 0.6759$$

此結果與 $P = 70$ kPa 時其他類似的計算結果列於下表：

x_1	y_1	$t/°C$	x_1	y_1	$t/°C$
0.0000	0.0000	89.58 (t_2^{sat})	0.5156	0.6759	78
0.1424	0.2401	86	0.7378	0.8484	74
0.3184	0.4742	82	1.0000	1.0000	69.84 (t_2^{sat})

圖 7.12 也表示這些 t - x_1 - y_1 的相圖。此相圖是在恆壓 70 kPa 下所繪製的，其中 t - y_1 曲線表示飽和汽相狀態，其上方為過熱蒸汽。t - x_1 曲線則表示飽和液體狀態，其下方為過冷液體。兩曲線之間為兩相共存區域。

由圖 7.12 的 a 點到 d 點的過程，就是過冷液體 a 經恆壓程序加熱至過熱蒸汽 d 的過程。在圖上，這個過程是在乙腈的莫耳分率為 60% 的垂直線上。液體的溫度隨著加熱由 a 點升高到 b 點，此時第一點的氣泡出現。因此 b 點稱為泡點，而 t - x_1 曲線為泡點軌跡。

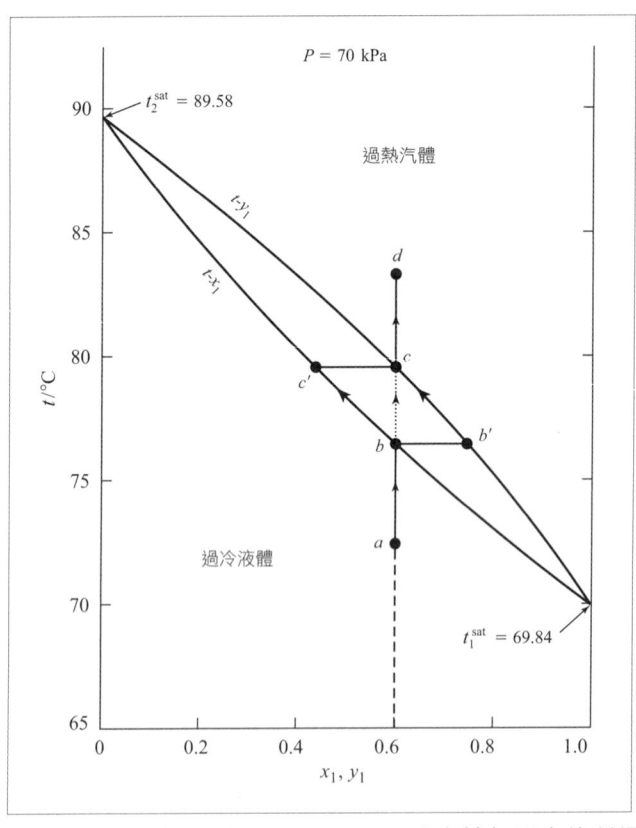

▶ 圖 7.12　乙腈(1)／硝基甲烷(2) 在 70 kPa 時由拉午耳定律所得的 *txy* 圖

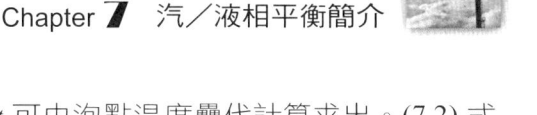

我們已知 $x_1 = 0.6$ 及 $P = 70$ kPa，因此 t 可由泡點溫度疊代計算求出。(7.2) 式此時可寫為：

$$P_2^{sat} = \frac{P}{x_1 \alpha + x_2} \qquad (B)$$

其中 $\alpha \equiv P_1^{sat}/P_2^{sat}$，由 Antoine 方程式求出 $\ln P_2^{sat}$ 及 $\ln P_1^{sat}$ 並相減而得：

$$\ln \alpha = 0.0681 - \frac{2{,}945.47}{t + 224.00} + \frac{2{,}972.64}{t + 209.00} \qquad (C)$$

引入 α 的原因是因為它不像蒸汽壓對溫度 t 那麼敏感。我們可任選適當溫度 t 代入上式算出 α，作為 α 的起始值，再經疊代計算求解。疊代計算的程序如下：

- 由上述的 α 起始值，代入 (B) 式計算 P_2^{sat}。
- 由 Antoine 方程式計算成分 2 的 t 值：

$$t = \frac{2{,}972.64}{14.2043 - \ln P_2^{sat}} - 209.00$$

- 由 (C) 式求出新的 α 值。
- 回到起始步驟，疊代計算直到 t 值收斂為止。

最後所得的結果為 b 點和 b' 點的溫度是 $t = 76.42°C$，在此溫度時，$P_1^{sat} = 87.17$ kPa，由 (7.1) 式可求得 b' 點的組成：

$$y_1 = \frac{x_1 P_1^{sat}}{P} = \frac{(0.6)(87.17)}{70} = 0.7472$$

恆壓下混合物的蒸發與純物質的蒸發不同，通常不在恆定溫度下進行。當加熱程序進行到 b 點以上時，溫度上升，且汽體量增加，液體量減少。在此程序中，汽相與液相組成的改變如 $b'c$ 及 bc' 的路徑所示，一直到露點 c 為止，此時最後的液滴消失。$t-y_1$ 曲線即表示露點軌跡。

c 點的汽相組成為 $y = 0.6$，由於已知該點壓力 ($P = 70$ kPa)，所以可以計算露點溫度。因 $\alpha \equiv P_1^{sat}/P_2^{sat}$，(7.3) 式變為：

$$P_1^{sat} = P(y_1 + y_2 \alpha)$$

疊代程序如前所述，但計算是基於 P_1^{sat} 而非 P_2^{sat}，並且

$$t = \frac{2,945.47}{14.2724 - \ln P_1^{sat}} - 224.00$$

由此可求得 c 及 c' 點的溫度為 $t = 79.58°C$。由 Antoine 公式知 $P_1^{sat} = 96.53$ kPa，再應用 (7.1) 式，可求得 c' 點的組成為：

$$x_1 = \frac{y_1 P}{P_1^{sat}} = \frac{(0.6)(70)}{96.53} = 0.4351$$

因此在 b 至 c 點的蒸發步驟中，溫度由 76.42 上升至 79.58°C。繼續加熱將變成 d 點的過熱蒸汽。

亨利定律

應用拉午耳定律計算物質 i 的溫度時，必須知道在該溫度下的蒸汽壓 P_i^{sat}，因此當物質的計算溫度大於臨界溫度時，此定律就不適用。若空氣與液態水接觸而達平衡，則空氣中的水蒸氣也達飽和狀態。假設沒有空氣溶於液態水中，就可以利用拉午耳定律求出空氣中水蒸汽的莫耳分率。液態水被視為純物質，所以 $x_2 = 1$，因此水 (成分 2) 的拉午耳定律公式為 $y_2 P = P_2^{sat}$。在 25°C 及一大氣壓時，此式可得：

$$y_2 = \frac{P_2^{sat}}{P} = \frac{3.166}{101.33} = 0.0312$$

其中壓力的單位為 kPa，且 P_2^{sat} 值可由蒸汽表中求出。

如果想求出溶於水中的空氣莫耳分率，則拉午耳定律不能適用，因為空氣的臨界溫度遠小於 25°C。此問題可由亨利定律求解，亨利定律適用壓力夠低的狀況下，此時汽相可視為理想氣體。對於液相中極稀薄的溶質而言，亨利定律顯示該溶質在汽相的分壓正比於其液相中的莫耳分率，因此

$$\boxed{y_i P = x_i \mathcal{H}_i} \tag{7.4}$$

其中 $\mathcal{H}_i$ 是亨利常數，其值由實驗測得，在表 10.1 中有列出一些在 25°C 時溶於水中的氣體的亨利常數。對前述的 25°C 及一大氣壓下的空氣／水系統，寫出空

Chapter 7　汽／液相平衡簡介

■ 表 7.1　25°C 時溶於水中的氣體的亨利常數

氣體	$\mathcal{H}$ /bar	氣體	$\mathcal{H}$ /bar
乙炔	1,350	氦氣	126,600
空氣	172,950	氫氣	71,600
二氧化碳	1,670	硫化氫	55,200
一氧化碳	54,600	甲烷	41,850
乙烷	30,600	氮氣	87,650
乙烯	11,550	氧氣	44,380

氣 (成分 1) 的亨利定律公式，並代入空氣在汽相的莫耳分率 $y_1 = 1 - 0.0312 = 0.9688$ 可得：

$$x_1 = \frac{y_1 P}{\mathcal{H}_1} = \frac{(0.9688)(101.33)}{72,950} = 1.35 \times 10^{-5}$$

由此結果可證實應用拉午耳定律於水時所做的假設是正確的。

例 7.2　假設碳酸水 (蘇打水) 中僅含有 $CO_2(1)$ 及 $H_2O(2)$，計算 10°C 時密封的罐裝蘇打水的壓力及汽相與液相的組成。在 10°C 時，水中 CO_2 的亨利常數約為 990 bar。

解　在解決相平衡問題時，我們應當從相律開始分析，才能快速捉到方向。在這一題的系統中，有 2 個相和 2 個物質，因此自由度 $F = 2$。不過題目只給了一個內含性質，也就是溫度。因此若此題有唯一解，就一定要想辦法固定另一個內含變數。我們可以選擇 CO_2 在水中的莫耳分率 x_1，作為另一個固定的內含變數，如此即可得出唯一解。以下的計算是假設 $x_1 = 0.01$。

令成分 1 為 CO_2 而成分 2 為水，應用亨利定律於成分 1 且應用拉午耳定律於成分 2 可得：

$$y_1 P = x_1 \mathcal{H}_1$$
$$y_2 P = x_2 P_2^{sat}$$

上兩式相加而得：

$$P = x_1 \mathcal{H}_1 + x_2 P_2^{\text{sat}}$$

由 $\mathcal{H}_1 = 990$ bar 及 $P_2^{\text{sat}} = 0.01227$ bar（由蒸汽表查得 10°C 時的值），代入上式可得：

$$P = (0.01)(990) + (0.99)(0.01227) = 9.912 \text{ bar}$$

應用 (7.1) 式的拉午耳定律於成分 2 可得：

$$y_2 = \frac{x_2 P_2^{sat}}{P} = \frac{(0.99)(0.01227)}{9.912} = 0.0012$$

因此 $y_1 = 1 - y_2 = 1 - 0.0012 = 0.9988$，汽相幾乎為純 CO_2，這和一般的認知相符。

7.5 經由修正的拉午耳定律計算汽／液相平衡

在低至中壓範圍內，對於汽／液相平衡計算更實際的公式，是去除原來拉午耳定律中第二項主要的假設，而引入液相中非理想性的因子，此時修正的拉午耳定律可寫為：

$$y_i P = x_i \gamma_i P_i^{\text{sat}} \qquad (i = 1, 2, \ldots, N) \tag{7.5}$$

其中 γ_i 稱為活性係數。應用此式進行泡點及露點計算，只略較拉午耳定律複雜。活性係數是溫度與液相組成的函數，且由實驗數據導出（見 9.1 節），目前在這裡先假設其值為已知。[6]

因為 $\sum_i y_i = 1$，由 (7.5) 式對所有成分加成而得：

$$P = \sum_i x_i \gamma_i P_i^{\text{sat}} \tag{7.6}$$

另外，(7.5) 式也可解出 x_i，並對所有成分加成而得：

$$P = \frac{1}{\sum_i y_i / \gamma_i P_i^{\text{sat}}} \tag{7.7}$$

---

[6] 活性係數數據的關聯述於 9.1 及 9.2 節中。

Chapter 7　汽／液相平衡簡介

例 7.3 對於甲醇(1)／甲酸乙酯(2) 系統而言，下列公式提供合理關聯活性係數的方法：

$$\ln \gamma_1 = A x_2^2 \qquad \ln \gamma_2 = A x_1^2$$

其中 $A = 2.771 - 0.00523\,T$。

另外可由下列的 Antoine 方程式表示蒸汽壓：

$$\ln P_1^{sat} = 16.59158 - \frac{3,643.31}{T - 33.424} \qquad \ln P_2^{sat} = 14.25326 - \frac{2,665.54}{T - 53.424}$$

其中 T 的單位為 K，蒸汽壓的單位為 kPa。若 (7.5) 式可適用，計算下列各項：

(a) $T = 318.15$ K 及 $x_1 = 0.25$ 時的 P 及 $\{y_i\}$。
(b) $T = 318.15$ K 及 $y_1 = 0.60$ 時的 P 及 $\{x_i\}$。
(c) $P = 101.33$ kPa 及 $x_1 = 0.85$ 時的 T 及 $\{y_i\}$。
(d) $P = 101.33$ kPa 及 $y_1 = 0.40$ 時的 T 及 $\{x_i\}$。
(e) $P = 318.15$ K 時的共沸壓力與共沸組成。

解 (a) 此題為泡點壓力計算。在 $T = 318.15$K 時由 Antoine 方程式得：

$$P_1^{sat} = 44.51 \qquad P_2^{sat} = 65.64 \text{ kPa}$$

活性係數可由關聯公式計算：

$$A = 2.771 - (0.00523)(318.15) = 1.107$$
$$\gamma_1 = \exp(A x_2^2) = \exp\left[(1.107)(0.75)^2\right] = 1.864$$
$$\gamma_2 = \exp(A x_1^2) = \exp\left[(1.107)(0.25)^2\right] = 1.072$$

壓力可由 (7.6) 式求出：

$$P = (0.25)(1.864)(44.51) + (0.75)(1.072)(65.64) = 73.50 \text{ kPa}$$

由 (7.5) 式可得 $y_i = x_i \gamma_i P_i^{sat} / P$，

$$y_1 = 0.282 \qquad\qquad y_2 = 0.718$$

(b) 此題為露點壓力計算。在與 (a) 相同溫度時，P_1^{sat} 及 P_2^{sat} 值保持不變。此時液相的組成未知，但必須用它來計算活性係數，所以需應用疊代方法，首先令 $\gamma_1 = \gamma_2 = 1.0$，依下列步驟進行計算：

- 由 (7.7) 式計算 P：

$$P = \frac{1}{y_1/\gamma_1 P_1^{sat} + y_2/\gamma_2 P_2^{sat}}$$

- 由 (7.5) 式計算 x_1：

$$x_1 = \frac{y_1 P}{\gamma_1 P_1^{sat}} \quad \text{而} \quad x_2 = 1 - x_1$$

- 計算活性係數，再回到第一步驟，一直重複到收斂為止。

經由此疊代程序，求得最後的結果為：

$$P = 62.89 \text{ kPa} \quad x_1 = 0.8169 \quad \gamma_1 = 1.0378 \quad \gamma_2 = 2.0935$$

(c) 此題為泡點溫度計算。首先由已知壓力，求得純物質的飽和溫度作為溫度的起始猜測值。Antoine 方程式解出 T：

$$T_i^{sat} = \frac{B_i}{A_i - \ln P} - C_i$$

由 $P = 101.33$ kPa 可得：

$$T_1^{sat} = 337.71 \quad T_2^{sat} = 330.08 \text{ K}$$

利用莫耳分率平均值求出起始溫度：

$$T = (0.85)(337.71) + (0.15)(330.08) = 336.57 \text{ K}$$

疊代程序包含下列步驟：

- 由此溫度計算 A、γ_1、γ_2 與 $\alpha \equiv P_1^{sat}/P_2^{sat}$。
- 由 (7.6) 式計算新的 P_1^{sat}：

$$P_1^{sat} = \frac{P}{x_1\gamma_1 + x_2\gamma_2/\alpha}$$

- 對成分 1 而言，由 Antoine 方程式求出新的 T：

$$T = \frac{B_1}{A_1 - \ln P_1^{sat}} - C_1$$

- 回到起始步驟。疊代計算至 T 值收斂。

由此程序求得最終結果為：

$T = 331.20$ K　　　$P_1^{\text{sat}} = 95.24$ kPa　　　$P_2^{\text{sat}} = 48.73$ kPa

$A = 1.0388$　　　$\gamma_1 = 1.0236$　　　$\gamma_2 = 2.1182$

汽相的莫耳分率為：

$$y_1 = \frac{x_1 \gamma_1 P_1^{\text{sat}}}{P} = 0.670 \quad 且 \quad y_2 = 1 - y_1 = 0.330$$

(d) 此題為露點溫度計算。因為 $P = 101.33$ kPa，所以飽和溫度與 (c) 小題相同。未知溫度的起始值可由飽和溫度的莫耳分率平均值求得：

$$T = (0.40)(337.71) + (0.60)(330.08) = 333.13 \text{ K}$$

因為液相組成未知，首先可令 $\gamma_1 = \gamma_2 = 1$，如同 (c) 小題一樣，進行下列疊代計算：

- 利用 Antoine 方程式，在目前 T 時，計算 A、P_1^{sat}、P_2^{sat} 及 $\alpha \equiv P_1^{\text{sat}}/P_2^{\text{sat}}$。
- 由 (7.5) 式計算 x_1

$$x_1 = \frac{y_1 P}{\gamma_1 P_1^{\text{sat}}} \quad 而 \quad x_2 = 1 - x_1$$

- 由關聯公式計算 γ_1 與 γ_2。
- 由 (7.7) 式求出新的 P_1^{sat}：

$$P_1^{\text{sat}} = P\left(\frac{y_1}{\gamma_1} + \frac{y_2}{\gamma_2}\alpha\right)$$

- 對於成分 1 而言，由 Antoine 方程式求出新的 T 值：

$$T = \frac{B_1}{A_1 - \ln P_1^{\text{sat}}} - C_1$$

- 回到起始步驟，疊代計算 γ_1 與 γ_2，直到 T 值收斂為止。

由此程序所得的最後數值為：

$T = 326.70$ K　　　$P_1^{\text{sat}} = 64.63$ kPa　　　$P_2^{\text{sat}} = 90.89$ kPa

$A = 1.0624$　　　$\gamma_1 = 1.3629$　　　$\gamma_2 = 1.2523$

$x_1 = 0.4602$　　　$x_2 = 0.5398$

(e) 首先決定在此溫度時是否有共沸點存在，此計算可藉由相對揮發度 (relative volatility) 的定義而得：

$$\boxed{\alpha_{12} \equiv \frac{y_1/x_1}{y_2/x_2}} \tag{7.8}$$

在共沸點時 $y_1 = x_1$、$y_2 = x_2$，且 $\alpha_{12} = 1$。通常由 (7.5) 式可得，

$$\frac{y_i}{x_i} = \frac{\gamma_i P_i^{sat}}{P}$$

因此，$\alpha_{12} \equiv \dfrac{\gamma_1 P_1^{sat}}{\gamma_2 P_2^{sat}}$ \hfill (7.9)

由活性係數的關聯式可知，當 $x_1 = 0$ 時，$\gamma_2 = 1$，且 $\gamma_1 = \exp(A)$；當 $x_1 = 1$ 時，$\gamma_1 = 1$，且 $\gamma_2 = \exp(A)$，因此在極限條件下，

$$(\alpha_{12})_{x_1=0} = \frac{P_1^{sat} \exp(A)}{P_2^{sat}} \quad 且 \quad (\alpha_{12})_{x_1=1} = \frac{P_1^{sat}}{P_2^{sat} \exp(A)}$$

在此溫度時的 P_1^{sat}、P_2^{sat} 與 A 值由 (a) 小題得知，因此 α_{12} 的極限值為：

$$(\alpha_{12})_{x_1=0} = \frac{(44.51)\exp(1.107)}{65.64} = 2.052$$

$$(\alpha_{12})_{x_1=1} = \frac{44.51}{(65.64)\exp(1.107)} = 0.224$$

上列的極限值一個大於 1，另一個小於 1。由於 α_{12} 為連續函數，因此中間一定有 α_{12} 值等於 1 的點，也就是有共沸點存在。

對共沸點而言，$\alpha_{12} = 1$，所以 (7.9) 式變為：

$$\frac{\gamma_1^{az}}{\gamma_2^{az}} = \frac{P_2^{sat}}{P_1^{sat}} = \frac{65.64}{44.51} = 1.4747$$

由關聯式可知 $\ln \gamma_1$ 與 $\ln \gamma_2$ 的差值可表示為：

$$\ln \frac{\gamma_1}{\gamma_2} = Ax_2^2 - Ax_1^2 = A(x_2 - x_1)(x_2 + x_1) = A(x_2 - x_1) = A(1 - 2x_1)$$

若某 x_1 值恰可使上式的活性係數比值為 1.4747 時，即為共沸點組成，亦即，當：

$$\ln\frac{\gamma_1}{\gamma_2} = \ln 1.4747 = 0.388$$

由此解得 $x_1^{az} = 0.325$，此時 x_1，$\gamma_1^{az} = 1.657$。因為 $x_1^{az} = y_1^{az}$，所以 (7.5) 式變為：

$$P^{az} = \gamma_1^{az} P_1^{sat} = (1.657)(44.51)$$

因此， $P^{az} = 73.76 \text{ kPa}$ $\quad x_1^{az} = y_1^{az} = 0.325$

露點及泡點計算可藉由 Mathcad® 與 Maple® 軟體進行，而疊代計算是軟體求解過程中重要的部份。求解例 7.3 的 (a) 至 (d) 小題的 Mathcad 程序列於附錄 D.2 中。

對於多成分系統未加簡化假設的計算，可利用電腦依類似程序進行，計算步驟請參見原版書 14.1 節。

7.6 利用 K 值關聯式計算汽／液相平衡

平衡比值 K_i 是用來表示某物質分佈在液相與汽相中趨勢的大小，它的定義公式為：

$$K_i \equiv \frac{y_i}{x_i} \tag{7.10}$$

此值通常稱為 K 值 (K-value)。雖然它沒有使熱力學對汽／液相平衡有更深的了解，但 K 值可用來標示某成分物質的「輕度」(lightness)，即此成分傾向於分佈在汽相的程度。若 K_i 值大於 1，則 i 物質傾向分佈在汽相；若 K_i 值小於 1，則 i 物質傾向分佈在液相，此時 i 物質稱為混合物中「較重」的物質。利用 K 值可使計算變得簡便，可消去一組莫耳分率 $\{y_i\}$ 和 $\{x_i\}$ 中的任一項。

由 (7.1) 式知，當符合拉午耳定律時，K 值為：

$$K_i = \frac{P_i^{sat}}{P} \tag{7.11}$$

且由 (7.5) 式知，若符合修正的拉午耳定律時，K 值為：

$$K_i = \frac{\gamma_i P_i^{sat}}{P} \tag{7.12}$$

由 (7.10) 式知，$y_i = K_i x_i$，又因 $\sum_i y_i = 1$，因此：

$$\sum_i K_i x_i = 1 \tag{7.13}$$

在計算泡點計算時，x_i 值為已知，所以求解相平衡問題就在於尋找一組 K 值以滿足 (7.13) 式。另外，(7.10) 式可寫為 $x_i = y_i / K_i$，因 $\sum_i x_i = 1$，因此：

$$\sum_i \frac{y_i}{K_i} = 1 \tag{7.14}$$

在計算露點計算時，y_i 值為已知，求解相平衡問題在於找尋一組 K 值以滿足 (7.14) 式。

(7.11) 和 (7.12) 式與 (7.10) 式一起代表另一種形式的拉午耳定律及修正後的拉午耳定律。這種形式的拉午耳定律，好處在於可將 K 值只表示成 T 及 P 的函數，而與汽相及液相的組成無關。當要處理的問題符合拉午耳定律所含的假設時，就可以直接將 K 值視為一個 T 及 P 的函數來作計算與回歸。最能符合這個條件的混合物，是分子間作用力較簡單的分子，如輕質碳氫化合物及其他簡單分子。圖 7.13 及 7.14 是輕質碳氫化合物的 K 值對 T 與 P 的關係圖，由 DePriester 所發表。[7]這些關係圖也可用來計算混合物的平均效應，但仍以拉午耳定律為基礎。

---

[7] C. L. DePriester, *Chem. Eng. Progr. Symp. Ser. No. 7*, vol. 49, pp. 1－43, 1953。另有 使用 SI 制單位 (°C及 kPa) 的修正版：D. B. Dadyburjor, *Chem. Eng. Progr.*, vol. 74(4), pp. 85－86, April, 1978.

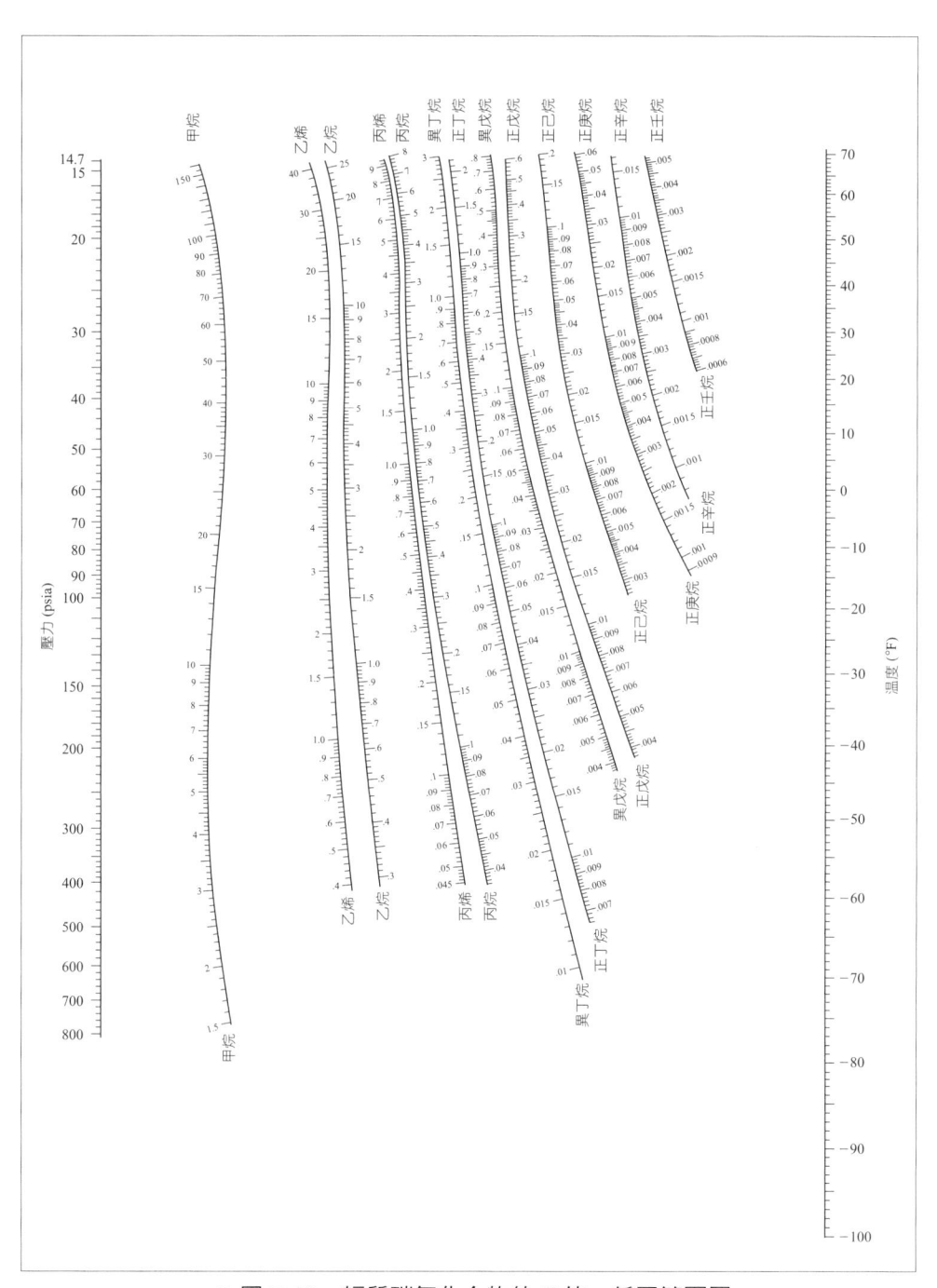

Chapter 7 汽／液相平衡簡介

➲ 圖 7.13 輕質碳氫化合物的 K 值。低壓範圍圖

(資料來源：C. L. DePriester, *Chem. Eng. Progr. Symp. Ser. No. 7*, vol. 49, p. 41, 1953. 經同意後複製。)

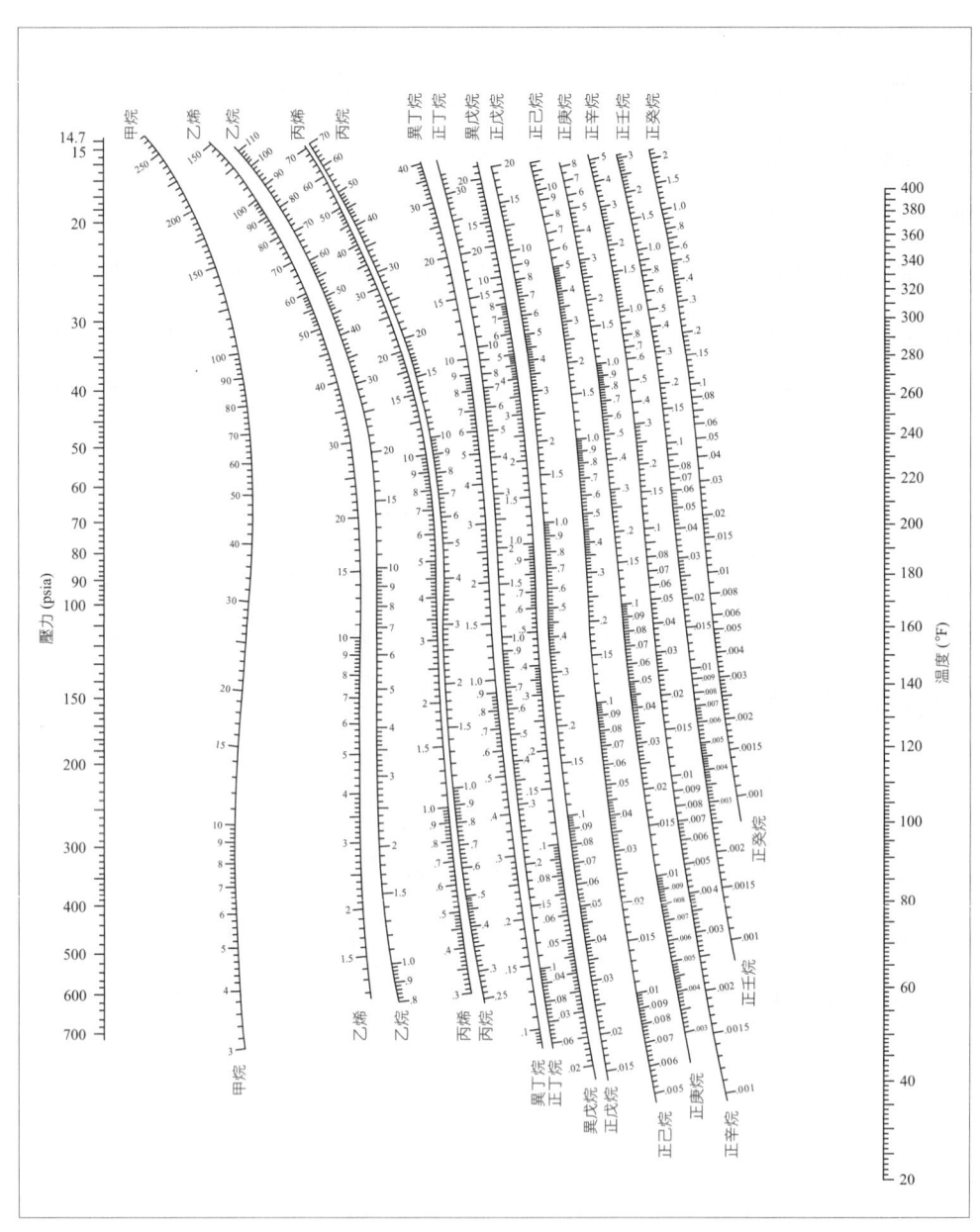

◐ 圖 7.14　輕質碳氫化合物的 K 值。高壓範圍圖

(資料來源：C. L. DePriester, *Chem. Eng. Progr. Symp. Ser. No. 7*, vol. 49, p. 42, 1953. 經同意後複製。)

Chapter 7 汽／液相平衡簡介

例 7.4 某混合物含有 10% mol 甲烷、20% mol 乙烷及 70% mol 丙烷，計算 50 (°F) 時的：

(a) 露點壓力。
(b) 泡點壓力。

K 值可查詢圖 7.13。

解 (a) 當此系統達到露點時，僅有非常微量的液體存在，因此題目所給的莫耳分率就是 y_i。因為溫度為已知，所以只要知道壓力就可決定 K 值，我們可以用試誤法，找出滿足 (7.14) 式的 P 值。幾個 P 值的計算結果如下表：

物質	y_i	$P = 100$ (psia) K_i	y_i/K_i	$P = 150$ (psia) K_i	y_i/K_i	$P = 126$ (psia) K_i	y_i/K_i
甲烷	0.10	20.00	0.005	13.2	0.008	16.00	0.006
乙烷	0.20	3.25	0.062	2.25	0.089	2.65	0.075
丙烷	0.70	0.92	0.761	0.65	1.077	0.762	0.919
		$\sum (y_i/K_i) = 0.828$		$\sum (y_i/K_i) = 1.174$		$\sum (y_i/K_i) = 1.000$	

由此表的最後兩行來看，可知在 $P = 126$ (psia) 時，可符合 (7.14) 式的要求。此壓力即為露點壓力，此時微量液相內的組成可由 $x_i = y_i/K_i$ 求得，列在上表中的最後一行。

(b) 當此系統幾乎完全凝結時，即為泡點，而題目所給的莫耳分率即為 x_i 值。在此情況下我們可以用試誤法，找出滿足 (7.13) 式的 P 值。幾個 P 值的計算結果如下表：

物質	x_i	$P = 380$ (psia) K_i	x_i/K_i	$P = 400$ (psia) K_i	x_i/K_i	$P = 385$ (psia) K_i	x_i/K_i
甲烷	0.10	5.60	0.560	5.25	0.525	5.49	0.549
乙烷	0.20	1.11	0.222	1.07	0.214	1.10	0.220
丙烷	0.70	0.335	0.235	0.32	0.224	0.33	0.231
		$\sum K_i x_i = 1.017$		$\sum K_i x_i = 0.963$		$\sum K_i x_i = 1.000$	

由此表可知，在 $P = 385$ (psia) 時，可以符合 (7.13) 式的要求，此壓力即為泡點壓力。微量汽相的組成可由 $y_i = K_i x_i$ 求得，如上表最後一行所示。

閃蒸計算

汽／液相平衡的一項重要應用，即為閃蒸計算 (flash calculation)。閃蒸現象是指：當液體的壓力大於或等於其泡點壓力時，若突然降低壓力 (如高壓飽和液體輸送進低壓容器)，則會有部份液體瞬間「蒸發」，最後產生汽／液平衡的兩相系統。在此僅討論 P、T 閃蒸，也就是在已知 P、T 及總組成時，計算汽／液平衡系統中汽相與液相的量及各相組成。這個計算其實利用的就是 Duhem 理論，當 T、P 及系統總組成為已知，系統物質又不具反應性，那麼在給定系統總質量後，所有的內含與外延性質都可求出。

考慮一個總莫耳數為一莫耳的系統，且所有組成物不會有化學反應發生；若將總組成的莫耳分率以 $\{z_i\}$ 表示，液相內各組成的莫耳分率則為 $\{x_i\}$，液相莫耳數為 $\mathcal{L}$，汽相內各組成的莫耳分率為 $\{y_i\}$，汽相莫耳數為 $\mathcal{V}$，則質量平衡式為：

$$\mathcal{L} + \mathcal{V} = 1$$
$$z_i = x_i \mathcal{L} + y_i \mathcal{V} \qquad (i = 1, 2, \cdots, N)$$

由以上方程式消去 $\mathcal{L}$ 而得：

$$z_i = x_i(1-\mathcal{V}) + y_i \mathcal{V} \qquad (i = 1, 2, \cdots, N) \tag{7.15}$$

代入 $x_i = y_i / K_i$，並解出 y_i 而得：

$$y_i = \frac{z_i K_i}{1 + \mathcal{V}(K_i - 1)} \qquad (i = 1, 2, \cdots, N) \tag{7.16}$$

因為 $\sum_i y_i = 1$，由 (7.16) 式對所有物質加成而得：

$$\sum_i \frac{z_i K_i}{1 + \mathcal{V}(K_i - 1)} = 1 \tag{7.17}$$

在 P、T 閃蒸計算的第一步驟，即為求解滿足上式的 $\mathcal{V}$ 值，並以 $\mathcal{V} = 1$ 做為試誤計算的起始值。

Chapter 7　汽／液相平衡簡介

例 7.5　丙酮(1)／乙腈(2)／硝基甲烷(3) 系統在 80°C 及 110 kPa 時，總組成為 $z_1 = 0.45$、$z_2 = 0.35$、$z_3 = 0.20$。假設拉午耳定律可適用於此系統，計算 $\mathcal{L}$、$\mathcal{V}$、$\{x_i\}$ 及 $\{y_i\}$。在 80°C 時各純物質的蒸汽壓為：

$$P_1^{sat} = 195.75 \qquad P_2^{sat} = 97.84 \qquad P_3^{sat} = 50.32 \text{ kPa}$$

解　首先利用 $\{z_i\} = \{x_i\}$，計算泡點壓力 P_{bubl}。由 (7.2) 式得：

$$P_{bubl} = x_1 P_1^{sat} + x_2 P_2^{sat} + x_3 P_3^{sat}$$

$$= (0.45)(195.75) + (0.35)(97.84) + (0.20)(50.32)$$

$$= 132.40 \text{ kPa}$$

再令 $\{z_i\} = \{y_i\}$，計算露點壓力 P_{dew}，由 (7.3) 式得：

$$P_{dew} = \frac{1}{y_1/P_1^{sat} + y_2/P_2^{sat} + y_3/P_3^{sat}} = 101.52 \text{ kPa}$$

題目所給的壓力介於 P_{bubl} 及 P_{dew} 之間，因此系統位於兩相區內；而壓力大於泡點，因此可進行閃蒸計算。

由 (7.11) 式知，$K_i = P_i^{sat}/P$，所以，

$$K_1 = 1.7795 \qquad K_2 = 0.8895 \qquad K_3 = 0.4575$$

將這些數值代入 (7.17) 式：

$$\frac{(0.45)(1.7795)}{1+0.7795\mathcal{V}} + \frac{(0.35)(0.8895)}{1-0.1105\mathcal{V}} + \frac{(0.20)(0.4575)}{1-0.5425\mathcal{V}} = 1 \qquad (A)$$

利用試誤法解得：

$$\mathcal{V} = 0.7364 \text{ mol}$$

所以，$\qquad \mathcal{L} = 1 - \mathcal{V} = 0.2636 \text{ mol}$

由 (7.16) 式可知，(A) 式左邊各項皆為 y_i 的表示式，因此可得：

$$y_1 = 0.5087 \qquad y_2 = 0.3389 \qquad y_3 = 0.1524$$

再由 (7.10) 式知，$x_i = y_i/K_i$；因此，

$$x_1 = 0.2859 \qquad x_2 = 0.3810 \qquad x_3 = 0.3331$$

由此可知，$\sum_i y_i = \sum_i z_i = 1$。本例題求解的過程，不限於系統中所含成分的數目。

對於輕質碳氫化合物的閃蒸計算，可經由圖 7.13 及 7.14 的數據進行。由於適用拉午耳定律，因此計算步驟與例 7.5 相同。當 T 及 P 固定時，輕質碳氫化合物的 K 值可直接由圖 7.13 及 7.14 求出，此時 (7.17) 式中只有一個未知數 $\mathcal{V}$，可由試誤法求解。

例 7.6 如例 7.4 所述的系統，在壓力為 200 (psia) 時，汽相分率為何？平衡汽相及液相的組成為何？

解 題目所定的壓力，介於例 7.4 所述系統的露點與泡點壓力之間，因此系統由兩相構成。此時利用圖 7.13 所求出的 K 值及試誤法，求出滿足 (7.17) 式的 $\mathcal{V}$ 值。幾個試誤法的結果，分列於下表中。表中所列 y_i 值即為 (7.67) 式中加成符號內所表示的各 y_i 項。

物質	z_i	K_i	$\mathcal{V} = 0.35$ y_i	$\mathcal{V} = 0.25$ y_i	$\mathcal{V} = 0.273$ y_i	$\mathcal{V} = 0.273$ $x_i = y_i / K_i$
甲烷	0.10	10.00	0.241	0.308	0.289	0.029
乙烷	0.20	1.76	0.278	0.296	0.292	0.166
丙烷	0.70	0.52	0.438	0.414	0.419	0.805
			$\sum y_i = 0.957$	$\sum y_i = 1.018$	$\sum y_i = 1.000$	$\sum x_i = 1.000$

由此可知，當 $\mathcal{V} = 0.273$ 時，可滿足 (7.17) 式的要求。兩相的組成列於上表中的最後兩欄。

習 題

求解本章習題時，需要 VLE 系統內各成分的蒸汽壓對溫度關係式。可使用下列的 Antoine 方程式，其中的參數列於附錄 B 的表 B.2，

Chapter 7 汽／液相平衡簡介

$$\ln P^{sat}/\text{kPa} = A - \frac{B}{t/°C + C}$$

7.1 假設拉午耳定律可適用，針對苯(1)／甲苯(2) 系統進行下列計算：
(a) 已知 $x_1 = 0.33$ 及 $T = 100°C$，求 y_1 及 P。
(b) 已知 $y_1 = 0.33$ 及 $T = 100°C$，求 x_1 及 P。
(c) 已知 $x_1 = 0.33$ 及 $P = 120$ kPa，求 y_1 及 T。
(d) 已知 $y_1 = 0.33$ 及 $P = 120$ kPa，求 x_1 及 T。
(e) 已知 $T = 105°C$ 及 $P = 120$ kPa，求 x_1 及 y_1。
(f) 在 (e) 小題中，若苯的總組成為 $z_1 = 0.33$，則兩相系統中汽相的莫耳分率為何？
(g) 在上述的情況中，為何拉午耳定律是極好的 VLE 模式？

7.2 假設拉午耳定律可適用，求下列各系統在 90°C 時的 P-x-y 圖，以及在 90 kPa 時的 t-x-y 圖：
(a) 苯(1)／乙苯(2)；(b) 1-氯丁烷(1)／氯苯(2)。

7.3 假設拉午耳定律適用於正戊烷(1)／正庚烷(2) 系統，
(a) 在 $t = 55°C$ 及 $P = \frac{1}{2}(P_1^{sat} + P_2^{sat})$ 時，x_1 及 y_1 為何？在此狀態下，將系統中汽相的分率 $\mathcal{V}$ 對總組成 z_1 作圖。
(b) 在 $t = 55°C$ 及 $z_1 = 0.5$ 時，將 P、x_1 及 y_1 對 $\mathcal{V}$ 作圖。

7.4 在下列情況下重做 7.3 題：
(a) $t = 65°C$；(b) $t = 75°C$；(c) $t = 85°C$；(d) $t = 95°C$。

7.5 證明當汽／液相平衡系統符合拉午耳定律時，不會有共沸點存在。

7.6 下列的二成分汽／液相平衡系統，哪些可由拉午耳定律作近似模擬？其餘系統為何不可？求解此題可利用表 B.1（附錄 B）。
(a) 1 atm 時的苯／甲苯。
(b) 25 bar 時的正己烷／正庚烷。
(c) 200 K 時的氫氣／丙烷。
(d) 100°C 時的異辛烷／正辛烷。
(e) 1 bar 時的水／正癸烷。

7.7 某單段汽／液分離器，將苯(1)／乙苯(2) 分離為具有以下平衡組成的兩相。計算下列各分離器所需的 T 及 P。若要計算離開分離器的汽相及液相的相對質量，還需哪些資料？假設拉午耳定律可適用於本題。

(a) $x_1 = 0.35$、$y_1 = 0.70$

(b) $x_1 = 0.35$、$y_1 = 0.725$

(c) $x_1 = 0.35$、$y_1 = 0.75$

(d) $x_1 = 0.35$、$y_1 = 0.775$

7.8 計算習題 7.7 中的四個項目，並比較其結果。各情況下所需的溫度與壓力有很大的差異，討論這樣的差異在製程上可能會有的影響。

7.9 某混合物含有等莫耳組成的苯(1)、甲苯(2) 及乙苯(3)，並在溫度 T 與壓力 P 下進行閃蒸。假設拉午耳定律可適用，在下列各溫度壓力下，計算液相及汽相的平衡莫耳分率 $\{x_i\}$ 及 $\{y_i\}$，以及汽相佔整個系統的莫耳分率 $\mathcal{V}$。

(a) $T = 110°C$、$P = 90$ kPa

(b) $T = 110°C$、$P = 100$ kPa

(c) $T = 110°C$、$P = 110$ kPa

(d) $T = 110°C$、$P = 120$ kPa

7.10 計算習題 7.9 中的各項目，比較其結果，並討論其呈現的趨勢。

7.11 某二成分混合物的莫耳組成為 z_1，在 T 及 P 時進行閃蒸。在下列各項的情況下，計算成分 1 在液相與汽相的莫耳分率 x_1 與 y_1、汽相佔系統的莫耳分率 $\mathcal{V}$，以及成分 1 在汽相中的回收分率 $\mathcal{R}$（其定義為成分 1 在汽相的莫耳數除以給水莫耳數）。假設拉午耳定律可適用。

(a) 丙酮(1)／乙腈(2)，$z_1 = 0.75$，$T = 340$ K，$P = 115$ kPa。

(b) 苯(1)／乙苯(2)，$z_1 = 0.50$，$T = 100°C$，$P = 0.75$ (atm)。

(c) 乙醇(1)／正丙醇(2)，$z_1 = 0.25$，$T = 360$ K，$P = 0.80$ (atm)。

(d) 1-氯丁烷(1)／氯苯(2)，$z_1 = 0.50$，$T = 125°C$，$P = 1.75$ bar。

7.12 濕度是與空氣中所含水分的量有關，可由理想氣體定律及適用於水的拉午耳定律求出。

(a) 絕對濕度 h 的定義，是每單位質量的乾燥空氣中所含水蒸汽的質量。請證明絕對濕度可表示為：

$$h = \frac{\mathcal{M}_{H_2O}}{\mathcal{M}_{air}} \frac{p_{H_2O}}{P - p_{H_2O}}$$

Chapter 7 汽／液相平衡簡介

其中 $\mathcal{M}$ 是莫耳質量，p_{H_2O} 是水蒸汽的分壓，即 $p_{H_2O} = y_{H_2O} P$。

(b) 飽和濕度 h^{sat} 的定義，是當空氣與大量純水達成平衡時所含的水量，它可寫為：

$$h^{sat} = \frac{\mathcal{M}_{H_2O}}{\mathcal{M}_{air}} \frac{P_{H_2O}^{sat}}{P - P_{H_2O}^{sat}}$$

其中 $P_{H_2O}^{sat}$ 是在外界溫度下水的蒸汽壓。

(c) 百分率濕度的定義，是 h 與其飽和數值的比值，並以百分率表示。此外，相對濕度的定義，是水蒸汽的分壓與其蒸汽壓的比值，並以百分率表示。這兩種性質的關係為何？

7.13 某飽和二成分溶液主要含有成分 2（但 x_2 不等於 1），並與含有成分 1 及 2 的汽相混合物達成平衡。此兩相系統的壓力為 1 bar，溫度為 25°C，由下列數據估算 x_1 及 y_1。

$$\mathcal{H}_1 = 200 \text{ bar} \qquad P_2^{sat} = 0.10 \text{ bar}$$

列舉並驗證所有的假設。

7.14 空氣較二氧化碳更便宜且無毒性，為何不使用空氣製造氣泡水或較便宜的冒泡香檳？表 7.1 中可提供有用的數據。

7.15 滲有氦氣的氣體可用作深海潛水者的呼吸介質，原因為何？表 7.1 可提供有用的數據。

7.16 含有成分 1 與 2 的兩成分系統，在溫度 T 時達成汽／液相平衡。系統中成分 1 的總莫耳分率為 $z_1 = 0.65$，在溫度 T 時，

- $\ln \gamma_1 = 0.67 x_2^2$ $\qquad \ln \gamma_2 = 0.67 x_1^2$
- $P_1^{sat} = 32.27$ kPa $\qquad P_2^{sat} = 73.14$ kPa

假設 (7.5) 式可適用。

(a) 在已知 T 及 z_1 時，兩相可共存的壓力範圍為何？
(b) 當液相莫耳分率為 $x_1 = 0.75$ 時，壓力 P 為何？汽相莫耳分率 $\mathcal{V}$ 為何？
(c) 證明此系統是否具有共沸點？

7.17 對於 343.15 K 時的醇酸乙酯(1)／正庚烷(2) 系統而言，

- $\ln \gamma_1 = 0.95 x_2^2$ $\qquad$ $\ln \gamma_2 = 0.95 x_1^2$
- $P_1^{\text{sat}} = 79.80$ kPa $\qquad$ $P_2^{\text{sat}} = 40.50$ kPa

假設 (7.5) 式可適用。
(a) 計算 P = 343.15 K 及 x_1 = 0.05 時的泡點壓力。
(b) 計算在 T = 343.15 K 及 y_1 = 0.05 時的露點壓力。
(c) 在 P = 343.15 K 時，共沸點的組成及壓力為何？

7.18 環己酮(1)／酚(2) 液體混合物中 x_1 = 0.6，並在 144°C 時與其汽相達成平衡。由下列資料計算平衡壓力 P 及汽相組成 y_1：

- $\ln \gamma_1 = A x_2^2$ $\qquad$ $\ln \gamma_2 = A x_1^2$
- 在 144°C 時，$P_1^{\text{sat}} = 75.20$ 及 $P_2^{\text{sat}} = 31.66$ kPa。
- 此系統在 144°C 時具有共沸點，其 $x_1^{\text{az}} = y_1^{\text{az}} = 0.294$。

7.19 某二成分系統含有成分 1 及 2，在溫度 T 時達成汽相與液相平衡，並且

- $\ln \gamma_1 = 1.8 x_2^2$ $\qquad$ $\ln \gamma_2 = 1.8 x_1^2$
- $P_1^{\text{sat}} = 1.24$ bar $\quad$ $P_2^{\text{sat}} = 0.89$ bar

假設 (7.5) 式可適用。
(a) 當此兩相系統能與具有 x_1 = 0.65 的液相共存時，總組成 z_1 的範圍為何？
(b) 在此範圍下，壓力 P 及汽相莫耳分率 y_1 為何？
(c) 在溫度為 T 時，共沸點的壓力與組成為何？

7.20 某個丙酮(1)／甲醇(2) 系統，為 z_1 = 0.25 且 z_2 = 0.75 的汽相混合物。將其冷卻至溫度為 T 的兩相區內，並流入壓力為 1 bar 的分離器內。若分離器內液相產物的組成為 x_1 = 0.175，則所需的 T 值為多少？y_1 值為多少？對此液體混合物而言：

$$\ln \gamma_1 = 0.64 x_2^2 \qquad \ln \gamma_2 = 0.64 x_1^2$$

7.21 下列為經驗法則：對於低壓下兩成分系統的汽／液相平衡而言，平衡汽相的莫耳分率 y_1 在等莫耳比例的液體混合物中，可近似為

$$y_1 = \frac{P_1^{\text{sat}}}{P_1^{\text{sat}} + P_2^{\text{sat}}}$$

其中 P_i^{sat} 為純物質的蒸汽壓,此式在拉午耳定律適用的情況下成立。證明 (7.5) 式所述的 汽／液相平衡在

$$\ln \gamma_1 = A x_2^2 \text{、} \ln \gamma_2 = A x_1^2$$

時,上述近似式可成立。

7.22 某流體中含有輕質成分 1 及重質成分 2。經由單段汽／液分離裝置,可得到幾乎為純成分 2 的液體。平衡時的要求為 $x_1 = 0.002$ 及 $y_1 = 0.950$。利用以下數據計算分離器的 T (K) 與 P (bar)。假設 (7.5) 式可適用,並由計算所得的 P 證實此假設。相關數據:

對液相而言, $\quad \ln \gamma_1 = 0.93 x_2^2 \qquad \ln \gamma_2 = 0.93 x_1^2$

$$\ln P_i^{sat} / \text{bar} = A_i - \frac{B_i}{T / \text{K}}$$

$A_1 = 10.08$,$B_1 = 2{,}572.0$,$A_2 = 11.63$,$B_2 = 6{,}254.0$

7.23 若某系統達到汽／液相平衡,則至少有一個 K 值必須大於 1.0,以及至少有一個 K 值必須小於 1.0。證明此觀察結果。

7.24 對於二成分系統的閃蒸計算,較多成分系統簡單,因為二成分系統的平衡組成與總組成無關。證明對於二成分系統的汽／液相平衡而言,

$$x_1 = \frac{1 - K_2}{K_1 - K_2} \qquad y_1 = \frac{K_1(1 - K_2)}{K_1 - K_2}$$

$$\mathcal{V} = \frac{z_1(K_1 - K_2) - (1 - K_2)}{(K_1 - 1)(1 - K_2)}$$

7.25 假設 De Priester 圖表可適用,針對甲烷(1)／乙烯(2)／乙烷(3) 系統,進行下列汽／液相平衡計算:
(a) 在 $x_1 = 0.10$、$x_2 = 0.50$ 且 $t = -60$ (°F) 時,進行泡點壓力計算。
(b) 在 $y_1 = 0.50$、$y_2 = 0.25$ 且 $t = -60$ (°F) 時,進行露點壓力計算。
(c) 在 $x_1 = 0.12$、$x_2 = 0.40$ 且 $P = 250$ (psia) 時,進行泡點溫度計算。
(d) 在 $y_1 = 0.43$、$x_2 = 0.36$ 且 $P = 250$ (psia) 時,進行露點溫度計算。

7.26 假設 De Priester 圖表可適用,針對乙烷(1)／丙烷(2)／異丁烷(3)／異戊烷(4) 系統,進行下列汽／液相平衡計算:
(a) 在 $x_1 = 0.10$、$x_2 = 0.20$、$x_3 = 0.30$ 及 $t = 60$°C 時,進行泡點壓力計算。

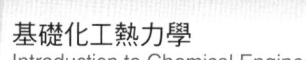

(b) 在 $y_1 = 0.48$、$y_2 = 0.25$、$y_3 = 0.15$ 及 $t = 60°C$ 時，進行露點壓力計算。
(c) 在 $x_1 = 0.14$、$x_2 = 0.13$、$x_3 = 0.25$ 及 $P = 15$ bar 時，進行泡點溫度計算。
(d) 在 $y_1 = 0.42$、$y_2 = 0.30$、$y_3 = 0.15$ 及 $P = 15$ bar 時，進行露點溫度計算。

7.27 某氣井流體的組成為 50% 莫耳分率甲烷，10% 莫耳分率乙烷，20% 莫耳分率丙烷，及 20% 莫耳分率正丁烷。此流體注入壓力為 250 (psia) 的部份冷凝器中，並將其溫度改變為 80 (°F)。計算此氣體所凝結的莫耳數量分率，以及離開冷凝器時的液相與汽相組成。

7.28 等莫耳組成的正丁烷與正己烷混合物，在壓力為 P 時使溫度達到 95°C，而形成汽／液相平衡的混合物。若正己烷在液相的莫耳分率為 0.75，則壓力 P（單位為 bar）是多少？此系統的液相莫耳數量分率為多少？汽相的組成為多少？

7.29 某混合物的莫耳組成為 25% 正戊烷、45% 正己烷、30% 正庚烷，其溫度與壓力為 200 (°F) 和 2 (atm)。此系統液相所佔的莫耳分率為多少？液相與汽相組成為何？

7.30 某混合物的莫耳組成為 15% 乙烷、35% 丙烷、50% 正丁烷，且溫度為 40°C 而壓力為 P。若此系統的液相莫耳分率為 0.4，則壓力 P 為多少 bar？液相及汽相的組成為何？

7.31 某混合物的莫耳組成為 1% 乙烷、5% 丙烷、44% 正丁烷及 50% 異丁烷，且溫度為 70 (°F) 而壓力為 P。若此系統的汽相莫耳分率為 0.2，則壓力為多少？汽相及液相的組成為何？

7.32 某混合物的莫耳組成為 30% 甲烷、10% 乙烷、30% 丙烷及 30% 正丁烷，且溫度為 −15°C 而壓力為 P。在此狀況下達成汽／液相平衡。若汽相中甲烷的莫耳分率為 0.80，則壓力有多少 bar？

7.33 蒸餾塔頂板及冷凝器的壓力為 20 (psia)。頂板的液體是正丁烷與正戊烷的等莫耳混合物。頂板的汽相假設與液相達成平衡，此汽相進入冷凝器中，並有 50% 莫耳分率的汽相凝結。頂板的溫度為何？離開冷凝器的汽相的溫度及組成為何？

7.34 甲烷與正丁烷所形成的等莫耳氣體混合物，於 40°C 時加壓至 P 而使正丁烷分離出來。若進料中有 40% 莫耳分率被冷凝，則壓力 P 有多少 bar？所形成的汽相及液相的組成為何？

Chapter 7 汽／液相平衡簡介

7.35 NIST Chemistry WebBook 發表了較嚴謹的亨利常數估算數據，對象為 25°C 下微溶於水的某些化學物質。在此以 k_i 表示其所提供的亨利常數數值，且其汽／液相平衡式為：

$$k_i y_i P = \mathcal{M}_i$$

其中 $\mathcal{M}_i$ 是溶質 i 在液相中的重量莫耳濃度，單位為 mol (溶質 i) / kg (溶劑)。

(a) 請推導 k_i 與 $\mathcal{H}_i$ 的代數關係式，其中 $\mathcal{H}_i$ 為滿足 (7.4) 式的亨利常數。

(b) 根據 NIST Chemistry WebBook，CO_2 在 25°C 時對水的亨利常數 k_i 為 0.034 mol kg^{-1} bar^{-1}，則相對應的 $\mathcal{H}_i$ 值是多少？比較計算結果與表 10.1 的差異。

7.36 (a) 丙酮(1)／乙腈(2) 的等莫耳混合物，經節流程序後溫度與壓力變為 T 與 P。若 $T = 50°C$，則會形成汽／液兩相的 P 值範圍為多少 (atm)？假設拉午耳定律可適用。

(b) 丙酮(1)／乙腈(2) 的等莫耳混合物，經節流程序後溫度與壓力變為 T 與 P。若 $P = 0.5$ (atm)，並且形成汽／液兩相，則溫度範圍 (單位為°C) 為何？。假設拉午耳定律可適用。

7.37 苯(1)／甲苯(2) 的二成分混合物，在 75 kPa 和 90°C 下閃蒸。分析分離器的液體流線與汽體流線後得到：$x_1 = 0.1604$，$y_1 = 0.2919$。

操作員在紀錄表上將產物登記為「不合格品」，而你負責審視問題發生原因。

(a) 驗證出口流線並非為二成分平衡系統。

(b) 驗證可能是有空氣跑進分離器而造成以上結果。

7.38 10 kmol hr^{-1} 且 100°C 的燃料氣體，經恆壓冷卻程序降至 25°C。若壓力維持在 1 (atm)，則此程序的熱傳速率是多少？

燃料氣體的起始組成為：

$$y_{O_2} = 0.0387，y_{N_2} = 0.7288，y_{CO_2} = 0.0775，y_{H_2O} = 0.1550$$

7.39 某輕質碳氫化合物的混合物，以液態儲存在冷凍儲槽內，壓力小於混合物蒸汽壓。混合物含有 5% mol 丙烷、85% mol 正丁烷及 10% mol 的正戊烷。冷凍儲槽的溫度維持在 40 (°F)。雖然儲槽內除了液體外尚有很大的空間，但以莫耳數來看，儲槽內幾乎沒有氣體可言。請問儲槽壓力為多少？

7.40 10 kmol hr^{-1} 的硫化氫氣體與純氧進行燃燒反應，產生 H$_2$O 與 SO$_2$。純氧進料量恰符合化學當量。產物以汽相與液相兩條流線離開反應器，且皆為 70°C 及 1 (atm) 下的平衡態；其中液相為純水，而飽和汽相為 H$_2$O 及 SO$_2$ 的混合蒸汽。
　(a) 汽相產物中，各成分的莫耳分率是多少？
　(b) 兩條產物流體的流率各為多少 kmol hr^{-1}？

7.41 生理學的研究顯示，人體覺得舒適的絕對濕度是：每公斤乾空氣中含有 0.01 kg 的水。
　(a) 在此濕度下，汽相中水蒸汽的莫耳分率為多少？
　(b) 在此濕度及 P = 1.01325 bar 壓力下，水的分壓為多少？
　(c) 在此濕度及 1.01325 bar 壓力下，露點為多少 (°F)？

7.42 某工業用除濕機吸入露點為 20°C 的潮濕空氣，且進料流率為 50 kmol hr^{-1}。除濕後，空氣露點變成 10°C。在此穩流程序中，液態水被排出的流率為多少 kg hr^{-1}？假設壓力維持在 1 (atm) 下。

7.43 符合拉午耳定律的二成分汽／液平衡系統，是不可能有共沸點存在的 (習題 7.5)。但在真實系統中 ($\gamma_i \neq 1$ 者)，若在某溫度下二成分的 P_i^{sat} 相同，則必然會發生共沸現象。該溫度即稱為 Bancroft 點。並非所有的二成分系統都有此點。請參考附錄 B 的表 B.2，找出三組具有 Bancroft 點的二成分系統，並列出該點的溫度與壓力值。
　基本原則：Bancroft 點的溫度必然在 Antoine 方程式的適用範圍內。

溶液熱力學：理論部份

Chapter 8

氣體混合物及液體溶液的熱力學分析在工業應用上非常重要，本章的目的就是推導其理論基礎。在第 6 章中我們討論了組成不變的混合物，但在前一章中，我們也說明了組成的改變其實是很重要也很常見的。在化學、石油及製藥工業中，多成分的氣體及液體時常在改變其組成，例如混合及分離製程、物質在不同相之間的輸送、或是化學反應等等。因此組成就如同第 6 章所討論的壓力、溫度等變數一樣，是在作熱力學分析時很基本也很重要的變數。

本章在推導理論基礎時，首先會將 (6.10) 式的基本性質關係式作進一步的擴充，將適用範圍延伸到組成變動的開放相系統。在這裡將引入一個新的基本物性：化學勢 (chemical potential)，以便於處理相平衡及化學反應平衡。隨著化學勢的引入，推衍出一整組新的熱力學性質，稱為部份性質 (partial property)；經由數學上的關係式，這些性質可表示為各物質在溶液中的特性。部份性質主要受組成的影響，且與純物質性質有很大的差異。以乙醇及水的二成分系統為例，這兩個成分的部份性質，與同樣溫度及壓力下的純乙醇及純水的性質並不相同。

理想氣體混合物的物性關係式，是處理真實氣體混合物的基礎。並由此基礎定義了另一個重要的物性稱為逸壓 (fugacity)，它與化學勢有關，並且是相平衡與化學反應平衡中不可缺少的性質。

最後再定義一個新的性質，稱為過剩性質 (excess property)，它是基於理想化的理想溶液 (ideal solution) 而導出的。如同理想氣體所扮演的角色，它作為真實溶液的參考點。過剩性質中特別重要的是過剩 Gibbs 自由能，並且由它可導出前一章用過的活性係數。

8.1 基本性質關係

在封閉系統內，總 Gibbs 自由能的正則變數 (canonical variables) 是系統溫度與壓力，其關係式如 (6.6) 式所示：

$$d(nG) = (nV)\, dP - (nS)\, dT \tag{6.6}$$

其中 n 是系統的總莫耳數。上式可應用在僅含單相流體的封閉系統，且系統內沒有化學反應發生。這樣的封閉系統具有恆定的組成，因此

Chapter 8　溶液熱力學：理論部份

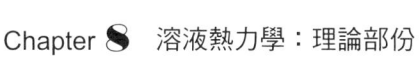

$$\left[\frac{\partial(nG)}{\partial P}\right]_{T,n} = nV \quad 及 \quad \left[\frac{\partial(nG)}{\partial T}\right]_{P,n} = -nS$$

其中下標 n 表示所有物質的莫耳數都保持恆定不變。

我們現在討論一個更一般化的情形，即單一相的開放系統，其中系統與環境間可交換質量。總 Gibbs 自由能除了是 T 及 P 的函數外，由於質量可加入或流出系統中，所以 nG 也是化學物質莫耳數的函數，因此：

$$nG = g(P, T, n_1, n_2, \cdots, n_i, \cdots)$$

其中 n_i 是物質 i 的莫耳數。nG 的全微分為：

$$d(nG) = \left[\frac{\partial(nG)}{\partial P}\right]_{T,n} dP + \left[\frac{\partial(nG)}{\partial T}\right]_{P,n} dT + \sum_i \left[\frac{\partial(nG)}{\partial n_i}\right]_{P,T,n_j} dn_i$$

其中加成項是對所有物質所作的總和，下標 n_j 表示除 i 物質外其他物質的莫耳數都維持恆定不變。nG 對 i 成分莫耳數的微分具有特別的意義，也有特別的符號及名稱。因此，混合物中 i 成分的化學勢為：

$$\mu_i \equiv \left[\frac{\partial(nG)}{\partial n_i}\right]_{P,T,n_j} \tag{8.1}$$

由此定義及將兩項微分以 (nV) 及 −(nS) 代入，以上公式變為：

$$\boxed{d(nG) = (nV)dP - (nS)dT + \sum_i \mu_i dn_i} \tag{8.2}$$

(8.2) 式是單相流體中基本性質關係，它適用於恆定或可變質量，以及恆定或可變組成的系統。溶液熱力學即基於此基礎公式而發展。此式可針對一莫耳溶液的特例寫出，此時 n = 1 及 $n_i = x_i$：

$$dG = V dP - S dT + \sum_i \mu_i dx_i \tag{8.3}$$

此式顯示莫耳 Gibbs 自由能是 T、P 及 $\{x_i\}$ 等正則變數 (canonical variables) 的函數：

$$G = G(T, P, x_1, x_2, \cdots, x_i, \cdots)$$

(6.10) 式是 (8.3) 式的特例，適用於固定組成的溶液。雖然 (8.2) 式中所有的 n_i 皆為獨立變數，(8.3) 式中的 x_i 卻不是，因為所有 x_i 的和為 1，即 $\sum_i x_i = 1$，而數學上的運算是針對獨立變數所寫出的。由 (8.3) 式可得

$$V = \left(\frac{\partial G}{\partial P}\right)_{T,x} \quad (8.4) \qquad S = -\left(\frac{\partial G}{\partial T}\right)_{P,x} \quad (8.5)$$

其他的溶液性質可由其定義求出，例如焓可由 $H = G + TS$ 得到。因此，

$$H = G - T\left(\frac{\partial G}{\partial T}\right)_{P,x}$$

由此我們可知當 Gibbs 自由能表示為其正則變數的函數時，它可當作一個生成函數 (generating function)，藉著它數學上的簡單運算 (微分及基礎代數)，可以導得全部的熱力學性質。

8.2 化學勢及相平衡

考慮含有兩平衡相的封閉系統，在此封閉系統內，每一個單獨的相則形成開放系統，可使質量自由在兩者間傳遞。對每一相可由 (8.2) 式寫出：

$$d(nG)^\alpha = (nV)^\alpha dP - (nS)^\alpha dT + \sum_i \mu_i^\alpha dn_i^\alpha$$

$$d(nG)^\beta = (nV)^\beta dP - (nS)^\beta dT + \sum_i \mu_i^\beta dn_i^\beta$$

其中 α 及 β 分別表示兩相，我們並且假設 T 及 P 在整個系統中均勻分布。

兩相系統總 Gibbs 自由能的改變量為以上兩式的和。當系統的總性質表為下列形式時

$$nM = (nM)^\alpha + (nM)^\beta$$

則總 Gibbs 自由能改變量為：

$$d(nG) = (nV) dP - (nS) dT + \sum_i \mu_i^\alpha dn_i^\alpha + \sum_i \mu_i^\beta dn_i^\beta$$

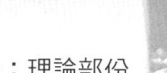

Chapter 8 溶液熱力學：理論部份

因為整個兩相系統為封閉系統， (6.6) 式可適用。比較上式與 (6.6) 式可知在平衡時：

$$\sum_i \mu_i^\alpha \, dn_i^\alpha + \sum_i \mu_i^\beta \, dn_i^\beta = 0$$

dn_i^α 及 dn_i^β 是由於兩相間的質傳而來，由質量平衡的要求可知

$$dn_i^\alpha = -dn_i^\beta$$

因此

$$\sum_i (\mu_i^\alpha - \mu_i^\beta) \, dn_i^\alpha = 0$$

因為 dn_i^α 是獨立且任意的變數，上式左邊括號項為零時能使得上式恆為成立，即

$$\mu_i^\alpha = \mu_i^\beta \quad (i = 1, 2, \cdots, N)$$

其中 n 是系統中物質的數目。連續考慮各兩相間的關係，我們可推廣得到多相平衡時化學勢的等式，對 π 個相而言

$$\boxed{\mu_i^\alpha = \mu_i^\beta = \cdots = \mu_i^\pi} \quad (i = 1, 2, \cdots, N) \tag{8.6}$$

雖然此處未證明，但由相似及更廣泛的推導中可知 (如我們所設想的情況)，T 及 P 在兩平衡相中是相同的。

> 當多相在相同的 T 與 P 達到平衡時，每個物質在各相間的化學勢都相等。

應用 (8.6) 式來決定其後幾章所述的相平衡問題時，需要利用溶液模式，即是一個將 G 或 μ_i 表示為溫度、壓力及組成的公式。最簡單的模式如理想氣體混合物及理想溶液，將在本章 8.4 及 8.8 節中討論。

8.3　部份性質

由 (8.1) 式所定義的化學勢是 nG 對莫耳數的微分，這種類型的微分項在溶液熱力學中很實用，因此我們可以將其寫成下面的通式，也就是溶液中成分 i 的

部份莫耳性質 (partial molar property) $\bar{M}_i$ 的定義：

$$\bar{M}_i \equiv \left[\frac{\partial(nM)}{\partial n_i}\right]_{P,T,n_j} \tag{8.7}$$

$\bar{M}_i$ 是一個回應函數 (response function)，表示在恆定 T 與 P 下，將極微量的成分 i 加入一定量的溶液中，總性質 nM 所發生的改變。

M 和 $\bar{M}_i$ 是每莫耳或是單位質量溶液的物性。如果將 (8.7) 式中的莫耳數 n 改成質量數 m，那麼 $\bar{M}_i$ 就變成部份比性質 (partial specific property) 而不是部份莫耳性質了。但是稱呼上還是將兩者都簡稱為部份性質。

由於本章討論的是溶液，因此溶液的莫耳性質或比性質，在此都用通用符號 M 表示；而溶液的部份性質則以通用符號 $\bar{M}_i$ 表示。溶液內各成分的純物質性質，則以 M_i 表示，下標表示物質種類，且其溫度與壓力和溶液相同。將以上三種溶液熱力學的物性整理如下：

溶液性質	M	如：V, U, H, S, G
部份性質	$\bar{M}_i$	如：$\bar{V}_i, \bar{U}_i, \bar{H}_i, \bar{S}_i, \bar{G}_i$
純物質性質	M_i	如：V_i, U_i, H_i, S_i, G_i

比較 (8.1) 式與 (8.7) 式的 Gibbs 自由能表示法，可知化學勢及部份莫耳 Gibbs 自由能是相等的，即

$$\mu_i \equiv \bar{G}_i \tag{8.8}$$

例 8.1 由定義可知部份莫耳體積為：

$$\bar{V}_i \equiv \left[\frac{\partial(nV)}{\partial n_i}\right]_{P,T,n_j} \tag{A}$$

此式表達何種物理意義？

解 考慮一開放燒杯中含有莫耳數相等的酒精與水混合物。此混合物在室溫 T 及大氣壓 P 時佔有總體積 nV。將一滴純水在同樣溫度及壓力下加入溶液中，其莫耳數為 Δn_w 莫耳，使它與溶液完全混合，並等待足夠的時間使熱傳進行而燒杯中的溫度回復到其起始值。我們可設想體積的增加量等於所加入水的體積，即 $V_w \Delta n_w$，其中 V_w 是純水在 T 與 P 時的莫耳體積。若此為真，則

Chapter 8　溶液熱力學：理論部份

$$\Delta(nV) = V_w \, \Delta n_w$$

然而由實驗得知，真實的體積改變量 $\Delta(nV)$ 比上式所表示的值少。所加入的水的有效莫耳體積，低於同樣 T 與 P 下的純水莫耳體積。因此我們可寫成：

$$\Delta(nV) = \widetilde{V}_w \, \Delta n_w \qquad (B)$$

其中 $\widetilde{V}_w$ 是純水在溶液中最終的有效莫耳體積。在實驗上這個值可由下式決定：

$$\widetilde{V}_w = \frac{\Delta(nV)}{\Delta n_w} \qquad (C)$$

在上述程序中，一滴水加入等莫耳溶液中，將造成微小但一定量的組成改變。因此有效莫耳體積並不是原來等莫耳溶液中水的性質。我們可考慮 $\Delta n_w \to 0$ 的極限情形，此時 (C) 式變為

$$\widetilde{V}_w = \lim_{\Delta n_w \to 0} \frac{\Delta(nV)}{\Delta n_w} = \frac{d(nV)}{dn_w}$$

因為 T、P 及 n_a（酒精的莫耳數）保持不變，此式可寫為

$$\widetilde{V}_w = \left[\frac{\partial(nV)}{\partial n_w} \right]_{P,T,n_a}$$

與 (A) 式相較可知有效莫耳體積 $\widetilde{V}_w$ 是水在溶液中的部份莫耳體積 $\overline{V}_w$，即溶液總體積在恆定 T 與 P 下，隨 n_w 的改變率。當 dn_w 莫耳的水加入溶液中時，(B) 式變為

$$d(nV) = \overline{V}_w \, dn_w \qquad (D)$$

其中 $\overline{V}_w$ 可視為水存在於溶液中的莫耳性質，總體積的改變等於此莫耳性質乘以加入水的莫耳數。

若 dn_w 莫耳的水加入純水中，則我們可預知此系統體積的改變量為：

$$d(nV) = V_w \, dn_w \qquad (E)$$

其中 V_w 是純水在 T 與 P 時的莫耳體積。比較 (D) 與 (E) 式可知當「溶液」為純水時，$\overline{V}_w = V_w$。

莫耳性質與部份莫耳性質的關係式

由 (8.7) 式部份莫耳性質的定義，提出了由溶液性質數據計算部份性質的方法。此式也隱含另一個同樣重要的公式，即反向由部份莫耳的資料計算溶液的性質。均勻相中熱力學的性質是溫度、壓力，以及組成此相各物質莫耳數的函數。[1]對於熱力學性質 M，我們可寫為：

$$nM = \mathcal{M}(T, P, n_1, n_2, \cdots, n_i, \cdots)$$

而 nM 的全微分為：

$$d(nM) = \left[\frac{\partial(nM)}{\partial P}\right]_{T,n} dP + \left[\frac{\partial(nM)}{\partial T}\right]_{P,n} dT + \sum_i \left[\frac{\partial(nM)}{\partial n_i}\right]_{P,T,n_j} dn_i$$

其中下標 n 表示所有的莫耳數都保持恆定不變，而下標 n_j 表示除 n_i 外其他莫耳數保持不變。因為上式右邊前兩項偏微分是在 n 恆定下求得，且最後一項的偏微分表示於 (8.7) 式，因此上式簡化為：

$$d(nM) = n\left(\frac{\partial M}{\partial P}\right)_{T,x} dP + n\left(\frac{\partial M}{\partial T}\right)_{P,x} dT + \sum_i \bar{M}_i\, dn_i \tag{8.9}$$

其中下標 x 表示在恆定組成下微分。因為 $n_i = x_i\, n$，所以

$$dn_i = x_i\, dn + n\, dx_i$$

而且

$$d(nM) \equiv n\, dM + M\, dn$$

我們可將 (8.9) 式寫為：

$$nd\,M + M\,dn = n\left(\frac{\partial M}{\partial P}\right)_{T,x} dP + n\left(\frac{\partial M}{\partial T}\right)_{P,x} dT + \sum_i \bar{M}_i\,(x_i\,dn + n\,dx_i)$$

將含有 n 的各項集中，並與含有 dn 的各項分開，上式變為

$$\left[dM - \left(\frac{\partial M}{\partial P}\right)_{T,x} dP - \left(\frac{\partial M}{\partial T}\right)_{P,x} dT - \sum_i \bar{M}_i\, dx_i\right] n + \left[M - \sum_i x_i \bar{M}_i\right] dn = 0$$

---

[1] 只是函數中的變數不屬正則變數體系。只有對 G 才稱為正則變數。

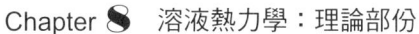

Chapter 8 溶液熱力學：理論部份

在應用中，我們可以自由選擇系統 n 的大小，也可以自由選擇改變量 dn 的大小，因此 n 與 dn 為互相獨立且可任意選定。若要使上式左邊恆等於零，則兩個中括弧項必須為零，因此可得

$$dM = \left(\frac{\partial M}{\partial P}\right)_{T,x} dP + \left(\frac{\partial M}{\partial T}\right)_{P,x} dT + \sum_i \bar{M}_i\, dx_i \tag{8.10}$$

且

$$\boxed{M = \sum_i x_i \bar{M}_i} \tag{8.11}$$

將 (8.11) 式乘以 n 可得到另一種表示法：

$$\boxed{nM = \sum_i n_i \bar{M}_i} \tag{8.12}$$

(8.10) 式是 (8.9) 式的特例，即為 $n = 1$ 且 $n_i = x_i$ 的情形。(8.11) 及 (8.12) 式則是新的且極重要的公式，它們稱作加成關係 (summability relations)，應用它們可由部份性質計算混合物的性質。它們與 (8.7) 式相反，(8.7) 式是由混合物性質計算部份性質。

另有一個重要公式可從 (8.10) 及 (8.11) 式導出。因為 (8.11) 式是對性質 M 的一般化表示式，由它微分可得到 dM 的一般化表示法：

$$dM = \sum_i x_i\, d\bar{M}_i + \sum_i \bar{M}_i\, dx_i$$

比較此式與 (8.10) 式，即 dM 的另一種一般表示法，可以得到 Gibbs-Duhem 方程式[2]

$$\boxed{\left(\frac{\partial M}{\partial P}\right)_{T,x} dP + \left(\frac{\partial M}{\partial T}\right)_{P,x} dT - \sum_i x_i\, d\bar{M}_i = 0} \tag{8.13}$$

在一個均勻相中由於狀態改變所造成 P、T 及 $\bar{M}_i$ 的改變時，必須滿足上式。在溫度及壓力保持恆定不變的特例時，上式簡化為

$$\boxed{\sum_i x_i\, d\bar{M}_i = 0} \qquad \text{(恆定 } T \text{ 及 } P \text{ 時)} \tag{8.14}$$

---

[2] Pierre–Maurice–Marie Duhem (1861-1916)，法國物理學家。

部份性質的基本原理

部份性質的概念主要是應用在溶液熱力學中,其意義在於將溶液性質當作一個「整體」,並可由溶液內各物質的部份性質加總而得。這就是 (8.11) 式的含意,該式表示溶液的莫耳性質,可由溶液中各成分 i 的莫耳性質 $\bar{M}_i$ 加成而得。(8.7) 式所定義的 $\bar{M}_i$ 是一個分配公式,它任意賦與每一成分 i 所分擔的混合物的性質。[3]

溶液中的組成成分都完全的混合,因為具有分子間作用力的關係,它們不再保有原來的個別性質。然而由 (8.7) 式所定義的部份莫耳性質,可當作溶液中每一個別成分的特性,在實際應用上可對每一成分訂定其特性數值。

部份性質和溶液性質一樣都是組成的函數。如果溶液性質趨近於極限值,亦即溶液趨近於純物質 i 時,M 和 $\bar{M}_i$ 都會趨近純物質性質 M_i。在數學上即為:

$$\lim_{x_i \to 1} M = \lim_{x_i \to 1} \bar{M}_i = M_i$$

若某成分 i 在溶液中趨近於無限稀薄,則其部份性質的值就是莫耳分率趨近於零的數值,其值可以實驗測出或是由溶液模型算出。因為無限稀薄時的數值是很重要的特性,所以我們也賦予它一個專用符號,其定義為:

$$\lim_{x_i \to 0} \bar{M}_i \equiv \bar{M}_i^{\infty}$$

將這一節提到的基本公式整理如下:

定義:
$$\bar{M}_i \equiv \left[\frac{\partial(nM)}{\partial n_i}\right]_{P,T,n_j} \tag{8.7}$$

可利用上式由溶液性質導出部份性質。

可加成性:
$$M = \sum_i x_i \bar{M}_i \tag{8.11}$$

可利用上式由部份性質導出溶液性質。

Gibbs/Duhem:
$$\sum_i x_i \, d\bar{M}_i = \left(\frac{\partial M}{\partial P}\right)_{T,x} dP + \left(\frac{\partial M}{\partial T}\right)_{P,x} dT \tag{8.13}$$

上式顯示了溶液的部份性質並非與其他成分的部份性質無關。

---

[3] 利用其他的分配公式,可得到混合物性質不同的配置,並一樣可適用。

二成分系統的部份性質

部份性質的公式可直接利用 (8.7) 式由溶液的性質導出,並表示為組成的函數。二成分系統則可利用更為簡便的公式。如 (8.11) 式所示的加成關係式,用於二成分溶液則為:

$$M = x_1 \bar{M}_1 + x_2 \bar{M}_2 \tag{A}$$

因此

$$dM = x_1\, d\bar{M}_1 + \bar{M}_1\, dx_1 + x_2\, d\bar{M}_2 + \bar{M}_2\, dx_2 \tag{B}$$

當 M 為 x_1、T 與 P 的函數時,(8.14) 式所表示的 Gibbs/Duhem 方程式可寫為:

$$x_1\, d\bar{M}_1 + x_2\, d\bar{M}_2 = 0 \tag{C}$$

因為 $x_1 + x_2 = 1$,故 $dx_1 = -dx_2$。利用 dx_1 消去 (B) 式中的 dx_2,並與 (C) 式聯合可得:

$$\frac{dM}{dx_1} = \bar{M}_1 - \bar{M}_2 \tag{D}$$

將 (A) 式分別消去 x_1 與 x_2 後,可得下列二式:

$$M = \bar{M}_1 - x_2(\bar{M}_1 - \bar{M}_2) \quad \text{及} \quad M = x_1(\bar{M}_1 - \bar{M}_2) + \bar{M}_2$$

與 (D) 式結合可得:

$$\boxed{\bar{M}_1 = M + x_2 \frac{dM}{dx_1}} \quad (8.15) \qquad \boxed{\bar{M}_2 = M - x_1 \frac{dM}{dx_1}} \quad (8.16)$$

在恆溫恆壓下,溶液性質只為組成的函數,此時二成分系統的部份性質可直接由溶液性質的實驗測值求出。多成分系統的相關公式將更複雜,詳細的導證可見 Van Ness 及 Abbott 的著作。[4]

(C) 式的 Gibbs/Duhem 方程式可再導出以下兩式:

$$\boxed{x_1 \frac{d\bar{M}_1}{dx_1} + x_2 \frac{d\bar{M}_2}{dx_1} = 0} \quad (E) \qquad \boxed{\frac{d\bar{M}_1}{dx_1} = -\frac{x_2}{x_1} \frac{d\bar{M}_2}{dx_1}} \quad (F)$$

---

[4] H. C. Van Ness and M. M. Abbott, *Classical Thermodynamics of Nonelectrolyte Solutions: With Applications to Phase Equilibria*, pp. 46-54, McGraw-Hill, New York, 1982.

由上可知，若將 $\bar{M}_1$ 及 $\bar{M}_2$ 分別對 x_1 作圖，則兩圖的斜率正負號一定是相反的。而且，

$$\lim_{x_1 \to 1} \frac{d\bar{M}_1}{dx_1} = 0 \quad （此時 \lim_{x_1 \to 1} \frac{d\bar{M}_2}{dx_1} 為有限值）$$

同樣的

$$\lim_{x_2 \to 1} \frac{d\bar{M}_2}{dx_1} = 0 \quad （此時 \lim_{x_2 \to 1} \frac{d\bar{M}_1}{dx_1} 為有限值）$$

因此，當成分趨近於純物質時，$\bar{M}_1$ 及 $\bar{M}_2$ 對 x_1 作圖的結果必為水平線。

最後，對給定的 $\bar{M}_1(x_1)$ 表示式，將 (E) 式或 (F) 式積分可得相應的 $\bar{M}_2(x_1)$ 表示式，且滿足 Gibbs/Duhem 方程式。這顯示 $\bar{M}_1(x_1)$ 及 $\bar{M}_2(x_1)$ 的表示式不可任意指定。

例 8.2

利用圖解法表示 (8.15) 及 (8.16) 式的意義。

解　圖 8.1(a) 表示二成分系統中 M 對 x_1 的作圖。M 對 x_1 作圖上切線的斜率即為 dM/dx_1 的數值。圖 8.1(a) 表示了在某點 x_1 時的切線，它在 $x_1 = 1$ 及 $x_1 = 0$ 兩軸上的截距分別表示為 I_1 及 I_2。如圖所示，此線斜率可由下列二式表示：

$$\frac{dM}{dx_1} = \frac{M - I_2}{x_1} \quad 及 \quad \frac{dM}{dx_1} = I_1 - I_2$$

由第一式解出 I_2，並由第二式求出 I_1，可得：

$$I_2 = M - x_1 \frac{dM}{dx_1} \quad 及 \quad I_1 = M + (1 - x_1) \frac{dM}{dx_1}$$

比較上式與 (8.15) 和 (8.16) 式可得：

$$I_1 = \bar{M}_1 \quad 及 \quad I_2 = \bar{M}_2$$

因此切線的截距可直接求得兩個部份性質。隨著切線位置的移動，這些截距也產生改變，而其極限值示於圖 8.1(b)。在 $x_1 = 0$（純物質 2）所作的切線可得到 $\bar{M}_2 = M_2$，此即與例 8.1 所得的結論一致，它表示純物質的部份性

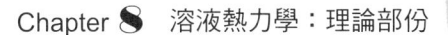

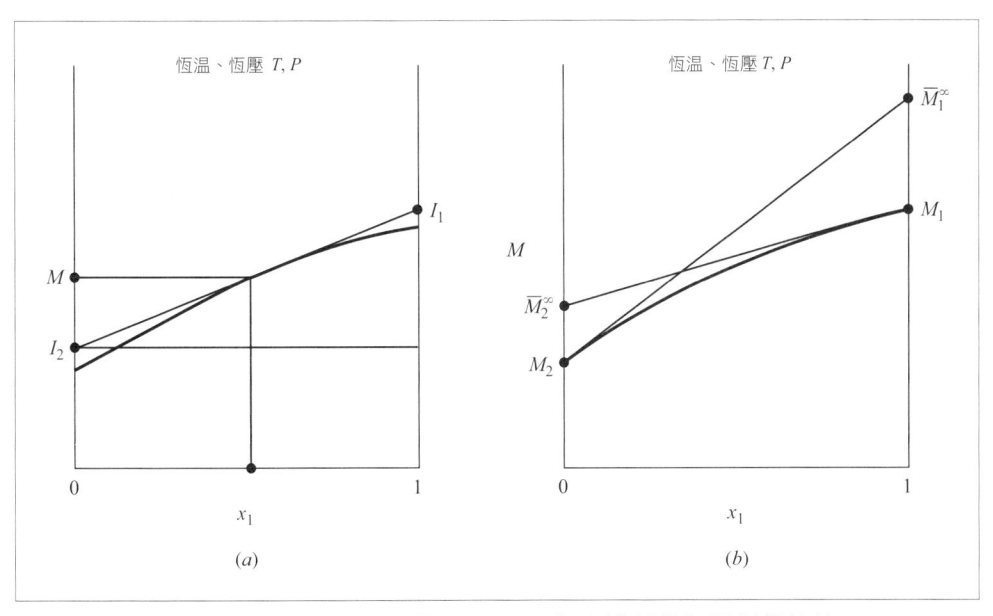

Chapter 8　溶液熱力學：理論部份

● 圖 8.1　(a) 例 8.2 的圖示；(b) 部份性質的無限稀釋數值

質。另一端的截距得到 $\bar{M}_1 = \bar{M}_1^\infty$，是成分 1 在無限稀釋 (infinite dilution) 時 ($x_1 = 0$) 的部份性質。同理，在 $x_1 = 1$ (純物質 1) 所作的切線可得到 $\bar{M}_1 = M_1$ 及 $\bar{M}_2 = \bar{M}_2^\infty$，因為此時成分 2 是處於無限稀釋狀態 ($x_2 = 0$)。

例 8.3

某實驗室需要 2,000 cm³ 的抗凍劑，它是由 30% 莫耳分率的甲醇水溶液構成的。在 25°C 時，需要多少體積的甲醇及水混合形成 2,000 cm³ 且 25°C 的抗凍劑？在 25°C 及 30% 莫耳分率甲醇溶液中，甲醇及水的部份莫耳體積，及 25°C 時的純物質莫耳體積為：

甲醇 (1)：$\bar{V}_1 = 38.632$ cm³ mol⁻¹　　　$V_1 = 40.727$ cm³ mol⁻¹

水　 (2)：$\bar{V}_2 = 17.765$ cm³ mol⁻¹　　　$V_2 = 18.068$ cm³ mol⁻¹

解　由 (8.11) 式知二成分抗凍劑溶液的體積，可由已知的莫耳分率及部份體積代入而得：

$$V = x_1\bar{V}_1 + x_2\bar{V}_2 = (0.3)(38.632) + (0.7)(17.765) = 24.025 \text{ cm}^3 \text{ mol}^{-1}$$

溶液的總體積需求量為 $V^t = 2,000$ cm³，因此總莫耳數為：

$$n = \frac{V^t}{V} = \frac{2,000}{24.025} = 83.246 \text{ mol}$$

其中 30% 為甲醇，且 70% 為水，所以：

$$n_1 = (0.3)(83.246) = 24.974 \text{ mol}$$

$$n_2 = (0.7)(83.246) = 58.272 \text{ mol}$$

每一個純物質的體積為 $V_i^t = n_i V_i$；因此，

$$V_1^t = (24.974)(40.727) = 1,017 \text{ cm}^3$$

$$V_2^t = (58.272)(18.068) = 1,053 \text{ cm}^3$$

在 25°C 時，甲醇(1) 與水(2) 二成分溶液的 $\overline{V}_1$、$\overline{V}_2$ 及 V 對 x_1 的作圖示於圖 8.2。由 $x_1 = 0.3$ 時在 V 對 x_1 曲線上的切線可求得 $\overline{V}_1$ 及 $\overline{V}_2$。為滿足 Gibbs/Duhem 公式，$\overline{V}_1$ 及 $\overline{V}_2$ 曲線在圖中任何 x_1 值處，其斜率的符號均相反；而在 $x_1 = 1$ 時，$\overline{V}_1$ 曲線變為水平 $(d\overline{V}_1/dx_1 = 0)$，且 $\overline{V}_2$ 曲線在 $x_1 = 0$ 或 $x_2 = 1$ 時變為水平。圖 8.2 中 $\overline{V}_1$ 及 $\overline{V}_2$ 曲線在兩端點變為水平，這是此系統的特別情形。

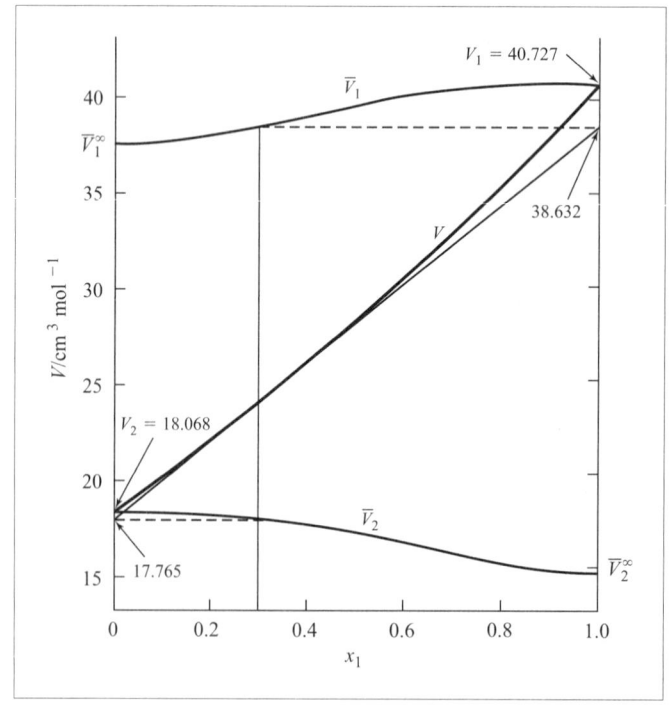

圖 8.2　25°C 及 1 (atm) 時甲醇(1)／水(2) 的莫耳體積。圖中數值對應於例 8.3。

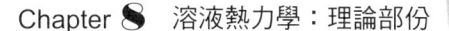

Chapter 8 溶液熱力學：理論部份

例 8.4 由成分 1 及 2 構成的二成分液體系統，在 T 及 P 固定下，其焓可表示如下式：

$$H = 400x_1 + 600x_2 + x_1x_2(40x_1 + 20x_2)$$

其中 H 的單位是 J mol^{-1}。將 $\bar{H}_1$ 及 $\bar{H}_2$ 表示為 x_1 的函數，並求純物質 H_1 及 H_2 的數值，以及無限稀釋情況下 $\bar{H}_1^\infty$ 及 $\bar{H}_2^\infty$ 的數值。

解 將 x_2 換為 $1-x_1$，並將 H 表為：

$$H = 600 - 180x_1 - 20x_1^3 \tag{A}$$

因此，

$$\frac{dH}{dx_1} = -180 - 60x_1^2$$

由 (8.15) 式得：

$$\bar{H}_1 = H + x_2\frac{dH}{dx_1}$$

所以

$$\bar{H}_1 = 600 - 180x_1 - 20x_1^3 - 180x_2 - 60x_1^2 x_2$$

將 x_2 換為 $1-x_1$ 並簡化得到：

$$\bar{H}_1 = 420 - 60x_1^2 + 40x_1^3 \tag{B}$$

同理，由 (8.16) 式得，

$$\bar{H}_2 = H - x_1\frac{dH}{dx_1} = 600 - 180x_1 - 20x_1^3 + 180x_1 + 60x_1^3$$

或

$$\bar{H}_2 = 600 + 40x_1^3 \tag{C}$$

我們也可利用題目所給的 H 進行計算。在計算 dH/dx_1 全微分時，x_2 不是常數。因為 $x_2 = 1 - x_1$；所以 $dx_2/dx_1 = -1$。對 H 的微分可得到：

$$\frac{dH}{dx_1} = 400 - 600 + x_1x_2(40 - 20) + (40x_1 + 20x_2)(-x_1 + x_2)$$

以 $1-x_1$ 取代 x_2 時，可簡化為如前所得的表示式。

在 (A) 或 (B) 式中當 $x_1 = 1$ 時，可得 H_1 值，即 $H_1 = 400$ J mol^{-1}。同理在 (A) 或 (C) 式中當 $x_1 = 0$ 時，可得 H_2 值，即 $H_2 = 600$ J mol^{-1}。無限稀釋 $\bar{H}_1^\infty$ 及

$\bar{H}_2^\infty$ 值可在 $x_1 = 0$ 時的 (B) 式及 $x_1 = 1$ 時的 (C) 式中求出，其結果為 $\bar{H}_1^\infty = 420$ 及 $\bar{H}_2^\infty = 640$ J mol^{-1}

部份性質間的關係

我們現在推導部份性質間的關係。由 (8.8) 式知 $\mu_i \equiv \bar{G}_i$，我們可將 (8.2) 式寫為

$$d(nG) = (nV)dP - (nS)dT + \sum_i \bar{G}_i\, dn_i \tag{8.17}$$

應用 (6.12) 式全微分的基準，由上式可得 Maxwell 關係式，

$$\left(\frac{\partial V}{\partial T}\right)_{P,n} = -\left(\frac{\partial S}{\partial P}\right)_{T,n} \tag{6.16}$$

並考慮另外兩公式：

$$\left(\frac{\partial \bar{G}_i}{\partial P}\right)_{T,n} = \left[\frac{\partial (nV)}{\partial n_i}\right]_{P,T,n_j} \qquad \left(\frac{\partial \bar{G}_i}{\partial T}\right)_{P,n} = -\left[\frac{\partial (nS)}{\partial n_i}\right]_{P,T,n_j}$$

其中下標 n 表示所有 n_i 保持恆定不變，即組成不變，下標 n_j 表示除第 i 個物質外，它的莫耳數保持不變。由 (8.7) 式可知，上列兩個公式可簡化寫成：

$$\boxed{\left(\frac{\partial \bar{G}_i}{\partial P}\right)_{T,x} = \bar{V}_i \tag{8.18}} \qquad \boxed{\left(\frac{\partial \bar{G}_i}{\partial T}\right)_{P,x} = -\bar{S}_i \tag{8.19}}$$

由這些公式可計算溫度及壓力對部份 Gibbs 自由能 (或化學勢) 的影響。這些部份性質公式，與 (8.4) 及 (8.5) 式具有類比性。

> 對於恆定組成溶液中所有線性的熱力學性質關係式，溶液中各成分的部份性質都有對應的類比關係式。

我們以下例說明。考慮焓的定義公式：

$$H = U + PV$$

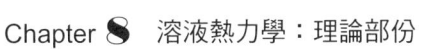

對 n 莫耳物質而言，

$$nH = nU + P(nV)$$

在固定的 T、P 與 n_j 下，對 n_i 微分可得：

$$\left[\frac{\partial(nH)}{\partial n_i}\right]_{P,T,n_j} = \left[\frac{\partial(nU)}{\partial n_i}\right]_{P,T,n_j} + P\left[\frac{\partial(nV)}{\partial n_i}\right]_{P,T,n_j}$$

應用 (8.7) 式可將上式改寫為：

$$\bar{H}_i = \bar{U}_i + P\bar{V}_i$$

此式即為 (2.11) 式的部份性質相關式。

在恆定組成的溶液中，$\bar{G}_i$ 是 T 與 P 的函數，因此我們寫成：

$$d\bar{G}_i = \left(\frac{\partial \bar{G}_i}{\partial P}\right)_{T,x} dP + \left(\frac{\partial \bar{G}_i}{\partial T}\right)_{P,x} dT$$

由 (8.18) 及 (8.19) 式的結果代入上式可得：

$$d\bar{G}_i = \bar{V}_i\, dP - \bar{S}_i\, dT$$

此式可用來與 (6.10) 式比較。此例顯示在恆定組成的溶液中，物性間的關係式與部份性質間的關係式存在互相對應的平行類比性。我們可應用這個類比性寫出許多其他部份性質之間的關係式。

8.4　理想氣體混合物的模式

雖然理想氣體混合物的模式在描述真實狀況時有其限制，但亦不失建立溶液熱力學架構的基礎。理想氣體混合物的模式是實用的性質模式，因其有以下特性：

• 以分子為基礎
• 在壓力為零且條件適當時，此模型趨近於真實系統
• 易於分析

以分子觀點來看，理想氣體是一群粒子的集合體，而且粒子間沒有分子間吸引力，粒子體積也小到可以忽略 (與莫耳體積相較)。不過粒子本身仍有其結構，而不同分子結構有不同的理想氣體熱容量 (參見 4.1 節)。

理想氣體的莫耳體積與氣體性質無關，皆為 (3.14) 式的 $V = RT/P$。因此理想氣體不管是純物質還是混合物，在同溫同壓下都有相同的莫耳體積。理想氣體混合物中 i 成分的部份莫耳體積，可應用 (8.7) 式於體積而求得，令上標 ig 表示理想氣體的數值：

$$\bar{V}_i^{ig} = \left[\frac{\partial(nV^{ig})}{\partial n_i}\right]_{T,P,n_j} = \left[\frac{\partial(nRT/P)}{\partial n_i}\right]_{T,P,n_j} = \frac{RT}{P}\left(\frac{\partial n}{\partial n_i}\right)_{n_j} = \frac{RT}{P}$$

其中最後的等式來自於 $n = n_i + \sum_j n_j$。此結果表示理想氣體混合物中的部份莫耳體積，與相同 T 及 P 下的純物質莫耳體積相等，即

$$\bar{V}_i^{ig} = V_i^{ig} = V^{ig} = \frac{RT}{P} \tag{8.20}$$

我們可**定義**理想氣體混合物中 i 成分的分壓為：純物質 i 佔有相同總莫耳體積時的壓力。因此，[5]

$$p_i = \frac{y_i RT}{V^{ig}} = y_i P \qquad (i = 1, 2, \cdots, N)$$

其中 y_i 是物質 i 的莫耳分率。因此很明顯可看出，上式的分壓加總即為總壓。

理想氣體混合物模型假設分子不佔體積及不互相作用，因此混合物中的每一個物質都保有其個別的熱力學性質 (除了莫耳體積)，不受其他分子存在的影響。此即為下列 Gibbs 理論敘述的基礎：

> 理想氣體混合物中某成分的部份莫耳性質 (體積除外)，等於該物質在同溫同分壓下的純理想氣體的莫耳性質。

上面這段話可用數學式表示為：

$$\bar{M}_i^{ig}(T,P) = M_i^{ig}(T,p_i) \tag{8.21}$$

但 $\bar{M}_i^{ig} \neq \bar{V}_i^{ig}$。

---

[5] 依此定義的分壓不為部份莫耳性質。

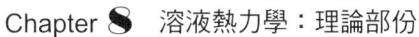

Chapter 8　溶液熱力學：理論部份

因為理想氣體的焓與壓力無關，所以

$$\bar{H}_i^{ig}(T,P) = H_i^{ig}(T,p_i) = H_i^{ig}(T,P)$$

或更簡寫為，

$$\bar{H}_i^{ig} = H_i^{ig} \tag{8.22}$$

其中 H_i^{ig} 是純物質在混合物的 T 與 P 下的性質。類似的公式可應用於 U^{ig} 及其他與壓力無關的性質。

理想氣體的熵與壓力有關，由 (6.24) 式知，

$$dS_i^{ig} = -R\, d\ln P \quad \text{(恆溫時)}$$

上式由 p_i 積分至 P 可得：

$$S_i^{ig}(T,P) - S_i^{ig}(T,p_i) = -R\ln\frac{P}{p_i} = -R\ln\frac{P}{y_i P} = R\ln y_i$$

因此

$$S_i^{ig}(T,p_i) = S_i^{ig}(T,P) - R\ln y_i$$

將此結果代入 (8.21) 式，並對熵寫出：

$$\bar{S}_i^{ig}(T,P) = S_i^{ig}(T,P) - R\ln y_i$$

或

$$\bar{S}_i^{ig} = S_i^{ig} - R\ln y_i \tag{8.23}$$

其中 S_i^{ig} 是純物質在混合物的 T 與 P 下的性質。

理想氣體混合物中的 Gibbs 自由能為 $G^{ig} = H^{ig} - TS^{ig}$，與其對應的部份性質為

$$\bar{G}_i^{ig} = \bar{H}_i^{ig} - T\bar{S}_i^{ig}$$

與 (8.22) 及 (8.23) 式結合可將上式改為：

$$\bar{G}_i^{ig} = H_i^{ig} - TS_i^{ig} + RT\ln y_i$$

或

$$\mu_i^{ig} \equiv \bar{G}_i^{ig} = G_i^{ig} + RT\ln y_i \tag{8.24}$$

將上式微分及經由 (8.18) 與 (8.19) 式的定義，可證明 (8.20) 及 (8.23) 式的結果。

應用 (8.11) 式的加成關係，由 (8.22)、(8.23) 及 (8.24) 可得：

$$H^{ig} = \sum_i y_i H_i^{ig} \tag{8.25}$$

$$S^{ig} = \sum_i y_i S_i^{ig} - R \sum_i y_i \ln y_i \tag{8.26}$$

$$G^{ig} = \sum_i y_i G_i^{ig} - RT \sum_i y_i \ln y_i \tag{8.27}$$

如 (8.25) 式的關係式可用 C_P^{ig} 和 V^{ig} 改寫。以前者改寫則如 (4.6) 式，但若以後者改寫則由於 (8.20) 式而會成為恆等式。

由 (8.25) 式：

$$H^{ig} - \sum_i y_i H_i^{ig} = 0$$

左式所表示的是純物質在 T 與 P 時混合，形成相同溫度及壓力下一莫耳混合物的程序中所產生焓的改變。對理想氣體而言，混合焓改變 (enthalpy change of mixing) (見 9.3 節所述) 等於零。

(8.26) 式重新整理為：

$$S^{ig} - \sum_i y_i S_i^{ig} = R \sum_i y_i \ln \frac{1}{y_i}$$

由上式左邊得到理想氣體的混合熵改變。因為 $1/y_i > 1$，上式恆為正值，符合第二定律的要求。混合程序是不可逆的，理想氣體在固定 T 與 P 下混合並無熱傳 [如 (8.25) 式所示]。

藉著 (6.10) 式消去 (8.24) 式中的 G_i^{ig} 項，可得到化學勢 μ_i^{ig} 的另一種與 T、P 相關的表示法。由 (6.10) 式知對於每一理想氣體而言，

$$dG_i^{ig} = V_i^{ig} dP = \frac{RT}{P} dP = RT \, d\ln P \quad \text{(恆溫時)}$$

上式積分可得：

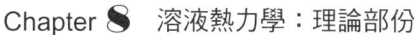

$$G_i^{ig} = \Gamma_i(T) + RT\ln P \tag{8.28}$$

其中 $\Gamma_i(T)$ 是恆溫下的積分常數，它只為溫度的函數。[6]因此 (8.24) 式可寫為：

$$\mu_i^{ig} \equiv \overline{G}_i^{ig} = \Gamma_i(T) + RT\ln(y_i P) \tag{8.29}$$

利用 (8.11) 式的加成關係，可以得到理想氣體混合物 Gibbs 自由能的表示式為：

$$G^{ig} = \sum_i y_i \Gamma_i(T) + RT\sum_i y_i \ln(y_i P) \tag{8.30}$$

這些公式具有簡單的形式，並完整的表示出理想氣體的行為。由於 T、P 及 $\{y_i\}$ 都是 Gibbs 自由能的正則變數，因此理想氣體模型的其他方程式可由此式導出。

8.5　純物質的逸壓及逸壓係數

由 (8.6) 式可知化學勢 μ_i 是建立相平衡標準上的基本性質，在探討化學反應平衡時亦是如此。但是化學勢有一些缺點，使其在實際溶液問題應用上產生困難。Gibbs 自由能與化學勢 μ_i 皆由內能及熵所定義，它們都是基礎物性且其絕對值為未知，因此化學勢無唯一絕對數值。由 (8.29) 式顯示當 P 或 y_i 趨近於零時，理想氣體混合物的 μ_i^{ig} 值趨近於負無限大。不但理想氣體如此，對任何氣體都可得此結果。因為這樣的特性使得化學勢不適作為相平衡應用上的基準，所以引入另一個逸壓 (fugacity) 性質代替 μ_i，[7]因為逸壓具有較少的不適用特性。

(8.28) 式是一個適用於純理想氣體的公式，而逸壓的觀念即由此而來。對於真實流體，我們可寫出類似的公式來**定義**純物質 i 的逸壓 f_i：

$$G_i \equiv \Gamma_i(T) + RT\ln f_i \tag{8.31}$$

---

[6] (8.28) 式及由其所導出的公式中，可能產生因次上的困擾，因為 P 是有單位的，而 $\ln P$ 須為無因次。這項困難表面上存在，但實際上不致產生問題，因為 Gibbs 自由能恆以相對量的形式表達，其絕對值是未知的。計算 Gibbs 自由能改變量時，需要利用對數項中壓力的比值，因此只需將壓力的單位維持一致即可。
[7] 由美國物理化學家 Gilbert Newton Lewis (1875-1946) 所定義，他亦導出理想溶液中部份性質的觀念。

其中新的物性 f_i 取代了 (8.28) 式中的壓力 P。更明確地說，(8.28) 式是 (8.31) 式在特殊條件下的形式，該條件為：

$$f_i^{ig} = P \tag{8.32}$$

亦即純物質 i 在理想氣體狀態下的逸壓等於其壓力。在相同的溫度與壓力下，由 (8.31) 式減去 (8.28) 式可得：

$$G_i - G_i^{ig} = RT \ln \frac{f_i}{P}$$

根據 (6.41) 式的定義，$G_i - G_i^{ig}$ 為剩餘 Gibbs 自由能 (residual Gibbs energy)，G_i^R。因此

$$\boxed{G_i^R = RT \ln \phi_i} \tag{8.33}$$

其中無因次比值 f_i / P 是一項新的物性，稱作逸壓係數 (fugacity coefficient)，並以符號 ϕ_i 表示，因此

$$\boxed{\phi_i \equiv \frac{f_i}{P}} \tag{8.34}$$

這些方程式可應用在任何條件下任何相的純物質。而在理想氣體的特例時，$G_i^R = 0$、$\phi_i = 1$，且 (8.31) 式回復到 (8.28) 式的形式。另外，(8.33) 式在 $P = 0$ 的條件下，結果 (6.45) 式可得：

$$\lim_{P \to 0} \left(\frac{G_i^R}{RT} \right) = \lim_{P \to 0} \ln \phi_i = J$$

依 (6.48) 式，J 並不重要，因此可設其值為零。因此

$$\lim_{P \to 0} \ln \phi_i = \lim_{P \to 0} \ln \left(\frac{f_i}{P} \right) = 0$$

及

$$\lim_{P \to 0} \phi_i = \lim_{P \to 0} \frac{f_i}{P} = 1$$

由 (8.33) 式所定出 $\ln \phi_i$ 與 G_i^R / RT 的等式，可由 (6.49) 式的積分而改寫為

Chapter 8 溶液熱力學：理論部份

$$\ln \phi_i = \int_0^P (Z_i - 1) \frac{dP}{P} \qquad (恆溫時) \tag{8.35}$$

由此式及狀態方程式所表示的 PVT 數據，可計算純物質的逸壓係數(以及逸壓)。

例如當壓縮係數如 (3.38) 式所示時，我們可得，

$$Z_i - 1 = \frac{B_{ii} P}{RT}$$

其中純物質的第二維里係數 B_{ii} 只為溫度的函數。將上式代入 (8.35) 式中可得：

$$\ln \phi_i = \frac{B_{ii}}{RT} \int_0^P dP \qquad (恆溫時)$$

因此
$$\ln \phi_i = \frac{B_{ii} P}{RT} \tag{8.36}$$

由立方型狀態方程式計算逸壓係數

直接利用 (8.33) 及 (6.66b) 式，可由立方型狀態方程式 (如 van der Waals、Redlich/Kwong、Soave/Redlich/Kwong 及 Peng/Robinson 方程式) 計算逸壓係數：

$$\ln \phi_i = Z_i - 1 - \ln(Z_i - \beta_i) - q_i I_i \tag{8.37}$$

其中 β_i 由 (3.50) 式表示，q_i 由 (3.51) 式表示，I_i 由 (6.65b) 式表示，並皆針對純物質而寫出。利用 (8.37) 式之前，必須在指定的 T 與 P 時，經由 (3.52) 式計算汽相的 Z_i 值，或由 (3.56) 式計算液相的 Z_i 值。

純物質的汽／液相平衡

當純物質 i 為同溫下的飽和蒸汽及飽和液體時，(8.31) 式所定義的逸壓，可分別寫為：

$$G_i^v = \Gamma_i(T) + RT \ln f_i^v \tag{8.38a}$$

$$G_i^l = \Gamma_i(T) + RT \ln f_i^l \tag{8.38b}$$

上列二式的差為
$$G_i^v - G_i^l = RT \ln \frac{f_i^v}{f_i^l}$$

此式用於表示在溫度 T 及飽和蒸汽壓 P_i^{sat} 時，由飽和液體變為飽和蒸汽時的改變。根據 (6.69) 式，$G_i^v - G_i^l = 0$；因此：

$$f_i^v = f_i^l = f_i^{sat} \tag{8.39}$$

其中 f_i^{sat} 表示飽和液相或飽和汽相的數值。因為飽和汽相與飽和液相在平衡時共存，(8.39) 式表示了一個基本原則：

> 當純物質的汽相及液相平衡共存時，它們具有相同的溫度、壓力與逸壓。[8]

逸壓係數的另一種表示法為：

$$\phi_i^{sat} = \frac{f_i^{sat}}{P_i^{sat}} \tag{8.40}$$

因此
$$\phi_i^v = \phi_i^l = \phi_i^{sat} \tag{8.41}$$

此式所表示的逸壓係數等式，亦適用於純物質的汽／液相平衡。

純液體的逸壓

純物質 i 為壓縮液體時的逸壓，可由以下數個容易估算的比率相乘而得：

$$f_i^l(P) = \underbrace{\frac{f_i^v(P_i^{sat})}{P_i^{sat}}}_{(A)} \underbrace{\frac{f_i^l(P_i^{sat})}{f_i^v(P_i^{sat})}}_{(B)} \underbrace{\frac{f_i^l(P)}{f_i^l(P_i^{sat})}}_{(C)} P_i^{sat}$$

上式所有項次都與溫度相關，但仔細觀察可發現，將相同的分子分母相消後，可得到恆等式。

比率 (A) 是純物質 i 在汽／液飽和壓力下的氣相逸壓係數，可標示為 ϕ_i^{sat}。由 (8.35) 式可得：

$$\ln \phi_i^{sat} = \int_0^{P_i^{sat}} (Z_i^v - 1) \frac{dP}{P} \qquad (\text{恆溫下}) \tag{8.42}$$

---

[8] 逸壓一字來自於拉丁文的字根，具有逃脫的意義，所以逸壓也可解釋為逃離現狀的趨勢。當兩相具有相同的逃離現狀趨勢時，它們達成平衡。

由 (8.39) 式可知比率 (B) 為 1。比率 (C) 的意義是壓力如何影響純液體 i 的逸壓，其數值可由 (6.10) 式在恆溫下積分求出：

$$G_i - G_i^{\text{sat}} = \int_{P_i^{\text{sat}}}^{P} V_i^l \, dP$$

再將 (8.31) 式分別對 G_i 及 G_i^{sat} 寫出，求此兩者的差值為

$$G_i - G_i^{\text{sat}} = RT \ln \frac{f_i}{f_i^{\text{sat}}}$$

上列二式所表示的 $G_i - G_i^{\text{sat}}$ 相等，因此可得

$$\ln \frac{f_i}{f_i^{\text{sat}}} = \frac{1}{RT} \int_{P_i^{\text{sat}}}^{P} V_i^l \, dP$$

所以比率 (C) 為

$$\frac{f_i^l(P)}{f_i^l(P_i^{\text{sat}})} = \exp \frac{1}{RT} \int_{P_i^{\text{sat}}}^{P} V_i^l \, dP$$

將三個比率代入原式中可得：

$$f_i = \phi_i^{\text{sat}} P_i^{\text{sat}} \exp \frac{1}{RT} \int_{P_i^{\text{sat}}}^{P} V_i^l \, dP \tag{8.43}$$

液相莫耳體積 V_i^l，在溫度低於 T_c 時是極微弱的壓力函數，因此通常假設 V_i^l 為常數並等於飽和液體體積，如此可得極佳的近似結果。因此上式可改寫為：

$$f_i = \phi_i^{\text{sat}} P_i^{\text{sat}} \exp \frac{V_i^l (P - P_i^{\text{sat}})}{RT} \tag{8.44}$$

其中指數項稱為 Poynting 因子。[9] 應用上式需要先知道幾個數據：

- Z_i^v 值，用以代入 (8.42) 式中以求得 ϕ_i^{sat}。這可由狀態方程式、實驗數據或一般化關聯式求得。
- 液相莫耳體積 V_i^l，通常以飽和液體體積作近似值。
- P_i^{sat} 值。

---

9 英國物理學家 John Henry Poynting (1852-1914)。

若由維里方程式最簡單的形式 (3.38) 式求 Z_i^v，則為：

$$Z_i^v - 1 = \frac{B_{ii}P}{RT} \qquad 且 \qquad \phi_i^{\text{sat}} = \exp\frac{B_{ii}P_i^{\text{sat}}}{RT}$$

(8.44) 式就可改寫成：

$$f_i = P_i^{\text{sat}} \exp\frac{B_{ii}P_i^{\text{sat}} + V_i^l(P - P_i^{\text{sat}})}{RT} \tag{8.45}$$

在下例中，水蒸汽與液態水的逸壓與逸壓係數為壓力的函數式，並由蒸汽表查得計算時所需的數據。

例 8.5 由蒸汽表的數據，計算水的 f_i 及 ϕ_i 並對 P 作圖。溫度為 300°C，壓力至 10,000 kPa (100 bar)。

解 在溫度為 T 時，應用 (8.31) 式寫成下列二式，前者為壓力 P 時；後者為低壓下的參考狀態，並以 * 表示：

$$G_i = \Gamma_i(T) + RT \ln f_i \qquad 及 \qquad G_i^* = \Gamma_i(T) + RT \ln f_i^*$$

經過整理後可得上二式的差值為：

$$\ln \frac{f_i}{f_i^*} = \frac{1}{RT}(G_i - G_i^*)$$

因為 $G_i = H_i - TS_i$ 及 $G_i^* = H_i^* - TS_i^*$，上式變為

$$\ln \frac{f_i}{f_i^*} = \frac{1}{R}\left[\frac{H_i - H_i^*}{T} - (S_i - S_i^*)\right] \tag{A}$$

在 300°C 時蒸汽表所列出的最低壓力為 1 kPa，我們假設在此狀態下水蒸汽可當作理想氣體，亦即 $f_i^* = P^* = 1$ kPa。在此狀態下參考點的數據為：

$$H_i^* = 3{,}076.8 \text{ J g}^{-1} \qquad S_i^* = 10.3450 \text{ J g}^{-1} \text{ K}^{-1}$$

在溫度為 300°C，且壓力由 1 kPa 至飽和壓力 8,592.7 kPa 時，(A) 式皆可適用。例如 $P = 4{,}000$ kPa 且 $T = 300$°C 時

$$H_i = 2{,}962.0 \text{ J g}^{-1} \qquad S_i = 6.3642 \text{ J g}^{-1} \text{ K}^{-1}$$

Chapter 8 溶液熱力學：理論部份

H 及 S 的數值必須乘以水的分子量 (18.015)，換算為每莫耳的數值後再代入 (A) 式：

$$\ln \frac{f_i}{f^*} = \frac{18.015}{8.314}\left[\frac{2,962.0 - 3,076.8}{573.15} - (6.3642 - 10.3450)\right] = 8.1917$$

所以 $f_i/(f^*) = 3,611.0$

$$f_i = (3,611.0)(f^*) = (3,611.0)(1 \text{ kpa}) = 3,611.0 \text{ kPa}$$

故 4,000 kPa 時的逸壓係數為：

$$\phi_i = \frac{f_i}{P} = \frac{3,611.0}{4,000} = 0.9028$$

同理可求得其他壓力下的數值，並繪於圖 8.3 上，其中壓力可高至飽和壓力 $P_i^{\text{sat}} = 8,592.7$ kPa，此時

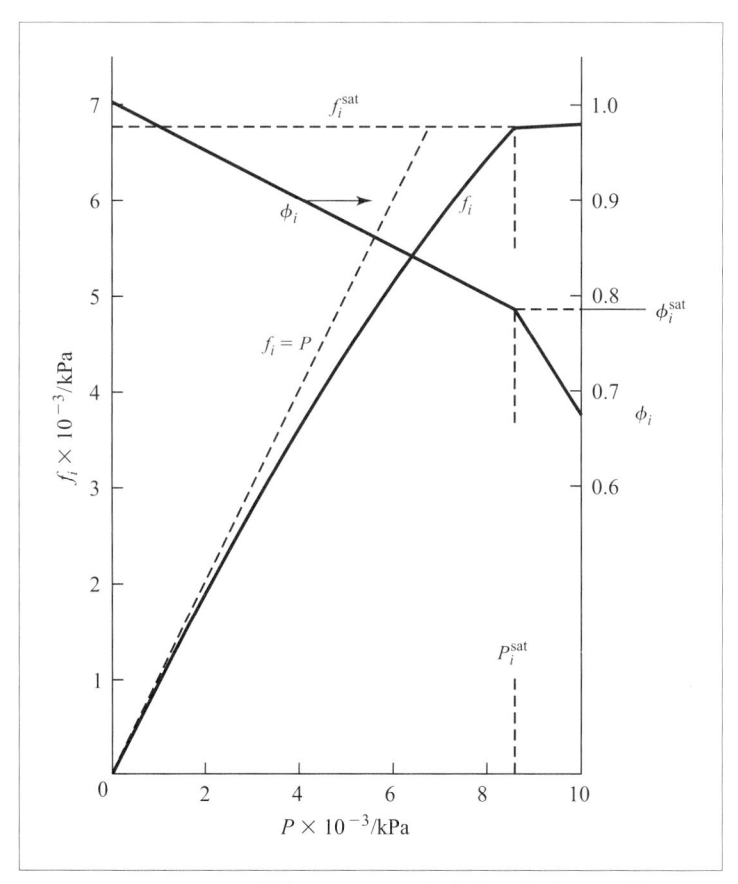

● 圖 8.3　水蒸汽在 300℃ 時的逸壓與逸壓係數

$$\phi_i^{\text{sat}} = 0.7843 \quad \text{及} \quad f_i^{\text{sat}} = 6{,}738.9 \text{ kPa}$$

由 (8.39) 及 (8.41) 式知，飽和點的數值不因冷凝而改變。雖然這些圖形為連續曲線，但其斜率具有不連續性。更高壓力下液態水的 f_i 及 ϕ_i 值可利用 (8.44) 式求得。令 V_i^l 等於 300°C 時液態水的莫耳體積：

$$V_i^l = (1.403)(18.015) = 25.28 \text{ cm}^3 \text{ mol}^{-1}$$

在壓力為 10,000 kPa 時，由 (8.44) 式可得：

$$f_i = (0.7843)(8{,}592.7)\exp\frac{(25.28)(10{,}000-8{,}592.7)}{(8{,}314)(573.15)} = 6{,}789.8 \text{ kPa}$$

此情況下液態水的逸壓係數為：

$$\phi_i = f_i/P = 6{,}789.8/10{,}000 = 0.6790$$

經如此的計算可完成圖 8.3，其中實線表示 f_i 及 ϕ_i 隨壓力而改變的情形。

隨著壓力的升高，f_i 曲線更加偏離理想氣體行為，理想氣體如虛線所示的 $f_i = P$。在 P_i^{sat} 時有一個明顯的不連續斜率，其上的曲線隨壓力的增加而極緩慢上升。因此 300°C 的液態水的逸壓只為微弱的壓力函數，這是液態物質在臨界溫度以下的特性。逸壓係數 ϕ_i 在壓力為零時等於 1，其後逐漸隨壓力的升高而下降，在液態區內下降極快，因為此時逸壓幾乎為一常數。

8.6 溶液中各成分的逸壓及逸壓係數

溶液中各成分的逸壓與純物質逸壓的定義是類似的。仿照 (8.29) 式理想氣體的表示法，我們可寫出成分 i 在真實氣體或液體溶液中的公式

$$\mu_i \equiv \Gamma_i(T) + RT \ln \hat{f}_i \tag{8.46}$$

其中 $\hat{f}_i$ 是溶液中 i 成分的逸壓，它用來表示 $y_i P$。因為它不是一個部份性質，因此不使用加橫線的符號表示。

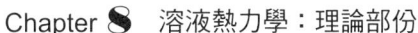

Chapter 8　溶液熱力學：理論部份

這項直接的定義顯示了極重要的應用性。(8.6) 式是相平衡的基本原則，因為各平衡相的溫度相同，因此可由 (8.46) 式知相平衡的另一種表示法為：

$$\boxed{\hat{f}_i^\alpha = \hat{f}_i^\beta = \cdots = \hat{f}_i^\pi} \qquad (i = 1, 2, \cdots, N) \tag{8.47}$$

因此在同溫同壓下，當每個成分在各相中的逸壓相等時，系統達到多相平衡。

這個相平衡原則常被化學工程師應用於求解相平衡的問題。

在多成分的汽／液相平衡特例中，(8.47) 式變為

$$\hat{f}_i^v = \hat{f}_i^l \qquad (i = 1, 2, \ldots, N) \tag{8.48}$$

當此關係式應用於純物質 i 的汽／液相平衡時，可得到 (8.39) 式。

有關剩餘性質，曾在 6.2 節中定義：

$$M^R \equiv M - M^{ig} \tag{6.41}$$

其中 M 是莫耳 (或單位質量) 的物性，M^{ig} 是在同樣溫度與壓力下，若該物質為理想氣體時的性質。關於部份剩餘性質 (partial residual property) $\bar{M}_i^R$ 亦可由上式定義的。將上式各項乘以混合物莫耳數 n 可得：

$$nM^R = nM - nM^{ig}$$

在恆定 T、P 及 n_j 時對 n_i 微分可得：

$$\left[\frac{\partial(nM^R)}{\partial n_i}\right]_{T,P,n_j} = \left[\frac{\partial(nM)}{\partial n_i}\right]_{T,P,n_j} - \left[\frac{\partial(nM^{ig})}{\partial n_i}\right]_{T,P,n_j}$$

依 (8.7) 式的定義，以上各項為部份莫耳性質的形式，因此，

$$\bar{M}_i^R = \bar{M}_i - \bar{M}_i^{ig} \tag{8.49}$$

因為剩餘性質是表示離理想氣體的程度，因此最適用於描述氣體的性質，但實際上剩餘性質也適用於液體的性質。

將 (8.49) 式應用於剩餘 Gibbs 自由能可得：

$$\bar{G}_i^R = \bar{G}_i - \bar{G}_i^{ig} \tag{8.50}$$

此式定義了部份剩餘 Gibbs 自由能。

在同樣溫度與壓力下，由 (8.46) 式減去 (8.29) 式可得：

$$\mu_i - \mu_i^{ig} = RT \ln \frac{\hat{f}_i}{y_i P}$$

由此結果及 (8.50) 式，以及 $\mu_i \equiv \bar{G}_i$ 定義可得

$$\bar{G}_i^R = RT \ln \hat{\phi}_i \tag{8.51}$$

其中定義了

$$\hat{\phi}_i \equiv \frac{\hat{f}_i}{y_i P} \tag{8.52}$$

此無因次比值 $\hat{\phi}_i$ 是溶液中 i 成分的逸壓係數。雖然它常用於氣體，逸壓係數也可用於液體，此時須將莫耳分率由 y_i 換為 x_i。由於 (8.29) 式是 (8.46) 式對理想氣體的特例，因此：

$$\hat{f}_i^{ig} = y_i P \tag{8.53}$$

因此理想氣體混合物中 i 成分的逸壓等於其分壓，所以 $\hat{\phi}_i^{ig} = 1$，理想氣體的 $\bar{G}_i^R = 0$。

剩餘性質的基本關係

為了推廣基本性質的關係式至剩餘性質，我們將 (8.2) 式轉變為另一種數學表示的形式 (亦使用於 6.1 節)：

$$d\left(\frac{nG}{RT}\right) \equiv \frac{1}{RT} d(nG) - \frac{nG}{RT^2} dT$$

在此式中，由 (8.2) 式消去 $d(nG)$，並以 $H - TS$ 取代 G。經過一些代數運算簡化後可得：

$$d\left(\frac{nG}{RT}\right) = \frac{nV}{RT} dP - \frac{nH}{RT^2} dT + \sum_i \frac{\bar{G}_i}{RT} dn_i \tag{8.54}$$

此式中各項都以莫耳為單位，與 (8.2) 式相比，(8.54) 式右邊存在焓的項而非熵的項。(8.54) 式是將 nG/RT 表示為其正則變數 T、P 與莫耳數的一般化公式。對一莫耳的恆定組成相，此式簡化為 (6.37) 式。(6.38) 及 (6.39) 式可由它們導出，其他的熱力學性質關係也可經由適當的定義公式得出。G/RT 表示為其正則變數的函數可用來計算其他熱力學性質，它包含了完整熱力學性質的資料。然而，我們並不直接利用這項特性，實際上我們利用其相關的性質，如剩餘 Gibbs 自由能。

因為 (8.54) 式是一般化的公式，我們可對理想氣體的特例寫出

$$d\left(\frac{nG^{ig}}{RT}\right) = \frac{nV^{ig}}{RT}dP - \frac{nH^{ig}}{RT^2}dT + \sum_i \frac{\overline{G}_i^{ig}}{RT}dn_i$$

由 (6.41) 及 (8.50) 式可知，從 (8.54) 式減去上式可得

$$\boxed{d\left(\frac{nG^R}{RT}\right) = \frac{nV^R}{RT}dP - \frac{nH^R}{RT^2}dT + \sum_i \frac{\overline{G}_i^R}{RT}dn_i} \quad (8.55)$$

(8.55) 式是基本的剩餘性質關係，如同在第 6 章中由 (6.10) 式導出 (6.42) 式一般，(8.55) 式可由 (8.2) 式導出。事實上，(6.10) 及 (6.42) 式是 (8.2) 及 (8.55) 式在一莫耳恆定組成流體時的特例。引入 (8.51) 式所定義的逸壓係數，可得到 (8.55) 式的另一種表示法：

$$\boxed{d\left(\frac{nG^R}{RT}\right) = \frac{nV^R}{RT}dP - \frac{nH^R}{RT^2}dT + \sum_i \ln\hat{\phi}_i\, dn_i} \quad (8.56)$$

(8.55) 及 (8.56) 式所表示的一般化公式，在特定限制條件下才具有實用性。將 (8.55) 及 (8.56) 式在恆溫及恆定組成時除以 dP，以及在恆壓及恆定組成時除以 dT 可分別得到：

$$\boxed{\frac{V^R}{RT} = \left[\frac{\partial(G^R/RT)}{\partial P}\right]_{T,x}} \quad (8.57) \qquad \boxed{\frac{H^R}{RT} = -T\left[\frac{\partial(G^R/RT)}{\partial T}\right]_{P,x}} \quad (8.58)$$

上兩式是 (6.43) 及 (6.44) 式在固定組成下的再次敘述。可導出 (6.46)、(6.48) 及 (6.49) 式，從體積數據計算剩餘性質。且 (8.57) 式可關聯至 (8.35) 式，因此其中

的逸壓係數可由體積數據求出。經由剩餘性質可使這類實驗數據實際應用於熱力學中。

由 (8.56) 式可得，

$$\ln \hat{\phi}_i = \left[\frac{\partial (nG^R/RT)}{n_i} \right]_{P,T,n_j} \tag{8.59}$$

此式顯示 $\ln \hat{\phi}_i$ 是 G^R/RT 的部份性質。

例 8.6 導出由壓縮係數數據計算 $\ln \hat{\phi}_i$ 的一般化公式。

解 對於 n 莫耳恆定組成的混合物，(6.49) 式變為：

$$\frac{nG^R}{RT} = \int_0^P (nZ - n) \frac{dP}{P}$$

在固定 T、P 與 n_j 時，如同 (8.59) 式將上式對 n_i 微分可得

$$\ln \hat{\phi}_i = \int_0^P \left[\frac{\partial (nZ-n)}{\partial n_i} \right]_{P,T,n_j} \frac{dP}{P}$$

因為 $\partial(nZ)/\partial n_i = \bar{Z}_i$ 且 $\partial n/\partial n_i = 1$，上式簡化為：

$$\ln \hat{\phi}_i = \int_0^P (\bar{Z}_i - 1) \frac{dP}{P} \tag{8.60}$$

其中積分是在恆溫及恆定組成下進行。此式是類似於 (8.35) 式的部份性質公式，經由此式可由 PVT 數據計算 $\hat{\phi}_i$。

利用維里狀態方程式計算逸壓係數

溶液中 i 成分的 $\hat{\phi}_i$ 值可由狀態方程式求出，最簡化的維里狀態方程式就是一個實用的例子。此方程式對氣體混合物或純物質的表示式是一樣的：

$$Z = 1 + \frac{BP}{RT} \tag{3.38}$$

混合物的第二維里係數 B 是溫度及組成的函數，它與組成的完整關係式可由

Chapter 8　溶液熱力學：理論部份

統計力學導出，使得維里方程式在低至中壓範圍內較其他狀態方程式更易於使用。此組成關係式為：

$$B = \sum_i \sum_j y_i y_j B_{ij} \tag{8.61}$$

其中 y 表示氣體混合物中的莫耳分率，下標 i 及 j 表示各成分，兩者在上式中皆加成混合物中的所有成分。維里係數 B_{ij} 表示二分子 i 及 j 之間的作用，因此 $B_{ij} = B_{ji}$，而上式中考慮所有可能的二分子間作用。

對二成分混合物而言，$i = 1, 2$ 及 $j = 1, 2$，將 (8.61) 式展開而得：

$$B = y_1 y_1 B_{11} + y_1 y_2 B_{12} + y_2 y_1 B_{21} + y_2 y_2 B_{22}$$

或

$$B = y_1^2 B_{11} + 2 y_1 y_2 B_{12} + y_2^2 B_{22} \tag{8.62}$$

以上出現兩種的維里係數：下標重複的 B_{11} 及 B_{22}，以及下標不同的 B_{12}。第一種為純物質的維里係數，第二種則為交互係數 (cross coefficient)，二者都只是溫度的函數。(8.61) 或 (8.62) 式表示混合物的係數與純物質係數或交互係數間的關係，稱為混合規則 (mixing rule)。

由 (8.62) 式可導出二成分氣體混合物中的 $\hat{\phi}_1$ 與 $\hat{\phi}_2$，且符合 (3.38) 式。對 n 莫耳的氣體混合物而言，

$$nZ = n + \frac{nBP}{RT}$$

對 n_1 微分可得：

$$\overline{Z}_1 \equiv \left[\frac{\partial (nZ)}{\partial n_1} \right]_{P,T,n_2} = 1 + \frac{P}{RT} \left[\frac{\partial (nB)}{\partial n_1} \right]_{T,n_2}$$

將 $\overline{Z}_1$ 代入 (8.60) 式中而得：

$$\ln \hat{\phi}_1 = \frac{1}{RT} \int_0^P \left[\frac{\partial (nB)}{\partial n_1} \right]_{T,n_2} dP = \frac{P}{RT} \left[\frac{\partial (nB)}{\partial n_1} \right]_{T,n_2}$$

上式中的積分非常簡單，因為 B 不是壓力的函數。因此只需要估算微分項的數

值。

(8.62) 式所表示的第二維里係數可表為：

$$B = y_1(1-y_2)B_{11} + 2y_1y_2B_{12} + y_2(1-y_1)B_{22}$$
$$= y_1B_{11} - y_1y_2B_{11} + 2y_1y_2B_{12} + y_2B_{22} - y_1y_2B_{22}$$

或

$$B = y_1B_{11} + y_2B_{22} + y_1y_2\delta_{12}$$

其中

$$\delta_{12} \equiv 2B_{12} - B_{11} - B_{22}$$

乘上 n 並代入 $y_i = n_i/n$ 後為：

$$nB = n_1B_{11} + n_2B_{22} + \frac{n_1n_2}{n}\delta_{12}$$

經由微分可得：

$$\left[\frac{\partial(nB)}{n_1}\right]_{T,n_2} = B_{11} + \left(\frac{1}{n} - \frac{n_1}{n^2}\right)n_2\,\delta_{12}$$
$$= B_{11} + (1-y_1)y_2\,\delta_{12} = B_{11} + y_2^2\,\delta_{12}$$

因此

$$\ln\hat{\phi}_1 = \frac{P}{RT}(B_{11} + y_2^2\,\delta_{12}) \tag{8.63a}$$

同理

$$\ln\hat{\phi}_2 = \frac{P}{RT}(B_{22} + y_1^2\,\delta_{12}) \tag{8.63b}$$

(8.63a) 與 (8.63b) 式可延伸使用於多成分氣體混合物中，其中通式為：[10]

$$\ln\hat{\phi}_k = \frac{P}{RT}\left[B_{kk} + \frac{1}{2}\sum_i\sum_j y_iy_j(2\delta_{ik} - \delta_{ij})\right] \tag{8.64}$$

其中下標 i 與 j 指全部的成分，且

$$\delta_{ik} \equiv 2B_{ik} - B_{ii} - B_{kk} \qquad \delta_{ij} \equiv 2B_{ij} - B_{ii} - B_{jj}$$

且 $\delta_{ii} = 0$, $\delta_{kk} = 0$, 等　　　及　　$\delta_{ki} = \delta_{ik}$, 等

---

[10] H. C. Van Ness and M. M. Abbott, *Classical Thermodynamics of Nonelectrolyte Solutions: With Applications to Phase Equilibria*, pp. 135-140, McGraw-Hill, New York, 1982.

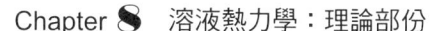

Chapter 8 溶液熱力學：理論部份

例 8.7 利用 (8.63) 式，計算 200 K 及 30 bar 時，含有 40 mol% 氮氣之氮氣(1)／甲烷(2) 混合物的逸壓係數。維里係數的實驗值為：

$$B_{11} = -35.2 \qquad B_{22} = -105.0 \qquad B_{12} = -59.8 \text{ cm}^3 \text{ mol}^{-1}$$

解 由定義知，$\delta_{12} = 2B_{12} - B_{11} - B_{22}$。因此，

$$\delta_{12} = 2(-59.8) + 35.2 + 105.0 = 20.6 \text{ cm}^3 \text{ mol}^{-1}$$

將此數值代入 (8.63) 兩式中可得：

$$\ln \hat{\phi}_1 = \frac{30}{(83.14)(200)}[-35.2 + (0.6)^2(20.6)] = -0.0501$$

$$\ln \hat{\phi}_2 = \frac{30}{(83.14)(200)}[-105.0 + (0.4)^2(20.6)] = -0.1835$$

所以， $\hat{\phi}_1 = 0.9511$ 及 $\hat{\phi}_2 = 0.8324$

請注意，混合物的第二維里係數可由 (8.62) 式可求得，為 $B = -72.14 \text{ cm}^3 \text{ mol}^{-1}$，再代入 (3.38) 式可得混合物的壓縮係數為 $Z = 0.870$。

8.7 逸壓係數的一般化關聯

在此節中，將 3.6 節所導出對壓縮係數 Z 的一般化計算法，及 6.7 節對氣體剩餘焓及熵的一般計算法應用於逸壓係數。代入下列關係式可將 (8.35) 式表示為一般化的形式，

$$P = P_c P_r \qquad dP = P_c \, dP_r$$

因此

$$\ln \phi_i = \int_0^{P_r} (Z_i - 1) \frac{dP_r}{P_r} \tag{8.65}$$

其中積分是在恆定 T_r 下進行。將 (3.57) 式代入 Z_i 可得：

$$\ln \phi = \int_0^{P_r} (Z^0 - 1) \frac{dP_r}{P_r} + \omega \int_0^{P_r} Z^1 \frac{dP_r}{P_r}$$

其中為了方便起見而省略下標 i。此式也可寫為另一形式：

$$\ln \phi = \ln \phi^0 + \omega \ln \phi^1 \tag{8.66}$$

其中 $\quad \ln \phi^0 \equiv \int_0^{P_r} (Z^0 - 1) \dfrac{dP_r}{P_r} \quad$ 及 $\quad \ln \phi^1 \equiv \int_0^{P_r} Z^1 \dfrac{dP_r}{P_r}$

可利用附錄 E 中表 E.1 至 E.4 所列出在各 T_r 及 P_r 時 Z^0 與 Z^1 的數據，以數值法或圖形法計算上列各式的積分。另一種方法則是 Lee 及 Kesler 所採用的，他們將狀態方程式的關聯式延伸至逸壓係數來作計算。

(8.66) 式亦可寫為

$$\phi = (\phi^0)(\phi^1)^\omega \tag{8.67}$$

所以我們也可寫出 ϕ^0 及 ϕ^1 的關聯式，而不必求它們的對數值。表 E.13 及 E.16 即是如此表示，由 Lee/Kesler 關聯式將 ϕ^0 及 ϕ^1 寫成 T_r 及 P_r 的函數，並由此得到逸壓係數的三參數一般化關聯式。亦可只使用表 E.13 及 E.15 的 ϕ^0 而為兩參數關聯式，不引入離心係數加以修正。

例 8.8 利用 (8.67) 式估算正丁烯在 200°C 及 70 bar 時的逸壓。

解 此題的狀態與例 6.9 相同，因此：

$$T_r = 1.127 \qquad P_r = 1.731 \qquad \omega = 0.191$$

在此狀態下，由表 E.15 及 E.16 內插可得，

$$\phi^0 = 0.627 \qquad 及 \qquad \phi^1 = 1.096$$

由 (8.67) 式可得：

$$\phi = (0.627)(1.096)^{0.191} = 0.638$$

及

$$f = \phi P = (0.638)(70) = 44.7 \text{ bar}$$

若簡單的維里方程式適用時，則可得到實用的 $\ln \phi$ 一般化關聯式。結合 (3.61) 及 (3.63) 式可得：

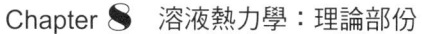

Chapter 8　溶液熱力學：理論部份

$$Z - 1 = \frac{P_r}{T_r}(B^0 + \omega B^1)$$

代入 (8.65) 式中並積分後為：

$$\ln \phi = \frac{P_r}{T_r}(B^0 + \omega B^1)$$

或

$$\phi = \exp\left[\frac{P_r}{T_r}(B^0 + \omega B^1)\right] \tag{8.68}$$

當 Z 與壓力約為線性關係時，將上式與 (3.65) 及 (3.66) 式聯用，對非極性或弱極性氣體的 ϕ 值可得到滿意的結果。圖 3.14 可再次作為其適用範圍的參考依據。

在 6.7 節中曾介紹，在應用一般化的維里係數關聯式來計算 H^R/RT_c 及 S^R/R 時，可使用函數 HRB(TR,PR,OMEGA) 及 SRB(TR,PR,OMEGA)。我們同樣在此引入函數 PHIB(TR,PR,OMEGA) 來計算 ϕ：

$$\phi = \text{PHIB(TR,PR,OMEGA)}$$

此式將 (8.68) 式與 (3.65) 及 (3.66) 式結合，相關的電腦程式列於附錄 D 中。例如正丁烯蒸汽在例 6.9 步驟 (b) 的條件下，其 ϕ 值為：

$$\text{PHIB}(0.650, 0.0316, 0.191) = 0.956$$

延伸至混合物

上述的一般化關聯式僅針對純氣體而已。在下列章節中，我們將敘述如何利用一般化的維里方程式計算氣體混合物中各成分的逸壓係數 $\hat{\phi}_i$。

利用第二維里係數的數據以計算 $\ln \hat{\phi}_k$ 的通式，可由 (8.64) 式表示。純物質的維里係數 B_{kk}、B_{ii} 等可由 (3.62)、(3.63)、(3.65) 及 (3.66) 式等一般化關聯式求出。交錯係數 B_{ik}、B_{ij} 等可由同樣的關聯式延伸求得。因此 (3.63) 式可再寫為更一般化的形式：[11]

$$\hat{B}_{ij} = B^0 + \omega_{ij} B^1 \tag{8.69a}$$

---

[11] J. M. Prausnitz, R. N. Lichtenthaler, and E. G. de Azevedo, *Molecular Thermodynamics of Fluid-Phase Equilibria*, 2nd ed., pp. 132 and 162, Prentice-Hall, Englewood Cliffs, NJ. 1986.

其中 $$\hat{B}_{ij} \equiv \frac{B_{ij}P_{cij}}{RT_{cij}} \tag{8.69b}$$

B^0 及 B^1 可由與 (3.65) 及 (3.66) 式相同的 T_r 函數表示。計算 ω_{ij}、T_{cij} 及 P_{cij} 的結合規則 (combining rules) 由 Prausnitz 提出如下：

$\omega_{ij} = \dfrac{\omega_i + \omega_j}{2}$	(8.70)	$T_{cij} = (T_{ci}T_{cj})^{1/2}(1-k_{ij})$	(8.71)
$P_{cij} = \dfrac{Z_{cij}RT_{cij}}{V_{cij}}$	(8.72)	$Z_{cij} = \dfrac{Z_{ci}+Z_{cj}}{2}$	(8.73)

$$V_{cij} = \left(\frac{V_{ci}^{1/3}+V_{cj}^{1/3}}{2}\right)^3 \tag{8.74}$$

(8.71) 式中的 k_{ij} 是 $i+j$ 一對分子間的經驗作用力參數。當 $i=j$ 時表示相同的化學物質，$k_{ij}=0$。否則它是一個較小的正數，並可由 PVT 數據求得，若無 PVT 數據可利用時，其值可設為零。當 $i=j$ 時，所有的公式簡化為純物質的形式。當 $i \ne j$ 時將定義出一組不具物理意義的作用力參數。每一對 ij 分子的對比溫度為 $T_{rij} \equiv T / T_{cij}$。例如，由 (8.69b) 式所得的 B_{ij} 代入 (8.61) 式中可得到混合物的第二維里係數 B，且可代入 (8.64) 式 [二成分的 (8.63) 式] 而求得 $\ln \hat{\phi}_i$ 值。

一般化第二維里係數關聯式的主要優點在於其簡單性，更準確但也更複雜的關聯公式可參考其他文獻。[12]

例 8.9 在 50°C 及 25 kPa 時，由 (8.63) 式估算等莫耳混合物丁酮(1)／甲苯(2) 的 $\hat{\phi}_1$ 與 $\hat{\phi}_2$ 值。令 $k_{ij}=0$。

解 本題所需要的數據如下：

---

[12] C. Tsonopoulos, *AIChE J.*, vol. 20, pp. 263-272, 1974, vol. 21, pp. 827-829, 1975, vol. 24, pp. 1112–1115, 1978.; C. Tsonopoulos, *Adv. in CheMistry Series 182*, pp.143-162, 1979; J. G. Hayden and J. P. O'Connell, *Ind. Eng. Chem. Proc. Des. Dev.*, vol. 14, pp. 209-216, 1975; D. W. McCann and R. P. Danner, *Ibid.*, vol. 23, pp. 529–533, 1984; J. A. Abusleme and J. H. Vera, *AIChE J.*, vol. 35, pp. 481-489, 1989.

ij	T_{cij}/K	P_{cij}/bar	V_{cij}/cm^3 mol^{-1}	Z_{cij}	ω_{ij}
11	535.5	41.5	267.	0.249	0.323
22	591.8	41.1	316.	0.264	0.262
12	563.0	41.3	291.	0.256	0.293

其中最後兩行的值是由 (8.70) 至 (8.74) 式計算而得。對每一對 ij 成分由 (3.65)、(3.66) 及 (8.69) 式計算所得的 B^0、B^1、B_{ij} 及 T_{rij} 數值，列於下表：

ij	T_{rij}	B^0	B^1	B_{ij}/cm^3 mol^{-1}
11	0.603	−0.865	−1.300	−1,387
22	0.546	−1.028	−2.045	−1,860
12	0.574	−0.943	−1.632	−1,611

由 δ_{12} 的定義可計算得到

$$\delta_{12} = 2B_{12} - B_{11} - B_{22} = 2(-1,611) + 1,387 + 1,860 = 25 \text{ cm}^3 \text{ mol}^{-1}$$

由 (8.63) 式計算可得

$$\ln \hat{\phi}_1 = \frac{P}{RT}(B_{11} + y_2^2 \delta_{12}) = \frac{25}{(8,314)(323.15)}[-1,387 + (0.5)^2(25)] = -0.0128$$

$$\ln \hat{\phi}_2 = \frac{P}{RT}(B_{22} + y_1^2 \delta_{12}) = \frac{25}{(8,314)(323.15)}[-1,860 + (0.5)^2(25)] = -0.0172$$

因此　　$\hat{\phi}_1 = 0.987$　　且　　$\hat{\phi}_2 = 0.983$

此結果代表了低壓下汽／液相平衡中汽相的典型數值。

8.8　理想溶液的模式

由理想氣體混合物模式可將化學勢寫成：

$$\mu_i^{ig} \equiv \overline{G}_i^{ig} = G_i^{ig}(T, P) + RT \ln y_i \tag{8.24}$$

上式最後一項是與組成相關項次的最簡單形式，可應用於高濃度氣體與液體。

但 $G_i^{ig}(T,P)$ 項除了對理想氣體外，對其他純物質並不適用。若將 (8.24) 式作適當的延伸，則可將 $G_i^{ig}(T,P)$ 以 $G_i(T,P)$ 取代，也就是純物質 i 在真實物理狀態 (真實氣體、液體或固體) 下的 Gibbs 自由能。我們因此**定義**理想溶液為：

$$\mu_i^{id} \equiv \bar{G}_i^{id} = G_i(T,P) + RT \ln x_i \tag{8.75}$$

其中上標 id 表示理想溶液性質。此處的莫耳分率以 x_i 表示，即反應出此式主要應用於液體。理想氣體混合物可視為上式的特例，而當作汽相理想溶液，此時則需將 (8.75) 式中的 x_i 換為 y_i。

由上式可導出理想溶液中所有其他熱力學性質。將 (8.75) 式在恆壓及恆定組成下對溫度微分，再與 (8.18) 式結合，則可對理想溶液寫出其部份體積為：

$$\bar{V}_i^{id} = \left(\frac{\partial \bar{G}_i^{id}}{\partial P}\right)_{T,x} = \left(\frac{\partial G_i}{\partial P}\right)_T$$

由 (8.4) 式可知，$(\partial G_i/\partial T)_T = V_i$；所以上式變為，

$$\bar{V}_i^{id} = V_i \tag{8.76}$$

同理，由 (8.19) 式的結果可得

$$\bar{S}_i^{id} = -\left(\frac{\partial \bar{G}_i^{id}}{\partial T}\right)_{P,x} = -\left(\frac{\partial G_i}{\partial T}\right)_P - R \ln x_i$$

且由 (8.5) 式可得

$$\bar{S}_i^{id} = S_i - R \ln x_i \tag{8.77}$$

因為 $\bar{H}_i^{id} = \bar{G}_i^{id} + T\bar{S}_i^{id}$，將 (8.75) 及 (8.77) 式代入可得：

$$\bar{H}_i^{id} = G_i + RT \ln x_i + TS_i - RT \ln x_i$$

即

$$\bar{H}_i^{id} = H_i \tag{8.78}$$

(8.11) 式所表示的加成關係可應用於理想溶液的特例：

$$M^{id} = \sum_i x_i \bar{M}_i^{id}$$

應用 (8.75) 至 (8.78) 式可得：

Chapter 8　溶液熱力學：理論部份

$$G^{id} = \sum_i x_i G_i + RT \sum_i x_i \ln x_i \quad (8.79)$$

$$S^{id} = \sum_i x_i S_i - R \sum_i x_i \ln x_i \quad (8.80)$$

$$V^{id} = \sum_i x_i V_i \quad (8.81)$$

$$H^{id} = \sum_i x_i H_i \quad (8.82)$$

若例 8.3 中由甲醇(1) 與水(2) 所形成的混合物為理想溶液，則最後的體積可由 (8.81) 式求得，而體積 V 對莫耳分率 x_1 為線性關係，圖形為一直線，連接 $x_1 = 0$ 的 V_2 與 $x_1 = 1$ 的 V_1 兩個純物質的端點。當 $x_1 = 0.3$ 時，若用 V_1 及 V_2 代替部份體積，則可算出：

$$V_1^t = 983 \qquad V_2^t = 1{,}017 \text{ cm}^3$$

此二數值皆低估了約 3.4%

Lewis / Randall 規則

理想溶液中某成分的逸壓與組成的關係式相當簡單。(8.46) 和 (8.31) 式為：

$$\mu_i \equiv \Gamma_i(T) + RT \ln \hat{f}_i \quad (8.46)$$

$$G_i \equiv \Gamma_i(T) + RT \ln f_i \quad (8.31)$$

兩者相減可得一般化方程式：

$$\mu_i = G_i + RT \ln (\hat{f}_i / f_i)$$

若為理想溶液的特例時：

$$\mu_i^{id} \equiv \overline{G}_i^{id} = G_i + RT \ln (\hat{f}_i^{id} / f_i)$$

與 (8.75) 式對比，則可得：

$$\hat{f}_i^{id} = x_i f_i \quad (8.83)$$

此式稱為 Lewis/Randall 規則，適用於所有溫度、壓力及組成時理想溶液中的每一成分。此式顯示理想溶液中每一物質的逸壓正比於其莫耳分率，其比例常數為與溶液相同溫度、壓力及物理狀態下純物質 i 的逸壓。將 (8.83) 式兩邊各除以

P_{xi}，並將 $\hat{f}_i^{id}/x_i P$ 表為 $\hat{\phi}_i^{id}$ [(8.52) 式]，將 f_i/P 表為 ϕ_i [(8.34) 式]，可得下列表示式：

$$\hat{\phi}_i^{id} = \phi_i \tag{8.84}$$

因此在理想溶液中 i 物質的逸壓係數，等於在相同 T、P 與物理狀態下純物質 i 的逸壓係數。因為拉午耳定律中假設液相為理想溶液，因此符合拉午耳定律的系統即為理想溶液。之前曾提到過，若溶液中各組成為化學性質相似的小分子，則該溶液近似於理想溶液。異構物的混合物即為一例，而元素周期表同族的鄰近物質，其混合物也符合此特徵。

8.9 過剩性質

剩餘 Gibbs 自由能及逸壓係數都可經由 (6.49)、(8.35) 及 (8.60) 式，而與 PVT 實驗數據直接關聯。PVT 數據可由狀態方程式作適當的迴歸，而熱力學性質可由剩餘性質求得。若所有的流體皆可利用狀態方程式表示，則熱力學關係式的表達已經足夠了。然而在處理液體溶液的問題時，較簡單的方式是使用液體溶液偏離理想溶液的程度，而非偏離理想氣體的程度。因此我們定義了過剩性質 (excess properties)，而其數學表示法類似於剩餘性質。

以 M 代表任一莫耳 (或單位質量) 的量顯熱力學性質 (如 V、U、H、S、G 等)。過剩性質 M^E 的**定義**，為真實溶液的性質，與同溫、同壓及同組成之理想溶液性質的差異，即

$$\boxed{M^E \equiv M - M^{id}} \tag{8.85}$$

例如， $G^E \equiv G - G^{id}$ $\qquad$ $H^E \equiv H - H^{id}$ $\qquad$ $S^E \equiv S - S^{id}$

以及 $\qquad G^E = H^E - TS^E$ (8.86)

上式由 (8.85) 式以及 G 的定義式 (6.3) 式而得。

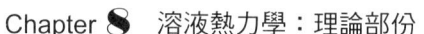

Chapter 8　溶液熱力學：理論部份

M^E 的定義，與 (6.41) 式對剩餘性質的定義是相似的。實際上，過剩性質與剩餘性質間存在一個簡單的關係，由 (6.41) 式與 (8.85) 式相減而得：

$$M^E - M^R = -(M^{id} - M^{ig})$$

因為理想氣體混合物是由理想氣體所形成的理想溶液，所以將 M_i 改換為 M_i^{ig} 時，(8.79) 至 (8.82) 式變成 M^{ig} 的表示式。例如 (8.82) 式變成 (8.25) 式；(8.80) 式變成 (8.26) 式；而 (8.79) 式變成 (8.27) 式。由 M^{id} 及 M^{ig} 的方程式，可導出其差值的一般化表示式為：

$$M^{id} - M^{ig} = \sum_i x_i M_i - \sum_i x_i M_i^{ig} = \sum_i x_i M_i^R$$

其中含有對數項的部份已在相減的過程中消去。由上式可得下列結果：

$$M^E = M^R - \sum_i x_i M_i^R \tag{8.87}$$

過剩性質對純物質並無意義，但剩餘性質對純物質及混合物皆存在。

如同 (8.49) 式，我們可寫出部份性質的關係式為：

$$\bar{M}_i^E = \bar{M}_i - \bar{M}_i^{id} \tag{8.88}$$

其中 $\bar{M}_i^E$ 是部份過剩性質。過剩性質關係的證明與剩餘性質相同，並得到類似的結果，以 (8.54) 式寫出為理想溶液下的式子，再以原式減去可得：

$$\boxed{d\left(\frac{nG^E}{RT}\right) = \frac{nV^E}{RT} dP - \frac{nH^E}{RT^2} dT + \sum_i \frac{\bar{G}_i^E}{RT} dn_i} \tag{8.89}$$

此式即為過剩性質的基本公式，並類似於 (8.55) 式的剩餘性質的基本公式。

在物性 M，剩餘性質 M^R，以及過剩性質 M^E 之間實際的相似關係式，列於表 8.1 中。所列的公式皆為基本物性間的關係式，其中 (8.4) 及 (8.5) 式曾在前述章節中出現。

表 8.1　Gibbs 自由能及其他相關性質關係式的整理

M 與 G 的關係	M^R 與 G^R 的關係	M^E 與 G^E 的關係
$V = (\partial G/\partial P)_{T,x}$　(8.4)	$V^R = (\partial G^R/\partial P)_{T,x}$	$V^E = (\partial G^E/\partial P)_{T,x}$
$S = -(\partial G/\partial T)_{P,x}$　(8.5)	$S^R = -(\partial G^R/\partial T)_{P,x}$	$S^E = -(\partial G^E/\partial T)_{P,x}$
$H = G + TS$ $\quad = G - T(\partial G/\partial T)_{P,x}$ $\quad = -RT^2\left[\dfrac{\partial (G/RT)}{\partial T}\right]_{P,x}$	$H^R = G^R + TS^R$ $\quad = G^R - T(\partial G^R/\partial T)_{P,x}$ $\quad = -RT^2\left[\dfrac{\partial (G^R/RT)}{\partial T}\right]_{P,x}$	$H^E = G^E + TS^E$ $\quad = G^E - T(\partial G^E/\partial T)_{P,x}$ $\quad = -RT^2\left[\dfrac{\partial (G^E/RT)}{\partial T}\right]_{P,x}$
$C_P = (\partial H/\partial T)_{P,x}$ $\quad = -T(\partial^2 G/\partial T^2)_{P,x}$	$C_P^R = (\partial H^R/\partial T)_{P,x}$ $\quad = -T(\partial^2 G^R/\partial T^2)_{P,x}$	$C_P^E = (\partial H^E/\partial T)_{P,x}$ $\quad = -T(\partial^2 G^E/\partial T^2)_{P,x}$

例 8.10　(a) 若 C_P^E 為與溫度無關的常數，試求 G^E、S^E 及 H^E 的溫度函數表示式。
(b) 利用 (a) 小題導出的結果，針對苯(1)／正己烷(2) 等莫耳組成溶液，求出在 323.15 K 時的 G^E、S^E 及 H^E 值。對此等莫耳組成溶液而言，在 298.15 K 時的過剩性質為：

$$C_P^E = -2.86 \text{ J mol}^{-1}\text{ K}^{-1} \qquad H^E = 897.9 \text{ J mol}^{-1} \qquad G^E = 384.5 \text{ J mol}^{-1}$$

解　(a) 令 $C_P^E = a$，其中 a 為常數。由表 8.1 最後一行知：

$$C_P^E = -T\left(\frac{\partial^2 G^E}{\partial T^2}\right)_{P,x}$$

因此

$$\left(\frac{\partial^2 G^E}{\partial T^2}\right)_{P,x} = -\frac{a}{T}$$

積分可得：

$$\left(\frac{\partial G^E}{\partial T}\right)_{P,x} = -a\ln T + b$$

其中 b 為積分常數。再積分可得：

Chapter 8　溶液熱力學：理論部份

$$G^E = -a(T\ln T - T) + bT + c \qquad (A)$$

其中 c 為另一個積分常數。因為表 8.1 中所列 $S^E = -(\partial G^E / \partial T)_{P,x}$，可得

$$S^E = a\ln T - b \qquad (B)$$

由於 $H^E = G^E + TS^E$，結合 (A) 及 (B) 式可得

$$H^E = aT + c \qquad (C)$$

(b) 令 $C_{P_0}^E$、H_0^E 及 G_0^E 代表 $T_0 = 298.15$ K 時各過剩性質的數值。因 C_P^E 為常數，所以 $a = C_{P_0}^E = -2.86$。

由 (A) 得，

$$c = H_0^E - aT_0 = 1,750.6$$

由 (C) 式得，

$$b = \frac{G_0^E + a(T_0 \ln T_0 - T_0) - c}{T_0} = -18.0171$$

將已知數值代入 (A)、(B) 及 (C) 式，在 $T = 323.15$ 時得：

$$G^E = 344.4 \text{ J mol}^{-1} \qquad S^E = 1.492 \text{ J mol}^{-1} \text{ K}^{-1}$$

$$H^E = 826.4 \text{ J mol}^{-1}$$

過剩 Gibbs 自由能及活性係數

過剩 Gibbs 自由能有特別的意義。(8.46) 式可寫為

$$\overline{G}_i = \Gamma_i(T) + RT \ln \hat{f}_i$$

在理想溶液時，應用 (8.83) 式可得：

$$\overline{G}_i^{id} = \Gamma_i(T) + RT \ln x_i f_i$$

上列二式的差異為，

$$\overline{G}_i - \overline{G}_i^{id} = RT \ln \frac{\hat{f}_i}{x_i f_i}$$

上式左邊為部份過剩 Gibbs 自由能 $\bar{G}_i^E$，右邊的無因次比 $\hat{f}_i/x_i f_i$ 稱為溶液中 i 成分的活性係數 (activity coefficient)，並以符號 γ_i 表示，其**定義**為：

$$\boxed{\gamma_i \equiv \frac{\hat{f}_i}{x_i f_i}} \tag{8.90}$$

因此
$$\boxed{\bar{G}_i^E = RT \ln \gamma_i} \tag{8.91}$$

這些公式建立了活性係數的熱力學推導基礎，活性係數曾應用於 7.5 節所述的拉午耳定律中，以考慮液相的非理想性質。比較上式與 (8.51) 式，可知在 (8.91) 式中 γ_i 與 $\bar{G}_i^E$ 的關係，正如 (8.51) 式中 $\hat{\phi}_i$ 與 $\bar{G}_i^R$ 的關係。理想溶液的 $\bar{G}_i^E = 0$，所以理想溶液的 $\gamma_i = 1$。

將 (8.88) 式寫成過剩 Gibbs 自由能的形式，並結合 (8.91) 式，可得另一個重要的關係式

$$RT \ln \gamma_i = \bar{G}_i - \bar{G}_i^{id}$$

將最後一項以 (8.75) 式代入，並重新整理後可得：

$$\bar{G}_i \equiv \mu_i = G_i + RT \ln \gamma_i x_i \tag{8.92}$$

這個公式可用來作活性係數的另一個定義式。

由 (8.92) 式及其推導過程，我們亦可得出下列這組公式：

$$\mu_i^{ig} = G_i^{ig} + RT \ln y_i \tag{8.24}$$

$$\mu_i^{id} = G_i + RT \ln x_i \tag{8.75}$$

$$\mu_i = G_i + RT \ln \gamma_i x_i \tag{8.92}$$

上面第一個公式顯示了理想氣體混合物模型的重要性。第二個式子是在理想溶液的條件下，式中保留了與組成相關的項次，但與第一式不同處在於它也包含了純物質的真實性質。第三個公式引入了活性係數，因此可表達溶液完整的真實性質。

過剩性質關係式

(8.89) 式的另一個形式，是結合 (8.91) 式而引入活性係數：

$$d\left(\frac{nG^E}{RT}\right) = \frac{nV^E}{RT}dP - \frac{nH^E}{RT^2}dT + \sum_i \ln \gamma_i \, dn_i \tag{8.93}$$

這種一般化的公式無法直接使用，但經由限定條件 (如恆定溫度與組成)，可由上式推導出較具實用意義的下列公式：

$$\frac{V^E}{RT} = \left[\frac{\partial (G^E/RT)}{\partial P}\right]_{T,x} \tag{8.94}$$

$$\frac{H^E}{RT} = -T\left[\frac{\partial (G^E/RT)}{\partial T}\right]_{P,x} \tag{8.95}$$

$$\ln \gamma_i = \left[\frac{\partial (nG^E/RT)}{\partial n_i}\right]_{P,T,n_j} \tag{8.96}$$

(8.93) 至 (8.96) 各式類似於 (8.56) 至 (8.59) 式的剩餘性質。剩餘性質的優點，在於與 PVT 實驗數據及狀態方程式直接相關，而過剩性質如 V^E、H^E 及 γ_i 也與實驗結果有關。活性係數可經由汽／液相平衡數據求出，V^E 及 H^E 則可經由混合性質的實驗結果求得，這些課題在後續章節中討論。

(8.96) 式證明 $\ln \gamma_i$ 是 G^E/RT 的部份性質。它類似於 (8.59) 式所表示的 $\ln \hat{\phi}_i$ 與 G^R/RT 的關係。類似於 (8.94) 及 (8.95) 式的部份性質表示式為

$$\left(\frac{\partial \ln \gamma_i}{\partial P}\right)_{T,x} = \frac{\bar{V}_i^E}{RT} \tag{8.97}$$

$$\left(\frac{\partial \ln \gamma_i}{\partial T}\right)_{P,x} = -\frac{\bar{H}_i^E}{RT^2} \tag{8.98}$$

這些公式可計算壓力與溫度對活性係數的影響。

因為 $\ln \gamma_i$ 是 G^E/RT 的部份性質，我們可寫出加成關係式及 Gibbs/Duhem 公式：

$$\frac{G^E}{RT} = \sum_i x_i \ln \gamma_i \tag{8.99}$$

$$\sum_i x_i d\ln \gamma_i = 0 \qquad \text{(恆定 } T \text{ 與 } P \text{ 時)} \tag{8.100}$$

這些公式在熱力學相平衡的計算上有重要的應用。

壓力及溫度對過剩 Gibbs 自由能的影響，可由 (8.94) 及 (8.95) 式直接計算。例如在 25°C 及 1 bar 時，等莫耳的苯與環己烷混合物的過剩體積為 0.65 cm^3 mol^{-1}，其過剩焓約為 800 J mol^{-1}，因此在這些情況下，

$$\left[\frac{\partial(G^E/RT)}{\partial P}\right]_{T,x} = \frac{0.65}{(83.14)(298.15)} = 2.62 \times 10^{-5} \text{ bar}^{-1}$$

$$\left[\frac{\partial(G^E/RT)}{\partial T}\right]_{P,x} = \frac{-800}{(8.314)(298.15)^2} = -1.08 \times 10^{-3} \text{ K}^{-1}$$

由以上的結果可以看出很特別的一點，就是壓力改變約 40 bar 時對 Gibbs 自由能的影響，約等於溫度改變 1 K 所產生的影響。應用 (8.97) 及 (8.98) 式計算，亦得相同的結果。這是因為在低壓下，壓力對液體的過剩 Gibbs 自由能以及活性係數的影響通常是可忽略的。

(8.54) 式將 G/RT 這個正則狀態方程式表示為 T、P 及組成的函數，如同該基本剩餘性質關係式，(8.55) 及 (8.56) 式的基本過剩性質關係式也可以將過剩性質表示為 PVT 狀態方程式，或是一般化 PVT 關聯式的函數。為了要完整表達物性資料，除了 PVT 數據外，我們亦需要系統中各成分的理想氣體狀態的熱容量。將 G^E/RT 表示為其正則變數 (T、P 及組成) 的函數時，(8.89) 或 (8.93) 式所表示的基本過剩性質關係可提供完整的過剩性質資料。然而由過剩性質所提供的資料卻不及由剩餘性質完整，因為前者並未提及純物質的性質。

過剩性質的本質

液體混合物的特別行為可表現於過剩性質上。最主要的過剩性質是 G^E、H^E 與 S^E。過剩 Gibbs 自由能可由汽／液相平衡數據整理而得，H^E 則可經由混合物實驗而得 (見第 9 章所述)。過剩熵不可直接測得，而是經由 (8.86) 式求出：

$$S^E = \frac{H^E - G^E}{T}$$

過剩性質受到溫度的影響很大，而不大受到壓力的影響。過剩性質隨組成的變化，可參見圖 8.4 表示的六種二成分液體混合物，其環境條件為 50°C 及大氣壓

力。為維持單位的一致性如 (8.86) 式所述，圖中以 TS^E 的乘積表示熵，而不用 S^E。雖然這些二成分系統的圖形不盡相同，但具有以下共同的特點：

1. 當組成趨近於任一純物質時，所有的過剩性質皆變為零。
2. 雖然 G^E 對 x_1 的作圖大致呈現拋物線的形式，H^E 及 TS^E 卻各自保有個別的組成相依關係。
3. 當一個過剩性質 M^E 只具有單一的正或負值時 (如六個情況中的 G^E)，M^E 的極值 (最大值或最小值) 常發生在組成為等莫耳處。

特性 1 是 (8.85) 式的定義公式的結果，當任一 x_i 趨近一時，M 及 M^{id} 皆趨近於純物質 i 的性質 M_i。特性 2 及特性 3 是基於觀察所得的一般化結果，但也有例外的情況 (例如乙醇／水系統中的 H^E)。

有關過剩性質的詳細討論，可參見原版書的 16.6 節。

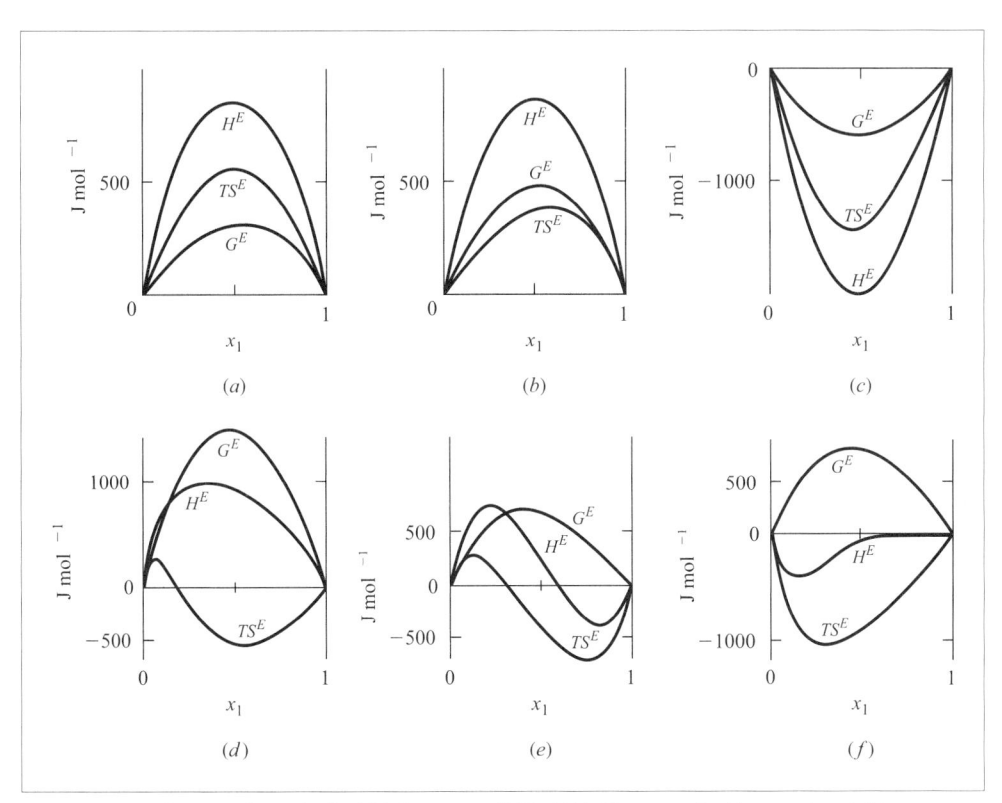

◆ 圖 8.4　六種二成分液體系統在 50°C 的過剩性質：(a) 氯仿 (1)／正庚烷(2)；(b) 丙酮(1)／甲醇(2)；(c) 丙酮(1)／氯仿(2)；(d) 乙醇 (1)／正庚烷(2)；(e) 乙醇(1)／氯仿(2)；(f) 乙醇 (1)／水 (2)

習題

8.1 當 0.7 m³ 的 CO_2 與 0.3 m³ 的 N_2 在 1 bar 及 25°C 下混合在一起，而形成同溫同壓下的均勻氣體混合物時，其熵改變量為多少？假設氣體為理想氣體。

8.2 某容器由分隔器分為兩部份，一邊含有 75°C 及 30 bar 下的 4 莫耳氮氣，另一邊含有 130°C 及 20 bar 下的 2.5 莫耳氫氣。當分隔器移去後，氣體於絕熱條件下完全混合，其熵改變量為何？假設氮氣為理想氣體且 $C_V = (5/2)R$，氫氣亦為理想氣體且 $C_V = (3/2)R$。

8.3 氮氣的流率為 2 kg s^{-1}，與流率為 0.5 kg s^{-1} 的氫氣在穩流程序中進行絕熱混合。若氣體為理想氣體，則由此程序所產生的熵增加速率為何？

8.4 若欲在 175°C 及 3 bar 時的穩流程序中，將等莫耳組成的甲烷與乙烷混合物，分離為 35°C 及 1 bar 的純物質流體，所需的理想功為何？假設 $T_\sigma = 300$ K。

8.5 若欲在 25°C 及 1 bar 的穩流程序中，將空氣 (21 mol% 氧氣及 79 mol% 氮氣) 分離為 25°C 及 1 bar 的純氧氣及純氮氣，所需的功為何？假設此程序的熱力學效率為 5% 且 $T_\sigma = 300$ K。

8.6 何謂部份莫耳溫度？何謂部份莫耳壓力？解釋混合物的 T 與 P 以及此結果的關係。

8.7 證明：
(a) 溶液中某成分的「部份莫耳質量」等於其莫耳質量。
(b) 溶液中某成分的部份比性質，可由其部份莫耳性質除以其莫耳質量求得。

8.8 若二成分混合物中的莫耳密度可由下列經驗式表示：

$$\rho = a_0 + a_1 x_1 + a_2 x_1^2$$

求所對應的 $\bar{V}_1$ 及 $\bar{V}_2$ 的表示式。

8.9 在固定 T 與 P 下的三成分溶液中，莫耳性質 M 的組成相依關係為：

$$M = x_1 M_1 + x_2 M_2 + x_3 M_3 + x_1 x_2 x_3 C$$

其中 M_1、M_2 及 M_3 為純物質 1、2 及 3 的性質，且 C 為與組成無關的參數。請由 (8.7) 式求出 $\bar{M}_1$、$\bar{M}_2$ 及 $\bar{M}_3$ 的表示式，並檢查它們是否滿足 (8.11) 式的加成關係。針對此題的關聯式，無限稀薄情況下的 $\bar{M}_i$ 為何？

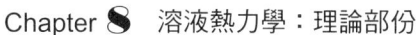

Chapter 8 溶液熱力學：理論部份

8.10 氣體混合物中 i 物質的純物質壓力 p_i，定義為當物質 i 單獨佔有混合物體積時所表現的壓力。因此

$$p_i \equiv \frac{y_i Z_i RT}{V}$$

其中 y_i 為 i 物質在氣體混合物中的莫耳分率，Z_i 值由 p_i 及 T 決定，V 為氣體混合物的莫耳體積。注意除了理想氣體外，此處所定義的 p_i 不是分壓 $y_i P$。根據 Dalton 「定律」，氣體混合物的總壓力等於所包含各純物質壓力的總和：$P = \sum_i p_i$。證明由 Dalton 「定律」可得 $Z = \sum_i y_i Z_i$，其中 Z_i 為在混合物溫度及純物質壓力下所計算得的純物質壓縮係數。

8.11 對於一個二成分溶液而言，我們可將 M (或 M^R 或 M^E) 表示為 x_1 的函數，利用 (8.15) 及 (8.16) 式求得 $\bar{M}_1$ 及 $\bar{M}_2$ (或 $\bar{M}_1^R$ 及 $\bar{M}_2^R$，或 $\bar{M}_1^E$ 及 $\bar{M}_2^E$)，再利用 (8.11) 式結合這些表示式，即可再求得起初的 M 表示式。在另一方面，若我們由 $\bar{M}_1$ 及 $\bar{M}_2$ 的表示式開始，利用 (8.11) 式聯合它們，再應用 (8.15) 與 (8.16) 式，當這些原式的表示式符合某些特定條件時，即可再求得起初的 $\bar{M}_1$ 及 $\bar{M}_2$ 表示式。這些特定條件為何？

8.12 參照例 8.4，求解下列各項：
(a) 應用 (8.7) 式於 (A) 式，證明 (B) 及 (C) 式。
(b) 證明結合 (B)、(C) 與 (8.11) 式，可求得 (A) 式。
(c) 證明 (B) 及 (C) 式滿足 (8.14) 式的 Gibbs/Duhem 方程式。
(d) 證明在固定的 T 與 P 下，

$$(d\bar{H}_1/dx_1)_{x_1=1} = (d\bar{H}_2/dx_1)_{x_1=0} = 0$$

(e) 將由 (A)、(B) 與 (C) 式計算所得的 H、$\bar{H}_1$ 及 $\bar{H}_2$ 值對 x_1 作圖。標示出 H_1、H_2、$\bar{H}_1^\infty$ 及 $\bar{H}_2^\infty$ 的位置及其數值。

8.13 在 T 與 P 時某二成分液體混合物的莫耳體積 (cm³ mol⁻¹) 表示為

$$V = 120x_1 + 70x_2 + (15x_1 + 8x_2)x_1 x_2$$

(a) 導出成分 1 及 2 在 T 與 P 時的部份莫耳體積表示式。
(b) 證明若以 (8.11) 式結合這些表示式時，可再得到所給的 V 表示式。
(c) 證明這些表示式滿足 (8.14) 式的 Gibbs/Duhem 方程式。

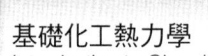

(d) 證明 $(d\bar{V}_1/dx_1)_{x_1=1} = (d\bar{V}_2/dx_1)_{x_1=0} = 0$。

(e) 由題目所給的 V 表示式及 (a) 小題所得的結果計算 V、$\bar{V}_1$ 及 $\bar{V}_2$，並對 x_1 作圖。標示出 V_1、V_2、$\bar{V}_1^\infty$ 及 $\bar{V}_2^\infty$ 的位置及數值。

8.14 對於恆定 T 與 P 下的某特定二成分液態溶液而言，混合物的莫耳焓可由下式表示：

$$H = x_1(a_1 + b_1 x_1) + x_2(a_2 + b_2 x_2)$$

其中 a_i 及 b_i 為常數。因為此式與 (8.11) 式的形式相同，因此可能有 $\bar{H}_i = a_i + b_i x_i$ 表示式，說明此式是否正確。

8.15 類比於傳統部份性質 $\bar{M}_i$，可定義出在固定 T、V 下的部份性質 $\widetilde{M}_i$：

$$\widetilde{M}_i \equiv \left[\frac{\partial(nM)}{\partial n_i}\right]_{T,V,n_j}$$

證明 $\widetilde{M}_i$ 及 $\bar{M}_i$ 的間的關係可由下式表示：

$$\widetilde{M}_i = \bar{M}_i + (V - \bar{V}_i)\left(\frac{\partial M}{\partial V}\right)_{T,x}$$

證明 $\widetilde{M}_i$ 可滿足加成關係式 $M = \sum_i x_i \widetilde{M}_i$。

8.16 由下列 CO_2 在 150°C 時的壓縮係數值，畫出 CO_2 的逸壓與逸壓係數對壓力 P 的作圖至 500 bar。比較上述結果，與利用 (8.68) 式一般化關聯式所求得的曲線。

P/bar	Z	P/bar	Z
10	0.985	100	0.869
20	0.970	200	0.765
40	0.942	300	0.762
60	0.913	400	0.824
80	0.885	500	0.910

8.17 計算 SO_2 在 600 K 及 300 bar 下的逸壓及 G^R/RT 值。

8.18 計算下列狀態下異丁烯的逸壓：

(a) 280°C 及 20 bar。

(b) 280°C 及 100 bar。

Chapter 8　溶液熱力學：理論部份

8.19 估算下列各小題的逸壓：
(a) 計算環戊烷在 110°C 及 275 bar 時的逸壓。環戊烷在 110°C 時的蒸汽壓為 5.267 bar。
(b) 計算液態 1-丁烯在 120°C 及 34 bar 時的逸壓。1-丁烯在 120°C 時的蒸汽壓為 25.83 bar。

8.20 證明下列關係式：

$$\left(\frac{\partial \ln \hat{\phi}_i}{\partial P}\right)_{T,x} = \frac{\bar{V}_i^R}{RT} \qquad \left(\frac{\partial \ln \hat{\phi}_i}{\partial T}\right)_{P,x} = -\frac{\bar{H}_i^R}{RT^2}$$

$$\frac{G^R}{RT} = \sum_i x_i \ln \hat{\phi}_i \qquad \sum_i x_i d\ln \hat{\phi}_i = 0 \quad \text{(恆溫恆壓下)}$$

8.21 由蒸汽表上的數據，估算液態水在 150°C 及 150 bar 時的 f/f^{sat} 值，其中 f^{sat} 是飽和液體在 150°C 時的逸壓。

8.22 分別計算在下列情況下，水蒸汽在恆溫過程中最終狀態的逸壓與起始狀態的比值。
(a) 由 9,000 kPa 及 400°C 至 300 kPa。
(b) 由 1,000 (psia) 及 800 (°F) 至 50 (psia)。

8.23 估計下列液體在正常沸點及 200 bar 時的逸壓：
(a) 正戊烷；(b) 異丁烯；(c) 1-丁烯。

8.24 假設 (8.68) 式適用於汽相，且飽和液體的莫耳體積可由 (3.72) 式計算，針對下列情況將 f 對 P 作圖及 ϕ 對 P 作圖。
(a) 氯仿在 200°C，壓力由 0 至 40 bar。在 200°C 時其蒸汽壓為 22.27 bar。
(b) 異丁烷在 40°C，壓力由 0 至 10 bar。在 40°C 時其蒸汽壓為 5.28 bar。

8.25 對於氣體的乙烯(1)／丙烯(2) 系統，以下列方法估算在 $t = 150°C$、$P = 30$ bar 且 $y_1 = 0.35$ 時的 $\hat{f}_1$、$\hat{f}_2$、$\hat{\phi}_1$ 及 $\hat{\phi}_2$ 值：
(a) 應用 (8.63) 式。
(b) 將混合物視為理想溶液。

8.26 證明下式可在足夠低的壓力下，估算逸壓係數：$\ln \phi \approx Z - 1$。

8.27 對於氣體的甲烷(1)／乙烷(2)／丙烷(3) 系統，由下列方法估算在 $t = 100°C$、$P = 35$ bar、$y_1 = 0.21$ 且 $y_2 = 0.43$ 時的 $\hat{f}_1$、$\hat{f}_2$、$\hat{f}_3$、$\hat{\phi}_1$、$\hat{\phi}_2$ 及 $\hat{\phi}_3$ 值：

(a) 應用 (8.64) 式。

(b) 混合物視為理想溶液。

8.28 在 T 與 P 時，某二成分液體混合物的過剩 Gibbs 自由能可表示為：

$$G^E/RT = (-2.6x_1 - 1.8x_2)x_1 x_2$$

在固定的 T 與 P 時，求下列各項：

(a) 導出 $\ln \gamma_1$ 及 $\ln \gamma_2$ 的表示式。

(b) 證明 (a) 小題所得的結果依 (8.99) 式結合時，可再次得到題目所給的 G^E/RT 式。

(c) 證明這些活性係數表示式符合 (8.100) 式的 Gibbs/Duhem 方程式。

(d) 證明 $(d\ln\gamma_1/dx_1)_{x_1=1} = (d\ln\gamma_2/dx_1)_{x_1=0} = 0$。

(e) 由題目所給的 G^E/RT 方程式及 (a) 小題所得的結果，計算 G^E/RT、$\ln \gamma_1$ 與 $\ln \gamma_2$，並對 x_1 作圖。標示出 $\ln\gamma_1^\infty$ 與 $\ln\gamma_2^\infty$ 的位置及數值。

8.29 證明 $\gamma_i = \hat{\phi}_i/\phi_i$。

8.30 對下列 298.15 K 的等莫耳分率的二成分液體而言，列出了 G^E/ J mol^{-1}、H^E/ J mol^{-1} 及 C_P^E/ J mol^{-1} K^{-1} 值。針對下列各等莫耳分率混合物，由下列兩種方法，估算其在 328.15 K 時的 G^E、H^E 及 S^E 值：(I) 利用全部數據；(II) 假設 $C_P^E = 0$。比較及討論兩種方法所得的結果。

(a) 丙酮／氯仿：$G^E = -622$、$H^E = -1,920$、$C_P^E = 4.2$。

(b) 丙酮／正己烷：$G^E = 1,095$、$H^E = 1,595$、$C_P^E = 3.3$。

(c) 苯／異辛烷：$G^E = 407$、$H^E = 984$、$C_P^E = -2.7$。

(d) 氯仿／乙醇：$G^E = 632$、$H^E = -208$、$C_P^E = 23.0$。

(e) 乙醇／正庚烷：$G^E = 1,445$、$H^E = 605$、$C_P^E = 11.0$。

(f) 乙醇／水：$G^E = 734$、$H^E = -416$、$C_P^E = 11.0$。

(g) 乙酸乙酯／正庚烷：$G^E = 759$、$H^E = 1,465$、$C_P^E = -8.0$。

8.31 某特定三成分液體混合物的過剩 Gibbs 自由能可表示為下列函數，其中參數 A_{12}、A_{13} 及 A_{23} 只是 T 與 P 的函數：

$$G^E/RT = A_{12}x_1x_2 + A_{13}x_1x_3 + A_{23}x_2x_3$$

(a) 求出 $\ln\gamma_1$、$\ln\gamma_2$ 與 $\ln\gamma_3$ 的表示式。

(b) 證明 (a) 小題的結果，符合 (8.99) 式的加成關係。

(c) 對物質 1 而言，計算在極限情況 $x_1 = 0$、$x_1 = 1$、$x_2 = 0$ 及 $x_3 = 0$ 時的表示式 (或數

Chapter 8　溶液熱力學：理論部份

值)。這些極限情況的意義為何？

表 8.2　1,3- 二氧六環(1)／異辛烷(2) 在 298.15 K 的過剩體積

x_1	$V^E/10^{-3}\text{ cm}^3\text{ mol}^{-1}$	x_1	$V^E/10^{-3}\text{ cm}^3\text{ mol}^{-1}$
0.02715	87.5	0.69984	276.4
0.09329	265.6	0.72792	252.9
0.17490	417.4	0.77514	190.7
0.32760	534.5	0.79243	178.1
0.40244	531.7	0.82954	138.4
0.56689	421.1	0.86835	98.4
0.63128	347.1	0.93287	37.6
0.66233	321.7	0.98233	10.0

R. Francesconi et al., *Int. DATA Ser., Ser. A*, vol. 25, no. 3, p. 229, 1997.

8.32 表 8.2 中列出了二成分液體混合物 1,3-二氧六環(1)／異辛烷(2) 在 298.15 K 及 1 (atm) 下的 V^E 實驗數據。

(a) 求出關聯式中係數 a、b 及 c 的數值：

$$V^E = x_1 x_2 (a + bx_1 + cx_1^2)$$

(b) 由 (a) 小題的結果中計算 V^E 的最大值。在 x_1 為何時具有此最大值？

(c) 由 (a) 小題結果中求出 $\bar{V}_1^E$ 及 $\bar{V}_2^E$ 的表示式。將此些物性對 x_1 作圖並討論其特性。

8.33 對於 75°C 及 2 bar 的丙烷(1) 與正戊烷(2) 等莫耳汽相混合物而言，估算其 Z、H^R 及 S^R。第二維里係數 ($\text{cm}^3\text{ mol}^{-1}$) 為：

$t/°C$	B_{11}	B_{22}	B_{12}
50	−331	−980	−558
75	−276	−809	−466
100	−235	−684	−399

(3.38)、(6.55)、(6.56) 及 (8.62) 式可適用。

8.34 利用習題 8.33 的數據，對 75°C 及 2 bar 下的丙烷(1) 與正戊烷(2) 二成分汽相混合物系統，將 $\hat{\phi}_1$ 及 $\hat{\phi}_2$ 表示為組成的函數。將此結果繪在同一張圖上，並討論其特性。

8.35 對於可由 (3.38) 及 (8.62) 式所描述的二成分氣體混合物而言，證明：

$$G^E = \delta_{12} P y_1 y_2 \qquad S^E = -\frac{d\delta_{12}}{dT} P y_1 y_2$$

$$H^E = \left(\delta_{12} - T\frac{d\delta_{12}}{dT}\right) P y_1 y_2 \qquad C_P^E = -T\frac{d^2\delta_{12}}{dT^2} P y_1 y_2$$

同時觀察 (8.87) 式，注意 $\delta_{12} = 2B_{12} - B_{11} - B_{22}$。

表 8.3 1,2-二氯乙烷(1)／碳酸二甲酯(2) 在 313.5 K 時的 H^E 值

x_1	H^E/ J mol^{-1}	x_1	H^E/ J mol^{-1}
0.0426	−23.3	0.5163	−204.2
0.0817	−45.7	0.6156	−191.7
0.1177	−66.5	0.6810	−174.1
0.1510	−86.6	0.7621	−141.0
0.2107	−118.2	0.8181	−116.8
0.2624	−144.6	0.8650	−85.6
0.3472	−176.6	0.9276	−43.5
0.4158	−195.7	0.9624	−22.6

R. Francesconi et al., *Int. DATA Ser.*, Ser. A, vol. 25, no. 3, p. 225, 1997.

8.36 表 8.3 中列出二成分液體混合物 1,2-二氯乙烷(1) 及碳酸二甲酯(2) 在 313.15 K 及 1 (atm) 時的 H^E 實驗數據。

(a) 計算關聯式中係數 a、b 及 c 的數值：

$$H^E = x_1 x_2 (a + bx_1 + cx_1^2)$$

(b) 由 (a) 小題結果中，求出 H^E 的最小值及此時的 x_1 值。

(c) 由 (a) 小題結果中求出 $\bar{H}_1^E$ 及 $\bar{H}_2^E$ 的表示式，並繪圖為 x_1 的函數及說明其特性。

8.37 利用 (3.38)、(3.65)、(3.66)、(6.54)、(6.55)、(6.56)、(6.89)、(6.90)、(8.62) 及 (8.69) - (8.74) 式，計算下列各二成分汽相混合物的 V、H^R、S^R 與 G^R 值：

(a) 丙酮(1)／1,3-丁二烯，莫耳分率為 $y_1 = 0.28$ 及 $y_2 = 0.72$，$t = 60°C$ 及 $P = 170$ kPa。

(b) 乙腈(1)／乙二醚(2)，莫耳分率為 $y_1 = 0.37$ 及 $y_2 = 0.63$，$t = 50°C$ 及 $P = 120$ kPa。

(c) 氯甲烷(1)／氯乙烯(2)，莫耳分率為 $y_1 = 0.45$ 及 $y_2 = 0.55$，$t = 25°C$ 及 $P = 100$ kPa。

(d) 氮氣(1)／氨氮(2)，莫耳分率為 $y_1 = 0.83$ 及 $y_2 = 0.17$，$t = 20°C$ 及 $P = 300$ kPa。

(e) 二氧化硫(1)／乙烯(2)，莫耳分率為 $y_1 = 0.32$ 及 $y_2 = 0.68$，$t = 25°C$ 及 $P = 420$ kPa。

注意：令 (8.71) 式中的 $k_{ij} = 0$。

8.38 以 Redlich/Kwong 狀態方程式計算下列各項的 ϕ 值和 f 值。另以適當的一般化關聯式計算並比較其結果。

(a) 在 325 K 及 15 bar 下的乙炔。
(b) 在 200 K 及 100 bar 下的氬氣。
(c) 在 575 K 及 40 bar 下的苯。
(d) 在 350 K 及 35 bar 下的二氧化碳。
(e) 在 300 K 及 50 bar 下的乙烯。
(f) 在 525 K 及 10 bar 下的正己烷。
(g) 在 225 K 及 25 bar 下的甲烷。
(h) 在 200 K 及 75 bar 下的氮氣。

8.39 以 Soave/Redlich/Kwong 狀態方程式計算習題 8.38 中各項的 ϕ 值和 f 值。另以適當的一般化關聯式計算並比較其結果。

8.40 以 Peng/Robinson 狀態方程式計算習題 8.38 中各項的 ϕ 值和 f 值。另以適當的一般化關聯式計算並比較其結果。

8.41 A 實驗室發表了苯(1)／1-己醇(2) 液體混合物在等莫耳時的 G^E 值：

$T = 298$ K 時，$G^E = 805$ J mol^{-1} $T = 323$ K 時，$G^E = 785$ J mol^{-1}

B 實驗室對相同系統發表了等莫耳時的 H^E 值：

$T = 313$ K 時，$H^E = 1060$ J mol^{-1}

兩個實驗室的數據在熱力學上是否一致？請詳述原因。

8.42 某二成分系統的部份性質符合下式：

$$\bar{M}_1 = M_1 + Ax_2 \qquad \bar{M}_2 = M_2 + Ax_1$$

其中參數 A 為常數。這兩個公式是否合理？請詳述原因。

8.43 2 kmol hr^{-1}的液態正辛烷 (成分 1)，與 4 kmol hr^{-1} 的液態異辛烷 (成分 2) 混合。混合程序在恆溫恆壓下進行，所需之機械功率可忽略。

(a) 使用能量平衡式計算熱傳速率。

(b) 使用熵平衡式計算產熵速率 (W K^{-1})

描述並說明所有假設的合理性。

8.44 連續混合空氣 (79 mol% N$_2$ 與 21 mol% O$_2$) 與純氧進料，可產生流率為 50 mol s^{-1} 的高氧空氣 (50 mol% N$_2$ 與 50 mol% O$_2$)。所有流體的溫度與壓力均固定為 $T = 25°C$ 與 $P = 1.2$ (atm)。沒有任何可移動元件。

(a) 計算進料空氣與氧氣的流率 (mol s^{-1})。

(b) 此程序的熱傳速率為多少？

(c) 產熵速率 $\dot{S}_G$ 為多少 W K^{-1}？

說明所有的假設。

提示：假想整個程序為混合步驟與分離步驟的結合。

8.45 對稱的二成分系統，其 M^E 的表示式極為簡單：$M^E = Ax_1x_2$。不過有相當多的經驗公式被提出，且均符合對稱性。下列兩個表示式何者適用於一般應用？

(a) $M^E = Ax_1^2 x_2^2$ ；(b) $M^E = A \sin(\pi x_1)$

提示：考慮部份性質 $\bar{M}_1^E$ 和 $\bar{M}_2^E$。

8.46 對多成分的混合物系統，試證明：

$$\bar{M}_i = M + \left(\frac{\partial M}{\partial x_i}\right)_{T,P} - \sum_k x_k \left(\frac{\partial M}{\partial x_k}\right)_{T,P}$$

其中的加成項包含所有的成分。證明上式應用於二成分系統時可導出 (8.15) 及 (8.16) 式。

8.47 下列的二參數經驗公式，是對稱的液體混合物系統中過剩性質的關聯式：

$$M^E = Ax_1x_2 \left(\frac{1}{x_1 + Bx_2} + \frac{1}{x_2 + Bx_1}\right)$$

在此，參數 A 與 B 主要為溫度 T 的函數。

(a) 由上式導出 $\bar{M}_1^E$ 和 $\bar{M}_2^E$ 的表示式。

(b) 證明 (a) 的結果滿足部份過剩性質所有必要的限制。

(c) 由 (a) 的結果導出 $(\bar{M}_1^E)^\infty$ 及 $(\bar{M}_2^E)^\infty$ 的表示式。

Chapter 8　溶液熱力學：理論部份

8.48 當二成分系統中的 M^E 正負號固定時，部份性質 $\bar{M}_1^E$ 和 $\bar{M}_2^E$ 在所有組成下通常均與 M^E 有相同的正負號，但某些情況下 $\bar{M}_i^E$ 仍會改變其正負號。事實上，$\bar{M}_i^E$ 的正負號是否改變是取決於 M^E 對 x_1 的曲線形狀。試證明 $\bar{M}_1^E$ 和 $\bar{M}_2^E$ 正負號不變的必要條件為：M^E 對 x_1 曲線在所有組成下均有固定的正負號。

8.49 某工程師宣稱，理想溶液的體積膨脹係數可由下式決定：

$$\beta^{id} = \sum_i x_i \beta_i$$

這是否正確？如果正確請說原因。若不正確請找出 β^{id} 的正確表示式。

8.50 某有機液體的等莫耳混合物，其 G^E 與 H^E (單位均為 J mol^{-1}) 的數據如下所示。使用所有數據估算 25°C 時的 G^E、H^E 及 TS^E 值。

- $T = 10°C$：$G^E = 544.0$，$H^E = 932.1$
- $T = 30°C$：$G^E = 513.2$，$H^E = 893.4$
- $T = 50°C$：$G^E = 494.2$，$H^E = 845.9$

提示：假設 C_P^E 為常數且使用例 8.10 所用的公式。

溶液熱力學：應用部份

Chapter 9

溶液熱力學所需用的所有基本公式及定義都在上章討論。此章我們將探討如何由實驗中學習。首先，我們考慮汽／液相平衡 (VLE) 數據的測量，並由其中求出活性係數。其次，我們討論混合物實驗，並由其中求取因混合程序所發生的物性改變。有關混合程序中焓改變量，即混合熱的實際應用，將在 9.4 節中詳細討論。

9.1　由 VLE 數據所求得的液相物性

圖 9.1 表示一容器中汽相混合物與液體溶液達成汽液相平衡而共存。容器內的溫度與壓力是均勻的，並可藉由適當的儀器測量。汽相與液相的樣品可取出分析，並由此得到汽相莫耳分率 $\{y_i\}$ 及液相莫耳分率 $\{x_i\}$ 的實驗數值。

逸　壓

汽相混合物中的 i 成分逸壓可由 (8.52) 式寫為：

$$\hat{f}_i^v = y_i \hat{\phi}_i^v P$$

汽／液相平衡的準則如 (8.48) 式所列為 $\hat{f}_i^l = \hat{f}_i^v$，因此，

$$\hat{f}_i^l = y_i \hat{\phi}_i^v P$$

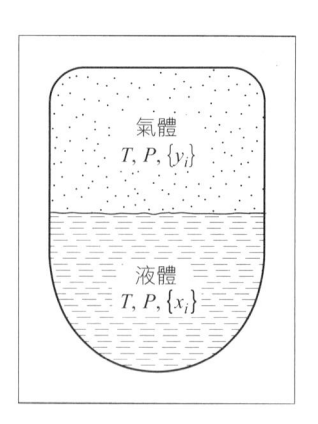

● 圖 9.1　VLE 的示意圖

Chapter 9　溶液熱力學：應用部份

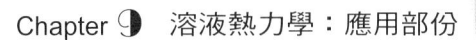

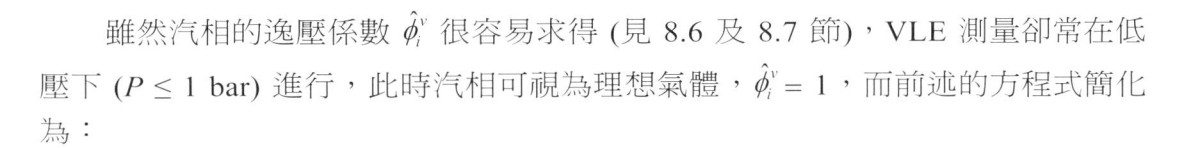

雖然汽相的逸壓係數 $\hat{\phi}_i^v$ 很容易求得 (見 8.6 及 8.7 節)，VLE 測量卻常在低壓下 ($P \le 1$ bar) 進行，此時汽相可視為理想氣體，$\hat{\phi}_i^v = 1$，而前述的方程式簡化為：

$$\hat{f}_i^l = \hat{f}_i^v = y_i P$$

因此，i 物質的逸壓（液相或汽相）皆等於 i 物質在汽相的分壓，其數值由無限稀薄情況下的零 ($x_i = y_i \to 0$)，增加至純物質的 P_i^{sat}。表 9.1 列出了丁酮(1)／甲苯(2) 系統在 50°C 時的數據。[1] 前面三行列出 P-x_1-y_1 的實驗數據，第四及第五行表示：

$$\hat{f}_1 = y_1 P \qquad 及 \qquad \hat{f}_2 = y_2 P$$

這些逸壓數據在圖 9.2 上以實線表示。圖中的虛線為 (8.83) 式 Lewis/Randall 規則，表示理想溶液的逸壓與組成的關係：

$$\hat{f}_i^{id} = x_i f_i \tag{8.83}$$

表 9.1　丁酮(1)／甲苯(2) 在 50°C 的 VLE 數據

P/kPa	x_1	y_1	$\hat{f}_1 = y_1 P$	$\hat{f}_2 = y_2 P$	γ_1	γ_2
9.30 (P_2^{sat})	0.0000	0.0000	0.000	12.300		1.000
15.51	0.0895	0.2716	4.212	11.298	1.304	1.009
18.61	0.1981	0.4565	8.496	10.114	1.188	1.026
21.63	0.3193	0.5934	12.835	8.795	1.114	1.050
24.01	0.4232	0.6815	16.363	7.697	1.071	1.078
25.92	0.5119	0.7440	19.284	6.636	1.044	1.105
27.96	0.6096	0.8050	22.508	5.542	1.023	1.135
30.12	0.7135	0.8639	26.021	4.099	1.010	1.163
31.75	0.7934	0.9048	28.727	3.023	1.003	1.189
34.15	0.9102	0.9590	32.750	1.400	0.997	1.268
36.09 (P_1^{sat})	1.0000	1.0000	36.090	0.000	1.000	

---

[1] M. Diaz, Peña, A. Crespo Colin, and A. Compostizo, *J. Chem. Thermodyn.*, vol. 10, pp. 337-341, 1978.

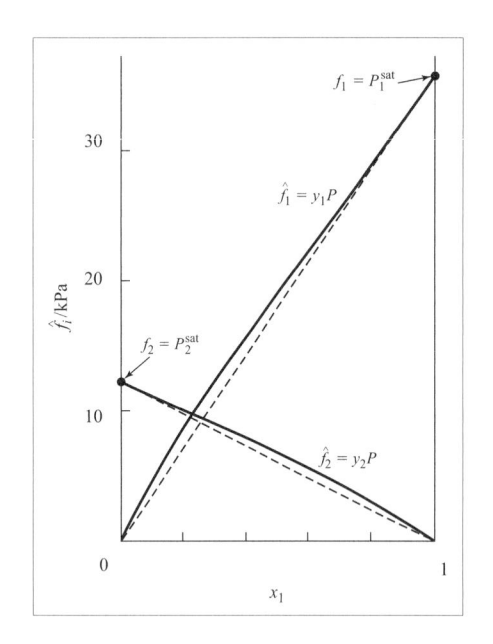

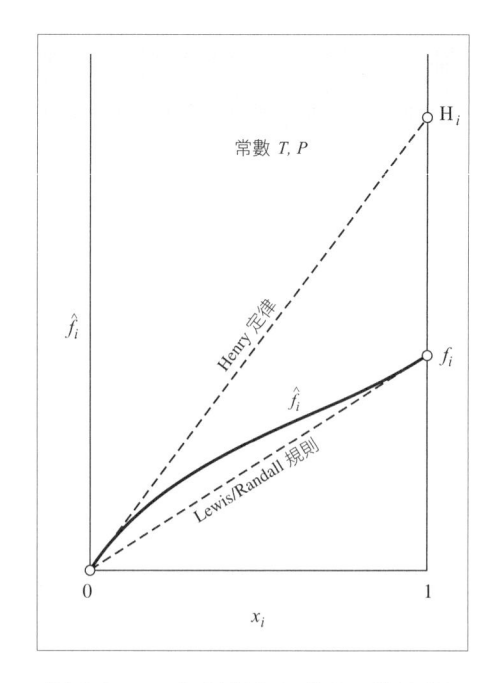

▶ 圖 9.2　丁酮(1)／甲苯(2) 在 50°C 的逸壓。虛線表示 Lewis/Randall 規則的結果

▶ 圖 9.3　二成分溶液中成分 i 的液相逸壓與組成的關係

雖然圖 9.2 表示的是某特定系統的數據，但也顯示了一般的二成分系統，在恆溫下其 $\hat{f}_1$ 及 $\hat{f}_2$ 與 x_1 的關係。雖然 P 隨著組成改變，但 P 對 $\hat{f}_1$ 及 $\hat{f}_2$ 的影響可忽略不計。因此在恆溫恆壓下，即使不同系統圖形都非常相似。在圖 9.3 中，表示了恆溫恆壓下二成分系統中 $\hat{f}_i$ 對 x_i 作圖 ($i = 1, 2$) 的示意圖。

活性係數

圖 9.3 下方的虛線代表 Lewis/Randall 規則，顯示了理想溶液的特性。這也是描述 $\hat{f}_i$ 與組成相依性的最簡單模型，可作為真實系統的比較標準。由 (8.90) 式定義的活性係數，在意義上即可反映理想溶液與真實溶液的差距：

$$\gamma_i \equiv \frac{\hat{f}_i}{x_i f_i} = \frac{\hat{f}_i}{\hat{f}_i^{id}}$$

因此溶液中某成分的活性係數，就是真實逸壓與理想溶液逸壓的比值，而後者為在與真實溶液相同條件下 (T、P 及組成相同) 由 Lewis/Randall 規則所得的數

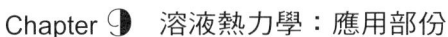

Chapter 9 溶液熱力學：應用部份

值。在計算上我們可將 $\hat{f}_i$ 及 $\hat{f}_i^{id}$ 以實驗上可測得的數據[2] 代入而得：

$$\gamma_i = \frac{y_i P}{x_i f_i} = \frac{y_i P}{x_i P_i^{sat}} \qquad (i=1, 2, \cdots, N) \tag{9.1}$$

上式為 (7.5) 式所述的修正型拉午耳定律的另一種表示法，目前先以這個簡單的公式進行計算，以便能從低壓 VLE 實驗數據快速地求得活性係數。計算所得的數值，列於表 9.1 的最後兩行。

由圖 9.2 及 9.3 可知，實線所表示的 $\hat{f}_i$ 與真實組成的相依關係，在 $x_i = 1$ 時相切於 Lewis/Randall 規則所表示的直線。這是 Gibbs/Duhem 方程式所得的結果，後續會加以證明。而在另一極限值 $x_i \to 0$ 時 $\hat{f}_i$ 也趨近於 0。所以此時 $\hat{f}_i / x_i$ 的比值未知，但可應用 l'Hôpital 規則得到

$$\lim_{x_i \to 0} \frac{\hat{f}_i}{x_i} = \left(\frac{d\hat{f}_i}{dx_i}\right)_{x_i = 0} \equiv \mathcal{H}_i \tag{9.2}$$

這個公式定義了亨利常數 (Henry's constant) $\mathcal{H}_i$，它是 $\hat{f}_i$ 對 x_i 作圖所得曲線在 $x_i = 0$ 時的極限斜率值。如圖 9.3 所示，此即為在 $x_i = 0$ 時的切線斜率。因此亨利定律：

$$\boxed{\hat{f}_i = x_i \mathcal{H}_i} \tag{9.3}$$

適用於 $x_i \to 0$ 的極限，並在微小的 x_i 範圍內可近似適用。若 $\hat{f}_i = y_i P$，代入 (7.4) 式的亨利定律，理想氣體的 $\hat{f}_i$ 即符合這個條件。

亨利定律可經由 Gibbs/Duhem 方程式與 Lewis/Randall 規則相聯。將 (8.14) 式針對二成分系統加以展開，並將 $\bar{M}_i$ 替換為 $\bar{G}_i = \mu_i$，可得：

$$x_1 d\mu_1 + x_2 d\mu_2 = 0 \qquad \text{(恆溫恆壓下)}$$

將 (8.46) 式在恆溫恆壓下微分可得：$d\mu_i = RT\, d\ln \hat{f}_i$；所以，

$$x_1 d\ln \hat{f}_1 + x_2 d\ln \hat{f}_2 = 0 \qquad \text{(恆溫恆壓下)}$$

---

[2] 更正規的計算方式 (見原版書 14.1 節) 是從 (8.52) 式求得 $\hat{f}_i$。此時 $\gamma_i = \dfrac{y_i \hat{\phi}_i P}{x_i P_i^{sat}}$，其中 $\hat{\phi}_i$ 值可由 (8.63) 或 (8.64) 式估算。

上式除以 dx_1 可得

$$\boxed{x_1 \frac{d \ln \hat{f}_1}{dx_1} + x_2 \frac{d \ln \hat{f}_2}{dx_1} = 0 \qquad \text{(恆溫恆壓下)}} \tag{9.4}$$

此式為 Gibbs/Duhem 方程式的一個特例。將上式第二項的 dx_1 改成 $-dx_2$ 則變成：

$$x_1 \frac{d \ln \hat{f}_1}{dx_1} = x_2 \frac{d \ln \hat{f}_2}{dx_2} \qquad \text{或} \qquad \frac{d\hat{f}_1 / dx_1}{\hat{f}_1 / x_1} = \frac{d\hat{f}_2 / dx_2}{\hat{f}_2 / x_2}$$

在 $x_1 \to 1$ 及 $x_2 \to 0$ 的極限時，

$$\lim_{x_1 \to 1} \frac{d\hat{f}_1 / dx_1}{\hat{f}_1 / x_1} = \lim_{x_2 \to 0} \frac{d\hat{f}_2 / dx_2}{\hat{f}_2 / x_2}$$

由於 $x_1 = 1$ 時 $\hat{f}_1 = f_1$，因此上式可再寫為：

$$\frac{1}{f_1}\left(\frac{d\hat{f}_1}{dx_1}\right)_{x_1=1} = \frac{(d\hat{f}_2 / dx_2)_{x_2=0}}{\lim_{x_2 \to 0}(\hat{f}_2 / x_2)}$$

根據 (9.2) 式知，上式右邊的分子與分母相等，因此簡化為

$$\left(\frac{d\hat{f}_1}{dx_1}\right)_{x_1=1} = f_1 \tag{9.5}$$

此式為應用於真實溶液時 Lewis/Randall 規則的完整敘述。該式也顯示了在 $x_i \approx 1$ 時，由 (8.83) 式可求得 $\hat{f}_i$ 的近似值：$\hat{f}_i \approx \hat{f}_i^{id} = x_i f_i$。

> 當二成分溶液中的某成分趨近於無限稀薄時，該成分即適用亨利定律。此時由 Gibbs/Duhem 方程式可證實，趨近於純物質的另一個成分適用 Lewis/Randall 規則。

圖 9.3 顯示對 Lewis/Randall 規則之理想模式有正偏差的物質。負偏差的情況較少見，此時 $\hat{f}_i$ 對 x_i 的曲線位於 Lewis/Randall 線的下方。圖 9.4 為丙酮的兩種二成分溶液在 50°C 時其逸壓與組成的關係。當第二個物質為甲醇時，丙酮

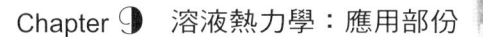

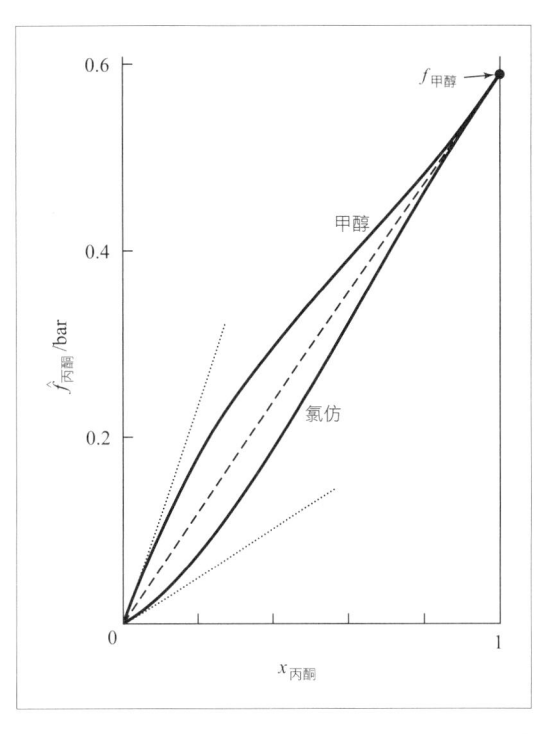

Chapter 9　溶液熱力學：應用部份

● 圖 9.4　丙酮的兩種二成分溶液在 50°C 時其逸壓與組成的關係

顯出正偏差，而當第二個成分為氯仿時，丙酮顯出負偏差。純丙酮的逸壓 $f_{丙酮}$ 當然不會隨第二個物質而變。圖中兩條點虛線的斜率即為兩種溶液的亨利常數，同樣在丙酮為無限稀薄的情況下，兩者卻有很大的差異。

過剩 Gibbs 自由能

表 9.2 列出丁酮(1)／甲苯(2) 系統的數據，其中前三行是重複表 9.1 中的 $P\text{-}x_1\text{-}y_1$ 數值，這些數據也以空心圓圈表示在圖 9.5(a) 中。表中第 4 及第 5 行的 $\ln \gamma_1$ 及 $\ln \gamma_2$ 則分別以空白方形及三角形表示在圖 9.5(b) 中。將 (8.99) 式針對二成分系統展開，則可結合這兩個活性係數而為：

$$\boxed{\frac{G^E}{RT} = x_1 \ln \gamma_1 + x_2 \ln \gamma_2} \tag{9.6}$$

將計算出的 G^E/RT 值再除以 $x_1 x_2$，可得到 $G^E/x_1 x_2 RT$ 值；兩者分別列於表 9.2 的第 6 及第 7 行，再以圓點繪於圖 9.5(b) 上。

■ 表 9.2　丁酮(1)／甲苯(2) 系統在 50°C 時的 VLE 數據

P/kPa	x_1	y_1	$\ln\gamma_1$	$\ln\gamma_2$	G^E/RT	$G^E/x_1 x_2 RT$
12.30 (P_2^{sat})	0.0000	0.0000		0.000	0.000	
15.51	0.0895	0.2716	0.266	0.009	0.032	0.389
18.61	0.1981	0.4565	0.172	0.025	0.054	0.342
21.63	0.3193	0.5934	0.108	0.049	0.068	0.312
24.01	0.4232	0.6815	0.069	0.075	0.072	0.297
25.92	0.5119	0.7440	0.043	0.100	0.071	0.283
27.96	0.6096	0.8050	0.023	0.127	0.063	0.267
30.12	0.7135	0.8639	0.010	0.151	0.051	0.248
31.75	0.7934	0.9048	0.003	0.173	0.038	0.234
34.15	0.9102	0.9590	–0.003	0.237	0.019	0.227
36.09 (P_1^{sat})	1.0000	1.0000	0.000		0.000	

由實驗可得的四種熱力學函數數據：$\ln\gamma_1$、$\ln\gamma_2$、G^E/RT 及 $G^E/x_1 x_2 RT$ 等，都是液相的性質。圖 9.5(b) 表示這些實驗數據在特定溫度的二成分系統中隨組成改變的情形。這個圖形表示具下列性質系統的特性：

$$\gamma_i \geq 1 \quad 且 \quad \ln\gamma_i \geq 0 \ (i = 1, 2)$$

其中液相表現出相對於拉午耳定律的正偏差 (positive deviation) 行為。從圖 9.5(a) 亦可看出 P-x_1 數據皆位於虛線的上方，該虛線所代表者即為理想溶液（拉午耳定律）行為。

當溶液中的某成分變為純物質時，其活性係數變為 1，所以當 $x_i \to 1$ 時 $\ln\gamma_i$ ($i = 1, 2$) 趨近於零，如圖 9.5(b) 所示。當 $x_i \to 0$ 時，i 成分變成無限稀釋的狀態，$\ln\gamma_i$ 趨近於某個定值，以 $\ln\gamma_i^\infty$ 表示的。在 $x_1 \to 0$ 的極限情形下，由 (9.6) 式所表示的無因次過剩 Gibbs 自由能變為

$$\lim_{x_1 \to 0} \frac{G^E}{RT} = (0)\ln\gamma_1^\infty + (1)(0) = 0$$

當 $x_2 \to 0$ ($x_1 \to 1$) 時亦可得相同的結果。因此在 $x_1 = 0$ 及 $x_1 = 1$ 時，G^E/RT（及 G^E) 的數值為零。

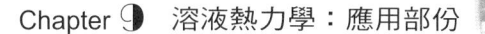

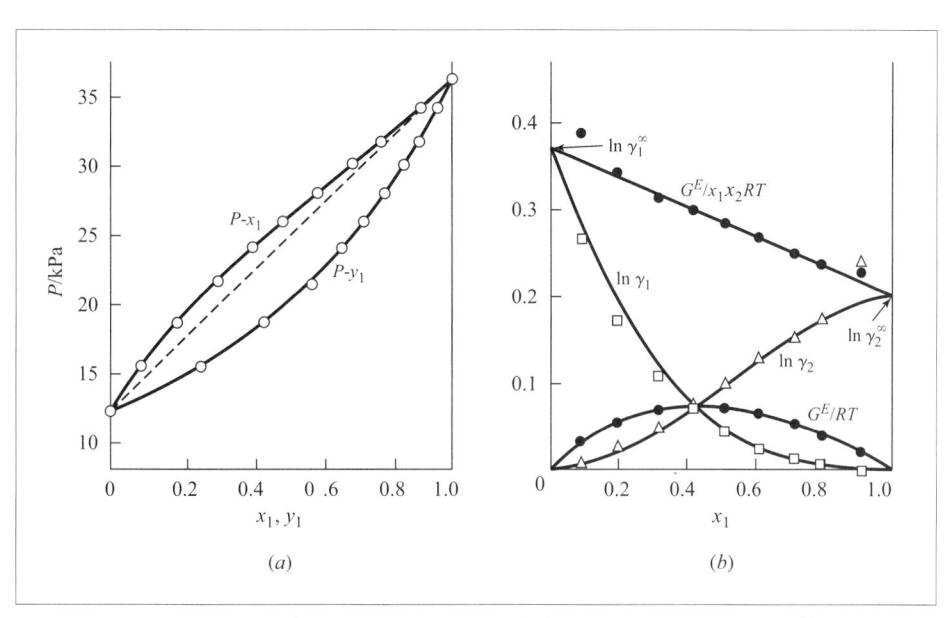

Chapter 9 溶液熱力學：應用部份

◐ 圖 9.5 丁酮 (1)／甲苯(2) 在 50°C 時的數據：(a) P-x-y 數據及其關聯；(b) 液相性質及其關聯。

當 $x_1 = 0$ 及 $x_1 = 1$ 時，G^E/x_1x_2RT 變成未定數，因為在兩個極限點時 G^E 皆為零，x_1x_2 的乘積亦為零。當 $x_1 \to 0$ 時，應用 l'Hôpital 規則可得：

$$\lim_{x_1 \to 0} \frac{G^E}{x_1 x_2 RT} = \lim_{x_1 \to 0} \frac{G^E/RT}{x_1} = \lim_{x_1 \to 0} \frac{d(G^E/RT)}{dx_1} \tag{A}$$

最後一項的微分可由 (9.6) 式對 x_1 微分求得

$$\boxed{\frac{d(G^E/RT)}{dx_1} = x_1 \frac{d\ln\gamma_1}{dx_1} + \ln\gamma_1 + x_2 \frac{d\ln\gamma_2}{dx_1} - \ln\gamma_2} \tag{B}$$

上式中最後一項的負號是由於 $dx_2/dx_1 = -1$ 而來，因為 $x_1 + x_2 = 1$。寫出二成分系統的 Gibbs/Duhem 方程式 [即 (8.100) 式]，再除以 dx_1 可得：

$$\boxed{x_1 \frac{d\ln\gamma_1}{dx_1} + x_2 \frac{d\ln\gamma_2}{dx_1} = 0 \qquad \text{(恆溫恆壓下)}} \tag{9.7}$$

與 (B) 式結合而得：

$$\frac{d(G^E/RT)}{dx_1} = \ln\frac{\gamma_1}{\gamma_2} \tag{9.8}$$

在 $x_1 = 0$ 的極限情形時，上式變為：

$$\lim_{x_1 \to 0} \frac{d(G^E/RT)}{dx_1} = \lim_{x_1 \to 0} \ln \frac{\gamma_1}{\gamma_2} = \ln \gamma_1^\infty$$

且由 (A) 式可得 $\lim_{x_1 \to 0} \frac{G^E}{x_1 x_2 RT} = \ln \gamma_1^\infty$ 同理， $\lim_{x_1 \to 1} \frac{G^E}{x_1 x_2 RT} = \ln \gamma_2^\infty$

所以 $G^E/x_1 x_2 RT$ 的極限值等於無限稀釋溶液中 $\ln \gamma_1$ 及 $\ln \gamma_2$ 的極限值，如圖 9.5(b) 所示。

以上的結果是基於恆溫恆壓下的 (9.7) 式而得。雖然表 9.2 中的數據是恆溫下所得，但壓力卻有改變。不過由於在低至中壓時液相活性係數幾乎與 P 無關，所以該壓力變化造成的誤差可忽略不計。

(9.7) 式的 Gibbs/Duhem 方程式對於圖 9.5(b) 有更進一步的影響，將此方程式再寫為

$$\frac{d \ln \gamma_1}{dx_1} = -\frac{x_2}{x_1} \frac{d \ln \gamma_2}{dx_1}$$

此式顯示了 $\ln \gamma_1$ 曲線的斜率與 $\ln \gamma_2$ 曲線的斜率具有不同的正負號。當 $x_2 \to 0$ (且 $x_1 \to 1$) 時，$\ln \gamma_1$ 曲線的斜率為零。同理，當 $x_1 \to 0$ 時，$\ln \gamma_2$ 曲線的斜率為零。因此在 $x_i = 1$ 時，每一 $\ln \gamma_i$ ($i = 1, 2$) 數值變為零且曲線將變為水平線。

數據精簡

觀察圖 9.5(b) 可知，$G^E/x_1 x_2 RT$ 應可用簡單的數學關係式表達。我們以一條直線對該組數據點作迴歸，可得該組數據之線性數學關係式為：

$$\frac{G^E}{x_1 x_2 RT} = A_{21} x_1 + A_{12} x_2 \tag{9.9a}$$

其中 A_{21} 及 A_{12} 是常數，由各特定的系統而定出。上式也可以表示為，

$$\frac{G^E}{RT} = (A_{21} x_1 + A_{12} x_2) x_1 x_2 \tag{9.9b}$$

利用 (9.9b) 式，可將 $\ln \gamma_1$ 及 $\ln \gamma_2$ 由 (8.96) 式求出。由於需要將 nG^E/RT 對莫耳數微分，我們將 (9.9b) 式乘以 n，並將莫耳分率轉換為莫耳數，即上式右邊的

Chapter 9　溶液熱力學：應用部份

x_1 以 $n_1/(n_1+n_2)$ 代替，並且將 x_2 以 $n_2/(n_1+n_2)$ 代替。因為 $n \equiv n_1 + n_2$，所以可得

$$\frac{nG^E}{RT} = (A_{21}n_1 + A_{12}n_2)\frac{n_1 n_2}{(n_1+n_2)^2}$$

依據 (8.96) 式，將上式對 n_1 微分可得：

$$\ln \gamma_1 = \left[\frac{\partial(nG^E/RT)}{\partial n_1}\right]_{P,T,n_2}$$

$$= n_2\left[(A_{21}n_1 + A_{12}n_2)\left(\frac{1}{(n_1+n_2)^2} - \frac{2n_1}{(n_1+n_2)^3}\right) + \frac{n_1 A_{21}}{(n_1+n_2)^2}\right]$$

再將含 n_i 各項轉換以 x_i 表示可得：

$$\ln \gamma_1 = x_2[(A_{21}x_1 + A_{12}x_2)(1-2x_1) + A_{21}x_1]$$

又因 $x_2 = 1 - x_1$，上式可簡化為：

$$\boxed{\ln \gamma_1 = x_2^2[A_{12} + 2(A_{21} - A_{12})x_1]} \tag{9.10a}$$

同理，將 (9.9b) 式乘以 n 再對 n_2 微分可得：

$$\boxed{\ln \gamma_2 = x_1^2[A_{21} + 2(A_{12} - A_{21})x_2]} \tag{9.10b}$$

這些公式稱為 Margules 方程式，[3]為模擬溶液行為時常用的經驗式。在無限稀釋的極限狀況時，方程式變為：

$$\ln \gamma_1^\infty = A_{12} \quad (x_1 = 0) \qquad 及 \qquad \ln \gamma_2^\infty = A_{21} \quad (x_2 = 0)$$

在此我們考慮圖 9.5(b) 所示的丁酮／甲苯系統，圖中的 G^E/RT、$\ln \gamma_1$ 及 $\ln \gamma_2$ 曲線，可以用 (9.9b) 及 (9.10) 式表示，因此：

$$A_{12} = 0.372 \qquad 及 \qquad A_{21} = 0.198$$

這些常數可由代表 $G^E/x_1 x_2 RT$ 數據的直線在 $x_1 = 0$ 及 $x_1 = 1$ 兩軸上的截距求得。

　　如此我們已可將 VLE 數據簡化為一個簡單的數學式，用以表示無因次的過

3　Max Margules (1856-1920)，奧地利氣象及物理學家。

剩 Gibbs 自由能：

$$\frac{G^E}{RT} = (0.198x_1 + 0.372x_2)x_1x_2$$

此公式可正確的表達實驗數據。應用 Margules 方程式計算 $\ln\gamma_1$ 及 $\ln\gamma_2$，我們可對原來的 $P\text{-}x_1\text{-}y_1$ 數據建立關聯式。對於二成分系統的成分 1 及 2，可由 (9.1) 式整理及寫成：

$$y_1 P = x_1 \gamma_1 P_1^{sat} \quad \text{及} \quad y_2 P = x_2 \gamma_2 P_2^{sat}$$

上列二式加成可得
$$\boxed{P = x_1 \gamma_1 P_1^{sat} + x_2 \gamma_2 P_2^{sat}} \tag{9.11}$$

因此
$$\boxed{y_1 = \frac{x_1 \gamma_1 P_1^{sat}}{x_1 \gamma_1 P_1^{sat} + x_2 \gamma_2 P_2^{sat}}} \tag{9.12}$$

由 (9.10) 式及對丁酮(1)／甲苯(2) 系統求得的 A_{12} 及 A_{21} 數值，可求出 γ_1 及 γ_2 的值。經由 P_1^{sat} 及 P_2^{sat} 的實驗數據及利用 (9.11) 與 (9.12) 式，可在不同 x_1 值下求得 P 及 y_1 值。這些結果以實線表示於圖 9.5(a) 中，即計算所得的 $P\text{–}x_1$ 及 $P\text{-}y_1$ 關係，這兩條實線可適切地表達實驗數據。

表 9.3 列出 50°C 時氯仿(1)／1,4-二氧六環(2) 的 $P\text{-}x_1\text{-}y_1$ 數據，[4] 以及相關的熱力學函數。圖 9.6(a) 及 9.6(b) 表示了所有實驗數據。這個系統顯示了負偏差，γ_1 及 γ_2 皆小於 1；$\ln\gamma_1$、$\ln\gamma_2$、G^E/RT 及 G^E/x_1x_2RT 皆為負值。圖 9.6(a) 中的 $P\text{-}x_1$ 數據點皆位於虛線所表示的理想溶液關係式的下方。所有 G^E/x_1x_2RT 數據點皆可成功地以 (9.9a) 式迴歸，Margules方程式 [(9.10) 式] 也可適用，且其參數為：

$$A_{12} = -0.72 \quad \text{及} \quad A_{21} = -1.27$$

由 (9.9b)、(9.10)、(9.11) 及 (9.12) 式可計算 G^E/RT、$\ln\gamma_1$、$\ln\gamma_2$、P 及 y_1 值，分別示於圖 9.6(a) 及 9.6(b) 中的各曲線。實驗所得的 $P\text{-}x_1\text{-}y_1$ 數據再次可被適當地迴歸。

4　M. L. McGlashan and R. P. Rastogi, *Trans. Faraday Soc.*, vol. 54, p. 496, 1958.

Chapter 9　溶液熱力學：應用部份

表 9.3　氯仿(1)／1,4–二氧六環在 50°C 時的 VLE 數據

P/kPa	x_1	y_1	$\ln\gamma_1$	$\ln\gamma_2$	G^E/RT	$G^E/x_1 x_2 RT$
15.79 (P_2^{sat})	0.0000	0.0000		0.000	0.000	
17.51	0.0932	0.1794	–0.722	–0.004	–0.064	–0.758
18.15	0.1248	0.2383	–0.694	0.000	–0.086	–0.790
19.30	0.1757	0.3302	–0.648	–0.007	–0.120	–0.825
19.89	0.2000	0.3691	–0.636	–0.007	–0.133	–0.828
21.37	0.2626	0.4628	–0.611	–0.014	–0.171	–0.882
24.95	0.3615	0.6184	–0.486	–0.057	–0.212	–0.919
29.82	0.4750	0.7552	–0.380	–0.127	–0.248	–0.992
34.80	0.5555	0.8378	–0.279	–0.218	–0.252	–1.019
42.10	0.6718	0.9137	–0.192	–0.355	–0.245	–1.113
60.38	0.8780	0.9860	–0.023	–0.824	–0.120	–1.124
65.39	0.9398	0.9945	–0.002	–0.972	–0.061	–1.074
69.36 (P_1^{sat})	1.0000	1.0000	0.000		0.000	

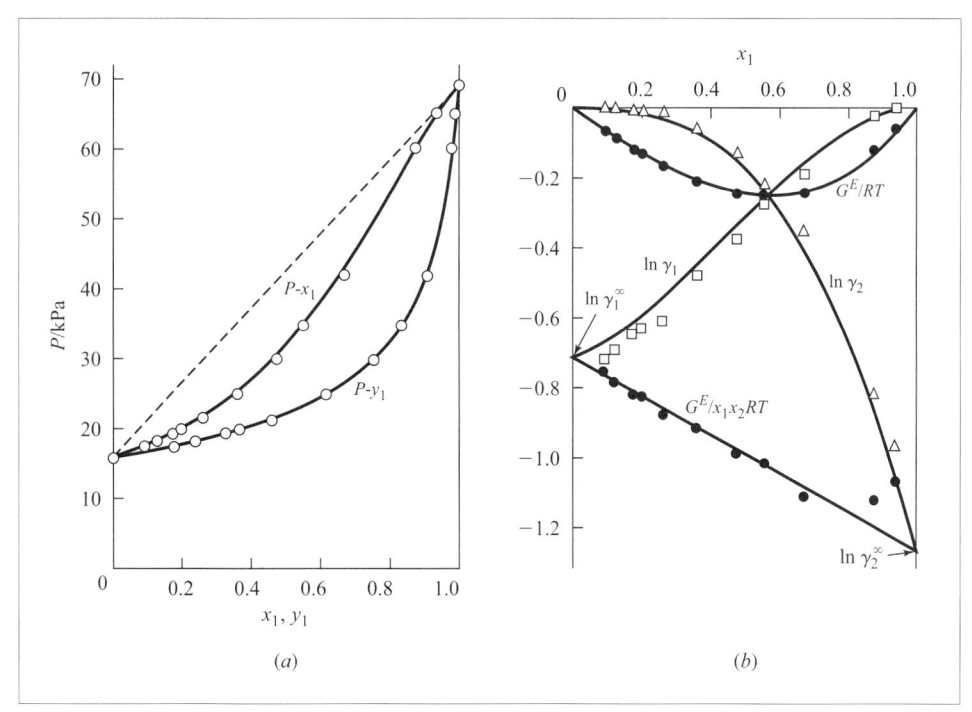

圖 9.6　氯仿(1)／1,4-二氧六環(2) 在 50°C 時的數據：(a) P-x-y 數據及其關聯曲線；(b) 液相性質及其關聯曲線。

雖然應用 Margules 方程式可成功迴歸以上兩組 VLE 數據，但此方程式仍不完美。有兩點可能的原因，首先，Margules 方程式並非完全適用於這些數據系統；再者，P-x_1-y_1 數據本身即有系統誤差，以至於不能符合 Gibbs/Duhem 方程式的要求。

應用 Margules 方程式時，我們曾假設 G^E/x_1x_2RT 實驗數據與關聯式的直線差異，起因於實驗數據的隨機誤差。實際上除了少數幾個數據點外，關聯式所代表的直線均有極佳的迴歸。只有在圖形的邊緣部份才有較顯著的偏離。當組成趨近於圖形的邊緣部份時，誤差發生的範圍也急速的增加。在 $x_1 \to 0$ 及 $x_1 \to 1$ 的極限情形時，G^E/x_1x_2RT 變成未定數，就實驗角度而言，此極限值可具有無限量的誤差並且不能測量。但是我們也不能去除採用其他關聯式的可能性，藉著更適當的關聯式，可改進 G^E/x_1x_2RT 的結果。尋求最佳的關聯式常須經由試誤法達成。

熱力學一致性

Gibbs/Duhem方程式對活性係數具有一個限制條件，即不能滿足於具有系統誤差的實驗數據。$\ln\gamma_1$ 及 $\ln\gamma_2$ 的實驗值可代入 (9.6) 式以計算 G^E/RT，並與 Gibbs/Duhem 方程式無關。從 (8.96) 式亦可計算出 $\ln\gamma_1$ 及 $\ln\gamma_2$，而依此式計算時卻與 Gibbs/Duhem 方程式有關。若實驗數據有系統誤差存在，以上所述兩種計算法就不能相合，此時沒有關聯式能準確的代表原始的 P-x_1-y_1 數據。這些數據與 Gibbs/Duhem 方程式不具一致性，是不正確的數據。

現在我們要導出一個簡單的測試法，檢查 P-x_1-y_1 實驗數據與 Gibbs/Duhem 方程式是否具有一致性。利用 (9.1) 式可將實驗數據代入後求得活性係數，我們把利用這個途徑求得的值以上標星號表示，將 (9.6) 式改寫為：

$$\left(\frac{G^E}{RT}\right)^* = x_1 \ln \gamma_1^* + x_2 \ln \gamma_2^*$$

上式微分可得：

$$\frac{d(G^E/RT)^*}{dx_1} = x_1 \frac{d\ln\gamma_1^*}{dx_1} + \ln\gamma_1^* + x_2 \frac{d\ln\gamma_2^*}{dx_1} - \ln\gamma_2^*$$

Chapter 9　溶液熱力學：應用部份

或

$$\frac{d(G^E/RT)^*}{dx_1} = \ln\frac{\gamma_1^*}{\gamma_2^*} + x_1\frac{d\ln\gamma_1^*}{dx_1} + x_2\frac{d\ln\gamma_2^*}{dx_1}$$

以 (9.8) 式減去上式。而 (9.8) 式中各物性的數值，則利用如 Margules 方程式這類的關聯式求得：

$$\frac{d(G^E/RT)}{dx_1} - \frac{d(G^E/RT)^*}{dx_1} = \ln\frac{\gamma_1}{\gamma_2} - \ln\frac{\gamma_1^*}{\gamma_2^*} - \left(x_1\frac{d\ln\gamma_1^*}{dx_1} + x_2\frac{d\ln\gamma_2^*}{dx_1}\right)$$

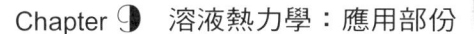

上式中相似兩項間的差值即為殘差 (residual)，表示由關聯式導出的數值與實驗數值間的差異。若以 δ 代表殘差，則上式寫為：

$$\frac{d\delta(G^E/RT)}{dx_1} = \delta\ln\frac{\gamma_1}{\gamma_2} - \left(x_1\frac{d\ln\gamma_1^*}{dx_1} + x_2\frac{d\ln\gamma_2^*}{dx_1}\right)$$

若實驗數據精簡後，使得 G^E/RT 的殘差為零，則 $d\delta(G^E/RT)/dx_1$ 項亦為零，而上式變為

$$\boxed{\delta\ln\frac{\gamma_1}{\gamma_2} = \left(x_1\frac{d\ln\gamma_1^*}{dx_1} + x_2\frac{d\ln\gamma_2^*}{dx_1}\right)} \tag{9.13}$$

上式等號右邊即為 (9.7) 式所表示的 Gibbs/Duhem 方程式，若實驗數據合乎一致性要求則必為零。因此等號左邊的殘差即表示實驗數據偏離 Gibbs/Duhem 方程式的程度。殘差偏離零多少，就代表實驗數據偏離一致性的程度。[5]

例 9.1　二乙酮(1)／正己烷(2) 在 65°C 時的 VLE 數據曾由 Maripuri 及 Ratcliff發表，[6]並列於表 9.4 的前三行。精簡這些實驗數據。

---

[5] 此項測試及其他 VLE 精簡方式，H. C. Van Ness 曾於下列文獻詳細討論，*J. Chem.Thermodyn.*, vol. 27, pp. 113-134, 1995; *Pure & APPl. Chem.*, vol.67, pp. 859-872, 1995. 亦可見 P. T. Eubank, B. G. Lamonte, and J. F. Javier Alvarado, *J. Chem, Eng. Data*, vol. 45, pp. 1040-1048, 2000.

[6] V. C. Maripuri and G. A. Ratcliff, JAPPI. Chem. Biotechnol., Vol. 22, PP.899-903, 1972.

表 9.4　二乙酮(1)／正己烷(2) 在 65°C 時的 VLE 數據

P/kPa	x_1	y_1	$\ln \gamma_1$	$\ln \gamma_2$	$\left(\dfrac{G^E}{x_1 x_2 RT}\right)^*$
90.15 (P_2^{sat})	0.000	0.000		0.000	
91.78	0.063	0.049	0.901	0.033	1.481
88.01	0.248	0.131	0.472	0.121	1.114
81.67	0.372	0.182	0.321	0.166	0.955
78.89	0.443	0.215	0.278	0.210	0.972
76.82	0.508	0.248	0.257	0.264	1.043
73.39	0.561	0.268	0.190	0.306	0.977
66.45	0.640	0.316	0.123	0.337	0.869
62.95	0.702	0.368	0.129	0.393	0.993
57.70	0.763	0.412	0.072	0.462	0.909
50.16	0.834	0.490	0.016	0.536	0.740
45.70	0.874	0.570	0.027	0.548	0.844
29.00 (P_1^{sat})	1.000	1.000	0.000		

解 列於表 9.4 的後三行由 (9.1) 及 (9.6) 式及實驗數據所算出的 $\ln \gamma_1^*$、$\ln \gamma_2^*$ 和 $(G^E/x_1 x_2 RT)^*$ 各實驗數據。這些數據亦繪於圖 9.7(a) 及 9.7(b)。我們現在要尋求一個適當的 G^E/RT 方程式來迴歸這些數據。圖 9.7(b) 中的 $(G^E/x_1 x_2 RT)^*$ 數據點雖然有些分散，但以線性迴歸仍是適當的方法。在此以目測繪出適當直線後得到下列關聯式：

$$\frac{G^E}{x_1 x_2 RT} = 0.70 x_1 + 1.35 x_2$$

此式即為 (9.9a) 式，其中 A_{21} = 0.70 且 A_{12} = 1.35。若指定 x_1 值，則可由 (9.10) 式算出 $\ln \gamma_1$ 及 $\ln \gamma_2$ 值；經由 (9.11) 及 (9.12) 式也可算出在該 x_1 值下的 P 及 y_1。這些計算的結果，表示於圖 9.7(a) 及 9.7(b) 中的實線。從圖中可看出這些實線並不是非常好的迴歸曲線。

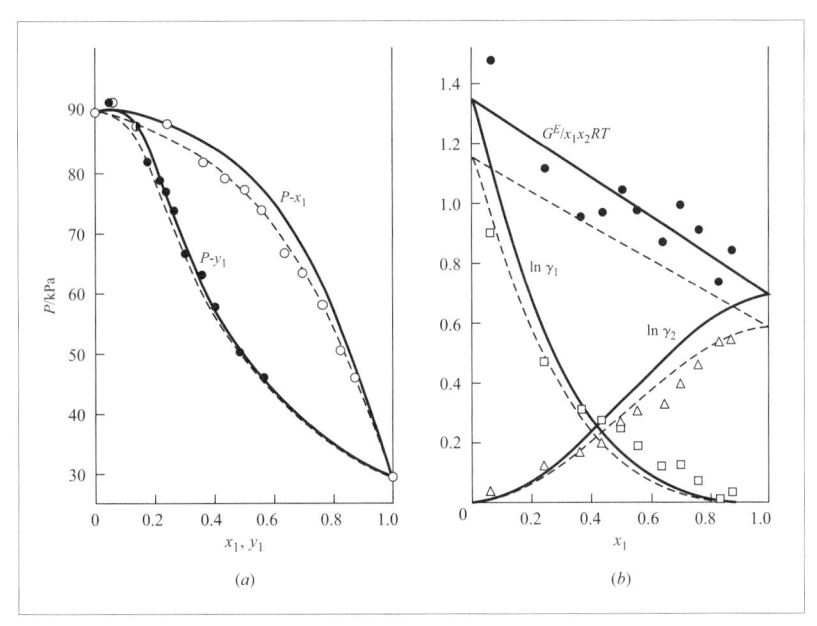

Chapter 9　溶液熱力學：應用部份

> 圖 9.7　二乙酮(1)／正己烷(2) 在 65°C 時 VLE 數據：(a) P-x-y 數據及其關聯曲線；(b) 液相性質及其關聯曲線。

　　會有這樣的問題，是因為這些實驗數據與 Gibbs/Duhem 方程式並不具有一致性，也就是說表 9.4 中，由實驗值計算的 $\ln \gamma_1^*$ 及 $\ln \gamma_2^*$ 數值，與 (9.7) 式不符。但由關聯式所導出的 $\ln \gamma_1$ 及 $\ln \gamma_2$ 值符合 (9.7) 式，所以這兩組活性係數的數值並不相合，前面的關聯式不能準確地代表整組 P-x_1-y_1 實驗數據。

　　應用 (9.13) 式進行一致性測試，必須計算殘差 $\Delta(G^E/RT)$ 及 $\Delta \ln(\gamma_1/\gamma_2)$，這些數值求出後對 x_1 作圖表示於圖 9.8。殘差 $\Delta(G^E/RT)$ 分布於零的附近，[7]但 $\Delta \ln(\gamma_1/\gamma_2)$ 卻大多偏離零值甚多，亦即偏離 Gibbs/Duhem 方程式的程度較高。這些殘差的平均值若小於 0.03，則表示數值極為符合一致性。若其平均值小於 0.10，則為可接受的數據。此題中 $\Delta \ln(\gamma_1/\gamma_2)$ 的平均值約為 0.15，所以包含了可觀的誤差。雖然我們無法確知誤差發生的來源，但通常 y_1 值是最有可能的原因。

　　上述的方法得到的是偏離實驗數據的關聯式。另一種方法是只處理 P-x_1 數據，這個方法可行的原因是由於 P-x_1-y_1 數據提供了非常充足的資料。雖然此法需要使用電腦，但基本上是相當簡單的方法。假設 Margules 方程式可適用，我們只要尋求參數 A_{12} 及 A_{21}，並經由 (9.11) 式計算壓力，使其盡量趨近

---

[7] 我們可經由迴歸程序改良 G^E/RT 關聯式，並尋求最佳參數值 A_{12} 及 A_{21}，經過這些改進，可使殘差 $\Delta(G_E/RT)$

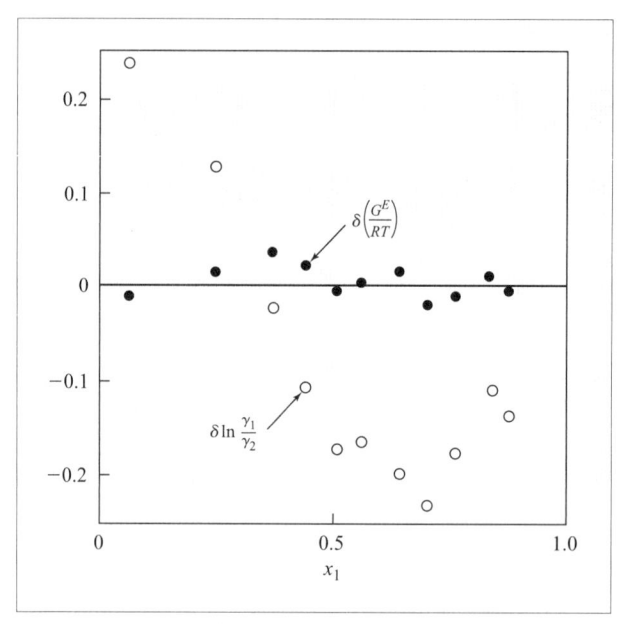

● 圖 9.8　二乙酮(1)／正己烷(2) 在 65°C 時的一致性測試數據

於實驗值。這種方法不需選定關聯式，稱為 Barker 方法。[8]應用此法於本題的數據，可得參數值為：

$$A_{21} = 0.596 \quad \text{及} \quad A_{12} = 1.153$$

應用這些參數及 (9.9a)、(9.10)、(9.11) 及 (9.12) 式，可求得圖 9.7(a) 及 9.7(b) 中的虛線。雖然迴歸曲線並非完全精確，但整體而言已可較為適當地呈現 P-x_1-y_1 實驗數據。

圖 9.9 表示了六個二成分系統，在 50°C 時由實驗測量數據所導出的 $\ln \gamma_i$ 值，六個系統各有不同的型態。每個系統在 $x_i \rightarrow 1$ 時 $\ln \gamma_i \rightarrow 0$，且該處的斜率皆為零。而通常 (但非完全如此) 在無限稀釋的狀態下的活性係數具有最大值。比較此圖與圖 8.4，可知 $\ln \gamma_i$ 通常與 G^E 具有相同的正負號，即正值的 G^E 表示活性係數大於 1，負值的 G^E 表示活性係數小於 1，在大部份的組成範圍內均符合這樣的關係。

---

[8] J. A. Barker, *Austral. J. Chem.*, vol. 6, pp. 207-210, 1953.

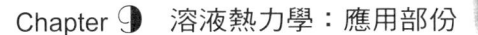

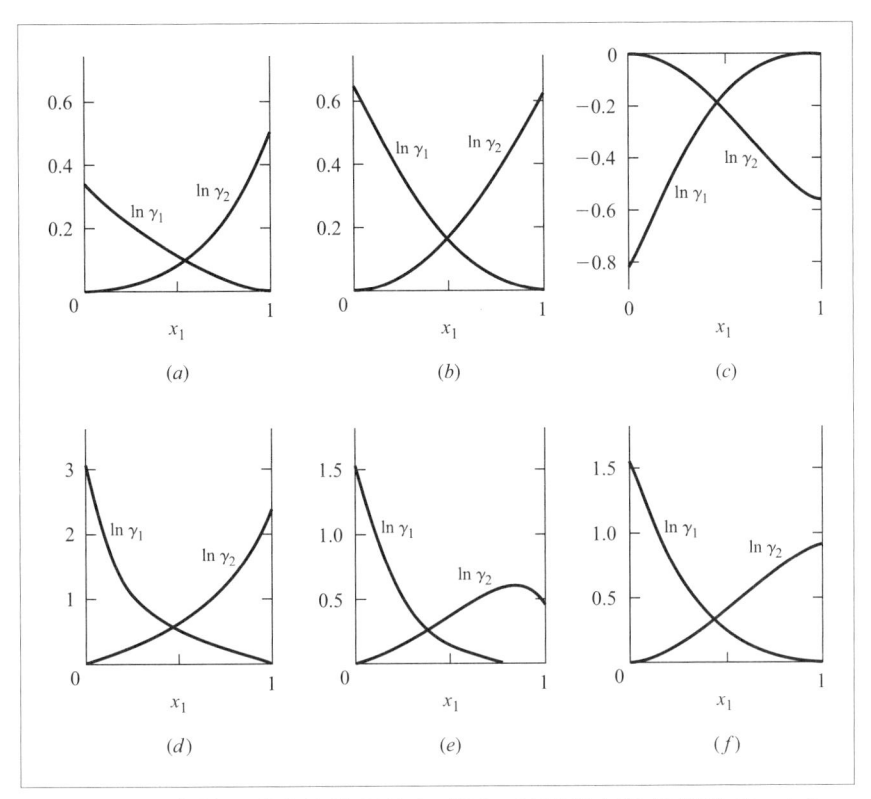

Chapter 9 溶液熱力學：應用部份

● 圖 9.9　六種二成分液體系統在 50°C 時活性係數的對數值：(a) 氯仿(1)／正庚烷(2)；(b) 丙酮(1)／甲醇(2)；(c) 丙酮(1)／氯仿(2)；(d) 乙醇(1)／正庚烷(2)；(e) 乙醇(1)／氯仿(2)；(f) 乙醇(1)／水(2)。

9.2　過剩 Gibbs 自由能模式

一般而言 G^E/RT 是 T、P 及組成的函數，但是對於低至中壓下的液體，它只是微弱的壓力函數。因此活性係數的壓力相依性常可被忽略，在恆溫下可寫成：

$$\frac{G^E}{RT} = g(x_1, x_2, \cdots, x_N) \qquad (恆溫時)$$

如 (9.9) 式所示的 Margules 方程式，即為這類函數的一例。

其他形式的方程式也常用來作活性係數的關聯式。對於二成分系統 (含成分 1 及 2)，常將函數以 $G^E/x_1 x_2 RT$ 形式寫出，並表示為 x_1 的多項式：

$$\frac{G^E}{x_1 x_2 RT} = a + bx_1 + cx_1^2 + \cdots \qquad (\text{恆溫時})$$

因為 $x_2 = 1 - x_1$，因此可將上式視為只有 x_1 一個獨立變數。另一個意義相同但數學形式不同的多項式是 Redlich/Kister 展開式：[9]

$$\frac{G^E}{x_1 x_2 RT} = A + B(x_1 - x_2) + C(x_1 - x_2)^2 + \cdots \tag{9.14}$$

在應用此式時，可將多項式截取到適當的項數，再由 (8.96) 式導出 $\ln \gamma_1$ 及 $\ln \gamma_2$ 的表示式；而多項式的項數不同，所導出的表示式亦不相同。

當 $A = B = C = \cdots = 0$ 時，$G^E/RT = 0$、$\ln \gamma_1 = 0$ 及 $\ln \gamma_2 = 0$。此時 $\gamma_1 = \gamma_2 = 1$，且溶液為理想溶液。

若 $B = C = \cdots = 0$，則

$$\frac{G^E}{x_1 x_2 RT} = A$$

其中 A 在固定溫度時為常數。由此可推導出 $\ln \gamma_1$ 及 $\ln \gamma_2$ 的關聯式分別為：

| $\ln \gamma_1 = A x_2^2$ (9.15a) | $\ln \gamma_2 = A x_1^2$ (9.15b) |

上兩式很明顯是互相對稱的。在無限稀釋時的活性係數為 $\ln \gamma_1^\infty = \ln \gamma_2^\infty = A$。

若 $C = \cdots = 0$，則

$$\frac{G^E}{x_1 x_2 RT} = A + B(x_1 - x_2) = A + B(2x_1 - 1)$$

此時 $G^E/x_1 x_2 RT$ 與 x_1 為線性關係。若令 $A + B = A_{21}$ 及 $A - B = A_{12}$，則可回復到 Margules 方程式：

$$\frac{G^E}{x_1 x_2 RT} = A_{21} x_1 + A_{12} x_2 \tag{9.9a}$$

若將上式等號左邊的倒數 $x_1 x_2 RT/G^E$ 表示成 x_1 的線性函數如下，則可推導出另一個為人熟知的方程式：

---

[9] O. Redlich, A. T. Kister and C. E. Turnquist, *Chem. Eng. Progr. Symp. Ser*. No. 2, vol. 48, pp. 49-61, 1952.

$$\frac{x_1 x_2}{G^E/RT} = A' + B'(x_1 - x_2) = A' + B'(2x_1 - 1)$$

此式亦可寫為：

$$\frac{x_1 x_2}{G^E/RT} = A'(x_1 + x_2) + B'(x_1 - x_2) = (A' + B')x_1 + (A' - B')x_2$$

令 $A' + B' = 1/A'_{21}$ 及 $A' - B' = 1/A'_{12}$，則可得另一種形式的表示法，

$$\frac{x_1 x_2}{G^E/RT} = \frac{x_1}{A'_{21}} + \frac{x_2}{A'_{12}} = \frac{A'_{12} x_1 + A'_{21} x_2}{A'_{12} A'_{21}}$$

或

$$\frac{G^E}{x_1 x_2 RT} = \frac{A'_{12} A'_{21}}{A'_{12} x_1 + A'_{21} x_2} \tag{9.16}$$

由此方程式所得的活性係數為：

$\ln \gamma_1 = A'_{12}\left(1 + \dfrac{A'_{12} x_1}{A'_{21} x_2}\right)^{-2}$ (9.17a)	$\ln \gamma_2 = A'_{21}\left(1 + \dfrac{A'_{21} x_2}{A'_{12} x_1}\right)^{-2}$ (9.17b)

這些公式稱為 van Laar 方程式。[10] 當 $x_1=0$ 時，$\ln \gamma_1^\infty = A'_{12}$，當 $x_2=0$ 時，$\ln \gamma_2^\infty = A'_{21}$。

Redlich/Kister 展開式、Margules 方程式以及 van Laar 方程式，都是一般化多項式 $G^E/x_1 x_2 RT$ 函數的特例。[11] 這些一般化公式在二成分 VLE 數據的關聯上具有很好的適用性，但它們也缺乏理論基礎，以致於延伸至多成分系統時並無合理的根據。此外，這些公式中的參數並不內含溫度相依關係，其溫度函數是因其必要性而加入的。

局部組成模式

在發展液體溶液分子熱力學的理論時，多半是以局部組成 (local composition) 的觀念為基礎。液體溶液的局部組成與總體組成不同，局部組成是假設在溶液中由於分子大小不同以及分子間作用力不均，而會使分子在很短的距

---

10 Johannes Jacobus van Laar (1860-1938)，荷蘭物理化學家。
11 H. C. Van Ness and M. M. Abbott, *Classical Thermodynamics of Nonelectrolyte Solutions: With Applications to Phase Equilibria*, Sec. 5-7, McGraw-Hill, New York, 1982.

離範圍內有某種特定的排列次序 (即短程有序，short-range order)，也會使分子有非隨機的方向性，從而導致局部組成與總體組成的差異。此項觀念由 G. M. Wilson 於 1964 年在其溶液行為模式的論文中提出，因此稱為 Wilson 方程式。[12] 這個公式成功地關聯 VLE 數據，並引發其他局部組成模式的發展。最著名的是 NRTL (Non-Random-Two-Liquid) 模式，由 Renon 和 Prausnitz提出，[13] 以及 UNIQUAC (UNIversal QUAsi-Chemical) 模式，由 Abrams 和 Prausnitz提出。[14] 根據 UNIQUAC 模式，又更進一步發展出 UNIFAC 模式，[15]在該模式中，活性係數的計算方法是以溶液分子所含各種官能基的貢獻為基礎。

Wilson 方程式如同 Margules 及 van Laar 方程式，在二成分系統中只含有兩個參數 (Λ_{12} 及 Λ_{21})，並可寫為：

$$\frac{G^E}{RT} = -x_1 \ln(x_1 + x_2\Lambda_{12}) - x_2 \ln(x_2 + x_1\Lambda_{21}) \tag{9.18}$$

$$\ln \gamma_1 = -\ln(x_1 + x_2\Lambda_{12}) + x_2\left(\frac{\Lambda_{12}}{x_1 + x_2\Lambda_{12}} - \frac{\Lambda_{21}}{x_2 + x_1\Lambda_{21}}\right) \tag{9.19a}$$

$$\ln \gamma_2 = -\ln(x_2 + x_1\Lambda_{21}) - x_1\left(\frac{\Lambda_{12}}{x_1 + x_2\Lambda_{12}} - \frac{\Lambda_{21}}{x_2 + x_1\Lambda_{21}}\right) \tag{9.19b}$$

在無限稀釋時，這些公式變為：

$$\ln \gamma_1^\infty = -\ln \Lambda_{12} + 1 - \Lambda_{21}$$
$$\ln \gamma_2^\infty = -\ln \Lambda_{21} + 1 - \Lambda_{12}$$

其中 Λ_{12} 及 Λ_{21} 必須為正數。

NRTL 模式對二成分系統而言具有三個參數，並可寫為：

$$\frac{G^E}{x_1 x_2 RT} = \frac{G_{21}\tau_{21}}{x_1 + x_2 G_{21}} + \frac{G_{12}\tau_{12}}{x_2 + x_1 G_{12}} \tag{9.20}$$

---

12 G. M. Wilson, *J. Am. Chem.Soc.*, vol. 86, pp. 127-130, 1964.
13 H. Renon and J.M. Prausnitz, *AIChE J.*, vol. 14, pp. 135-144, 1968.
14 D. S. Abrams and J. M. Prausnitz, *AIChE J.*, vol. 21 pp. 116-128,1975.
15 UNIQUAC Functional-group Activity Coefficients; proposed by Aa. Fredenslund, R. L. Jones, and J. M. Prausnitz, *AIChE J.*, vol. 21, pp. 1086-1099, 1975; 在下述文獻中有詳細的介紹: Aa. Fredenslund, J. Gmehling,and P. Rasmussen, *Vapor-LiquidEquilibrium using UNIFAC*, Elsevier, Amsterdam, 1977.

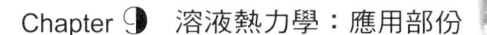

Chapter 9　溶液熱力學：應用部份

$$\ln \gamma_1 = x_2^2 \left[\tau_{21} \left(\frac{G_{21}}{x_1 + x_2 G_{21}} \right)^2 + \frac{G_{12}\tau_{12}}{(x_2 + x_1 G_{12})^2} \right] \tag{9.21a}$$

$$\ln \gamma_2 = x_1^2 \left[\tau_{12} \left(\frac{G_{12}}{x_2 + x_1 G_{12}} \right)^2 + \frac{G_{21}\tau_{21}}{(x_1 + x_2 G_{21})^2} \right] \tag{9.21b}$$

其中

$$G_{12} = \exp(-\alpha \tau_{12}) \qquad G_{21} = \exp(-\alpha \tau_{21})$$

且

$$\tau_{12} = \frac{b_{12}}{RT} \qquad \tau_{21} = \frac{b_{21}}{RT}$$

其中 α、b_{12} 及 b_{21} 為一對分子的特性參數，並與組成及溫度無關。無限稀釋時的活性係數可表為：

$$\ln \gamma_1^\infty = \tau_{21} + \tau_{12} \exp(-\alpha \tau_{12})$$
$$\ln \gamma_2^\infty = \tau_{12} + \tau_{21} \exp(-\alpha \tau_{21})$$

UNIQUAC 公式及 UNIFAC 方法較為複雜，可參見附錄 H。

局部組成模式在關聯實驗數據時也有適用性上的限制，但對大部份的工程目的都足以使用。它們可延伸至多成分系統，除了二成分系統的參數外，不須再引進任何其他參數。例如，Wilson 方程式在多成分系統中可寫為

$$\frac{G^E}{RT} = -\sum_i x_i \ln \left(\sum_j x_j \Lambda_{ij} \right) \tag{9.22}$$

$$\ln \gamma_i = 1 - \ln \left(\sum_j x_j \Lambda_{ij} \right) - \sum_k \frac{x_k \Lambda_{ki}}{\sum_j x_j \Lambda_{kj}} \tag{9.23}$$

其中當 $i = j$ 時，$\Lambda_{ij} = 1$。上式中的各下標表示相同的物種，並對所有物種進行加成。對於每一個 ij 物質，模式中有兩個參數，因為 $\Lambda_{ij} \neq \Lambda_{ji}$。在三成分系統中，則包含各 ij 分子配對的參數，$\Lambda_{12}, \Lambda_{21}$；$\Lambda_{13}, \Lambda_{31}$；$\Lambda_{23}, \Lambda_{32}$。

這些參數的溫度函數為：

$$\Lambda_{ij} = \frac{V_j}{V_i} \exp \frac{-a_{ij}}{RT} \qquad (i \neq j) \tag{9.24}$$

其中 V_j 及 V_i 是液體 j 及 i 在溫度 T 時的莫耳體積，a_{ij} 是與組成及溫度無關的常數。Wilson 方程式與其他局部組成模式一樣，其參數具有內含的近似溫度函數。所有的參數都由二成分系統 (對比於多成分系統) 的數據求得，如此使得求取局部組成模式參數，成為可執行的工作。

9.3 混合時物性的改變

理想溶液中的物性可由 (8.79) 至 (8.82) 式表示，其中每式結合過剩性質的定義公式，如 (8.85) 式所示，可得

$$G^E = G - \sum_i x_i G_i - RT \sum_i x_i \ln x_i \tag{9.25}$$

$$S^E = S - \sum_i x_i S_i + R \sum_i x_i \ln x_i \tag{9.26}$$

$$V^E = V - \sum_i x_i V_i \tag{9.27}$$

$$H^E = H - \sum_i x_i H_i \tag{9.28}$$

上列各式等號右邊前二項可用通式 $M - \sum_i x_i M_i$ 表示，為混合時的物性改變量 ΔM。因此其定義為：

$$\Delta M \equiv M - \sum_i x_i M_i \tag{9.29}$$

其中 M 為溶液的莫耳 (或單位質量) 性質，M_i 為純物質的莫耳 (或單位質量) 性質，它們都在相同的 T 與 P 時求出。(9.25) 至 (9.28) 式可再寫為

$G^E = \Delta G - RT \sum_i x_i \ln x_i$ (9.30)	$S^E = \Delta S + R \sum_i x_i \ln x_i$ (9.31)
$V^E = \Delta V$ (9.32)	$H^E = \Delta H$ (9.33)

其中 ΔG、ΔS、ΔV 及 ΔH 分別為混合時 Gibbs 自由能的改變、熵的改變、體積的改變及焓的改變。對於理想溶液而言，這些過剩性質為零，而 (9.30) 至 (9.33) 式變為

$\Delta G^{id} = RT \sum_i x_i \ln x_i$ (9.34)	$\Delta S^{id} = -R \sum_i x_i \ln x_i$ (9.35)
$\Delta V^{id} = 0$ (9.36)	$\Delta H^{id} = 0$ (9.37)

這些公式是 (8.79) 至 (8.82) 式的另一種表示方式。上面這種寫法適用於理想氣體混合物及理想溶液。

(9.29) 式可對理想溶液表示為：

$$\Delta M^{id} = M^{id} - \sum_i x_i M_i$$

由 (9.29) 式減去此式而得：

$$\Delta M - \Delta M^{id} = M - M^{id}$$

再與 (8.85) 式結合而得：

$$M^E = \Delta M - \Delta M^{id} \tag{9.38}$$

由 (9.30) 至 (9.33) 式可知，過剩性質與混合時的物性改變量可彼此互解。由於物性改變量可直接由實驗值求得，因此在熱力學發展上較早被提出，但過剩性質較符合溶液熱力學的理論架構。混合時的物性改變量以 ΔV 及 ΔH 最為重要，兩者可直接測得，且其值與所對應的過剩性質相等。

圖 9.10 為二成分系統混合程序實驗的示意圖。兩個溫度和壓力相同的純物質最初以分隔器隔開，當分隔器移去時即發生混合程序。混合時系統會發生膨脹或收縮，帶動活塞的移動以維持壓力為恆定值。另外，熱量也加入或移出系統以維持恆溫。當混合完成時，系統總體積的改變 (以活塞移動距離 d 來量度) 為：

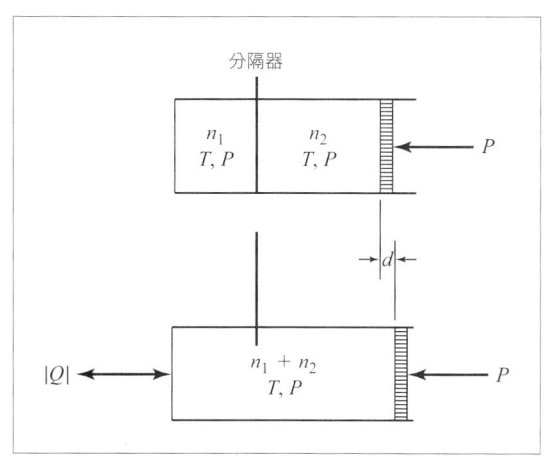

● 圖 9.10　混合程序實驗的示意圖

$$\Delta V^t = (n_1 + n_2)V - n_1 V_1 - n_2 V_2$$

因為程序是在恆壓下進行，因此總熱傳量 Q 等於系統總焓的改變：

$$Q = \Delta H^t = (n_1 + n_2)H - n_1 H_1 - n_2 H_2$$

以上各式除以 $n_1 + n_2$ 可得：

$$\Delta V \equiv V - x_1 V_1 - x_2 V_2 = \frac{\Delta V^t}{n_1 + n_2}$$

及

$$\Delta H \equiv H - x_1 H_1 - x_2 H_2 = \frac{Q}{n_1 + n_2}$$

所以混合時的體積改變量 ΔV 及混合時的焓改變量 ΔH，可從 ΔV^t 及 Q 測得。由於 ΔH 與 Q 有關，因此通稱為混合熱 (heat of mixing)。

圖 9.11 表示乙醇／水系統的混合熱 ΔH 實驗值 (或過剩焓 H^E) 與組成的關係，每條曲線各代表一固定溫度，溫度範圍為 30 至 110°C。此圖顯示了二成分液相系中 $H^E = \Delta H$ 及 $V^E = \Delta V$ 變化的情形。各曲線和 G^E 數據一樣可用關聯式表示，常用的有 Redlich/Kister 展開式等。

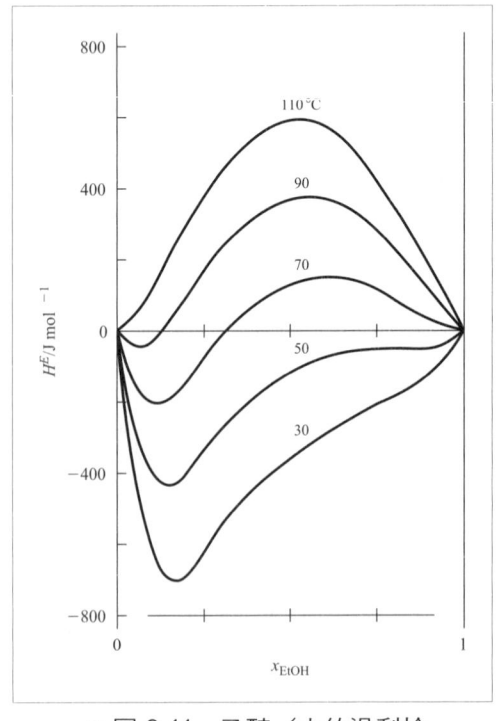

● 圖 9.11　乙醇／水的過剩焓

Chapter 9　溶液熱力學：應用部份

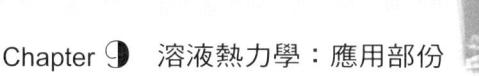

例 9.2　二成分 1 及 2 液體混合物在固定 T 與 P 下的過剩焓 (混合熱) 可表為

$$H^E = x_1 x_2 (40 x_1 + 20 x_2)$$

其中 H^E 的單位為 J mol^{-1}。請以 x_1 為函數，導出 $\bar{H}_1^E$ 及 $\bar{H}_2^E$ 的表示式。

解　部份性質可應用 (8.15) 及 (8.16) 式求得，當 $M = H^E$ 時可得

$$\bar{H}_1^E = H^E + (1 - x_1)\frac{dH^E}{dx_1} \quad (A) \qquad \bar{H}_2^E = H^E - x_1 \frac{dH^E}{dx_1} \quad (B)$$

以 x_1 取代 x_2，可將 H^E 化為

$$H^E = 20 x_1 - 20 x_1^3 \quad (C) \qquad \frac{dH^E}{dx_1} = 20 - 60 x_1^2 \quad (D)$$

將 (C) 及 (D) 式代入 (A) 式和 (B) 式可得：

$$\bar{H}_1^E = 20 - 60 x_1^2 + 40 x_1^3 \qquad \bar{H}_2^E = 40 x_1^3$$

這些公式所表示的結果與例 8.4 相似。例 8.4 中 H 公式中的最後一項與本題的 H^E 相同，所以我們可寫成

$$H = 400 x_1 + 600 x_2 + H^E$$

由此可知 $H_1 = 400$ J mol^{-1} 且 $H_2 = 600$ J mol^{-1}。例 8.4 中的部份性質可以用下列各式與 $\bar{H}_1^E$ 及 $\bar{H}_2^E$ 相連：

$$\bar{H}_1 = \bar{H}_1^E + \bar{H}_1^{id} = \bar{H}_1^E + H_1 = \bar{H}_1^E + 400$$

及

$$\bar{H}_2 = \bar{H}_2^E + \bar{H}_2^{id} = \bar{H}_2^E + H_2 = \bar{H}_2^E + 600$$

這兩個方程式可由 (8.78) 及 (8.88) 式結合而得。

　　甲醇(1)／水(2) 系統在 25°C 時的過剩體積 (混合時的體積改變量)，可由圖 8.2 的體積數據求出。(8.88) 式可特別寫為，

$$\bar{V}_i^E = \bar{V}_i - \bar{V}_i^{id}$$

根據 (8.76) 式，$\bar{V}_i^{id} = V_i$，

因此，$\bar{V}_1^E = \bar{V}_1 - V_1$　　且　　$\bar{V}_2^E = \bar{V}_2 - V_2$

二成分系統的過剩體積可由 (8.11) 式寫為：

$$V^E = x_1 \bar{V}_1^E + x_2 \bar{V}_2^E$$

這些結果示於圖 9.12。由例 8.3 可得在 $x_1 = 0.3$ 時此圖的數值為，

$$\bar{V}_1^E = 38.632 - 40.727 = -2.095 \text{ cm}^3 \text{ mol}^{-1}$$

$$\bar{V}_2^E = 17.765 - 18.068 = -0.303 \text{ cm}^3 \text{ mol}^{-1}$$

且

$$V^E = (0.3)(-2.095) + (0.7)(-0.303) = -0.841 \text{ cm}^3 \text{ mol}^{-1}$$

在 $x_1 = 0.3$ 時由曲線上的切線截距可得到部份過剩體積。圖 8.2 中 V 的數值由 18.068 到 40.727 cm³ mol⁻¹，而 $V^E = \Delta V$ 的數值在 $x_1 = 0$ 及 $x_1 = 1$ 時為零，在莫耳分率約為 0.5 時達到 -1 cm³ mol⁻¹。此圖顯示甲醇／水的系統中，$\bar{V}_1^E$ 與 $\bar{V}_2^E$ 幾乎呈現對稱的曲線，然而所有的系統並非如此。

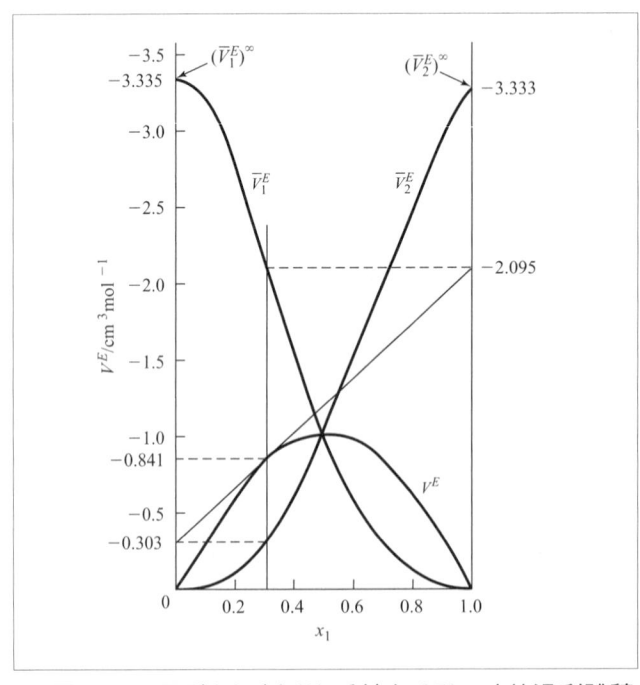

● 圖 9.12　甲醇(1)／水(2) 系統在 25°C 時的過剩體積

Chapter 9　溶液熱力學：應用部份

　　圖 9.13 表示六種系統在 50°C 及約為大氣壓力時，ΔG、ΔH 及 $T\Delta S$ 與組成的關係。相同系統之 G^E、H^E 及 TS^E 值則如圖 8.4 所示。如同過剩性質一樣，六種系統的混合時物性改變曲線各有特色，而相同的特性如下：

1. 純物質的各 ΔM 值為零。
2. 混合時 Gibbs 自由能的改變 ΔG 恆為負值。
3. 混合時熵的改變量 ΔS 為正值。

其中特性 1 由 (9.29) 式而來。特性 2 的原因是：當溫度壓力固定時，Gibbs 自由能在平衡狀態下必為最小值 (見原版書 14.3 節所述)。由特性 3 可知，混合時熵的改變量為負值是非常罕見的；照理說熱力學第二定律並不允許負值存在，但符合該定律的系統是與環境隔絕的，因此局部性質並不限於此。在恆溫恆壓下，某些特別混合物的 ΔS 為負值，不過此情況並沒有表示在圖 9.13 中。有關混合物性質的分子基礎的討論，列於原版書 16.6 及 16.7 節中。

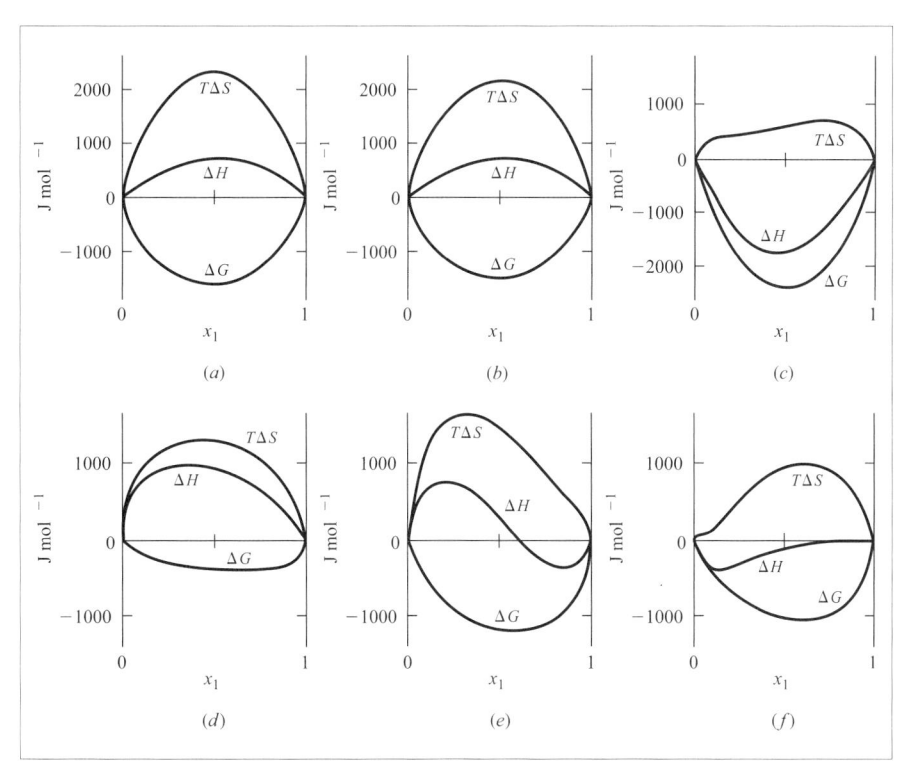

● 圖9.13　六種二成分液體系統在 50°C 的物性改變量：(a) 氯仿(1)／正庚烷(2)；(b) 丙酮(1)／甲醇(2)；(c) 丙酮(1)／氯仿(2)；(d) 乙醇(1)／正庚烷(2)；(e) 乙醇(1)／氯仿(2)；(f) 乙醇(1)／水(2)。

例 9.3 混合時物性改變量與過剩性質可互相連接。導證如何由 $\Delta H(x)$ 及 $G^E(x)$ 的關聯數據得到圖 8.4 及 圖 9.13。

解 由 (9.33) 及 (8.86) 式及所給的 $\Delta H(x)$ 與 $G^E(x)$，可得：

$$H^E = \Delta H \qquad \text{及} \qquad S^E = \frac{H^E - G^E}{T}$$

由這些方程式可求出圖 8.4。由 (9.30) 與 (9.31) 式，以及 G^E 和 S^E 可求出混合時物性改變量 ΔG 與 ΔS：

$$\Delta G = G^E + RT \sum_i x_i \ln x_i \qquad \Delta S = S^E - R \sum_i x_i \ln x_i$$

由此可完成圖 9.13。

9.4 混合程序中的熱效應

由 (9.29) 式所定義的混合熱為：

$$\Delta H = H - \sum_i x_i H_i \tag{9.39}$$

此式可求得純物質在恆溫恆壓時，混合形成一莫耳 (或一單位質量) 的溶液時的焓改變量。最常見的是二成分系統的數據，此時由 (9.39) 式可將 H 表為：

$$H = x_1 H_1 + x_2 H_2 + \Delta H \tag{9.40}$$

經由此式，可從純物質 1 與 2 的焓數據以及混合熱，計算二成分混合物的焓值。此處所述的僅適用於二成分系統。

混合熱的數據通常只在有限的溫度下才可尋得。若純物質及混合物的比熱為已知，其他溫度下的混合熱即可求得，所應用的方法，如同由 25°C 時的標準反應熱求取更高溫度的標準反應熱數值。

混合熱在許多方面類似於反應熱。當反應發生時，產物的能量與同樣 T 與 P 時的反應物能量不同，因為原子已經過化學重組。當混合物形成時，相似的能

Chapter 9　溶液熱力學：應用部份

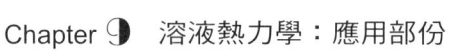

量改變也會發生，因為相同及不同分子間的作用力場不同。這些能量的改變，通常比化學鍵改變時能量所產生的改變量小很多，所以混合熱通常甚小於反應熱。

溶解熱

當固體或氣體溶於液體時，其熱效應稱為溶解熱 (heat of solution)，並且是基於每一莫耳溶質的溶解所定出的。若令物質 1 為溶質莫耳，則 x_1 為每莫耳溶液中的溶質莫耳數。因為 ΔH 是每莫耳溶液的熱效應，而 $\Delta H/x_1$ 則為每莫耳溶質的熱效應，因此

$$\widetilde{\Delta H} = \frac{\Delta H}{x_1}$$

其中 $\widetilde{\Delta H}$ 是以每莫耳溶質為基準的溶解熱。

常用來表示溶解程序的物理改變方程式，類似於化學反應方程式。當一莫耳 LiCl 溶於 12 莫耳水中時，此程序可以表示為：

$$LiCl(s) + 12H_2O(l) \rightarrow LiCl(12H_2O)$$

其中 LiCl(12H$_2$O) 表示一莫耳 LiCl 與 12 莫耳水所形成的溶液。在 25°C 及 1 bar 時此程序的焓改變量為 $\widetilde{\Delta H} = -33,614$ J。即表示一莫耳 LiCl 及 12 莫耳水所形成的溶液，其焓值較一莫耳純 LiCl(s) 及 12 莫耳純水少了 33,614 J。如此的物體改變程序方程式，可與化學反應式結合使用，如下例題所述的溶解程序。

例 9.4　計算 25°C 時 LiCl 在 12 莫耳水中的生成熱 (heat of formation)。

解　本題所述為一莫耳 LiCl 與 12 莫耳的水形成溶液的程序，代表此程序的方程式如下：

$$Li + \tfrac{1}{2}Cl_2 \rightarrow LiCl(s) \qquad \Delta H^\circ_{298} = -408,610 \text{ J}$$
$$LiCl(s) + 12H_2O(l) \rightarrow LiCl(12H_2O) \qquad \widetilde{\Delta H}_{298} = -33,614 \text{ J}$$
$$\overline{Li + \tfrac{1}{2}Cl_2 + 12H_2O(l) \rightarrow LiCl(12H_2O) \qquad \Delta H^\circ_{298} = -442,224 \text{ J}}$$

其中第 1 個反應式表示由元素形成 LiCl(s) 的化學改變，伴隨此反應的熱效應是 25°C 時 LiCl(s) 的標準生成熱。第 2 個反應式表示一莫耳 LiCl(s) 溶於 12

莫耳水中的物理改變,伴隨此反應的熱效應是溶解熱。整體程序的焓改變量 $-442,224$ J,為每莫耳 LiCl 在 12 莫耳水中的生成熱。這些數據並不包括水的生成熱。

通常溶解熱並不直接列出,而須由以上所述的生成熱反算求得。國家標準局所列出一莫耳 LiCl 的生成熱為:[16]

LiCl(s)	$-408,610$ J
LiCl·H$_2$O(s)	$-712,580$ J
LiCl·2H$_2$O(s)	$-1,012,650$ J
LiCl·3H$_2$O(s)	$-1,311,300$ J
LiCl in 3 mol H$_2$O	$-429,366$ J
LiCl in 5 mol H$_2$O	$-436,805$ J
LiCl in 8 mol H$_2$O	$-440,529$ J
LiCl in 10 mol H$_2$O	$-441,579$ J
LiCl in 12 mol H$_2$O	$-442,224$ J
LiCl in 15 mol H$_2$O	$-442,835$ J

由以上數據即可求出溶解熱。以一莫耳 LiCl(s) 溶於 5 莫耳 H$_2$O(l) 的溶液為例,此程序的反應式可表示為:

$$\text{Li} + \tfrac{1}{2}\text{Cl}_2 + 5\text{H}_2\text{O}(l) \rightarrow \text{LiCl}(5\text{H}_2\text{O}) \quad \Delta H^\circ_{298} = -436,805 \text{ J}$$

$$\text{LiCl}(s) \rightarrow \text{Li} + \tfrac{1}{2}\text{Cl}_2 \quad \Delta H^\circ_{298} = 408,610 \text{ J}$$

$$\overline{\text{LiCl}(s) + 5\text{H}_2\text{O}(l) \rightarrow \text{LiCl}(5\text{H}_2\text{O}) \quad \widetilde{\Delta H}_{298} = -28,195 \text{ J}}$$

由表列數據,可以計算各不同水量下的溶解熱,並將所得結果以每莫耳溶質的溶解熱 $\widetilde{\Delta H}$,對每莫耳溶質中的溶劑莫耳數 $\tilde{n}$ 作圖。其中組成變數 $\tilde{n} \equiv n_2 / n_1$,其與 x_1 的關係為:

$$\tilde{n} = \frac{x_2(n_1 + n_2)}{x_1(n_1 + n_2)} = \frac{1 - x_1}{x_1} \qquad \text{因此} \qquad x_1 = \frac{1}{1 + \tilde{n}}$$

由此可得每莫耳溶液的混合熱 ΔH,與每莫耳溶質的溶解熱 $\widetilde{\Delta H}$ 的間的關係為

$$\widetilde{\Delta H} = \frac{\Delta H}{x_1} = \Delta H(1 + \tilde{n}) \qquad \text{或} \qquad \Delta H = \frac{\widetilde{\Delta H}}{1 + \tilde{n}}$$

圖 9.14 表示 LiCl(s) 及 HCl(g) 在 25°C 時溶於水中的 $\widetilde{\Delta H}$ 對 $\tilde{n}$ 的作圖。此種形式的數據可應用於實際問題的求解。

---

[16] "The NBS Tables of Chemical Thermodynamic Properties," *J. Phys. Chem. Ref. Data*, vol. 11, suppl. 2, pp. 2-291 and 2-292, 1982.

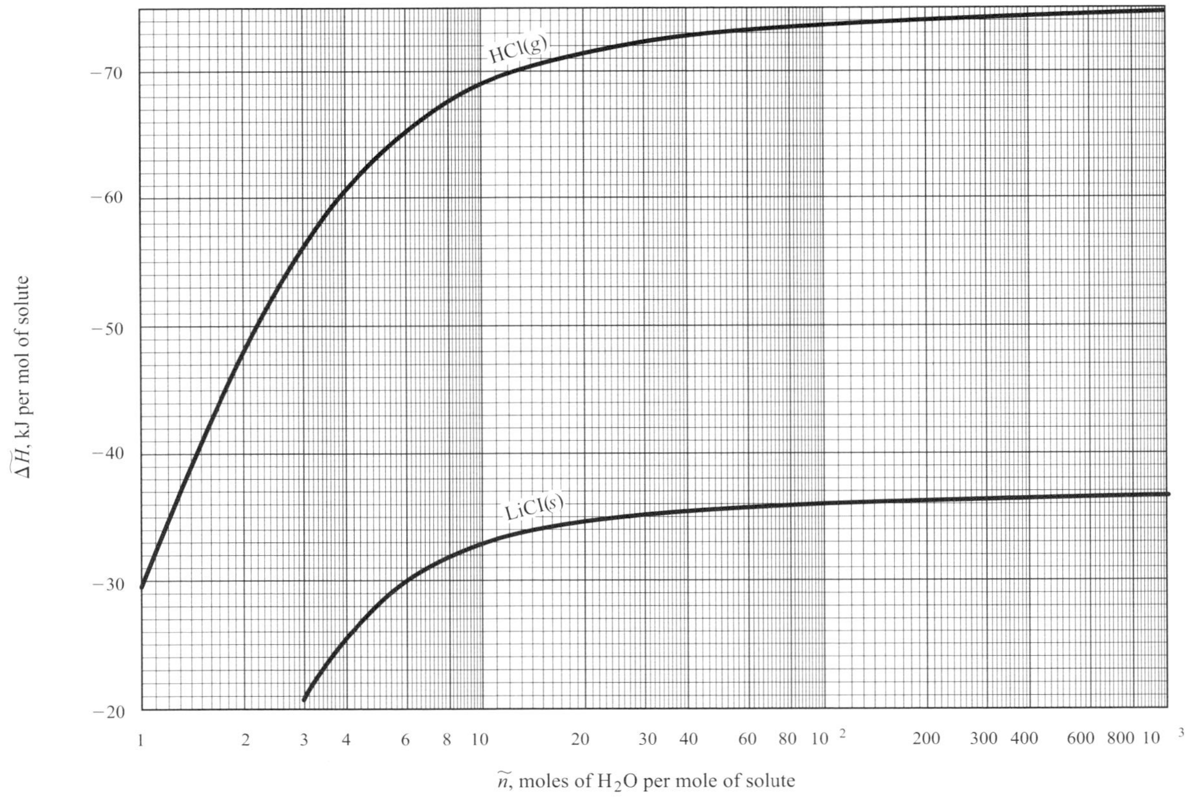

Chapter 9 溶液熱力學：應用部份

圖 9.14 25°C 時的溶解熱

資料來源："The NBS Tables of Chemical Thermodynamic properties," *J. Phys. Chem. Ref. Data, vol. 11, suppl.2, 1982*

因為固體水合物中的水是化合物整體中的一部份，所以鹽類水合物的生成熱包含了水形成水合物的生成熱。將 1 莫耳 LiCl·2H$_2$O(s) 溶於 8 莫耳水，產生 1 莫耳 LiCl 在 10 莫耳水中的溶液，並表示為 LiCl(10H$_2$O)。此程序可由下列方程式加成而表示：

$$Li + \tfrac{1}{2}Cl_2 + 10H_2O(l) \rightarrow LiCl(10H_2O) \qquad \Delta H^\circ_{298} = -441,579 \text{ J}$$

$$LiCl \cdot 2H_2O(s) \rightarrow Li + \tfrac{1}{2}Cl_2 + 2H_2 + O_2 \qquad \Delta H^\circ_{298} = 1,012,650 \text{ J}$$

$$2H_2 + O_2 \rightarrow 2H_2O(l) \qquad \Delta H^\circ_{298} = (2)(-285,830) \text{ J}$$

$$LiCl \cdot 2H_2O(s) + 8H_2O(l) \rightarrow LiCl(10H_2O) \qquad \widetilde{\Delta H}_{298} = -589 \text{ J}$$

例 9.5

一個單效蒸發器在大氣壓力下操作，並將 15% (重量百分比) 的 LiCl 溶液濃縮至 40%。進料於 25°C 以 2 kg s^{-1} 的流率進入蒸發器。40% LiCl 溶液的正常沸點約為 132°C，且其比熱約為 2.72 kJ kg^{-1} °C^{-1}。蒸發器中的熱傳速率為多少？

解

每秒有 2 kg 的 15% LiCl 溶液進入蒸發器，其中含有 0.30 kg 的 LiCl 及 1.70 kg 的 H$_2$O。由質量平衡可知，有 1.25 kg 的 H$_2$O 被蒸發，並且產生 0.75 kg 的 40% LiCl 溶液。此程序示意於圖 9.15。

此流程的能量平衡可得 $\Delta H' = Q$，其中 $\Delta H'$ 是由產物的總焓減去進料的總焓而得，而本題即需要求得 $\Delta H'$。因為焓為狀態函數，可選用最方便的路徑以計算 $\Delta H'$ 值，不必一定遵循蒸發器內的真實路徑。已有的數據為 25°C 時 LiCl 在 H$_2$O 中的溶解熱 (見圖 9.14 所示)，依照圖 9.16 所示的計算路徑，可直接利用這些溶解熱的數據。

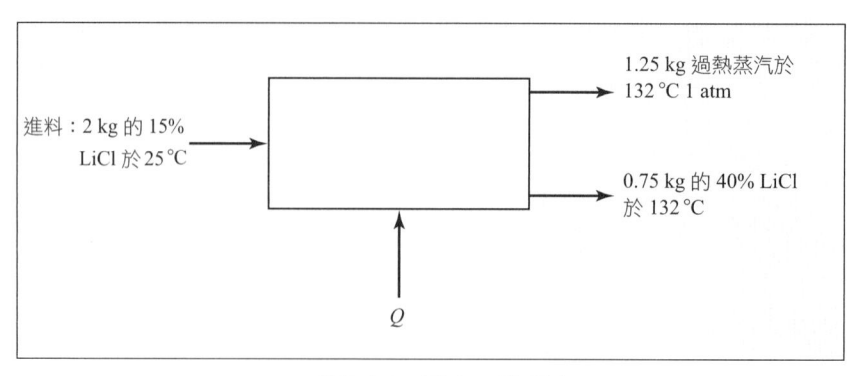

▶ 圖9.15　例 9.5 的程序

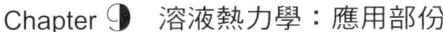

Chapter 9　溶液熱力學：應用部份

圖 9.16 中所示各單獨步驟中焓的改變量加成後，可求得總焓的改變量：

$$\Delta H^t = \Delta H_a^t + \Delta H_b^t + \Delta H_c^t + \Delta H_d^t$$

各單獨步驟中焓的改變量可如下計算。

- ΔH_a^t 在此步驟中，2 kg 的 15% LiCl 溶液分離為 25°C 時的純成分。這是一個分解程序，其熱效應與對應的混合程序相同且符號相反。對於 2 kg 的 15% LiCl 溶液而言，進入物質的莫耳數為：

$$\frac{(0.3)(1,000)}{42.39} = 7.077 \text{ 莫耳的 LiCl} \quad \text{及} \quad \frac{(1.70)(1,000)}{18.015} = 94.366 \text{ 莫耳的 } H_2O$$

所以此溶液中每莫耳的 LiCl 含有 13.33 莫耳水。由圖 9.14 可得當 $\tilde{n} = 13.33$ 時，每莫耳 LiCl 的溶解熱為 $-33,800$ J。對於 2 kg 溶液的分解程序，

$$\Delta H_a^t = (+33,800)(7.077) = 239,250 \text{ J}$$

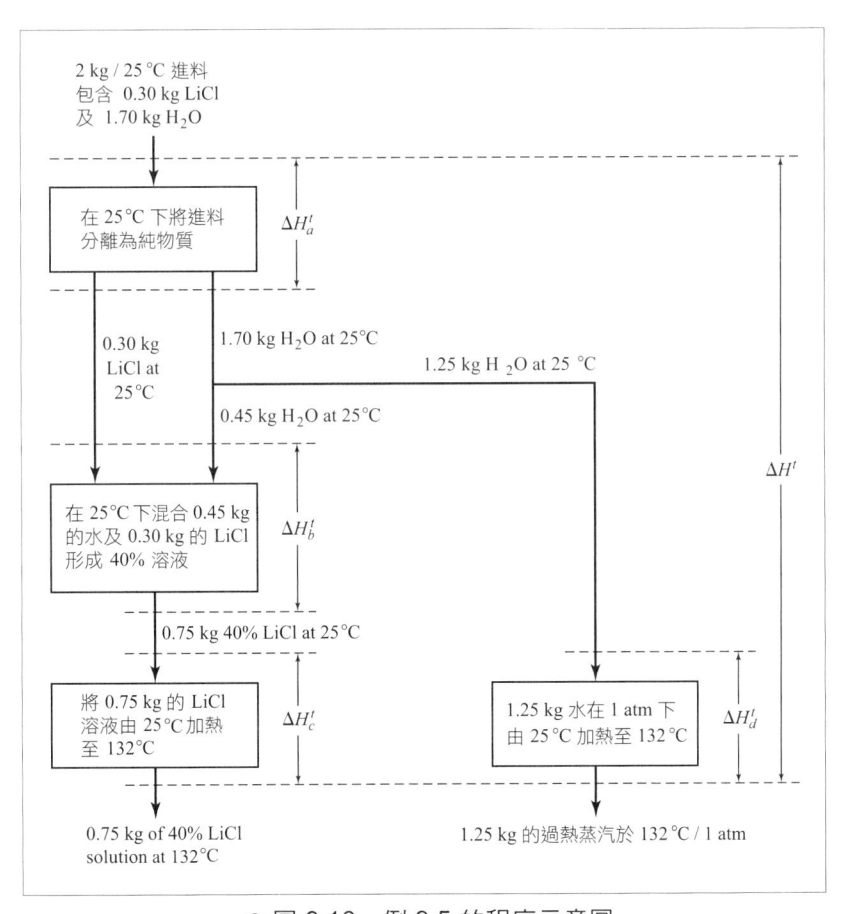

● 圖 9.16　例 9.5 的程序示意圖

- ΔH_b^t 在此步驟中,0.45 kg 的水與 0.30 kg 40% LiCl 溶液混合形成 25°C 時的 40% 溶液,此溶液由下列成分構成

$$0.30 \text{ kg} \rightarrow 7.077 \text{ 莫耳的 LiCl} \quad \text{及} \quad 0.45 \text{ kg} \rightarrow 24.979 \text{ 莫耳的 H}_2\text{O}$$

因此最後的溶液中每莫耳的 LiCl 含有 3.53 莫耳的 H_2O。由圖 9.14 中查得,在此 $\tilde{n}$ 值時每莫耳 LiCl 的溶解熱為 $-23,260$ J,因此,

$$\Delta H_b^t = (-23,260)(7.077) = -164,630 \text{ J}$$

- ΔH_c^t 在此步驟中,0.75 kg 的 40% LiCl 溶液由 25°C 被加熱到 132°C。因為 $\Delta H_c^t = mC_P\Delta T$,所以

$$\Delta H_c^t = (0.75)(2.72)(132 - 25) = 218.28 \text{ kJ} \rightarrow 218,280 \text{ J}$$

- ΔH_d^t 在此步驟中,水被蒸發並加熱到 132°C。焓的改變量可由蒸汽表中查得:

$$\Delta H_d^t = (1.25)(2,740.3 - 104.8) = 3,294.4 \text{ kJ} \rightarrow 3,294,400 \text{ J}$$

將各單獨步驟中的焓改變加成可得:

$$\Delta H^t = \Delta H_a^t + \Delta H_b^t + \Delta H_c^t + \Delta H_d^t$$
$$= 239,250 - 164,630 + 218,280 + 3,294,400 = 3,587,300 \text{ J}$$

所需要的熱傳速率因此為 3,587.3 kJ s^{-1}。

焓／組成的關係圖

表示二成分溶液焓數據最簡便的方法即為焓／組成 (Hx) 圖。在此圖中焓的數據繪為組成 (莫耳分率或質量分率) 的函數,並以溫度作為參數。壓力為恆定值且常定為 1 atm。圖 9.17 表示了硫酸／水系統的部份圖形。圖中焓的數值是基於每莫耳或每單位質量溶液而列出的,因此 (9.40) 式可直接應用:

$$H = x_1H_1 + x_2H_2 + \Delta H \tag{9.40}$$

溶液的 H 值除了與混合熱有關外,也與純物質焓值 H_1 及 H_2 有關。當上述數據在一定 T 與 P 下為已知時,相同 T 及 P 下溶液的 H 值即固定,因為 ΔH 在每個

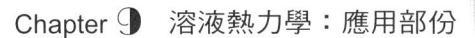

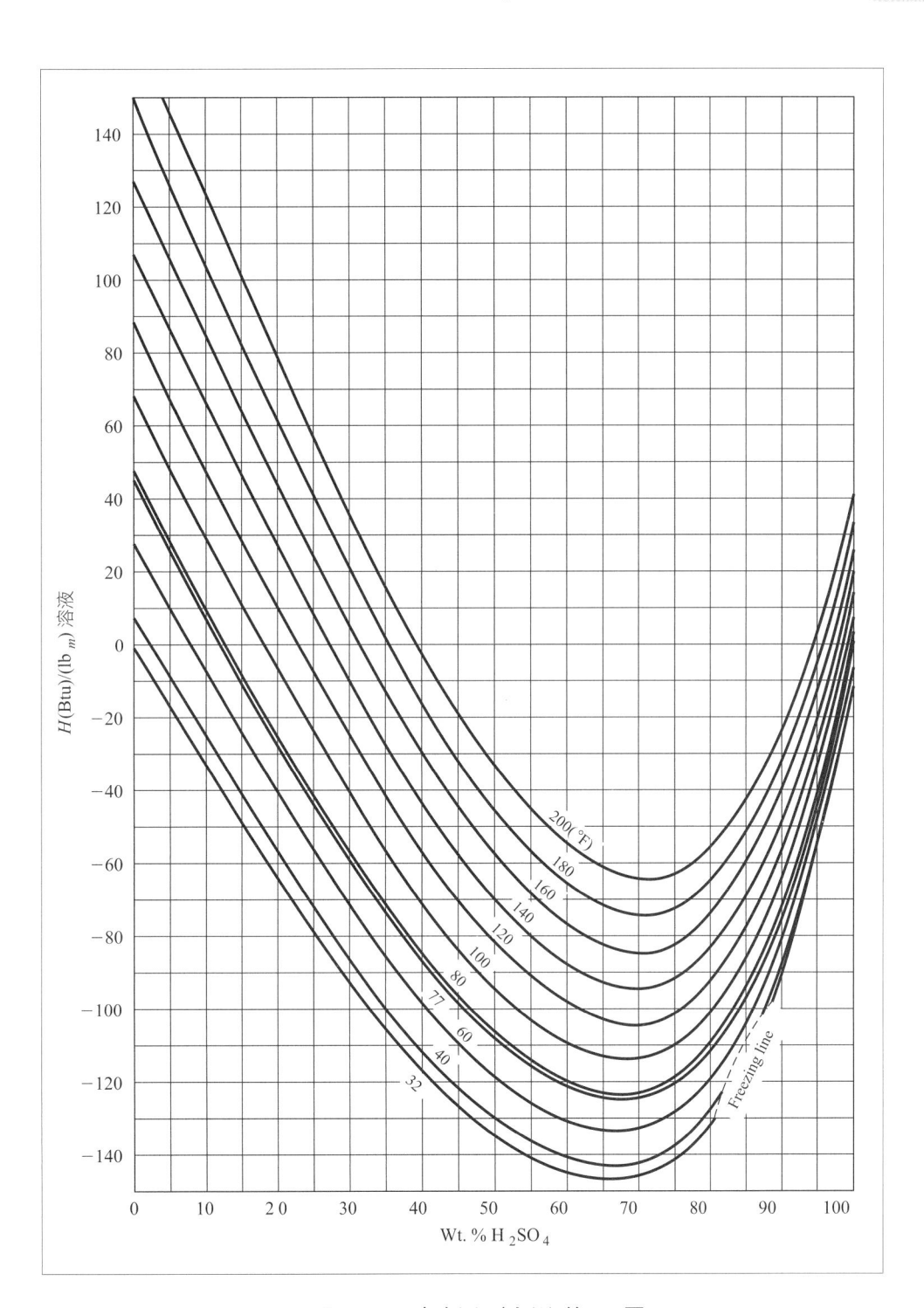

Chapter 9　溶液熱力學：應用部份

● 圖 9.17　硫酸(1)／水(2) 的 Hx 圖

(重繪自：W. D. Ross, Chem. *Eng. Prog.*, vol. 48, pp. 314 and 315, 1952. 已取得授權。)

組成時都有唯一可量測到的數值。焓的絕對值為未知，每個純物質焓值的原點可任意選定。因此在焓／組成圖上，對於純物質 1 可在某特定狀態下定 $H_1=0$，對於純物質 2 亦可在某特定狀態下將 H_2 定為 0，這兩個物質參考點的溫度並非需要相同。

在圖 9.17 所示硫酸(1)／水(2) 的焓／組成圖中，純水在三相點 [約為 32 (°F)] 時的 $H_1=0$，並且純液體硫酸在 25°C [77 (°F)] 時的 $H_2=0$。在此情況下，32 (°F) 等溫線在純水時交於 $H=0$ 的截距，而 77 (°F) 的等溫線在純液體硫酸時交於 $H=0$ 的截距。水在三相點時的 $H=0$ 與蒸汽表中的數值具有相同的基準點，如此蒸汽表中的焓值與焓／組成圖上的數值乃可連接使用。若焓／組成圖中使用別的基準點，我們必須對蒸汽表上的數值加以修正，使它們達到相同的基準點時才能將二者的數據連接使用。

焓／組成圖上理想溶液的等溫線為一直線，連接 $x_1=0$ 時純物質 2 的焓值，與 $x_1=1$ 時純物質 1 的焓值，並在圖 9.18 中由虛線的等溫線表示的。圖 9.18 中的實線表示真實溶液等溫線的情形，其中亦表示了切線，由此切線及 (8.15) 與 (8.16) 式可求得部份焓值。比較 (8.82) 與 (9.40) 式可得 $\Delta H = H - H^{id}$，亦即 ΔH 是圖 9.18 中實驗與虛線間的垂直距離。在此圖中，真實等溫線居於理想溶液等溫線的下，並且 ΔH 恆為負值。這表示在同溫下將純物質混合為溶液時將釋放熱量，這種系統稱為放熱 (exothermic) 系統，如硫酸／水系統即為一例。

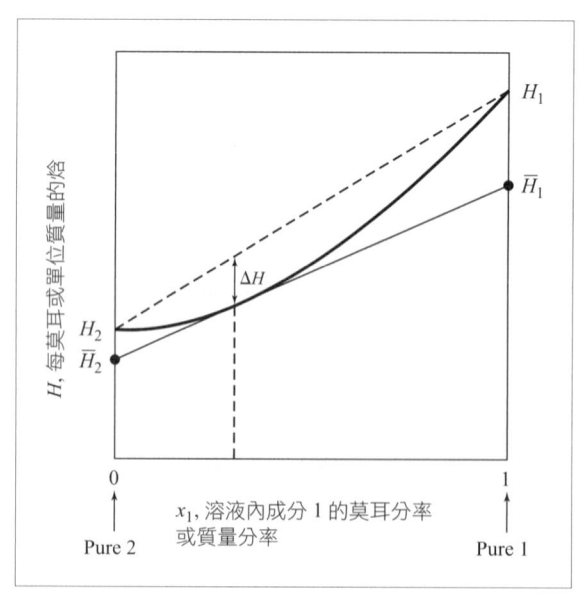

圖 9.18　Hx 圖的圖解表示

Chapter 9　溶液熱力學：應用部份

在吸熱 (endothermic) 系統中溶解熱為正值，此時須吸熱以維持恆溫，如甲酮／苯系統即屬一例。

焓／組成圖最有用的處在於求解絕熱混合的問題。在 Hx 圖上絕熱混合程序可用直線表示。也就是說，由兩個溶液經絕熱混合所形成的最終溶液，居於連接兩個起初溶液的直線之上，此情形可說明如下。

令上標 a 及 b 表示兩個起初二成分溶液，各分別含有 n^a 及 n^b 莫耳。令上標 c 表示由溶液 a 及 b 經簡單絕熱混合程序所形成的最終溶液。此程序可為恆壓下的批式混合，或無軸功與無位能及動能改變的穩流程序。在任一情形下，$\Delta H^t = Q = 0$。總體狀態的改變乃可寫為：

$$(n^a + n^b)H^c = n^a H^a + n^b H^b$$

又由成分 1 的質量平衡可得：

$$(n^a + n^b)x_1^c = n^a x_1^a + n^b x_1^b$$

這兩個公式可寫為：

$$n^a(H^c - H^a) = -n^b(H^c - H^b)$$

$$n^a(x_1^c - x_1^a) = -n^b(x_1^c - x_1^b)$$

由上列第一式除以第二式可得

$$\frac{H^c - H^a}{x_1^c - x_1^a} = \frac{H^c - H^b}{x_1^c - x_1^b} \tag{A}$$

從上式可知 c、a 與 b 三點的座標 (H^c, x_1^c)、(H^a, x_1^a) 及 (H^b, x_1^b) 在 Hx 圖中居於同一直線上。此座標系統中的直線方程式通式為：

$$H = mx_1 + k \tag{B}$$

假設此線通過 a 點與 b 點，我們可寫成：

$$H^a = mx_1^a + k \quad 及 \quad H^b = mx_1^b + k$$

由 (B) 式分別減去上兩式可得：

$$H - H^a = m(x_1 - x_1^a) \qquad H - H^b = m(x_1 - x_1^b)$$

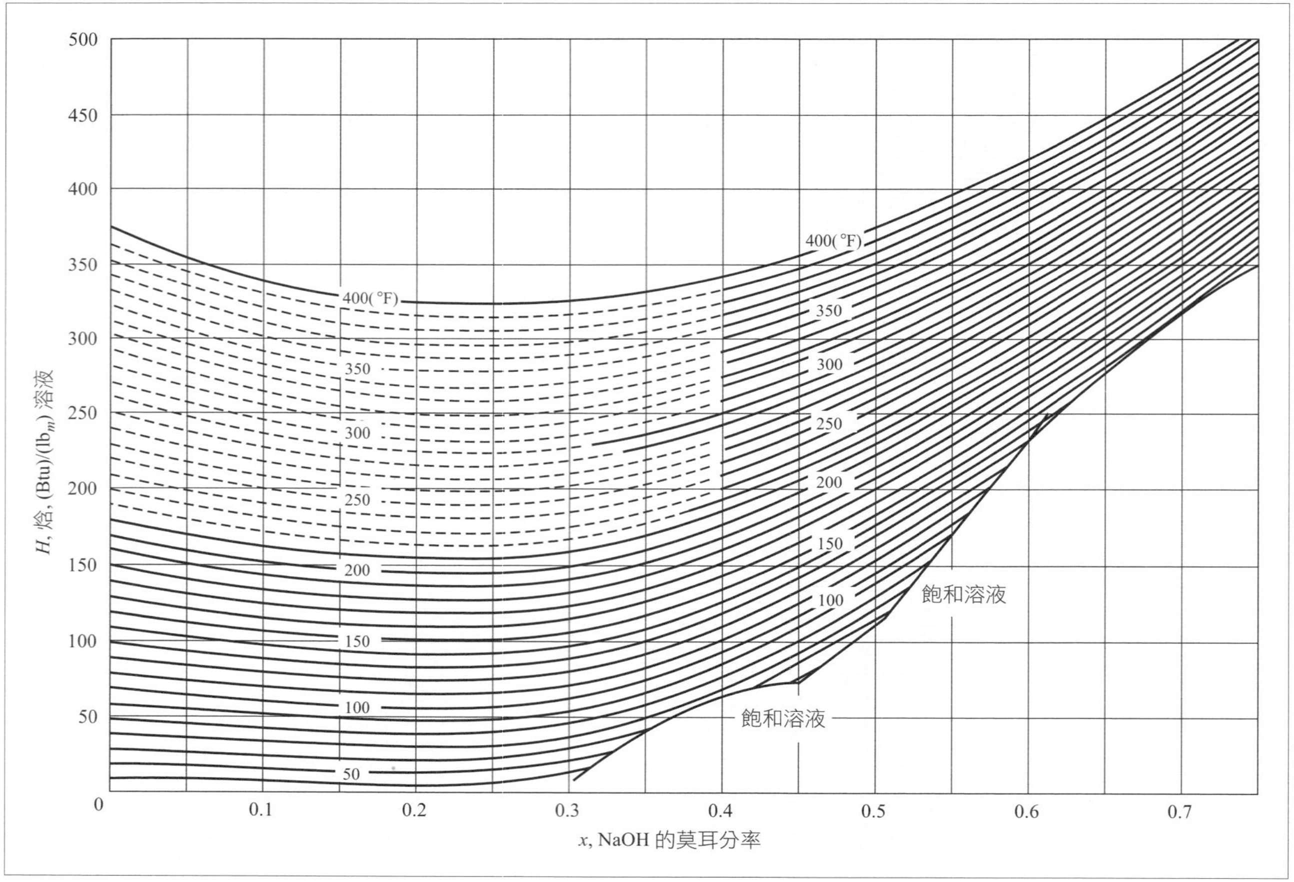

圖 9.19 NaOH/H$_2$O 的 Hx 圖

資料來源：W.L. McCabe, *Trans. AIChE.*, vol. 31, pp. 129-164, 1935; R. H. Wilson and W. L. McCabe, *Ind. Eng. Chem.*, vol. 34, pp. 558-566, 1942.

Chapter 9 溶液熱力學：應用部份

以上第一式除以第二式可得：

$$\frac{H-H^a}{H-H^b}=\frac{x_1-x_1^a}{x_1-x_1^b} \qquad \text{或} \qquad \frac{H-H^a}{x_1-x_1^a}=\frac{H-H^b}{x_1-x_1^b}$$

滿足上列方程式的任何一點 (H, x_1)，居於連接 a 與 b 兩點的直線上。(A) 式顯示 (H^c, x_1^c) 這點滿足上述要求。

應用焓／組成圖的例題示於下列 $NaOH/H_2O$ 系統的範例中，其 Hx 圖表示於圖 9.19。

例 9.6 一個單效蒸發器將 10,000 $(lb_m)(hr)^{-1}$ 的 10%（重量分率）NaOH 水溶液濃縮到 50%。進料溫度為 70(°F)，蒸發器的操作壓力約為 3 (in Hg)。在此條件下 50% NaOH 溶液的沸點為 190 (°F)。蒸發器中的熱傳速率為何？

解 以 10,000 (lb_m) 的 10% NaOH 進料為基準，由質量平衡可得產物中包含 3 (in Hg) 及 190 (°F) 的 8,000 (lb_m) 過熱蒸汽，及 2,000 (lb_m) 190 (°F) 的 50% NaOH。此程序示意於圖 9.20。這個流動程序的能量平衡為 $\Delta H' = Q$。

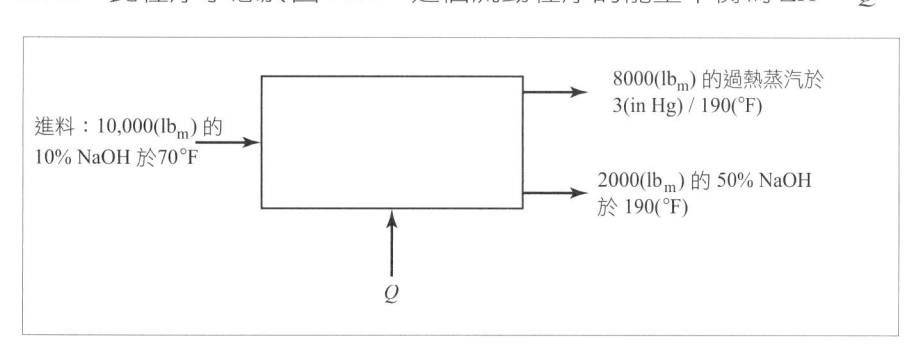

● 圖 9.20　例 9.6 的流程示意圖

其中 $\Delta H'$ 可由蒸汽表及圖 9.19 的 Hx 圖中的焓值求得：

- 過熱蒸汽在 3 (in Hg) 及 190 (°F) 的焓 = 1,146 $(Btu)(lb_m)^{-1}$
- 10% NaOH 溶液在 70 (°F) 的焓 = 34 $(Btu)(lb_m)^{-1}$
- 50% NaOH 溶液在 190 (°F) 的焓 = 215 $(Btu)(lb_m)^{-1}$

因此

$$Q = \Delta H' = (8,000)(1,146) + (2,000)(215) - (10,000)(34)$$
$$= 9,260,000 \ (Btu)(hr)^{-1}$$

比較此題及例 9.5 顯示應用焓／組成圖的簡便性。

例 9.7 70 (°F) 時 10% NaOH 水溶液與 200 (°F) 時的 70% NaOH 水溶液混合，形成 40% NaOH 溶液。
(a)若混合程序為絕熱，溶液的最終溫度為何？
(b)若最終溫度改變為 70 (°F)，多少熱量需自程序中移去？

解 (a) 在圖 9.19 中連接起初溶液兩點的直線，必定包含經過絕熱混合所得的最終溶液。此最終溶液為這個直線上濃度為 40% NaOH 的點，其焓值為 192 (Btu)(lb$_m$)$^{-1}$。又可從圖上得知 220 (°F) 的等溫線通過此點，所以最後溫度可由圖上求出為 220 (°F)。

(b) 整體程序可表為圖 9.19 中的直線。我們可選擇任意路徑以計算 ΔH，並得到 Q，因為由能量平衡知 $Q = \Delta H$。因此這個程序可分為兩個步驟：絕熱混合的後再經簡單冷卻至最後溫度。第一個步驟已在 (a) 中討論，得到溶液溫度為 220 (°F) 且焓為 192 (Btu)(lb$_m$)$^{-1}$。當此溶液冷卻至 70 (°F) 時，由圖 9.19 上知其焓值為 70 (Btu)(lb$_m$)$^{-1}$，因此

$$Q = \Delta H = 70 - 192 = -122 \text{ (Btu)(lb}_m)^{-1}$$

亦即每磅質量的溶液釋出 122 (Btu) 的熱量。

例 9.8 基於圖 9.19 所示 NaOH/H$_2$O 系統的焓／組成圖，求固體 NaOH 在 68(°F) 的焓。

解 如 NaOH/H$_2$O 系統的 Hx 圖的等溫線，其終點表示固體在水中的最大溶解度，因此圖 9.19 中的等溫線並不延伸至純 NaOH 的莫耳分率。NaOH 的基準點在此圖上是如何選定的呢？對於水而言，其基準點為 32 (°F) 的水，其 $H_{H_2O} = 0$ 與蒸汽表的基準點一致。對於 NaOH 而言，基準點為 68 (°F) 時無限稀釋溶液中的 NaOH，其 $\bar{H}_{NaOH} = 0$。

由此可知，無限稀釋 (當 $x_{NaOH} \to 0$) 溶液中 NaOH 的部份比焓在 68 (°F) 時任意被選定為零。在圖形上來看，由 68 (°F) 等溫線 $x_{NaOH} = 0$ 處作一切線，交於 $x_{NaOH} = 1$ 時的縱軸 (未在圖上示出) 的焓值為零。將 68 (°F) 時的 $\bar{H}_{NaOH}^{\infty}$ 定為零也就決定了其他狀態下 NaOH 的焓值。

在 68 (°F) 時固體 NaOH 的焓值可由此基準算出。若 1 (lb$_m$) 固體 NaOH 在 68 (°F) 時溶於無限量 68 (°F) 的水中，且假設溶解熱可被移出以維持恆溫，結果將形成 68 (°F) 的無限稀釋溶液。因為水在起始及最終狀態都為純水，沒有焓的改變。所以 68 (°F) 時的溶解熱為：

Chapter 9　溶液熱力學：應用部份

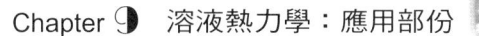

$$\widetilde{\Delta H}^{\infty}_{NaOH} = \overline{H}^{\infty}_{NaOH} - H_{NaOH}$$

但是在 68 (°F) 時 $\overline{H}^{\infty}_{NaOH} = 0$，所以

$$\widetilde{\Delta H}^{\infty}_{NaOH} = -H_{NaOH} \qquad [68\,(°F)]$$

因此 68 (°F) 時固體 NaOH 的焓值 H_{NaOH}，即等於 68 (°F) 時 NaOH 在無限量水中溶解熱的負值。文獻上[17]所列出一莫耳 NaOH 在 25°C 的溶解熱為

$$\widetilde{\Delta H}^{\infty}_{NaOH} = -10{,}637\,(cal) \qquad [25°C]$$

若忽略 25°C [77 (°F)] 與 68 (°F) 間的溫差，固體 NaOH 在 68 (°F) 時的焓值為：

$$H_{NaOH} = -\widetilde{\Delta H}^{\infty}_{NaOH} = \frac{-(-10{,}637)(1.8)}{40.00} = 478.7\,(Btu)(lb_m)^{-1}$$

這個 68 (°F) 時固體 NaOH 的焓值，與圖 9.19 所示 NaOH/H_2O 的焓／組成圖具有相同的基準。

例 9.9

70 (°F) 的固體 NaOH 與 70 (°F) 的水混合，形成 70 (°F) 的 45% NaOH 溶液。每單位質量溶液形成時有多少的熱傳量？

解

以 1 (lb_m) 的 45% NaOH 溶液為基準，0.45(lb_m) 的固體 NaOH 必須溶於 0.55 (lb_m) 的水中。由能量平衡可得 $\Delta H = Q$。70(°F) 時水的焓值可由蒸汽表讀出，或由圖 9.19 中 $x_1 = 0$ 的軸上讀出，在任一種情形下皆可得 $H_{H_2O} = 38\,(Btu)(lb_m)^{-1}$。70 (°F) 時 45% NaOH 的焓值可由圖 9.19 中讀出為 $H = 93\,(Btu)(lb_m)^{-1}$。我們假設 70 (°F) 時固體 NaOH 的焓等於上個例題中在 68(°F) 所求出的值：$H_{NaOH} = 478.7\,(Btu)(lb_m)^{-1}$。因此

$$Q = \Delta H = (1)(93) - (0.55)(38) - (0.45)(478.7) = -143\,(Btu)$$

所以每一磅質量的溶液形成時，釋出 143 (Btu) 的熱量。

---

[17] M. W. Chase, Jr., et al., "JANAF Thermochemical Tables", 3rd ed., *J. Phys. Chem. Ref. Data,* vol. 14, suppl. 1, p. 1243, 1985.

習 題

9.1 下表所列為甲醇(1)／水(2) 系統在 333.15 K 時的 VLE 數據 (摘錄自 K.Kurihara et al., *J. Chem. Eng. Data,* vol.40, pp. 679-684, 1995.)：

P/kPa	x_1	y_1	P/kPa	x_1	y_1
19.953	0.0000	0.0000	60.614	0.5282	0.8085
39.223	0.1686	0.5714	63.998	0.6044	0.8383
42.984	0.2167	0.6268	67.924	0.6804	0.8733
48.852	0.3039	0.6943	70.229	0.7255	0.8922
52.784	0.3681	0.7345	72.832	0.7776	0.9141
56.652	0.4461	0.7742	84.562	1.0000	1.0000

(a) 基於 (9.1) 式所進行的計算，求取利用 Margules 方程式為 G^E/RT 表示式時的最佳參數。將實驗數值及由關聯式計算所得的結果，表示在 P-x-y 圖上，作一比較。

(b) 利用 van Laar 方程式，重複 (a) 小題的計算。

(c) 利用 Wilson 方程式，重複 (a) 小題的計算。

(d) 利用 Barker 方法，求取 Margules 方程式的參數，以期能得到最佳的 P-x_1 數據迴歸結果。將計算的殘差 δP 及 δy_1 對 x_1 作圖。

(e) 利用 van Laar 方程式，重複 (d) 小題的計算。

(f) 利用 Wilson 方程式，重複 (d) 小題的計算。

9.2 若 (9.1) 式適用於恆溫時二成分系統的 VLE，證明

$$\left(\frac{dP}{dx_1}\right)_{x_1=0} \geq -P_2^{sat} \qquad \left(\frac{dP}{dx_1}\right)_{x_1=1} \leq P_1^{sat}$$

9.3 下表所列為丙酮(1)／甲醇(2) 系統在 55°C 時的 VLE 數據 (摘錄自 D.C. Freshwater 及 K. A. Pike, *J. Chem. Eng. Data,* vol. 12, pp. 179-183, 1967)：

P/kPa	x_1	y_1	P/kPa	x_1	y_1
68.728	0.0000	0.0000	97.646	0.5052	0.5844
72.278	0.0287	0.0647	98.462	0.5432	0.6174
75.279	0.0570	0.1295	99.811	0.6332	0.6772
77.524	0.0858	0.1848	99.950	0.6605	0.6926
78.951	0.1046	0.2190	100.278	0.6945	0.7124
82.528	0.1452	0.2694	100.467	0.7327	0.7383
86.762	0.2173	0.3633	100.999	0.7752	0.7729
90.088	0.2787	0.4184	101.059	0.7922	0.7876
93.206	0.3579	0.4779	99.877	0.9080	0.8959
95.017	0.4050	0.5135	99.799	0.9448	0.9336
96.365	0.4480	0.5512	96.885	1.0000	1.0000

(a) 基於 (9.1) 式所進行的計算，求取利用 Margules 方程式為 G^E/RT 表示式時的最佳參數。將實驗數值及由關聯式計算所得的結果，表示在 P-x-y 圖上，作一比較。

(b) 利用 van Laar 方程式，重複 (a) 小題的計算。

(c) 利用 Wilson 方程式，重複 (a) 小題的計算。

(d) 利用 Barker 方法，求取 Margules 方程式的參數，以期能得到最佳的 P-x_1 數據迴歸結果。將計算的殘差 δP 及 δy_1 對 x_1 作圖。

(e) 利用 van Laar 方程式，重複 (d) 小題的計算。

(f) 利用 Wilson 方程式，重複 (d) 小題的計算。

9.4 對於含有二個化學性質不太相似的液體混合物系統而言，其過剩 Gibbs 自由能可表示為：

$$G^E/RT = Ax_1 x_2$$

其中 A 只是溫度的函數。對這種系統而言，通常可見純物質的蒸汽壓比值在可觀的溫度範圍中幾乎為常數。令此比值為 r，計算 A 的範圍使共沸物可存在，並將比 A 值的範圍以 r 的函數表示。假設汽相為理想氣體。

9.5 對於 50°C 的乙醇(1)／氯仿(2) 系統而言，活性係數在組成範圍中存在極值 [見圖 9.9(e)]。

(a) 證明 van Laar 方程式無法表示此現象。

(b) 證明在某些特定的 A_{21}/A_{12} 比值範圍下，二參數的 Margules 方程式可表示此現象。這個比值的範圍為何？

9.6 甲基第三丁基醚(1)／二氯甲烷(2) 在 308.15 K 時的 VLE 數據如下表所列 (摘錄自 F. A. Mato, C. Berro 及 A. Péneloux, *J. Chem. Eng. Data,* vol. 36, pp. 259-262, 1991)：

P/kPa	x_1	y_1	P/kPa	x_1	y_1
85.265	0.0000	0.0000	59.651	0.5036	0.3686
83.402	0.0330	0.0141	56.833	0.5749	0.4564
82.202	0.0579	0.0253	53.689	0.6736	0.5882
80.481	0.0924	0.0416	51.620	0.7676	0.7176
76.719	0.1665	0.0804	50.455	0.8476	0.8238
72.422	0.2482	0.1314	49.926	0.9093	0.9002
68.005	0.3322	0.1975	49.720	0.9529	0.9502
65.096	0.3880	0.2457	49.624	1.0000	1.0000

這些數據可利用三參數的 Margules 方程式 [(9.9) 式的延伸] 得到良好的關聯：

$$\frac{G^E}{RT} = (A_{21}x_1 + A_{12}x_2 - Cx_1x_2)x_1x_2$$

由此式可得到下列表示式：

$$\ln \gamma_1 = x_2^2[A_{12} + 2(A_{21} - A_{12} - C)x_1 + 3Cx_1^2]$$
$$\ln \gamma_2 = x_1^2[A_{21} + 2(A_{12} - A_{21} - C)x_2 + 3Cx_2^2]$$

(a) 基於 (9.1) 式的計算，求出利用 G^E/RT 式關聯實驗數據所得的最佳參數 A_{12}、A_{21} 及 C。

(b) 將 $\ln \gamma_1$、$\ln \gamma_2$ 及 G^E/x_1x_2RT 對 x_1 作圖，並標示出實驗值與由關聯式計算的值。

(c) 繪出 P-x-y 圖 [見圖 9.7(a)]，並比較實驗值與由 (a) 小題關聯式計算所得的結果。

(d) 如同圖 9.8，繪出一致性測試圖。

(e) 利用 Barker 方法，求得關聯 P-x_1 數據時的最佳參數 A_{12}、A_{21} 及 C。將計算誤差 δP 及 δy_1 對 x_1 作圖。

9.7 類比於 (8.15) 及 (8.16) 式的公式可應用於過剩性質。因為 $\ln \gamma_i$ 是 G^E/RT 的部份性質，應用這些公式可求得二成分系統中的 $\ln \gamma_1$ 及 $\ln \gamma_2$。

(a) 寫出這些活性係數的表示式，應用它們於 (9.16) 式，並證明 (9.17) 式可確實求得。

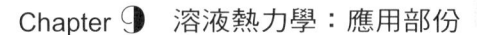

(b) 另一種作法是應用 (8.92) 式。由此方法可得到 (9.10) 式，證明 (9.17) 式可再次求得。

9.8 下表所列的是二成分液體系統中，由 VLE 數據所求得的活性係數數據：

x_1	γ_1	γ_2	x_1	γ_1	γ_2
0.0523	1.202	1.002	0.5637	1.120	1.102
0.1299	1.307	1.004	0.6469	1.076	1.170
0.2233	1.295	1.006	0.7832	1.032	1.298
0.2764	1.228	1.024	0.8576	1.016	1.393
0.3482	1.234	1.022	0.9388	1.001	1.600
0.4187	1.180	1.049	0.9813	1.003	1.404
0.5001	1.129	1.092			

觀察這些數據，可發現其中有些誤差。我們必須決定這些數據是否合乎一致性的要求，由此判斷這些數據平均而言是否正確。

(a) 求出實驗值的 G^E/RT，並將其與 $\ln \gamma_1$ 與 $\ln \gamma_2$ 繪於同一個圖上。

(b) 求出 G^E/RT 隨組成而改變的關聯式。並利用此關聯式，畫出 (a) 小題圖形中的三個曲線。

(c) 利用例 9.1 所示的一致性測試法，測試這些數據，並提出結論。

9.9 乙腈(1)／苯(2) 系統在 45°C 時的 VLE 數據列於下表 (摘錄自 I. Brown 及 F. Smith, *Austral. J. Chem.*, vol. 8, p. 62, 1955)：

P/kPa	x_1	y_1	P/ kPa	x_1	y_1
29.819	0.0000	0.0000	36.978	0.5458	0.5098
31.957	0.0455	0.1056	36.778	0.5946	0.5375
33.553	0.0940	0.1818	35.792	0.7206	0.6157
35.285	0.1829	0.2783	34.372	0.8145	0.6913
36.457	0.2909	0.3607	32.331	0.8972	0.7869
36.996	0.3980	0.4274	30.038	0.9573	0.8916
37.068	0.5069	0.4885	27.778	1.0000	1.0000

這些數據可利用三參數 Margules 方程式 (見習題 9.6) 得到良好的關聯。

(a) 基於 (9.1) 式的計算，求出利用 G^E/RT 式關聯實驗數據所得的最佳參數 A_{12}、A_{21} 及 C。

(b) 將 $\ln \gamma_1$、$\ln \gamma_2$ 及 $G^E/x_1 x_2 RT$ 對 x_1 作圖，並標示實驗值與由關聯式計算的值。

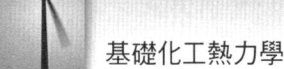

(c) 繪出 P-x-y 圖 [見圖 9.7(a)]，並比較實驗值與由 (a) 小題關聯式計算所得的結果。

(d) 如同圖 9.8，繪出一致性測試圖。

(e) 利用 Barker 方法，求得關聯 P-x_1 數據時的最佳參數 A_{12}、A_{21} 及 C。將計算誤差 δP 及 δy_1 對 x_1 作圖。

9.10 低壓時存在一種少見的 VLE 狀況，即為雙共沸點 (double azeotropy) 的情形。在此情況下，露點及泡點曲線形成 S 形狀，並具有不同組成的最低壓力與最高壓力共沸點。假設 (9.11) 式可適用，計算雙共沸點可能存在的情況。

9.11 對等莫耳組成的二成分液體混合物而言，證明下列的經驗規則：

$$\frac{G^E}{RT}(\text{等莫耳組成}) \approx \frac{1}{8}\ln(\gamma_1^\infty \gamma_2^\infty)$$

習題 9.12 至 9.23 需要 Wilson 及 NRTL 公式中活性係數計算中的參數。表 9.5 有這兩個公式的參數值。計算蒸汽壓的 Antoine 方程式參數列於附錄 B 的表 B.2。

9.12 對於下表中的任意二成分系統，利用 (7.5) 式及 Wilson 方程式，建立 $t = 60°C$ 時的 P-x-y 圖。

9.13 對於下表中的任意二成分系統，利用 (7.5) 式及 Wilson 方程式，建立 $P = 101.33$ kPa 的 t-x-y 圖。

9.14 對於下表中的任意二成分系統，利用 (7.5) 式及 NRTL 方程式，建立 $t = 60°C$ 時的 P-x-y 圖。

9.15 對於下表中的任意二成分系統，利用 (7.5) 式及 NRTL 方程式，建立 $P = 101.33$ kPa 的 t-x-y 圖。

9.16 對於下表中的任意二成分系統，利用 (7.5) 式及 Wilson 方程式，進行下列計算：
(a) 泡點壓力計算：$t = 60°C$，$x_1 = 0.3$。
(b) 露點壓力計算：$t = 60°C$，$y_1 = 0.3$。
(c) P, T 閃蒸計算：$t = 60°C$，$P = \frac{1}{2}(P_{\text{泡點}} + P_{\text{露點}})$，$z_1 = 0.3$。
(d) 若 $t = 60°C$ 時存在共沸物，求出 P^{az} 及 $x_1^{az} = y_1^{az}$。

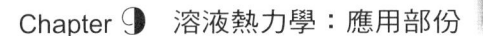

9.17 利用 NRTL 方程式重做上題。

參數 a_{12}、a_{21}、b_{12}、b_{21} 的單位為 cal mol^{-1}；V_1 及 V_2 的單位為 cm^3 mol^{-1}。數值出自：Gmehling et al. *Vapor-Liquid Equilibrium Data Collection,* Chemistry Data Series, vol. I, parts 1a, 1b, 2c and 2e, DECHEMA, Frankfurt/Main, 1981-1988.

表 9.5　Wilson 與 NRTL 方程式參數值

系統	V_1 / V_2	Wilson方程式 a_{12}	a_{21}	NRTL 方程式 b_{12}	b_{21}	α
丙酮(1)	74.05	291.27	1,448.01	631.05	1,197.41	0.5343
水(2)	18.07					
甲醇(1)	40.73	107.38	469.55	−253.88	845.21	0.2994
水(2)	18.07					
1-丙醇(1)	75.14	775.48	1,351.90	500.40	1,636.57	0.5081
水(2)	18.07					
水(1)	18.07	1,696.98	−219.39	715.96	548.90	0.2920
1,4-二氧六環(2)	85.71					
甲醇(1)	40.73	504.31	196.75	343.70	314.59	0.2981
乙腈(2)	66.30					
丙酮(1)	74.05	−161.88	583.11	184.70	222.64	0.3084
甲醇(2)	40.73					
乙酸甲酯(1)	79.84	−31.19	813.18	381.46	346.54	0.2965
甲醇(2)	40.73					
甲醇(1)	40.73	1,734.42	183.04	730.09	1,175.41	0.4743
苯(2)	89.41					
乙醇(1)	58.68	1,556.45	210.52	713.57	1,147.86	0.5292
甲苯(2)	106.85					

9.18 對於下表中的任意二成分系統，利用 (7.5) 式及 Wilson 方程式，進行下列計算：

(a) 泡點溫度計算：$P = 101.33$ kPa，$x_1 = 0.3$。

(b) 露點溫度計算：$P = 101.33$ kPa，$y_1 = 0.3$。

(c) P, T 閃蒸計算：$P = 101.33$ kPa，$T = \frac{1}{2}(T_{\text{泡點}} + T_{\text{露點}})$，$z_1 = 0.3$。

(d) 若 $P = 101.33$ kPa 時存在共沸物，求出 T^{az} 及 $x_1^{az} = y_1^{az}$。

9.19 利用 NRTL 方程式重做上題。

9.20 對於丙酮(1)／甲醇(2)／水(3) 系統，利用 (7.5) 式及 Wilson 方程式，進行下列計算：

(a) 泡點壓力計算：$t = 65°C$，$x_1 = 0.3$，$x_2 = 0.4$。
(b) 露點壓力計算：$t = 65°C$，$y_1 = 0.3$，$y_2 = 0.4$。
(c) P, T 閃蒸計算：$t = 65°C$，$P = \frac{1}{2}(P_{泡點} + P_{露點})$，$z_1 = 0.3$，$z_2 = 0.4$。

9.21 利用 NRTL 方程式重做上題。

9.22 對於丙酮(1)／甲醇(2)／水(3) 系統，利用 (7.5) 式及 NRTL 方程式，進行下列計算：

(a) 泡點壓力計算：$P = 101.33$ kPa，$x_1 = 0.3$，$x_2 = 0.4$。
(b) 露點壓力計算：$P = 101.33$ kPa，$y_1 = 0.3$，$y_2 = 0.4$。
(c) P, T 閃蒸計算：$P = 101.33$ kPa，$T = \frac{1}{2}(T_{泡點} + T_{露點})$，$z_1 = 0.3$，$z_2 = 0.2$。

9.23 利用 NRTL 方程式重做上題。

9.24 在固定 T 及 P 時，二成分系統中成分 1 及 2 的活性係數表示式如下：

$$\ln \gamma_1 = x_2^2(0.273 + 0.096 x_1) \qquad \ln \gamma_2 = x_1^2(0.273 - 0.096 x_2)$$

(a) 求出 G^E/RT 的表示式。
(b) 由 (a) 小題結果再求出 $\ln \gamma_1$ 及 $\ln \gamma_2$ 表示式。
(c) 比較 (b) 小題的結果及題目所給的 $\ln \gamma_1$ 及 $\ln \gamma_2$，討論任何相異處。題目所給的表示式是否正確？

9.25 關於二成分液體系統中的 $\ln \gamma_1$ 的關聯式列於題後。利用 Gibbs/Duhem 方程式 [(8.100) 式]，將下列的一的表示式經積分後求出 $\ln \gamma_2$ 的表示式。相對應的 G^E/RT 為何？注意由定義可知，當 $x_i = 1$ 時 $\gamma_i = 1$。

(a) $\ln \gamma_1 = A x_2^2$；(b) $\ln \gamma_1 = x_2^2(A + B x_2)$；(c) $\ln \gamma_1 = x_2^2(A + B x_2 + C x_2^2)$。

9.26 在 25°C 及一大氣壓時，由物質 1 及 2 構成的二成分液體混合物的過剩體積，可由下式表示：

$$\Delta V = x_1 x_2 (45 x_1 + 25 x_2)$$

其中 ΔV 的單位為 cm^3 mol^{-1}。在此狀態下，$V_1 = 110$ 且 $V_2 = 90$ cm^3 mol^{-1}。計算在此狀態下，含有 40 mol% 成分 1 莫耳分率的混合物的部份莫耳體積 $\bar{V}_1$ 及 $\bar{V}_2$。

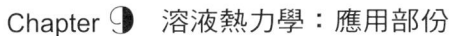

Chapter 9　溶液熱力學：應用部份

9.27 乙醇(1)／甲基丁基醚(2) 系統在 25°C 時的過剩體積 (cm³ mol⁻¹)，可由下式表示

$$\Delta V = x_1 x_2 [-1.026 + 0.220(x_1 - x_2)]$$

若 V_1 = 58.63 且 V_2 = 118.46 cm³ mol⁻¹，則在 25°C 時將 750 cm³ 的純物質 1 及 1,500 cm³ 的純物質 2 混合，所得混合物的體積為何？若混合物為理想溶液時，其體積為何？

9.28 若 LiCl・2H₂O(s) 與 H₂O(l) 在 25°C 下等溫混合，形成每一莫耳 LiCl 中含有 10 莫耳水的溶液，則每莫耳溶液的熱效應為何？

9.29 HCl 與水所形成的溶液中，含有 1 莫耳 HCl 與 4.5 莫耳水，若在 25°C 的溫度時再吸收 1 莫耳 HCl(g)，則熱效應為何？

9.30 在 25°C 的恆溫程序中，將 125 kg 含有 10 wt% 的 LiCl 水溶液中再加入 20 kg 的 LiCl(s)，其熱效應為何？

9.31 將 10°C 的冷水與 25°C 的 20 mol% LiCl/H₂O 溶液，經絕熱混合形成 25°C 的 LiCl/H₂O 溶液，所形成溶液的組成為何？

9.32 將 25°C 的 25 mol% LiCl/H₂O 溶液與 5°C 的冷水混合，形成 25°C 的 20 mol% LiCl/H₂O 溶液。每莫耳最終溶液的熱效應為多少焦耳？

9.33 某 20 mol% LiCl/H₂O 溶液由下列六種混合程序製成：
(a) 將 LiCl(s) 與 H₂O(l) 混合。
(b) 將 H₂O(l) 與 25 mol% LiCl/H₂O 溶液混合。
(c) 將 LiCl・H₂O(s) 與 H₂O(l) 混合。
(d) 將 LiCl(s) 與 10 mol% LiCl/H₂O 溶液混合。
(e) 將 25 mol% LiCl/H₂O 溶液與 10 mol% LiCl/H₂O 溶液混合。
(f) 將 LiCl・H₂O(s) 與 10 mol% LiCl/H₂O 溶液混合。
各程序皆為 25°C 時的恆溫混合，對各情況求出最終溶液的熱效應 J mol⁻¹。

9.34 在 25°C 時，質量流率為 12 kg s⁻¹ 的 Cu(NO₃)₂・6H₂O 與同溫度的質量流率為 15 kg s⁻¹ 的水在槽中混合。所形成的溶液經過熱交換器，使其溫度變為 25°C。熱交換器中的熱傳速率為何？

• Cu(NO₃)₂ 的 $\Delta H^\circ_{f_{298}}$ = −302.9 kJ。

• Cu(NO₃)₂・6H₂O 的 $\Delta H^\circ_{f_{298}}$ = −2,110.8 kJ。

• 25°C 時每 1 莫耳 Cu(NO₃)₂ 在水中的混合熱為 −47.84 kJ，此值與 $\tilde{n}$ 無關。

9.35 25°C 時 LiCl 在水中的液態溶液含有 1 莫耳 LiCl 與 7 莫耳水。若 1 莫耳 LiCl · 3H$_2$O(s) 於恆溫下溶於此溶液，則熱效應為何？

9.36 我們需要將 LiCl · 2H$_2$O(s) 與水混合，形成 LiCl 的水溶液。此混合程序於絕熱下進行，且溫度維持在 25°C 不變。計算最終溶液中 LiCl 的莫耳分率。

9.37 由標準局的數據 (*J. Phys. Chem. Ref. Data,* vol. 11, suppl.2, 1982)，可知在 25°C 及下列各條件下，1 莫耳的 CaCl$_2$ 在水中的生成熱為：

CaCl$_2$ 在	10 mol H$_2$O	−862.74 kJ
CaCl$_2$ 在	15 mol H$_2$O	−867.85 kJ
CaCl$_2$ 在	20 mol H$_2$O	−870.06 kJ
CaCl$_2$ 在	25 mol H$_2$O	−871.07 kJ
CaCl$_2$ 在	50 mol H$_2$O	−872.91 kJ
CaCl$_2$ 在	100 mol H$_2$O	−873.82 kJ
CaCl$_2$ 在	300 mol H$_2$O	−874.79 kJ
CaCl$_2$ 在	500 mol H$_2$O	−875.13 kJ
CaCl$_2$ 在	1,000 mol H$_2$O	−875.54 kJ

由以上的數據，繪製 25°C 時 CaCl$_2$ 在水中的混合熱 $\widetilde{\Delta H}$，對水與 CaCl$_2$ 莫耳比值 $\tilde{n}$ 的作圖。

9.38 某液態溶液中含有 1 莫耳的 CaCl$_2$ 與 25 莫耳水。應用習題 9.37 的數據，計算在恆溫下在此溶液中再加入 1 莫耳 CaCl$_2$ 時的熱效應。

9.39 固體 CaCl$_2$ · 6H$_2$O 與液態水，在 25°C 時在連續程序中經絕熱混合，形成含有 15 wt% CaCl$_2$ 的鹽水。應用習題 9.37 的數據，計算所形成的鹽水的溫度。在 25°C 時，15 wt% CaCl$_2$ 溶液的比熱為 3.28 kJ kg^{-1} °C^{-1}。

9.40 圖 9.14 所表示的，是每莫耳溶質 (成分 1) 在固定 T 與 P 時的溶解熱，$\widetilde{\Delta H}$，對 $\tilde{n}$ 莫耳溶劑的作圖。在此圖中橫座標為線性而非對數的座標。在 $\widetilde{\Delta H}$ 對 $\tilde{n}$ 作圖的曲線上，某切線交縱軸於點 I。

(a) 證明曲線上某點的切線斜率，等於溶液中組成 $\tilde{n}$ 的溶劑的部份過剩焓，即證明：

$$\frac{d\widetilde{\Delta H}}{d\tilde{n}} = \bar{H}_2^E$$

(b) 證明截距 I 等於相同溶液中溶質的部份過剩焓，即證明：

$$I = \bar{H}_1^E$$

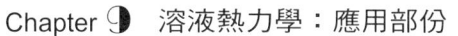

Chapter 9　溶液熱力學：應用部份

9.41 假設某特定溶質(1)／溶劑(2) 系統的 ΔH 可由下式表示：

$$\Delta H = x_1 x_2 (A_{21} x_1 + A_{12} x_2) \quad (A)$$

根據此式，將 $\widetilde{\Delta H}$ 對 $\tilde{n}$ 作圖。將 (A) 式改寫成 $\widetilde{\Delta H}(\tilde{n})$ 的形式，並證明：

(a) $\lim\limits_{\tilde{n} \to 0} \widetilde{\Delta H} = 0$

(b) $\lim\limits_{\tilde{n} \to \infty} \widetilde{\Delta H} = A_{12}$

(c) $\lim\limits_{\tilde{n} \to 0} d\widetilde{\Delta H} / d\tilde{n} = A_{21}$

9.42 若在溫度 t_0 時的混合熱為 ΔH_0，且在溫度 t 時的混合熱為 ΔH，證明這兩個混合熱之間的關係為：

$$\Delta H = \Delta H_0 + \int_{t_0}^{t} \Delta C_P dt$$

其中 ΔC_P 是 (9.29) 式所定義的混合時比熱的改變。

9.43 在 100 (°F) 時，將 150 (lb$_m$) 的 H_2SO_4 與 350 (lb$_m$) 含有 25 wt% 的 H_2SO_4 水溶液恆溫混合時的熱效應為何？

9.44 在 140 (°F) 的 50 wt% H_2SO_4 的水溶液，其過剩焓 H^E 為多少 (Btu)(lb$_m$)$^{-1}$？

9.45 130 (°F) 且質量為 400 (lb$_m$) 的 35 wt% NaOH 水溶液，與 200 (°F) 且質量為 175 (lb$_m$) 的 10 wt% NaOH 水溶液混合。
(a) 若最終溫度為 80 (°F)，則熱效應為何？
(b) 若混合程序為絕熱，則最終溫度為何？

9.46 某單效蒸發器將 20 wt% H_2SO_4 水溶液濃縮至 70%。進料的流率為 25 (lb$_m$)(s)$^{-1}$，且進料溫度為 80 (°F)。蒸發器的絕對壓力維持在 1.5 (psia)，在此壓力時 70 wt% H_2SO_4 的沸點為 217 (°F)。蒸發器的熱傳速率為何？

9.47 當足夠量的 68 (°F) 的 NaOH(s) 絕熱的溶解在起初為 80 (°F) 的 10 wt% NaOH 水溶液中，使濃度達到 35% 時，最後的溫度為何？

9.48 25°C 的足夠量的 $SO_3(l)$ 與 25°C 的 H_2O 反應，形成 60°C 的 50 wt% H_2SO_4 溶液時，熱效應為多少？

9.49 160 (°F) 且質量為 140 (lb$_m$) 的 15 wt% H_2SO_4 水溶液，在大氣壓力下與 100 (°F) 且質量為 230 (lb$_m$) 的 80 wt% H_2SO_4 混合。在混合程序中，20,000 (Btu) 的熱傳遞給此系統。計算所形成溶液的溫度。

9.50 某絕熱且開放於大氣的槽中,含有 60(°F),且質量為 1,500 (lb$_m$) 的 40 wt% 硫酸。藉著 1 (atm) 的飽和蒸汽的加入,使此溶液加熱到 180 (°F),蒸汽則在此程序中完全冷凝。所需的蒸汽量為多少?槽中 H$_2$SO$_4$ 的最終濃度為何?

9.51 40 (psia) 的飽和水蒸汽經節流程序改變至 1 (atm),並在流動程序中與 80 (°F) 的 45 wt% 硫酸絕熱混合,水蒸汽冷凝並將硫酸溫度提升至 160 (°F)。每一磅質量的硫酸流入時,需要多少的水蒸汽?高溫酸液的濃度為何?

9.52 某批大氣壓力及 80 (°F) 的 40 wt% NaOH 水溶液,在絕熱槽中,藉著管線中 35 (psia) 飽和水蒸汽的加入而加熱。當 NaOH 溶液達到 38 wt% 濃度時,即停止此程序,此時的溫度為何?

9.53 100 (°F) 的 35 wt% H$_2$SO$_4$ 水溶液的混合熱 ΔH 為多少 (Btu)(lb$_m$)$^{-1}$?

9.54 若 80 (°F) 的純 H$_2$SO$_4$ 液體,絕熱的加入 80 (°F) 的純液態水中,形成 40 wt% 溶液,則溶液的最終溫度為何?

9.55 某液態溶液溫度為 100 (°F),含有 2 (lb mol) H$_2$SO$_4$ 及 15 (lb mol) H$_2$O,它吸收了 100 (°F) 的 1(lb mol) SO$_3$(g),形成濃度更高的硫酸溶液。若此程序為恆溫,計算熱傳量為多少?

9.56 對於 77 (°F) 的 65 wt% H$_2$SO$_4$ 溶液,計算硫酸在水中的混合熱 ΔH 及 H$_2$SO$_4$ 與 H$_2$O 的部份比焓。

9.57 140 (°F) 的 75 wt% 硫酸溶液,藉著 40 (°F) 的冷水稀釋。計算 1 (lb$_m$) 75 wt% 硫酸所加入的水量,並使溶液不致降至 140 (°F) 以下。

9.58 下列各液體皆在大氣壓力及 120 (°F),並混合在一起:25 (lb$_m$) 純水,40 (lb$_m$) 純硫酸與 75 (lb$_m$) 的 25 wt% 硫酸。
(a) 在 120 (°F) 恆溫混合時,所釋出的熱量為何?
(b) 混合程序依下列二步驟進行:首先,純硫酸與 25% 的溶液混合,(a) 小題所得的總熱量被移出。接著,純水絕熱的加入。在第一步驟所形成的中間溶液的溫度為何?

9.59 大量的極稀薄 NaOH 水溶液,藉著 10 mol% 的 HCl 水溶液加入而中和。若儲槽維持在 25°C 及 1 (atm),且中和反應進行至完全,估算每莫耳 NaOH 中和的熱效應。所需用的數據如下:

Chapter 9 溶液熱力學：應用部份

- 對 NaCl 而言，$\lim_{\tilde{n}\to\infty}\widetilde{\Delta H} = 3.88 \text{ kJ mol}^{-1}$
- 對 NaOH 而言，$\lim_{\tilde{n}\to\infty}\widetilde{\Delta H} = -44.50 \text{ kJ mol}^{-1}$

9.60 大量極稀薄 HCl 水溶液，藉著 10 mol% 的 NaOH 水溶液加入而中和。若儲槽維持在 25°C 及 1 (atm)，且中和反應進行至完全，估算每莫耳 HCl 中和的熱效應。

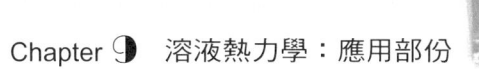

- 對 NaCl 而言，$\lim_{\tilde{n}\to\infty}\widetilde{\Delta H} = 3.88 \text{ kJ mol}^{-1}$

9.61 (a) 將 (8.15) 及 (8.16) 式應用於過剩性質上，證明對二成份系統下兩式成立：

$$\bar{M}_1^E = x_2^2\left(\mathcal{M} + x_1\frac{d\mathcal{M}}{dx_1}\right) \quad \text{及} \quad \bar{M}_2^E = x_1^2\left(\mathcal{M} - x_2\frac{d\mathcal{M}}{dx_1}\right)$$

其中 $\mathcal{M} \equiv \dfrac{\mathcal{M}^E}{x_1 x_2}$

(b) 由下列硫酸(1)／水(2) 的 25°C 混合熱數據，計算 $H^E/x_1 x_2$、$\bar{H}_1^E$ 及 $\bar{H}_2^E$，並繪於同一圖上。

x_1	$-\Delta H/\text{kJ kg}^{-1}$	x_1	$-\Delta H/\text{kJ kg}^{-1}$
0.10	73.27	0.70	320.98
0.20	144.21	0.80	279.58
0.30	208.64	0.85	237.25
0.40	262.83	0.90	178.87
0.50	302.84	0.95	100.71
0.60	323.31		

x_1 為硫酸的質量分率

由以上的結果解釋為何稀釋硫酸時應該是酸加入水，而不是水加入酸。

9.62 在 25°C下，將 90 wt% 的硫酸水溶液以 6 小時的時間緩慢加入 4,000 kg 的純水中。最後在水槽中得到濃度為 50 wt% 的硫酸水溶液。水槽備有冷卻系統，使整個程序都維持在 25°C 下進行。但由於該冷卻系統的熱傳速率為定值，因此必須不斷變化硫酸進料流率以保持恆溫。請找出 90 wt% 硫酸進料速率隨時間變化的表示式，並以時間為函數，再繪圖表示速率 (kg s^{-1}) 對時間的關係。可將前一個習題的數據迴歸為 $H^E/x_1 x_2$ 對 x_1 的三次多項式，並從該多項式導出 $\bar{H}_1^E$ 及 $\bar{H}_1^E$ 的表示式。

9.63 將 (5.41) 及 (5.42) 式應用於混合程序上，導出 ΔS^{id} 的表示式 (9.35) 式。

9.64 流率 20,000 $(lb_m)(hr)^{-1}$、濃度 80 wt%、且溫度為 120 (°F) 的硫酸水溶液，連續以 40 (°F) 的冷水進行稀釋，並產出 140 (°F) 且含 50 wt% 硫酸的蒸汽。
(a) 冷水的質量流率為多少 $(lb_m)(hr)^{-1}$？
(b) 混合程序的熱傳速率為多少 $(Btu)(hr)^{-1}$？熱量是流入還是流出？
(c) 如果混合為絕熱程序，則產出的蒸汽溫度為多少？假設進料條件與產物組成與 (b) 小題相同。

9.65 某儲槽中含有重質有機液體。由化學分析可知，液體中含有 600 ppm (溶質莫耳數／溶液莫耳數) 的水。現在想要以加熱沸騰的方式，將水的含量降低至 50 ppm，且整個程序的壓力維持在大氣壓力下。由於水比重質有機物輕，因此蒸汽會富含水份，所以將蒸汽連續移出儲槽可以降低儲槽中的水含量。試估算在此加熱程序中，有機物的損失百分比 (每莫耳)。對此計畫的合理性提出評論。
提示：將此題視為水(1)／有機物(2) 的二成分系統，並計算水及水＋有機物的非穩態莫耳平衡式。描述所用的假設。
參考數據：T_{n_2} = 有機物的正常沸點 = 130°C。
130°C 時，水在液相中的 $\gamma_1^\infty = 5.8$。

9.66 雙成分系統的 VLE 數據通常在恆溫恆壓下測得。以數據迴歸找出液相 G^E 值的關聯式時，為何使用等溫條件下的數據較為適宜？

9.67 考慮下列的 G^E/RT 模式：

$$\frac{G^E}{x_1 x_2 RT} = (x_1 A_{21}^k + x_2 A_{12}^k)^{1/k}$$

事實上此式也是 G^E/RT 的雙參數表示式之一。指定 k 值可使 A_{12} 及 A_{21} 為自由參數。
(a) 找出任何 k 值下的 $\ln \gamma_1$ 及 $\ln \gamma_2$ 的一般化表示式。
(b) 證明在任何 k 值下 $\ln \gamma_1^\infty = A_{12}$ 及 $\ln \gamma_2^\infty = A_{21}$。
(c) 當 k 為 $-\infty$、-1、0、$+1$、及 $+\infty$ 時，該模式各變為何種形式？其中哪兩個 k 值有相似的結果？

9.68 酒精濃度測試器可以偵測呼出氣體所含的酒精體積百分比濃度。經由校正可換算為血液內的酒精體積百分比濃度。使用 VLE 的觀念，導出這兩個濃度間的近似關係式。推導時需要許多假設條件，請將其列出並盡可能說明。

9.69 表 9.5 列出了丙酮(1)／甲醇(2) 系統的 Wilson 方程式參數。試計算 50°C 時的 $\ln\gamma_1^\infty$ 及 $\ln\gamma_2^\infty$ 值。並將結果與圖 9.9(b) 互相比較。以 NRTL 方程式重做此題。

9.70 由 G^E/RT 的 Wilson 方程式，導出二成分系統的 H^E 表示式。證明過剩熱容量 C_P^E 必為正值。提示：根據 (9.24) 式，Wilson 參數與溫度相依。

9.71 已知某二成分系統在 25°C 下的一組 $P\text{-}x_1\text{-}y_1$ 數據。由該組數據計算：
(a) 等莫耳混合物在 25°C 下的總壓與汽相組成。
(b) 25°C 時是否存在共沸點。

數據：在 25°C 下，$P_1^{sat}=183.4$ 且 $P_2^{sat}=96.7\,\text{kPa}$

當 $x_1=0.253$ 時，$y_1=0.456$ 且 $P=139.1\,\text{kPa}$

9.72 已知某二成分系統在 35°C 下的一組 $P\text{-}x_1$ 數據。由該組數據計算：
(a) 該組數據下的 y_1 值。
(b) 等莫耳混合物在 35°C 下的總壓。
(b) 35°C 時是否存在共沸點。

數據：在 35°C 下，$P_1^{sat}=120.2$ 且 $P_2^{sat}=73.9\,\text{kPa}$
當 $x_1=0.389$ 時，$P=108.6\,\text{kPa}$

化學反應平衡

Chapter 10

基礎化工熱力學
Introduction to Chemical Engineering Thermodynamics

將原料經化學反應轉變為價值更高的產品,是相當重要的產業。有許多商品是經由化學合成而來的,如硫酸、氨、乙烯、丙烯、磷酸、氯、硝酸、尿素、苯、甲醇、乙醇及乙二醇,都是美國每年生產數十億公斤的產品。這些產品用來大量製造纖維、油漆、清潔劑、塑膠、橡膠、紙、肥料、殺蟲劑等。因此身為一名化學工程師,自然必須了解化學反應器的設計與操作。

反應速率及平衡轉化率 (即最大轉化率) 與溫度、壓力及反應物的組成有關。例如二氧化硫氧化生成三氧化硫的反應,必須加上觸媒才能得到合理的反應速率。若使用五氧化二釩為觸媒,在 300°C 時可得到可觀的反應速率,且反應速率繼續隨溫度的升高而增加。如果只追求反應速率,我們會將反應器溫度盡可能調高。但三氧化硫的平衡轉化率隨著溫度的升高而下降,約從 520°C 的 90% 減少至 680°C 時的 50%。平衡轉化率與觸媒及反應速率無關,因此,從商業化的角度來看,在設計與使用反應器時,平衡及反應速率兩者必須同時列入考量。平衡的問題包含在熱力學的範疇內,但速率則否。因此在本章中,我們將討論溫度、壓力及起始組成等如何影響化學反應的平衡轉化率。

在工業實際應用時,有許多化學反應實際上並未達到平衡,此時反應器的設計主要基於反應速率的考量;但在選擇操作條件時,仍會注意平衡狀態的影響。而由於平衡轉化率是最大轉化率,因此也平衡轉化率也可作為改善製程的指標。同理,平衡轉化率也用來決定是否要試驗新製程。例如,經由熱力學分析得知,平衡時的產率僅有 20%,但該製程必須具有 50% 的產率才合乎經濟效益,那麼就沒有必要再進行試驗。相反的,若由熱力學分析知道平衡時的產率有 80%,則有必要經由實驗研究各種不同操作條件 (觸媒、溫度、壓力等) 下的反應速率。

本章的內容,首先在 10.1 節介紹化學反應式與化學計量,10.2 節則討論反應平衡。接下來 10.3 節將引入平衡常數的觀念,而平衡常數與溫度的關係式及其計算則分別在 10.4 及 10.5 節加以探討。10.6 節推導平衡常數與組成的關係,10.7 節討論單一反應平衡轉化率的計算。在 10.8 節中再次引入相律的觀念及相關計算;接續進入 10.9 節有關多重反應平衡的討論。[1]最後 10.10 節為燃料電池的簡介。

---

1 對於化學反應平衡的廣泛探討,可參考 W. R. Smith and R. W. Missen, *Chemical Reaction Equilibrium Analysis*, John Wiley & Sons, New York, 1982.

Chapter 10 化學反應平衡

10.1 反應座標

4.6 節所述的一般化學反應可寫為：

$$|v_1|A_1 + |v_2|A_2 + \cdots \rightarrow |v_3|A_3 + |v_4|A_4 + \cdots \tag{10.1}$$

其中 $|v|$ 為計量係數 (stoichiometric coefficient)，且 A_i 代表化學物質。v_i 本身稱做計量數，依照 4.6 節所述，計量數的正負號為：

產物為正值 (+)　　　反應物為負值 (−)

以下列的化學反應為例：

$$CH_4 + H_2O \rightarrow CO + 3H_2$$

其計量數為：

$$v_{CH_4} = -1 \qquad v_{H_2O} = -1 \qquad v_{CO} = 1 \qquad v_{H_2} = 3$$

惰性物質的計量數為零。

如 (10.1) 式所示的反應，各物質莫耳數的改變量，正比於其計量數。對上述反應式而言，若 0.5 莫耳的 CH_4 由反應而消失，0.5 莫耳的 H_2O 也必須消失，同時也有 0.5 莫耳的 CO 及 1.5 莫耳的 H_2 生成。應用此原則於反應中微量的改變，我們可寫成：

$$\frac{dn_2}{v_2} = \frac{dn_1}{v_1} \qquad \frac{dn_3}{v_3} = \frac{dn_1}{v_1} \qquad \text{依此類推}$$

以上的等式可延伸至包含所有物質，由此可得：

$$\frac{dn_1}{v_1} = \frac{dn_2}{v_2} = \frac{dn_3}{v_3} = \frac{dn_4}{v_4} = \cdots$$

上式所有各項均相等，因此我們可以**定義**一個參數 $d\varepsilon$ 代表這些項次，其意義與反應量有關：

$$\boxed{\frac{dn_1}{v_1} = \frac{dn_2}{v_2} = \frac{dn_3}{v_3} = \frac{dn_4}{v_4} = \cdots \equiv d\varepsilon} \tag{10.2}$$

反應物質莫耳數的微量改變 dn_i 與 $d\varepsilon$ 的間的關係式為：

$$dn_i = v_i \, d\varepsilon \qquad (i = 1, 2, \cdots, N) \tag{10.3}$$

這個新的變數 ε 稱為反應座標 (reaction coordinate)，它表示反應進行的程度。[2] (10.3) 式定義了隨反應物質莫耳數而改變的 ε 量。由 ε 的定義可知，在系統尚未反應的起始狀態時，ε 值為零。從未開始反應的起始狀態，即 $\varepsilon = 0$ 且 $n_i = n_{i0}$，將 (10.3) 式積分至任意反應量，可得：

$$\int_{n_{i0}}^{n_i} dn_i = v_i \int_0^\varepsilon d\varepsilon$$

或

$$n_i = n_{i0} + v_i \varepsilon \qquad (i = 1, 2, \cdots, N) \tag{10.4}$$

對所有物質加成而得：

$$n = \sum_i n_i = \sum_i n_{i0} + \varepsilon \sum_i v_i$$

或

$$n = n_0 + v\varepsilon$$

其中

$$n \equiv \sum_i n_i \qquad n_0 \equiv \sum_i n_{i0} \qquad v \equiv \sum_i v_i$$

因此，物質的莫耳分率 y_i 與 ε 的關係為：

$$\boxed{y_i = \frac{n_i}{n} = \frac{n_{i0} + v_i \varepsilon}{n_0 + v\varepsilon}} \tag{10.5}$$

此式的應用將由下列例題說明。

例 10.1 在某系統中進行下列反應

$$CH_4 + H_2O \rightarrow CO + 3H_2$$

假設起初有 2 莫耳 CH_4、1 莫耳 H_2O、1 莫耳 CO 及 4 莫耳 H_2，求莫耳分率 y_i 與 ε 的關係式。

---

[2] 反應座標 ε 也稱作其他各名稱，如 degree of advancement、degree of reaction、extent of reaction 及 progress variable。

解 對此反應而言

$$v = \sum v_i = -1 - 1 + 1 + 3 = 2$$

各物質的起始莫耳數為已知，因此可得，

$$n_0 = \sum_i n_{i0} = 2 + 1 + 1 + 4 = 8$$

由 (10.5) 式得知：

$$y_{CH_4} = \frac{2-\varepsilon}{8+2\varepsilon} \qquad y_{H_2O} = \frac{1-\varepsilon}{8+2\varepsilon}$$

$$y_{CO} = \frac{1+\varepsilon}{8+2\varepsilon} \qquad y_{H_2} = \frac{4+3\varepsilon}{8+2\varepsilon}$$

反應混合物中各物質的莫耳分率，只為單一變數 ε 的函數。

例 10.2 考慮一個容器，起初只含有 n_0 莫耳的水蒸汽。若發生如下式的分解反應：

$$H_2O \rightarrow H_2 + \tfrac{1}{2}O_2$$

試將各物質的莫耳數及莫耳分率，表示為反應座標 ε 的函數。

解 對此反應而言，$v = -1 + 1 + \tfrac{1}{2} = \tfrac{1}{2}$，應用 (10.4) 及 (10.5) 式可得：

$$n_{H_2O} = n_0 - \varepsilon \qquad y_{H_2O} = \frac{n_0 - \varepsilon}{n_0 + \tfrac{1}{2}\varepsilon}$$

$$n_{H_2} = \varepsilon \qquad y_{H_2} = \frac{\varepsilon}{n_0 + \tfrac{1}{2}\varepsilon}$$

$$n_{O_2} = \tfrac{1}{2}\varepsilon \qquad y_{O_2} = \frac{\tfrac{1}{2}\varepsilon}{n_0 + \tfrac{1}{2}\varepsilon}$$

水蒸汽的分解率為：

$$\frac{n_0 - n_{H_2O}}{n_0} = \frac{n_0 - (n_0 - \varepsilon)}{n_0} = \frac{\varepsilon}{n_0}$$

因此當 $n_0 = 1$ 時，ε 即表示水蒸汽的分解率。

因為 v 為無單位的純數字，由(10.3) 式可知 ε 必須以莫耳表示。當提到莫耳反應 (mole of reaction) 時，即表示 ε 改變了一個單位量，就是一莫耳。當 $\Delta\varepsilon = 1$ 時，反應物及產物莫耳數的改變量即等於其計量數。

多重反應的計量數

當兩個或多個獨立反應同時進行時，我們以下標 j 表示不同的反應，每個反應具有反應座標 ε_j。計量數則具有兩個下標，以表示所對應的物質與反應。如 $v_{i,j}$ 即代表物質 i 在 j 反應中的計量數。由於物質的莫耳數 n_i 可因數個反應而改變，則類似於 (10.3) 式的通用公式包含下列加成項：

$$dn_i = \sum_j v_{i,j} d\varepsilon_j \qquad (i = 1, 2, \cdots, N)$$

由 $n_i = n_{i0}$ 及 $\varepsilon_j = 0$ 積分至任意的 n_i 及 ε_j 可得：

$$n_i = n_{i0} + \sum_j v_{i,j} \varepsilon_j \qquad (i = 1, 2, \cdots, N) \tag{10.6}$$

對所有物質加成可得：

$$n = \sum_i n_{i0} + \sum_i \sum_j v_{i,j} \varepsilon_j = n_0 + \sum_j \left(\sum_i v_{i,j} \right) \varepsilon_j$$

類比於單一反應中所定義的 $v \,(\equiv \sum_i v_i)$，我們可引入下列定義：

$$v_j \equiv \sum_i v_{i,j}$$

所以 $\quad n = n_0 + \sum_j v_j \varepsilon_j$

結合此式及 (10.6) 式，可得莫耳分率為：

$$\boxed{y_i = \frac{n_{i0} + \sum_j v_{i,j} \varepsilon_j}{n_0 + \sum_j v_j \varepsilon_j} \qquad (i = 1, 2, \cdots, N)} \tag{10.7}$$

Chapter 10 化學反應平衡

例 10.3 某系統中發生下列反應

$$CH_4 + H_2O \rightarrow CO + 3H_2 \quad (1)$$

$$CH_4 + 2H_2O \rightarrow CO_2 + 4H_2 \quad (2)$$

其中 (1) 及 (2) 的括弧內數字即為 j 值。若起初有 2 莫耳 CH_4 及 3 莫耳 H_2O，試將 y_i 表示為 ε_1 及 ε_2 的函數。

解 計量數 $v_{i,j}$ 可表列如下：

$i =$	CH_4	H_2O	CO	CO_2	H_2	
j						v_j
1	−1	−1	1	0	3	2
2	−1	−2	0	1	14	2

應用 (10.7) 式可得：

$$y_{CH_4} = \frac{2 - \varepsilon_1 - \varepsilon_2}{5 + 2\varepsilon_1 + 2\varepsilon_2} \qquad y_{CO} = \frac{\varepsilon_1}{5 + 2\varepsilon_1 + 2\varepsilon_2}$$

$$y_{H_2O} = \frac{3 - \varepsilon_1 - 2\varepsilon_2}{5 + 2\varepsilon_1 + 2\varepsilon_2} \qquad y_{CO_2} = \frac{\varepsilon_2}{5 + 2\varepsilon_1 + 2\varepsilon_2}$$

$$y_{H_2} = \frac{3\varepsilon_1 + 4\varepsilon_2}{5 + 2\varepsilon_1 + 2\varepsilon_2}$$

此系統的組成可表示為獨立變數 ε_1 及 ε_2 的函數。

10.2 應用平衡基準於化學反應

在原版書 14.3 節提到，在封閉系統內進行恆溫恆壓的不可逆程序時，總 Gibbs 自由能必然會降低，而當 G^t 達到最小值時即為平衡狀態。在此平衡狀態時

$$(dG^t)_{T,P} = 0 \qquad (14.68)$$

因此，若混合物中各成分不在化學平衡時，任何一個在恆溫恆壓下的反應都會降低系統的總 Gibbs 自由能。單一化學反應的這個現象如圖 10.1 所示，圖

中顯示了 G^t 與反應座標 ε 的關係。由於 G^t 是表達反應進行程度的單一變數，因此 ε 也可表示系統的組成及恆溫恆壓下的總 Gibbs 自由能。圖 10.1 中，曲線上的箭號表示因反應而造成 $(G^t)_{T,P}$ 改變的方向。反應座標的平衡數值 ε_e 在此曲線的最小值位置。由 (14.68) 式可知，平衡狀態下化學反應的微量改變，不致造成系統中總 Gibbs 自由能的變化。

圖 10.1 指出了在恆溫恆壓下，平衡狀態的兩點特性：

- 總 Gibbs 自由能 G^t 達到最小值。
- 總 Gibbs 自由能的微分值為零。

這兩者皆為平衡的判斷基準。因此，我們可將 G^t 表示為 ε 的函數，並求得使 G^t 為最小值的 ε，或是我們可令 G^t 的微分為零，並求解 ε 值。後者所述的方法常應用單一反應中 (如圖 10.1)，並導出如下節所述的平衡常數。此法也可延伸應用於多重反應中，此時直接求 G^t 的最小值將更為方便，這部份將於 10.9 節中討論。

雖然平衡表示式是在恆溫恆壓下對封閉系統所導出，但其應用並不限於真正封閉的系統，以及沿恆溫恆壓進行的平衡狀態路徑。當平衡達成時，沒有改變會發生，系統乃維持在恆溫恆壓，與如何真正地達到此狀態無關。一旦已知平衡狀態在恆溫恆壓下存在，上述的平衡基準即可應用。

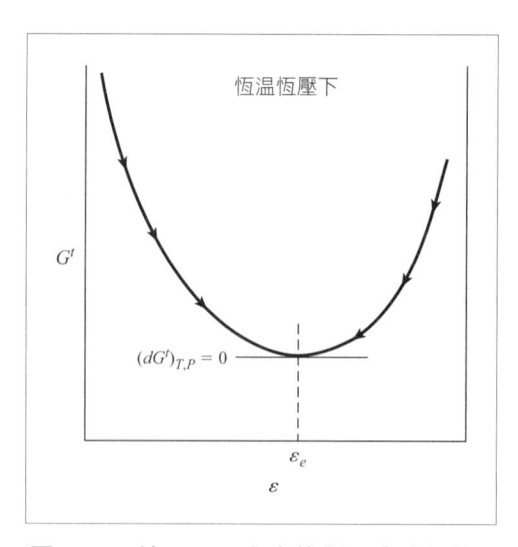

▶ 圖 10.1　總 Gibbs 自由能對反應座標的作圖

10.3 標準 Gibbs 自由能改變量及平衡常數

如 (8.2) 式所示的單相系統基本性質關係式,即為總 Gibbs 自由能的全微分式:

$$d(nG) = (nV)\,dP - (nS)\,dT + \sum_i \mu_i\, dn_i \qquad (8.2)$$

當封閉系統內的單一化學反應造成了莫耳數 n_i 的改變,由 (10.3) 式可知,每一個 dn_i 項皆可用 $v_i\,d\varepsilon$ 代替,因此 (8.2) 式變為:

$$d(nG) = (nV)\,dP - (nS)\,dT + \sum_i v_i \mu_i\, d\varepsilon$$

因為 nG 是狀態函數,上式右邊為正合微分 (exact differential),因此

$$\sum_i v_i \mu_i = \left[\frac{\partial(nG)}{\partial \varepsilon}\right]_{T,P} = \left[\frac{\partial(G^t)}{\partial \varepsilon}\right]_{T,P}$$

所以 $\sum_i v_i \mu_i$ 一般表示了系統中總 Gibbs 自由能在恆溫恆壓下隨反應座標改變的速率。由圖 10.1 可知,在平衡狀態下,此項的數值為零。因此,化學反應平衡的基準可寫為:

$$\boxed{\sum_i v_i \mu_i = 0} \qquad (10.8)$$

先前曾介紹過,溶液中各成分的逸壓定義為:

$$\mu_i = \Gamma_i(T) + RT \ln \hat{f}_i \qquad (8.46)$$

另外,我們可在相同溫度的標準狀態[3]下,對純物質 i 寫出 (8.31) 式:

$$G_i^\circ = \Gamma_i(T) + RT \ln f_i^\circ$$

上列二式相減為:

$$\mu_i - G_i^\circ = RT \ln \frac{\hat{f}_i}{f_i^\circ} \qquad (10.9)$$

---

[3] 標準狀態曾在 4.3 節中介紹及討論。

結合 (10.8) 及 (10.9) 式以消去 μ_i 項,可得到化學反應平衡狀態時的方程式為:

$$\sum_i \nu_i \left[G_i^\circ + RT \ln (\hat{f}_i / f_i^\circ) \right] = 0$$

或

$$\sum_i \nu_i G_i^\circ + RT \sum_i \ln (\hat{f}_i / f_i^\circ)^{\nu_i} = 0$$

或

$$\ln \prod_i (\hat{f}_i / f_i^\circ)^{\nu_i} = \frac{-\sum_i \nu_i G_i^\circ}{RT}$$

其中 $\prod_i$ 表示各成分 i 的連乘積。若表示為指數形式,則上式變為

$$\boxed{\prod_i (\hat{f}_i / f_i^\circ)^{\nu_i} = K} \tag{10.10}$$

其中 K 的**定義**及其對數表示法為:

$$\boxed{K \equiv \exp\left(\frac{-\Delta G^\circ}{RT}\right)} \tag{10.11a} \qquad \boxed{\ln K = \frac{-\Delta G^\circ}{RT}} \tag{10.11b}$$

並由**定義**知

$$\Delta G^\circ \equiv \sum_i \nu_i G_i^\circ \tag{10.12}$$

因為 G_i° 是純物質在固定壓力的標準狀態下的性質,所以它只與溫度有關。由 (10.12) 式可知,ΔG° 也只是溫度的函數,因此 K 亦然。

> 雖然 K 與溫度相依,我們仍將 K 值稱為反應平衡常數;其定義式中的 ΔG° 即為 $\sum_i \nu_i G_i^\circ$ 稱為化學反應的標準 Gibbs 自由能改變量。

(10.10) 式中的逸壓比,使平衡狀態與各物質的標準狀態相互關連,其中標準狀態的數據通常為已知,詳見 10.5 節所述。各反應物的標準狀態可任意選定 (氣態、液態或固態),但該標準狀態的溫度必須是平衡溫度 T。各反應物的標準狀態不必一致 (如不必皆為液態),但同一反應物的 G_i° 所表示的標準狀態,必須與逸壓 f_i° 的標準狀態相同。

Chapter 10 化學反應平衡

(10.12) 式 $\Delta G° \equiv \sum_i v_i G_i°$ 中的 $\Delta G°$ 函數,是指在標準狀態下產物與反應物 Gibbs 自由能的差異 (各物質須分別乘以它們的計量係數),該標準狀態的定義是在系統溫度及標準壓力下的純物質。因此一個化學反應而言,當系統溫度決定後,$\Delta G°$ 值就已固定,與平衡壓力及組成無關。其他的標準反應性質改變量 (standard property changes of reaction) 也可以此類推。因此若以 M 表示這些物性,其定義可寫成:

$$\Delta M° \equiv \sum_i v_i M_i°$$

根據此式,可定義 $\Delta H°$ 如 (4.14) 式,$\Delta G_P°$ 則為 (4.16) 式。對一個化學反應而言,這些性質都只是溫度的函數,而這些物性相互之間的關係,類比於純物質物性之間的關係。

例如,我們可推導標準反應熱與標準反應 Gibbs 自由能改變量之間的關係。物質 i 在標準狀態時,(6.39) 式變為:

$$H_i° = -RT^2 \frac{d(G_i°/RT)}{dT}$$

此式中適用全微分,因為標準狀態下的性質只是溫度的函數。將上式兩邊各乘以 v_i,並對所有的物質加成可得:

$$\sum_i v_i H_i° = -RT^2 \frac{d(\sum_i v_i G_i°/RT)}{dT}$$

利用 (4.14) 及 (10.12) 式的定義,上式可寫為:

$$\Delta H° = -RT^2 \frac{d(\Delta G°/RT)}{dT} \tag{10.13}$$

10.4 溫度對於平衡常數的效應

因為標準狀態的溫度是混合物的平衡溫度,標準反應性質改變量,如 $\Delta G°$ 及 $\Delta H°$,亦隨平衡溫度改變。$\Delta G°$ 與溫度 T 的相依關係如 (10.13) 式所示,它亦

可寫為：

$$\frac{d(\Delta G^\circ / RT)}{dT} = \frac{-\Delta H^\circ}{RT^2}$$

由 (10.11b) 式可知：

$$\boxed{\frac{d \ln K}{dT} = \frac{\Delta H^\circ}{RT^2}} \tag{10.14}$$

(10.14) 式表示了溫度對平衡常數的效應，亦即對平衡轉化率的效應。若 ΔH° 為負值，即反應為放熱，平衡常數隨溫度的上升而減小。反之，在吸熱反應中，K 值隨溫度的上升而增加。

若假設標準反應焓改變 (熱) ΔH° 與溫度無關，將 (10.14) 式由特定溫度 T' 積分至任意溫度 T，可得到下列簡單結果：

$$\ln \frac{K}{K'} = -\frac{\Delta H^\circ}{R}\left(\frac{1}{T} - \frac{1}{T'}\right) \tag{10.15}$$

此近似式指出，若以 $\ln K$ 對絕對溫度的倒數作圖，可得到一直線。圖 10.2 表示了一些常見反應的 $\ln K$ 對 $1/T$ 的作圖，並得到幾乎為直線的圖形。因此，應用 (10.15) 式可作為平衡常數合理的內插及外插關係式。

嚴謹推導溫度對平衡常數的效應時，可利用標準狀態下的化學反應中每一物質的 Gibbs 自由能定義：

$$G_i^\circ = H_i^\circ - TS_i^\circ$$

上式乘以 v_i，並對所有物質加成可得：

$$\sum_i v_i G_i^\circ = \sum_i v_i H_i^\circ - T\sum_i v_i S_i^\circ$$

由化學反應中標準性質改變量的定義，上式簡化為：

$$\Delta G^\circ = \Delta H^\circ - T\Delta S^\circ \tag{10.16}$$

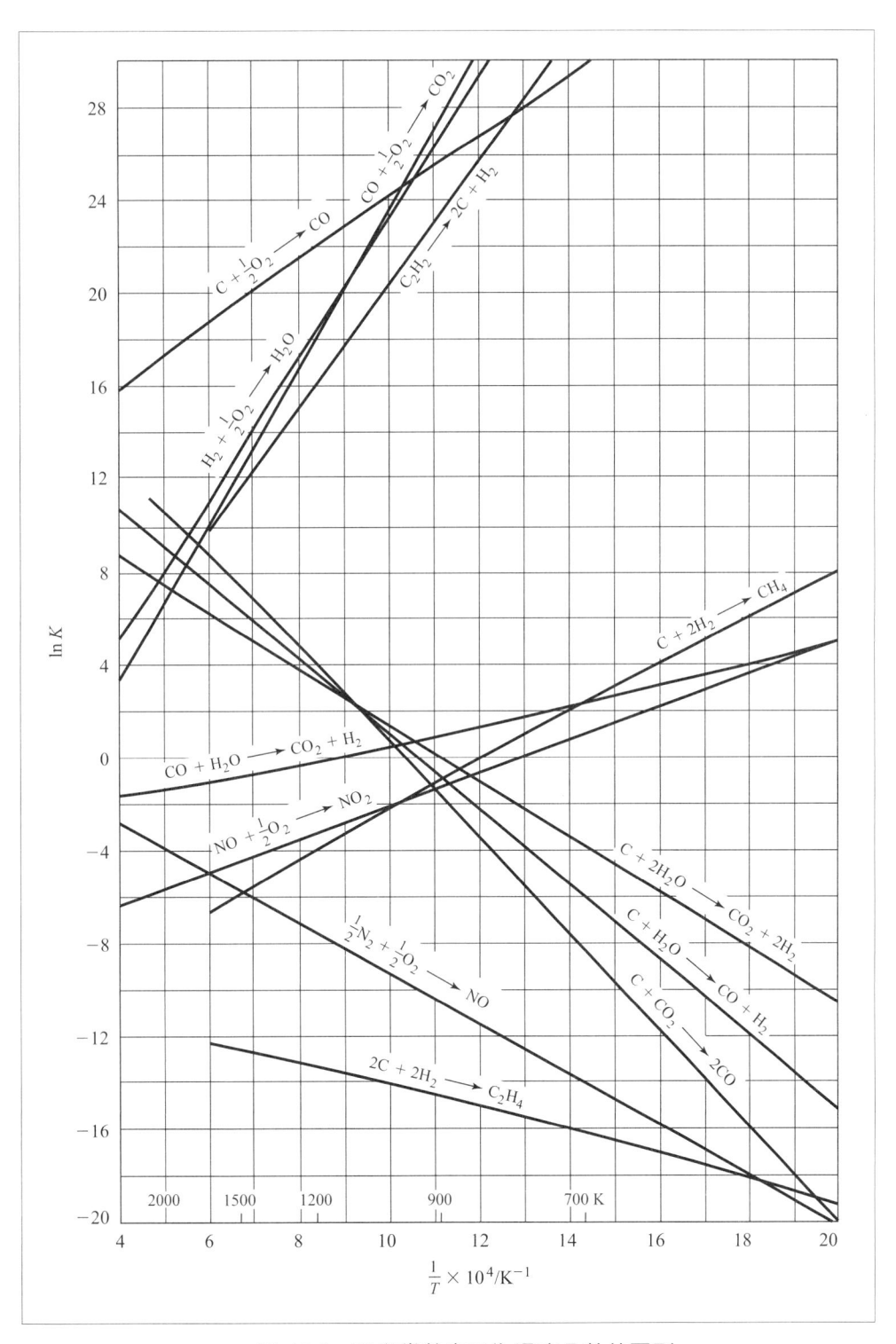

Chapter 10 化學反應平衡

● 圖 10.2 平衡常數表示為溫度函數的圖形

標準反應熱與溫度的關係為：

$$\Delta H° = \Delta H_0° + R \int_{T_0}^{T} \frac{\Delta C_P°}{R} dT \qquad (4.18)$$

標準反應熵改變量與溫度的關係，也可依同理推導出來。在固定的標準狀態壓力 $P°$ 時，由 (6.21) 式可寫出物質 i 的標準狀態熵：

$$dS_i° = C_{P_i}° \frac{dT}{T}$$

將上式乘以 v_i，並對所有物質加成，應用標準反應性質改變的定義，將上式轉換為：

$$d\Delta S° = \Delta C_P° \frac{dT}{T}$$

由上式積分可得：

$$\Delta S° = \Delta S_0° + R \int_{T_0}^{T} \frac{\Delta C_P°}{R} \frac{dT}{T} \qquad (10.17)$$

其中 $\Delta S°$ 及 $\Delta S_0°$ 分別為溫度 T 及參考溫度 T_0 下的標準反應熵改變。結合 (10.16)、(4.18) 及 (10.17) 式可得：

$$\Delta G° = \Delta H_0° + R \int_{T_0}^{T} \frac{\Delta C_P°}{R} dT - T\Delta S_0° - RT \int_{T_0}^{T} \frac{\Delta C_P°}{R} \frac{dT}{T}$$

但是

$$\Delta S_0° = \frac{\Delta H_0° - \Delta G_0°}{T_0}$$

因此，

$$\Delta G° = \Delta H_0° - \frac{T}{T_0}(\Delta H_0° - \Delta G_0°) + R \int_{T_0}^{T} \frac{\Delta C_P°}{R} dT - RT \int_{T_0}^{T} \frac{\Delta C_P°}{R} \frac{dT}{T}$$

最後，將上式各項除以 RT 而得：

$$\frac{\Delta G°}{RT} = \frac{(\Delta G_0° - \Delta H_0°)}{RT_0} + \frac{\Delta H_0°}{RT} + \frac{1}{T}\int_{T_0}^{T} \frac{\Delta C_P°}{R} dT - \int_{T_0}^{T} \frac{\Delta C_P°}{R} \frac{dT}{T} \tag{10.18}$$

由 (10.11b) 式可知，$\ln K = -\Delta G°/RT$。

若每一物質的比熱的溫度相依關係可由 (4.4) 式表示，則 (10.18) 式中右邊第一個積分項可由 (4.19) 式求出，在計算上我們使用下列名稱的程式：

$$\int_{T_0}^{T} \frac{\Delta C_P°}{R} \frac{dT}{T} = \text{IDCPS}(T0,T;DA,DB,DC,DD)$$

其中"D"表示"Δ"。同理，第二個積分項可類比於 (5.15) 式而求出：

$$\int_{T_0}^{T} \frac{\Delta C_P°}{R} dT = \Delta A \ln \tau + \left[\Delta B T_0 + \left(\Delta C T_0^2 + \frac{\Delta D}{\tau^2 T_0^2}\right)\left(\frac{\tau+1}{2}\right)\right](\tau-1) \tag{10.19}$$

其中 $\tau \equiv \dfrac{T}{T_0}$

此積分式可使用如同 (5.15) 式形式的函數計算，同樣的電腦程式亦可用來計算兩者的積分，只是函數的名稱不同而已。在計算上我們現在使用下列名稱：IDCPS (T0,T;DA,DB,DC,DD)，由此定義知，

$$\int_{T_0}^{T} \frac{\Delta C_P°}{R} \frac{dT}{T} = \text{IDCPS}(T0,T;DA,DB,DC,DD)$$

因此 $\Delta G°/RT$ $(= -\ln K)$ 可經由 (10.18) 式，利用參考溫度 (通常為 298.15 K) 的標準反應熱與標準反應 Gibbs 自由能改變量，以及上述兩個電腦計算程式，求得其在任一溫度下的數值。

上述公式中可再將 K 值分為三項，每一項都對其值有所貢獻，並有不同的意義：

$$K = K_0 K_1 K_2 \tag{10.20}$$

第一項 K_0 表示參考溫度 T_0 時的平衡常數：

$$K_0 \equiv \exp\left(\frac{-\Delta G_0^\circ}{RT_0}\right) \tag{10.21}$$

第二項 K_1 提供溫度效應的修正因子，若反應熱不為溫度的函數，則 K_0K_1 的乘積表示溫度 T 時的平衡常數：

$$K_1 \equiv \exp\left[\frac{\Delta H_0^\circ}{RT_0}\left(1 - \frac{T_0}{T}\right)\right] \tag{10.22}$$

第三項 K_2 則針對 ΔH° 隨溫度改變時，提供了微量的溫度影響因素的修正：

$$K_2 \equiv \exp\left(-\frac{1}{T}\int_{T_0}^{T}\frac{\Delta C_P^\circ}{R}dT + \int_{T_0}^{T}\frac{\Delta C_P^\circ}{R}\frac{dT}{T}\right) \tag{10.23}$$

比熱可由 (4.4) 式求出，因此 K_2 的表示式變為：

$$K_2 = \exp\left\{\Delta A\left[\ln\tau - \left(\frac{\tau-1}{\tau}\right)\right] + \frac{1}{2}\Delta BT_0\frac{(\tau-1)^2}{\tau}\right.$$
$$\left. + \frac{1}{6}\Delta CT_0^2\frac{(\tau-1)^2(\tau+2)}{\tau} + \frac{1}{2}\frac{\Delta D}{T_0^2}\frac{(\tau-1)^2}{\tau^2}\right\} \tag{10.24}$$

10.5　平衡常數的計算

在許多參考文獻中，[4] 已列出許多生成反應 (formation reaction) 的 ΔG_f° 值。這些列出的 ΔG_f° 值並非實驗測量值，而是經由 (10.16) 式計算而得的。求取 ΔS_f° 則可根據熱力學第三定律，如 5.10 節所述。由 (5.40) 式求出參與反應的各物質的絕對熵，再將各物質加成後即得到 ΔS_f°。熵（以及比熱）也可基於光譜數據，經由統計計算求得。[5]

---

[4] 例如 "TRC Thermodynamic Tables–Hydrocarbons" 以及 "TRC Thermodynamic Tables–Non-hydrocarbons,"這些是下列單位所連續出版的資料：the Thermodynamics Research Center, Texas A&M Univ. System, College Station, Texas; "The NBS Tables of Chemical Thermodynamic Properties," *J. Physical and Chemical Reference Data*, vol. 11, supp. 2, 1982.

[5] K. S. Pitzer, *Thermodynamics*, 3d ed., chap. 5, McGraw-Hill, New York, 1995.

Chapter 10 化學反應平衡

在附錄 C 中的表 C.4，我們列出了一些化學物質的 $\Delta G°_{f_{298}}$ 值，且和表中的 $\Delta H°_{f_{298}}$ 一樣都是溫度為 298.15 K 下的數值。其他反應的 $\Delta G°$ 值可由生成反應計算求得，如同 $\Delta H°$ 值可由其他生成反應求得一樣（見 4.4 節所述）。在更完整的資料庫中，$\Delta G°_f$ 及 $\Delta H°_f$ 有更廣的溫度範圍，而不只有 298.15 K 下的數據。當數據不足時，也可使用估算的方法，如 Poling、Prausnitz 及 O'Connell 的書中所述作法。[6]

例 10.4

計算乙烯在 145 及 320°C 時，汽相水合反應的平衡常數。所需用的數據列於附錄 C 中。

解 我們首先計算下列反應的 ΔA、ΔB、ΔC 及 ΔD 值：

$$C_2H_4(g) + H_2O(g) \rightarrow C_2H_5OH(g)$$

Δ 的意義為：$\Delta = (C_2H_5OH) - (C_2H_4) - (H_2O)$，因此，由表 C.1 所列的比熱數據可得：

$$\Delta A = 3.518 - 1.424 - 3.470 = -1.376$$
$$\Delta B = (20.001 - 14.394 - 1.450) \times 10^{-3} = 4.157 \times 10^{-3}$$
$$\Delta C = (-6.002 + 4.392 - 0.000) \times 10^{-6} = -1.610 \times 10^{-6}$$
$$\Delta D = (-0.000 - 0.000 - 0.121) \times 10^5 = -0.121 \times 10^5$$

另外，我們也需要水合反應中 298.15 K 時的 $\Delta H°_{298}$ 及 $\Delta G°_{298}$ 值。它們可由表 C.4 中的生成熱及生成 Gibbs 自由能求得：

$$\Delta H°_{298} = -235,100 - 52,510 - (-241,818) = -45,792 \text{ J mol}^{-1}$$
$$\Delta G°_{298} = -168,490 - 68,460 - (-228,572) = -8,378 \text{ J mol}^{-1}$$

當 T = 145 + 273.15 = 418.15 K 時，(10.18) 式中的積分項可如下求得：

IDCPH(298.15,418.15;-1.376,4.157E-3,-1.610E-6,-0.121E+5) = −23.121
IDCPS(298.15,418.15;-1.376,4.157E-3,-1.610E-6,-0.121E+5) = −0.0692

在參考溫度為 298.15 時，代入上列數值於 (10.18) 式中可得

---

[6] B. E. Poling, J.M. Prausnitz, and J. P. O'Connell, *The Properties of Gases and Liquids*, 5th ed., chap. 3, McGraw-Hill, New York, 2001.

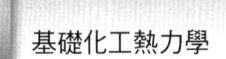

$$\frac{\Delta G_{418}^\circ}{RT} = \frac{-8,378+45,792}{(8.314)(298.15)} + \frac{-45,792}{(8.314)(418.15)} + \frac{-23.121}{418.15} + 0.0692 = 1.9356$$

當 $T = 320 + 273.15 = 593.15$ K 時,

IDCPH(298.15,593.15;-1.376,4.157E-3,-1.610E-6,-0.121E+5) = 22.632
IDCPS(298.15,593.15;-1.376,4.157E-3,-1.610E-6,-0.121E+5) = 0.0173

所以

$$\frac{\Delta G_{593}^\circ}{RT} = \frac{-8,378+45,792}{(8.314)(298.15)} + \frac{-45,792}{(8.314)(593.15)} + \frac{22.632}{593.15} - 0.0173 = 5.8286$$

最後,

@ 在 418.15 K 時:$\ln K = -1.9356$,$K = 1.443 \times 10^{-1}$

@ 在 593.15 K 時:$\ln K = -5.8286$,$K = 2.942 \times 10^{-3}$

應用 (10.21)、(10.22) 及 (10.24) 式,可得此例題的另一解法。由 (10.21) 式知,

$$K_0 = \exp\frac{8,378}{(8.314)(298.15)} = 29.366$$

以及

$$\frac{\Delta H_0^\circ}{RT_0} = \frac{-45,792}{(8.314)(298.15)} = -18.473$$

由這些數據,可得下列結果:

T/K	τ	K_0	K_1	K_2	K
298.15	1.0000	29.366	1	1	29.366
418.15	1.4025	29.366	4.985×10^{-3}	0.9860	1.443×10^{-1}
593.15	1.9894	29.366	1.023×10^{-4}	0.9794	2.942×10^{-3}

由此可知,K_1 的影響遠大於 K_2。這是一個很典型的範例,且數據結果與圖 10.2 相符,幾乎是線性的曲線。

10.6 平衡常數與組成的關係

氣相反應

氣相的標準狀態為標準壓力 $P°$ 為 1 bar 時的純理想氣體狀態。因為每一理想氣體物質的逸壓等於其壓力 $f_i°=P°$，所以在氣相反應中 $\hat{f}_i/f_i°=\hat{f}_i/P°$，故 (10.10) 式變為

$$\prod_i \left(\frac{\hat{f}_i}{P°}\right)^{v_i} = K \tag{10.25}$$

平衡常數 K 只是溫度的函數。但由 (10.25) 式可知，K 值與真實平衡混合物中各物質的逸壓有關。這些逸壓值反應了平衡混合物的非理想性，它們是溫度、壓力及組成的函數。由此可知，在固定溫度下，平衡組成隨壓力而變，但必須維持 $\prod_i (\hat{f}_i/P°)^{v_i}$ 為固定常數。

逸壓與逸壓係數的關係式如 (8.52) 式所示，它可寫成：

$$\hat{f}_i = \hat{\phi}_i\, y_i P$$

將此式代入 (10.25) 式中，可將平衡式表示為壓力及組成的關係式：

$$\prod_i (y_i \hat{\phi}_i)^{v_i} = \left(\frac{P}{P°}\right)^{-v} K \tag{10.26}$$

其中 $v \equiv \sum_i v_i$ 且 $P°$ 為標準狀態壓力 1 bar，其單位與 P 相同。上式中的 y_i 項，可經由平衡反應中的 ε_e 值取代而消去。因此，在固定溫度下，(10.26) 式提出了 ε_e 到 P 的關係式。原則上，固定壓力後即可求得 ε_e 值，但由於 $\hat{\phi}_i$ 與組成有關，亦即與 ε_e 有關，而使得計算變為複雜。由 8.6 及 8.7 節所述的方法，可計算 $\hat{\phi}_i$ 值，例如應用 (8.64) 式即可。因為計算的複雜性，所以須用疊代計算法，並在起始時設定 $\hat{\phi}_i = 1$。當起始 $\{y_i\}$ 值求出後，即可計算 $\{\hat{\phi}_i\}$，再重複此程序直到收斂為止。

若假設平衡混合物為理想溶液，則每一 $\hat{\phi}_i$ 值可被純物質 i 在 T 與 P 下的逸壓係數 ϕ_i 取代 [(8.84) 式]。此時 (10.26) 式變為：

$$\prod_i (y_i \hat{\phi}_i)^{v_i} = \left(\frac{P}{P^\circ}\right)^{-v} K \qquad (10.27)$$

當平衡 T 及 P 確定後，每一純物質的 ϕ_i 值可由一般化關聯式求得。

在低壓或高溫的條件下，平衡混合物趨向於理想氣體，此時每一 $\hat{\phi}_i$ 值為 1，且 (10.26) 式簡化為

$$\prod_i (y_i)^{v_i} = \left(\frac{P}{P^\circ}\right)^{-v} K \qquad (10.28)$$

此式中溫度、壓力及組成相關的各項各為獨立變數，因此固定 ε_e、T 或 P 中任意二項，即可直接計算另一項。

雖然 (10.28) 式只適用於理想氣體反應，但我們可得到下列一般而言為正確的結論。

- 根據 (10.14) 式可知，溫度對平衡常數 K 的效應，取決於 ΔH° 的正負符號。當 ΔH° 為正值，即標準反應為吸熱時，增加溫度即升高 K 值。由 (10.28) 式知，在固定壓力下增加 K 值將使 $\prod_i (y_i)^{v_i}$ 增加，亦即使反應向右邊進行而增加 ε_e 值。反之，若 ΔH° 為負值，即標準反應為放熱時，增加 T 會使 K 值減小，亦使 $\prod_i (y_i)^{v_i}$ 在固定壓力下減小，使得反應向左進行並使 ε_e 值減少。

- 若總體計量數 $v (\equiv \sum_i v_i)$ 為負值，由 (10.28) 式可知在恆溫下增大壓力 P 會使 $\prod_i (y_i)^{v_i}$ 值增大，也就是使反應向右進行而使 ε_e 值增加。若 v 為正值，在恆溫下增加壓力會使 $\prod_i (y_i)^{v_i}$ 減少，使得反應向左進行並使 ε_e 值減少。

液相反應

當反應在液相發生時，我們回到，

$$\prod_i (\hat{f}_i / f_i^\circ)^{v_i} = K \qquad (10.10)$$

對於液體而言，常用的標準狀態 f_i° 為系統溫度及 1 bar 下的純液體 i。

根據 (8.90) 式，活性係數可定義為，

$$\hat{f}_i = \gamma_i x_i f_i$$

Chapter 10 化學反應平衡

其中 f_i 是純液體 i 在平衡混合物的溫度與壓力下的逸壓。此時逸壓的比值乃表示為：

$$\frac{\hat{f}_i}{f_i^\circ} = \frac{\gamma_i x_i f_i}{f_i^\circ} = \gamma_i x_i \left(\frac{f_i}{f_i^\circ}\right) \tag{10.29}$$

因為液體的逸壓是微弱的壓力函數，所以 f_i / f_i° 的比值可視為 1。但此比值是可由計算求得的。我們將 (8.31) 式分兩次寫出，首先針對純液體 i 在溫度 T 與壓力 P 下寫出，再針對純液體 i 在相同溫度，但在標準狀態壓力 P° 下寫出，取此二式的差可得：

$$G_i - G_i^\circ = RT \ln \frac{f_i}{f_i^\circ}$$

在恆溫下對 (6.10) 式積分，可得純液體 i 由 P° 至 P 時 Gibbs 自由能的改變為

$$G_i - G_i^\circ = \int_{P^\circ}^{P} V_i dP$$

結合上列二式可得：

$$RT \ln \frac{f_i}{f_i^\circ} = \int_{P^\circ}^{P} V_i dP$$

因為對液體 (以及固體) 而言，V_i 隨壓力的改變很小，由 P° 至 P 的積分可得下列的近似結果：

$$\ln \frac{f_i}{f_i^\circ} = \frac{V_i(P - P^\circ)}{RT} \tag{10.30}$$

經由 (10.29) 及 (10.30) 式，(10.10) 式可再寫為：

$$\boxed{\prod_i (x_i \gamma_i)^{\nu_i} = K \exp\left[\frac{(P^\circ - P)}{RT} \sum_i (\nu_i V_i)\right]} \tag{10.31}$$

除了高壓條件以外，指數項的數值都近似於 1 而可忽略不計，此時

$$\prod_i (x_i \gamma_i)^{\nu_i} = K \tag{10.32}$$

此時所餘的工作即在於求取活性係數。應用 Wilson 方程式 [(9.19)式] 或 UNIFAC 方法 (附錄 H) 原則上都可求得活性係數，再利用 (10.32) 式及複雜的疊代計算電腦程式，即可求得平衡組成。然而由相對較簡易的液體混合物實驗探討，可代替 (10.32) 式的應用。

若平衡混合物為理想溶液，則所有的 γ_i 值為 1，且 (10.32) 式變為：

$$\prod_i (x_i)^{\nu_i} = K \tag{10.33}$$

這個簡單的公式稱為質量作用定律 (law of mass action)，因為液體通常形成非理想溶液，所以可預期在多數狀況下 (10.33) 式會得到較差的結果。

當物質的濃度高時，$\hat{f}_i / f_i = x_i$ 通常幾乎正確，因為如 9.1 節所述，在物質的濃度趨近於 $x_i = 1$ 時，Lewis/Randall 規則 [(8.83) 式] 可適用。在低濃度水溶液中的物質，因為 $\hat{f}_i / f_i$ 不再相等於 x_i，因此須應用另一種公式。此方法使用了一個溶質的假想標準狀態，即溶質假設可遵循亨利定律至重量莫耳濃度 m 為 1 時的狀態。[7] 應用此假設，亨利定律可表示為：

$$\hat{f}_i = k_i m_i \tag{10.34}$$

此式在物質的濃度趨近零時恆可成立。此假設的狀態表示於圖 10.3 中。由原點起對曲線所作的切線，如圖 10.3 中的虛線所示，該虛線表示了亨利定律，它在

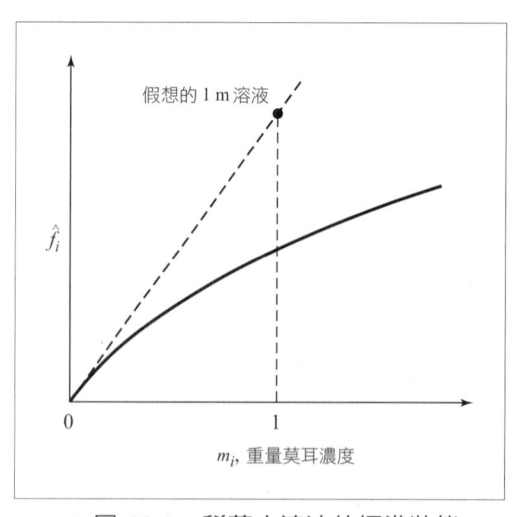

圖 10.3 稀薄水溶液的標準狀態

---

[7] 重量莫耳濃度表示溶質的濃度，它是每公斤溶劑中所含溶質的莫耳數。

Chapter 10 化學反應平衡

重量莫耳濃度甚小於 1 mol/kg 時適用。然而我們可依循此定律，計算若溶質符合此定律至重量莫耳濃度為 1 mol/kg 時的各種性質，這假想的狀態常可用來表示溶質的標準狀態。

標準狀態的逸壓為

$$\hat{f}_i^\circ = k_i m_i^\circ = k_i \times 1 = k_i$$

因此，在低濃度時，對可遵循亨利定律的任何物質而言，

$$\hat{f}_i = k_i m_i = \hat{f}_i^\circ m_i$$

所以
$$\frac{\hat{f}_i}{\hat{f}_i^\circ} = m_i \tag{10.35}$$

在亨利定律可大致適用的情況下，上式的優點在於提出了活性與濃度之間的簡單關係。此式適用範圍通常不及 1 m，在少數達到 1 m 可適用的情況下，標準狀態即為真實的溶質狀態。只有在 1 m 溶液標準狀態的 ΔG° 值可求得時，此標準狀態才有用處，否則就不能利用 (10.11) 式計算平衡常數。

10.7 單一反應的平衡轉化率

假設在均勻相中有單一反應發生，並假設已知其平衡常數。此時若假設此相為理想氣體 [(10.28) 式] 或理想溶液 [(10.27) 或 (10.33) 式]，平衡相組成的計算即可直接進行。即使不能合理地假設理想狀態，氣相反應的問題仍可利用狀態方程式以電腦求解。在非均勻系統中，不只單一相存在，因此問題更加複雜，必須應用 8.6 節所討論的相平衡共同求解。在平衡達成時，沒有質量傳遞或化學反應的改變產生。以下我們經由例題來說明平衡計算的程序，首先討論單相反應，其次討論非均勻相反應。

單相反應

以下列例題說明前節所推導公式的應用。

例 10.5

水氣轉化反應為

$$CO(g) + H_2O(g) \to CO_2(g) + H_2(g)$$

此反應在下述各情況下進行。計算各情況下蒸汽反應的分率。假設混合物為理想氣體。

(a) 反應物為 1 莫耳 H_2O 蒸汽與 1 莫耳 CO。溫度為 1,100 K 且壓力為 1 bar。
(b) 與 (a) 相同，但壓力為 10 bar。
(c) 與 (a) 相同，但反應物中含有 2 莫耳 N_2。
(d) 反應物為 2 莫耳 H_2O 與 1 莫耳 CO，其他情況與 (a) 相同。
(e) 反應物為 1 莫耳 H_2O 與 2 莫耳 CO，其他情況與 (a) 相同。
(f) 起初的混合物含有 1 莫耳 H_2O，1 莫耳 CO 及 1 莫耳 CO_2，其他情況與 (a) 相同。
(g) 與 (a) 相同，但溫度為 1,650 K。

解

(a) 此反應在 1,100 K 下進行，$10^4/T = 9.05$，由圖 10.2 中查得此時 $\ln K = 0$ 或 $K = 1$。此反應的 $v = \sum_i v_i = 1+1-1-1 = 0$。因為反應混合物為理想氣體，(10.28) 式可適用，此時它變成：

$$\frac{y_{H_2} y_{CO_2}}{y_{CO} y_{H_2O}} = K = 1 \tag{A}$$

由 (10.5) 式可得：

$$y_{CO} = \frac{1-\varepsilon_e}{2} \qquad y_{H_2O} = \frac{1-\varepsilon_e}{2} \qquad y_{CO_2} = \frac{\varepsilon_e}{2} \qquad y_{H_2} = \frac{\varepsilon_e}{2}$$

將這些數值代入 (A) 式可得：

$$\frac{\varepsilon_e^2}{(1-\varepsilon_e)^2} = 1 \qquad 或 \qquad \varepsilon_e = 0.5$$

因此蒸汽的反應分率即為 0.5。

(b) 因為 $v = 0$，所以壓力的增加對理想氣體反應沒有影響，ε_e 值仍為 0.5。

(c) N_2 並未參與反應，而只當作稀釋物。它使初始莫耳數 n_0 由 2 增加至 4，所以各物質的莫耳分率都減半。但此時 (A) 式仍保持不變，因此 ε_e 值仍然為 0.5。

(d) 此時，平衡莫耳分率為：

$$y_{CO} = \frac{1-\varepsilon_e}{3} \qquad y_{H_2O} = \frac{2-\varepsilon_e}{3} \qquad y_{CO_2} = \frac{\varepsilon_e}{3} \qquad y_{H_2} = \frac{\varepsilon_e}{3}$$

並且 (A) 式變為：

$$\frac{\varepsilon_e^2}{(1-\varepsilon_e)(2-\varepsilon_e)} = 1 \qquad 或 \qquad \varepsilon_e = 0.667$$

所以蒸汽的反應分率為 0.667/2 = 0.333。

(e) 此時 y_{CO} 與 y_{H_2O} 的表示式互換，但平衡方程式仍如 (d) 部份所示。因此 $\varepsilon_e = 0.667$，蒸汽的反應分率為 0.667。

(f) 在此情況時，(A) 式變為：

$$\frac{\varepsilon_e(1+\varepsilon_e)}{(1-\varepsilon_e)^2} = 1 \qquad 或 \qquad \varepsilon_e = 0.333$$

所以蒸汽的反應分率為 0.333。

(g) 在 1,650 K 時，$10^4/T = 6.06$，由圖 10.2 中查得 $\ln K = -1.15$ 且 $K = 0.316$。因此 (A) 式變為

$$\frac{\varepsilon_e^2}{(1-\varepsilon_e)^2} = 0.316 \qquad 或 \qquad \varepsilon_e = 0.36$$

因此反應為放熱反應，轉化率隨溫度的上升而減少。

例 10.6 在 250°C 及 35 bar，且起始蒸汽與乙烯進料比為 5 時，計算經汽相水合反應，由乙烯生成乙醇的最大轉化率。

解 此題中 K 值的計算已於例 10.4 中討論。在 250°C 或 523.15 K 的溫度時，由計算可得：

$$K = 10.02 \times 10^{-3}$$

反應平衡式如 (10.26) 式所示，此式中需要平衡混合物中各物的逸壓係數，它們可由 (8.64) 式計算得到。但此計算須經疊代過程，因為逸壓係數是組成的函數。在此例題中，基於反應混合物為理想溶液的假設，我們進行第一次的疊代計算。此時 (10.26) 式簡化為 (10.27) 式，其中需要反應混合物中純氣體在平衡 T 與 P 下的逸壓係數。因為 $v = \sum_i v_i = -1$，此式變為：

$$\frac{y_{EtOH}\phi_{EtOH}}{y_{C_2H_4}\phi_{C_2H_4}y_{H_2O}\phi_{H_2O}} = \left(\frac{P}{P°}\right)(10.02\times10^{-3}) \quad (A)$$

由 (8.68) 式及 (3.65) 與 (3.66) 式結合可求得逸壓係數，並可表示為：

$$\text{PHIB(TR,PR,OMEGA)} = \phi_i$$

將計算結果整理如下表：

	T_c/K	P_c/bar	ω_i	T_{r_i}	P_{r_i}	B_0	B_1	ϕ_i
C_2H_4	282.3	50.40	0.087	1.853	0.694	-0.074	0.126	0.977
H_2O	647.1	220.55	0.345	0.808	0.159	-0.511	-0.281	0.887
EtOH	510.9	61.48	0.645	1.018	0.569	-0.327	-0.021	0.827

其中臨界性質及 ω_i 值可由附錄 B 查得。各情形下的溫度及壓力皆為 523.15 K 及 35 bar。將 ϕ_i 及 $(P/P°)$ 值代入 (A) 式可得：

$$\frac{y_{EtOH}}{y_{C_2H_4}y_{H_2O}} = \frac{(0.977)(0.887)}{(0.827)}(35)(10.02\times10^{-3}) = 0.367 \quad (B)$$

由 (10.5) 式知，

$$y_{C_2H_4} = \frac{1-\varepsilon_e}{6-\varepsilon_e} \qquad y_{H_2O} = \frac{5-\varepsilon_e}{6-\varepsilon_e} \qquad y_{EtOH} = \frac{\varepsilon_e}{6-\varepsilon_e}$$

將這些表示式代入 (B) 式可得：

$$\frac{\varepsilon_e(6-\varepsilon_e)}{(5-\varepsilon_e)(1-\varepsilon_e)} = 0.367$$

或

$$\varepsilon_e^2 - 6.000\varepsilon_e + 1.342 = 0$$

解此二次方程式可得 $\varepsilon_e = 0.233$。此為較小的根，另一較大的根因為比 1 大，不是有意義的解答。在此狀況下，乙烯反應為酒精的最大轉化率為 23.3%。

在此反應中，增加溫度時會使 K 值及轉化率減少，增大壓力則會增加轉化率。由平衡條件來看，反應的壓力應該愈高愈好（但必須受到凝結的限制），且反應的溫度愈低愈好。但是即使用最佳的觸媒，合理的最低反應溫度約為 150°C。這是由平衡及反應速率對商業化反應程序影響的共同考慮所獲得的結果。

平衡轉化率是溫度、壓力，以及反進料中水蒸汽與乙烯比例的函數。這

Chapter 10 化學反應平衡

三種變數的效應都表示於圖 10.4 中。圖中各曲線都是經由類似上述例題的計算方式而得,只是將 K 值視為較粗略的溫度函數。

例 10.7 在實驗室研究中,乙炔在 1,120°C 及 1bar 下,經觸媒反應氫化為乙烯。若進料為等莫耳的乙炔與氫,平衡時產物的組成為何?

解 本題的反應式可由下列兩個生成反應加成而得:

$$C_2H_2 \rightarrow 2C + H_2 \quad \text{(I)}$$

$$2C + 2H_2 \rightarrow C_2H_4 \quad \text{(II)}$$

上列二式相加,即為氫化反應:

$$C_2H_2 + H_2 \rightarrow C_2H_4$$

並且, $\Delta G° = \Delta G°_I + \Delta G°_{II}$

由 (10.11b) 式知,

$$-RT \ln K = -RT \ln K_I - RT \ln K_{II} \quad \text{或} \quad K = K_I K_{II}$$

反應 (I) 及 (II) 的數據,可由圖 10.2 查得。在 1,120°C (1,393 K) 時,$10^4/T = 7.18$,由圖中可讀出下列數值:

$$\ln K_I = 12.9 \qquad K_I = 4.0 \times 10^5$$
$$\ln K_{II} = -12.9 \qquad K_{II} = 2.5 \times 10^{-6}$$

因此, $K = K_I K_{II} = 1.0$

在此高溫及 1 bar 壓力下,我們可假設氣體為理想氣體。應用 (10.28) 式可得

$$\frac{y_{C_2H_4}}{y_{H_2} y_{C_2H_2}} = 1$$

若起初各有一莫耳反應物,則由 (10.5) 式得知:

$$y_{H_2} = y_{C_2H_2} = \frac{1-\varepsilon_e}{2-\varepsilon_e} \qquad \text{且} \qquad y_{C_2H_4} = \frac{\varepsilon_e}{2-\varepsilon_e}$$

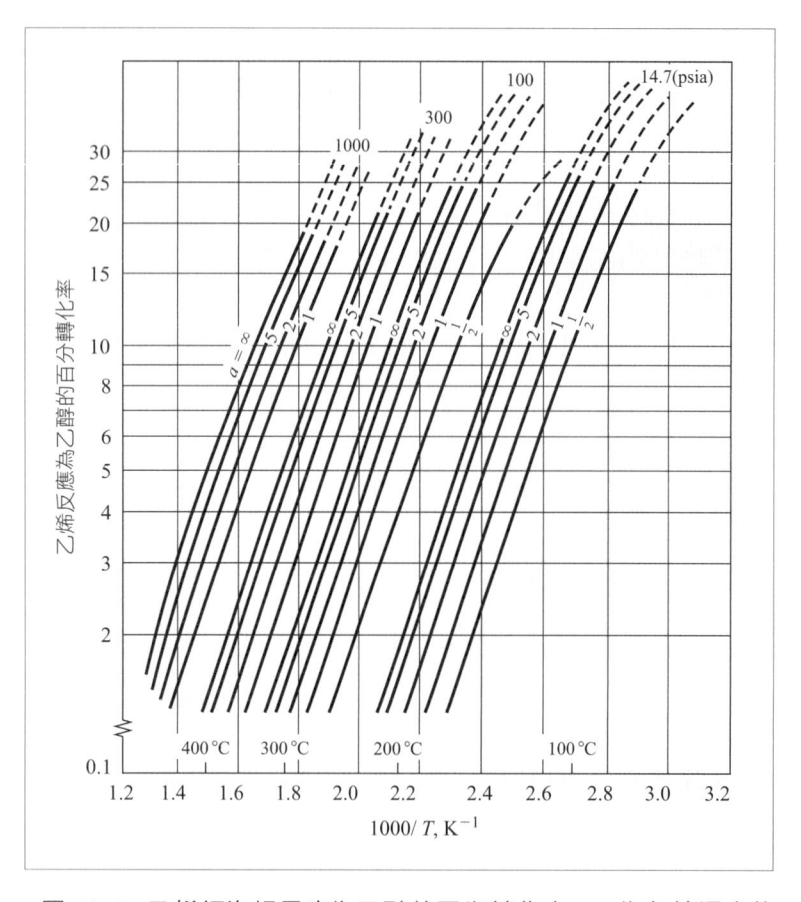

◉ 圖 10.4　乙烯經汽相反應為乙醇的平衡轉化率。a 為起始混合物中水對乙烯的莫耳數比值。虛線部份表示水的凝結。此數據是基於 $\ln K = 5{,}200/T - 15.0$ 的公式而得的。

因此，$\quad \dfrac{\varepsilon_e(2-\varepsilon_e)}{(1-\varepsilon_e)^2} = 1$

此二次方程式較小的根 (較大的根 > 1) 為 $\varepsilon_e = 0.293$。平衡時氣體產物的組成為：

$$y_{H_2} = y_{C_2H_2} = \dfrac{1-0.293}{2-0.293} = 0.414 \qquad y_{C_2H_4} = \dfrac{0.293}{2-0.293} = 0.172$$

Chapter 10 化學反應平衡

例 10.8 醋酸與乙醇在液相時，於 100°C 及大氣壓力下，酯化反應為醋酸乙酯及水，其反應式如下：

$$CH_3COOH(l) + C_2H_5OH(l) \rightarrow CH_3COOC_2H_5(l) + H_2O(l)$$

若起始時各有 1 莫耳的醋酸及乙醇，計算平衡反應混合物中醋酸乙酯的莫耳分率。

解 液體醋酸、乙醇及水的 $\Delta H°_{f_{298}}$ 與 $\Delta G°_{f_{298}}$ 數據，可由表 C.4 中查得。液體醋酸乙酯的相關數據為：

$$\Delta H°_{f_{298}} = -480{,}000 \text{ J} \quad \text{及} \quad \Delta G°_{f_{298}} = -332{,}200 \text{ J}$$

此反應的 $\Delta H°_{f_{298}}$ 與 $\Delta G°_{f_{298}}$ 則為：

$$\Delta H°_{298} = -480{,}000 - 285{,}830 + 484{,}500 + 277{,}690 = -3{,}640 \text{ J}$$

$$\Delta G°_{298} = -332{,}200 - 237{,}130 + 389{,}900 + 174{,}780 = -4{,}650 \text{ J}$$

由 (10.11b) 式可得，

$$\ln K_{298} = \frac{-\Delta G°_{298}}{RT} = \frac{4{,}650}{(8.314)(298.15)} = -1.8759$$

或 $K_{298} = 6.5266$

當溫度由 298.15 小幅改變為 373.15 K 時，可由 (10.15) 式估算 K 值，因此

$$\ln \frac{K_{373}}{K_{298}} = \frac{-\Delta H°_{f_{298}}}{R}\left(\frac{1}{373.15} - \frac{1}{298.15}\right)$$

或 $\ln \dfrac{K_{373}}{6.5266} = \dfrac{3.640}{8.314}\left(\dfrac{1}{373.15} - \dfrac{1}{298.15}\right) = -0.2951$

亦即 $K_{373} = (6.5266)(0.7444) = 4.8586$

對此反應而言，由 (10.5) 式中以 x 取代 y 可得：

$$x_{AcH} = x_{EtOH} = \frac{1-\varepsilon_e}{2} \qquad x_{EtAc} = x_{H_2O} = \frac{\varepsilon_e}{2}$$

因為壓力值低，(10.32) 式可適用。由於在此複雜系統中不易求得活性係數值，因此我們假設反應物質形成理想溶液。此時可應用 (10.33) 式而得：

$$K = \frac{x_{EtAc} x_{H_2O}}{x_{AcH} x_{EtOH}}$$

即，
$$4.8586 = \left(\frac{\varepsilon_e}{1-\varepsilon_e}\right)^2$$

由此可得：

$$\varepsilon_e = 0.6879 \quad \text{且} \quad x_{EtAc} = 0.6879/2 = 0.344$$

雖然理想溶液的假設不合實際，此結果卻與實驗數據相合。由實驗室所得的結果，醋酸乙酯的平衡莫耳分率約為 0.33。

例 10.9 SO_2 氣相氧化反應為 SO_3 的程序，在 1 bar 下使用 20% 過量空氣於絕熱反應器中完成。假設反應物在 25°C 時進入反應器，且平衡在反應器出口達成，計算反應器中產物的溫度及組成。

解 此反應為：

$$SO_2 + \tfrac{1}{2}O_2 \rightarrow SO_3$$

其中： $\Delta H^\circ_{298} = -98{,}890 \text{ J mol}^{-1}$ $\quad\quad \Delta G^\circ_{298} = -70{,}866 \text{ J mol}^{-1}$

以 1 莫耳 SO_2 進入反應器作為基準，

進入反應器的 O_2 莫耳數 = (0.5)(1.2) = 0.6
進入反應器的 N_2 莫耳數 = (0.6)(79/21) = 2.257

產物中各成分的數量，可應用 (10.4) 式求得：

SO_2 莫耳數 $= 1 - \varepsilon_e$
O_2 莫耳數 $= 0.6 - 0.5\varepsilon_e$
SO_3 莫耳數 $= \varepsilon_e$
N_2 莫耳數 $= 2.257$
總莫耳數 $= 3.857 - 0.5\varepsilon_e$

若要解出 ε_e 及溫度，則須寫出兩個方程式，它們是能量平衡式及反應平衡方程式。能量平衡式可如例 4.7 一般寫出：

$$\Delta H^\circ_{298} \varepsilon_e + \Delta H^\circ_P = \Delta H = 0 \tag{A}$$

Chapter 10 化學反應平衡

其中所有的焓值皆是以 1 莫耳 SO_2 進料為基準。將產物的溫度由 298.15 K 加熱至 T 時，焓的改變量可寫為：

$$\Delta H_P^\circ = \langle C_P^\circ \rangle_H (T - 298.15) \tag{B}$$

其中 $\langle C_P^\circ \rangle_H$ 定義為產物的總熱容量：

$$\langle C_P^\circ \rangle_H \equiv \sum_i n_i \langle C_{P_i}^\circ \rangle_H$$

由表 C.1 可求得 $\langle C_P^\circ \rangle_H / R$ 值：

SO_2 : MCPH(298.15,T;5.699,0.801E-3,0.0,-1.015E+5)
O_2 : MCPH(298.15,T;3.639,0.506E-3,0.0,-0.227E+5)
SO_3 : MCPH(298.15,T;8.060,1.056E-3,0.0,-2.028E+5)
N_2 : MCPH(298.15,T;3.280,0.593E-3,0.0,0.040E+5)

結合 (A) 與 (B) 式可得

$$\Delta H_{298}^\circ \varepsilon_e + \langle C_P^\circ \rangle_H (T - 298.15) = 0$$

由此解出 T 為：

$$T = \frac{-\Delta H_{298}^\circ \varepsilon_e}{\langle C_P^\circ \rangle_H} + 298.15 \tag{C}$$

在平衡狀態的溫度及壓力下，可假設氣體為理想氣體，所以平衡常數可由 (10.28) 式表示，此時，

$$K = \left(\frac{\varepsilon_e}{1-\varepsilon_e}\right)\left(\frac{3.857-0.5\varepsilon_e}{0.6-0.5\varepsilon_e}\right)^{0.5} \tag{D}$$

因為 $-\ln K = \Delta G^\circ / RT$，所以 (10.18) 式可寫為：

$$-\ln K = \frac{\Delta G_0^\circ - \Delta H_0^\circ}{RT_0} + \frac{\Delta H_0^\circ}{RT} + \frac{1}{T}\int_{T_0}^{T}\frac{\Delta C_P^\circ}{R}dT - \int_{T_0}^{T}\frac{\Delta C_P^\circ}{R}\frac{dT}{T}$$

將數值代入上式可得：

$$\ln K = -11.3054 + \frac{11,894.4}{T} - \frac{1}{T}\text{IDCPH} + \text{IDCPS} \tag{E}$$

其中

IDCPH = IDCPH(298.15,T;0.5415,0.002E-3,0.0,-0.8995E+5)
IDCPS = IDCPS(298.15,T;0.5415,0.002E-3,0.0,-0.8995E+5)

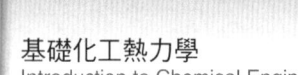

在以上表示式中，參數 ΔA、ΔB、ΔC 及 ΔD 是利用表 C.1 中的數據計算而得的。

求取 ε_e 及 T 而可快速收斂的疊代程序如下所述：

1. 假設一個起始溫度值 T。
2. 在此 T 值下計算 IDCPH 及 IDCPS。
3. 利用試誤法，由 (E) 式解出 K，並由 (D) 式解出 ε_e。
4. 計算 $\langle C_P^\circ \rangle_H$，並由 (C) 式解出 T。
5. 計算剛才所得的溫度 T 與起始溫度值的算術平均，並作為新的溫度值，回到步驟 2。

經此程序可求得收斂數值 $\varepsilon_e = 0.77$ 及 $T = 855.7$ K。產物的組成為，

$$y_{SO_2} = \frac{1 - 0.77}{3.857 - (0.5)(0.77)} = \frac{0.23}{3.472} = 0.0662$$

$$y_{O_2} = \frac{0.6 - (0.5)(0.77)}{3.472} = \frac{0.215}{3.472} = 0.0619$$

$$y_{SO_3} = \frac{0.77}{3.472} = 0.2218 \qquad y_{N_2} = \frac{2.257}{3.472} = 0.6501$$

非均匀系統的反應

當平衡反應混合物中同時具有液相及氣相時，(8.48) 式所表示的汽／液相平衡基準，必須和化學反應平衡同時都能滿足。探討這些情況可有多種方法。例如，在一反應中，氣體 A 與 B 所代表的水反應形成水溶液 C。反應可假想完全在氣相進行，並同時在各相間傳遞質量以維持相平衡。此時，平衡常數可由 ΔG° 數據求出，其中氣相成分的標準狀態為反應溫度及 1 bar 下的理想氣體。另一方面，也可假設反應在液相進行，此時 ΔG° 是以液相物質的標準狀態求出。反應也可寫為：

$$A(g) + B(l) \rightarrow C(aq)$$

此時 ΔG° 是由不同的標準狀態求出：C 的標準狀態為 1 m 水溶液中的溶質，B 的標準狀態是 1 bar 下的純液體，A 的標準狀態為 1 bar 下的純理想氣體。在如

此的標準狀態下，由 (10.10) 式所表示的平衡常數變為：

$$\frac{\hat{f}_C/f_C^\circ}{(\hat{f}_B/f_B^\circ)(\hat{f}_A/f_A^\circ)} = \frac{m_C}{(\gamma_B x_B)(\hat{f}_A/P^\circ)} = K$$

上式中的第二項是因為 (10.35) 式可應用於 C 成分，(10.29) 式可應用於 B 成分且 $f_B/f_B^\circ = 1$，並且氣相中成分 A 的 $f_A^\circ = P^\circ$。因為 K 值依標準狀態而定，上式所得的 K，與每一物質在 1 bar 下的理想氣體當做標準狀態所得的 K 值並不相同。但是，只要溶液中 C 成分可適用亨利定律，所有的方法都可求得相同的平衡組成。實際上，某特定的標準狀態，可使計算簡化，並求得更準確的結果，因為它可對已知的數據作最佳的利用。非均勻相反應的計算，可由下列例題說明。

例 10.10 乙烯與水在 200°C 及 34.5 bar 下反應生成乙醇，在此情況下，液相與汽相皆可存在。試計算液相及汽相的組成。該反應器與 34.5 bar 的乙烯進料相連，並維持反應器的壓力為 34.5 bar。假設沒有其他反應發生。

解 根據相律（見 10.8 節所述），此系統的自由度為 2。因此固定溫度及壓力後即沒有自由度，所以系統的內含性質皆已固定，且與系統的起始反應物數量無關。因此，求解此題時不需應用質量平衡，不需應用組成與反應座標的關係式。但是必須引入相平衡關係式，並得到足夠數目的方程式以求解未知的組成。

此題最適合的解法是設想反應在汽相進行，因此

$$C_2H_4(g) + H_2O(g) \rightarrow C_2H_5OH(g)$$

其中標準狀態為 1 bar 下的理想氣體。在此標準狀態下，平衡式如 (10.25) 式所示，並可寫為

$$K = \frac{\hat{f}_{EtOH}}{\hat{f}_{C_2H_4}\hat{f}_{H_2O}} P^\circ \tag{A}$$

其中標準狀態壓力 P° 為 1 bar（或表示為適當的單位）。$\ln K$ 為 T 的函數，其一般表示式如例 10.4 的結果。在 200°C (473.15 K) 時，由此式得到

$$\ln K = -3.473 \qquad K = 0.0310$$

此題必須應用相平衡方程式 $\hat{f}_i^v = f_i^l$ 將此關係代入 (A) 式中，並將逸壓與組成的關係代入。(A) 式可寫為

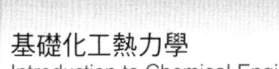

$$K = \frac{\hat{f}^v_{\text{EtOH}}}{\hat{f}^v_{\text{C}_2\text{H}_4}\hat{f}^v_{\text{H}_2\text{O}}}P° = \frac{\hat{f}^l_{\text{EtOH}}}{\hat{f}^v_{\text{C}_2\text{H}_4}\hat{f}^l_{\text{H}_2\text{O}}}P° \tag{B}$$

液相逸壓與活性係數的關係如 (8.90) 式所示,且汽相的逸壓與逸壓係數的關係可由 (8.52) 式表示：

$$\hat{f}^l_i = x_i\gamma_i f^l_i \quad (C) \qquad \hat{f}^v_i = y_i\hat{\phi}_i P \quad (D)$$

將 (C) 及 (D) 式代入 (B) 式中,消去逸壓而得：

$$K = \frac{x_{\text{EtOH}}\gamma_{\text{EtOH}} f^l_{\text{EtOH}} P°}{(y_{\text{C}_2\text{H}_4}\hat{\phi}_{\text{C}_2\text{H}_4} P)(x_{\text{H}_2\text{O}}\gamma_{\text{H}_2\text{O}} f^l_{\text{H}_2\text{O}})} \tag{E}$$

純液體逸壓 f^l_i 是在系統的溫度與壓力下求出。因為壓力對液體逸壓的影響很小,所以可近似寫成 $f^l_i = f^{\text{sat}}_i$,因此由 (8.40) 式可得：

$$f^l_i = \phi^{\text{sat}}_i P^{\text{sat}}_i \tag{F}$$

此式中 ϕ^{sat}_i 是純飽和物質 i (液體或汽體) 的逸壓係數,它是在系統的溫度,以及純物質 i 的蒸汽壓 P^{sat}_i 下求得。假設汽相為理想溶液時,可用 $\phi_{\text{C}_2\text{H}_4}$ 代替 $\hat{\phi}_{\text{C}_2\text{H}_4}$,其中 $\phi_{\text{C}_2\text{H}_4}$ 是純乙烯在系統 T 及 P 下的逸壓係數。將此項及 (F) 代入 (E) 式後可得：

$$K = \frac{x_{\text{EtOH}}\gamma_{\text{EtOH}} \phi^{\text{sat}}_{\text{EtOH}} P^{\text{sat}}_{\text{EtOH}} P°}{(y_{\text{C}_2\text{H}_4}\phi_{\text{C}_2\text{H}_4} P)(x_{\text{H}_2\text{O}}\gamma_{\text{H}_2\text{O}} \phi^{\text{sat}}_{\text{H}_2\text{O}} P^{\text{sat}}_{\text{H}_2\text{O}})} \tag{G}$$

其中標準狀態壓力 $P°$ 為 1 bar,與 P 的單位相同。

除了 (G) 式外,亦可寫出下式,因為 $\sum_i y_i = 1$,

$$y_{\text{C}_2\text{H}_4} = 1 - y_{\text{EtOH}} - y_{\text{H}_2\text{O}} \tag{H}$$

由汽／液相平衡關係 $\hat{f}^v_i = f^l_i$,我們可用 x_{EtOH} 及 $x_{\text{H}_2\text{O}}$ 消去 (H) 式中的 y_{EtOH} 與 $y_{\text{H}_2\text{O}}$。結合上式與 (C)、(D)、(F) 式,可得：

$$y_i = \frac{\gamma_i x_i \phi^{\text{sat}}_i P^{\text{sat}}_i}{\hat{\phi}_i P} \tag{I}$$

因為假設汽相為理想溶液,所以可用 ϕ_i 代替 $\hat{\phi}_i$。由 (H) 及 (I) 式可得：

Chapter 10 化學反應平衡

$$y_{C_2H_4} = 1 - \frac{x_{EtOH}\gamma_{EtOH}\phi_{EtOH}^{sat}P_{EtOH}^{sat}}{\phi_{EtOH}P} - \frac{x_{H_2O}\gamma_{H_2O}\phi_{H_2O}^{sat}P_{H_2O}^{sat}}{\phi_{H_2O}P} \qquad (J)$$

因為乙烯的揮發性遠較乙醇或水高,因此我們假設 $x_{C_2H_4} = 0$,所以

$$x_{H_2O} = 1 - x_{EtOH} \qquad (K)$$

由 (G)、(J) 及 (K) 式即可求解此問題。這些方程式中三個主要變數為 x_{H_2O}、x_{EtOH} 及 $y_{C_2H_4}$,其他各項皆為已知的數據,或為可由關聯式求得的數值。P_i^{sat} 值為:

$$P_{H_2O}^{sat} = 15.55 \qquad P_{EtOH}^{sat} = 30.22 \text{ bar}$$

ϕ_i^{sat} 及 ϕ_i 值可經 (8.68) 式的一般化關聯式求得,其中 B^0 及 B^1 值可由 (3.65) 及 (3.66) 式算出,該式可由程式 PHIB(TR,PR,OMEGA) 表示。溫度壓力條件為 $T = 473.15$ K、$P = 34.5$ bar,而離心係數數值可由附錄 B 查得。將計算結果整理如下:

	T_c/K	P_c/bar	ω_i	T_{r_i}	P_{r_i}	$P_{r_i}^{sat}$	B^0	B^1	ϕ_i	ϕ_i^{sat}
EtOH	510.9	61.48	0.645	0.921	0.561	0.492	−0.399	−0.104	0.753	0.780
H$_2$O	647.1	220.55	0.345	0.731	0.156	0.071	−0.613	−0.502	0.846	0.926
C$_2$H$_4$	282.3	50.40	0.087	1.676	0.685	⋯	−0.102	0.119	0.963	⋯

將所求得的全部數據代入 (G)、(J) 及 (K) 式中,並可簡化得到下列三個方程式:

$$K = \frac{0.0493 x_{EtOH}\gamma_{EtOH}}{y_{C_2H_4} x_{H_2O}\gamma_{H_2O}} \qquad (L)$$

$$y_{C_2H_4} = 1 - 0.907 x_{EtOH}\gamma_{EtOH} - 0.493 x_{H_2O}\gamma_{H_2O} \qquad (M)$$

$$x_{H_2O} = 1 - x_{EtOH} \qquad (K)$$

只有 γ_{H_2O} 及 γ_{EtOH} 是尚未決定的熱力學性質。因為酒精與水所形成的液體溶液具高度的非理想性,這些活性係數值必須經由實驗數據求得。Otsuki 及 Williams[8] 曾經由 VLE 量測發表了這些數據。利用它們對酒精/水系統的實驗結果,可估計 200°C 時的 γ_{EtOH} 及 γ_{H_2O} 值。(壓力對液體活性係數的影響很小。)

求解上述三個方程式的程序可分述如下。

8　H. Otsuki and F. C. Williams, *Chem. Engr. Progr. Symp. Series No. 6*, vol. 49, pp. 55-67, 1953.

1. 假設 x_{EtOH} 數值,並由 (K) 式計算 x_{H_2O}。
2. 由文獻資料中,計算 γ_{H_2O} 及 γ_{EtOH}。
3. 由 (M) 式計算 y_{C2H4}。
4. 由 (L) 式計算 K,並與標準反應數據所求得的數值 0.0310 比較。
5. 若這兩個數值相合,則所假設的 x_{EtOH} 正確。若它們不合,則需再假設新的 x_{EtOH} 值並重複計算。

若令 $x_{EtOH} = 0.06$,由 (K) 式可得 $x_{H_2O} = 0.94$,由所述文獻資料可求出,

$$\gamma_{EtOH} = 3.34 \quad \text{及} \quad \gamma_{H_2O} = 1.00$$

經由 (M) 式可得

$$y_{C_2H_4} = 1 - (0.907)(3.34)(0.06) - (0.493)(1.00)(0.94) = 0.355$$

再由 (L) 式可計算 K 值

$$K = \frac{(0.0493)(0.06)(3.34)}{(0.355)(0.94)(1.00)} = 0.0296$$

此結果與標準反應數據所得的值 0.0310 相當接近,因此我們可認為液相組成即為 $x_{EtOH} = 0.06$ 及 $x_{H_2O} = 0.94$。剩下的汽相組成 y_{H_2O} 及 y_{EtOH} 可由 (I) 式算出 (y_{C2H4} 已解得為 0.356)。這些結果列於下表。

	x_i	y_i
EtOH	0.06	0.18
H_2O	0.94	0.464
C_2H_4	0	0.356
	$\sum_i x_i = 1.000$	$\sum_i y_i = 1.000$

若無其他反應產生,這些結果可合理地近似真實數值。

10.8 反應系統中的相律及 Duhem 理論

相律(應用於內含性質)曾於 2.7 及 10.2 節中,對含有 π 個相及 N 個化學物質的非反應系統寫出:

Chapter 10 化學反應平衡

$$F = 2 - \pi + N$$

當有化學反應發生時，上式必須加以修正。相律中的變數並未改變，它們是：溫度、壓力及各相中的 $N-1$ 個莫耳分率，這些變數的總數為 $2 + (N-1)(\pi)$。相平衡方程式仍如前所述，它們的數目為 $(\pi-1)(N)$ 個。但 (10.8) 式對每一獨立反應提出了平衡時必須滿足的關係。因為 μ_i 是溫度、壓力及相組成的函數，(10.8) 式表示了相律變數間的關係。若在平衡系統中有 r 個獨立化學反應，則共有 $(\pi-1)(N)+r$ 個獨立方程式表示相律變數的間的關係。計算變數數目與方程式數目的間的差異，可得

$$F = [2 + (N-1)(\pi)] - [(\pi-1)(N) + r]$$

即
$$\boxed{F = 2 - \pi + N - r} \tag{10.36}$$

這就是反應系統中的相律。

現在必須決定反應中的獨立反應數目，其系統化的方法可敘述如下：

- 對於系統中的各化學成分，由其組成元素寫出生成反應式。
- 結合這些生成反應式，從其中消去系統中不存在的元素。其系統化的方法為先選定一個反應式，再結合其他反應式以消去特定元素。由新的反應式組中，再重複此步驟以消去新的特定元素。每一元素的消去都依此法進行 [見例 10.11(d)]，而通常消去一個元素時，即可由反應式組中減少一個反應式。但是也可同時消去兩個或多個元素。

由此消去程序中，最後可針對此系統中的 N 個物質，得到 r 個獨立反應式。但是，所得的反應式組並不是唯一的，必須依照消去法的程序而決定，然而所得到的獨立反應個數 r 卻是一樣的。消去程序也滿足下列關係：

$r \geq$ 系統中物質的數目 $-$ 不以元素形式出現的元素數目

相平衡方程式及化學反應平衡方程式，是結合相律變數之間關係的公式。在某些情況下，除了 (10.36) 式所導得的公式外，也可加上特別限制條件。若特別限制條件的數目為 s，則 (10.36) 式必須修正以考慮這些額外的方程式。此時，更為一般化的相律可寫為：

$$\boxed{F = 2 - \pi + N - r - s} \tag{10.37}$$

說明如何應用 (10.36) 及 (10.37) 式於特定的系統。

例 10.11 計算下列各系統的自由度 F。

(a) 含有兩個可互溶的非反應物質系統，它們形成汽／液相平衡中的共沸物。
(b) 此系統由 $CaCO_3$ 部份分解至真空中所形成。
(c) 此系統由 NH_4Cl 部份分解至真空中所形成。
(d) 此系統中含有 CO、CO_2、H_2、H_2O 及 CH_4 各氣體，並達到化學平衡。

解 (a) 此系統含有兩個非反應物質，並含有兩相。若無共沸點存在，應用 (10.36) 式可得：

$$F = 2 - \pi + N - r = 2 - 2 + 2 - 0 = 2$$

這是一般二成分 VLE 系統所得的結果。但此系統中有一個共沸點的特別限制條件，在共沸點時 $x_1 = y_1$，這個公式在推導 (10.36) 式時並未考慮。因此我們應用 (10.37) 式，並令 $s = 1$，可得 $F = 1$。若此系統是共沸物，只有一個相律變數——T、P 或 $x_1 (= y_1)$——可被任意指定。

(b) 此時只有一個化學反應

$$CaCO_3(s) \rightarrow CaO(s) + CO_2(g)$$

所以 $r = 1$。此時有三個化學物質及三個相——固體 $CaCO_3$、固體 CaO 及氣體 CO_2。也許我們認為 $CaCO_3$ 的分解反應可構成一個特別限制條件，然而並非如此，因為在上述反應式中，並不能寫出相律變數之間的關係式。因此，

$$F = 2 - \pi + N - r - s = 2 - 3 + 3 - 1 - 0 = 1$$

只有一個自由度。所以在固定的溫度下，$CaCO_3$ 具有固定的分解壓力。

(c) 此時的化學反應為：

$$NH_4Cl(s) \rightarrow NH_3(g) + HCl(g)$$

系統中含有三個物質，但只有兩個相，即固體 NH_4Cl 及 NH_3 與 HCl 的氣體混合物。另外，也有一個特別限制條件，因為此系統由 NH_4Cl 分解形成，所得的氣相中必須含有相等莫耳數的 NH_3 與 HCl。因此可寫出一個連接相律變數的方程式：$y_{NH_3} = y_{HCl} (= 0.5)$。應用 (10.37) 式可得：

$$F = 2 - \pi + N - r - s = 2 - 2 + 3 - 1 - 1 = 1$$

此系統只有一個自由度。此結果與 (b) 項所得者相同，在一定溫度下，NH_4Cl 具有固定的分解壓力。(b) 項與 (c) 項的結果，是由非常不同的情況下求得的。

(d) 此系統中含有 5 個物質，且只有一個相。此系統沒有特別限制條件，但必須求出 r 個獨立反應數目。各物質的生成反應可寫為：

$C + \frac{1}{2}O_2 \to CO$ (A)	$C + O_2 \to CO_2$ (B)
$H_2 + \frac{1}{2}O_2 \to H_2O$ (C)	$C + 2H_2 \to CH_4$ (D)

其中 C 及 O_2 兩個元素不存在於系統中，由系統化方法消去這兩個元素後，得到兩個反應式。這一對反應式可由下列方法求得。結合 (B) 與 (A) 式，再結合 (B) 與 (D) 式可消去 C 而得：

由 (B) 及 (A) 式：$CO + \frac{1}{2}O_2 \to CO_2$ (E)

由 (B) 及 (D) 式：$CH_4 + O_2 \to 2H_2 + CO_2$ (F)

由 (C) 及 (E) 式構成新的反應式組，再結合 (C) 及 (F) 式以消去 O_2。由此可得：

由 (C) 及 (E) 式：$CO_2 + H_2 \to CO + H_2O$ (G)

由 (C) 及 (F) 式：$CH_4 + 2H_2O \to CO_2 + 4H_2$ (H)

(G) 式及 (H) 式即為獨立反應式，因此 $r = 2$。應用其他的消去法可得到不同的反應式組，但獨立反應個數恆為 2。

應用 (10.37) 式可得

$$F = 2 - \pi + N - r - s = 2 - 1 + 5 - 2 - 0 = 4$$

在含有 5 個物質的平衡混合物系統中，可任意選定 4 個相律變數，例如 T、P 及兩個莫耳分率。此時不需加上特殊限制條件，例如系統是由固定量的 CH_4 及 H_2O 所形成。這個特別限制條件，可形成質量平衡關係式，並將系統的自由度降低為 2。(Duhem 定理；見下段所述。)

非反應系統的 Duhem 定理曾在 10.2 節導出。其敘述如下：由一定質量的特定化學物質所構成的封閉系統中，固定任何兩個獨立變數，即可完全決定平衡狀態的性質 (外延及內含性質)。完全決定系統狀態所需決定的獨立變數，與連接這些變數的獨立方程式數目之間的差異為：

$$[2 + (N-1)(\pi) + \pi] - [(\pi - 1)(N) + N] = 2$$

若有化學反應發生時，對每一個獨立反應必須引入一個新的變數，即反應座標 ε_j，並藉此完成質量平衡方程式。另外，對於每一獨立反應式，可寫出新的平衡關係式 [(10.8) 式]。因此，當相平衡之外又加上化學反應平衡時，有 r 個新變數出現，並可寫出 r 個新的方程式。因此，變數數目與方程式數目的差異仍維持不變，原來所敘述的 Duhem 定理，可適用於反應系統以及非反應系統。

大多數化學反應平衡的問題，可藉著 Duhem 定理求解。通常所要求解的問題，其系統內的各反應物初始組成及溫度壓力均固定，而要求出系統平衡後各成分的比例。

10.9 多重反應的平衡

當反應系統中含有兩個或多個化學反應時，可直接應用前述單相反應公式，延伸計算多重反應的平衡組成。首先，須依 10.8 節所述的方法，求出獨立反應，每一獨立反應都具有一個如 10.1 節所述的反應座標。另外，針對每一反應式必須計算其各別的平衡常數，(10.10) 式變為：

$$\prod_i \left(\frac{\hat{f}_i}{f_i^\circ} \right)^{v_{i,j}} = K_j \tag{10.38}$$

其中 $\quad K_j \equiv \exp\left(\dfrac{-\Delta G_j^\circ}{RT} \right) \quad (j = 1, 2, \cdots, r)$

對於氣相反應而言，(10.38) 式可寫為下列形式：

$$\prod_i \left(\frac{\hat{f}_i}{P^\circ} \right)^{v_{i,j}} = K_j \tag{10.39}$$

若平衡混合物為理想氣體，則可寫為：

$$\prod_i (y_i)^{v_{i,j}} = \left(\frac{P}{P^\circ} \right)^{-v_j} K_j \tag{10.40}$$

對於 r 個獨立反應而言，有 r 個如此形式的方程式，並且各 y_i 項可經 (10.7) 式，

Chapter 10 化學反應平衡

以 r 個反應座標 ε_j 值消去。這些方程式可聯立解出 r 個反應座標，如下列例題所示。

例 10.12 純正丁烷在 750 K 及 1.2 bar 時經由裂解產生烯類，在此狀態下只有下列二反應具有良好的平衡轉化率：

$$C_4H_{10} \rightarrow C_2H_4 + C_2H_6 \qquad (I)$$

$$C_4H_{10} \rightarrow C_3H_6 + CH_4 \qquad (II)$$

若以上反應達成平衡，產物的組成為何？

由附錄 C 的數據及例 10.4 所示的步驟，可知在 750 K 時的平衡常數為：

$$K_I = 3.856 \quad 及 \quad K_{II} = 268.4$$

解 在例 10.3 曾導出生成物組成與反應座標的關係式。對 1 莫耳的正丁烷而言，關係式可表示成：

$$y_{C_4H_{10}} = \frac{1 - \varepsilon_I - \varepsilon_{II}}{1 + \varepsilon_I + \varepsilon_{II}}$$

$$y_{C_2H_4} = y_{C_2H_6} = \frac{\varepsilon_I}{1 + \varepsilon_I + \varepsilon_{II}} \qquad y_{C_3H_6} = y_{CH_4} = \frac{\varepsilon_{II}}{1 + \varepsilon_I + \varepsilon_{II}}$$

由 (10.40) 式可知平衡關係式為：

$$\frac{y_{C_2H_4} y_{C_2H_6}}{y_{C_4H_{10}}} = \left(\frac{P}{P^\circ}\right)^{-1} K_I \qquad \frac{y_{C_3H_6} y_{CH_4}}{y_{C_4H_{10}}} = \left(\frac{P}{P^\circ}\right)^{-1} K_{II}$$

結合此平衡公式及莫耳分率公式可得：

$$\frac{\varepsilon_I^2}{(1 - \varepsilon_I - \varepsilon_{II})(1 + \varepsilon_I + \varepsilon_{II})} = \left(\frac{P}{P^\circ}\right)^{-1} K_I \qquad (A)$$

$$\frac{\varepsilon_{II}^2}{(1 - \varepsilon_I - \varepsilon_{II})(1 + \varepsilon_I + \varepsilon_{II})} = \left(\frac{P}{P^\circ}\right)^{-1} K_{II} \qquad (B)$$

將 (B) 式除以 (A) 並解出 ε_{II} 值得：

$$\varepsilon_{II} = \kappa \varepsilon_I \qquad (C)$$

其中

$$\kappa \equiv \left(\frac{K_{\mathrm{II}}}{K_{\mathrm{I}}}\right)^{1/2} \tag{D}$$

結合 (A) 及 (C) 式，經簡化後解得 ε_{I} 為：

$$\varepsilon_{\mathrm{I}} = \left[\frac{K_{\mathrm{I}}(P^\circ/P)}{1 + K_{\mathrm{I}}(P^\circ/P)(\kappa+1)^2}\right]^{1/2} \tag{E}$$

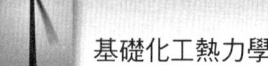

將數值代入 (D)、(E) 及 (C) 式中得知：

$$\kappa = \left(\frac{268.4}{3.856}\right)^{1/2} = 8.343$$

$$\varepsilon_{\mathrm{I}} = \left[\frac{(3.856)(1/1.2)}{1+(3.856)(1/1.2)(9.343)^2}\right]^{1/2} = 0.1068$$

$$\varepsilon_{\mathrm{II}} = (8.343)(0.1068) = 0.8914$$

氣相產物的組成則為：

$$y_{C_4H_{10}} = 0.0010 \qquad y_{C_2H_4} = y_{C_2H_6} = 0.0534 \qquad y_{C_3H_6} = y_{CH_4} = 0.4461$$

對此簡單的反應系統而言，可求得解析解。但通常對於多重反應平衡問題，需要數值方法求得數值解。

例 10.13 煤的氣化反應器中，進料為煤 (假設為純碳)、水蒸汽和空氣，且產生含有 H_2、CO、O_2、H_2O、CO_2 及 N_2 的氣相產物。若進料中含有 1 莫耳水蒸汽及 2.38 莫耳空氣，計算在 $P = 20$ bar 及 1,000、1,100、1,200、1,300、1,400 及 1,500 K 各溫度下氣相產物的平衡組成。所需數據可由下表查得。

T/K	ΔG_f° / J mol^{-1}		
	H_2O	CO	CO_2
1,000	−192,420	−200,240	−395,790
1,100	−187,000	−209,110	−395,960
1,200	−181,380	−217,830	−396,020
1,300	−175,720	−226,530	−396,080
1,400	−170,020	−235,130	−396,130
1,500	−164,310	−243,740	−396,160

Chapter 10 化學反應平衡

解 進料中有 1 莫耳水蒸汽及 2.38 莫耳空氣，空氣中含有

$$O_2 : (0.21)(2.38) = 0.5 \text{ 莫耳} \qquad N_2 : (0.79)(2.38) = 1.88 \text{ 莫耳}$$

平衡系統中含有的物質為 C、H_2、O_2、N_2、H_2O、CO 及 CO_2。這些物質的生成反應式為：

$$H_2 + \tfrac{1}{2}O_2 \rightarrow H_2O \qquad (I)$$

$$C + \tfrac{1}{2}O_2 \rightarrow CO \qquad (II)$$

$$C + O_2 \rightarrow CO_2 \qquad (III)$$

因為氫、氧及碳元素皆存在於系統中，以上即為此系統的獨立反應式。

除了碳之外，其他物質皆為氣相，碳則為純固體相。在 (10.38) 式的平衡表示式中，純碳的逸壓比值為 $\hat{f}_C/f_C^\circ = f_C/f_C^\circ$。其中逸壓的比值為 20 bar 下碳的逸壓值，除以 1 bar 下碳的逸壓。因為壓力對於固體的逸壓影響相當小，因此可假設該比值為 1；所以碳的逸壓比值為 $\hat{f}_C/f_C^\circ = 1$，並可由平衡式中忽略不計。假設其餘各物質皆為理想氣體，(10.40) 式可只對氣相寫出，而 (I) 至 (III) 各反應的平衡表示式為：

$$K_I = \frac{y_{H_2O}}{y_{O_2}^{1/2} y_{H_2}} \left(\frac{P}{P^\circ}\right)^{-1/2} \qquad K_{II} = \frac{y_{CO}}{y_{O_2}^{1/2}} \left(\frac{P}{P^\circ}\right)^{-1/2} \qquad K_{III} = \frac{y_{CO_2}}{y_{O_2}}$$

這三個反應的反應座標分別為 ε_I、ε_{II} 及 ε_{III}，它們皆表示平衡狀態的數值。在起始狀態時，

$$n_{H_2} = n_{CO} = n_{CO_2} = 0 \qquad n_{H_2O} = 1 \qquad n_{O_2} = 0.5 \qquad n_{N_2} = 1.88$$

因為只考慮氣相反應，所以，

$$v_I = -\frac{1}{2} \qquad v_{II} = \frac{1}{2} \qquad v_{III} = 0$$

應用 (10.7) 式於各物質可得：

$$y_{H_2} = \frac{-\varepsilon_I}{3.38 + (\varepsilon_{II} - \varepsilon_I)/2} \qquad y_{CO} = \frac{\varepsilon_{II}}{3.38 + (\varepsilon_{II} - \varepsilon_I)/2}$$

$$y_{O_2} = \frac{\tfrac{1}{2}(1 - \varepsilon_I - \varepsilon_{II}) - \varepsilon_{III}}{3.38 + (\varepsilon_{II} - \varepsilon_I)/2} \qquad y_{H_2O} = \frac{1 + \varepsilon_I}{3.38 + (\varepsilon_{II} - \varepsilon_I)/2}$$

$$y_{CO_2} = \frac{\varepsilon_{III}}{3.38 + (\varepsilon_{II} - \varepsilon_I)/2} \qquad y_{N_2} = \frac{1.88}{3.38 + (\varepsilon_{II} - \varepsilon_I)/2}$$

將這些 y_i 表示式代入平衡方程式中可得：

$$K_\text{I} = \frac{(1+\varepsilon_\text{I})(2n)^{1/2}(P/P^\circ)^{-1/2}}{(1-\varepsilon_\text{I}-\varepsilon_\text{II}-2\varepsilon_\text{III})^{1/2}(-\varepsilon_\text{I})}$$

$$K_\text{II} = \frac{\sqrt{2}\varepsilon_\text{II}(P/P^\circ)^{1/2}}{(1-\varepsilon_\text{I}-\varepsilon_\text{II}-2\varepsilon_\text{III})^{1/2}n^{1/2}}$$

$$K_\text{III} = \frac{2\varepsilon_\text{III}}{(1-\varepsilon_\text{I}-\varepsilon_\text{II}-2\varepsilon_\text{III})}$$

其中 $\quad n \equiv 3.38 + \dfrac{\varepsilon_\text{II}-\varepsilon_\text{I}}{2}$

K_j 的數值可由 (10.11) 式求出，它們的數值極大。例如在 1,500 K 時，

$$\ln K_\text{I} = \frac{-\Delta G^\circ_\text{I}}{RT} = \frac{164{,}310}{(8.314)(1{,}500)} = 13.2 \qquad K_\text{I} \sim 10^6$$

$$\ln K_\text{II} = \frac{-\Delta G^\circ_\text{II}}{RT} = \frac{243{,}740}{(8.314)(1{,}500)} = 19.6 \qquad K_\text{II} \sim 10^8$$

$$\ln K_\text{III} = \frac{-\Delta G^\circ_\text{III}}{RT} = \frac{396{,}160}{(8.314)(1{,}500)} = 31.8 \qquad K_\text{III} \sim 10^{14}$$

在如此大的 K_j 值時，上列各平衡式中分母中 $1-\varepsilon_\text{I}-\varepsilon_\text{II}-2\varepsilon_\text{III}$ 必須幾乎為零，此即表示平衡混合物中，氧氣的莫耳分率非常微小。在實際考慮下，沒有氧氣的存在。

因此我們可由生成反應式中消去 O_2。首先我們結合 (I) 及 (II) 式，再結合 (I) 及 (III) 式，由此可得兩個反應式：

$$C + CO_2 \rightarrow 2CO \qquad (a)$$
$$H_2O + C \rightarrow H_2 + CO \qquad (b)$$

相對應的平衡方程式為：

$$K_a = \frac{y^2_{CO}}{y_{CO_2}}\left(\frac{P}{P^\circ}\right)$$

$$K_b = \frac{y_{H_2} y_{CO}}{y_{H_2O}}\left(\frac{P}{P^\circ}\right)$$

進料中含有 1 莫耳 H_2、0.5 莫耳 O_2 及 1.88 莫耳 N_2。因為 O_2 已由反應方程式中消去，我們以 0.5 莫耳的 CO_2 取代進料中的 0.5 莫耳 O_2。此為先假設 0.5 莫

Chapter 10 化學反應平衡

耳的 O_2 與碳反應生成此量的 CO_2。因此進料中包含 1 莫耳 H_2、0.5 莫耳 CO_2 以及 1.88 莫耳 N_2。應用 (10.7) 式於 (a) 及 (b) 式可得：

$$y_{H_2} = \frac{\varepsilon_b}{3.38 + \varepsilon_a + \varepsilon_b} \qquad y_{CO} = \frac{2\varepsilon_a + \varepsilon_b}{3.38 + \varepsilon_a + \varepsilon_b}$$

$$y_{H_2O} = \frac{1 - \varepsilon_b}{3.38 + \varepsilon_a + \varepsilon_b} \qquad y_{CO_2} = \frac{0.5 - \varepsilon_a}{3.38 + \varepsilon_a + \varepsilon_b}$$

$$y_{N_2} = \frac{1.88}{3.38 + \varepsilon_a + \varepsilon_b}$$

因為 y_i 值必須介於零與 1 之間，因此分別由上述左邊兩式及右邊兩式可知：

$$0 \le \varepsilon_b \le 1 \qquad -0.5 \le \varepsilon_a \le 0.5$$

結合 y_i 表示式與平衡方程式，可得：

$$K_a = \frac{(2\varepsilon_a + \varepsilon_b)^2}{(0.5 - \varepsilon_a)(3.38 + \varepsilon_a + \varepsilon_b)}\left(\frac{P}{P^\circ}\right) \tag{A}$$

$$K_b = \frac{\varepsilon_b(2\varepsilon_a + \varepsilon_b)}{(1 - \varepsilon_b)(3.38 + \varepsilon_a + \varepsilon_b)}\left(\frac{P}{P^\circ}\right) \tag{B}$$

當反應式 (a) 在 1,000 K 下進行時，

$$\Delta G^\circ_{1000} = 2(-200,240) - (-395,790) = -4,690$$

並由 (10.11) 式求得，

$$\ln K_a = \frac{4,690}{(8.314)(1,000)} = 0.5641 \qquad K_a = 1.758$$

同理，對於反應式 (b) 可得，

$$\Delta G^\circ_{1000} = (-200,240) - (-192,420) = -7,820$$

並且

$$\ln K_b = \frac{7,820}{(8.314)(1,000)} = 0.9406 \qquad K_b = 2.561$$

由方程式 (A) 及 (B)，以及這些 K_a、K_b 的數值與 $(P/P^\circ) = 20$，構成兩個方程式以求解兩個未知數 ε_a 與 ε_b。在疊代計算的方法中，由牛頓法求解非線性方程式能得滿意的結果，此方法敘述於附錄 I 中，並可應用於此例。另外，附錄 D.2 也列出解這些方程式可使用的 Mathcad® 程式。各溫度下所解得的結果，

列於下表。

T/K	K_a	K_b	ε_a	ε_b
1,000	1.758	2.561	−0.0506	0.5336
1,100	11.405	11.219	0.1210	0.7124
1,200	53.155	38.609	0.3168	0.8551
1,300	194.430	110.064	0.4301	0.9357
1,400	584.850	268.760	0.4739	0.9713
1,500	1,514.12	583.580	0.4896	0.9863

平衡混合物中各物質的莫耳分率 y_i，可由前述公式中算出。其結果列於下表，並表示於圖 10.5 中。

T/K	y_{H_2}	y_{CO}	y_{H_2O}	y_{CO_2}	y_{N_2}
1,000	0.138	0.112	0.121	0.143	0.486
1,100	0.169	0.226	0.068	0.090	0.447
1,200	0.188	0.327	0.032	0.040	0.413
1,300	0.197	0.378	0.014	0.015	0.396
1,400	0.201	0.398	0.006	0.005	0.390
1,500	0.203	0.405	0.003	0.002	0.387

在高溫狀況時，ε_a 及 ε_b 值趨近於它們的極限值 0.5 及 1.0，這表示反應 (a) 及 (b) 幾乎為完全反應。在更高溫度時，更趨近於這些極限數值，此時 CO_2 及 H_2O 的莫耳分率趨近於零，並且產物中各成分的組成為，

$$y_{H_2} = \frac{1}{3.38 + 0.5 + 1.0} = 0.205$$

$$y_{CO} = \frac{1+1}{3.38 + 0.5 + 1.0} = 0.410$$

$$y_{N_2} = \frac{1.88}{3.38 + 0.5 + 1.0} = 0.385$$

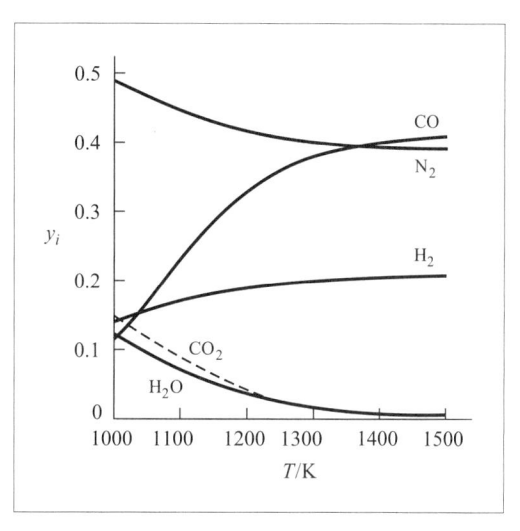

Chapter 10 化學反應平衡

● 圖 10.5　例 10.13 中氣體產物的平衡組成

　　在此例題中,我們曾假設煤層具足夠的深度,氣體與熾熱的煤層接觸,並且氣體達成平衡。但若氧氣及水蒸汽供應的速率過高,平衡卻不一定可達成,或是平衡在氣體離開煤層後才達成。此時,碳並不處於平衡狀態,則本題需要重新求解。

　　雖然上列例題中 (A) 及 (B) 式已可被解出,但對於平衡常數,卻沒有一般化的解法,因此沒有通用的電腦程式。另外一個平衡的基準,如 10.2 節所述,在平衡時系統的 Gibbs 自由能會達到最小值。圖 10.1 也顯示此基準應用於單一反應的情形。將此基準應用於多重反應,可寫出一般化的電腦求解程式。

　　單相系統的總 Gibbs 自由能如 (8.2) 式所示,即:

$$(G^t)_{T,P} = g(n_1, n_2, n_3, \cdots, n_N)$$

現在我們要在恆溫恆壓下,求解使 G^t 達到最小值的各 n_i 值,同時必須滿足質量平衡的要求。求解此問題的標準方法,為 Lagrange 未定乘數法。有關氣相的計算程序敘述如下。

1. 首先必須寫出限制方程式,即質量平衡式。雖然反應分子在封閉系統中不為守恆,但各元素原子數的總和卻維持恆定不變。令下標 k 表示某特定原子,並定義 A_k 為系統中第 k 個元素的原子量,它可由系統中的起始組成決定。又令 a_{ik} 為物質 i 中第 k 個元素

的原子數目。對於每一個 k 元素的質量平衡可寫為：

$$\boxed{\sum_i n_i a_{ik} = A_k \qquad (k = 1, 2, \cdots, w)} \qquad (10.41)$$

或可寫為 $\quad \sum_i n_i a_{ik} - A_k = 0 \qquad (k = 1, 2, \cdots, w)$

其中 w 為構成此系統的全部元素。

2. 接著，對每一元素引入 Lagrange 乘數 λ_k，並將每一元素的平衡式乘以它們的 λ_k：

$$\lambda_k \left(\sum_i n_i a_{ik} - A_k \right) = 0 \qquad (k = 1, 2, \cdots, w)$$

對所有的 k 項加成可得：

$$\sum_k \lambda_k \left(\sum_i n_i a_{ik} - A_k \right) = 0$$

3. 將上式與 G^t 相加，得到新的函數 F

$$F = G^t + \sum_k \lambda_k \left(\sum_i n_i a_{ik} - A_k \right)$$

此項新函數與 G^t 相同，因為第二部份的加成項為零。然而，F 及 G^t 對 n_i 的偏微分是不同的，因為 F 函數包含了質量平衡的限制條件。

4. 當 F 對 n_i 的偏微分 $(\partial F / \partial n_i)_{T,P,n_j}$ 為零時，可求得 F 及 G^t 的最小值。因此，我們對上式作偏微分，並令該微分式為零：

$$\left(\frac{\partial F}{\partial n_i} \right)_{T,P,n_j} = \left(\frac{\partial G^t}{\partial n_i} \right)_{T,P,n_j} + \sum_k \lambda_k a_{ik} = 0 \qquad (i = 1, 2, \cdots N)$$

由於上式右邊第一項即為化學勢的定義 [見 (8.1) 式]，此方程式可寫為：

$$\mu_i + \sum_k \lambda_k a_{ik} = 0 \qquad (i = 1, 2, \cdots, N) \qquad (10.42)$$

但化學勢可由 (10.9) 式表示：

$$\mu_i = G_i^\circ + RT \ln(\hat{f}_i / f_i^\circ)$$

Chapter 10 化學反應平衡

在氣相反應中,標準狀態為 1 bar [或 1 (atm)] 下的純理想氣體,上式乃變為

$$\mu_i = G_i^\circ + RT \ln (\hat{f}_i / P^\circ)$$

若將所有元素在其標準狀態下的 G_i° 值設定為零,則對化合物而言, $G_i^\circ = G_{f_i}^\circ$,亦即等於生成物質 i 時的標準 Gibbs 自由能改變量。此外,也可經由 (8.52) 式所示的 $\hat{f}_i = y_i \hat{\phi}_i P$,以逸壓係數取代逸壓。代換這些參數後, μ_i 的方程式變為

$$\mu_i = \Delta G_{f_i}^\circ + RT \ln (y_i \hat{\phi}_i P / P^\circ)$$

結合此式與 (10.42) 式可得

$$\Delta G_{f_i}^\circ + RT \ln (y_i \hat{\phi}_i P / P^\circ) + \sum_k \lambda_k a_{ik} = 0 \qquad (i = 1, 2, \cdots, N) \qquad (10.43)$$

此處 P° 為 1 bar,它是以壓力的單位表示的。若物質 i 為一元素,則其 $\Delta G_{f_i}^\circ$ 值為零。(10.43) 式對各物質共表示了 N 個平衡方程式,(10.41) 式對各元素共表示了 w 個質量平衡式,方程式的總數為 $N + w$。這些方程式中共有 N 個未知的 n_i 值(而 $y_i = n_i / \sum_i n_i$),以及 w 個未知的 λ_k 值,未知數的總數為 $N + w$。由此可知,方程式的數目足夠解出所有的未知數。

在前述討論中,曾假設 $\hat{\phi}_i$ 值為已知。若氣相為理想氣體,每一 $\hat{\phi}_i$ 值皆為 1。若氣相為理想溶液,每一 $\hat{\phi}_i$ 值變為 ϕ_i,至少可估算求得。真實氣體的 $\hat{\phi}_i$ 值是 $\{y_i\}$ 的函數,而 $\{y_i\}$ 是計算所要求出的數值,所以必須使用疊代計算方法。一開始可令 $\hat{\phi}_i$ 值為 1,並由方程式中解得初始 $\{y_i\}$ 值。在低壓或高溫時,此結果已足夠。若非此情況時,則必須應用狀態方程式,由計算所得的 $\{y_i\}$ 值求取新而更加正確的 $\{\hat{\phi}_i\}$ 值,並用於 (10.43) 式中。如此可求出新的 $\{y_i\}$ 值,並重複如此的計算,直到各 $\{y_i\}$ 值都沒有明顯的改變為止。所有的計算過程,包含由 (8.64) 式計算 $\{\hat{\phi}_i\}$ 值,都適合於電腦程式求解。

在上述程序中,並未直接提及方程式中所包含的化學反應種類。然而,選擇物質組合的方法,與選擇獨立反應的方法是相同的。在任何情況下,必須假設物質的組成,或同樣的獨立反應組合,不同的假設將導致不同的結果。

例 10.14 氣相系統中含有 CH_4、H_2O、CO、CO_2 及 H_2 各物質，計算 1,000 K 及 1 bar 下的平衡組成。在尚未反應的起始狀態時，系統中有 2 莫耳 CH_4 及 3 莫耳 H_2O。1,000 K 時的 $\Delta G_{f_i}^\circ$ 值為：

$$\Delta G_{f_{CH_4}}^\circ = 19{,}720 \text{ J mol}^{-1} \qquad \Delta G_{f_{H_2O}}^\circ = -192{,}420 \text{ J mol}^{-1}$$

$$\Delta G_{f_{CO}}^\circ = -200{,}240 \text{ J mol}^{-1} \qquad \Delta G_{f_{CO_2}}^\circ = -395{,}790 \text{ J mol}^{-1}$$

解 由起始的莫耳數，可求得所需的 A_k 值，而 a_{ik} 值可由各物質的化學式直接求得。這些數值示於下表。

	元素 k		
	碳	氧	氫
	A_k = 系統中 k 元素的原子量		
	$A_C = 2$	$A_O = 3$	$A_H = 14$
物質 i	a_{ik} = 分子 i 中含有 k 元素的原子數目		
CH_4	$a_{CH_4, C} = 1$	$a_{CH_4, O} = 0$	$a_{CH_4, H} = 4$
H_2O	$a_{H_2O, C} = 0$	$a_{H_2O, O} = 1$	$a_{H_2O, H} = 2$
CO	$a_{CO, C} = 1$	$a_{CO, O} = 1$	$a_{CO, H} = 0$
CO_2	$a_{CO_2, C} = 1$	$a_{CO_2, O} = 2$	$a_{CO_2, H} = 0$
H_2	$a_{H_2, C} = 0$	$a_{H_2, O} = 0$	$a_{H_2, H} = 2$

在 1 bar 及 1,000 K 時，可假設氣體為理想氣體，所有的 $\hat{\phi}_i$ 值為 1。因為 $P = 1$ bar，所以 $P/P^\circ = 1$，且 (10.43) 式可寫為：

$$\frac{\Delta G_{f_i}^\circ}{RT} + \ln \frac{n_i}{\sum_i n_i} + \sum_k \frac{\lambda_k}{RT} a_{ik} = 0$$

對於五個物質而言，上式變為：

$$CH_4: \quad \frac{19{,}720}{RT} + \ln \frac{n_{CH_4}}{\sum_i n_i} + \frac{\lambda_C}{RT} + \frac{4\lambda_H}{RT} = 0$$

$$H_2O: \quad \frac{-192{,}420}{RT} + \ln \frac{n_{H_2O}}{\sum_i n_i} + \frac{2\lambda_H}{RT} + \frac{\lambda_O}{RT} = 0$$

$$CO: \quad \frac{-200{,}240}{RT} + \ln \frac{n_{CO}}{\sum_i n_i} + \frac{\lambda_C}{RT} + \frac{4\lambda_O}{RT} = 0$$

Chapter 10 化學反應平衡

$$CO_2：\frac{-395,790}{RT} + \ln\frac{n_{CO_2}}{\sum_i n_i} + \frac{\lambda_C}{RT} + \frac{2\lambda_O}{RT} = 0$$

$$H_2：\ln\frac{n_{H_2}}{\sum_i n_i} + \frac{2\lambda_H}{RT} = 0$$

三個質量平衡式 [(10.41) 式] 及 $\sum_i n_i$ 式為：

C：$n_{CH_4} + n_{CO} + n_{CO_2} = 2$

H：$4n_{CH_4} + 2n_{H_2O} + 2n_{H_2} = 14$

O：$n_{H_2O} + n_{CO} + 2n_{CO_2} = 3$

$$\sum_i n_i = n_{CH_4} + n_{H_2O} + n_{CO} + n_{CO_2} + n_{H_2}$$

因 $RT = 8,314$ J mol^{-1}，經由電腦程式，[9]可求得下列結果 ($y_i = n_i / \sum_i n_i$)：

$y_{CH_4} = 0.0196$

$y_{H_2O} = 0.0980$

$y_{CO} = 0.1743$

$y_{CO_2} = 0.0371$

$y_{H_2} = 0.6710$

$\sum_i y_i = 1.0000$

$\dfrac{\lambda_C}{RT} = 0.7635$

$\dfrac{\lambda_O}{RT} = 25.068$

$\dfrac{\lambda_H}{RT} = 0.1994$

λ_k / RT 的數值，不具物理意義，為了表達完整解答起見，亦如上一起列出。

10.10　燃料電池

　　燃料電池如同電池一般，利用燃料的電化學氧化而產生電力。它像電池的特性，具有兩個電極，其間含有電解質。但反應物不是存在電池中，而是連續式的注入，產物也連續式的移去。因此燃料電池不需要起始的電荷，在操作

---

[9] 求解此題所用的 Mathcad® 程式，列於附錄 D.2。

中也不損失電荷。只要燃料與氧氣繼續供應，它就可以在連續流動的狀態下操作，並且在穩態情況下產生電流。

燃料如氫氣、甲烷、丁烷、甲醇等，與陽極或燃料電極密切接觸，氧氣 (通常為空氣) 則與陰極或氧氣電極密切接觸。半電池反應分別在各電極進行，它們的總合則為整體的反應。燃料電池有數種不同的形式，分別也具有不同形式的電解液。[10]

利用氫氣為燃料是最簡單的裝置，可做為基本原理解說的範例。圖 10.6 表示氫氣／氧氣電池的示意圖。當電解質為酸性時 [如圖 10.6(a)]，在氫氣電極發生的半電池反應為：

$$H_2 \rightarrow 2H^+ + 2e^-$$

氧氣電極（陰極）的半電池反應為：

$$\tfrac{1}{2}O_2 + 2e^- + 2H^+ \rightarrow H_2O(g)$$

當電解質為鹼性時 [如圖 10.6(b)]，陽極的半電池反應為：

$$H_2 + 2OH^- \rightarrow 2H_2O(g) + 2e^-$$

陰極反應則為：

$$\tfrac{1}{2}O_2 + 2e^- + H_2O(g) \rightarrow 2OH^-$$

在以上各種情形中，半電池反應加成後的總電池反應為：

$$H_2 + \tfrac{1}{2}O_2 \rightarrow H_2O(g)$$

此即為氫氣的燃燒反應，但並無真正的燃燒在電池中進行。

在兩種電池中，帶負電荷的電子 (e^-) 在陽極釋出，產生外部電路上的電流，並在陰極上被吸收。電解質並不是電子的通道，它提供離子由一個電極到另一個電極的路徑。在酸性電解質中，陽離子 H^+ 由陽極移向陰極，在鹼性電解質中，陰離子 OH^- 由陰極移向陽極。

---

[10] 各種不同形式燃料電池的構造及其操作方式的說明，參考 J. Larminie and A. Dicks, *Fuel Cell Systems Explained*, John Wiley & Sons, Ltd., Chichester, England, 2000.

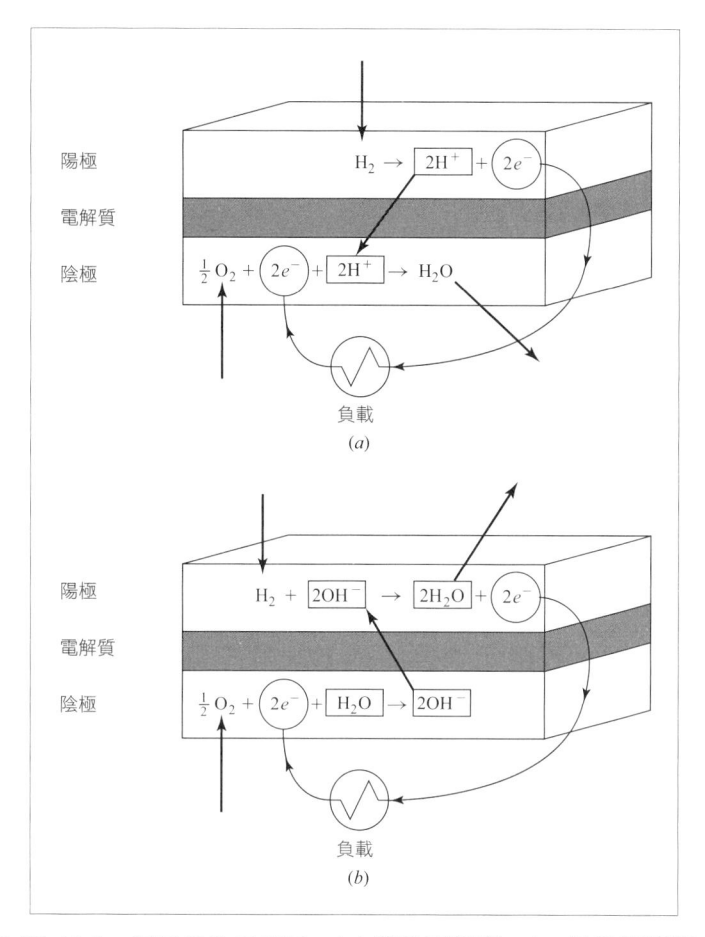

Chapter 10 化學反應平衡

● 圖 10.6 燃料電池示意圖。(a) 酸性電解質；(b) 鹼性電解質。

在實際應用中，氫氣／氧氣燃料電池以固體的高分子作為酸性電解質。因為它很薄及可使 H^+ 離子或質子通過，因此稱為質子交換薄膜。在薄膜的兩面有含浸微細鉑觸媒的多孔性碳電極。多孔性電極具有大量的表面積使反應能夠進行，也使得氫氣及氧氣能擴散進入電池中，及水蒸汽能擴散至電池之外。電池可串聯而達到所需的電動勢，並常在 60°C 左右操作。

因為燃料電池是在穩流程序中操作，第一定律於是可寫成：

$$\Delta H = Q + W_{elect}$$

其中位能及動能項忽略不計，桿功項改以電動項表示。若操作狀況為可逆及恆溫，則可寫為：

$$Q = T\Delta S \qquad \text{及} \qquad \Delta H = T\Delta S + W_{\text{elect}}$$

因此可逆電池中的電功為：

$$W_{\text{elect}} = \Delta H - T\Delta S = \Delta G \tag{10.44}$$

其中 Δ 表示反應後物性的改變。恆溫操作下所需傳至環境的熱為：

$$Q = \Delta H - \Delta G \tag{10.45}$$

由圖 10.6(a) 可知，每消耗一個氫分子，便有 2 個電子流入外界電路。基於 1 莫耳 H_2，傳至電極間的電荷（q）為：

$$q = 2N_A(-e) \text{ 庫倫}$$

其中 $-e$ 是每一個電子的電荷，N_A 是亞弗加厥常數。因為 $N_A e$ 的乘積為法拉第常數 $\mathcal{F}$，$q = -2\mathcal{F}$。[11] 電功因此可表為所傳遞的電荷與電池電動勢（E 伏特）的乘積：

$$W_{\text{elect}} = -2\mathcal{F} E \text{ 焦耳}$$

對於可逆電池而言，電動勢為：

$$E = \frac{-W_{\text{elect}}}{2\mathcal{F}} = \frac{-\Delta G}{2\mathcal{F}} \tag{10.46}$$

這些公式可應用於 25°C 及 1 bar 的氫氣／氧氣燃料電池，其中純 H_2 及純 O_2 為反應物，純 H_2O 蒸汽為產物。若這些物質可假設為理想氣體，則反應為 298.15 K 時 $H_2O(g)$ 的標準生成反應，由表 C.4 可得下列數值：

$$\Delta H = \Delta H^\circ_{f_{298}} = -241{,}818 \text{ J mol}^{-1} \qquad \text{及} \qquad \Delta G = \Delta G^\circ_{f_{298}} = -228{,}572 \text{ J mol}^{-1}$$

由 (10.44) 至 (10.46) 式可得：

$$W_{\text{elect}} = -228{,}572 \text{ J mol}^{-1} \qquad Q = -13{,}246 \text{ J mol}^{-1} \qquad E = 1.184 \text{ volts}$$

若如一般情況下，由空氣作為氧氣來源，則電池在空氣中氧氣的分壓下接受氧氣。因為理想氣體的焓與壓力無關，因此電池反應的焓改變量仍維持不變，但反應的 Gibbs 自由能改變量會受影響，由 (8.24) 式知：

---

11 法拉第常數為 96,485 庫倫／莫耳。

Chapter 10 化學反應平衡

$$G_i^{ig} - \bar{G}_i^{ig} = -RT \ln y_i$$

因此，以 1 莫耳 H_2O 生成基礎而言，

$$\begin{aligned}\Delta G &= \Delta G_{f_{298}}^\circ + (0.5)(G_{O_2}^{ig} - \bar{G}_{O_2}^{ig}) \\ &= \Delta G_{f_{298}}^\circ - 0.5 RT \ln y_{O_2} \\ &= -228{,}572 - (0.5)(8.314)(298.15)(\ln 0.21) = -226{,}638\end{aligned}$$

由 (10.44) 至 (10.46) 式可知：

$$W_{\text{elect}} = -226{,}638 \text{ J mol}^{-1} \quad Q = -15{,}180 \text{ J mol}^{-1} \quad E = 1.174 \text{ volts}$$

使用空氣而不用純氧氣並未顯著降低電動勢，或是可逆電池中功的輸出量。

反應的焓及 Gibbs 自由能改變量為溫度的函數，可由 (4.18) 及 (10.18) 式求出。若電池的溫度為 60°C (333.15 K)，這些公式的積分結果為：

$$\int_{298.15}^{333.15} \frac{\Delta C_P^\circ}{R} dT = \text{IDCPH}(298.15, 333.15; -1.5985, 0.775\text{E}-3, 0.0, 0.1515\text{E}+5)$$
$$= -42.0472$$

$$\int_{298.15}^{333.15} \frac{\Delta C_P^\circ}{R} \frac{dT}{T} = \text{IDCPS}(298.15, 333.15; -1.5985, 0.775\text{E}-3, 0.0, 0.1515\text{E}+5)$$
$$= -0.13334$$

由 (4.18) 及 (10.18) 式可得：

$$\Delta H_{f_{333}}^\circ = -242{,}168 \text{ J mol}^{-1} \quad \text{及} \quad \Delta G_{f_{333}}^\circ = -226{,}997 \text{ J mol}^{-1}$$

若電池在 1 bar 下操作，且氧氣由空氣中供給，則 $\Delta H = \Delta H_{f_{333}}^\circ$，且

$$\Delta G = -226{,}997 - (0.5)(8.314)(333.15)(\ln 0.21) = -224{,}836 \text{ J mol}^{-1}$$

由 (10.44) 至 (10.46) 式可得：

$$W_{\text{elect}} = -224{,}836 \text{ Jmol}^{-1} \quad Q = -17{,}332 \text{ Jmol}^{-1} \quad E = 1.165 \text{ volts}$$

由此可知，若可逆電池不在 25°C 而改在 60°C 操作時，只減少少量的伏特數及輸出的功。

由可逆電池的計算結果得知，輸出的電功較燃料真實燃燒過程中所放出熱量 (ΔH) 的 90% 還多。若此熱量供給 Carnot 熱機在實際溫度區間操作，所得

到由熱而轉換的功將更少。可逆操作的燃料電池中，電位計可平衡其電動勢，並使輸出的電流可忽略不計。在合理負載的實際操作中，內部的不可逆性必然會減低電動勢，並減少電功的產生，增加傳送到環境中的熱。氫氣／氧氣燃料電池的操作電動勢為 0.6～0.7 伏特，輸出的功約為燃料熱值的 50%。然而，燃料電池的不可逆性遠低於燃料燃燒反應中的情況，並具有簡單、清潔及安靜操作的優點，並可直接生產電能。除了氫氣之外的燃料，也可適當的用於燃料電池，但須發展有效的觸媒。例如，甲醇在質子交換薄膜燃料電池中，依下列方式在陽極反應：

$$CH_3OH + H_2O \rightarrow 6H^+ + 6e^- + CO_2$$

由氧氣反應以產生水蒸汽的反應，通常在陰極發生。

習 題

10.1 將下列各反應物質的莫耳分率，表示為反應座標的函數：

(a) 系統中起初含有 2 莫耳 NH_3 與 5 莫耳 O_2，並進行下列反應：

$$4NH_3(g) + 5O_2(g) \rightarrow 4NO(g) + 6H_2O(g)$$

(b) 系統中起初含有 3 莫耳 H_2S 與 5 莫耳 O_2，並進行下列反應：

$$2H_2S(g) + 3O_2(g) \rightarrow 2H_2O(g) + 2SO_2(g)$$

(c) 系統中起初含有 3 莫耳 NO_2、4 莫耳 NH_3 與 1 莫耳 N_2，並進行下列反應：

$$6NO_2(g) + 8NH_3(g) \rightarrow 7N_2(g) + 12H_2O(g)$$

10.2 某系統起初含有 2 莫耳 C_2H_4 及 3 莫耳 O_2，並進行下列反應：

$$C_2H_4(g) + \tfrac{1}{2}O_2(g) \rightarrow \langle(CH_2)_2\rangle O(g)$$

$$C_2H_4(g) + 3O_2(g) \rightarrow 2CO_2(g) + 2H_2O(g)$$

將反應物質的莫耳分率，表示為這兩個反應的反應座標的函數。

10.3 某系統起初含有 2 莫耳 CO_2、5 莫耳 H_2 及 1 莫耳 CO，並進行下列反應

$$CO_2(g) + 3H_2(g) \rightarrow CH_3OH(g) + H_2O(g)$$

$$CO_2(g) + H_2(g) \rightarrow CO(g) + H_2O(g)$$

將反應物質的莫耳分率，表示為這兩個反應的反應座標的函數。

10.4 考慮下列水-氣轉化反應：

$$H_2(g) + CO_2(g) \rightarrow H_2O(g) + CO(g)$$

在高溫及低至中等壓力情況下，反應物質形成理想氣體混合物。應用加成公式於 (8.27) 式可得：

$$G = \sum_i y_i G_i + RT \sum_i y_i \ln y_i$$

若各元素在其標準狀態時的 Gibbs 自由能可設為零，則各物質的 $G_i = \Delta G^\circ_{f_i}$，並且

$$G = \sum_i y_i \Delta G^\circ_{f_i} + RT \sum_i y_i \ln y_i \tag{A}$$

在 10.2 節之始，曾說明 (14.68) 式是平衡的基準。當 T 及 P 為恆定時，對此系統而言，

$$dG^t = d(nG) = nd\,G + G\,dn = 0 \qquad n\frac{dG}{d\varepsilon} + G\frac{dn}{d\varepsilon} = 0$$

但對於水-氣轉化反應而言，$dn/d\varepsilon = 0$，平衡基準因此變為：

$$\frac{dG}{d\varepsilon} = 0 \tag{B}$$

當 y_i 值可藉由 ε 消去時，從 (A) 式可導得 G 與 ε 的關係。此題有關的各物質的 $\Delta G^\circ_{f_i}$ 值，可由例 10.13 得知。當溫度為 1,000 K (此反應與壓力無關)，且進料中含有 1 莫耳 H_2 與 1 莫耳 CO_2 時，

(a) 應用 (B) 式求出平衡的 ε 值。
(b) 將 G 對 ε 作圖，並標示出由 (a) 小題所求得平衡的 ε 值的位置。

10.5 在下列各溫度下，重做習題 10.4：
(a) 1,100 K；(b) 1,200 K；(c) 1,300 K。

10.6 利用平衡常數法，證明所得的 ε 值是下列各情況的答案：
(a) 習題 10.4；(b) 習題 10.5(a)；(c) 習題 10.5(b)；(d) 習題 10.5(c)。

10.7 將反應中標準 Gibbs 自由能改變量 $\Delta G°$，表示為習題 4.21 中 (a)、(f)、(i)、(n)、(r)、(t)、(u)、(x) 及 (y) 各小題所示反應的反應溫度的函數。

10.8 對於理想氣體而言，可導出 T 及 P 對 ε_e 效應的確切數學關係。在精確的計算上，令 $\prod_i (y_i)^{v_i} \equiv K_y$。由此我們可寫出下列數學關係式：

$$\left(\frac{\partial \varepsilon_e}{\partial T}\right)_P = \left(\frac{\partial K_y}{\partial T}\right)_P \frac{d\varepsilon_e}{dK_y} \qquad \text{及} \qquad \left(\frac{\partial \varepsilon_e}{\partial P}\right)_T = \left(\frac{\partial K_y}{\partial P}\right)_T \frac{d\varepsilon_e}{dK_y}$$

利用 (10.28) 及 (10.14) 式，證明下列各式：

(a) $\left(\dfrac{\partial \varepsilon_e}{\partial T}\right)_P = \dfrac{K_y}{RT^2} \dfrac{d\varepsilon_e}{dK_y} \Delta H°$

(b) $\left(\dfrac{\partial \varepsilon_e}{\partial P}\right)_T = \dfrac{K_y}{P} \dfrac{d\varepsilon_e}{dK_y} (-v)$

(c) $d\varepsilon_e / dK_y$ 恆為正值。(注意：證明此式的倒數為正值將更為容易。)

10.9 氨的合成反應為：

$$\tfrac{1}{2} N_2(g) + \tfrac{3}{2} H_2(g) \rightarrow NH_3(g)$$

起初之反應物為 0.5 莫耳 N_2 及 1.5 莫耳 H_2，並假設平衡混合物為理想氣體，導證下式：

$$\varepsilon_e = 1 - \left(1 + 1.299 K \frac{P}{P°}\right)^{-1/2}$$

10.10 彼得、保羅及瑪麗為熱力學班上的同學，他們要求出下列氣相反應，在特定 T 與 P 及起始反應物質量下的平衡組成：

$$2NH_3 + 3NO \rightarrow 3H_2O + \tfrac{5}{2} N_2 \tag{A}$$

他們每人都以不同的方法求出正確的答案。瑪麗是根據 (A) 式的反應求解。保羅將 (A) 式各項乘以 2 倍而求解：

$$4NH_3 + 6NO \rightarrow 6H_2O + 5N_2 \tag{B}$$

彼得則基於逆向的反應求解：

$$3H_2O + \tfrac{5}{2} N_2 \rightarrow 2NH_3 + 3NO \tag{C}$$

Chapter 10 化學反應平衡

寫出各反應的化學平衡方程式,表示各平衡常數間的關係,並驗證彼得、保羅及瑪麗皆獲得相同的結果。

10.11 下列反應在 500°C 及 2 bar 時達到平衡:

$$4HCl(g) + O_2(g) \rightarrow 2H_2O(g) + 2Cl_2(g)$$

若系統中起初對每莫耳的氧氣而言含有 5 莫耳的 HCl,則此系統的平衡組成為何?假設氣體為理想氣體。

10.12 下列反應在 650°C 及大氣壓力下達成平衡:

$$N_2(g) + C_2H_2(g) \rightarrow 2HCN(g)$$

若系統中起初含有等莫耳的氮及乙炔混合物,則此系統的平衡組成為何?將壓力加倍後的效應為何?假設氣體為理想氣體。

10.13 下列反應在 350°C 及 3 bar 下達成平衡:

$$CH_3CHO(g) + H_2(g) \rightarrow C_2H_5OH(g)$$

若系統中對每莫耳乙醛而言含有 1.5 莫耳的 H_2,則此系統的平衡組成為何?若壓力降低至 1 bar 時效應為何?假設氣體為理想氣體。

10.14 下列反應在 650°C 及大氣壓力下達到平衡:

$$C_6H_5CH:CH_2(g) + H_2(g) \rightarrow C_6H_5 \cdot C_2H_5(g)$$

若系統中起初每莫耳乙苯中含有 1.5 莫耳的 H_2,則此系統的平衡組成為何?假設氣體為理想氣體。

10.15 由硫燃燒爐所流出的氣體中含有 15% 莫耳分率的 SO_2、20% 莫耳分率的 O_2 及 65% 莫耳分率的 N_2。此氣體於 1 bar 及 480°C 時進入觸媒轉化器,使 SO_2 再氧化為 SO_3。假設反應達到平衡,須從轉化器中移去多少熱量,以維持恆溫狀態。以 1 莫耳進入的氣體為基準求解。

10.16 對於下列裂解反應

$$C_3H_8(g) \rightarrow C_2H_4(g) + CH_4(g)$$

此反應在 300 K 時的平衡轉化率可忽略不計,但在 500 K 以上則有可觀的轉化率。當壓力為 1 bar 時,計算下列各項:
(a) 丙烷在 625 K 的轉化分率。
(b) 轉化分率為 85% 時的溫度。

10.17 乙烯可由乙烷脫氫而製得。若進料中每莫耳乙烷中含有 0.5 莫耳水蒸汽 (水蒸汽為惰性稀釋物)，且反應於 1,100 K 及 1 bar 時達到平衡，則無水基準下的氣體產物的組成為何？

10.18 由 1-丁烯的脫氫反應可製得 1,3-丁二烯：

$$C_2H_5CH:CH_2(g) \rightarrow CH_2:CHCH:CH_2(g) + H_2(g)$$

加入水蒸汽可阻止副反應的產生。若反應在 950 K 及 1 bar 時達到平衡，且反應器產品中含有 10% 莫耳分率的 1,3-丁二烯，計算下列各項：
(a) 氣體產物中其他物質的莫耳分率。
(b) 進料中水蒸汽所必須的莫耳分率。

10.19 由正丁烷的脫氫反應可製得 1,3-丁二烯：

$$C_4H_{10}(g) \rightarrow CH_2:CHCH:CH_2(g) + 2H_2(g)$$

加入水蒸汽可阻止副反應發生。若反應在 925 K 及 1 bar 時達到平衡，且反應器產物中含有 12% 莫耳分率的 1,3-丁二烯，計算下列各項：
(a) 氣體產物中其他物質的莫耳分率。
(b) 進料中水蒸汽所必須的莫耳分率。

10.20 對於氨的合成反應而言

$$\tfrac{1}{2}N_2(g) + \tfrac{3}{2}H_2(g) \rightarrow NH_3(g)$$

氨在 300 K 時有很大的平衡轉化率，但轉化率隨著溫度上升而急速減少。但此反應只有在高溫時，才有可觀的反應速率。對於依係數比率而形成的進料混合物而言，計算下列各項：
(a) 計算在 1 bar 及 300 K 時，平衡混合物中氨的莫耳分率。
(b) 壓力為 1 bar 時，在何溫度時氨的平衡莫耳分率降至 0.5？
(c) 壓力為 100 bar 且平衡混合物假設為理想氣體時，在何溫度時氨的平衡莫耳分率降至 0.5？
(d) 壓力為 100 bar 且平衡混合物假設為氣相理想溶液時，在何溫度時氨的平衡莫耳分率降至 0.5？

10.21 對於甲醇的合成反應而言，

$$CO(g) + 2H_2(g) \rightarrow CH_3OH(g)$$

Chapter 10 化學反應平衡

甲醇在 300 K 時有很大的平衡轉化率，但轉化率隨溫度的上升而急速減少。但此反應只有在高溫時，才有可觀的反應速率。對於依係數比率而形成的進料混合物而言，計算下列各項：

(a) 計算在 1 bar 及 300 K 時，平衡混合物中甲醇的莫耳分率。
(b) 壓力為 1 bar 時，在何溫度時甲醇的平衡莫耳分率降至 0.5？
(c) 壓力為 100 bar 且平衡混合物假設為理想氣體時，在何溫度時甲醇的平衡莫耳分率降至 0.5？
(d) 壓力為 100 bar 且平衡混合物假設為氣相理想溶液時，在何溫度時甲醇的平衡莫耳分率降至 0.5？

10.22 石灰石 ($CaCO_3$) 加熱後分解為生石灰 (CaO) 及二氧化碳。在何溫度時石灰石具有 1 (atm) 的分解壓力？

10.23 氯化氨 [$NH_4Cl(s)$] 加熱後分解為氨及鹽酸的氣體混合物。在何溫度時氯化氨具有 1.5 bar 的分解壓力？對 $NH_4Cl(s)$ 而言，$\Delta H^\circ_{f_{298}} = -314{,}430$ J 且 $\Delta G^\circ_{f_{298}} = -202{,}870$ J。

10.24 某具化學反應性的系統中，含有氣相的下列各物質：NH_3、NO、NO_2、O_2 及 H_2O。導出此系統的獨立反應。此系統的自由度為何？

10.25 空氣中污染物 NO 及 NO_2 的相對組成由下列反應控制，

$$NO + \tfrac{1}{2}O_2 \rightarrow NO_2$$

對於 25°C 及 1.0133 bar 時含有 21% 莫耳分率的空氣而言，若此兩種氮的氧化物總濃度為 5 ppm，則 NO 的濃度為多少 ppm？

10.26 考慮 1 bar 壓力及 25% 過量空氣下，氣相中乙烯氧化反應為環氧乙烷。若反應物於 25°C 時進入反應程序，且反應於絕熱狀況下進行而達到平衡，並沒有其他副反應產生，計算由反應器所得產品的溫度與組成。

10.27 碳黑是由甲烷的分解反應製得：

$$CH_4(g) \rightarrow C(s) + 2H_2(g)$$

650°C 及 1 bar 下達成平衡時，
(a) 若純甲烷進入反應器，則氣相的組成為何？甲烷分解的分率為何？
(b) 若進料為等莫耳的甲烷與氮氣，重複 (a) 小題的計算。

10.28 考慮下列反應

$$\tfrac{1}{2}N_2(g) + \tfrac{1}{2}O_2(g) \rightarrow NO(g)$$

$$\tfrac{1}{2}N_2(g) + O_2(g) \rightarrow NO_2(g)$$

以上的反應於 2,000 K 及 200 bar 時，於內燃機中燃燒後達到平衡。若燃燒後產物中氮及氧的莫耳分率分別為 0.7 及 0.05，估算 NO 及 NO_2 的莫耳分率。

10.29 煉油廠經常排放 H_2S 及 SO_2，下列反應可建議同時除去這兩種物質的方法：

$$2H_2S(g) + SO_2(g) \rightarrow 3S(s) + 2H_2O(g)$$

若反應物依係數比例進入，且反應於 450°C 及 8 bar 時達到平衡，估算各反應物的轉化率。

10.30 氣體 N_2O_4 及 NO_2 經由下列反應很快達到平衡：

$$N_2O_4 \rightarrow 2NO_2$$

(a) 若 $T = 350$ K 及 $P = 5$ bar，計算平衡混合物中各物質的莫耳分率。假設氣體為理想氣體。

(b) 若 N_2O_4 與 NO_2 的平衡混合物於 (a) 小題的情況下經過節流閥而達 1 bar 壓力，並經由熱交換器以保有原來的溫度。假設在最終狀態下又達到化學平衡，則熱交換量必須為若干？基於混合物相當於 1 莫耳 N_2O_4 而進行計算，即將所有的 NO_2 都視為 N_2O_4。

10.31 下列異構化反應在液相中進行 $A \rightarrow B$。其中 A 與 B 為可互溶的液體，並且 $G^E/RT = 0.1 x_A x_B$。若 $\Delta G^\circ_{298} = -1{,}000$ J，則 25°C 時平衡混合物的組成為何？若將 A 與 B 當做理想溶液，所產生的誤差為何？

10.32 氫氣可經由水蒸汽與「水氣」反應而得，「水氣」是等莫耳的 H_2 與 CO 的混合物，可經由水蒸汽與煤的反應而得。「水氣」與水蒸汽的混合物通過觸媒，並由以下的反應將 CO 轉化為 CO_2：

$$H_2O(g) + CO(g) \rightarrow H_2(g) + CO_2(g)$$

然後，未反應的水冷凝，並且二氧化碳被吸收，剩下的產物幾乎都是氫氣，平衡的狀況是 1 bar 及 800 K。

(a) 反應的壓力若高於 1 bar 是否有益？

(b) 若提高平衡溫度，是否增加 CO 的轉化率？

(c) 在所給的平衡狀況下，若要在冷卻到 20°C 時得到只含有 2% 莫耳分率的氣體產物，且未反應的 H_2O 幾乎完全冷凝時，所必須的水蒸汽與「水氣」(H_2 + CO) 的莫耳比值為何？

(d) 在平衡狀況下，是否有經由下列反應而產生固體碳的危險？

$$2CO(g) \rightarrow CO_2(g) + C(s)$$

10.33 進入甲醇合成反應器中的氣體，其莫耳分率的組成包括 75% 莫耳分率 H_2、15% 莫耳分率 CO、5% 莫耳分率 CO_2 及 5% 莫耳分率 N_2。若此系統中下列反應於 550 K 及 100 bar 下達到平衡：

$$2H_2(g) + CO(g) \rightarrow CH_3OH(g)$$

$$H_2(g) + CO_2(g) \rightarrow CO(g) + H_2O(g)$$

假設氣體為理想氣體，計算平衡混合物的組成。

10.34 甲烷與水蒸汽經觸媒重組，是製造「合成氣體」的方法之一：

$$CH_4(g) + H_2O(g) \rightarrow CO(g) + 3H_2(g)$$

唯一必須考慮的其他反應為：

$$CO(g) + H_2O(g) \rightarrow CO_2(g) + H_2(g)$$

假設以上二反應在 1 bar 與 1,300 K 達到平衡。
(a) 反應的壓力若高於 1 bar 是否有益？
(b) 反應的溫度若低於 1,300 K 是否有益？
(c) 若進料中含有等莫耳的水蒸汽與甲烷混合物，估算合成氣體中氫氣對一氧化碳的莫耳比值。
(d) 若進料中水蒸汽對甲烷的莫耳比值為 2 時，重複 (c) 小題的計算。
(e) 若欲使合成氣體中氫氣對一氧化碳的比值較 (c) 小題所得的值低時，應如何改變進料中的組成？
(f) 在 (c) 小題的情況下，是否會因為有 $2CO \rightarrow C + CO_2$ 的反應而產生碳沉積的危險？在 (d) 小題的情況下又如何？若有此種危險，應如何改變進料的情況以防止碳沉積？

10.35 考慮 $A \rightarrow B$ 的氣相異構化反應。
(a) 假設為理想氣體，由 (10.28) 式導出此系統的化學反應平衡公式。

(b) 由 (a) 小題結果知，平衡狀態中有一個自由度，但由相率中卻顯示有二個自由度，解釋其間的差異。

10.36 在低壓下，發生 $A \to B$ 的氣相異構化反應，且汽相與液相都存在。
(a) 證明平衡狀態中只有一個可變參數。
(b) 若 T 已固定，如何求出 x_A、y_A 及 P？仔細說明計算方法及驗證任何假設。

10.37 列出所需的方程式，以平衡常數的方法求解例 10.14。證明此種方法和該例題可得到相同的平衡組成。

10.38 反應平衡計算可用來估算碳氫儲料的組成。某儲料為低壓下 500 K 的氣體，它是「芳香 C8」，主要含有 C_8H_{10} 異構物：鄰二甲苯 (OX)、間二甲苯 (MX)、對二甲苯 (PX) 及乙苯 (EB)。假設氣體混合物在500 K 及低壓下達成平衡，估算各物質的組成。下列為獨立反應方程式 (說明為何原因？)：

| OX → MX (I) | OX → PX (II) | OX → EB (III) |

(a) 列出各反應的平衡方程式，仔細說明各項假設。
(b) 求解以上方程組，將各物質的汽相莫耳分率表示為平衡常數 K_I、K_{II}、K_{III} 的關係。
(c) 利用下表數據，求出 500 K 時各平衡常數值，仔細說明任何假設。
(d) 計算四個物質的莫耳分率。

物質	$\Delta H^\circ_{f_{298}}$ / J mol^{-1}	$\Delta G^\circ_{f_{298}}$ / J mol^{-1}
OX (g)	19,000	122,200
MX (g)	17,250	118,900
RX (g)	17,960	121,200
EB (g)	29,920	130,890

10.39 環氧乙烯氣體與液態水，在 25°C 及 101.33 kPa 下反應生成含有乙二醇的水溶液：

$$\langle (CH_2)_2 \rangle O + H_2O \to CH_2OH.CH_2OH$$

如果環氧乙烯和水的起始莫耳數比為 3.0，試估算環氧乙烯反應成乙二醇的平衡轉化率為多少。

Chapter 10 化學反應平衡

平衡時系統內的汽相及液相亦達平衡，此時由於溫度壓力固定，因此系統所有的內含性質亦均固定。因此計算時必須先決定各相組成，且其與反應物比率無關。接著再將各相組成代入質量平衡式，即可求平衡轉化率。

將乙二醇與水的標準狀態均設為 1 bar 的純液體；環氧乙烯則設為 1 bar 下的純理想氣體。假設在任何液相中的水，其活性係數均為 1；而氣相中的水均為理想氣體。環氧乙烯在液相中的分壓為：

$$p_i / kPa = 415 x_i$$

乙二醇在 25°C 的蒸汽壓非常低，因此其氣相濃度可忽略不計。

10.40 在處理多相化學反應時，在工程上對於產物分佈有時會採用特殊的定量方法，例如產率 Y_j 和選擇率 $S_{j/k}$。我們對這兩者採用如下的定義[12]：

$$Y_j \equiv \frac{\text{預期產物 } j \text{ 生成之莫耳數}}{\text{若為完全反應且無副反應發生時，產物 } j \text{ 應生成之莫耳數}}$$

$$S_{j/k} \equiv \frac{\text{預期產物 } j \text{ 生成之莫耳數}}{\text{非預期產物 } k \text{ 生成之莫耳數}}$$

在任何特定應用時，產率和選擇率可與進料速率及反應座標相互關連。若考慮雙反應的系統，Y_j 與 $S_{j/k}$ 會與兩個反應座標有關，且可依此寫出質量平衡式。
若有氣相反應如下：

$$A + B \rightarrow C \quad (I) \qquad A + C \rightarrow D \quad (II)$$

其中 C 是預期產物，而 D 是非預期的副產物。如果進入穩流反應器的進料含有 10 kmol hr^{-1} 的 A 和 15 kmol hr^{-1} 的 B，且 $Y_C = 0.40$、$S_{C/D} = 2.0$，試以反應座標表示總產物流率及產物組成 (莫耳分率)。

10.41 下列的問題與化學反應計量有關，請以反應座標求解。

(a) 流入某氣相反應器的進料包含 50 kmol hr^{-1} 的 A 物質及 50 kmol hr^{-1} 的 B 物質。反應器中有兩個獨立反應發生：

$$A + B \rightarrow C \quad (I) \qquad A + C \rightarrow D \quad (II)$$

經分析後，氣體出料的組成 (莫耳分率) 為：$y_A = 0.05$；$y_B = 0.10$。

(i) 反應器的出料速率為多少 kmol hr^{-1}？

---
[12] R. M. Felder and R. W. Rousseau, *Elementary Principles of Chemical Processes*, 3rd ed., Sec. 4.6d, Wiley, New York, 2000.

(ii) 出料中的 y_C 及 y_D 為多少？

(b) 流入某氣相反應器的進料包含 40 kmol hr^{-1} 的 A 物質及 50 kmol hr^{-1} 的 B 物質。反應器中有兩個獨立反應發生：

$$A + B \rightarrow C \quad (I) \qquad A + 2B \rightarrow D \quad (II)$$

經分析後，氣體出料的組成 (莫耳分率) 為：$y_C = 0.52$；$y_D = 0.04$。出料所含之各成分的流率為多少 kmol hr^{-1}？

(c) 流入某氣相反應器的進料包含 100 kmol hr^{-1} 的 A 物質。反應器中有兩個獨立反應發生：

$$A \rightarrow B + C \quad (I) \qquad A + B \rightarrow D \quad (II)$$

反應 (I) 生成具商業價值的 C 產物，以及副產物 B。副反應 (II) 則生成副產物 D。經分析後，氣體出料的組成 (莫耳分率) 為：$y_C = 0.30$；$y_D = 0.10$。出料所含之各成分的流率為多少 kmol hr^{-1}？

(d) 流入某氣相反應器的進料有 100 kmol hr^{-1}，包含 40 mol% 的 A 物質及 60 mol% 的 B 物質。反應器中有兩個獨立反應發生：

$$A + B \rightarrow C \quad (I) \qquad A + B \rightarrow C + D \quad (II)$$

經分析後，氣體出料的組成 (莫耳分率) 為：$y_C = 0.25$；$y_D = 0.20$。試計算：
(i) 所有成分之出料流率為多少 kmol hr^{-1}？
(ii) 出料中各成分的莫耳分率為多少？

10.42 工業安全上的經驗守則之一：若化合物的 ΔG_f° 為正值且數值可觀，則使用及儲存時必須特別謹慎。請解釋原因。

10.43 氧化反應與裂解反應是兩種相當重要的化學反應。其中一種反應總是吸熱，另一種則是放熱反應。何者為吸熱？何者為放熱？何者的平衡轉化率會隨溫度增加而跟著上升？

10.44 氣相化學反應的標準反應熱 ΔH° 與標準狀態的壓力 P° 無關 (為什麼？)。但 ΔG° 值卻與 P° 相依。通常 P° 的選擇有兩種：1 bar (本書所採用的標準) 或 1.01325 bar。若標準狀態的壓力由 $P^\circ = 1$ 改為 $P^\circ = 1.01325$ bar 時，該如何換算 ΔG° 值？

10.45 經由乙烯與水的氣相反應可得乙醇：

$$C_2H_4(g) + H_2O(g) \rightarrow C_2H_5OH(g)$$

反應條件為 400 K 及 2 bar。

(a) 計算該反應在 298.15 K 的平衡常數 K 值。

(b) 計算該反應在 400 K 的平衡常數 K 值。

(c) 若進料中的乙烯與水莫耳數相等，計算平衡後的氣體混合物組成。列出所有假設。

(d) 若進料狀況與 (c) 相同，但壓力 $P = 1$ bar，則平衡時的乙醇莫耳分率會較高還是較低？請解釋原因。

10.46 NIST Chemistry WebBook 是很好的參考資料，可提供化學品的生成數據如 ΔH_f°，但不含 ΔG_f°。不過有列出各成分與元素的絕對標準熵 S°。試以 H_2O_2 為例，練習 NIST 數據的運用。由 Chemistry WebBook 可查得：

- $\Delta H_f^\circ[H_2O_2(g)] = -136.1064$ kJ mol^{-1}
- $S^\circ[H_2O_2(g)] = 232.95$ J mol^{-1} K^{-1}
- $S^\circ[H_2(g)] = 130.680$ J mol^{-1} K^{-1}
- $S^\circ[O_2(g)] = 205.152$ J mol^{-1} K^{-1}

所有數據均為理想氣體狀態，且溫度壓力為 298.15 K 及 1 bar。試計算 $H_2O_2(g)$ 的 $\Delta G_{f_{298}}^\circ$ 值。

10.47 試藥級的液體化學品常含有不純的異構物，而會影響蒸汽壓的大小。這一點可由相平衡／反應平衡分析來加以定量。若考慮一個含有 A、B 兩種成分的汽／液平衡系統，且在相對低壓下 A → B 之化學反應亦達平衡。

(a) 若反應在液相發生，將混合物蒸汽壓 P 表示成 P_A^{sat}、P_B^{sat} 及 K^l 的函數，其中 K^l 是反應平衡常數。確認當平衡常數 K^l 為 0 及無限大時的結果。

(b) 若反應在汽相發生，重複 (a) 小題，但平衡常數的符號改為 K^v。

(c) 若為完全反應，則不論反應在汽相或液相發生，結果都相同。所以在此情況下，(a) 及 (b) 小題的結果必定相同。請依此概念由純物質的蒸汽壓求出 K^l 及 K^v 的關係式。

(d) 為何理想氣體與理想液體的假設都是合理且嚴謹的？

(e) 由 (a) 和 (b) 的結果可顯示 P 只和 T 相依。請證明這符合相律。

10.48 丙烷的裂解反應是產出輕質烯烴的方法之一。若在穩流反應器中有兩個裂解反應發生：

$$C_3H_8(g) \rightarrow C_3H_6(g) + H_2(g) \qquad (I)$$

$$C_3H_8(g) \rightarrow C_2H_4(g) + CH_4(g) \qquad (II)$$

若反應在 1.2 bar 及下列溫度達平衡，則產物的組成為何？
(a) 750 K； (b) 1,000 K； (c) 1,250 K。

10.49 下列的氣相異構化反應，在 425 K 及 15 bar 時達到平衡：

$$n\text{-}C_4H_{10}(g) \rightarrow iso\text{-}C_4H_{10}(g)$$

分別以兩種方法計算平衡混合物的組成：
(a) 假設為理想氣體混合物。
(b) 假設為符合 (3.38) 式狀態方程式的理想溶液。
比較並討論兩個結果。

參考數據：異丁烯 $\Delta H^\circ_{f_{298}} = -134,180 \text{ J mol}^{-1}$ ； $\Delta G^\circ_{f_{298}} = -20,760 \text{ J mol}^{-1}$

Appendix A 換算常數與氣體常數

換算常數與氣體常數

Appendix A

由於各參考書籍中的數據單位均不一致，因此我們在表 A.1 及 A.2 中列出單位換算常數，以利不同單位間的轉換。與 SI 系統無直接關聯的單位會外加括號以示區別。以下為各單位的定義：

(ft) ≡ 美制所定義的呎 ≡ 3.048×10^{-1} m

(in) ≡ 美制所定義的吋 ≡ 2.54×10^{-2} m

(gal) ≡ 美制加侖 ≡ 231 (in)^3

(lb$_m$) ≡ 美制所定義的磅質量 (avoirdupois) ≡ 4.5359237×10^{-1} kg

(lb$_f$) ≡ 使 1 (lb$_m$) 產生 32.1740 (ft) s^{-2} 加速度的力

(atm) ≡ 標準大氣壓力 ≡ 101,325 Pa

(psia) ≡ 每平方吋所承受之磅力的絕對壓力

(torr) ≡ 在 0°C 及標準重力場下 1 mm 水銀所產生的壓力

(cal) ≡ 熱化學卡

(Btu) ≡ 國際蒸汽表中之英熱單位

(lb mole) ≡ 以磅為質量單位的莫耳量

(R) ≡ 以 R 為單位的絕對溫度

表 A.1 中所示的換算常數，係針對單一基礎的或是導出的 SI 系統而列出的。其他各單位間的轉換，可由下例表示之：

$$1 \text{ bar} = 0.986923 \text{ (atm)} = 750.061 \text{ (torr)}$$

因此

$$1 \text{(atm)} = \frac{750.061}{0.986923} = 760.00 \text{ (torr)}$$

表 A.1　換算常數

量	換算式
長度	$1 \text{ m} = 100 \text{ cm}$ $= 3.28084(\text{ft}) = 39.3701(\text{in})$
質量	$1 \text{ kg} = 10^3 \text{ g}$ $= 2.20462(\text{lb}_m)$
力	$1 \text{ N} = 1 \text{ kg m s}^{-2}$ $= 10^5 (\text{dyne})$ $= 0.224809(\text{lb}_f)$
壓力	$1 \text{ bar} = 10^5 \text{ kg m}^{-1} \text{ s}^{-2} = 10^5 \text{ N m}^{-2}$ $= 10^5 \text{ Pa} = 10^2 \text{ kPa}$ $= 10^6 (\text{dyne}) \text{ cm}^{-2}$ $= 0.986923(\text{atm})$ $= 14.5038(\text{psia})$ $= 750.061(\text{torr})$
體積	$1 \text{ m}^3 = 10^6 \text{ cm}^3 = 10^3 \text{ liters}$ $= 35.3147(\text{ft})^3$ $= 264.172(\text{gal})$
密度	$1 \text{ g cm}^{-3} = 10^3 \text{ kg m}^{-3}$ $= 62.4278(\text{lb}_m)(\text{ft})^{-3}$
能量	$1 \text{ J} = 1 \text{ kg m}^2 \text{ s}^{-2} = 1 \text{ N m}$ $= 1 \text{ m}^3 \text{ Pa} = 10^{-5} \text{ m}^3 \text{ bar} = 10 \text{ cm}^3 \text{ bar}$ $= 9.86923 \text{ cm}^3(\text{atm})$ $= 10^7 (\text{dyne}) \text{ cm} = 10^7 (\text{erg})$ $= 0.239006(\text{cal})$ $= 5.12197 \times 10^{-3}(\text{ft})^3(\text{psia}) = 0.737562(\text{ft})(\text{lb}_f)$ $= 9.47831 \times 10^{-4}(\text{Btu}) = 2.77778 \times 10^{-7} \text{ kWhr}$
功	$1 \text{ kW} = 10^3 \text{ W} = 10^3 \text{ kg m}^2 \text{ s}^{-3} = 10^3 \text{ J s}^{-1}$ $= 239.006(\text{cal}) \text{ s}^{-1}$ $= 737.562(\text{ft})(\text{lb}_f) \text{ s}^{-1}$ $= 0.947831(\text{Btu}) \text{ s}^{-1}$ $= 1.34102(\text{hp})$

表 A.2　氣體常數

$R = 8.314 \text{ J mol}^{-1} \text{ K}^{-1} = 8.314 \text{ m}^3 \text{ Pa mol}^{-1} \text{ K}^{-1}$
$= 83.14 \text{ cm}^3 \text{ bar mol}^{-1} \text{ K}^{-1} = 8,314 \text{ cm}^3 \text{ kPa mol}^{-1} \text{ K}^{-1}$
$= 82.06 \text{ cm}^3(\text{atm}) \text{ mol}^{-1} \text{ K}^{-1} = 62,356 \text{ cm}^3(\text{torr}) \text{ mol}^{-1} \text{ K}^{-1}$
$= 1.987(\text{cal}) \text{ mol}^{-1} \text{ K}^{-1} = 1.986(\text{Btu})(\text{lb mole})^{-1}(\text{R})^{-1}$
$= 0.7302(\text{ft})^3(\text{atm})(\text{lb mol})^{-1}(\text{R})^{-1} = 10.73(\text{ft})^3(\text{psia})(\text{lb mol})^{-1}(\text{R})^{-1}$
$= 1,545(\text{ft})(\text{lb}_f)(\text{lb mol})^{-1}(\text{R})^{-1}$

純物質的物性

Appendix B

表 B.1　純物質之物性如下

在此列出多種化學物質的莫耳質量 (分子量)、離心係數 ω、臨界溫度 T_c、臨界壓力 P_c、臨界壓縮係數 Z_c、臨界莫耳體積 V_c 及正常沸點 T_n。數據已取得授權，摘錄自 Project 801, DIPPR®, Design Institute for Physical Property Data of the American Institute of Chemical Engineers。完整的數據資料請參見 T. E. Daubert, R. P. Danner, H. M. Sibul 及 C. C. Stebbins 等人出版之 *Physical and Thermodynamic Properties of Pure Chemicals*: *Data Compilation*, Taylor and Francis, Bristol, PA, 1995。包含了 1,405 種物質、26 種物性常數以及 13 種熱力學物性及輸送性質的溫度相依公式中的迴歸參數值。

相同作者的數位出版品有：

- *DIPPR® Data Compilation of Pure Compound Properties,* ASCII Files, National Institute of Science and Technology, Standard Reference Data, Gaithersburg, MD, 1995. 包含 1,458 種化學品。
- *DIPPR® Data Compilation, Student DIPPR Database,* PC-DOS Version, National Institute of Science and Technology, Standard Reference Data, Gaithersburg, MD, 1995. 教學用，包含 100 種常見化學品。

表 B.2　純物質的 Antoine 蒸汽壓方程式參數值

表 B.1 純物質之物性

	分子量	ω	T_c/ K	P_c/ bar	Z_c	V_c cm^3 mol^{-1}	T_n/K
甲烷	16.043	0.012	190.6	45.99	0.286	98.6	111.4
乙烷	30.070	0.100	305.3	48.72	0.279	145.5	184.6
丙烷	44.097	0.152	369.8	42.48	0.276	200	231.1
正丁烷	58.123	0.200	425.1	37.96	0.274	255.	272.7
正戊烷	72.150	0.252	469.7	33.70	0.270	313.	309.2
正己烷	83.177	0.301	507.6	30.25	0.266	371.	341.9
正庚烷	100.204	0.350	540.2	27.40	0.261	428.	371.6
正辛烷	114.231	0.400	568.7	24.90	0.256	486.	398.8
正壬烷	128.258	0.444	594.6	22.90	0.252	544.	424.0
正癸烷	142.285	0.492	617.7	21.10	0.247	600.	447.3
異丁烷	58.123	0.181	408.1	36.48	0.282	262.7	261.4
異辛烷	114.231	0.302	544.0	25.68	0.266	468.	372.4
環戊烷	70.134	0.196	511.8	45.02	0.273	258.	322.4
環己烷	84.161	0.210	553.6	40.73	0.273	308.	353.9
甲基環戊烷	84.161	0.230	532.8	37.85	0.272	319.	345.0
甲基環己烷	98.188	0.235	572.2	34.71	0.269	368.	374.1
乙烯	28.054	0.087	282.3	50.40	0.281	131.	169.4
丙烯	42.081	0.140	365.6	46.65	0.289	188.4	225.5
1-丁烯	56.108	0.191	420.0	40.43	0.277	239.3	266.9
順2-丁烯	56.108	0.205	435.6	42.43	0.273	233.8	276.9
反2-丁烯	56.108	0.218	428.6	41.00	0.275	237.7	274.0
1-己烯	84.161	0.280	504.0	31.40	0.265	354.	336.3
異丁烯	56.108	0.194	417.9	40.00	0.275	238.9	266.3
1,3-丁二烯	54.092	0.190	425.2	42.77	0.267	220.4	268.7
環己烯	82.145	0.212	560.4	43.50	0.272	291.	356.1
乙炔	26.038	0.187	308.3	61.39	0.271	113.	189.4
苯	78.114	0.210	562.2	48.98	0.271	259.	353.2
甲苯	92.141	0.262	591.8	41.06	0.264	316.	383.8
乙苯	106.167	0.303	617.2	36.06	0.263	374.	409.4
異丙苯	120.194	0.326	631.1	32.09	0.261	427.	425.6
鄰二甲苯	106.167	0.310	630.3	37.34	0.263	369.	417.6
間二甲苯	106.167	0.326	617.1	35.36	0.259	376.	412.3
對二甲苯	106.167	0.322	616.2	35.11	0.260	379.	411.5
苯乙烯	104.152	0.297	636.0	38.40	0.256	352.	418.3
萘	128.174	0.302	748.4	40.51	0.269	413.	491.2
聯苯	154.211	0.365	789.3	38.50	0.295	502.	528.2
甲醛	30.026	0.282	408.0	65.90	0.223	115.	154.1
乙醛	44.053	0.291	466.0	55.50	0.221	154.	294.0
乙酸甲酯	74.079	0.331	506.6	47.50	0.257	228.	330.1
乙酸乙酯	88.106	0.366	523.3	38.80	0.255	286.	350.2
丙酮	58.080	0.307	508.2	47.01	0.233	209.	329.4
丁酮	72.107	0.323	535.5	41.50	0.249	267.	352.8
二乙醚	74.123	0.281	466.7	36.40	0.263	280.	307.6
甲基第三丁基醚	88.150	0.266	497.1	34.30	0.273	329.	328.4

Appendix B 純物質的物性

表 B.1 純物質之物性 (續)

	分子量	ω	T_c/K	P_c/bar	Z_c	V_c cm^3 mol^{-1}	T_n/K
甲醇	32.042	0.564	512.6	80.97	0.224	118.	337.9
乙醇	46.069	0.645	513.9	61.48	0.240	167.	351.4
1-丙醇	60.096	0.622	536.8	51.75	0.254	219.	370.4
1-丁醇	74.123	0.594	563.1	44.23	0.260	275.	390.8
1-己醇	102.177	0.579	611.4	35.10	0.263	381.	430.6
2-乙醇	60.096	0.668	508.3	47.62	0.248	220.	355.4
酚	94.113	0.444	694.3	61.30	0.243	229.	455.0
乙二醇	62.068	0.487	719.7	77.00	0.246	191.0	470.5
醋酸	60.053	0.467	592.0	57.86	0.211	179.7	391.1
正丁酸	88.106	0.681	615.7	40.64	0.232	291.7	436.4
苯甲酸	122.123	0.603	751.0	44.70	0.246	344.	522.4
乙腈	41.053	0.338	545.5	48.30	0.184	173.	354.8
甲胺	31.057	0.281	430.1	74.60	0.321	154.	266.8
乙胺	45.084	0.285	456.2	56.20	0.307	207.	289.7
硝甲烷	61.040	0.348	588.2	63.10	0.223	173.	374.4
四氯化碳	153.822	0.193	556.4	45.60	0.272	276.	349.8
氯仿	119.377	0.222	536.4	54.72	0.293	239.	334.3
二氯甲烷	84.932	0.199	510.0	60.80	0.265	185.	312.9
氯甲烷	50.488	0.153	416.3	66.80	0.276	143.	249.1
氯乙烷	64.514	0.190	460.4	52.70	0.275	200.	285.4
Tetrafluore-thane	102.030	0.327	374.2	40.60	0.258	198.0	247.1
氯苯	112.558	0.250	632.4	45.20	0.265	308.	404.9
氬	39.948	0.000	150.9	48.98	0.291	74.6	87.3
氪	83.800	0.000	209.4	55.02	0.288	91.2	119.8
氙	131.300	0.000	289.7	58.40	0.286	118.	165.0
氦 4	4.003	−0.390	85.2	82.28	0.302	57.3	84.2
氫	2.016	−0.216	33.2	13.13	0.305	64.1	20.4
氧	31.999	0.022	154.6	50.43	0.288	73.4	90.2
氮	28.014	0.038	126.2	34.00	0.289	89.2	77.3
空氣*	28.851	0.035	132.2	37.45	0.289	84.8	
氯	70.905	0.069	417.2	77.10	0.265	124.	239.1
二氧化碳	28.010	0.048	132.9	34.99	0.299	93.4	81.7
一氧化碳	44.010	0.224	304.2	73.83	0.274	94.0	
二硫化碳	76.143	0.111	552.0	79.00	0.275	160.	319.4
硫化氫	34.082	0.094	373.5	89.63	0.284	98.5	212.8
二氧化硫	64.065	0.245	430.8	78.84	0.269	122.	263.1
三氧化硫	80.064	0.424	490.9	82.10	0.255	127.	317.9
一氧化氮	30.006	0.583	180.2	64.80	0.251	58.0	121.4
二氧化氮	44.013	0.141	309.6	72.45	0.274	97.4	184.7
氯化氫	36.461	0.132	324.7	83.10	0.249	81.	188.2
氰化氫	27.026	0.410	456.7	53.90	0.197	139.	298.9
水	18.015	0.345	647.1	220.55	0.229	55.9	373.2
氨	17.031	0.253	405.7	112.80	0.242	72.5	239.7
硝酸	63.013	0.714	520.0	68.90	0.231	145.	356.2
硫酸	98.080	⋯	924.0	64.00	0.147	177.	610.0

* 對於組成為 $y_{N_2} = 0.79$ 及 $y_{O_2} = 0.21$ 的空氣的偽參數值，見 (6.97) 至 (6.99) 式。

表 B.2　純物質的 Antoine 蒸汽壓方程式參數值

$$\ln P^{\text{sat}} / \text{kPa} = A - \frac{B}{t/°C + C}$$

ΔH_n 為正常沸點下的蒸汽潛熱；t_n 為正常沸點。

	化學式	**Antoine 方程式的參數**			溫度範圍 °C	ΔH_n kJ/mol	t_n °C
		A**	B	C			
丙酮	C_3H_6O	14.3145	2756.22	228.060	−26 — 77	29.10	56.2
乙酸	$C_2H_4O_2$	15.0717	3580.80	224.650	24 — 142	23.70	117.9
乙腈	C_2H_3N	14.8950	3413.10	250.523	−27 — 81	30.19	81.6
苯	C_6H_6	13.7819	2726.81	217.572	6 — 104	30.72	80.0
異丁烷	C_4H_{10}	13.8254	2181.79	248.870	−83 — 7	21.30	−11.9
正丁烷	C_4H_{10}	13.6608	2154.70	238.789	−73 — 19	22.44	−0.5
1-丁醇	$C_4H_{10}O$	15.3144	3212.43	182.739	37 — 138	43.29	117.6
2-丁醇	$C_4H_{10}O$	15.1989	3026.03	186.500	25 — 120	40.75	99.5
異丁醇	$C_4H_{10}O$	14.6047	2740.95	166.670	30 — 128	41.82	107.8
三級丁醇	$C_4H_{10}O$	14.8445	2658.29	177.650	10 — 101	39.07	82.3
四氯化碳	CCl_4	14.0572	2914.23	232.148	−14 — 101	29.82	76.6
氯苯	C_6H_5Cl	13.8635	3174.78	211.700	29 — 159	35.19	131.7
1-氯丁烷	C_4H_9Cl	13.7965	2723.73	218.265	−17 — 79	30.39	78.5
三氯甲烷	$CHCl_3$	13.7324	2548.74	218.552	−23 — 84	29.24	61.1
環己烷	C_6H_{12}	13.6568	2723.44	220.618	9 — 105	29.97	80.7
環戊烷	C_5H_{10}	13.9727	2653.90	234.510	−35 — 71	27.30	49.2
正葵烷	$C_{10}H_{22}$	13.9748	3442.76	193.858	65 — 203	38.75	174.1
二氯甲烷	CH_2Cl_2	13.9891	2463.93	223.240	−38 — 60	28.06	39.7
二乙醚	$C_4H_{10}O$	14.0735	2511.29	231.200	−43 — 55	26.52	34.4
1,4-二氧六環	$C_4H_8O_2$	15.0967	3579.78	240.337	20 — 105	34.16	101.3
正二十烷	$C_{20}H_{42}$	14.4575	4680.46	132.100	208 — 379	57.49	343.6
乙醇	C_2H_6O	16.8958	3795.17	230.918	3 — 96	38.56	78.2
乙苯	C_8H_{10}	13.9726	3259.63	212.300	33 — 163	35.57	136.2
乙二醇*	$C_2H_6O_2$	15.7567	4187.46	178.650	100 — 222	50.73	197.3
正庚烷	C_7H_{16}	13.8622	2910.26	216.432	4 — 123	31.77	98.4
正己烷	C_6H_{14}	13.8193	2696.04	224.317	−19 — 92	28.85	68.7
甲醇	CH_4O	16.5785	3638.27	239.500	−11 — 83	35.21	64.7
甲基乙酯	$C_3H_6O_2$	14.2456	2662.78	219.690	−23 — 78	30.32	56.9
甲乙酮	C_4H_8O	14.1334	2838.24	218.690	−8 — 103	31.30	79.6
硝基甲烷*	CH_3NO_2	14.7513	3331.70	227.600	56 — 146	33.99	101.2
正壬烷	C_9H_{20}	13.9854	3311.19	202.694	46 — 178	36.91	150.8
異辛烷	C_8H_{18}	13.6703	2896.31	220.767	2 — 125	30.79	99.2
正辛烷	C_8H_{18}	13.9346	3123.13	209.635	26 — 152	34.41	125.6
正戊烷	C_5H_{12}	13.7667	2451.88	232.014	−45 — 58	25.79	36.0
酚	C_6H_6O	14.4387	3507.80	175.400	80 — 208	46.18	181.8
1-丙醇	C_3H_8O	16.1154	3483.67	205.807	20 — 116	41.44	97.2
2-丙醇	C_3H_8O	16.6796	3640.20	219.610	8 — 100	39.85	82.2
甲苯	C_7H_8	13.9320	3056.96	217.625	13 — 136	33.18	110.6
水	H_2O	16.3872	3885.70	230.170	0 — 200	40.66	100.0
鄰二甲苯	C_8H_{10}	14.0415	3358.79	212.041	40 — 172	36.24	144.4
間二甲苯	C_8H_{10}	14.1387	3381.81	216.120	35 — 166	35.66	139.1
對二甲苯	C_8H_{10}	14.0579	3331.45	214.627	35 — 166	35.67	138.3

資料來源主要為：B. E. Poling, J. M. Prausnitz, and J. P. O'Connell, *The Properties of Gases and Liquids,* 5th ed., App. A, McGraw-Hill, New York, 2001.

*由 Gmehling et al 發表之 Antoine 參數。見附錄 H 的註 2。

**本表之 Antoine 參數 A 作了適當的調整以符合 t_n 值。

比熱及生成物性改變量

Appendix C

表 C.1　理想氣體狀態之比熱

表 C.2　固體之比熱

表 C.3　液體之比熱

表 C.4　298.15 K 時之標準生成焓及 Gibbs 自由能

表 C.1 理想氣體狀態之比熱*

$C_P^{ig} / R = A + BT + CT^2 + DT^{-2}$ 公式中的常數 T (kelvins 單位) 由 298 至 T_{max}

物 質		T_{max}	$C_{P_{298}}^{ig} / R$	A	$10^3 B$	$10^6 C$	$10^{-5} D$
石蠟類：							
甲烷	CH_4	1500	4.217	1.702	9.081	−2.164	
乙烷	C_2H_6	1500	6.369	1.131	19.225	−5.561	
丙烷	C_3H_8	1500	9.001	1.213	28.785	−8.824	
正丁烷	C_4H_{10}	1500	11.928	1.935	36.915	−11.402	
異丁烷	C_4H_{10}	1500	11.901	1.677	37.853	−11.945	
正戊烷	C_5H_{12}	1500	14.731	2.464	45.351	−14.111	
正己烷	C_6H_{14}	1500	17.550	3.025	53.722	−16.791	
正庚烷	C_7H_{16}	1500	20.361	3.570	62.127	−19.486	
正辛烷	C_8H_{18}	1500	23.174	8.163	70.567	−22.208	
1-烯類：							
乙烯	C_2H_4	1500	5.325	1.424	14.394	−4.392	
丙烯	C_3H_6	1500	7.792	1.637	22.706	−6.915	
1-丁烯	C_4H_8	1500	10.520	1.967	31.630	−9.873	
1-戊烯	C_5H_{10}	1500	13.437	2.691	39.753	−12.447	
1-己烯	C_6H_{12}	1500	16.240	3.220	48.189	−15.157	
1-庚烯	C_7H_{14}	1500	19.053	3.768	56.588	−17.847	
1-辛烯	C_8H_{16}	1500	21.868	4.324	64.960	−20.521	
其他有機類：							
乙醛	C_2H_4O	1000	6.506	1.693	17.978	−6.158	
乙炔	C_2H_2	1500	5.253	6.132	1.952	......	−1.299
苯	C_6H_6	1500	10.259	−0.206	39.064	−13.301	
1,3-丁二烯	C_4H_6	1500	10.720	2.734	26.786	−8.882	
環己烷	C_6H_{12}	1500	13.121	−3.876	63.249	−20.928	
乙醇	C_2H_6O	1500	8.948	3.518	20.001	−6.002	
乙苯	C_8H_{10}	1500	15.993	1.124	55.380	−18.476	
環氧乙烷	C_2H_4O	1000	5.784	−0.385	23.463	−9.296	
甲醛	CH_2O	1500	4.191	2.264	7.022	−1.877	
甲醇	CH_4O	1500	5.547	2.211	12.216	−3.450	
苯乙烯	C_8H_8	1500	15.534	2.050	50.192	−16.662	
甲苯	C_7H_8	1500	12.922	0.290	47.052	−15.716	
其他無機類：							
空氣		2000	3.509	3.355	0.575	......	−0.016
氨	NH_3	1800	4.269	3.578	3.020	......	−0.186
溴	Br_2	3000	4.337	4.493	0.056	......	−0.154
一氧化碳	CO	2500	3.507	3.376	0.557	......	−0.031
二氧化碳	CO_2	2000	4.467	5.457	1.045	......	−1.157
二硫化碳	CS_2	1800	5.532	6.311	0.805	......	−0.906
氯	Cl_2	3000	4.082	4.442	0.089	......	−0.344
氫	H_2	3000	3.468	3.249	0.422	......	0.083
硫化氫	H_2S	2300	4.114	3.931	1.490	......	−0.232
氯化氫	HCl	2000	3.512	3.156	0.623	......	0.151
氰化氫	HCN	2500	4.326	4.736	1.359	......	−0.725
氮	N_2	2000	3.502	3.280	0.593	......	0.040
一氧化二氮	N_2O	2000	4.646	5.328	1.214	......	−0.928
一氧化氮	NO	2000	3.590	3.387	0.629	......	0.014
二氧化氮	NO_2	2000	4.447	4.982	1.195	......	−0.792
四氧化二氮	N_2O_4	2000	9.198	11.660	2.257	......	−2.787
氧	O_2	2000	3.535	3.639	0.506	......	−0.227
二氧化硫	SO_2	2000	4.796	5.699	0.801	......	−1.015
三氧化硫	SO_3	2000	6.094	8.060	1.056	......	−2.028
水	H_2O	2000	4.038	3.470	1.450	......	0.121

資料來源：H. M. Spencer, *Ind. Eng. Chem.*, vol. 40, pp. 2152-2154, 1948; K. K. Kelley, *U.S. Bur. Mines Bull.* 584, 1960; L. B. Pankratz, *U. S. Bur. Mines Bull.* 672, 1982.

Appendix C　比熱及生成物性改變量

表 C.2　固體之比熱*

$C_P/R = A + BT + DT^{-2}$ 公式中的常數列於下表，T (kelvins 常數) 由 298 至 T_{max}

物　質	T_{max}	C_{P298}/R	A	$10^3 B$	$10^{-5} D$
CaO	2000	5.058	6.104	0.443	−1.047
CaCO$_3$	1200	9.848	12.572	2.637	−3.120
Ca(OH)$_2$	700	11.217	9.597	5.435	
CaC$_2$	720	7.508	8.254	1.429	−1.042
CaCl$_2$	1055	8.762	8.646	1.530	−0.302
C (石墨)	2000	1.026	1.771	0.771	−0.867
Cu	1357	2.959	2.677	0.815	0.035
CuO	1400	5.087	5.780	0.973	−0.874
Fe (α)	1043	3.005	−0.111	6.111	1.150
Fe$_2$O$_3$	960	12.480	11.812	9.697	−1.976
Fe$_3$O$_4$	850	18.138	9.594	27.112	0.409
FeS	411	6.573	2.612	13.286	
I$_2$	386.8	6.929	6.481	1.502	
LiCl	800	5.778	5.257	2.476	−0.193
NH$_4$Cl	458	10.741	5.939	16.105	
Na	371	3.386	1.988	4.688	
NaCl	1073	6.111	5.526	1.963	
NaOH	566	7.177	0.121	16.316	1.948
NaHCO$_3$	400	10.539	5.128	18.418	
S (斜方晶)	368.3	3.748	4.114	−1.728	−0.783
SiO$_2$ (石英)	847	5.345	4.871	5.365	−1.001

*資料來源：K. K. Kelley, *U.S. Bur. Mines Bull. 584*, 1960; L. B. Pankratz, *U.S. Bull. Mines Bull. 672*, 1982.

表 C.3　液體之比熱*

$C_P/R = A + BT + DT^{-2}$ 公式中的常數列於下表，T 的範圍由 273.15 至 373.15K

物　質	C_{P298}/R	A	$10^3 B$	$10^6 C$
氨	9.718	22.626	−100.75	192.71
苯胺	23.070	15.819	29.03	−15.80
苯	16.157	−0.747	67.96	−37.78
1,3-丁二烯	14.779	22.711	−87.96	205.79
四氯化碳	15.751	21.155	−48.28	101.14
氯苯	18.240	11.278	32.86	−31.90
氯仿	13.806	19.215	−42.89	83.01
環己烷	18.737	−9.048	141.38	−161.62
乙醇	13.444	33.866	−172.60	349.17
環氧乙烷	10.590	21.039	−86.41	172.28
甲醇	9.798	13.431	−51.28	131.13
正丙醇	16.921	41.653	−210.32	427.20
三氧化硫	30.408	−2.930	137.08	−84.73
甲苯	18.611	15.133	6.79	16.35
水	9.069	8.712	1.25	−0.18

*表列數值根據下列文獻的關聯式：J. W. Miller, Jr., G. R. Schorr, and C. L. Yaws, *Chem. Eng.*, vol. 83(23), p. 129, 1976.

表 C.4　298.15 K 時之標準生成焓及 Gibbs 自由能*

單位為焦耳／每莫耳生成物質

物　質		狀態 (附註 2)	$\Delta H°_{f298}$ (附註1)	$\Delta G°_{f298}$ (附註1)
石蠟類：				
甲烷	CH_4	(g)	−74,520	−50,460
乙烷	C_2H_6	(g)	−83,820	−31,855
丙烷	C_3H_8	(g)	−104,680	−24,290
正丁烷	C_4H_{10}	(g)	−125,790	−16,570
正戊烷	C_5H_{12}	(g)	−146,760	−8,650
正己烷	C_6H_{14}	(g)	−166,920	150
正庚烷	C_7H_{14}	(g)	−187,780	8,260
正辛烷	C_8H_{16}	(g)	−208,750	16,260
1-烯類：				
乙烯	C_2H_4	(g)	52,510	68,460
丙烯	C_3H_6	(g)	19,710	62,205
1-丁烯	C_4H_8	(g)	−540	70,340
1-戊烯	C_5H_{10}	(g)	−21,280	78,410
1-己烯	C_6H_{12}	(g)	−41,950	86,830
1-庚烯	C_7H_{14}	(g)	−62,760	
其他有機類：				
乙醛	C_2H_4O	(g)	−166,190	−128,860
醋酸	$C_2H_4O_2$	(l)	−484,500	−389,900
乙炔	C_2H_2	(g)	227,480	209,970
苯	C_6H_6	(g)	82,930	129,665
苯	C_6H_6	(l)	49,080	124,520
1,3-丁二烯	C_4H_6	(g)	109,240	149,795
環己烷	C_6H_{12}	(g)	−123,140	31,920
環己烷	C_6H_{12}	(l)	−156,230	26,850
1,2-乙二醇	$C_2H_6O_2$	(l)	−454,800	−323,080
乙醇	C_2H_6O	(g)	−235,100	−168,490
乙醇	C_2H_6O	(l)	−277,690	−174,780
乙苯	C_8H_{10}	(g)	29,920	130,890
環氧乙烷	C_2H_4O	(g)	−52,630	−13,010
甲醛	CH_2O	(g)	−108,570	−102,530
甲醇	CH_4O	(g)	−200,660	−161,960
甲醇	CH_4O	(l)	−238,660	−166,270
甲基環己烷	C_7H_{14}	(g)	−154,770	27,480
甲基環己烷	C_7H_{14}	(l)	−190,160	20,560
苯乙烯	C_8H_8	(g)	147,360	213,900
甲苯	C_7H_8	(g)	50,170	122,050
甲苯	C_7H_8	(l)	12,180	113,630
各類無機類：				
氨	NH_3	(g)	−46,110	−16,450
氨	NH_3	(aq)		−26,500
碳化鈣	CaC_2	(s)	−59,800	−64,900
碳酸鈣	$CaCO_3$	(s)	−1,206,920	−1,128,790
氯化鈣	$CaCl_2$	(s)	−795,800	−748,100

Appendix **C** 比熱及生成物性改變量

表 C.4　298.15 K 時之標準生成焓及 Gibbs 自由能（續）

物　質		狀　態 (附註 2)	$\Delta H^\circ_{f_{298}}$ (附註 1)	$\Delta G^\circ_{f_{298}}$ (附註 1)
氯化鈣	$CaCl_2$	(aq)		–8,101,900
氯化鈣	$CaCl_2 \cdot 6H_2O$	(s)	–2,607,900	
氫氧化鈣	$Ca(OH)_2$	(s)	–986,090	–898,490
氫氧化鈣	$Ca(OH)_2$	(aq)		–868,070
氧化鈣	CaO	(s)	–635,090	–604,030
二氧化碳	CO_2	(g)	–393,509	–394,359
一氧化碳	CO	(g)	–110,525	–137,169
氯化氫	HCl	(g)	–92,307	–95,299
氰化氫	HCN	(g)	135,100	124,700
硫化氫	H_2S	(g)	–20,630	–33,560
氧化鐵	FeO	(s)	–272,000	
三氧化二鐵	Fe_2O_3	(s)	–824,200	–742,200
四氧化三鐵	Fe_2O_4	(s)	–1,118,400	–1,015,400
硫化鐵	FeS_2	(s)	–178,200	–166,900
氯化鋰	LiCl	(s)	–408,610	
氯化鋰	$LiCl \cdot H_2O$	(s)	–712,580	
氯化鋰	$LiCl \cdot 2H_2O$	(s)	–1,012,650	
氯化鋰	$LiCl \cdot 3H_2O$	(s)	–1,311,300	
硝酸	HNO_3	(l)	–174,100	–80,710
硝酸	HNO_3	(aq)		–111,250
氧化氮類	NO	(g)	90,250	86,550
	NO_2	(g)	33,180	51,310
	N_2O	(g)	82,050	104,200
	N_2O_4	(g)	9,160	97,540
碳酸鈉	Na_2CO_3	(s)	–1,130,680	–1,044,440
碳酸鈉	$Na_2CO_3 \cdot 10H_2O$	(s)	–4,081,320	
氯化鈉	NaCl	(s)	–411,153	–384,138
氯化鈉	NaCl	(aq)		–393,133
氫氧化鈉	NaOH	(s)	–425,609	–379,494
氫氧化鈉	NaOH	(aq)		–419,150
二氧化硫	SO_2	(g)	–296,830	–300,194
三氧化硫	SO_3	(g)	–395,720	–371,060
三氧化硫	SO_3	(l)	–441,040	
硫酸	H_2SO_4	(l)	–813,989	–690,003
硫酸	H_2SO_4	(aq)		–744,530
水	H_2O	(g)	–241,818	–228,572
水	H_2O	(l)	–285,830	–237,129

* 資料來源：*TRC Thermodynamic Tables-Hydrocarbons,* Thermodynamics Research Center, Texas A & M Univ. System, College Station, Texas;　"The NBS Tables of Chemical Thermodynamic Properties," J. *Physical and Chemical Reference Data,* vol. 11, supp. 2, 1982.

附註：
1. 標準生成改變量 $\Delta H^\circ_{f_{298}}$ 及 $\Delta G^\circ_{f_{298}}$ 是 1 莫耳的上列各物質在其 298.15 K (25°C) 之標準狀態下，由其元素生成之改變量。
2. 標準狀態為：(a) 氣體 (g)：1 bar 及 25°C 之純理想氣體。(b) 液體 (l) 及固體 (s)：1 bar 及 25°C 之純物質。
   (c) 水溶液中的溶質 (aq)：1 bar 及 25°C 之 1 molal 理想水溶液中的溶質。

代表性的電腦程式

Appendix D

D.1 函數定義

由 (4.8) 式知,

$$\text{MCPH} \equiv \frac{\langle C_P \rangle_H}{R} = A + \frac{B}{2}T_0(\tau+1) + \frac{C}{3}T_0^2(\tau^2+\tau+1) + \frac{D}{\tau T_0^2}$$

由此可得,

$$\text{ICPH} \equiv \int_{T_0}^{T} \frac{C_P}{R} dT = \text{MCPH} * (T - T_0)$$

由 (5.17) 式知,

$$\text{MCPS} \equiv \frac{\langle C_P^{ig} \rangle_S}{R} = A + \left[BT_0 + \left(CT_0^2 + \frac{D}{\tau^2 T_0^2} \right)\left(\frac{\tau+1}{2}\right) \right]\left(\frac{\tau-1}{\ln \tau}\right)$$

由此可得

$$\text{ICPS} \equiv \int_{T_0}^{T} \frac{C_P^{ig}}{R} \frac{dT}{T} = \text{MCPS} * \ln \tau$$

其中

$$\tau \equiv \frac{T}{T_0}$$

Appendix **D** 代表性的電腦程式

Maple®

```
tau:=(T0,T)- >T/T0:
H2:=(T0,T,B)- >(B/2)*T0*(tau(T0,T)+1):
H3:=(T0,T,C)- >(C/3)*T0^2*(1+tau(T0,T)*(1+tau(T0,T))):
H4:=(T0,T,D)- >D/(tau(T0,T)*T0^2):
S2:=(T0,T,C,D)- >C*T0^2+D/(tau(T0,T)*tau(T0,T)*T0*T0):
S3:=(T0,T)- >(tau(T0,T)+1)/2:
S4:=(T0,T)- >(tau(T0,T)-1)/ln(tau(T0,T)):

MCPH:=(T0,T,A,B,C,D)- >A+H2(T0,T,B)+H3(T0,T,C)+H4(T0,T,D):
ICPH:=(T0,T,A,B,C,D)- >MCPH(T0,T,A,B,C,D)*(T-T0):
MCPS:=(T0,T,A,B,C,D)- >A+(B*T0+S2(T0,T,C,D)*S3(T0,T))*S4(T0,T):
ICPS:=(T0,T,A,B,C,D)- >MCPS(T0,T,A,B,C,D)*ln(tau(T0,T)):
```

Mathcad®

$$\tau(T_0,T) := \frac{T}{T_0}$$

$$H_2(T_0,T,B) := \frac{B}{2} \cdot T_0 \cdot (\tau(T_0,T)+1)$$

$$H_3(T_0,T,C) := \frac{C}{3} \cdot T_0^2 \cdot (\tau(T_0,T)^2 + \tau(T_0,T)+1)$$

$$H_4(T_0,T,D) := \frac{D}{\tau(T_0,T)} \cdot T_0^2$$

$$S_2(T_0,T,C,D) := C \cdot T_0^2 + \frac{D}{\tau(T_0,T)^2 \cdot T_0^2}$$

$$S_3(T_0,T) := \frac{\tau(T_0,T)+1}{2}$$

$$S_4(T_0,T) := \frac{\tau(T_0,T)-1}{\ln(\tau(T_0,T))}$$

$$MCPH(T_0,T,A,B,C,D) := A + H_2(T_0,T,B) + H_3(T_0,T,C) + H_4(T_0,T,D)$$

$$ICPH(T_0,T,A,B,C,D) := MCPH(T_0,T,A,B,C,D) \cdot (T-T_0)$$

$$MCPS(T_0,T,A,B,C,D) := A + (B \cdot T_0 + S_2(T_0,T,C,D) \cdot S_3(T_0,T)) \cdot S_4(T_0,T)$$

$$ICPS(T_0,T,A,B,C,D) := MCPS(T_0,T,A,B,C,D) \cdot \ln(\tau(T_0,T))$$

由 (6.87) 及 (6.88) 式知,

$$\text{HRB} \equiv \frac{H^R}{RT_c} = P_r \left[B^0 - T_r \frac{dB^0}{dT_r} + \omega \left(B^1 - T_r \frac{dB^1}{dT_r} \right) \right]$$

及

$$\text{SRB} \equiv \frac{S^R}{R} = -P_r \left(\frac{dB^0}{dT_r} - \omega \frac{dB^1}{dT_r} \right)$$

由 (8.68) 式知,

$$\text{PHB} \equiv \phi = \exp \left[\frac{P_r}{T_r} (B^0 + \omega B^1) \right]$$

Maple®

```
B0:=(TR)− >0.083-0.422/TR^1.6:
DB0:=(TR)− >0.675/TR^2.6:
B1:=(TR)− >0.139-0.172/TR^4.2:
DB1:=(TR)− >0.722/TR^5.2:
HRB:=(TR,PR,omega)− >PR*(B0(TR)-TR*DB0(TR)+omega*(B1(TR)
    -TR*DB1(TR))):
SRB:=(TR,PR,omega)− >-PR*(DB0(TR)+omega*DB1(TR)):
PHIB:=(TR,PR,omega)− >exp((PR/TR)*(B0(TR)+omega*B1(TR))):
```

Mathcad®

$$B_0(T_r) := 0.083 - \frac{0.422}{T_r^{1.6}}$$

$$DB_0(T_r) := \frac{0.675}{T_r^{2.6}}$$

$$B_1(T_r) := 0.139 - \frac{0.172}{T_r^{4.2}}$$

$$DB_1(T_r) := \frac{0.722}{T_r^{5.2}}$$

$$\text{HRB}(T_r, P_r, \omega) := P_r \cdot (B_0(T_r) - T_r \cdot DB_0(T_r) + \omega \cdot (B_1(T_r) - T_r \cdot DB_1(T_r)))$$

$$\text{SRB}(T_r, P_r, \omega) := -P_r \cdot (DB_0(T_r) + \omega \cdot DB_1(T_r))$$

$$\text{PHIB}(T_r, P_r, \omega) := \exp \left[\frac{P_r}{T_r} \cdot (B_0(T_r) + \omega \cdot B_1(T_r)) \right]$$

D.2　由 Mathcad® 求解例題

例 3.9 —由 Redlich/Kwong 狀態方程式求莫耳體積

(a) 飽和蒸汽：

已知：　　　q := 6.6048　　　β := 0.026214

起始猜測值： Z := 1

求解：已知　　$Z = 1 + \beta - q \cdot \beta \dfrac{Z - \beta}{Z \cdot (Z + \beta)}$

　　　　　　　解 (Z) = 0.8305

(b) 飽和液體：

起始猜測值：　Z := β

求解：已知　　$Z = \beta + Z \cdot (Z + \beta) \cdot \beta \left(\dfrac{1 + \beta - Z}{q \cdot \beta} \right)$

　　　　　　　解 (Z) = 0.04331

例 7.3— 露點及泡點計算

此題由 (a) 至 (d) 各部份所用的公式相同。

Antoine 蒸汽壓公式：

A1 := 16.59158　　　A2 := 14.25326

B1 := 3643.31　　　B2 := 2665.54

C1 := -33.424　　　C2 := -53.424

$P1(T) := \exp\left(A1 - \dfrac{B1}{T - C1} \right)$ 　　　 $P2(T) := \exp\left(A2 - \dfrac{B2}{T - C2} \right)$

活性係數表示式：

$A(T) := 2.771 - 0.00523 \cdot T$

$\gamma 1(T, x1) := \exp[A(T) \cdot (1 - x1)^2]$ 　　　 $\gamma 2(T, x1) := \exp[A(T) \cdot x1^2]$

(a) 泡點壓力計算：

已知：　　　　T:=318.15　　　x1:=0.25　　　x2:=1- x1

$$P := x1 \cdot \gamma1(T,x1) \cdot P1(T) + x2 \cdot \gamma2(T,x1) \cdot P2(T) \qquad y1 := \frac{x1 \cdot \gamma1(T,x1) \cdot P1(T)}{P}$$

計算結果：　　　P=73.5　　　y1=0.282

(b) 露點壓力計算：

已知：　　　T:=318.15　　　y1:=0.60　　　y2:=1-y1

起始猜測值：　　　P:=50　　　x1:=0.8

求解：已知

$$P = \frac{1}{\dfrac{y1}{\gamma1(T,x1) \cdot P1(T)} + \dfrac{y2}{\gamma2(T,x1) \cdot P2(T)}}$$

$$x1 = \frac{y1 \cdot P}{\gamma1(T,x1) \cdot P1(T)}$$

解得　$(x1, P) = \begin{pmatrix} 0.817 \\ 62.894 \end{pmatrix}$

(c) 泡點溫度計算：

已知：　　　P:=101.33　　　x1:=0.85　　　x2:=1- x1

$$\alpha(T) := \frac{P1(T)}{P2(T)}$$

起始猜測值：　　　T:=300　　　y1:=0.7

求解：已知

$$P1(T) = \frac{P}{x1 \cdot \gamma1(T,x1) + \dfrac{x2 \cdot \gamma2(T,x1)}{\alpha(T)}} \qquad y1 = \frac{x1 \cdot \gamma1(T,x1) \cdot P1(T)}{P}$$

解得　$(y1, T) = \begin{pmatrix} 0.670 \\ 331.20 \end{pmatrix}$

Appendix D 代表性的電腦程式

(d) 露點溫度計算：

已知： P:=101.33　　y1:=0.40　　y2:=1- y1

起始猜測值： T:=300　　x1:=0.5

求解：已知

$$P1(T)=P \cdot \left(\frac{y1}{\gamma1(T,x1)} + \frac{y2 \cdot \alpha(T)}{\gamma2(T,x1)} \right) \qquad T=\frac{B1}{A1+\ln(P1(T))}+C1$$

$$x1=\frac{y1 \cdot P}{\gamma1(T,x1) \cdot P1(T)} \qquad 解得：(x1,T)=\begin{pmatrix} 0.460 \\ 326.70 \end{pmatrix}$$

例 10.13 ─ 反應平衡方程式之求解

已知：　　K_a:=1.758　　　K_b:=2.561

起始猜測值：　　ε_a:=0.1　　ε_b:=0.7

求解：已知　　0.5 ≥ ε_a ≥ -0.5　　0 ≤ ε_b ≤ 1

$$K_a = \frac{(2 \cdot \varepsilon_a + \varepsilon_b)^2}{(0.5 - \varepsilon_b) \cdot (3.38 + \varepsilon_a + \varepsilon_b)} \cdot 20 \qquad K_b = \frac{\varepsilon_b(2 \cdot \varepsilon_a + \varepsilon_b)}{(1 - \varepsilon_a) \cdot (3.38 + \varepsilon_a + \varepsilon_b)} \cdot 20$$

$$解得：(\varepsilon_a, \varepsilon_b) = \begin{pmatrix} -0.0506 \\ 0.5336 \end{pmatrix}$$

例 10.14 ─ 應用 Gibbs 自由能最小化法求解反應平衡

以下定義：　　$\Lambda_i \equiv \lambda_i / RT$ 及 RT ≡ R × T = 8314

定義：　　RT ≡ 8314

起始猜測值：　　$\Lambda_C := 1$　　$\Lambda_H := 1$　　$\Lambda_O := 1$　　$n := 1$

y_{CH4}:=0.01　　y_{H2O}:=0.01　　y_{CO}:=0.01　　y_{CO2}:=0.01　　y_{H2}:=0.96

求解：已知

$$y_{CH4}+y_{CO}+y_{CO2}=\frac{2}{n} \qquad 4\cdot y_{CH4}+2\cdot y_{H2O}+2\cdot y_{H2}=\frac{14}{n}$$

$$y_{H2O}+y_{CO}+2\cdot y_{CO2}=\frac{3}{n} \qquad y_{CH4}+y_{H2O}+y_{CO}+y_{CO2}+y_{H2}=1$$

$$\frac{19720}{RT}+\ln(y_{CH4})+\Lambda_C+4\cdot\Lambda_H=0 \qquad -\frac{192420}{RT}+\ln(y_{H2O})+2\cdot\Lambda_H+\Lambda_O=0$$

$$-\frac{200240}{RT}+\ln(y_{CO})+\Lambda_C+\Lambda_O=0 \qquad -\frac{395790}{RT}+\ln(y_{CO2})+\Lambda_C+2\cdot\Lambda_O=0$$

$$\ln(y_{H2})+2\cdot\Lambda_H=0$$

$$0 \leq y_{CH4} \leq 1 \quad 0 \leq y_{H2O} \leq 1 \quad 0 \leq y_{CO} \leq 1 \quad 0 \leq y_{CO2} \leq 1 \quad 0 \leq y_{H2} \leq 1$$

解得 $(y_{CH4}, y_{H2O}, y_{CO}, y_{CO2}, y_{H2}, \Lambda_C, \Lambda_H, \Lambda_O, n) = \begin{pmatrix} 0.0196 \\ 0.0980 \\ 0.1743 \\ 0.0371 \\ 0.6711 \\ 0.7635 \\ 0.1994 \\ 25.068 \\ 8.6608 \end{pmatrix}$

Lee/Kesler 一般化關聯表

Appendix E

Lee/Kesler 表經許可後由 "A Generalized Thermodynamic Correlation Based on Three-Parameter Corresponding States", by Byung IK Lee and Michael G. Kesler, *AIChE J.*, **21**, 501-527 (1975) 文章中取出刊登。以斜體字印出的數字表示液態性質。

表 E.1-E.4　壓縮係數之關聯

表 E.5-E.8　剩餘焓之關聯

表 E.9-E.12　剩餘熵之關聯

表 E.13-E.16　逸壓係數之關聯

表 E.1：Z^0 值

$P_r =$	0.0100	0.0500	0.1000	0.2000	0.4000	0.6000	0.8000	1.0000
T_r								
0.30	*0.0029*	*0.0145*	*0.0290*	*0.0579*	*0.1158*	*0.1737*	*0.2315*	0.2892
0.35	*0.0026*	*0.0130*	*0.0261*	*0.0522*	*0.1043*	*0.1564*	*0.2084*	0.2604
0.40	*0.0024*	*0.0119*	*0.0239*	*0.0477*	*0.0953*	*0.1429*	*0.1904*	0.2379
0.45	*0.0022*	*0.0110*	*0.0221*	*0.0442*	*0.0882*	*0.1322*	*0.1762*	0.2200
0.50	*0.0021*	*0.0103*	*0.0207*	*0.0413*	*0.0825*	*0.1236*	*0.1647*	0.2056
0.55	0.9804	*0.0098*	*0.0195*	*0.0390*	*0.0778*	*0.1166*	*0.1553*	0.1939
0.60	0.9849	*0.0093*	*0.0186*	*0.0371*	*0.0741*	*0.1109*	*0.1476*	0.1842
0.65	0.9881	0.9377	*0.0178*	*0.0356*	*0.0710*	*0.1063*	*0.1415*	0.1765
0.70	0.9904	0.9504	0.8958	*0.0344*	*0.0687*	*0.1027*	*0.1366*	0.1703
0.75	0.9922	0.9598	0.9165	*0.0336*	*0.0670*	*0.1001*	*0.1330*	0.1656
0.80	0.9935	0.9669	0.9319	0.8539	*0.0661*	*0.0985*	*0.1307*	0.1626
0.85	0.9946	0.9725	0.9436	0.8810	*0.0661*	*0.0983*	*0.1301*	0.1614
0.90	0.9954	0.9768	0.9528	0.9015	0.7800	*0.1006*	*0.1321*	0.1630
0.93	0.9959	0.9790	0.9573	0.9115	0.8059	0.6635	*0.1359*	0.1664
0.95	0.9961	0.9803	0.9600	0.9174	0.8206	0.6967	*0.1410*	0.1705
0.97	0.9963	0.9815	0.9625	0.9227	0.8338	0.7240	0.5580	0.1779
0.98	0.9965	0.9821	0.9637	0.9253	0.8398	0.7360	0.5887	0.1844
0.99	0.9966	0.9826	0.9648	0.9277	0.8455	0.7471	0.6138	0.1959
1.00	0.9967	0.9832	0.9659	0.9300	0.8509	0.7574	0.6355	0.2901
1.01	0.9968	0.9837	0.9669	0.9322	0.8561	0.7671	0.6542	0.4648
1.02	0.9969	0.9842	0.9679	0.9343	0.8610	0.7761	0.6710	0.5146
1.05	0.9971	0.9855	0.9707	0.9401	0.8743	0.8002	0.7130	0.6026
1.10	0.9975	0.9874	0.9747	0.9485	0.8930	0.8323	0.7649	0.6880
1.15	0.9978	0.9891	0.9780	0.9554	0.9081	0.8576	0.8032	0.7443
1.20	0.9981	0.9904	0.9808	0.9611	0.9205	0.8779	0.8330	0.7858
1.30	0.9985	0.9926	0.9852	0.9702	0.9396	0.9083	0.8764	0.8438
1.40	0.9988	0.9942	0.9884	0.9768	0.9534	0.9298	0.9062	0.8827
1.50	0.9991	0.9954	0.9909	0.9818	0.9636	0.9456	0.9278	0.9103
1.60	0.9993	0.9964	0.9928	0.9856	0.9714	0.9575	0.9439	0.9308
1.70	0.9994	0.9971	0.9943	0.9886	0.9775	0.9667	0.9563	0.9463
1.80	0.9995	0.9977	0.9955	0.9910	0.9823	0.9739	0.9659	0.9583
1.90	0.9996	0.9982	0.9964	0.9929	0.9861	0.9796	0.9735	0.9678
2.00	0.9997	0.9986	0.9972	0.9944	0.9892	0.9842	0.9796	0.9754
2.20	0.9998	0.9992	0.9983	0.9967	0.9937	0.9910	0.9886	0.9865
2.40	0.9999	0.9996	0.9991	0.9983	0.9969	0.9957	0.9948	0.9941
2.60	1.0000	0.9998	0.9997	0.9994	0.9991	0.9990	0.9990	0.9993
2.80	1.0000	1.0000	1.0001	1.0002	1.0007	1.0013	1.0021	1.0031
3.00	1.0000	1.0002	1.0004	1.0008	1.0018	1.0030	1.0043	1.0057
3.50	1.0001	1.0004	1.0008	1.0017	1.0035	1.0055	1.0075	1.0097
4.00	1.0001	1.0005	1.0010	1.0021	1.0043	1.0066	1.0090	1.0115

Appendix E Lee/Kesler 一般化關聯表

表 E.2：Z^1 值

$P_r =$	0.0100	0.0500	0.1000	0.2000	0.4000	0.6000	0.8000	1.0000
T_r								
0.30	−0.0008	−0.0040	−0.0081	−0.0161	−0.0323	−0.0484	−0.0645	−0.0806
0.35	−0.0009	−0.0046	−0.0093	−0.0185	−0.0370	−0.0554	−0.0738	−0.0921
0.40	−0.0010	−0.0048	−0.0095	−0.0190	−0.0380	−0.0570	−0.0758	−0.0946
0.45	−0.0009	−0.0047	−0.0094	−0.0187	−0.0374	−0.0560	−0.0745	−0.0929
0.50	−0.0009	−0.0045	−0.0090	−0.0181	−0.0360	−0.0539	−0.0716	−0.0893
0.55	−0.0314	−0.0043	−0.0086	−0.0172	−0.0343	−0.0513	−0.0682	−0.0849
0.60	−0.0205	−0.0041	−0.0082	−0.0164	−0.0326	−0.0487	−0.0646	−0.0803
0.65	−0.0137	−0.0772	−0.0078	−0.0156	−0.0309	−0.0461	−0.0611	−0.0759
0.70	−0.0093	−0.0507	−0.1161	−0.0148	−0.0294	−0.0438	−0.0579	−0.0718
0.75	−0.0064	−0.0339	−0.0744	−0.0143	−0.0282	−0.0417	−0.0550	−0.0681
0.80	−0.0044	−0.0228	−0.0487	−0.1160	−0.0272	−0.0401	−0.0526	−0.0648
0.85	−0.0029	−0.0152	−0.0319	−0.0715	−0.0268	−0.0391	−0.0509	−0.0622
0.90	−0.0019	−0.0099	−0.0205	−0.0442	−0.1118	−0.0396	−0.0503	−0.0604
0.93	−0.0015	−0.0075	−0.0154	−0.0326	−0.0763	−0.1662	−0.0514	−0.0602
0.95	−0.0012	−0.0062	−0.0126	−0.0262	−0.0589	−0.1110	−0.0540	−0.0607
0.97	−0.0010	−0.0050	−0.0101	−0.0208	−0.0450	−0.0770	−0.1647	−0.0623
0.98	−0.0009	−0.0044	−0.0090	−0.0184	−0.0390	−0.0641	−0.1100	−0.0641
0.99	−0.0008	−0.0039	−0.0079	−0.0161	−0.0335	−0.0531	−0.0796	−0.0680
1.00	−0.0007	−0.0034	−0.0069	−0.0140	−0.0285	−0.0435	−0.0588	−0.0879
1.01	−0.0006	−0.0030	−0.0060	−0.0120	−0.0240	−0.0351	−0.0429	−0.0223
1.02	−0.0005	−0.0026	−0.0051	−0.0102	−0.0198	−0.0277	−0.0303	−0.0062
1.05	−0.0003	−0.0015	−0.0029	−0.0054	−0.0092	−0.0097	−0.0032	0.0220
1.10	0.0000	0.0000	0.0001	0.0007	0.0038	0.0106	0.0236	0.0476
1.15	0.0002	0.0011	0.0023	0.0052	0.0127	0.0237	0.0396	0.0625
1.20	0.0004	0.0019	0.0039	0.0084	0.0190	0.0326	0.0499	0.0719
1.30	0.0006	0.0030	0.0061	0.0125	0.0267	0.0429	0.0612	0.0819
1.40	0.0007	0.0036	0.0072	0.0147	0.0306	0.0477	0.0661	0.0857
1.50	0.0008	0.0039	0.0078	0.0158	0.0323	0.0497	0.0677	0.0864
1.60	0.0008	0.0040	0.0080	0.0162	0.0330	0.0501	0.0677	0.0855
1.70	0.0008	0.0040	0.0081	0.0163	0.0329	0.0497	0.0667	0.0838
1.80	0.0008	0.0040	0.0081	0.0162	0.0325	0.0488	0.0652	0.0814
1.90	0.0008	0.0040	0.0079	0.0159	0.0318	0.0477	0.0635	0.0792
2.00	0.0008	0.0039	0.0078	0.0155	0.0310	0.0464	0.0617	0.0767
2.20	0.0007	0.0037	0.0074	0.0147	0.0293	0.0437	0.0579	0.0719
2.40	0.0007	0.0035	0.0070	0.0139	0.0276	0.0411	0.0544	0.0675
2.60	0.0007	0.0033	0.0066	0.0131	0.0260	0.0387	0.0512	0.0634
2.80	0.0006	0.0031	0.0062	0.0124	0.0245	0.0365	0.0483	0.0598
3.00	0.0006	0.0029	0.0059	0.0117	0.0232	0.0345	0.0456	0.0565
3.50	0.0005	0.0026	0.0052	0.0103	0.0204	0.0303	0.0401	0.0497
4.00	0.0005	0.0023	0.0046	0.0091	0.0182	0.0270	0.0357	0.0443

表 E.3：Z^0 值

$P_r =$	1.0000	1.2000	1.5000	2.0000	3.0000	5.0000	7.0000	10.000
T_r								
0.30	0.2892	0.3479	0.4335	0.5775	0.8648	1.4366	2.0048	2.8507
0.35	0.2604	0.3123	0.3901	0.5195	0.7775	1.2902	1.7987	2.5539
0.40	0.2379	0.2853	0.3563	0.4744	0.7095	1.1758	1.6373	2.3211
0.45	0.2200	0.2638	0.3294	0.4384	0.6551	1.0841	1.5077	2.1338
0.50	0.2056	0.2465	0.3077	0.4092	0.6110	1.0094	1.4017	1.9801
0.55	0.1939	0.2323	0.2899	0.3853	0.5747	0.9475	1.3137	1.8520
0.60	0.1842	0.2207	0.2753	0.3657	0.5446	0.8959	1.2398	1.7440
0.65	0.1765	0.2113	0.2634	0.3495	0.5197	0.8526	1.1773	1.6519
0.70	0.1703	0.2038	0.2538	0.3364	0.4991	0.8161	1.1341	1.5729
0.75	0.1656	0.1981	0.2464	0.3260	0.4823	0.7854	1.0787	1.5047
0.80	0.1626	0.1942	0.2411	0.3182	0.4690	0.7598	1.0400	1.4456
0.85	0.1614	0.1924	0.2382	0.3132	0.4591	0.7388	1.0071	1.3943
0.90	0.1630	0.1935	0.2383	0.3114	0.4527	0.7220	0.9793	1.3496
0.93	0.1664	0.1963	0.2405	0.3122	0.4507	0.7138	0.9648	1.3257
0.95	0.1705	0.1998	0.2432	0.3138	0.4501	0.7092	0.9561	1.3108
0.97	0.1779	0.2055	0.2474	0.3164	0.4504	0.7052	0.9480	1.2968
0.98	0.1844	0.2097	0.2503	0.3182	0.4508	0.7035	0.9442	1.2901
0.99	0.1959	0.2154	0.2538	0.3204	0.4514	0.7018	0.9406	1.2835
1.00	0.2901	0.2237	0.2583	0.3229	0.4522	0.7004	0.9372	1.2772
1.01	0.4648	0.2370	0.2640	0.3260	0.4533	0.6991	0.9339	1.2710
1.02	0.5146	0.2629	0.2715	0.3297	0.4547	0.6980	0.9307	1.2650
1.05	0.6026	0.4437	0.3131	0.3452	0.4604	0.6956	0.9222	1.2481
1.10	0.6880	0.5984	0.4580	0.3953	0.4770	0.6950	0.9110	1.2232
1.15	0.7443	0.6803	0.5798	0.4760	0.5042	0.6987	0.9033	1.2021
1.20	0.7858	0.7363	0.6605	0.5605	0.5425	0.7069	0.8990	1.1844
1.30	0.8438	0.8111	0.7624	0.6908	0.6344	0.7358	0.8998	1.1580
1.40	0.8827	0.8595	0.8256	0.7753	0.7202	0.7761	0.9112	1.1419
1.50	0.9103	0.8933	0.8689	0.8328	0.7887	0.8200	0.9297	1.1339
1.60	0.9308	0.9180	0.9000	0.8738	0.8410	0.8617	0.9518	1.1320
1.70	0.9463	0.9367	0.9234	0.9043	0.8809	0.8984	0.9745	1.1343
1.80	0.9583	0.9511	0.9413	0.9275	0.9118	0.9297	0.9961	1.1391
1.90	0.9678	0.9624	0.9552	0.9456	0.9359	0.9557	1.0157	1.1452
2.00	0.9754	0.9715	0.9664	0.9599	0.9550	0.9772	1.0328	1.1516
2.20	0.9856	0.9847	0.9826	0.9806	0.9827	1.0094	1.0600	1.1635
2.40	0.9941	0.9936	0.9935	0.9945	1.0011	1.0313	1.0793	1.1728
2.60	0.9993	0.9998	1.0010	1.0040	1.0137	1.0463	1.0926	1.1792
2.80	1.0031	1.0042	1.0063	1.0106	1.0223	1.0565	1.1016	1.1830
3.00	1.0057	1.0074	1.0101	1.0153	1.0284	1.0635	1.1075	1.1848
3.50	1.0097	1.0120	1.0156	1.0221	1.0368	1.0723	1.1138	1.1834
4.00	1.0115	1.0140	1.0179	1.0249	1.0401	1.0747	1.1136	1.1773

Appendix E Lee/Kesler 一般化關聯表

表 E.4：Z^1 值

$P_r =$	1.0000	1.2000	1.5000	2.0000	3.0000	5.0000	7.0000	10.000
T_r								
0.30	−0.0806	−0.0966	−0.1207	−0.1608	−0.2407	−0.3996	−0.5572	−0.7915
0.35	−0.0921	−0.1105	−0.1379	−0.1834	−0.2738	−0.4523	−0.6279	−0.8863
0.40	−0.0946	−0.1134	−0.1414	−0.1879	−0.2799	−0.4603	−0.6365	−0.8936
0.45	−0.0929	−0.1113	−0.1387	−0.1840	−0.2734	−0.4475	−0.6162	−0.8608
0.50	−0.0893	−0.1069	−0.1330	−0.1762	−0.2611	−0.4253	−0.5831	−0.8099
0.55	−0.0849	−0.1015	−0.1263	−0.1669	−0.2465	−0.3991	−0.5446	−0.7521
0.60	−0.0803	−0.0960	−0.1192	−0.1572	−0.2312	−0.3718	−0.5047	−0.6928
0.65	−0.0759	−0.0906	−0.1122	−0.1476	−0.2160	−0.3447	−0.4653	−0.6346
0.70	−0.0718	−0.0855	−0.1057	−0.1385	−0.2013	−0.3184	−0.4270	−0.5785
0.75	−0.0681	−0.0808	−0.0996	−0.1298	−0.1872	−0.2929	−0.3901	−0.5250
0.80	−0.0648	−0.0767	−0.0940	−0.1217	−0.1736	−0.2682	−0.3545	−0.4740
0.85	−0.0622	−0.0731	−0.0888	−0.1138	−0.1602	−0.2439	−0.3201	−0.4254
0.90	−0.0604	−0.0701	−0.0840	−0.1059	−0.1463	−0.2195	−0.2862	−0.3788
0.93	−0.0602	−0.0687	−0.0810	−0.1007	−0.1374	−0.2045	−0.2661	−0.3516
0.95	−0.0607	−0.0678	−0.0788	−0.0967	−0.1310	−0.1943	−0.2526	−0.3339
0.97	−0.0623	−0.0669	−0.0759	−0.0921	−0.1240	−0.1837	−0.2391	−0.3163
0.98	−0.0641	−0.0661	−0.0740	−0.0893	−0.1202	−0.1783	−0.2322	−0.3075
0.99	−0.0680	−0.0646	−0.0715	−0.0861	−0.1162	−0.1728	−0.2254	−0.2989
1.00	−0.0879	−0.0609	−0.0678	−0.0824	−0.1118	−0.1672	−0.2185	−0.2902
1.01	−0.0223	−0.0473	−0.0621	−0.0778	−0.1072	−0.1615	−0.2116	−0.2816
1.02	−0.0062	−0.0227	−0.0524	−0.0722	−0.1021	−0.1556	−0.2047	−0.2731
1.05	0.0220	0.1059	0.0451	−0.0432	−0.0838	−0.1370	−0.1835	−0.2476
1.10	0.0476	0.0897	0.1630	0.0698	−0.0373	−0.1021	−0.1469	−0.2056
1.15	0.0625	0.0943	0.1548	0.1667	0.0332	−0.0611	−0.1084	−0.1642
1.20	0.0719	0.0991	0.1477	0.1990	0.1095	−0.0141	−0.0678	−0.1231
1.30	0.0819	0.1048	0.1420	0.1991	0.2079	0.0875	0.0176	−0.0423
1.40	0.0857	0.1063	0.1383	0.1894	0.2397	0.1737	0.1008	0.0350
1.50	0.0854	0.1055	0.1345	0.1806	0.2433	0.2309	0.1717	0.1058
1.60	0.0855	0.1035	0.1303	0.1729	0.2381	0.2631	0.2255	0.1673
1.70	0.0838	0.1008	0.1259	0.1658	0.2305	0.2788	0.2628	0.2179
1.80	0.0816	0.0978	0.1216	0.1593	0.2224	0.2846	0.2871	0.2576
1.90	0.0792	0.0947	0.1173	0.1532	0.2144	0.2848	0.3017	0.2876
2.00	0.0767	0.0916	0.1133	0.1476	0.2069	0.2819	0.3097	0.3096
2.20	0.0719	0.0857	0.1057	0.1374	0.1932	0.2720	0.3135	0.3355
2.40	0.0675	0.0803	0.0989	0.1285	0.1812	0.2602	0.3089	0.3459
2.60	0.0634	0.0754	0.0929	0.1207	0.1706	0.2484	0.3009	0.3475
2.80	0.0598	0.0711	0.0876	0.1138	0.1613	0.2372	0.2915	0.3443
3.00	0.0535	0.0672	0.0828	0.1076	0.1529	0.2268	0.2817	0.3385
3.50	0.0497	0.0591	0.0728	0.0949	0.1356	0.2042	0.2584	0.3194
4.00	0.0443	0.0527	0.0651	0.0849	0.1219	0.1857	0.2378	0.2994

表 E.5：$(H^R)^0/RT_c$ 值

$P_r=$	0.0100	0.0500	0.1000	0.2000	0.4000	0.6000	0.8000	1.0000
T_r								
0.30	−6.045	−6.043	−6.040	−6.034	−6.022	−6.011	−5.999	−5.987
0.35	−5.906	−5.904	−5.901	−5.895	−5.882	−5.870	−5.858	−5.845
0.40	−5.763	−5.761	−5.757	−5.751	−5.738	−5.726	−5.713	−5.700
0.45	−5.615	−5.612	−5.609	−5.603	−5.590	−5.577	−5.564	−5.551
0.50	−5.465	−5.463	−5.459	−5.453	−5.440	−5.427	−5.414	−5.401
0.55	−0.032	−5.312	−5.309	−5.303	−5.290	−5.278	−5.265	−5.252
0.60	−0.027	−5.162	−5.159	−5.153	−5.141	−5.129	−5.116	−5.104
0.65	−0.023	−0.118	−5.008	−5.002	−4.991	−4.980	−4.968	−4.956
0.70	−0.020	−0.101	−0.213	−4.848	−4.838	−4.828	−4.818	−4.808
0.75	−0.017	−0.088	−0.183	−4.687	−4.679	−4.672	−4.664	−4.655
0.80	−0.015	−0.078	−0.160	−0.345	−4.507	−4.504	−4.499	−4.494
0.85	−0.014	−0.069	−0.141	−0.300	−4.309	−4.313	−4.316	−4.316
0.90	−0.012	−0.062	−0.126	−0.264	−0.596	−4.074	−4.094	−4.108
0.93	−0.011	−0.058	−0.118	−0.246	−0.545	−0.960	−3.920	−3.953
0.95	−0.011	−0.056	−0.113	−0.235	−0.516	−0.885	−3.763	−3.825
0.97	−0.011	−0.054	−0.109	−0.225	−0.490	−0.824	−1.356	−3.658
0.98	−0.010	−0.053	−0.107	−0.221	−0.478	−0.797	−1.273	−3.544
0.99	−0.010	−0.052	−0.105	−0.216	−0.466	−0.773	−1.206	−3.376
1.00	−0.010	−0.051	−0.103	−0.212	−0.455	−0.750	−1.151	−2.584
1.01	−0.010	−0.050	−0.101	−0.208	−0.445	−0.721	−1.102	−1.796
1.02	−0.010	−0.049	−0.099	−0.203	−0.434	−0.708	−1.060	−1.627
1.05	−0.009	−0.046	−0.094	−0.192	−0.407	−0.654	−0.955	−1.359
1.10	−0.008	−0.042	−0.086	−0.175	−0.367	−0.581	−0.827	−1.120
1.15	−0.008	−0.039	−0.079	−0.160	−0.334	−0.523	−0.732	−0.968
1.20	−0.007	−0.036	−0.073	−0.148	−0.305	−0.474	−0.657	−0.857
1.30	−0.006	−0.031	−0.063	−0.127	−0.259	−0.399	−0.545	−0.698
1.40	−0.005	−0.027	−0.055	−0.110	−0.224	−0.341	−0.463	−0.588
1.50	−0.005	−0.024	−0.048	−0.097	−0.196	−0.297	−0.400	−0.505
1.60	−0.004	−0.021	−0.043	−0.086	−0.173	−0.261	−0.350	−0.440
1.70	−0.004	−0.019	−0.038	−0.076	−0.153	−0.231	−0.309	−0.387
1.80	−0.003	−0.017	−0.034	−0.068	−0.137	−0.206	−0.275	−0.344
1.90	−0.003	−0.015	−0.031	−0.062	−0.123	−0.185	−0.246	−0.307
2.00	−0.003	−0.014	−0.028	−0.056	−0.111	−0.167	−0.222	−0.276
2.20	−0.002	−0.012	−0.023	−0.046	−0.092	−0.137	−0.182	−0.226
2.40	−0.002	−0.010	−0.019	−0.038	−0.076	−0.114	−0.150	−0.187
2.60	−0.002	−0.008	−0.016	−0.032	−0.064	−0.095	−0.125	−0.155
2.80	−0.001	−0.007	−0.014	−0.027	−0.054	−0.080	−0.105	−0.130
3.00	−0.001	−0.006	−0.011	−0.023	−0.045	−0.067	−0.088	−0.109
3.50	−0.001	−0.004	−0.007	−0.015	−0.029	−0.043	−0.056	−0.069
4.00	−0.000	−0.002	−0.005	−0.009	−0.017	−0.026	−0.033	−0.041

Appendix **E** Lee/Kesler 一般化關聯表

表 E.6：$(H^R)^1 / RT_c$ 值

$P_r =$	0.0100	0.0500	0.1000	0.2000	0.4000	0.6000	0.8000	1.0000
T_r								
0.30	−11.098	−11.096	−11.095	−11.091	−11.083	−11.076	−11.069	−11.062
0.35	−10.656	−10.655	−10.654	−10.653	−10.650	−10.646	−10.643	−10.640
0.40	−10.121	−10.121	−10.121	−10.120	−10.121	−10.121	−10.121	−10.121
0.45	−9.515	−9.515	−9.516	−9.517	−9.519	−9.521	−9.523	−9.525
0.50	−8.868	−8.869	−8.870	−8.872	−8.876	−8.880	−8.884	−8.888
0.55	−0.080	−8.211	−8.212	−8.215	−8.221	−8.226	−8.232	−8.238
0.60	−0.059	−7.568	−7.570	−7.573	−7.579	−7.585	−7.591	−7.596
0.65	−0.045	−0.247	−6.949	−6.952	−6.959	−6.966	−6.973	−6.980
0.70	−0.034	−0.185	−0.415	−6.360	−6.367	−6.373	−6.381	−6.388
0.75	−0.027	−0.142	−0.306	−5.796	−5.802	−5.809	−5.816	−5.824
0.80	−0.021	−0.110	−0.234	−0.542	−5.266	−5.271	−5.278	−5.285
0.85	−0.017	−0.087	−0.182	−0.401	−4.753	−4.754	−4.758	−4.763
0.90	−0.014	−0.070	−0.144	−0.308	−0.751	−4.254	−4.248	−4.249
0.93	−0.012	−0.061	−0.126	−0.265	−0.612	−1.236	−3.942	−3.934
0.95	−0.011	−0.056	−0.115	−0.241	−0.542	−0.994	−3.737	−3.712
0.97	−0.010	−0.052	−0.105	−0.219	−0.483	−0.837	−1.616	−3.470
0.98	−0.010	−0.050	−0.101	−0.209	−0.457	−0.776	−1.324	−3.332
0.99	−0.009	−0.048	−0.097	−0.200	−0.433	−0.722	−1.154	−3.164
1.00	−0.009	−0.046	−0.093	−0.191	−0.410	−0.675	−1.034	−2.471
1.01	−0.009	−0.044	−0.089	−0.183	−0.389	−0.632	−0.940	−1.375
1.02	−0.008	−0.042	−0.085	−0.175	−0.370	−0.594	−0.863	−1.180
1.05	−0.007	−0.037	−0.075	−0.153	−0.318	−0.498	−0.691	−0.877
1.10	−0.006	−0.030	−0.061	−0.123	−0.251	−0.381	−0.507	−0.617
1.15	−0.005	−0.025	−0.050	−0.099	−0.199	−0.296	−0.385	−0.459
1.20	−0.004	−0.020	−0.040	−0.080	−0.158	−0.232	−0.297	−0.349
1.30	−0.003	−0.013	−0.026	−0.052	−0.100	−0.142	−0.177	−0.203
1.40	−0.002	−0.008	−0.016	−0.032	−0.060	−0.083	−0.100	−0.111
1.50	−0.001	−0.005	−0.009	−0.018	−0.032	−0.042	−0.048	−0.049
1.60	−0.000	−0.002	−0.004	−0.007	−0.012	−0.013	−0.011	−0.005
1.70	−0.000	−0.000	−0.000	−0.000	0.003	0.009	0.017	0.027
1.80	0.000	0.001	0.003	0.006	0.015	0.025	0.037	0.051
1.90	0.001	0.003	0.005	0.011	0.023	0.037	0.053	0.070
2.00	0.001	0.003	0.007	0.015	0.030	0.047	0.065	0.085
2.20	0.001	0.005	0.010	0.020	0.040	0.062	0.083	0.106
2.40	0.001	0.006	0.012	0.023	0.047	0.071	0.095	0.120
2.60	0.001	0.006	0.013	0.026	0.052	0.078	0.104	0.130
2.80	0.001	0.007	0.014	0.028	0.055	0.082	0.110	0.137
3.00	0.001	0.007	0.014	0.029	0.058	0.086	0.114	0.142
3.50	0.002	0.008	0.016	0.031	0.062	0.092	0.122	0.152
4.00	0.002	0.008	0.016	0.032	0.064	0.096	0.127	0.158

表 E.7：$(H^R)^0 / RT_c$ 值

$P_r =$	1.0000	1.2000	1.5000	2.0000	3.0000	5.0000	7.0000	10.000
T_r								
0.30	−5.987	−5.975	−5.957	−5.927	−5.868	−5.748	−5.628	−5.446
0.35	−5.845	−5.833	−5.814	−5.783	−5.721	−5.595	−5.469	−5.278
0.40	−5.700	−5.687	−5.668	−5.636	−5.572	−5.442	−5.311	−5.113
0.45	−5.551	−5.538	−5.519	−5.486	−5.421	−5.288	−5.154	−5.950
0.50	−5.401	−5.388	−5.369	−5.336	−5.279	−5.135	−4.999	−4.791
0.55	−5.252	−5.239	−5.220	−5.187	−5.121	−4.986	−4.849	−4.638
0.60	−5.104	−5.091	−5.073	−5.041	−4.976	−4.842	−4.794	−4.492
0.65	−4.956	−4.949	−4.927	−4.896	−4.833	−4.702	−4.565	−4.353
0.70	−4.808	−4.797	−4.781	−4.752	−4.693	−4.566	−4.432	−4.221
0.75	−4.655	−4.646	−4.632	−4.607	−4.554	−4.434	−4.393	−4.095
0.80	−4.494	−4.488	−4.478	−4.459	−4.413	−4.303	−4.178	−3.974
0.85	−4.316	−4.316	−4.312	−4.302	−4.269	−4.173	−4.056	−3.857
0.90	−4.108	−4.118	−4.127	−4.132	−4.119	−4.043	−3.935	−3.744
0.93	−3.953	−3.976	−4.000	−4.020	−4.024	−3.963	−3.863	−3.678
0.95	−3.825	−3.865	−3.904	−3.940	−3.958	−3.910	−3.815	−3.634
0.97	−3.658	−3.732	−3.796	−3.853	−3.890	−3.856	−3.767	−3.591
0.98	−3.544	−3.652	−3.736	−3.806	−3.854	−3.829	−3.743	−3.569
0.99	−3.376	−3.558	−3.670	−3.758	−3.818	−3.801	−3.719	−3.548
1.00	−2.584	−3.441	−3.598	−3.706	−3.782	−3.774	−3.695	−3.526
1.01	−1.796	−3.283	−3.516	−3.652	−3.744	−3.746	−3.671	−3.505
1.02	−1.627	−3.039	−3.422	−3.595	−3.705	−3.718	−3.647	−3.484
1.05	−1.359	−2.034	−3.030	−3.398	−3.583	−3.632	−3.575	−3.420
1.10	−1.120	−1.487	−2.203	−2.965	−3.353	−3.484	−3.453	−3.315
1.15	−0.968	−1.239	−1.719	−2.479	−3.091	−3.329	−3.329	−3.211
1.20	−0.857	−1.076	−1.443	−2.079	−2.801	−3.166	−3.202	−3.107
1.30	−0.698	−0.860	−1.116	−1.560	−2.274	−2.825	−2.942	−2.899
1.40	−0.588	−0.716	−0.915	−1.253	−1.857	−2.486	−2.679	−2.692
1.50	−0.505	−0.611	−0.774	−1.046	−1.549	−2.175	−2.421	−2.486
1.60	−0.440	−0.531	−0.667	−0.894	−1.318	−1.904	−2.177	−2.285
1.70	−0.387	−0.446	−0.583	−0.777	−1.139	−1.672	−1.953	−2.091
1.80	−0.344	−0.413	−0.515	−0.683	−0.996	−1.476	−1.751	−1.908
1.90	−0.307	−0.368	−0.458	−0.606	−0.880	−1.309	−1.571	−1.736
2.00	−0.276	−0.330	−0.411	−0.541	−0.782	−1.167	−1.411	−1.577
2.20	−0.226	−0.269	−0.334	−0.437	−0.629	−0.937	−1.143	−1.295
2.40	−0.187	−0.222	−0.275	−0.359	−0.513	−0.761	−0.929	−1.058
2.60	−0.155	−0.185	−0.228	−0.297	−0.422	−0.621	−0.756	−0.858
2.80	−0.130	−0.154	−0.190	−0.246	−0.348	−0.508	−0.614	−0.689
3.00	−0.109	−0.129	−0.159	−0.205	−0.288	−0.415	−0.495	−0.545
3.50	−0.069	−0.081	−0.099	−0.127	−0.174	−0.239	−0.270	−0.264
4.00	−0.041	−0.048	−0.058	−0.072	−0.095	−0.116	−0.110	−0.061

Appendix E　Lee/Kesler 一般化關聯表

表 E.8：$(H^R)^1/RT_c$ 值

$P_r =$	1.0000	1.2000	1.5000	2.0000	3.0000	5.0000	7.0000	10.000
T_r								
0.30	−11.062	−11.055	−11.044	−11.027	−10.992	−10.935	−10.872	−10.781
0.35	−10.640	−10.637	−10.632	−10.624	−10.609	−10.581	−10.554	−10.529
0.40	−10.121	−10.121	−10.121	−10.122	−10.123	−10.128	−10.135	−10.150
0.45	−9.525	−9.527	−9.531	−9.537	−9.549	−9.576	−9.611	−9.663
0.50	−8.888	−8.892	−8.899	−8.909	−8.932	−8.978	−9.030	−9.111
0.55	−8.238	−8.243	−8.252	−8.267	−8.298	−8.360	−8.425	−8.531
0.60	−7.596	−7.603	−7.614	−7.632	−7.669	−7.745	−7.824	−7.950
0.65	−6.980	−6.987	−6.997	−7.017	−7.059	−7.147	−7.239	−7.381
0.70	−6.388	−6.395	−6.407	−6.429	−6.475	−6.574	−6.677	−6.837
0.75	−5.824	−5.832	−5.845	−5.868	−5.918	−6.027	−6.142	−6.318
0.80	−5.285	−5.293	−5.306	−5.330	−5.385	−5.506	−5.632	−5.824
0.85	−4.763	−4.771	−4.784	−4.810	−4.872	−5.000	−5.149	−5.358
0.90	−4.249	−4.255	−4.268	−4.298	−4.371	−4.530	−4.688	−4.916
0.93	−3.934	−3.937	−3.951	−3.987	−4.073	−4.251	−4.422	−4.662
0.95	−3.712	−3.713	−3.730	−3.773	−3.873	−4.068	−4.248	−4.497
0.97	−3.470	−3.467	−3.492	−3.551	−3.670	−3.885	−4.077	−4.336
0.98	−3.332	−3.327	−3.363	−3.434	−3.568	−3.795	−3.992	−4.257
0.99	−3.164	−3.164	−3.223	−3.313	−3.464	−3.705	−3.909	−4.178
1.00	−2.471	−2.952	−3.065	−3.186	−3.358	−3.615	−3.825	−4.100
1.01	−1.375	−2.595	−2.880	−3.051	−3.251	−3.525	−3.742	−4.023
1.02	−1.180	−1.723	−2.650	−2.906	−3.142	−3.435	−3.661	−3.947
1.05	−0.877	−0.878	−1.496	−2.381	−2.800	−3.167	−3.418	−3.722
1.10	−0.617	−0.673	−0.617	−1.261	−2.167	−2.720	−3.023	−3.362
1.15	−0.459	−0.503	−0.487	−0.604	−1.497	−2.275	−2.641	−3.019
1.20	−0.349	−0.381	−0.381	−0.361	−0.934	−1.840	−2.273	−2.692
1.30	−0.203	−0.218	−0.218	−0.178	−0.300	−1.066	−1.592	−2.086
1.40	−0.111	−0.115	−0.128	−0.070	−0.044	−0.504	−1.012	−1.547
1.50	−0.049	−0.046	−0.032	0.008	0.078	−0.142	−0.556	−1.080
1.60	−0.005	0.004	0.023	0.065	0.151	0.082	−0.217	−0.689
1.70	0.027	0.040	0.063	0.109	0.202	0.223	0.028	−0.369
1.80	0.051	0.067	0.094	0.143	0.241	0.317	0.203	−0.112
1.90	0.070	0.088	0.117	0.169	0.271	0.381	0.330	0.092
2.00	0.085	0.105	0.136	0.190	0.295	0.428	0.424	0.255
2.20	0.106	0.128	0.163	0.221	0.331	0.493	0.551	0.489
2.40	0.120	0.144	0.181	0.242	0.356	0.535	0.631	0.645
2.60	0.130	0.156	0.194	0.257	0.376	0.567	0.687	0.754
2.80	0.137	0.164	0.204	0.269	0.391	0.591	0.729	0.836
3.00	0.142	0.170	0.211	0.278	0.403	0.611	0.763	0.899
3.50	0.152	0.181	0.224	0.294	0.425	0.650	0.827	1.015
4.00	0.158	0.188	0.233	0.306	0.442	0.680	0.874	1.097

表 E.9：$(S^R)^0 / R$ 值

$P_r =$	0.0100	0.0500	0.1000	0.2000	0.4000	0.6000	0.8000	1.0000
T_r								
0.30	−11.614	−10.008	−9.319	−8.635	−7.961	−7.574	−7.304	−7.099
0.35	−11.185	−9.579	−8.890	−8.205	−7.529	−7.140	−6.869	−6.663
0.40	−10.802	−9.196	−8.506	−7.821	−7.144	−6.755	−6.483	−6.275
0.45	−10.453	−8.847	−8.157	−7.472	−6.794	−6.404	−6.132	−5.924
0.50	−10.137	−8.531	−7.841	−7.156	−6.479	−6.089	−5.816	−5.608
0.55	−0.038	−8.245	−7.555	−6.870	−6.193	−5.803	−5.531	−5.324
0.60	−0.029	−7.983	−7.294	−6.610	−5.933	−5.544	−5.273	−5.066
0.65	−0.023	−0.122	−7.052	−6.368	−5.694	−5.306	−5.036	−4.830
0.70	−0.018	−0.096	−0.206	−6.140	−5.467	−5.082	−4.814	−4.610
0.75	−0.015	−0.078	−0.164	−5.917	−5.248	−4.866	−4.600	−4.399
0.80	−0.013	−0.064	−0.134	−0.294	−5.026	−4.694	−4.388	−4.191
0.85	−0.011	−0.054	−0.111	−0.239	−4.785	−4.418	−4.166	−3.976
0.90	−0.009	−0.046	−0.094	−0.199	−0.463	−4.145	−3.912	−3.738
0.93	−0.008	−0.042	−0.085	−0.179	−0.408	−0.750	−3.723	−3.569
0.95	−0.008	−0.039	−0.080	−0.168	−0.377	−0.671	−3.556	−3.433
0.97	−0.007	−0.037	−0.075	−0.157	−0.350	−0.607	−1.056	−3.259
0.98	−0.007	−0.036	−0.073	−0.153	−0.337	−0.580	−0.971	−3.142
0.99	−0.007	−0.035	−0.071	−0.148	−0.326	−0.555	−0.903	−2.972
1.00	−0.007	−0.034	−0.069	−0.144	−0.315	−0.532	−0.847	−2.178
1.01	−0.007	−0.033	−0.067	−0.139	−0.304	−0.510	−0.799	−1.391
1.02	−0.006	−0.032	−0.065	−0.135	−0.294	−0.491	−0.757	−1.225
1.05	−0.006	−0.030	−0.060	−0.124	−0.267	−0.439	−0.656	−0.965
1.10	−0.005	−0.026	−0.053	−0.108	−0.230	−0.371	−0.537	−0.742
1.15	−0.005	−0.023	−0.047	−0.096	−0.201	−0.319	−0.452	−0.607
1.20	−0.004	−0.021	−0.042	−0.085	−0.177	−0.277	−0.389	−0.512
1.30	−0.003	−0.017	−0.033	−0.068	−0.140	−0.217	−0.298	−0.385
1.40	−0.003	−0.014	−0.027	−0.056	−0.114	−0.174	−0.237	−0.303
1.50	−0.002	−0.011	−0.023	−0.046	−0.094	−0.143	−0.194	−0.246
1.60	−0.002	−0.010	−0.019	−0.039	−0.079	−0.120	−0.162	−0.204
1.70	−0.002	−0.008	−0.017	−0.033	−0.067	−0.102	−0.137	−0.172
1.80	−0.001	−0.007	−0.014	−0.029	−0.058	−0.088	−0.117	−0.147
1.90	−0.001	−0.006	−0.013	−0.025	−0.051	−0.076	−0.102	−0.127
2.00	−0.001	−0.006	−0.011	−0.022	−0.044	−0.067	−0.089	−0.111
2.20	−0.001	−0.004	−0.009	−0.018	−0.035	−0.053	−0.070	−0.087
2.40	−0.001	−0.004	−0.007	−0.014	−0.028	−0.042	−0.056	−0.070
2.60	−0.001	−0.003	−0.006	−0.012	−0.023	−0.035	−0.046	−0.058
2.80	−0.000	−0.002	−0.005	−0.010	−0.020	−0.029	−0.039	−0.048
3.00	−0.000	−0.002	−0.004	−0.008	−0.017	−0.025	−0.033	−0.041
3.50	−0.000	−0.001	−0.003	−0.006	−0.012	−0.017	−0.023	−0.029
4.00	−0.000	−0.001	−0.002	−0.004	−0.009	−0.013	−0.017	−0.021

Appendix E　Lee/Kesler 一般化關聯表

表 E.10：$(S^R)^1 / R$ 值

$P_r =$	0.0100	0.0500	0.1000	0.2000	0.4000	0.6000	0.8000	1.0000
T_r								
0.30	−16.782	−16.774	−16.764	−16.744	−16.705	−16.665	−16.626	−16.586
0.35	−15.413	−15.408	−15.401	−15.387	−15.359	−15.333	−15.305	−15.278
0.40	−13.990	−13.986	−13.981	−13.972	−13.953	−13.934	−13.915	−13.896
0.45	−12.564	−12.561	−12.558	−12.551	−12.537	−12.523	−12.509	−12.496
0.50	−11.202	−11.200	−11.197	−11.092	−11.082	−11.172	−11.162	−11.153
0.55	−0.115	−9.948	−9.946	−9.942	−9.935	−9.928	−9.921	−9.914
0.60	−0.078	−8.828	−8.826	−8.823	−8.817	−8.811	−8.806	−8.799
0.65	−0.055	−0.309	−7.832	−7.829	−7.824	−7.819	−7.815	−7.510
0.70	−0.040	−0.216	−0.491	−6.951	−6.945	−6.941	−6.937	−6.933
0.75	−0.029	−0.156	−0.340	−6.173	−6.167	−6.162	−6.158	−6.155
0.80	−0.022	−0.116	−0.246	−0.578	−5.475	−5.468	−5.462	−5.458
0.85	−0.017	−0.088	−0.183	−0.400	−4.853	−4.841	−4.832	−4.826
0.90	−0.013	−0.068	−0.140	−0.301	−0.744	−4.269	−4.249	−4.238
0.93	−0.011	−0.058	−0.120	−0.254	−0.593	−1.219	−3.914	−3.894
0.95	−0.010	−0.053	−0.109	−0.228	−0.517	−0.961	−3.697	−3.658
0.97	−0.010	−0.048	−0.099	−0.206	−0.456	−0.797	−1.570	−3.406
0.98	−0.009	−0.046	−0.094	−0.196	−0.429	−0.734	−1.270	−3.264
0.99	−0.009	−0.044	−0.090	−0.186	−0.405	−0.680	−1.098	−3.093
1.00	−0.008	−0.042	−0.086	−0.177	−0.382	−0.632	−0.977	−2.399
1.01	−0.008	−0.040	−0.082	−0.169	−0.361	−0.590	−0.883	−1.306
1.02	−0.008	−0.039	−0.078	−0.161	−0.342	−0.552	−0.807	−1.113
1.05	−0.007	−0.034	−0.069	−0.140	−0.292	−0.460	−0.642	−0.820
1.10	−0.005	−0.028	−0.055	−0.112	−0.229	−0.350	−0.470	−0.577
1.15	−0.005	−0.023	−0.045	−0.091	−0.183	−0.275	−0.361	−0.437
1.20	−0.004	−0.019	−0.037	−0.075	−0.149	−0.220	−0.286	−0.343
1.30	−0.003	−0.013	−0.026	−0.052	−0.102	−0.148	−0.190	−0.226
1.40	−0.002	−0.010	−0.019	−0.037	−0.072	−0.104	−0.133	−0.158
1.50	−0.001	−0.007	−0.014	−0.027	−0.053	−0.076	−0.097	−0.115
1.60	−0.001	−0.005	−0.011	−0.021	−0.040	−0.057	−0.073	−0.086
1.70	−0.001	−0.004	−0.008	−0.016	−0.031	−0.044	−0.056	−0.067
1.80	−0.001	−0.003	−0.006	−0.013	−0.024	−0.035	−0.044	−0.053
1.90	−0.001	−0.003	−0.005	−0.010	−0.019	−0.028	−0.036	−0.043
2.00	−0.000	−0.002	−0.004	−0.008	−0.016	−0.023	−0.029	−0.035
2.20	−0.000	−0.001	−0.003	−0.006	−0.011	−0.016	−0.021	−0.025
2.40	−0.000	−0.001	−0.002	−0.004	−0.008	−0.012	−0.015	−0.019
2.60	−0.000	−0.001	−0.002	−0.003	−0.006	−0.009	−0.012	−0.015
2.80	−0.000	−0.001	−0.001	−0.003	−0.005	−0.008	−0.010	−0.012
3.00	−0.000	−0.001	−0.001	−0.002	−0.004	−0.006	−0.008	−0.010
3.50	−0.000	−0.000	−0.001	−0.001	−0.003	−0.004	−0.006	−0.007
4.00	−0.000	−0.000	−0.001	−0.001	−0.002	−0.003	−0.005	−0.006

表 E.11：$(S^R)^0/R$ 值

$P_r =$	1.0000	1.2000	1.5000	2.0000	3.0000	5.0000	7.0000	10.000
T_r								
0.30	−7.099	−6.935	−6.740	−6.497	−6.180	−5.847	−5.683	−5.578
0.35	−6.663	−6.497	−6.299	−6.052	−5.728	−5.376	−5.194	−5.060
0.40	−6.275	−6.109	−5.909	−5.660	−5.330	−4.967	−4.772	−4.619
0.45	−5.924	−5.757	−5.557	−5.306	−4.974	−4.603	−4.401	−4.234
0.50	−5.608	−5.441	−5.240	−4.989	−4.656	−4.282	−4.074	−3.899
0.55	−5.324	−5.157	−4.956	−4.706	−4.373	−3.998	−3.788	−3.607
0.60	−5.066	−4.900	−4.700	−4.451	−4.120	−3.747	−3.537	−3.353
0.65	−4.830	−4.665	−4.467	−4.220	−3.892	−3.523	−3.315	−3.131
0.70	−4.610	−4.446	−4.250	−4.007	−3.684	−3.322	−3.117	−2.935
0.75	−4.399	−4.238	−4.045	−3.807	−3.491	−3.138	−2.939	−2.761
0.80	−4.191	−4.034	−3.846	−3.615	−3.310	−2.970	−2.777	−2.605
0.85	−3.976	−3.825	−3.646	−3.425	−3.135	−2.812	−2.629	−2.463
0.90	−3.738	−3.599	−3.434	−3.231	−2.964	−2.663	−2.491	−2.334
0.93	−3.569	−3.444	−3.295	−3.108	−2.860	−2.577	−2.412	−2.262
0.95	−3.433	−3.326	−3.193	−3.023	−2.790	−2.520	−2.362	−2.215
0.97	−3.259	−3.188	−3.081	−2.932	−2.719	−2.463	−2.312	−2.170
0.98	−3.142	−3.106	−3.019	−2.884	−2.682	−2.436	−2.287	−2.148
0.99	−2.972	−3.010	−2.953	−2.835	−2.646	−2.408	−2.263	−2.126
1.00	−2.178	−2.893	−2.879	−2.784	−2.609	−2.380	−2.239	−2.105
1.01	−1.391	−2.736	−2.798	−2.730	−2.571	−2.352	−2.215	−2.083
1.02	−1.225	−2.495	−2.706	−2.673	−2.533	−2.325	−2.191	−2.062
1.05	−0.965	−1.523	−2.328	−2.483	−2.415	−2.242	−2.121	−2.001
1.10	−0.742	−1.012	−1.557	−2.081	−2.202	−2.104	−2.007	−1.903
1.15	−0.607	−0.790	−1.126	−1.649	−1.968	−1.966	−1.897	−1.810
1.20	−0.512	−0.651	−0.890	−1.308	−1.727	−1.827	−1.789	−1.722
1.30	−0.385	−0.478	−0.628	−0.891	−1.299	−1.554	−1.581	−1.556
1.40	−0.303	−0.375	−0.478	−0.663	−0.990	−1.303	−1.386	−1.402
1.50	−0.246	−0.299	−0.381	−0.520	−0.777	−1.088	−1.208	−1.260
1.60	−0.204	−0.247	−0.312	−0.421	−0.628	−0.913	−1.050	−1.130
1.70	−0.172	−0.208	−0.261	−0.350	−0.519	−0.773	−0.915	−1.013
1.80	−0.147	−0.177	−0.222	−0.296	−0.438	−0.661	−0.799	−0.908
1.90	−0.127	−0.153	−0.191	−0.255	−0.375	−0.570	−0.702	−0.815
2.00	−0.111	−0.134	−0.167	−0.221	−0.625	−0.497	−0.620	−0.733
2.20	−0.087	−0.105	−0.130	−0.172	−0.251	−0.388	−0.492	−0.599
2.40	−0.070	−0.084	−0.104	−0.138	−0.201	−0.311	−0.399	−0.496
2.60	−0.058	−0.069	−0.086	−0.113	−0.164	−0.255	−0.329	−0.416
2.80	−0.048	−0.058	−0.072	−0.094	−0.137	−0.213	−0.277	−0.353
3.00	−0.041	−0.049	−0.061	−0.080	−0.116	−0.181	−0.236	−0.303
3.50	−0.029	−0.034	−0.042	−0.056	−0.081	−0.126	−0.166	−0.216
4.00	−0.021	−0.025	−0.031	−0.041	−0.059	−0.093	−0.123	−0.162

Appendix E Lee/Kesler 一般化關聯表

表 E.12：$(S^R)^1/R$ 值

$P_r =$	1.0000	1.2000	1.5000	2.0000	3.0000	5.0000	7.0000	10.000
T_r								
0.30	−16.586	−16.547	−16.488	−16.390	−16.195	−15.837	−15.468	−14.925
0.35	−15.278	−15.251	−15.211	−15.144	−15.011	−14.751	−14.496	−14.153
0.40	−13.896	−13.877	−13.849	−13.803	−13.714	−13.541	−13.376	−13.144
0.45	−12.496	−12.482	−12.462	−12.430	−12.367	−12.248	−12.145	−11.999
0.50	−11.153	−11.143	−11.129	−11.107	−11.063	−10.985	−10.920	−10.836
0.55	−9.914	−9.907	−9.897	−9.882	−9.853	−9.806	−9.769	−9.732
0.60	−8.799	−8.794	−8.787	−8.777	−8.760	−8.736	−8.723	−8.720
0.65	−7.810	−7.807	−7.801	−7.794	−7.784	−7.779	−7.785	−7.811
0.70	−6.933	−6.930	−6.926	−6.922	−6.919	−6.929	−6.952	−7.002
0.75	−6.155	−6.152	−6.149	−6.147	−6.149	−6.174	−6.213	−6.285
0.80	−5.458	−5.455	−5.453	−5.452	−5.461	−5.501	−5.555	−5.648
0.85	−4.826	−4.822	−4.820	−4.822	−4.839	−4.898	−4.969	−5.082
0.90	−4.238	−4.232	−4.230	−4.236	−4.267	−4.351	−4.442	−4.578
0.93	−3.894	−3.885	−3.884	−3.896	−3.941	−4.046	−4.151	−4.300
0.95	−3.658	−3.647	−3.648	−3.669	−3.728	−3.851	−3.966	−4.125
0.97	−3.406	−3.391	−3.401	−3.437	−3.517	−3.661	−3.788	−3.957
0.98	−3.264	−3.247	−3.268	−3.318	−3.412	−3.569	−3.701	−3.875
0.99	−3.093	−3.082	−3.126	−3.195	−3.306	−3.477	−3.616	−3.796
1.00	−2.399	−2.868	−2.967	−3.067	−3.200	−3.387	−3.532	−3.717
1.01	−1.306	−2.513	−2.784	−2.933	−3.094	−3.297	−3.450	−3.640
1.02	−1.113	−1.655	−2.557	−2.790	−2.986	−3.209	−3.369	−3.565
1.05	−0.820	−0.831	−1.443	−2.283	−2.655	−2.949	−3.134	−3.348
1.10	−0.577	−0.640	−0.618	−1.241	−2.067	−2.534	−2.767	−3.013
1.15	−0.437	−0.489	−0.502	−0.654	−1.471	−2.138	−2.428	−2.708
1.20	−0.343	−0.385	−0.412	−0.447	−0.991	−1.767	−2.115	−2.430
1.30	−0.226	−0.254	−0.282	−0.300	−0.481	−1.147	−1.569	−1.944
1.40	−0.158	−0.178	−0.200	−0.220	−0.290	−0.730	−1.138	−1.544
1.50	−0.115	−0.130	−0.147	−0.166	−0.206	−0.479	−0.823	−1.222
1.60	−0.086	−0.098	−0.112	−0.129	−0.159	−0.334	−0.604	−0.969
1.70	−0.067	−0.076	−0.087	−0.102	−0.127	−0.248	−0.456	−0.775
1.80	−0.053	−0.060	−0.070	−0.083	−0.105	−0.195	−0.355	−0.628
1.90	−0.043	−0.049	−0.057	−0.069	−0.089	−0.160	−0.286	−0.518
2.00	−0.035	−0.040	−0.048	−0.058	−0.077	−0.136	−0.238	−0.434
2.20	−0.025	−0.029	−0.035	−0.043	−0.060	−0.105	−0.178	−0.322
2.40	−0.019	−0.022	−0.027	−0.034	−0.048	−0.086	−0.143	−0.254
2.60	−0.015	−0.018	−0.021	−0.028	−0.041	−0.074	−0.120	−0.210
2.80	−0.012	−0.014	−0.018	−0.023	−0.025	−0.065	−0.104	−0.180
3.00	−0.010	−0.012	−0.015	−0.020	−0.031	−0.058	−0.093	−0.158
3.50	−0.007	−0.009	−0.011	−0.015	−0.024	−0.046	−0.073	−0.122
4.00	−0.006	−0.007	−0.009	−0.012	−0.020	−0.038	−0.060	−0.100

表 E.13：ϕ^0 值

$P_r =$	0.0100	0.0500	0.1000	0.2000	0.4000	0.6000	0.8000	1.0000
T_r								
0.30	*0.0002*	*0.0000*	*0.0000*	*0.0000*	*0.0000*	*0.0000*	*0.0000*	0.0000
0.35	*0.0034*	*0.0007*	*0.0003*	*0.0002*	*0.0001*	*0.0001*	*0.0001*	0.0000
0.40	*0.0272*	*0.0055*	*0.0028*	*0.0014*	*0.0007*	*0.0005*	*0.0004*	0.0003
0.45	*0.1321*	*0.0266*	*0.0135*	*0.0069*	*0.0036*	*0.0025*	*0.0020*	0.0016
0.50	*0.4529*	*0.0912*	*0.0461*	*0.0235*	*0.0122*	*0.0085*	*0.0067*	0.0055
0.55	0.9817	*0.2432*	*0.1227*	*0.0625*	*0.0325*	*0.0225*	*0.0176*	0.0146
0.60	0.9840	*0.5383*	*0.2716*	*0.1384*	*0.0718*	*0.0497*	*0.0386*	0.0321
0.65	0.9886	0.9419	*0.5212*	*0.2655*	*0.1374*	*0.0948*	*0.0738*	0.0611
0.70	0.9908	0.9528	0.9057	*0.4560*	*0.2360*	*0.1626*	*0.1262*	0.1045
0.75	0.9931	0.9616	0.9226	*0.7178*	*0.3715*	*0.2559*	*0.1982*	0.1641
0.80	0.9931	0.9683	0.9354	0.8730	*0.5445*	*0.3750*	*0.2904*	0.2404
0.85	0.9954	0.9727	0.9462	0.8933	*0.7534*	*0.5188*	*0.4018*	0.3319
0.90	0.9954	0.9772	0.9550	0.9099	0.8204	*0.6823*	*0.5297*	0.4375
0.93	0.9954	0.9795	0.9594	0.9183	0.8375	0.7551	*0.6109*	0.5058
0.95	0.9954	0.9817	0.9616	0.9226	0.8472	0.7709	*0.6668*	0.5521
0.97	0.9954	0.9817	0.9638	0.9268	0.8570	0.7852	0.7112	0.5984
0.98	0.9954	0.9817	0.9638	0.9290	0.8610	0.7925	0.7211	0.6223
0.99	0.9977	0.9840	0.9661	0.9311	0.8650	0.7980	0.7295	0.6442
1.00	0.9977	0.9840	0.9661	0.9333	0.8690	0.8035	0.7379	0.6668
1.01	0.9977	0.9840	0.9683	0.9354	0.8730	0.8110	0.7464	0.6792
1.02	0.9977	0.9840	0.9683	0.9376	0.8770	0.8166	0.7551	0.6902
1.05	0.9977	0.9863	0.9705	0.9441	0.8872	0.8318	0.7762	0.7194
1.10	0.9977	0.9886	0.9750	0.9506	0.9016	0.8531	0.8072	0.7586
1.15	0.9977	0.9886	0.9795	0.9572	0.9141	0.8730	0.8318	0.7907
1.20	0.9977	0.9908	0.9817	0.9616	0.9247	0.8892	0.8531	0.8166
1.30	0.9977	0.9931	0.9863	0.9705	0.9419	0.9141	0.8872	0.8590
1.40	0.9977	0.9931	0.9886	0.9772	0.9550	0.9333	0.9120	0.8892
1.50	1.0000	0.9954	0.9908	0.9817	0.9638	0.9462	0.9290	0.9141
1.60	1.0000	0.9954	0.9931	0.9863	0.9727	0.9572	0.9441	0.9311
1.70	1.0000	0.9977	0.9954	0.9886	0.9772	0.9661	0.9550	0.9462
1.80	1.0000	0.9977	0.9954	0.9908	0.9817	0.9727	0.9661	0.9572
1.90	1.0000	0.9977	0.9954	0.9931	0.9863	0.9795	0.9727	0.9661
2.00	1.0000	0.9977	0.9977	0.9954	0.9886	0.9840	0.9795	0.9727
2.20	1.0000	1.0000	0.9977	0.9977	0.9931	0.9908	0.9886	0.9840
2.40	1.0000	1.0000	1.0000	0.9977	0.9977	0.9954	0.9931	0.9931
2.60	1.0000	1.0000	1.0000	1.0000	1.0000	0.9977	0.9977	0.9977
2.80	1.0000	1.0000	1.0000	1.0000	1.0000	1.0000	1.0023	1.0023
3.00	1.0000	1.0000	1.0000	1.0000	1.0023	1.0023	1.0046	1.0046
3.50	1.0000	1.0000	1.0000	1.0023	1.0023	1.0046	1.0069	1.0093
4.00	1.0000	1.0000	1.0000	1.0023	1.0046	1.0069	1.0093	1.0116

Appendix E　Lee/Kesler 一般化關聯表

表 E.14：ϕ^1 值

$P_r =$	0.0100	0.0500	0.1000	0.2000	0.4000	0.6000	0.8000	1.0000
T_r								
0.30	0.0000	0.0000	0.0000	0.0000	0.0000	0.0000	0.0000	0.0000
0.35	0.0000	0.0000	0.0000	0.0000	0.0000	0.0000	0.0000	0.0000
0.40	0.0000	0.0000	0.0000	0.0000	0.0000	0.0000	0.0000	0.0000
0.45	0.0002	0.0002	0.0002	0.0002	0.0002	0.0002	0.0002	0.0002
0.50	0.0014	0.0014	0.0014	0.0014	0.0014	0.0014	0.0013	0.0013
0.55	0.9705	0.0069	0.0068	0.0068	0.0066	0.0065	0.0064	0.0063
0.60	0.9795	0.0227	0.0226	0.0223	0.0220	0.0216	0.0213	0.0210
0.65	0.9863	0.9311	0.0572	0.0568	0.0559	0.0551	0.0543	0.0535
0.70	0.9908	0.9528	0.9036	0.1182	0.1163	0.1147	0.1131	0.1116
0.75	0.9931	0.9683	0.9332	0.2112	0.2078	0.2050	0.2022	0.1994
0.80	0.9954	0.9772	0.9550	0.9057	0.3302	0.3257	0.3212	0.3168
0.85	0.9977	0.9863	0.9705	0.9375	0.4774	0.4708	0.4654	0.4590
0.90	0.9977	0.9908	0.9795	0.9594	0.9141	0.6323	0.6250	0.6165
0.93	0.9977	0.9931	0.9840	0.9705	0.9354	0.8953	0.7227	0.7144
0.95	0.9977	0.9931	0.9885	0.9750	0.9484	0.9183	0.7888	0.7797
0.97	1.0000	0.9954	0.9908	0.9795	0.9594	0.9354	0.9078	0.8413
0.98	1.0000	0.9954	0.9908	0.9817	0.9638	0.9440	0.9225	0.8729
0.99	1.0000	0.9954	0.9931	0.9840	0.9683	0.9528	0.9332	0.9036
1.00	1.0000	0.9977	0.9931	0.9863	0.9727	0.9594	0.9440	0.9311
1.01	1.0000	0.9977	0.9931	0.9885	0.9772	0.9638	0.9528	0.9462
1.02	1.0000	0.9977	0.9954	0.9908	0.9795	0.9705	0.9616	0.9572
1.05	1.0000	0.9977	0.9977	0.9954	0.9885	0.9863	0.9840	0.9840
1.10	1.0000	1.0000	1.0000	1.0000	1.0023	1.0046	1.0093	1.0163
1.15	1.0000	1.0000	1.0023	1.0046	1.0116	1.0186	1.0257	1.0375
1.20	1.0000	1.0023	1.0046	1.0069	1.0163	1.0280	1.0399	1.0544
1.30	1.0000	1.0023	1.0069	1.0116	1.0257	1.0399	1.0544	1.0716
1.40	1.0000	1.0046	1.0069	1.0139	1.0304	1.0471	1.0642	1.0815
1.50	1.0000	1.0046	1.0069	1.0163	1.0328	1.0496	1.0666	1.0865
1.60	1.0000	1.0046	1.0069	1.0163	1.0328	1.0496	1.0691	1.0865
1.70	1.0000	1.0046	1.0093	1.0163	1.0328	1.0496	1.0691	1.0865
1.80	1.0000	1.0046	1.0069	1.0163	1.0328	1.0496	1.0666	1.0840
1.90	1.0000	1.0046	1.0069	1.0163	1.0328	1.0496	1.0666	1.0815
2.00	1.0000	1.0046	1.0069	1.0163	1.0304	1.0471	1.0642	1.0815
2.20	1.0000	1.0046	1.0069	1.0139	1.0304	1.0447	1.0593	1.0765
2.40	1.0000	1.0046	1.0069	1.0139	1.0280	1.0423	1.0568	1.0716
2.60	1.0000	1.0023	1.0069	1.0139	1.0257	1.0399	1.0544	1.0666
2.80	1.0000	1.0023	1.0069	1.0116	1.0257	1.0375	1.0496	1.0642
3.00	1.0000	1.0023	1.0069	1.0116	1.0233	1.0352	1.0471	1.0593
3.50	1.0000	1.0023	1.0046	1.0023	1.0209	1.0304	1.0423	1.0520
4.00	1.0000	1.0023	1.0046	1.0093	1.0186	1.0280	1.0375	1.0471

表 E.15：ϕ^0 值

$P_r =$	1.0000	1.2000	1.5000	2.0000	3.0000	5.0000	7.0000	10.000
T_r								
0.30	0.0000	0.0000	0.0000	0.0000	0.0000	0.0000	0.0000	0.0000
0.35	0.0000	0.0000	0.0000	0.0000	0.0000	0.0000	0.0000	0.0000
0.40	0.0003	0.0003	0.0003	0.0002	0.0002	0.0002	0.0002	0.0003
0.45	0.0016	0.0014	0.0012	0.0010	0.0008	0.0008	0.0009	0.0012
0.50	0.0055	0.0048	0.0041	0.0034	0.0028	0.0025	0.0027	0.0034
0.55	0.0146	0.0127	0.0107	0.0089	0.0072	0.0063	0.0066	0.0080
0.60	0.0321	0.0277	0.0234	0.0193	0.0154	0.0132	0.0135	0.0160
0.65	0.0611	0.0527	0.0445	0.0364	0.0289	0.0244	0.0245	0.0282
0.70	0.1045	0.0902	0.0759	0.0619	0.0488	0.0406	0.0402	0.0453
0.75	0.1641	0.1413	0.1188	0.0966	0.0757	0.0625	0.0610	0.0673
0.80	0.2404	0.2065	0.1738	0.1409	0.1102	0.0899	0.0867	0.0942
0.85	0.3319	0.2858	0.2399	0.1945	0.1517	0.1227	0.1175	0.1256
0.90	0.4375	0.3767	0.3162	0.2564	0.1995	0.1607	0.1524	0.1611
0.93	0.5058	0.4355	0.3656	0.2972	0.2307	0.1854	0.1754	0.1841
0.95	0.5521	0.4764	0.3999	0.3251	0.2523	0.2028	0.1910	0.2000
0.97	0.5984	0.5164	0.4345	0.3532	0.2748	0.2203	0.2075	0.2163
0.98	0.6223	0.5370	0.4529	0.3681	0.2864	0.2296	0.2158	0.2244
0.99	0.6442	0.5572	0.4699	0.3828	0.2978	0.2388	0.2244	0.2328
1.00	0.6668	0.5781	0.4875	0.3972	0.3097	0.2483	0.2328	0.2415
1.01	0.6792	0.5970	0.5047	0.4121	0.3214	0.2576	0.2415	0.2500
1.02	0.6902	0.6166	0.5224	0.4266	0.3334	0.2673	0.2506	0.2582
1.05	0.7194	0.6607	0.5728	0.4710	0.3690	0.2958	0.2773	0.2844
1.10	0.7586	0.7112	0.6412	0.5408	0.4285	0.3451	0.3228	0.3296
1.15	0.7907	0.7499	0.6918	0.6026	0.4875	0.3954	0.3690	0.3750
1.20	0.8166	0.7834	0.7328	0.6546	0.5420	0.4446	0.4150	0.4198
1.30	0.8590	0.8318	0.7943	0.7345	0.6383	0.5383	0.5058	0.5093
1.40	0.8892	0.8690	0.8395	0.7925	0.7145	0.6237	0.5902	0.5943
1.50	0.9141	0.8974	0.8730	0.8375	0.7745	0.6966	0.6668	0.6714
1.60	0.9311	0.9183	0.8995	0.8710	0.8222	0.7586	0.7328	0.7430
1.70	0.9462	0.9354	0.9204	0.8995	0.8610	0.8091	0.7907	0.8054
1.80	0.9572	0.9484	0.9376	0.9204	0.8913	0.8531	0.8414	0.8590
1.90	0.9661	0.9594	0.9506	0.9376	0.9162	0.8872	0.8831	0.9057
2.00	0.9727	0.9683	0.9616	0.9528	0.9354	0.9183	0.9183	0.9462
2.20	0.9840	0.9817	0.9795	0.9727	0.9661	0.9616	0.9727	1.0093
2.40	0.9931	0.9908	0.9908	0.9886	0.9863	0.9931	1.0116	1.0568
2.60	0.9977	0.9977	0.9977	0.9977	1.0023	1.0162	1.0399	1.0889
2.80	1.0023	1.0023	1.0046	1.0069	1.0116	1.0328	1.0593	1.1117
3.00	1.0046	1.0069	1.0069	1.0116	1.0209	1.0423	1.0740	1.1298
3.50	1.0093	1.0116	1.0139	1.0186	1.0304	1.0593	1.0914	1.1508
4.00	1.0116	1.0139	1.0162	1.0233	1.0375	1.0666	1.0990	1.1588

Appendix E Lee/Kesler 一般化關聯表

表 E.16：ϕ^1 值

$P_r =$	1.0000	1.2000	1.5000	2.0000	3.0000	5.0000	7.0000	10.000
T_r								
0.30	0.0000	0.0000	0.0000	0.0000	0.0000	0.0000	0.0000	0.0000
0.35	0.0000	0.0000	0.0000	0.0000	0.0000	0.0000	0.0000	0.0000
0.40	0.0000	0.0000	0.0000	0.0000	0.0000	0.0000	0.0000	0.0000
0.45	0.0002	0.0002	0.0002	0.0002	0.0001	0.0001	0.0001	0.0001
0.50	0.0013	0.0013	0.0013	0.0012	0.0011	0.0009	0.0008	0.0006
0.55	0.0063	0.0062	0.0061	0.0058	0.0053	0.0045	0.0039	0.0031
0.60	0.0210	0.0207	0.0202	0.0194	0.0179	0.0154	0.0133	0.0108
0.65	0.0536	0.0527	0.0516	0.0497	0.0461	0.0401	0.0350	0.0289
0.70	0.1117	0.1102	0.1079	0.1040	0.0970	0.0851	0.0752	0.0629
0.75	0.1995	0.1972	0.1932	0.1871	0.1754	0.1552	0.1387	0.1178
0.80	0.3170	0.3133	0.3076	0.2978	0.2812	0.2512	0.2265	0.1954
0.85	0.4592	0.4539	0.4457	0.4325	0.4093	0.3698	0.3365	0.2951
0.90	0.6166	0.6095	0.5998	0.5834	0.5546	0.5058	0.4645	0.4130
0.93	0.7145	0.7063	0.6950	0.6761	0.6457	0.5916	0.5470	0.4898
0.95	0.7798	0.7691	0.7568	0.7379	0.7063	0.6501	0.6026	0.5432
0.97	0.8414	0.8318	0.8185	0.7998	0.7656	0.7096	0.6607	0.5984
0.98	0.8730	0.8630	0.8492	0.8298	0.7962	0.7379	0.6887	0.6266
0.99	0.9036	0.8913	0.8790	0.8590	0.8241	0.7674	0.7178	0.6546
1.00	0.9311	0.9204	0.9078	0.8872	0.8531	0.7962	0.7464	0.6823
1.01	0.9462	0.9462	0.9333	0.9162	0.8831	0.8241	0.7745	0.7096
1.02	0.9572	0.9661	0.9594	0.9419	0.9099	0.8531	0.8035	0.7379
1.05	0.9840	0.9954	1.0186	1.0162	0.9886	0.9354	0.8872	0.8222
1.10	1.0162	1.0280	1.0593	1.0990	1.1015	1.0617	1.0186	0.9572
1.15	1.0375	1.0520	1.0814	1.1376	1.1858	1.1722	1.1403	1.0864
1.20	1.0544	1.0691	1.0990	1.1588	1.2388	1.2647	1.2474	1.2050
1.30	1.0715	1.0914	1.1194	1.1776	1.2853	1.3868	1.4125	1.4061
1.40	1.0814	1.0990	1.1298	1.1858	1.2942	1.4488	1.5171	1.5524
1.50	1.0864	1.1041	1.1350	1.1858	1.2942	1.4689	1.5740	1.6520
1.60	1.0864	1.1041	1.1350	1.1858	1.2883	1.4689	1.5996	1.7140
1.70	1.0864	1.1041	1.1324	1.1803	1.2794	1.4622	1.6033	1.7458
1.80	1.0839	1.1015	1.1298	1.1749	1.2706	1.4488	1.5959	1.7620
1.90	1.0814	1.0990	1.1272	1.1695	1.2618	1.4355	1.5849	1.7620
2.00	1.0814	1.0965	1.1220	1.1641	1.2503	1.4191	1.5704	1.7539
2.20	1.0765	1.0914	1.1143	1.1535	1.2331	1.3900	1.5346	1.7219
2.40	1.0715	1.0864	1.1066	1.1429	1.2190	1.3614	1.4997	1.6866
2.60	1.0666	1.0814	1.1015	1.1350	1.2023	1.3397	1.4689	1.6482
2.80	1.0641	1.0765	1.0940	1.1272	1.1912	1.3183	1.4388	1.6144
3.00	1.0593	1.0715	1.0889	1.1194	1.1803	1.3002	1.4158	1.5813
3.50	1.0520	1.0617	1.0789	1.1041	1.1561	1.2618	1.3614	1.5101
4.00	1.0471	1.0544	1.0691	1.0914	1.1403	1.2303	1.3213	1.4555

蒸汽表

Appendix F

F.1 內 插

如果需要的數據介於表中兩數據點的中間時，可用內插法求解。若 M 是欲求解的性質，且其表示式僅含一個獨立變數 X，如果 M 性質像飽和蒸汽表一樣可適用線性內插法，則 M 及 X 的各數據間存在直接正比的關係。若想求得介於 (M_1, X_1) 及 (M_2, X_2) 兩組數據間的 (M, X) 時：

$$M = \left(\frac{X_2 - X}{X_2 - X_1}\right)M_1 + \left(\frac{X - X_1}{X_2 - X_1}\right)M_2 \tag{F.1}$$

例如 140.8°C 時飽和蒸汽的焓，介於表 F.1 中下列數據之間：

t	H
$t_1 = 140°C$	$H_1 = 2733.1$ kJ kg^{-1}
$t = 140.8°C$	$H = ?$
$t_2 = 142°C$	$H_2 = 2735.6$ kJ kg^{-1}

將這些數值代入 (F.1) 式，並令 $M = H$ 及 $t = X$

$$H = \frac{1.2}{2}(2{,}733.1) + \frac{0.8}{2}(2{,}735.6) = 2{,}734.1 \text{ kJ kg}^{-1}$$

若 M 是兩個獨立變數 X 及 Y 的函數，且如同過熱蒸汽表可適用線性內插法，則可利用雙線性內插法求解。如下表所示，欲求解的 M 值，在兩組已知的獨立變數 X 及 Y 數據間：

	X_1	X	X_2
Y_1	$M_{1,1}$		$M_{1,2}$
Y		$M = ?$	
Y_2	$M_{2,1}$		$M_{2,2}$

Appendix F 蒸汽表

求解 M 值的雙線性內插公式可表示為：

$$M = \left[\left(\frac{X_2 - X}{X_2 - X_1}\right)M_{1,1} + \left(\frac{X - X_1}{X_2 - X_1}\right)M_{1,2}\right]\frac{Y_2 - Y}{Y_2 - Y_1}$$

$$+ \left[\left(\frac{X_2 - X}{X_2 - X_1}\right)M_{2,1} + \left(\frac{X - X_1}{X_2 - X_1}\right)M_{2,2}\right]\frac{Y - Y_1}{Y_2 - Y_1} \tag{F.2}$$

例 F.1 由蒸汽表的數據計算下列數值：
(a) 在 816 kPa 及 512°C 時，過熱蒸汽的比體積。
(b) 在 P = 2,950 kPa 及 H = 3,150.6 kJ kg^{-1} 時，過熱蒸汽的溫度及比熵。

解 (a) 下表中列出由表 F.2 所得之過熱蒸汽在鄰近狀態下的比體積值：

P/kPa	t = 500°C	t = 512°C	t = 550°C
800	443.17		472.49
816		V = ?	
825	429.65		458.10

將數值代入 (F.2) 式中，並令 $M = V$、$X = t$ 及 $Y = P$，可得：

$$V = \left[\frac{38}{50}(443.17) + \frac{12}{50}(472.49)\right]\frac{9}{25}$$
$$+ \left[\frac{38}{50}(429.65) + \frac{12}{50}(458.10)\right]\frac{16}{25} = 441.42 \text{ cm}^3\text{ g}^{-1}$$

(b) 下表列出由表 F.2 所得過熱蒸汽在鄰近狀態下的焓值：

P/kPa	t_1 = 350°C	t = ?	t_2 = 375°C
2900	3119.70		3177.40
2950	H_{t_1}	H = 3150.6	H_{t_2}
3000	3117.50		3175.60

此時使用 (F.2) 式並不方便，因此在 P = 2950 kPa 時，先由 t_1 = 350°C 經線性內插求得 H_{t_1}，再由 t_2 = 375°C 求出 H_{t_2}，即應用 (F.1) 式兩次，首先用於 t_1，其次用於 t_2，並令 $M = H$ 及 $X = P$：

$$H_{t_1} = \frac{50}{100}(3119.7) + \frac{50}{100}(3117.5) = 3118.6$$

$$H_{t_2} = \frac{50}{100}(3177.4) + \frac{50}{100}(3175.6) = 3176.5$$

再經由第三次線性內插，應用 (F.1) 式，並令 $M = t$ 及 $X = H$，可得：

$$t = \frac{3176.5 - 3150.6}{3176.5 - 3118.6}(350) + \frac{3150.6 - 3118.6}{3176.5 - 3118.6}(375) = 363.82 \, °C$$

由此溫度，可建立下表中的熵值：

P/kPa	$t = 350°C$	$t = 363.82°C$	$t = 375°C$
2900	6.7654		6.8563
2950		$S = ?$	
3000	6.7471		6.8385

應用 (6.75) 式，並令 $M = S$、$X = t$ 及 $Y = P$，可得：

$$S = \left[\frac{11.18}{25}(6.7654) + \frac{13.82}{25}(6.8563)\right]\frac{50}{100}$$
$$+ \left[\frac{11.18}{25}(6.7471) + \frac{13.82}{25}(6.8385)\right]\frac{50}{100} = 6.8066 \text{ kJ mol}^{-1}$$

Appendix **F** 蒸汽表

蒸汽表

表 F.1　飽和蒸汽之性質，SI 單位

表 F.2　過熱蒸汽之性質，SI 單位

表 F.3　飽和蒸汽之性質，英制單位

表 F.4　過熱蒸汽之性質，英制單位

本附錄中所有的蒸汽表均由電腦程式產出，[1]資料來源為 "The 1976 International Formulation Committee Formulation for Industrial Use: A Formulation of the Thermodynamic Properties of Ordinary Water Substances"，發表於 ASME 蒸汽表，4th ed., App. I, pp. 11-29, The Am. Soc. Mech. Engrs., New York, 1979。此表作為全球標準已近 30 年，足以應付教學所需。不過目前工業上所用的蒸汽表是："International Association for the Properties of Water and Steam Formulation 1997 for the Thermodynamic Properties of Water and Steam for Industrial Use."。前述及其他較新的蒸汽表，可參見：A. H. Harvey and W. T. Parry, "Keep Your Steam Tables up to Date", *Chemical Engineering Progres*s, vol. 95, no. 11, p. 45, Nov.,1999.

---

1 感謝 Professor Charles Muckenfuss, Debra L. Sauke 及 Eugene N. Dorsi 提供電腦程式，以使此表能夠完成。

表 F.1 飽和蒸汽，SI 單位

V = SPECIFIC VOLUME $cm^3 g^{-1}$
U = SPECIFIC INTERNAL ENERGY $kJ kg^{-1}$
H = SPECIFIC ENTHALPY $kJ kg^{-1}$
S = SPECIFIC ENTROPY $kJ kg^{-1} K^{-1}$

t °C	T K	P kPa	SPECIFIC VOLUME V sat. liq.	evap.	sat. vap.	INTERNAL ENERGY U sat. liq.	evap.	sat. vap.	ENTHALPY H sat. liq.	evap.	sat. vap.	ENTROPY S sat. liq.	evap.	sat. vap.
0	273.15	0.611	1.000	206300.	206300.	−0.04	2375.7	2375.6	−0.04	2501.7	2501.6	0.0000	9.1578	9.1578
0.01	273.16	0.611	1.000	206200.	206200.	0.00	2375.6	2375.6	0.00	2501.6	2501.6	0.0000	9.1575	9.1575
1	274.15	0.657	1.000	192600.	192600.	4.17	2372.7	2376.9	4.17	2499.2	2503.4	0.0153	9.1158	9.1311
2	275.15	0.705	1.000	179900.	179900.	8.39	2369.9	2378.3	8.39	2496.8	2505.2	0.0306	9.0741	9.1047
3	276.15	0.757	1.000	168200.	168200.	12.60	2367.1	2379.7	12.60	2494.5	2507.1	0.0459	9.0326	9.0785
4	277.15	0.813	1.000	157300.	157300.	16.80	2364.3	2381.1	16.80	2492.1	2508.9	0.0611	8.9915	9.0526
5	278.15	0.872	1.000	147200.	147200.	21.01	2361.4	2382.4	21.01	2489.7	2510.7	0.0762	8.9507	9.0269
6	279.15	0.935	1.000	137800.	137800.	25.21	2358.6	2383.8	25.21	2487.4	2512.6	0.0913	8.9102	9.0014
7	280.15	1.001	1.000	129100.	129100.	29.41	2355.8	2385.2	29.41	2485.0	2514.4	0.1063	8.8699	8.9762
8	281.15	1.072	1.000	121000.	121000.	33.60	2353.0	2386.6	33.60	2482.6	2516.2	0.1213	8.8300	8.9513
9	282.15	1.147	1.000	113400.	113400.	37.80	2350.1	2387.9	37.80	2480.3	2518.1	0.1362	8.7903	8.9265
10	283.15	1.227	1.000	106400.	106400.	41.99	2347.3	2389.3	41.99	2477.9	2519.9	0.1510	8.7510	8.9020
11	284.15	1.312	1.000	99910.	99910.	46.18	2344.5	2390.7	46.19	2475.5	2521.7	0.1658	8.7119	8.8776
12	285.15	1.401	1.000	93840.	93830.	50.38	2341.7	2392.1	50.38	2473.2	2523.6	0.1805	8.6731	8.8536
13	286.15	1.497	1.001	88180.	88180.	54.56	2338.9	2393.4	54.57	2470.8	2525.4	0.1952	8.6345	8.8297
14	287.15	1.597	1.001	82900.	82900.	58.75	2336.1	2394.8	58.75	2468.5	2527.2	0.2098	8.5963	8.8060
15	288.15	1.704	1.001	77980.	77980.	62.94	2333.2	2396.2	62.94	2466.1	2529.1	0.2243	8.5582	8.7826
16	289.15	1.817	1.001	73380.	73380.	67.12	2330.4	2397.6	67.13	2463.8	2530.9	0.2388	8.5205	8.7593
17	290.15	1.936	1.001	69090.	69090.	71.31	2327.6	2398.9	71.31	2461.4	2532.7	0.2533	8.4830	8.7363
18	291.15	2.062	1.001	65090.	65090.	75.49	2324.8	2400.3	75.50	2459.0	2534.5	0.2677	8.4458	8.7135
19	292.15	2.196	1.002	61340.	61340.	79.68	2322.0	2401.7	79.68	2456.7	2536.4	0.2820	8.4088	8.6908
20	293.15	2.337	1.002	57840.	57840.	83.86	2319.2	2403.0	83.86	2454.3	2538.2	0.2963	8.3721	8.6684
21	294.15	2.485	1.002	54560.	54560.	88.04	2316.4	2404.4	88.04	2452.0	2540.0	0.3105	8.3356	8.6462
22	295.15	2.642	1.002	51490.	51490.	92.22	2313.6	2405.8	92.23	2449.6	2541.8	0.3247	8.2994	8.6241
23	296.15	2.808	1.002	48620.	48620.	96.40	2310.7	2407.1	96.41	2447.2	2543.6	0.3389	8.2634	8.6023
24	297.15	2.982	1.003	45930.	45920.	100.6	2307.9	2408.5	100.6	2444.9	2545.5	0.3530	8.2277	8.5806
25	298.15	3.166	1.003	43400.	43400.	104.8	2305.1	2409.9	104.8	2442.5	2547.3	0.3670	8.1922	8.5592
26	299.15	3.360	1.003	41030.	41030.	108.9	2302.3	2411.2	108.9	2440.2	2549.1	0.3810	8.1569	8.5379
27	300.15	3.564	1.003	38810.	38810.	113.1	2299.5	2412.6	113.1	2437.8	2550.9	0.3949	8.1218	8.5168
28	301.15	3.778	1.004	36730.	36730.	117.3	2296.7	2414.0	117.3	2435.4	2552.7	0.4088	8.0870	8.4959
29	302.15	4.004	1.004	34770.	34770.	121.5	2293.8	2415.3	121.5	2433.1	2554.5	0.4227	8.0524	8.4751

Appendix F 蒸汽表

30	303.15	4.241	1.004	32930.	32930.	125.7	2416.7	125.7	2430.7	2556.4	0.4365	8.0180	8.4546
31	304.15	4.491	1.005	31200.	31200.	129.8	2418.0	129.8	2428.3	2558.2	0.4503	7.9839	8.4342
32	305.15	4.753	1.005	29570.	29570.	134.0	2419.4	134.0	2425.9	2560.0	0.4640	7.9500	8.4140
33	306.15	5.029	1.005	28040.	28040.	138.2	2420.8	138.2	2423.6	2561.8	0.4777	7.9163	8.3939
34	307.15	5.318	1.006	26600.	26600.	142.4	2422.1	142.4	2421.2	2563.6	0.4913	7.8828	8.3740
35	308.15	5.622	1.006	25240.	25240.	146.6	2423.5	146.6	2418.8	2565.4	0.5049	7.8495	8.3543
36	309.15	5.940	1.006	23970.	23970.	150.7	2424.8	150.7	2416.4	2567.2	0.5184	7.8164	8.3348
37	310.15	6.274	1.007	22760.	22760.	154.9	2426.2	154.9	2414.1	2569.0	0.5319	7.7835	8.3154
38	311.15	6.624	1.007	21630.	21630.	159.1	2427.5	159.1	2411.7	2570.8	0.5453	7.7509	8.2962
39	312.15	6.991	1.007	20560.	20560.	163.3	2428.9	163.3	2409.3	2572.6	0.5588	7.7184	8.2772
40	313.15	7.375	1.008	19550.	19550.	167.4	2430.2	167.5	2406.9	2574.4	0.5721	7.6861	8.2583
41	314.15	7.777	1.008	18590.	18590.	171.6	2431.6	171.6	2404.5	2576.2	0.5854	7.6541	8.2395
42	315.15	8.198	1.009	17690.	17690.	175.8	2432.9	175.8	2402.1	2577.9	0.5987	7.6222	8.2209
43	316.15	8.639	1.009	16840.	16840.	180.0	2434.2	180.0	2399.7	2579.7	0.6120	7.5905	8.2025
44	317.15	9.100	1.009	16040.	16040.	184.2	2435.6	184.2	2397.3	2581.5	0.6252	7.5590	8.1842
45	318.15	9.582	1.010	15280.	15280.	188.3	2436.9	188.4	2394.9	2583.3	0.6383	7.5277	8.1661
46	319.15	10.09	1.010	14560.	14560.	192.5	2438.3	192.5	2392.5	2585.1	0.6514	7.4966	8.1481
47	320.15	10.61	1.011	13880.	13880.	196.7	2439.6	196.7	2390.1	2586.9	0.6645	7.4657	8.1302
48	321.15	11.16	1.011	13230.	13230.	200.9	2440.9	200.9	2387.7	2588.6	0.6776	7.4350	8.1125
49	322.15	11.74	1.012	12620.	12620.	205.1	2442.3	205.1	2385.3	2590.4	0.6906	7.4044	8.0950
50	323.15	12.34	1.012	12040.	12040.	209.3	2443.6	209.3	2382.9	2592.2	0.7035	7.3741	8.0776
51	324.15	12.96	1.013	11500.	11500.	213.4	2444.9	213.4	2380.5	2593.9	0.7164	7.3439	8.0603
52	325.15	13.61	1.013	10980.	10980.	217.6	2446.2	217.6	2378.1	2595.7	0.7293	7.3138	8.0432
53	326.15	14.29	1.014	10490.	10490.	221.8	2447.5	221.8	2375.7	2597.5	0.7422	7.2840	8.0262
54	327.15	15.00	1.014	10020.	10020.	226.0	2448.9	226.0	2373.2	2599.2	0.7550	7.2543	8.0093
55	328.15	15.74	1.015	9578.9	9577.9	230.2	2450.2	230.2	2370.8	2601.0	0.7677	7.2248	7.9925
56	329.15	16.51	1.015	9158.7	9157.7	234.3	2451.5	234.4	2368.4	2602.7	0.7804	7.1955	7.9759
57	330.15	17.31	1.016	8759.8	8758.7	238.5	2452.8	238.5	2365.9	2604.5	0.7931	7.1663	7.9595
58	331.15	18.15	1.016	8380.8	8379.8	242.7	2454.1	242.7	2363.5	2606.2	0.8058	7.1373	7.9431
59	332.15	19.02	1.017	8020.8	8019.7	246.9	2455.4	246.9	2361.1	2608.0	0.8184	7.1085	7.9269
60	333.15	19.92	1.017	7678.5	7677.5	251.1	2456.8	251.1	2358.6	2609.7	0.8310	7.0798	7.9108
61	334.15	20.86	1.018	7353.2	7352.1	255.3	2458.1	255.3	2356.2	2611.4	0.8435	7.0513	7.8948
62	335.15	21.84	1.018	7043.7	7042.7	259.4	2459.4	259.5	2353.7	2613.2	0.8560	7.0230	7.8790
63	336.15	22.86	1.019	6749.3	6748.2	263.6	2460.7	263.6	2351.3	2614.9	0.8685	6.9948	7.8633
64	337.15	23.91	1.019	6469.0	6468.0	267.8	2462.0	267.8	2348.8	2616.6	0.8809	6.9667	7.8477
65	338.15	25.01	1.020	6202.3	6201.3	272.0	2463.3	272.0	2346.3	2618.4	0.8933	6.9388	7.8322
66	339.15	26.15	1.020	5948.2	5947.2	276.2	2464.5	276.2	2343.9	2620.1	0.9057	6.9111	7.8168
67	340.15	27.33	1.021	5706.2	5705.2	280.4	2465.8	280.4	2341.4	2621.8	0.9180	6.8835	7.8015
68	341.15	28.56	1.022	5475.6	5474.6	284.6	2467.1	284.6	2338.9	2623.5	0.9303	6.8561	7.7864
69	342.15	29.84	1.022	5255.8	5254.8	288.8	2468.4	288.8	2336.4	2625.2	0.9426	6.8288	7.7714
70	343.15	31.16	1.023	5046.2	5045.2	292.9	2469.7	293.0	2334.0	2626.9	0.9548	6.8017	7.7565
71	344.15	32.53	1.023	4846.4	4845.4	297.1	2470.9	297.2	2331.5	2628.6	0.9670	6.7747	7.7417
72	345.15	33.96	1.024	4655.7	4654.7	301.3	2472.2	301.4	2329.0	2630.3	0.9792	6.7478	7.7270
73	346.15	35.43	1.025	4473.7	4472.7	305.5	2473.5	305.5	2326.5	2632.0	0.9913	6.7211	7.7124
74	347.15	36.96	1.025	4300.0	4299.0	309.7	2474.8	309.7	2324.0	2633.7	1.0034	6.6945	7.6979

表 F.1 飽和蒸汽，SI 單位（續）

t °C	T K	P kPa	SPECIFIC VOLUME V sat. liq.	evap.	sat. vap.	INTERNAL ENERGY U sat. liq.	evap.	sat. vap.	ENTHALPY H sat. liq.	evap.	sat. vap.	ENTROPY S sat. liq.	evap.	sat. vap.
75	348.15	38.55	1.026	4133.1	4134.1	313.9	2162.1	2476.0	313.9	2321.5	2635.4	1.0154	6.6681	7.6835
76	349.15	40.19	1.027	3974.6	3975.7	318.1	2159.2	2477.3	318.1	2318.9	2637.1	1.0275	6.6418	7.6693
77	350.15	41.89	1.027	3823.3	3824.3	322.3	2156.3	2478.5	322.3	2316.4	2638.7	1.0395	6.6156	7.6551
78	351.15	43.65	1.028	3678.6	3679.6	326.5	2153.3	2479.8	326.5	2313.9	2640.4	1.0514	6.5896	7.6410
79	352.15	45.47	1.029	3540.3	3541.3	330.7	2150.4	2481.1	330.7	2311.4	2642.1	1.0634	6.5637	7.6271
80	353.15	47.36	1.029	3408.1	3409.1	334.9	2147.4	2482.3	334.9	2308.8	2643.8	1.0753	6.5380	7.6132
81	354.15	49.31	1.030	3281.6	3282.6	339.1	2144.5	2483.5	339.1	2306.3	2645.4	1.0871	6.5123	7.5995
82	355.15	51.33	1.031	3160.6	3161.6	343.3	2141.5	2484.8	343.3	2303.8	2647.1	1.0990	6.4868	7.5858
83	356.15	53.42	1.031	3044.8	3045.8	347.5	2138.6	2486.0	347.5	2301.2	2648.7	1.1108	6.4615	7.5722
84	357.15	55.57	1.032	2933.9	2935.0	351.7	2135.6	2487.3	351.7	2298.6	2650.4	1.1225	6.4362	7.5587
85	358.15	57.80	1.033	2827.8	2828.8	355.9	2132.6	2488.5	355.9	2296.1	2652.0	1.1343	6.4111	7.5454
86	359.15	60.11	1.033	2726.1	2727.2	360.1	2129.7	2489.7	360.1	2293.5	2653.6	1.1460	6.3861	7.5321
87	360.15	62.49	1.034	2628.8	2629.8	364.3	2126.7	2490.9	364.3	2290.9	2655.3	1.1577	6.3612	7.5189
88	361.15	64.95	1.035	2535.4	2536.5	368.5	2123.7	2492.2	368.5	2288.4	2656.9	1.1693	6.3365	7.5058
89	362.15	67.49	1.035	2446.0	2447.0	372.7	2120.7	2493.4	372.7	2285.8	2658.5	1.1809	6.3119	7.4928
90	363.15	70.11	1.036	2360.3	2361.3	376.9	2117.7	2494.6	376.9	2283.2	2660.1	1.1925	6.2873	7.4799
91	364.15	72.81	1.037	2278.0	2279.1	381.1	2114.7	2495.8	381.1	2280.6	2661.7	1.2041	6.2629	7.4670
92	365.15	75.61	1.038	2199.2	2200.2	385.3	2111.7	2497.0	385.4	2278.0	2663.4	1.2156	6.2387	7.4543
93	366.15	78.49	1.038	2123.5	2124.5	389.5	2108.7	2498.2	389.6	2275.4	2665.0	1.2271	6.2145	7.4416
94	367.15	81.46	1.039	2050.9	2051.9	393.7	2105.7	2499.4	393.8	2272.8	2666.6	1.2386	6.1905	7.4291
95	368.15	84.53	1.040	1981.2	1982.2	397.9	2102.7	2500.6	398.0	2270.2	2668.1	1.2501	6.1665	7.4166
96	369.15	87.69	1.041	1914.3	1915.3	402.1	2099.7	2501.8	402.2	2267.5	2669.7	1.2615	6.1427	7.4042
97	370.15	90.94	1.041	1850.0	1851.0	406.3	2096.6	2503.0	406.4	2264.9	2671.3	1.2729	6.1190	7.3919
98	371.15	94.30	1.042	1788.3	1789.3	410.5	2093.6	2504.1	410.6	2262.2	2672.9	1.2842	6.0954	7.3796
99	372.15	97.76	1.043	1729.0	1730.0	414.7	2090.6	2505.3	414.8	2259.6	2674.4	1.2956	6.0719	7.3675
100	373.15	101.33	1.044	1672.5	1673.0	419.0	2087.5	2506.5	419.1	2256.9	2676.0	1.3069	6.0485	7.3554
102	375.15	108.78	1.045	1564.5	1565.5	427.4	2081.4	2508.8	427.5	2251.6	2679.1	1.3294	6.0021	7.3315
104	377.15	116.68	1.047	1465.1	1466.2	435.8	2075.3	2511.1	435.9	2246.3	2682.2	1.3518	5.9560	7.3078
106	379.15	125.04	1.049	1373.7	1374.2	444.3	2069.2	2513.4	444.4	2240.9	2685.3	1.3742	5.9104	7.2845
108	381.15	133.90	1.050	1287.9	1288.9	452.7	2063.0	2515.7	452.9	2235.4	2688.3	1.3964	5.8651	7.2615
110	383.15	143.27	1.052	1208.9	1209.9	461.2	2056.8	2518.0	461.3	2230.0	2691.3	1.4185	5.8203	7.2388
112	385.15	153.16	1.054	1135.6	1136.6	469.6	2050.6	2520.2	469.8	2224.5	2694.3	1.4405	5.7758	7.2164
114	387.15	163.62	1.055	1067.5	1068.5	478.1	2044.3	2522.4	478.3	2219.0	2697.2	1.4624	5.7318	7.1942
116	389.15	174.65	1.057	1004.2	1005.2	486.6	2038.1	2524.6	486.7	2213.4	2700.2	1.4842	5.6881	7.1723
118	391.15	186.28	1.059	945.3	946.3	495.0	2031.8	2526.8	495.2	2207.9	2703.1	1.5060	5.6447	7.1507
120	393.15	198.54	1.061	890.5	891.5	503.5	2025.4	2529.0	503.7	2202.2	2706.0	1.5276	5.6017	7.1293
122	395.15	211.45	1.062	839.4	840.5	512.0	2019.1	2531.1	512.2	2196.6	2708.8	1.5491	5.5590	7.1082
124	397.15	225.04	1.064	791.8	792.8	520.5	2012.7	2533.2	520.7	2190.9	2711.6	1.5706	5.5167	7.0873
126	399.15	239.33	1.066	747.3	748.4	529.0	2006.3	2535.3	529.2	2185.2	2714.4	1.5919	5.4747	7.0666
128	401.15	254.35	1.068	705.8	706.9	537.5	1999.9	2537.4	537.8	2179.4	2717.2	1.6132	5.4330	7.0462

Appendix F 蒸汽表

T (K)	P	v'	v"	h'	h"	r	s'	s"
130	403.15	270.13	1.070	667.1	668.1	546.0	2173.6	2719.9	1.6344	5.3917	7.0261
132	405.15	286.70	1.072	630.8	631.9	554.5	2167.8	2722.6	1.6555	5.3507	7.0061
134	407.15	304.07	1.074	596.9	598.0	563.1	2161.9	2725.3	1.6765	5.3099	6.9864
136	409.15	322.29	1.076	565.1	566.2	571.6	2155.9	2727.9	1.6974	5.2695	6.9669
138	411.15	341.38	1.078	535.3	536.4	580.2	2150.0	2730.5	1.7182	5.2293	6.9475
140	413.15	361.38	1.080	507.4	508.5	588.7	2144.0	2733.1	1.7390	5.1894	6.9284
142	415.15	382.31	1.082	481.2	482.3	597.3	2137.9	2735.6	1.7597	5.1499	6.9095
144	417.15	404.20	1.084	456.6	457.7	605.9	2131.8	2738.1	1.7803	5.1105	6.8908
146	419.15	427.09	1.086	433.5	434.6	614.4	2125.7	2740.6	1.8008	5.0715	6.8723
148	421.15	451.01	1.089	411.8	412.9	623.0	2119.5	2743.0	1.8213	5.0327	6.8539
150	423.15	476.00	1.091	391.4	392.4	631.6	2113.2	2745.4	1.8416	4.9941	6.8358
152	425.15	502.08	1.093	372.1	373.2	640.2	2106.9	2747.7	1.8619	4.9558	6.8178
154	427.15	529.29	1.095	354.0	355.1	648.9	2100.6	2750.0	1.8822	4.9178	6.8000
156	429.15	557.67	1.098	336.9	338.0	657.5	2094.2	2752.3	1.9023	4.8800	6.7823
158	431.15	587.25	1.100	320.8	321.9	666.1	2087.7	2754.5	1.9224	4.8424	6.7648
160	433.15	618.06	1.102	305.7	306.8	674.8	2081.3	2756.7	1.9425	4.8050	6.7475
162	435.15	650.16	1.105	291.3	292.4	683.5	2074.7	2758.9	1.9624	4.7679	6.7303
164	437.15	683.56	1.107	277.8	278.9	692.1	2068.1	2761.0	1.9823	4.7309	6.7133
166	439.15	718.31	1.109	265.0	266.1	700.8	2061.4	2763.1	2.0022	4.6942	6.6964
168	441.15	754.45	1.112	252.9	254.0	709.5	2054.7	2765.1	2.0219	4.6577	6.6796
170	443.15	792.02	1.114	241.4	242.6	718.2	2047.9	2767.1	2.0416	4.6214	6.6630
172	445.15	831.06	1.117	230.6	231.7	727.0	2041.1	2769.0	2.0613	4.5853	6.6465
174	447.15	871.60	1.120	220.3	221.5	735.7	2034.2	2770.9	2.0809	4.5493	6.6302
176	449.15	913.68	1.122	210.6	211.7	744.4	2027.3	2772.7	2.1004	4.5136	6.6140
178	451.15	957.36	1.125	201.4	202.5	753.2	2020.2	2774.5	2.1199	4.4780	6.5979
180	453.15	1002.7	1.128	192.7	193.8	762.0	2013.1	2776.3	2.1393	4.4426	6.5819
182	455.15	1049.6	1.130	184.4	185.5	770.8	2006.0	2778.0	2.1587	4.4074	6.5660
184	457.15	1098.3	1.133	176.5	177.6	779.6	1998.8	2779.6	2.1780	4.3723	6.5503
186	459.15	1148.8	1.136	169.0	170.2	788.4	1991.5	2781.2	2.1972	4.3374	6.5346
188	461.15	1201.0	1.139	161.9	163.1	797.2	1984.2	2782.8	2.2164	4.3026	6.5191
190	463.15	1255.1	1.142	155.2	156.3	806.1	1976.7	2784.3	2.2356	4.2680	6.5036
192	465.15	1311.1	1.144	148.8	149.9	814.8	1969.3	2785.7	2.2547	4.2336	6.4883
194	467.15	1369.0	1.147	142.6	143.8	823.8	1961.7	2787.1	2.2738	4.1993	6.4730
196	469.15	1428.9	1.150	136.8	138.0	832.7	1954.1	2788.4	2.2928	4.1651	6.4578
198	471.15	1490.9	1.153	131.3	132.4	841.6	1946.4	2789.7	2.3117	4.1310	6.4428
200	473.15	1554.9	1.156	126.0	127.2	850.6	1938.6	2790.9	2.3307	4.0971	6.4278
202	475.15	1621.0	1.160	121.0	122.1	859.5	1930.7	2792.1	2.3495	4.0633	6.4128
204	477.15	1689.3	1.163	116.2	117.3	868.5	1922.8	2793.2	2.3684	4.0296	6.3980
206	479.15	1759.8	1.166	111.6	112.8	877.5	1914.7	2794.3	2.3872	3.9961	6.3832
208	481.15	1832.6	1.169	107.2	108.4	886.5	1906.6	2795.3	2.4059	3.9626	6.3686
210	483.15	1907.7	1.173	103.1	104.2	895.5	1898.5	2796.2	2.4247	3.9293	6.3539
212	485.15	1985.2	1.176	99.09	100.26	904.5	1890.2	2797.1	2.4434	3.8960	6.3394
214	487.15	2065.1	1.179	95.28	96.46	913.6	1881.8	2797.9	2.4620	3.8629	6.3249
216	489.15	2147.5	1.183	91.65	92.83	922.7	1873.4	2798.6	2.4806	3.8298	6.3104
218	491.15	2232.4	1.186	88.17	89.36	931.8	1864.9	2799.3	2.4992	3.7968	6.2960

表 F.1 飽和蒸汽，SI 單位（續）

t °C	T K	P kPa	V sat. liq.	V evap.	V sat. vap.	U sat. liq.	U evap.	U sat. vap.	H sat. liq.	H evap.	H sat. vap.	S sat. liq.	S evap.	S sat. vap.
220	493.15	2319.8	1.190	84.85	86.04	940.9	1659.4	2600.3	943.7	1856.2	2799.9	2.5178	3.7639	6.2817
222	495.15	2409.9	1.194	81.67	82.86	950.1	1650.7	2600.8	952.9	1847.5	2800.5	2.5363	3.7311	6.2674
224	497.15	2502.7	1.197	78.62	79.82	959.2	1642.0	2601.2	962.2	1838.7	2800.9	2.5548	3.6984	6.2532
226	499.15	2598.2	1.201	75.71	76.91	968.4	1633.1	2601.5	971.5	1829.8	2801.4	2.5733	3.6657	6.2390
228	501.15	2696.5	1.205	72.92	74.12	977.6	1624.2	2601.8	980.9	1820.8	2801.7	2.5917	3.6331	6.2249
230	503.15	2797.6	1.209	70.24	71.45	986.9	1615.2	2602.1	990.3	1811.7	2802.0	2.6102	3.6006	6.2107
232	505.15	2901.6	1.213	67.68	68.89	996.2	1606.1	2602.3	999.7	1802.5	2802.2	2.6286	3.5681	6.1967
234	507.15	3008.6	1.217	65.22	66.43	1005.4	1597.0	2602.4	1009.1	1793.2	2802.3	2.6470	3.5356	6.1826
236	509.15	3118.6	1.221	62.86	64.08	1014.8	1587.7	2602.5	1018.6	1783.8	2802.3	2.6653	3.5033	6.1686
238	511.15	3231.7	1.225	60.60	61.82	1024.1	1578.4	2602.5	1028.1	1774.2	2802.3	2.6837	3.4709	6.1546
240	513.15	3347.8	1.229	58.43	59.65	1033.5	1569.0	2602.5	1037.6	1764.6	2802.2	2.7020	3.4386	6.1406
242	515.15	3467.2	1.233	56.34	57.57	1042.9	1559.5	2602.4	1047.2	1754.8	2802.0	2.7203	3.4063	6.1266
244	517.15	3589.8	1.238	54.34	55.58	1052.3	1549.9	2602.2	1056.8	1745.0	2801.8	2.7386	3.3740	6.1127
246	519.15	3715.7	1.242	52.41	53.66	1061.8	1540.2	2602.0	1066.4	1735.0	2801.4	2.7569	3.3418	6.0987
248	521.15	3844.9	1.247	50.56	51.81	1071.3	1530.5	2601.8	1076.1	1724.9	2801.0	2.7752	3.3096	6.0848
250	523.15	3977.6	1.251	48.79	50.04	1080.8	1520.6	2601.4	1085.8	1714.7	2800.4	2.7935	3.2773	6.0708
252	525.15	4113.7	1.256	47.08	48.33	1090.4	1510.6	2601.0	1095.5	1704.3	2799.8	2.8118	3.2451	6.0569
254	527.15	4253.4	1.261	45.43	46.69	1100.0	1500.5	2600.5	1105.3	1693.8	2799.1	2.8300	3.2129	6.0429
256	529.15	4396.7	1.266	43.85	45.11	1109.6	1490.4	2600.0	1115.2	1683.2	2798.3	2.8483	3.1807	6.0290
258	531.15	4543.7	1.271	42.33	43.60	1119.3	1480.1	2599.3	1125.0	1672.4	2797.4	2.8666	3.1484	6.0150
260	533.15	4694.3	1.276	40.86	42.13	1129.0	1469.7	2598.6	1134.9	1661.5	2796.4	2.8848	3.1161	6.0010
262	535.15	4848.8	1.281	39.44	40.73	1138.7	1459.2	2597.8	1144.9	1650.4	2795.3	2.9031	3.0838	5.9869
264	537.15	5007.1	1.286	38.08	39.37	1148.5	1448.5	2597.0	1154.9	1639.2	2794.1	2.9214	3.0515	5.9729
266	539.15	5169.3	1.291	36.77	38.06	1158.3	1437.8	2596.1	1165.0	1627.8	2792.8	2.9397	3.0191	5.9588
268	541.15	5335.5	1.297	35.51	36.80	1168.2	1426.9	2595.0	1175.1	1616.3	2791.4	2.9580	2.9866	5.9446
270	543.15	5505.8	1.303	34.29	35.59	1178.1	1415.9	2593.9	1185.2	1604.6	2789.9	2.9763	2.9541	5.9304
272	545.15	5680.2	1.308	33.11	34.42	1188.0	1404.7	2592.7	1195.4	1592.8	2788.2	2.9947	2.9215	5.9162
274	547.15	5858.7	1.314	31.97	33.29	1198.0	1393.4	2591.4	1205.7	1580.8	2786.5	3.0131	2.8889	5.9019
276	549.15	6041.5	1.320	30.88	32.20	1208.0	1382.0	2590.1	1216.0	1568.5	2784.6	3.0314	2.8561	5.8876
278	551.15	6228.7	1.326	29.82	31.14	1218.1	1370.4	2588.6	1226.1	1556.2	2782.6	3.0499	2.8233	5.8731
280	553.15	6420.2	1.332	28.79	30.13	1228.3	1358.7	2587.0	1236.8	1543.6	2780.4	3.0683	2.7903	5.8586
282	555.15	6616.1	1.339	27.81	29.14	1238.5	1346.8	2585.3	1247.3	1530.8	2778.1	3.0868	2.7573	5.8440
284	557.15	6816.6	1.345	26.85	28.20	1248.7	1334.8	2583.5	1257.9	1517.8	2775.7	3.1053	2.7241	5.8294
286	559.15	7021.8	1.352	25.93	27.28	1259.0	1322.6	2581.6	1268.5	1504.6	2773.2	3.1238	2.6908	5.8146
288	561.15	7231.5	1.359	25.03	26.39	1269.4	1310.2	2579.6	1279.2	1491.2	2770.5	3.1424	2.6573	5.7997
290	563.15	7446.1	1.366	24.17	25.54	1279.8	1297.7	2577.5	1290.0	1477.6	2767.6	3.1611	2.6237	5.7848
292	565.15	7665.4	1.373	23.33	24.71	1290.3	1284.9	2575.2	1300.9	1463.8	2764.6	3.1798	2.5899	5.7697
294	567.15	7889.7	1.381	22.52	23.90	1300.9	1272.0	2572.9	1311.8	1449.7	2761.5	3.1985	2.5560	5.7545
296	569.15	8118.9	1.388	21.74	23.13	1311.5	1258.9	2570.4	1322.8	1435.4	2758.2	3.2173	2.5218	5.7392
298	571.15	8353.2	1.396	20.98	22.38	1322.2	1245.6	2567.8	1333.9	1420.8	2754.7	3.2362	2.4875	5.7237

Appendix F 蒸汽表

300	573.15	8592.7	1.404	20.24	21.65	1333.0	1232.0	2565.0	1345.1	1406.0	2751.0	3.2552	2.4529	5.7081
302	575.15	8837.4	1.412	19.53	20.94	1343.8	1218.3	2562.1	1356.3	1390.9	2747.2	3.2742	2.4182	5.6924
304	577.15	9087.3	1.421	18.84	20.26	1354.8	1204.3	2559.1	1367.7	1375.5	2743.2	3.2933	2.3832	5.6765
306	579.15	9342.7	1.430	18.17	19.60	1365.8	1190.1	2555.9	1379.1	1359.8	2739.0	3.3125	2.3479	5.6604
308	581.15	9603.6	1.439	17.52	18.96	1376.9	1175.6	2552.5	1390.7	1343.9	2734.6	3.3318	2.3124	5.6442
310	583.15	9870.0	1.448	16.89	18.33	1388.1	1161.0	2549.1	1402.4	1327.6	2730.0	3.3512	2.2766	5.6278
312	585.15	10142.1	1.458	16.27	17.73	1399.4	1146.0	2545.4	1414.2	1311.0	2725.2	3.3707	2.2404	5.6111
314	587.15	10420.0	1.468	15.68	17.14	1410.8	1130.8	2541.6	1426.1	1294.1	2720.2	3.3903	2.2040	5.5943
316	589.15	10703.	1.478	15.09	16.57	1422.3	1115.2	2537.5	1438.1	1276.8	2714.9	3.4101	2.1672	5.5772
318	591.15	10993.4	1.488	14.53	16.02	1433.9	1099.4	2533.3	1450.3	1259.1	2709.4	3.4300	2.1300	5.5599
320	593.15	11289.1	1.500	13.98	15.48	1445.7	1083.2	2528.9	1462.6	1241.1	2703.7	3.4500	2.0923	5.5423
322	595.15	11591.0	1.511	13.44	14.96	1457.5	1066.7	2524.3	1475.1	1222.6	2697.6	3.4702	2.0542	5.5244
324	597.15	11899.2	1.523	12.92	14.45	1469.5	1049.9	2519.4	1487.7	1203.6	2691.3	3.4906	2.0156	5.5062
326	599.15	12213.7	1.535	12.41	13.95	1481.7	1032.6	2514.3	1500.4	1184.2	2684.6	3.5111	1.9764	5.4876
328	601.15	12534.8	1.548	11.91	13.46	1494.0	1014.8	2508.8	1513.4	1164.2	2677.6	3.5319	1.9367	5.4685
330	603.15	12862.5	1.561	11.43	12.99	1506.4	996.7	2503.1	1526.5	1143.6	2670.2	3.5528	1.8962	5.4490
332	605.15	13197.0	1.575	10.95	12.53	1519.1	978.0	2497.0	1539.9	1122.5	2662.3	3.5740	1.8550	5.4290
334	607.15	13538.3	1.590	10.49	12.08	1531.9	958.7	2490.6	1553.4	1100.7	2654.1	3.5955	1.8129	5.4084
336	609.15	13886.7	1.606	10.03	11.63	1544.9	938.9	2483.7	1567.2	1078.1	2645.3	3.6172	1.7700	5.3872
338	611.15	14242.3	1.622	9.58	11.20	1558.1	918.4	2476.4	1581.2	1054.8	2636.0	3.6392	1.7261	5.3653
340	613.15	14605.2	1.639	9.14	10.78	1571.5	897.2	2468.7	1595.5	1030.7	2626.2	3.6616	1.6811	5.3427
342	615.15	14975.5	1.657	8.71	10.37	1585.2	875.2	2460.5	1610.0	1005.7	2615.7	3.6844	1.6350	5.3194
344	617.15	15353.5	1.676	8.286	9.962	1599.2	852.5	2451.7	1624.9	979.7	2604.7	3.7075	1.5877	5.2952
346	619.15	15739.3	1.696	7.870	9.566	1613.5	828.9	2442.4	1640.2	952.8	2593.0	3.7311	1.5391	5.2702
348	621.15	16133.1	1.718	7.461	9.178	1628.1	804.5	2432.6	1655.8	924.8	2580.7	3.7553	1.4891	5.2444
350	623.15	16535.1	1.741	7.058	8.799	1643.0	779.2	2422.2	1671.8	895.9	2567.7	3.7801	1.4375	5.2177
352	625.15	16945.5	1.766	6.654	8.420	1659.4	751.5	2410.8	1689.3	864.2	2553.5	3.8071	1.3822	5.1893
354	627.15	17364.4	1.794	6.252	8.045	1676.3	722.4	2398.7	1707.5	830.9	2538.4	3.8349	1.3247	5.1596
356	629.15	17792.2	1.824	5.850	7.674	1693.4	692.2	2385.6	1725.9	796.2	2522.1	3.8629	1.2654	5.1283
358	631.15	18229.0	1.858	5.448	7.306	1710.8	660.5	2371.4	1744.7	759.9	2504.6	3.8915	1.2037	5.0953
360	633.15	18675.1	1.896	5.044	6.940	1728.8	627.1	2355.8	1764.2	721.3	2485.4	3.9210	1.1390	5.0600
361	634.15	18901.7	1.917	4.840	6.757	1738.0	609.5	2347.5	1774.2	701.0	2475.2	3.9362	1.1052	5.0414
362	635.15	19130.7	1.939	4.634	6.573	1747.5	591.2	2338.7	1784.6	679.8	2464.4	3.9518	1.0702	5.0220
363	636.15	19362.1	1.963	4.425	6.388	1757.3	572.1	2329.3	1795.3	657.8	2453.0	3.9679	1.0338	5.0017
364	637.15	19596.1	1.988	4.213	6.201	1767.4	552.0	2319.4	1806.4	634.6	2440.9	3.9846	0.9958	4.9804
365	638.15	19832.6	2.016	3.996	6.012	1778.0	530.8	2308.8	1818.0	610.0	2428.0	4.0021	0.9558	4.9579
366	639.15	20071.6	2.046	3.772	5.819	1789.1	508.2	2297.3	1830.2	583.9	2414.1	4.0205	0.9134	4.9339
367	640.15	20313.2	2.080	3.540	5.621	1801.0	483.8	2284.8	1843.2	555.7	2399.0	4.0401	0.8680	4.9081
368	641.15	20557.5	2.118	3.298	5.416	1813.8	457.3	2271.1	1857.3	525.1	2382.4	4.0613	0.8189	4.8801
369	642.15	20804.4	2.162	3.039	5.201	1827.8	427.9	2255.7	1872.8	491.1	2363.9	4.0846	0.7647	4.8492
370	643.15	21054.0	2.214	2.759	4.973	1843.6	394.5	2238.1	1890.2	452.6	2342.8	4.1108	0.7036	4.8144
371	644.15	21306.4	2.278	2.446	4.723	1862.0	355.3	2217.3	1910.5	407.4	2317.9	4.1414	0.6324	4.7738
372	645.15	21561.6	2.364	2.075	4.439	1884.6	306.6	2191.2	1935.6	351.4	2287.0	4.1794	0.5446	4.7240
373	646.15	21819.7	2.496	1.588	4.084	1916.0	238.5	2154.5	1970.5	273.5	2244.0	4.2325	0.4233	4.6559
374	647.15	22080.5	2.843	0.623	3.466	1983.9	95.7	2079.7	2046.7	109.5	2156.2	4.3493	0.1692	4.5185
374.15	647.30	22120.0	3.170	0.000	3.170	2037.3	0.0	2037.3	2107.4	0.0	2107.4	4.4429	0.0000	4.4429

表 F.2 過熱蒸汽，SI 單位

TEMPERATURE: $t\,°C$
(TEMPERATURE: T kelvins)

P/kPa ($t^{sat}/°C$)		sat. liq.	sat. vap.	75 (348.15)	100 (373.15)	125 (398.15)	150 (423.15)	175 (448.15)	200 (473.15)	225 (498.15)	250 (523.15)
1 (6.98)	V U H S	1.000 29.334 29.335 0.1060	129200. 2385.2 2514.4 8.9767	160640. 2480.8 2641.5 9.3828	172180. 2516.4 2688.6 9.5136	183720. 2552.3 2736.3 9.6365	195270. 2588.5 2783.7 9.7527	206810. 2624.9 2831.7 9.8629	218350. 2661.7 2880.1 9.9679	229890. 2698.8 2928.8 10.0681	241430. 2736.3 2977.7 10.1641
10 (45.83)	V U H S	1.010 191.822 191.832 0.6493	14670. 2438.0 2584.8 8.1511	16030. 2479.7 2640.0 8.3168	17190. 2515.6 2687.5 8.4486	18350. 2551.6 2735.2 8.5722	19510. 2588.0 2783.1 8.6888	20660. 2624.5 2831.2 8.7994	21820. 2661.4 2879.6 8.9045	22980. 2698.6 2928.4 9.0049	24130. 2736.1 2977.4 9.1010
20 (60.09)	V U H S	1.017 251.432 251.453 0.8321	7649.8 2456.9 2609.9 7.9094	8000.0 2478.4 2638.4 7.9933	8584.7 2514.6 2686.3 8.1261	9167.1 2550.9 2734.2 8.2504	9748.0 2587.4 2782.3 8.3676	10320. 2624.1 2830.6 8.4785	10900. 2661.0 2879.2 8.5839	11480. 2698.3 2928.0 8.6844	12060. 2735.8 2977.1 8.7806
30 (69.12)	V U H S	1.022 289.271 289.302 0.9441	5229.3 2468.6 2625.4 7.7695	5322.0 2477.1 2636.8 7.8024	5714.4 2513.6 2685.1 7.9363	6104.6 2550.2 2733.3 8.0614	6493.2 2586.8 2781.6 8.1791	6880.8 2623.6 2830.0 8.2903	7267.5 2660.7 2878.7 8.3960	7653.8 2698.0 2927.6 8.4967	8039.7 2735.6 2976.8 8.5930
40 (75.89)	V U H S	1.027 317.609 317.650 1.0261	3993.4 2477.1 2636.9 7.6709	....	4279.2 2512.6 2683.8 7.8009	4573.3 2549.4 2732.3 7.9268	4865.8 2586.2 2780.9 8.0450	5157.2 2623.2 2829.5 8.1566	5447.8 2660.3 2878.2 8.2624	5738.0 2697.7 2927.2 8.3633	6027.7 2735.4 2976.5 8.4598
50 (81.35)	V U H S	1.030 340.513 340.564 1.0912	3240.2 2484.0 2646.0 7.5947	....	3418.1 2511.7 2682.6 7.6953	3654.5 2548.6 2731.4 7.8219	3889.3 2585.6 2780.1 7.9406	4123.0 2622.7 2828.9 8.0526	4356.0 2659.9 2877.7 8.1587	4588.5 2697.4 2926.8 8.2598	4820.5 2735.1 2976.1 8.3564
75 (91.79)	V U H S	1.037 384.374 384.451 1.2131	2216.9 2496.7 2663.0 7.4570	....	2269.8 2509.2 2679.4 7.5014	2429.4 2546.7 2728.9 7.6300	2587.3 2584.2 2778.2 7.7500	2744.2 2621.6 2827.4 7.8629	2900.2 2659.0 2876.6 7.9697	3055.8 2696.7 2925.8 8.0712	3210.9 2734.5 2975.3 8.1681
100 (99.63)	V U H S	1.043 417.406 417.511 1.3027	1693.7 2506.1 2675.4 7.3598	....	1695.5 2506.6 2676.2 7.3618	1816.7 2544.8 2726.5 7.4923	1936.3 2582.7 2776.3 7.6137	2054.7 2620.4 2825.9 7.7275	2172.3 2658.1 2875.4 7.8349	2289.4 2695.9 2924.9 7.9369	2406.1 2733.9 2974.5 8.0342

564

Appendix F 蒸汽表

		Sat.		150	200	250	300	350	400
101.325 (100.00)	V U H S	1.044 418.959 419.064 1.3069	1673.0 2506.5 2676.0 7.3554	1673.0 2506.5 2676.0 7.3554	1792.7 2544.7 2726.4 7.4860	1910.7 2582.6 2776.2 7.6075	2027.7 2620.4 2825.8 7.7213	2143.8 2658.1 2875.3 7.8288	2259.3 2695.9 2924.8 7.9308	2374.5 2733.9 2974.5 8.0280
125 (105.99)	V U H S	1.049 444.224 444.356 1.3740	1374.6 2513.4 2685.2 7.2847	⋯ ⋯ ⋯ ⋯	1449.1 2542.9 2724.0 7.3844	1545.6 2581.2 2774.4 7.5072	1641.0 2619.3 2824.4 7.6219	1735.6 2657.2 2874.2 7.7300	1829.6 2695.2 2923.9 7.8324	1923.2 2733.3 2973.7 7.9300
150 (111.37)	V U H S	1.053 466.968 467.126 1.4336	1159.0 2519.5 2693.4 7.2234	⋯ ⋯ ⋯ ⋯	1204.0 2540.9 2721.5 7.2953	1285.2 2579.7 2772.5 7.4194	1365.2 2618.1 2822.9 7.5352	1444.4 2656.3 2872.9 7.6439	1523.0 2694.4 2922.9 7.7468	1601.3 2732.7 2972.9 7.8447
175 (116.06)	V U H S	1.057 486.815 487.000 1.4849	1003.34 2524.7 2700.3 7.1716	⋯ ⋯ ⋯ ⋯	1028.8 2538.9 2719.0 7.2191	1099.1 2578.2 2770.5 7.3447	1168.2 2616.9 2821.3 7.4614	1236.4 2655.3 2871.7 7.5708	1304.1 2693.7 2921.9 7.6741	1371.3 2732.1 2972.0 7.7724
200 (120.23)	V U H S	1.061 504.489 504.701 1.5301	885.44 2529.2 2706.3 7.1268	⋯ ⋯ ⋯ ⋯	897.47 2536.9 2716.4 7.1523	959.54 2576.6 2768.5 7.2794	1020.4 2615.7 2819.8 7.3971	1080.4 2654.4 2870.5 7.5072	1139.8 2692.9 2920.9 7.6110	1198.9 2731.4 2971.2 7.7096
225 (123.99)	V U H S	1.064 520.465 520.705 1.5705	792.97 2533.2 2711.6 7.0873	⋯ ⋯ ⋯ ⋯	795.25 2534.8 2713.8 7.0928	850.97 2575.1 2766.5 7.2213	905.44 2614.5 2818.2 7.3400	959.06 2653.5 2869.3 7.4508	1012.1 2692.2 2919.9 7.5551	1064.7 2730.8 2970.4 7.6540
250 (127.43)	V U H S	1.068 535.077 535.343 1.6071	718.44 2536.8 2716.4 7.0520	⋯ ⋯ ⋯ ⋯	⋯ ⋯ ⋯ ⋯	764.09 2573.5 2764.5 7.1689	813.47 2613.3 2816.7 7.2886	861.98 2652.5 2868.0 7.4001	909.91 2691.4 2918.9 7.5050	957.41 2730.2 2969.6 7.6042
275 (130.60)	V U H S	1.071 548.564 548.858 1.6407	657.04 2540.0 2720.7 7.0201	⋯ ⋯ ⋯ ⋯	⋯ ⋯ ⋯ ⋯	693.00 2571.9 2762.5 7.1211	738.21 2612.1 2815.1 7.2419	782.55 2651.6 2866.8 7.3541	826.29 2690.7 2917.9 7.4594	869.61 2729.6 2968.7 7.5590
300 (133.54)	V U H S	1.073 561.107 561.429 1.6716	605.56 2543.3 2724.7 6.9909	⋯ ⋯ ⋯ ⋯	⋯ ⋯ ⋯ ⋯	633.74 2570.3 2760.4 7.0771	675.49 2610.8 2813.5 7.1990	716.35 2650.6 2865.5 7.3119	756.60 2689.9 2916.9 7.4177	796.44 2729.0 2967.9 7.5176

表 F.2 過熱蒸汽，SI 單位（續）

TEMPERATURE: $t\,°C$
(TEMPERATURE: T kelvins)

P/kPa ($t^{sat}/°C$)		sat. liq.	sat. vap.	300 (573.15)	350 (623.15)	400 (673.15)	450 (723.15)	500 (773.15)	550 (823.15)	600 (873.15)	650 (923.15)
1 (6.98)	V U H S	1.000 29.334 29.335 0.1060	129200. 2385.2 2514.4 8.9767	264500. 2812.3 3076.8 10.3450	287580. 2889.9 3177.5 10.5133	310660. 2969.1 3279.7 10.6711	333730. 3049.9 3383.6 10.8200	356810. 3132.4 3489.2 10.9612	379880. 3216.7 3596.5 11.0957	402960. 3302.6 3705.6 11.2243	426040. 3390.3 3816.4 11.3476
10 (45.83)	V U H S	1.010 191.822 191.832 0.6493	14670. 2438.0 2584.8 8.1511	26440. 2812.2 3076.6 9.2820	28750. 2889.8 3177.3 9.4504	31060. 2969.0 3279.6 9.6083	33370. 3049.8 3383.5 9.7572	35670. 3132.3 3489.1 9.8984	37980. 3216.6 3596.5 10.0329	40290. 3302.6 3705.5 10.1616	42600. 3390.3 3816.3 10.2849
20 (60.09)	V U H S	1.017 251.432 251.453 0.8321	7649.8 2456.9 2609.9 7.9094	13210. 2812.0 3076.4 8.9618	14370. 2889.6 3177.1 9.1303	15520. 2968.9 3279.4 9.2882	16680. 3049.7 3383.4 9.4372	17830. 3132.3 3489.0 9.5784	18990. 3216.5 3596.4 9.7130	20140. 3302.5 3705.4 9.8416	21300. 3390.2 3816.2 9.9650
30 (69.12)	V U H S	1.022 289.271 289.302 0.9441	5229.3 2468.6 2625.4 7.7695	8810.8 2811.8 3076.1 8.7744	9581.2 2889.5 3176.8 8.9430	10350. 2968.7 3279.3 9.1010	11120. 3049.6 3383.3 9.2499	11890. 3132.2 3488.9 9.3912	12660. 3216.5 3596.3 9.5257	13430. 3302.5 3705.3 9.6544	14190. 3390.2 3816.2 9.7778
40 (75.89)	V U H S	1.027 317.609 317.650 1.0261	3993.4 2477.1 2636.9 7.6709	6606.5 2811.6 3075.9 8.6413	7184.6 2889.4 3176.8 8.8100	7762.5 2968.6 3279.1 8.9680	8340.1 3049.5 3383.1 9.1170	8917.6 3132.1 3488.8 9.2583	9494.9 3216.4 3596.2 9.3929	10070. 3302.4 3705.3 9.5216	10640. 3390.1 3816.1 9.6450
50 (81.35)	V U H S	1.030 340.513 340.564 1.0912	3240.2 2484.0 2646.0 7.5947	5283.9 2811.5 3075.7 8.5380	5746.7 2889.2 3176.6 8.7068	6209.1 2968.5 3279.0 8.8649	6671.4 3049.4 3383.0 9.0139	7133.5 3132.0 3488.7 9.1552	7595.5 3216.3 3596.1 9.2898	8057.4 3302.3 3705.2 9.4185	8519.2 3390.1 3816.0 9.5419
75 (91.79)	V U H S	1.037 384.374 384.451 1.2131	2216.9 2496.7 2663.0 7.4570	3520.5 2811.0 3075.1 8.3502	3829.4 2888.9 3176.1 8.5191	4138.0 2968.2 3278.6 8.6773	4446.4 3049.2 3382.7 8.8265	4754.7 3131.8 3488.4 8.9678	5062.8 3216.1 3595.8 9.1025	5370.9 3302.2 3705.0 9.2312	5678.9 3389.9 3815.9 9.3546
100 (99.63)	V U H S	1.043 417.406 417.511 1.3027	1693.7 2506.1 2675.4 7.3598	2638.7 2810.6 3074.5 8.2166	2870.8 2888.6 3175.6 8.3858	3102.5 2968.0 3278.2 8.5442	3334.0 3049.0 3382.4 8.6934	3565.3 3131.6 3488.1 8.8348	3796.5 3216.0 3595.6 8.9695	4027.7 3302.0 3704.8 9.0982	4258.8 3389.8 3815.7 9.2217

Appendix F 蒸汽表

101.325 (100.00)	V U H S	1.044 418.959 419.064 1.3069	1673.0 2506.5 2676.0 7.3554	2604.2 2810.6 3074.4 8.2105	2833.2 2888.5 3175.6 8.3797	3061.9 2968.0 3278.2 8.5381	3290.3 3048.9 3382.3 8.6873	3518.7 3131.6 3488.1 8.8287	3746.9 3215.9 3595.6 8.9634	3975.0 3302.0 3704.8 9.0922	4203.1 3389.8 3815.7 9.2156
125 (105.99)	V U H S	1.049 444.224 444.356 1.3740	1374.6 2513.4 2685.2 7.2847	2109.7 2810.2 3073.9 8.1129	2295.6 2888.2 3175.2 8.2823	2481.7 2967.7 3277.8 8.4408	2666.5 3048.7 3382.0 8.5901	2851.7 3131.4 3487.9 8.7316	3036.8 3215.8 3595.4 8.8663	3221.8 3301.9 3704.6 8.9951	3406.7 3389.7 3815.5 9.1186
150 (111.37)	V U H S	1.053 466.968 467.126 1.4336	1159.0 2519.5 2693.4 7.2234	1757.0 2809.7 3073.3 8.0280	1912.2 2887.9 3174.7 8.1976	2066.9 2967.4 3277.5 8.3562	2221.5 3048.5 3381.7 8.5056	2375.9 3131.2 3487.6 8.6472	2530.2 3215.6 3595.1 8.7819	2684.5 3301.7 3704.4 8.9108	2838.6 3389.5 3815.3 9.0343
175 (116.06)	V U H S	1.057 486.815 487.000 1.4849	1003.34 2524.7 2700.3 7.1716	1505.1 2809.3 3072.7 7.9561	1638.3 2887.5 3174.2 8.1259	1771.1 2967.1 3277.1 8.2847	1903.7 3048.3 3381.4 8.4341	2036.1 3131.0 3487.3 8.5758	2168.4 3215.4 3594.9 8.7106	2300.7 3301.6 3704.2 8.8394	2432.9 3389.4 3815.1 8.9630
200 (120.23)	V U H S	1.061 504.489 504.701 1.5301	885.44 2529.2 2706.3 7.1268	1316.2 2808.8 3072.1 7.8937	1432.8 2887.2 3173.8 8.0638	1549.2 2966.9 3276.7 8.2226	1665.3 3048.0 3381.1 8.3722	1781.2 3130.8 3487.0 8.5139	1897.1 3215.3 3594.7 8.6487	2012.9 3301.4 3704.0 8.7776	2128.6 3389.2 3815.0 8.9012
225 (123.99)	V U H S	1.064 520.465 520.705 1.5705	792.97 2533.2 2711.3 7.0873	1169.2 2808.4 3071.5 7.8385	1273.1 2886.9 3173.3 8.0088	1376.6 2966.6 3276.3 8.1679	1479.9 3047.8 3380.8 8.3175	1583.0 3130.6 3486.8 8.4593	1686.0 3215.1 3594.4 8.5942	1789.0 3301.2 3703.8 8.7231	1891.9 3389.1 3814.8 8.8467
250 (127.43)	V U H S	1.068 535.077 535.343 1.6071	718.44 2536.8 2716.4 7.0520	1051.6 2808.0 3070.9 7.7891	1145.2 2886.5 3172.8 7.9597	1238.5 2966.3 3275.9 8.1188	1331.5 3047.6 3380.4 8.2686	1424.4 3130.4 3486.5 8.4104	1517.2 3214.9 3594.2 8.5453	1609.9 3301.1 3703.6 8.6743	1702.5 3389.0 3814.6 8.7980
275 (130.60)	V U H S	1.071 548.564 548.858 1.6407	657.04 2540.0 2720.7 7.0201	955.45 2807.5 3070.3 7.7444	1040.7 2886.2 3172.4 7.9151	1125.5 2966.0 3275.5 8.0744	1210.2 3047.3 3380.1 8.2243	1294.7 3130.2 3486.2 8.3661	1379.0 3214.7 3594.0 8.5011	1463.3 3300.9 3703.4 8.6301	1547.6 3388.8 3814.4 8.7538
300 (133.54)	V U H S	1.073 561.107 561.429 1.6716	605.56 2543.0 2724.7 6.9909	875.29 2807.1 3069.7 7.7034	953.52 2885.8 3171.9 7.8744	1031.4 2965.8 3275.2 8.0338	1109.1 3047.1 3379.8 8.1838	1186.5 3130.0 3486.0 8.3257	1263.9 3214.5 3593.7 8.4608	1341.2 3300.8 3703.2 8.5898	1418.5 3388.7 3814.2 8.7135

表 F.2　過熱蒸汽，SI 單位（續）

TEMPERATURE: $t\,^\circ$C
(TEMPERATURE: T kelvins)

P/kPa ($t^{sat}/^\circ$C)		sat. liq.	sat. vap.	150 (423.15)	175 (448.15)	200 (473.15)	220 (493.15)	240 (513.15)	260 (533.15)	280 (553.15)	300 (573.15)
325 (136.29)	V U H S	1.076 572.847 573.197 1.7004	561.75 2545.7 2728.3 6.9640	583.58 2568.7 2758.4 7.0363	622.41 2609.6 2811.9 7.1592	660.33 2649.6 2864.2 7.2729	690.22 2681.2 2905.6 7.3585	719.81 2712.7 2946.6 7.4400	749.18 2744.0 2987.5 7.5181	778.39 2775.3 3028.2 7.5933	807.47 2806.6 3069.0 7.6657
350 (138.87)	V U H S	1.079 583.892 584.270 1.7273	524.00 2548.2 2731.6 6.9392	540.58 2567.1 2756.3 6.9982	576.90 2608.3 2810.3 7.1222	612.31 2648.6 2863.0 7.2366	640.18 2680.4 2904.5 7.3226	667.75 2712.0 2945.7 7.4045	695.09 2743.4 2986.7 7.4828	722.27 2774.8 3027.6 7.5581	749.33 2806.2 3068.4 7.6307
375 (141.31)	V U H S	1.081 594.332 594.737 1.7526	491.13 2550.6 2734.7 6.9160	503.29 2565.4 2754.1 6.9624	537.46 2607.1 2808.6 7.0875	570.69 2647.7 2861.7 7.2027	596.81 2679.6 2903.4 7.2891	622.62 2711.3 2944.8 7.3713	648.22 2742.8 2985.9 7.4499	673.64 2774.3 3026.9 7.5254	698.94 2805.7 3067.8 7.5981
400 (143.62)	V U H S	1.084 604.237 604.670 1.7764	462.22 2552.7 2737.6 6.8943	470.66 2563.7 2752.0 6.9285	502.93 2605.8 2807.0 7.0548	534.26 2646.7 2860.4 7.1708	558.85 2678.8 2902.3 7.2576	583.14 2710.6 2943.9 7.3402	607.20 2742.2 2985.1 7.4190	631.09 2773.7 3026.2 7.4947	654.85 2805.3 3067.2 7.5675
425 (145.82)	V U H S	1.086 613.667 614.128 1.7990	436.61 2554.8 2740.3 6.8739	441.85 2562.0 2749.8 6.8965	472.47 2604.5 2805.3 7.0239	502.12 2645.7 2859.1 7.1407	525.36 2678.0 2901.2 7.2280	548.30 2709.9 2942.9 7.3108	571.01 2741.6 2984.3 7.3899	593.54 2773.2 3025.5 7.4657	615.95 2804.8 3066.6 7.5388
450 (147.92)	V U H S	1.088 622.672 623.162 1.8204	413.75 2556.7 2742.9 6.8547	416.24 2560.3 2747.7 6.8660	445.38 2603.2 2803.7 6.9946	473.55 2644.7 2857.8 7.1121	495.59 2677.1 2900.2 7.1999	517.33 2709.2 2942.0 7.2831	538.83 2741.0 2983.5 7.3624	560.17 2772.7 3024.8 7.4384	581.37 2804.4 3066.0 7.5116
475 (149.92)	V U H S	1.091 631.294 631.812 1.8408	393.22 2558.5 2745.3 6.8365	393.31 2558.6 2745.5 6.8369	421.14 2601.9 2802.0 6.9667	447.97 2643.7 2856.5 7.0850	468.95 2676.3 2899.1 7.1732	489.62 2708.5 2941.1 7.2567	510.05 2740.4 2982.7 7.3363	530.30 2772.2 3024.1 7.4125	550.43 2803.9 3065.4 7.4858
500 (151.84)	V U H S	1.093 639.569 640.116 1.8604	374.68 2560.2 2747.5 6.8192	⋯ ⋯ ⋯ ⋯	399.31 2600.6 2800.3 6.9400	424.96 2642.7 2855.1 7.0592	444.97 2675.5 2898.0 7.1478	464.67 2707.8 2940.1 7.2317	484.14 2739.8 2981.9 7.3115	503.43 2771.7 3023.4 7.3879	522.58 2803.5 3064.8 7.4614

Appendix F 蒸汽表

525 (153.69)	V U H S	1.095 647.528 648.103 1.8790	357.84 2561.8 2749.7 6.8027	......	379.56 2599.3 2798.6 6.9145	404.13 2641.6 2853.8 7.0345	423.28 2674.6 2896.8 7.1236	442.11 2707.1 2939.2 7.2078	460.70 2739.2 2981.1 7.2879	479.11 2771.2 3022.7 7.3645	497.38 2803.0 3064.1 7.4381
550 (155.47)	V U H S	1.097 655.199 655.802 1.8970	342.48 2563.3 2751.7 6.7870	......	361.60 2598.0 2796.8 6.8900	385.19 2640.6 2852.5 7.0108	403.55 2673.8 2895.7 7.1004	421.59 2706.4 2938.3 7.1849	439.38 2738.6 2980.3 7.2653	457.00 2770.6 3022.0 7.3421	474.48 2802.6 3063.5 7.4158
575 (157.18)	V U H S	1.099 662.603 663.235 1.9142	328.41 2564.8 2753.6 6.7720	......	345.20 2596.6 2795.1 6.8664	367.90 2639.6 2851.1 6.9880	385.54 2672.9 2894.6 7.0781	402.85 2705.7 2937.3 7.1630	419.92 2738.0 2979.5 7.2436	436.81 2770.1 3021.3 7.3206	453.56 2802.1 3062.9 7.3945
600 (158.84)	V U H S	1.101 669.762 670.423 1.9308	315.47 2566.2 2755.5 6.7575	......	330.16 2595.3 2793.5 6.8437	352.04 2638.5 2849.7 6.9662	369.03 2672.1 2893.5 7.0567	385.68 2705.0 2936.4 7.1419	402.08 2737.4 2978.7 7.2228	418.31 2769.6 3020.6 7.3000	434.39 2801.6 3062.3 7.3740
625 (160.44)	V U H S	1.103 676.695 677.384 1.9469	303.54 2567.5 2757.2 6.7437	......	316.31 2593.9 2791.6 6.8217	337.45 2637.5 2848.4 6.9451	353.83 2671.2 2892.3 7.0361	369.87 2704.2 2935.4 7.1217	385.67 2736.8 2977.8 7.2028	401.28 2769.1 3019.9 7.2802	416.75 2801.2 3061.7 7.3544
650 (161.99)	V U H S	1.105 683.417 684.135 1.9623	292.49 2568.7 2758.9 6.7304	......	303.53 2592.5 2789.8 6.8004	323.98 2636.4 2847.0 6.9247	339.80 2670.3 2891.2 7.0162	355.29 2703.5 2934.4 7.1021	370.52 2736.2 2977.0 7.1835	385.56 2768.5 3019.2 7.2611	400.47 2800.7 3061.0 7.3355
675 (163.49)	V U H S	1.106 689.943 690.689 1.9773	282.23 2570.0 2760.5 6.7176	......	291.69 2591.1 2788.0 6.7798	311.51 2635.4 2845.6 6.9050	326.81 2669.5 2890.1 6.9970	341.78 2702.8 2933.5 7.0833	356.49 2735.6 2976.2 7.1650	371.01 2768.0 3018.5 7.2428	385.39 2800.3 3060.4 7.3173
700 (164.96)	V U H S	1.108 696.285 697.061 1.9918	272.68 2571.1 2762.0 6.7052	......	280.69 2589.7 2786.2 6.7598	299.92 2634.3 2844.2 6.8859	314.75 2668.6 2888.9 6.9784	329.23 2702.1 2932.5 7.0651	343.46 2735.0 2975.4 7.1470	357.50 2767.5 3017.7 7.2250	371.39 2799.8 3059.8 7.2997
725 (166.38)	V U H S	1.110 702.457 703.261 2.0059	263.77 2572.2 2763.4 6.6932	......	270.45 2588.3 2784.4 6.7404	289.13 2633.2 2842.8 6.8673	303.51 2667.7 2887.7 6.9604	317.55 2701.3 2931.5 7.0474	331.33 2734.3 2974.6 7.1296	344.92 2767.0 3017.0 7.2078	358.36 2799.3 3059.1 7.2827

表 F.2 過熱蒸汽，SI 單位（續）

TEMPERATURE: $t\ /^\circ C$
(TEMPERATURE: T kelvins)

P/kPa ($t^{sat}/^\circ C$)		sat. liq.	sat. vap.	325 (598.15)	350 (623.15)	400 (673.15)	450 (723.15)	500 (773.15)	550 (823.15)	600 (873.15)	650 (923.15)
325 (136.29)	V U H S	1.076 572.847 573.197 1.7004	561.75 2545.7 2728.3 6.9640	843.68 2845.9 3120.1 7.7530	879.78 2885.5 3171.4 7.8369	951.73 2965.5 3274.8 7.9965	1023.5 3046.9 3379.5 8.1465	1095.0 3129.8 3485.7 8.2885	1166.5 3214.4 3593.5 8.4236	1237.9 3300.6 3702.9 8.5527	1309.2 3388.6 3814.1 8.6764
350 (138.87)	V U H S	1.079 583.892 584.270 1.7273	524.00 2548.2 2731.6 6.9392	783.01 2845.6 3119.6 7.7181	816.57 2885.1 3170.9 7.8022	883.45 2965.2 3274.4 7.9619	950.11 3046.6 3379.2 8.1120	1016.6 3129.6 3485.4 8.2540	1083.0 3214.2 3593.3 8.3892	1149.3 3300.5 3702.7 8.5183	1215.6 3388.4 3813.9 8.6421
375 (141.31)	V U H S	1.081 594.332 594.737 1.7526	491.13 2550.6 2734.7 6.9160	730.42 2845.2 3119.1 7.6856	761.79 2884.8 3170.5 7.7698	824.28 2964.9 3274.0 7.9296	886.54 3046.4 3378.8 8.0798	948.66 3129.4 3485.1 8.2219	1010.7 3214.0 3593.0 8.3571	1072.6 3300.3 3702.5 8.4863	1134.5 3388.3 3813.7 8.6101
400 (143.62)	V U H S	1.084 604.237 604.670 1.7764	462.22 2552.7 2737.6 6.8943	684.41 2844.8 3118.5 7.6552	713.85 2884.5 3170.0 7.7395	772.50 2964.6 3273.6 7.8994	830.92 3046.2 3378.5 8.0497	889.19 3129.2 3484.9 8.1919	947.35 3213.8 3592.8 8.3271	1005.4 3300.2 3702.3 8.4563	1063.4 3388.2 3813.5 8.5802
425 (145.82)	V U H S	1.086 613.667 614.128 1.7990	436.61 2554.8 2740.3 6.8739	643.81 2844.4 3118.0 7.6265	671.56 2884.1 3169.5 7.7109	726.81 2964.4 3273.3 7.8710	781.84 3045.9 3378.2 8.0214	836.72 3129.0 3484.6 8.1636	891.49 3213.7 3592.5 8.2989	946.17 3300.0 3702.1 8.4282	1000.8 3388.0 3813.4 8.5520
450 (147.92)	V U H S	1.088 622.672 623.162 1.8204	413.75 2556.7 2742.9 6.8547	607.73 2844.0 3117.5 7.5995	633.97 2883.8 3169.1 7.6840	686.20 2964.1 3272.9 7.8442	738.21 3045.7 3377.9 7.9947	790.07 3128.8 3484.3 8.1370	841.83 3213.5 3592.3 8.2723	893.50 3299.8 3701.9 8.4016	945.10 3387.9 3813.2 8.5255
475 (149.92)	V U H S	1.091 631.294 631.812 1.8408	393.22 2558.5 2745.3 6.8365	575.44 2843.6 3116.9 7.5739	600.33 2883.4 3168.6 7.6585	649.87 2963.8 3272.5 7.8189	699.18 3045.4 3377.6 7.9694	748.34 3128.6 3484.0 8.1118	797.40 3213.3 3592.1 8.2472	846.37 3299.7 3701.7 8.3765	895.27 3387.7 3813.0 8.5004
500 (151.84)	V U H S	1.093 639.569 640.116 1.8604	374.68 2560.2 2747.5 6.8192	546.38 2843.2 3116.4 7.5496	570.05 2883.1 3168.1 7.6343	617.16 2963.5 3272.1 7.7948	664.05 3045.2 3377.2 7.9454	710.78 3128.4 3483.8 8.0879	757.41 3213.1 3591.8 8.2233	803.95 3299.5 3701.5 8.3526	850.42 3387.6 3812.8 8.4766

T (T_sat)		525 (153.69)	550 (155.47)	575 (157.18)	600 (158.84)	625 (160.44)	650 (161.99)	675 (163.49)	700 (164.96)	725 (166.38)
	V	1.095	1.097	1.099	1.101	1.103	1.105	1.106	1.108	1.110
	U	647.528	655.199	662.603	669.762	676.695	683.417	689.943	696.285	702.457
	H	648.103	655.802	663.235	670.423	677.384	684.135	690.689	697.061	703.261
	S	1.8790	1.8970	1.9142	1.9308	1.9469	1.9623	1.9773	1.9918	2.0059
	V	357.84	342.48	328.41	315.47	303.54	292.49	282.23	272.68	263.77
	U	2561.8	2563.3	2564.8	2566.2	2567.5	2568.7	2570.0	2571.1	2572.2
	H	2749.7	2751.7	2753.6	2755.5	2757.2	2758.9	2760.5	2762.0	2763.4
	S	6.8027	6.7870	6.7720	6.7575	6.7437	6.7304	6.7176	6.7052	6.6932
	V	520.08	496.18	474.36	454.35	435.94	418.95	403.22	388.61	375.01
	U	2842.8	2842.4	2842.0	2841.6	2841.2	2840.9	2840.5	2840.1	2839.7
	H	3115.9	3115.3	3114.8	3114.3	3113.7	3113.2	3112.6	3112.1	3111.5
	S	7.5264	7.5043	7.4831	7.4628	7.4433	7.4245	7.4064	7.3890	7.3721
	V	542.66	517.76	495.03	474.19	455.01	437.31	420.92	405.71	391.54
	U	2882.7	2882.4	2882.1	2881.7	2881.4	2881.0	2880.7	2880.3	2880.0
	H	3167.6	3167.2	3166.7	3166.2	3165.7	3165.3	3164.8	3164.3	3163.8
	S	7.6112	7.5892	7.5681	7.5479	7.5285	7.5099	7.4919	7.4745	7.4578
	V	587.58	560.68	536.12	513.61	492.89	473.78	456.07	439.64	424.33
	U	2963.2	2963.0	2962.7	2962.4	2962.1	2961.8	2961.6	2961.3	2961.0
	H	3271.7	3271.3	3271.0	3270.6	3270.2	3269.8	3269.4	3269.0	3268.7
	S	7.7719	7.7500	7.7290	7.7090	7.6897	7.6712	7.6534	7.6362	7.6196
	V	632.26	603.37	576.98	552.80	530.55	510.01	491.00	473.34	456.90
	U	3045.0	3044.7	3044.5	3044.3	3044.0	3043.8	3043.6	3043.3	3043.1
	H	3376.9	3376.6	3376.3	3376.0	3375.6	3375.3	3375.0	3374.7	3374.3
	S	7.9226	7.9008	7.8799	7.8600	7.8408	7.8224	7.8046	7.7875	7.7710
	V	676.80	645.91	617.70	591.84	568.05	546.10	525.77	506.89	489.31
	U	3128.2	3128.0	3127.8	3127.6	3127.4	3127.2	3127.0	3126.8	3126.6
	H	3483.5	3483.2	3482.9	3482.7	3482.4	3482.1	3481.8	3481.6	3481.3
	S	8.0651	8.0433	8.0226	8.0027	7.9836	7.9652	7.9475	7.9305	7.9140
	V	721.23	688.34	658.30	630.78	605.45	582.07	560.43	540.33	521.61
	U	3213.0	3212.8	3212.6	3212.4	3212.2	3212.1	3211.9	3211.7	3211.5
	H	3591.6	3591.4	3591.1	3590.9	3590.7	3590.4	3590.2	3589.9	3589.7
	S	8.2006	8.1789	8.1581	8.1383	8.1192	8.1009	8.0833	8.0663	8.0499
	V	765.57	730.68	698.83	669.63	642.76	617.96	595.00	573.68	553.83
	U	3299.4	3299.2	3299.1	3298.9	3298.8	3298.6	3298.5	3298.3	3298.1
	H	3701.3	3701.1	3700.9	3700.7	3700.5	3700.3	3700.1	3699.9	3699.7
	S	8.3299	8.3083	8.2876	8.2678	8.2488	8.2305	8.2129	8.1959	8.1796
	V	809.85	772.96	739.28	708.41	680.01	653.79	629.51	606.97	585.99
	U	3387.5	3387.3	3387.2	3387.1	3386.9	3386.8	3386.7	3386.5	3386.4
	H	3812.6	3812.5	3812.3	3812.1	3811.9	3811.8	3811.6	3811.4	3811.2
	S	8.4539	8.4323	8.4116	8.3919	8.3729	8.3546	8.3371	8.3201	8.3038

Appendix F 蒸汽表

表 F.2 過熱蒸汽，SI 單位（續）

TEMPERATURE: t °C
(TEMPERATURE: T kelvins)

P/kPa (t^{sat}/°C)		sat. liq.	sat. vap.	175 (448.15)	200 (473.15)	220 (493.15)	240 (513.15)	260 (533.15)	280 (553.15)	300 (573.15)	325 (598.15)
750 (167.76)	V U H S	1.112 708.467 709.301 2.0195	255.43 2573.3 2764.8 6.6817	260.88 2586.9 2782.5 6.7215	279.05 2632.1 2841.4 6.8494	293.03 2666.8 2886.6 6.9429	306.65 2700.6 2930.6 7.0303	320.01 2733.7 2973.7 7.1128	333.17 2766.4 3016.3 7.1912	346.19 2798.9 3058.5 7.2662	362.32 2839.3 3111.0 7.3558
775 (169.10)	V U H S	1.113 714.326 715.189 2.0328	247.61 2574.3 2766.2 6.6705	251.93 2585.4 2780.7 6.7031	269.63 2631.0 2840.0 6.8319	283.22 2665.9 2885.4 6.9259	296.45 2699.8 2929.6 7.0137	309.41 2733.1 2972.9 7.0965	322.19 2765.9 3015.6 7.1751	334.81 2798.4 3057.9 7.2502	350.44 2838.9 3110.5 7.3400
800 (170.41)	V U H S	1.115 720.043 720.935 2.0457	240.26 2575.3 2767.5 6.6596	243.53 2584.0 2778.8 6.6851	260.79 2629.9 2838.6 6.8148	274.02 2665.0 2884.2 6.9094	286.88 2699.1 2928.6 6.9976	299.48 2732.5 2972.1 7.0807	311.89 2765.4 3014.9 7.1595	324.14 2797.9 3057.3 7.2348	339.31 2838.5 3109.9 7.3247
825 (171.69)	V U H S	1.117 725.625 726.547 2.0583	233.34 2576.2 2768.7 6.6491	235.64 2582.5 2776.9 6.6675	252.48 2628.8 2837.1 6.7982	265.37 2664.1 2883.1 6.8933	277.90 2698.4 2927.6 6.9819	290.15 2731.8 2971.2 7.0653	302.21 2764.8 3014.1 7.1443	314.12 2797.5 3056.6 7.2197	328.85 2838.1 3109.4 7.3098
850 (172.94)	V U H S	1.118 731.080 732.031 2.0705	226.81 2577.1 2769.9 6.6388	228.21 2581.1 2775.1 6.6504	244.66 2627.7 2835.7 6.7820	257.24 2663.2 2881.9 6.8777	269.44 2697.6 2926.6 6.9666	281.37 2731.2 2970.4 7.0503	293.10 2764.3 3013.4 7.1295	304.68 2797.0 3056.0 7.2051	319.00 2837.7 3108.8 7.2954
875 (174.16)	V U H S	1.120 736.415 737.394 2.0825	220.65 2578.0 2771.0 6.6289	221.20 2579.6 2773.1 6.6336	237.29 2626.6 2834.2 6.7662	249.56 2662.3 2880.7 6.8624	261.46 2696.8 2925.6 6.9518	273.09 2730.6 2969.5 7.0357	284.51 2763.7 3012.7 7.1152	295.79 2796.5 3055.3 7.1909	309.72 2837.3 3108.3 7.2813
900 (175.36)	V U H S	1.121 741.635 742.644 2.0941	214.81 2578.8 2772.1 6.6192	....	230.32 2625.5 2832.7 6.7508	242.31 2661.4 2879.5 6.8475	253.93 2696.1 2924.6 6.9373	265.27 2729.9 2968.7 7.0215	276.40 2763.2 3012.0 7.1012	287.39 2796.1 3054.7 7.1771	300.96 2836.9 3107.7 7.2676
925 (176.53)	V U H S	1.123 746.746 747.784 2.1055	209.28 2579.6 2773.2 6.6097	....	223.73 2624.3 2831.3 6.7357	235.46 2660.5 2878.3 6.8329	246.80 2695.3 2923.6 6.9231	257.87 2729.3 2967.8 7.0076	268.73 2762.6 3011.2 7.0875	279.44 2795.6 3054.1 7.1636	292.66 2836.5 3107.2 7.2543

Appendix F 蒸汽表

P (T_sat)		Sat.		200	250	300	350	400	500	600
950 (177.67)	V U H S	1.124 751.754 752.822 2.1166	204.03 2580.4 2774.2 6.6005	217.48 2623.2 2829.8 6.7209	228.96 2659.5 2877.0 6.8187	240.05 2694.6 2922.6 6.9093	250.86 2728.7 2967.0 6.9941	261.46 2762.1 3010.5 7.0742	271.91 2795.1 3053.4 7.1505	284.81 2836.0 3106.6 7.2413
975 (178.79)	V U H S	1.126 756.663 757.761 2.1275	199.04 2581.1 2775.2 6.5916	211.55 2622.0 2828.3 6.7064	222.79 2658.6 2875.8 6.8048	233.64 2693.8 2921.6 6.8958	244.20 2728.0 2966.1 6.9809	254.56 2761.5 3009.7 7.0612	264.76 2794.6 3052.8 7.1377	277.35 2835.6 3106.1 7.2286
1000 (179.88)	V U H S	1.127 761.478 762.605 2.1382	194.29 2581.9 2776.2 6.5828	205.92 2620.9 2826.8 6.6922	216.93 2657.7 2874.6 6.7911	227.55 2693.0 2920.6 6.8825	237.89 2727.4 2965.2 6.9680	248.01 2761.0 3009.0 7.0485	257.98 2794.2 3052.1 7.1251	270.27 2835.2 3105.5 7.2163
1050 (182.02)	V U H S	1.130 770.843 772.029 2.1588	185.45 2583.3 2778.0 6.5659	195.45 2618.5 2823.8 6.6645	206.04 2655.8 2872.1 6.7647	216.24 2691.5 2918.5 6.8569	226.15 2726.1 2963.5 6.9430	235.84 2759.9 3007.5 7.0240	245.37 2793.2 3050.8 7.1009	257.12 2834.4 3104.4 7.1924
1100 (184.07)	V U H S	1.133 779.878 781.124 2.1786	177.38 2584.5 2779.7 6.5497	185.92 2616.2 2820.7 6.6379	196.14 2653.9 2869.6 6.7392	205.96 2689.9 2916.4 6.8323	215.47 2724.7 2961.8 6.9190	224.77 2758.8 3006.0 7.0005	233.91 2792.2 3049.6 7.0778	245.16 2833.6 3103.3 7.1695
1150 (186.05)	V U H S	1.136 788.611 789.917 2.1977	169.99 2585.8 2781.3 6.5342	177.22 2613.8 2817.6 6.6122	187.10 2651.9 2867.1 6.7147	196.56 2688.3 2914.4 6.8086	205.73 2723.4 2960.0 6.8959	214.67 2757.7 3004.5 6.9779	223.44 2791.3 3048.2 7.0556	234.25 2832.8 3102.2 7.1476
1200 (187.96)	V U H S	1.139 797.064 798.430 2.2161	163.20 2586.9 2782.7 6.5194	169.23 2611.3 2814.4 6.5872	178.80 2650.0 2864.5 6.6909	187.95 2686.7 2912.2 6.7858	196.79 2722.1 2958.2 6.8738	205.40 2756.5 3003.0 6.9562	213.85 2790.3 3046.6 7.0342	224.24 2832.0 3101.0 7.1266
1250 (189.81)	V U H S	1.141 805.259 806.685 2.2338	156.93 2588.0 2784.1 6.5050	161.88 2608.9 2811.2 6.5630	171.17 2648.0 2861.9 6.6680	180.02 2685.1 2910.1 6.7637	188.56 2720.8 2956.5 6.8523	196.88 2755.4 3001.5 6.9353	205.02 2789.3 3045.6 7.0136	215.03 2831.1 3099.9 7.1064
1300 (191.61)	V U H S	1.144 813.213 814.700 2.2510	151.13 2589.0 2785.4 6.4913	155.09 2606.4 2808.0 6.5394	164.11 2646.0 2859.3 6.6457	172.70 2683.5 2908.0 6.7424	180.97 2719.4 2954.7 6.8316	189.01 2754.3 3000.0 6.9151	196.87 2788.4 3044.3 6.9938	206.53 2830.3 3098.8 7.0869

573

表 F.2 過熱蒸汽，SI 單位（續）

TEMPERATURE: $t\ °C$
(TEMPERATURE: T kelvins)

P/kPa ($t^{sat}/°C$)		sat. liq.	sat. vap.	350 (623.15)	375 (648.15)	400 (673.15)	450 (723.15)	500 (773.15)	550 (833.15)	600 (873.15)	650 (923.15)
750 (167.76)	V U H S	1.112 708.467 709.301 2.0195	255.43 2573.3 2764.8 6.6817	378.31 2879.6 3163.4 7.4416	394.22 2920.1 3215.7 7.5240	410.05 2960.7 3268.3 7.6035	441.55 3042.9 3374.0 7.7550	472.90 3126.3 3481.0 7.8981	504.15 3211.4 3589.5 8.0340	535.30 3298.0 3699.5 8.1637	566.40 3386.2 3811.0 8.2880
775 (169.10)	V U H S	1.113 714.326 715.189 2.0328	247.61 2574.3 2766.2 6.6705	365.94 2879.3 3162.9 7.4259	381.35 2919.8 3215.3 7.5084	396.69 2960.4 3267.9 7.5880	427.20 3042.6 3373.7 7.7396	457.56 3126.1 3480.8 7.8827	487.81 3211.2 3589.2 8.0187	517.97 3297.8 3699.3 8.1484	548.07 3386.1 3810.8 8.2727
800 (170.41)	V U H S	1.115 720.043 720.935 2.0457	240.26 2575.3 2767.5 6.6596	354.34 2878.9 3162.4 7.4107	369.29 2919.5 3214.9 7.4932	384.16 2960.2 3267.5 7.5729	413.74 3042.4 3373.4 7.7246	443.17 3125.9 3480.5 7.8678	472.49 3211.0 3589.0 8.0038	501.72 3297.7 3699.1 8.1336	530.89 3386.0 3810.7 8.2579
825 (171.69)	V U H S	1.117 725.625 726.547 2.0583	233.34 2576.3 2768.7 6.6491	343.45 2878.6 3161.9 7.3959	357.96 2919.1 3214.5 7.4786	372.39 2959.9 3267.1 7.5583	401.10 3042.2 3373.1 7.7101	429.65 3125.7 3480.2 7.8533	458.10 3210.8 3588.8 7.9894	486.46 3297.5 3698.8 8.1192	514.76 3385.8 3810.5 8.2436
850 (172.94)	V U H S	1.118 731.080 732.031 2.0705	226.81 2577.1 2769.9 6.6388	333.20 2878.2 3161.4 7.3815	347.29 2918.8 3214.0 7.4643	361.31 2959.6 3266.7 7.5441	389.20 3041.9 3372.7 7.6960	416.93 3125.5 3479.9 7.8393	444.56 3210.7 3588.5 7.9754	472.09 3297.4 3698.6 8.1053	499.57 3385.7 3810.3 8.2296
875 (174.16)	V U H S	1.120 736.415 737.394 2.0825	220.65 2578.0 2771.0 6.6289	323.53 2877.9 3161.0 7.3676	337.24 2918.5 3213.6 7.4504	350.87 2959.3 3266.3 7.5303	377.98 3041.7 3372.4 7.6823	404.94 3125.3 3479.7 7.8257	431.79 3210.5 3588.3 7.9618	458.55 3297.2 3698.4 8.0917	485.25 3385.6 3810.2 8.2161
900 (175.36)	V U H S	1.121 741.635 742.644 2.0941	214.81 2578.8 2772.1 6.6192	314.40 2877.5 3160.5 7.3540	327.74 2918.2 3213.2 7.4370	341.01 2959.0 3266.0 7.5169	367.39 3041.4 3372.1 7.6689	393.61 3125.1 3479.4 7.8124	419.73 3210.3 3588.1 7.9486	445.76 3297.1 3698.2 8.0785	471.72 3385.4 3810.0 8.2030
925 (176.53)	V U H S	1.123 746.746 747.784 2.1055	209.28 2579.6 2773.2 6.6097	305.76 2877.2 3160.0 7.3408	318.75 2917.9 3212.7 7.4238	331.68 2958.8 3265.6 7.5038	357.36 3041.2 3371.8 7.6560	382.90 3124.9 3479.1 7.7995	408.32 3210.1 3587.8 7.9357	433.66 3296.9 3698.0 8.0657	458.93 3385.3 3809.8 8.1902

Appendix F 蒸汽表

P(T_sat)		Sat.	200	250	300	350	400	450	500	550	600
950 (177.67)	V U H S	1.124 751.754 752.822 2.1166	204.03 2580.4 2774.2 6.6005	297.57 2876.8 3159.5 7.3279	310.24 2917.6 3212.3 7.4110	322.84 2958.5 3265.2 7.4911	347.87 3041.0 3371.5 7.6433	372.74 3124.7 3478.8 7.7869	397.51 3209.9 3587.6 7.9232	422.19 3296.7 3697.6 8.0532	446.81 3385.1 3809.6 8.1777
975 (178.79)	V U H S	1.126 756.663 757.761 2.1275	199.04 2581.1 2775.2 6.5916	289.81 2876.5 3159.0 7.3154	302.17 2917.3 3211.9 7.3986	314.45 2958.2 3264.8 7.4787	338.86 3040.7 3371.1 7.6310	363.11 3124.5 3478.6 7.7747	387.26 3209.8 3587.3 7.9110	411.32 3296.6 3697.6 8.0410	435.31 3385.0 3809.4 8.1656
1000 (179.88)	V U H S	1.127 761.478 762.605 2.1382	194.29 2581.9 2776.2 6.5828	282.43 2876.1 3158.5 7.3031	294.50 2917.0 3211.5 7.3864	306.49 2957.9 3264.4 7.4665	330.30 3040.5 3370.8 7.6190	353.96 3124.3 3478.3 7.7627	377.52 3209.6 3587.1 7.8991	400.98 3296.6 3697.4 8.0292	424.38 3384.9 3809.3 8.1537
1050 (182.02)	V U H S	1.130 770.843 772.029 2.1588	185.45 2583.3 2778.0 6.5659	268.74 2875.4 3157.6 7.2795	280.25 2916.3 3210.6 7.3629	291.69 2957.4 3263.6 7.4432	314.41 3040.0 3370.2 7.5958	336.97 3123.9 3477.7 7.7397	359.43 3209.2 3586.6 7.8762	381.79 3296.1 3697.0 8.0063	404.10 3384.6 3808.9 8.1309
1100 (184.07)	V U H S	1.133 779.878 781.124 2.1786	177.38 2584.5 2779.7 6.5497	256.28 2874.7 3156.6 7.2569	267.30 2915.7 3209.7 7.3405	278.24 2956.8 3262.9 7.4209	299.96 3039.6 3369.5 7.5737	321.53 3123.5 3477.2 7.7177	342.98 3208.9 3586.2 7.8543	364.35 3295.8 3696.6 7.9845	385.65 3384.3 3808.5 8.1092
1150 (186.05)	V U H S	1.136 788.611 789.917 2.1977	169.99 2585.8 2781.3 6.5342	244.91 2874.0 3155.6 7.2352	255.47 2915.1 3208.9 7.3190	265.96 2956.2 3262.1 7.3995	286.77 3039.1 3368.8 7.5525	307.42 3123.1 3476.6 7.6966	327.97 3208.5 3585.7 7.8333	348.42 3295.5 3696.2 7.9636	368.81 3384.1 3808.2 8.0883
1200 (187.96)	V U H S	1.139 797.064 798.430 2.2161	163.20 2586.9 2782.7 6.5194	234.49 2873.3 3154.6 7.2144	244.63 2914.4 3208.0 7.2983	254.70 2955.7 3261.3 7.3790	274.68 3038.6 3368.2 7.5323	294.50 3122.7 3476.1 7.6765	314.20 3208.2 3585.2 7.8132	333.82 3295.2 3695.8 7.9436	353.38 3383.8 3807.8 8.0684
1250 (189.81)	V U H S	1.141 805.259 806.685 2.2338	156.93 2588.0 2784.1 6.5050	224.90 2872.5 3153.7 7.1944	234.66 2913.8 3207.1 7.2785	244.35 2955.1 3260.5 7.3593	263.55 3038.1 3367.6 7.5128	282.60 3122.3 3475.5 7.6571	301.54 3207.8 3584.7 7.7940	320.39 3294.9 3695.4 7.9244	339.18 3383.5 3807.5 8.0493
1300 (191.61)	V U H S	1.144 813.213 814.700 2.2510	151.13 2589.0 2785.4 6.4913	216.05 2871.8 3152.7 7.1751	225.46 2913.1 3206.3 7.2594	234.79 2954.5 3259.7 7.3404	253.28 3037.7 3366.9 7.4940	271.62 3121.9 3475.0 7.6385	289.85 3207.5 3584.3 7.7754	307.99 3294.6 3695.0 7.9060	326.07 3383.2 3807.1 8.0309

575

基礎化工熱力學
Introduction to Chemical Engineering Thermodynamics

表 F.2 過熱蒸汽，SI 單位（續）

TEMPERATURE: $t\ °C$
(TEMPERATURE: T kelvins)

P/kPa ($t^{sat}/°C$)		sat. liq.	sat. vap.	200 (473.15)	225 (498.15)	250 (523.15)	275 (548.15)	300 (573.15)	325 (598.15)	350 (623.15)	375 (648.15)
1350 (193.35)	V U H S	1.146 820.944 822.491 2.2676	145.74 2589.9 2786.6 6.4780	148.79 2603.9 2804.7 6.5165	159.70 2653.6 2869.2 6.6493	169.96 2700.1 2929.5 6.7675	179.79 2744.4 2987.1 6.8750	189.33 2787.4 3043.0 6.9746	198.66 2829.5 3097.7 7.0681	207.85 2871.1 3151.7 7.1566	216.93 2912.5 3205.4 7.2410
1400 (195.04)	V U H S	1.149 828.465 830.074 2.2837	140.72 2590.8 2787.8 6.4651	142.94 2601.3 2801.4 6.4941	153.57 2651.7 2866.7 6.6285	163.55 2698.6 2927.6 6.7477	173.08 2743.2 2985.5 6.8560	182.32 2786.4 3041.6 6.9561	191.35 2828.6 3096.5 7.0499	200.24 2870.4 3150.7 7.1386	209.02 2911.9 3204.5 7.2233
1450 (196.69)	V U H S	1.151 835.791 837.460 2.2993	136.04 2591.6 2788.9 6.4526	137.48 2598.7 2798.1 6.4722	147.86 2649.7 2864.1 6.6082	157.57 2697.1 2925.5 6.7286	166.83 2742.0 2983.9 6.8376	175.79 2785.4 3040.3 6.9381	184.54 2827.8 3095.4 7.0322	193.15 2869.7 3149.7 7.1212	201.65 2911.3 3203.6 7.2061
1500 (198.29)	V U H S	1.154 842.933 844.663 2.3145	131.66 2592.4 2789.9 6.4406	132.38 2596.1 2794.7 6.4508	142.53 2647.7 2861.5 6.5885	151.99 2695.5 2923.5 6.7099	161.00 2740.8 2982.3 6.8196	169.70 2784.4 3038.9 6.9207	178.19 2826.9 3094.2 7.0152	186.53 2868.9 3148.7 7.1044	194.77 2910.6 3202.8 7.1894
1550 (199.85)	V U H S	1.156 849.901 851.694 2.3292	127.55 2593.2 2790.8 6.4289	127.61 2593.5 2791.3 6.4298	137.54 2645.8 2858.9 6.5692	146.77 2694.0 2921.5 6.6917	155.54 2739.5 2980.6 6.8022	164.00 2783.4 3037.6 6.9038	172.25 2826.1 3093.1 6.9986	180.34 2868.2 3147.7 7.0881	188.33 2910.0 3201.9 7.1733
1600 (201.37)	V U H S	1.159 856.707 858.561 2.3436	123.69 2593.8 2791.7 6.4175	....	132.85 2643.7 2856.3 6.5503	141.87 2692.4 2919.4 6.6740	150.42 2738.3 2979.0 6.7852	158.66 2782.4 3036.2 6.8873	166.68 2825.2 3091.9 6.9825	174.54 2867.5 3146.7 7.0723	182.30 2909.3 3201.0 7.1577
1650 (202.86)	V U H S	1.161 863.359 865.275 2.3576	120.05 2594.5 2792.6 6.4065	....	128.45 2641.7 2853.6 6.5319	137.27 2690.9 2917.4 6.6567	145.61 2737.1 2977.3 6.7687	153.64 2781.3 3034.8 6.8713	161.44 2824.4 3090.8 6.9669	169.09 2866.7 3145.7 7.0569	176.63 2908.7 3200.1 7.1425
1700 (204.31)	V U H S	1.163 869.866 871.843 2.3713	116.62 2595.1 2793.4 6.3957	....	124.31 2639.6 2851.0 6.5138	132.94 2689.3 2915.3 6.6398	141.09 2735.8 2975.6 6.7526	148.91 2780.3 3033.5 6.8557	156.51 2823.5 3089.6 6.9516	163.96 2866.0 3144.7 7.0419	171.30 2908.0 3199.2 7.1277

Appendix F 蒸汽表

		Sat.								
1750 (205.72)	V U H S	1.166 876.234 878.274 2.3846	113.38 2595.7 2794.1 6.3853	...	120.39 2637.6 2848.2 6.4961	128.85 2687.7 2913.2 6.6233	136.82 2734.5 2974.0 6.7368	144.45 2779.3 3032.1 6.8405	151.87 2822.7 3088.4 6.9368	159.12 2865.3 3143.7 7.0273	166.27 2907.4 3198.4 7.1133
1800 (207.11)	V U H S	1.168 882.472 884.574 2.3976	110.32 2596.3 2794.8 6.3751	...	116.69 2635.5 2845.5 6.4787	124.99 2686.1 2911.0 6.6071	132.78 2733.3 2972.3 6.7214	140.24 2778.2 3030.7 6.8257	147.48 2821.8 3087.3 6.9223	154.55 2864.5 3142.7 7.0131	161.51 2906.7 3197.5 7.0993
1850 (208.47)	V U H S	1.170 888.585 890.750 2.4103	107.41 2596.8 2795.5 6.3651	...	113.19 2633.3 2842.8 6.4616	121.33 2684.4 2908.9 6.5912	128.96 2732.0 2970.6 6.7064	136.26 2777.2 3029.3 6.8112	143.33 2820.9 3086.1 6.9082	150.23 2863.8 3141.7 6.9993	157.02 2906.1 3196.6 7.0856
1900 (209.80)	V U H S	1.172 894.580 896.807 2.4228	104.65 2597.3 2796.1 6.3554	...	109.87 2631.2 2840.0 6.4448	117.87 2682.8 2906.7 6.5757	125.35 2730.7 2968.8 6.6917	132.49 2776.2 3027.9 6.7970	139.39 2820.1 3084.9 6.8944	146.14 2863.0 3140.7 6.9857	152.76 2905.4 3195.7 7.0723
1950 (211.10)	V U H S	1.174 900.461 902.752 2.4349	102.031 2597.7 2796.7 6.3459	...	106.72 2629.1 2837.1 6.4283	114.58 2681.1 2904.6 6.5604	121.91 2729.4 2967.1 6.6772	128.90 2775.1 3026.5 6.7831	135.66 2819.2 3083.7 6.8809	142.25 2862.3 3139.7 6.9725	148.72 2904.8 3194.8 7.0593
2000 (212.37)	V U H S	1.177 906.236 908.589 2.4469	99.536 2598.2 2797.2 6.3366	...	103.72 2626.9 2834.3 6.4120	111.45 2679.5 2902.4 6.5454	118.65 2728.1 2965.4 6.6631	125.50 2774.0 3025.0 6.7696	132.11 2818.3 3082.5 6.8677	138.56 2861.5 3138.6 6.9596	144.89 2904.1 3193.9 7.0466
2100 (214.85)	V U H S	1.181 917.479 919.959 2.4700	94.890 2598.9 2798.2 6.3187	...	98.147 2622.4 2828.5 6.3802	105.64 2676.1 2897.9 6.5162	112.59 2725.4 2961.9 6.6356	119.18 2771.9 3022.2 6.7432	125.53 2816.5 3080.1 6.8422	131.70 2860.0 3136.6 6.9347	137.76 2902.8 3192.1 7.0220
2200 (217.24)	V U H S	1.185 928.346 930.953 2.4922	90.652 2599.6 2799.1 6.3015	...	93.067 2617.9 2822.7 6.3492	100.35 2672.7 2893.4 6.4879	107.07 2722.7 2958.3 6.6091	113.43 2769.7 3019.3 6.7179	119.53 2814.7 3077.7 6.8177	125.47 2858.5 3134.5 6.9107	131.28 2901.5 3190.3 6.9985
2300 (219.55)	V U H S	1.189 938.866 941.601 2.5136	86.769 2600.2 2799.8 6.2849	...	88.420 2613.3 2816.7 6.3190	95.513 2669.2 2888.9 6.4605	102.03 2720.0 2954.7 6.5835	108.18 2767.6 3016.4 6.6935	114.06 2812.9 3075.3 6.7941	119.77 2857.0 3132.4 6.8877	125.36 2900.2 3188.5 6.9759

表 F.2 過熱蒸汽，SI 單位（續）

TEMPERATURE: $t\,°C$
(TEMPERATURE: T kelvins)

P/kPa (t^{sat}/°C)		sat. liq.	sat. vap.	400 (673.15)	425 (698.15)	450 (723.15)	475 (748.15)	500 (773.15)	550 (823.15)	600 (873.15)	650 (923.15)
1350 (193.35)	V U H S	1.146 820.944 822.491 2.2676	145.74 2589.9 2786.6 6.4780	225.94 2953.9 3259.0 7.3221	234.88 2995.5 3312.6 7.4003	243.78 3037.2 3366.3 7.4759	252.63 3079.2 3420.2 7.5493	261.46 3121.5 3474.4 7.6205	279.03 3207.1 3583.8 7.7576	296.51 3294.3 3694.5 7.8882	313.93 3383.0 3806.8 8.0132
1400 (195.04)	V U H S	1.149 828.465 830.074 2.2837	140.72 2590.8 2787.8 6.4651	217.72 2953.4 3258.2 7.3045	226.35 2994.9 3311.8 7.3828	234.95 3036.7 3365.6 7.4585	243.50 3078.7 3419.6 7.5319	252.02 3121.1 3473.9 7.6032	268.98 3206.8 3583.3 7.7404	285.85 3293.9 3694.1 7.8710	302.66 3382.7 3806.4 7.9961
1450 (196.69)	V U H S	1.151 835.791 837.460 2.2993	136.04 2591.6 2788.9 6.4526	210.06 2952.8 3257.4 7.2874	218.42 2994.4 3311.1 7.3658	226.72 3036.2 3365.0 7.4416	234.99 3078.3 3419.0 7.5151	243.23 3120.7 3473.3 7.5865	259.62 3206.4 3582.9 7.7237	275.93 3293.6 3693.7 7.8545	292.16 3382.4 3806.1 7.9796
1500 (198.29)	V U H S	1.154 842.933 844.663 2.3145	131.66 2592.4 2789.9 6.4406	202.92 2952.2 3256.6 7.2709	211.01 2993.9 3310.4 7.3494	219.05 3035.8 3364.3 7.4253	227.06 3077.9 3418.4 7.4989	235.03 3120.3 3472.8 7.5703	250.89 3206.0 3582.4 7.7077	266.66 3293.3 3693.3 7.8385	282.37 3382.1 3805.7 7.9636
1550 (199.85)	V U H S	1.156 849.901 851.694 2.3292	127.55 2593.2 2790.8 6.4289	196.24 2951.7 3255.8 7.2550	204.08 2993.3 3309.7 7.3336	211.87 3035.3 3363.7 7.4095	219.63 3077.4 3417.8 7.4832	227.35 3119.8 3472.2 7.5547	242.72 3205.7 3581.9 7.6921	258.00 3293.0 3692.9 7.8230	273.21 3381.9 3805.3 7.9482
1600 (201.37)	V U H S	1.159 856.707 858.561 2.3436	123.69 2593.8 2791.7 6.4175	189.97 2951.1 3255.0 7.2394	197.58 2992.9 3309.0 7.3182	205.15 3034.8 3363.0 7.3942	212.67 3077.0 3417.2 7.4679	220.16 3119.4 3471.7 7.5395	235.06 3205.3 3581.4 7.6770	249.87 3292.7 3692.5 7.8080	264.62 3381.6 3805.0 7.9333
1650 (202.86)	V U H S	1.161 863.359 865.275 2.3576	120.05 2594.5 2792.6 6.4065	184.09 2950.5 3254.2 7.2244	191.48 2992.3 3308.3 7.3032	198.82 3034.3 3362.4 7.3794	206.13 3076.5 3416.7 7.4531	213.40 3119.0 3471.1 7.5248	227.86 3205.0 3581.0 7.6624	242.24 3292.4 3692.1 7.7934	256.55 3381.3 3804.6 7.9188
1700 (204.31)	V U H S	1.163 869.866 871.843 2.3713	116.62 2595.1 2793.4 6.3957	178.55 2949.9 3253.5 7.2098	185.74 2991.8 3307.6 7.2887	192.87 3033.9 3361.7 7.3649	199.97 3076.1 3416.1 7.4388	207.04 3118.6 3470.6 7.5105	221.09 3204.6 3580.5 7.6482	235.06 3292.1 3691.7 7.7793	248.96 3381.0 3804.3 7.9047

Appendix F 蒸汽表

P (kPa) (Tsat)												
1750 (205.72)	V	1.166	113.38	173.32	180.32	187.26	194.17	201.04	214.71	228.28	241.80
	U	876.234	2595.7	2949.3	2991.3	3033.4	3075.7	3118.2	3204.3	3291.8	3380.8
	H	878.274	2794.1	3252.7	3306.9	3361.1	3415.5	3470.0	3580.0	3691.3	3803.9
	S	2.3846	6.3853	7.1955	7.2746	7.3509	7.4248	7.4965	7.6344	7.7656	7.8910
1800 (207.11)	V	1.168	110.32	168.39	175.20	181.97	188.69	195.38	208.68	221.89	235.03
	U	882.472	2596.3	2948.8	2990.8	3032.9	3075.2	3117.8	3203.9	3291.5	3380.5
	H	884.574	2794.8	3251.9	3306.1	3360.4	3414.9	3469.5	3579.5	3690.9	3803.6
	S	2.3976	6.3751	7.1816	7.2608	7.3372	7.4112	7.4830	7.6209	7.7522	7.8777
1850 (208.47)	V	1.170	107.41	163.73	170.37	176.96	183.50	190.02	202.97	215.84	228.64
	U	888.585	2596.8	2948.2	2990.3	3032.4	3074.8	3117.4	3203.6	3291.1	3380.2
	H	890.750	2795.5	3251.1	3305.4	3359.8	3414.3	3468.9	3579.1	3690.4	3803.2
	S	2.4103	6.3651	7.1681	7.2474	7.3239	7.3980	7.4698	7.6079	7.7392	7.8648
1900 (209.80)	V	1.172	104.65	159.30	165.78	172.21	178.59	184.94	197.57	210.11	222.58
	U	894.580	2597.3	2947.6	2989.7	3031.9	3074.3	3117.0	3203.2	3290.8	3380.0
	H	896.807	2796.1	3250.3	3304.7	3359.1	3413.7	3468.4	3578.6	3690.0	3802.8
	S	2.4228	6.3554	7.1550	7.2344	7.3109	7.3851	7.4570	7.5951	7.7265	7.8522
1950 (211.10)	V	1.174	102.031	155.11	161.43	167.70	173.93	180.13	192.44	204.67	216.83
	U	900.461	2597.7	2947.0	2989.2	3031.5	3073.9	3116.6	3202.9	3290.5	3379.7
	H	902.752	2796.7	3249.5	3304.0	3358.5	3413.1	3467.8	3578.1	3689.6	3802.5
	S	2.4349	6.3459	7.1421	7.2216	7.2983	7.3725	7.4445	7.5827	7.7142	7.8399
2000 (212.37)	V	1.177	99.536	151.13	157.30	163.42	169.51	175.55	187.57	199.50	211.36
	U	906.236	2598.2	2946.4	2988.7	3031.0	3073.5	3116.2	3202.5	3290.2	3379.4
	H	908.589	2797.2	3248.7	3303.3	3357.8	3412.5	3467.3	3577.6	3689.2	3802.1
	S	2.4469	6.3366	7.1296	7.2092	7.2859	7.3602	7.4323	7.5706	7.7022	7.8279
2100 (214.85)	V	1.181	94.890	143.73	149.63	155.48	161.28	167.06	178.53	189.91	201.22
	U	917.479	2598.9	2945.3	2987.6	3030.0	3072.6	3115.3	3201.8	3289.6	3378.9
	H	919.959	2798.2	3247.1	3301.8	3356.5	3411.3	3466.2	3576.7	3688.4	3801.4
	S	2.4700	6.3187	7.1053	7.1851	7.2621	7.3365	7.4087	7.5472	7.6789	7.8048
2200 (217.24)	V	1.185	90.652	137.00	142.65	148.25	153.81	159.34	170.30	181.19	192.00
	U	928.346	2599.6	2944.1	2986.6	3029.1	3071.7	3114.5	3201.1	3289.0	3378.3
	H	930.953	2799.1	3245.5	3300.4	3355.2	3410.1	3465.1	3575.7	3687.6	3800.7
	S	2.4922	6.3015	7.0821	7.1621	7.2393	7.3139	7.3862	7.5249	7.6568	7.7827
2300 (219.55)	V	1.189	86.769	130.85	136.28	141.65	146.99	152.28	162.80	173.22	183.58
	U	938.866	2600.4	2942.9	2985.5	3028.1	3070.8	3113.7	3200.4	3288.3	3377.8
	H	941.601	2799.8	3243.9	3299.0	3353.9	3408.9	3464.0	3574.8	3686.7	3800.0
	S	2.5136	6.2849	7.0598	7.1401	7.2174	7.2922	7.3646	7.5035	7.6355	7.7616

表 F.2 過熱蒸汽，SI 單位（續）

TEMPERATURE: $t\,°C$
(TEMPERATURE: T kelvins)

P/kPa ($t^{sat}/°C$)		sat. liq.	sat. vap.	225 (498.15)	250 (523.15)	275 (548.15)	300 (573.15)	325 (598.15)	350 (623.15)	375 (648.15)	400 (673.15)
2400 (221.78)	V U H S	1.193 949.066 951.929	83.199 2600.7 2800.6 6.2690	84.149 2608.6 2810.6 6.2894	91.075 2665.6 2884.2 6.4338	97.411 2717.3 2951.1 6.5586	103.36 2765.4 3013.4 6.6699	109.05 2811.1 3072.8 6.7714	114.55 2855.4 3130.4 6.8656	119.93 2898.8 3186.7 6.9542	125.22 2941.7 3242.3 7.0384
2500 (223.94)	V U H S	1.197 958.969 961.962 2.5543	79.905 2601.2 2800.9 6.2536	80.210 2603.8 2804.3 6.2604	86.985 2662.0 2879.5 6.4077	93.154 2714.5 2947.4 6.5345	98.925 2763.1 3010.4 6.6470	104.43 2809.3 3070.4 6.7494	109.75 2853.9 3128.2 6.8442	114.94 2897.5 3184.8 6.9333	120.04 2940.6 3240.7 7.0178
2600 (226.04)	V U H S	1.201 968.597 971.720 2.5736	76.856 2601.5 2801.4 6.2387	....	83.205 2658.4 2874.7 6.3823	89.220 2711.7 2943.6 6.5110	94.830 2760.9 3007.4 6.6249	100.17 2807.4 3067.9 6.7281	105.32 2852.3 3126.1 6.8236	110.33 2896.1 3183.0 6.9131	115.26 2939.4 3239.0 6.9979
2700 (228.07)	V U H S	1.205 977.968 981.222 2.5924	74.025 2601.8 2801.7 6.2244	....	79.698 2654.7 2869.9 6.3575	85.575 2708.8 2939.8 6.4882	91.036 2758.6 3004.4 6.6034	96.218 2805.6 3065.4 6.7075	101.21 2850.7 3124.0 6.8036	106.07 2894.8 3181.2 6.8935	110.83 2938.2 3237.4 6.9787
2800 (230.05)	V U H S	1.209 987.100 990.485 2.6106	71.389 2602.1 2802.0 6.2104	....	76.437 2650.9 2864.9 6.3331	82.187 2705.9 2936.0 6.4659	87.510 2756.3 3001.3 6.5824	92.550 2803.7 3062.8 6.6875	97.395 2849.2 3121.9 6.7842	102.10 2893.4 3179.3 6.8746	106.71 2937.0 3235.8 6.9601
2900 (231.97)	V U H S	1.213 996.008 999.524 2.6283	68.928 2602.3 2802.2 6.1969	....	73.395 2647.1 2859.9 6.3092	79.029 2702.9 2932.1 6.4441	84.226 2754.0 2998.2 6.5621	89.133 2801.8 3060.3 6.6681	93.843 2847.6 3119.7 6.7654	98.414 2892.0 3177.4 6.8563	102.88 2935.8 3234.1 6.9421
3000 (233.84)	V U H S	1.216 1004.7 1008.4 2.6455	66.626 2602.4 2802.3 6.1837	....	70.551 2643.2 2854.8 6.2857	76.078 2700.0 2928.2 6.4228	81.159 2751.6 2995.1 6.5422	85.943 2799.9 3057.7 6.6491	90.526 2846.0 3117.5 6.7471	94.969 2890.7 3175.6 6.8385	99.310 2934.6 3232.5 6.9246
3100 (235.67)	V U H S	1.220 1013.2 1017.0 2.6623	64.467 2602.5 2802.3 6.1709	....	67.885 2639.2 2849.6 6.2626	73.315 2697.0 2924.2 6.4019	78.287 2749.2 2991.9 6.5227	82.958 2797.9 3055.1 6.6307	87.423 2844.3 3115.4 6.7294	91.745 2889.3 3173.7 6.8212	95.965 2933.4 3230.8 6.9077

Appendix F 蒸汽表

P (T_sat)		Sat.								
3200 (237.45)	V U H S	1.224 1021.5 1025.4 2.6786	62.439 2602.5 2802.3 6.1585		65.380 2635.2 2844.4 6.2398	70.721 2693.9 2920.2 6.3815	75.593 2746.8 2988.7 6.5037	80.158 2796.0 3052.5 6.6127	84.513 2842.7 3113.2 6.7120	88.723 2887.9 3171.8 6.8043	92.829 2932.1 3229.2 6.8912
3300 (239.18)	V U H S	1.227 1029.7 1033.7 2.6945	60.529 2602.5 2802.3 6.1463		63.021 2631.1 2839.0 6.2173	68.282 2690.8 2916.1 6.3614	73.061 2744.4 2985.5 6.4851	77.526 2794.0 3049.9 6.5951	81.778 2841.1 3110.9 6.6952	85.883 2886.5 3169.9 6.7879	89.883 2930.9 3227.5 6.8752
3400 (240.88)	V U H S	1.231 1037.6 1041.8 2.7101	58.728 2602.5 2802.1 6.1344		60.796 2626.9 2833.6 6.1951	65.982 2687.7 2912.0 6.3416	70.675 2741.9 2982.2 6.4669	75.048 2792.0 3047.2 6.5779	79.204 2839.4 3108.7 6.6787	83.210 2885.1 3168.0 6.7719	87.110 2929.7 3225.9 6.8595
3500 (242.54)	V U H S	1.235 1045.4 1049.8 2.7253	57.025 2602.4 2802.0 6.1228		58.693 2622.7 2828.1 6.1732	63.812 2684.5 2907.8 6.3221	68.424 2739.5 2979.0 6.4491	72.710 2790.0 3044.5 6.5611	76.776 2837.8 3106.5 6.6626	80.689 2883.7 3166.1 6.7563	84.494 2928.4 3224.2 6.8443
3600 (244.16)	V U H S	1.238 1053.1 1057.6 2.7401	55.415 2602.2 2801.7 6.1115		56.702 2618.4 2822.5 6.1514	61.759 2681.3 2903.6 6.3030	66.297 2737.0 2975.6 6.4315	70.501 2788.0 3041.8 6.5446	74.482 2836.1 3104.2 6.6468	78.308 2882.3 3164.2 6.7411	82.024 2927.2 3222.5 6.8294
3700 (245.75)	V U H S	1.242 1060.6 1065.2 2.7547	53.888 2602.1 2801.4 6.1004		54.812 2614.0 2816.8 6.1299	59.814 2678.0 2899.3 6.2841	64.282 2734.4 2972.3 6.4143	68.410 2786.0 3039.1 6.5284	72.311 2834.4 3102.0 6.6314	76.055 2880.8 3162.2 6.7262	79.687 2926.0 3220.8 6.8149
3800 (247.31)	V U H S	1.245 1068.0 1072.7 2.7689	52.438 2601.9 2801.1 6.0896		53.017 2609.5 2811.0 6.1085	57.968 2674.7 2895.0 6.2654	62.372 2731.9 2968.9 6.3973	66.429 2783.9 3036.4 6.5126	70.254 2832.7 3099.7 6.6163	73.920 2879.4 3160.3 6.7117	77.473 2924.7 3219.1 6.8007
3900 (248.84)	V U H S	1.249 1075.3 1080.1 2.7828	51.061 2601.6 2800.8 6.0789		51.308 2605.0 2805.1 6.0872	56.215 2671.4 2890.6 6.2470	60.558 2729.3 2965.5 6.3806	64.547 2781.9 3033.6 6.4970	68.302 2831.0 3097.4 6.6015	71.894 2877.9 3158.3 6.6974	75.372 2923.5 3217.4 6.7868
4000 (250.33)	V U H S	1.252 1082.4 1087.4 2.7965	49.749 2601.3 2800.3 6.0685			54.546 2668.0 2886.1 6.2288	58.833 2726.7 2962.0 6.3642	62.759 2779.8 3030.8 6.4817	66.446 2829.3 3095.1 6.5870	69.969 2876.5 3156.4 6.6834	73.376 2922.2 3215.7 6.7733

581

表 F.2 過熱蒸汽，SI 單位（續）

TEMPERATURE: $t\ °C$
(TEMPERATURE: T kelvins)

P/kPa ($t^{sat}/°C$)		sat. liq.	sat. vap.	425 (698.15)	450 (723.15)	475 (748.15)	500 (773.15)	525 (798.15)	550 (823.15)	600 (873.15)	650 (923.15)
2400 (221.78)	V U H S	1.193 949.066 951.929 2.5343	83.199 2600.7 2800.4 6.2690	130.44 2984.5 3297.5 7.1189	135.61 3027.1 3352.6 7.1964	140.73 3069.9 3407.7 7.2713	145.82 3112.9 3462.9 7.3439	150.88 3156.1 3518.2 7.4144	155.91 3199.6 3573.8 7.4830	165.92 3287.7 3685.9 7.6152	175.86 3377.2 3799.3 7.7414
2500 (223.94)	V U H S	1.197 958.969 961.962 2.5543	79.905 2601.2 2800.9 6.2536	125.07 2983.4 3296.1 7.0986	130.04 3026.2 3351.3 7.1763	134.97 3069.0 3406.5 7.2513	139.87 3112.1 3461.7 7.3240	144.74 3155.4 3517.2 7.3946	149.58 3198.9 3572.9 7.4633	159.21 3287.1 3685.1 7.5956	168.76 3376.7 3798.6 7.7220
2600 (226.04)	V U H S	1.201 968.597 971.720 2.5736	76.856 2601.5 2801.4 6.2387	120.11 2982.3 3294.6 7.0789	124.91 3025.2 3349.9 7.1568	129.66 3068.1 3405.3 7.2320	134.38 3111.2 3460.6 7.3048	139.07 3154.6 3516.2 7.3755	143.74 3198.2 3571.9 7.4443	153.01 3286.5 3684.3 7.5768	162.21 3376.1 3797.9 7.7033
2700 (228.07)	V U H S	1.205 977.968 981.222 2.5924	74.025 2601.8 2801.7 6.2244	115.52 2981.2 3293.1 7.0600	120.15 3024.2 3348.6 7.1381	124.74 3067.2 3404.0 7.2134	129.30 3110.4 3459.5 7.2863	133.82 3153.8 3515.2 7.3571	138.33 3197.5 3571.0 7.4260	147.27 3285.8 3683.5 7.5587	156.14 3375.6 3797.1 7.6853
2800 (230.05)	V U H S	1.209 987.100 990.485 2.6106	71.389 2602.1 2802.0 6.2104	111.25 2980.2 3291.7 7.0416	115.74 3023.2 3347.3 7.1199	120.17 3066.3 3402.8 7.1954	124.58 3109.6 3458.4 7.2685	128.95 3153.1 3514.1 7.3394	133.30 3196.8 3570.0 7.4084	141.94 3285.2 3682.6 7.5412	150.50 3375.0 3796.4 7.6679
2900 (231.97)	V U H S	1.213 996.008 999.524 2.6283	68.928 2602.3 2802.2 6.1969	107.28 2979.1 3290.2 7.0239	111.62 3022.3 3346.0 7.1024	115.92 3065.5 3401.6 7.1780	120.18 3108.8 3457.3 7.2512	124.42 3152.3 3513.1 7.3222	128.62 3196.1 3569.1 7.3913	136.97 3284.6 3681.8 7.5243	145.26 3374.5 3795.7 7.6511
3000 (233.84)	V U H S	1.216 1004.7 1008.4 2.6455	66.626 2602.4 2802.3 6.1837	103.58 2978.0 3288.7 7.0067	107.79 3021.3 3344.6 7.0854	111.95 3064.6 3400.4 7.1612	116.08 3107.9 3456.2 7.2345	120.18 3151.5 3512.1 7.3056	124.26 3195.4 3568.1 7.3748	132.34 3284.0 3681.0 7.5079	140.36 3373.9 3795.0 7.6349
3100 (235.67)	V U H S	1.220 1013.2 1017.0 2.6623	64.467 2602.5 2802.3 6.1709	100.11 2976.9 3287.3 6.9900	104.20 3020.3 3343.3 7.0689	108.24 3063.7 3399.2 7.1448	112.24 3107.1 3455.1 7.2183	116.22 3150.8 3511.0 7.2895	120.17 3194.7 3567.2 7.3588	128.01 3283.3 3680.2 7.4920	135.78 3373.4 3794.3 7.6191

Appendix F 蒸汽表

P(T_sat)		Sat.	250	300	350	400	450	500	550	600
3200 (237.45)	V U H S	1.224 1021.5 1025.4 2.6786	62.439 2602.5 2802.3 6.1585	96.859 2975.9 3285.8 6.9738	100.83 3019.3 3342.0 7.0528	104.76 3062.8 3398.3 7.1290	108.65 3106.3 3454.0 7.2026	112.51 3150.0 3510.0 7.2739	116.34 3193.9 3566.2 7.3433	123.95 3282.7 3679.3 7.4767	131.48 3372.8 3793.6 7.6039
3300 (239.18)	V U H S	1.227 1029.7 1033.7 2.6945	60.529 2602.5 2802.3 6.1463	93.805 2974.8 3284.3 6.9580	97.668 3018.3 3340.6 7.0373	101.49 3061.9 3396.8 7.1136	105.27 3105.5 3452.8 7.1873	109.02 3149.2 3509.0 7.2588	112.74 3193.2 3565.3 7.3282	120.13 3282.1 3678.5 7.4618	127.45 3372.3 3792.9 7.5891
3400 (240.88)	V U H S	1.231 1037.6 1041.8 2.7101	58.728 2602.5 2802.1 6.1344	90.930 2973.7 3282.8 6.9426	94.692 3017.4 3339.3 7.0221	98.408 3061.0 3395.5 7.0986	102.09 3104.6 3451.7 7.1724	105.74 3148.4 3507.9 7.2440	109.36 3192.5 3564.3 7.3136	116.54 3281.5 3677.7 7.4473	123.65 3371.7 3792.1 7.5747
3500 (242.54)	V U H S	1.235 1045.4 1049.8 2.7253	57.025 2602.4 2802.0 6.1228	88.220 2972.6 3281.3 6.9277	91.886 3016.4 3338.0 7.0074	95.505 3060.1 3394.3 7.0840	99.088 3103.8 3450.6 7.1580	102.64 3147.7 3506.9 7.2297	106.17 3191.8 3563.4 7.2993	113.15 3280.8 3676.9 7.4332	120.07 3371.2 3791.4 7.5607
3600 (244.16)	V U H S	1.238 1053.1 1057.6 2.7401	55.415 2602.2 2801.7 6.1115	85.660 2971.5 3279.8 6.9131	89.236 3015.4 3336.6 6.9930	92.764 3059.2 3393.1 7.0698	96.255 3103.0 3449.5 7.1439	99.716 3146.9 3505.9 7.2157	103.15 3191.1 3562.4 7.2854	109.96 3280.2 3676.1 7.4195	116.69 3370.6 3790.7 7.5471
3700 (245.75)	V U H S	1.242 1060.6 1065.2 2.7547	53.888 2602.1 2801.4 6.1004	83.238 2970.4 3278.4 6.8989	86.728 3014.4 3335.3 6.9790	90.171 3058.2 3391.9 7.0559	93.576 3102.1 3448.4 7.1302	96.950 3146.1 3504.9 7.2021	100.30 3190.4 3561.5 7.2719	106.93 3279.6 3675.2 7.4061	113.49 3370.1 3790.0 7.5339
3800 (247.31)	V U H S	1.245 1068.0 1072.7 2.7689	52.438 2601.9 2801.1 6.0896	80.944 2969.3 3276.8 6.8849	84.353 3013.4 3333.9 6.9653	87.714 3057.3 3390.7 7.0424	91.038 3101.3 3447.2 7.1168	94.330 3145.4 3503.8 7.1888	97.596 3189.6 3560.5 7.2587	104.06 3279.0 3674.4 7.3931	110.46 3369.5 3789.3 7.5210
3900 (248.84)	V U H S	1.249 1075.3 1080.1 2.7828	51.061 2601.6 2800.8 6.0789	78.767 2968.2 3275.3 6.8713	82.099 3012.4 3332.6 6.9519	85.383 3056.4 3389.4 7.0292	88.629 3100.5 3446.1 7.1037	91.844 3144.6 3502.8 7.1759	95.033 3188.9 3559.5 7.2459	101.35 3278.3 3673.6 7.3804	107.59 3369.0 3788.6 7.5084
4000 (250.33)	V U H S	1.252 1082.4 1087.4 2.7965	49.749 2601.3 2800.3 6.0685	76.698 2967.0 3273.8 6.8581	79.958 3011.4 3331.2 6.9388	83.169 3055.5 3388.2 7.0163	86.341 3099.6 3445.0 7.0909	89.483 3143.8 3501.7 7.1632	92.598 3188.2 3558.6 7.2333	98.763 3277.7 3672.8 7.3680	104.86 3368.4 3787.9 7.4961

表 F.2 過熱蒸汽，SI 單位（續）

TEMPERATURE: $t\,°C$
(TEMPERATURE: T kelvins)

P/kPa ($t^{sat}/°C$)		sat. liq.	sat. vap.	260 (533.15)	275 (548.15)	300 (573.15)	325 (598.15)	350 (623.15)	375 (648.15)	400 (673.15)	425 (698.15)
4100 (251.80)	V U H S	1.256 1089.4 1094.6 2.8099	48.500 2601.0 2799.9 6.0583	50.150 2624.6 2830.6 6.1157	52.955 2664.5 2881.6 6.2107	57.191 2724.0 2958.5 6.3480	61.057 2777.7 3028.0 6.4667	64.680 2827.6 3092.8 6.5727	68.137 2875.0 3154.4 6.6697	71.476 2920.9 3214.0 6.7600	74.730 2965.9 3272.5 6.8450
4200 (253.24)	V U H S	1.259 1096.3 1101.6 2.8231	47.307 2600.7 2799.4 6.0482	48.654 2620.4 2824.8 6.0962	51.438 2661.0 2877.1 6.1929	55.625 2721.4 2955.0 6.3320	59.435 2775.6 3025.2 6.4519	62.998 2825.8 3090.4 6.5587	66.392 2873.6 3152.4 6.6563	69.667 2919.7 3212.3 6.7469	72.856 2964.8 3270.8 6.8323
4300 (254.66)	V U H S	1.262 1103.1 1108.5 2.8360	46.168 2600.3 2798.9 6.0383	47.223 2616.2 2819.2 6.0768	49.988 2657.5 2872.4 6.1752	54.130 2718.7 2951.4 6.3162	57.887 2773.4 3022.3 6.4373	61.393 2824.1 3088.1 6.5450	64.728 2872.1 3150.4 6.6431	67.942 2918.4 3210.5 6.7341	71.069 2963.7 3269.3 6.8198
4400 (256.05)	V U H S	1.266 1109.8 1115.4 2.8487	45.079 2599.9 2798.3 6.0286	45.853 2611.8 2813.6 6.0575	48.601 2653.9 2867.8 6.1577	52.702 2716.0 2947.8 6.3006	56.409 2771.3 3019.5 6.4230	59.861 2822.3 3085.7 6.5315	63.139 2870.6 3148.4 6.6301	66.295 2917.1 3208.8 6.7216	69.363 2962.5 3267.7 6.8076
4500 (257.41)	V U H S	1.269 1116.4 1122.1 2.8612	44.037 2599.5 2797.7 6.0191	44.540 2607.4 2807.9 6.0382	47.273 2650.3 2863.0 6.1403	51.336 2713.2 2944.2 6.2852	54.996 2769.1 3016.6 6.4088	58.396 2820.5 3083.3 6.5182	61.620 2869.1 3146.4 6.6174	64.721 2915.8 3207.1 6.7093	67.732 2961.4 3266.2 6.7955
4600 (258.75)	V U H S	1.272 1122.9 1128.8 2.8735	43.038 2599.1 2797.0 6.0097	43.278 2602.9 2802.0 6.0190	46.000 2646.6 2858.2 6.1230	50.027 2710.4 2940.5 6.2700	53.643 2766.9 3013.7 6.3949	56.994 2818.7 3080.9 6.5050	60.167 2867.6 3144.4 6.6049	63.215 2914.5 3205.3 6.6972	66.172 2960.3 3264.7 6.7838
4700 (260.07)	V U H S	1.276 1129.3 1135.3 2.8855	42.081 2598.6 2796.4 6.0004	....	44.778 2642.9 2853.3 6.1058	48.772 2707.6 2936.8 6.2549	52.346 2764.7 3010.7 6.3811	55.651 2816.9 3078.5 6.4921	58.775 2866.1 3142.3 6.5926	61.773 2913.2 3203.6 6.6853	64.679 2959.1 3263.1 6.7722
4800 (261.37)	V U H S	1.279 1135.6 1141.8 2.8974	41.161 2598.1 2795.7 5.9913	....	43.604 2639.1 2848.4 6.0887	47.569 2704.8 2933.1 6.2399	51.103 2762.5 3007.8 6.3675	54.364 2815.1 3076.1 6.4794	57.441 2864.6 3140.3 6.5805	60.390 2911.9 3201.8 6.6736	63.247 2958.0 3261.6 6.7608

				300	350	400	450	500	550	600
4900 (262.65)	V U H S	1.282 1141.9 1148.2 2.9091	40.278 2597.6 2794.9 5.9823	42.475 2635.2 2843.3 6.0717	46.412 2701.9 2929.3 6.2252	49.909 2760.8 3004.8 6.3541	53.128 2813.3 3073.6 6.4669	56.161 2863.0 3138.2 6.5685	59.064 2910.6 3200.0 6.6621	61.874 2956.9 3260.0 6.7496
5000 (263.91)	V U H S	1.286 1148.0 1154.5 2.9206	39.429 2597.0 2794.2 5.9735	41.388 2631.3 2838.2 6.0547	45.301 2699.0 2925.5 6.2105	48.762 2758.0 3001.8 6.3408	51.941 2811.5 3071.2 6.4545	54.932 2861.5 3136.2 6.5568	57.791 2909.3 3198.3 6.6508	60.555 2955.7 3258.5 6.7386
5100 (265.15)	V U H S	1.289 1154.1 1160.7 2.9319	38.611 2596.5 2793.4 5.9648	40.340 2627.3 2833.1 6.0378	44.231 2696.1 2921.7 6.1960	47.660 2755.7 2998.7 6.3277	50.801 2809.6 3068.7 6.4423	53.750 2860.0 3134.1 6.5452	56.567 2908.0 3196.5 6.6396	59.288 2954.5 3256.9 6.7278
5200 (266.37)	V U H S	1.292 1160.1 1166.8 2.9431	37.824 2595.9 2792.6 5.9561	39.330 2623.3 2827.8 6.0210	43.201 2693.1 2917.8 6.1815	46.599 2753.4 2995.7 6.3147	49.703 2807.8 3066.2 6.4302	52.614 2858.4 3132.0 6.5338	55.390 2906.7 3194.7 6.6287	58.070 2953.4 3255.4 6.7172
5300 (267.58)	V U H S	1.296 1166.1 1172.9 2.9541	37.066 2595.3 2791.7 5.9476	38.354 2619.2 2822.5 6.0041	42.209 2690.1 2913.8 6.1672	45.577 2751.0 2992.6 6.3018	48.647 2805.9 3063.7 6.4183	51.520 2856.9 3129.9 6.5225	54.257 2905.3 3192.9 6.6179	56.897 2952.2 3253.8 6.7067
5400 (268.76)	V U H S	1.299 1171.9 1178.9 2.9650	36.334 2594.6 2790.8 5.9392	37.411 2615.0 2817.0 5.9873	41.251 2687.1 2909.8 6.1530	44.591 2748.7 2989.5 6.2891	47.628 2804.0 3061.2 6.4066	50.466 2855.3 3127.8 6.5114	53.166 2904.0 3191.1 6.6072	55.768 2951.1 3252.2 6.6963
5500 (269.93)	V U H S	1.302 1177.7 1184.9 2.9757	35.628 2593.9 2789.9 5.9309	36.499 2610.8 2811.5 5.9705	40.327 2684.0 2905.8 6.1388	43.641 2746.3 2986.4 6.2765	46.647 2802.1 3058.7 6.3949	49.450 2853.7 3125.7 6.5004	52.115 2902.7 3189.3 6.5967	54.679 2949.9 3250.6 6.6862
5600 (271.09)	V U H S	1.306 1183.5 1190.8 2.9863	34.946 2593.3 2789.0 5.9227	35.617 2606.5 2805.9 5.9537	39.434 2680.9 2901.7 6.1248	42.724 2744.0 2983.2 6.2640	45.700 2800.1 3056.1 6.3834	48.470 2852.1 3123.6 6.4896	51.100 2901.3 3187.5 6.5863	53.630 2948.7 3249.1 6.6761
5700 (272.22)	V U H S	1.309 1189.1 1196.6 2.9968	34.288 2592.6 2788.0 5.9146	34.761 2602.1 2800.1 5.9369	38.571 2677.8 2897.6 6.1108	41.838 2741.6 2980.0 6.2516	44.785 2798.3 3053.5 6.3720	47.525 2850.5 3121.4 6.4789	50.121 2899.9 3185.6 6.5761	52.617 2947.5 3247.5 6.6663

表 F.2 過熱蒸汽，SI 單位（續）

TEMPERATURE: $t\ °C$
(TEMPERATURE: T kelvins)

P/kPa ($t^{sat}/°C$)		sat. liq.	sat. vap.	450 (723.15)	475 (748.15)	500 (773.15)	525 (798.15)	550 (823.15)	575 (848.15)	600 (873.15)	650 (923.15)
4100 (251.80)	V U H S	1.256 1089.4 1094.6 2.8099	48.500 2601.0 2799.9 6.0583	77.921 3010.4 3329.9 6.9260	81.062 3054.6 3387.0 7.0037	84.165 3098.8 3443.9 7.0785	87.236 3143.0 3500.7 7.1508	90.281 3187.5 3557.6 7.2210	93.303 3232.1 3614.7 7.2893	96.306 3277.1 3671.9 7.3558	102.26 3367.9 3787.1 7.4842
4200 (253.24)	V U H S	1.259 1096.3 1101.6 2.8231	47.307 2600.7 2799.4 6.0482	75.981 3009.4 3328.5 6.9135	79.056 3053.7 3385.7 6.9913	82.092 3097.9 3442.7 7.0662	85.097 3142.3 3499.7 7.1387	88.075 3186.8 3556.7 7.2090	91.030 3231.5 3613.8 7.2774	93.966 3276.5 3671.1 7.3440	99.787 3367.3 3786.4 7.4724
4300 (254.66)	V U H S	1.262 1103.1 1108.5 2.8360	46.168 2600.3 2798.9 6.0383	74.131 3008.4 3327.1 6.9012	77.143 3052.8 3384.5 6.9792	80.116 3097.1 3441.6 7.0543	83.057 3141.5 3498.6 7.1269	85.971 3186.0 3555.7 7.1973	88.863 3230.8 3612.9 7.2658	91.735 3275.8 3670.3 7.3324	97.428 3366.8 3785.7 7.4610
4400 (256.05)	V U H S	1.266 1109.8 1115.4 2.8487	45.079 2599.9 2798.3 6.0286	72.365 3007.4 3325.8 6.8892	75.317 3051.9 3383.3 6.9674	78.229 3096.3 3440.5 7.0426	81.110 3140.7 3497.6 7.1153	83.963 3185.3 3554.7 7.1858	86.794 3230.1 3612.0 7.2544	89.605 3275.2 3669.5 7.3211	95.177 3366.2 3785.0 7.4498
4500 (257.41)	V U H S	1.269 1116.4 1122.1 2.8612	44.037 2599.5 2797.7 6.0191	70.677 3006.3 3324.4 6.8774	73.572 3050.9 3382.0 6.9558	76.427 3095.4 3439.3 7.0311	79.249 3139.9 3496.6 7.1040	82.044 3184.6 3553.8 7.1746	84.817 3229.5 3611.1 7.2432	87.570 3274.6 3668.6 7.3100	93.025 3365.7 3784.3 7.4388
4600 (258.75)	V U H S	1.272 1122.9 1128.8 2.8735	43.038 2599.1 2797.0 6.0097	69.063 3005.3 3323.0 6.8659	71.903 3050.0 3380.8 6.9444	74.702 3094.6 3438.2 7.0199	77.469 3139.2 3495.5 7.0928	80.209 3183.9 3552.8 7.1636	82.926 3228.8 3610.2 7.2323	85.623 3273.9 3667.8 7.2991	90.967 3365.1 3783.6 7.4281
4700 (260.07)	V U H S	1.276 1129.3 1135.3 2.8855	42.081 2598.6 2796.4 6.0004	67.517 3004.3 3321.6 6.8545	70.304 3049.1 3379.5 6.9332	73.051 3093.7 3437.1 7.0089	75.765 3138.4 3494.5 7.0819	78.452 3183.1 3551.9 7.1527	81.116 3228.1 3609.3 7.2215	83.760 3273.3 3667.0 7.2885	88.997 3364.6 3782.9 7.4176
4800 (261.37)	V U H S	1.279 1135.6 1141.8 2.8974	41.161 2598.1 2795.7 5.9913	66.036 3003.3 3320.3 6.8434	68.773 3048.2 3378.3 6.9223	71.469 3092.9 3435.9 6.9981	74.132 3137.6 3493.4 7.0712	76.768 3182.4 3550.9 7.1422	79.381 3227.4 3608.5 7.2110	81.973 3272.7 3666.2 7.2781	87.109 3364.0 3782.1 7.4072

Appendix F 蒸汽表

4900 (262.65)	V U H S	1.282 1141.9 1148.2 2.9091	40.278 2597.6 2794.9 5.9823	64.615 3002.3 3318.9 6.8324	67.303 3047.2 3377.0 6.9115	69.951 3092.0 3434.8 6.9874	72.565 3136.8 3492.4 7.0607	75.152 3181.7 3549.9 7.1318	77.716 3226.8 3607.6 7.2007	80.260 3272.0 3665.3 7.2678	85.298 3363.5 3781.4 7.3971
5000 (263.91)	V U H S	1.286 1148.0 1154.5 2.9206	39.429 2597.0 2794.2 5.9735	63.250 3001.2 3317.5 6.8217	65.893 3046.3 3375.8 6.9009	68.494 3091.2 3433.7 6.9770	71.061 3136.0 3491.3 7.0504	73.602 3181.0 3549.0 7.1215	76.119 3226.1 3606.7 7.1906	78.616 3271.4 3664.5 7.2578	83.559 3362.9 3780.7 7.3872
5100 (265.15)	V U H S	1.289 1154.1 1160.7 2.9319	38.611 2596.5 2793.4 5.9648	61.940 3000.2 3316.1 6.8111	64.537 3045.4 3374.5 6.8905	67.094 3090.3 3432.5 6.9668	69.616 3135.3 3490.3 7.0403	72.112 3180.2 3548.0 7.1115	74.584 3225.4 3605.8 7.1807	77.035 3270.8 3663.7 7.2479	81.888 3362.4 3780.0 7.3775
5200 (266.37)	V U H S	1.292 1160.1 1166.8 2.9431	37.824 2595.9 2792.6 5.9561	60.679 2999.2 3314.7 6.8007	63.234 3044.5 3373.3 6.8803	65.747 3089.5 3431.4 6.9567	68.227 3134.5 3489.3 7.0304	70.679 3179.5 3547.1 7.1017	73.108 3224.7 3604.9 7.1709	75.516 3270.2 3662.8 7.2382	80.282 3361.8 3779.3 7.3679
5300 (267.58)	V U H S	1.296 1166.1 1172.9 2.9541	37.066 2595.3 2791.7 5.9476	59.466 2998.2 3313.3 6.7905	61.980 3043.5 3372.0 6.8703	64.452 3088.6 3430.2 6.9468	66.890 3133.7 3488.2 7.0206	69.300 3178.8 3546.1 7.0920	71.687 3224.1 3604.0 7.1613	74.054 3269.5 3662.0 7.2287	78.736 3361.3 3778.6 7.3585
5400 (268.76)	V U H S	1.299 1171.9 1178.9 2.9650	36.334 2594.6 2790.8 5.9392	58.297 2997.1 3311.9 6.7804	60.772 3042.6 3370.8 6.8604	63.204 3087.8 3429.1 6.9371	65.603 3132.9 3487.2 7.0110	67.973 3178.1 3545.1 7.0825	70.320 3223.4 3603.1 7.1519	72.646 3268.9 3661.2 7.2194	77.248 3360.7 3777.8 7.3493
5500 (269.93)	V U H S	1.302 1177.7 1184.5 2.9757	35.628 2594.0 2790.0 5.9309	57.171 2996.1 3310.5 6.7705	59.608 3041.7 3369.5 6.8507	62.002 3086.9 3427.9 6.9275	64.362 3132.1 3486.1 7.0015	66.694 3177.3 3544.2 7.0731	69.002 3222.7 3602.2 7.1426	71.289 3268.3 3660.4 7.2102	75.814 3360.2 3777.1 7.3402
5600 (271.09)	V U H S	1.306 1183.5 1190.8 2.9863	34.946 2593.3 2789.0 5.9227	56.085 2995.0 3309.1 6.7607	58.486 3040.7 3368.2 6.8411	60.843 3086.1 3426.8 6.9181	63.165 3131.3 3485.1 6.9922	65.460 3176.6 3543.2 7.0639	67.731 3222.0 3601.3 7.1335	69.981 3267.6 3659.5 7.2011	74.431 3359.6 3776.4 7.3313
5700 (272.22)	V U H S	1.309 1189.1 1196.6 2.9968	34.288 2592.6 2788.0 5.9146	55.038 2994.0 3307.7 6.7511	57.403 3039.8 3367.0 6.8316	59.724 3085.2 3425.6 6.9088	62.011 3130.5 3484.0 6.9831	64.270 3175.9 3542.2 7.0549	66.504 3221.3 3600.4 7.1245	68.719 3267.0 3658.7 7.1923	73.096 3359.1 3775.7 7.3226

587

表 F.2 過熱蒸汽，SI 單位（續）

TEMPERATURE: $t\,°C$
(TEMPERATURE: T kelvins)

P/kPa ($t^{sat}/°C$)		sat. liq.	sat. vap.	280 (553.15)	290 (563.15)	300 (573.15)	325 (598.15)	350 (623.15)	375 (648.15)	400 (673.15)	425 (698.15)
5800 (273.35)	V U H S	1.312 1194.7 1202.3 3.0071	33.651 2591.9 2787.0 5.9066	34.756 2614.4 2816.0 5.9592	36.301 2645.7 2856.3 6.0314	37.736 2674.6 2893.5 6.0969	40.982 2739.1 2976.8 6.2393	43.902 2796.3 3051.0 6.3608	46.611 2848.9 3119.3 6.4683	49.176 2898.6 3183.8 6.5660	51.638 2946.4 3245.9 6.6565
5900 (274.46)	V U H S	1.315 1200.3 1208.0 3.0172	33.034 2591.1 2786.0 5.8986	33.953 2610.2 2810.5 5.9431	35.497 2642.1 2851.5 6.0166	36.928 2671.4 2889.3 6.0830	40.154 2736.7 2973.6 6.2272	43.048 2794.4 3048.4 6.3496	45.728 2847.3 3117.1 6.4578	48.262 2897.2 3182.0 6.5560	50.693 2945.2 3244.3 6.6469
6000 (275.55)	V U H S	1.319 1205.8 1213.7 3.0273	32.438 2590.4 2785.0 5.8908	33.173 2605.9 2804.9 5.9270	34.718 2638.4 2846.7 6.0017	36.145 2668.1 2885.0 6.0692	39.353 2734.2 2970.4 6.2151	42.222 2792.4 3045.8 6.3386	44.874 2845.7 3115.0 6.4475	47.379 2895.8 3180.1 6.5462	49.779 2944.0 3242.6 6.6374
6100 (276.63)	V U H S	1.322 1211.3 1219.3 3.0372	31.860 2589.6 2783.9 5.8830	32.415 2601.5 2799.3 5.9108	33.962 2634.6 2841.8 5.9869	35.386 2664.8 2880.7 6.0555	38.577 2731.7 2967.1 6.2031	41.422 2790.4 3043.1 6.3277	44.048 2844.1 3112.8 6.4373	46.524 2894.5 3178.3 6.5364	48.895 2942.8 3241.0 6.6280
6200 (277.70)	V U H S	1.325 1216.6 1224.8 3.0471	31.300 2588.8 2782.9 5.8753	31.679 2597.1 2793.5 5.8946	33.227 2630.8 2836.8 5.9721	34.650 2661.5 2876.3 6.0418	37.825 2729.2 2963.8 6.1911	40.648 2788.5 3040.5 6.3168	43.248 2842.4 3110.6 6.4272	45.697 2893.1 3176.4 6.5268	48.039 2941.6 3239.4 6.6188
6300 (278.75)	V U H S	1.328 1221.9 1230.3 3.0568	30.757 2588.1 2781.8 5.8677	30.962 2592.6 2787.6 5.8783	32.514 2626.9 2831.7 5.9573	33.935 2658.1 2871.9 6.0281	37.097 2726.7 2960.4 6.1793	39.898 2786.5 3037.8 6.3061	42.473 2840.8 3108.4 6.4172	44.895 2891.7 3174.5 6.5173	47.210 2940.4 3237.8 6.6096
6400 (279.79)	V U H S	1.332 1227.2 1235.7 3.0664	30.230 2587.2 2780.6 5.8601	30.265 2587.9 2781.6 5.8619	31.821 2623.0 2826.6 5.9425	33.241 2654.7 2867.5 6.0144	36.390 2724.2 2957.1 6.1675	39.170 2784.4 3035.1 6.2955	41.722 2839.1 3106.2 6.4072	44.119 2890.3 3172.7 6.5079	46.407 2939.2 3236.2 6.6006
6500 (280.82)	V U H S	1.335 1232.5 1241.1 3.0759	29.719 2586.3 2779.5 5.8527	. . . .	31.146 2619.0 2821.4 5.9277	32.567 2651.2 2862.9 6.0008	35.704 2721.6 2953.7 6.1558	38.465 2782.4 3032.4 6.2849	40.994 2837.5 3103.9 6.3974	43.366 2888.9 3170.8 6.4986	45.629 2938.0 3234.5 6.5917

Appendix F 蒸汽表

p(kPa) (T_s/°C)		sat. vap.		300	350	400	450	500	550	600
6600 (281.84)	V U H S	1.338 1237.6 1246.5 3.0853			30.490 2614.9 2816.1 5.9129	31.911 2647.7 2858.4 5.9872	35.038 2719.0 2950.2 6.1442	37.781 2780.4 3029.7 6.2744	40.287 2835.8 3101.7 6.3877	42.636 2887.5 3168.9 6.4894	44.874 2936.7 3232.9 6.5828
6700 (282.84)	V U H S	1.342 1242.8 1251.8 3.0946			29.850 2610.8 2810.8 5.8980	31.273 2644.2 2853.7 5.9736	34.391 2716.4 2946.8 6.1326	37.116 2778.3 3027.0 6.2640	39.601 2834.1 3099.5 6.3781	41.927 2886.1 3167.0 6.4803	44.141 2935.5 3231.3 6.5741
6800 (283.84)	V U H S	1.345 1247.9 1257.0 3.1038			29.226 2606.6 2805.3 5.8830	30.652 2640.6 2849.0 5.9599	33.762 2713.7 2943.3 6.1211	36.470 2776.2 3024.2 6.2537	38.935 2832.4 3097.2 6.3686	41.239 2884.7 3165.1 6.4713	43.430 2934.3 3229.6 6.5655
7000 (285.79)	V U H S	1.351 1258.0 1267.4 3.1219			28.024 2597.9 2794.1 5.8530	29.457 2633.2 2839.4 5.9327	32.556 2708.4 2936.3 6.0982	35.233 2772.1 3018.7 6.2333	37.660 2829.0 3092.7 6.3497	39.922 2881.8 3161.2 6.4536	42.068 2931.8 3226.3 6.5485
7200 (287.70)	V U H S	1.358 1267.9 1277.6 3.1397			26.878 2589.0 2782.5 5.8226	28.321 2625.6 2829.5 5.9054	31.413 2702.9 2929.1 6.0755	34.063 2767.8 3013.1 6.2132	36.454 2825.6 3088.1 6.3312	38.676 2878.9 3157.4 6.4362	40.781 2929.4 3223.0 6.5319
7400 (289.57)	V U H S	1.364 1277.6 1287.7 3.1571			25.781 2579.7 2770.5 5.7919	27.238 2617.8 2819.3 5.8779	30.328 2697.3 2921.8 6.0530	32.954 2763.5 3007.4 6.1933	35.312 2822.1 3083.4 6.3130	37.497 2876.0 3153.5 6.4190	39.564 2926.9 3219.6 6.5156
7600 (291.41)	V U H S	1.371 1287.2 1297.6 3.1742				26.204 2609.7 2808.8 5.8503	29.297 2691.7 2914.3 6.0306	31.901 2759.2 3001.6 6.1737	34.229 2818.6 3078.7 6.2950	36.380 2873.1 3149.6 6.4022	38.409 2924.3 3216.3 6.4996
7800 (293.21)	V U H S	1.378 1296.7 1307.4 3.1911				25.214 2601.3 2798.0 5.8224	28.315 2685.9 2906.7 6.0082	30.900 2754.8 2995.8 6.1542	33.200 2815.1 3074.0 6.2773	35.319 2870.1 3145.6 6.3857	37.314 2921.8 3212.9 6.4839
8000 (294.97)	V U H S	1.384 1306.0 1317.1 3.2076				24.264 2592.7 2786.8 5.7942	27.378 2679.9 2899.0 5.9860	29.948 2750.3 2989.9 6.1349	32.222 2811.5 3069.2 6.2599	34.310 2867.1 3141.6 6.3694	36.273 2919.3 3209.5 6.4684

表 F.2 過熱蒸汽，SI 單位（續）

TEMPERATURE: $t\,^\circ\mathrm{C}$
(TEMPERATURE: T kelvins)

P/kPa ($t^{\text{sat}}/^\circ\mathrm{C}$)		sat. liq.	sat. vap.	450 (723.15)	475 (748.15)	500 (773.15)	525 (798.15)	550 (823.15)	575 (848.15)	600 (873.15)	650 (923.15)
5800 (273.35)	V U H S	1.312 1194.7 1202.3 3.0071	33.651 2591.9 2787.0 5.9066	54.026 2992.9 3306.2 6.7416	56.357 3036.8 3365.2 6.8223	58.644 3084.4 3424.5 6.8996	60.896 3129.8 3483.0 6.9740	63.120 3175.2 3541.2 7.0460	65.320 3220.7 3599.5 7.1157	67.500 3266.4 3657.9 7.1835	71.807 3358.5 3775.0 7.3139
5900 (274.46)	V U H S	1.315 1200.3 1208.0 3.0172	33.034 2591.1 2786.0 5.8986	53.048 2991.9 3304.9 6.7322	55.346 3037.9 3364.4 6.8132	57.600 3083.5 3423.3 6.8906	59.819 3129.0 3481.9 6.9652	62.010 3174.4 3540.3 7.0372	64.176 3220.0 3598.6 7.1070	66.322 3265.7 3657.0 7.1749	70.563 3357.9 3774.3 7.3054
6000 (275.55)	V U H S	1.319 1205.8 1213.7 3.0273	32.438 2590.4 2785.0 5.8908	52.103 2990.8 3303.5 6.7230	54.369 3036.9 3363.2 6.8041	56.592 3082.6 3422.2 6.8818	58.778 3128.2 3480.8 6.9564	60.937 3173.7 3539.3 7.0285	63.071 3219.3 3597.7 7.0985	65.184 3265.1 3656.2 7.1664	69.359 3357.4 3773.5 7.2971
6100 (276.63)	V U H S	1.322 1211.2 1219.3 3.0372	31.860 2589.6 2783.9 5.8830	51.189 2989.8 3302.0 6.7139	53.424 3036.0 3361.9 6.7952	55.616 3081.8 3421.0 6.8730	57.771 3127.4 3479.8 6.9478	59.898 3173.0 3538.3 7.0200	62.001 3218.6 3596.8 7.0900	64.083 3264.5 3655.4 7.1581	68.196 3356.8 3772.8 7.2889
6200 (277.70)	V U H S	1.325 1216.6 1224.8 3.0471	31.300 2588.8 2782.9 5.8753	50.304 2988.7 3300.6 6.7049	52.510 3035.0 3360.6 6.7864	54.671 3080.9 3419.9 6.8644	56.797 3126.6 3478.7 6.9393	58.894 3172.2 3537.4 7.0116	60.966 3218.0 3595.9 7.0817	63.018 3263.8 3654.5 7.1498	67.069 3356.3 3772.1 7.2808
6300 (278.75)	V U H S	1.328 1221.9 1230.3 3.0568	30.757 2588.0 2781.8 5.8677	49.447 2987.7 3299.2 6.6960	51.624 3034.1 3359.3 6.7778	53.757 3080.1 3418.7 6.8559	55.853 3125.8 3477.7 6.9309	57.921 3171.5 3536.4 7.0034	59.964 3217.3 3595.0 7.0735	61.986 3263.2 3653.7 7.1417	65.979 3355.7 3771.4 7.2728
6400 (279.79)	V U H S	1.332 1227.2 1235.7 3.0664	30.230 2587.2 2780.6 5.8601	48.617 2986.6 3297.7 6.6872	50.767 3033.1 3358.0 6.7692	52.871 3079.2 3417.6 6.8475	54.939 3125.0 3476.6 6.9226	56.978 3170.8 3535.4 6.9952	58.993 3216.6 3594.1 7.0655	60.987 3262.6 3652.9 7.1337	64.922 3355.2 3770.7 7.2649
6500 (280.82)	V U H S	1.335 1232.5 1241.1 3.0759	29.719 2586.3 2779.5 5.8527	47.812 2985.5 3296.3 6.6786	49.935 3032.2 3356.8 6.7608	52.012 3078.3 3416.4 6.8392	54.053 3124.2 3475.6 6.9145	56.065 3170.0 3534.4 6.9871	58.052 3215.9 3593.2 7.0575	60.018 3261.9 3652.1 7.1258	63.898 3354.6 3770.0 7.2572

Appendix F 蒸汽表

P (T)		350	400	450	500	550	600	650	700
6600 (281.84)	V U H S	29.223 2585.5 2778.3 5.8452	47.031 2984.5 3294.5 6.6700	49.129 3031.2 3355.5 6.7524	51.180 3077.4 3415.2 6.8310	53.194 3123.4 3474.5 6.9064	55.179 3169.3 3533.5 6.9792	57.139 3215.2 3592.3 7.0497	59.079 3261.3 3651.2 7.1181	62.905 3354.1 3769.2 7.2495
6700 (282.84)	V U H S	1.342 1242.8 1251.8 3.0946	28.741 2584.6 2777.1 5.8379	46.274 2983.4 3293.4 6.6616	48.346 3030.3 3354.7 6.7442	50.372 3076.6 3414.1 6.8229	52.361 3122.6 3473.4 6.8985	54.320 3168.6 3532.5 6.9714	56.254 3214.5 3591.4 7.0419	58.168 3260.7 3650.4 7.1104	61.942 3353.5 3768.5 7.2420
6800 (283.84)	V U H S	1.345 1247.9 1257.0 3.1038	28.272 2583.7 2775.9 5.8306	45.539 2982.3 3292.0 6.6532	47.587 3029.3 3352.9 6.7361	49.588 3075.7 3412.9 6.8150	51.552 3121.8 3472.4 6.8907	53.486 3167.8 3531.5 6.9636	55.395 3213.9 3590.5 7.0343	57.283 3260.0 3649.6 7.1028	61.007 3353.0 3767.8 7.2345
7000 (285.79)	V U H S	1.351 1258.0 1267.4 3.1219	27.373 2581.8 2773.5 5.8162	44.131 2980.1 3289.1 6.6368	46.133 3027.4 3350.3 6.7201	48.086 3074.0 3410.6 6.7993	50.003 3120.2 3470.2 6.8753	51.889 3166.3 3529.6 6.9485	53.750 3212.5 3588.7 7.0193	55.590 3258.8 3647.9 7.0880	59.217 3351.9 3766.4 7.2200
7200 (287.70)	V U H S	1.358 1267.9 1277.6 3.1397	26.522 2579.8 2770.9 5.8020	42.802 2978.0 3286.1 6.6208	44.759 3025.4 3347.7 6.7044	46.668 3072.2 3408.2 6.7840	48.540 3118.6 3468.1 6.8602	50.381 3164.9 3527.6 6.9337	52.197 3211.1 3586.9 7.0047	53.991 3257.5 3646.2 7.0735	57.527 3350.7 3764.9 7.2058
7400 (289.57)	V U H S	1.364 1277.6 1287.7 3.1571	25.715 2578.1 2768.3 5.7880	41.544 2975.8 3283.2 6.6050	43.460 3023.5 3345.1 6.6892	45.327 3070.4 3405.9 6.7691	47.156 3117.0 3466.0 6.8456	48.954 3163.4 3525.7 6.9192	50.727 3209.8 3585.1 6.9904	52.478 3256.2 3644.5 7.0594	55.928 3349.6 3763.5 7.1919
7600 (291.41)	V U H S	1.371 1287.2 1297.6 3.1742	24.949 2575.9 2765.5 5.7742	40.351 2973.6 3280.3 6.5896	42.228 3021.5 3342.5 6.6742	44.056 3068.7 3403.5 6.7545	45.845 3115.4 3463.8 6.8312	47.603 3161.9 3523.7 6.9051	49.335 3208.4 3583.3 6.9765	51.045 3254.9 3642.9 7.0457	54.413 3348.5 3762.1 7.1784
7800 (293.21)	V U H S	1.378 1296.7 1307.4 3.1911	24.220 2573.8 2762.8 5.7605	39.220 2971.4 3277.3 6.5745	41.060 3019.6 3339.8 6.6596	42.850 3066.9 3401.1 6.7402	44.601 3113.8 3461.7 6.8172	46.320 3160.4 3521.7 6.8913	48.014 3207.0 3581.5 6.9629	49.686 3253.7 3641.2 7.0322	52.976 3347.4 3760.6 7.1652
8000 (294.97)	V U H S	1.384 1306.0 1317.1 3.2076	23.525 2571.7 2759.9 5.7471	38.145 2969.2 3274.3 6.5597	39.950 3017.6 3337.2 6.6452	41.704 3065.1 3398.8 6.7262	43.419 3112.2 3459.5 6.8035	45.102 3158.9 3519.7 6.8778	46.759 3205.6 3579.7 6.9496	48.394 3252.4 3639.5 7.0191	51.611 3346.3 3759.2 7.1523

表 F.2 過熱蒸汽，SI 單位（續）

TEMPERATURE: $t\,°C$
(TEMPERATURE: T kelvins)

P/kPa ($t^{sat}/°C$)		sat. liq.	sat. vap.	300 (573.15)	320 (593.15)	340 (613.15)	360 (633.15)	380 (653.15)	400 (673.15)	425 (698.15)	450 (723.15)
8200 (296.70)	V	1.391	22.863	23.350	25.916	28.064	29.968	31.715	33.350	35.282	37.121
	U	1315.2	2569.5	2583.7	2657.7	2718.5	2771.5	2819.5	2864.1	2916.7	2966.9
	H	1326.6	2757.0	2775.2	2870.2	2948.6	3017.2	3079.5	3137.6	3206.0	3271.3
	S	3.2239	5.7338	5.7656	5.9288	6.0588	6.1689	6.2659	6.3534	6.4532	6.5452
8400 (298.39)	V	1.398	22.231	22.469	25.058	27.203	29.094	30.821	32.435	34.337	36.147
	U	1324.3	2567.2	2574.4	2651.1	2713.4	2767.3	2816.0	2861.1	2914.1	2964.7
	H	1336.1	2754.0	2763.1	2861.6	2941.9	3011.7	3074.8	3133.5	3202.6	3268.3
	S	3.2399	5.7207	5.7366	5.9056	6.0388	6.1509	6.2491	6.3376	6.4383	6.5309
8600 (300.06)	V	1.404	21.627	....	24.236	26.380	28.258	29.968	31.561	33.437	35.217
	U	1333.3	2564.9	....	2644.3	2708.1	2763.1	2812.4	2858.0	2911.5	2962.4
	H	1345.4	2750.9	....	2852.7	2935.0	3006.1	3070.1	3129.4	3199.1	3265.3
	S	3.2557	5.7076	....	5.8823	6.0189	6.1330	6.2326	6.3220	6.4236	6.5168
8800 (301.70)	V	1.411	21.049	....	23.446	25.592	27.459	29.153	30.727	32.576	34.329
	U	1342.2	2562.6	....	2637.3	2702.8	2758.8	2808.8	2854.9	2908.9	2960.1
	H	1354.6	2747.8	....	2843.6	2928.0	3000.4	3065.3	3125.3	3195.6	3262.2
	S	3.2713	5.6948	....	5.8590	5.9990	6.1152	6.2162	6.3067	6.4092	6.5030
9000 (303.31)	V	1.418	20.495	....	22.685	24.836	26.694	28.372	29.929	31.754	33.480
	U	1351.0	2560.1	....	2630.1	2697.4	2754.4	2805.2	2851.8	2906.3	2957.8
	H	1363.7	2744.6	....	2834.3	2920.9	2994.7	3060.5	3121.2	3192.0	3259.2
	S	3.2867	5.6820	....	5.8355	5.9792	6.0976	6.2000	6.2915	6.3949	6.4894
9200 (304.89)	V	1.425	19.964	....	21.952	24.110	25.961	27.625	29.165	30.966	32.668
	U	1359.7	2557.7	....	2622.7	2691.9	2750.0	2801.5	2848.7	2903.6	2955.5
	H	1372.8	2741.3	....	2824.3	2913.7	2988.9	3055.7	3117.0	3188.5	3256.1
	S	3.3018	5.6694	....	5.8118	5.9594	6.0801	6.1840	6.2765	6.3808	6.4760
9400 (306.44)	V	1.432	19.455	....	21.245	23.412	25.257	26.909	28.433	30.212	31.891
	U	1368.2	2555.2	....	2615.1	2686.3	2745.6	2797.8	2845.5	2900.9	2953.2
	H	1381.7	2738.0	....	2814.8	2906.3	2983.0	3050.7	3112.8	3184.9	3253.0
	S	3.3168	5.6568	....	5.7879	5.9397	6.0627	6.1681	6.2617	6.3669	6.4628
9600 (307.97)	V	1.439	18.965	....	20.561	22.740	24.581	26.221	27.731	29.489	31.145
	U	1376.7	2552.6	....	2607.3	2680.5	2741.0	2794.1	2842.3	2898.2	2950.9
	H	1390.6	2734.7	....	2804.7	2898.8	2977.0	3045.8	3108.5	3181.3	3249.9
	S	3.3315	5.6444	....	5.7637	5.9199	6.0454	6.1524	6.2470	6.3532	6.4498

Appendix **F** 蒸汽表

p(kPa) (T/°C)		1.446	18.494		19.899	22.093	23.931	25.561	27.056	28.795	30.429
9800 (309.48)	V U H S	1.446 1385.2 1399.3 3.3461	18.494 2550.0 2731.2 5.6321		19.899 2599.2 2794.3 5.7393	22.093 2674.7 2891.2 5.9001	23.931 2736.4 2971.0 6.0282	25.561 2790.3 3040.8 6.1368	27.056 2839.1 3104.2 6.2325	28.795 2895.5 3177.7 6.3397	30.429 2948.6 3246.8 6.4369
10000 (310.96)	V U H S	1.453 1393.5 1408.0 3.3605	18.041 2547.3 2727.7 5.6198		19.256 2590.9 2783.5 5.7145	21.468 2668.7 2883.4 5.8803	23.305 2731.8 2964.8 6.0110	24.926 2786.4 3035.7 6.1213	26.408 2835.8 3099.9 6.2182	28.128 2892.8 3174.1 6.3264	29.742 2946.2 3243.6 6.4243
10200 (312.42)	V U H S	1.460 1401.8 1416.7 3.3748	17.605 2544.6 2724.2 5.6076		18.632 2582.3 2772.3 5.6894	20.865 2662.6 2875.4 5.8604	22.702 2727.0 2958.6 5.9940	24.315 2782.6 3030.6 6.1059	25.785 2832.6 3095.6 6.2040	27.487 2890.0 3170.4 6.3131	29.081 2943.9 3240.5 6.4118
10400 (313.86)	V U H S	1.467 1410.0 1425.2 3.3889	17.184 2541.8 2720.6 5.5955		18.024 2573.4 2760.8 5.6638	20.282 2656.3 2867.2 5.8404	22.121 2722.2 2952.3 5.9769	23.726 2778.7 3025.4 6.0907	25.185 2829.3 3091.2 6.1899	26.870 2887.3 3166.7 6.3001	28.446 2941.5 3237.3 6.3994
10600 (315.27)	V U H S	1.474 1418.1 1433.7 3.4029	16.778 2539.0 2716.9 5.5835		17.432 2564.1 2748.9 5.6376	19.717 2649.9 2858.9 5.8203	21.560 2717.4 2945.9 5.9599	23.159 2774.7 3020.2 6.0755	24.607 2825.9 3086.8 6.1759	26.276 2884.5 3163.0 6.2872	27.834 2939.1 3234.1 6.3872
10800 (316.67)	V U H S	1.481 1426.2 1442.2 3.4167	16.385 2536.2 2713.1 5.5715		16.852 2554.5 2736.5 5.6109	19.170 2643.4 2850.4 5.8000	21.018 2712.4 2939.4 5.9429	22.612 2770.7 3014.9 6.0604	24.050 2822.6 3082.3 6.1621	25.703 2881.7 3159.3 6.2744	27.245 2936.7 3230.9 6.3752
11000 (318.05)	V U H S	1.489 1434.2 1450.6 3.4304	16.006 2533.2 2709.3 5.5595		16.285 2544.4 2723.5 5.5835	18.639 2636.6 2841.7 5.7797	20.494 2707.4 2932.8 5.9259	22.083 2766.7 3009.6 6.0454	23.512 2819.2 3077.8 6.1483	25.151 2878.9 3155.5 6.2617	26.676 2934.3 3227.7 6.3633
11200 (319.40)	V U H S	1.496 1442.1 1458.9 3.4440	15.639 2530.3 2705.4 5.5476		15.726 2533.8 2710.0 5.5553	18.124 2629.8 2832.8 5.7591	19.987 2702.2 2926.1 5.9090	21.573 2762.6 3004.2 6.0305	22.993 2815.8 3073.3 6.1347	24.619 2876.0 3151.7 6.2491	26.128 2931.8 3224.5 6.3515
11400 (320.74)	V U H S	1.504 1450.0 1467.2 3.4575	15.284 2527.5 2701.5 5.5357			17.622 2622.7 2823.6 5.7383	19.495 2697.0 2919.3 5.8920	21.079 2758.4 2998.7 6.0156	22.492 2812.3 3068.7 6.1211	24.104 2873.1 3147.9 6.2367	25.599 2929.4 3221.2 6.3399

表 F.2 過熱蒸汽，SI 單位（續）

TEMPERATURE: $t\,°C$
(TEMPERATURE: T kelvins)

P/kPa ($t^{\text{sat}}/°C$)		sat. liq.	sat. vap.	475 (748.15)	500 (773.15)	525 (798.15)	550 (823.15)	575 (848.15)	600 (873.15)	625 (898.15)	650 (923.15)
8200 (296.70)	V U H S	1.391 1315.2 1326.6 3.2239	22.863 2569.5 2757.0 5.7338	38.893 3015.6 3334.5 6.6311	40.614 3063.3 3396.4 6.7124	42.295 3110.5 3457.3 6.7900	43.943 3157.4 3517.8 6.8646	45.566 3204.3 3577.9 6.9365	47.166 3251.1 3637.9 7.0062	48.747 3298.1 3697.8 7.0739	50.313 3345.2 3757.7 7.1397
8400 (298.39)	V U H S	1.398 1324.3 1336.1 3.2399	22.231 2567.2 2754.0 5.7207	37.887 3013.6 3331.9 6.6173	39.576 3061.6 3394.0 6.6990	41.224 3108.9 3455.2 6.7769	42.839 3155.9 3515.8 6.8516	44.429 3202.9 3576.1 6.9238	45.996 3249.8 3636.2 6.9936	47.544 3296.9 3696.2 7.0614	49.076 3344.1 3756.3 7.1274
8600 (300.06)	V U H S	1.404 1333.3 1345.4 3.2557	21.627 2564.9 2750.9 5.7076	36.928 3011.6 3329.2 6.6037	38.586 3059.8 3391.6 6.6858	40.202 3107.3 3453.0 6.7639	41.787 3154.4 3513.8 6.8390	43.345 3201.5 3574.3 6.9113	44.880 3248.5 3634.5 6.9813	46.397 3295.7 3694.7 7.0492	47.897 3342.9 3754.9 7.1153
8800 (301.70)	V U H S	1.411 1342.2 1354.6 3.2713	21.049 2562.6 2747.8 5.6948	36.011 3009.6 3326.5 6.5904	37.640 3058.0 3389.2 6.6728	39.228 3105.6 3450.8 6.7513	40.782 3152.9 3511.8 6.8265	42.310 3200.1 3572.4 6.8990	43.815 3247.2 3632.8 6.9692	45.301 3294.5 3693.1 7.0373	46.771 3341.8 3753.4 7.1035
9000 (303.31)	V U H S	1.418 1351.0 1363.7 3.2867	20.495 2560.1 2744.6 5.6820	35.136 3007.6 3323.8 6.5773	36.737 3056.1 3386.8 6.6600	38.296 3104.0 3448.7 6.7388	39.822 3151.4 3509.8 6.8143	41.321 3198.7 3570.6 6.8870	42.798 3246.0 3631.1 6.9574	44.255 3293.3 3691.6 7.0256	45.695 3340.7 3752.0 7.0919
9200 (304.89)	V U H S	1.425 1359.7 1372.8 3.3018	19.964 2557.7 2741.3 5.6694	34.298 3005.6 3321.1 6.5644	35.872 3054.3 3384.4 6.6475	37.405 3102.3 3446.5 6.7266	38.904 3149.9 3507.8 6.8023	40.375 3197.3 3568.8 6.8752	41.824 3244.7 3629.5 6.9457	43.254 3292.1 3690.0 7.0141	44.667 3339.6 3750.5 7.0806
9400 (306.44)	V U H S	1.432 1368.2 1381.7 3.3168	19.455 2555.2 2738.0 5.6568	33.495 3003.5 3318.4 6.5517	35.045 3052.5 3381.9 6.6352	36.552 3100.7 3444.3 6.7146	38.024 3148.4 3505.9 6.7906	39.470 3195.9 3566.9 6.8637	40.892 3243.4 3627.8 6.9343	42.295 3290.9 3688.4 7.0029	43.682 3338.5 3749.1 7.0695
9600 (307.97)	V U H S	1.439 1376.7 1390.6 3.3315	18.965 2552.6 2734.7 5.6444	32.726 3001.5 3315.6 6.5392	34.252 3050.7 3379.5 6.6231	35.734 3099.0 3442.1 6.7028	37.182 3146.9 3503.9 6.7790	38.602 3194.5 3565.1 6.8523	39.999 3242.1 3626.1 6.9231	41.377 3289.7 3686.9 6.9918	42.738 3337.4 3747.6 7.0585

Appendix F 蒸汽表

P (kPa) (T_sat)											
9800 (309.48)	V	1.446	18.494	31.988	33.491	34.949	36.373	37.769	39.142	40.496	41.832
	U	1385.2	2550.0	2999.4	3048.8	3097.4	3145.4	3193.1	3240.8	3288.5	3336.2
	H	1399.3	2731.2	3312.9	3377.0	3439.9	3501.9	3563.3	3624.4	3685.3	3746.2
	S	3.3461	5.6321	6.5268	6.6112	6.6912	6.7676	6.8411	6.9121	6.9810	7.0478
10000 (310.96)	V	1.453	18.041	31.280	32.760	34.196	35.597	36.970	38.320	39.650	40.963
	U	1393.5	2547.3	2997.4	3047.0	3095.7	3143.9	3191.7	3239.5	3287.3	3335.1
	H	1408.0	2727.7	3310.1	3374.6	3437.7	3499.8	3561.4	3622.7	3683.8	3744.7
	S	3.3605	5.6198	6.5147	6.5994	6.6797	6.7564	6.8302	6.9013	6.9703	7.0373
10200 (312.42)	V	1.460	17.605	30.599	32.058	33.472	34.851	36.202	37.530	38.837	40.128
	U	1401.8	2544.6	2995.3	3045.2	3094.0	3142.3	3190.3	3238.2	3286.1	3334.0
	H	1416.7	2724.2	3307.4	3372.1	3435.5	3497.8	3559.6	3621.0	3682.2	3743.3
	S	3.3748	5.6076	6.5027	6.5879	6.6685	6.7454	6.8194	6.8907	6.9598	7.0269
10400 (313.86)	V	1.467	17.184	29.943	31.382	32.776	34.134	35.464	36.770	38.056	39.325
	U	1410.0	2541.8	2993.2	3043.3	3092.4	3140.8	3188.9	3236.9	3284.8	3332.9
	H	1425.2	2720.6	3304.6	3369.7	3433.2	3495.8	3557.8	3619.3	3680.6	3741.8
	S	3.3889	5.5955	6.4909	6.5765	6.6574	6.7346	6.8087	6.8803	6.9495	7.0167
10600 (315.27)	V	1.474	16.778	29.313	30.732	32.106	33.444	34.753	36.039	37.304	38.552
	U	1418.1	2539.0	2991.1	3041.4	3090.7	3139.3	3187.5	3235.6	3283.6	3331.7
	H	1433.7	2716.9	3301.8	3367.2	3431.0	3493.8	3555.9	3617.6	3679.1	3740.4
	S	3.4029	5.5835	6.4793	6.5652	6.6465	6.7239	6.7983	6.8700	6.9394	7.0067
10800 (316.67)	V	1.481	16.385	28.706	30.106	31.461	32.779	34.069	35.335	36.580	37.808
	U	1426.2	2536.2	2989.0	3039.6	3089.0	3137.8	3186.1	3234.3	3282.4	3330.6
	H	1442.2	2713.1	3299.0	3364.7	3428.8	3491.8	3554.1	3615.9	3677.5	3738.9
	S	3.4167	5.5715	6.4678	6.5542	6.6357	6.7134	6.7880	6.8599	6.9294	6.9969
11000 (318.05)	V	1.489	16.006	28.120	29.503	30.839	32.139	33.410	34.656	35.882	37.091
	U	1434.2	2533.2	2986.9	3037.7	3087.3	3136.2	3184.7	3233.0	3281.2	3329.5
	H	1450.6	2709.3	3296.2	3362.2	3426.5	3489.7	3552.2	3614.2	3675.9	3737.5
	S	3.4304	5.5595	6.4564	6.5432	6.6251	6.7031	6.7779	6.8499	6.9196	6.9872
11200 (319.40)	V	1.496	15.639	27.555	28.921	30.240	31.521	32.774	34.002	35.210	36.400
	U	1442.1	2530.3	2984.8	3035.8	3085.6	3134.7	3183.3	3231.7	3280.0	3328.4
	H	1458.9	2705.4	3293.4	3359.7	3424.3	3487.7	3550.4	3612.5	3674.4	3736.0
	S	3.4440	5.5476	6.4452	6.5324	6.6147	6.6929	6.7679	6.8401	6.9099	6.9777
11400 (320.74)	V	1.504	15.284	27.010	28.359	29.661	30.925	32.160	33.370	34.560	35.733
	U	1450.0	2527.2	2982.6	3033.9	3083.9	3133.1	3181.9	3230.4	3278.8	3327.2
	H	1467.2	2701.5	3290.5	3357.2	3422.1	3485.7	3548.5	3610.8	3672.8	3734.6
	S	3.4575	5.5357	6.4341	6.5218	6.6043	6.6828	6.7580	6.8304	6.9004	6.9683

表 F.3 飽和蒸汽，英制單位

$V =$ SPECIFIC VOLUME $(ft)^3 (lb_m)^{-1}$
$U =$ SPECIFIC INTERNAL ENERGY $(Btu)(lb_m)^{-1}$
$H =$ SPECIFIC ENTHALPY $(Btu)(lb_m)^{-1}$
$S =$ SPECIFIC ENTROPY $(Btu)(lb_m)^{-1} R^{-1}$

t (°F)	P (psia)	SPECIFIC VOLUME V sat. liq.	SPECIFIC VOLUME V evap.	SPECIFIC VOLUME V sat. vap.	INTERNAL ENERGY U sat. liq.	INTERNAL ENERGY U evap.	INTERNAL ENERGY U sat. vap.	ENTHALPY H sat. liq.	ENTHALPY H evap.	ENTHALPY H sat. vap.	ENTROPY S sat. liq.	ENTROPY S evap.	ENTROPY S sat. vap.
32	0.0886	0.01602	3304.6	3304.6	-0.02	1021.3	1021.3	-0.02	1075.5	1075.5	0.0	2.1873	2.1873
34	0.0960	0.01602	3061.9	3061.9	2.00	1020.0	1022.0	2.00	1074.4	1076.4	0.0041	2.1762	2.1802
36	0.1040	0.01602	2839.0	2839.0	4.01	1018.6	1022.6	4.01	1073.2	1077.2	0.0081	2.1651	2.1732
38	0.1125	0.01602	2634.1	2634.2	6.02	1017.3	1023.3	6.02	1072.1	1078.1	0.0122	2.1541	2.1663
40	0.1216	0.01602	2445.8	2445.8	8.03	1015.9	1023.9	8.03	1071.0	1079.0	0.0162	2.1432	2.1594
42	0.1314	0.01602	2272.4	2272.4	10.03	1014.6	1024.6	10.03	1069.8	1079.9	0.0202	2.1325	2.1527
44	0.1419	0.01602	2112.8	2112.8	12.04	1013.2	1025.2	12.04	1068.7	1080.7	0.0242	2.1217	2.1459
46	0.1531	0.01602	1965.7	1965.7	14.05	1011.9	1025.9	14.05	1067.6	1081.6	0.0282	2.1111	2.1393
48	0.1651	0.01602	1830.0	1830.0	16.05	1010.5	1026.6	16.05	1066.4	1082.5	0.0321	2.1006	2.1327
50	0.1780	0.01602	1704.8	1704.8	18.05	1009.2	1027.2	18.05	1065.3	1083.4	0.0361	2.0901	2.1262
52	0.1916	0.01602	1589.2	1589.2	20.06	1007.8	1027.9	20.06	1064.2	1084.2	0.0400	2.0798	2.1197
54	0.2063	0.01603	1482.4	1482.4	22.06	1006.5	1028.5	22.06	1063.1	1085.1	0.0439	2.0695	2.1134
56	0.2218	0.01603	1383.6	1383.6	24.06	1005.1	1029.2	24.06	1061.9	1086.0	0.0478	2.0593	2.1070
58	0.2384	0.01603	1292.2	1292.2	26.06	1003.8	1029.8	26.06	1060.8	1086.9	0.0516	2.0491	2.1008
60	0.2561	0.01603	1207.6	1207.6	28.06	1002.4	1030.5	28.06	1059.7	1087.7	0.0555	2.0391	2.0946
62	0.2749	0.01604	1129.2	1129.2	30.06	1001.1	1031.2	30.06	1058.5	1088.6	0.0593	2.0291	2.0885
64	0.2950	0.01604	1056.5	1056.5	32.06	999.8	1031.8	32.06	1057.4	1089.5	0.0632	2.0192	2.0824
66	0.3163	0.01604	989.0	989.1	34.06	998.4	1032.5	34.06	1056.3	1090.4	0.0670	2.0094	2.0764
68	0.3389	0.01605	926.5	926.5	36.05	997.1	1033.1	36.05	1055.2	1091.2	0.0708	1.9996	2.0704
70	0.3629	0.01605	868.3	868.4	38.05	995.7	1033.8	38.05	1054.0	1092.1	0.0745	1.9900	2.0645
72	0.3884	0.01605	814.3	814.3	40.05	994.4	1034.4	40.05	1052.9	1093.0	0.0783	1.9804	2.0587
74	0.4155	0.01606	764.1	764.1	42.05	993.0	1035.1	42.05	1051.8	1093.8	0.0821	1.9708	2.0529
76	0.4442	0.01606	717.4	717.4	44.04	991.7	1035.7	44.04	1050.7	1094.7	0.0858	1.9614	2.0472
78	0.4746	0.01607	673.8	673.9	46.04	990.3	1036.4	46.04	1049.5	1095.6	0.0895	1.9520	2.0415
80	0.5068	0.01607	633.3	633.3	48.03	989.0	1037.0	48.04	1048.4	1096.4	0.0932	1.9426	2.0359

Appendix F 蒸汽表

82	0.5409	0.01608	595.5	595.6	50.03	987.7	1037.7	50.03	1097.3	0.0969	1.9334	2.0303
84	0.5770	0.01608	560.3	560.3	52.03	986.3	1038.3	52.03	1098.2	0.1006	1.9242	2.0248
86	0.6152	0.01609	527.5	527.5	54.02	985.0	1039.0	54.03	1099.0	0.1043	1.9151	2.0193
88	0.6555	0.01609	496.8	496.8	56.02	983.6	1039.6	56.02	1099.9	0.1079	1.9060	2.0139
90	0.6981	0.01610	468.1	468.1	58.02	982.3	1040.3	58.02	1100.8	0.1115	1.8970	2.0086
92	0.7431	0.01610	441.3	441.3	60.01	980.9	1040.9	60.01	1101.6	0.1152	1.8881	2.0033
94	0.7906	0.01611	416.3	416.3	62.01	979.6	1041.6	62.01	1102.5	0.1188	1.8792	1.9980
96	0.8407	0.01612	392.9	392.9	64.00	978.2	1042.2	64.01	1103.3	0.1224	1.8704	1.9928
98	0.8936	0.01612	370.9	370.9	66.00	976.9	1042.9	66.00	1104.2	0.1260	1.8617	1.9876
100	0.9492	0.01613	350.4	350.4	68.00	975.5	1043.5	68.00	1105.1	0.1295	1.8530	1.9825
102	1.0079	0.01614	331.1	331.1	69.99	974.2	1044.2	70.00	1105.9	0.1331	1.8444	1.9775
104	1.0697	0.01614	313.1	313.1	71.99	972.8	1044.8	71.99	1106.8	0.1366	1.8358	1.9725
106	1.1347	0.01615	296.2	296.2	73.98	971.5	1045.4	73.99	1107.6	0.1402	1.8273	1.9675
108	1.2030	0.01616	280.3	280.3	75.98	970.1	1046.1	75.98	1108.5	0.1437	1.8188	1.9626
110	1.275	0.01617	265.4	265.4	77.98	968.8	1046.7	77.98	1109.3	0.1472	1.8105	1.9577
112	1.351	0.01617	251.4	251.4	79.97	967.4	1047.4	79.98	1110.2	0.1507	1.8021	1.9528
114	1.430	0.01618	238.2	238.2	81.97	966.0	1048.0	81.97	1111.0	0.1542	1.7938	1.9480
116	1.513	0.01619	225.9	225.9	83.97	964.7	1048.6	83.97	1111.9	0.1577	1.7856	1.9433
118	1.601	0.01620	214.2	214.2	85.97	963.3	1049.3	85.97	1112.7	0.1611	1.7774	1.9386
120	1.693	0.01620	203.25	203.26	87.96	962.0	1049.9	87.97	1113.6	0.1646	1.7693	1.9339
122	1.789	0.01621	192.94	192.95	89.96	960.6	1050.6	89.96	1114.4	0.1680	1.7613	1.9293
124	1.890	0.01622	183.23	183.24	91.96	959.2	1051.2	91.96	1115.3	0.1715	1.7533	1.9247
126	1.996	0.01623	174.08	174.09	93.95	957.9	1051.8	93.96	1116.1	0.1749	1.7453	1.9202
128	2.107	0.01624	165.45	165.47	95.95	956.5	1052.4	95.96	1117.0	0.1783	1.7374	1.9157
130	2.223	0.01625	157.32	157.33	97.95	955.1	1053.1	97.96	1117.8	0.1817	1.7295	1.9112
132	2.345	0.01626	149.64	149.66	99.95	953.8	1053.7	99.95	1118.6	0.1851	1.7217	1.9068
134	2.472	0.01626	142.40	142.41	101.94	952.4	1054.3	101.95	1119.5	0.1884	1.7140	1.9024
136	2.605	0.01627	135.55	135.57	103.94	951.0	1055.0	103.95	1120.3	0.1918	1.7063	1.8980
138	2.744	0.01628	129.09	129.11	105.94	949.6	1055.6	105.95	1121.1	0.1951	1.6986	1.8937
140	2.889	0.01629	122.98	123.00	107.94	948.3	1056.2	107.95	1122.0	0.1985	1.6910	1.8895
142	3.041	0.01630	117.21	117.22	109.94	946.9	1056.8	109.95	1122.8	0.2018	1.6834	1.8852
144	3.200	0.01631	111.74	111.76	111.94	945.5	1057.5	111.95	1123.6	0.2051	1.6759	1.8810
146	3.365	0.01632	106.58	106.59	113.94	944.1	1058.1	113.95	1124.5	0.2084	1.6684	1.8769
148	3.538	0.01633	101.68	101.70	115.94	942.8	1058.7	115.95	1125.3	0.2117	1.6610	1.8727
150	3.718	0.01634	97.05	97.07	117.94	941.4	1059.3	117.95	1126.1	0.2150	1.6536	1.8686
152	3.906	0.01635	92.66	92.68	119.94	940.0	1059.9	119.95	1126.9	0.2183	1.6463	1.8646
154	4.102	0.01636	88.50	88.52	121.94	938.6	1060.5	121.95	1127.7	0.2216	1.6390	1.8606
156	4.307	0.01637	84.56	84.57	123.94	937.2	1061.2	123.95	1128.6	0.2248	1.6318	1.8566
158	4.520	0.01638	80.82	80.83	125.94	935.8	1061.8	125.96	1129.4	0.2281	1.6245	1.8526
160	4.741	0.01640	77.27	77.29	127.94	934.4	1062.4	127.96	1130.2	0.2313	1.6174	1.8487

基礎化工熱力學
Introduction to Chemical Engineering Thermodynamics

表 F.3 飽和蒸汽，英制單位（續）

t (°F)	P (psia)	V sat. liq.	V evap.	V sat. vap.	U sat. liq.	U evap.	U sat. vap.	H sat. liq.	H evap.	H sat. vap.	S sat. liq.	S evap.	S sat. vap.
162	4.972	0.01641	73.90	73.92	129.95	933.0	1063.0	129.96	1001.0	1131.0	0.2345	1.6103	1.8448
164	5.212	0.01642	70.70	70.72	131.95	931.6	1063.6	131.96	999.8	1131.8	0.2377	1.6032	1.8409
166	5.462	0.01643	67.67	67.68	133.95	930.2	1064.2	133.97	998.6	1132.6	0.2409	1.5961	1.8371
168	5.722	0.01644	64.78	64.80	135.95	928.8	1064.8	135.97	997.4	1133.4	0.2441	1.5892	1.8333
170	5.993	0.01645	62.04	62.06	137.96	927.4	1065.4	137.97	996.2	1134.2	0.2473	1.5822	1.8295
172	6.274	0.01646	59.43	59.45	139.96	926.0	1066.0	139.98	995.0	1135.0	0.2505	1.5753	1.8258
174	6.566	0.01647	56.95	56.97	141.96	924.6	1066.6	141.98	993.8	1135.8	0.2537	1.5684	1.8221
176	6.869	0.01649	54.59	54.61	143.97	923.2	1067.2	143.99	992.6	1136.6	0.2568	1.5616	1.8184
178	7.184	0.01650	52.35	52.36	145.97	921.8	1067.8	145.99	991.4	1137.4	0.2600	1.5548	1.8147
180	7.511	0.01651	50.21	50.22	147.98	920.4	1068.4	148.00	990.2	1138.2	0.2631	1.5480	1.8111
182	7.850	0.01652	48.17	48.19	149.98	919.0	1069.0	150.01	989.0	1139.0	0.2662	1.5413	1.8075
184	8.203	0.01653	46.23	46.25	151.99	917.6	1069.6	152.01	987.8	1139.8	0.2694	1.5346	1.8040
186	8.568	0.01655	44.38	44.40	153.99	916.2	1070.2	154.02	986.5	1140.5	0.2725	1.5279	1.8004
188	8.947	0.01656	42.62	42.64	156.00	914.7	1070.7	156.03	985.3	1141.3	0.2756	1.5213	1.7969
190	9.340	0.01657	40.94	40.96	158.01	913.3	1071.3	158.04	984.1	1142.1	0.2787	1.5148	1.7934
192	9.747	0.01658	39.34	39.35	160.02	911.9	1071.9	160.05	982.8	1142.9	0.2818	1.5082	1.7900
194	10.168	0.01660	37.81	37.82	162.02	910.5	1072.5	162.05	981.6	1143.7	0.2848	1.5017	1.7865
196	10.605	0.01661	36.35	36.36	164.03	909.0	1073.1	164.06	980.4	1144.4	0.2879	1.4952	1.7831
198	11.058	0.01662	34.95	34.97	166.04	907.6	1073.6	166.08	979.1	1145.2	0.2910	1.4888	1.7798
200	11.526	0.01664	33.62	33.64	168.05	906.2	1074.2	168.09	977.9	1146.0	0.2940	1.4824	1.7764
202	12.011	0.01665	32.35	32.37	170.06	904.7	1074.8	170.10	976.6	1146.7	0.2971	1.4760	1.7731
204	12.512	0.01666	31.13	31.15	172.07	903.3	1075.3	172.11	975.4	1147.5	0.3001	1.4697	1.7698
206	13.031	0.01668	29.97	29.99	174.08	901.8	1075.9	174.12	974.1	1148.2	0.3031	1.4634	1.7665
208	13.568	0.01669	28.86	28.88	176.09	900.4	1076.5	176.14	972.8	1149.0	0.3061	1.4571	1.7632
210	14.123	0.01670	27.80	27.82	178.11	898.9	1077.0	178.15	971.6	1149.7	0.3091	1.4509	1.7600
212	14.696	0.01672	26.78	26.80	180.12	897.5	1077.6	180.17	970.3	1150.5	0.3121	1.4447	1.7568
215	15.592	0.01674	25.34	25.36	183.14	895.3	1078.4	183.19	968.4	1151.6	0.3166	1.4354	1.7520
220	17.186	0.01678	23.13	23.15	188.18	891.6	1079.8	188.23	965.2	1153.4	0.3241	1.4201	1.7442
225	18.912	0.01681	21.15	21.17	193.22	888.0	1081.2	193.28	962.0	1155.3	0.3315	1.4051	1.7365
230	20.78	0.01685	19.364	19.381	198.27	884.3	1082.5	198.33	958.7	1157.1	0.3388	1.3902	1.7290
235	22.79	0.01689	17.756	17.773	203.32	880.5	1083.9	203.39	955.4	1158.8	0.3461	1.3754	1.7215
240	24.97	0.01693	16.304	16.321	208.37	876.8	1085.2	208.45	952.1	1160.6	0.3533	1.3609	1.7142
245	27.31	0.01697	14.991	15.008	213.43	873.1	1086.5	213.52	948.8	1162.3	0.3606	1.3465	1.7070
250	29.82	0.01701	13.802	13.819	218.50	869.3	1087.8	218.59	945.4	1164.0	0.3677	1.3323	1.7000
255	32.53	0.01705	12.724	12.741	223.57	865.5	1089.0	223.67	942.1	1165.7	0.3748	1.3182	1.6930

Appendix F 蒸汽表

260	35.43	0.01709	11.745	11.762	228.64	861.6	1090.3	228.76	938.6	1167.4	0.3819	1.3043	1.6862
265	38.53	0.01713	10.854	10.871	233.73	857.8	1091.5	233.85	935.2	1169.0	0.3890	1.2905	1.6795
270	41.86	0.01717	10.042	10.060	238.82	853.9	1092.7	238.95	931.7	1170.6	0.3960	1.2769	1.6729
275	45.41	0.01722	9.302	9.320	243.91	850.0	1093.9	244.06	928.2	1172.2	0.4029	1.2634	1.6663
280	49.20	0.01726	8.627	8.644	249.01	846.1	1095.1	249.17	924.6	1173.8	0.4098	1.2501	1.6599
285	53.24	0.01731	8.009	8.026	254.12	842.1	1096.2	254.29	921.0	1175.3	0.4167	1.2368	1.6536
290	57.55	0.01736	7.443	7.460	259.43	838.1	1097.4	259.43	917.4	1176.8	0.4236	1.2238	1.6473
295	62.13	0.01740	6.924	6.942	264.37	834.1	1098.5	264.57	913.7	1178.3	0.4304	1.2108	1.6412
300	67.01	0.01745	6.448	6.466	269.50	830.1	1099.6	269.71	910.0	1179.7	0.4372	1.1979	1.6351
305	72.18	0.01750	6.011	6.028	274.64	826.0	1100.6	274.87	906.3	1181.1	0.4439	1.1852	1.6291
310	77.67	0.01755	5.608	5.626	279.79	821.9	1101.7	280.04	902.5	1182.5	0.4506	1.1726	1.6232
315	83.48	0.01760	5.238	5.255	284.94	817.7	1102.7	285.21	898.7	1183.9	0.4573	1.1601	1.6174
320	89.64	0.01766	4.896	4.914	290.11	813.6	1103.7	290.40	894.8	1185.2	0.4640	1.1477	1.6116
325	96.16	0.01771	4.581	4.598	295.28	809.4	1104.6	295.60	890.9	1186.5	0.4706	1.1354	1.6059
330	103.05	0.01776	4.289	4.307	300.47	805.1	1105.6	300.81	886.9	1187.7	0.4772	1.1231	1.6003
335	110.32	0.01782	4.020	4.037	305.66	800.8	1106.5	306.03	882.9	1188.9	0.4837	1.1110	1.5947
340	117.99	0.01787	3.770	3.788	310.87	796.5	1107.4	311.26	878.8	1190.1	0.4902	1.0990	1.5892
345	126.08	0.01793	3.539	3.556	316.08	792.2	1108.2	316.50	874.7	1191.2	0.4967	1.0871	1.5838
350	134.60	0.01799	3.324	3.342	321.31	787.8	1109.1	321.76	870.6	1192.3	0.5032	1.0752	1.5784
355	143.57	0.01805	3.124	3.143	326.55	783.3	1109.9	327.03	866.3	1193.4	0.5097	1.0634	1.5731
360	153.01	0.01811	2.939	2.957	331.79	778.9	1110.7	332.31	862.1	1194.4	0.5161	1.0517	1.5678
365	162.93	0.01817	2.767	2.785	337.05	774.3	1111.4	337.60	857.8	1195.4	0.5225	1.0401	1.5626
370	173.34	0.01823	2.606	2.624	342.33	769.8	1112.1	342.91	853.4	1196.3	0.5289	1.0286	1.5575
375	184.27	0.01830	2.457	2.475	347.61	765.2	1112.8	348.24	849.0	1197.2	0.5352	1.0171	1.5523
380	195.73	0.01836	2.317	2.335	352.91	760.5	1113.5	353.58	844.5	1198.0	0.5416	1.0057	1.5473
385	207.74	0.01843	2.187	2.205	358.22	755.9	1114.1	358.93	839.9	1198.8	0.5479	0.9944	1.5422
390	220.32	0.01850	2.065	2.083	363.55	751.1	1114.7	364.30	835.3	1199.6	0.5542	0.9831	1.5372
395	233.49	0.01857	1.9510	1.9695	368.89	746.3	1115.2	369.69	830.6	1200.3	0.5604	0.9718	1.5323
400	247.26	0.01864	1.8444	1.8630	374.24	741.5	1115.7	375.09	825.9	1201.0	0.5667	0.9607	1.5274
405	261.65	0.01871	1.7445	1.7633	379.61	736.6	1116.2	380.52	821.1	1201.6	0.5729	0.9496	1.5225
410	276.69	0.01878	1.6510	1.6697	384.99	731.7	1116.7	385.96	816.2	1202.1	0.5791	0.9385	1.5176
415	292.40	0.01886	1.5632	1.5820	390.40	726.7	1117.1	391.42	811.2	1202.7	0.5853	0.9275	1.5128
420	308.78	0.01894	1.4808	1.4997	395.81	721.6	1117.4	396.90	806.2	1203.1	0.5915	0.9165	1.5080
425	325.87	0.01901	1.4033	1.4224	401.25	716.5	1117.8	402.40	801.1	1203.5	0.5977	0.9055	1.5032
430	343.67	0.01909	1.3306	1.3496	406.70	711.3	1118.0	407.92	796.0	1203.9	0.6038	0.8946	1.4985
435	362.23	0.01918	1.2621	1.2812	412.18	706.1	1118.3	413.46	790.7	1204.2	0.6100	0.8838	1.4937
440	381.54	0.01926	1.1976	1.2169	417.67	700.8	1118.5	419.03	785.4	1204.4	0.6161	0.8729	1.4890
445	401.64	0.01934	1.1369	1.1562	423.18	695.5	1118.7	424.62	780.0	1204.6	0.6222	0.8621	1.4843
450	422.55	0.01943	1.0796	1.0991	428.71	690.1	1118.8	430.23	774.5	1204.7	0.6283	0.8514	1.4797
455	444.28	0.0195	1.0256	1.0451	434.27	684.6	1118.9	435.87	768.9	1204.8	0.6344	0.8406	1.4750

表 F.3 飽和蒸汽，英制單位（續）

t (°F)	P (psia)	V sat. liq.	V evap.	V sat. vap.	U sat. liq.	U evap.	U sat. vap.	H sat. liq.	H evap.	H sat. vap.	S sat. liq.	S evap.	S sat. vap.
460	466.87	0.0196	0.9746	0.9942	439.84	679.0	1118.9	441.54	763.2	1204.8	0.6405	0.8299	1.4704
465	490.32	0.0197	0.9265	0.9462	445.44	673.4	1118.8	447.23	757.5	1204.7	0.6466	0.8192	1.4657
470	514.67	0.0198	0.8810	0.9008	451.06	667.7	1118.8	452.95	751.6	1204.6	0.6527	0.8084	1.4611
475	539.94	0.0199	0.8379	0.8578	456.71	662.0	1118.7	458.70	745.7	1204.4	0.6587	0.7977	1.4565
480	566.15	0.0200	0.7972	0.8172	462.39	656.1	1118.5	464.48	739.6	1204.1	0.6648	0.7871	1.4518
485	593.32	0.0201	0.7586	0.7787	468.09	650.2	1118.3	470.29	733.5	1203.8	0.6708	0.7764	1.4472
490	621.48	0.0202	0.7220	0.7422	473.82	644.2	1118.0	476.14	727.2	1203.3	0.6769	0.7657	1.4426
495	650.65	0.0203	0.6874	0.7077	479.57	638.0	1117.6	482.02	720.8	1202.8	0.6830	0.7550	1.4380
500	680.86	0.0204	0.6545	0.6749	485.36	631.8	1117.2	487.94	714.3	1202.2	0.6890	0.7443	1.4333
505	712.12	0.0205	0.6233	0.6438	491.2	625.6	1116.7	493.9	707.7	1201.6	0.6951	0.7336	1.4286
510	744.47	0.0207	0.5936	0.6143	497.0	619.2	1116.2	499.9	700.9	1200.8	0.7012	0.7228	1.4240
515	777.93	0.0208	0.5654	0.5862	502.9	612.7	1115.6	505.9	694.1	1200.0	0.7072	0.7120	1.4193
520	812.53	0.0209	0.5386	0.5596	508.8	606.1	1114.9	512.0	687.0	1199.0	0.7133	0.7013	1.4146
525	848.28	0.0210	0.5131	0.5342	514.8	599.3	1114.2	518.1	679.9	1198.0	0.7194	0.6904	1.4098
530	885.23	0.0212	0.4889	0.5100	520.8	592.5	1113.3	524.3	672.6	1196.9	0.7255	0.6796	1.4051
535	923.39	0.0213	0.4657	0.4870	526.9	585.6	1112.4	530.5	665.1	1195.6	0.7316	0.6686	1.4003
540	962.79	0.0215	0.4437	0.4651	532.9	578.5	1111.4	536.8	657.5	1194.3	0.7378	0.6577	1.3954
545	1003.5	0.0216	0.4226	0.4442	539.1	571.4	1110.3	543.1	649.7	1192.8	0.7439	0.6467	1.3906
550	1045.4	0.0218	0.4026	0.4243	545.3	563.9	1109.1	549.5	641.8	1191.2	0.7501	0.6356	1.3856
555	1088.7	0.0219	0.3834	0.4053	551.5	556.4	1107.9	555.9	633.6	1189.5	0.7562	0.6244	1.3807
560	1133.4	0.0221	0.3651	0.3871	557.8	548.7	1106.5	562.4	625.3	1187.7	0.7625	0.6132	1.3757
565	1179.4	0.0222	0.3475	0.3698	564.1	540.9	1105.0	569.0	616.8	1185.7	0.7687	0.6019	1.3706
570	1226.9	0.0224	0.3308	0.3532	570.5	532.9	1103.4	575.6	608.0	1183.6	0.7750	0.5905	1.3654
575	1275.8	0.0226	0.3147	0.3373	577.0	524.8	1101.7	582.3	599.1	1181.4	0.7813	0.5790	1.3602
580	1326.2	0.0228	0.2994	0.3222	583.5	516.4	1099.9	589.1	589.9	1179.0	0.7876	0.5673	1.3550
585	1378.1	0.0230	0.2846	0.3076	590.1	507.9	1098.0	596.0	580.4	1176.4	0.7940	0.5556	1.3496
590	1431.5	0.0232	0.2705	0.2937	596.8	499.1	1095.9	602.9	570.8	1173.7	0.8004	0.5437	1.3442
595	1486.6	0.0234	0.2569	0.2803	603.5	490.2	1093.7	610.0	560.8	1170.8	0.8069	0.5317	1.3386
600	1543.2	0.0236	0.2438	0.2675	610.4	481.0	1091.3	617.1	550.6	1167.7	0.8134	0.5196	1.3330
605	1601.5	0.0239	0.2313	0.2551	617.3	471.5	1088.8	624.4	540.0	1164.4	0.8200	0.5072	1.3273
610	1661.6	0.0241	0.2191	0.2433	624.4	461.8	1086.1	631.8	529.2	1160.9	0.8267	0.4947	1.3214
615	1723.3	0.0244	0.2075	0.2318	631.5	451.8	1083.3	639.3	517.9	1157.2	0.8334	0.4819	1.3154
620	1786.9	0.0247	0.1961	0.2208	638.8	441.4	1080.2	646.9	506.3	1153.2	0.8403	0.4689	1.3092
625	1852.2	0.0250	0.1852	0.2102	646.2	430.7	1076.8	654.7	494.2	1148.9	0.8472	0.4556	1.3028
630	1919.5	0.0253	0.1746	0.1999	653.7	419.5	1073.2	662.7	481.6	1144.2	0.8542	0.4419	1.2962

Appendix F 蒸汽表

635	1988.7	0.0256	0.1643	0.1899	407.9	661.4	1069.3	670.8	468.4	0.8614	0.4279	1.2893
640	2059.9	0.0259	0.1543	0.1802	395.8	669.2	1065.0	679.1	454.6	0.8686	0.4134	1.2821
645	2133.1	0.0263	0.1445	0.1708	383.1	677.3	1060.4	687.7	440.2	0.8761	0.3985	1.2746
650	2208.4	0.0267	0.1350	0.1617	369.8	685.5	1055.3	696.4	425.0	0.8837	0.3830	1.2667
655	2285.9	0.0272	0.1257	0.1529	355.8	694.0	1049.8	705.5	409.0	0.8915	0.3670	1.2584
660	2365.7	0.0277	0.1166	0.1443	341.0	702.8	1043.9	714.9	392.1	0.8995	0.3502	1.2498
662	2398.2	0.0279	0.1131	0.1409	335.0	706.4	1041.4	718.7	385.2	0.9029	0.3433	1.2462
664	2431.1	0.0281	0.1095	0.1376	328.5	710.2	1038.7	722.9	377.7	0.9064	0.3361	1.2425
666	2464.4	0.0283	0.1059	0.1342	321.7	714.2	1035.9	727.1	370.0	0.9100	0.3286	1.2387
668	2498.1	0.0286	0.1023	0.1309	314.8	718.3	1033.0	731.5	362.1	0.9137	0.3210	1.2347
670	2532.2	0.0288	0.0987	0.1275	307.7	722.3	1030.0	735.8	354.0	0.9174	0.3133	1.2307
672	2566.6	0.0291	0.0951	0.1242	300.5	726.4	1026.9	740.2	345.7	0.9211	0.3054	1.2266
674	2601.5	0.0294	0.0916	0.1210	293.1	730.5	1023.6	744.7	337.2	0.9249	0.2974	1.2223
676	2636.8	0.0297	0.0880	0.1177	285.5	734.7	1020.2	749.2	328.5	0.9287	0.2892	1.2179
678	2672.5	0.0300	0.0844	0.1144	277.7	738.9	1016.6	753.8	319.4	0.9326	0.2807	1.2133
680	2708.6	0.0304	0.0808	0.1112	269.6	743.2	1012.8	758.5	310.1	0.9365	0.2720	1.2086
682	2745.1	0.0307	0.0772	0.1079	261.2	747.7	1008.8	763.3	300.4	0.9406	0.2631	1.2036
684	2782.1	0.0311	0.0735	0.1046	252.4	752.2	1004.6	768.2	290.2	0.9447	0.2537	1.1984
686	2819.5	0.0316	0.0698	0.1013	243.1	756.9	1000.0	773.4	279.5	0.9490	0.2439	1.1930
688	2857.4	0.0320	0.0659	0.0980	233.3	761.8	995.2	778.8	268.2	0.9535	0.2337	1.1872
690	2895.7	0.0326	0.0620	0.0946	222.9	767.0	989.9	784.5	256.1	0.9583	0.2227	1.1810
692	2934.5	0.0331	0.0580	0.0911	211.6	772.5	984.1	790.5	243.1	0.9634	0.2110	1.1744
694	2973.7	0.0338	0.0537	0.0875	199.2	778.5	977.7	797.1	228.8	0.9689	0.1983	1.1671
696	3013.4	0.0345	0.0492	0.0837	185.4	785.1	970.5	804.4	212.8	0.9749	0.1841	1.1591
698	3053.6	0.0355	0.0442	0.0797	169.6	792.6	962.2	812.6	194.6	0.9818	0.1681	1.1499
700	3094.3	0.0366	0.0386	0.0752	150.7	801.5	952.1	822.4	172.7	0.9901	0.1490	1.1390
702	3135.5	0.0382	0.0317	0.0700	126.3	812.8	939.1	835.0	144.7	1.0006	0.1246	1.1252
704	3177.2	0.0411	0.0219	0.0630	89.1	830.1	919.2	854.2	102.0	1.0169	0.0876	1.1046
705.47	3208.2	0.0508	0.0000	0.0508	-0.0	875.9	875.9	906.0	-0.0	1.0612	0.0000	1.0612

表 F.4 過熱蒸汽，英制單位

TEMPERATURE: $t\,(°F)$

P/(psia) ($t^{sat}/°F$)		sat. liq.	sat. vap.	200	250	300	350	400	450	500
1 (101.74)	V U H S	0.0161 69.73 69.73 0.1326	333.60 1044.1 1105.8 1.9781	392.5 1077.5 1150.2 2.0509	422.4 1094.7 1172.9 2.0841	452.3 1112.0 1195.7 2.1152	482.1 1129.5 1218.7 2.1445	511.9 1147.1 1241.8 2.1722	541.7 1164.9 1265.1 2.1985	571.5 1182.8 1288.6 2.2237
5 (162.24)	V U H S	0.0164 130.18 130.20 0.2349	73.532 1063.1 1131.1 1.8443	78.14 1076.3 1148.6 1.8716	84.21 1093.8 1171.7 1.9054	90.24 1111.3 1194.8 1.9369	96.25 1128.9 1218.0 1.9664	102.2 1146.7 1241.3 1.9943	108.2 1164.5 1264.7 2.0208	114.2 1182.6 1288.2 2.0460
10 (193.21)	V U H S	0.0166 161.23 161.26 0.2836	38.420 1072.3 1143.3 1.7879	38.84 1074.7 1146.6 1.7928	41.93 1092.8 1170.2 1.8273	44.98 1110.4 1193.7 1.8593	48.02 1128.3 1217.1 1.8892	51.03 1146.1 1240.6 1.9173	54.04 1164.1 1264.1 1.9439	57.04 1182.2 1287.8 1.9692
14.696 (212.00)	V U H S	0.0167 180.12 180.17 0.3121	26.799 1077.6 1150.5 1.7568		28.42 1091.5 1168.8 1.7833	30.52 1109.6 1192.6 1.8158	32.60 1127.6 1216.3 1.8460	34.67 1145.7 1239.9 1.8743	36.72 1163.7 1263.6 1.9010	38.77 1181.9 1287.4 1.9265
15 (213.03)	V U H S	0.0167 181.16 181.21 0.3137	26.290 1077.9 1150.9 1.7552		27.84 1091.4 1168.7 1.7809	29.90 1109.5 1192.5 1.8134	31.94 1127.6 1216.2 1.8436	33.96 1145.6 1239.9 1.8720	35.98 1163.7 1263.6 1.8988	37.98 1181.9 1287.3 1.9242
20 (227.96)	V U H S	0.0168 196.21 196.27 0.3358	20.087 1082.0 1156.3 1.7320		20.79 1090.2 1167.1 1.7475	22.36 1108.6 1191.4 1.7805	23.90 1126.9 1215.4 1.8111	25.43 1145.1 1239.2 1.8397	26.95 1163.3 1263.0 1.8666	28.46 1181.6 1286.9 1.8921
25 (240.07)	V U H S	0.0169 208.44 208.52 0.3535	16.301 1085.2 1160.6 1.7141		16.56 1089.0 1165.6 1.7212	17.83 1107.7 1190.2 1.7547	19.08 1126.2 1214.5 1.7856	20.31 1144.6 1238.5 1.8145	21.53 1162.9 1262.5 1.8415	22.74 1181.2 1286.4 1.8672
30 (250.34)	V U H S	0.0170 218.84 218.93 0.3682	13.744 1087.9 1164.1 1.6995			14.81 1106.8 1189.0 1.7334	15.86 1125.5 1213.6 1.7647	16.89 1144.0 1237.8 1.7937	17.91 1162.5 1261.9 1.8210	18.93 1180.9 1286.0 1.8467

35 (259.29)	V U H S	0.0171 227.92 228.03 0.3809	11.896 1090.1 1167.1 1.6872		12.65 1105.9 1187.8 1.7152	13.56 1124.8 1212.7 1.7468	14.45 1143.5 1237.1 1.7761	15.33 1162.0 1261.3 1.8035	16.21 1180.5 1285.5 1.8294
40 (267.25)	V U H S	0.0172 236.02 236.14 0.3921	10.497 1092.1 1169.8 1.6765		11.04 1104.9 1186.6 1.6992	11.84 1124.1 1211.7 1.7312	12.62 1142.9 1236.4 1.7608	13.40 1161.6 1260.8 1.7883	14.16 1180.2 1285.0 1.8143
45 (274.44)	V U H S	0.0172 243.34 243.49 0.4021	9.399 1093.8 1172.0 1.6671		9.777 1104.0 1185.4 1.6849	10.50 1123.4 1210.8 1.7173	11.20 1142.4 1235.7 1.7471	11.89 1161.2 1260.2 1.7749	12.58 1179.8 1284.6 1.8009
50 (281.01)	V U H S	0.0173 250.05 250.21 0.4112	8.514 1095.3 1174.1 1.6586		8.769 1103.0 1184.1 1.6720	9.424 1122.7 1209.9 1.7048	10.06 1141.8 1234.9 1.7349	10.69 1160.7 1259.6 1.7628	11.31 1179.5 1284.1 1.7890
55 (287.08)	V U H S	0.0173 256.25 256.43 0.4196	7.785 1096.7 1175.9 1.6510		7.945 1102.0 1182.8 1.6601	8.546 1121.9 1208.9 1.6934	9.130 1141.3 1234.2 1.7237	9.702 1160.3 1259.1 1.7518	10.27 1179.1 1283.6 1.7781
60 (292.71)	V U H S	0.0174 262.02 262.21 0.4273	7.174 1098.0 1177.6 1.6440		7.257 1101.0 1181.6 1.6492	7.815 1121.2 1208.0 1.6829	8.354 1140.7 1233.5 1.7134	8.881 1159.9 1258.5 1.7417	9.400 1178.8 1283.2 1.7681
65 (297.98)	V U H S	0.0174 267.42 267.63 0.4344	6.653 1099.1 1179.1 1.6375		6.675 1100.0 1180.3 1.6390	7.195 1120.4 1207.0 1.6731	7.697 1140.2 1232.7 1.7040	8.186 1159.4 1257.9 1.7324	8.667 1178.4 1282.7 1.7589
70 (302.93)	V U H S	0.0175 272.51 272.74 0.4411	6.205 1100.2 1180.6 1.6316			6.664 1119.7 1206.0 1.6640	7.133 1139.6 1232.0 1.6951	7.590 1159.0 1257.3 1.7237	8.039 1178.1 1282.2 1.7504
75 (307.61)	V U H S	0.0175 277.32 277.56 0.4474	5.814 1101.2 1181.9 1.6260			6.204 1118.9 1205.0 1.6554	6.645 1139.0 1231.2 1.6868	7.074 1158.5 1256.7 1.7156	7.494 1177.7 1281.7 1.7424

表 F.4 過熱蒸汽，英制單位（續）

TEMPERATURE: t (°F)

P/(psia) (t^{sat}/°F)		sat. liq.	sat. vap.	600	700	800	900	1000	1100	1200
1 (101.74)	V U H S	0.0161 69.73 69.73 0.1326	333.60 1044.1 1105.8 1.9781	631.1 1219.3 1336.1 2.2708	690.7 1256.7 1384.5 2.3144	750.3 1294.9 1433.7 2.3551	809.9 1334.0 1483.8 2.3934	869.5 1374.0 1534.5 2.4296	929.0 1414.9 1586.8 2.4640	988.6 1456.7 1639.7 2.4969
5 (162.24)	V U H S	0.0164 130.18 130.20 0.2349	73.532 1063.1 1131.1 1.8443	126.1 1219.2 1335.5 2.0932	138.1 1256.5 1384.3 2.1369	150.0 1294.8 1433.6 2.1776	161.9 1333.9 1483.7 2.2159	173.9 1373.9 1534.6 2.2521	185.8 1414.8 1586.7 2.2866	197.7 1456.7 1639.6 2.3194
10 (193.21)	V U H S	0.0166 161.23 161.26 0.2836	38.420 1072.3 1143.3 1.7879	63.03 1218.9 1335.5 2.0166	69.00 1256.4 1384.0 2.0603	74.98 1294.6 1433.4 2.1011	80.94 1333.7 1483.5 2.1394	86.91 1373.8 1534.6 2.1757	92.87 1414.7 1586.6 2.2101	98.84 1456.6 1639.5 2.2430
14.696 (212.00)	V U H S	0.0167 180.12 180.17 0.3121	26.799 1077.6 1150.5 1.7568	42.86 1218.7 1335.2 1.9739	46.93 1256.2 1383.8 2.0177	51.00 1294.5 1433.2 2.0585	55.06 1333.6 1483.4 2.0969	59.13 1373.7 1534.5 2.1331	63.19 1414.6 1586.5 2.1676	67.25 1456.5 1639.4 2.2005
15 (213.03)	V U H S	0.0167 181.16 181.21 0.3137	26.290 1077.9 1150.9 1.7552	41.99 1218.7 1335.2 1.9717	45.98 1256.2 1383.8 2.0155	49.96 1294.5 1433.2 2.0563	53.95 1333.6 1483.4 2.0946	57.93 1373.7 1534.5 2.1309	61.90 1414.6 1586.5 2.1653	65.88 1456.5 1639.4 2.1982
20 (227.96)	V U H S	0.0168 196.21 196.27 0.3358	20.087 1082.0 1156.3 1.7320	31.47 1218.4 1334.9 1.9397	34.46 1256.0 1383.5 1.9836	37.46 1294.3 1432.9 2.0244	40.45 1333.5 1483.2 2.0628	43.43 1373.6 1534.3 2.0991	46.42 1414.5 1586.3 2.1336	49.40 1456.4 1639.3 2.1665
25 (240.07)	V U H S	0.0169 208.44 208.52 0.3535	16.301 1085.2 1160.6 1.7141	25.15 1218.2 1334.6 1.9149	27.56 1255.8 1383.3 1.9588	29.95 1294.2 1432.7 1.9997	32.35 1333.4 1483.0 2.0381	34.74 1373.5 1534.2 2.0744	37.13 1414.4 1586.2 2.1089	39.52 1456.3 1639.2 2.1418
30 (250.34)	V U H S	0.0170 218.84 218.93 0.3682	13.744 1087.9 1164.1 1.6995	20.95 1218.0 1334.2 1.8946	22.95 1255.6 1383.0 1.9386	24.95 1294.0 1432.5 1.9795	26.95 1333.2 1482.8 2.0179	28.94 1373.3 1534.0 2.0543	30.94 1414.3 1586.1 2.0888	32.93 1456.3 1639.0 2.1217

Appendix F 蒸汽表

35 (259.29)	V U H S	0.0171 227.92 228.03 0.3809	11.896 1090.1 1167.1 1.6872	17.94 1217.7 1333.9 1.8774	19.66 1255.4 1382.8 1.9214	21.38 1293.9 1432.3 1.9624	23.09 1333.1 1482.7 2.0009	24.80 1373.2 1533.9 2.0372	26.51 1414.3 1586.0 2.0717	28.22 1456.2 1638.9 2.1046
40 (267.25)	V U H S	0.0172 236.02 236.14 0.3921	10.497 1092.1 1169.8 1.6765	15.68 1217.5 1333.6 1.8624	17.19 1255.3 1382.5 1.9065	18.70 1293.7 1432.1 1.9476	20.20 1333.0 1482.5 1.9860	21.70 1373.1 1533.7 2.0224	23.19 1414.2 1585.8 2.0569	24.69 1456.1 1638.8 2.0899
45 (274.44)	V U H S	0.0172 243.34 243.49 0.4021	9.399 1093.8 1172.0 1.6671	13.93 1217.2 1333.3 1.8492	15.28 1255.1 1382.3 1.8934	16.61 1293.6 1431.9 1.9345	17.95 1332.9 1482.3 1.9730	19.28 1373.0 1533.6 2.0093	20.61 1414.1 1585.7 2.0439	21.94 1456.0 1638.7 2.0768
50 (281.01)	V U H S	0.0173 250.05 250.21 0.4112	8.514 1095.3 1174.1 1.6586	12.53 1217.0 1332.9 1.8374	13.74 1254.9 1382.0 1.8816	14.95 1293.4 1431.7 1.9227	16.15 1332.7 1482.2 1.9613	17.35 1372.9 1533.4 1.9977	18.55 1414.0 1585.6 2.0322	19.75 1455.9 1638.6 2.0652
55 (287.08)	V U H S	0.0173 256.25 256.43 0.4196	7.785 1096.7 1175.9 1.6510	11.38 1216.8 1332.6 1.8266	12.48 1254.7 1381.8 1.8710	13.58 1293.3 1431.5 1.9121	14.68 1332.6 1482.0 1.9507	15.77 1372.8 1533.3 1.9871	16.86 1413.9 1585.5 2.0216	17.95 1455.8 1638.5 2.0546
60 (292.71)	V U H S	0.0174 262.02 262.21 0.4273	7.174 1098.0 1177.6 1.6440	10.42 1216.5 1332.3 1.8168	11.44 1254.5 1381.5 1.8612	12.45 1293.1 1431.3 1.9024	13.45 1332.5 1481.8 1.9410	14.45 1372.7 1533.2 1.9774	15.45 1413.8 1585.3 2.0120	16.45 1455.8 1638.4 2.0450
65 (297.98)	V U H S	0.0174 267.42 267.63 0.4344	6.653 1099.1 1179.1 1.6375	9.615 1216.3 1331.9 1.8077	10.55 1254.3 1381.3 1.8522	11.48 1293.0 1431.1 1.8935	12.41 1332.4 1481.6 1.9321	13.34 1372.6 1533.0 1.9685	14.26 1413.7 1585.2 2.0031	15.18 1455.7 1638.3 2.0361
70 (302.93)	V U H S	0.0175 272.51 272.74 0.4411	6.205 1100.2 1180.6 1.6316	8.922 1216.0 1331.6 1.7993	9.793 1254.1 1381.0 1.8439	10.66 1292.8 1430.9 1.8852	11.52 1332.2 1481.5 1.9238	12.38 1372.5 1532.9 1.9603	13.24 1413.6 1585.1 1.9949	14.10 1455.6 1638.2 2.0279
75 (307.61)	V U H S	0.0175 277.32 277.56 0.4474	5.814 1101.2 1181.9 1.6260	8.320 1215.8 1331.3 1.7915	9.135 1254.0 1380.7 1.8361	9.945 1292.7 1430.7 1.8774	10.75 1332.1 1481.3 1.9161	11.55 1372.4 1532.7 1.9526	12.35 1413.5 1585.0 1.9872	13.15 1455.5 1638.1 2.0202

表 F.4 過熱蒸汽，英制單位（續）

TEMPERATURE: $t(°F)$

P/(psia) ($t^{sat}/°F$)		sat. liq.	sat. vap.	340	360	380	400	420	450	500
80 (312.04)	V U H S	0.0176 281.89 282.15 0.4534	5.471 1102.1 1183.1 1.6208	5.715 1114.0 1198.6 1.6405	5.885 1122.3 1209.4 1.6539	6.053 1130.4 1220.0 1.6667	6.218 1138.4 1230.5 1.6790	6.381 1146.3 1240.8 1.6909	6.622 1158.1 1256.1 1.7080	7.018 1177.4 1281.3 1.7349
85 (316.26)	V U H S	0.0176 286.24 286.52 0.4590	5.167 1102.9 1184.2 1.6159	5.364 1113.1 1197.5 1.6328	5.525 1121.5 1208.4 1.6463	5.684 1129.7 1219.1 1.6592	5.840 1137.8 1229.7 1.6716	5.995 1145.8 1240.1 1.6836	6.223 1157.6 1255.5 1.7008	6.597 1177.0 1280.8 1.7279
90 (320.28)	V U H S	0.0177 290.40 290.69 0.4643	4.895 1103.7 1185.3 1.6113	5.051 1112.3 1196.4 1.6254	5.205 1120.8 1207.5 1.6391	5.356 1129.1 1218.3 1.6521	5.505 1137.2 1228.9 1.6646	5.652 1145.3 1239.4 1.6767	5.869 1157.2 1254.9 1.6940	6.223 1176.7 1280.3 1.7212
95 (324.13)	V U H S	0.0177 294.38 294.70 0.4694	4.651 1104.5 1186.2 1.6069	4.771 1111.4 1195.3 1.6184	4.919 1120.0 1206.5 1.6322	5.063 1128.4 1217.4 1.6453	5.205 1136.6 1228.1 1.6580	5.345 1144.7 1238.7 1.6701	5.551 1156.7 1254.3 1.6876	5.889 1176.3 1279.8 1.7149
100 (327.82)	V U H S	0.0177 298.21 298.54 0.4743	4.431 1105.2 1187.2 1.6027	4.519 1110.6 1194.2 1.6116	4.660 1119.2 1205.5 1.6255	4.799 1127.7 1216.5 1.6389	4.935 1136.0 1227.4 1.6516	5.068 1144.2 1238.0 1.6638	5.266 1156.3 1253.7 1.6814	5.588 1175.9 1279.3 1.7088
105 (331.37)	V U H S	0.0178 301.89 302.24 0.4790	4.231 1105.8 1188.0 1.5988	4.291 1109.7 1193.1 1.6051	4.427 1118.5 1204.5 1.6192	4.560 1127.0 1215.6 1.6326	4.690 1135.4 1226.6 1.6455	4.818 1143.7 1237.3 1.6578	5.007 1155.8 1253.1 1.6755	5.315 1175.6 1278.8 1.7031
110 (334.79)	V U H S	0.0178 305.44 305.80 0.4834	4.048 1106.5 1188.9 1.5950	4.083 1108.8 1191.9 1.5988	4.214 1117.7 1203.5 1.6131	4.343 1126.4 1214.7 1.6267	4.468 1134.8 1225.8 1.6396	4.591 1143.1 1236.6 1.6521	4.772 1155.3 1252.5 1.6698	5.068 1175.2 1278.3 1.6975
115 (338.08)	V U H S	0.0179 308.87 309.25 0.4877	3.881 1107.0 1189.6 1.5913	3.894 1107.9 1190.8 1.5928	4.020 1116.9 1202.5 1.6072	4.144 1125.7 1213.8 1.6209	4.265 1134.2 1225.0 1.6340	4.383 1142.6 1235.8 1.6465	4.558 1154.8 1251.8 1.6644	4.841 1174.8 1277.9 1.6922

Appendix F 蒸汽表

120 (341.27)	V U H S	0.0179 312.19 312.58 0.4919	3.728 1107.6 1190.4 1.5879	⋯ ⋯ ⋯ ⋯	3.842 1116.1 1201.4 1.6015	3.962 1124.9 1212.9 1.6154	4.079 1133.6 1224.1 1.6286	4.193 1142.0 1235.1 1.6412	4.361 1154.4 1251.2 1.6592	4.634 1174.5 1277.4 1.6872
125 (344.35)	V U H S	0.0179 315.40 315.82 0.4959	3.586 1108.1 1191.1 1.5845	⋯ ⋯ ⋯ ⋯	3.679 1115.3 1200.4 1.5960	3.794 1124.2 1212.0 1.6100	3.907 1132.9 1223.3 1.6233	4.018 1141.4 1234.4 1.6360	4.180 1153.9 1250.6 1.6541	4.443 1174.1 1276.9 1.6823
130 (347.33)	V U H S	0.0180 318.52 318.95 0.4998	3.454 1108.6 1191.7 1.5813	⋯ ⋯ ⋯ ⋯	3.527 1114.5 1199.4 1.5907	3.639 1123.5 1211.1 1.6048	3.749 1132.3 1222.5 1.6182	3.856 1140.9 1233.6 1.6310	4.013 1153.4 1249.9 1.6493	4.267 1173.7 1276.4 1.6775
135 (350.23)	V U H S	0.0180 321.55 322.00 0.5035	3.332 1109.1 1192.4 1.5782	⋯ ⋯ ⋯ ⋯	3.387 1113.7 1198.3 1.5855	3.496 1122.8 1210.1 1.5997	3.602 1131.7 1221.6 1.6133	3.706 1140.3 1232.9 1.6262	3.858 1152.9 1249.3 1.6446	4.104 1173.3 1275.8 1.6730
140 (353.04)	V U H S	0.0180 324.49 324.96 0.5071	3.219 1109.6 1193.0 1.5752	⋯ ⋯ ⋯ ⋯	3.257 1112.9 1197.2 1.5804	3.363 1122.1 1209.2 1.5948	3.466 1131.0 1220.8 1.6085	3.567 1139.7 1232.1 1.6215	3.714 1152.4 1248.7 1.6400	3.953 1172.9 1275.3 1.6686
145 (355.77)	V U H S	0.0181 327.36 327.84 0.5107	3.113 1110.0 1193.5 1.5723	⋯ ⋯ ⋯ ⋯	3.135 1112.0 1196.1 1.5755	3.239 1121.3 1208.2 1.5901	3.339 1130.4 1220.0 1.6039	3.437 1139.1 1231.4 1.6170	3.580 1151.9 1248.0 1.6356	3.812 1172.6 1274.8 1.6643
150 (358.43)	V U H S	0.0181 330.15 330.65 0.5141	3.014 1110.4 1194.1 1.5695	⋯ ⋯ ⋯ ⋯	3.022 1111.2 1195.1 1.5707	3.123 1120.6 1207.3 1.5854	3.221 1129.7 1219.1 1.5993	3.316 1138.6 1230.6 1.6126	3.455 1151.4 1247.4 1.6313	3.680 1172.2 1274.3 1.6602
155 (361.02)	V U H S	0.0181 332.87 333.39 0.5174	2.921 1110.8 1194.6 1.5668	⋯ ⋯ ⋯ ⋯	⋯ ⋯ ⋯ ⋯	3.014 1119.8 1206.3 1.5809	3.110 1129.0 1218.2 1.5949	3.203 1138.0 1229.8 1.6083	3.339 1150.9 1246.7 1.6271	3.557 1171.8 1273.8 1.6561
160 (363.55)	V U H S	0.0182 335.53 336.07 0.5206	2.834 1111.2 1195.1 1.5641	⋯ ⋯ ⋯ ⋯	⋯ ⋯ ⋯ ⋯	2.913 1119.1 1205.3 1.5764	3.006 1128.4 1217.4 1.5906	3.097 1137.4 1229.1 1.6041	3.229 1150.4 1246.0 1.6231	3.441 1171.4 1273.3 1.6522

表 F.4 過熱蒸汽，英制單位（續）

TEMPERATURE: $t(°F)$

P/(psia) ($t^{sat}/°F$)		sat. liq.	sat. vap.	600	700	800	900	1000	1100	1200
80 (312.04)	V U H S	0.0176 281.89 282.15 0.4534	5.471 1102.1 1183.1 1.6208	7.794 1215.5 1330.9 1.7842	8.560 1253.8 1380.5 1.8289	9.319 1292.5 1430.5 1.8702	10.08 1332.0 1481.1 1.9089	10.83 1372.3 1532.6 1.9454	11.58 1413.4 1584.9 1.9800	12.33 1455.4 1638.0 2.0131
85 (316.26)	V U H S	0.0176 286.24 286.52 0.4590	5.167 1102.9 1184.2 1.6159	7.330 1215.3 1330.6 1.7772	8.052 1253.6 1380.2 1.8220	8.768 1292.4 1430.3 1.8634	9.480 1331.9 1481.0 1.9021	10.19 1372.2 1532.4 1.9386	10.90 1413.3 1584.7 1.9733	11.60 1455.4 1637.9 2.0063
90 (320.28)	V U H S	0.0177 290.46 290.69 0.4643	4.895 1103.7 1185.3 1.6113	6.917 1215.0 1330.2 1.7707	7.600 1253.4 1380.0 1.8156	8.277 1292.2 1430.1 1.8570	8.950 1331.7 1480.8 1.8957	9.621 1372.0 1532.3 1.9323	10.29 1413.2 1584.6 1.9669	10.96 1455.3 1637.8 2.0000
95 (324.13)	V U H S	0.0177 294.38 294.70 0.4694	4.651 1104.5 1186.2 1.6069	6.548 1214.8 1329.9 1.7645	7.196 1253.2 1379.7 1.8094	7.838 1292.1 1429.9 1.8509	8.477 1331.6 1480.6 1.8897	9.113 1371.9 1532.1 1.9262	9.747 1413.1 1584.5 1.9609	10.38 1455.2 1637.7 1.9940
100 (327.82)	V U H S	0.0177 298.21 298.54 0.4743	4.431 1105.2 1187.2 1.6027	6.216 1214.5 1329.6 1.7586	6.833 1253.0 1379.5 1.8036	7.443 1291.9 1429.7 1.8451	8.050 1331.5 1480.4 1.8839	8.655 1371.8 1532.0 1.9205	9.258 1413.0 1584.4 1.9552	9.860 1455.1 1637.6 1.9883
105 (331.37)	V U H S	0.0178 301.89 302.24 0.4790	4.231 1105.8 1188.0 1.5988	5.915 1214.3 1329.2 1.7530	6.504 1252.8 1379.2 1.7981	7.086 1291.8 1429.4 1.8396	7.665 1331.3 1480.3 1.8785	8.241 1371.7 1531.8 1.9151	8.816 1412.9 1584.2 1.9498	9.389 1455.0 1637.5 1.9828
110 (334.79)	V U H S	0.0178 305.44 305.80 0.4834	4.048 1106.5 1188.9 1.5950	5.642 1214.0 1328.9 1.7476	6.205 1252.7 1378.9 1.7928	6.761 1291.6 1429.2 1.8344	7.314 1331.2 1480.1 1.8732	7.865 1371.6 1531.7 1.9099	8.413 1412.8 1584.1 1.9446	8.961 1455.0 1637.4 1.9777
115 (338.08)	V U H S	0.0179 308.87 309.25 0.4877	3.881 1107.0 1189.6 1.5913	5.392 1213.8 1328.6 1.7425	5.932 1252.5 1378.7 1.7877	6.465 1291.5 1429.0 1.8294	6.994 1331.1 1479.9 1.8682	7.521 1371.5 1531.6 1.9049	8.046 1412.8 1584.0 1.9396	8.570 1454.9 1637.2 1.9727

Appendix F 蒸汽表

120 (341.27)	V U H S	0.0179 312.19 312.58 0.4919	3.728 1107.6 1190.4 1.5879	5.164 1213.5 1328.2 1.7376	5.681 1252.3 1378.4 1.7829	6.193 1291.3 1428.8 1.8246	6.701 1331.0 1479.8 1.8635	7.206 1371.4 1531.4 1.9001	7.710 1412.7 1583.9 1.9349	8.212 1454.8 1637.1 1.9680
125 (344.35)	V U H S	0.0179 315.40 315.82 0.4959	3.586 1108.1 1191.1 1.5845	4.953 1213.3 1327.9 1.7328	5.451 1252.1 1378.2 1.7782	5.943 1291.2 1428.6 1.8199	6.431 1330.8 1479.6 1.8589	6.916 1371.3 1531.3 1.8955	7.400 1412.6 1583.7 1.9303	7.882 1454.7 1637.0 1.9634
130 (347.33)	V U H S	0.0180 318.52 318.95 0.4998	3.454 1108.6 1191.7 1.5813	4.759 1213.0 1327.5 1.7283	5.238 1251.9 1377.9 1.7737	5.712 1291.0 1428.4 1.8155	6.181 1330.7 1479.4 1.8545	6.649 1371.2 1531.1 1.8911	7.114 1412.5 1583.6 1.9259	7.578 1454.6 1636.9 1.9591
135 (350.23)	V U H S	0.0180 321.55 322.00 0.5035	3.332 1109.1 1192.4 1.5782	4.579 1212.8 1327.2 1.7239	5.042 1251.7 1377.7 1.7694	5.498 1290.9 1428.2 1.8112	5.951 1330.6 1479.2 1.8502	6.401 1371.1 1531.0 1.8869	6.849 1412.4 1583.5 1.9217	7.296 1454.5 1636.8 1.9548
140 (353.04)	V U H S	0.0180 324.49 324.96 0.5071	3.219 1109.6 1193.0 1.5752	4.412 1212.5 1326.8 1.7196	4.859 1251.5 1377.4 1.7652	5.299 1290.7 1428.0 1.8071	5.736 1330.5 1479.1 1.8461	6.171 1371.0 1530.8 1.8828	6.604 1412.3 1583.4 1.9176	7.035 1454.5 1636.6 1.9508
145 (355.77)	V U H S	0.0181 327.36 327.84 0.5107	3.113 1110.0 1193.5 1.5723	4.256 1212.3 1326.5 1.7155	4.689 1251.3 1377.1 1.7612	5.115 1290.6 1427.8 1.8031	5.537 1330.3 1478.9 1.8421	5.957 1370.9 1530.7 1.8789	6.375 1412.2 1583.2 1.9137	6.791 1454.4 1636.6 1.9469
150 (358.43)	V U H S	0.0181 330.15 330.65 0.5141	3.014 1110.4 1194.1 1.5695	4.111 1212.1 1326.1 1.7115	4.530 1251.1 1376.9 1.7573	4.942 1290.4 1427.6 1.7992	5.351 1330.2 1478.7 1.8383	5.757 1370.7 1530.5 1.8751	6.161 1412.1 1583.1 1.9099	6.564 1454.3 1636.5 1.9431
155 (361.02)	V U H S	0.0181 332.87 333.39 0.5174	2.921 1110.8 1194.6 1.5668	3.975 1211.8 1325.8 1.7077	4.381 1251.0 1376.6 1.7535	4.781 1290.3 1427.4 1.7955	5.177 1330.1 1478.6 1.8346	5.570 1370.6 1530.4 1.8714	5.961 1412.0 1583.0 1.9062	6.352 1454.2 1636.4 1.9394
160 (363.55)	V U H S	0.0182 335.53 336.07 0.5206	2.834 1111.2 1195.1 1.5641	3.848 1211.5 1325.4 1.7039	4.242 1250.8 1376.4 1.7499	4.629 1290.1 1427.2 1.7919	5.013 1330.0 1478.4 1.8310	5.395 1370.5 1530.3 1.8678	5.774 1411.9 1582.9 1.9027	6.152 1454.1 1636.3 1.9359

表 F.4 過熱蒸汽，英制單位（續）

TEMPERATURE: $t(°F)$

P/(psia) (t^{sat}/°F)		sat. liq.	sat. vap.	400	420	440	460	480	500	550
165 (366.02)	V U H S	0.0182 338.12 338.68 0.5238	2.751 1111.6 1195.6 1.5616	2.908 1127.7 1216.5 1.5864	2.997 1136.8 1228.3 1.6000	3.083 1145.6 1239.7 1.6129	3.168 1154.2 1251.0 1.6252	3.251 1162.7 1261.9 1.6370	3.333 1171.0 1272.8 1.6484	3.533 1191.3 1299.2 1.6753
170 (368.42)	V U H S	0.0182 340.66 341.24 0.5269	2.674 1111.9 1196.0 1.5591	2.816 1127.0 1215.6 1.5823	2.903 1136.2 1227.5 1.5960	2.987 1145.1 1239.0 1.6090	3.070 1153.7 1250.3 1.6214	3.151 1162.3 1261.4 1.6333	3.231 1170.6 1272.2 1.6447	3.425 1191.0 1298.8 1.6717
175 (370.77)	V U H S	0.0182 343.15 343.74 0.5299	2.601 1112.2 1196.4 1.5567	2.729 1126.3 1214.7 1.5783	2.814 1135.6 1226.7 1.5921	2.897 1144.5 1238.3 1.6051	2.977 1153.3 1249.7 1.6176	3.056 1161.8 1260.8 1.6296	3.134 1170.2 1271.7 1.6411	3.324 1190.7 1298.4 1.6682
180 (373.08)	V U H S	0.0183 345.58 346.19 0.5328	2.531 1112.5 1196.9 1.5543	2.647 1125.6 1213.8 1.5743	2.730 1134.9 1225.9 1.5882	2.811 1144.0 1237.6 1.6014	2.890 1152.8 1249.0 1.6140	2.967 1161.4 1260.2 1.6260	3.043 1169.8 1271.2 1.6376	3.229 1190.4 1297.9 1.6647
184 (375.33)	V U H S	0.0183 347.96 348.58 0.5356	2.465 1112.8 1197.2 1.5520	2.570 1124.9 1212.9 1.5705	2.651 1134.3 1225.1 1.5845	2.730 1143.4 1236.9 1.5978	2.807 1152.3 1248.4 1.6104	2.883 1160.9 1259.6 1.6225	2.957 1169.4 1270.7 1.6341	3.138 1190.1 1297.5 1.6614
190 (377.53)	V U H S	0.0183 350.29 350.94 0.5384	2.403 1113.1 1197.6 1.5498	2.496 1124.2 1212.0 1.5667	2.576 1133.7 1224.3 1.5808	2.654 1142.9 1236.2 1.5942	2.729 1151.8 1247.7 1.6069	2.803 1160.5 1259.1 1.6191	2.876 1169.0 1270.1 1.6307	3.052 1189.8 1297.1 1.6581
195 (379.69)	V U H S	0.0184 352.58 353.24 0.5412	2.344 1113.4 1198.0 1.5476	2.426 1123.5 1211.1 1.5630	2.505 1133.1 1223.4 1.5772	2.581 1142.3 1235.4 1.5907	2.655 1151.3 1247.1 1.6035	2.727 1160.0 1258.4 1.6157	2.798 1168.6 1269.6 1.6274	2.971 1189.4 1296.6 1.6549
200 (381.80)	V U H S	0.0184 354.82 355.51 0.5438	2.287 1113.7 1198.3 1.5454	2.360 1122.8 1210.1 1.5593	2.437 1132.4 1222.6 1.5737	2.511 1141.7 1234.7 1.5872	2.584 1150.8 1246.4 1.6001	2.655 1159.6 1257.9 1.6124	2.725 1168.2 1269.0 1.6242	2.894 1189.1 1296.2 1.6518

Appendix F 蒸汽表

205 (383.88)	V U H S	0.0184 357.03 357.73 0.5465	2.233 1113.9 1198.7 1.5434	2.297 1122.1 1209.2 1.5557	2.372 1131.8 1221.8 1.5702	2.446 1141.2 1234.6 1.5839	2.517 1150.3 1245.8 1.5969	2.587 1159.1 1257.1 1.6092	2.655 1167.8 1268.5 1.6211	2.820 1188.8 1295.3 1.6488
210 (385.92)	V U H S	0.0184 359.20 359.91 0.5490	2.182 1114.2 1199.0 1.5413	2.236 1121.3 1208.2 1.5522	2.311 1131.2 1221.0 1.5668	2.383 1140.6 1233.2 1.5806	2.453 1149.8 1245.1 1.5936	2.521 1158.7 1256.7 1.6061	2.588 1167.4 1268.0 1.6180	2.750 1188.5 1295.0 1.6458
215 (387.91)	V U H S	0.0185 361.32 362.06 0.5515	2.133 1114.4 1199.3 1.5393	2.179 1120.6 1207.3 1.5487	2.252 1130.5 1220.1 1.5634	2.323 1140.0 1232.5 1.5773	2.392 1149.3 1244.4 1.5905	2.459 1158.2 1256.0 1.6030	2.524 1167.0 1267.4 1.6149	2.684 1188.1 1294.9 1.6429
220 (389.88)	V U H S	0.0185 363.41 364.17 0.5540	2.086 1114.6 1199.6 1.5374	2.124 1119.9 1206.3 1.5453	2.196 1129.9 1219.3 1.5601	2.266 1139.5 1231.7 1.5741	2.333 1148.7 1243.7 1.5873	2.399 1157.8 1255.4 1.5999	2.464 1166.6 1266.9 1.6120	2.620 1187.8 1294.5 1.6400
225 (391.80)	V U H S	0.0185 365.47 366.24 0.5564	2.041 1114.9 1199.9 1.5354	2.071 1119.1 1205.4 1.5419	2.143 1129.2 1218.4 1.5569	2.211 1138.9 1230.9 1.5710	2.278 1148.2 1243.1 1.5843	2.342 1157.3 1254.8 1.5969	2.406 1166.3 1266.3 1.6090	2.559 1187.5 1294.0 1.6372
230 (393.70)	V U H S	0.0185 367.49 368.28 0.5588	1.9985 1115.1 1200.1 1.5336	2.021 1118.4 1204.4 1.5385	2.091 1128.5 1217.5 1.5537	2.159 1138.3 1230.2 1.5679	2.224 1147.7 1242.4 1.5813	2.288 1156.8 1254.2 1.5940	2.350 1165.7 1265.7 1.6062	2.501 1187.2 1293.6 1.6344
235 (395.56)	V U H S	0.0186 369.48 370.29 0.5611	1.9573 1115.3 1200.4 1.5317	1.973 1117.6 1203.4 1.5353	2.042 1127.9 1216.7 1.5505	2.109 1137.7 1229.4 1.5648	2.173 1147.2 1241.7 1.5783	2.236 1156.4 1253.6 1.5911	2.297 1165.3 1265.2 1.6033	2.445 1186.8 1293.1 1.6317
240 (397.39)	V U H S	0.0186 371.45 372.27 0.5634	1.9177 1115.5 1200.6 1.5299	1.927 1116.8 1202.4 1.5320	1.995 1127.2 1215.8 1.5474	2.061 1137.1 1228.6 1.5618	2.124 1146.6 1241.0 1.5754	2.186 1155.9 1253.0 1.5883	2.246 1164.9 1264.6 1.6006	2.391 1186.5 1292.7 1.6291
245 (399.19)	V U H S	0.0186 373.38 374.22 0.5657	1.8797 1115.6 1200.9 1.5281	1.882 1116.1 1201.4 1.5288	1.950 1126.5 1214.9 1.5443	2.015 1136.5 1227.8 1.5588	2.077 1146.1 1240.3 1.5725	2.138 1155.4 1252.3 1.5855	2.197 1164.4 1264.1 1.5978	2.340 1186.2 1292.3 1.6265

表 F.4 過熱蒸汽，英制單位（續）

TEMPERATURE: t (°F)

P(psia) (t^{sat}/°F)		sat. liq.	sat. vap.	600	700	800	900	1000	1100	1200
165 (366.02)	V U H S	0.0182 338.12 338.68 0.5238	2.751 1111.6 1195.6 1.5616	3.728 1211.3 1325.1 1.7003	4.111 1250.6 1376.1 1.7463	4.487 1289.9 1427.0 1.7884	4.860 1329.8 1478.2 1.8275	5.230 1370.4 1530.1 1.8643	5.598 1411.8 1582.7 1.8992	5.965 1454.1 1636.2 1.9324
170 (368.42)	V U H S	0.0182 340.66 341.24 0.5269	2.674 1111.9 1196.0 1.5591	3.616 1211.0 1324.7 1.6968	3.988 1250.4 1375.8 1.7428	4.354 1289.8 1426.8 1.7850	4.715 1329.7 1478.0 1.8241	5.075 1370.3 1530.0 1.8610	5.432 1411.7 1582.6 1.8959	5.789 1454.0 1636.1 1.9291
175 (370.77)	V U H S	0.0182 343.15 343.74 0.5299	2.601 1112.2 1196.4 1.5567	3.510 1210.7 1324.4 1.6933	3.872 1250.2 1375.6 1.7395	4.227 1289.6 1426.5 1.7816	4.579 1329.6 1477.9 1.8208	4.929 1370.2 1529.8 1.8577	5.276 1411.6 1582.5 1.8926	5.623 1453.9 1636.0 1.9258
180 (373.08)	V U H S	0.0183 345.58 346.19 0.5328	2.531 1112.5 1196.9 1.5543	3.409 1210.5 1324.0 1.6900	3.762 1250.0 1375.3 1.7362	4.108 1289.5 1426.3 1.7784	4.451 1329.4 1477.7 1.8176	4.791 1370.1 1529.7 1.8545	5.129 1411.5 1582.4 1.8894	5.466 1453.8 1635.9 1.9227
185 (375.33)	V U H S	0.0183 347.96 348.58 0.5356	2.465 1112.8 1197.2 1.5520	3.314 1210.2 1323.7 1.6867	3.658 1249.8 1375.1 1.7330	3.996 1289.3 1426.1 1.7753	4.329 1329.3 1477.5 1.8145	4.660 1370.0 1529.5 1.8514	4.989 1411.4 1582.3 1.8864	5.317 1453.7 1635.8 1.9196
190 (377.53)	V U H S	0.0183 350.29 350.94 0.5384	2.403 1113.1 1197.6 1.5498	3.225 1209.9 1323.3 1.6835	3.560 1249.6 1374.8 1.7299	3.889 1289.2 1425.9 1.7722	4.214 1329.2 1477.4 1.8115	4.536 1369.9 1529.4 1.8484	4.857 1411.3 1582.1 1.8834	5.177 1453.7 1635.7 1.9166
195 (379.69)	V U H S	0.0184 352.58 353.24 0.5412	2.344 1113.4 1198.0 1.5476	3.139 1209.7 1323.0 1.6804	3.467 1249.4 1374.5 1.7269	3.788 1289.0 1425.7 1.7692	4.105 1329.1 1477.2 1.8085	4.419 1369.8 1529.2 1.8455	4.732 1411.3 1582.0 1.8804	5.043 1453.6 1635.6 1.9137
200 (381.80)	V U H S	0.0184 354.82 355.51 0.5438	2.287 1113.7 1198.3 1.5454	3.058 1209.4 1322.6 1.6773	3.378 1249.2 1374.3 1.7239	3.691 1288.9 1425.5 1.7663	4.001 1328.9 1477.0 1.8057	4.308 1369.7 1529.1 1.8426	4.613 1411.2 1581.9 1.8776	4.916 1453.5 1635.5 1.9109

Appendix F 蒸汽表

205 (383.88)	V U H S	0.0184 357.03 357.73 0.5465	2.233 1113.9 1198.7 1.5434	2.981 1209.2 1322.3 1.6744	3.294 1249.0 1374.0 1.7210	3.600 1288.7 1425.3 1.7635	3.902 1328.8 1476.8 1.8028	4.202 1369.6 1528.9 1.8398	4.499 1411.1 1581.8 1.8748	4.796 1453.4 1635.3 1.9081
210 (385.92)	V U H S	0.0184 359.20 359.91 0.5490	2.182 1114.2 1199.0 1.5413	2.908 1208.9 1321.9 1.6715	3.214 1248.8 1373.7 1.7182	3.513 1288.6 1425.1 1.7607	3.808 1328.7 1476.7 1.8001	4.101 1369.4 1528.8 1.8371	4.392 1411.0 1581.6 1.8721	4.681 1453.3 1635.2 1.9054
215 (387.91)	V U H S	0.0185 361.32 362.06 0.5515	2.133 1114.4 1199.3 1.5393	2.838 1208.6 1321.5 1.6686	3.137 1248.7 1373.5 1.7155	3.430 1288.4 1424.9 1.7580	3.718 1328.6 1476.5 1.7974	4.004 1369.3 1528.7 1.8344	4.289 1410.9 1581.5 1.8694	4.572 1453.2 1635.1 1.9028
220 (389.88)	V U H S	0.0185 363.41 364.17 0.5540	2.086 1114.6 1199.6 1.5374	2.771 1208.4 1321.2 1.6658	3.064 1248.5 1373.2 1.7128	3.350 1288.3 1424.7 1.7553	3.633 1328.4 1476.3 1.7948	3.912 1369.2 1528.5 1.8318	4.190 1410.8 1581.4 1.8668	4.467 1453.1 1635.0 1.9002
225 (391.80)	V U H S	0.0185 365.47 366.24 0.5564	2.041 1114.8 1199.9 1.5354	2.707 1208.3 1320.8 1.6631	2.994 1248.3 1372.9 1.7101	3.275 1288.1 1424.5 1.7527	3.551 1328.3 1476.1 1.7922	3.825 1369.1 1528.4 1.8293	4.097 1410.7 1581.3 1.8643	4.367 1453.1 1634.9 1.8977
230 (393.70)	V U H S	0.0185 367.49 368.28 0.5588	1.9984 1115.1 1200.1 1.5336	2.646 1207.8 1320.4 1.6604	2.928 1248.1 1372.7 1.7075	3.202 1288.0 1424.2 1.7502	3.473 1328.2 1476.0 1.7897	3.741 1369.0 1528.2 1.8268	4.007 1410.6 1581.1 1.8618	4.272 1453.0 1634.8 1.8952
235 (395.56)	V U H S	0.0186 369.48 370.29 0.5611	1.9573 1115.3 1200.4 1.5317	2.588 1207.6 1320.1 1.6578	2.864 1247.9 1372.4 1.7050	3.133 1287.8 1424.0 1.7477	3.398 1328.0 1475.8 1.7872	3.660 1368.9 1528.1 1.8243	3.921 1410.5 1581.0 1.8594	4.180 1452.9 1634.7 1.8928
240 (397.39)	V U H S	0.0186 371.45 372.27 0.5634	1.9177 1115.5 1200.6 1.5299	2.532 1207.3 1319.7 1.6552	2.802 1247.7 1372.1 1.7025	3.066 1287.7 1423.8 1.7452	3.326 1327.9 1475.6 1.7848	3.583 1368.8 1527.9 1.8219	3.839 1410.4 1580.9 1.8570	4.093 1452.8 1634.6 1.8904
245 (399.19)	V U H S	0.0186 373.38 374.22 0.5657	1.8797 1115.6 1200.9 1.5281	2.478 1207.0 1319.4 1.6527	2.744 1247.5 1371.9 1.7000	3.002 1287.5 1423.6 1.7428	3.257 1327.8 1475.5 1.7824	3.509 1368.7 1527.8 1.8196	3.760 1410.3 1580.8 1.8547	4.009 1452.8 1634.5 1.8881

表 F.4 過熱蒸汽，英制單位（續）

TEMPERATURE: $t(°F)$

P/(psia) (t^{sat}/°F)		sat. liq.	sat. vap.	420	440	460	480	500	520	550
250 (400.97)	V U H S	0.0187 375.28 376.14 0.5679	1.8432 1115.8 1201.1 1.5264	1.907 1125.8 1214.0 1.5413	1.970 1135.9 1227.1 1.5559	2.032 1145.6 1239.6 1.5697	2.092 1154.9 1251.7 1.5827	2.150 1164.0 1263.5 1.5951	2.207 1172.9 1275.0 1.6070	2.291 1185.8 1291.8 1.6239
255 (402.72)	V U H S	0.0187 377.15 378.04 0.5701	1.8080 1116.0 1201.3 1.5247	1.865 1125.1 1213.1 1.5383	1.928 1135.3 1226.3 1.5530	1.989 1145.0 1238.9 1.5669	2.048 1154.4 1251.1 1.5800	2.105 1163.6 1262.9 1.5925	2.161 1172.5 1274.5 1.6044	2.244 1185.5 1291.4 1.6214
260 (404.44)	V U H S	0.0187 379.00 379.90 0.5722	1.7742 1116.2 1201.5 1.5230	1.825 1124.5 1212.2 1.5353	1.887 1134.7 1225.5 1.5502	1.947 1144.5 1238.2 1.5642	2.005 1154.0 1250.4 1.5774	2.062 1163.1 1262.4 1.5899	2.117 1172.1 1274.0 1.6019	2.198 1185.1 1290.9 1.6189
265 (406.13)	V U H S	0.0187 380.83 381.74 0.5743	1.7416 1116.3 1201.7 1.5214	1.786 1123.8 1211.3 1.5324	1.848 1134.1 1224.7 1.5474	1.907 1144.0 1237.5 1.5614	1.964 1153.5 1249.8 1.5747	2.020 1162.7 1261.8 1.5873	2.075 1171.7 1273.4 1.5993	2.154 1184.8 1290.4 1.6165
270 (407.80)	V U H S	0.0188 382.62 383.56 0.5764	1.7101 1116.5 1201.9 1.5197	1.749 1123.1 1210.4 1.5295	1.810 1133.5 1223.9 1.5446	1.868 1143.4 1236.7 1.5588	1.925 1153.0 1249.2 1.5721	1.980 1162.3 1261.2 1.5848	2.034 1171.3 1272.9 1.5969	2.112 1184.5 1290.0 1.6140
275 (409.45)	V U H S	0.0188 384.40 385.35 0.5784	1.6798 1116.6 1202.1 1.5181	1.713 1122.3 1209.5 1.5266	1.773 1132.8 1223.1 1.5419	1.831 1142.9 1236.0 1.5561	1.887 1152.5 1248.5 1.5696	1.941 1161.8 1260.6 1.5823	1.994 1170.9 1272.4 1.5944	2.071 1184.1 1289.5 1.6117
280 (411.07)	V U H S	0.0188 386.15 387.12 0.5805	1.6505 1116.7 1202.3 1.5166	1.678 1121.6 1208.6 1.5238	1.738 1132.2 1222.2 1.5391	1.795 1142.3 1235.3 1.5535	1.850 1152.0 1247.9 1.5670	1.904 1161.4 1260.0 1.5798	1.956 1170.5 1271.9 1.5920	2.032 1183.8 1289.1 1.6093
285 (412.67)	V U H S	0.0188 387.88 388.87 0.5824	1.6222 1116.9 1202.4 1.5150	1.645 1120.9 1207.6 1.5210	1.704 1131.6 1221.4 1.5365	1.760 1141.7 1234.6 1.5509	1.815 1151.5 1247.2 1.5645	1.868 1160.9 1259.4 1.5774	1.919 1170.1 1271.3 1.5897	1.994 1183.4 1288.6 1.6070

Appendix F 蒸汽表

T (Tsat)		Sat.							
290 (414.25)	V U H S	0.0188 389.59 390.60 0.5844		1.612 1120.2 1206.7 1.5182	1.671 1130.9 1220.6 1.5338	1.780 1151.0 1246.6 1.5621	1.833 1160.5 1258.8 1.5750	1.884 1169.7 1270.8 1.5873	1.958 1183.1 1288.1 1.6048
295 (415.81)	V U H S	0.0189 391.27 392.30 0.5863	1.5684 1117.1 1202.7 1.5120	1.581 1119.5 1205.8 1.5155	1.639 1130.3 1219.7 1.5312	1.747 1150.5 1245.9 1.5596	1.799 1160.0 1258.3 1.5726	1.849 1169.3 1270.2 1.5850	1.922 1182.7 1287.7 1.6025
300 (417.35)	V U H S	0.0189 392.94 393.99 0.5882	1.5427 1117.2 1202.9 1.5105	1.551 1118.7 1204.8 1.5127	1.608 1129.6 1218.9 1.5286	1.715 1150.0 1245.2 1.5572	1.766 1159.6 1257.7 1.5703	1.816 1168.9 1269.7 1.5827	1.888 1182.4 1287.2 1.6003
310 (420.36)	V U H S	0.0189 396.21 397.30 0.5920	1.4939 1117.5 1203.2 1.5076		1.549 1128.3 1217.2 1.5234	1.655 1149.0 1243.9 1.5525	1.704 1158.7 1256.5 1.5657	1.753 1168.1 1268.6 1.5782	1.823 1181.7 1286.3 1.5960
320 (423.31)	V U H S	0.0190 399.41 400.53 0.5956	1.4480 1117.7 1203.4 1.5048		1.494 1127.0 1215.5 1.5184	1.597 1147.9 1242.5 1.5478	1.646 1157.8 1255.2 1.5612	1.694 1167.2 1267.5 1.5739	1.762 1181.0 1285.3 1.5918
330 (426.18)	V U H S	0.0190 402.53 403.70 0.5991	1.4048 1117.8 1203.6 1.5021		1.442 1125.7 1213.8 1.5134	1.544 1146.9 1241.2 1.5433	1.591 1156.8 1254.0 1.5568	1.638 1166.4 1266.4 1.5696	1.705 1180.2 1284.4 1.5876
340 (428.98)	V U H S	0.0191 405.60 406.80 0.6026	1.3640 1118.0 1203.8 1.4994		1.393 1124.3 1212.0 1.5086	1.493 1145.8 1239.8 1.5388	1.540 1155.9 1252.8 1.5525	1.585 1165.6 1265.3 1.5654	1.651 1179.5 1283.4 1.5836
350 (431.73)	V U H S	0.0191 408.59 409.83 0.6059	1.3255 1118.1 1204.0 1.4968		1.347 1123.0 1210.2 1.5038	1.445 1144.8 1238.4 1.5344	1.491 1154.9 1251.5 1.5483	1.536 1164.7 1264.2 1.5613	1.600 1178.8 1282.4 1.5797
360 (434.41)	V U H S	0.0192 411.53 412.81 0.6092	1.2891 1118.3 1204.2 1.4943		1.303 1121.6 1208.4 1.4990	1.400 1143.7 1237.0 1.5301	1.445 1154.0 1250.3 1.5441	1.489 1163.9 1263.1 1.5573	1.552 1178.1 1281.5 1.5758

表 F.4 過熱蒸汽，英制單位（續）

P(psia) (t^sat/°F)		sat. liq.	sat. vap.	600	700	800	900	1000	1100	1200
250 (400.97)	V U H S	0.0187 375.28 376.14 0.5679	1.8432 1115.8 1201.1 1.5264	2.426 1206.7 1319.0 1.6502	2.687 1247.3 1371.6 1.6976	2.941 1287.3 1423.4 1.7405	3.191 1327.7 1475.3 1.7801	3.438 1368.6 1527.6 1.8173	3.684 1410.2 1580.6 1.8524	3.928 1452.7 1634.4 1.8858
255 (402.72)	V U H S	0.0187 377.15 378.04 0.5701	1.8080 1116.0 1201.3 1.5247	2.377 1206.5 1318.6 1.6477	2.633 1247.1 1371.3 1.6953	2.882 1287.2 1423.2 1.7382	3.127 1327.5 1475.1 1.7778	3.370 1368.5 1527.5 1.8150	3.611 1410.1 1580.5 1.8502	3.850 1452.6 1634.3 1.8836
260 (404.44)	V U H S	0.0187 379.00 379.90 0.5722	1.7742 1116.2 1201.5 1.5230	2.329 1206.2 1318.2 1.6453	2.581 1246.9 1371.1 1.6930	2.826 1287.0 1423.0 1.7359	3.066 1327.4 1474.9 1.7756	3.304 1368.4 1527.3 1.8128	3.541 1410.0 1580.4 1.8480	3.776 1452.5 1634.2 1.8814
265 (406.13)	V U H S	0.0187 380.83 381.74 0.5743	1.7416 1116.3 1201.7 1.5214	2.283 1205.9 1317.9 1.6430	2.531 1246.7 1370.8 1.6907	2.771 1286.9 1422.8 1.7337	3.007 1327.3 1474.8 1.7734	3.241 1368.2 1527.2 1.8106	3.473 1409.9 1580.3 1.8458	3.704 1452.4 1634.1 1.8792
270 (407.80)	V U H S	0.0188 382.62 383.56 0.5764	1.7101 1116.5 1201.9 1.5197	2.239 1205.6 1317.5 1.6406	2.482 1246.5 1370.5 1.6885	2.719 1286.7 1422.6 1.7315	2.951 1327.2 1474.6 1.7713	3.181 1368.1 1527.0 1.8085	3.408 1409.8 1580.1 1.8437	3.635 1452.3 1634.0 1.8771
275 (409.45)	V U H S	0.0188 384.40 385.35 0.5784	1.6798 1116.6 1202.1 1.5181	2.196 1205.4 1317.1 1.6384	2.436 1246.3 1370.3 1.6863	2.668 1286.6 1422.4 1.7294	2.896 1327.0 1474.4 1.7691	3.122 1368.0 1526.9 1.8064	3.346 1409.8 1580.0 1.8416	3.568 1452.3 1633.9 1.8750
280 (411.07)	V U H S	0.0188 386.15 387.12 0.5805	1.6505 1116.7 1202.3 1.5166	2.155 1205.1 1316.8 1.6361	2.391 1246.1 1370.0 1.6841	2.619 1286.4 1422.1 1.7273	2.844 1326.9 1474.2 1.7671	3.066 1367.9 1526.8 1.8043	3.286 1409.7 1579.9 1.8395	3.504 1452.2 1633.8 1.8730
285 (412.67)	V U H S	0.0188 387.88 388.87 0.5824	1.6222 1116.9 1202.4 1.5150	2.115 1204.8 1316.4 1.6339	2.348 1245.9 1369.7 1.6820	2.572 1286.3 1421.9 1.7252	2.793 1326.8 1474.1 1.7650	3.011 1367.8 1526.6 1.8023	3.227 1409.6 1579.8 1.8375	3.442 1452.1 1633.6 1.8710

TEMPERATURE: t(°F)

Appendix F 蒸汽表

T (Tsat)									
290 (414.25)	V U H S	0.0188 389.59 390.60 0.5844							
295 (415.81)	V U H S	0.0189 391.27 392.30 0.5863							
300 (417.35)	V U H S	0.0189 392.94 393.99 0.5882							
310 (420.36)	V U H S	0.0189 396.21 397.30 0.5920	1.5948 1117.0 1202.6 1.5135	2.077 1204.5 1316.0 1.6317	2.306 1245.7 1369.5 1.6799	2.527 1286.1 1421.7 1.7232	2.744 1326.6 1473.9 1.7630	2.958 1367.7 1526.5 1.8003	3.171 1409.5 1579.6 1.8356	3.382 1452.0 1633.5 1.8690
320 (423.31)	V U H S	0.0190 399.41 400.53 0.5956	1.5684 1117.1 1202.7 0.5120	2.040 1204.3 1315.6 1.6295	2.265 1245.5 1369.2 1.6779	2.483 1286.0 1421.5 1.7211	2.697 1326.5 1473.7 1.7610	2.908 1367.6 1526.3 1.7984	3.117 1409.4 1579.5 1.8336	3.325 1451.9 1633.4 1.8671
330 (426.18)	V U H S	0.0190 402.53 403.70 0.5991	1.5427 1117.2 1202.9 1.5105	2.004 1204.0 1315.2 1.6274	2.226 1245.3 1368.9 1.6758	2.441 1285.8 1421.3 1.7192	2.651 1326.4 1473.6 1.7591	2.859 1367.5 1526.2 1.7964	3.064 1409.3 1579.4 1.8317	3.269 1451.9 1633.3 1.8652
340 (428.98)	V U H S	0.0190 405.60 406.80 0.6026	1.4939 1117.5 1203.2 1.5076	1.936 1244.9 1368.4 1.6719	2.360 1285.5 1420.9 1.7153	2.564 1326.1 1473.2 1.7553	2.765 1367.3 1525.9 1.7927	2.964 1409.1 1579.2 1.8280	3.162 1451.7 1633.1 1.8615
350 (431.73)	V U H S	0.0191 408.59 409.83 0.6059	1.4480 1117.7 1203.4 1.5048	1.873 1202.8 1313.7 1.6192	2.082 1244.5 1367.8 1.6680	2.284 1285.2 1420.4 1.7116	2.482 1325.9 1472.9 1.7516	2.677 1367.0 1525.6 1.7890	2.871 1408.9 1578.9 1.8243	3.063 1451.5 1632.9 1.8579
	V U H S	0.0190 	1.4048 1117.8 1203.6 1.5021	1.813 1202.3 1313.0 1.6153	2.017 1244.1 1367.3 1.6643	2.213 1284.9 1420.0 1.7079	2.405 1325.6 1472.5 1.7480	2.595 1366.8 1525.3 1.7855	2.783 1408.7 1578.7 1.8208	2.969 1451.4 1632.7 1.8544
	V U H S	0.0191 	1.3640 1118.0 1203.8 1.4994	1.756 1201.7 1312.2 1.6114	1.955 1243.7 1366.7 1.6606	2.146 1284.6 1419.6 1.7044	2.333 1325.4 1472.2 1.7445	2.518 1366.6 1525.0 1.7820	2.700 1408.5 1578.4 1.8174	2.881 1451.2 1632.5 1.8510
	V U H S	0.0191 	1.3255 1118.1 1204.0 1.4968	1.703 1201.1 1311.4 1.6077	1.897 1243.3 1366.2 1.6571	2.083 1284.2 1419.2 1.7009	2.265 1325.1 1471.8 1.7411	2.444 1366.4 1524.7 1.7787	2.622 1408.3 1578.2 1.8141	2.798 1451.0 1632.3 1.8477
360 (434.41)	V U H S	0.0192 411.53 412.81 0.6092	1.2891 1118.3 1204.1 1.4943	1.652 1200.5 1310.6 1.6040	1.842 1242.9 1365.6 1.6536	2.024 1283.9 1418.7 1.6976	2.201 1324.8 1471.5 1.7379	2.375 1366.2 1524.4 1.7754	2.548 1408.2 1577.9 1.8109	2.720 1450.9 1632.1 1.8445

表 F.4 過熱蒸汽，英制單位（續）

TEMPERATURE: $t(°F)$

P/(psia) ($t^{sat}/°F$)		sat. liq.	sat. vap.	460	480	500	520	540	560	580
370 (437.04)	V U H S	0.0192 414.41 415.73 0.6125	1.2546 1118.4 1204.3 1.4918	1.311 1131.7 1221.4 1.5107	1.357 1142.6 1235.5 1.5259	1.402 1153.0 1249.0 1.5401	1.445 1163.0 1261.9 1.5534	1.486 1172.6 1274.4 1.5660	1.527 1182.0 1286.5 1.5780	1.566 1191.0 1298.3 1.5894
380 (439.61)	V U H S	0.0193 417.24 418.59 0.6156	1.2218 1118.5 1204.4 1.4894	1.271 1130.4 1219.8 1.5063	1.317 1141.5 1234.1 1.5217	1.361 1152.0 1247.7 1.5360	1.403 1162.1 1260.8 1.5495	1.444 1171.8 1273.3 1.5622	1.483 1181.2 1285.5 1.5743	1.522 1190.4 1297.4 1.5858
390 (442.13)	V U H S	0.0193 420.01 421.40 0.6187	1.1906 1118.6 1204.5 1.4870	1.233 1129.2 1218.2 1.5020	1.278 1140.4 1232.6 1.5176	1.321 1151.0 1246.4 1.5321	1.363 1161.2 1259.6 1.5457	1.403 1171.0 1272.3 1.5585	1.442 1180.5 1284.6 1.5707	1.480 1189.7 1296.5 1.5823
400 (444.60)	V U H S	0.0193 422.74 424.17 0.6217	1.1610 1118.7 1204.6 1.4847	1.197 1127.9 1216.5 1.4978	1.242 1139.3 1231.2 1.5136	1.284 1150.0 1245.1 1.5282	1.325 1160.3 1258.4 1.5420	1.364 1170.2 1271.2 1.5549	1.403 1179.8 1283.6 1.5672	1.440 1189.1 1295.7 1.5789
410 (447.02)	V U H S	0.0194 425.41 426.88 0.6247	1.1327 1118.7 1204.7 1.4825	1.163 1126.6 1214.8 1.4936	1.207 1138.1 1229.7 1.5096	1.249 1149.0 1243.8 1.5244	1.289 1159.4 1257.2 1.5383	1.328 1169.4 1270.2 1.5514	1.365 1179.1 1282.7 1.5637	1.402 1188.4 1294.8 1.5755
420 (449.40)	V U H S	0.0194 428.05 429.56 0.6276	1.1057 1118.8 1204.7 1.4802	1.130 1125.3 1213.1 1.4894	1.173 1137.0 1228.2 1.5056	1.215 1148.0 1242.4 1.5206	1.254 1158.5 1256.0 1.5347	1.293 1168.6 1269.1 1.5479	1.330 1178.3 1281.7 1.5603	1.366 1187.8 1293.9 1.5722
430 (451.74)	V U H S	0.0195 430.64 432.19 0.6304	1.0800 1118.8 1204.8 1.4781	1.099 1123.9 1211.4 1.4853	1.142 1135.8 1226.6 1.5017	1.183 1147.0 1241.1 1.5169	1.222 1157.6 1254.8 1.5311	1.259 1167.8 1268.0 1.5444	1.296 1177.6 1280.7 1.5570	1.331 1187.1 1293.0 1.5689
440 (454.03)	V U H S	0.0195 433.19 434.77 0.6332	1.0554 1118.8 1204.8 1.4759	1.069 1122.6 1209.6 1.4812	1.111 1134.6 1225.1 1.4979	1.152 1145.9 1239.7 1.5132	1.190 1156.7 1253.6 1.5276	1.227 1167.0 1266.9 1.5410	1.263 1176.9 1279.7 1.5537	1.298 1186.4 1292.1 1.5657

Appendix F 蒸汽表

450 (456.28)	V U H S	0.0195 435.69 437.32 0.6360		1.040 1121.2 1207.8 1.4771	1.082 1133.4 1223.5 1.4940	1.122 1144.9 1238.3 1.5096	1.160 1155.8 1252.4 1.5241	1.197 1166.1 1265.8 1.5377	1.232 1176.1 1278.7 1.5505	1.266 1185.7 1291.2 1.5626
460 (458.50)	V U H S	0.0196 438.17 439.83 0.6387	1.0318 1118.9 1204.8 1.4738	1.012 1119.8 1206.0 1.4731	1.054 1132.2 1222.0 1.4903	1.094 1143.8 1236.9 1.5060	1.132 1154.8 1251.1 1.5207	1.168 1165.3 1264.7 1.5344	1.203 1175.4 1277.7 1.5473	1.236 1185.1 1290.3 1.5595
470 (460.68)	V U H S	0.0196 440.60 442.31 0.6413	1.0092 1118.8 1204.8 1.4718	.....	1.028 1131.0 1220.4 1.4865	1.067 1142.8 1235.5 1.5025	1.104 1153.9 1249.9 1.5173	1.140 1164.5 1263.6 1.5311	1.174 1174.6 1276.7 1.5441	1.207 1184.4 1289.4 1.5564
480 (462.82)	V U H S	0.0197 443.00 444.75 0.6439	0.9876 1118.9 1204.8 1.4697	.....	1.002 1129.8 1218.8 1.4828	1.041 1141.7 1234.1 1.4990	1.078 1152.9 1248.6 1.5139	1.113 1163.6 1262.4 1.5279	1.147 1173.8 1275.7 1.5410	1.180 1183.7 1288.5 1.5534
490 (464.93)	V U H S	0.0197 445.36 447.15 0.6465	0.9668 1118.9 1204.8 1.4677	.....	0.9774 1128.5 1217.1 1.4791	1.016 1140.6 1232.7 1.4955	1.052 1151.9 1247.4 1.5106	1.087 1162.7 1261.3 1.5247	1.121 1173.1 1274.7 1.5380	1.153 1183.0 1287.5 1.5504
500 (467.01)	V U H S	0.0197 447.70 449.52 0.6490	0.9468 1118.9 1204.7 1.4658	.....	0.9537 1127.2 1215.5 1.4755	0.9919 1139.5 1231.2 1.4921	1.028 1151.0 1246.1 1.5074	1.062 1161.9 1260.2 1.5216	1.095 1172.3 1273.6 1.5349	1.127 1182.3 1286.6 1.5475
510 (469.05)	V U H S	0.0198 450.00 451.87 0.6515	0.9276 1118.8 1204.6 1.4639	.....	0.9310 1126.0 1213.8 1.4718	0.9688 1138.4 1229.8 1.4886	1.005 1150.0 1244.8 1.5041	1.039 1161.0 1259.0 1.5185	1.071 1171.5 1272.6 1.5319	1.103 1181.6 1285.7 1.5446
520 (471.07)	V U H S	0.0198 452.27 454.18 0.6539	0.9091 1118.8 1204.5 1.4620	.....	0.9090 1124.7 1212.1 1.4682	0.9466 1137.2 1228.3 1.4853	0.9820 1149.0 1243.5 1.5009	1.016 1160.1 1257.8 1.5154	1.048 1170.7 1271.5 1.5290	1.079 1180.9 1284.7 1.5418
530 (473.05)	V U H S	0.0199 454.51 456.46 0.6564	0.8914 1118.7 1204.5 1.4601	.....	0.8878 1123.4 1210.4 1.4646	0.9252 1136.1 1226.8 1.4819	0.9603 1148.0 1242.2 1.4977	0.9937 1159.2 1256.7 1.5124	1.026 1169.9 1270.5 1.5261	1.056 1180.1 1283.8 1.5390

表 F.4 過熱蒸汽，英制單位（續）

TEMPERATURE: $t(°F)$

P/(psia) ($t^{sat}/°F$)		sat. liq.	sat. vap.	600	700	800	900	1000	1100	1200
370 (437.04)	V U H S	0.0192 414.41 415.73 0.6125	1.2546 1118.4 1204.3 1.4918	1.605 1199.9 1309.8 1.6004	1.790 1242.5 1365.1 1.6503	1.967 1283.6 1418.3 1.6943	2.140 1324.6 1471.1 1.7346	2.310 1366.0 1524.1 1.7723	2.478 1408.0 1577.7 1.8077	2.645 1450.7 1631.8 1.8414
380 (439.61)	V U H S	0.0193 417.24 418.59 0.6156	1.2218 1118.5 1204.4 1.4894	1.560 1199.3 1309.0 1.5969	1.741 1242.1 1364.5 1.6470	1.914 1283.3 1417.9 1.6911	2.082 1324.3 1470.8 1.7315	2.248 1365.7 1523.8 1.7692	2.412 1407.8 1577.4 1.8047	2.575 1450.6 1631.6 1.8384
390 (442.13)	V U H S	0.0193 420.01 421.40 0.6187	1.1906 1118.6 1204.5 1.4870	1.517 1198.8 1308.2 1.5935	1.694 1241.7 1364.0 1.6437	1.863 1283.0 1417.5 1.6880	2.028 1324.1 1470.4 1.7285	2.190 1365.5 1523.5 1.7662	2.350 1407.6 1577.2 1.8017	2.508 1450.4 1631.4 1.8354
400 (444.60)	V U H S	0.0193 422.72 424.17 0.6217	1.1610 1118.7 1204.6 1.4847	1.476 1198.2 1307.4 1.5901	1.650 1241.3 1363.4 1.6406	1.815 1282.7 1417.0 1.6850	1.976 1323.8 1470.1 1.7255	2.134 1365.3 1523.3 1.7632	2.290 1407.4 1576.9 1.7988	2.445 1450.2 1631.2 1.8325
410 (447.02)	V U H S	0.0194 425.41 426.89 0.6247	1.1327 1118.7 1204.7 1.4825	1.438 1197.7 1306.6 1.5868	1.608 1240.8 1362.8 1.6375	1.769 1282.4 1416.6 1.6820	1.926 1323.6 1469.7 1.7226	2.081 1365.1 1523.0 1.7603	2.233 1407.2 1576.7 1.7959	2.385 1450.1 1631.0 1.8297
420 (449.40)	V U H S	0.0194 428.05 429.56 0.6276	1.1057 1118.8 1204.7 1.4802	1.401 1196.9 1305.8 1.5835	1.568 1240.4 1362.3 1.6345	1.726 1282.0 1416.2 1.6791	1.879 1323.3 1469.4 1.7197	2.030 1364.9 1522.7 1.7575	2.180 1407.0 1576.4 1.7932	2.327 1449.9 1630.8 1.8269
430 (451.74)	V U H S	0.0195 430.64 432.19 0.6304	1.0800 1118.8 1204.8 1.4781	1.366 1196.3 1305.0 1.5804	1.529 1240.0 1361.7 1.6315	1.684 1281.7 1415.7 1.6762	1.835 1323.0 1469.0 1.7169	1.982 1364.6 1522.4 1.7548	2.128 1406.8 1576.2 1.7904	2.273 1449.7 1630.6 1.8242
440 (454.03)	V U H S	0.0195 433.19 434.77 0.6332	1.0554 1118.8 1204.8 1.4759	1.332 1195.7 1304.2 1.5772	1.493 1239.6 1361.1 1.6286	1.644 1281.4 1415.3 1.6734	1.792 1322.8 1468.7 1.7142	1.936 1364.4 1522.1 1.7521	2.079 1406.6 1575.9 1.7878	2.220 1449.6 1630.4 1.8216

Appendix F 蒸汽表

450 (456.28)	V U H S	0.0195 435.69 437.32 0.6360	1.0318 1118.9 1204.8 1.4738	1.300 1195.1 1303.3 1.5742	1.458 1239.2 1360.6 1.6258	1.607 1281.1 1414.9 1.6707	1.751 1322.5 1468.3 1.7115	1.892 1364.2 1521.8 1.7495	2.032 1406.5 1575.7 1.7852	2.170 1449.4 1630.1 1.8190
460 (458.50)	V U H S	0.0196 438.17 439.83 0.6387	1.0092 1118.9 1204.8 1.4718	1.269 1194.5 1302.5 1.5711	1.424 1238.8 1360.0 1.6230	1.570 1280.8 1414.4 1.6680	1.712 1322.3 1468.0 1.7089	1.850 1364.0 1521.5 1.7469	1.987 1406.3 1575.4 1.7826	2.123 1449.3 1629.9 1.8165
470 (460.68)	V U H S	0.0196 440.60 442.31 0.6413	0.9875 1118.9 1204.8 1.4697	1.240 1193.9 1301.7 1.5681	1.392 1238.3 1359.4 1.6202	1.536 1280.4 1414.0 1.6654	1.674 1322.0 1467.6 1.7064	1.810 1363.8 1521.2 1.7444	1.944 1406.1 1575.2 1.7802	2.077 1449.1 1629.7 1.8141
480 (462.82)	V U H S	0.0197 443.00 444.75 0.6439	0.9668 1118.9 1204.8 1.4677	1.211 1193.2 1300.8 1.5652	1.361 1237.9 1358.8 1.6176	1.502 1280.1 1413.6 1.6628	1.638 1321.7 1467.3 1.7038	1.772 1363.5 1520.9 1.7419	1.903 1405.9 1574.9 1.7777	2.033 1448.9 1629.5 1.8116
490 (464.93)	V U H S	0.0197 445.36 447.15 0.6465	0.9468 1118.9 1204.7 1.4658	1.184 1192.6 1300.0 1.5623	1.332 1237.5 1358.3 1.6149	1.470 1279.8 1413.1 1.6603	1.604 1321.5 1466.9 1.7014	1.735 1363.3 1520.6 1.7395	1.864 1405.7 1574.7 1.7753	1.991 1448.8 1629.3 1.8093
500 (467.01)	V U H S	0.0197 447.70 449.52 0.6490	0.9276 1118.9 1204.7 1.4639	1.158 1192.0 1299.1 1.5595	1.304 1237.1 1357.7 1.6123	1.440 1279.5 1412.7 1.6578	1.571 1321.2 1466.6 1.6990	1.699 1363.1 1520.3 1.7371	1.826 1405.5 1574.4 1.7730	1.951 1448.6 1629.1 1.8069
510 (469.05)	V U H S	0.0198 450.00 451.87 0.6515	0.9091 1118.8 1204.6 1.4620	1.133 1191.3 1298.3 1.5567	1.277 1236.6 1357.1 1.6097	1.410 1279.2 1412.2 1.6554	1.539 1321.0 1466.2 1.6966	1.665 1362.9 1520.0 1.7348	1.789 1405.3 1574.2 1.7707	1.912 1448.4 1628.9 1.8047
520 (471.07)	V U H S	0.0198 452.27 454.18 0.6539	0.8914 1118.8 1204.5 1.4601	1.109 1190.7 1297.4 1.5539	1.250 1236.2 1356.5 1.6072	1.382 1278.8 1411.8 1.6530	1.509 1320.7 1465.9 1.6943	1.632 1362.7 1519.7 1.7325	1.754 1405.1 1573.9 1.7684	1.875 1448.3 1628.7 1.8024
530 (473.05)	V U H S	0.0199 454.51 456.46 0.6564	0.8742 1118.7 1204.5 1.4583	1.086 1190.0 1296.5 1.5512	1.225 1235.8 1355.9 1.6047	1.355 1278.5 1411.4 1.6506	1.479 1320.4 1465.5 1.6920	1.601 1362.4 1519.4 1.7302	1.720 1404.9 1573.7 1.7662	1.839 1448.1 1628.4 1.8002

表 F.4 過熱蒸汽，英制單位（續）

TEMPERATURE: t (°F)

P/(psia) (t^{sat}/°F)		sat. liq.	sat. vap.	500	520	540	560	580	600	650
540 (475.01)	V	0.0199	0.8577	0.9045	0.9394	0.9725	1.004	1.035	1.064	1.134
	U	456.72	1118.7	1134.9	1147.0	1158.3	1169.1	1179.4	1189.4	1213.0
	H	458.71	1204.4	1225.3	1240.8	1255.5	1269.4	1282.8	1295.7	1326.3
	S	0.6587	1.4565	1.4786	1.4946	1.5094	1.5232	1.5362	1.5484	1.5767
550 (476.94)	V	0.0199	0.8418	0.8846	0.9192	0.9520	0.9833	1.013	1.042	1.112
	U	458.91	1118.6	1133.8	1145.9	1157.3	1168.3	1178.7	1188.7	1212.4
	H	460.94	1204.3	1223.8	1239.5	1254.3	1268.4	1281.8	1294.8	1325.6
	S	0.6611	1.4547	1.4753	1.4915	1.5064	1.5203	1.5334	1.5458	1.5742
560 (478.84)	V	0.0200	0.8264	0.8653	0.8997	0.9322	0.9632	0.9930	1.022	1.090
	U	461.07	1118.5	1132.6	1144.9	1156.5	1167.5	1178.0	1188.0	1211.9
	H	463.14	1204.2	1222.2	1238.1	1253.1	1267.3	1280.9	1293.9	1324.9
	S	0.6634	1.4529	1.4720	1.4884	1.5035	1.5175	1.5307	1.5431	1.5717
570 (480.72)	V	0.0200	0.8115	0.8467	0.8808	0.9131	0.9438	0.9733	1.002	1.069
	U	463.20	1118.5	1131.4	1143.9	1155.6	1166.6	1177.2	1187.4	1211.4
	H	465.32	1204.1	1220.7	1236.8	1251.9	1266.2	1279.9	1293.0	1324.2
	S	0.6657	1.4512	1.4687	1.4853	1.5005	1.5147	1.5280	1.5405	1.5693
580 (482.57)	V	0.0201	0.7971	0.8287	0.8626	0.8946	0.9251	0.9542	0.9824	1.049
	U	465.31	1118.4	1130.2	1142.8	1154.6	1165.8	1176.5	1186.7	1210.8
	H	467.47	1203.9	1219.1	1235.4	1250.7	1265.1	1278.9	1292.1	1323.4
	S	0.6679	1.4495	1.4654	1.4822	1.4976	1.5120	1.5254	1.5380	1.5668
590 (484.40)	V	0.0201	0.7832	0.8112	0.8450	0.8768	0.9069	0.9358	0.9637	1.030
	U	467.40	1118.3	1129.0	1141.7	1153.7	1165.0	1175.7	1186.0	1210.3
	H	469.59	1203.8	1217.5	1234.0	1249.4	1264.0	1277.9	1291.2	1322.7
	S	0.6701	1.4478	1.4622	1.4792	1.4948	1.5092	1.5227	1.5354	1.5645
600 (486.20)	V	0.0201	0.7697	0.7944	0.8279	0.8595	0.8894	0.9180	0.9456	1.011
	U	469.46	1118.2	1127.7	1140.7	1152.8	1164.1	1175.0	1185.3	1209.8
	H	471.70	1203.7	1215.9	1232.6	1248.2	1262.9	1276.9	1290.3	1322.0
	S	0.6723	1.4461	1.4590	1.4762	1.4919	1.5065	1.5201	1.5329	1.5621
610 (487.98)	V	0.0202	0.7567	0.7780	0.8114	0.8427	0.8724	0.9008	0.9281	0.9927
	U	471.50	1118.1	1126.5	1139.6	1151.8	1163.3	1174.2	1184.7	1209.2
	H	473.78	1203.5	1214.3	1231.2	1246.9	1261.8	1275.9	1289.4	1321.3
	S	0.6745	1.4445	1.4558	1.4732	1.4891	1.5038	1.5175	1.5304	1.5598

Appendix F 蒸汽表

620 (489.74)	V U H S	0.0202 473.52 475.84 0.6766	0.7441 1118.0 1203.4 1.4428	0.7621 1125.2 1212.7 1.4526	0.7954 1138.5 1229.7 1.4702	0.8265 1150.8 1245.7 1.4863	0.8560 1162.4 1260.7 1.5011	0.8841 1173.5 1274.9 1.5150	0.9112 1184.0 1288.5 1.5279	0.9751 1208.7 1320.5 1.5575
630 (491.48)	V U H S	0.0202 475.52 477.88 0.6787	0.7318 1117.9 1203.2 1.4412	0.7467 1123.9 1211.0 1.4494	0.7798 1137.4 1228.3 1.4672	0.8108 1149.9 1244.4 1.4835	0.8401 1161.6 1259.5 1.4985	0.8680 1172.7 1273.9 1.5124	0.8948 1183.3 1287.6 1.5255	0.9580 1208.1 1319.8 1.5552
640 (493.19)	V U H S	0.0203 477.49 479.89 0.6808	0.7200 1117.8 1203.0 1.4396	0.7318 1122.7 1209.3 1.4462	0.7648 1136.3 1226.8 1.4643	0.7956 1148.9 1243.1 1.4807	0.8246 1160.7 1258.4 1.4959	0.8523 1171.9 1272.8 1.5099	0.8788 1182.6 1286.7 1.5231	0.9415 1207.6 1319.1 1.5530
650 (494.89)	V U H S	0.0203 479.45 481.89 0.6828	0.7084 1117.6 1202.8 1.4381	0.7173 1121.3 1207.6 1.4430	0.7501 1135.1 1225.4 1.4614	0.7808 1147.9 1241.8 1.4780	0.8096 1159.8 1257.2 1.4932	0.8371 1171.1 1271.8 1.5074	0.8634 1181.9 1285.7 1.5207	0.9254 1207.0 1318.3 1.5507
660 (496.57)	V U H S	0.0204 481.38 483.87 0.6849	0.6972 1117.5 1202.7 1.4365	0.7031 1120.0 1205.9 1.4399	0.7359 1134.0 1223.9 1.4584	0.7664 1146.9 1240.5 1.4752	0.7951 1159.0 1256.1 1.4907	0.8224 1170.3 1270.8 1.5049	0.8485 1181.2 1284.8 1.5183	0.9098 1206.5 1317.6 1.5485
670 (498.22)	V U H S	0.0204 483.30 485.83 0.6869	0.6864 1117.4 1202.5 1.4350	0.6894 1118.7 1204.2 1.4367	0.7221 1132.8 1222.4 1.4555	0.7525 1145.9 1239.2 1.4725	0.7810 1158.1 1254.9 1.4881	0.8080 1169.6 1269.7 1.5025	0.8339 1180.5 1283.9 1.5159	0.8947 1205.9 1316.8 1.5463
680 (499.86)	V U H S	0.0204 485.20 487.77 0.6889	0.6758 1117.2 1202.3 1.4334	0.6760 1117.3 1202.4 1.4336	0.7087 1131.7 1220.8 1.4526	0.7389 1144.9 1237.9 1.4698	0.7673 1157.2 1253.7 1.4855	0.7941 1168.8 1268.7 1.5000	0.8198 1179.8 1282.9 1.5136	0.8801 1205.3 1316.1 1.5442
690 (501.48)	V U H S	0.0205 487.08 489.70 0.6908	0.6655 1117.1 1202.1 1.4319	....	0.6956 1130.5 1219.3 1.4497	0.7257 1143.9 1236.5 1.4671	0.7539 1156.3 1252.5 1.4830	0.7806 1168.0 1267.6 1.4976	0.8061 1179.0 1282.0 1.5113	0.8658 1204.8 1315.3 1.5421
700 (503.08)	V U H S	0.0205 488.95 491.60 0.6928	0.6556 1116.9 1201.8 1.4304	....	0.6829 1129.3 1217.8 1.4468	0.7129 1142.8 1235.2 1.4644	0.7409 1155.4 1251.3 1.4805	0.7675 1167.1 1266.6 1.4952	0.7928 1178.3 1281.0 1.5090	0.8520 1204.2 1314.6 1.5399

表 F.4 過熱蒸汽，英制單位（續）

TEMPERATURE: $t(°F)$

P/(psia) ($t^{sat}/°F$)		sat. liq.	sat. vap.	700	750	800	900	1000	1100	1200
540 (475.01)	V U H S	0.0199 456.72 458.71 0.6587	0.8577 1118.7 1204.4 1.4565	1.201 1235.3 1355.3 1.6023	1.266 1257.0 1383.4 1.6260	1.328 1278.2 1410.9 1.6483	1.451 1320.2 1465.1 1.6897	1.570 1362.2 1519.1 1.7280	1.688 1404.8 1573.4 1.7640	1.804 1447.9 1628.2 1.7981
550 (476.94)	V U H S	0.0199 458.91 460.94 0.6611	0.8418 1118.6 1204.3 1.4547	1.178 1234.9 1354.7 1.5999	1.241 1256.6 1382.9 1.6237	1.303 1277.9 1410.5 1.6460	1.424 1319.9 1464.8 1.6875	1.541 1362.0 1518.9 1.7259	1.657 1404.6 1573.2 1.7619	1.771 1447.8 1628.0 1.7959
560 (478.84)	V U H S	0.0200 461.07 463.14 0.6634	0.8264 1118.5 1204.2 1.4529	1.155 1234.4 1354.2 1.5975	1.218 1256.2 1382.4 1.6214	1.279 1277.5 1410.0 1.6438	1.397 1319.6 1464.4 1.6853	1.513 1361.8 1518.6 1.7237	1.627 1404.4 1572.9 1.7598	1.739 1447.6 1627.8 1.7939
570 (480.72)	V U H S	0.0200 463.20 465.32 0.6657	0.8115 1118.5 1204.1 1.4512	1.133 1234.0 1353.6 1.5952	1.195 1255.8 1381.9 1.6191	1.255 1277.2 1409.6 1.6415	1.372 1319.4 1464.1 1.6832	1.486 1361.6 1518.3 1.7216	1.597 1404.2 1572.7 1.7577	1.708 1447.5 1627.6 1.7918
580 (482.57)	V U H S	0.0201 465.31 467.47 0.6679	0.7971 1118.4 1203.9 1.4495	1.112 1233.6 1353.0 1.5929	1.173 1255.5 1381.4 1.6169	1.232 1276.9 1409.2 1.6394	1.347 1319.1 1463.7 1.6811	1.459 1361.3 1518.0 1.7196	1.569 1404.0 1572.4 1.7556	1.678 1447.3 1627.4 1.7898
590 (484.40)	V U H S	0.0201 467.40 469.59 0.6701	0.7832 1118.3 1203.8 1.4478	1.092 1233.1 1352.4 1.5906	1.152 1255.1 1380.9 1.6147	1.210 1276.5 1408.7 1.6372	1.324 1318.9 1463.4 1.6790	1.434 1361.1 1517.7 1.7175	1.542 1403.8 1572.2 1.7536	1.649 1447.1 1627.2 1.7878
600 (486.20)	V U H S	0.0201 469.46 471.70 0.6723	0.7697 1118.2 1203.7 1.4461	1.073 1232.7 1351.8 1.5884	1.132 1254.7 1380.4 1.6125	1.189 1276.2 1408.3 1.6351	1.301 1318.6 1463.0 1.6769	1.409 1360.9 1517.4 1.7155	1.516 1403.6 1571.9 1.7517	1.621 1447.0 1627.0 1.7859
610 (487.98)	V U H S	0.0202 471.50 473.78 0.6745	0.7567 1118.1 1203.5 1.4445	1.054 1232.2 1351.2 1.5861	1.112 1254.3 1379.9 1.6104	1.169 1275.9 1407.8 1.6330	1.279 1318.3 1462.7 1.6749	1.386 1360.7 1517.1 1.7135	1.491 1403.4 1571.7 1.7497	1.594 1446.8 1626.7 1.7839

Appendix F 蒸汽表

620 (489.74)	V U H S	0.0202 473.52 475.84 0.6766	0.7441 1118.0 1203.4 1.4428	1.035 1231.8 1350.6 1.5839	1.093 1253.9 1379.3 1.6082	1.149 1275.6 1407.4 1.6310	1.257 1318.1 1462.3 1.6729	1.363 1360.5 1516.8 1.7116	1.466 1403.2 1571.4 1.7478	1.568 1446.6 1626.5 1.7820
630 (491.48)	V U H S	0.0202 475.52 477.88 0.6787	0.7318 1117.9 1203.2 1.4412	1.017 1231.3 1350.0 1.5818	1.074 1253.6 1378.8 1.6062	1.130 1275.2 1406.9 1.6289	1.236 1317.8 1461.9 1.6710	1.340 1360.2 1516.5 1.7097	1.442 1403.1 1571.2 1.7459	1.543 1446.5 1626.3 1.7802
640 (493.19)	V U H S	0.0203 477.49 479.89 0.6808	0.7200 1117.8 1203.0 1.4396	1.000 1230.9 1349.3 1.5797	1.056 1253.2 1378.3 1.6041	1.111 1274.9 1406.5 1.6269	1.216 1317.5 1461.6 1.6690	1.319 1360.0 1516.2 1.7078	1.419 1402.9 1570.9 1.7441	1.518 1446.3 1626.1 1.7783
650 (494.89)	V U H S	0.0203 479.45 481.89 0.6828	0.7084 1117.6 1202.8 1.4381	0.9835 1230.4 1348.7 1.5775	1.039 1252.8 1377.8 1.6021	1.093 1274.6 1406.0 1.6249	1.197 1317.3 1461.2 1.6671	1.298 1359.8 1515.9 1.7059	1.397 1402.7 1570.7 1.7422	1.494 1446.1 1625.9 1.7765
660 (496.57)	V U H S	0.0204 481.38 483.87 0.6849	0.6972 1117.5 1202.7 1.4365	0.9673 1230.0 1348.1 1.5755	1.022 1252.4 1377.3 1.6001	1.075 1274.2 1405.6 1.6230	1.178 1317.0 1460.9 1.6652	1.278 1359.6 1515.6 1.7041	1.375 1402.5 1570.4 1.7404	1.471 1446.0 1625.7 1.7748
670 (498.22)	V U H S	0.0204 483.30 485.83 0.6869	0.6864 1117.4 1202.5 1.4350	0.9516 1229.5 1347.5 1.5734	1.006 1252.0 1376.7 1.5981	1.058 1273.9 1405.1 1.6211	1.160 1316.7 1460.5 1.6634	1.258 1359.3 1515.3 1.7023	1.354 1402.3 1570.2 1.7387	1.449 1445.8 1625.5 1.7730
680 (499.86)	V U H S	0.0204 485.20 487.77 0.6889	0.6758 1117.2 1202.3 1.4334	0.9364 1229.1 1346.9 1.5714	0.9900 1251.6 1376.2 1.5961	1.042 1273.6 1404.7 1.6192	1.142 1316.5 1460.2 1.6616	1.239 1359.1 1515.0 1.7005	1.334 1402.1 1569.9 1.7369	1.427 1445.7 1625.3 1.7713
690 (501.48)	V U H S	0.0205 487.08 489.70 0.6908	0.6655 1117.1 1202.1 1.4319	0.9216 1228.6 1346.3 1.5693	0.9746 1251.3 1375.7 1.5942	1.026 1273.2 1404.2 1.6173	1.125 1316.2 1459.8 1.6598	1.220 1358.9 1514.7 1.6987	1.314 1401.9 1569.7 1.7352	1.406 1445.5 1625.0 1.7696
700 (503.08)	V U H S	0.0205 488.95 491.60 0.6928	0.6556 1116.9 1201.8 1.4304	0.9072 1228.1 1345.6 1.5673	0.9596 1250.9 1375.2 1.5923	1.010 1272.9 1403.7 1.6154	1.108 1315.9 1459.4 1.6580	1.202 1358.7 1514.4 1.6970	1.295 1401.7 1569.4 1.7335	1.386 1445.3 1624.8 1.7679

表 F.4 過熱蒸汽，英制單位（續）

TEMPERATURE: $t(°F)$

P/(psia) ($t^{sat}/°F$)		sat. liq.	sat. vap.	520	540	560	580	600	620	650
725 (507.01)	V U H S	0.0206 493.5 496.3 0.6975	0.6318 1116.5 1201.3 1.4268	0.6525 1126.3 1213.8 1.4396	0.6823 1140.2 1231.7 1.4578	0.7100 1153.1 1248.3 1.4742	0.7362 1165.1 1263.9 1.4893	0.7610 1176.5 1278.6 1.5033	0.7848 1187.3 1292.6 1.5164	0.8190 1202.8 1312.6 1.5347
750 (510.84)	V U H S	0.0207 498.0 500.9 0.7022	0.6095 1116.1 1200.7 1.4232	0.6240 1123.1 1209.7 1.4325	0.6536 1137.5 1228.2 1.4511	0.6811 1150.7 1245.2 1.4680	0.7069 1163.0 1261.1 1.4835	0.7313 1174.6 1276.1 1.4977	0.7547 1185.6 1290.4 1.5111	0.7882 1201.3 1310.7 1.5296
775 (514.57)	V U H S	0.0208 502.4 505.4 0.7067	0.5886 1115.6 1200.1 1.4197	0.5971 1119.9 1205.6 1.4253	0.6267 1134.7 1224.6 1.4446	0.6539 1148.3 1242.1 1.4619	0.6794 1160.9 1258.3 1.4777	0.7035 1172.7 1273.6 1.4923	0.7265 1183.9 1288.1 1.5058	0.7594 1199.9 1308.8 1.5247
800 (518.21)	V U H S	0.0209 506.7 509.8 0.7111	0.5690 1115.2 1199.4 1.4163	0.5717 1116.6 1201.2 1.4182	0.6013 1131.9 1220.9 1.4381	0.6283 1145.9 1238.9 1.4558	0.6536 1158.8 1255.5 1.4720	0.6774 1170.8 1271.1 1.4868	0.7000 1182.2 1285.9 1.5007	0.7323 1198.4 1306.8 1.5198
825 (521.76)	V U H S	0.0210 510.9 514.1 0.7155	0.5505 1114.6 1198.7 1.4129	....	0.5773 1129.0 1217.1 1.4315	0.6042 1143.4 1235.6 1.4498	0.6293 1156.6 1252.6 1.4664	0.6528 1168.9 1268.5 1.4815	0.6751 1180.5 1283.6 1.4956	0.7069 1196.9 1304.8 1.5150
850 (525.24)	V U H S	0.0211 515.1 518.4 0.7197	0.5330 1114.1 1198.0 1.4096	....	0.5546 1126.0 1213.3 1.4250	0.5815 1140.8 1232.2 1.4439	0.6063 1154.3 1249.7 1.4608	0.6296 1166.9 1265.9 1.4763	0.6516 1178.7 1281.2 1.4906	0.6829 1195.3 1302.8 1.5102
875 (528.63)	V U H S	0.0211 519.2 522.6 0.7238	0.5165 1113.6 1197.2 1.4064	....	0.5330 1123.0 1209.3 1.4185	0.5599 1138.2 1228.8 1.4379	0.5846 1152.0 1246.7 1.4553	0.6077 1164.9 1263.3 1.4711	0.6294 1176.9 1278.8 1.4856	0.6602 1193.8 1300.7 1.5056
900 (531.95)	V U H S	0.0212 523.2 526.7 0.7279	0.5009 1113.0 1196.4 1.4032	....	0.5126 1119.8 1205.2 1.4120	0.5394 1135.5 1225.3 1.4320	0.5640 1149.7 1243.6 1.4498	0.5869 1162.8 1260.6 1.4659	0.6084 1175.1 1276.4 1.4807	0.6388 1192.2 1298.6 1.5010

Appendix F 蒸汽表

925 (535.21)	V U H S	0.0213 527.1 530.8 0.7319			0.4861 1112.4 1195.6 1.4001	0.4930 1116.5 1200.9 1.4054	0.5200 1132.7 1221.7 1.4260	0.5445 1147.3 1240.5 1.4443	0.5672 1160.8 1257.8 1.4608	0.5885 1173.2 1274.0 1.4759	0.6186 1190.7 1296.6 1.4965
950 (538.39)	V U H S	0.0214 531.0 534.7 0.7358			0.4721 1111.7 1194.7 1.3970	0.4744 1113.2 1196.6 1.3988	0.5014 1129.9 1218.0 1.4201	0.5259 1144.9 1237.4 1.4389	0.5485 1158.6 1255.1 1.4557	0.5696 1171.4 1271.5 1.4711	0.5993 1189.1 1294.4 1.4921
975 (541.52)	V U H S	0.0215 534.8 538.7 0.7396			0.4587 1111.1 1193.8 1.3940		0.4837 1127.0 1214.3 1.4142	0.5082 1142.4 1234.1 1.4335	0.5307 1156.5 1252.2 1.4507	0.5517 1169.5 1269.0 1.4664	0.5810 1187.5 1292.3 1.4877
v 1000 (544.58)	V U H S	0.0216 538.6 542.6 0.7434			0.4460 1110.4 1192.9 1.3910		0.4668 1124.0 1210.4 1.4082	0.4913 1139.9 1230.8 1.4281	0.5137 1154.3 1249.3 1.4457	0.5346 1167.5 1266.5 1.4617	0.5636 1185.8 1290.1 1.4833
1025 (547.58)	V U H S	0.0217 542.3 546.4 0.7471			0.4338 1109.7 1192.0 1.3880		0.4506 1120.9 1206.4 1.4022	0.4752 1137.3 1227.4 1.4227	0.4975 1152.0 1246.4 1.4407	0.5183 1165.6 1263.9 1.4571	0.5471 1184.2 1287.9 1.4791
1050 (550.53)	V U H S	0.0218 545.9 550.1 0.7507			0.4222 1109.0 1191.0 1.3851		0.4350 1117.8 1202.3 1.3962	0.4597 1134.7 1224.0 1.4173	0.4821 1149.8 1243.4 1.4358	0.5027 1163.6 1261.2 1.4524	0.5312 1182.5 1285.7 1.4748
1075 (553.43)	V U H S	0.0219 549.5 553.9 0.7543			0.4112 1108.3 1190.1 1.3822		0.4200 1114.5 1198.1 1.3901	0.4449 1131.9 1220.4 1.4118	0.4673 1147.4 1240.4 1.4308	0.4878 1161.5 1258.6 1.4479	0.5161 1180.8 1283.5 1.4706
1100 (556.28)	V U H S	0.0220 553.1 557.5 0.7578			0.4006 1107.5 1189.1 1.3794		0.4056 1111.2 1193.7 1.3840	0.4307 1129.1 1216.8 1.4064	0.4531 1145.1 1237.3 1.4259	0.4735 1159.5 1255.9 1.4433	0.5017 1179.1 1281.2 1.4664
1125 (559.07)	V U H S	0.0220 556.6 561.2 0.7613			0.3904 1106.8 1188.0 1.3766		0.3917 1107.7 1189.2 1.3778	0.4170 1126.3 1213.1 1.4009	0.4394 1142.6 1234.1 1.4210	0.4599 1157.4 1253.1 1.4387	0.4879 1177.3 1278.9 1.4623

表 F.4 過熱蒸汽，英制單位（續）

TEMPERATURE: $t(°F)$

P/(psia) ($t^{sat}/°F$)		sat. liq.	sat. vap.	700	750	800	900	1000	1100	1200
725 (507.01)	V U H S	0.0206 493.5 496.3 0.6975	0.6318 1116.5 1201.3 1.4268	0.8729 1227.0 1344.1 1.5624	0.9240 1249.9 1373.8 1.5876	0.9732 1272.0 1402.6 1.6109	1.068 1315.3 1458.5 1.6536	1.159 1358.1 1513.7 1.6927	1.249 1401.3 1568.8 1.7293	1.337 1444.9 1624.3 1.7638
750 (510.84)	V U H S	0.0207 498.0 500.9 0.7022	0.6095 1116.1 1200.7 1.4232	0.8409 1225.8 1342.5 1.5577	0.8907 1248.9 1372.5 1.5830	0.9386 1271.2 1401.5 1.6065	1.031 1314.6 1457.6 1.6494	1.119 1357.6 1512.9 1.6886	1.206 1400.8 1568.2 1.7252	1.292 1444.5 1623.8 1.7598
775 (514.57)	V U H S	0.0208 502.4 505.4 0.7067	0.5886 1115.6 1200.1 1.4197	0.8109 1224.6 1340.9 1.5530	0.8595 1247.9 1371.2 1.5786	0.9062 1270.3 1400.3 1.6022	0.9957 1313.9 1456.7 1.6453	1.082 1357.0 1512.2 1.6846	1.166 1400.3 1567.6 1.7213	1.249 1444.1 1623.2 1.7559
800 (518.21)	V U H S	0.0209 506.7 509.8 0.7111	0.5690 1115.2 1199.4 1.4163	0.7828 1223.4 1339.3 1.5484	0.8303 1246.9 1369.8 1.5742	0.8759 1269.5 1399.1 1.5980	0.9631 1313.2 1455.8 1.6413	1.047 1356.4 1511.4 1.6807	1.129 1399.8 1566.9 1.7175	1.209 1443.7 1622.7 1.7522
825 (521.76)	V U H S	0.0210 510.9 514.1 0.7155	0.5505 1114.6 1198.7 1.4129	0.7564 1222.2 1337.7 1.5440	0.8029 1245.9 1368.5 1.5700	0.8473 1268.6 1398.0 1.5939	0.9323 1312.6 1454.9 1.6374	1.014 1355.9 1510.7 1.6770	1.094 1399.3 1566.3 1.7138	1.172 1443.3 1622.2 1.7485
850 (525.24)	V U H S	0.0211 515.1 518.4 0.7197	0.5330 1114.1 1198.0 1.4096	0.7315 1221.0 1336.0 1.5396	0.7770 1244.9 1367.1 1.5658	0.8205 1267.7 1396.8 1.5899	0.9034 1311.9 1454.0 1.6336	0.9830 1355.3 1510.0 1.6733	1.061 1398.9 1565.7 1.7102	1.137 1442.9 1621.6 1.7450
875 (528.63)	V U H S	0.0211 519.2 522.6 0.7238	0.5165 1113.6 1197.2 1.4064	0.7080 1219.7 1334.4 1.5353	0.7526 1243.9 1365.7 1.5618	0.7952 1266.9 1395.6 1.5860	0.8762 1311.2 1453.1 1.6299	0.9538 1354.8 1509.2 1.6697	1.029 1398.4 1565.1 1.7067	1.103 1442.5 1621.1 1.7416
900 (531.95)	V U H S	0.0212 523.2 526.7 0.7279	0.5009 1113.0 1196.4 1.4032	0.6858 1218.5 1332.7 1.5311	0.7296 1242.8 1364.3 1.5578	0.7713 1266.0 1394.4 1.5822	0.8504 1310.5 1452.2 1.6263	0.9262 1354.2 1508.5 1.6662	0.9998 1397.9 1564.4 1.7033	1.072 1442.0 1620.6 1.7382

Appendix F 蒸汽表

925 (535.21)	V U H S	0.0213 527.1 530.8 0.7319	0.4861 1112.4 1195.6 1.4001	0.6648 1217.2 1331.0 1.5269	0.7078 1241.8 1362.9 1.5539	0.7486 1265.1 1393.2 1.5784	0.8261 1309.8 1451.2 1.6227	0.9001 1353.6 1507.7 1.6628	0.9719 1397.4 1563.8 1.7000	1.042 1441.6 1620.0 1.7349
950 (538.39)	V U H S	0.0214 531.0 534.7 0.7358	0.4721 1111.7 1194.7 1.3970	0.6449 1216.3 1329.3 1.5228	0.6871 1240.7 1361.5 1.5500	0.7272 1264.2 1392.0 1.5748	0.8030 1309.1 1450.3 1.6193	0.8753 1353.1 1507.0 1.6595	0.9455 1397.0 1563.2 1.6967	1.014 1441.2 1619.5 1.7317
975 (541.52)	V U H S	0.0215 534.8 538.7 0.7396	0.4587 1111.1 1193.8 1.3940	0.6259 1214.7 1327.6 1.5188	0.6675 1239.7 1360.1 1.5463	0.7068 1263.3 1390.8 1.5712	0.7811 1308.5 1449.4 1.6159	0.8518 1352.5 1506.2 1.6562	0.9204 1396.5 1562.5 1.6936	0.9875 1440.8 1619.0 1.7286
1000 (544.58)	V U H S	0.0216 538.6 542.6 0.7434	0.4460 1110.4 1192.9 1.3910	0.6080 1213.4 1325.9 1.5149	0.6489 1238.6 1358.7 1.5426	0.6875 1262.4 1389.6 1.5677	0.7603 1307.8 1448.5 1.6126	0.8295 1351.9 1505.4 1.6530	0.8966 1396.0 1561.9 1.6905	0.9621 1440.4 1618.4 1.7256
1025 (547.58)	V U H S	0.0217 542.3 546.4 0.7471	0.4338 1109.7 1192.0 1.3880	0.5908 1212.1 1324.2 1.5110	0.6311 1237.5 1357.3 1.5389	0.6690 1261.5 1388.4 1.5642	0.7405 1307.1 1447.5 1.6094	0.8083 1351.4 1504.7 1.6499	0.8739 1395.5 1561.3 1.6874	0.9380 1440.0 1617.9 1.7226
1050 (550.53)	V U H S	0.0218 545.9 550.1 0.7507	0.4222 1109.0 1191.0 1.3851	0.5745 1210.8 1322.4 1.5072	0.6142 1236.5 1355.8 1.5354	0.6515 1260.6 1387.2 1.5608	0.7216 1306.4 1446.6 1.6062	0.7881 1350.8 1503.9 1.6469	0.8524 1395.0 1560.7 1.6845	0.9151 1439.6 1617.4 1.7197
1075 (553.43)	V U H S	0.0219 549.5 553.9 0.7543	0.4112 1108.3 1190.1 1.3822	0.5589 1209.4 1320.6 1.5034	0.5981 1235.4 1354.4 1.5319	0.6348 1259.7 1386.0 1.5575	0.7037 1305.7 1445.7 1.6031	0.7688 1350.2 1503.2 1.6439	0.8318 1394.6 1560.0 1.6816	0.8932 1439.2 1616.8 1.7169
1100 (556.28)	V U H S	0.0220 553.1 557.5 0.7578	0.4006 1107.5 1189.1 1.3794	0.5440 1208.1 1318.8 1.4996	0.5826 1234.3 1352.9 1.5284	0.6188 1258.8 1384.7 1.5542	0.6865 1305.0 1444.7 1.6000	0.7505 1349.7 1502.4 1.6410	0.8121 1394.1 1559.4 1.6787	0.8723 1438.7 1616.3 1.7141
1125 (559.07)	V U H S	0.0220 556.6 561.2 0.7613	0.3904 1106.8 1188.0 1.3766	0.5298 1206.7 1317.0 1.4959	0.5679 1233.2 1351.4 1.5250	0.6035 1257.8 1383.5 1.5509	0.6701 1304.3 1443.8 1.5970	0.7329 1349.1 1501.7 1.6381	0.7934 1393.6 1558.8 1.6759	0.8523 1438.3 1615.8 1.7114

熱力學相圖

Appendix G

圖 G.1　甲烷
圖 G.2　1,1,1,2–四氟乙烷 (HFC-134a)

有關冷凍劑 1,1,1,2-四氟乙烷 (HFC-134a) 更完整的數據，可由下列網址查詢：

http://www.dupont.com/suva/na/usa/literature/thermoprop/index.html

Appendix **G** 熱力學相圖

圖 G.1 甲烷的 *PH* 相圖

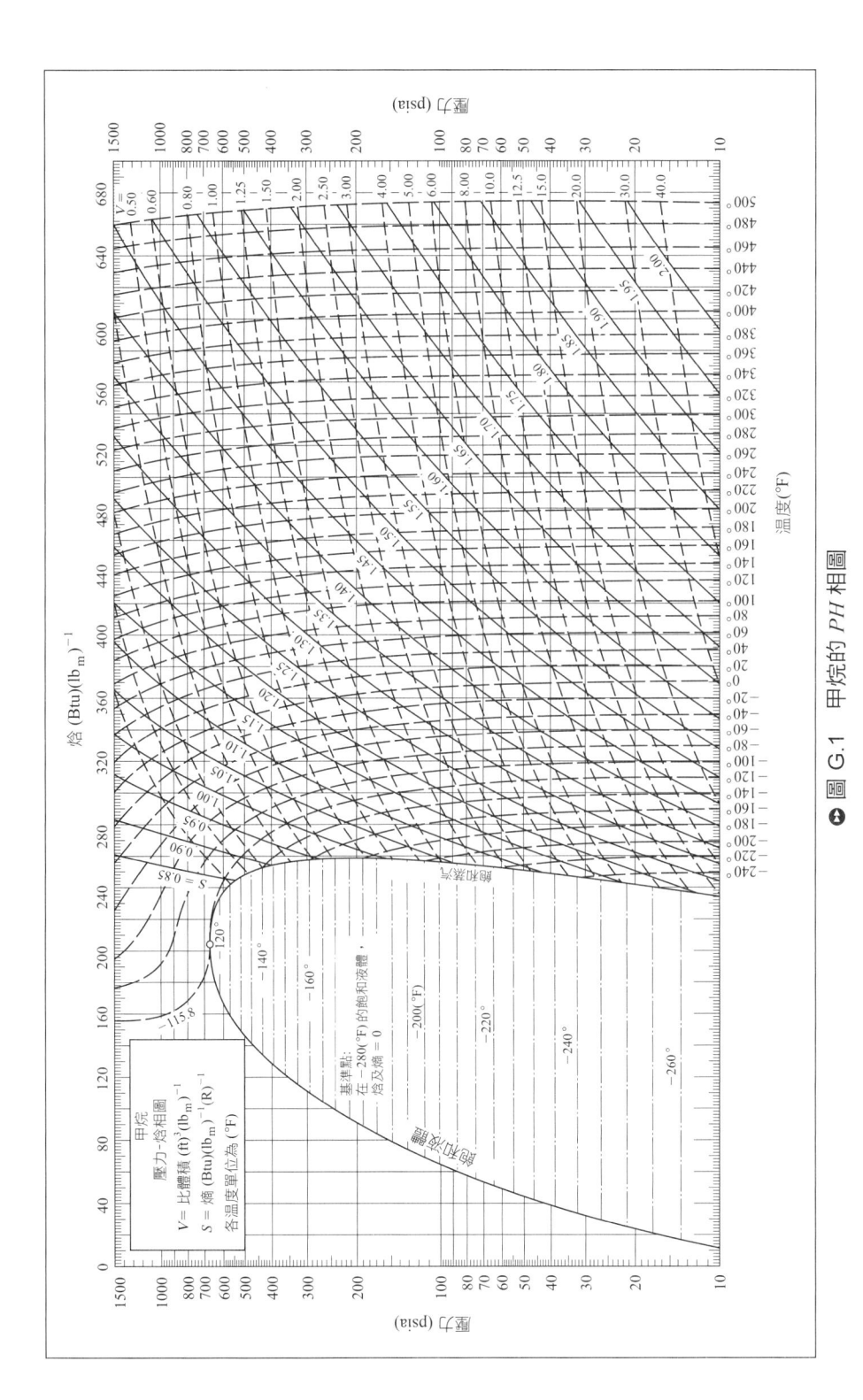

(經同意轉載自:*Shell Development Company, Copyright 1945.* Published by C.S. Matthews and C. O. Hurd, *Trans. AIChE*, vol. 42, pp. 55-78, 1946.)

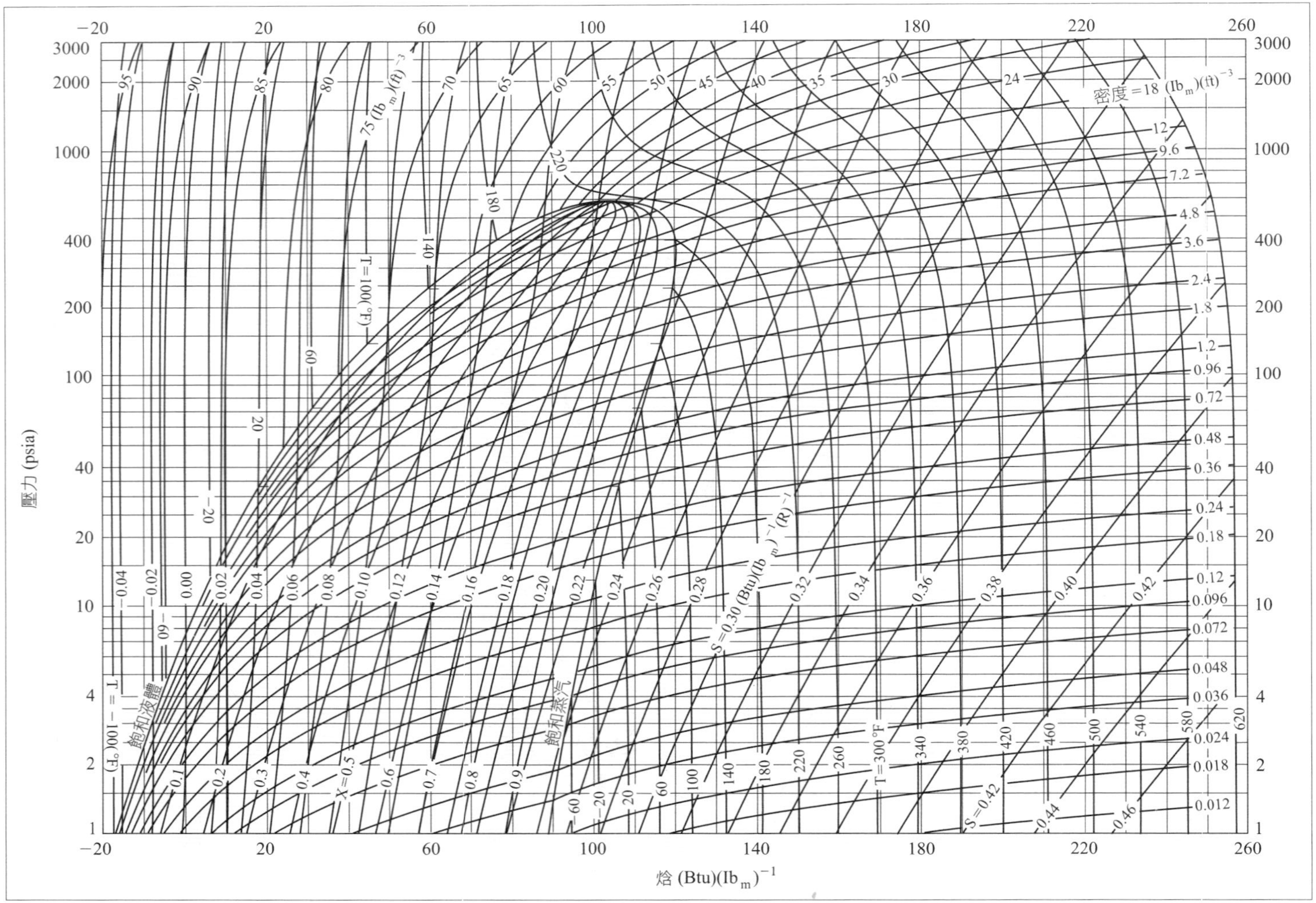

● 圖 G.2 四氟乙烷 (HFC-134a) 的 PH 相圖

(經同意轉載自：*ASHRAE Handbook: Fundamentals*, p. 17.28, American Society of Heating, Refrigerating and Air-Conditioning Engineers, Inc., Atlanta, 1993.)

UNIFAC 方法
Appendix H

UNIQUAC 方程式[1]將 $g \equiv G^E/RT$ 分為兩個加成的部份,其中結合項 (combinatorial term) g^C 表示由於分子大小及形狀差異所造成的貢獻,而剩餘項 (residual term) g^R (並不是 6.2 節所定義的剩餘性質) 乃表示由於分子間作用力而得之貢獻:

$$g \equiv g^C + g^R \tag{H.1}$$

g^C 函數只包含純物質參數,而 g^R 函數中每一對分子間包含兩個二成分參數。對於多成分系統而言,

$$g^C = \sum_i x_i \ln \frac{\Phi_i}{x_i} + 5\sum_i q_i x_i \ln \frac{\theta_i}{\Phi_i} \tag{H.2}$$

$$g^R = -\sum_i q_i x_i \ln \left(\sum_j \theta_j \tau_{ji} \right) \tag{H.3}$$

其中

$$\Phi_i \equiv \frac{x_i r_i}{\sum_j x_j r_j} \tag{H.4}$$

$$\theta_i \equiv \frac{x_i q_i}{\sum_j x_j q_j} \tag{H.5}$$

下標 i 代表各物質,而下標 j 表示虛擬變數,上式是對所有物質加成而得。注意 $\tau_{ji} \neq \tau_{ij}$;然而當 $i = j$ 時則 $\tau_{ii} = \tau_{jj} = 1$。上式中 r_i (相對分子體積) 及 q_i (相對分子表面積) 為純物質參數。溫度對 g 的效應可由 (H.3) 式的作用力參數 τ_{ji} 表示,其溫度相依關係為:

$$\tau_{ji} = \exp \frac{-(u_{ji} - u_{ii})}{RT} \tag{H.6}$$

---

[1] D. S. Abrams and J. M. Prausnitz, *AIChE J.*, Vol. 21, pp. 116-128, 1975.

因此 UNIQUAC 方程式中的參數即為 $(u_{ji} - u_{ii})$。

應用 (8.96) 式於 UNIQUAC 方程式之 g [(H.1) 式至 (H.3) 式]，可求得 $\ln \gamma_i$ 的表示式。其結果可表示如下：

$$\ln \gamma_i = \ln \gamma_i^C + \ln \gamma_i^R \tag{H.7}$$

$$\ln \gamma_i^C = 1 - J_i + \ln J_i - 5q_i \left(1 - \frac{J_i}{L_i} + \ln \frac{J_i}{L_i} \right) \tag{H.8}$$

$$\ln \gamma_i^R = q_i \left(1 - \ln s_i - \sum_j \theta_j \frac{\tau_{ij}}{s_j} \right) \tag{H.9}$$

其中除了 (H.5) 及 (H.6) 式之外，

$$J_i = \frac{r_i}{\sum_j r_j x_j} \tag{H.10}$$

$$L_i = \frac{q_i}{\sum_j q_j x_j} \tag{H.11}$$

$$s_i = \sum_l \theta_l \tau_{li} \tag{H.12}$$

上式中，下標 i 依然表示各物質，j 及 ℓ 則為虛擬變數。上列各式是對所有物質加成，且當 $i = j$ 時 $\tau_{ij} = 1$。參數 $(u_{ij} - u_{jj})$ 的數值，由 Gmehling 等人[2] 迴歸二成分 VLE 數據而提出。

用來估算活性係數的 UNIFAC 方法，[3]其基本概念是將液態混合物視為由各結構單元所構成的溶液，而並非由分子本身所構成的溶液。這些結構單元稱為次官能基 (subgroups)，表 H.1 中的第 2 行列出一些次官能基。相對體積 R_k 及相對表面積 Q_k 是次官能基的性質，其數值列於表 H.1 中的第 4 及第 5 行。此表中的第 6 及第 7 行也列出了某些分子所包含的次官能基組合。當某分子可由多組次官能基的結構表示時，含有最小數目的不同次官能基的組合乃是正確的選擇。UNIFAC 方法的最大益處，乃是可由少量的各種次官能基的組合，來表示大量分子的性質。

---

2 J. Gmehling, U. Onken, and W. Arlt, *Vapor-Liquid Equilibrium Data Collection*, Chemistry Data Series, vol. I, parts 1-8, DECHEMA, Frankfurt/Main, 1974-1990.

3 Aa. Fredenslund, R. L. Jones and J. M. Prausnitz, *AIChE J.*, vol. 21, pp. 1086-1099, 1975.

Appendix H UNIFAC 方法

表 H.1　UNIFAC-VLE 次官能基參數*

主官能基	次官能基	k	R_k	Q_k	分子的範例及其所包含的官能基	
1 "CH$_2$"	CH$_3$	1	0.9011	0.848	n-Butane:	2CH$_3$, 2CH$_2$
	CH$_2$	2	0.6744	0.540	Isobutane:	3CH$_3$, 1CH
	CH	3	0.4469	0.228	2,2-Dimethyl	
	C	4	0.2195	0.000	propane:	4CH$_3$, 1C
3 "ACH" (AC = aromatic carbon)	ACH	10	0.5313	0.400	Benzene:	6ACH
4 "ACCH$_2$"	ACCH$_3$	12	1.2663	0.968	Toluene:	5ACH, 1ACCH$_3$
	ACCH$_2$	13	1.0396	0.660	Ethylbenzene:	1CH$_3$, 5ACH, 1ACCH$_2$
5 "OH"	OH	15	1.0000	1.200	Ethanol:	1CH$_3$, 1CH$_2$, 1OH
7 "H$_2$O"	H$_2$O	17	0.9200	1.400	Water:	1H$_2$O
9 "CH$_2$CO"	CH$_3$CO	19	1.6724	1.488	Acetone:	1CH$_3$CO, 1CH$_3$
	CH$_2$CO	20	1.4457	1.180	3-Pentanone:	2CH$_3$, 1CH$_2$CO, 1CH$_2$
13 "CH$_2$O"	CH$_3$O	25	1.1450	1.088	Dimethyl ether:	1CH$_3$, 1CH$_3$O
	CH$_2$O	26	0.9183	0.780	Diethyl ether:	2CH$_3$, 1CH$_2$, 1CH$_2$O
	CH–O	27	0.6908	0.468	Diisopropyl ether:	4CH$_3$, 1CH, 1CH–O
15 "CNH"	CH$_3$NH	32	1.4337	1.244	Dimethylamine:	1CH$_3$, 1CH$_3$NH
	CH$_2$NH	33	1.2070	0.936	Diethylamine:	2CH$_3$, 1CH$_2$, 1CH$_2$NH
	CHNH	34	0.9795	0.624	Diisopropylamine:	4CH$_3$, 1CH, 1CHNH
19 "CCN"	CH$_3$CN	41	1.8701	1.724	Acetonitrile:	1CH$_3$CN
	CH$_2$CN	42	1.6434	1.416	Propionitrile:	1CH$_3$, 1CH$_2$CN

* H. K. Hansen, P. Rasmussen, Aa. Fredenslund, M. Schiller, and J. Gmehling, *IEC Research,* vol. 30, pp. 2352-2355, 1991.

　　活性係數除了與次官能基性質 R_k 與 Q_k 有關外，也與次官能基間之交互作用有關。類似的次官能基被歸類於同一個主官能基，如表 H.1 中的前兩行所示。主官能基如 "CH$_2$"，"ACH" 等只是敘述性的表示。屬於同一個主官能基之下的各次官能基，具有相同的交互作用力。官能基的交互作用參數因此只與主官能基有關。表 H.2 中列出一些二元參數 a_{mk} 數值。

表 H.2　UNIFAC-VLE 交互作用參數 a_{mk}，單位為 K[†]

	1	3	4	5	7	9	13	15	19
1 CH_2	0.00	61.13	76.50	986.50	1,318.00	476.40	251.50	255.70	597.00
3 ACH	−11.12	0.00	167.00	636.10	903.80	25.77	32.14	122.80	212.50
4 $ACCH_2$	−69.70	−146.80	0.00	803.20	5,695.00	−52.10	213.10	−49.29	6,096.00
5 OH	156.40	89.60	25.82	0.00	353.50	84.00	28.06	42.70	6.712
7 H_2O	300.00	362.30	377.60	−229.10	0.00	−195.40	540.50	168.00	112.60
9 CH_2CO	26.76	140.10	365.80	164.50	472.50	0.00	−103.60	−174.20	481.70
13 CH_2O	83.36	52.13	65.69	237.70	−314.70	191.10	0.00	251.50	−18.51
15 CNH	65.33	−22.31	223.00	−150.00	−448.20	394.60	−56.08	0.00	147.10
19 CCN	24.82	−22.97	−138.40	185.40	242.80	−287.50	38.81	−108.50	0.00

[†]H. K. Hansen, P. Rasmussen, Aa. Fredenslund, M. Schiller, and J. Gmehling, *IEC Research*, vol. 30, pp. 2352–2355, 1991.

Appendix H　UNIFAC 方法

　　UNIFAC 方法是基於 UNIQUAC 方程式而來的，所以活性係數可由 (H.7) 式表之。應用於官能基所構成的溶液時，(H.8) 及 (H.9) 式可寫為：

$$\ln \gamma_i^C = 1 - J_i + \ln J_i - 5q_i\left(1 - \frac{J_i}{L_i} + \ln \frac{J_i}{L_i}\right) \tag{H.13}$$

$$\ln \gamma_i^R = q_i\left[1 - \sum_k \left(\theta_k \frac{\beta_{ik}}{s_k} - e_{ki} \ln \frac{\beta_{ik}}{s_k}\right)\right] \tag{H.14}$$

其中 J_i 及 L_i 可由 (H.10) 及 (H.11) 式表示。其他各項定義表示為：

$$r_i = \sum_k v_k^{(i)} R_k \tag{H.15}$$

$$q_i = \sum_k v_k^{(i)} Q_k \tag{H.16}$$

$$e_{ki} = \frac{v_k^{(i)} Q_k}{q_i} \tag{H.17}$$

$$\beta_{ik} = \sum_m e_{mi} \tau_{mk} \tag{H.18}$$

$$\theta_k = \frac{\sum_i x_i q_i e_{ki}}{\sum_j x_j q_j} \tag{H.19}$$

$$s_k = \sum_m \theta_m \tau_{mk} \tag{H.20}$$

$$\tau_{mk} = \exp\frac{-a_{mk}}{T} \tag{H.21}$$

其中下標 i 表示各物質，下標 j 則為各物質之虛擬指標。下標 k 表示次官能基，下標 m 則為各次官能基之虛擬指標。$v_k^{(i)}$ 表示物質 i 中所含有次官能基 k 的數目。次官能基參數 R_k 及 Q_k，以及官能基交互作用參數 a_{mk} 可由文獻所列數值查得。表 H.1 及 H.2 中列出了一些參數值，文獻中記載著完整的資料。[4]

　　此處所列的 UNIFAC 方法，為易於電腦程式設計的形式。在下列例題中，我們將經由手算方式以說明其應用。

---

[4] H. K. Hansen, P. Rasmussen, Aa. Fredenslund, M. Schiller and J. Gmehling, *IEC. Research*, vol. 30, pp. 2352-2355, 1991.

例 H.1

對於二乙基氨(1)／正庚烷(2)二成分系統在 308.15 K 時，求 $x_1 = 0.4$ 及 $x_2 = 0.6$ 情形下的 γ_1 及 γ_2 值。

解 此題所包含的次官能基可由下列化學式表示之：

$$CH_3-CH_2NH-CH_2-CH_3(1)/CH_3-(CH_2)_5-CH_3(2)$$

下表列出各次官能基，以及它們的代號 k，參數值 R_k 及 Q_k（由表 H.1 求得），與各分子中各次官能基的數目：

	k	R_k	Q_k	$v_k^{(1)}$	$v_k^{(2)}$
CH_3	1	0.9011	0.848	2	2
CH_2	2	0.6744	0.540	1	5
CH_2NH	33	1.2070	0.936	1	0

由 (H.15) 式可得

$$\gamma_1 = (2)(0.9011) + (1)(0.6744) + (1)(1.2070) = 3.6836$$

同理可得

$$\gamma_2 = (2)(0.9011) + (5)(0.6744) = 5.1742$$

同理由 (H.16) 式可得

$$q_1 = 3.1720 \quad 及 \quad q_2 = 4.3960$$

r_i 及 q_i 值為分子的性質，與組成無關。將已知的數值代入 (H.17) 式中，可以求得下表之 e_{ki} 值：

	e_{ki}	
k	$i = 1$	$i = 2$
1	0.5347	0.3858
2	0.1702	0.6142
33	0.2951	0.0000

下列的交互作用參數值可由表 H.2 求得：

$$a_{1,1} = a_{1,2} = a_{2,1} = a_{2,2} = a_{33,33} = 0 \text{ K}$$

$$a_{1,33} = a_{2,33} = 255.7 \text{ K}$$

$$a_{33,1} = a_{33,2} = 65.33 \text{ K}$$

將這些數值代入 (H.21) 式中，在 $T = 308.15$ K 時可得

$$\tau_{1,1} = \tau_{1,2} = \tau_{2,1} = \tau_{2,2} = \tau_{33,33} = 1$$
$$\tau_{1,33} = \tau_{2,33} = 0.4361$$
$$\tau_{33,1} = \tau_{33,2} = 0.8090$$

應用 (H.18) 式可求得下表中的 β_{ik} 值：

	β_{ik}		
i	$k = 1$	$k = 2$	$k = 33$
1	0.9436	0.9436	0.6024
2	1.0000	1.0000	0.4360

將此結果代入 (H.19) 式中可得：

$$\theta_1 = 0.4342 \quad \theta_2 = 0.4700 \quad \theta_{33} = 0.0958$$

且由 (H.20) 式可得

$$s_1 = 0.9817 \quad s_2 = 0.9817 \quad s_{33} = 0.4901$$

由此可計算活性係數。經由 (H.13) 式可得，

$$\ln \gamma_1^C = -0.0213 \quad \text{及} \quad \ln \gamma_2^C = -0.0076$$

且由 (H.14) 式可得

$$\ln \gamma_1^R = 0.1463 \quad \text{及} \quad \ln \gamma_2^R = 0.0537$$

最後由 (H.7) 式可得

$$\gamma^1 = 1.133 \quad \text{及} \quad \gamma^2 = 1.047$$

牛頓方法

Appendix I

牛頓法是求解代數方程式的數值解析方法,它可適用於共含 M 個變數的 M 個方程式,M 為任意值。

首先考慮單一方程式 $f(X) = 0$,其中 $f(X)$ 是單一變數 X 的函數。我們欲求得此方程式的根,也就是要找出讓方程式等於零的 X 值。圖 I.1 所表示的是一個簡單的函數,此函數的根只有一個,在曲線與 X 軸的交點。若無法直接求解此根[1],則可利用類似牛頓法的數值解析方法。

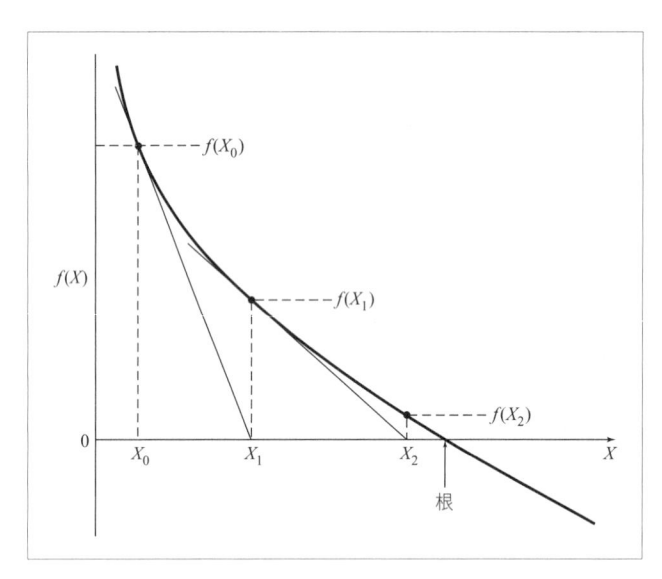

◑ 圖 I.1　應用牛頓法於單一函數

圖 I.1 說明了牛頓法的應用。在任意值 $X = X_0$ 附近的 $f(X)$ 函數曲線,近似於 $X = X_0$ 的切線方程式,因此 $f(X)$ 函數值可由位於 $X = X_0$ 的切線近似之。切線方程式可由下列線性關係表示之:

---

[1] 例如,$e^X + X^2 + 10 = 0$

Appendix ▎牛頓方法

$$g(X) = f(X_0) + \left[\frac{df(X)}{dX}\right]_{X=X_0} (X - X_0)$$

$g(X)$ 為該切線方程式在 X 時所對應的縱座標數值，如圖 I.1 所示。此方程式之根，就是 $g(X) = 0$ 時的 X 值，即圖 I.1 所示的 X_1。因為真正的函數並非線性，所以此值並非 $f(X)$ 的根。但此值較起始值 X_0 更趨近於真正的根。所以可再求 $f(X)$ 函數在 $X = X_1$ 處的切線方程式，並重複以上的步驟求取這第二條切線方程式的根，即圖中的 X_2，此值又更接近 $f(X)$ 函數的根。如此不斷重複以上步驟可更趨近 $f(X)$ 的根。上述這個疊代計算過程的可表示成下式：

$$f(X_n) + \left[\frac{df(X)}{dX}\right]_{X=X_n} \Delta X_n = 0 \tag{I.1}$$

其中

$$\Delta X_n \equiv X_{n+1} - X_n \quad \text{或} \quad X_{n+1} = X_n + \Delta X_n$$

(I.1) 式可用於連續的疊代 ($n = 0, 1, 2, \cdots$)，並求得連續的 ΔX_n 及 $f(X_n)$ 值。此程序可自起始值 X_0 開始，直到 ΔX_n 或 $f(X_n)$ 趨近於零或小於某預設的誤差值之內。

牛頓法也可以應用在聯立方程式。將聯立方程式的兩個變數設為 X_I 及 X_{II}，函數則表示成 $f_I \equiv f_I(X_I, X_{II})$ 及 $f_{II} \equiv f_{II}(X_I, X_{II})$。若要找出讓這兩個函數值為零的 X_I 及 X_{II} 值，則整個疊代計算的過程可寫成下列的公式，類似於 (I.1) 式：

$$f_I + \left(\frac{\partial f_I}{\partial X_I}\right)\Delta X_I + \left(\frac{\partial f_I}{\partial X_{II}}\right)\Delta X_{II} = 0 \tag{I.2a}$$

$$f_{II} + \left(\frac{\partial f_{II}}{\partial X_I}\right)\Delta X_I + \left(\frac{\partial f_{II}}{\partial X_{II}}\right)\Delta X_{II} = 0 \tag{I.2b}$$

此時 (I.1) 式中的單一微分換為兩項偏微分，分別表示各函數隨著各變數而改變的情形。在第 n 次疊代計算時 $X = X_n$，代入已知公式可求得 f_I、f_{II} 及微分項的值，再以 (I.2a) 及 (I.2b) 式聯立求解 ΔX_I 與 ΔX_{II}。再以下式求得新的 X_I 及 X_{II} 值，進行下一輪的疊代程序：

$$X_{I_{n+1}} = X_{I_n} + \Delta X_{I_n} \quad \text{及} \quad X_{II_{n+1}} = X_{II_n} + \Delta X_{II_n}$$

基於 (I.2) 式的疊代程序由 X_I 及 X_{II} 的起始值開始，直到 ΔX_{I_n} 及 ΔX_{II_n} 值或計算所得的 f_I 及 f_{II} 值趨近於零。

(I.2) 式可應用於含有 M 個未知的 M 個方程式，每次疊代的結果為：

$$f_K + \sum_{J=1}^{M}\left(\frac{\partial f_K}{\partial X_J}\right)\Delta X_J = 0 \quad (K = \text{I, II}, \cdots, M) \tag{I.3}$$

且

$$X_{J_{n+1}} = X_{J_n} + \Delta X_{J_n} \quad (J = \text{I, II}, \cdots, M)$$

牛頓法適用於多項反應的平衡。舉例而言，我們在 $T = 1{,}000$ K 時求解例 10.13 中的 (A) 及 (B) 式。由這些公式及 1,000 K 時所得的 K_a 及 K_b 值及 $P/P° = 20$，我們得到下列函數：

$$f_a = 4.0879\varepsilon_a^2 + \varepsilon_b^2 + 4.0879\varepsilon_a\varepsilon_b + 0.2532\varepsilon_a - 0.0439\varepsilon_b - 0.4186 \tag{A}$$

及

$$f_b = 1.12805\varepsilon_b^2 + 2.12805\varepsilon_a\varepsilon_b - 0.12805\varepsilon_a + 0.3048\varepsilon_b - 0.4328 \tag{B}$$

(I.2) 式乃可寫為：

$$f_a + \left(\frac{\partial f_a}{\partial \varepsilon_a}\right)\Delta\varepsilon_a + \left(\frac{\partial f_a}{\partial \varepsilon_b}\right)\Delta\varepsilon_b = 0 \tag{C}$$

$$f_b + \left(\frac{\partial f_b}{\partial \varepsilon_a}\right)\Delta\varepsilon_a + \left(\frac{\partial f_b}{\partial \varepsilon_b}\right)\Delta\varepsilon_b = 0 \tag{D}$$

求解的程序可由 ε_a 與 ε_b 的起始值開始。由 (A) 及 (B) 式可算出 f_a、f_b 及微分項的值。將這些數值代入 (C) 及 (D) 式可得兩個線性公式，可解出 $\Delta\varepsilon_a$ 與 $\Delta\varepsilon_b$。分別相加後可得新的 ε_a 及 ε_b 值，再進行第二次疊代。重複疊代程序一直到 $\Delta\varepsilon_a$ 及 $\Delta\varepsilon_b$ 或 f_a 及 f_b 值趨近於零。

若令 $\Delta\varepsilon_a = 0$ 及 $\varepsilon_b = 0.7$ 為起始值，[2] 可由 (A) 及 (B) 式算出 f_a、f_b 及其微分項為：

---

[2] 這些數值在下列限制內，$-0.5 \leq \varepsilon_a \leq 0.5$ 且 $0 \leq \varepsilon_b \leq 1.0$，如例 10.13 所示。

$$f_a = 0.6630 \qquad \left(\frac{\partial f_a}{\partial \varepsilon_a}\right) = 3.9230 \qquad \left(\frac{\partial f_a}{\partial \varepsilon_b}\right) = 1.7648$$

$$f_b = 0.4695 \qquad \left(\frac{\partial f_b}{\partial \varepsilon_a}\right) = 1.3616 \qquad \left(\frac{\partial f_b}{\partial \varepsilon_b}\right) = 2.0956$$

將上列數值代入 (C) 與 (D) 式可得:

$$0.6630 + 3.9230\,\Delta\varepsilon_a + 1.7648\Delta\varepsilon_b = 0$$

$$0.4695 + 1.3616\,\Delta\varepsilon_a + 2.0956\Delta\varepsilon_b = 0$$

由上面兩個聯立方程式可解出:

$$\Delta\varepsilon_a = -0.0962 \qquad 及 \qquad \Delta\varepsilon_b = -0.1614$$

因此

$$\varepsilon_a = 0.1 - 0.0962 = 0.0038 \qquad 及 \qquad \varepsilon_b = 0.7 - 0.1614 = 0.5386$$

由這些數值可開始第二次疊代,繼續此程序可得下列結果:

n	ε_a	ε_b	$\Delta\varepsilon_a$	$\Delta\varepsilon_b$
0	0.1000	0.7000	− 0.0962	− 0.1614
1	0.0038	0.5386	− 0.0472	− 0.0094
2	− 0.0434	0.5292	− 0.0071	0.0043
3	− 0.0505	0.5335	− 0.0001	0.0001
4	− 0.0506	0.5336	0.0000	0.0000

如上所示,疊代程序很快就可收斂。任何起始值可求得相同的收斂結果。

若函數中具有極值時,牛頓法的收斂會產生問題。如圖 I.2 所示的函數曲線,具有 A 與 B 兩個根。若 X 的起始值小於 a,某些點上的切線方程式確實可得到趨近兩個根的解,但大多數的數值並不收斂,因此不能求得根的數值。當 X 的起始值介於 a 與 b 之間時,若此值靠近 A 時只可求得 A 根的收斂值。若 X 的起始值在 b 的右方,可求得 B 根的收斂值。在這種情況下,必須利用試誤法或以繪圖了解函數狀況後,再決定適當的起始值。

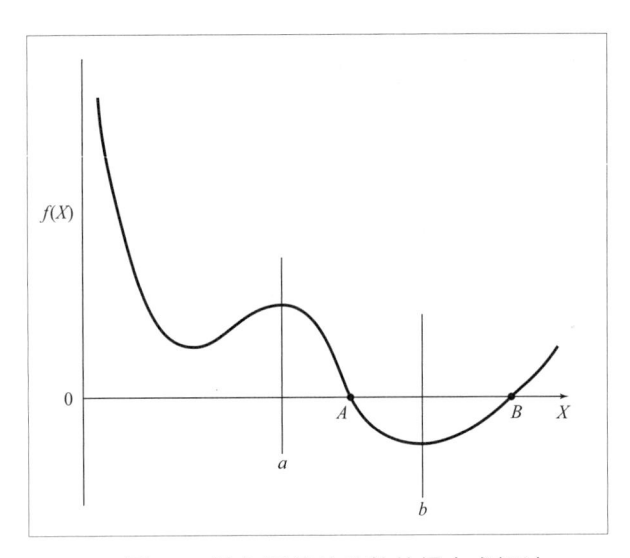

◉ 圖 I.2　具有極值的函數的根之求解法

英文索引

Appendix

A

absolute pressure　絕對壓力　10
acentric factor　離心係數　108
allometric equation　成長方程式　22
atm　標準大氣壓　10
azeotrope　共沸點　299

B

bubblepoint　泡點　294

C

calorie　卡路里　18
canonical　正則　236
canonical variables　正則變數　334
Carnot engine　Carnot 熱機　182
Carnot's theorem　Carnot 理論　183
centimeter　厘米　3
chemical potential　化學勢　35, 334
closed system　封閉系統　28
compressibility factor　壓縮係數　83
continuity equation　連續方程式　54
control surface　控制表面　53
control volume　控制體積　53
critical point　臨界點　74
curve　曲線　299
cyclic process　循環程序　181

D

dead-weight gauge　靜重儀　8
degree　1 度　6
degree of freedom　自由度　36, 292
dewpoint　露點　294
dimensions　度量衡　2
disperse phase　分散相　36
dissipative　消散　38
dissipative process　消散程序　180
double azeotropy　雙共沸點　440
driving force　驅動力　2
Duhem's theorem　Duhem 理論　292

E

efficiency　效率　41
electrical energy　電能　27
English engineering system　英制工程
　　單位系統　3
en-thal'-py　焓　45
entropy　熵　191
entropy generation　熵產生　199

envelope curve　包絡曲線　296
equation of state　狀態方程式　78
equations of state　狀態方程式　74
Equilibrium　平衡　35
exact differential　正合微分　459
excess property　過剩性質　334
exothermic　放熱　430
extensive property　外延性質　29
external form　表觀形式　26

F

Fanning friction factor　范寧摩擦係數　70
fixed points　固定點　7
flash calculation　閃蒸計算　322
flow process　流動程序　45
fluid region　流體區域　75
formation reaction　生成反應　154, 466
ft lbf　呎-磅力　12
fugacity　逸壓　334
fusion curve　熔解曲線　74

G

gauge pressure　表壓力　10
generic cubic equation of state　一般化立方型狀態方程式　105
group-contribution method　官能基貢獻法　151

H

heat　熱　18
heat capacity　熱容量　47
heat engines　熱機　2, 181
heat of mixing　混合熱　418
heat of reaction　反應熱　153
heat reservoirs　熱源　182
Henry's constant　亨利常數　397
Henry's law　亨利定律　290
higher heating value, HHV　高熱值　174
homogeneous system　均勻相系統　29

I

ideal solution　理想溶液　334
ideal-gas state　理想氣體　82
ideal-gas temperature　理想氣體溫度座標　82
incompressible fluid　不可壓縮的流體　79
intensive　內含　4
intensive property　內含性質　29
internal energy　內能　26
internal pressure　內壓　286
International System of Units, SI　公制單位系統　3
interval　間隔　8
irreversible　不可逆　38
irreversible process　不可逆程序　92

isentropic　等熵　192

K

kelvin, K　絕對溫度　3
kilogram　公斤　3
kilogram, kg　公斤　3
kinetic energy　動能　13, 15
K-value　K 值　317

L

latent heat of fusion　熔解潛熱　150
latent heat of vaporization　蒸發潛熱　50
law of mass action　質量作用定律　472
lbf　力　4, 5
lbm　質量　5, 19, 20
local composi-tion　局部組成　413
lost work　損失功　209
lower heating value, LHV　低熱值　174

M

magnetic energy　磁能　27
mean heat capacity　平均熱容量　147
mechanically reversible　機械可逆　41
meter, m　公尺　3
molar properties　莫耳性質　29
molar volume　莫耳體積　4

mole of reaction　莫耳反應　456
mole, mol　莫耳　3

N

newton, N　牛頓　4

O

open system　開放系統　28

P

partial molar property　部份莫耳性質　338
partial pressure　分壓　303
partial property　部份性質　334
partial specific property　部份比性質　338
phase　相　36
phase rule　相律　35
polytropic process　多元程序　90
positive deviation　正偏差　400
potential energy　位能　14
poundal　磅達　19
pressure explicit　壓力顯性　246
process　程序　27
property relations　物性關係　30
pseudocritical parameters　虛擬臨界參數　273
pseudoreduced parameters　虛擬對比參數　273

Q

quality　乾度　257

R

Raoult's law　拉午耳定律　290, 301
rates　速率　2
reaction coordinate　反應座標　454
reduced pressure, Pr　壓力　108
reduced temperature, Tr　對比溫度　108
relative volatility　相對揮發度　316
residual　剩餘　237
residual　殘差　407
response function　回應函數　338
retrograde condensation　逆行凝結　297
reversible　可逆　37, 39
rotation　轉動　26

S

second, s　秒　3
sensible heat effect　顯熱效應　142
simple fluid　簡單流體　108
specific properties　比性質　29
standard heats of formation　標準生成熱　154
standard instrument　標準儀器　7
standard property changes of reaction　標準反應性質改變量　461
state function　狀態函數　32

steady state　穩定狀態　59
steady state　穩態　54
steam engines　蒸汽機　2
steam table　蒸汽表　62
stoichiometric coefficient　化學計量係數　158
stoichiometric coefficient　計量係數　453
subcooled-liquid　過冷液體　77
subcritical　次臨界　303
sublimation curve　昇華曲線　74
supercritical　超臨界　75
superheat　過熱　258
superheated-vapor　過熱蒸汽　77
surface energy　表面能量　27
surroundings　環境　16, 27
system　系統　2, 16, 27

T

theorem of corresponding states　對應狀態原理　108
theoretical flame temper-ature　理論焰溫　162
thermal efficiency　熱效率　182
thermal pressure　熱壓力　286
thermodynamic properties　熱力學性質　31
thermodynamic state　熱力學狀態　31, 32
thermodynamics　熱力學　2

throttling process 節流程序 97	vapor pressure 蒸汽壓 74
tie line 連結線 294	vapor/liquid equilibrium, VLE 汽／液相平衡 293
translation 移動 26	vaporization currve 蒸發曲線 74
triple point 三相點 74	vibration 振動 26

U

units 單位 3
universal gas constant 通用氣體常數 82

virial coefficient 維里係數 83
virial expansion 維里展開 83
volume explicit 體積顯性 246
volume specific 比體積 4

V

vapor 蒸汽 75
vapor nucleation site 蒸汽核種 103

W

weight 重量 5

中文索引

Appendix

1 度　degree　6
Carnot 理論　Carnot's theorem　183
Carnot 熱機　Carnot engine　182
Duhem 理論　Duhem's theorem　292
K 值　K-value　317

一劃

一般化立方型狀態方程式　generic cubic equation of state　105

三劃

力　lbf　4, 5
三相點　triple point　74

四劃

不可逆　irreversible　38
不可逆程序　irreversible process　92
不可壓縮的流體　incompressible fluid　79
內含　intensive　4
內含性質　intensive property　29
內能　internal energy　26
內壓　internal pressure　286
公尺　meter, m　3

公斤　kilogram　3
公斤　kilogram, kg　3
公制單位系統　International System of Units, SI　3
分散相　disperse phase　36
分壓　partial pressure　303
化學計量係數　stoichiometric coefficient　158
化學勢　chemical potential　35, 334
反應座標　reaction coordinate　454
反應熱　heat of reaction　153
比性質　specific properties　29
比體積　volume specific　4
牛頓　newton, N　4

五劃

包絡曲線　envelope curve　296
卡路里　calorie　18
可逆　reversible　37, 39
外延性質　extensive property　29
平均熱容量　mean heat capacity　147
平衡　Equilibrium　35
正合微分　exact differential　459
正則　canonical　236

正則變數　canonical variables　334
正偏差　positive deviation　400
生成反應　formation reaction　154, 466

六劃

曲線　curve　299
共沸點　azeotrope　299
回應函數　response function　338
多元程序　polytropic process　90
成長方程式　allometric equation　22
次臨界　subcritical　303
自由度　degree of freedom　36, 292

七劃

亨利定律　Henry's law　290
亨利常數　Henry,s constant　397
位能　potential energy　14
低熱值　lower heating value, LHV　174
呎-磅力　ft lbf　12
均勻相系統　homogeneous system　29
局部組成　local composi-tion　413
汽／液相平衡　vapor/liquid equilibrium, VLE　293
系統　system　2, 16, 27

八劃

固定點　fixed points　7

官能基貢獻法　group-contribution method　151
拉午耳定律　Raoult's law　290
拉午耳定律　Raoult's law　301
放熱　exothermic　430
昇華曲線　sublimation curve　74
泡點　bubblepoint　294
物性關係　property relations　30
狀態方程式　equation of state　78
狀態方程式　equations of state　74
狀態函數　state function　32
表面能量　surface energy　27
表壓力　gauge pressure　10
表觀形式　external form　26

九劃

厘米　centimeter　3
封閉系統　closed system　28
度量衡　dimensions　2
流動程序　flow process　45
流體區域　fluid region　75
相　phase　36
相律　phase rule　35
相對揮發度　relative volatility　316
秒　second, s　3
英制工程單位系統　English engineering system　3
范寧摩擦係數　Fanning friction factor　70

計量係數　stoichiometric coefficient　453
重量　weight　5

十劃

振動　vibration　26
效率　efficiency　41
消散　dissipative　38
消散程序　dissipative process　180
逆行凝結　retrograde condensation　297
閃蒸計算　flash calculation　322
高熱值　higher heating value, HHV　174

十一劃

乾度　quality　257
動能　kinetic energy　13, 15
控制表面　control surface　53
控制體積　control volume　53
混合熱　heat of mixing　418
焓　en-thal'-py　45
理想氣體　ideal-gas state　82
理想氣體溫度座標　ideal-gas temperature　82
理想溶液　ideal solution　334
理論焰溫　theoretical flame temperature　162
移動　translation　26
莫耳　mole, mol　3

莫耳反應　mole of reaction　456
莫耳性質　molar properties　29
莫耳體積　molar volume　4
通用氣體常數　universal gas constant　82
速率　rates　2
連結線　tie line　294
連續方程式　continuity equation　54
部份莫耳性質　partial molar property　338
部份比性質　partial specific property　338
部份性質　partial property　334

十二劃

剩餘　residual　237
單位　units　3
循環程序　cyclic process　181
殘差　residual　407
程序　process　27
等熵　isentropic　192
絕對溫度　kelvin, K　3
絕對壓力　absolute pressure　10
虛擬對比參數　pseudoreduced parameters　273
虛擬臨界參數　pseudocritical parameters　273
超臨界　supercritical　75
逸壓　fugacity　334
開放系統　open system　28

間隔　interval　8
損失功　lost work　209
節流程序　throttling process　97
過冷液體　subcooled-liquid　77
過剩性質　excess property　334
過熱　superheat　258
過熱蒸汽　superheated-vapor　77

十三劃

電能　electrical energy　27
對比溫度　reduced temperature, Tr　108

十四劃

對應狀態原理　theorem of corresponding states　108
熔解曲線　fusion curve　74
熔解潛熱　latent heat of fusion　150
磁能　magnetic energy　27
維里係數　virial coefficient　83
維里展開　virial expansion　83
蒸汽　vapor　75
蒸汽表　steam table　62
蒸汽核種　vapor nucleation site　103
蒸汽機　steam engines　2
蒸汽壓　vapor pressure　74
蒸發曲線　vaporization currve　74
蒸發潛熱　latent heat of vaporization　150

十五劃

標準大氣壓　atm　10
標準反應性質改變量　standard property changes of reaction　461
標準生成熱　standard heats of formation　154
標準儀器　standard instrument　7
熱　heat　18
熱力學　thermodynamics　2
熱力學性質　thermodynamic properties　31
熱力學狀態　thermodynamic state　31, 32
熱容量　heat capacity　47
熱效率　thermal efficiency　182
熱源　heat reservoirs　182
熱機　heat engine　181
熱機　heat engines　2
熱壓力　thermal pressure　286
熵　entropy　191
熵產生　entropy generation　199
磅達　poundal　19
質量　lbm　5, 19, 20
質量作用定律　law of mass action　472

十六劃

機械可逆　mechanically reversible　41
靜重儀　dead-weight gauge　8

十七劃

壓力　reduced pressure, Pr　108
壓力顯性　pressure explicit　246
壓縮係數　compressibility factor　83
環境　surroundings　16, 27
臨界點　critical point　74

十八劃

簡單流體　simple fluid　108
轉動　rotation　26
雙共沸點　double azeotropy　440
離心係數　acentric factor　108

十九劃

穩定狀態　steady state　59
穩態　steady state　54

二十一劃

露點　dewpoint　294
驅動力　driving force　2

二十三劃

顯熱效應　sensible heat effect　142
體積顯性　volume explicit　246